茶叶全书

All About Tea

U0229217

出 版 前 言

美国人威廉·乌克斯于 20 世纪初撰写了一部《茶叶全书》，后来这部著作与另外两部茶叶著作，即中国唐代陆羽的《茶经》和日本建久时代的高僧荣西和尚的《吃茶养生记》，并称为世界三大茶书经典。

作者威廉·乌克斯(1873—1945)是美国《茶叶与咖啡贸易》杂志的主编人。他于 1910 年开始考察东方各产茶国，搜集有关茶叶方面的资料。在初步调查后，又相继在欧美各大图书馆与博物馆收集材料，历经 25 年，直至 1935 年完成该书的写作。

《茶叶全书》英文版首版于 1935 年，当即引起全世界茶业界的重视，各产茶国和消费国均视本书为茶叶必读书之一。

我国近代茶叶研究与改良的先驱者吴觉农先生(1897—1989)，于抗战初期担任国民政府国家贸易委员会主持人之一，他在承办东南各省茶叶统购统销及中苏贸易时，深感普遍提高茶叶知识和技术的必要，乃召集浙江省油茶棉丝管理处的费鸿年、冯和法等人，历时一年，翻译了这本《茶叶全书》。不久，该处撤销，此书未能出版。1942 年，国家贸易委员会下设茶叶研究所，吴觉农先生又与同人校订了该译稿。1945 年，正准备将译稿交付开明书店出版之际，日本投降，茶叶研究所撤销，人员分散，该书出版事宜再次被搁置。1948 年，吴觉农先生在上海组织成立中国茶叶研究社，在研究者苦于生计之时，于百忙中抽出时间，再次整理此书译稿。吴觉农等人抱着"使贫弱的中国茶叶界稍稍有点生气"的信念，克服战乱带来的种种困难，终于在炮火纷飞的 1949 年 5 月整理完成了这本《茶叶全书》的中译本，交付上海开明书店正式出版。

　　吴觉农主持翻译的这本《茶叶全书》有其很高的历史价值，被称为"中国茶叶改革途上的一个里程碑"（冯和法语）。为了使从事这项工作翻译本书做出贡献的前辈们的业绩不被遗忘，我们特别将他们的名字重新抄录于此：主编吴觉农，主要翻译者为费鸿年、吕叔达、周匝、李日标诸先生；分章校订者为叶元鼎、王泽农、叶作舟、庄任、叶鸣高、许裕圻诸先生，全书校订为陈舜年先生。

　　威廉·乌克斯的这本《茶叶全书》，"凡茶叶的历史、栽培、制造、贸易以及社会、艺术各方面，都有丰富详尽的记述"（吴觉农语），是 20 世纪初叶人类对于茶叶知识的完整总结。当然，威廉·乌克斯的《茶叶全书》也有许多错谬之处，尤其是他的关于茶树原产地的相关论述，曾遭到了中国茶叶研究者的大力批驳，就是力主翻译《茶叶全书》的吴觉农先生，亦在茶树原产地这一问题上对威廉·乌克斯的观点予以批判[1]。但是就整体而言，这本书仍不失为一部"茶叶著述中唯一具有世界性和综合性的伟构"（吴觉农语）。

　　吴觉农主持翻译的《茶叶全书》当时只印刷了 1000 部，目前

---

　　[1]　威廉·乌克斯在承认古茶发源于中国的同时，认为"自然茶园在东南亚洲之季候风区域"，他主张在东南亚各国中，凡是自然条件适宜而又有野生植被的地方，都是茶树原产地。对此，吴觉农先生从茶树的种外亲缘和种内变异的科学原理论证我国西南地区才是茶树的原产地，彻底驳斥了乌克斯的这一观点。他在 20 世纪 70 年代撰写的《中国西南地区是世界茶树的原产地》一文中指出："我们所说的茶树原产地，是茶树在这个地区发生、发展的整个历史过程，也是包括它的兄弟姐妹。乌克斯认为自然条件适宜的地方，是指目前某一地方的风土性状而言。而茶树种植的发生发展已经有了成千上万的历史过程，在这漫长的岁月里，很多地方的自然条件较之现在已大大地不同。自从地质上的喜玛拉雅运动发生以来，我国西南地区的地貌有了极大的变动，原来这里地势平坦，雨量充沛，没有高山深谷，气候也远比现在和暖，因此，它是更适宜于茶树生长的。至于乌克斯所说的自然条件适宜于茶树生长的其他地方，在几百万年前，有的还深埋在喜马拉雅海底，有的则气候过于炎热，并不利于茶树的生长。像这样以短暂时期内的自然条件来论证悠久的茶树植物发生发展的整个历史过程是极不恰当的。"

这本书社会上已经很难找到。我社有感于这本茶叶经典著作的价值所在,决定重新出版该书中译本。但是,由于吴觉农译本在当时出版时正值战火纷飞的时期,编译难免有所疏漏,而且该译本以半文言文的笔法写成,当代读者难免多有费解之处。于是我社决定重新组织人员翻译了这本《茶叶全书》。

在重译过程中,译者借鉴了许多吴觉农译本的译法,在此向吴觉农等诸位前辈表示深深地敬意。

需要说明的是,原书中插录了大量数据表格和人名录,我们认为这些内容对于今天的广大读者已无参考价值,因此除保留一部分基本数据表格外,其他均予以删节,但我们在删节处做了标注。另外原书随正文附有大量插图,这些插图大多是当时拍摄的有关茶叶活动的照片,具有较高的史料价值,我们对大部分插图予以保留。本书疏漏不妥之处,敬请读者指正。

东方出版社

目　录

译本序言 ·· 杨江帆 1

原版序言 ·· 3

原版内容提要 ·· 4

·上　卷·

第一篇　历史方面

第一章　茶的起源·· 3

《神农本草》中茶的起源/3　《诗经》中关于茶叶的记载/4　迦罗

传/5　公元3世纪时关于茶的记载/5　最早的可靠记录/5　茶的

商品化/6　茶被当作饮料/7　第一部茶书与第一种茶税/7　泡

茶的出现/8　茶的起源问题/9　自然茶园/9　茶输入日本/11

达　摩/11　佛教僧侣宣扬文化/12　日本的第一部茶书/12

第二章　中国与《茶经》···································· 15

第一部茶书/15　陆羽——一个中国浪漫主义者/16

第三章　茶叶传入欧洲······································ 19

东方的先驱者——葡萄牙人/21　传教士与旅行家的论述/21

荷兰人到达东方/24　英国人到达远东/27　其他国家的采用/27

茶叶在欧洲大陆的争论/32　法国与斯堪的那维亚的记录/34

第四章　茶叶传入英国······································ 36

英国人关于茶叶的最早记录/36　加威首次公开销售茶叶/37

第一张茶叶海报/38　波威的文稿/39　匹派斯发现茶叶/40　伦

敦咖啡馆的茶/41　最早的茶叶广告/42　英国征收茶税/43　茶

馆与咖啡馆发行代币/43 英国妇女开始饮茶/44 咖啡馆的取
缔/46 俱乐部的发展/47 咖啡馆的衰退/48 杂货店开始售
茶/48 第一家茶室/48 茶叶在民间的普及/49 早年苏格兰的
茶叶/49 茶叶的早期争论/50

第五章 茶叶传入美国 ··· 53
茶在旧纽约/54 茶在老费城/56 茶税使帝国分裂/56 1773 年
的《茶叶法》/57 殖民地怨声载道/58 决定阻止卸货/60 费城
的反抗/60 抗税运动蔓延到纽约/61 "自由之子"/61 波士顿
的公众大会/62 代理人拒绝辞职/63 波士顿抗茶会/64 格林
威治抗茶会/66 查尔斯敦抗茶会/67 费城抗茶会/68 纽约抗
茶会/70 阿那不勒斯抗茶会/72 爱登顿抗茶会/73 不饮茶国
家的诞生/74

第六章 世界上最大的茶叶专卖公司 ····················· 75
约翰公司的创始/77 早年的舰队/77 将中国列入专利范围/79
船长的利润/80 茶的走私/81 印度贸易专营权的废止/81
东印度公司中关于茶的记载/82 老东印度公司/83 商业上的
做法自毙/85 300 年间的对华贸易/88 茶与美国/91 巨人的
失败/93 国内的约翰公司/95 约翰公司中的著名员工/98

第七章 快剪船的黄金时代 ·································· 100
"安·迈金号"——第一艘快剪船/100 快剪船的演变发展/101
"虹"号的惊人表现/101 其他早期快剪船/102 罗氏兄弟公
司的快剪船队/104 纽约其他的快剪船/106 "远东"号载茶到
伦敦/106 航行中国的著名快剪船/107 唐纳德·麦克凯的船
只/108 英国的运茶快剪船/110 帆船让位于汽船/113 快剪船
时代的明星巷/114 1866 年的运茶大赛/115 航行的鼎盛时
期/120

第八章 茶树征服爪哇和苏门答腊 ····················· 124
J. I. L. L. 贾克布森的故事/126 第一阶段——政府的失败/131
栽植制度/133 第二阶段——私人所有/135 约翰·皮特引入
阿萨姆茶籽/137 第三阶段——黄金时代/137 爪哇的茶业协
会/138 茶叶试验场/139 茶叶评验局/141 茶树登上潘加伦根

高原/142　茶叶限制/144　经营茶叶的大家族/144　实业前辈

E. J. 哈默德/147　爪哇茶叶的改进/148　茶树征服苏门答腊/148

种植者协会/150　苏门答腊茶业的开创者 J. H. 马瑞纳斯/150

第九章　风行全球的印度茶 ·················· 152

茶在印度的萌芽/153　印度茶树的发现/155　第一个印度茶叶

委员会/157　印度总督班庭克爵士/157　茶业报告得到的惊人

效果/160　仍然不能摆脱中国茶种的羁绊/161　首次出产阿萨

姆茶的成绩/166　发现者归属的争执/167　C. A. 布鲁斯的开创

工作/168　第一次运到英国的茶叶/169　阿萨姆公司的兴起/172

其他地区第一次种茶的情形/177　茶业的狂潮与恐慌/179

阿萨姆茶业的创始情形/182　威廉姆·杰克森及其所发明的制

茶机/184　S. C. 戴维森爵士和其所发明的机器/186　植茶业的

先驱/188　加尔各答最早的茶业代理商/189　印度茶业协会/191

劳工供给协会/192　茶税/193　科学部/194　南印度种植者协

会/196　南印度科学部/196　查尔派古利协会/197　茶叶生产限

制/198　茶叶合作宣传/198

第十章　锡兰茶的成功 ······················ 199

种茶的最初尝试/200　昔日的咖啡/200　转向茶业/202　一个大

企业的开始/202　沃姆斯兄弟——茶业先驱/203　鲁尔康特

拉——历史上最悠久的茶园/204　茶业的兴起/205　锡兰的种

植者协会/206　茶叶研究所/207　劳工问题/209　近期的

茶业/210　锡兰园主协会/211

第十一章　其他各地的茶树繁殖 ·············· 212

欧洲植茶的尝试/212　亚洲植茶的扩展/215　非洲茶树的栽

植/218　北美洲的尝试/222　南美洲的尝试/224　澳洲及大洋各

岛/225

第二篇　技术方面

第十二章　世界上的商品茶 ··············· 231

第十三章　茶叶的特性 ··················· 235

锡兰茶/236　印度茶/238　中国茶/241　日本茶/249　台湾茶/250　法属印度支那茶/252　暹罗茶/252　缅甸茶/253　其他亚洲茶/253　爪哇及苏门答腊茶/253　斐济岛茶/254　非洲茶/254　亚速尔及毛里求斯/255　外高加索/256　茶叶审评/256　拼和冰茶/259　审评用具/259

第十四章　茶叶的栽培与制造 …………………………………… 263
近代的茶树栽培/263　土壤条件/264　气候与高度/264　整地/266　繁殖的理论与实际/268　耕作/270　遮荫、防风及护土植物/270　施肥/271　病害及虫害/272　修剪、采摘及茶树管理/274　茶厂/277　茶厂的动力/278　红茶的制造/278　萎凋的物理状况/279　萎凋管理/280　萎凋的理想条件/282　萎凋的化学状态/282　揉捻/283　发酵/285　发酵的化学变化/287　红茶的烘焙/289　烘焙的化学变化/291　碎切、拣选及包装/292　绿茶的制法/294　绿茶制造中的化学变化/295　乌龙茶的制法/295　砖茶、块茶、茶饼及细末/296　茶园劳工/298　茶叶试验场/298　种植者协会/299

第十五章　中国茶叶的栽培与制造 …………………………… 301
中国茶叶生产者/301　土壤的性质/302　气候与雨量/304　繁殖方法/304　栽培方法/305　修剪与采摘/305　红茶的制造/307　绿茶的制造/308　半发酵茶/310　花香茶/310　砖茶、包茶、饼茶及小京砖茶/310　中国外销茶的分级/313　中国茶商对于茶叶的分类法/314　政府的援助/314

第十六章　日本茶叶的栽培与制造 …………………………… 315
重要茶区/315　气候/318　有利的地方条件/318　茶用土壤/320　茶树繁殖法/321　地形与排水/322　肥料/323　耕种/324　修剪/324　遮荫/324　采摘/325　病虫害/326　制茶的种类/326　红茶制造/327　制茶的过程/328　手工制法/328　机械制法/330　手工机器混合法/331　玉露茶制法/331　玉露茶制造中的电热/331　碾茶制造法/332　复火/332　磨光与去梗/334　内销茶的复火/334　包装/334　茶精/335　成本/335　日本茶的分类/336　茶业协会/337　茶叶试验场/338

第十七章　台湾地区茶叶的栽培与制造 ································· 340

茶用土壤/342　气候、雨量与高度/344　茶树品种/346　繁
殖/347　种植与栽培/347　修剪/348　采摘/348　乌龙茶的制
造/349　日晒或萎凋/349　发酵/350　烘炒/351　揉捻/351　焙
火/351　再火/352　包种茶的制造/353　茶业的改进/354

第十八章　爪哇及苏门答腊茶叶的栽培与制造 ················ 356

茶区的土壤/358　气候、雨量及高度/361　茶园的开垦及布
置/364　土地的开辟/364　耕作的开始/365　筑路/365　排水设
备/366　蓄水坑/367　建筑梯田/368　繁殖种子/368　无性繁
殖/370　种植及种植距离/370　绿肥/371　遮荫及防风/372　篱
笆/372　覆地植物/373　肥料/373　爪哇茶树的病虫害/374　苏
门答腊茶树的病虫害/376　修剪/377　茶叶的采摘/379　田间运
输/380　萎凋/381　揉捻/383　发酵/384　干燥/385　筛分/386
装箱/386　茶园管理/387　劳工及工资/387　本土茶园/388
工人住宅/388　植茶者协会/389　茂物试验场/390　茶叶评验
局/391　荷属东印度植茶者的生活/392

第十九章　印度茶的栽培与制造 ································ 394

雨量/396　印度北部及东北部茶区/398　南印度茶区/404　垦
地/406　种子/406　苗圃/406　移植/408　中耕/408　遮荫树及
防风林/409　绿肥/409　其他肥料/410　壅土及培土/411　病虫
害/411　病害的防治/412　剪枝/413　采摘/415　萎凋/417　揉
捻/418　发酵/418　烘焙/419　筛分及拣选/420　补火/421　匀
堆及包装/421　绿茶/422　砖茶的试制/424　运输/424　过去和
现在的劳工问题/426　茶园内的铁路与公路（索道）/430　从事
茶叶的印度人/430　印度茶业协会/431　科学部/432　托格拉试
验场/433　植茶者协会/436　印度南部植茶者联合协会的茶叶
试验场/437　印度植茶者的生活/438

第二十章　锡兰茶的栽培与制造 ································ 441

茶园土壤/446　气候、雨量及高度/446　茶地的开垦/449　繁殖
方法/449　道路及排水沟的设计/450　种植/451　遮荫、防风及
覆盖植物/451　施肥/452　深耕/453　茶树的病虫害/453　剪

枝/455　采摘/456　萎凋/458　揉捻/460　发酵/462　干燥/463　拣选及筛分/464　绿茶/464　包装及运输/465　建筑/466　资本及其他/466　劳工/466　种植者协会/468　研究所/469　锡兰种植者的生活/469

第二十一章　其他各国茶叶的栽培与制造 ························· 472
第二十二章　制茶机器的发展 ······························· 486
中国古代制造方法/486　爪哇及印度的最初方法/487　英国最初的专利品/489　金蒙德及尼尔逊的机器/489　迪克逊的专利品/490　迈克米金的最初发明/490　热空气代替炭火/491　吉布斯及巴里的干燥机/491　印度制茶机器的研究/492　爪哇的第一台机器/499　杰克逊与戴维森的专利产品/500　19世纪70年代的其他专利产品/500　早期的包装方法/501　19世纪80年代的发明/501　19世纪90年代的早期专利产品/503　19世纪90年代后期的专利产品/505　制造绿茶的机器/506　20世纪/508

译 本 序 言

美国威廉·乌克斯所著,侬佳等人翻译的《茶叶全书》清样,由友人李元兵先生专程派人送来时,世界双遗产地武夷山正下着一场难得一遇的大雪,遍地银装素裹,分外妖娆。连夜品读《茶叶全书》,犹如在满山银白中欣赏怒放的鲜花,令人赏心悦目;更像是在寒冬里品味温馨浪漫的红茶,爱不释手。

中国是茶的故乡,茶的历史,源远流长;茶的文化,博大精深;茶的经济,产业所在。经过中国人民和世界人民的共同努力,茶叶已经在全球广泛传播,并且成为 21 世纪的主流饮料。茶是中国的,也是世界的,它正在为人类的健康与文明日益发挥出重大作用。

中国茶树的发现与利用,距今已有 6000 多年的历史。从野生茶发展到蒸青团茶、再到炒青散茶,从绿茶发展到红茶和其他茶类。现在茶叶种类繁多,绿茶、红茶、乌龙茶、白茶、黄茶、黑茶再到紧压茶、深加工茶。茶叶不仅只是一棵树、一片叶子,它已从栽培加工延伸至历史、文化、经济、社会等方方面面。由于现代科学技术的飞速发展,尤其是支撑茶叶科学的基础学科在理论与技术上的重要突破,以及多学科交叉联合研究工作的开展,使得茶学学科在深度与广度上都得到了大幅度的拓展,已经超脱了传统茶叶科学与茶叶产业的范畴,茶学已不再是农业科学研究领域的专门课题。茶及其功能成分已经成为分子生物学、医学、药学、天然产物化学、功能食品学、软饮料科学等非茶学学科研究的重要对象,茶叶产业链也由传统的育种、栽培、加工、贸易延伸到药业、生物化学、分子生物学、保健品、功能食品、食品添加剂、饮料工业、日化工业等多个新型产业领域。

由此看来，由威廉·乌克斯所著的《茶叶全书》中文本出版的意义与价值显而易见，必将在历史的审视和未来发展的实践中凸显出来。其一，它从历史与未来两个视角考察了茶的起源与发展，系统全面，堪称"全书"；其二，把茶产业放在全球的视野下考察，视野广阔，堪称"全书"；其三，在研究方法上体现了科学与文化、多领域多学科的融合与交叉，内容丰富，堪称全书；其四，对茶的分析逻辑清晰，比较系统专业，堪称"全书"；其五，把茶叶知识的专业性、科学性和严谨性融入通俗易懂的表述之中，文风活泼，堪称"全书"。总之，《茶叶全书》丰富了茶叶的知识宝库，为茶人以及热爱茶叶与健康的各界人士提供了一本优秀的读物。当然，该书有些观点还有待斟酌，有些论点还需要全面论证，有些分析和理论还期望进一步深入与加强。但它不失本书的价值与贡献。

作为茶人，我们由衷地感谢威廉先生对茶叶的热爱与深入的研究，撰写了世界性的茶叶全书，由衷地感谢侬佳、刘涛及姜海蒂等人和东方出版社的艰辛努力，为中国的读者奉献了一本好的茶书。同时，我们也衷心地希望，全世界有更多的茶人和热爱茶叶的各界人士共同努力，深入研究茶叶理论与实践，把天然、健康、和谐的茶叶饮料做强做大，为人类的健康与文明做出贡献！

杨江帆

于武夷山九曲溪畔

2010 年 12 月 21 日

（本文作者系武夷学院校长、教授，福建农林大学、浙江大学博士生导师，中国全国优秀科技工作者，国务院特殊津贴专家）

原 版 序 言

  笔者于 1910 年考察东方各产茶国,开始搜集有关茶叶方面的资料。经过初步调研后,又相继在欧美各大图书馆与博物馆收集材料,历时 25 年,直至 1935 年完成本书。

  本书资料的整理与分类工作开始于 1923 年,之后笔者又在各主要产茶国考察一年,校正各项数据。因此,本书实际写作时间长达 10 年之久。

  笔者之前著有《咖啡全书》(ALL ABOUT COFFEE),为一单册。本书因材料繁杂,不得不分装为上、下两册。本书共计 54 章,约 60 万字。

  自公元 780 年"茶圣"陆羽著《茶经》以来,曾有多种茶叶书籍出版。该类书籍多为专业和宣传性资料。近 40 年来,一般性质而又有系统的茶叶书籍还没有出版过。本书为第一部独立、全面的茶叶书籍,适合普通读者阅读。

  本书全方位的历史记载,均与原始资料校对过。贸易与技术方面,也都经过权威人士审阅。笔者力求本书内容的完整而可信。

  本书的完成有赖于业内和各界友好人士的鼎立相助,笔者谨向协助完成本书者致谢!

威廉·乌克斯

原版内容提要

　　茶叶是世界上的一种珍贵的资源。最初茶树只在中国种植，所有试图将茶树移植到其他地区努力都以失败告终。饮茶也成为中国人特有的习惯。随后其他国家的人们改变了饮茶的方式以适合自己的国情。现在已经证明英国人已经养成了饮下午茶的生活习惯，只是美国人不能理解这一风俗：这就像泰晤士河上每年一次的船赛，成为世界上独有的一道风景。

　　目前世界上已知有三种重要的不含酒精的饮料：茶、咖啡和可可。它们的叶和果实都是世界上最受欢迎的不含酒精饮料的来源。茶叶是这类饮料总消费量之首。性情急躁的人习惯喝含酒精的饮料，这种准兴奋剂通常能起到麻醉和止痛的作用。茶、咖啡和可可对于心脏、神经系统及肾脏是真正的兴奋剂；咖啡可使头脑兴奋，可可刺激肾脏，而茶则处于二者之间，对人体全身器官起温和的兴奋作用。茶，这一"东方的恩赐"之物，已成为一种优雅而又温和的饮料，是一种纯天然的绿色、安全的兴奋剂，饮茶也因此成为了人们一种主要的享乐方式。

　　本书从六个方面详细阐述了茶叶所涉及到的各个领域，包括：历史方面、技术方面、科学方面、商业方面、社会方面及艺术方面。

　　历史方面：第一章叙述了传说中的茶叶起源大约在公元前2737年，公元前550年"茶"曾经出现在孔子的著作里，但最早的可信记录出现在公元350年。原始的自然茶园产生于东南亚，该区域包括中国西南部的边陲省份、东北印度、缅甸、暹罗和印度支那。

　　茶树的种植及饮茶之风盛行于中国和日本，是通过佛教僧侣所推广的,茶可以使人清心寡欲,因此佛教僧侣以茶节欲。大约在公元 780 年,世界上第一部茶叶著作——《茶经》问世,详细内容见本书第二章。日本文学中最早关于茶叶的记录始于公元 593 年,而种植则开始于 805 年。

公元 850 年,有关茶叶的信息首次传至阿拉伯,1559 年传至威尼斯,1598 年传至英国,1600 年传至葡萄牙。而荷兰人则在 1610 年首次将茶叶带到欧洲,1618 年茶叶到达俄国,1648 年到达巴黎,大约在 1650 年到达英国及美洲。以上内容均见第三章。

第四章讲述了加威的故事和他在伦敦所经营的咖啡馆;第五章叙述了为反抗茶叶税而战斗的国家;第六章讲述世界上最大的茶叶专卖公司;第七章讲述运茶的快剪船;第八、九、十章讲述荷兰人在爪哇与苏门答腊、英国人在印度和锡兰经营茶叶的发展史。第十一章叙述其他各地的种茶历史。

技术方面: 第十二章讲述了世界上的商品茶。第十三章描述了各种商品茶的贸易价值及其特征,并附有详尽的表格说明。以后八章里专门讲述了中国、中国台湾、日本、爪哇、苏门答腊、印度、锡兰及其他国家茶叶的栽培与制作。第二十二章讲述了制茶设备的发展——从最早的中国手工制茶用具到近代茶厂的机械化设备。

科学方面: 第二十三章讲解了茶的字源学,由此我们才了解广东音的中国"茶"字发音为"CHAH",但厦门土音则为"TAY",后者传至大部分欧洲国家。其他欧亚各国发音为"CHA"。

植物学一章,讲述了公元 1753 年时 Linn Aeus 第一次进行植物分类,将茶定名为 THEA SINENSIS,虽然以后改称 CAMILLIA,但是现在的植物学家仍然沿用前一叫法。

茶的化学和药物学一章,为曾任托格拉印度茶叶协会的化学师 C.R. 哈勒所论述。茶的组织,以及制作时的化学变化和咖啡碱与单宁酸的作用,均在第二十五章和第二十六章中分别加以叙述。

第二十七章为茶与卫生,介绍了茶叶品评家、茶商及广告人士对茶叶科普的意见。

　　商业方面：第二十八章至第三十三章讲述了在苏伊士运河开通以后，茶叶由生产国运至消费国的情形，对于茶叶自产地初级市场到消费国零售商销售与消费的情形都进行了详尽的描述。以后十章叙述了中国、荷兰的茶叶贸易史，英国国内及海外的茶叶贸易状况、茶叶协会、茶叶股票及股票贸易，日本、中国台湾及其他各地的茶叶贸易。美国茶叶贸易史见第四十二章。

　　第四十三章为茶叶的广告史，自780年到最近的联合推广为止。并论述了广告对茶叶推广所产生的效应。第四十四章介绍了世界上茶叶的生产与消费。

　　社会方面：茶叶曾被称为"时尚与优雅的侍女"。第四十五章为茶叶的社会史，叙述了早期中国、日本、荷兰、英国及美国的各种饮茶情况。第四十七章讲述茶园中的各种故事。第四十八章讲述18世纪英国男女在伦敦茶园等公共场所饮茶时的欢乐场景。第四十九章讲述早期饮茶的习俗，首先描写原始的暹罗人以野茶树的叶作为食物和饮料；然后描写中国的西藏人饮用奶茶的习俗，以及英国下午茶的起源。

　　第五十章讲述当代世界各国饮茶的方式与习俗。由此我们可以了解到为什么喝下午茶在英国被称作"一天中有阳光的时刻"。在美国人能充分体会饮茶所带来的妙处以前，首先必须学会休闲的艺术。第五十一章论述茶具的发展——从最初的茶壶到美国的袋泡茶，很多人认为这种袋泡茶将使茶壶绝迹，到底哪种方式更为实用？

　　第五十二章介绍了茶的泡制方法。哈勒讨论了科学的调制法，并说明如何选购茶叶及泡茶的最佳方法。

　　艺术方面：第五十三章为茶与艺术。讲述了绘画、雕刻及音乐作品中对茶的赞美；并描述了一些著名的陶制及银制茶具。最后一章，即第五十四章为茶与文学，摘录了诗人、历史学家、音乐家、哲学家、科学家、戏剧家及作家关于茶的著述。

第 一 篇

历 史 方 面

第一章 茶的起源

茶的起源,远在中国古代,但由于时隔久远,一般的记载难免夹杂着神话传说,真实的情况难以考查;其中的事实与虚构事件,只能大致加以区别。因此,如何发现茶叶可以当作饮料,而又开始于何时,很难得到一种正确与权威的论断。就像茶树最初栽培的年代及方法,也无从考据,难作断言一样。正如黑人远在有史以前就已经知道咖啡可以做成饮料一样,中国人知道茶树并利用茶叶制成饮料和食品,也是在那遥远的中国远古时代。

依据中国的传说,茶叶的起源远在公元前 2737 年,而最早出现在中国古代可靠史料中,大约在 350 年。在此期间,曾有一些仅凭推断臆测的茶叶文献。所谓推断,是指"茶"字直至 7 世纪才有确定的解释和意义,在此之前,则是用来记述茶以外的其他数种植物。唐代(618—907 年)以前,一般习惯用"荼"字为茶的假借字,"荼"字原意为"蓟"。"荼""茶"二字,字形相似,在字源学上有密切关系,容易引发"茶"字来源出于"荼"字的联想。古代作家的"荼"字是否另有所指,目前确实难以判断。因而要从古代文献中寻求茶叶的最初历史,并不是一件很容易的事。

《神农本草》中茶的起源

中国茶叶的起源,在传说中应于神农时代(公元前 2737 年),萨缪尔·保尔认为依照古代习惯和传说,多数药用植物及茶叶的发现,都归功于中国远古时代的一位圣人——神农氏,因此推断茶叶起源于神农时代,此种说法应当不是凭空臆断。

《神农本草》中讲:"苦茶,一名茶,一名选,一名游,生益州川谷山陵道旁,凌冬不死,三月三日采干。"另有记载谈到茶叶可以医治头肿,膀胱病,受寒发热,或胸部发炎,又能止渴兴奋,使人心境舒适。《神农本草》虽然经常被引用为茶叶历史悠久的证明,但上面的记载是否出自公元前2700年存在着很大的疑问。据考证《神农本草》一书,实际应为东汉时代(25—220年)的作品,当时"茶"字还没有在经书典籍中出现,其中关于茶叶的记载应该是7世纪后的作者加上的,而他们与神农时代相差了3400年。

《诗经》中关于茶叶的记载

上面谈到的是茶叶文献上的一个误区,还有一个更大的误区,就是关于孔子所编的《诗经》中关于茶叶的记载。《诗经》成书约在公元前550年,其中有"谁谓荼苦,堇荼如饴",后人常把它误解成孔子论茶的证明。其实据学者考证,不仅仅这句诗与茶无关,即便在全书中也从没有谈到过茶叶。英国牧师詹姆斯·里基(1815—1897年)以翻译诗经而著名,他的注解是"荼"为"蓟"(一种野生植物,叶带刺,开黄、白或紫色花),"堇"为"荠菜",该句的英文译文为:"Who says the sow thistle is bitter? It is sweet as the shepherd's purse."。

《茶经》为第一部茶叶专业著作,是陆羽在780年以后所著。该书引用了"谁谓荼苦,堇荼如饴"这句话,并指出其中"荼"字从草不从木,而茶是木本植物,因此这句话应改为"谁谓茶苦"。但是725年以前"茶"字还没有使用,所以这个解释也不太合情理。在公元前500年,还有一种文献——《晏子春秋》,其中有关于茗茶的记载。熟悉东方的荷兰植物学家E.布莱特耐德认为晏子既与孔子生活在同一时代,那他所说的茗茶是否指的是茶树还是其他植物存在着不小的疑问。

过了四个世纪,大约在公元前50年,王褒《僮约》一文中有

"牵犬贩鹅,武阳买茶"和"烹茶尽具,已而盖藏"的叙述,这应该是关于茶的可靠记载了。武阳为四川省的一座山,而四川省又一向被称为中国茶的发源地,因此学者们都认为王褒文中的"茶"应当直接指"茶",所以也就认为茶是产于王褒时代,这种说法也不是全无道理。

迦　罗　传

四川在古代开始种植茶树的证据,可以从迦罗传中找到。但是中国有关茶叶的主要书籍中,都没有提到此事。按迦罗于东汉(25—220 年)末期由印度研究佛学归来,带回七株茶树,并把它们种在四川的岷山,这种说法似乎有相当的事实依据,只因为《茶谱》中也曾谈到最初茶叶受皇室关注是在三国时期,这也许是针对迦罗带回的七株茶树而言,只有萨缪尔·保尔坚持认为《茶谱》中多以诗词为主,没有太大的历史价值。

公元 3 世纪时关于茶的记载

公元 3 世纪以后,关于茶的记载越来越多,也比较真实可信。前面提到的《神农本草》应为东汉时期的著作。但是在《神农本草》的古本中并没有关于茶的记载,而有记载的版本应该是 3 世纪以后由后人加上的。死于 220 年的名医华佗曾著有《食论》一书,上面有关于茶的记述"苦茶久食,可以益思"。在《三国志》中也有关于茶的记录,里面讲到吴王孙皓因为大臣韦曜能喝两升酒,就悄悄用茶替代了酒。

最早的可靠记录

4 世纪时,即 317 年左右,晋将军刘琨在给他的侄子兖州刺史刘演的信中说:"吾体中愦闷,常仰于茶,汝可置之。"还有关于古代饮茶习惯的记载,在4世纪时的《世说新语》中提到,晋惠帝司马衷的岳父王漾喜欢喝茶,经常用茶来招待客人,但是大家却因茶的苦味而谢绝了他的美意。

《尔雅》是中国古典名著,它是由著名学者郭璞在350年所编写的。书中给予了"茶"字确切的定义,并用"槚"或"苦荼"来命名它,而且还说明茶是"一种煎叶而成之饮料"。书中还讲到采茶期前期采摘的是"荼",而后期的是"茗"。据茶史学者来看,《尔雅》的记载应当是种茶的最可靠的记录。根据郭璞的记述,世人也就把它看作是茶树的最早栽培期,约为350年。但是郭璞时代所记述的茶,应当是以药用为主的,它是用没有加工的青叶煎服,味道很苦,但是香气馥郁,能引起舒适的感觉,鲍照的妹妹鲍令晖根据这个特点而写下了《香茗赋》。在《晋史》中也有记载:桓温(312—373年)为扬州牧,性甚俭,每筵饮,所置七奠,仅茶与生果而已。

从三国晚期的《广雅》中可以大致了解当时的制茶方法和医用方法。书中描述到在湖北、四川,人们采茶而后制成茶饼,灼至变为红色,然后碎成小片,放入瓷壶中,用开水冲入,再将葱姜和橘皮等放入配合而饮。

茶的商品化

在5世纪时,茶叶逐渐成为商品,南北朝时的宋(420—479年)时期,在《江氏家传》一书中,江统讲道:"西园卖醋、面、菜、茶之属,亏败国体"。南齐世祖武皇帝(483—493年)遗诏中载明不得用牲畜为祭,但设饼、果、茶、饭、酒、脯而已。王肃(464—501年)喜欢喝茶,在《后魏录》中记载他说"茗不堪与酪为奴"。

以上等茶叶作为贡品的习惯,也是从南北朝起始的。在宋代山谦之所著的《吴兴记》一书中记载:"浙江之乌程县西二十里,有温山,所产之茶,专作进贡之用"。

茶被当作饮料

6 世纪末,茶叶由药用转为饮品。晋代诗人张益扬(557—589
年)所作《登成都白菟楼》诗中描写到当时以茶为清凉的饮料,诗
中写道"芳茶冠六情,溢味播九州"。《群芳谱》的作者也证实了当
时饮茶已由药用转变为饮料。据称茶叶最初被当作饮料应当是在
隋代(581—618 年)文帝时期。当时,茶叶虽然没有被重视,但已
被认可为上佳的饮料,而且在药用方面也被世人所赞扬,以"解体
毒,治昏睡"的功效而扬名。

第一部茶书与第一种茶税

6 世纪时,茶的传播广泛,但关于茶叶的生产与制作方面直到
780 年才开始有详细的记载。当时的文人及茶叶专家陆羽应茶商
的邀请撰写《茶经》一书。该书除了描述茶的一般情形,还详细地
介绍了茶的品质和效用,并引用了汉代某位皇帝的话:"用茶使朕
颇感惊异,其妙不可思议,有似酒后顿感兴奋,精神亦倍觉舒畅"。
这些都足以证明陆羽时代饮茶已由古时未加工的青叶煎汁发展为
醇美的茶汤。而且因为改良了制作方法,茶叶的品质也更加趋于
良好,不用再添加香料来增添香味。陆羽对于选择煮茶时的水及
水的温度特别重视。在当时,茶的应用逐渐推广开来。唐德宗元
年(780 年),政府以茶叶为征税的重要项目,这应该是茶税的起源
了。但是,由于遭到各方的反对,茶税一度被迫终止,直到德宗十
四年(793 年)才恢复征收茶税。

综上所述,可以看出茶的普遍饮用应当是在隋文帝(当时《茶
谱》中已有饮茶的记录)到唐德宗(当时第一次开征茶税)的两个
世纪里。而关于泡茶的方法则出现在 850 年两个阿拉伯人旅行中
国的游记中。游记中记载了当时在中国饮茶已经相当普遍,还描

陆羽及《茶经》

述了中国人如何用沸水冲茶,饮其汁液,而且还讲到喝茶可以防百痛。可见中国人在9世纪用的泡茶方法已经和今天大致相同,而茶的医用功效一直延续至今。

泡茶的出现

据《群芳谱》中的记载,宋代(960—1279年)饮茶的风气已经在各地盛行,而且泡茶的方法趋于大众化,成为了一种时尚。当时泡茶的方法是将干茶叶磨成末放入热水中,然后用轻竹帚搅拌,不再加盐来调味,至此茶叶固有的芳香才被人们所领略。当时,爱喝茶的人逐渐从喝茶向赏茶的方面转变,所以茶叶也就成为了社交中的必需品,文人雅士不断探求新的品种,并举行比赛来品评优劣。宋徽宗对艺术的爱好众所周知,在位期间(1101—1126年)他不惜重金寻求新的和名贵的茶叶品种,并御定20种茶为"白茶",被看作是有异香而最珍贵的茶。在当时,各大城市均有精巧雅致的茶室,而佛门中也以饮茶为一种肃穆的仪式。在一二百年之后的明代(1368—1644 年),又出现了第二本茶书——顾元庆的《茶谱》,但此书被认为没有太多的历史价值。

茶的起源问题

茶起源于中国,在本章开始已经提到,但就植物学的观点而言则又有了问题。多数科学家和学者对于茶树究竟是起源于中国还是印度,意见不一,争论不休。在 1823 年印度发现土生的阿萨姆种以前,很多人曾经煞费苦心的将中国茶种输往印度。同时也有中国茶是由印度传入的古代传说,至今仍有若干学者深信中国栽培的茶树最初是由外国移入的。其中以萨缪尔·白尔顿的印度为茶树原产地的说法最为有力,他认为中国与日本大约在 1200 年前,由印度传入茶树,并且说茶树只有一种,即印度种。中国茶树之所以树丛矮短及叶片细小,是因为与原产地距离遥远,受不同气候、土壤等条件的影响所造成的结果。

爪哇茶叶实验场植物学家科恩·斯图亚特博士,关于茶的起源曾著有论文。他遍览关于在中国边境(包括西藏、云南及缅甸等处未开发的山陵)所发现的野生茶的各种文献,而后作出了详尽的论述。他认为如果茶的起源地的问题能够解决,则必是在中国边境无疑。在文章中他也曾提到,法属印度地区也可能是最初茶园的发源地。

自 然 茶 园

自然茶园主要分布在东南亚的季风区域。至今尚可发现野生或原始的茶树,在暹罗(现泰国的古称)北部的老挝、东缅甸、云南、上交趾支那(交趾支那位于越南南部,柬埔寨之东方)及英领印度的森林中都可以看到。因此茶可以被看作是东南亚(包括中国和印度在内)的原有植物。在发现野生茶树的地带,虽然存在

福建武夷山九曲溪

中国关于猴子采茶的传说

着政治上的边界——云南、印度、缅甸、暹罗等，但终究是人为划分的。在人类还没有划分这些界线时，这一区域早已成为原始的茶园，当地的气候及雨量对茶树的繁殖非常合适，促进了茶树的自然繁殖。

现代中国所有的记载都确定在 350 年前后，茶树开始栽培在四川，由此地向外逐渐扩展到长江流域，然后再发展到沿海各地。《茶谱》一书中首次提出茶树起源于武夷山的说法。这种见解不同于其他的观点，大概是想夸大中国产茶区域的广阔。唐朝（618—907年）时，茶树已经遍布于四川、湖北、湖南、河南、浙江、江苏、江西、福建、广东、安徽、山西、贵州等地，其中湖北、湖南的茶叶以品质优良而著名，因此，这两个地区所产的茶叶均被当作贡品。

过去还有用猴采茶的传说。这种离奇荒诞的说法来自于僧侣。主要是因为茶树生长在悬崖峭壁之间,不易采摘,所以就假借猴子之手。据传,茶树生于岩石之间,采茶时以石投猴,猴子一生气就折断茶枝扔下来。茶树的栽培在中国大地逐渐普及开来,而各国的旅行家们也都开始关注这种神奇的植物,因此,中国也就成为世界各国栽培茶树的发源地,日本则是移植中国茶树最早的国家之一。

茶输入日本

茶叶在日本社会中和生活中的地位要比在中国重要。在圣德太子时期(593 年)左右,茶的知识与艺术、佛教及中国文化同时传入日本。至于茶树的实际栽培方法,则是以后由日本佛教僧侣所传入。这些僧侣在日本茶史中有不少著名的人物,他们在中国研究佛学时,学习、了解了茶树的栽培技术,并携带许多茶籽回到日本,开始播种栽植。

达 摩

日本神话中称中国茶树起源于达摩。据传达摩为了免除坐禅时的瞌睡,就把自己的眼皮割下扔在地上,结果眼皮在地上生根发芽长成了茶树。时至今日,茶已经成为日本社会和文化生活中的必需品。日本史学家有一种普遍的观念,他们认为寺院中的花园大都种植了茶树。因此茶文化成了日本文化重要的一部分。根据日本权威历史记录《古事根源》和《奥仪抄》二书,日本圣武天皇于天平元年(729 年)召集僧侣百人在宫中奉诵佛经四日。诵经完毕后,赏赐给每位僧侣粉茶,大家都把它当作珍贵的饮品来收藏,由此逐渐引发了自行种茶的兴趣。书中记载日本高僧行基(658—749 年)一生建寺院 49 所,并在各寺院中种植茶树,这应该是日本种植茶树的首次记录。

不仅日本僧人喜爱中国的茶树,日本桓武天皇在延历十三年

(794 年)在平安京的皇宫中建造宫殿时,也采用了中国式的建筑风格,在内院开辟出茶园,还专设官员管理,并让御医时刻监管。可见在这个时期,茶叶在日本还没有脱离药用植物的范畴。

佛教僧侣宣扬文化

日本延历二十四年(805 年),高僧最澄(后通称为传教大师)由中国研究佛教返回日本,回国时携带了若干茶种,并将它们种植在近江(滋贺县)阪本村的国台山麓,现在的池上茶园相传就是当时大师种茶的旧址。次年,即日本大同元年(806 年),另一位弘法大师(名空海)从中国研究佛学返回日本,他同样对茶树非常爱好,并且对中国朝廷寺院内茶文化发达的情景非常羡慕,非常想在日本国内也营造相同的文化氛围,并使茶叶上升到更高、更伟大的地位。所以,他也携带了大量的茶籽返回日本,分别在各地种植,并将制茶的常识在日本国内广泛传播。

日本寺院在栽茶一事上,显然是取得了相当大的成功。据日本古代历史《日本后记》和《类聚国史》中所记载,弘仁六年(815年)嵯峨天皇巡游到了滋贺县的崇福寺,寺里的和尚将茶献上,天皇饮后龙颜大悦,于是就下旨在首都附近的五个县广泛种植茶树,并且指定专为皇室贡品。大和时期的元庆寺种茶也取得了很大的成功,退位的宇多天皇曾经在 898 年访问该寺时,寺里也是拿出香茗来招待。

日本的第一部茶书

日本承平时期,饮茶已经逐渐成为首都社交场合中的风气,但在上流社会中仍有人将茶看作是药物。随后日本内战爆发,大约有 200 年无人去关心茶事,饮茶的习惯也由于日久年深而被世人淡忘,对于茶树的种植就更加没有人留意。战后建久二年(1191

年），饮茶的风气又开始盛行起来。这个时候，日本茶史上最著名的人物——禅宗领袖荣西和尚，又从中国带回茶籽，种在背振山的斜坡上，这座山在筑前的福冈城西南，还有一部分种在博多附近的寺院里。

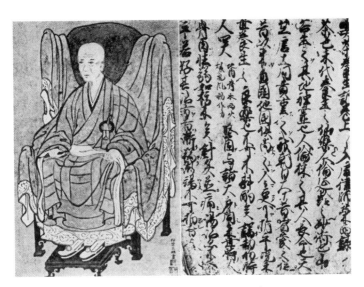

日本荣西和尚及《吃茶养生记》

荣西不仅仅是栽植茶树，他还把茶奉为圣药的根本，所以编著了《吃茶养生记》一书，这就是日本的第一部茶书，书中称茶为神圣的药品，是上天恩赐的宝物，有益寿延年的功效。经过此书的宣传，向来被僧侣和贵族们专享的茶叶，逐渐开始在民间普及。茶在日本的推广如此迅速，应归功于茶叶本身的医疗功效。当时的大将军源实朝因为暴饮暴食而患病，就把荣西召来，为他祈祷祛病消灾。荣西除了虔诚祈祷外，立即返回寺里采集茶叶，并亲自泡制让大将军饮服，将军喝后病情霍然痊愈。将军想要知道茶为何如此神奇，荣西就把《吃茶养生记》送给了将军，从此以后，大将军就成为茶的信徒，而茶也以新药之名，名扬日本全国。全国上下，不论贵贱,都想看一看茶的究竟。

茶成为社交场合的必需品,是由于陶工藤四郎所制造的茶具日臻完美。他在宋朝时将中国用特种瓷釉烧造的茶具带回日本,更加提高了饮茶者的兴趣。当时在京都附近拇尾有一位佛教界的领袖叫高辩,荣西将茶种赠送给他,并传授他栽培和制作的方法。在高辩的精心培育下,他所种植的茶叶,可供应本寺和其他各地使用。

当茶成为普通饮料时,它的栽培地区也逐渐扩展到宇治、羽室等地,然后又扩展到鸠根、河井和上屋治等地,茶的发展速度与生产要求是步调一致的。

绿茶的制造法是1738年长谷宗一郎发明的,这个发明给了日本各地茶叶发展的最后动力。

第二章　中国与《茶经》

自从中国西南部居民发现了茶叶的药用价值以来,不久人们对生叶的需求便与日俱增,其中有些人为了获得茶叶,竟将30余英尺高的野生茶树伐倒以采摘横枝上的茶叶。然而当时这种采叶方法,很有将茶树完全伐尽的态势。要避免上述方法所产生的恶劣后果,并且还要可以获得较为方便的茶叶的供给来源,于是人们就根据耕种其他农作物的常识,开始了试探性的茶树栽培。例如,当时的农民看到茶树与胡桃相似,就认为其根深入地下,直至沙砾层才发幼芽。由此得出一个观点,认为茶树在由碎石组成的土壤中生长最合适,沙砾土次之,而黏土则不适合茶树生长。在此之后,茶树便开始播种于四川适合生长的山区,这个时间大约是在350年。到了唐代(618—907年),饮茶的风气大为盛行,茶叶的需求量激增,农民们便开始致力于种植茶树,无论田间、山地、丘陵到处都种植茶树,从四川沿长江流域扩展到沿海地区。到了宋代(960—1127年)茶树的种植普及到了今天中国优良绿茶的产区安徽和红茶产区武夷山。

第一部茶书

当茶树的栽培普及各地时,而关于茶的栽培与制作的知识却很肤浅,并且都是以言语传播,虽然有几种关于茶叶的著述,但都是只言片语、零落散乱,没有形成系统学说,让农民们能够应用到实际生产中的,更是少之又少。至780年,唐朝学者陆羽著述了第一部完全关于茶叶的书籍——《茶经》,它给当时的中国农民们和世界上从事与茶叶生产有关的人们极大的帮助。如果《茶经》中仅仅讲到茶的栽培与制作，那么人们将始终不能体会到饮茶的真正乐趣。因为当时中国人对关于茶的问题从不轻易与外国人交流，更不会泄露茶叶的生产制作的方法，直到《茶经》问世，其中的奥秘才被公之于众。《茶经》简化了各种凌乱的知识，从而减少了人们阅读的时间，那些反对将中国栽茶知识泄露给外国的商人们，也在不知不觉中起到了传播茶叶知识的作用。

陆羽——一个中国浪漫主义者

唐朝中期，随着茶叶的发展和需求激增，中国茶商急需适当的

陆羽在茶园

人才将零碎的茶叶知识综合统一起来，正巧才能高超、学识渊博又有素养的陆羽非常乐于从事此项工作。据中国史书记载，陆羽是一名弃婴，身世可与《圣经》上所记载被抛弃在芦苇丛中的圣人摩西相媲美。史书上记载，"陆羽，原籍湖北复州，为一僧所瞥见而收养之；及长，拒为僧侣，遂使执童仆之役，以训其傲性；教其谦卑，使其就范，以恢复当朝固有之习惯"。由于儿时受到长期奴役的影响，因此陆羽长大后形成强烈的个性。后来，一有机会他便从寺院中逃走了，并在一个戏班中担任小丑的角色。戏班所到之处，观众都赞叹他演的小丑滑稽可笑，但是陆羽内心并没有感到真正的快乐，他强烈的

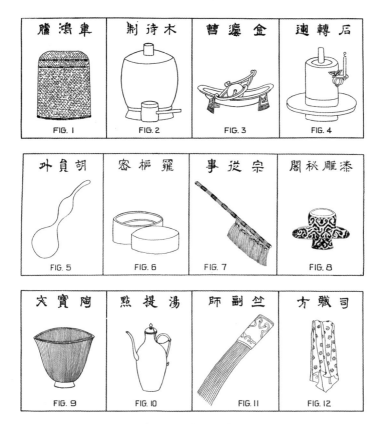

陆羽时期的中国茶具

求知欲望从来就没有间断过。时任复州都督慧眼识人,认为陆羽不是一般的人,就给他创造了阅读大量书籍和求学的机会。在遍读圣贤书籍后,陆羽立志以发扬国家文化为己任。这时,正赶上茶商在寻找能人写作关于茶叶的书籍,他们希望陆羽能够充分发挥他的才干来完成此事,使茶叶从粗放贸易的状态推进到理想化,并使茶叶的知识有完整而系统的记载。陆羽首先从茶叶法典的订立入手,这也成为了后来日本《茶叶典》的基础。

　　从此,陆羽名扬天下,他的成就在当时国内实属罕见,茶叶界尊奉他为祖师,后人尊称他为"茶圣",正如拉斯金说的:"用平凡而朴素的文学来表述所探求的事物,是最难能可贵的。"至今没有人能够否认陆羽在茶叶界中的崇高地位。陆羽晚年得到唐朝皇帝的器重,处境很好。后来他又开始寻求生命的玄奥,到了775年成为一位隐士,五年后出版《茶经》,804年逝世。

一部《茶经》明刻本现存放于伦敦大学的图书馆中,该书注明"唐代竟陵陆羽字鸿渐著　明代新安汪士贤校"。

《茶经》共三卷十节,第一节论述茶树的特性,第二节论述采茶的器具,第三节论述茶的处理方法,第四节论述了24种茶具,通过此节可以看出陆羽偏好中国道教及茶叶对于中国制陶术的影响,第五节论述泡茶方法,其余各节分述茶叶通常的饮用方法,以及历史上著名的茶产地和各种茶具的图解。

（编者注:原著收录《茶经》全文,本书从略。）

第三章　茶叶传入欧洲

　　以茶代酒的习惯,东方和西方一样都很重视,只不过东方盛行饮茶的风气要比欧洲早数个世纪。世界上有三种主要的饮料,即茶、可可及咖啡。可可是传入欧洲的第一种饮料,在 1528 年由西班牙人引进,而茶则在一个世纪后由荷兰人在 1610 年传入欧洲。咖啡是由威尼斯商人在 1615 年引入欧洲的,是三种饮料中最晚传入欧洲的。

ve n'è tanta copia, che l'abbrucciano côtinuamente fecco incàbio di legne : altri, come hanno i
lor caualli malati,gliè ne danno di côtinuo à mangiare, tanto é poco ftimata ôfta radice in ôlle
parti del Cataio. ma bñ aprezano molto piu vn'altra piccola radice,laquale nafce nelle montas
gne di Succuir doue nafce il Rheubarbaro,& la chiamano Mambroni cini,et é cariffima:e l'ado
perano ordinariamête nelle lor malattie,& maffime in ôlla de gl'occhi:perche, fe trita fopra vna
pietra con acqua rofa,vnghano gl'occhi,fentono vn mirabile giouamento,ne crede che di ôlla
radice ne fia portata in ôfte parti,ne meno diffe di faperla defcriuere:& di piu , vedêdo il piacer
grâde,ch'io fopra gl'altri pigliauo di ôfti ragionamêti,mi diffe che per tutto il paefe del Cataio,
fi adopera ancho vn'altra herba,cioe le foglie,la quale da que' popoli fi chiama <u>Chiai Cataj</u>:&
nafce nella terra del Cataio,ch'é detta Cacianfú : la quale é comune & aprezzata per tutti que'
paefi.fanno detta herba cofi fecca come frefca bollire affai nell'acqua,& pigliando di ôlla decot
tiône vno o duoi bichieri à digiuno leua la febre,il dolor di tefta di ftomaco , delle cofte,& delle
giûture,pigliâdola pero tanto calda quâte fi pofli fofferire,& di piu diffe effer buona ad infinite
altre malattie delle quali egli n'hora nô fi ricordaua : ma fra l'altre,alle gotte.Et fe alcuno
per forte fi fente lo ftomaco graue p troppo cibo , pía vn poco di ôfta decottione in breue têpo
hara digerito.& per ciò é tâto cara & aprezzata,che ogn'uno che vâ in viaggio ne vuol porta
re feco , & coftoro volontieri darebbono per quello ch'egli diceua fempre vn facco di rheu
barbaro per vn'oncela di ôfte <u>Chiai Cataj</u>:Et che quelli popoli Cataini dicono che fe nelle noftre
parti & nel paefe della Perfia & Franchia la fi conofceffe , i mercanti fenza dubio non vorreb
bono piu comperare Rauend Cini,che cofi chiamano loro il Rheubarbaro . Quiui fatto vn
poco di paufa,& fattoli domandare s'egli mi voleua dire altro del Rheubarbaro , ri fpoftomi
non

欧洲最早的关于茶叶的文献

　　欧洲文献上最早读到茶叶的书籍,是 1559 年威尼斯著名作家 G. 拉姆西奥(1485—1557 年)所著的《中国茶》和《航海旅行记》两部著作。拉姆西奥曾经收集了非常宝贵的古今各种航海及探险记录并且发表。在他担任"十八会议"秘书时,曾经收集了许多商业上的珍贵资料,并且与许多著名旅行家交流过。其中有一位名叫哈吉·穆罕默德的波斯商人,相传最初关于茶叶的知识,就是由这位波斯商人传入欧洲的。他的事迹在拉姆西奥的《航海旅行记》中第二卷的序文中提起,此书还说到了马可·波罗的旅行,书中关于茶叶的记述如下:

> 哈吉·穆罕默德是里海起伦即现在所说的波斯人。他从印度苏迦即现在的萨迦回到威尼斯作了如下的口述。他说:大秦国有一种植物,仅有叶片可以饮用,人人都叫它中国茶,中国茶被看作是非常珍贵的食品,这种植物生长在中国四川的嘉州府。它的鲜叶或干叶,用水煎沸,空腹饮服,煎汁一二杯,可以去身热、头痛、胃痛、腰痛或关节痛。但是这种汤汁是越热效果越好。另外,还有一些疾病,用茶来治疗也会起到效果。如果暴饮暴食,胃中难受,喝一点茶,不久就能消化。所以茶一向被人们珍视,是旅行家必备的物品。在当时,有人愿意用一袋大黄交换一两茶叶,所以大秦国的人们说:"如果波斯和法国等国家知道了茶叶,商人必然不再去购买大黄了。"

拉姆西奥时代,威尼斯因为地处欧亚交通要道,成为商业中心,当地的商人和学者,对于如何增加自身的商业信誉和财富知识,都具有敏锐的眼光。凡是由神秘的东方归来的贸易家与旅行家,均被设宴款待,欢迎他们将所见到的各种奇风异俗及各种特产娓娓道来。而自从马可·波罗东游归来后,大家对于这些消息更是异常的关心。当穆罕默德来拜访拉姆西奥时,拉姆西奥还在编辑马可·波罗的游记。拉姆西奥在招待穆罕默德的席间,第一次听说了关于茶和如何饮茶的故事。

在马可·波罗的游记中,没有提到茶叶。虽然 1275—1292 年,饮茶在中国已大为盛行,但理由也很简单,因为马可·波罗在中国期间,正赶上鞑靼族入侵中原,而作为元朝皇帝的客人,对于被统治人民的习惯,没有加以过多的注意而已。

东方的先驱者——葡萄牙人

自从葡萄牙冒险家达·伽马于 1497 年发现了经好望角而到印度的航线以来，葡萄牙人的探险事业就不断地发展，他们将根据地设在马来半岛的马六甲，1516 年第一次由马六甲航行到中国，为贸易发展创造了更多的机会。这些葡萄牙人是欧洲人中最先由海路到达东方的人。第二年，又有多船结队而来，并派出公使到达北京，于 1540 年到达日本。

当时，中国明朝政府对这些远道而来的葡萄牙人心存防范，并没有对这些来访者给予欢迎。但葡萄牙使者，最终说服了中国政府，他们不是为了侵占土地，而是想交换购买物品，因此中国政府批准他们居留在澳门。

传教士与旅行家的论述

在欧洲与中、日两国通商的初期，并没有关于茶叶出口的记录。最早进入中、日两国的天主教传教士，逐渐地适应了饮茶的习惯，并将这一习惯传入欧洲。在传教士中有一位名叫加斯博·克鲁兹的葡萄牙神父，是在中国传播天主教的第一人，他于 1556 年到达中国，1560 年左右返回葡萄牙，并以葡文写了关于茶叶的著作，并且马上出版。在书中写道："凡是上等人家大都以茶敬客，这种饮料以苦叶为主，为红色，可以治病，是一种药草煎成的汁液。"

意大利派到日本的路易斯·阿尔梅达神父，于 1565 年寄回国内的信件中提道"日本人非常喜欢一种药草——茶"。这是关于东方茶叶的信息第二次传到欧洲。

两年后，即 1567 年，茶叶的有关信息第一次传到俄国，这是由伊万·彼德洛夫和波纳希·亚米谢夫二人游历中国返回俄国时所传入。他们关于茶的描述非常简单,只是说茶树是中国所产的神奇植物,但是没有带回实物,感到相当遗憾。

虽然在 1559 年欧洲已经有了关于茶叶的记载,并在威尼斯出版,但是直到 1588 年,才转载于一篇意大利文的著作中,它就是意大利著名作家 G. 玛菲所著,佛罗伦萨出版的《游印书札选篇》四卷;阿尔梅达神父的信件,也转载于该书当中。玛菲还经常引证在同一年罗马出版的《印度史》上关于茶的故事的记载:

> 日本人的饮料是一种药草的液汁,被称作茶,通常是煮沸以后,才能饮用,非常卫生。茶可以止渴生津,醒脑明目,并且可以延年益寿,使人几乎不知疲倦。

> 日本人不用葡萄酿酒,而是使用糯米酿酒,在他们喝酒之前,通常都在沸水中放入茶叶的粉末,这种茶制造得非常精致。在上等社会中,主人经常是亲自调制茶叶来招待宾客;更有甚者,有专门用来饮茶的房间,房间中陈设雅致,配有精美的茶具,当迎送客人的时候,都是献茶表示对客人的尊敬。

时隔不久,1589 年威尼斯牧师、作家 G. 保特若在其所著的《都市繁盛原因考》一书中,提到"中国人用一种药草榨出汁液,用来替代酒,可以保证身体健康,预防疾病,还可以避去饮酒之害"。当时中国用茶作饮料并且入药已经 800 多年了,因此文中所指的药草应当是指茶无疑。

保特若的著作发表后,大约过了 13 年,另一位葡萄牙神父迭戈·潘托亚论述中国的仪式,也有关于茶的记载:"当主客见面寒暄之后,即饮用一种沸水所泡的草汁,名字叫茶,非常名贵,必须喝上两三口"。

意大利牧师帕德·M. 里希(1552—1610 年),自 1601 年到去世为止,一直担任当时中国朝廷的科学顾问,对于茶叶有详尽的描述,其中不仅涉及到了茶叶的价格,还就中、日两国的制茶方法加以比较,是早期的茶叶文献中最主要的一部。他的文章采用书信

体的方式,后由法国天主教牧师帕德·N.特里高特于1610年发表,现将部分摘录如下:

> 每当我经过茶丛时,想到此种植物可以制茶,不禁感到惊奇,中国人在阴天采取茶叶,用来每天冲泡使用。这种饮料在饭后和欢迎客人时使用。有时也在闲暇时饮用,用来消磨时光。茶还须趁热饮用,味道略苦,但饮用后并没有不适的感觉,经常饮用,对于身体健康方面非常有益处。茶叶的品种和质量各不相同,上等茶叶每磅价格大约是一或二三葡币,大约合五法郎。最上等的茶叶在日本可以卖到每磅十到十二葡币。茶叶在日本的使用方法与中国稍有不同:在日本是将茶片磨成粉末,每杯开水中加入茶末二三勺,混和而饮;而在中国只是将茶叶数片放入一壶开水中,等到泡出的液汁散发出香味时,趁热饮用,而茶叶则不饮用。

1610年,即里希的著作在意大利发表的同一年,有一位葡萄牙旅行家出版了《波斯及和尔木斯岛皇族记》一书,书上关于茶叶的论述:"茶叶是从鞑靼国运来的一种植物的小叶,我在马六甲时曾经见过"。

此后又经过了30年,才又有了关于茶的记述。这些记述,被记载于葡萄牙天主教牧师阿巴罗·西米度(1585—1658年)所著的《中华帝国史》一书中。此书在1643年用意大利文于罗马出版,1655年又译成英文在伦敦出版。

后来关于茶的记载还有三种,都出自于法国传教士之手。第一种是亚里山大·鲁德(1591—1660年)所著的《传教旅行记》,1653年出版于巴黎,书中说道:"中国人的健康与长寿,应当归功于茶,茶是东方人经常饮用的饮料。"第二种是贾克·布格斯所著的《贝莱特主教赴交趾支那传教旅行记》,1666年出版于巴黎,书中提到:"当我们在逻罗时,每餐之后,饮茶少许,感觉对身体非常有益。茶与葡萄酒的功效,孰优孰劣,很难断定。"第三种是乐贡神父（1655—1728 年）所著的《最近旅行中国的记录与观察》，1696 年出版于巴黎，书中谈到中国人得肿胀、神经痛及膀胱结石疾病的很少，而防治这些疾病或许与中国人饮茶的习惯有关。

荷兰人到达东方

在 1596 年以前，远东海运贸易为葡萄牙人所独占，葡萄牙将东方的绸缎及其他的物品运回到里斯本，然后通过该地的荷兰船转运到法国、荷兰及波罗的海各港口。

荷兰航海家林舒腾

荷兰航海家让·雨果·范·林舒腾（1563—1633 年），曾经和葡萄牙人一起航行到印度，于 1595—1596 年著述了关于旅行的所见所闻，对荷兰船长及商人们产生了较大的刺激，他们对于分享利润优厚的东方贸易跃跃欲试。他的著作是荷兰文献中最早涉及茶叶的作品。通过此书我们可以了解到关于日本早期饮茶的习惯与仪式的概要。1598 年以后，该书被译为英文，在伦敦出版。书上讲道：

日本人的饮食习惯是每人面前摆设一张小桌，没有台布和餐巾，吃饭的时候使用木筷，与中国人所使用的木筷相似。喝酒用的是米酒，各自饮用自己的酒水，饭后饮用一种饮料，是盛在壶中的热水，不论寒暑，均使用开水，烫得难以入口。这种热水，是用一种叫作茶的植物粉末制成,人们都非常喜好。在招待朋友宾客时,他们都是亲力亲为。茶盛于壶中,饮用时则使用陶器、杯等茶具。他们对茶具的喜爱,就像我们对钻石和宝石等贵重物品,而且旧的比新的茶具好,因此他们都用技术精湛的工人来制造茶具,并且非常细心地收藏。对于茶具的鉴赏也有高超的技巧,如果茶壶与茶杯是老的物件,则每件价值可以达到四五千达克特(译者注:以前流通于欧洲各国的钱币)以上,当时天皇(日本古代皇帝)曾经以一万四千达克特的价格购得三脚茶壶,还有一位将军以一千四百达克特的价格购得一把茶壶,另有三把茶壶更为珍贵,它们的价值不亚于珍宝。

就荷兰通商史而言,应当是开始于1595年葡萄牙人封锁海港阻拦荷兰船只的事件,因为这次事件,荷兰派出四艘舰艇,在康纳利斯·沃特曼的指挥下,驶往东印度群岛。第二年6月抵达爪哇的万丹,设立堆栈,收集并装运东方货物运往国内。荷兰人看到各地原住居民都非常乐意与他们交易,而且每次都有不计其数的货物运回国内,便引发了荷兰人直接参与东印度贸易的浓厚兴趣。在第一批商船队回到当时的商业港口推绥尔之前,第二批商船队共计8艘商船又已经出发了;至1602年,共有65艘以上的商船到达了东印度,于是就引发了激烈的竞争。为了缓解这些纠纷,便成立了荷兰东印度公司,借此合并互相竞争的商家,避免一起遭受损失。这一年有部分荷兰船首次由爪哇转到日本,1607年又从澳门运送许多茶叶到达爪哇,这是欧洲人在东方设立集散地开始运输茶叶的最早记录。

1609年,荷兰东印度公司的首只船舶抵达日本沿海的平户岛,荷兰在1610年由此岛运载茶叶到爪哇的万丹,再转运到欧洲。其具体日期虽然稍有出入,但大体上都比较准确。瑞士著名的解剖学家及博物学家G.布金(1560—1624年)在1623年的著作中,曾经坚持认为荷兰船在1610年运输茶叶的学说,文中记载:

"荷兰人最早从中、日两国运输茶叶到欧洲,时间是在17世纪初叶"。

1655年荷属东印度公司船只在广东运茶的场景

最初运到欧洲的茶叶是绿茶,从苏格兰的医学家、作家托马斯·舒特(1690—1772年)的著作中可以证明。他说,"欧洲人最初所订购的茶叶是绿茶,后来则改成订购武夷茶"。

第二年,即1611年,荷兰公司得到日本天皇的特许,被批准可以在平户岛设立贸易商社经商,对于贸易方面的限制,荷兰人也享受到了很多的优惠,这一切也导致了率先抵达该岛的葡萄牙教士仇恨荷兰人霸占了他们的临时权利,并最终引发了数次械斗。于是,日本天皇下令驱逐一切欧洲人,葡萄牙人躲到山上避难,面对海港居高临下,筑起城墙,坚守不撤。日本军队无法攻入,这时荷兰人协助日本军队用自己船上的大炮轰平了葡萄牙人的阵地。因此,荷兰人被准许在该岛继续居留,但条件已经变得非常苛刻了。后来,他们从平户岛移居到长崎港的檀岛,实际上是被软禁在该岛的石墙之内。这种状况下,荷兰与日本的茶叶贸易日渐衰落,因此,荷兰人转而与中国开始贸易往来。

英国人到达远东

到了 17 世纪,荷兰人几乎控制了东印度香料贸易的所有往来,1619 年,在爪哇建立了巴达维亚城,作为到达大东方目的地——香料群岛(或摩鹿加群岛)的新根据地。不久,英国的东印度公司也成立了,英国人远航到日本,并且与当时的中国朝廷建立了良好的关系。1610—1611 年,英国人在印度的麦苏立白登及贝塔布里设立了代理商行,并且侨居于香料群岛的安保那岛,这个时期,荷兰人已经抢先在该处设立了根据地。

英国人想要霸占整个印度群岛,荷兰的商人们极力反对,因为荷兰人认为自己享有该处的优先权,为此双方争执相持不下,最后导致了 1623 年的安保那岛的大屠杀。最终结果是,英国公司不得不承认由荷兰人独占远东贸易权,而英国人则退让到印度本土及其附近各地。自 1657 年起,英国所用的茶叶,全部从荷兰输入,只不过由于 1651 年的《航海法》的限制,需用英国注册的船只运载。

除 1664 年和 1666 年两次进贡给英皇的少量茶叶不计算在内以外,1669 年,英国东印度公司最开始从爪哇万丹输入的茶叶仅为 143.5 磅。此后,他们的贸易额不断增加。到了查理二世时期,英国东印度公司被政府授予各种特有的优越权利,使得该公司迅速发展,不久便凌驾于荷兰及葡萄牙人所创办的各种商业组织之上。

其他国家的采用

茶叶除了由海路运到欧洲西部以外,还有通过商队经利凡特(译者注:包括地中海东部附近诸岛及沿岸诸国在内的地区)由陆路运至欧洲其他各地。最早通过这条路线运达的茶叶,是 1618 年由中国公使所携带的数箱茶叶,历经 18 个月的艰苦旅程,到达莫斯科,并将茶叶馈赠给俄国朝廷。当时中国人是想用茶叶来交换其他货物。但是困难很多,其主要原因是,当时俄国人对茶叶并不感兴趣。因此,自赠品茶到达莫斯科的20年之间,没有产生任何的影响,所以它在欧洲整个茶叶发展史中没有特别重要的意义。

　　以前,教会方面颂扬茶叶具有神奇的医药功效,此时,也有人提出异议。例如,当时的德国医生西蒙·保利(1603—1680年),在1635年发表的一篇医学论文,充满了对茶叶的恐怖论调,文中说茶不过是世界上的一种普通植物而已。文中还说:"一般所讲的茶的功效或许只适合在东方;在欧洲的气候下,它的功效则已经消失,如果作为医药用,反而会有危险。饮茶还会使人缩短寿命,尤其对四十岁以上的人更危险。"

　　而关于赞美茶的记录还是很多的。如德国青年旅行家曼德尔斯罗在1633—1640年,与霍斯汀·高特普大公、莫斯考伊大公和波斯王的公使同行。在他的旅行日记中记载道:"我们每日平常的集会中只饮用茶,这在印度各地是很普遍的,不仅仅是原住居民这样,荷兰人和英国人也是如此。波斯人则不饮茶,他们用咖啡代替茶。"

　　1637年,曼德尔斯罗在波斯皇宫时,因身体虚弱,便请假去印度旅行,在旅行途中他更是深刻体会到茶对他身体的帮助。他在日记中说道:

　　　　我们从喀麦隆到印度修拉,行程共计十九天。旅途中船长热情地招待我们,船上的储备非常丰富,有鸡、羊和其他的新鲜肉类,还有上等的白葡萄酒、英国啤酒、法国烧酒以及其他饮料。这些食品使我的健康逐渐恢复。另外,我每天肯定饮二三次茶,已经习以为常,这种饮料对我的健康贡献最多,所以在这里要感谢茶对我的帮助。

　　关于荷兰最早的用茶记录,从"第17世长官"(译者注:此名称是荷兰东印度公司17位董事的常用名)在1637年1月2日给巴达维亚总督的信件中可以看到。信中写道："自从人们逐渐采用茶叶之后,我们迫切地希望各船能尽量地多装载中国和日本的茶叶运到欧洲。"

当时应该是1637—1638年,饮茶的风气已经逐渐在欧洲大陆扩散开。在曼德尔斯罗描述日本泡茶的记载中可以证明这一现象,文中称茶为"Tsia":

> Tsia 是 The 或 Tea 的一种,但是它的品质比 The 更好,所以它更受到人们的珍爱。在上流社会中,人们将茶叶小心地放入陶瓷壶中加以密封,以免香气丢失。只是日本人冲茶与欧洲人截然不同。

阿达姆·欧里瑞尔是霍斯汀·高特普大公派往波斯公使的秘书,在他的著作中(1638年)谈到在波斯民间有很多的高档品质的茶叶,用水煮沸,等到苦味泡出,汤呈黑色时,再加入茴香、丁香及糖等,混和饮用。

在 1638 年,派至蒙古帝国的俄国公使 V. 斯达科夫将茶叶带回,但是他并没有将茶叶献给俄皇,这或许是因为当时的俄皇对茶叶并不是感兴趣。在俄国与东欧等国还没有认

关于茶树在欧洲的最早版画

识到饮茶的好处时,1640 年左右,在海牙的上流社会,早已经开始了饮茶的风尚。

茶叶最早传入德国是在 1650 年,是通过荷兰借道入境的。到了 1657 年,茶叶已经成为德国市场上的主要商品。在诺德豪森的

物品价目表中标明茶的价格每一把为十五金盾(译者注:Gulden,17 世纪德国货币名称),除了沿海地区,其他各地区,茶叶的扩展速度比较缓慢。奥斯托弗立斯伦特是当时德国最大的茶叶消费地区。

因受到茶叶这一新奇事物的吸引,荷兰自然学家威廉·瑞恩在 1640 年写下《茶的植物学方面的观察》一文。1641 年,荷兰著名医学专家尼克勒斯·迪克斯博士(1593—1674 年),以尼古拉斯·特普为笔名,著有《医学观察》一书,这是最早从医学角度来赞扬茶叶的著作,并引起了各方的关注。书中讲道:

> 无论是什么植物都不能与茶叶相提并论,这种植物,既可以免除一切疾病,又可以益寿延年。除了增强体力外,茶叶还可以防止胆结石、头痛、发冷、眼疾、炎症、气喘、胃滞、肠病等,并且可以提神醒脑,对于夜间的思考与写作工作,效果很好。只不过茶具都是很珍贵的,中国人对茶具的喜爱程度,就像我们喜欢珍宝一样。

爪哇的巴达维亚医生及自然学家贾克布·邦迪尔斯博士,于 1642 年出版的《东印度的自然与医学史》一书中,用问答的形式描写了茶叶,此文后来转载于古利姆斯·比索的《印度自然与医学用品》一书中。引用的句子如下:

> 安德雷斯·杜雷斯:您对于中国的茶叶有何看法?
>
> 贾克布·邦迪尔斯:中国人认为这种东西很神秘并且很珍贵,如果不用茶来待客,就好像未尽到地主之谊。茶叶在中国人心目中的地位就好像咖啡在回教徒心目中的地位一样,此物为干性,可抑制睡眠,并且对患有气喘病的病人有益。

在此期间,荷兰著名的医生,包括:布兰卡特、邦替克、塞尔维斯、范·杜万登、比德禄和帕金等,他们与著名化学家基舍神父、植物学家 J.布雷尼尔斯、著名化学家生理学家范·荷尔蒙(1577—1644 年)等人都持有对茶叶相同的赞颂观点。荷尔蒙在教学生时,告诉他们茶有促进血液循环和清理肠胃的作用,可以作为同类药品的替代品。

在当时众多赞扬茶叶的医学家中,克尼里斯·达克(1648—1686年)认为,邦迪尔斯医生可谓宣传推广茶叶的第一人,对于促进茶叶在欧洲推广普及,功绩最为显著。他劝告人们每天要饮茶8杯至10杯,但是即使饮50杯到100杯,甚至200杯也不会有问题。这些是因为他自己常有如此大的饮用量。历史上有一种说法是邦迪尔斯医生是受了东印度公司的恩惠而著述颂扬茶叶的文章。总而言之,历史上众多医生关于茶叶的宣传,对于

欧洲推广茶叶第一人——
荷兰医生邦迪尔斯

东印度公司茶叶贸易的发展,确实起到了推波助澜的作用。

用牛奶作为茶的调味品,最早出现在荷兰旅行家及作家J.尼尔霍夫(1630—1672年)的论述中。他在1655年,随东印度公司出使中国,并担任驻中国的代表,他描写了在广东城外,政府招待外国使节的宴席,宴席一开始,先在桌子上放很多瓶茶水饮料,并致欢迎词。这种饮料是以茶叶制成:先将半把茶叶放入清水壶中,等到煎至水还剩2/3的时候,加入1/4的热牛奶,再略加一点食盐,趁其极热时饮用。

最初销售茶叶,以药房为主,荷兰以盎司来计算,与糖、姜和香料一同销售。后来逐渐出现在销售各殖民地土特产品的场所,再往后,随着茶叶在欧洲大陆的普及,一般杂货店里也开始销售茶

叶。1660—1680 年,茶在荷兰已经相当普及,最初流行于上流社会,后来逐渐不分贫富了,有追求的家庭往往另辟一室,专供饮茶。有些人家虽然贫穷,也必然专用一小间房来饮茶,或者是在餐室中饮茶。与咖啡相同,荷兰对茶叶也从未加以限制。

德国的弗尔曼医生,在著作中阐述茶可以防治瘟疫,韦伯医生认为茶叶可以强胃长寿,并减少不必要的睡眠。沃什密特教授称高贵绅士们肩负重任、日理万机,更要多饮热茶,保障身体健康。

1689 年,中俄两国签订《尼布楚条约》以后,中国茶叶由满蒙商队走过风景美丽的高原源源不断地运往俄国。俄、中两国的贸易因为受到条约的限制,只能局限在中国北方边境的雅克图,因此该地就成为两国物产交换的主要市场。

斯堪的那维亚半岛上的国家认识茶叶,全是通过荷兰商人的商业活动,自 1616 年丹麦加入到与印度贸易的行列后,他们的商业活动也起到了一定的作用。

茶叶在欧洲大陆的争论

在德国,对于茶叶也存在着极力反对的人,其中最出名的是天主教徒 J. M. 马蒂尼。他认为中国人之所以面黄肌瘦,都是饮茶的结果,因此极力主张拒用茶叶,他甚至还提出禁止德国医生采用外国药品,并坚持应以行政命令禁止用茶。在荷兰也有一些持相同论调的医生,即便是在高贵的传教士中,虽然有不少茶叶爱好者,但咒骂茶叶的人也不在少数。

自从受到教会方面的关注,以及荷兰医学界的解释以后,这种来自中国的新饮料,一时间成为欧洲主流社会议论的焦点,而茶叶也是在这个时候传入法国,其具体年代据传应为 1635 年。但根据戴勒玛瑞警长所著《警政全书》的第三卷第 797 页记载,巴黎最早有茶应当在 1636 年。但是 A. 弗兰克林对于上述两种说法,均表示怀疑。因为法国著名医师作家 G. 帕丁(1601—1672 年)在 1648

年 3 月 22 日的信函中曾经提到茶叶,称茶叶是当代无关重要的新产物。据说有一位名叫莫里斯特的医生,他善于夸大其辞的本事甚于其医道。他曾经写过一篇关于茶的论文,发表后受到强烈指责,有些医生甚至主张将他的著作烧毁,于是将此事诉诸于大学校长,一时传为笑谈。当时的人认为帕丁医生是各种改革的公敌,尤其是在医药方面,不仅仅是反对以茶叶作为药材而已。而莫里斯特的题为《茶叶能否促进智力》的论文,则是把茶叶推到了万能药的地位,这也引起了法国医药界的争论,法国大学的医生们没有人敢发表赞同的言论。

巴黎鲁德斯神父在数年后(1653 年)给予茶叶很高的评价,他说荷兰人由中国将茶运到巴黎后,以每磅 30 法郎的价格销售,但是它的实际价格仅为 8 苏(荷兰货币单位——译者注)或 10 苏,而且还是陈茶,因此交易不成功。人们把茶看作是名贵的药物,不仅可以治疗神经性头痛,而且可以医治关节痛和砂淋症。

鲁德斯医生关于茶叶有医疗功效的言论,引起了法国著名大臣及内阁总理马克斯林大主教想用茶来治疗痛风的想法,关于这件事,从帕丁医生 1657 年 4 月 1 日的另一封信中可以看出,他嘲笑这些贵族们用茶来治疗痛风,他在信中写道:"马克斯林用茶来治疗痛风,茶真的是治疗痛风的灵丹妙药吗?"

法国其他名人在鲁德斯的著作出版之前,也有很多用茶作药品的事情,这些事在鲁德斯的著作里都可以看到。鲁德斯总结归纳了对茶叶的赞誉:

我经常与法国名人往来,知道他们饮茶,并且接受了他们不少的馈赠,这使我在过去的三十年中受益匪浅。

在鲁德斯提到的名人中,C. 斯奎尔校长是其中的一位,这位校长非常喜爱茶叶,而且他对于茶叶在世界范围内的普及是最有贡献的。

1657 年,著名外科医生皮埃尔·克里希的儿子向斯奎尔校长提交了一份关于茶叶的论文,斯奎尔校长对此非常关注。这也引

起了茶叶反对派的带头人物帕丁大为不满,用文雅而讥讽的语气
叙述了当时的情形:"下星期四,这里将会有一篇关于茶叶的论文
提交给校长,这是得到他允许的,这位伟人的身影也必当列席。"
这句话暗指校长本人出席答辩会,有失身份。但是年轻的克瑞斯
在答辩会上用了四个多小时的时间,详细阐述了茶叶如何可以治
疗痛风的功效和原理。这使得大学中的教授团毅然放弃了过去对
于茶的敌意,更有甚者将茶叶替代烟草来吸食。这一切大大出乎
帕丁医生的意料之外。帕丁在 1657 年 12 月 4 日的书信中,讲道:
当天,除了校长莅临以外,还有许多著名人士,其中包括不少患有
痛风的枢密院委员。并且说:克瑞斯医生在大庭广众面前的演讲
非常生动,而校长也是听得兴意盎然,直到中午,没有丝毫倦意。
这位年轻医生的演讲,得益于校长的正襟危坐与凝神静听,给听众
们留下了深刻的印象。从此之后,茶叶在法国的地位更加稳固。
实际上在 1659 年丹尼斯·庄克医生就已经表明茶是一种神秘的
药用饮料,引起了巴黎医药界的普遍关注。而剧作家保罗·斯卡
隆早已经成为了饮茶的信徒。

法国与斯堪的那维亚的记录

1667 年,法国传教士 G. 古来由中国归来,带回了一种神秘的
制茶方法,方法如下:

取一品脱(译者注:品脱为美、英容量单位,1 品脱 =
0. 56 升)茶叶,加入鲜蛋黄两枚,再加糖少许,这样可使
茶叶充分甜蜜,然后搅拌均匀,加入热水冲泡,几分钟后
即可饮用。

1671 年,P. S. 杜弗在里昂出版了《应用咖啡、茶及巧克力的方
法》一书。1680 年著名书简作家塞维恩夫人,论述了塞伯利埃尔
夫人用牛奶与茶混和饮用,在她的文章中有很多有历史价值的故
事,而这件事,则是欧洲用牛奶冲茶的最早记录。在 1684 年,塞维

恩夫人又在书简中写道:"塔伦特女皇每天饮茶十二杯。M. 兰德克里弗每日饮茶四十杯,在他弥留之际,昏迷的时候还曾经用茶使他苏醒。"

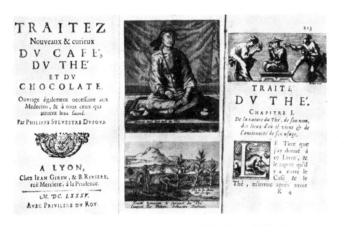

杜弗《应用咖啡、茶及巧克力的方法》一书封面

1685 年,茶已经广泛流行于文艺圈中,亚伦起的著名神父 P. D. 胡埃写有一首拉丁诗,长 58 节,文中描述了他对于茶的喜爱,并且题名为《可爱的茶》。还有一位著名法国作家 P. 帕蒂发表了一首 560 节的长诗,诗名是《中国茶》。法国药剂师波迈,在 1694 年以每磅 70 法郎的价格销售中国茶,而日本茶的价格则达到 150—200 法郎。但是自咖啡和巧克力传入以后,在上流社会当中,茶的流行受到了一些影响。法国的戏剧诗人拉塞恩,在晚年对茶叶非常爱好,每天早晨至少饮用一次。

至于斯堪的那维亚的文学著作,在 1723 年布隆·路德维·霍尔伯格男爵(1684—1754 年)所著的《喜剧产妇》一书中,最早提到了茶叶。

第四章　茶叶传入英国

在茶叶传入英国并逐渐成为大家习惯的饮料这一段时间内，曾经发生了不少冒险离奇的故事。英国记载茶叶的最早文献，当推 1598 年出版的《林孝登旅行记》。当时英国人称茶为 Chaa。

孟岛庇尔城堡家具清单的杯碟一项，列有镀金茶杯一只，该清单编选日期为 1651 年 11 月 3 日。所以人们证明孟岛开始饮茶的时间应当是在 1651 年以前。但是根据伦敦公众记录局的考古专家的意见，镀金茶杯一项的"茶"字，应该是"银"字，所以这一项应当是镀金银杯意思才对。

根据苏格兰医生及医学作家托马斯·舒持（1690—1772 年）的意见，茶叶最早在英国出现，应当是在詹姆斯一世时期，也就是 1601 年，英国人首次航行去东印度的时间。当时，如果英国确实开始饮茶，也应该属于一种新兴的时尚，不会不被早期英国的剧作家所关注，因为剧本是最能体现一个时期的风俗与时尚。

荷兰东印度公司在 1637 年就已经开始从中国和日本运送大量茶叶回国，而英国的东印度公司却不能经营同样的茶叶贸易，这一点很奇怪。只是 1641 年时英国本土确实还不知道茶叶为何物。因当年出版的《热啤酒》一书中，记录了当时各种热饮，其中仍在引用意大利神父玛菲所著的《印度史》中的一段："中国人经常饮用一种热饮，是一种植物，称为茶的汁液。"

英国人关于茶叶的最早记录

英国人关于茶叶的最早记录是英国东印度公司驻日本平户岛

的代表 R. 威克汉姆致该公司澳门经理人伊顿的一封信。这封信是在 1615 年 6 月 27 日寄出的，大致内容是恳请伊顿给他寄一把精美的茶壶。这封信被发现于英国东印度公司的内部档案中，后保存在伦敦印度局中。由此可以证明英国人知道茶叶，最早应该是在 1615 年。

在当时，"TEA"字还没有出现在英文中，因此早年的英国作家是用与中国"茶"字发音相似的"Ch'a"来表示。1625 年《潘起斯巡礼记》一书中则是用"Chia"来表示"茶"字，书中讲道：他们（中国人和日本人）经常饮用一种叫作茶的植物粉末，以胡桃大小的数量放入瓷杯中，再加入热水冲饮。潘起斯在书中还谈到每逢中国及日本的宴会，茶是必备的饮品。

1637 年英国人初次抵达东方，他们驾着四艘帆船驶入江口，虽然在澳门遭到葡萄牙人的阻挡，但他们终能依仗强大的势力继续前进。到达广州后，直接与中国商人开展贸易。当时他们是否运出茶叶，以及 27 年后，英国人第二次抵达澳门，有没有茶叶，都无证可考。直到 1644 年后，英国商人又在厦门港开创业务，而厦门港也成为近年以来英国人在中国发展的主要根据地。在这里他们取茶的福建土音 té(tay)，拼成 t-e-a，ea 读 a 的长音。

加威首次公开销售茶叶

茶叶输入英国最早的时间没有明确记载，可能和 17 世纪中叶荷、德、法各国开始输入茶叶的时期差不多。我们从伦敦一间咖啡店的海报可以看到这一点。1657 年以前，伦敦有一间咖啡店，名字叫做"托马斯·加威"，简称"加威"，曾经销售茶叶，但是仅供贵族宴会使用。因为当时英国茶叶完全依赖海外，在英国又是首次公开销售，因此每磅价格达到 6—10 英镑之高。

加威是当时著名的咖啡店主和烟商，他所经营的生意代代相传，经久不衰，而他的这些经营场所也成为了商品交易的中心。凡是当时有名望的商界人士,都会集中在他的咖啡店里,畅饮白兰地、可可、咖啡和茶等饮料。

加威销售的茶叶以具备优良的品质和功效而闻名。当时伦敦的普通市民对茶叶知识了解的很少,所以加威就从熟悉茶道的商人和旅行家处学习冲泡茶叶的方法,依法炮制。为了让经常光顾的客人们能够在家自己饮茶,他以每磅10先令至60先令的价格销售茶叶。自从制定了新的价格后,他用海报宣传茶叶的品质和功效,成为历史上关于茶叶最早并且最有效的广告。

第一张茶叶海报

在加威的海报中,对茶叶作了如下的宣传:

茶叶的功效显著,因此东方文明的古国,均以高价销售。这种饮料在那里受到广泛的欣赏,凡是去这些国家旅行的各国名人,以他们的实验和经验所得,劝导他们的国人饮茶。茶叶的主要功效在于质地温和,四季皆宜,饮品卫生、健康,有延年益寿之功效。

加威将茶叶的显著功能归纳如下:

茶叶可使人身体轻快,提神醒脑,消除脾脏障碍,对于膀胱结石和砂淋症更为有效,可以清洁肾脏和输尿管。饮用时用蜂蜜代替砂糖。可以减少呼吸困难,除去五官障碍,名目清眼,防止衰弱和肝热。治疗心脏和肠胃的衰退,增加食欲和消化能力。尤其对经常吃肉和肥胖的人作用明显。减少噩梦,增强记忆力。如果熬夜从事研究工作,可以通过多饮茶,制止过度的睡眠,而且不伤身体。一些茶叶还可以治疗发冷发热。还可以与牛奶混饮,防止肺痨。治水肿坏血,通过饮茶发汗、排尿既可以清洁血液、防止传染,也可以清洁胆脏。由于茶叶的功效很多,所以意、法、荷及其他各国的医生和名人都争先饮用。

这张海报精彩的宣传,使那些患有胃弱体胖以及排泄不畅的人们,都把茶叶看作能治百病的圣药。而加威将中国医书上有关茶叶的效用和远东传教牧师关于茶的描述,全都融合在一张海报中,可谓功不可没。

第一张关于茶叶的海报

波威的文稿

议员 T. 波威在1686年曾经将一篇赞美茶叶的中文译成英文,这篇译文现在仍保存在伦敦博物馆中,成为茶叶从东方传入英国的一种证据。上面写道:

> 根据记载(由中文译成),茶有下列功能:一、清洁血液。二、制止梦魇。三、减少烦躁。四、减轻体重与头痛。五、防止水肿。六、除去头中的湿气。七、去除寒湿。八、通畅阻塞。九、增进眼力。十、清肝热。十一、治疗膀胱与肾脏的疾病。十二、制止过度睡眠。十三、使人敏捷、勇敢。十四、增进心力,减少恐惧。十五、去除痛风。十六、增进食欲,减去消耗。十七、增进记忆。十八、增强意志,促进理解力。十九、清净胆囊。二十、增加善意(摘自波威的手稿,1686 年 10 月 20 日)。

英国社交界与宗教界的名人们,对这种由中国传入的新奇饮料非常感兴趣,这一点从英国东印度公司的代表人丹尼尔·谢尔

顿在 1659 年致彭达尔分公司代表人的一封信中,可以看出当时英国人对茶叶重视的程度。信中大意为:

> 见信就请帮我买一些茶叶,不用考虑价格。我打算把它们送给我的叔叔,因为我叔叔的朋友曾经告诉他应该去研究一下这种神奇植物的叶片。也是被家叔好奇心驱使,我非常想到中国和日本去实地考察。

也许由于彭达尔这个地方购买茶叶不太方便,丹尼尔·谢尔顿又写了一封信,大意为:如果能够买到茶叶,不用考虑质量,请酌量代购,并且把用法和功效告诉我。但是,最后他是否购买到,由于在以后的来往函件中没有提到,也就不知道最终结果了。过了几年,伦敦市场上已经开始有茶叶销售了,所以普通的茶叶爱好者们都可以如愿以偿了。

匹派斯发现茶叶

英国日记作家及海军部秘书萨缪尔·匹派斯(1633—1703年),曾经记录过当时社会上的习俗与日常生活,所以从他的著作中,可以对当时社会的情况窥见一斑。他在 1660 年 9 月 25 日的日记中记有:"我从来没有饮过茶(中国饮料),所以就要求喝一杯品尝一下。"

匹派斯像

东印度公司的董事们发现当时的朝臣显贵们,普遍都在饮茶,而且茶叶极为名贵,公司的账目中记录了他们曾多次从咖啡店购买茶叶,价格是每磅 6—8 镑左右。

伦敦咖啡馆的茶

参阅 17 世纪的各种史料，英国最早把茶正式当作饮料，应当是从伦敦的咖啡馆开始的。咖啡馆原先只供应咖啡、巧克力和果汁等饮料，即使在加威销售茶叶、倡导饮茶的时候，也仅限于招待贵族和特殊的宴会上使用，直到 17 世纪，普通百姓都能在咖啡馆里享受这种新兴的饮料，不久饮茶的风气便在全市盛行。

伦敦各咖啡馆都闻风而动增添了茶这种新饮料。当时无论是特殊阶级、自由职业、商界或教育界人士，都非常喜欢在咖啡店聚会饮茶。但由于喝咖啡比饮茶时间早，所以这些人虽然去茶室饮茶，但是口头上仍称是去"咖啡馆"而不是去"茶室"。

咖啡馆是当时伦敦俱乐部的前身，最符合英国人的性格。因而它不久便成为了公众聚集必需的场所。无论中、上等阶级，都集会在咖啡馆饮茶或喝咖啡，讨论当天各种政治问题，因此一切的时事新闻都通过咖啡馆广为传播。

1650 年，有一位来自黎巴嫩的犹太人贾克布，率先在英国开设了咖啡馆，地点位于牛津的圣彼得教区。据英国考古学家 A. 伍德(1632—1695 年)所记载，当时沉迷于喝新饮料的人们，都在这里喝咖啡。

一般人经常误会 A. 伍德曾经在 1650 年时谈到了贾克布兼售巧克力和茶叶的事。实际上，在他的著作中并没有记述。只不过许多事实证明了伍德所说的英国人喜欢这种新饮料并非凭空编造。此后不久，咖啡馆在城市的各区林立，并传播到郊区，在咖啡馆里既给人们提供茶水，也提供其他的饮料。

最早的茶叶广告

咖啡馆增设饮茶这一项目，最早是在"王后像咖啡馆"。该店的老板于 1658 年 9 月 30 日在《政治报》上刊登了一条广告。广告内容是"全体医生都认可的优良中国饮料——茶——现在伦敦皇家交易所旁的王后像咖啡馆销售"，此广告可以称得上是第一个茶叶广告。

当时不论在任何地方进行茶叶交易，大家都认为茶叶是不可思议的保健品，而且饮茶可以达到许多药物的功效。正是这种心态，极大推动了茶叶的发展，因此，不久茶叶就被称为"康乐饮料之王"。

据 1659 年 11 月 14 日的《政治报》上记载，世界上三大温和饮料，不久就会流行在伦敦的咖啡馆中。上面写道："当时各街道的咖啡馆都有一种土耳其饮料销售，被称作'咖啡'，另外一种是'茶'，还有一种被称为巧克力的饮料，后者是一种急性饮料。"

最早出现在报纸上的茶叶广告

还有一间叫作"约纳森"的咖啡馆，地点在交易所街，也有茶销售。在特里夫人所著的剧本《打妻记》中有这样一段描写，约纳森咖啡馆开始营业的时候，就派一名青年侍者吆喝："新鲜的咖啡，先生！新鲜的武夷茶，先生！"

随着咖啡馆不断地发展，酒店的生意则日趋冷落。政府看到酒税的财政收入锐减，就把这些损失转嫁到咖啡馆所消费的饮料上，所以咖啡馆就和酒馆一样，也需要营业执照了。

英国征收茶税

"茶叶"两字最早出现在英国的法规中，是在查理斯二世时，英国法令第二十一章的第二十三、二十四款，规定销售一加仑（译者注：加仑，英美容量单位，1英加仑=4.546升）茶或巧克力、果汁，征消费税8便士。还规定咖啡馆每个季度必须申领营业执照，并交付税金、保证金，如果违反此项规定，将被处以每月5英镑的罚款。

税务人员定期检查咖啡馆，估算并记载每间咖啡馆制造各种饮料的数量。这种方法弊端很多，不宜实施。税务人员必须在饮料销售之前，登记好有多少饮料需要纳税。而实际上店老板们往往是在两次检查之间，提前充分地储备好饮料，应用时再取出加热，从而逃税。

1669年，英国政府颁布法令禁止茶叶由荷兰进口，这是英国东印度公司垄断的开始。

茶馆与咖啡馆发行代币

17世纪时，英国货币缺乏，兑换困难。因此当时咖啡馆的老板们和其他商人都自备有大量的代币或辅币，用来方便流通周转。代币上刻有发行者的姓名、地址、职业、币值以及经营项目等。这种货币由黄铜、白铜、白铁制成。加以镀金，有的还用皮革制成。这种代币在邻近的各商铺通用，但是一般都局限在一条街道上。G.C.威廉姆斯的记述是："代币的发行完全是民主政治的体现，如果政府的货币供应能够满足市场的需求，就不会有人去发行代币了。"当时英国内乱刚停止，政府也没有时间来考虑这方面的问

欧洲茶馆、咖啡馆的代币图样

题,所以民众便上书请求政府颁布法令来推广。代币的制作虽然谈不上精致,但是古色古香,很有考古和艺术价值。

研究英国咖啡馆经营茶叶起源的 E.F. 罗宾森,发现在交易所街上的一间咖啡馆所发行的代币与一般的代币有所不同。这种代币印模精美,是由雕刻家约翰·罗特尔用精巧的技术来刻制的。这是现存的咖啡馆代币之一,它雕刻精美,一面刻有土耳其皇后像,在这种代币上刻有"茶"字,还有很多不同风格的代币,现在保存在伦敦基尔得霍尔博物馆的毕奥弗的收藏品中。

英国妇女开始饮茶

嗜好饮茶的葡萄牙凯瑟琳公主于 1662 年嫁给英王查理斯二世以后,饮茶的风气便逐渐在英国妇女中扩展开来。在英国的王后中,凯瑟琳公主可以称得上是饮茶第一人,更让人称道的是,她让这种温和的饮料——茶,成了宫廷流行的饮料,从而取代了葡萄酒、烧酒等烈性饮料。因为英国妇女与男子一样都有饮酒的习惯,而且经常喝得头脑发热、昏迷不醒。

17 世纪早期,英国人口为 300 万,到了后期则增加到 500 万人。凯瑟琳王后时期的英国,继承了伊丽莎白女王的遗风,人民安居乐业,社会和谐,英国诗人 E. 沃勒(1606—1687 年),在 1662 年王后出嫁的纪念日,作诗一首,恭贺王后,这是赞扬茶叶最早的英文韵诗,诗的开始写道:

花神宠秋色,嫦娥矜月桂;月桂与秋色,难与茶媲美。

王后对茶有很深的嗜好,因此,1664年,英国东印度公司精选茶叶作为珍贵的贡品之一,当年公司的日记中曾有这样一段记录:1664年7月1日,有一艘货船从爪哇万丹抵达港岸,随即派遣工作人员上船检视,看是否有奇珍异兽或其他的珍贵物品可以作为贡品。8月22日市长了解到公司代表每次

英国第一位饮茶的王后

回国,都没有带回此类贡品,于是便授意公司,不妨送银匣桂子油和若干精美茶叶,希望皇上可以接受。公司方面也认为比较妥当,所以在货品总账目上9月30日的记录有下列一项:

秘书 J. 斯坦尼墨的杂账——

赠品——银盖中国瓶6个一箱……13镑

茶二磅二盎司供皇室用……4镑5先令

1666年,阿灵顿爵士和奥斯瑞伯爵从海牙回到伦敦,在行李中带回了大量茶叶,他们在家中按照欧洲大陆最新式和最有贵族化的方式饮茶,这也极大推动了查理斯二世时期宫廷中的饮茶之风。当时,荷兰人的饮茶方式最为讲究,任何家庭都另辟一室专门用来饮茶。

阿灵顿爵士等人带回的茶叶受到了当时妇女们的欢迎,其影响足以称道。然而当时的一名慈善商人J.汉威(1712—1786年)则以反对茶叶而闻名,他发表文章攻击阿灵顿爵士等人,说他们是把茶叶从荷兰运到英国的罪魁祸首。而 S. 约翰(1709—1784年)

博士则对 J. 汉威进行了批驳,他的文章受到了广泛关注,文中谈到,茶在 1660 年以后,政府已经开始征收茶税,况且在政府征收茶税数年以前,茶叶在伦敦早已经公开销售了。

在阿灵顿爵士回国的时期,法国历史学家雷诺(1713—1796年)谈到伦敦茶叶价格昂贵,每磅达到 70 利弗尔(等于 2 镑 18 先令 4 便士),而巴黎达维亚的茶叶价格仅为三四利弗尔(等于 2 先令 6 便士)。由于伦敦茶叶价格的昂贵,茶的普及就难免受到阻碍,但是茶的价格始终居高不下。宫廷饮茶风气的盛行,引起了妇女们的加倍兴趣,所以伦敦的药房都急于增加"茶"这一项新药。1667 年匹派斯在他的日记中写道:"我看到我的妻子也在自己冲茶,饮茶,她还接受了柏买先生的劝告,饮茶可以医治受寒和伤风。"

咖啡馆的取缔

咖啡馆的盛行,让政府开始感到反感,查理斯二世在 1675 年12 月 23 日发布公告,禁止咖啡馆经营(包括销售茶叶等场所),删除了一些冗词以外,其公告如下:

为奉 圣旨取缔咖啡馆事,由于近年咖啡馆林立,遍布全国,远及威尔斯领区及佩维克迪威特城,聚集无业游民,危害社会不浅,商人及其他人等在咖啡馆消磨时光,抛弃正当职业,更有甚者散布无稽之谈及谣言,影响治安。圣上一念及此,觉得有禁止这种咖啡馆的必要,兹断然严令所有咖啡馆,自明年 1 月 10 日起,不得再销售咖啡、巧克力、果汁及茶,若有违反者后果自负……(执照一律取消)。

本朝二十七年十二月二十三日布告

此布告于 1675 年 12 月 23 日制定,同年 12 月 29 日进行公告,禁止咖啡馆营业的期限,则定于 1676 年 1 月 10 日。布告一发出,社会反响强烈,因为从公告日到执行日,中间相隔11天,这11天足以向人们说明中间的误会,各党派的党员们都以个人嗜好被强行剥夺而大声疾呼。茶、咖啡及巧克力商人,又以禁止咖啡馆会减少政府的税收为理由抗辩。一时间,骚动与不满逐渐扩大。在这种情况下,英王不得不采纳民意,于1676年1月8日,再颁布一项公告替代第一次的公告。但是为了保持皇家的体面,布告中说国王以宽大为怀,怜悯体恤经商的艰难,所以批准茶及其相似的饮料店铺,可以维系到6月24日,这些话显然是一种托词,至于以后能否执行,大家都持怀疑态度。

安德森批评上述两个布告是皇室最无能和最懦弱的表现。安德森评伦道:"在议会体制和出版自由还未出现的时期,这个问题竟然能以言论自由而获得最终的胜利。"

17世纪后期到18世纪,伦敦咖啡馆的发展是一派繁荣的景象,茶叶的销量也迅速增加,有时咖啡馆也被称为"便士大学",因为这里可以说是谈论的学校,而学费仅为一二便士,人们就可获得茶和咖啡各一杯,还包括报纸和用电照明。据说咖啡馆的常客,往往都有特殊的座位,并且受到男女侍者的热情招待。托马斯·B.马库里(1800—1859年)阐明当时咖啡馆流行的理由在于:"可以在城中任何地方与朋友约会,并且可以用很小的花费,来度过晚间的社交生活,如此的便利,使得这种休闲方式迅速地推广。"

俱乐部的发展

每一种职业、每一种商业、每一种阶级或党派都有各自熟悉的咖啡馆。茶和咖啡能把各式各样的顾客吸引在一个场所,在这种混杂的集会中,逐渐产生了一部分顾客专门光顾同一间咖啡馆,使这间咖啡馆具有了特殊色彩。久而久之,转变为俱乐部。起初俱乐部是在咖啡馆聚会,后来就要求有自备的场所。这一转变过程的轨迹,不难探查到。

咖啡馆的衰退

正像供一般平民百姓公共集会的场所一样,咖啡馆逐渐成为了有闲阶级的娱乐场所,后来随着俱乐部的发展,咖啡馆又退回到酒店的地位。所以18世纪,咖啡馆的发展达到了巅峰后便渐渐衰退。据说18世纪末期,俱乐部的增多有如雨后春笋,与18世纪初期咖啡馆的发展情况相似。有些咖啡馆一直维持到19世纪初,但是它的社交功能已经消失。因为茶与咖啡不断地深入家庭,同时又有俱乐部的兴起来替代了平民化的咖啡聚会,咖啡馆的功能逐渐转向酒馆与餐厅,仅有少数还能依仗其过去的便利而维持原状。

杂货店开始售茶

17世纪末,茶已经被一般富裕的家庭所接受,伦敦的一些杂货店已经开始销售茶叶。此种杂货店被称为"茶叶杂货店",以此区分那些没有销售茶叶的杂货店。当时茶叶的价格对于英国一般平民百姓来讲是很昂贵的,所以被看作是奢侈品。而且苏格兰和爱尔兰的人们对茶叶的了解就更加有限了。

第一家茶室

有一件事足以证明茶的发展,1717年特温宁将汤姆咖啡馆改名为金狮茶室,这是伦敦的第一间茶室。茶室与咖啡馆不同的地方在于,咖啡馆只有男子光顾,而妇女也同样可以光临茶室。在E.沃夫德的著作中描写到那些高贵的夫人们经常三五成群地结伴光临茶室,愉快品茶,并且常常花费数先令后离去。

茶叶在民间的普及

当时,茶叶的价格虽然昂贵,但是饮茶的风气已经形成,建立了基础,到了1715年左右,低价绿茶的出现,使茶叶开始普及。根据里纳尔的记述:"以前除了武夷茶以外,没有其他种类的茶叶,直至1715年以后,对这一亚洲植物的嗜好才开始普及,虽然认为有些不妥,但是认为茶叶对于社会减少饮酒的贡献比它的弊端要多,因为基督教布道者是向善之人,借此可以作出极为流利的演说。"H.布朗本特在《国内咖啡人》一书中,概括了1722年时各地对于茶的意见,总结为自古以来的食品和药品,没有比茶这种饮料的功效更为优良、舒适和安全。1728年,英国记事文学家玛丽·丹乐尼(1700—1788年)记述道:"住在伦敦保尔托利街的家庭,都存有各种档次的茶叶,有20—30先令的武夷茶,有12—30先令的绿茶。"

早年苏格兰的茶叶

1680年,苏格兰爱丁堡霍利诺德宫中的约克公主首次使用茶叶,约克公主后来嫁给了詹姆斯二世,成为了英格兰和爱尔兰的王后。约克公主曾经与她的父亲流亡到海牙,在那里她学到了茶在社交方面的艺术,于是就输入了这一新的饮品,颇为属僚所羡慕,逐渐成为苏格兰贵族的爱好品。

1705年,爱丁堡洛肯布斯的金匠乔治·史密斯有红茶每磅16先令,绿茶每磅30先令的广告。他认为茶叶的价格不亚于珠宝。在1724年,饮茶之风已经流行在苏格兰各个阶层间,但向来以节俭闻名的苏格兰人,究竟能消费多少,还是个未知数。

还有一些人把茶看作是不良饮料,认为它既昂贵,又浪费光阴,消磨人的意志。1744年,福布斯爵士的申告书便是其中的一

苏格兰的报纸茶叶广告

例,这一时期,苏格兰各地发起了拒绝饮茶的运动。无论城市还是乡村都通过了议案,非难中国茶叶,主张用啤酒代替茶叶。阿尔士和及福拉顿地区的农民,更是共同立下誓言:

> 我们都是以务农为业,本来没有禁止沉醉于外国消费品茶叶的必要,饮茶的人大多是身体羸弱的上流社会人士,所以这种物品,显然不适合我们这些从事体力劳动人的体质,我们只需发誓不饮此物,听任那些体弱、懒惰和无用的人去饮用吧。

茶叶的早期争论

在英国攻击茶叶的各种言论中,1678 年,哈利·斯维在给他舅舅的信中,讲到他的朋友"每顿饭后都以茶代替烟酒",被他看作是学习"低贱的印度人行为"而对之表示唾弃,这是攻击茶叶的开始。1730 年,苏格兰医生托马斯·舒特写了一篇关于茶叶的论文,认为茶叶没有想象中的所有的优点,而且非常害人,并产生各种疾病。

1745 年,英国发表了许多关于茶叶的议论,其中《妇女评论》杂志认为,茶是家庭的隐患。还有当时最具权威的政治经济学家阿瑟·扬（1741—1820年）也认为饮茶在整个国家经济中，全属有害无益，他说，不仅男人沉溺于此，工人、妇女也都荒废工作，沉溺于饮茶，甚至农村的仆役也要求早餐饮茶，对此深表叹息。他劝告国人，如果经常饮用这种不良饮料残害身体，消磨时光，将来一般平民所受的困苦，会比以前更为凄惨。

卫斯理的半加仑茶壶

尽管如此，饮茶的风气在英国并未减弱。1748年，饮茶又受到新的抨击。布道家约翰·卫斯理（1703—1791年）从医药和道德观点上认为饮茶有害身体和心灵，督促教友拒绝饮茶。中国和日本的僧侣们，饮用这种饮料，作为攻击刺激性酒类的武器，而约翰·卫斯理则采取相同的态度攻击饮茶，劝告人民节省辛苦所得，将它们捐助给慈善事业。

自从约翰·卫斯理麻痹症痊愈之后，据他所说，当归功于停止饮茶，他在攻击饮茶的演说中讲：

> 太可怜了，这些弱不禁风的病人。去除饮茶的习惯，健康和事业都会少受损失，获益匪浅。我一人戒掉饮茶，省下的费用可以帮助一个同胞的衣食，甚至可以拯救一个生命。……也许会有人反对说：茶不是一无是处，我敢肯定地回答，不要有这种想法，那些著名的医学家的判断，也难免有偏见。

但是从约翰·卫斯理晚年生活来看，他又转变成一个正常的饮茶者，而且有时还会以茶会来招待宾客。伦敦卫斯理教会的主教乔治·H.马克尼尔曾经描述卫斯理在家时的情景，伦敦美以美教会的牧师经常在星期日的早晨集合在他的家中早餐，然后再奔赴各地。早餐时,他经常使用一把半加仑的茶壶,它是由著名制壶专家 J.威登伍德专门为约翰·卫斯理定制的。这把壶现在保存在城市大道约翰·卫斯理的故居中,成为陈列品之一。

虽然有种种企图想制止饮茶,但是饮茶的风气在 18 世纪时有增无减,并且还扩展到娱乐圈和英国的偏远地区。到了 1753 年,在偏远地区茶叶已经和其他的食品一样被人们随身携带了。

在当时还有一本反对茶叶的著名著作,是伦敦著名的商人及作家卓纳斯·汉威(1712—1786 年)在 1756 年所著的《八日旅行记》,他痛斥饮茶有碍身体健康,是荒废事业、损耗国力的物品。

英国著名辞书编纂家萨缪尔·约翰森博士(1709—1784 年)是饮茶的坚定拥护者,他看到卓纳斯·汉威的文章后,以自称茶叶爱好者的活泼语调为他爱好的饮料辩解。在约翰·霍肯斯爵士所著的《萨缪尔·约翰森传》中这样描写到,约翰森博士喜欢茶的程度到了让人难以置信的地步,每当他看见茶,都会侃侃而谈,还会在茶中加入调味品,让茶的味道更为可口,他的身体魁梧,体力可以与波吕斐摩斯(译者注:希腊神话中的独眼巨人,海神波塞冬的儿子)相比。

在了解了萨缪尔·约翰森博士的性格后,我们就能感受到他为什么会为自己所喜好的饮料辩护。在《文艺杂志》上他发表了一篇文章,以幽默嘲笑的态度反驳卓纳斯·汉威先生,并且自称是坚定的饮茶者,他说:"多年以来,我只饮用这种可爱的植物液汁,用来减少食量,壶中的水永热不冷,饮茶可以消遣晚间时光,饮茶可以慰藉深夜漫漫,饮茶还可以去迎接黎明。"

其他著名作家,如阿迪森、波尔、柯乐及诗人霍普都嗜好饮茶。后来斯蒂尼·史密斯牧师记述道:"感谢上帝赐我茶叶,如果没有茶叶,世界不知道会是怎样! 我以生在有茶叶的时代而感到荣幸。"

第五章　茶叶传入美国

　　17 世纪初期，不仅大西洋沿岸一带的美洲土著居民不知道以茶叶为饮料，即使是那些殖民国家的人们也还不知道茶叶为何物。1640 年，荷兰贵族率先开始饮茶，直到 1660—1680 年，饮茶才逐渐传遍全国，所以美洲最早用茶的时间，虽然没有明确的记录，但是这一习惯是由荷兰传入应是没有疑问的。而就美洲殖民地来说，应该是当时荷属新阿姆斯特丹人饮茶最早，时间大约在 17 世纪中叶。

　　当时新阿姆斯特丹的富豪，或者是有能力购买茶叶的人们，都已开始饮茶，这一点是毫无疑问的。就遗留下来的当时所使用的种种用具来看，可以推测出饮茶早已成为当地的一种社交风尚，与荷兰国内已经没有太大的差异了，而从时间上来看也比较吻合。茶盘、茶台、茶壶、糖碗、银匙以及滤筛都是这一新世界中荷兰家族的珍品。

　　那些新阿姆斯特丹的社交名媛，不只是亲自煮茶，而且她们用不同的茶壶来烹制数种茗茶，用以迎合宾客的不同爱好。她们不在茶中加牛奶或奶酪，这种风俗是由法国传入美洲的。当时她们经常在茶中加糖，有时也会用一种取自番红花的粉末或者桃叶来增加茶的香气。

　　大约在 1670 年，马萨诸塞州殖民地已有一些地方知道茶或者已经开始饮茶。1690 年，最早在波士顿销售茶叶的是本杰明·哈里森和丹尼尔·沃恩二人，根据英国法律，取得营业执照后开始公开销售。后来随着波士顿饮茶的风气日渐盛行，饮茶也就显得不足为奇了。法官希沃在日记中写到，他于 1709 年在温斯若普夫人家中饮茶并没有什么特殊、新奇的感觉。

当时英国经常饮用的茶是武夷茶或红茶,也是美洲殖民地常用的品种。1712 年,在波士顿的勃尔斯药房的目录上已经有了零售绿茶和原茶的广告了。

早在 1702 年,普利茅茨已开始采用铜做的小茶壶,而最早制造铸铁水壶的地方是马萨诸塞的普利普顿(现改为卡佛)。大约在 1760—1765 年之间,妇女们在参加聚会时,经常携带茶杯、茶碟和茶匙,杯子都是上等的瓷器,形状很小,与普通的葡萄酒杯差不多大。

早期新英格兰使用茶叶的方式与英国本土的情况相似,因为缺少关于茶叶制造和饮用方面的知识,而闹出了不少笑话。在沙龙,人们将茶叶煮沸很久,等到变成很苦的汁时,不加牛奶和糖,直接饮用。还有的人将盐放入茶叶中与奶酪一起食用,还有一些城市的人将茶水倒掉,而只食用煮后的茶叶。

茶在旧纽约

1674 年时,新阿姆斯特丹归英国管辖,后来改名为纽约,因此也接近了英国的风俗,模仿 18 世纪上半期伦敦娱乐圈的情形,在咖啡馆和酒馆中单独设有茶园。后来又在都市的近郊建立了"拉乃莱"和"沃克霍"花园,它们都用伦敦初期著名的花园名字来命名,沿用"沃克霍"园的名字有三处,第一处在格林威治街,位于沃伦街和参班街两街之间,地处此河之滨,可以纵览哈德逊的美丽风景,最早被称为"包林格林"园,到了 1750 年才改为"沃克霍"园。

"拉乃莱"园在段内和沃斯两街之间的大路上,在它的旁边就是后来纽约医院的院址,大约有 20 年的历史。从 1765—1769 年间的广告可以了解到,每周在这两个花园中各举行焰火晚会和音乐会两次。园中备有早餐与晚餐、咖啡、茶及其他菜肴,以供游园的人们随时享用。据说在园中还有一个宽敞的舞厅。第二个"沃克霍"园开设于 1798 年,位于现在的英百利和格兰特街之间。第三处开设于 1803 年,在鲍威路即阿斯托地方附近,阿斯托图书馆在 1853 年建造于该园旧址。

威廉·尼伯鲁是松街银行咖啡馆的老板。他在 1828 年开设了一间名叫胜斯苏西的娱乐园,此园建在原来的马戏馆的旧址旁边。后来他又盖了一所更加富丽堂皇的戏院,地处百老汇的前面,占地宽阔,里面树木繁盛,曲径通幽,还有一些路灯点缀其中,世人都管它叫"尼布鲁"园。

纽约其他著名的娱乐园中,有茶点供应的,有康托脱园(后改名为纽约花园)、樱桃园以及茶水唧筒花园。最后一园是在一处泉水附近的著名郊外花园,地处查散街(现为公园路)和罗斯福街的交汇处。在泉水附近形成了游人饮茶和其他饮料的地区。关于此泉最早的记录,见于 1748 年一位旅行家旅游纽约的日记中,上面写道:"整个城市都没有水质太好的水源,只有在近郊有一处清泉,人们经常来这里汲水煎茶。"

纽约的一些自发团体,为了汲取该处泉水以供饮用和煮茶,便在该处设有一个茶水唧筒,由此唧筒吸出的泉水,被认为是全城水质最好的水。因此,在街上便出现了许多水贩叫卖茶水,成为当时的一种特殊风俗。到了 1757 年,这一行业稳

"克那普"茶水唧筒的泉水处

定发展,于是,市政府颁布了《纽约市茶水贩管理条例》。

还有其他一些泉水,也被汲取用以煮茶,如位于现在的第十号

路及第十四号街附近著名的"克那普"泉水,以及在克利斯朵夫街附近和第六大道的另一处泉水,这两处泉水也极负盛名,大家非常重视。而被叫作"茶水唧筒"的泉水,是指查散街最早的一处泉水,是那些时髦的纽约人最早游玩的地方。

茶在老费城

茶叶传入教友派殖民地(费城的别称)归功于威廉·潘,该殖民地是在1682年建立在德拉威尔江畔。咖啡也是由他传入费城的另一种重要饮料。1700年,咖啡和茶一样只供富人享用,随着饮茶风气的慢慢兴起,一般家庭也和其他英属领土的人一样逐渐地放弃喝咖啡而饮茶。1765年《印花税条例》颁布以后,又经过了两年(即1767年),《贸易与赋税法规》出台,于是宾夕法尼亚殖民地与其他各殖民地联手抵制茶叶,该地区的咖啡和其他各地方一样,又开始畅销起来。

茶税使帝国分裂

当七年的战争结束时,英帝国独霸了海上和美洲,英皇乔治三世认为此次战争完全是为了各殖民地的利益,因此各殖民地都应该征税以充实军费。英国政府在英皇的主持下,开始考虑整顿各殖民地的赋税状况,在乔治·格林威治(1712—1770年)内阁时代,于1765年通过了《印花税条例》,条例规定:凡是殖民地人民所用的茶叶及其他物品,均需交税。一时间群情哗然,不单是美洲殖民地的人民反对,就连英国国内反对格林威治的人也群起响应。威廉·彼特(1708—1778年)就是著名的反对者之一,他说英国议会在没有得到美洲各殖民地代表同意时,无权向美洲殖民地的人民征税。

英国政府虽然坚持根据法规宣布的条例,对殖民地有征税和制定法规的最高权利,但是最终采取了和平解决的方式,于1766年将《印花税条例》废止。

在此之后,1767年,议会通过了查理斯·汤逊德的《贸易与赋税法规》,对油漆、油、铅、玻璃及茶叶均征收税金,于是反对之声复燃。拥护殖民地的利益者,高呼抵制英货的论调。政府为了平息商人的怨声,议会又通过了除茶叶每磅征税3便士外,其余捐税都予废止。即使这样,殖民地的人民仍然拒绝缴付茶税,他们宁肯向其他国家购买茶叶,也不愿放弃抵制英国茶的主张。这种情况造成了荷兰茶叶进口走私之风大盛,导致美洲的茶叶贸易大部分落入荷兰人之手。

1773年的《茶叶法》

英国东印度公司因为失去了美洲市场,导致了茶叶过剩,于是请求议会帮助。内阁总理诺斯(1733—1792年)批准了他们的请求,并给予大力的支持。特别批准了东印度公司拥有输出茶叶的垄断权,因此以前的英国经纪商人,都从东印度公司购买茶叶,再转售给殖民地商人。自1773年《茶叶法》颁布以后,被授权的公司直接运输茶叶到殖民地,这就使英国的中间商以及美洲进口商的利益,全部被剥夺。《茶叶法》还规定被授权的公司可以在茶叶出口后享受百分之百的退税政策,向殖民地海关只需缴纳3便士的茶叶税。他们以为这样,英国的茶叶便可以用比荷兰茶叶更低的价格占领市场,但是这一举措,收效甚微。这是因为美洲殖民地的人民为了坚持他们的主张,连3便士的茶税也不愿缴纳,仍然拒绝购买英国的茶叶。

经过这次调整后,东印度公司为了保证公司的计划实施,指派很多代理人在波士顿、纽约、费城和查尔斯顿等地付清低廉的美洲关税后,即提货销售。在公司所派的代理人中,驻马萨诸塞的有与社会格格不入的英国总督哈特森的子侄们。其他的代理人也大多是尽忠于英国政府和固守个人利益的,他们的处境本来就已经很艰难,再加上又不通人情世故,只是梦想着恢复英国茶叶在美国丢掉的市场,因此他们的失败早就是意料之中的事。

殖民地怨声载道

与英国隔海相对的美洲,对于《茶叶法》及英国政府制定的其他措施的怨言是愈来愈多。一些殖民地举行集会抗议,还有一些向英国政府呈递请愿书,但是都没有被英国政府采纳,有的被英国政府立即拒绝。因此在美国各海港,出现了所谓的"自由之子"等各种团体举行的集会与示威运动。在殖民地,还有许多妇女团体也响应号召,加入到自动废弃饮茶的行列中。在波士顿有500名妇女集会约定不再饮茶。还有哈特福德地区的妇女,以及其他美国城市或乡村的妇女都采取了同样的举动。总体而言,这些行为,都是为了声援抵制英国货物的输入,而自《茶叶法》颁布之后,这些举动主要针对茶叶而来,在马萨诸塞州的一些地区,即使是属于药用的茶叶,如果没有许可证也不能购买。有一张许可证至今保存在哈特福德的可奈克提克特历史学会图书馆中,上面注明是由马萨诸塞州的威色斯菲尔德地方所印发。其文如下:

莱纳德·查斯特先生:

　　经查巴尔斯特夫人请求发给购买四分之一磅武夷茶的证明书,鉴于夫人年迈体弱这一事实,自当不在本会限制之例。

　　特此证明。

艾利莎·威廉姆斯

为了替代饮茶的嗜好,许多替代品便应运而生。而当时所说的茶就是一种四叶的珍珠茶,去其叶而煎其梗,将叶放入铁锅,再用叶梗的液体浸湿,用干燥器烘干,这样制出的代用茶,以每磅6便士的价格销售。凡是妇女组织的缝纫会、纺织会以及其他集会,都必须用此种代用品或其他的茶叶代用品。草莓叶和小葡萄叶，也可以用来制造假茶。此外像紫苏、鼠尾茶以及其他医用植物，也是经常被当作茶的替代品。还有所谓的"原始神茶"，是用覆盆子叶所制成的。

殖民地的爱国妇女，用这样的方法训练自己和子女们，而男人们则把注意力集中在政府新的压迫性政策上。因为当时政府已经在建议，把殖民地的茶叶贸易全部委托给东印度公司专卖。经过调查，在1773年以前，反对政府措施的人可以分为两派——激进派与保守派。大部分商人属于保守派，而对于激进派的议论，则认为他们经常幻想，所以激进派的气势也日趋减弱。鉴于议会立法的结果，保守派唯恐自身所经营茶行被转移到东印度公司手中，所以不再保持沉默，才与激进派联手反抗。当年的10月21日，他们以马萨诸塞州通信委员会的名义，发布通告说："这种企图，很明显是要消灭本地的商业并增加政府的税收，我们应当采取相应的有效措施来阻止这项计划的推行。"

1773年10月18日东印度公司波士顿代理人致伦敦公司的信函中有以下内容：东印度公司的这种做法使当地的茶商和进口商们感到反感，将来会发生什么样的纠纷，很难预测……。有些人认为风波会平息，但是持反对意见的也是大有人在。

阿伯拉罕·洛特——东印度公司纽约代理人之一，他讲到关于茶叶销售的情形时说，他认为已经没有希望了，因为当地的人民宁可买毒药，也不愿意买茶。

纽约商人于1773年10月25日举行集会决议，对驶入纽约的英国轮船船长表示感谢。因为他们拒绝装载东印度公司的茶叶，以避免交付不合理的茶税。他们希望从此以后不再有船装载茶叶。但是没过多久，竟有装载茶叶的船驶入港口，使他们感到很失望。

决定阻止卸货

报纸上对此事件的评论,比以前更加激烈,他们认为在此上岸的茶,按照约定,茶税应该在伦敦缴纳。因此怎样卸货,成为问题的焦点。商人们得到多数爱国团体的支持,集体阻止卸货,其中以"自由之子"反应最为强烈,大家齐心协力禁止卸货,不让茶叶通关。纽约的一位英国官员在给伦敦友人的信中说:"茶叶输入美洲,使全体美洲人民都感到非常愤怒,纽约、波士顿及费城的老百姓们,好像都已经决定不再让茶叶登上美洲大陆。他们组织成各种队伍,几乎每天都练习炮击,各小分队每日也外出进行操练。……他们发誓要将进入口岸的茶船全部烧毁,但是我敢断言,如果英皇派出大队人马进行镇压,应该不会酿成更大的事变。"

费城的反抗

费城是殖民地中最活跃的地区,在反抗英国政府征收茶税的运动中,居于首脑地位。编印的各种宣传品在全城散发,标题是:合则存,分则亡。号召人民尽可能使用各种方法来保护自身的权利不被剥夺,而且他们还特别针对东印度公司在当地的代理人,指出他们是破坏自由组织的罪魁祸首。所以这些代理人在舆论的压力及警告下,不敢轻举妄动。宣传品署名是"斯卡若拉"。斯卡若拉是罗马的一位士兵,曾经在埃图斯堪国王面前,将手放在灯火上焚烧。表示虽然受到严刑而不退缩,宣传品署他的名,也是表达这一寓意。

1773 年 10 月 18 日,在市政厅举行了民众大会,并当众决议,发表宣言,声明"茶税"是未经许可而强加于当地人民的非法税收,因为东印度公司企图强迫收税,所以该宣言警告民众,如果谁有装卸或销售茶叶的行为,谁就是国家的罪人。

抗税运动蔓延到纽约

1773年10月26日,在纽约市政厅也举行了同样的民众大会,会议宣布东印度公司企图独占当地的茶叶贸易,实际是一种公开的强盗行为。这个时期在纽约发行了一种报纸,称为《警钟报》,上面写道:"不管获取多少那些被诅咒的可恶的茶叶,都是人民的罪人。我们现在的处境比那些埃及的奴隶还要悲惨。财政法规上明确说到,我们没有属于自己的财产,我们不过都是大英帝国的奴仆与牲畜而已。"

纽约经过这次事件后,大约过了三周,东印度公司的代理人相继销声匿迹,于是英国政府宣布由海关关员管理到岸的茶叶。这一公告,立即引起了人民的愤怒,于是"自由之子"的成员迅速警告经营仓储行业的商人,不得贮藏茶叶,就像费城一样,凡是买卖茶叶的人,都被视为全民公敌。

"自 由 之 子"

每个殖民地,几乎都有一个"自由之子"的组织。该组织最早创建于波士顿,叫作"联合俱乐部",后来采用了爱斯克·巴乐上校在英国议会演说时所用的词句,而改用此名。他的成员包括了很多爱国的先进分子,是一个秘密组织,并用暗号来防范英国派来的间谍。凡是在公开场合集会、示威时,波士顿的成员们都会在脖子上挂一枚徽章,该徽章一面雕刻持杖的手臂,杖顶为一项自由之冠,四周写有"自由之子"的字样,背面雕刻一棵自由树图案。

该组织采用自我保证制,如有信念动摇分子,则被拘捕惩处。在秘密会议中准备候选名单,并草拟各项公众纪念大会的计划,选出众望所归的领袖,使他成为各种民众运动的首脑。

在波士顿还有一个叫作"北极会"的组织,经常集会讨论如何

1773 年 10 月 26 日纽约城市大厅"自由之子"举行的抗茶大会

开展它的任务,1773 年 10 月 23 日会议决议,为了阻止装卸或销售东印度公司的茶叶,必要时不惜牺牲自己的生命和财产。团体中艺术家占多数,由约瑟夫·沃伦博士发起,经常在北炮台附近的威廉姆斯·凯波贝尔家中集会,还有几次在青龙旅社开会。还有一个组织与"北极会"相似,叫作"长屋俱乐部",二者都是"自由之子"的分支机构,保持了原会中的一切制度和习惯。当时波士顿著名的爱国雕刻家保罗·里维尔曾说:"我们集会都是非常谨慎秘密,每次会议都手按《圣经》发誓,凡是组织决定的行动,除了几个领袖之外,不得泄露给他人。"

波士顿的公众大会

1773 年 11 月 2 日,"自由之子"向波士顿东印度公司的代理人发出最后通牒,限他们于下个星期二到自由树旁,正式宣布辞去东印度公司的职务。当日旗帜飞扬,钟声齐鸣,五百多名群众聚集在自由树旁,唯独这些代理人都未亲自到场,于是到会者(包括约翰·汉克,萨缪尔·阿德莫斯,威廉姆·菲利普等领袖)推举代表赶到克提克仓库与代理人会谈。交涉结果是,代理人不同意辞职,也拒绝当茶叶到达时停止装卸。代表们将这一结果报告给大会,大会决定在法尼尔大厅再次召开全城大会。于是大会于11月5日举行,约翰·汉克为大会主席,市民代表及各爱国组织的领袖都出席了大会,大家达成一致意见,经过慎重考虑后,决定依照费城大会的办法发布宣言,声讨茶税,并反对英国政府对于美洲的自由民征收苛捐杂税。

代理人拒绝辞职

代表们将大会决议送交代理人托马斯及爱利莎·哈利森等,但是并没有得到圆满的结果,有四百多名当地商人对此表示极为气愤,所以大会延期,再行商讨对策。当地的市长探听到该组织有反叛言论,但是没有寻找到有力的证据,紧张的形势持续两个星期。到了11月17日有坏消息从伦敦传来,三艘装有东印度公司茶叶的货船驶往波士顿,还有数艘船只开往纽约、费城及查尔斯顿。开往波士顿的三艘船分别为:达特茅斯号、碧维亚号和贝特福德号,均由南脱凯特开出,装运鲸油到英国,归来时装载东印度公司的茶叶。

11月19日,波士顿的代理人深知众怒可畏,请求市长和市商会保障他们生命和财产安全,并且保护他们的茶叶直到销售出去。市长方面是尽其所能,而市商会则以保护东印度公司仓库不是他们的义务为理由,严辞拒绝了他们的请求。波士顿各派的代表婉言相劝代理人将茶叶退回伦敦,还有一些保守派人士也是苦口婆心地劝告那些代理人,但是这些代理人依仗有市长撑腰,不为所动。

波士顿抗茶会

最先到达波士顿的货船是达特茅斯号,于11月28日驶入港口,船长是霍,装载有茶叶共计80大箱和34小箱。布鲁斯船长和考菲船长率领的"碧维亚"和"贝特福德"两船随后抵达。"达特茅斯"号货轮按照波士顿代表大会主席,即马萨诸塞州的爱国人士萨缪尔·阿德莫斯的命令,将船停靠在格利芬码头(即现在的利物浦)卸货,但是被勒令禁止起卸茶叶,并且日夜派人监视,船主罗奇在其他货物卸完后,把茶叶留在船上,同意在装出口货物时,将茶叶运回伦敦,这样可以避免因为延误船期而蒙受更大的损失。但是由于他的货物没有完全卸下,所以不能领取出口执照。向市长请求发给退回茶叶到伦敦的许可证,也遭到了拒绝,所以"达特茅斯"号便不得不滞留在码头。依据当时英国的法律,凡是进入港口的货船停港超过20日,就应该缴纳关税,如有未缴清者,海关有权没收和拍卖船上的货物。市长希望将茶叶卸下,让船尽早离港,而海关派出两艘缉私船驻扎在港口,防止"达特茅斯"号没有领取出口执照私自离港,如果离港被海关缉获,海关有将其货物充公的权力。而代理人则躲在家中静待这起事件结束。到了规定的最后一天,即1773年12月16日,附近居民不下数百人集中到欧德索斯教堂举行大会,成为该教堂空前未有的盛会。大家都感觉到事态严重,需要立即解决,萨缪尔·阿德莫斯委员向大会陈述了请求出口许可证失败的经过,并劝告罗奇立即向海关提出抗议,然后再向市长请求允许"达特茅斯"号当天返回伦敦。

罗奇采纳了大家的意见,与此同时其他各城市的代表也都决心拒绝茶叶。各城市都应组织委员会的请求,以防止那些令人诅咒的茶叶流入内地。萨缪尔·阿德莫斯、托马斯·扬和约瑟·克希更是作了激情的演讲,到下午四点半,会议一致通过不准茶叶上岸,具体实施计划在各自领导的执行会议中决定,以防被奸细打

探。大会暂缓
解散,直到罗奇
申请的结果出
来为止。晚上
六点钟,罗奇回
来了,他向大会
说明市长始终
站在英国政府
立场,不允许
"达特茅斯"号
离港,因此大会

1773 年波士顿抗茶大会场景

应当再度延长。傍晚时分,爱国人士都聚集于街道和格利芬码头。
就在大会快要解散时,来自波士顿的代表——著名商人约翰·罗
威大声喊:"将茶叶和海水相融合。"话音刚落,不知道是否是约定
好的暗号,马上有一群身穿马霍克印第安人服装的人从青龙旅店
方向蜂拥而来,手里都拿着大小不一的斧子,迅速集结到格利芬码
头。而关于人数说法不一,有的说二十几人,有的说九十几人。

顷刻之间,这些人攀上货船,并警告海关人员和水手们躲开,
从舱内取出一箱箱茶叶,用斧子劈坏箱子,将茶叶全部倒入港湾
内。关于这一举世震惊的"茶叶事变",1773 年 12 月 23 日的《马
萨诸塞时报》上有这样的记载:

这些人在抛掉"达特茅斯"号船上的茶叶后,又登上
布鲁斯和考菲船长的船,不到三个小时,便将船上所有的
茶叶共计 342 箱完全毁坏,并扔到海里,动作相当迅速。
涨潮时,水面上漂满了破碎的箱子和茶叶。自城市的南
部一直绵延到多彻斯特湾,还有一部分被冲上岸。
毁弃茶叶的码头,现在立有一座纪念碑,碑文如下:
此处以前是格利芬码头,1773 年 12 月 16 日,装有
茶叶的英国船三艘停泊于此,为反对英皇乔治每磅 3 便

士的苛税,有九十多波士顿市民(一部分扮作土著人)攀登到船上,将所有茶叶342箱,全部倒入海中,此举成为举世闻名的波士顿抗茶会的爱国壮举。

在英国有一部分人同情海外同胞的遭遇,还有些人则批评这是怯懦的鲁莽行为。英国议会因此立即采取了高压政策,通过了封锁波士顿港的议案,并变更马萨诸塞州的法律,以后市议会会员不再由人民选举,而改为市长任命。此后不久,便引起了独立战争,使美国脱离了英国的管辖,而成为独立的共和国。

波士顿事件的消息迅速传到纽约、费城以及南部各殖民地,各地都以摇铃传播此消息,闻者无不称快,尤以青年人的反响最为强烈,他们随时准备阻止那些必须纳税的茶叶进口。

格林威治抗茶会

当时的格林威治是新泽西州最大最繁华的城市,位于高亨希河之畔,与波士顿、纽约和费城有水路相通。凡是远道而来的船舶,经常在此靠岸,以便装载当地的农林产品。1773年12月12日,J.阿伦船长的"猎犬"号货船装载了茶叶进入港口,出乎了大家的意料。本来这艘船的目的地是费城,但也许是受到德拉威尔领港人的警告,不方便在费城起卸茶叶。所以他就进入高亨希河,秘密地将茶叶在格林威治起卸,并将茶叶藏在市区广场忠于英王乔治的英国人丹·伯诺斯的地窖内,一切都进行得很迅捷,但是不久还是被发现了。

康勃兰当地人民在桥镇召开大会,但是由于会议最后所采取的解决办法过于温和,不符合青年人的要求,所以青年们自发起来采取了行动,当晚有许多人骑着马徘徊在郊外,与一群爱国激进分子商讨如何破坏茶叶。这些年轻人都是从费伊菲尔德、桥镇和格林威治而来,他们赶到预定地点集合,乔装成土著人。当晚,即12月22日晚,平静的新泽西乡村人民,被隆隆炮声和冲天的火光所惊醒。那些让人痛恨的茶叶，连同茶箱，在市区的广场中被付之一炬，没有人敢出面制止这些脸上画着油彩、头上带着羽毛的"怪物"们。

虽然年轻人都进行了化装，但是还是不能掩饰其真实的面目，所以那些茶叶的主人便将他们告上法庭，经过数次延期，最后移交到新泽西政府审理，茶主希望大陆陪审员能够提起公诉，但是始终被历任陪审员拒绝，这件事情最后不了了之。

当时事件发生的地方，现在立有一块纪念碑，凡是参加者的名字都一一被列于碑上，以示敬仰。这些青年的举动，对于殖民地人民最后的胜利作出了很大的贡献。

查尔斯敦抗茶会

在南卡罗来那发生的抗拒茶税的活动不亚于上述各个地区。当"伦敦"号货轮于12月初抵达查尔斯敦时，船上载有东印度公司的茶叶。当地居民召开了两次会议，会议决定这些茶叶不得上岸，更不能在境内销售，而且在非法加税的法令取消之前，任何人不得输入茶叶。茶叶代理人迫于众怒，同意拒收货物和拒绝交税。

"伦敦"号船长接连收到恐吓信，信中警告他，如果把茶叶卸下，就会烧船。船长收到信后惊恐万分，他把信交给市长，请求市长的保护。海关收税员也请求市长保护，因为法律规定，茶叶如果经过20日还没有纳税，他们就不得不没收茶叶。1773年12月31日，市议会召开会议命令乡长及警官采取适当措施，保护收税员在没收茶叶时不发生骚乱。等到限期到了，仍然没有人交税，船上货物就都被没收，放在交易所潮湿的地窖中，不知这是否是先前就计划好的还是其他什么原因，没过多久，茶叶全部损坏。后来还有陆续到岸的茶叶，都被以同样的方法处理，直到1774年11月3日，"伯利坦尼亚·保尔"号货轮又装载了7箱茶叶来到查尔斯敦，当地的居民认为这正是举行抗茶会的最佳时机，于是大家聚集到港口,手持罗奇爵士和英皇的肖像示威。船主害怕货轮和全体货物被焚烧,便与代理人紧急登船,用小斧将茶箱劈开,将茶叶全部倒入海中。

不久,又有同样的事件发生在查尔斯敦南部的乔治敦。无论是查尔斯敦还是乔治敦,参加抗茶会的人都没有乔装,也没有必要进行伪装,因为当地的领袖们也加入到了毁茶的行列中。

费城抗茶会

在 1773 年时,费城是美洲的主要海港,同时也是人口密集的政治中心,因此,当东印度公司的经理强迫美洲人民咽下英国茶叶时,这里也是最先起来反抗的。

1773 年 10 月 18 日,大批群众聚集在市政厅的空地上举行集会,会议决定拒绝任何茶叶上岸。12 月 1 日,当地报纸上报道,说 9 月 27 日,有一艘载茶的轮船已经由伦敦出发,开往费城。大家都时刻警惕地等待着,各个报纸都在鼓励大家,必须机警和有耐心。在这些通告发表之前,已有自发组织"漆面带羽惩罚委员会"散发传单,告戒德拉威尔领港人,上面写道:"你们如果有机会遇到'宝利'号和船长阿瑞斯,请执行你们的义务。"

11 月 27 日,另一张传单上写道:"我们是一群非常希望与茶船相遇的青年,领港人如果能够事先提供该轮的消息,我们将会重赏他,至于赏赐什么,现在还难确定,但是如果有人引领该船入港,我们将会对他采取相应的办法。"在传单上还附有对阿瑞斯船长的警告:如果你不立即停止危险的行动而返回原来的港口,我们将会对你公开处理,并且烧毁你的轮船。

同时,各代理人被要求拒绝卸货,威通公司当即同意,因为该公司很有爱国心,他们和市民联合反抗《印花税法》,所以签字不加入同盟。只有詹姆斯·德林克威特公司稍有踌躇,未作答复,于是在 12 月 2 日又被通告:

我们得到消息,说你们已经于今天接受危害祖国的使命,而且你们以没有得到通知为借口,冒然加入运输和销售茶叶的计划,这种卑鄙的行为难以掩人耳目,希望你们明确告诉公众是否确实有这种企图,请以文字的形式告诉我们,我们会根据你们的决定对你们采取相应的手段。

公司老板阿贝尔·詹姆斯向送通告的人保证不将茶叶起卸,但是必须原船运回。

圣诞节当天,等待已久的运茶货船即将到达港湾的消息传到费城,不久全城上下都知道了这一消息。随后,有一组织于12月26日,在格罗斯特角截获该船,并将大会的决定转达给阿瑞斯船长,要求该船停止前进,然后邀请船长共同上岸,让他亲眼目睹群情激愤的情景。船长接受邀请,丁当晚来到城中,目击了种种紧张的状况,还看见了侮辱他个人的标语。

这时城中的人民空前的团结,情绪非常高涨,到了第二天早晨,市政厅门外已经是人山人海,道路被堵塞,因此会议只能在室外举行。为了引起"宝利"号船长的重视,会议作出了简单明了的几项决议,决议如下:

1. 船长阿瑞斯的"宝利"轮所载茶叶不得上岸。

2. 船长阿瑞斯不能将船驶进口岸,也不得报关。

3. 船长阿瑞斯应当立即将茶运回。

4. 船长阿瑞斯应立即让其领港员等到下次涨潮时,将船驶至李迪岛。

5. 准许船长阿瑞斯在城中居留到明天早晨,用以准备航行时的各种用品。

6. 各项工作准备完毕后,船长必须立即离城返回船上,以便迅速驶出港口。

7. 选举委员会委员监督并执行此决议。

演讲人还将波士顿人民的神圣行动告诉给大家,于是又通过一项决定:向波士顿人民宁愿将茶叶破坏,而不受卸货之苦难的决心表示崇高的敬意。

阿瑞斯船长当场表示服从公众的意愿,遵守一切决定,第二天返回船上,按原路将茶叶带回伦敦。

纽约抗茶会

"南希"号货轮于 1773 年 9 月 27 日由伦敦装载茶叶驶往纽约,船长是罗克伊尔,但是由于气候恶劣,导致该船偏离航线,开到了英属西印度群岛中的安提瓜岛,直到 1774 年 4 月 18 日,才抵达桑迪湾,这也使纽约获得了第一次与其他地区相同的抗茶机会。

运茶船到达波士顿的消息,于 1773 年 12 月 15 日传到纽约,当晚"自由之子"举行大会,这一天也正好是波士顿爱国分子破毁茶箱将茶叶投入海中的日子,会议决定不允许茶船驶入纽约港,还组织了保安队保证决议执行。

"南希"号到达纽约港外,领航员拒绝由桑迪湾继续领船前进,"自由之子"挑选了 15 名强壮的成员组成小队,监视"南希"号,并将小舢板上锁,防止水手离去后,该船不能返回伦敦,船长罗克伊尔表示,自愿停止起卸茶叶,不再进口,同时他要求单身入城,采办返航的必备用品,以及拜访当地东印度公司的代理人。由于该地的代理人已经辞职,所以船长的要求获得批准,于是船长在严密的监视下,登上码头,与众多市民相见。

上岸后,船长罗克伊尔照例先拜访了公司代理人亨利·怀特,亨利·怀特拒绝收货,并劝告船长将货物带回伦敦,船长就先在他的寓所安顿下来。市民们尽量帮助船长采办回航的必备用品,但是不允许他接受海关或者与海关人员联系。不久,船长就明白了是自己把茶叶运到了一个错误的地方,于是尽快地准备回航的事务,4 月 21 日,"处置茶船委员会"又在全城散布传单,其文如下:

告全体公民:本市对于起卸东印度公司茶叶的意见,

虽然已经由委员会转达给罗克伊尔船长,但仍有众多市民认为该船出发时,应该让他亲眼看见政府和东印度公司企图无视本国人民的罪恶,因此定于下星期六九时,召集民众大会示威,凡是我国人民都应当踊跃参加。该船由英雷码头出发前一小时,鸣钟为号。

委员会启

To the Public.

THE long expected TEA SHIP arrived laſt night at Sandy-Hook, but the pilot would not bring up the Captain till the ſenſe of the city was known. The committee were immediately informed of her arrival, and that the Captain ſolicits for liberty to come up to provide neceſſaries for his return. The ſhip to remain at Sandy-Hook. The committee conceiving it to be the ſenſe of the city that he ſhould have ſuch liberty, ſignified it to the Gentleman who is to ſupply him with proviſions, and other neceſſaries. Advice of this was immediately diſpatched to the Captain; and whenever he comes up, care will be taken that he does not enter at the cuſtom-houſe, and that no time be loſt in diſpatching him.

New-York, April 19, 1774.

1774 年纽约抗茶会《致公众书》

1774 年 4 月 22 日,当罗克伊尔船长还逗留在城中时,船长坎波斯所驾驶的"伦敦"号货轮已经到达桑迪湾,保安队得到茶叶被藏在其他货物中的情报,便通知领港员,拒绝领船进港。坎波斯船长提出申辩否认船中载有茶叶,并出示货单和海关纳税单,证明船上并无茶叶,所以"伦敦"号得以过港靠岸。到了下午 4 点,保安队还是不相信坎波斯的话,便登船逐一检查货物,遇到可能藏有茶叶的货物,便打开检查。这时,坎波斯看到无法继续隐藏,便承认有茶叶 18 箱,但是他个人的物品,并拿出茶叶的海关纳税单。于是保安队、船长和货主都暂时到佛伦斯旅店商讨解决办法,而把群众留在了码头,当与会者还在商议如何解决此事最为妥当时,那些登上货轮的群众已经开始行动,他们打开茶箱,将茶叶全部抛入海中。群众对于船长的欺诈行为感到非常气愤,认为必须用更激烈的手段来惩治船长,但是船长已经闻风而逃,黄昏时分,悄悄逃到"南希"轮上。

第二天,即 1774 年 4 月 23 日,星期六。纽约及其近郊的警钟齐鸣;城中所有市民集体向汤丁咖啡馆聚集,一路上军乐声和群众的欢呼声不断。到了咖啡馆，船长罗克伊尔在"自由之子"的代表的陪同下登上露台，船长表示由于自己而引起的这些不愉快的事件，承蒙大家和"自由之子"组织的宽容，在这里表示万分的感谢，讲完话后，船长被护送到华尔街尾的英雷码头，并鸣炮奏乐，表示欢送。船长罗克伊尔离开纽约市的情形，充分表现了英、美人民之间融洽的感情。

第三天，"南希"号启程，"伦敦"号船长坎波斯同船返回，所有茶叶全部运回英国。从该轮出发到这一天，已经有七个多月了。

阿那不勒斯抗茶会

1774 年 10 月 14 日，苏格兰商人安斯尼·斯沃特的货轮"派吉·斯蒂沃特"号到达阿那不勒斯。船上载有令人诅咒的 2000 磅英国茶叶。全城市民立刻集合，听了著名领袖对茶税的痛斥，在群众的欢呼声中，会议决定不允许茶叶进入口岸，并将会期延续到 19 日，来决定这些货物的最后命运。

10 月 19 日的大会上，当到会群众获悉货主已经交纳完茶税，破坏了他们抗茶的计划，感到非常愤怒，大家的情绪异常激动，甚至想要致货主于死地。当安斯尼·斯沃特与东印度公司的代理人会见群众时，恐惧万分，一再谢罪，并且表示愿意将茶叶送到岸上，当众烧毁。但是群众仍然不能原谅他，这时正好安尼阿隆代耳州的查理斯·沃夫德博士率领"自由会"爱国志士赶到，并提出处理方法。大家接受了博士的建议，在货主的住所前搭起绞首架，让他在绞刑或自己烧船二者中选择一项。安斯尼·斯沃特在惊悸之余，选择了后者。于是不到几分钟，船与货物都被付之一炬，不久货主也悄悄离去。

今天，在 1774 年 10 月事件发生地，竖有一块纪念碑，记载了货主自焚船只的经过。在巴尔的摩法院刑事厅走廊西侧的墙壁，也有一幅壁画描绘了当时烧船的情形。

爱登顿抗茶会

爱登顿是当时北卡罗来那州的重要城市,该城的妇女不能说如何英勇,但是都有一颗爱国的心。1774 年 10 月 25 日,该地区的 51 名妇女联名起草一文,赞扬了不久前在新伯尔尼地区的各殖民地代表开会决定反抗不合理的茶税的事,继而又大胆地联名在伦敦当地的报纸发表文章,此篇文章刊登在 1775 年 1 月 16 日的《伦敦晨报》上,引起英国社会上下普遍的注意,这也许是因为签字的人都是有社会地位或是家族渊源的妇女吧。文章如下:

10 月 27 日北卡罗来那来函摘要:

北卡罗来那地区的代表们,已经决定不再饮用茶叶,不再使用英国的布匹等物品,我们这里许多妇女们为了证明她们都有一颗热忱的爱国心,都加入了那象征着荣耀而高贵纯洁的组织。我们向你们那里的高贵的妇人们宣告:从今天起,美国妇女将追随她们英勇的丈夫之后,一致团结,顽强地与政府斗争,绝不屈服。

凡是会影响国家和平发展的事件,我们都不会熟视无睹,事关公众利益,应当由全体人民推举代表共同来解决。这不仅是对邻近各地区的人民应尽的义务,也是对本地区人民利益的保护。我们竭尽全力、义无反顾。特此通告,表示决心。

然后是 51 位妇女的签名。

北卡罗来那前任文献委员会委员理查德·迪拉德对于爱登顿的茶叶故事,有极为简要的记载:

当时爱登顿是一个文明而有教养的社会,爱国男女们轰轰烈烈的事迹,足以名留千古。当时的茶会与现在的相同,是一种时髦的交际方式。英国人原本就有饮茶的习惯,因此茶也成为了他们殖民地的人民最普遍的饮料。饮茶可以使人精神舒畅、兴奋,所以饮茶也打破了过去集会时的死气沉沉。而与茶有关的故事也非常有趣,我们可以想象一个世纪前,当时众人穿着长袍,围坐闲谈,还会有善谈者给大家作长篇的演讲,然后用茶来招待大家的情景。茶有武夷茶和假茶两种,妇女们都对武夷茶存有偏见,认为它有毒而拒绝饮用,她们喜欢一种由干覆盆子叶所制成的带有香味的假茶,但是我认为这种假茶还不如以前被夸大作用的冬青叶,对身体是毫无益处。

有一块古代雕刻的铜版,将宣言刊印在铺有台面的玻璃上,从而使妇女们时刻警惕。宣言劝告妇女们不饮茶,而且不用英国货。印刷者据说与乔治三世时期印刷吉尼斯著名文件为同一人,只不过图画的来源不明。

拉里是北卡罗来那州的又一个美国革命的发源地,在它的市政大厅的圆形会议室中有一个铜台,就是为了纪念爱登顿的妇女们的英雄行为而设的。而在以前曾经举行过茶会的地方,则放置了一门革命时期用过的大炮,上面还放有一把具有历史意义的茶壶,壶上刻有文字:此处原是艾利本斯·K夫人的住宅,1774年10月25日爱登顿妇女在此集会,反抗茶税。

不饮茶国家的诞生

当美国殖民地的人民积极参加抗茶会、共同商讨反抗茶税的时候,英国政府坚决主张对美洲一贯的强硬政策。二者之间的矛盾不断激化,终于导致了美国独立战争的爆发,这样,世界上最大的民主国家在枪林弹雨中诞生了,不久它就成为了世界上最富有的国家,但是人民仍然保持不爱饮茶的遗风。

第六章　世界上最大的茶叶专卖公司

　　人们经常说英国东印度公司是因为胡椒而诞生,而它的迅速发展则完全依靠的是茶叶。因为该公司在远东经商,所以很早就与中国接触,而后来中国的茶叶就成为了公司治理印度的一大资源。

　　约翰公司(即东印度公司),在全盛时期时,掌握着中国茶叶贸易的专卖权,他们操纵茶叶买卖,限制茶叶输入英国的数量,控制着茶叶的价格,垄断了茶叶市

东印度公司外景

场。该公司不仅造就了世界上最大的茶叶专卖制度,也是茶叶宣传最早的一种原动力。宣传的结果是,促成了英国的饮料革命,使英国人放弃咖啡而变成嗜好饮茶。而饮茶的习惯多年未变,可见宣传效果非常突出,影响深远。东印度公司在国际上声名显赫,该公司有权占领土地、铸造钱币、建立军队,并可以与其他国家缔约、宣战或议和,行使民事及司法权,俨然是一个强有力的行政机构。

　　英国东印度公司于 1600 年领到特许经营证书,1601 年,詹姆斯·兰卡斯特大校奉公司之命,远航到爪哇的万丹岛,并设立了商

馆。荷兰人在印度经商虽然比英国人早了四年,但是荷兰东印度公司,直到 1602 年才得到特许经营证书。

在欧洲大陆不同时期,共产生了竞争激烈的 16 家东印度公司。按国别划分,有荷兰、法国、丹麦、奥地利、瑞典、西班牙和旧普鲁士等国。但是就其地位的重要性而言,没有一家可以与英国东印度公司相抗衡。

16 世纪,欧洲国家与东印度公司有贸易往来的只有葡萄牙一国,而且他拥有绝对的专利权。至 1602 年,荷兰人驱逐了葡萄牙人,并夺取了他们在印度的主要殖民地,堂而皇之地打着荷兰东印度公司的旗号开展贸易。法国于 1604—1790 年,在印度先后开设了六家东印度公司。丹麦人曾经在 1612 年和 1670 年两年里,分别开办了两家东印度公司。苏格兰人在 1617 年和 1695 年两年中,先后成立两家东印度公司。

1648 年时的东印度公司外景

奥地利人的奥斯坦德公司,是由荷兰、英国东印度公司合资成立的,1723 年开始经营,1727 年停止营业,时间长达 7 年,最终宣告破产。1731 年奥斯坦德公司停业期间,斯德哥尔摩的哈瑞·克宁将该公司原来的职员招到瑞典东印度公司。奥斯坦德公司完全依靠走私茶叶到英国而维持生存,到 1784 年,随着英国议会通过决议将茶税降低,该公司迅速解散。

在菲律宾群岛,1733 年,为对抗《明斯特条约》,成立了西班牙皇家东印度公司,1808 年公司停业。在 1750—1804 年间,先后有普鲁士、亚细亚、孟加拉等公司的成立。奥地利的东印度公司又被称为特里斯特帝国公司，是由威廉姆斯·波特创立的。他曾经于1775—1781年间在英国东印度公司中任职，后来由于对公司深感不满，于是就自立旗号，他虽然有着在投资方面的天赋，但是最终在1785年宣告失败。

约翰公司的创始

最初在东方的贸易权，一直操纵在利万特公司手中。该公司取道小亚细亚通过陆路与印度进行贸易往来，获得了丰厚的利润。后来，当通过好望角到达东方的航线开通时，该公司的一些人首先察觉到了这条航线中隐藏着巨大的商机。

因此公司中有人于1599年开始论证由海路到东方的可能性，因为当时荷兰人与葡萄牙人在东方都已建立了稳固的基础，所以公司认为必须立即行动，否则机会就会失去，于是他们便向伊丽莎白女皇请愿，直到1600年的最后一天，他们终于得到了批准，公司获得了享受印度贸易的特许专营权15年。这项专利权本身就已经极具价值，更宝贵的是，该公司最先四次的航行免征出口税，并且许可将本国现金携带出境，这是本国法律所禁止的。实际上该公司获得的专营权范围非常广泛，凡是在西半球的合恩角与东半球的好望角之间，一切商业上或由于发现所得到的利益都归该公司独享，特许书上还有载明授予东印度公司贸易特权，如果有非法侵犯公司利益的，一经查获，可以将船只和货物一并扣留充公。

早年的舰队

第一支东印度公司的舰队，于1601年初夏驶离英国，旗舰为康波兰德伯爵的"红龙"号，除旗舰外，还有"亥克特"号、"阿森逊"号和"苏珊"号及一艘供给船"盖斯特"号。这支舰队专门为搜寻西班牙的舰队而设。詹姆斯·兰卡斯特为舰队司令,但各舰舰长也都有各自指挥的权力。这支海军的任务,主要在于运输各种香料,因此没有到印度本土,而是前往荷属印度。荷兰当局虽然禁止其他国家的商人入境,但对于这支海军则是礼遇有加。这支舰队不仅在苏门答腊采购了多种货物,而且还从葡萄牙人手中抢夺了很多的财物,后来虽然他们在海中遇险遭受相当大的损失,但是他们也已经全都腰缠万贯了。

17世纪末期,有一家新的东印度公司成立,其目的在于为英皇敛财,一时间,新旧两家公司相互倾轧,但最终清除了矛盾和分歧,合并为一家。

1637年春,东印度公司人员第一次远航到广州,这次他们对茶叶好像并没有给予太多重视。在中国和日本的英国人,虽然早在1615年就已经知道饮茶,但是从没有人将茶叶带回国内。当时东印度公司的轮船,虽然比其大轮船稍好,但是程度非常有限,就大小而论,大多数船只载重不超过499吨。因为当时法律规定,凡是达到500吨或超过500吨以上的船,必须有一名随船牧师。东印度公司认为随船牧师没有必要,不愿肥水流入外人田。

东印度公司第一批购买的茶叶,不到一担(合英制1223磅),但不久随着茶叶的销路渐渐地好起来,东印度公司的茶叶便源源不断地流回国内。虽然东印度公司声称只销售品质最好的茶叶,但是从装运的情况来看,所谓的"最优品质"并不尽然。荷兰人和奥地利的奥斯坦德公司所运的茶叶,大多数是次等茶,其中还有大部分是走私进入英国,因此这些茶的价格非常便宜。当时有些东印度公司的船员也有走私的现象,因此海关人员对东印度公司的船只严密监视,只要是该公司的船靠岸,便动用所有的缉私艇进行监视,防止船员冒险走私货物。

将中国列入专利范围

早在 18 世纪初期东印度公司就已经与中国通商,但是直到 1773 年,他们的特许证书才被授予与中国和印度贸易的特权。随着商业航线的增加,东印度公司的利益也在飞速增加,由于东印度公司在远东并没有像在孟买的船坞,航线又在增加和延长,因此公司不得不建造更大更坚固的船只。但是公司在造船及航行方面极为铺张浪费,如果他们能够稍加注意,那他们的成就则会更大。

1760 年在广东的外国工厂

到印度的航程本就很长了,到中国则有更多不必要的延迟,不仅不能增加航行的速率,而且由于在中国海面等待装货、停留的时间更长,这样就必须把船上的缆绳等设备卸下,等待启航时,再重新安装。

东印度公司一直以来都是属于少数商人的一种联合体,与伊丽莎白女王最初创立公司时的情形相同。每名商人各行其道,各谋其利,董事会只是在维持某种纪律。公司从来没有自己的船只,多年以来,船只完全由董事个人提供。这些董事,通常被称为船的事务长,他们按照合同约定,将船只租给东印度公司使用,一般来说,行使六次为限,之后则依照公司制度办理。后来,这种出租船只的权力虽然不局限于董事,但是如果是与公司没有任何关系的人,想要把船租给公司也不是一件容易的事情。

船长的利润

当一船的事务长获得其船只被公司租用的权力以后,大多数都将这一权力转让给他的船长,有时可以获得多达 1 万英镑的代价。而船长的每次航行,都获利甚丰,其中包括优厚的津贴,这些都是东印度公司允许私自经营某种货物(以出口 50 吨,进口 20 吨为限)。另外,船长还可以将船上自有的舱位租给旅客,各方面合计,一次航行可以挣 1 万英镑的船长不在少数。在这种习惯流行的时期,东印度公司对于船长一职,几乎是世袭,就连没有任何航海经验的人,也可以滥竽充数,后来由于董事会的干涉,规定必须有航海经验的人才能担当船长,这种风气才有所收敛。

18 世纪东印度公司海上贸易场景

到印度的船费,根据船员们在公司中的职位而不同。由于船上其他旅客很多,因此公司的员工们都穿公司统一的制服,级别的高低,一眼就可以看出。高级职员需付 250 镑的船费,而年轻的雇员们仅需支付 100 英镑。船上的食物和酒水非常丰盛,由公司提供。然而最奇特的事是,在客舱内没有那些日常的必用设施,因此旅客在预定舱位后,第一件要做的事,就是在岸边一些家具店里采购一切必要的应用家具。而当到达终点后,船长或船员往往以低价收购这些家具,再把它们高价卖给回家的旅客,这样转手之间,又可获得暴利。

茶 的 走 私

17世纪时,茶叶走私之风盛行,政府为此颁布各种专门法规,严禁茶叶从欧洲各地运入英国。后来政府又采取新的措施,当遇到东印度公司的茶叶供不应求时,外国商人可以领取营业执照,经营茶叶贸易。实际上东印度公司的茶叶不够分配是常有的事,只不过东印度公司从中国运来茶叶比其他任何方面都多。1766年,东印度公司装运的茶叶数量是600万磅,从荷兰人装运的茶叶是450万磅,而其他公司的数量绝对没有达到300万磅的。

18世纪中期,东印度公司经营开始陷入困境,至1772年,该公司不得不向政府请求拨付积欠的补助费,同时申请贷款100万英镑。这两项请求,都得到了政府的批准。但同时政府颁布《印度条例》,迫使公司实行较为经济的经营方式。不久以后,该公司又得到政府特许,可以先出具保结,将茶叶存放于堆栈中,等到提货时再缴纳税款。这种办法,使茶叶贸易发生了巨大的变化,让茶叶在全年的销售得以均匀分配,据估计当时全英国的茶叶只有1/3是纳税的,其余的全部是走私入境。

印度贸易专营权的废止

1813年,英国议会通过一项议案,政府有权干预东印度公司在商业和行政方面的一切活动,同时废止了该公司对印度贸易的专营权。只有对中国贸易(大部分是茶叶)的特权,可以再延续20年,到1833年终止。届时公司所有的船队都将予以解散。

在隶属东印度公司各船的事务长中,有几位是以独立船长的身份驶往印度和远东,与各个地区进行贸易往来。其中最著名的有以下几人:乔治·格林、曼尼·威格拉姆、亨利·洛夫特斯·威格拉姆、约瑟夫·萨莫斯。他们的船只，都属于老东印度公司的遗产，船身笨重，速度不快，只不过船内的布置非常舒适、宽大，载货量也很大。1832年美国的快艇出现之后，促使贸易格局产生了非常大的变化。英国人在1846年也开始仿效。

东印度公司中关于茶的记载

在东印度公司记录中，首次提到茶叶是在1615年，理查德·威克汉姆的信简中，而此人也是英国最早谈论茶叶的人物之一。

此项记载，可以从公司标题为"日本杂录"的档案内查到。所谓"日本杂录"包括公司驻日本平户的代表理查德·威克汉姆寄来的信函。据伯德·伍德说：威克汉姆于1608年以联会代表的身份前往印度，在赞兹巴地区被土著人拘捕，后来移交给葡萄牙人；葡萄牙将他带到高亚，在高亚时他与一位名叫福兰克斯·帕德的旅行家相遇。1610年，他又与其他被俘的欧洲人一同被押解到葡萄牙，后来他从葡萄牙被遣返回国，然后又开始了他的第八次航行。约翰·萨利斯大校将理查德·威克汉姆和理查德·库克斯留在了日本平户商馆里。1614—1616年间，理查德·威克汉姆在日本商馆服务其间所写的信函，现在仍被保存在印度办事处的记录中。

1615年6月27日，威克汉姆致东印度公司驻澳门代理人伊

威克汉姆信函手迹

顿的信件中写道：

　　伊顿先生：烦劳您在澳门替我采购最好的茶叶一罐、美女弓箭两套、澳门囚笼半打，用三桅船装运，所有的费用都由我来承担。理查德·威克汉姆启。

老东印度公司

　　东印度公司最早的名称是东印度贸易公司，公司有权制定规章，可以免税输出各种货物，装运外币及金、银条块出口，执行罚则，并享有其他许多极有经济利益的权利。

　　最初，茶叶只能从中国购买，作为一种极为名贵的物品，在馈赠皇室、王公大臣和贵族的礼品单中，偶然会出现这种"世界珍宝"。起先，英国人对于茶叶在商业方面的效用反应比较迟钝，当荷兰人在欧洲大陆积极推广茶叶，并且在伦敦咖啡店以每磅16—50先令零售时，东印度公司的代理人们竟然没有察觉到其中的商机，自己不直接采办茶叶而坐失良机。然而他们之所以停滞不前，最主要的原因是，当时荷兰人在远东已占有绝对优势。直到理查德·威克汉姆的信中谈及茶叶50年后（即1664年），才在东印度公司的记录中有托马斯·温特购入名茶两磅二两赠英王，表示公司不忘英王之恩的记载。据传，查理斯二世将这一贡品赐给了酷爱喝茶的康舒王后。

　　在1666年，英王收到的珍贵贡品中，有茶叶22.75磅，每磅价值50先令，而英王的两位宠臣得到的茶叶每磅价值6镑15先令，就在这个时期，宫廷已经开始通过其他的方法从伦敦咖啡店中购买茶叶，用于宫廷召开会议。

　　该公司的员工曾经向老板报告过，关于中国人有浸制一种有香气的植物，叫作"Tay"的习惯。但是这些老板当时只关注用英国的布匹与中国交换丝织品的买卖，没有想到茶叶贸易会成为世界上最大最具有经济效益的贸易。该公司的第一笔购茶的定单，是在 1668 年寄给公司在万丹的代办,叮嘱他购买 100 磅品质最优良的茶叶。

第一次公司共进口了两箱茶叶,重 143.5 磅,于 1669 年从万丹运到;1670 年又有四罐茶叶运到,重 79.4 磅。在这两次运输当中有 132 磅茶叶受损变质,被公司以每磅 3 先令 2 便士的价格销售,剩下的茶叶都由董事会自行消费了。

此后,茶叶每年(1673—1677 年除外)从万丹、苏拉特、干扎姆、马达拉斯等地区源源不断地运入,直到 1689 年,才有了从厦门运入茶的第一次记录。有一次从万丹运入的 266 磅茶叶,根据记载是台湾地区赠送的礼物当中的一部分。而就当时的情况来看,应该是该公司的代办在万丹从运送茶叶的中国船上购买的。而苏拉特的茶叶一般都是从澳门、高亚及达曼一带往来销售的葡萄牙船上购买的,很少有人到达比这些地方更近的地区而与中国直接交易。

在万丹的英国当局,特地派出一艘船前往厦门,并且在 1676 年于厦门设立一家商馆;1678 年,该公司从万丹输入茶叶 4717 磅,导致商场上供过于求,致使销售停滞了好几年。1681 年,该公司董事命令在万丹的代理人,每年运送价值 1000 美元的茶叶。三年以后,英国人从爪哇被驱逐出境,董事会就通知马达拉斯的代理人,每年购入最新鲜、最优良的茶叶五六箱。自此,英国东印度公司开始仿效荷兰东印度公司在 1637 年所施行的制度,定期输入茶叶,用来控制价格。到 1686 年为止的 10 年中,茶叶在伦敦市场上的价格为每磅 11 先令 6 便士到 12 先令 4 便士之间。

1686 年,公司董事会通知在苏拉特的代理人,以后茶叶属于公司进口货物之一,不能作为私人经营的商品。1687 年,董事会规定,凡是品质优良的茶叶,都要装到锡罐中,然后再妥善装箱,避免途中受到损坏。因为茶叶现在已经成为公司经营的商品之一,因此要特别加以注意。以前,销售茶叶的商人虽然很多,但基本上都处于亏本的状态,有一部分从万丹运来的品质低劣的茶叶,必须把它扔掉,或者以每磅4便士到6便士的价格贱价出售。

1689年,当该公司的"公主"号货轮从厦门开到伦敦时,董事会的怨言很多。因为在当时,茶叶在市场上被看作是一种药物,只有用罐桶装好的品质最优的茶叶,才会有销路。当年,从厦门和马达拉斯输入的茶叶共有25,300磅。1690年,由个人或公司从苏拉特运到的茶叶,达到41,471磅,但是由于茶税很重,公司只允许运入品质最高的茶叶,否则不允许销售。

四年以后,根据贝克勒斯·威尔逊所讲:伦敦的妇女,不知何时起,突然喜欢上了饮茶。这些妇女间接地成为了荷兰商人的顾客。但是1699年,东印度公司定购了品质优良的绿茶300桶,武夷茶80桶,在英国国内受到了大批顾客的追捧。在定货时,公司为了防止茶叶吸入锡罐的气味,对押货员三令五申要做好包装和贮藏的工作。到了1702年,市场上对于茶叶的需求激增,于是公司便开始装载整船茶叶,其中新罗茶占2/3,圆茶占1/6,武夷茶占1/6。

商业上的做法自毙

17世纪末,为了争夺远东巨大的商业利益,东印度公司附属公司纷纷成立,而在这个时候,东印度公司中发生了一种做法自毙的情形,就连政府对此也无计可施。在最初的一百年中,政府巧设各种赋税名目,给予一般从事东方贸易的人一种特殊的权力,而以征收适当关税为交换条件,借此中饱皇室的私囊。这种捐税,是西方人士必付茶价的一部分。茶商和消费者受苛政的困扰,持续了两个半世纪,直到1929年才被废除,但是三年以后,又重新实施。

最初,凡是带有半私人性质的商人,都能比自己所属的公司获利更多,结果有数家在特殊权力的庇护下经营的公司,又逐渐被私人企业左右和控制。1698年,一些受益者得到了议会的批准,成立了一家新的东印度公司,最终于1708年与旧公司妥协,合并成

Trade Mark
East India

of the First
Company

c 1600

早期东印度公司的商标

为后来的东印度贸易联合公司。

在这个事件发生之前，旧东印度公司除了在国内有种种困难之外，对于敏锐的中国商人，也觉得很难应付。还有与马来海盗以及同在印度经商而心存嫉妒的荷兰、法国、葡萄牙等国的商人时常发生冲突。公司内部员工，为一己私利而不顾公司的利益，也使公司蒙受了很大的损失。结果公司在最初发展的一百年间，只能是力图巩固公司对印度贸易所能享受的特权。据史料记载，当时英国的茶叶市场虽然受到走私影响、假冒伪劣产品及互相倾轧等等弊端的冲击，英国政府在1711—1810年间，仅茶叶一项的税款就已经达到7700万英镑，超过了1756年时英国政府所负的国债。其所征收的税率由12.5%到200%不等。

查理斯二世在位的时候，东印度公司的声势如日中天。政府多次颁布特许证书，授予公司非常大的权力。除去其他已经获得的权力外，该公司又获得了占有领土、铸造钱币、指挥军队、订立盟约、对外宣战和议和、兼理民事及刑事诉讼等特权。17世纪末期，公司又在印度的孟加拉、马达拉斯及孟买等地设立了监督处，结果东印度公司成了政治及商业于一体的特殊势力。

后来，该公司的组织制度稍有变更，主旨在于使公司受政府的直接控制，但是公司原有的庞大的权力仍然存在。甚至到了1814年，当公司的特权被转让给个别商人时，这些商人的货物仍然要交给该公司装运；在印度的商人装运货物到英国也必须用该公司的船只来运输。公司在茶叶方面的专卖权的效力最大。内地税收办公室的代理主任理查德·贝尼斯特1890年5月12日在伦敦艺术学会的演讲中说：在东印度公司发展的后期，英国消费者如果在欧洲大陆其他的公开市场上购买相同质量相同数量的茶叶，要比从东印度公司购买其专卖的茶叶,每年节省200万英镑,换句话说,就是由于东印度公司的操纵,英国消费者每年要多花费200万英镑来购买茶叶。

茶叶专卖权的效力体现在卖和买两个方面。政府对于该公司的限制,促使茶叶价格日趋上涨,由于没有其他的竞争者,使得该公司可以任意提高茶叶价格,结果是除了富有人家之外,一般的平民百姓只能是望茶兴叹了。而政府的规定,使得该公司销售的茶叶经常是在积压12个月以后才能到达消费者手中。有一段时期甚至达到需积压17个月以后才能销售。这些规定对于印度茶的影响尤其严重,因为印度茶烘焙的不如中国茶干燥,更容易损坏变质。而且该公司凭借专卖权对茶叶的控制有囤积居奇的弊端,理查德·贝尼斯特说道:

> 私人企业如果获得东印度公司的权力,就可以解决上述的弊端,合理的竞争可以杜绝专卖权的弊病,在没有其他企业获得政府批准的情况下,导致该公司不仅从茶价上赚取了极大的利润,而且由于没有商业上的竞争对手,使该公司的人员不论是在中国还是国内挥霍的费用,全部转嫁到茶叶上。像这样的公司如果要发展,必须依靠员工的努力才能完成。但是员工们的进取心,都因为公司的繁文缛节而丧失殆尽。公司的大权,掌握在一帮毫无商业经验的无知者的手里,他们对于任何新的、极好的建议都不愿采纳。他们只知道墨守成规,沿用几个世纪以来一直使用的枯燥而又好高骛远的方法,而这种做法已经不适用现代商业了,甚至可以说是非常迂腐。

由于东印度公司在管理上的浪费,导致了在专卖权下所销售的货物价格节节攀高。因此政府一度对公司的经营状况加以审核,目的是明确管理上的浪费是否已经耗蚀销售时所得的利润,或者索要的货价是否超过欧洲大陆其他进口商的价格。审查的结果令人震惊:

　　公司在 1828 年以前的三年中所得利益为 2,542,569 英镑,平均每年为 847,523 英镑。

　　公司销售的茶叶价格与纽约和汉堡相比,每年多达 1,500,000 英镑。

　　由于专卖制的实施,英国人每年的损失达到 652,477 英镑。而且专卖制的实施减少了贸易,抑制了竞争,还导致了生活必需品的价格上涨。当特许证书到了展期之日,对于这些现象当然不能再熟视无睹,于是威廉姆四世颁布第三、第四条法律废除了专卖制,准许任何人都可以经营茶叶贸易,因此,法律允许任何人与中国进行贸易。

300 年间的对华贸易

　　英国人在 1596 年以后,曾多次想与中国接近。当时的伊丽莎白女王曾经致函给中国皇帝,但是由于种种原因未能送达。东印度公司在 1625 年和 1644 年明朝末期时,曾经先后在台湾和厦门成立代办处,该公司在 1627 年时曾经想取道澳门与广州通商,但是由于受到葡萄牙人的阻挠而没有成功。

　　东印度公司在 1635 年与高亚的葡萄牙总督订立协定,允许英船"伦敦"号可以开入澳门港口,但是由于葡萄牙人没有表达清楚,导致该船被波格炮台轰击,"伦敦"号奋力还击迫使对方停火。广州总督于 1635 年 7 月允许英国人在广州经商。东印度公司在广州经商最早的记录是在 1637 年 4 月 6 日。开始,由于葡萄牙人在东方的势力浩大,英国人的贸易经常被破坏,直至 1654 年奥利弗·克罗威尔与葡萄牙皇帝约翰四世签订条约,允许两国商船可以在东印度口岸自由出入。

　　东印度公司于 1664 年在澳门建立办事处,从 1678 年起开始经常性地与中国直接贸易。1684 年公司得到中国当局的许可,在广州河边选定地点建造商馆,但是英国商人的一切商业活动,都被严格地局限在该区域内。这次核准或许成为在广州设立欧洲商馆的开始。第二年(1685 年)，东印度公司在厦门的代办处重新开办，1702 年在舟山岛上设立了一处贸易站，至 1715 年英国货船才可以驶入黄浦港停船，从而与广州通商。

东印度公司在 1760 年派遣特别使团，向广东总督抗议，反对公行制，并请求释放在 1759 年被捕的公司职员弗林特，但是最终没有结果，直到 1762 年弗林特才被释放。后来该公司通过行贿的方法使他们在广州的生意得以维持，并于 1771 年买通官府，被批准在营业期间可以在广州居住，只是一过营业的季节，则各外国公司的代办都必须从设立的商馆回澳门或本国一次。所有的商船都会在西南季风将要停止时——自每年的 4 月到 9 月——开进港口，而等到东北季风开始时——每年 10 月到 3 月——驶出港口。1771 年公行制取消，1782 年则由行商制代替了公行制。这些行商们享有对外贸易的特权，但同时他们对于一切外国人的安全行动也必须负担保之责。

东印度公司维护他们的专卖权达到两个世纪之久，英国国民没有经过该公司的许可不得在广州登陆，除了领有执照的以外，英国商船也不准到东方经商，但是来自其他国家的商人则纷纷与东印度公司展开竞争。来自澳门的葡萄牙人，来自菲律宾的西班牙人和来自台湾的荷兰人，都是在该公司之前到达东方的，他们当然不愿让后来者居上。丹麦与瑞典商人于 1732 年，法国人于 1736 年，美国人于 1784 年，连同其他国家的商人蜂拥而至。中国政府对这些商人们采取了兼收并蓄的政策，并且不允许其他人干涉他们的商业活动。甚至有一些英国商人，出示他们的非英国国籍。这些人的商业活动从某些方面也对东印度公司的经营产生了一定的影响。

英国自由贸易的最早创始人是怡和公司的创办人威廉姆·贾汀，他在 1820 年到 1839 年期间侨居中国。然后是 W. S. 戴维森，他在中国的居留时期为 1807 年到 1822 年。邓特公司的 R. 格利斯伊,在中国居留的时期为 1823 年到 1829 年,以及从 1826—1850 年间居住在中国的玛斯森兄弟,玛斯森兄弟于 1827 年创办了《广州文摘》宣扬自由贸易的观点,反对东印度公司的专卖制度的延长。在东印度公司的专卖特许证书于 1834 年 4 月 22 日到期之前的三四年中,公司的员工已经不是很严格地遵守专卖制度了,实际上自由贸易在这期间已经开始萌芽。

　　1831 年,中国当局对于广州的外商采取了极为严厉的限制,致使东印度公司威胁当局将停止一切的商业活动。但是,最终东印度公司屈服了,他们将英国商馆的钥匙送交给当地的一位官吏,以示降服。当年的 5 月 30 日,在广州有一次群情激愤的集会,一致反抗东印度公司的政策,参加集会的有一小部分自由贸易的商人,包括:贾汀、玛斯森、丹特、吉布斯、特纳、霍利德及布诺斯等人。东印度公司的势力虽然已经是一落千丈了,但是外国侨民团体仍然拒绝向反复无常的中国当局屈服。一些进行自由贸易的商人,为了扩大自己的对华贸易,开始从印度装运大量鸦片到中国。他们为了躲避中国政府对运送鸦片船只的制裁,便在波格炮台外的伶仃洋面上设置趸船,用来储藏鸦片和其他货物。东印度公司的专卖权于 1834 年废止。在这种情况下,中国政府认为战事迫在眉睫,于 1832 年颁布命令,在沿海各省建筑炮垒,预备战船,用以肃清海洋,驱逐在海洋线附近发现的欧洲兵船,同时还下令禁止所有外国船只在伶仃洋面逗留。

　　在 1834 年,英国从广州出口的主要商品中,茶叶占据首位,达到 3200 万磅。英国众议院在 1847 年设立委员会,专门从事调查与中国的商业关系。在向委员会提交的报告中,记载了许多有关茶叶贸易的信息。报告指出,每磅茶叶须交纳 2 先令 2.25 便士的茶税,相当于每磅茶叶销售价格的 164%,应当予以减少,根据大多数调查人员的建议,每磅茶叶应征税 1 先令较为合理。在委员会内部印发的 R. M. 马丁于 1845 年 7 月关于茶叶的报告中讲到,茶叶在英国的消费已经达到顶点,这个问题决不是仅仅依靠减税所能解决的。英国在 1846 年输入的茶叶大约是 56,500,000 磅；到了 1929 年则是 560,720,000 磅，相当于 1846 年的 10 倍。

茶 与 美 国

东印度公司在 1713 年茶季下令在广州将茶叶装载到"苏尔·比利斯"号货轮上，并且要求"装箱勿装桶"。60 年以后，波士顿的印第安人觉得茶箱比桶罐更容易处置。

1718 年，茶已开始代替丝绸成为中国出口贸易中的大宗货物。1721 年，西方国家的情况也发生了变化，罗伯特·沃波罗执政时代取消了茶叶进口税，代以在提货时征收国产税。

因为政策的变更，便有了禁止茶叶从欧洲各地运入的命令，使东印度公司的专卖权日益稳固。到了 1725 年，英国茶叶由于受到东印度公司统制的结果逐渐变成一种神圣不可侵犯的物品。如果有假冒伪造等情况发生，违反者将被逮捕并处以 100 英镑的罚金。1730—1731 年，惩罚更加严厉，对于作伪者，每磅茶叶处以 10 英镑的罚款；1766 年，除了罚款外，违反者还要被监禁。

在 1739 年，仅以价值而言，茶在荷兰东印度公司输入荷兰的一切商品中居于首要位置。当时茶叶被偷运到英、美之风愈演愈烈，这都是英国东印度公司的专卖权所引起的不可避免的结果。10 年以后，伦敦成茶叶集散的自由口岸，茶叶由此运往爱尔兰和美洲。

到了 18 世纪中叶，美洲殖民地人民所遭受的痛苦达到了顶点。20 世纪最公平的历史学家大多认为美国革命战争的爆发，是由所谓的"大商业"所引起的。这种"大商业"，一方面以享有专卖权的东印度公司为代表；另一方面是以大英帝国和殖民地的茶商为代表。或许是因糖浆或甜酒的自由买卖而引发的矛盾，但实际上是由茶叶所引起的。

在《印花税条例》通过之前两年，波士顿的商人就已经有了联合反对征收任何糖浆税。就像后来约翰·阿丹莫斯所说:糖浆是美国独立的一个重要因素,茶叶则应当是另一个。

在 1765 年经英国国会通过的《印花税条例》,招致由弗吉尼亚州的帕克·哈瑞为首的殖民地人民的强烈抗议与反对。这不过是美洲人民对于征税的正常抗议。詹姆斯·奥特斯说,如果没有得到他们自己的同意,就不应该贸然征税。

当时在广州的茶叶贸易已经跃居最重要地位。那些处于对立地位的欧洲大陆各个东印度公司所装运的茶叶数量,远远超过了英国东印度公司。原因非常明显,因为茶叶大多是走私到英国和美洲的。总之,高昂的税收是导致自由贸易的主要原因。

值得注意的是,美洲殖民在 18 世纪已经成为茶叶的庞大的消费群体,就像以后几个世纪中的澳洲人一样,只不过后者从一开始就选择走私的低价茶,而不愿意购买由伦敦运到的纳税茶。

1766 年《印花税条例》取消,但是似乎已为时过晚,因为美洲的生意已经全部被荷兰人掠夺,无法发生任何效力。紧接着 1767 年又实施了让人有不祥之感的《汤逊德税则》,此税则于 1770 年取消,但是保留了一条,即每磅茶叶收税 3 便士,在此之后,还有更加愚蠢的行为上演。

因为在经济上陷入困境,加上还有 1700 万磅茶叶的存货,英国东印度公司在 1773 年向国会诉苦,他们说殖民地的茶叶贸易已经被荷兰人霸占,因为一般市民都不愿购买纳税的英国货物。同时提议,英国正可趁此时机将不列颠帝国的出口商及殖民地进口商的权力全部剥夺,这样则可以保全东印度公司。而具体操作方法是请求国会批准东印度公司可以用自己的名义将茶叶免税运往美洲,而其他的出口商则必须纳税。由该公司在美洲的代办象征性地缴纳少数美洲税银,就可以将茶叶销售。这种乖巧的做法,既可以免除两层中间人从中牟利,还可以严重打击荷兰人在美洲的利益,另一方面也使日趋泛滥的走私之风有所收敛,同时可以使美洲殖民地的人民消费到比英国国内更便宜的茶叶。

此项计划一经国会批准，便马上实施，但也立即引起了英国出口商和殖民地进口商的极大愤慨。后者对于殖民地政客们所鼓吹的革命运动，本来表现极为冷淡，但是这种含有明显偏袒性质的条例，为这些政客们提供了合适的煽动革命的时机。就这样，这一新大陆上本来最有希望的商业贸易，因此遭受了沉重的打击。殖民地的商人们，是一种带有自由思想并信仰自由贸易的个人主义者，因此凡是具有垄断意味的事，都是他们所痛恨的。如今这些商人们的生活因为他们所信任的政府和世界上最大专卖公司的相互勾结而备受摧残，于是他们大呼"拿起武器！拿起武器！"的口号。

波士顿的抗茶会应运而生，随后美国的独立战争爆发。英国的人民则对此采取了袖手旁观的态度。已故密歇根大学院长迪·阿沃德的评语是："最初的起因是对过去繁荣的回忆；而最近的则是图谋延续一种让英、美商人都感到厌恶的茶叶专卖制。英国政府为了取悦东印度公司而不惜断送了一个大帝国。"

巨人的失败

正如大家所预料的，东印度公司没有因为美国的独立战争而受到动摇，公司仍然勉强地渡过了经济上的难关；而且因为政府制定了有利于该公司的法律，即严厉打击假冒伪劣产品和走私活动，使该公司在进入第二个世纪时，权力越来越大。

1784年，《交易法则》取代了原先的《汤逊德税则》。征收的税率达到119%，代替了按照东印度公司每季售价收取的12.5%的税率，而且加以某种限制，使该公司不能继续牟取暴利。虽然有了这样的防范措施，伦敦大约有3万批发商和零售商，仍然起来反抗东印度公司的高压手段。这些商人推举理查德·特宁与该公司的董事进行交涉。

18世纪末期，他们以印发宣传册、组织集会来制造舆论反对东印度公司，这也是英国人民向特权宣战的一种表现。他们的用意在于迫使政府实施在三年前通知该公司的法令,取消东印度公司的专卖权。这次行动虽然未能达到目的,但是已经为1812年的行动奠定了基础。东印度公司依靠国会的支持和国内一般人的理解,抗拒对于公司制度的任何强制性改革。他们还狡辩:"公开的竞争,足以损害公众的利益,还会使茶叶的价格因此而提高。"

1773年时,美洲茶商反对一切独裁专制,并且有了先例:美国独立战争,就是因为激起了舆论的关注而获得了自由贸易的胜利。如今在这个新兴的国家,又将爆发第二次战争,英国茶商对于美国人打击东印度公司不仅表示同情,而且还暗中相助和鼓励,他们都对1812年的战争抱着幸灾乐祸的态度,此时东印度公司陷入了四面楚歌。当贝克金汉姆伯爵面对公众闪烁其词时,他被批评为固执己见且违背民意。东印度公司的强硬态度因而大受打击。到了1813年,该公司不得不宣告终止印度专卖权,而对中国专卖权的特权仍然持续了20年。

自该公司因为害怕他们仅存的中国贸易专卖权受到影响,而不再考虑在印度种植茶叶以后,1823年在阿萨姆出现了土生的茶树。10年以后,反对东印度公司继续享受特殊权力的呼声又重新高涨,1834年,东印度公司被迫放弃了贸易专卖权。中国的茶叶,成了供给治理印度的资源,而较为公道的说法是茶叶与鸦片的交换。因为东印度公司一手包办了鸦片的种植、装运和在中国的分配或销售。大家一致认为鸦片是英国与中国于1840年和1855年两次战争的罪魁祸首。

玛克雷在国会中这样描述:"大西洋中一个岛屿上的少数几个冒险家,受利益驱使,完成了征服一个割据半个地球的庞大国家的伟绩。因此,他们得以继续享有印度的统治权,直到1858年8月2日印度发生叛变,才将统治权移交到英王的手中。"

经历过258年的光荣,这个世界上最大专卖公司宣告终止。但是有人相信如此规模宏大的资本主义贸易组织,在现在(译者注:指本书作者写作的时期)的苏联政府仍在继续。

毫无疑问,东印度公司对于美洲殖民地的态度是导致其最终毁灭的主要原因之一。总之,美洲殖民地本来属于英国人,国内的同胞对他们的行动都表示同情。本来他们对于东印度公司的帝国梦漠不关心,但是当他们被强迫纳税时,激起众怒,从而掀起了轩然大波。

国内的约翰公司

约翰公司最早的地址是在伦敦菲尔波特巷,该公司第一任总经理为托马斯·斯尼。正是在这几间平常的房舍内,开始了后来的帝国事业。21年后,公司迁址到主教门街的克洛斯比大厦。过了17年(即1638年),公司又迁至利德霍尔街的克里斯托夫·克里斯罗的爵邸。最后一次是1648年,公司迁入隔壁的克雷文大厦。1710年,公司买下克雷文大厦,后来又买下与大厦相邻的其他房屋,将公司逐渐扩大。

经过瘟疫、大火以及纺织工人暴动等挫折之后,该公司在1698年遭遇了一个真正意义上的对手——新成立的东印度贸易公司。后来于1708年两家公司合并成为东印度联合贸易公司。老公司的徽章上雕刻的图案是玫瑰花、军械、在碧海中航行的三艘大船,两旁各有青色的海狮相扶,顶部为一地球,上面写有意义双关的"神示"二字。这一徽章仍被联合公司沿用,只不过在顶部增加了不恰当的几个字"猫与干酪",该徽章一直被沿用到1858年。

克雷文大厦在三个不同时期内,有三种不同的图样。一种叫作"荷兰图样",现保存在不列颠博物馆格雷斯的收藏品中,是根据詹姆斯·布鲁斯·波勒汉姆所藏而翻制的蚀刻画。波勒汉姆是查理斯·兰姆的朋友和私人秘书,他擅长蚀刻画艺术。

乔治·沃图所画的克雷文大厦的另一种图案,现在保存在伦敦博物院中。第三种是"奥弗利"图样,刊登在1784年12月号的

《绅士》杂志上,是模仿威廉姆·奥弗利的木匠广告上的图案。马库莱对大厦的描述是这样的:这是一所由木料与灰膏筑成的大厦,有奇异的雕刻和类似于伊丽莎白女王时代的方格工程。在窗户上方绘有一队商船在海浪中颠簸的画像;屋顶上树立一尊巨大的木制水手,水手挺立在两只海豚中间,俯视着利德霍尔大街上的群众。

其他图样显示了改建后的房屋,这种图案由希奥多·贾克布森于1726—1729年间所设计。第三种也就是最后一种设计,是由该公司的测量员理查德·扎普完成的,现在已保存在伦敦陈列馆。

在改造后的贾普大厦中设有一个崭新的售货大厅,原有的旧房间被改造成为董事会议室,选举董事的会议就在这间会议室中举行。

东印度公司交易大厅情景

查理斯·耐特于1843年所著《伦敦》一书中,描写了该公司定期拍卖时的热烈场景:

　　茶叶定期拍卖,场面很大,使从事此行业的人们至今记忆犹新。拍卖会一年四次,即3月、6月、9月、12月,每期拍卖的数量都很大。近几次都达到了每次 850 万磅，有时比这还高，拍卖持续数天，记得有一天竟售出 120 万磅之多。买客由茶叶经济人来担任，大约由 30 家组成，每一位经济人都聘用一位茶商来协助他完成业务，他们通过点头目示等方法来传达他们的意思。为了方便大宗交易，拍卖会上将相同质量的茶叶配成一批，以便辨别好坏。按批出卖，由出价人开始叫价，以法寻（英国最小的铜币名、等于四分之一便士）为单位上下浮动。有人犹豫不决，有人感觉值得增加 1 法寻时，则狂呼声顿起，声音之大让不习惯的人惊愕。时常的大呼大叫，好像不出新价就无地自容。虽然有厚墙阻隔，但是利德霍尔街上来往的行人经常能听到叫喊声。这种喧嚣，有时会使陌生人以为发生了什么可怕的突发事件。只有在主席指令第二买者出价时，才能安静片刻，但马上又喧嚣如前了。

理查德·扎普在他所设计的房屋改造竣工前就逝世了，由哈利·普兰德接任；后来又由萨缪尔·帕普瑞尔继任，他于 1824 年辞职；威廉姆·威肯斯随后继任为测量员。这些人在理查德·扎普的基础上，又为房屋的正面增添了不少花样。比如 1826 年完成的式样，可以从 T. H. 夏普汉德的图画中看到。

后来在公司的大厦里，引起游客注意的是以"东方仓库"闻名的图书馆与博物馆。该馆成立于 1801 年，经过不断地扩充而成为一个著名的东方文物收藏馆，后来迁到印度事务所，继而又迁到维多利亚和阿尔伯特的博物馆内。

1861 年，威斯特敏斯特执政期间，东印度公司建立了新的总部。

从《新旧伦敦》一书内，我们可以知道，以前的约翰公司在各堆栈中雇佣职工大约有 4000 人，在与印度的贸易停止前，这家世界上首屈一指的茶叶公司，只雇佣职员 400 多人来处理一切业务。

东印度公司晚期的外景

公司内设军事部,管理印度军队的招募和军需;运输部下分设主任室、稽核室、检验室、会计室、调度室和司库;进货部下面共有 14 处堆栈,通常积存的茶叶大约有 5000 万磅。在茶叶销售季中,有时一天的销售可以达到 120 万磅。

约翰公司中的著名员工

东印度公司的董事也像其他商业上的成功领袖一样,知人善任。凡是被董事所礼聘过来的人才,他们的才能都在常人之上。

在公司的职员中,不乏奇才。除了为公司在爪哇、印度、中国及其他海外各站服务的军官与船长外,公司还在国内物色一流人才为己用,现在列举比较著名的几位:

约翰·霍勒(1727—1803 年)是一位剧作家兼翻译家,在公司担任会计和稽核的职务;詹姆斯·克伯(1756—1813 年)也是一位戏剧家;查理斯·兰波(1775—1834 年),诗人、文学家及评论家,是《伊利阿论文集》的作者,一生大部分时间都在东印度公司任职;詹姆斯·米勒(1773—1836 年)是一位新闻记者、心理学家、历史学家及政治经济学家,在公司的检验部任职;他的儿子约翰·舒特·米勒(1806—1873 年)是一位哲学家,《政治经济》一书的作者;托马斯·比勒克(1785—1866 年)讽刺派诗人兼小说家,此外还有许多不太知名的学者和教士。

如果要对东印度公司作进一步地研究或更加深入地了解,可以参考威廉姆·福斯特的著作,他担任印度办事处修史官长达50多年。此外,H.B.莫斯的《年表》和贝克勒斯·威廉森的《礁石与剑》也可以作为参考。

约翰·舒特·米勒在1858年的告别演讲词中说:东印度公司郑重向国家声明,不列颠帝国在东方的基础完全是该公司所奠定。当时公司既不依赖国会,也不受国会干涉。当他的一切行政受国会的管理与节制时,大不列颠国王也就失去了大洋彼岸的一个庞大的国家。

这篇演讲词掷地有声,但仍然不能改变结果。演讲词充满激情,目的似乎在于使后世明了东印度公司不应当承担失去西方大国的责任。即使不能免去责任,世人也不应该遗忘帝国在东方所得到的另一个庞大的国家,都是公司的功劳。而且在长达一个世纪的时期内,对于殖民地的治理与军需的费用,都从当地支取,并没有从国库中支取分文。

东印度公司是一些深谋远虑人士组成的集团,麦考利于1833年向国会宣称,在18世纪中叶以前,把东印度公司看成是一个纯粹的商业团体是一个非常大的错误。在这之后,公司的性质开始逐渐改变,变成以商业为目的。但是和对立的荷、法等国公司一样,仍然具有政治作用。东印度公司开始是一个大型的商业机构,同时也是一个"小王国"的国王,最后变成了一个大酋长,即全印度的统治者。

公司的荣誉名册内包括许多具有大政治家才能的商人。1890年,阿夫瑞德·里奥讲道:东印度公司给世界留下了极深的印象。1873年的《泰晤士报》上写道:东印度公司所成就的事业,在人类贸易史中,前无古人,后无来者。

第七章　快剪船的黄金时代

东印度公司的专卖权取消以后,茶叶贸易日趋重要。鉴于茶叶是一种季节性很强的产品,运输时越快越好,因此行驶缓慢的东印度公司的船队便日渐落伍了。这种军舰式的货轮,在当时被戏称为"茶车"。这时,在美国有一种新式帆船出现,它是 1812 年的战争中,由巴尔的摩地区所造的武装民船演变而来,称为"巴尔的摩快剪船"。它是一种装有两根桅杆的混合型帆船,且从来没有两根桅杆以上的。在快剪船时代来临之前的帆船,则是有三根桅杆。

1816 年,著名的黑球航线的横帆装置式邮船,来往于纽约和利物浦之间,搭载旅客、邮件及货物。1825 年,伊利运河开通以后,竞争变得激烈。纽约和新英格兰的造船业,纷纷建造快船,以适应海洋航行的需要。

"安·迈金"号——第一艘快剪船

1832 年,巴尔的摩商人艾斯·麦克姆富有创意地制造了一艘装备完善的三桅船,用于对华贸易。这艘船由佛尔斯角的肯纳德和威廉姆承造,并用他的妻子的名字来命名该船为"安·迈金"号。由于对这艘船的珍爱,舱口装置的是最贵重的西班牙桃花心木,一切的设施都用黄铜配制,还有铜炮 12 门,登记吨位为 493吨,长 143 英尺,宽 31 英尺。此船确实是航行到中国的货船中最快的一艘,但是就长度及船员的需求而言,该船的空间比较狭小,所以这艘船最终没有给人留下深刻的印象。但是当"安·迈金"号有一次在纽约船厂附近修理时,该厂的年轻的海船建造师约翰·威里斯·格夫斯和道纳德·迈肯二人从中得到了启发,后来他们造出了顶极的快剪船。

艾斯·麦克姆于1837年去世,这艘真正快剪船的前身"安·迈金"号便转到了纽约最早的茶商霍兰德和阿斯比沃的手上。后来,他们制造了美国第一艘超级快剪船——"虹"号,而将"安·迈金"号卖给了智利政府。当19世纪30年代前期,该船航行到中国时,不论当时大家持有什么看法,总之它引起了大家的关注。它证明了茶叶的运输越快越好,而从事商业运输的人们也认为时间就是金钱,因此促进了"虹"号船的建造,此船比"安·迈金"号改进了很多。"虹"号之后,大批的美国快剪船相继出现。这段时期可以说是美国商业海运史上最富有浪漫色彩的一页。

快剪船的演变发展

当海军造船术开创了新纪元的时候,一种造型优雅而快速的船就取代了笨重的鳕鱼头、鲸鱼尾的传统样式。舳部呈弧形向前延伸,使船头从水面抬起,吃水线本来是凹形,但是在船头船尾两处变为凸形,桅杆比以前更高,挂有数层帆篷。

1841年,史密斯&第蒙造船公司,雇佣了约翰·威里斯·格夫斯(1809—1882年)为设计师。他凭借天赋,制造出第一艘快剪船的模型,领导了海军造船史的革新。理查德·C.麦克凯在他所著的《各种著名帆船及其建造者》一书中盛赞格夫斯,认为他是此类船型的开创者。后来的道纳德·迈肯则使之更加发扬光大。

"虹"号的惊人表现

格夫斯设计出快剪船的方案是在1841年,而设计"虹"号则是在1843年。该船登记吨位是750吨,于1845年在纽约史密斯&第蒙船坞下水,有位看到的人说该船头部内外颠倒,整个形状与自然规律相反。关于该船是否能够浮起则众说不一。

但该船的首次航行就出乎了大家的预料。它于 2 月中旬开始了到中国的首次航行,9 月返回纽约。除支付船价 4.5 万美金外,它的所有者得到的利润竟与船价相等。它的第二次航行速度更快,从纽约到广州往返的速度超过了任何航行同一线路的船只。去程 92 天,回程 88 天,它驶抵广州的新闻竟是由他自己返抵纽约时带回来的。船主约翰·莱德称它为"世界上最快的船"。"虹"号在第五次航行时不幸失事,但是它的表现已经证明了快剪船的优越性。南北战争后,又有了第二艘"虹"号。

格夫斯的第二艘快剪船"海巫"号,重 890 吨,1846 年由霍兰德和阿斯匹沃定制。在三年的时间里,这艘船被认为是海上最快的船。该船曾经以 104 天的时间抵达香港,而以 81 天的时间从广州返回纽约。此后该船从广州至纽约又减少了 4 天,每日行程达到 358 海里。后来又有一艘船也被命名为"海巫"。

其他早期快剪船

美国人从开始用自己造的船航行海外时,就已经认识到对华贸易的重要性,有些新英格兰人已经因此而获利。而大部分英国商人认为竞争并不严重,因为他们占据着商业的主导地位,况且自持有专卖权作后盾,认为一次能够保证他们的永久利润。但是第一次鸦片战争后,各国对华贸易大增,美国商人为此正式组建了一支快船队,抢占了大部分的对华贸易,迫使英国商人不得不紧随其后。

1844 年,纽约茶商罗氏兄弟向布郎贝尔船厂定造一艘船,为了拉拢广州行商浩官(译者注:下文有详细介绍),并且表达对他的敬意,将这艘船命名为"浩官"号。

1846 年,英国阿伯丁的亚历山大·霍尔公司代怡和洋行建造了一艘快剪船——"托灵顿"号,用来与航行在中国海运送鸦片的

美国快剪船竞争。弗兰克·C.伯温认为"托灵顿"号是英国的第
一艘快剪船,而阿瑟·H.克拉克则认为第一艘应该是"苏格兰处
女"号,重150吨,1839年由亚历山大·霍尔公司制造。

"托灵顿"号是一艘两桅帆船,它的构造与美国的快剪船有很
多不同,但是良好的性能,使其他船只纷纷仿效它。《航海法》规
定英国本国与殖民地之间的贸易,只能使用英国船。《航海法》废
止后,美国船可以运送中国茶叶到英国,于是,两国商人之间展开
了空前激烈的竞争。

1847年,罗氏兄弟公司又建造了一艘快船"萨缪尔罗素"号,
重940吨,由布郎贝尔公司承造。此时美国其他的快剪船还有停
留在中国的奈派金公司的"建筑师"号,重520吨,以及波士顿沃
伦迪拉诺的"孟农"号,重1068吨。

为了与美国争夺对华贸易,英国怡和洋行也有了自己的"斯
陀诺威"号快船,重506吨,1850年下水,这是英国制造的第一艘
超级快剪船,由亚历山大·霍尔公司制造。英国其他的运茶快剪
船,还有600吨的"阿伯格第"号;"挑战者"号;1250吨的"凯恩
果"号等9艘。还有唯一一艘铁制的快剪船"群岛之主"号,这艘
船在1855年当东北季风开始时,用了87天的时间从上海驶到伦
敦。在19世纪50年代后期,其他英国铁壳船还有"兰满墨里"
号、"鲁宾·呼德"号、"火十字"号等9艘。

"挑战者"号为伦敦的林赛公司所拥有,该船是为了打击威廉
姆·H.威本所制造的"挑战"号而建造,后者的所有者是格瑞斯·
伍德,虽然这两艘船在1852年同时加入到早期的运茶竞争中,但
是却没有直接发生摩擦。"挑战者"号从上海出发,用113天驶到
迪尔,而"挑战"号从广州出发,用了105天的时间抵达迪尔。
1853年,在加利福尼亚,美国也建造了一艘"挑战者"号。

1863年,英国的"挑战者"号是各国当中最早在汉口装载茶叶
的货船。船长托马斯·马赛用1000英镑雇美国拖船"火花"号,
将该船沿长江溯江而上拖至汉口,这虽然是一种冒险的尝试,但

是,不久其他船长都开始相继仿效。当时在长江上航行最大的困难是船上必须经常配备武装力量,以防发生意外。托马斯·马赛于 1863 年 6 月,以每吨 9 镑的价格,装载茶叶 1000 吨,经过了 128 天返回英国。

罗氏兄弟公司的快剪船队

1844 年,美国罗氏兄弟公司的快剪船队从"浩官"号开始,便已经在各方面都占据了优势。该船队共有 16 艘船,其中很多都享有盛名。"浩官"号首次抵达香港,用了 84 天的时间,香港到纽约则用了 90 天;1850 年,该船曾经用时 88 天从上海开到纽约。不幸的是,该船于 1865 年,在中国海遭遇台风而沉没。

"萨缪尔罗素"号因罗素公司的创办人而得名,该公司设在中国,罗氏兄弟也曾是该公司的股东之一。罗氏兄弟公司的一名驻华经理詹姆斯·本克斯特勒说:当新茶上市时,先让其他人用高价收购,等到三个星期后,公司再以较低的价格收购,然后用该船装载,仍然可以首先赶到纽约。其对该船速度的信任是可想而知了。

"巴尔默"号在中国被称为最快的船,以船长 N. B. 帕姆的名字命名。这位船长还曾经带领过"保罗·琼斯"号、"萨缪尔罗素"号和"远东"号等船。1852 年,在旧金山的航行比赛中,该船最终被"飞云"号所击败,但是在同时开往中国的竞赛中,"巴尔默"号比"飞云"号早两个星期到达中国而获胜。该船从广州到纽约用了 84 天。"惊奇"号是一艘著名的快船,于 1851 年下水,它到达旧金山,用时 96 天,而另一艘美丽的快船"竞争"号则需 97 天。"惊奇"号后来在爪哇海域被军舰"阿拉巴马"号击毁,"雅革贝尔"号也被南方军队的巡洋舰"佛罗里达"号摧毁。

罗氏船队中最大的船是"大共和"号,该船不是由公司自己建造,而是从别处购买而来,一次火灾后,船的甲板有部分被毁。这艘船容积大而且行驶迅速,在克里米亚战争中,法国政府曾经租用

"浩官"号快剪船

为运输船,在后来的美国南北战争也是这样,它开往旧金山只需92 天。

"横滨"号是一艘三桅船。据传,该船在日本装货时,一艘苏格兰船"高乐奥"号也在装货,但是它比"横滨"号提前两天开出。"横滨"号船长贝里估计难以追上苏格兰船,便决定躲开中国海当时的西南季风,尝试另一条较长的航线,绕道合恩角返回。由于顺风的缘故,它到达纽约卸完货物,又装好出口货物,然后驶出港口,当经过桑迪角时,才遇到还在往回赶的"高乐奥"号,这使苏格兰船长不禁望"船"兴叹。

"金州"号建造于1852 年,吨位比"巴尔默"号略低,他从中国返回的记录是90 天。"戴维·布朗"号是一艘非常漂亮的船,航行到旧金山需要98 天。"海的浪漫"号比"戴维·布朗"号迟两天从波士顿开出,但到巴西海岸时,两船已经紧紧相随,最后则并列通过金门。卸货之后,两船又同时开出驶往香港,在航行过程中,两船并没有在一起,但是却于同日到达香港,前后相差不到 6 分钟,而"海的浪漫"号的副横帆和小横帆还一直没有使用。

"恩人"号是三桅船,比"浩官"号轻 100 吨,是最早从日本运茶到美国的船。"墨利"号是一艘三桅船,重 600 吨,以海军上尉缪瑞的名字命名。南北战争爆发时,由于墨利支持南方,该船就改名为"女恩人"号。1856年,该船与铁制的"群岛之主"号比赛,从福州运茶到伦敦,最先到达者,有每吨1英镑的奖赏。"群岛之主"号提前4天离开福州,但是"墨利"号竟然与它在同一天的早晨抵达汤恩斯,两船用10分钟通过格雷夫森特,但是,由于"群岛之主"号有最快的拖船,因此首先靠岸而获得奖金。

纽约其他的快剪船

纽约其他数家从事中国贸易的公司,也都有自备的船只。这些船只不光用来为其他公司运输货物,有时也运输自己公司的货物。这些公司中有格林奈尔·明特公司,该公司最好的船有"飞云"号、"北风"号、"海蛇"号、"胜利锦标"号、"海王"号;古得侯公司有"中国官员"号;赫兰阿斯平沃公司是最大的商号,他们的船有"安·迈金"号、"虹"号、"海巫"号等4艘船;格里斯沃德公司的船有"乔治·格里斯沃德"号及"挑战"号等6艘船。

"挑战"号快船重2006吨,建造于1851年,是第二艘最大的快剪船。"贸易风"号比"挑战"号重24吨,詹克伯·克尔建造,由费城的普拉特父子公司所拥有。"挑战"号最初由"蛮牛"沃特曼指挥,航海作家对他的描写非常丰富多彩,而退职的船员也经常以此为谈资。这艘船被称作"世界上最好最贵的商船",但服役多年后,最终在巴西海面失事。

"远东"号载茶到伦敦

英国《航海法》废除以后,第一艘从中国运送茶叶到伦敦的美国快剪船是"远东"号,它重1003吨,长158英尺,宽36英尺,建造于1849年,为罗氏公司所拥有。它的首次航行,沿东方路线到香港,用时109天,而装上茶返回则用了81天,第二次到香港也用了

81天。后来该船被罗氏公司用于运茶到伦敦的租赁业务,每吨收费6英镑,或按40立方英尺计;而英国船则每吨只需3镑10先令,或按50立方英尺计。

"远东"号于1850年从香港运送1600吨茶叶到伦敦,用时97天,速度之快可以说是前所未有,首次所载货物价值7万美元,而航行的租赁费用是4.8万美金。在它从纽约经远东海道至伦敦的367天里,每日航行约183英里,创造了6.7万英里的航海记录。

继"远东"号之后抵达伦敦,并且使所有英国船在伦敦贸易上几乎全部让位于美国船的还有"加利福尼亚"号、"惊奇"号、"乌云风暴"

"远东"号快剪船

号、"海蛇"号、"夜莺"号、"阿罗瑙"号及"挑战"号,这些美国快剪船大多都能获得高于英国船的运费。

航行中国的著名快剪船

自英国废除《航海法》以后,航行到中国的著名快剪船层出不穷,经常创造新的航海史话,但是自从加利福尼亚州发现金矿以后,美国人的注意力迅速转移到本国沿海,只剩下几艘美国船继续远渡太平洋从中国运茶。而此时英国海运业者相互之间的竞争激烈起来,竞争的尖锐程度一如当时同美国船只的竞争。

船型不断改进,每年都竞相运送首批新茶返回英国,从而得到丰厚的奖赏,成了常年惯例。从19世纪50年代到60年代,这种船不断改进而成为海上的贵族,就像当年东印度公司的船一样。运茶快剪船的黄金时代自 1843 年起,终止于 1869 年苏伊士运河开通。

加利福尼亚州的快剪船时代,从 1850 年开始,止于 1860 年。早期从旧金山开往远东各船中的杰出者有"天朝"号、"中国官员"号、"惊奇"号、"巫术"号、"乌云暴风"号、"雄猎犬"号和"飞云"号。1850 年,下列各船绕合恩角展开竞赛,有"浩官"号、"海巫"号、"萨缪尔罗素"号、"孟农"号(以上为老式快剪船)和较新的加州快剪船"天朝"号、"中国官员"号、"赛马"号。"海巫"号以用时97 天获胜。

其他加州快剪船有"流星"号,重 903 吨,1851 年建造,归波士顿里德公司所有;"羚羊"号,重 1187 吨,1852 年建造,归纽约哈贝克公司所有。

唐纳德·麦克凯的船只

1850 年,随着"雄猎犬"号的出现,设计者唐纳德·麦克凯(1810—1880 年)开始引起业内人士的注意。理查德·C. 麦克凯这样评价他:"唐纳德·麦克凯虽然不是快剪船的发明者,但却是他使快剪船闻名于世。正是由于他的改进而造出了顶级快剪船,因此美国成为海运大国离不开他的伟大贡献。"航运界公认"雄猎犬"号在快剪船的类型中已近乎完美。该船重 1534 吨,是当时世界上最大的商船,从广州到纽约需要大约 85 天时间。后于 1861年,在伯南布哥附近海域中失火焚毁。

1851 年,唐纳德·麦克凯的第二艘超级快剪船又下水了,这就是著名的"飞云"号,重 1782 吨,本来是给波士顿托莱恩公司定制的,但还没有造成时,即转卖给纽约的格林奈尔明特公司,该船以 89 天 21 小时绕合恩角抵达旧金山,三年之后又缩短了 13 小时,打破了自己所创的记录,这个记录在快剪船时代再也没有被打破过。朗飞洛的《造船》一诗，据说就是受"飞云"号下水启发而作的，该船是由美公司股东、美国财政家及作家乔治·弗朗斯·特思（1829—1904 年）命名的。

"飞云"号也经常跨越太平洋从中国运货，用 12 天时间，驶达檀香山，其中一天，该船张起小横帆和副横帆行驶了 374 英里。该船在澳门装茶后，用时 96 天返回纽约，以 10 日之差，被"巴尔默"号击败，但是如前所

快剪船著名设计家唐纳德·麦克凯

述，"飞云"号终于雪耻，1852 年在旧金山的竞赛中击败了"巴尔默"号。1859 年该船被出售，从此开始了从伦敦到中国的航行。它首次载茶从福州到伦敦，用时 123 天的时间。1863 年，该船被利物浦的詹姆斯公司购入，用于澳洲移民贸易，后来又被转售，用于北大西洋的木材贸易，最后于 1874 年，在圣约翰船埠焚毁。

唐纳德·麦克凯又于 1851 年制造了"斯达福特显"号和"飞鱼"号两艘超级加州快剪船。前者于 1854 年在沙培岬遇难被毁，后者则于 1858 年从福州载茶驶出后损坏。

唐纳德·麦克凯的"海王"号船于 1852 年下水，由燕尾航线所有者纽约明特公司定造，重 2421 吨，是前所未有的最大的快剪船，用于对华贸易已经过大。1852 年 11 月 15 日，当该船在旧金山的快剪船航行竞赛中获胜时，水手们兴奋地高唱《苏珊娜》：

噢！苏珊娜！亲爱的，放心吧。我们已击败了快剪船队。海上之王啊！

1852—1853 年，唐纳德·麦克凯对加州的继续贡献有"西行"

号、"幸运车"号、"海后"号、"海的浪漫"号及登峰造极的"大共和"号。"大共和"号是当时所造的最大的快剪船,重4555吨,还没有来得及加入航行,就在船坞中被焚毁,后来被罗氏兄弟公司购入重新建造,虽然规模有所减小,造成后重3357吨,但仍然是当时最大的商船。

在此之后,澳洲邮船"利物浦黑球航线"的创造者詹姆斯·本斯聘请唐纳德·麦克凯建造了四艘著名的快剪船,即"闪电"号、"詹姆斯·班尼斯"号、"海中锦标"号和"唐纳德·麦克凯"号,分别在1854—1855年间下水。"闪电"号的表现尤为突出,24小时可以航行436海里,平均每小时在18海里以上,这种速度是当时任何帆船都不能达到的,即使在今天,也只有为数不多的汽船可以超过此项记录。

英国的运茶快剪船

英国热衷于建造运茶快剪船,始于1859年的"鹰"号,重937吨,该船为木制,为肖·迈克斯顿公司所有。此后10年间,英国所造的木制及混合材料的快剪船不下26艘,其中著名的有6艘,即"太平"号、"羚羊"号、"兰斯洛特爵士"号、"热门"号、"短衫"号及"黑蛇"号,除最后一艘为铁制外,其余5艘均由混合材料制造。

"鹰"号之后,同年下水的还有重821吨的"南岛"号,第二年有重600吨的"茶师"号和重888吨的"火十字"号;1861年下水的有重629吨的"闽江"号和"开尔沙"号;1863年有"拜尔特威尔"号、"塞利卡"号、"太平"号、"爱立兹·肖恩"号、"扬子江"号及"黑太子"号;1864年下水的有重853吨的"羚羊"号、886吨的"兰斯洛特爵士"号、686吨的"阿达"号、815吨的"太清"号;1866年有879吨的"泰坦尼亚"号;1867年有899吨的"纺织"号、943吨的"前进"号、883吨的"琳达"号和779吨的"劳拉"号。1868年著名的运茶快剪船更多了,有947吨的"热门"号、921吨的"短衫"

号及 847 吨"温德好沃"号；1869 年有 914 吨的"回教主"号、799 吨的"威洛"号、795 吨的"凯逊"号、794 吨的"劳戴尔"号及优雅的"诺曼宫"号。"黑蛇"号于 1870 年下水。

"太平"号快剪船

"火十字"号为 J.凯伯贝尔所有，船长罗伯森，绰号"驾驶技术诡异的中国海的硬汉"。该船在 19 世纪 60 年代的运茶大赛中获胜四次，竞赛期过后，被出售给挪威人，后来因失火沉没在希耳尼斯地方的港湾中。

在 1861—1862 年间，各茶季中首先到达的商船，奖励每吨 10 先令的赏金，结果被"火十字"号夺得。"太平"号就是为了打败"火十字"号而专门设计的，木制的"塞利卡"号和混合材料制造的"太平"号，都曾和"火十字"号数度交手。"塞利卡"号从 1851 年起，便用于茶叶贸易，并且十分幸运，在首次与"火十字"号的竞赛中便取得了胜利，而"太平"号则到了 1866 年才开始真正扬名，它在 1867 年和 1868 年的竞赛中获胜，该船最后在从厦门到纽约的途中，触雷特斯暗礁而毁坏。

"羚羊"号由船长约翰·克伊指挥，他以前曾经驾驶过"艾伦·劳伦斯"号和"鹰"号并获得了极大的成功。据"诺曼宫"号船长 A.斯万讲过："理想的运茶快剪船，是水面上风能吹送的最快物体。"卢伯克这样形容它：

> 该船是像精灵斯蒂尔一样优雅的快船，像一块难以把持的宝玉，必须有一位船长尽全力来保护。该船有一个弊端，如果压力过重，则船尾下倾，此时必须马上将船

后的帆打开,不然舵手会沉入海中。这种缺陷,是由于船尾缺乏支撑力造成的,它也是这种运茶快剪船在设计上仅有的缺陷。

H. 丹尼尔在《快剪船》一书中也这样认为:

"羚羊"号的尾部太过纤细,难以保证安全。头部也同样尖锐,如遇到恶劣天气,则有使船员落入海中之虑,这不仅是许多英国制造的船只存在的缺点,即使美国船只也有同样的问题,这都是因为大家往往刻意追求速度,而忽视了安全性。

1866 年的运茶竞赛中,"羚羊"号在汤恩斯获胜,但是由于缺乏潮水,导致它在泰晤士河中等候,竟比对手"太平"号晚了 20 分钟。1872 年,该船在从伦敦前往悉尼的途中失踪。以后,又有 4 艘以"羚羊"命名的船只,但是,只有这艘在 1865 年英国建造的是运茶史中最为重要的船。

著名的运茶快剪船"兰斯洛特爵士"号是"羚羊"号的姊妹船,它的船头像一个身披盔甲的骑士,头盔张开,右手持剑,载茶量不超过 1500 吨,是著名的"挑战者"号之后在汉口装载茶叶的第一艘船,由怡和洋行租赁,1866 年的价格为每吨 7 镑。该船在 1868 年的运茶竞赛中,以 98 天从福州到伦敦的成绩获得第三名;紧接着在第二年便以 89 天的成绩获胜。后来改为航行澳洲、上海、纽约的航线,之后被卖给一个印度商人,最后在 1895 年因台风在孟加拉湾沉没。

"热门"号是英国运茶快剪船中最先进的一艘船,该船在阿伯丁港建造,设计者是伯纳德·威曼斯。他以前设计的"琳达"号,速度非常快,就是容易漏水。"热门"号的构造是它即便在狂风中行驶,也和在风平浪静中行驶一样安全,斯万船长称它是运茶快剪船队中性能最好的船。该船是英国制造的第一艘可以经受风浪的快剪船。曾经有过两次用 63 天的时间从伦敦驶抵墨尔本的记录。1869 年,在从福州驶回伦敦的竞赛中,以三日之差败给了"兰斯洛特爵士"号。载茶量最多达到 1,429,000 磅，后来被出售用于横跨太平洋之间的贸易中，在这之后又转入葡萄牙政府手中，最后于1907 年沉没于里斯本附近。

"热门"号的劲敌是"短衫"号，该船在英国运茶快剪船中被誉为独一无二的，船是用混合材料建造，由哈库斯·利顿为击败"热门"号而专门设计的，是由号称"白帽老人"的伦敦人约翰·威利斯船长定制。该船从 1870 年到 1877 年，运茶多次，但是都平平无奇，以后则开始不定期的航行，哪里有货，就去哪里。该船多次遇险，直到由巫奇特担任船长后，才从事了固定的澳洲羊毛贸易，后来它也转入葡萄牙人手中，又开始从事冒险，直到 1922 年，又返还英国人手里，停在法尔茅斯港，作为固定的练习船。

"短衫"号在"热门"号竞争中从来就没有大显身手的机会。在唯一一次可以一展身手的机会中，该船又丢了船舵，只好选用替代品。虽然如此，到达时也只不过比"热门"号晚了几天而已。可见，当时如果事情顺利，获胜的则肯定是"短衫"号。

"黑蛇"号是一艘铁制的快剪船，与"鬼节"号是姊妹船，特别为对华贸易而设计，在 1870 年的首航中，因为构造上的缺陷，差点遭遇不测，在运茶商的年代里，该船从不得到大家的赞许。在 19世纪 70 年代和 80 年代里，两船处境一直不好，后期变得稍好一些。随着苏伊士运河的开通，这两艘船就显得更为过时了。利物浦船商阿尔弗德·霍特开始倡导茶叶运输从帆船向汽船转换的运动。后期的快剪船，大部分都用于澳洲的贸易中。

"塞利卡"号和"纺织"号两船在 1869 年被毁；"太清"号于1883 年在桑及巴耳岛洋面毁坏。

帆船让位于汽船

帆船时代如此短暂，就好像一出戏。1869 年，苏伊士运河的开通，解决了煤的给养问题，给了汽船前所未有的便利，使它压倒了帆船。阿尔弗德·霍特用一艘旧汽船航行到非洲西海岸,盈利颇丰,于是,他借机立即建造新船,这种船既经济,而且速率又高,几年之内,他的"蓝烟囱"定期船,在茶叶贸易中取得最辉煌的地位。

在此之后,新的公司不断出现,其中有成功的,也有失败的,帆船虽然仍继续挣扎了多年,但其中最好的船都转到澳洲贸易上。澳洲的淘金者及羊毛货物给这些帆船提供了生存空间,而用帆船竞赛运新茶回国的行动也从此告终。汽船的所有者认真比较了各种船的费用,发现汽船载货量大,还可保证时间,风险性减少了,还可稳获利润。在 19 世纪 80 年代初期,由 5000 吨的著名汽船"斯德林堡"号再次掀起了速度竞赛的狂潮。该船每小时航行 19 海里,将中国到伦敦的航行时间缩短到 30 天,相当于快剪船时代的三分之一,另一艘"葛莱诺格尔"号则需用 40 天的时间。后来大家发现速度竞赛所获得奖励还不够因此所消耗的费用,于是茶运仍然归于正规的载货汽船了。

快剪船时代的明星巷

在快剪船时代,那些在陆地上不航海的人对于运茶竞赛的关注程度,只有对于大赛马时才能与之相比。茶叶贸易在当时是最高等的商业,而在茶季,众人的视线都集中在飞驶的"运茶快剪船"上。张挂起无数雪白的帆蓬,自遥远的中国向英国或者美国的本国海中急驶,船上满载着最上等的新茶,而这种货物带给它的运输者的利益相当可观。最佳的航海家、最精明的航行者以及最快的船舶,都以运茶船队为代表。当时的茶运竞赛在交易所及俱乐部都是最有吸引力的话题,而获胜者往往是名利双收。

明星巷宣读茶船某时经过某地电报的忙碌情形和现在股市行情报道的紧张没有什么区别。当来自出发地的消息报告快剪船已沿英国海峡驶入时,兴奋的情绪立刻充斥着明星巷。然而,在更早的没有电报的时代,因为消息的迟缓,快剪船的到达甚至更加令人吃惊并且神秘。

有时货主奖励获胜船全体船员奖金达到 500 镑,因为第一批茶叶上市时,价格要比后期的茶叶每磅贵 3—6 便士。当竞赛的船只通过格拉维森特时,大批扦样员便聚集到船坞,为中间商和批发商扦取茶样。他们有的在附近的旅馆中过夜,有的就在船坞过夜。上午 9 点,茶叶在明星巷中品评,并由各大商家估价,按毛重完税后,这批新鲜的功夫茶就可以在利物浦和曼彻斯特的市场上销售了。

在明星巷茶叶中间商 W. J. &H. 托马斯的办公室中,今天仍然可以勾起对快剪船时代有趣的回忆。有一风钟悬挂在销售大厅的墙上,用来报告风向。因为在帆船时代,逆风可以使快剪船在汤恩斯停留一周以上。风钟的指针与屋顶的风向标相连接。西南风可以使快剪船在海峡中飞速前行,而东北风则是使船延迟到达的信号。而扦样员宁可喜欢东北风,这样可以缓解他们紧张的工作。当风钟指针由东北转向西南时,便有人骑快马从市中赶往伦敦郊外的村落涂亭或巴尔罕——距离城市有 8 英里,将茶船快到的消息报告给居住在那里的商人们。

1866 年的运茶大赛

1866 年运茶大赛的故事,在明星巷中至今仍然传为佳话。贝斯·鲁伯克在他所写的《中国快剪船》一书中有非常细致的描述,这也是运茶竞赛中最精彩的一次。这次竞赛以 1866 年 5 月 28 日从福州闽江下游的罗星塔出发开始,结束于 99 天后的伦敦船坞,书中写道:

> 在各船还没有从闽江驶出之前,竞争就已经开始了。竞争在各船经理人办事处及中国茶商之间展开,因为利润的多少,全部取决于那只船能否获胜。竞赛中被看好

的船只都最先装货,茶叶用舢板从福州沿闽江先运到罗星塔前,卸到船上后,然后再由中国的装货员将茶叶装入每个角落,甚至船长室中,为了争取时间,这些人不分昼夜地轮流工作。

装箱完毕后,船员开始检查船只,准备竞赛。竖起最精密的防擦联动装置,每一根绳和线都要经过仔细查看,稍有磨损的部件立即更换。检查翼横帆的齿轮技术及它的下桁,每一处细节都不放过。装货开始时,气氛非常紧张,船上各种声音嘈杂,有装货工人的洋泾浜英语,还有大副、二副和水手长等航海英语,大家你说你的,我说我的。

1866年5月在罗星塔装茶的头等快剪船名单如下:

"羚羊"号,852吨,船长卡普特·凯,装茶1,230,900磅。

"火十字"号,695吨,船长罗宾逊,装茶854,236磅。

"塞利卡"号,708吨,船长英内斯,装茶954,236磅。

"太平"号,767吨,船长麦金农,装茶1,108,709磅。

"太清"号,815吨,船长那斯福特,装茶1,093,130磅。

"齐巴"号,497吨,船长汤姆林森。

"黑太子"号,750吨,船长英格利斯。

"中国人"号,668吨,船长多尼。

"飞剌"号,735吨,船长瑞利。

"阿达"号,687吨,船长琼斯。

"鹰"号,794吨,船长甘。

以上次序按出发先后排序,"羚羊"号和"太清"号都是新船,前者在此次竞赛中获得冠军。在速度方面,竞赛中的第一名与最后一名之间并不存在太大差异,这其中船长的精力和技巧与船同等重要。

"羚羊"号首先装货完毕,但是出发时不太顺利,直至等到潮落后才开始行驶。"火十字"号越过"羚羊"号,首先出海,第一天航行两船都在最前,"太平"号与"塞利卡"号并排驶出闽江口。其他各船起锚的日期如下:"太清"号5月31日;"齐巴"号(驶往利物浦)6月2日;"黑太子"号6月3日;"中国人"和"飞刺"号6月5日;"阿达"号6月6日;"鹰"号6月7日。

在费时百日绕行地球四分之三的竞赛中,或许有人认为出发时前后数日的差距,不会使结果有太大的差异,即使有也不会太大,而事实上,这时竞赛中的船都紧紧跟随,就好像平常同一式样的快船比赛。但是在这次竞赛中,各船从未长时间聚集在一起。每船的船员都是经过精挑细选("羚羊"号有32名船员),而且都没有准备轮班替换的船员,在竞赛中额外的船员只有2名,是"羚羊"号上的船员。

6月2日,"太平"号与"羚羊"号可以互相看到对方,一周后,两船在北纬7°东经110°再度相遇,"太平"号用信号通知"羚羊"号说,他们在前一天已经超过了"火十字"号,两名船长则互相祝贺对方已超过了罗宾逊船长,但是罗宾逊不愧是一名铁汉。在变幻多端的中国海上,在极短的时间内,再次领先。

印度洋中的海风有时异常猛烈,摧毁帆樯是常有的事。当时"羚羊"号就损失惨重,失去两中桅、上桅和最上翼的横帆桁,但当该船从6月22日通过基陵岛航行到6月30日时,每日仍可以航行215到330英里,其他船只也都保持着相同的航行速度。"火十字"号在6月24日航行328英里,"太平"号在6月25日航行319英里,"太清"号于7月2日航行318英里。

当抵达好望角的时候,"羚羊"号已追回了出发时的

24 小时的差距,比"火十字"号落后仅两三个小时,7 月 15 日两船几乎同时经过好望角,"太平"号落后了 12 个小时,而"塞利卡"号与"太清"号落后的更多。进入大西洋时,五艘船的距离逐渐拉近,但是他们自己并不知道。最快的五艘船在两天半的时间内依次越过赫勒纳岛,顺序为"太平"号、"火十字"号、"塞利卡"号、"羚羊"号和"太清"号。8 月 4 日,"太平"号、"火十字"号、"羚羊"号在同一天越过赤道,这时候"塞利卡"号已经落后了两天,而"太清"号则落后了一周以上。

8 月 9—17 日,"太平"号与"火十字"号在无风的天气中已经能够彼此相望了,而"羚羊"号则利用风向,从西侧超越了两船占据了第一的位置。8 月 17 日,"火十字"号眼看着"太平"号在几个小时中乘微风前行,逐渐消失在视线之外,自己跟在后面孤单地行驶了 24 个小时。罗宾逊经常说比赛到这时,他已经失利很多了,但是当航行到西方岛时,他们又重新超过"太平"号。在这里,各船通过的时间更加让人关注,各船通过佛罗瑞斯时顺序如下:第一名,"羚羊"号 8 月 29 日经过,航行 91 天;第二名,"火十字"号同日经过,航行 92 天;第三名,"太平"号同日经过,航行 91 天;第四名,"塞利卡"号,同日经过,航行 91 天;第五名,"太清"号在 9 月 1 日经过,航行 93 天。刚刚刮起的西风,让这五艘船在六天的时间里都行驶在很浅的水域。9 月 5 日凌晨 1 点半,在最前方的"羚羊"号已经越过了"主教"和"圣亚格尼"灯塔,5 点半,天气晴朗,风向转为西南风。自天明后到下午 4 点,"羚羊"号和"太平"号两船沿海峡争相前进,"羚羊"号稍微领先。西南风逐渐转强,下午 6 点,"羚羊"号全速前进,到达毕支角外时,已经领先"太平"号 1 小时,当接近达杠姆贞尼斯时,开始发出蓝火信号,并发射火箭,通知领港员。

此时岸上的人们和船主兴奋可想而知,关于两艘茶船竞相行驶在英国海峡的新闻迅速传播,而报告船位置的消息也急速传递到最近的邮局。虽然当时的信息传递不如现在便利,但是两船的所有者和经理都能立刻在伦敦知道两船正在并驾齐驱。而此时船上的船员们也都兴奋异常,因为他们马上可以得到几百英镑的奖金。

从船长凯的航海日记中,可以感受到当时的震撼,那种紧张而又难以抑制的激动。凯是一位有着丰富经验的对华贸易商,竞赛中的每一个环节,都表现出他是一位冷静、沉着而且自信心非常强的船长。他将每一次行动都记录在航海日记中:

9月6日早晨5点,看见"太平"号边走边发信号,我们必须赶在他们前边接上领港员。5点40分,我们处在"太平"号与领港员所乘的小船之间,5点55分,我们转过港湾靠近了领港员的小船,并且首先得到了领港员。这样,我们就以第一艘运到本季中国新茶的身份而受到大家的礼赞。6点,向南岬方向前进,张起了全部的平帆,立刻被"太平"号赶上。我们的船仍然保持着领先,"太平"号又追到离我船只有一二英里之内,但始终落后1英里。到达迪尔时,我船仍领先"太平"号1英里,我们将这个优势一直保持到将帆全部收起而挂上汽船为止。

五艘船进入汤恩斯的时间依次为:"羚羊"号,9月6日上午8点,航行99天;"太平"号8点10分,航行99天;"塞利卡"号正午到,航行99天;"火十字"号9月7日上午10点,经过圣凯瑟琳灯塔后,因强烈的西南风而停留在汤恩斯。竞赛直至茶叶样箱在伦敦船坞上岸后,方被认为结束,但是"羚羊"号与"太平"号两船的所有者因为害怕失去每吨10先令的额外利润,竟托词这样还不能确定哪艘船真正获胜,而私下协议分配首先入坞之船的奖金。两船的船长当然是对此一无所知,船员们仍然兴高采烈,凯船长的日记中写道:

"太平"号的拖船显然比我们的好,不久就超过我们。该船到达格拉维森特时,比我们早了 55 分钟。我们为了避免更换拖船而耽误时间,仍以原先的速度前进。我们得到潮水的帮助,在晚上 9 点到达黑墙和东印度船渠的入口。但是渠闸必须等到潮水再高一些才能开启。到了 10 点 23 分,才将船驶入。"太平"号紧跟着我们沿河而上,过了 10 点才抵达伦敦船渠的入口,因为"太平"号吃水较少,而船渠有两道闸门,他们先放该船入外闸门,关闸将水引满后,再开内闸,因此"太平"号得以领先我们 20 分钟而进入船坞。

竞赛的结果不能令人满意。这样一位伟大的航海家在竞赛表演后,却得不到奖金,实在令人感到遗憾,一切海运界的人士都认为竞赛应该以领先的船得到领港员时,即可宣告结束。

艾德沃德·T.麦尔斯船长对这次竞赛也留下了难忘的记忆。

航行的鼎盛时期

鲁伯克曾经将这一时期各帆船一日航程能够达到 400 英里或以上的用表格记录下来,共有 8 次,牛津大学的萨缪尔·艾利特·莫瑞特教授在后来又增加了两次。这十次罕见的成绩全部属于五艘船,时间为 1853—1856 年,其中有 4 艘船是迈肯在波士顿设计制造的"海王"号、"詹姆斯·班尼斯"号、"麦克凯"号和"闪电"号,另外一艘是波士顿的萨缪尔·A.波克设计,在梅恩州洛克兰德建造的"红夹克"号。这些航程大部分是在英国旗下对澳洲贸易期间创造的。

运茶快剪船装饰华丽,设计精巧,构造牢固,甲板舱小而甲板上则比较空旷,便于迅速完成工作。这些船只的外观都是标准的快剪船,船体一般为黑色或绿色,有金色的漩涡花饰,全部黄铜饰品都经过磨光,甲板都用石头打磨,帆桁索具皆装备完善。这些船有一个特征,就是压舱物都是200吨或300吨的海滨粗石,平铺在船舱底部,可以用来为茶箱垫底,船员通常是30人,他的船长都是有丰富经验和极强能力的人。

专家认为这种船很容易侧翻,当它卸下所载货物,再移动就不是很容易。这种船的形状很高,有三枝桅杆,每枝上面都装有很多方帆。早期的快剪船都是木制,到了19世纪50年代末60年代初,基本上全为混合材料,即骨架是铁制,外部则用木制并且包上紫铜。到了60年代末,就完全是铁制了,再往后,改成钢制。

现在的纽约人还能回忆起当年港口内停泊快剪船景象的人已经很少了,W.G.鲁在回忆关于"巴尔默"号停泊在布鲁克林的情景时说:

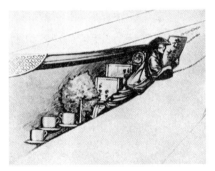

"茶师"号快剪船船头

新漆的黑色船体饰以一道金线,桅杆上悬挂着雪白的风帆,用交叉的黑带绷住。在它的主桅杆顶部有红色、黄色或白色的公司旗帜,随风招展,崭新的美国国旗飘扬在船尾的斜桁,当夕阳西下,显得尤其美丽壮观,使周围的一切相形见绌。

在快剪船时代,纽约的南街,波士顿的印度码头,以及费城、沙龙和巴尔的摩的岸边都是帆樯如林。A.斯万船长在所著的《伟大的航海时代》一书中,搜集了各运茶快剪船船长的回忆录,内容非常丰富。书中描写了"茶师"号的建造和下水。该船的船头像是一个中国人，手里捧着一块牌子，上面写着中国字。沿船头波浪处有表示茶箱、茶壶、茶杯、茶盘的图案，其中还有一种类似扫帚的图案，代表了茶树。

在英国阿伯丁的运茶快剪船下水时与美国不同。当地每逢快剪船下水，公立学校放假并有军乐队奏乐，俨然是隆重的节日庆祝活动。

中国福州罗星塔运茶场景

据肖恩描述，在福州罗星塔停泊装茶的景象有如图画一般，而且福州茶叶交易开市有它特有的情形。5 月初，首批新茶到达福州城中时，中国商人并不是马上同外商交易，而是经过几周的讨价还价，而其中较重要的外商表示如果价格再高就要关张时，双方才开始交易，而争抢装货也就随之开始。过秤及封贴茶箱需要 48 小时。每家商行都用驳船将购买的茶叶以最快的速度运到罗星塔，罗星塔位于福州下游 12 英里的地方，而三四艘著名的快剪船被选作航行的船只，早就等候在那里。每艘船照例都装一批底货，就是一批有足够箱数的次茶，这些次茶的运费比新茶便宜许多，用于铺在船舱底部的压舱石上，以便给上面的新茶更多的保护。

在经过数周等待开市的懒散之后，就可以听到一种吹海螺的声音和更多的喧嚣声传来，这是首批新茶即将到来的信号。信号的发出都在白天，经常是突如其来，接着便是船上的人高喊着茶叶所有者的中国商号。怡和洋行雇的人经常以带着哭调的声音高呼

"怡和!","怡和!",华记公司的人也跟着喊"华记!""华记!",其他公司的人也照样呼喊,斯万船长说道:

　　我不知道是什么人回答他们并且把他带到指定地点,但可以确定的是,决不是船员,我相信在他们遥遥在望时,中国的船户就已经在小船中等待他们了。天亮后,可以看见几艘幸运的快剪船旁,各有六七只驳船围绕着,其他船只则必须等待,但是不用多久,大约在 48 小时以内,这些快剪船中的一艘,或不止一艘就可以装满货物,届时,一批一批的茶叶,就开始往其他船上装载了。

　　快剪船等候开市的情况,在我的记忆中最棒的一次应该是 1869 年。当时参与的船只不下 15 艘,都停靠在罗星塔外,船舱都已收拾完毕,压舱物、底货都已铺好,只等新茶运到。我所看到的闽江上如此美丽的船队大集合,在世界上其他任何一个港口,都不会看到。

　　船体都是新刷的油漆,光彩夺目,很少能看见有裂缝,铜制的船底包皮都经过手工打磨,并且仔细地上油,在阳光中闪闪发亮;桅杆也都是油漆光亮,船头、船尾都张开雪白的布篷,公司旗号悬挂在主桅,是当茶叶送到时可以区分货主的标识。船长在船上时,于船尾张一长旗,当他离开舷门时,此旗立即投下。英国国旗到处飘扬,有时悬挂在桅杆顶部,但是平时大多悬挂在船尾的旗杆上。

第八章　茶树征服爪哇和苏门答腊

以前大家都认为除了中国和日本外,其他地区种植茶都不可能成功。所以在葡萄牙航海者开辟了南洋和远东路线很长时间以后,荷兰人和英国人才打算在他的殖民地尝试种茶。

德国的博物学家及医生 A. 克雷最先在爪哇种茶,他依赖走私致富,在达维亚的虎河边拥有一套豪宅。他觉得茶树在花园中可以作为装饰物,因此 1684 年,他从日本带回茶籽,并将它们培育成功。虽然他的种茶试验并没有多大的贡献,但他却因此而被称作爪哇种茶第一人。后来他的花园的管理员乔治·麦斯特将茶树引入好望角和荷兰。

教会历史学家 F. 巴伦庭在 1694 年的记载中说,他曾经在总督肯普詹斯巴达维亚别墅的花园中见到过从中国移植过来的小茶树,大小和红醋栗树差不多,但对于来源都以为是误传。J. 肯普詹斯总督曾经到过日本,他是 A. 克雷的后台,而且两人还是邻居,所以二人有可能交换过茶籽与茶树,但是无论如何,这件事都可以证明爪哇成为继中国、日本之后种茶成功的第一个地方。爪哇的茶树最初来自日本,继而来自中国,到了 1878 年印度阿萨姆茶籽输入后,茶树彻底征服了爪哇,这一过程前后经历了 200 多年,在 A. 克雷引入日本茶籽后,大约过了 40 年,荷属东印度公司开始决定用中国茶籽自行种茶,通过其他地区的茶叶去冲击奥地利与荷兰商人在中国、日本的茶叶贸易。

荷属东印度公司董事会的所谓"十七领主",在 1728 年的一次会议中向荷属东印度政府提出建议,他们主张中国茶籽不但应该在爪哇种植,还应该在好望角、锡兰、贾夫那帕南以及其他各地都开展种植。还提议招募中国工人,用中国方法制茶,产品虽然比不上中国原产茶叶,但是并无大碍,可以逐步改进。而同时,欧洲大陆正在准备购买这种被称为"茶"的物品。他们还指出,以前大家认为在爪哇种植咖啡是不可能成功的,而如今在欧洲市场上爪哇的咖啡已经取代了摩卡咖啡。

荷属东印度政府对此项计划表现得非常冷淡,甚至怀疑茶树是否能在爪哇生长。但是如果有人最先生产出一磅土产茶叶,政府对于这种试验也将给予奖励。荷兰东印度公司显然没有执行此项计划,因为在数年后,该公司又恢复了他们在欧洲茶叶贸易中的统治地位,成为欧洲大陆的独家供给者,也就不再关注茶叶的生产了。

直到 1823 年,英国人在印度发现土生茶树以后,爪哇的茶树种植问题才被重新提起。根特皇家农业畜牧公司的总经理是这个时候的积极分子,他在给教育部、实业部和殖民地部部长的信中,请求运送多种日本植物到荷兰。但其中并没有提到茶叶。当他的要求被送达到驻巴达维亚总督的手中时,国家植物园的领导人 C. L. 布鲁斯建议将这项任务交给他的友人,在日本长崎港平户岛上服役的德国少校军医官菲利普・莫兰斯・斯伯德(1796—1866年)。

19 世纪第一件谈到茶籽输入的公文,是 1824 年 6 月 10 日荷属东印度政府决议案第 6 号,该文命令在日本的主管人员,转向菲利普・莫兰斯・斯伯德传达执行命令。C. L. 布鲁斯博士要求,将具有特殊性质或用途的植物及其种子每年运往巴达维亚。当时还没有想到要在爪哇种茶,这些植物只不过是送往荷兰茂物植物园,而爪哇岛只不过是中转站而已。

虽然茶树没有被提到,可是第一次的运输也没有成功。直到1826 年的第二次运输,货物当中就有了茶籽,这些茶籽被播种在茂物植物园和加洛特附近的一个实验园中,都取得了成功。

1820 年,法国自然学家比尔・迪亚德在游历了英属印度和苏门答腊之后,到达爪哇。1825 年,他被任命为各种农作物的监察官,主要考察罂粟、木棉树等经济作物。他在荷属印度的科学考察工作中,曾经完成了非常重要的任务。

这个时期的保守殖民地政客企图让政府继续维护东印度公司的独占地位,而自由主义阵营则希望政府开放殖民地和私人企业,双方争斗不休,渐趋白热化,这时荷兰政府派出一名官员前往处理,并且授予他改革大权。所派官员是吉塞尼斯子爵,荷兰国王给他的任务是:改进现有的各种植物,开始种植各种新的植物,以此来振兴殖民地的疲软财政。吉塞尼斯是一位雷厉风行、作风果断的官员,上任之后立即组织成立农业委员会,自己担任主席,这就是农业实验场的前身,而茶则成为主席特别关心的植物。进行大规模实验的农业实验场在克拉温和班乔外南普成立。这些都为爪哇的茶叶之父贾克布森开辟了前进的道路。

J. I. L. L. 贾克布森的故事

J. I. L. L. 贾克布森原先是一名茶叶评论家,在荷兰贸易公司任职时被派往广州担任扦样工作。当他经过爪哇时,发现茂物和加洛特四周的茶树在潮湿的气候中生长得非常茂盛,但是在当地却没有人知道茶叶如何制作。这时吉塞尼斯给了贾克布森一个绝好的机会,吉塞尼斯指定贾克布森负责从中国收集各种栽制茶叶的方法、用具和工人,并将他们带回爪哇,以此促进荷属印度的茶业。贾克布森来往于中国与爪哇之间共 6 年,后来又在爪哇工作了 15 年之久,从而让他的名字在荷属印度的茶业史上享有最高的地位。

贾克布森于 1799 年 3 月 13 日生于鹿特丹,是咖啡和茶叶经纪人 I. L. 贾克布森的儿子,他从父亲那里学到了当时所有品评茶叶的技术。荷兰贸易公司任命他为该公司在中国和爪哇的茶师,他于 1827 年 9 月 2 日抵达巴达维亚,在接受吉塞尼斯的任务后,立即前往广州,周旋在各大茶商间共 6 年。他每年返回爪哇一次,每次都带回有价值的报告和大量的茶籽或茶树。

在关于他事迹的各种记载中,可以了解到贾克布森在 20 岁的时候就开始了此项工作,凭借他惊人的自信和果断,经常获得成功。也因此引起他人的妒忌,树敌很多。从最可靠的传说中,可以知道他不仅到过河南,还深入内地参观各地茶园。

爪哇植茶之父贾克布森

C. P. 克恩·斯图亚特博士在《爪哇种茶的起源》中,对于贾克布森到中国内地参观茶园的观点表示怀疑,他指出外国人在中国是不能进入内地的。贾克布森在他记载行程的文章中曾经提到经过长途跋涉来到中国内地河南,而这个河南实际是广州对岸的一个小岛。C. P. 克恩·斯图亚特博士认为贾克布森所到之处不会比河南岛码头附近的茶厂更远,因为粗制的毛茶,都在该厂精制加工用来出口。

贾克布森说他曾经被中国人允许,带他参观了茶园,他还非常肯定地说,到达了进入内地 30 里的定远,看到定远有很多的茶厂,再往内地走 6 英里,则看到上千座的茶园,该地区的环境和茂物地区差不多。Ch. 伯纳德博士在所写的《荷属东印度植茶史》中讲道:"公众必须正式承认,贾克布森是爪哇茶叶的实际创造者。虽然 C. P. 克恩·斯图亚特认为贾克布森的成功有赖于其他的开创者,尤其是 D. 萨瑞尔,但是他也认为 1827 年贾克布森到达爪哇,是种茶试验成功的重要因素之一。"

贾克布森于 1827—1828 年第一次到中国,并且获得了许多关于茶的重要的知识。虽然就像 C. P. 克恩·斯图亚特所说:他实际上只是一个茶评家和商人,而不是一个种茶者,关于他所写的有关茶叶的栽种与制造的报告,并没有多大价值。后来的评论说:把贾克布森看作是茶叶种植专家,确实是一种错误,他不过是一位茶师而已。但是斯图亚特也承认贾克布森坚韧不拔的精神确实令人尊敬,并且承认他以后出版的《植茶便览》具有历史价值。

贾克布森在中国广州时,与来自本国的苏瑞共同工作,并且作为茶师协助管货人 A. H. 贾克布森工作。当时贾克布森年仅 28 岁,但是年薪已经达到 4000 美元,他胸怀大志而且富于幻想,熟悉茶叶购买方面的知识。在当时国内没有人了解茶的栽培和制造的情况下,他敢于承担这项艰巨的任务,因此在年轻时,就被政府授予了很高的荣誉奖章。当时,荷兰和中国并不友好,进入中国偷师学艺还要企图带回技术工人和物产实在是非常危险的事情,但是贾克布森完成了任务。1828—1829 年,贾克布森第二次来到了中国,并从福建带回了 11 株中国茶树;1829—1830 年,他第三次到中国时,没有什么结果;1830—1831 年,第四次到达中国时,带回了 243 株茶树和 150 颗茶籽;1831—1832 年,第五次到达中国时,带回 30 万颗茶籽和 12 名中国工人,斯图亚特称这次成功具有非凡的意义。后来由于发生了工人暴动,这 12 名中国工人被杀。于是,在 1832—1833 年,贾克布森第六次来到中国,并带回了 700 万颗茶籽和 15 名工人,还有一些材料和工具。这是他最后一次到达中国,而且差一点命丧中国,这一切都因为中国政府悬赏他的首级,并且对他运送工人和茶籽的船进行追捕,在另一艘正在准备开走的船上捕获了他的翻译阿冲,而他则携带宝贵的货物乘原船离去。后来,阿冲被荷兰领事以 502 比塞塔赎出。

当荷兰政府再把任务交给贾克布森时,就知道这是一件非常艰巨的任务,因为当时在广州有无数的暗探在监视外来者的一举一动。从总督波什的信件中可以看出这项任务的重要性。当贾克布森返抵安哲港时，岸上鸣礼炮，并以驿马迎接他赴巴达维亚，当时的盛况就像近年美国人欢迎林德伯格（译者注：瑞典籍美国飞行员，世界上首位实现单人不着陆跨大西洋飞行的人）。

在最早的一批日本茶籽成功播种 7 年以后，1833 年贾克布森开始专心从事爪哇的茶叶事业。在此之前，虽然已有他人在进行工作，但是他在茶籽、茶树、工人、树料以及制茶的技术指导上，都作出了有价值的贡献。

在这个时期，C. P. 克恩·斯图亚特博士认为爪哇茶叶的其他开创工作者中，应当首推 D. 萨瑞尔。因为他和贾克布森一样，对爪哇的茶的事业具有信心和热心，而且还有其他才干。他原来是驻比利时公使，后来以属员的身份跟随吉塞尼斯来到荷属印度。刚到爪哇，就被聘为巴达维亚官报（即以后的《爪哇时报》）的主编，同时还担任农业委员会秘书，后来是克拉温的副总督和其他数省的总监；最后担任摩陆加群岛的总督和议员。他享有最先促进爪哇茶树栽培的荣誉，他详细描述了 1826 年，农业委员会主席受种植督察员迪亚德劝告而命令菲利普·费兰克·万·斯波德从日本送茶籽的事情，据说斯波德将一小盒茶籽交给荷兰船带回应命。这件事在政府的文书中没有记载，但是 C. P. 克恩·斯图亚特博士认为可能性很大，而这些茶籽应该是斯波德从 1824 年受命每年从日本运送茶树时带入的。

由于 D. 萨瑞尔对斯波德和贾克布森在茶籽运送上的尽心竭力，以及后来在克拉温区对首次建设大规模茶园、茶厂的管理，可以说他对爪哇种茶事业上最终取得成功贡献巨大。他的这些功绩，使他在 1867 年的巴黎世界博览会上获得金牌。还有一件事应该提到，就是在 1839 年，曾经有一位名叫 M. 迪亚德的人要求在爪哇奖励他的种茶事业，因为他曾经于 1822—1824 年三年之间，从中国运茶籽到爪哇，但是运到时的茶籽都已腐败。可惜的是这些运送在官方的记录中都没有记载。

D. 萨瑞尔在 1827 年的《巴达维亚时报》上说："阿姆哈瑞斯特

爵士或米托爵士于 1823 年以前,已经由中国输入了茶树,种在茂物植物园中。而实际上,在 1823 年 C. L. 布鲁斯博士最初的园艺目录中,就已经列有武夷茶树。"

根据农业委员会的报告,1827 年 4 月在茂物植物园中,1826 年种植的茶树已经长大,其中一部分已经送往加洛特了。在该地同时又种植了一种树,这种树的叶子有特殊的香气,可以和茶叶混合使用。最早,这种树被看作是茶树的变种,后来才知道是中国茶树,这种树叶含有丁香油,以前在中国和日本都用来制成花茶。

1827 年,茂物有 1000 株茶树,加洛特有 500 株茶树;但是到了第二年,茂物只剩下 750 株茶树,其余的因为虫害被毁,剩下的茶树已经开花结果。当年 4 月,农业委员会委员长下令制造爪哇的第一批样茶。这项工作,由侨居在爪哇的中国人来执行,他们的工作给吉塞尼斯留下了深刻的印象,他说:"这种产品之所以仍然不够完美,原因是缺乏良好的工具。"于是,农业委员会奉命全力推广种茶事业。但是荷兰贸易公司对这件事则没有太多好感,在该公司的报告中说:"茂物样茶采摘毫无规则,制造方法又不适当,无论是在当地消费还是输往欧洲,都不适合。他们劝告委员长应前往广州聘一名职业茶司。"于是委员会拟定了规则,这一规则成为后来茶叶专家局的基础。爪哇茶叶后来的成功,大部分原因是由于荷兰人经常聘请专家进行指导。

同时,农业委员会向日本定购大量茶籽与茶树供试验使用。1828 年,大批茶树运到,马上被分配到各省的农业委员会,在各种不同的土壤与气候中进行试种。G. E. 苔塞瑞曾经担任巴达维亚以外地区的高级督察、兼省分会的会员,成功种植数千株茶树。同年,马蓝邦咖啡种植监督员弗斯查尔的报告中说,发现了若干中国茶树,是由一个中国人从中国带来的。在这一时期中,中国人经常带来茶树,但是大多数不能发芽,其中的原因正如农业委员会分析的那样,没有混和泥土包装而导致腐败。

在这段时期中,在苏门答腊的班库兰和马尔堡的中国人大多在住所附近开辟出家庭式小茶园。当时,由于该处的英国东印度公司的势力已经确立,于是苏门答腊成为荷属东印度最后成立植茶业的一省,也就成为爪哇最早产茶地之一。

1833 年以后,贾克布森用 15 年的时间致力于爪哇的种茶事业,指导了 14 省的产茶、制茶技术。荷兰政府为了表彰他的功绩,便任命他为种茶督察员,派助手 200 名,后来又授予他"荷兰狮子"十字勋章。1843 年,他在巴达维亚出版了《茶叶的生产与制作手册》一书,1845 年出版了《茶叶的筛分与包装》一书,两者都是早期的茶叶技术书籍。

贾克布森出版的《茶叶的生产与制作手册》封面

在贾克布森的指导下,茶树的栽培遍及爪哇的西部与中部,数量也迅速增加,但是他没有等到亲眼目睹成功的时刻,于 1848 年回国计划如何将种茶事业更进一步发展时,不幸于 12 月 27 日逝世。同年,罗伯特·福顿到中国将茶树和技术工人带到英属印度,并且首次在美国尝试种茶。此时,中国茶还在支配着各国饮茶人的思想,直到 30 年后的 1878 年阿萨姆茶籽传入爪哇,成为爪哇茶业发展成功的转折点。

第一阶段——政府的失败

1828 年 12 月,D. 萨瑞尔在担任农业委员会秘书以前,还发生了另一件重要的事情,即迪亚德指导下的农业试验工作在华纳乍沙建立基地的事情,1829 年末,茶树开始种植在波兰格兰的斜坡上。根据 D. 萨瑞尔 1829 年的报告中记载:"贾克布森与茂物的中国制茶技师相处得很好,学到了很多知识,所以当他第二次到中国,曾经制成了绿茶、红茶,甚至小种和白毫的样品,得到了荷兰贸易公司的赞许。"在巴达维亚举行的第一次博览会中,他的茶叶获得银奖。展览会的目录中记载如下:

> 茂物国家植物园生产制造的样茶一小盒共五种;万丹、雷巴克地方产制茶一种,布林加州的加洛特地区产制样茶三种。……日本输入的品种两种。

在此后的很多年里,种茶业迅速发展,1829 年在华纳乍沙建立了有 2783 株茶树的试验场,1830 年又增加到 5000 株,而到了 1831 年已经增加到 119,000 株,1832 年从中国、日本首次大批引入 425,000 株茶树,1833 年,又从日本引入 415000 株。到了 1833 年末,总计达到 964,000 株。假定这些茶树确实存在,而按贾克布森的主张,茶树之间的间距为 5 英尺,斯图亚特博士认为:这说明在英属印度还在计划试验种植茶树时,爪哇的茶树种植面积,已经达到 200 公顷以上。

1830 年,华纳乍沙已经有了一间有四座炉灶的小茶厂,并且有了爪哇最早的全套装箱设备,这就是爪哇种茶业的开始。

最初,制茶并没有固定的时间。茶叶制成后曾经送给总督一小包,后来的样茶则被送到巴达维亚展览会参展。1831 年又有一箱样茶献给了荷兰国王。当 1832 年贾克布森从中国带回重要的制茶工具和茶叶技术工人时,对正处于萌芽状态的爪哇种茶业产生了严重的冲击,最后竟导致成流血事件。新总督波什偏袒中国人,因为他对爪哇的普通劳动者印象不好,因此新革人发起了暴乱,事态恶化,政府出兵镇压,矛盾越来越激化,华纳乍沙的中国人虽然倾向和平,而且没有参与芝兰加普的暴乱,但还是遭到攻击,最后只有两人幸免于难。

D. 萨瑞尔经过这场挫折后,仍继续进行试验。但是到了1835年3月,芝兰加普的试验场终于倒闭。华纳乍沙的茶园则由贾克布森继续经营。

V·斯波德在日本的助手 H. 伯格博士曾经于1833年视察华纳乍沙时,对当地的爪哇工人产生了良好的印象。他称赞这些工人对新工作的良好的适应性:"我曾经看见十名爪哇工人在四座炉灶中制成20斤茶叶,其中包括绿茶和比较精细的茶叶。"

波什总督在1832年的公开拍卖中,以203,000盾(译者注:荷兰的货币单位)购买普杜格德的土地,后来他被封为伯爵。这块土地,也一直世袭到1887年普杜格德种植公司成立的时候。在这片土地上除赫威朱兰和勒各尼隆两地之外,其余的在1890年以前都没有种植茶树。波什可以说是爪哇的种茶制度之父,他是一个保守派的独裁主义者,与主张私人经营的吉塞尼斯的思想正好相反。

栽 植 制 度

爪哇的种茶业,虽然有了比较良好的开端,但是由于荷属印度政府所施行的土地政策,在1860年以前,种茶业始终没有占据重要的地位。此时,委员长吉塞尼斯的位置已经由总督波什代替,吉塞尼斯积极推行私人企业与欧洲殖民地的人民在工农业上的自由活动;波什则提倡栽植制度。当爪哇在英国统治下时,副总督拉夫勒斯看到土著王侯在他的统治区内独霸横行,便制定法规,规定一切土地为政府所有,不论它是否已经垦植,而土著人居住的土地,由继承者或享有使用权者缴纳地租,租金约为其占用土地上所生产作物的1/5。

波什规定土著人村落纳租的方法,即土著人应将其所有土地的1/5种植欧洲市场所需的作物,在这部分土地上的工人由政府供给。地租的又一支付方法是供给在未开垦土地上种植出口作物的劳工,政府发现用这种方法可以低价操纵大量的咖啡、甘蔗、蓝

1835 年的茶箱商标

靛以及新传入的作物——茶,这种方法要以强制手段才能保证实施。这一制度在茶叶种植方面遭到失败,因为茶叶的栽培与制作都需要专门的技术,1835—1842 年间政府只在少数与私人特约经营的种植场中生产了少量的茶叶,它的制作也是私人特约承办,他们先收定银,然后按产量计算价值。这种做法的结果是生产者只注重产量而不注重质量,并且证明了政府想以此种方法进行有效的监督是不可能的。1870 年以后,吉塞尼斯的观点再次占据了上风。这种政府栽植制度,因为受到封建土地保有制度和欧洲种植者契约的束缚,在茶叶种植方面显得软弱无力,这些政府茶园,不过给后来的私人企业提供了成功的基础而已。1849 年克拉温政府放弃了所有的政府茶园,但是茶业还一直发展着。1851 年,在华纳乍沙的茶厂和仓库被公开出售,到了 1860 年,由政府专管的爪哇茶叶贸易已经让政府损失了 600 万盾(合 2,412,000 美金)之后,政府不得不做出最后的放弃。

1835 年,阿姆斯特丹接到首批爪哇茶叶货单。1841 年,在布林加州有工厂 8 家,因为生产的茶叶不能达到市场的要求,因此决定在巴达维亚近郊的米斯特康奈尔列斯成立一家中央茶厂,对茶叶进行精制。但是这个措施没有什么效果,因为茶园工人工资高而且运费昂贵。1859 年,当地茶叶的生产成本高达每磅 1.17 弗,但是阿姆斯特丹的售价仅为每磅 0.81 弗,政府为了弥补损失,便将所有产业转让给私人公司,与他们签订合同,并贷款帮助他们。

该合同规定各地方初制的茶叶必须按规定的价格售给中央茶厂。到了 1842 年,除巴达维亚、布林加、井里汶及巴加勒各居留地中出租给私人企业的以外,政府终于关闭了它的全部产业。当时的茶叶生产虽然已经改进,但是成本仍超过售价。中央茶厂也于 1849 年关闭,而先前政府签订的租赁合同也重新修订,茶叶完全由本地茶厂生产加工,然后把精制茶叶直接卖给政府。

从 1849 年至 1853 年,政府规定的价格是平均每 0.5 公斤为 65.5 荷分,价格的制定根据当时阿姆斯特丹市场上的时价。虽然政府的损失继续扩大,但是当贾克布森品评中央茶厂的茶叶时,感觉到它的质量还在不断地改进中。当贾克布森返回荷兰的时候,评茶工作便由政府官员在承包人的茶厂中执行。这些官员对茶所知甚少,有些可以说是一无所知,于是,一些不法承包人使用不正当的手段过关,其结果是迫使政府的全部茶业企业不得不以每公顷 25—50 弗的价格售与私人经营。

第二阶段——私人所有

茶树征服爪哇的第二阶段(私人企业时期)开始于 1862—1865 年。政府既然摆脱了冒险的茶叶事业,便转向正处在繁荣时期的咖啡业,当时的咖啡业每年都给政府带来可观的收益,而相比之下幼稚的茶业则给政府带来了 600 万弗以上的损失。茶与咖啡之间的竞争,继续尖锐化,就是经营茶业的人,也经常考虑能否找到适合种植咖啡的土地。茶业发展受到阻碍的原因,就是怕茶叶对咖啡的发展产生不良的影响,并且茶业所需的劳力要比咖啡业更多。

私人种茶企业遭到了来自多方的压力,开始的时候,种茶者所坚守的契约就不断与政府发生种种麻烦,甚至引起诉讼。在这种情况下,那些没有经过选择的土地上茶叶收成不好,且病虫害蔓延,仅有几处地势较高的茶园,如芝加特宗和巴加勒的茶叶可以用于制作上等拼和茶;至于其他地势较低茶园所产的茶叶,在市场中则以带有强烈的爪哇味著称,无法与中国茶竞争。所有困难中最大的问题是运输。由于道路条件极差,运输常使用速度缓慢的印度公水牛、驮马或者人力。1875 年 12 月时,曾经从华斯帕达发出一批样茶,经过了十多个月才运到巴达维亚。

1870 年仅有 15 个种植场有作物栽培,面积大约是 150 到 200 公顷之间。政府茶园的面积在 1846 年曾经增加到 4500 公顷以上,种植茶树 2000 万株;但是到了 1864 年便减到 900 公顷以下,茶树也只有 600 万株。产量从 1860 年的 200 万磅下降到 80 万磅以下。

直到 1870 年,沃勒总长的《土地法令》颁布以后,茶业的情况才有所好转。法令规定,土地可租借 75 年,并可以自由扩展,而在咖啡业方面有利益关系的官员不得阻碍茶业的发展。同时现存各茶园的租赁契约则转成承租权。就当时的情况来说,由于物美价廉中国茶叶的冲击,以及印度、锡兰茶叶的供给不断增加,爪哇茶叶所处的境遇仍然十分不利。伯纳德博士称这一阶段是——黑暗中的长途摸索。

后来有几家茶厂在穷途末路中,尝试到伦敦试销的方法,1877 年首批巴拉更沙拉的茶叶货单到达伦敦茶叶市场的中心明星巷。英国茶叶中间商的态度还算友善,但是他们也不客气地指出爪哇茶叶与印度茶叶相比,不但制法低劣而且品种也相差很远。在这种困难的情况下,爪哇制茶者只有两条路可以走,即退出市场或生产出更好的茶叶。所幸的是,他们选择了后者。1872 年,引起爪哇茶叶革命的阿萨姆茶籽首次输入爪哇,总督波什由丹尼逊公司从印度定购数百磅茶籽,并让帕支特将它们试植在芝邦哥尔的种植场。直到 1876 年,该种植场转手他人,试植工作也因为新主人的不重视而中止。

约翰·皮特引入阿萨姆茶籽

1878 年，又出现了一位促进茶业发展的先锋——约翰·皮特，即约翰·皮特公司的创始人。他对英国市场的需要非常清楚，并且熟悉印度、锡兰所采用的生产方法。爪哇种茶人在他的指导下，开始经常从阿萨姆引入茶籽，并且改进了生产方法。约翰·皮特的首批阿萨姆茶籽，由 A. 霍勒播种在芝巴勒，辛那加尔·支罗哈尼公司的土地上，皮特是该公司股东之一。有一家种子园在毛恩特祖尔成立。1879 年在辛那加尔开设了由万·汉克瑞所收到的第二批茶籽播种的茶园。毛恩特祖尔茶园所产的茶籽，出售给爪哇各地的茶园。肖邦的监察员 R. E. 克霍温曾经将 1877 年及以后几年内他从锡兰运来的阿萨姆茶籽播种在该地区，但是效果不是很理想。1882 年，他借鉴他的叔父 E. J. 克霍温在辛那加尔的经验，从印度购入乍浦茶籽，同年约翰·皮特也为 A. 霍勒和克霍温等从加尔各答定购茶籽 10 马特（印度衡量名称，约合 80 磅），其中最好的送到毛恩特祖尔和登特乔祖两地，毛恩特祖尔所产的茶籽，后来被大量销售，这些茶园一直保存到现在。

先前的中国茶树，逐渐被粗壮的阿萨姆种所代替，新式的机械代替了过去揉捻的方法，干燥机也取代了炭炉。这是茶树征服爪哇的第三阶段，在这个时期内，由于咖啡园的衰落，茶业开始繁荣，茶园的面积不断扩大，茶叶的品质不断改进，使爪哇茶也在世界上开始享有盛名，就像以前爪哇的咖啡一样。

第三阶段——黄金时代

现代的萎凋法，是制茶过程中最重要的阶段之一。据伯纳德所讲，萎凋法在爪哇茶制造的过程中比其他的步骤更难，H. J. 纳彻和 A. A. 霍勒在 1902 年赴印度考察制茶的报告中讲到，第一次看到当地特殊萎凋法,感到非常惊异。而在当时,爪哇制茶的萎凋法是将茶放在日光下竹制平底盘上,或厂房的地板上进行萎凋,考察后即开始有系统的萎凋试验,其结果发表在 1904 年的《栽培指南》中。

这一辉煌的时期主要是 A. A. 霍勒和克霍温家族所带来的。

伯纳德博士认为 1875—1890 年间,是爪哇茶业界的黄金时代。当时在各茶业大王的住宅里,款待宾客的场面非常隆重,这些富豪们的生活就像封建时期的地主。茶园里的工人数以千计,富豪们被尊称为"白老爹"(Great White Father)。当时要出入茶园需经过几天的时间,而且道路艰险,交通工具以轿子、汽球车和水牛为主。在茶园里可以举行猎竹鸡、赛马、骑马、射猎、午宴、夜宴以及豪华奢侈的东方式宴会。今天,我们生活的时代,已有了铁路、飞机、汽车、无线电、电话等,加快了生活的节奏和速度,却也失去了往日的平静,但是荷兰人的待客之道始终未变。作者曾经分别在 1906 年和 1924 年两次到爪哇旅行,感觉到他们的待客方式并没有改变。1906 年游历爪哇时,仅到过两三处茶园,大部分时间是在辛那加尔的名胜"东方花园",作为万·汉克纳的上宾;而 1924 年所见到的是第一次的十倍。

最初的茶园的气候和环境监测,是霍勒于 1858—1859 年在芝加特宗进行的。后来是由梅遮波姆于 1864—1869 年在芝爱姆保爪哇进行的。伯纳德博士在 1924 年茶业研讨会的演说中,曾经指出早在 1834 年,关于植物的繁殖方法,D. 萨瑞尔与贾克布森便存在着分歧;1845 年,各种种植茶树的土壤的样品被送往荷兰进行分析;1847 年,贾克布森记录了茶蚊在耕耘不良的土地上肆虐的情形。

爪哇的茶业协会

1881 年 12 月 20 日,爪哇茶业中最主要的 11 个人集会商议成立索卡勃密农业协会,这 11 个人是 E. J. 克霍温, A. 霍勒, G. C. F. W. 麦德特, W. R. de 格温, P. 萨波尔, 霍斯曼 B. B. J. , G. A. Ort, F. C. 菲利波, G. W. 埃克霍特, Ch. J. 霍斯曼, 及 D. 波哥。

这就是爪哇茶业协会的开端,第一届主席是 A. 霍勒,秘书为 G. C. F. 麦德特。

1885 年,迈特被派往锡兰考察茶业,并将考察结果编成小册子刊登出来,名为《锡兰与爪哇》。

1924 年,该协会与橡胶种植协会合并,1927 年以后,索卡勃密农业协会转交给巴达维亚的农业总理事会,主要打理地方事件和一般的农业事件。

巴达维亚的种茶者协会是一个荷兰侨民茶园主人的新组织,这个组织与阿姆斯特丹由居住在当地的茶园主组成的种茶者协会相似。

茶叶试验场

早在 1886 年,种茶者就已经感觉到需要有一家专门的咨询及科研服务机构。在国家植物园的指导者索卡勃密农业协会的副主席麦彻·M. 特罗波博士和 E. J. 克霍温初步商讨之后,1893 年构想终于完成,并且有数家公司保证为这个科研机构提供资金,聘请一位助手 C. E. J. 罗曼博士,在植物园的农业化学实验室中研究茶树栽培的问题。他在万·罗姆伯格博士的指导与合作下服务了五年之久,罗曼的第一次的茶叶研究报告于 1894 年 6 月 14 日出版。试验室的经费由农业协会指定的委员会掌管,E. J. 克霍温为该委员会首任主席。

1898 年 A. W. 纳宁格博士接替了罗曼的任务,因 D. 斯蒂乐林的建议,1902 年茂物的临时研究所变为茶叶试验所,特罗波博士继续担任指导,A. W. 纳宁格博士仍然任总经理。

大家一直积极从事着试验场的建设,从 1917 至 1929 年 O. 万·

沃罗恩被选为首任主席,继任者是 K. A. R. 伯斯彻。1916 年,试验场脱离了农业协会,成为独立机构,并且有了自己的理事部,理事从种茶者中选出。如今,该试验场代表了 170 家茶园,仍然与农业协会合作,并且隶属于农工贸易部。直到 1925 年 7 月,一切关于茶、咖啡、橡胶及金鸡纳霜业的科学研究工作,凡是由试验场负责的,都转交给农业理事会管理,该理事会是荷属印度山区茶园的最高组织。

该理事会现任主席是 W. J. de 乔纳治,1898 年 9 月 8 日生于荷兰,大学毕业后曾在海牙和三宝垄担任律师,后担任该理事会秘书多年,直至 1933 年被选为主席,接替前任 G. H. 哈特博士。

从 1907 年至 1928 年,试验场的科学研究员都由瑞士植物学家伯纳德博士指导。他于 1876 年 12 月 5 日生于日内瓦,1902 年获得日内瓦大学科学博士学位,1905 年应特鲁伯博士的邀请担任茂物的植物研究所所长,1907 年,纳宁格博士卸任茶叶试验场场长,由伯纳德接替了他的职位。直至 1928 年伯纳德担任了农、工、商业总督察,1933 年退休。

接替伯纳德的是 J. J. B. 迪优斯博士,1883 年生于荷兰,1908年在列日大学获得化学博士学位,1912 年到茂物任伯纳德的助手,1928 年担任试验场场长。

该试验场现任场长是 Ir. Th. G. E. 霍德特博士,他生于爪哇,在荷兰接受教育,于 1933 年担任试验场场长一职。

试验场的场长也是本地种茶业的顾问,试验场每年从政府那里得到 2000 美元的津贴。1907 年该场聘请了一名植物学家和化学家,主持各种关于茶叶的制造、化学变化、病虫害及施肥等试验。

随着人员逐渐增加,直到 1932 年茶叶试验场与橡胶试验场合并成为西爪哇试验场。

1927 年 9 月 24 日,茶叶试验场现在办公所用的现代式大厦在茂物落成,并开始正式使用。

茶叶评验局

1905 年,巴达维亚邓禄普柯尔夫公司的 F. D. 考彻优斯建议成立茶叶评验局,评验局最初设在万隆,后来迁到巴城。种茶者可以将样茶送到该局品评,在装运之前,指出它的缺点,以保证在海外市场的声誉,评验局对于改进爪哇茶叶的品质作出了很大的贡献。另外,该局还研究外国各种上市的茶叶,并且到澳洲和美国作爪哇茶叶的宣传。

在评验局成立以前,种茶者必须等到茶叶运到伦敦或阿姆斯特丹以后,才能得到关于茶叶的评价及品质鉴定报告。而当种茶者们得到鉴定报告时,货物已经运出 8 到 10 个星期了,因此该局的成立可以让种茶者在装运之前改正产品的缺陷。1905 年末,该局代理 33 家茶园。最初聘用的茶师是 H. 兰博,服务到 1905 年。兰博以前曾受聘于伦敦蓝培公司工作至 1910 年,后来在加尔各答以自己的名字代表同一家公司,然后他前往巴达维亚担任茶叶出口公司经理。

J. Th. 哈莫克在茶叶评验委员会成立时,即被选为首任会长,S. W. 萨万瑞斯担任秘书。以 S. W. 萨万瑞斯、F. D. 考彻优斯组成的三人委员会受命与索卡勃密植茶者协会派来的两名代表,担任辅助并监督茶师的任务。

1907 年,万隆被选为评验局总办事处的地点,1910 年茶叶评验委员会合并为茶叶评验局,迁址到巴达维亚,以便与其核心成员密切接触。该部当时有会长 S. W. 萨万瑞斯,威利公司和 E. H. 伊万斯任秘书兼会计,及 O. 万·沃劳特和 K. A. R. 伯斯彻等人。

该局每年的经费约 6—7 万盾(合 5000—5833 英镑)的来源,一部分来自捐助,每制茶 100 公斤(220 磅),捐款 2 便士,试茶样一件取费 5 便士,常年顾问费 50 盾(4.34 镑)。其中 1000 镑作为宣传费用,大部分用于美国;1932 年以后,该局放弃了在消费国的宣传而转向本土居民。

茶树登上潘加伦根高原

　　从 1880 年到 1890 年, 爪哇的茶园不断增加, 茶树也在这个时候发展到潘加伦根高原, 从而完全征服了爪哇。潘加伦根高原是茶树生长的绝佳之地, 它高度与大吉岭相等, 配合赤道的热带气候, 为茶树的生长创造了各种有利条件。在这片广阔而肥沃的热带土壤上种植茶树, 大部分是由种茶者兼慈善家 K. A. R. 鲍加 (1855—1928 年) 的努力而促成的。他通常被称作"布林加农业大王"和"爪哇茶王", 曾协助经营马拉巴茶园 30 年以上, 该茶园建立于 1896 年, 名字与"哥尔巴拉"一样, 都是"爪哇茶"的意思。从当年开创时该地的蛮荒状态, 到今天已有茶树 3000 英亩, 金鸡纳霜树 65 英亩。

　　鲍加于 1887 年从荷兰来到南洋, 在索卡勃密附近的辛那加尔茶园中, 与他的舅舅克霍温一起工作, 不久他就去了婆罗洲开采金矿, 是欧洲在西婆洲从事私人企业的第一人。1892 年, 他返回爪哇, 与他的舅舅联合组建了布林加电话公司, 他在公司担任技术总监, 直到公司被政府接管为止。他指导了马拉巴茶园发展的每一个阶段, 发明了鲍加式萎凋机, 成立试验室, 严格监控茶叶的生长; 他建立了一座 3000 匹马力的发电厂, 直接供给茶园电力; 建设水利工程, 包括一条长 4000 英尺的水渠。他还是其他农工企业的掌控人, 其中有万隆电力公司、万隆树胶厂及巴达维亚附近制造炸药的炸药厂。

　　鲍加以热衷公益事业闻名, 如捐助万隆大学 10 万盾, 以及对医院、科学团体及其他教育机构的无数捐助。他还建议在蓝姆邦附近建立气象台, 该台后来经常出现在世界天文新闻中。鲍加于 1928 年逝世。

　　潘加伦根高原开发的成功, 引起了投资界的兴趣。从而引起了"投资茶业"的狂潮。1890 年以后是茶业的繁荣期,新茶园不断建立,开始的时候受土壤、气候及劳工因素限制,集中在爪哇的西部山区,后来随着技术的成熟则遍及爪哇各地。到了 1910 年前后,茶园数量增加到 200 家左右,其中大部分在西部,尤其是布林加。

1927 年时,仅爪哇岛上就有茶园 269 家,种茶面积达到 21 万英亩;苏门答腊有 26 家,种茶面积为 3.1 万英亩;此外,马来当地人种茶面积约为 6.3 万英亩,总计种茶面积达到 30.4 万英亩,每年产茶 1 亿磅以上。至此,茶叶已完全征服了爪哇。

1890 年以后,由于改进了栽培方法,单位面积产量大大增加,到今天每公顷产茶 1000—1500 公斤,已经不是什么新鲜的事了。

爪哇茶业繁荣期一直延续到 1914 年,而后经历了数年困难时期,其中 1920—1922 年达到了顶点,再后来环境又有所改善。

1924 年 6 月 21—26 日的爪哇茶业大会

1924 年在万隆举行茶树栽培传入爪哇百年纪念会时,召开了一次茶业大会,农业指导员 A. A. L. 鲁特格斯致开幕词,在报纸上参与讨论茶业问题的有伯纳德博士、迪优斯博士、斯图亚特博士以及考彻优斯等人。

召开茶业大会四年以后的 1928 年,由索卡勃密农业协会协办的茶园经理会议在万隆召开。

茶 叶 限 制

1929 年茶业不景气的现象发生后,荷属印度茶业界就与印度、锡兰茶业界联合制定了限制采茶的协定,规定爪哇及苏门答腊在 1930 年的茶叶产量减到 950 万磅,但是实际上产量并没有因此减少,第二年,这项协定就被放弃了。

产量过剩的继续,引起茶叶输出的调整,这一举措由英国商务部东北印度委员会发起,将印度、锡兰与荷兰联合在同一个五年计划之下,即在 1933 年减少茶叶输出量的 15%,并在随后的数年中适度缩减。

经营茶叶的大家族

在谈到爪哇的茶业历史时,不能不提到霍勒·克霍温家族,像他们这样具有坚韧不拔精神的荷兰人是爪哇茶业的真正的创造者。此处所记载的资料,大部分来自茶叶试验场的斯图亚特博士,特此致谢。

1846 年舍来梅·路易斯·贾克·万·德·胡特,带领亲属 33 人抵达巴达维亚,这对于爪哇茶业来讲,是值得特别记载的事情。胡特出生在一个贫寒的大家庭中,当他的父亲在俄国战争中去世后,他便决定在海上谋生,来养活母亲。他服务于来往南洋的荷兰大商船上,自己购买学习课本,在商船的瞭望台上读书自习,通过努力自学成才。后来他当上了大副,船长逝世后,他又当上了船长。当时此种航行可以得到相当丰厚的报酬,船长们都因此而变得富有,于是这位贫困的少年也成为了富人。他希望去征服其他疆域,于是将眼光转到爪哇。1846 年,在他最后一次航行时,带着他的亲属们来到爪哇。

　　同行者有霍勒夫妇,霍勒夫人是胡特的妹妹。霍勒共有子女7人,儿子和女婿都是茶业界和政界的要人。霍勒曾经经营波郎茶园,但不久就去世了,汉克瑞的父母也是胡特家族中的成员。

　　G. L. J. 胡特在前妻死后,又娶了玛丽·普莱丝女士为妻,不久就创建了约翰·普莱斯公司。A. W. 霍勒的儿子阿尔伯特·霍勒,受雇于巴拉更沙历茶园,在 G. C. F. W. 蒙特的领导下工作在1902年曾与纳斯彻同去印度考察。

　　胡特的另一个妹夫约纳斯·克霍温于1859年死于荷兰,他的幼子 E. J. 克霍温(1834—1905年)于1861年来到爪哇,跟随他的表哥 A. W. 霍勒在巴拉更沙历茶园工作,后来他接替阿尔伯特·霍勒担任辛那加尔茶园的监理,同时该茶园被胡特从 B. B. 克罗恩手中买下,E. J. 克霍温在工人中尊称胡特为"老主人",他在阿尔伯特·霍勒死后,管理辛那加尔茶园九年之久,1872年他与表弟 L. B. 克伦合作。克霍温还参与了索卡勃密农业协会的创建。

　　阿尔伯特·霍勒也是该农业协会的创始人之一,并且担任了第一届会长,他于1878年在蒙特祖尔建立了第一所阿萨姆茶树种子园。

　　由于霍勒这一支开发了芝巴达地区,所以克霍温一支则开发万隆区的南部。1865年罗道夫阿尔伯特·克霍温(1820—1890年)在爪哇创立乍沙利茶园后,他的儿子阿格斯特·埃米利尔斯继续经营。1871年 R. A. 克霍温的第二个儿子 R. E. 克霍温(1848—1918年)到达爪哇,在辛那加尔茶园担任他的叔父的代理经理。他和他的父亲在今天的甘邦茶园栽植咖啡与茶树,1882年采用阿萨姆茶籽开始开发潘加伦根高原,并且选定了马拉巴茶园作为理想的种茶地。很多人对他的这种做法表示怀疑,他们担心由印度平原所产的茶籽,能否适应高原的环境,取得好的效果。R. E. 克霍温筹集必备的资金,历经艰苦,终于获得布伦皮特公司的投资援助。他聘请 A. R. 伯斯查担任经理,后来又请他担任大隆茶园的经理。而大隆茶园为 K. F. 克霍温经营尼加拉茶园奠定了基础。

在 R. E. 克霍温的儿子之中,长子 R. A. 克霍温在马拉巴茶园任经理一职,后来提升为茶园督导;E. H. 克霍温是甘邦茶园的督导;K. F. 克霍温则担任了尼加拉茶园的督导。在他们家族中有一大特点,包括 A. R. W. 克霍温在内,都是先取得了工程师的学位,然后再开始从事农业。

卡尔·弗雷德里克是霍勒家族中最著名的一位,生于 1829年,15 岁时就来到了荷属印度,在芝安祖尔的总监署中担任书记员,他虽然在政府行政机关中任职达十年之久,却并没有沾染上官僚的恶习,他埋头研究苏丹人和爪哇人的生活习俗和语言,从事历史研究,并注释古文字,这一切都显示出他过人的天赋。1856 年他辞去公职,开始专心研究荷属印度人民的生活状态与习俗。1858 年他担任了芝加特宗茶园的经理,1865 年则就任于华斯伯达茶园。

他致力于复兴巽他文学(译者注:苏门答腊岛和反爪哇岛盛行的文学),在布林加开设店铺销售廉价的纺织品,并引进了纺织机。1866 年在万隆成立土著人师范学校,被政府授予荷兰大勋章,并赐与他布林加保护区;1871 年担任土著人问题的名誉顾问,但是他决定留任华斯伯达茶园经理。他经常戴一顶土耳其式红毡帽,力求适应当地巽他人的风俗,但是在他的小指上仍然带有一枚高贵的戒指,是为了让土著人知道他是他们的主人。后来,他成为了大农业家、能干的茶园主和民俗学者。他说:"茶园要想发展,就必须对待园工像对待茶树一样用心。"他推动了巽他人的福利事业的发展,引进了螺角绵羊以及推进了蚕丝业的发展。他印刷发行了关于农业的许多小册子,还有一套农业丛书,名为《农民之友》,供人们阅读。

凡是涉及到伊斯兰教的大众教育、农业及劳工等问题,政府经常征求霍勒的意见。1886 年他移居到茂物,1896 年于茂物去世。

其他爪哇茶业的开创者,还有 W. P. 本克霍温,他曾经是本格伦茶园的管理者,对于爪哇中部的茶业发展,立下了汗马功劳。

实业前辈 E.J.哈默德

在西爪哇后来的开拓者中,约翰·哈默德(1877—1926 年)占有重要地位,他是爪哇英荷种植场的监理。他到爪哇的时候,那里已经没有更多的土地适合种植茶树,于是他费尽心思通过精密的种植方法竟使数万英亩的荒地变成大片生产茶叶、咖啡、木棉、橡胶及其他作物的土地。此举不但使业主获利丰厚,而且使众多的土著人找到了用武之地,共同享受这一成果,于是土著人从人烟密集的地区迅速迁入了这一新兴地区。

哈默德于 1877 年生于英国,他开始经商时,供职于伦敦皮克兄弟公司的茶叶采购部。他在评茶工作方面有过人之处,不久就被评为伦敦茶叶市场中最优秀的评茶师。当皮克公司在巴达维亚开设分公司时,他被派往分公司主持工作。最开始他的工作重点在于组建英荷种植场,1909 年该场购买了巴曼诺可汗和芝亚瑟姆的土地,1913 年他担任该场监理一职。

他从荷印农业公司接收的茶树、橡胶及咖啡园占地共约 3500 英亩,在他的经营下,扩大到 50000 英亩,种植茶业、橡胶、咖啡、龙舌兰及木棉等。在哈默德管理期间,还兼并了其他 16 所茶园和咖啡园,散布于爪哇各地,面积达到 2.4 万英亩,公司经过不断发展,所拥有的土地达到了 51 万英亩。

哈默德对公司内部员工及外聘土著人的生活也非常关心,他建造了许多专供土著人居住的房屋,大部分都有电灯和饮用水供给,这使土著人的生活得到了极大的改善。他创立了巴诺曼可汗及芝亚瑟姆基金,用来改善土著人的医疗条件和饮用水环境,他还为员工们发放养老金和路费。他将加到特兹亚提陆军飞机场的土地转让给当地政府,仅象征性地收取 1 荷兰盾,因为根据公司规定,他个人不能直接将该地赠与当地政府,舆论界对于他的这一举动大加赞扬,于是,荷兰女王任命他为佩带奥兰芝·那索勋章的官员。

爪哇茶叶的改进

爪哇茶叶的制造方法在 1890 年以后有了很大的改进。爪哇茶由于本身浓烈的气味和厚重的茶汤颜色,非常适合与香气浓烈的印度、锡兰茶拼配,因此逐渐地在阿姆斯特丹和伦敦的市场中确立了自己的地位。在有些国家,人们对爪哇茶有着特别的爱好,不与其他茶叶拼配饮用。

1910 年茶业的发展一帆风顺,这也导致了人们将更多的土地开辟为种植场,爪哇境内一切能用的土地,都被用于种植茶叶或其他作物,就连相邻的苏门答腊岛也被牵涉进来,由于该岛土地面积大而且人烟稀少,为茶叶的扩展提供了大量的土地和绝好的机会。

茶树征服苏门答腊

在苏门答腊,由于政府对茶业的大力支持,帕勒姆邦的巴萨马和舍曼特两个地区都开设了多处土著人的茶园。但是最早大规模种植茶树,是由几位知名人士所提倡的,他们都来自于布林加,例如 O. 万·沃伦登,经验丰富的茶叶专家,与茶叶试验场的伯纳德博士。他们多次考察苏门答腊岛的东西沿海,并采集了土壤样品;他们发现这些土壤非常适合茶树生长,加上爪哇多年种茶成功与失败的经验,苏门答腊岛的茶业得到了飞速的发展。

在 19 世纪 90 年代初期,英国德利伦加脱公司就在得利有一处阿萨姆种茶园,由约翰·英彻管理,英彻来自锡兰,经营过瑞本茶园。1894 年,第一批苏门答腊茶叶运到伦敦,每磅售价 2 便士,便是瑞本茶园生产的。不久该企业因为庞大的劳工开支,不得不停业,这些工人大多为报酬较高的中国人,因为当时还不能从爪哇输入大量必要的廉价劳动力。

1906 年,由于哈理逊克罗斯菲尔特公司经理 C. A. 兰姆帕德的努力，人们发现种茶业在苏门答腊岛的东海岸是一项可以获利的事业。而该公司在苏门答腊岛的茶园也在当年便获得了效益。兰姆帕德来到苏门答腊以后，更加深信种茶业可以在该岛取得成功。1909年，兰姆帕德开始着手准备工作，他在公司的德冰天基茶园做了一次大规模的种茶试验，这所茶园当时正由 F. 汉斯管理。为了给茶树栽培提供专家级的意见，兰姆帕德特地从南印度请来种茶专家 H. S. 霍德作为该公司在苏门答腊茶园的顾问，霍德从该岛茶业的初创期便在岛上从事茶叶的指导工作，至今仍然是苏门答腊岛茶业界的权威之一。

德冰天基茶园的试验成功令人兴奋，于是就有了圣他尔茶区和橡胶种植场投资信托有限公司大茶园的建立。其他还有哈瑞森公司的各分公司经营的产业50处，共计包括了苏门答腊岛东海岸茶园30000英亩的一半。

在没有铁路和其他便利交通工具的新地区开创事业，需要克服更多的困难。但是该公司在岛上各地的工作人员，在公司驻苏门答腊的首席种植技师威克特·瑞斯——即现在种植协会的创造人及第一任会长的指导下，将种茶事业迅速发展。瑞斯在烟草、咖啡及橡胶种植方面有着丰富的经验，后来，他辅助 C. G. 斯考特麦克，并且担任了该信托公司圣他尔茶园的总经理。那加忽他茶园的顺利发展，迅速引起了荷、德、英各方的竞争，他们都在该地区争取土地，从事种茶，使种茶业这一重要的产业由此确立。

由于茶叶研究者认为只有森林土地适合种茶树，所以潘马坦圣他尔高而荒凉的平地首先成为了烟草种植的发展之地，但不久就发现茶树在这一地区也能良好的生长，就像在林地中一样。大约在1912年，星马隆根就成为了茶叶中心地区。

1912年，荷印地产公司开设了巴比隆奥卢茶园；马立哈脱苏门答腊栽培协会在巴加辛德开设茶园。

1926年，荷印地产公司在可林芝地区又有了重要的新发展，他们在当地购买多处土地，面积达到1万公顷，并建立了在该地区的第一所茶园——加佐亚卢茶园,茶树占地面积约为 2.5 万英亩。该公司在巴尔林比干的茶厂是世界上最大的茶厂。

德冰天基茶园第一批样茶的效果并不理想,但是 1911 年 10 月运到伦敦的第二批茶叶得到了令人满意的结果。那加忽他第一茶园的首批茶叶于 1914 年 4 月在伦敦销售,效果极好,种茶事业由此迅速扩展。东海岸一带又新开辟出许多新茶地,此后不久开辟的茶园则在南部的西海岸以及北部的亚芝旭地区。在东西两海岸共有数万公顷的土地适合种茶,高度从 1800 英尺到 4000 英尺,大多在巴兰邦、本库兰、可林芝、莫拉莱波旭、奥菲兰及达利兰德等地区。

经过瑞斯、霍勒等开拓者的努力,苏门答腊岛如今(译者注:指本书成书时的 20 世纪 30 年代,书中"最近"、"目前",均指这一时期。)共有茶园 28 所,并且都伴有完全现代化的茶厂;在西部塔潘诺里、本库兰及巴兰邦地区有 10 所;其他 18 所在东海岸,这 18 所茶园在 1926 年时,面积由 1915 年的 3237 公顷扩充至 14178 公顷,产量为 8435 吨。

种植者协会

为各种植企业服务的协会有两个:一是烟草种植业;一是 A. V. R. O. S,代表茶、橡胶及烟草以外的热带作物。后者成立于 1910 年,总部设在棉兰,并在该处建有一所试验场。

苏门答腊茶业的开创者 J. H. 马瑞纳斯

在苏门答腊岛茶业中有一位著名的人物,就是 J. H. 马瑞纳斯。他在 1910 年成立了荷印地产公司,后来开设了 12 所大茶园,他在苏门答腊岛东海岸的发展上,担任了重要的角色。

J. H. 马瑞纳斯(1856—1930 年)21 岁时,从阿姆斯特丹来到荷属印度,在得利地区的圣斯尔烟草园中开始了他的种植生涯,直到 1906 年才返回荷兰。而他作为苏门答腊岛茶业的开创者,应该是从 1910 年他在荷兰成立公司开始,他把半生的精力都用于公司的经营上。现在该公司的种植园在东海岸有 5 所,在南部巴兰邦和本库兰有 6 所,种植茶叶、咖啡、金鸡纳霜及油棕榈。公司具有很多大规模的现代化茶厂,其中在芝加布拉塔茶厂白色和金色的揉捻机 20 台,是世界上最大的茶厂之一,每年生产茶叶 500 万磅以上。最近,该公司期望能将产量提高到 1000 万至 1200 万磅。

后来,马瑞纳斯致力于巴兰邦及本库兰两地区的土地开发。在他 38 年的种植生涯中,曾经在苏门答腊岛建立了 25 处地产,而且经营得都非常好。他于 1927 年退休,回到荷兰的希尔唯松,但仍致力于茶叶贸易,1930 年逝世。

苏门答腊岛的茶叶种植还有极大的发展空间,据估计,如果把全部适合种茶的土地都利用上,则该岛全年产量达到 1 亿磅以上并不是件太困难的事情,而这一数量超过爪哇目前的产量。茶在征服爪哇以后,发展得一帆风顺,并且以更大的规模在苏门答腊岛再次取得了辉煌的胜利。

第九章　风行全球的印度茶

　　印度茶称雄于世界的经过可以从两个方面来讲,首先是茶叶在印度还没有成为永久性事业之前的发展沿革,其次是英国的企业家们如何促进印度茶在全世界的销售与消费。

　　印度茶的足迹遍及世界上饮茶和产茶的国家。在锡兰与爪哇,印度茶种代替了中国茶种。中国茶独占欧洲市场达200年之久,也被印度茶取而代之。北美洲的茶叶市场,起先是中国茶,然后是日本茶,现在也是印度茶的天下。拉丁美洲等国家几个世纪以来一直以可可为唯一饮料,巴西以咖啡为主要饮料,巴拉圭以当地所产冬青叶为饮料,但是现在也不得不向印度茶低头。而非洲、澳大利亚、新西兰等地,喜爱喝印度茶的人为数众多,即使在产茶诸国中,如中国、日本,也有许多外来的侨民和一些当地居民对印度茶表示欢迎。有些人曾经说印度茶的销售场所是日不落,这确实是事实,并非没有夸大其词。

　　茶树栽培传入印度是一件富有离奇色彩的故事。印度原来有土种茶树,不过知道的人很少,一些有爱国思想的英国人向当局建议采办中国茶种以备在印度自行种植,但调和派政客,以及对东印度公司企图把持远东商业霸权有抵触情绪的人,则群起反对。

　　印度的土生茶树经历了十年的呼吁,仍然不能唤起社会的关注。后来虽然崭露头角,但还是不能引起大家的兴趣,其原因是当时中国茶在印度的影响已经根深蒂固,一时间无法撼动。当一些商人摆脱东印度公司专卖权的控制时,感到不知所措,最后还是从经营中国茶方面下手。他们这些人从遥远的中国运入茶籽、茶树,引进工人,认真地在这块本来有土生茶树的地方种植中国茶树。

事实上,土生茶树更适合当地气候和环境,对此,只有少数军人、政治家与科学家认识得最清楚。在他们的不断努力下,印度土生茶的栽培终于有了显著的成果。后来,随着政府企业的衰退,私人企业家崛起,他们竞相仿效栽培土生茶,经过三代(大约100年)的长期经营,英国实业家在印度的丛林中,创立了一项伟大的事业,在200万英亩的土地上,投资达到3600万英镑,并在788,842英亩的产茶地中,每年产茶432,997,916磅。从事这项工作的人数达到125万人之多。同时这一事业对于国民经济及英国政府的税收都有着极大的贡献。

印度土著人在很早就好像已经知道茶叶了,最早他们将盐汁茶当作一种蔬菜,后来又将茶浸入汤内,与西藏酥油茶的做法一样。在印度的西方人,对于中国茶知道的必定很早,因为英国东印度公司驻日本与爪哇的代表,早就把有关中国茶的信息告诉给印度的同事。

茶在印度的萌芽

麦德勒斯于1640年游历印度,他在1662年所著的一本书中描述印度的饮茶情形:"我们平日聚会里都喜欢饮茶,饮茶在印度非常普遍,不仅当地人喜欢饮茶,即使荷兰、英国人也都把茶当作一种饮料,只有波斯人不饮茶而喝咖啡。"在奥温特所著的《苏拉特航行记》一书中也有同样的记载。

英国博物馆收藏的斯洛恩腊叶植叶藏品内有一种古时茶的标本,据称是由萨缪尔·布朗与艾德沃德·布克利两人在1698年到1702年之间从马拉巴海岸所采集到的。在克恩·斯图亚特看来,这也许是一种中国茶树,在荷兰东印度公司时期运到马拉巴的。直到1780年,才发生了欧洲人提倡在英属东印度开展种茶运动,但是在当时,茶只是被当作一种观赏品来种植,这种情形与茶树在爪哇首次登陆的情形非常相似。

　　1780 年,有少量中国茶籽通过英国东印度公司从广州运到了加尔各答。其中有一部分茶籽由总督沃瑞·汉斯蒂斯寄给在印度北部不丹地区的乔治·伯勒,其余茶籽则由孟加拉步兵营陆军中校罗伯特·凯德种在了他在加尔各答的私人植物园中,凯德虽然不懂如何养植茶树,但是他种的茶树却生长的非常茂盛,这是印度第一次种植茶树,当时印度处于东印度公司的统治下。

　　英国自然学家约瑟夫·班克斯(1743—1820 年)应当是印度倡导栽培茶树的第一人。他于 1788 年即已倡导引种茶树。他在传播商用植物问题方面颇有见解,后来他应英国东印度公司董事会的邀请,编写了一套小册子,详细描述了在印度可以采用的新作物,特别是关于种茶的方法,并指明别哈尔、伦浦尔、库彻别哈尔三处是最适合种茶的地点。这本小册子得到了凯德中校的大力支持,但是由于与东印度公司的中国茶叶专卖权在政治和商业上都发生抵触,因此班克斯的计划未能付诸实施。1793 年,随驻中国公使迈卡特尼爵士到达中国的几位科学家,曾经采办了一些中国茶籽,将它们寄往加尔各答,并且依照约瑟夫·班克斯的方法,种植在了皇家植物园中。

　　1815 年古万博士——后来是珊哈伦浦的国家植物园第一任主管——对于凯德中校和约瑟夫·班克斯的意见又加以补充,他主张在孟加拉西北部种茶,但是结果也是一无所获。

　　驻印英军的莱特上校似乎是最早谈到印度土生茶树的人。上校在 1815 年所写

约瑟夫·班克斯像

的报告中讲到在阿萨姆省新福山中的当地人是如何采集一种野生茶，并且模仿缅甸人将茶叶混合油和大蒜食用，还将茶叶制成一种饮料。

1816 年，当艾德沃德·加纳在尼伯尔居住时，他在卡孟多的一个花园内发现了一种灌木，怀疑是茶树，将标本寄给了加尔各答皇家植物园主管纳斯尼尔·沃勒博士（1787—1854 年）鉴定，经过博士们仔细检验后，确定这是一种山茶，但不是真正的茶树。

印度茶树的发现

对于植物学研究有着浓厚兴趣的罗伯特·布鲁斯少校，于1823 年因接受了商业任务而远行，他越过英属印度的东部边境，来到了当时缅甸所属的阿萨姆省。少校携带大批货物到伦浦尔——现称西伯赛加，与当地的新福土著酋长 B. 古姆进行贸易。当少校在该地停留时，曾多次闯入附近一带地区做植物学上的探寻。因为看见有土种茶树生长在邻近的山谷中，就在临行前与土著酋长约定，在少校第二次来的时候，土著酋长应当准备茶籽提供给少校。

在 1824 年，酋长将茶树及茶籽送给罗伯特·布鲁斯少校的哥哥 C. A. 布鲁斯。当时正赶上英国与缅甸开战，C. A. 布鲁斯奉命到伦浦尔附近，将一部分茶树寄给阿萨姆省行政专员戴维·斯考特上尉。上尉把茶树种植在高哈蒂的私人花园中，其余茶树种在布鲁斯在萨地雅的私人花园中。罗伯特·布鲁斯少校死于1825 年。

1825 年，斯考特上尉将他在马尼坡发现的野生茶树上所采集的叶与籽，分别寄给了印度政府的秘书长 G. 斯温特及在加尔各答博物园的沃勒博士。斯考特上尉坚持认定这种野生茶树就是真正的茶树，而沃勒博士则认为这只是山茶的一种。后来又有几位权威人士认为斯考特上尉在马尼坡所采的茶树是一种普通山茶，或者是另一种与布鲁斯所发现的真正阿萨姆种不同的茶树。但是不管怎样,在加尔各答的大多数人中对于阿萨姆种的真伪,并不具有准确的判断。

1827年,记者F.科勃恩博士曾经在珊陀瓦地区发现一种茶树,他把样品寄给印度总督阿姆斯特爵士,并附以报告说明,后来印度总督又把这份报告转给东印度公司的董事部。

当时在伦敦也酝酿着一场激烈的运动,运动主张:即使东印度公司反对,也要在印度创办种茶事业。1825年,英国技术学会悬赏1具或50基尼(译者注:自1663年至1813年间,英国发行的金币名,1717年价值为21先令),奖给在东印度、西印度或者其他任何英国殖民地上种茶最多而且品质好的种茶者,但是所生产的茶叶至少在20磅以上。此外还有一名著名植物学家J.福布斯·罗勒博士在1827年对于英属印度适合种茶的理论,也给予了科学上的支持。罗勒博士是古门珊哈伦浦国营植物园的主管,他竭力宣扬在喜马拉雅山脉的印度西北区试种中国茶树,并且深信沿喜马拉雅山脉一带的地区非常适合茶树的种植,1831—1834年之间,他一再大声疾呼这一理论,希望能引起国人的注意。当时阿萨姆、卡察、雪尔赫脱西北等省的一部分及旁遮普,均由当地人管辖,还没有并入英国殖民的版图。

1831年,根据A.卡顿中尉的报告,在阿萨姆省皮赛附近地区有野生茶树。他从该处弄来三四株茶苗,寄给泰勒博士种在加尔各答的国家植物园中。但这些茶苗寄到时已经枯萎,而且也被认为是山茶的一种,不久茶苗全部死亡。第二年麻打拉斯省的外科医生科里斯汀博士肩负着在南印度调查气候与地质的特殊使命,在尼尔吉利山上,经政府许可圈定一块土地,建立了一所种植茶、咖啡与桑树的种植园。不幸的是,科里斯汀博士不久就去世了,工作也半途停止,后来他所种植的中国种茶树,被分配到尼尔吉利山各区试种,有三株被送给霍威上校,种在他的私人花园内。

第一个印度茶叶委员会

将茶树从中国移植到欧洲殖民地上,大都由个人的努力而促成。只有在英属印度情况稍有不同,它是由于一个国家的迫切需要而造成的结果。东印度公司为了保证自身的利益,对于这种情况置之不理;同时并不允许任何人干涉他们享有的中国茶贸易特权,因此极力阻止在印度种茶的企图。到了1833年,该公司与中国所签订的合约到期,而中国政府又拒绝续签,并且有可能和日本政府一样采取闭门自守的政策。在这种情况下,印度总督威廉·班庭克(1774—1839年)爵士于1834年组织成立了一个委员会,研究中国茶树究竟有没有在印度种植的可能。

印度总督班庭克爵士

威廉·班庭克爵士对英国政府有着极大的贡献,他在担任印度总督时最重要的政绩就是提倡种植茶树。班庭克爵士有着远大的目光和坚韧的意志,他使有关印度的土壤及气候与所种植的茶树是否适合的所有问题都得以解决,避免了以后因为这些问题引起的争执。他所采用的方法是,通过事实考证,加以整理后再得出结论。不幸的是,在事实还没有搜集齐全之前,爵士就突然去世了,否则早期茶业上所发生的种种错误或许可以避免。

班庭克爵士生于1774年,是第三波特兰公爵威廉姆·哈里的次子。因多次出征有功,于1803年被委任为麻打拉斯的行政长官,但是1805年又被召回。爵士在1810年身为司令官率军援助西西里王弗迪纳德,同时兼任西西里国王全权大使,于1812年爵士为西西里制定了一套自由政治体制。1814年他率军征讨在意大利的法国人,最终取得胜利,并且占领了热那亚。1827年受肯宁首相特派出任印度总督,他在任期间被公认是一位仁慈贤明的

班庭克爵士像

总督,在任时有着卓越的政绩,包括废除寡妇殉葬的陋习及剿灭暗杀团等。

班庭克在早年公务繁忙时,仍能抽出时间对有关茶的各种报告加以密切注意。他能果断的处理茶业事务,是受到来自伦敦的沃克的鼓励。沃克于1834年宣称:鉴于茶叶对于国家的重要性,除了中国政府许诺对于茶的供给有相当的保证之外,应该建立更为妥善的保障。于是他建议东印度公司应该在尼泊尔山及其他区域的城内落实茶树栽培的事情,因为这些土地上原先已经有山茶及其他野生的类似茶树的植物存在。

班庭克于1834年1月24日成立了一个富有历史意义的茶业委员会。该委员会最初由詹姆斯·班特、乔治·詹姆斯·高登、兰姆科及一名在加尔各答居住很久的中国医生组成。后来人员扩充到英国人11名,印度人两名。这些人对于在印度种植茶树是否能取得成功都抱着怀疑的态度。但由于总督的坚持,这项计划仍然继续进行,总督责成委员会草拟出在印度种植茶树如何可以收到成效以及详细的实施计划上报给政府。

茶业委员会本着这一方针,于1834年3月3日发出了一份通告,通告中详细描述了适合茶树生长的气候、土质、地形及地势,征求符合上述条件的土地或提供相关信息。委员会还派遣该会的秘书高登去中国研究茶的栽培与制造方法,同时负责采购茶籽、茶树及雇佣中国技术工人。高登当时的月薪达到1000卢比,可见他工作的重要性。

委员会上述的两项措施,产生了持续的影响。茶业通告虽然引起了一些人的异议,但是并没有影响当局在阿萨姆省栽种茶树的最后决定。第二种措施,则使第一批中国茶籽进入印度,这些茶籽又被迈恩博士称作是对"印度茶业的一种诅咒"。

由于总督的坚持,委员会必须继续进行已经开始的研究工作,终于得出了非常重要的结果。当时在阿萨姆发现的野生茶树是真正的茶树,这一结论使印度可以种植茶树的理论得到了强有力的证明。

经过班庭克总督大力推进茶业的举动,使从前大家对茶业的冷淡态度变得热烈起来。许多有先见之明的人士已经预料到英国茶业贸易的重心将从中国转移到印度。中国茶树移植到阿萨姆省、喜马拉雅山与尼尔吉利山一带,虽然有了一定的成绩,但是印度土生茶种树的栽培更加繁荣。

印度茶经过多年不懈的努力,终于达到了今天在世界茶叶市场上不可动摇的地位,虽然这不是一个人的功劳,但是班庭克总督的远见卓识和勇往直前的精神,应该是印度茶成功的最大的原动力。班庭克于 1835 年因身体原因辞去了总督的职务,四年后在巴黎病故。

高登于 1834 年 6 月和查理斯·加尔夫教士从加尔各答启程,在途中虽屡遭海盗洗劫,但历经千辛万苦终于来到中国。两人一同来到茶叶产地安固山参观,但是因为中国政府禁止外国人游历内地,所以未能到达著名的绿茶产区。高登设法购买到大批的武夷茶籽,于 1835 年寄往加尔各答。同时委员会将征求适合种植中国茶的土地的通告送交佛兰斯·詹科斯。弗朗西斯·简金斯是继斯考特上尉之后阿萨姆省的代理人,对于开发阿萨姆山中资源的事情非常关注。由于他住在山谷中心的高哈蒂地区,所以熟知有野生茶树生长在山的东北一带。而这种发现,首先由布鲁斯在 1826 年加以宣传推广,继而是查顿在 1831 年的再次宣传,弗朗西斯·简金斯又在 1832 年重新提起此事,唤起社会的注意,当时布鲁斯曾经建议他对这件事应该重新考察。

茶业报告得到的惊人效果

弗朗西斯·简金斯上尉认为时机已经成熟,1834 年 5 月 7 日便写了一份报告,直接寄给加尔各答政府,答复委员会所发的通告。报告中讲到在皮珊的新福区有野生的土生茶树,并且指出阿萨姆是适合栽培茶树的地区。同时他还派出查尔顿中尉到萨地雅附近的山谷中寻找茶的标本。当他寻找到全套标本,包括叶、果实、花以及山里人用作原始饮料的成品茶叶,从而证明了这些山里的野生茶树并不像沃勒所推测的是一种山茶。这应该是第二次发现土生茶树,这些标本于 1834 年 11 月 8 日又被寄到加尔各答的植物园中。沃勒博士将这次寄到的标本化验后,也确认它是与中国茶相同的茶叶。

1834 年 12 月 24 日委员会对于这项重要的发现,出具了一份报告呈交给政府,报告如下:

　　我们怀着极其兴奋的心情向诸位报告:在阿萨姆省的确存在着土生茶树,它的生长区域在东印度公司的管辖范围内,从萨地雅、皮珊西地区,一直到中国云南边境,地域之广需要一个月的旅程,当地人栽植茶树的目的在于摘取茶叶。我们认为这将是帝国在农业和商业资源方面的最重要且最有价值的发现,将来必定能使帝国在商业上获得丰厚的回报。我们希望我们所追求的目标能够在近期内完全实现。

委员会递交的报告引起了当地行政人员、植物学家与科学家浓厚的兴趣,其中最为著名的是古门专员乔治·威廉姆·特瑞尔及珊哈伦浦国家植物园主管 H. 夫克纳博士等。夫克纳也是一位极力提倡保护茶叶贸易的人士之一。特瑞尔最先感觉到茶业问题在经济上的重要性,所以凡是茶业委员会所提出的建议均一一予以采纳。他有一名得力的助手罗伯特·伯林克沃斯,他是沃勒博士在阿尔莫拉的茶树收集者。

夫克纳博士因为同意沃勒博士所持的中国茶最适合在印度高原上栽植的主张,所以被派到查漠河与恒河之间的区域内勘察种植地址,并将得到的结果作成报告。夫克纳因此成了古门与加瓦尔两个地区的茶业创始人。1843年威廉姆·詹姆森接替了他的职务,詹姆森也是印度山区种茶发展史上的一位重要人物。

仍然不能摆脱中国茶种的羁绊

印度政府对于发现土生茶树印象十分深刻,其所持的观点与茶叶委员会相同。茶叶委员会报告所产生的第一个结果是,1835年2月3日召回高登,因为他的任务被认为已经没有继续的必要了。但是在高登被召回之前,已有三批茶籽被运出:第一批是武夷山的茶籽,由他亲自装运,据称是制造优良品质红茶的种籽;第二、三批则没有经过他的检验,直接由广州运出,根据他采购的来源推测应该是次等茶,由于最后一批运到时已经过了植茶的季节,致使茶籽没有发芽。

委员会报告的第二个结果,是在1835年成立了一个科学调查团,团员有植物学家沃里奇博士、威廉姆·格里菲斯博士及地质学家约翰·迈克兰德等数人。调查团的主要职责是专门研究印度土生茶树,并勘察茶树试验园最合适的地点。该团团员在1835年8月29日从加尔各答启程,向阿萨姆省进发,当到达该省最远的一端萨地雅时,用去了四个半月的时间。

在萨地雅C. A. 布鲁斯以向导的身份加入了他们的行列,1836年1月15日至3月9日期间,他们考察了土生茶树生长最多的五个地点。调查团于1836年3月21日结束了考察活动,格里菲斯博士作了一份报告:这种土生茶树质地坚韧,又易于繁殖。有各种树龄的茶树,从幼苗到高达12英尺至20英尺不等,树干直径多在

1 英寸内,没有超过 2 英寸的。在 1836 年 2 月的时候,大多数成年茶树上种籽累累,但是也有仍在开花的茶树,树龄较老的茶树,树叶形大而呈美丽的深绿色。

调查团对于可以作为试验茶园的最合适地点上意见不是很一致。沃里奇博士赞成在喜马拉雅山一带,而格里菲斯和迈克兰德二人则认为在阿萨姆省植茶要比在喜马拉雅山更为合适,二人还认为阿萨姆茶种原本应该是中国茶的变种,不过野生时间很长,从品质上来讲不免比中国茶略逊一筹。沃勒博士没有作任何报告,只不过对于土生茶树既然已经被认定为茶树,就没有再从国外引进茶籽的必要的观点加以反驳,他认为:没有理由可以断定从中国引进的各种茶籽,会生长出不同于印度土生茶树的品种。

最后茶业调查团决定采用中国茶树供政府试验,而没有采用品质较低的阿萨姆种,因此高登在 1836 年又被派到中国。后来印度又引进中国茶籽很长的一段时间,在当时大多数人都把注意力集中在如何栽培中国茶树上,这应该是茶业调查团的第一个错误。

当时印度大部分科学家对于茶的问题形成两派,沃里奇、罗伊与夫克纳等人赞成喜马拉雅山为种植地点和使用中国茶树为一派,格里菲斯与迈克兰德则倾向阿萨姆省为合适的植茶地点和采用土生茶树形成另一派。高登第一次从中国运来的茶籽在加尔各答植物园中栽培成功 4.2 万株,这些茶树的茶籽于 1835—1836 年间分别寄往上阿萨姆省、古门、台拉屯及尼尔吉利山等处。

茶业调查团在阿萨姆省竟然选择了一处茶树不能生长的地点建立了第一个试验茶园,这是茶业调查团的第二个错误,他们选择的地点是贡迪尔穆克,在萨地雅附近,是贡迪穆克河、布拉马普德拉河的汇合之处。在该处他们圈定了一块面积达到 10 英亩的沙地,这是一处流动沙的沙滩,表面堆积沙粒有数寸之厚,等到苗木的须根伸入沙土时,茶树早已枯死。戴维德·克劳尔曾经说过:"当布拉马普德河流经这第一个阿萨姆茶园时,瞬间就把一种悲哀和失败埋葬在滚滚的江流中。"

在贡迪尔穆克试验失败以后，有一部分茶树被移植到杰浦尔地区。杰浦尔是拉肯善地区的一角，当时是驻军的地方。此地茶树的繁殖一直到 1840 年，将这一园地出售给了阿萨姆茶业公司。为了在历史上留下一个纪念性的标志，至今仍有数英亩原来的茶园被保存了下来。

第二次种茶计划是于 1837 年在查浦即现在的查活地区进行的。查浦距离迪勃鲁加 18 英里，在拉肯普土生茶区的中心。据一位印度权威人士讲，查浦的原意就是种茶。这个地区与杰浦尔相同，所种茶树都能生长繁衍。但是 J. B. 威特认为"此次试验没有遇到在萨地雅同样的情况，反而让人感到非常可惜。因阿萨姆省的毒害——中国茶种或杂交茶种——自此将在全省蔓延"。而最令人奇怪的是，历来中国茶种的移植都没有获得很好的结果，在爪哇、印度和锡兰都是如此。科波斯在他所编的东方故事中讲道："冥冥之中仿佛有种神秘的力量，嫉妒中国最名贵茶籽的出口而加以损害或破坏。"也有许多人怀疑中国人将茶籽煮熟售与外国人，使它不能发芽，或者是采用其他种种手段以阻止中国茶籽在国外的繁衍。往往优良的茶籽、茶树，等运到的时候，总是发生包装破损、发霉、有病害、枯死或快要枯萎。即便有健全的茶树可以加以栽培，但制成的茶，总是不能与在中国所制的茶相媲美。一切都是因为只有中国的土质、气候才能源源不断地生长出中国特有的优良茶叶，正如中国人自赞的那样，他们拥有得天独厚的优势而非外人所能觊觎。白种人因为对茶有着相同的爱好，所以常年从中国购买大批茶叶。但是最奇怪的是，茶一经过白种人在外国试种，就变成毒蛇，未见其利而先受其害了。

关于上述情形，只有罗伯特·福特是一个例外。他于 1850—1851 年间采办的大批中国茶籽与茶树，当运到加尔各答时色泽仍然非常鲜艳，从发芽的种子培育成新树 12000 株，随即植入到喜马拉雅山茶园中。斯图亚特博士因此加以评论："茶业调查团的建议，至少在喜马拉雅山地区种茶已经被证明是完全可能，只不过阿萨姆土生茶种没有得到普遍认可,事实上喜马拉雅山茶区则能证明在某种条件下,中国茶可以变种为品质较为优良的茶种。"

只是在今天,从中国种与中国阿萨姆杂交种所制成的茶,在商业上已不重要。而阿萨姆土生茶种则成为除中国、日本以外世界产茶各国的种茶业者最受欢迎的茶种。只有罗伯特·福特从前所栽植的中国茶树,由于功绩显著,至今仍有一小部分被保留。

1835—1836年从加尔各答运寄给布鲁斯的中国茶树大约有2万株。布鲁斯从1836年4月接替查尔顿中尉成为阿萨姆茶垦督导员,他遵照沃勒、格里菲斯、迈克兰德等人的建议,将经过长途运输而还没有枯死的茶树种植在萨地雅附近的绥克华苗圃内。该批茶树运到时,只有8000株没有枯死。据格里菲斯博士的报告,在种植以后枯死的茶树也不少。两年以后,根据布鲁斯的报告,有1600株中国茶树移植到邻近查浦的提乔地区,到1839年才生产出32磅茶叶。

还有2万株中国茶树被寄到沿喜马拉雅山的古门与台拉屯两地,除枯萎的以外,只有2000株生长的较好,古门专员G. W.初勒采纳H.夫克纳博士的建议,选择两处作试验茶园的地址,一处在别脱尔附近的蒲脱帕,一处在拉初米色即与阿勒莫拉相连的地区,这两处种植园在1835年后期开始种植茶树,后来夫克纳博士又在海拔2000英尺到6400英尺的古门、加瓦尔及色摩尔等处种植中国茶树,并且取得了良好的成绩。珊哈伦浦所种的茶种就是用这些种植园中得来的茶籽培育而成。

剩余的2000株茶树运往南印度的麻打拉斯,后来听说在两年内就已经全部枯死。该批茶树分为20箱装运,每箱装100株,在到达麻打拉斯后,分配到迈素6箱;库耳6箱;麻打拉斯的农业园艺社2箱;还有6箱寄给了在尼尔吉利山堪得国营试验场的科里威上校。不久以后,科里威逝世,他所分得的茶树也就无人过问了。1836年,根据德国政府所派遣的植物学家派诺特的调查,在科里威上校遗留的茶树中只有9株没有死。科里威在世时,曾有一小部分茶树分给了驻扎在西高上山买耐吐提地区的敏秦上尉，根据 1836 年 6 月的报告，开始时这一小部分茶树生长茂盛，但最终没能逃脱在南印度种植中国茶树的共同命运。1839 年伯恩少校记载："自我离开惠耐（在西高上山）以后，就开始种植茶树，前途看似很光明，但是因为在阿萨姆发现野生茶，导致在惠耐种茶一事变得不再重要。"

1859 年 10 月居住在爪盘谷的库伦将军在报告中记载：

> 爪盘谷的茶树，无论是种在与海平面相同的低地还是在海拔 1800 英尺到 3200 英尺的地方，都能很好的生长，我在胡仙的咖啡园中第一次见到茶树时，该地离海约 40 英里，海拔 600—700 英尺。所植茶树大约有 10—15 株，树高从 20 英尺至 25 英尺不等，这些茶树估计是在鲁什特恩执政时期所引进的。以前在尼尔吉利山地区所见到的茶树，估计也是鲁什特恩引进的，我从胡仙得到的几株茶树种在一个香料试验园内，它是我在 12 年前建立的，该香料园坐落在爪盘谷南一座海拔 1800 英尺的山岭上。现在香料园内的茶树已经长到 20—30 英尺，大有欣欣向荣的景象。我将这些树上采下的茶籽播种在一个接近丁尼佛莱边疆海拔 3200 英尺的山上，目前已经有 400 株长成，由此可见，在这个地方极易繁殖茶树。但是现在所选择的地点不是太高，空气也略微潮湿，如果能够选择更高的地点，我认为种茶的发展前途将无可限量。

1929 年麻打拉斯的 H. 威登特恩曾致函给本书作者，说库伦将军有些错误，因为 1832 年茶籽的分发是在罗星顿退休之后。他认为加尔陀帝生长的茶树，多半是从 1834 年所运入的茶籽培植而成。据威登特恩记载：

> 商业目的的植茶于 1853 年在尼尔吉利山开始，30 年以前尼尔吉利山种茶约 3000 英亩，在惠耐茶园约 250 英亩，在甘南第凡约有 315 英亩，在爪盘谷其余地方约有

5000 英亩,在南印度约有 116000 英亩,其中至少有 105000 英亩是在 1893 年以后新开垦的。

1835—1836 年除加尔各答植物园有中国茶树 42000 株分配到各国营茶园以外,还有 9000 株分配到印度各地 170 个私人植茶者手中。S. T. 伯斯特在加尔各答扶轮社中演讲,继续讲述茶业委员会是如何认为在穆苏里与台拉屯周围一带地域最适宜种茶。当时个人种茶者里有加沙尼茶园,最早是由伯斯特所经营,该茶园现在仍存在,茶园里的茶树已有 90 年之久。

除了试种的中国茶种以外,1836 年 C. A. 布鲁斯又在萨地雅开办了一个专门种植土生茶种的种植园。这个种植园应该是布鲁斯在 1825 年制订植茶计划的扩展。布鲁斯继续搜寻野生茶的新产地,于 1837 年在萨地雅附近的马坦克找到几处新产地,1839 年又找到了 120 处,其中以那伽山的范围最广,在提旁与古勃伦两山也有很多的野生茶。布鲁斯讲道:"野生茶从伊洛瓦底江到阿萨姆以东的中国边境,连绵不绝。"

1849 年,印度政府将查活茶园以 952 卢比 14 安那 8 派的价格卖给了一位中国人。这名中国人因为经营不善,两年后以 475 卢比低价转让给詹姆斯·威瑞。至此,纯粹的中国茶种已经逐渐被淘汰。1871 年,该茶园所种的 713 英亩茶树有 85775 磅的产量,而今天从 1548 英亩得到的产量只有 112 万磅。1887 年种植的中国和阿萨姆杂交茶至今仍在栽培。1910 年用阿萨姆茶籽繁殖的茶树也在继续种植。

1838—1839 年在汀苏加附近又有 3 个栽培中国茶种的茶园开办,第一处在提乔,第二处在可旦丁格里,第三处在胡甘帕克利。

首次出产阿萨姆茶的成绩

种植土生茶的第二步就是勒令土著居民清除第一次发现有茶树的丛林,同时印度政府所派的科学调查团经过实地考察,勘定下列地点：新福区的库巨与宁格鲁；麦塔克区的那特华与丁格里；新浦的加布罗拔。

高登从中国雇来的工人抵达加尔各答以后，就被送到阿萨姆布鲁斯处。布鲁斯命令他们在1836年初准备少许样茶，寄往加尔各答。这些样茶由麦塔克区土生茶树的嫩芽制造而成。同年后期布鲁斯又送出五箱第二批样茶，这批样茶在加尔各答受到社会各界的好评，印度总督奥克兰德也称赞这种饮料品质优良。

一般而言，大家对于土生茶种效用最早的看法就像之前所讲的一样，都认为在土生茶存在的区域移植中国茶树成功的机率很大。当时大家把注意力集中在尽快完成外来茶的移植工作，并且使出产的茶叶品质可与中国、日本的茶叶竞争，从而推断土生茶的利用，需要经过若干年的培植与选择，才能问世。

发现者归属的争执

阿萨姆茶树的发现究竟属于何人，引起了人们极大的争执。沃勒博士推荐查尔顿中尉是最早的发现者，但后来又将发现者改为布鲁斯少校兄弟二人。不过罗伯特·布鲁斯已经去世，所以英国技术改进社所颁布的奖品便由孟加拉农业园艺社转交给 C. A. 布鲁斯。查尔顿中尉与詹科斯少校对此均提出抗议，于是发生了激烈的笔战。最

授予查尔顿中尉的奖章

后，二人的抗议得到了满意的解决。孟加拉农业园艺社社长于1842年1月3日颁发给查尔顿中尉一枚金牌。因为查尔顿是最早提出那些茶树是阿萨姆土生茶树的人。随后，该社又颁发给詹

科斯一枚金牌,理由是由于詹科斯少校的努力,考察工作才能完满结束。没有得到奖赏的只有最早的发现者罗伯特·布鲁斯一人,但是他已经去世,所以这个争论由此结束。《阿萨姆茶叶》一书的作者萨缪尔·伯顿偶然谈到有一位印度当地人对于茶的发现也有极大的功劳,也许是他将关于土生茶的消息告诉给布鲁斯少校,可能正是由他带着布鲁斯少校到发现生长土生茶树的地方,但究竟是否属实,已无从考证。

C. A. 布鲁斯的开创工作

印度茶叶的发展首先应归功于查尔斯·亚历山大·布鲁斯,他是阿萨姆植茶业的创始人,也是植茶业的第一位督导者。后来的事实证明,他既不是一位科学家,也不是一位善于经商的人。但是,虽然他没有植物学或园艺的理论知识,却能熟知如何开垦丛林,并且发现挖掘蕴藏在其中的宝贵财富。他是一名探险家,曾经长期居住在阿萨姆,所以熟知当地的气候和风土人情。C. A. 布鲁斯体格健壮、吃苦耐劳,为人机警而有谋略。他发现茶树不仅限于生长在少数偏僻的地区,即使在有丛林的殖民地内,茶树的生长也非常广泛。

布鲁斯披荆斩棘在绵延数百英里的丛林中探险,开始时他被当地人猜疑。但是他不但设法消除了当地人对他的成见,还进一步地将当地人发展为自己的助手。迈恩博士推崇布鲁斯是一位非常令人敬佩的开拓者,他观察茶树的生长习惯,克服种种困难,最终第一次制成可以饮用的茶,并且使商业公司乐于采用他的茶叶栽培与生产方法。布鲁斯经营或负责指导的茶树,大部分是种有阿萨姆土生茶的殖民地。这些土生茶树是从布鲁斯开辟的丛林中分配来的。

在第一批样茶送往加尔各答的第二年,布鲁斯又做出装运茶叶到伦敦的壮举。同年,即1838年,布鲁斯出版了《红茶制造——

如今天所雇华工在上阿萨姆、苏特亚地区实施的经过以及对于茶在中国与阿萨姆种植的观察》一书，书中写道：作者曾经见到一株高约 43 英尺，树围达 3 英尺的茶树，不过像这样高大的茶树并不多见。

布鲁斯认为茶树最适合在遮荫的地方栽植。他甚至将剪条也栽种在遮荫处。他让华工们等到芽上生有四片叶子后将嫩芽全部采摘。第二次，第三次也是这样。采摘下的茶叶在日光下凋萎，再用手揉捻，然后在炭火上焙干。

布鲁斯的人生丰富多彩，在投身于茶业界以前，他的生活极为冒险，富有刺激性。他生于 1793 年 1 月 10 日，16 岁时就开始了他的冒险生涯。他于 1836 年 12 月 20 日给在高哈蒂的詹科斯的信中详细讲述了他所经历的生活：

> 我于 1809 年离开英国，在斯特华时担任温特议船的候补舰长，经历过两次激烈的战斗，被法国人俘虏两次，押送到法兰西岛，拘禁在一艘船内，直至该岛被英国人夺取，才重获自由。在被俘期间备受痛苦，我经过这次损失一切，到现在也没有得到赔偿。后来我又以一战舰长官的身份，进攻并且占领爪哇。缅甸战争爆发时，我效力于印度总督代表斯考特处，并被委任为炮舰舰长。去年我奉命讨伐扰乱边境的达夫·盖姆酋长及其部属，幸能不辱使命，将他们尽数驱逐。

布鲁斯死后葬在德士帕教堂的墓地内。在该教堂有刻着布鲁斯名字的纪念碑。今天，布鲁斯的后人们仍有人在德士帕茶园继续经营祖业。

第一次运到英国的茶叶

1837 年，只有一些制成茶的样品。但是在 1838 年，竟破天荒第一次运送茶叶到了伦敦，这次共有茶叶 8 箱，阿萨姆专员詹科斯于 5 月 6 日开始装运时,就感到非常自豪。这批茶叶在年末运到伦敦,轰动一时,1839 年 1 月 10 日在拍卖场进行公开拍卖,结果全部售出。《阿萨姆日报》对此事进行了下列报道:

> 从英国属地阿萨姆第一次运到的茶叶共有 8 箱,重约 350 磅。由东印度公司于 1839 年 1 月 10 日在明星巷拍卖场举行拍卖。一时间激起了社会的好奇心,大家都想一睹为快。在这 8 箱茶叶中,3 箱是阿萨姆小种(红茶的一种)、5 箱是阿萨姆白毫。拍卖第一箱小种茶时,卖方经纪人托姆森宣布为无底价拍卖,以叫价最高者为得主。第一次叫价为每磅 5 先令,第二次 10 先令,经多次竞价,最后以每磅 21 先令成交,得主为皮丁上尉。第二箱小种茶以每磅 20 先令的价格也被皮丁购得。最后一箱小种茶,仍然被皮丁上尉的每磅 16 先令的价格购得。第一箱白毫经过激烈的竞价后,以每磅 24 先令,被皮丁购得。第二、第三、第四箱白毫分别以每磅 25 先令、27 先令 6 便士、28 先令 6 便士的价格全部卖给了皮丁一人。最后一箱白毫竞价最为激烈,共经过 360 次之多,最终以每磅 34 先令的高价拍出,得主仍然是皮丁。至此第一次运到的阿萨姆茶被皮丁上尉一人独得。他不惜花费巨大的代价购买阿萨姆茶,无非是一种爱国精神的驱使,他希望通过他的举动鼓励阿萨姆茶业蓬勃发展。

皮丁上尉是"浩官混合茶"的所有人,后来他将茶叶分装成小件以每件 2 先令 6 便士的价格分散到各地。这一举动应该是为英国茶作出了最好的宣传,但是茶叶的品质还需要进一步研究加以改进。当第二批茶叶 95 箱在 1839 年末运到时,品质上已经有了明显的进步。除了为东印度公司董事会留存的 10 箱作为私人馈赠品外,其余仍由该公司于 1840 年 3 月 17 日进行公开拍卖。茶叶经纪人、茶商估价为每磅 2 先令 11 便士至 3 先令 3 便士,而有些爱国人士则将售价抬到每磅 8 先令至 11 先令之间,只有一种叫作泰庄茶的每磅售价只有 4 先令到 5 先令。

特威宁公司对于这第二次运到的茶叶意见如下：

> 一般而言，我们认为阿萨姆能产生一种适合于本地市场的商品——茶，实在是一件令人欢欣鼓舞的事。虽然，目前在品质上未臻佳境，但是，将来随着阿萨姆茶不断增加栽培与制作方面的经验，逐步改进，我们断言，它必然会有与中国茶并驾齐驱的一天。

上述预言果然应验，6 年后班庭克总督成立茶业委员会，政府竭力促进英国茶增加产量以供市场需求。但是，此后的 12 年间，印度茶产量还没有达到商业上的成功。1840 年是具有重大意义的一年，因为从这年起中国茶在英国的销路开始衰退。

阿萨姆茶第一次输入加尔各答的记录，保存在印度公署中。这是记载茶叶销售的一种传单，由政府起草，经国营国艺场场长托马斯·沃恩斯签署，再经皇家植物园园长沃勒博士副署。传单上的标题是"销售阿萨姆茶的叙述——加尔各答市场的第一次输入"。据茶叶传单宣布，有两批茶叶出售：第一批是 35 箱，由新福土著人制造，第二批 95 箱，为国营茶场生产。乔治·沃特爵士有如下的评语："值得注意的

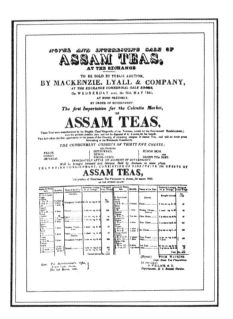

加尔各答市场上第一次出售的阿萨姆茶

是，当沃勒博士对土生茶种还在怀疑时，新福土著人已经在阿萨姆

开始制茶,这可以让沃勒相信阿萨姆土生茶是一种真正的茶种。"

阿萨姆公司的兴起

当上述各种试验都在进行时,茶的天然产区上阿萨姆仍由酋长斯兹管辖,但是英国已经开始派遣少数军队和一名政治代表驻扎该地区。1839 年,由于酋长不能履行双方条约上规定的义务,被英方代表废黜。政府觉得对于英国人生产茶的试验方面已经尽到了自己的职责,因而最后向本国商人宣布:"各位请看一下沿汀格里河在那伽山四周的迪勃鲁加地区的茶园,今天已取得了显著的成绩,以后还要看各位的努力了。"

大多数商人在政府的激励下,都果断地行动起来。首先响应的是加尔各答城,该城有数名资本家得到政府的许可合作成立了孟加拉茶业公司。1839 年 2 月,又在伦敦成立了一家联合物产公司,其目的在于培植阿萨姆新发现的茶树。这两家企业从实际角度出发,非常有合并的必要。因此在 1839 年 5 月 30 日,由孟加拉茶业公司提议与伦敦物产公司合并,唯一的附加条件是在加尔各答当地的业务由该城自己选举的董事会主持。因此,印度最初的茶叶公司的组织结构非常奇特,公司所有业务由一个在伦敦,一个在加尔各答的双重董事会共同负责。

伦敦的阿萨姆公司是得到东印度公司特许而成立的。查理斯·福布斯对于这一决定极力反对,他的理由是该公司一经被授予专利权,有可能会导致欺诈和弄虚作假的事情发生。但是福布斯的建议并没有引起当局的注意。政府在 1840 年 3 月,将阿萨姆地区 2/3 的试验茶园划拨给阿萨姆公司,并给予他在最初的 10 年内免费经营的优惠,政府的茶园除了在查活的以外,几乎全部包含在内了。

1840 年 3 月,布鲁斯加入阿萨姆公司并且担任该公司北部负责人,总办事处设在杰浦尔,另有一名农业及自然学家 J. 玛斯特担任公司南部负责人,驻在那齐拉城,至今阿萨姆公司在印度的总办事处仍在此城。

不久,阿萨姆公司在雇佣劳工方面出现了问题,由于内乱和缅甸的侵犯使阿萨姆人口大减,致使当地劳工极度缺乏。于是,公司决定从加尔各答和新加坡两处雇佣数百名华工,但是大多数人素质不高,其中包括许多鞋匠和木工,没有任何的制茶经验,后来在派那地区还与当地人发生冲突,结果有57名华工被捕入狱,其他人则拒绝继续工作,因此合约被迫取消,华工们也都返回加尔各答。自此招募中国劳工到印度茶园的打算彻底破灭。

后来,公司又招募了汉加可斯人652名,但是在途中染上瘟疫死亡的人非常多,其余没有被传染的人也都跑了。这次瘟疫也使公司中的欧洲人和当地人死伤惨重,就连公司的医生也没能幸免于难。

虽然经历了上述打击,但是公司于1841年8月11日在加尔各答的年报中称:在丛林中开垦种茶土地共有2638英亩,前一年的成茶产量为10,212磅,只是投资者的投资超过6.5万英镑,有些得不偿失。可是公司并没有因此灰心,反而更加鼓足勇气向前。从加尔各答董事会的报告中可以看出他们对前途非常乐观,根据董事会的预测,1841年的产额可达到4万磅,到1845年还可增加到32万磅。

无论是中国制茶工人还是欧洲的助理都没有做出让玛斯特满意的成绩。对于前者,玛斯特这样评论:"1个月有3卢比的收入,就以绅士自居,不愿意干活。"玛斯特在1842年2月12日寄给董事的信中写道:"如果他们继续不对自己加以约束,公司只能考虑暂停他们二三个月的工作,让他们觉悟到必须依靠公司发给的工资才能生活。"迈恩博士对于玛斯特的评价是:"不能让人感觉到是一位机警干练的经理。"

至于欧洲的助理,玛斯特的评价则是:"一个性情急躁的欧洲人处在一个不合时宜的环境中,全然不了解当地的方言及本身的职务,非但不称职,甚至是一无所用。"这些欧洲人面对的最大困难是疾病和死亡,以上种种,都是让玛斯特感到非常棘手,而又无所适从。

　　根据公司1842年的报告记载:"在玛斯特的管辖范围内,加勃卢勃拔茶园占地44波拉(1波拉等于1.21英亩),赫替渥茶园有213波拉,井里多茶园有23波拉,德亚潘尼茶园有20波拉,路干荷比茶园有350波拉。在布鲁斯的辖区内,加洪地区有31波拉,在荷荷里有34.5波拉,荷立乾有31.25波拉,丁格立有10波拉,哥里有32波拉,荷汉有30波拉,替榜有15波拉。至于巴塞罗尼种子园的地点是在荷立乾地区。"

　　虽然公司对前一年产量的预测很乐观,但是实际上1841年的产量只有29,267磅,而成本则达到16万英镑,所以舆论大为不满,报纸上也以讽刺的论调加以抨击,一时的气氛非常恶劣。

　　加尔各答的董事认为这中间肯定有问题,于是在1843年派遣M.麦肯和霍戈二人到阿萨姆开展调查,以查明问题的症结所在。经过调查,布鲁斯与玛斯特二人均被免职,在伦敦的董事也承认受到二人的欺骗,并且同意进行彻底的改革。

　　在此后的几年里,开支减少而产量增加,董事们非常高兴,1846年1月宣布发放股息,每股10先令,只是没有红利,同时,阿萨姆公司由于国会在1845年制定的法律,正式改组为有限公司,东印度公司鉴于此种情况及一般经济制度的建立,认为正是活动的时机,以便夺得更多的利益,他们建议如下:

　　　　通过我们对在加尔各答与伦敦所销售的茶叶的成本调查,我们深信这种商品如果通过适当的经营必定能产生丰厚的利润,因此谨向贵政府(指孟加拉政府)建议,以后政府应该将阿萨姆茶的种植与制造分离。

　　以上言论,无非是要一般人相信种茶业是非常有把握成功的一种实业。但是正如迈恩博士所指出的,这件事真实的情况与他们所判断的并不相符,产量预测属于虚高,经营不善、腐败依然如故。最令人痛心的是,没有人懂制茶的方法,以致茶叶产量不能增加,换句话说,就是从华人那里学来的种茶与采茶方法已不适用,如果没有较好的新方法增加茶的产量，或者维持茶树的繁殖，则此项实业势非前功尽弃不可。

伦敦的董事面对众议纷纷，便借口紧缩开支，将在丁格里与杰浦尔两地的茶园于1846年关闭。他们在1847年竟然认为此事前途渺茫且无利可图，所以认为实在是没有继续经营的必要，甚至还要把公司财产归并给加尔各答的董事，但是后者对此保持沉默没有作任何表态。而公司股价也从每股20英镑跌到半克朗（1克朗价值5先令），这与东印度公司向外界宣布印度茶业是已经有成功把握的事业相隔不到两年。

公司决定再继续经营一年，公司董事在1848年即最后的一年里，经费既不充裕，意志也非常消沉。此时，公司已经无法再加以掩饰其濒临破产的窘境。这也是阿萨姆茶的黑暗时期，而阿萨姆公司的股票持有者们更是身受其难。

公司在建筑及开垦种植方向所花费用达到了210万卢比，后来发现实际费用还不到1/10，因此公司的信用与资金均告匮乏。在伦敦负债7000英镑，在加尔各答负债4万卢比，以致于在阿萨姆维修房屋与维持种植等必须的开支都没有着落。

在这次动荡中，有一些人对这势将崩溃的茶业急欲摆脱，但是也有少数目光较远的人认为如果在妥善的经营管理之下未必不会复苏。《印度之友》杂志评论道："他们的精神、毅力与信心足以感召一切，他们以个人的信用募集资金，从而使阿萨姆公司得以重振旗鼓。"

谁能想到，这是黎明前所必经的黑暗。事实果真如此，往往是在非常之时即有非常之人出现。当时在茶业界出现了三位杰出的人才，即加尔各答的H.伯克扬、斯蒂芬·莫内及稍后在阿萨姆的乔治·威廉姆森，时间是在1847年。

H.伯克扬任加尔各答董事会副主席，S.莫内是阿萨姆的负责人，在五年内二人使一个濒临破产的公司渐渐地能自给自足。改进方法与专业技术，首先由莫内计划实施，然后由威廉姆森加以推进，通过他们的努力，使一种大家眼中不可救药的失败变成了利益丰厚的工业。迈恩博士赞扬说："三人对茶业有莫大的功绩,后来者只不过是将三人的成果发扬光大而已。总之,印度东北部的茶业有了起色,必须归功于三人。"

这的确是一种非常的变化,1848 年公司获利 3000 英镑,所负的 7000 英镑的债务竟能偿还 2000 英镑。再加上信用恢复的原因,公司股价涨至每股 1 英镑,市值达到 1 万英镑,这些资金被用来推广开垦种植面积,这些成功都发生在所谓"可诅咒的中国茶种"的时期。

还有一件事值得思考,就是在正确、谨慎的经营管理下,公司如何能够进一步蒸蒸日上。由于当时对于茶种的选择还没有加以考虑,而印度土生茶种的抬头还须经过一段时间。

加尔各答方面对于事业的发展非常看好,一心向前推进,但是伦敦方面则没有这种勇气,总是持消极的态度。1849 年丁格里与杰浦尔两处茶园重新开业,这让伦敦方面感到非常的恐惧和不快,但是事实上,虽然种植面积不断扩大,公司仍然能继续盈利,并且在两年内将公司债务全部还清。1852 年公司有了第一次盈余,可发股息 2.5% ,公司显然已走出低谷,走向成功。1853 年公司派发股息 3% ,这一年莫内与伯克扬退休。

阿萨姆的新任经理威廉姆森,是阿萨姆茶业的中心人物,他于 1859 年脱离阿萨姆公司后就创办了威廉姆森公司,这就是加尔各答麦高公司的前身,当时加尔各答的董事长是邓禄普公司的 W. 罗伯特。

威廉姆森后来对于中国茶树突然很厌恶,从他所说的波克利茶园有"不种中国茶树的优点"一言,可以看出他所持的态度。中国茶树的繁殖力较低,现在已成为一种不争的事实。威廉姆森极力反对鲁莽与无知的采摘,一些董事看到三四月份没有生产茶叶,便开始群起而攻之,他依然不为所动,从容告诉董事:"请静观其后,我肯定不会让大家失望。"后来,正如他所讲的,他经过调查发现全部茶场每普拉只能生产出茶叶 235 磅,于是就积极从事改进,使阿萨姆的土生茶种逐渐替代外来的中国茶树的品种,并且采用专门技术与先进经营管理,使产量增加而有更多的红利可以分配,该公司在 1856 年派发股息 9%。

上述事件发生在班庭克总督成立第一个茶业委员会 22 年以后,班庭克的理想与信仰至此才得以实现。其余的茶叶公司如雨后春笋般纷纷成立。在这之后的十年茶业有了更加惊人的发展。由于茶业已经打下坚固的基础,最终克服了各种阻碍,达到了科学栽培的时期,而这一时期一直延续到现在。

其他地区第一次种茶的情形

吉大港的种茶始于 1840 年,当时从加尔各答植物园运来的中国茶树及从阿萨姆采办来的种子,栽种在现俱乐部附近的原始茶园中,该地由于气候不宜,没有多大发展。台拉屯种茶始于 1842 年。威廉姆·詹姆森博士于 1843 年接替夫克纳博士任古门茶业督导员。

由于在西北等省取得的成绩,中国茶树依然是茶业委员会在 1848 年的计划中最重要的角色。当时,有一名英国旅行家及园艺家罗伯特·福特受东印度公司指使,乔装成华人深入中国内地采办最优良的茶籽、茶树及制茶工人,福特最终不辱使命。第一批茶树、茶籽于 1850 年夏季运到加尔各答,一路上没有受到丝毫损坏。1851 年福特返回加尔各答,带回华工 8 名,以及从中国红、绿茶产区搜集的一批茶籽和 2 万株茶树。在此之后,福特又到古门和加瓦尔茶区考察,并将考察结果,于 1852 年印成《中国及印度茶区巡行记》一书,1858 年福特第三次游历中国。

1851 年陆军中校 F.S. 汉纳在阿萨姆创建了第一个私营茶园,这是茶园私营时期的开始。该茶园种植的是中国茶树,现在他的后代还与印度一些重要的茶叶公司保持着往来。在 1854 年西北省的代理总督授权给詹姆森在别士耐斯附近的埃多里建立了一所

重要的茶树种植园,这所茶园后来成为古门最好最丰富的产区。詹姆森博士于 1855 年在西北省植物园所发表的报告中讲道:

> 栽培茶树的最大目的,是为了改变山区的状态,从而使山区对于国家的贡献不落后于平原地区,现在从甘拉到古门一带都有茶树种植。由政府派遣的福特先生从中国的武夷山、徽州、婺源、天童银岛等地采办的优良茶种被分到全区,并且产出大量的茶籽,可以供第二年各方的需求。

阿萨姆土生茶于 1855 年在雪尔赫脱的张卡尼山与卡察二地发现,有一种说法是雪尔赫脱的茶树是由一位名叫莫汉德·沃芮什的当地人所发现的。后来发现沿加仙与杰仙山一带都有野生茶树,在当时这被认为有土生茶的存在就是该区域可以种茶的一种证明。雪尔赫脱的种茶是在斯威兰德的指导下开始的,第一个茶园马尔希拉在 1857 年建立;卡察地区于 1856 年在马遂白总山第一次种茶,茶树被种植在山顶上,从白拉尔山绵延至白拉克山,满山皆是,后来又在山岩上栽种,1875 年开始,开垦洼地用来种茶。

大吉岭在 1856—1859 年间开始种茶,这是在当时首席行政长官 A. 坎伯尔的支持下进行的。到 1856 年末,在托克弗及大吉岭的肯宁与贺普汤茶园中,在甘桑平原以及甘桑与潘克汉白里之间均有茶树种植。种茶在大吉岭地区成为一种商业性的事业以后,注意力便集中在丹雷,在丹雷的甘他地区在 1862 年开始开辟茶园。在推斯太以东即称为杜亚斯的地区,不久也开始种植茶树。加查尔荷巴于 1874 年开始种茶,后来在蒲胡尔巴利与巴格拉可脱两处相继开始种植,当种植逐渐向东扩展而最后达到阿萨姆边界珊可斯的时候,在西杜亚斯与丹雷等处均改种优良的土生茶,用以替代原来所种的中国茶树。

门恩尉于 1861 年在南印度尼尔吉利山重新以中国茶籽播种,吉大港与可他南帕尔约在 1867 年才有规模较大的商业性种茶。

回顾古门、加瓦尔早期的茶业史,前古门专员 J. H. 巴特恩概括分为 7 个时期:第一时期为无知与淡漠;第二时期为猜想与探索;第三时期为第一次正式试验;第四时期为政府实行开垦植茶;第五时期为私人经营的开始;第六时期为国营试验的废除;第七时期为商业上的成功时期。就大体而言,以上分法对于整个印度的茶业史非常适合。

茶业的狂潮与恐慌

大约在 1851 年,印度对于茶的投资兴趣越发的浓厚。由于阿萨姆公司的发达,与其他各区新开茶园的兴旺,都让人们把注意力集中在这项新兴的产业上。1859 年私人经营的茶园多达 50 处以上,不仅在阿萨姆,其余如大吉岭、卡察、雪尔赫脱、古门及哈萨利巴等地也都是投资者所看好的地区。当茶业正在健康发展时,不料在 1860 年,这项富有生机的事业竟然转入黑暗的阴影中,众人都沉沦于投机的狂流中,以至于导致茶业的毁灭。历史学家形象地称这些投资者为"茶业狂"。

起初,由于政府有意扶植茶业栽培,条件比较宽松,由政府划拨适合种茶的土地。后来,由于茶业的日趋发展,对于土地的需求激增,于是政府便采取了较为严格的法律,比如 1854 年颁布的《阿萨姆条例》就是其中最著名的。在非常苛刻的条件下,规定租期为 99 年,此项条例一出便引起种茶人及投资家的哗然。这种不满的情绪日渐高涨。结果在 1861 年对于《阿萨姆条例》又出台了《肯宁法规》加以补充,准许可以购买一定的荒地,同时,政府在其他几个方面也采取了合理的让步。

在《肯宁法规》颁布以前,"茶业狂"的现象蔓延到了不可收拾的地步。一些投机者利用这个时机,将成绩较好的新茶园作为宣传对象,大肆鼓吹,好像马上就可以发大财。结果有许多新的茶园应运而生;而旧的茶园在这种狂流下,不加思考的盲目扩张。新公司纷纷成立,各公司的股票市值也都暴涨。

在加尔各答,只要有新公司上市,只要是茶业股,一定被人们争相抢购,人的理性完全被疯狂的发财梦所淹没。还有些人放弃了正当职业或者非常有希望的事业,转而专门从事茶的投机。A. F. 多林说:"这是一个贪婪的时期,如果新律例的出台是抑制投机而不是鼓励投机,则会对茶业的发展有更大的好处。"

《肯宁法规》的出台,是出自于远在英国那些不了解当地形势的内阁大臣们之手。这就导致了茶叶产地的售价处于最不合理的状态。并且法规还采用了最不公平的交易方法,以 2—8 卢比的限价,用竞卖方式销售,致使竞买者经常因为 1 安那之差,而与其失之交臂。即使是丛林中未经开垦的荒地,每英亩也必需以 10 卢比或以上的价格销售。

在 1874 年出版的《孟加拉茶业汇报》中有一段描述产茶区情形的记述:

> 在茶业狂潮中,一般投机者的主要目的在于取得一处或几处荒废的土地。在获取荒废的土地规则中记载,在购买土地之前,须先把划界与调查的条文搁置在一旁以后,才会更容易获得土地,比较诚实的投机者采取的第二步是将所得荒地的一部分在短期内简单的开垦种植,然后不惜以高价雇佣本地劳工,并以重金收购茶籽。待种子播下以后,便可开始筹备公司,将没有开垦的土地销售所得用作公司的开办费,同时将多余的地低价卖给政府。但是这种掩人耳目的手段被认为过于缓慢,一些狡猾的商人在招募股本时所提出的计划都是信口胡说,实际上根本没有真正的茶园存在。在诺康区有一著名的实例,有一个伦敦投机者让他所雇佣的印度经理,开垦出一些废地用来交割。受征者即为该投机者曾经以同一块废地作为茶园销售的一个公司。

这些恶习当时在阿萨姆、卡察、大吉岭以及吉大港等地屡见不鲜。在吉大港有许多山坡、土地都已变成不能种茶的贫瘠的土地,

而这些土地都被高价销售,甚至还出现一地销售多次的现象。上述现象,对于公众心理的影响,正如 J. B. 怀特所说:

　　在 1862—1863 年的茶业狂潮中,凡是在阿萨姆有若干废地并且栽种少许的茶籽的人,就自认为拥有了极大的财富。有许多人为了取信于人,拒绝收取现款,而是让受征人在慎重考虑之后收取股票。茶本身是一种可以使人兴奋并且不会使人沉迷的饮料,但是在新茶区的垦植过程中,对于从事这一行业大多数人来讲有一种不可思议的麻醉力。它的狂热程度不亚于当时的淘金狂潮。在印度每一个新茶区的开辟,必然会使许多人寄以无限的期望,其实他们应该以冷静的态度并且从实际的角度出发,对此做出正确的判断。

　　玛尼说:"在茶业狂潮的高峰时,谁不心存奢望,认为前途只会成功,不会失败,这真是到了疯狂的地步,大多数种茶者都是一种奇妙的混合体,包括退伍的军人、医生、工程师、船主、化学家、店员、失意的警察、政府官员等等,形形色色,包罗万象,无奇不有,茶业败落在这些人的手里,也就不足为奇了。"

　　在最初的狂潮中,每个人都以为只要拥有少数茶园就可以致富,当时茶园的售价往往越过原价的八倍到十倍,而面积却大大缩水,有许多茶园在购入时标为 500 英亩,而实际测量时则还不到 100 英亩。新的茶园被交给那些连茶树都没见过的经理去经营,他们经常在那些不能生长茶树的土地上进行垦植。伦敦与加尔各答的董事们,都是坐享丰厚的奉禄,而那些干事们则支取更高的薪酬,这些人无所事事,终日花天酒地,损公肥私,这一现象实在是当时的一种通病。

　　茶业狂潮到 1865 年泛滥到了极点。于是不可避免的事情也就应运而生。茶业的崩溃本是意料中的事情,只不过是觉得它来晚了。在当时大多数经营不善的公司,都已奄奄一息,最终破产倒闭。泡沫已经破裂,痛苦的事情随之而来,从前不惜用任何代价争购茶业财产的风气,变成不惜血本只求尽早脱手的现象。以前价值数十万卢比的茶园,现在只值数百卢比。有几处茶园因为每英亩价值还不到 1 先令,算是白白扔掉,也不值得留恋,这时已经由惊恐转入溃败的时期。股票持有人唯一希望的是把自己的姓名从登记册上勾掉,以免再受其累。茶业股票,从前被无限制抬高,而现在价值几乎等于零,茶业已经溃败到不可收拾的地步,导致许多悲剧的发生,有因茶而债台高筑的,还有将亲朋好友卷入这场寒流的。因此投机者们甚至把茶业看作是洪水猛兽,可见它所带来的创痛非常巨大。

事情到了如此地步,政府自然不能继续袖手旁观。1868 年初期,政府派遣一支调查团去考察此事的经过和茶业的现状。经过考察发现,凡是有头脑的投资者仍能正常经营,没有受到丝毫的影响。茶业本身还是极为健全稳固,只要取消那些没有理性的投机,还是有继续的可能。调查团的报告仅限于阿萨姆、卡察、西尔赫脱三地,他们发现凡是没有卷入这场危机的老公司,经营依然良好。

茶业的信用,大约在 1870 年开始恢复,有几家新公司相继开办,其他有股息可以发售的公司,业绩也呈上升的趋势。印度茶业由于在 1866—1867 年间受地价及股票狂涨的打击,导致了整个行业的全面崩溃,但是否极泰来,从茶业真正建设者来看,不久他们就进入了科学的健康发展的道路。

如果要详细研究印度茶业的早期历史,下列各书可供参考:W. N. 李斯所著的《印度栽培茶棉及其他农业实验》,M. K. 班伯所著的《茶的化学栽培》,乔治·华特所著的《印度的产品》,H. H. 迈恩所著的《东北印度早期茶业史》以及 C. P. 斯图亚特所著的《茶树选种的基础》等书。

阿萨姆茶业的创始情形

阿萨姆过去的茶业对于那些具有冒险精神并且不计较费用的

人来讲,可以说是生逢其时,但是从其他方面上来看,植茶者所经历的苦难历程,也不是常人所能想象的。

阿萨姆全地几乎都是茂密不可穿越的丛林,高达丈余的灌木丛满目皆是,偶而有几处"沙漠"中的良田,过去曾经种过水稻,现在也已荒芜,其他的地面则全是茂密的森林。当英国人开始开辟丛林以备种茶之际,正值野兽猖獗之时,阿萨姆土著人不能安于故居,都迁徙到其他较为安全的地区。

总体上说,生长乔木的森林要比杂草蔓延的土地更适合种茶,在乔霍得、迪勃鲁加及陀姆陀马等地区的茶场,基本都是由茂密的森林开垦而成。

琳达在1879年描写植茶者们就像原始人一样,他们生活在古代的大森林之中,距离森林的边界非常遥远,下面是琳达对当时情形的描述:

> 植茶创始者所雇的劳工们,足迹所到之处,森林都低首屈服,他们和雇主全部与世界隔绝。这些劳工们视雇主如严父、保护人,也像判断曲直的法官。这些创始者所处的地位,崇高至极;但是他们的生活非常枯燥,周围没有可以沟通交流的人,成年累月看不见一个白人,也听不到一句自己家乡的语言,背井离乡,远离亲友,人生一切享乐都被剥夺,终日只能呼吸山中的瘴气,在酷热的气候下挥汗工作。但是作为一名创业者,不达目的决不罢休,对于一切艰险,只能忍受,他们在事业没有成功之前,决不放弃,即使付出自己的生命也在所不惜。

当时植茶者的居住条件极为简单,屋内除烧饭用的炉灶,竹制的床,一桌一箱(即作为座椅之用),及一具药架以外,没有其他家具了。而药架是屋里最重要的物件,如果没有药物,一个植茶者则很难生存,他们每天早晨必须服少许奎宁,每星期服蓖麻油两次,每月甘汞一次,这都是一名植茶者必须遵守的规律。

威廉姆·杰克森及其所发明的制茶机

　　18世纪后期,在布拉马普得拉河沙滩上,某次有一小船搁浅,该河多险滩,航行者大多将它视为可怕的旅途,但正是因为这样的一件小事,竟使两个人的生活发生了改变,而掀起了制茶机改革的浪潮。

威廉姆·杰克森像

　　这两个人就是约翰·杰克森与威廉姆·杰克森兄弟。两人从阿萨姆一个茶园返回英国的途中,船因为搁浅受损需要修理,所以船上的乘客便到附近的村落游玩,杰克森兄弟偶然碰到了马歇尔发明的轻便蒸汽机,这种蒸汽机在印度当地的土著人中已使用了十多年了。威廉姆·杰克森看到这种机器,顿感兴趣无穷,他将制造者的姓名住址作了详细的记录,后来由于在苏格兰洽谈制茶机未果,便前往英格兰的甘斯鲍洛甫城与不列坦尼亚铁厂合作成立一家公司,这家公司的成立在制茶业上有重大意义,后来又以制造制茶机者的名字改名为马歇尔父子公司。这家公司直到1915年杰克森逝世时才停办。

　　杰克森兄弟最初经常发表个人意见,以唤起社会各方面对于制茶机的关注。但后来产生了分歧,约翰·杰克森前往美国,威廉姆·杰克森仍在印度及甘斯鲍洛甫城继续工作,一切杰克森制造品的商标,几乎都以威廉姆命名。

　　威廉姆·杰克森大部分的实验工作是在布拉马普得拉茶叶公司的聂格列丁茶园和乔霍得两地进行,他制成的第一部揉捻机,于1872年在苏格兰阿萨姆茶叶公司的希利卡茶园中装置试用,他坦言这部揉捻机从克恩迈德与其他发明家的作品中得到不少启示,但是他的创新部分也很明显。杰克森的揉捻机与克恩迈德所制造的非常相似,但是日后可以看出杰克森已经开辟出一条新的途径。即使是印度植茶专家陆军中校莫内在没有见过杰克森的揉捻机以前,也不相信任何机器可以代替手工揉捻,当大家都处于黑暗之中摸索时,杰克森却能冲破黑暗看到光明,可见他的见识高人一筹。

　　杰克森的发明,不仅局限于揉捻机,并且对茶的烘焙、砻磨、捡剔及包装等方面都有所贡献,他在现代制茶各步骤所用的机器都做出了有意义的发明与改进。原来的杰克森牌各种揉捻机如直交动式、高压式、手工式等各种机器均是制造复杂而且非常笨重。后来1887年,杰克森发明了更先进的快速揉捻机,该机在市场上风行20年之久,在1889年一年中,这款揉捻机共售出250具以上。杰克森在1907年和1909年又分别发明了单动式及双动式揉捻机。

　　杰克森在1884年发明了干燥机,有"胜利"牌、"威尼斯"牌、"模范"牌等,为茶业界所熟知,他采用了吸力风扇原理,吸引热空气从叶盘上升,这些干燥机也在市面上风行了20年之久。

　　杰克森对于他的各种发明有非常强的自信,开始他采用直轴与斜齿轮制造揉捻机。虽然这经过了15年的研究,但是在1887年,他竟然予以全部推翻,重新加以改进。因为他相信轮轴应该以最简单的旋转才能达到最佳的效果。就在当年,杰克森制成了第一部碎茶机,1888年发明了捡茶机,1898年又发明了装箱机。

　　杰克森拥有过人的才智,在揉捻、干燥及筛分机等方面不断发展创新,其中有许多都已注册专利。而马歇尔公司能快速制成杰克森陆续发明和改进的机器,并使之在市场上畅销,被各产茶园所喜爱,全依仗于马歇尔一家的工艺天赋,这对于杰克森的各种发明有非常大的帮助。

1910年,杰克森在干燥机上有了极大的突破。从前他采用的是吸收原理,如今则采用向上压力的原理。一种巨大的"帝国"式干燥机表现了他的天才,这种机器用风扇将热空气经由著名的"杰克森"多管炉抽出,并让它通过烘焙室内的叶片。

1872年,当杰克森开始从事发明的时候,印度制茶成本每磅需11便士,到1913年采用新式机器而使成本减到每磅只需2.5便士至3便士之间,现在8000具揉捻机可以代替过去的150万名劳工用手工制茶,从前烘干1磅茶叶需要用8磅好木材所烧制的炭,而今天杰克森的机器可以采用任何木材、草料,甚至垃圾都能产生同样的效果,如果采用煤,则烘干每磅茶叶需1/4磅煤。

杰克森最先提出茶叶一经移入干燥室后,便应停止发酵,在烘干以后须尽快冷却,他解释当茶叶摊凉时,其中的主要油份决不会流失。

起初茶叶制造是采用手工揉捻,在炭火上烘干,装箱时工人用脚踏紧,在印度也同中国一样,杰克森等人反对此种操作方式,他们极力推行用科学方法制茶,追求更加卫生、干净的制茶方式。

威廉姆·杰克森于1915年6月15日在苏格兰阿伯丁的桑格罗城逝世,享年65岁,他的兄弟约翰·杰克森在1880年应美国农业部长之邀,在南卡罗来那州指导茶叶试验工作。1890年死于圣保罗城,也是他从事茶业最后的地方。

威廉姆·杰克森将他遗产的一半,大约2万英镑,委托印度茶业协会根据情况捐助给各慈善团体。植茶业者公益会成立于1921年,也是由杰克森的遗产资助成立的。

S.C.戴维森爵士和其所发明的机器

S.C.戴维森爵士的名号在茶业界中享有盛名,而这些都因为他的名字与"雪洛谷"式干燥机及其所发明其他的著名制茶机有着密切的关系。

S.C. 戴维森生长于爱尔兰,原籍在苏格兰,1846 年生于唐城,早年在培尔法斯特皇家学院接受教育,15 岁时他离开学校跟随培尔法斯特的工程师威廉姆·汉斯廷斯学习,到 1864 年为止。

当时,戴维森的父亲购入勃克哈拉茶园的股份,随即派他到该茶园学习茶业。他于 1864 年秋首次到达加尔各答,该处距勃克哈拉茶园还有三个星期的水上航程,而今天只需两日便可乘轮船、火车到达。

S.C. 戴维森像

戴维森在该茶园以副经理的身份开始了他的种植事业。两年以后,当戴维森 20 岁时,便升为经理。

在他父亲死后,1869 年戴维森将该茶园全部收购,成为独资园主,然后他将茶园销售,投资另一家茶业公司,后来又将该公司收归己有,独资经营。

年轻的戴维森目光敏锐,不久就感觉用原始的中国方法制茶,不适合潮流的发展,于是他努力探求制茶方法的改进。最初对发明制茶机的先驱如肯迈德、芝毕斯、耐森和巴利等人的发明非常感兴趣,而用机械代替手工编篮的干燥法更是引起他的注意。通过多次试验,他深信用机器制茶会得到更好的结果,而制茶机在商业上的成功,有些已经超过制茶者本人的成就。他于 1874 年将苏旁茶园售出,回到培尔法斯特,在巴勃康贝厂中监督制造自己发明的机器,1881年创立雪洛谷机械工厂,并自任设计师与经理的职位。

戴维森的第一具"雪洛谷"式干燥机于1877年问世,继而在1879年第一台上曳"雪洛谷"式干燥机问世,而后他又陆续制造出各种制茶应用的机器。

戴维森从1881年一个仅有7名工人的小工厂开始,最后发展到拥有1000多名员工,分厂遍布世界各大城市的私营有限公司。雪洛谷工厂专制戴维森所发明的机械,产品除制茶机械外,还有"雪洛谷"式离心推进风扇。这种风扇不仅推翻了以前空气原动力与风扇设计已定的理论,而且促进工厂与开矿设施上的及水上生活的革新。此外还有一种新式制橡胶机。戴维森的名字由于他所发明的各种机器在茶业界中流传最久。戴维森从不满足于现状,他对于他所发明的机械随时都在进行改进。他的揉捻机、碎茶机、筛分机及装箱机等都获得专利权,戴维森的产品包括了向上及向下曳引的各种"雪洛谷"式机械。

戴维森是一个多才多艺的人,他在百忙中,仍有闲暇发明新式的网球柱、皮带上用的铰钉、蒸汽机,并从茶、咖啡与可可中提制出不含酒精的饮料。他在唐城和班高城的西考得乡村农场中,在园艺方面还做过很多次的科学试验。印度茶在美国和欧洲设立经销处,也都把他首推在前。

在第一次世界大战时,雪洛谷工厂对于军械制造提供了重要的帮助,戴维森在战时发明的数种机器也被当局采用。

1921年6月22日,英国政府授予戴维森爵士勋位,但是不到两个月他便与世长辞,时间是1921年8月18日。

植茶业的先驱

英国人在印度以植茶成名的很多,如果要一一记录,则可编写成一部很厚的书籍。虽然他们未必都在茶叶公司或茶业团体中有显著的地位,但也都在某一方面有着特长。有些是制茶专家,有些则在栽培方面有专门的研究,有些是解决劳工问题的专家,还有些则是在茶业这个行当里从事多年,从 25 年到 50 年不等。在炎热的气候下工作,本最不适合白种人的体质。现在选择其中最著名的几个人介绍给大家。

威廉姆·罗伯特是阿萨姆种茶业最早的一位,他与乔霍得茶叶公司的关系非常密切,他的儿子 F. A. 罗伯斯现任该公司总经理,印度茶业协会第一次在伦敦的会议,他也是参加者之一。

W. H. 威纳历任杜亚斯茶叶公司、印度锡兰茶叶公司及新罗茶叶公司的董事,是杜亚斯区茶业的重要人物,对于伦敦的印度茶业协会有着极大的贡献,曾担任该协会的副主席一职,逝世于 1902 年。

W. M. 凯蒂中校,曾经担任印度茶业专员,在阿萨姆有着显著的功绩,1915—1920 年间担任阿萨姆劳工协会第一任主席,并担任茶区劳工协会的代表,因为在劳工方面出力很多,所以在植茶者中享有盛名。他于 1923 年 9 月在火车上遇刺身亡,虽然当局作出通缉,但是凶手始终没有抓获。

克劳德·伯德是印度茶叶技术方面的著名作家,1853 年生于格拉斯哥城,在加入大吉岭区里弗公司以前,在丹雷从事茶的栽培。后来他在里弗公司享有了莫大的声誉,他所著《印度茶业》一书印刷了四次,此外关于茶与橡树的种植者以及普通农作物的生产者也著有两部篇幅较短的书籍问世,他在大吉岭植茶业协会中担任会长数年,于 1919 年辞职,在苏珊克斯地区退休,逝世于 1924 年。

加尔各答最早的茶业代理商

19 世纪末有许多新茶园被开发出来,这些茶园大都以家庭为单位经营,后来逐渐走向有限公司的形式。到了今天茶业已成为一种非常有组织的行业。

　　过去从英国到印度,路途非常遥远,茶业代理商应运而生,即使到了今天,交通有了很大的发展,旅途大为缩短,可是代理商制度依然保存下来。因为这种制度兼有使茶园经营的稳定及售货人可在运输与销售方面取得合作双重利益。现略举一二与印度最初产茶时有关的著名代理商如下:

　　加尔各答最早的茶叶代理商首推吉兰德公司,该公司由 F. M.吉兰德奉约翰·格兰德斯通爵士之命,于 1819 年成立。但是该公司直至 1866 年才涉足于茶叶行业,成为哥拉哈脱茶园与蒂华里茶叶公司的代理商。1865 年托马斯·凯斯勒开始以植茶闻名,他从此时起至 1899 年逝世为止,一直是吉兰德公司最亲密及最忠实的伙伴。

加尔各答的皇家交易所

巴利公司也是历史上最重要的加尔各答代理商之一,它的创办人 J. B.巴利是一位富于冒险的爱尔兰人,在英国研习医学以后,就定下去国外发展的决心。在 19 世纪中叶,巴利加入开往印度的兵营,在同船中有 R. S.汤普逊医生,他在旅程中发现巴利在医学上有扎实的基础,非常喜爱他的才能,就为他赎免兵役,让他加入了汤普逊公司成为一名实习生。过了一段时间后,巴利对此项工作产生了浓厚的兴趣。1860 年东印度公司董事正在为找不到医学人才发愁,他就被聘为德士柏的外科医生,此时正值印度茶业的衰落时期,茶叶不论价格,但求出手,巴利医生就与朋友以最低的价格购到若干茶园,这就是他成为加尔各答代理商的开始。此外还有巴尔默公司、威廉姆森公司等。

印度茶业协会

早在 1876 年间,北印度各茶园主人就有了成立一个社团的企图,但这个计划直到 1879 年才得以实现,印度茶区协会即于当年在伦敦成立。今天的印度茶业协会是将伦敦与加尔各答两处的茶业团体合并而成。

加尔各答印度茶业协会于 1881 年 5 月 18 日,在孟加拉商会开会宣布成立。会上 A. B. 伊格利斯被选为主席,并表明在 5 年前就有了联合业主而成立协会的想法。在各茶区由于这种需要,已有多个地方组成了此类团体,自伦敦茶区协会于 1879 年成立以后,更觉得在印度有成立同样团体的必要。以前因为业主之间缺乏联络、沟通,导致这项计划迟迟未能实现,今天在克服了种种困难以后,成立了印度茶业协会,对于政府来说也能带来极大的利益。

印度茶业协会刚成立时,所有公司与茶园业主等会员,共计垦地 103,000 英亩,到 1928 年底则增加到 53 万英亩。上述面积约占印度东北部种茶面积的 84%。该协会总部设在加尔各答刻弗街皇家交易所大厦内。每区有一个分会,处理当地发生的问题,阿萨姆分会的办事处设在迪勃鲁加城,森马谷分会的办事处设在卡察的宾那甘地城。

该协会的宗旨在于增进一切在印度从事于茶的栽培者的公共利益,茶园的主人、经理与代理人都有被总委员会选为会员的资格。协会的事务与经费由 9 人组成的总委员会负责管理。这些委员是由每年选出的 9 个公司各推举一人作为代表,在总委员会中又互推主席与副主席各一人,孟加拉商会的干事与助理干事理所当然地成为了该协会的干事与助理干事,协会定在每年 3 月开年会一次。

劳工供给协会

　　印度东北部茶业有一个办理劳工事务及招募劳工的协会,当地茶业界早在 1859 年就感觉到从国外输入劳工的重要性,因此就成立了植茶业者协会。该会成立的目的之一是组织从孟加拉输入劳工。由于茶业的突然扩展而有了承揽人的产生,承揽人将劳工供给各茶园,使植茶业者只需出钱雇佣劳工,从而免去种种麻烦,但是由于事先计划不周,导致劳工云集,遭成不良的结果。往往因为承揽人间的竞争,发生严重的命案。于是,政府于 1861 年指派一个委员会专门负责审查关于劳工输入的相关制度。

　　经过调查研究后,就有了各种劳工输入条例出台。1915 年政府将通过承揽人招募劳工的办法废止,此后唯一合法的招募必须通过茶园工头办理。这些工头由一名领有执照的本地代理处管理,所谓茶园工头是招募茶园雇佣的土著工头,他们领有一种特许证书,可以在本乡为雇主招募劳工。本地代理处的职责是保护茶园工头的利益。上述证书须由当地地方官签署,用以证明工头身份是否相符。

　　孟加拉商会在 1892 年召开会议,讨论组织一个可能解决劳工供给问题的组织,在多方努力下茶区劳工供给协会成立。它将所有具有相同性质但规模小的组织进行合并,只有阿萨姆劳工协会除外。这两大协会得到了政府的首次认可,并且给予他们办事的便利,例如代理处的行动不受地方官约束。

　　1915 年,阿萨姆劳工局成立,代替政府管理本地代理处,该局对本地代理处的营业执照的发放有决定权。同时阿萨姆劳工协会与茶区劳工协会合并,在 1919 年更名为茶区劳工协会。

　　通过工头招工的制度,进展的非常顺利,只是开销较大,平均每引进一名劳工约需 150 卢比。

　　1918 年,印度因季风影响发生了严重的灾荒,一种流行性感冒传染很广,导致印度人民因染病而死亡的人数超过了第一次世界大战时死亡的人数。

1932 年政府颁布一条新的法律,取消对于招工及雇佣人员的限制,仅管理外来移民的输送和他们在茶园所享受的待遇问题,并且让每个移民或劳工在阿萨姆工作满三年的,就享有回家休假的权利,一切费用由雇主承担。而且派一名劳工督察员常驻阿萨姆。但是这条法令只适合于阿萨姆地区,而杜亚斯与丹雷两地则不在此例,这两地招工大都通过协会采取工头招工制度。

茶区劳工协会由一个委员会负责主持日常工作,委员包括伦敦与加尔各答两地的代表以及从各茶区选出的种茶业者。该协会管理范围很广,据估算大约占到北印度茶园所雇佣劳工总数的 95%。

茶　　税

如果不提及茶叶税法,则印度茶业协会的简史似乎就不完全。印度茶税由印度政府于 1903 年制定第九号专律,自同年 4 月 1 日起生效。最初定为每磅出口茶征税 0.25 派(译者注:派,币名,等于 1/12 便士),有效期 5 年,后来于 1908、1913、1918、1923、1928及 1933 年继续实施,现行税则到 1938 年 3 月 31 日期满。

自 1903—1921 年间的税则规定,每磅征收 0.25 派。1921 年政府制定的第二十一号专律,授权政府凡是经茶业界请求,可以将税率增加到每百磅出口茶征税 8 安那。从当年起,就开始征税 6安那,1933 年增加到 8 安那,由海关代为征收,所收税款另行提存。

茶税委员会由印度政府委派 20 人组成,根据 1903 年印度税法的规定,委员会可以根据具体情况采取必要的措施,用以推广销售与增加茶在印度及其他各国的消费,委员的挑选方法如下:

孟加拉商会推举 3 人,麻打拉斯商会推举 1 人,加尔各答印度茶业协会推举 7 人,印度茶业协会阿萨姆分会推举 2 人,印度茶业协会森马谷分会推举 2 人,大吉岭与丹雷两地的植茶者协会合推 1 人,杜亚斯植茶者协会推举 2 人,查尔派吉利植茶者协会推举 1 人,南印度植茶者联合会推举 1 人。

茶税的收入是专门用于推广印度茶在本国及国外的市场消费,他们派遣专员分驻各国,利用报纸杂志进行宣传推广,出席众多的展览会,以期达到市场推广的目的。

茶税委员会在每年 3 月举行年会一次,在 7 月时举行例会一次,委员会随时召开会议用以解决与推广没有直接关系的问题。

科　学　部

印度茶业协会专门设有人才齐备、设备优良完善的科学部,用以研究茶叶生产过程中有关的各种问题。根据协会在 1899 年年会的决议,在 1900 年创设了一个小规模的科学部。在第二年年会以后,协会便向各分会征求关于任用一个科学家的意见,经过慎重考虑,决定任用一位农业化学家,伦敦 H. H. 迈恩博士担任该职位,任期 3 年。最初估计每月费用为 1500 卢比,由协会余款拨付,不足费用除了由孟加拉政府和阿萨姆行政当局补助外,再由各分会捐助。最初规定实验用的设备费为 200 英镑,实验时所需的一切仪器设备是向加尔各答博物院经济部借用。研究工作在这种情况下进行,直到 1932 年为止。后来在阿萨姆省希利加设立一个科学站。1911 年迁移至乔霍得附近的托格拉地区。

科学部就是从上述的小规模开始,最终发展成一个规模宏大的机构。现在所用人员由英国人担任。有科学部主任 1 人、化学家 2 人、昆虫学家 1 人、细菌学家 1 人及微菌学家 1 人,此外还有许多干练的印度助手。

1930 年,科学部经费达到 327, 538 卢比,由协会会员每英亩捐助 6 安那筹集而来。此外阿萨姆与孟加拉两地政府及南印度植茶者联合会也提供了少数的资助。

迈恩博士是印度茶业协会第一任科学部主任,生于 1872 年 10 月 16 日。最初在约克郡的爱尔姆菲尔德学校求学;继而上了里兹的约克大学及巴黎的巴斯德学院,后来在 1895—1898 年间任皇家农业会研究部的化学助理员,1898—1900 年间任皇家农业会所办的胡勃试验场的常驻化学技师,1900—1907 年间任加尔各答印度茶业协会的科学部主任,1907—1918 年间先后担任蒲那农学院院长及孟买政府的农业化学技师,1918—1928 年间任茶区农业督导员,1925 年任孟买主法会议员,1917 年荣获一等凯瑟利—海恩德奖章。其人著作丰富,尤其以关于茶的栽培与制造方面居多。其余如关于印度的社会经济问题也有自己的见解。他最著名的是与乔治·怀特合作的《茶树病虫害的研究》一书。迈恩博士于 1927 年辞退政府方面的职务,但后来仍以尼塞姆政府农业顾问的名义返回印度,最后于 1929 年回到劳维斯农业信托局所办的胡勃试验站任职。

C. M. 哈吉森于 1907 年接替迈恩博士担任科学部主任。他写有若干关于土壤微菌学、植物病理学及肥料学等小册子。自 1904 年加入印度茶业协会工作,至 1908 年因受印度政府聘任为帝国农业微菌学技师而辞职。

G. D. 霍波于 1908 年继任科学部主任,在其任期中科学部的工作有了明显的进步。霍波博士曾经到爪哇、苏门答腊及波斯等地考察,归来后写成《爪哇与苏门答腊的茶业》及《波斯沿里海等地的茶叶生产》两部著作,霍波于 1911 年退休。

P. H. 查明特为现任的科学部主任,1909 年加入印度茶业协会任科学部副主任,中途曾去从军,1919 年重新回到托格拉试验站任职。自 1919 年起继续担任印度茶业协会科学部主任的职位。

在首任主席伊格利斯的带领下,印度茶业协会不断涌现出多位对印度茶业作出巨大贡献的杰出人士。

南印度种植者协会

南印度种植者协会的成立,是各植茶者公会于 1893 年在邦加罗尔开会决议的结果。第一次大会于 1894 年在同地举行。该会成立的主要目的在于增进与维护南印度全体植茶业者在世界各处的利益。

凡是加入协会的植茶者,可以推举麻打拉斯立法会议员 1 人。协会包括劳工部,该部有分办事处 7 个,都由欧洲人负责主持,在南印度遍设代理处;科学部现有专家 3 人,在提伐索拉、蒙达加阳、施特勃 3 处分设茶叶、橡胶及咖啡试验站。公益金为资助或救济同业中遇难者而设。1906 年,该协会在麻打拉斯发行《种植者纪录报》,现改为两星期出版一次。

协会一切事务由每区植茶者协会各推代表两人组成的执行委员会办理。总委员会事务由主席、指挥员 1 人、劳工会员与各区会代表所组成的执行委员会共同办理。同时选出候补委员 4 人,以便委员中遇有缺席时补充。

该协会在伦敦由在伦敦的南印度协会的代表,与麻打拉斯商会及麻打拉斯的南印度雇主同盟联络,并与加尔各答印度茶业协会及奎龙植茶者协会合作。该协会同时也是加尔各答印度茶税委员会的会员。

南印度科学部

南印度种植者协会最初在 1904 年提出成立科学部,5 年以后,即 1909 年,麻打拉斯政府委派 R. D. 安斯坦德为协会的科学顾问。科学部总部设在邦加罗尔,所有费用由政府与协会分担,1912 年协会出资聘请欧洲助理员两人,在迈索与库耳两地工作,到 1914 年第一次世界大战爆发时,两位助理员相继辞职。

　　经过重新调整后,该协会认为安斯坦德应该加入麻打拉斯农业部担任农业副指导员,以便于更好地开展科学部的工作,但是由于世界大战的爆发而没有实现。1919年协会开始进行事先拟定的计划,因此首先成立了四个小规模试验站。其中在中爪盘谷的比尔麦特一站专为茶的试验而设,该站由一名印度职员在安斯坦德指导下主办。1923年,安斯坦德被任命为麻打拉斯农业指导员,科学顾问一职由D. G.莫诺继任。科学部总部设在科印巴托农学院内10年,自1914至1924年以后,协会重新将科学部的管理权收回。同时,麻打拉斯政府也承诺每年资助28000卢比,以5年为限。从1929年起,又继续资助5年。

　　一人兼管三项物产的计划,实际上并不是非常妥当。因此在1921年就拟对于各种物产有一名专门负责人,并且在该年聘用一名细菌学家专门研究橡胶。1924年,又增聘了一名科学家专门负责茶叶方面的工作,同时另外寻找一处地点用来作为茶叶试验站,原来的比尔麦特站已不太适用。1925年W. S.施奥博士被任命为现在茶叶试验站的科学专员,该站在尼尔吉利城提伐索拉村占地27英亩,1926年比尔麦特站停办,莫诺调回国家农业部任职,现在的科学部就成为了一家独立机构。

查尔派古利协会

　　查尔派古利的印度种植者协会成立于1918年,它以联络在孟加拉、阿萨姆及英属印度其余各处的种植者间的感情并促进团结为宗旨。它的职责是办理有关公众的事业,与政府接触以保障普通种植者的利益,凡是属于印度人经营和印度人所有的茶业公司都可以加入为会员。

茶叶生产限制

由于生产过剩与市场疲软,印度茶业协会劝导各会员限制 1920 年的生产总量不得超过自 1915—1919 年间平均产量的 90%,或者是自 1920 年 11 月 15 日起停止采摘。这个建议得到了广大会员的赞同,因此能一直延续。第二年,该协会又提议将产量减少到 80%,仍以 1915—1919 年 5 年间的平均产量为基础,这次提议未能得到全体会员的同意,但是仍有大多数同业切实遵守。

1929 年,由于茶叶生产过剩,在英属印度、锡兰与荷属印度茶叶生产者之间,协议限制 1930 年的产量。依据 1926—1928 年间的茶叶价格与等级,在印度方面对于每磅售 1 先令 5 便士的茶减产 15%,每磅售 1 先令 5 便士至 1 先令 7 便士的茶减产 10%,每磅售 1 先令 7 便士至 1 先令 9 便士的茶减产 5%,每磅售 1 先令 9 便士以上的茶减产 3%。印度与锡兰的限制已超过了上面的规定,但是荷属印度并没有履行限制办法,在 1931 年该限制便被取消。由于 1933 年在荷属印度、锡兰与印度之间又订立了一种关于茶叶输出规定的五年计划,因此 1933 年输出额减少 15%,其后各年也都有减少。

茶叶合作宣传

茶业界一致认为限制茶叶产量只是一种急救的办法。五年计划在 1938 年期满,又遭遇到存货堆积、茶价暴跌的命运。因此为了帮助英属印度的植茶者,便有了联合锡兰及荷属印度两地同业合作宣传推广的必要。这项宣传活动开始于 1934 年,用以增加茶叶在世界各地的消费。

第十章　锡兰茶的成功

茶叶在锡兰抢占了咖啡的地位,这在产业史上是一件让人感到饶有兴趣的事。咖啡在锡兰的种植历史已有 50 年,后来由于发生了咖啡树叶病,不到数年,竟将年产值 1650 万英镑,年出口量 1.1 亿磅的巨大产业彻底毁灭了。

当时种茶还在试验阶段中,茶地仅有 200—300 英亩,与咖啡占地 275,000 英亩相比,真是不可同日而语。时至今日,锡兰的种茶面积突增到 467,000 英亩,而咖啡种植却减小到零。茶叶产量在 1929 年达到 2.515 亿磅的记录,现在种茶面积超过了过去种植咖啡面积约 192,000 英亩。

当英国人接替荷兰人占有锡兰时,对于这块拥有肥沃土地的岛屿,锐意开发。他们首先做的事,就是在肯第安区未经开发的森林中兴办让世人吃惊的咖啡产业。

1796 年,咖啡在锡兰早已被当地人接受,当地人对咖啡的嗜好已有 100 年之久。由于当地人对咖啡喜好已经根深蒂固,所以对英国人用科学方法栽培咖啡并不表示反对,而对于后来茶叶代替咖啡的兴起,当地人便不那么友好了。小规模的咖啡园在锡兰农村非常普遍,1830—1845 年间,投资咖啡园的数额大约有 500 万英镑。虽然新海尔斯的人民墨守成规,不愿协助英国人开发森林栽种咖啡,但对于英人从南印度引入坦密尔劳工的举动,也不表示反对。坦密尔劳工吃苦耐劳,这些劳工对于锡兰茶业后来的发展贡献极大。

种茶的最初尝试

1782 年沃夫著有《人生与冒险》一书,书中说:"茶与其他多种香料是锡兰所没有的,对于这些植物的栽培,虽然经过多次尝试,但是均告失败。"这些所指的应该是荷兰人多次在该岛上试种中国茶而言。J. E. 特恩特爵士在他所著的书中也曾谈到荷兰人试种茶树的失败。

1802 年 7 月 25 日的《伦敦观察报》中说:"最近有一位著名的自然学家,在锡兰举行茶树种植试验,但是仍以失败告终。"

1805 年考迪纳认为野生茶树生长在特灵可马里附近地区,当地驻军将树叶烘干泡制,认为它味道比咖啡还要好一些。但是,实际上驻军所饮用的植物并不是野生茶树,而是山扁豆的一种,这是因为当时大多数人并不了解什么是真正的茶树。

伯特兰斯认为野生茶树生长在锡兰的森林中。J. W. 伯奈特在 30 年后所著的《锡兰及其产茶能力》一书中刊印了一种土生茶树的彩色图片,是根据 S. S. 克劳弗德医生于 1826 年从巴迭加罗寄来的标本而描绘的,但以后再也没有在马哈格姆山地中发现这种茶树。

特恩特特别说明山扁豆在锡兰南部一带当作是茶的代用品。《时代大辞典》中也将一种锡兰茶附记于"茶"字项下。楚门博士则介绍这种小树生长在丁蒲拉江岸,叶多锯齿。

昔日的咖啡

总督艾德·沃德·巴纳斯爵士于 1824 年在干格鲁华建立了第一所欧洲人的咖啡园。他不仅是咖啡事业的开创者,而且还在科隆坡与康提之间修建公路,使鲁华拉爱立耶成为疗养胜地,为发展茶业与咖啡业奠定基础,让这两种实业集中在康提与鲁华拉爱立耶两地。乔治·伯德继巴纳斯总督之后继续发展咖啡事业,

1824 年开发了新南皮迭雅及格姆波拉。

　　咖啡在 1864 年前后几乎成为大家竞相追捧的天之骄子,在锡兰有许多大片丛林都被开辟成种植咖啡的区域,自 H. H. 艾尔菲通到锡兰后,就在克脱曼利开辟农场,从事种植咖啡。到 1875 年,他成为锡兰最大的咖啡园主。不幸的是此时锡兰爆发了咖啡树叶病,使他所有的产业付之东流。但同时期引进的茶叶,适时地使咖啡业的崩溃转为茶业的成功。当时,有名来自阿萨姆的植茶者 W. 凯美瑞,在他的鼓励下,艾尔菲通将他的视线转移到茶叶上,本来艾尔菲通对于茶业的发展会有极大的贡献,但是受经济条件所限,于 1900 年郁郁而终。凯美瑞在 1882 年改良了剪枝与采摘方法,使茶叶产量大幅增加。

　　1845 年由于疯狂的投机导致了锡兰的第一次咖啡危机,多数欧洲人的产业均告破产,但是在乡村的咖啡事业仍然非常兴盛,后来由于咖啡树叶病,乡村咖啡业也同样受到打击。锡兰的咖啡业在 1877 年达到顶峰,10 年以后,因政府受到财政方面的困扰,对锡兰岛弃如敝履,同时咖啡业也处于濒临破产的境地。查夫那的坦密尔人与受到挫折的当地居民追随在那些投资失败者之后,相继离开锡兰岛。他们大多投奔到马来等地,因此马来等地的开发,恰好与咖啡业的失败同时发生。

　　锡兰在经受咖啡树叶病的打击之后,才开始有了茶叶试验的计划,在这个经济萧条的时候,人们对于新兴产业的前途并不看好,认为希望渺茫。锡兰所依靠的经济命脉彻底被摧毁,所有的咖啡树全部腐烂,在这种不景气的环境下,想要融来巨大的资金用以兴办种茶事业,确非易事。数年以前,在咖啡树叶叶面下发现一种奇异的桔红色斑点时,科学家迈特博士——派勒特尼雅皇家植物园的主管,便警告过大家。但是能听进忠告的人很少,大家熟视无睹。果不其然,灾祸接踵而至,昔日一派繁荣兴盛的景象变成今天的惨不忍睹,而那些充满自信的种植者,如今也都是愁容满面。

　　只有一小部分的种植者并没有因为这次重大的打击而灰心。

他们在锡兰历史中最黑暗的时期,毅然不畏艰难,努力奋斗,从咖啡园的废墟上,振兴了一个更伟大的实业,为世界茶业作出了极大的贡献。锡兰茶业经营之初,尽管环境极其艰苦,但是走到今天,发展成为世界最优良茶叶的生产地。

咖啡毁灭的程度,我们可以从下面的事实中看到:人们有的将枯萎的咖啡树树皮剥去,并将枝条砍去,实木运往英国用作制造茶桌的桌腿,这真可以算是咖啡的劫难了!

转向茶业

一些咖啡种植者,刚刚遭受了咖啡的打击,痛苦不堪,甚至连茶种都无力购买,每月只能得到 30—40 卢比,这些人不在少数。因此当地经济从咖啡的衰落到恢复元气,期间经历的一切,确实成为殖民地历史进程中一件最重要、最显著的成功。那些是因经营咖啡破产的人陆续回到锡兰,从头再来,他们咬紧牙关,努力工作,这种精神为他们的后代树立了榜样。他们最先试种金鸡纳树,结果不错,但由于后来价格暴跌,大有一落千丈之势。这些是一切药物所共有的命运,不足为奇。他们将金鸡纳树种子杂植在咖啡之间,希望能弥补一些在咖啡方面的损失,当时奎宁的价格大约是每两售 11.5 卢比,但是由于生产过剩,价格降至每两七角五分,最后提炼奎宁的金鸡纳树皮已经不值再去剥取,于是人们便购买茶籽,播种于咖啡树中间。锡兰的种植者,在面对自然灾害所表现出的坚韧不拔、自我牺牲及埋头苦干的精神,被世人所称赞推崇。

在咖啡业完全崩溃之前,茶的试验便已经开始,金鸡纳树对于大多数种植者来讲不过是从咖啡业到茶业的一个过渡品而已。

一个大企业的开始

1839 年末,新发现的阿萨姆土生茶树的茶籽第一次运到派勒特尼雅的植物园中,这种茶树就是沃勒博士在加尔各答植物园中所种的那种。1840 年,又有 205 株茶树运入,在 1840—1842 年间这些茶树分别种在首席法官奥利芬特在皇后茅庐和伊克茅庐附近的两处茶园中。同时,德国人 M. B. 沃姆斯于 1841 年从中国游历回来,带来数株中国茶苗,并将它们种在普塞拉华地区的罗斯切特咖啡园中,后来 G. B. 沃姆斯与 M. B. 沃姆斯兄弟二人在沙格玛与其他园地上种植茶树。据说每磅价格 1 基尼的茶叶,就是罗斯切特茶园聘请的一名华人茶师所制造的。后来锡兰公司——现称东方垦植公司从孟加拉引进熟练的劳工,在已经退休的阿萨姆种植者简金斯的指导下,于康特格拉与贺浦二处合办的一个临时茶厂中用手工制造茶叶。

沃姆斯兄弟——茶业先驱

沃姆斯兄弟出生在一个著名的家庭中,是本尼蒂特·沃姆斯的儿子。兄弟三人是天生经商的材料。次子迈瑞斯于 1827 年赴英国经商,幼子加里勃尔也在 1832 年跟随兄长来到伦敦发展,索

沃姆斯兄弟像

罗门是大儿子,后来兄弟二人都成为伦敦证券交易所的会员。迈瑞斯于 1841 年东行,加里勃尔也在第二年跟随哥哥来到科隆坡,二人在科隆坡成立了沃姆斯兄弟公司,专营运输及银行业务,加里勃尔在科隆坡主持业务,迈瑞斯则将注意力转移到种植方面,在普塞拉华经营占地 2000 英亩的罗斯切特茶园,该茶园以设备齐全和办事便捷著称,威廉·撒伯纳蒂尔在为咖啡种植者所编的教科书中,将它推为模范园区。该公司的商标在市场上享誉达 25 年之久,后来又大规模扩展,开辟多处茶园,连同原有的茶园共计占地 7318 英亩,该产业由沃姆斯掌管长达 24 年,后来于 1865 年销售给锡兰公司,价格是 157,000 英镑。沃姆斯兄弟功成身退,返回英国,并且感慨道:"我们已经经历了一个既有益于社会而自己也非常满意的人生。"迈瑞斯于 1865 年去世,加里勃尔死于 1881 年。

当沃姆斯兄弟引进中国茶种正在试种的时候,加尔各答的林威里尼传入了阿萨姆土生茶树,种在多罗斯贝其的本尼兰茶园中。

鲁尔康特拉——历史上最悠久的茶园

最早在种植方面成功的,首推鲁尔康特拉茶园,该茶园最初为何华贺塔所有,后来为 G. D. B. 哈瑞森与 W. M. 林克所有,现在则为英锡公司所有,经过詹姆斯·泰勒苦心经营,该茶园出口的茶叶在 19 世纪 80 年代的锡兰茶叶中极负盛名。鲁尔康特拉茶园原来也是一所咖啡园,泰勒——也被称为锡兰植茶之父,早在 1865 年泰勒奉哈瑞森之命,开始从派勒特尼雅采办茶籽,于 1866 年沿路旁的篱笆分行栽植;同年,种植者协会的秘书 W. M. 林克请求政府派遣有经验的锡兰咖啡种植者到阿萨姆茶区实地考察,将结果写成一份极有价值的报告,由政府刊印,后来在 1865—1866 年的《热带农民》杂志中也有转载,林克受到这份报告的影响,于 1866 年购办一批阿萨姆杂交茶籽,这应当是锡兰第一次正式引进阿萨姆茶籽。林克将这些茶籽交给泰勒播种,1867 年底开辟茶园 20 英亩,准备栽种,直到 1 年以后,才有锡兰公司开始仿效,伐林种茶,所以一般人都公认鲁尔康特拉是锡兰最早的茶园。无论是临时性茶园还是永久性茶园,泰勒开始在鲁尔康特拉茶园种茶以前,都已停止了种植。后来,由于锡兰公司引进阿萨姆茶籽,1869 年锡兰开始种植这种杂交茶树。

泰勒于 1835 年 3 月 29 日生于门婆多的墨斯派克地区,幼年时在风景如画的奥清勃来林村接受教育,到 17 岁时便来到锡兰,在康提人乔治·伯瑞德处供职,年薪 100 英镑,非常受东家的器重,后来在鲁尔康特拉茶园任职达 40 年之久,直到逝世。种植者协会于 1891 年颁发给泰勒奖状,用以表彰他为锡兰奠定茶业基础的功绩。1892 年 5 月 2 日,泰勒逝世,终年 57 岁。

茶业的兴起

1869 年咖啡树开始受病害的侵袭,1877—1878 年已达到了病害的最高峰。1875 年,才有 1000 英亩咖啡地改为种植茶树,不久以后便迎来了所谓的"向茶树前进"的时期,当时的情形,可以从下列数据中看到:

1875 年种茶面积 1080 英亩;1895 年种茶面积 305,000 英亩;1915 年种茶面积 402,000 英亩;1925 年种茶面积 428,000 英亩;1930 年种茶面积 467,000 英亩。

1866—1867 年,根据植物园主任的报告,有一种由中国武夷茶树制成的样茶在伦敦非常受欢迎,泰勒博士也曾连续数年向政府及公众宣扬栽种这种植物的利益。1868 年,有高约 2 英尺的阿萨姆茶种 270 株,在海克加拉园开始种植,这些茶树生长得非常健壮,两年以后,它的茶籽便被分播到各地。根据大多数人的见解,都认为阿萨姆种成功的机率将会超过咖啡。怀特博士更是认为较高的山岭也都适合茶树的种植,到了 1875 年,为锡兰种茶业打下了成功的基础。

泰勒将鲁尔康特拉茶园第一次所产的阿萨姆杂交茶于1877—1872 年在康堤销售,次年又将所产茶叶 23 磅运往伦敦,价格为 58 卢比(合 19 美元)。1873—1874 年,又有阿萨姆杂交和中国种茶树通过派勒特尼雅和海克加拉两个茶园传播到其他地区,后来则直接由加尔各答输入大量的阿萨姆茶籽。上述办法现在已被法律禁止,为了防止叶卷病的传入,一切茶籽均由岛上本地茶园供给。

锡兰的种植者协会

锡兰的大多数种植者都已感觉到有建立一个组织以谋求自身利益的需要,于是锡兰种植者协会于 1854 年 2 月 17 日在康堤成立,以 J. K. 琼利上尉为第一任主席。1862 年修订了第一次会章,规定以地主或茶园主为基本会员,如果不是地主想要加入会员的需交纳普通会员的会费,并且对于有关捐税的问题无权投票。

1867 年,协会会员有 75 所茶园,到 1921 年增加到 2394 所茶园,此外还有一部分个人会员。各处分会陆续成立多达 27 处,后来为了内部团结起见,1931 年减少到 18 个。各处分会推选代表为协会的委员。1932 年底协会会员的植茶英亩数达到 406,727英亩,1933 年会员总数为 1121 人。

在最近的 30 年内,协会的活动范围变化很大,原因在于多数锡兰茶园已从私人经营转为有限公司性质的经营,公司内关于财政的事务都由经理处置,因此协会的大多数会员已经不再是茶园的所有者了,而他们的行为也只是处于顾问地位,不过政府及其他与种植事业有关的机构,对于会员大会或委员会所提出的任何建议,都能给予慎重考虑。

协会于 1916 年注册,1920 年修改会章。而此时正有组织另一个协会的运动,修改会章就是针对这种运动,用以防止内部的分裂。大多数会员认为会章修改以后,各个关系面也许仍然可以在一个组织下通力合作,新会章内规定设立两个分委员会,其一专门为地主或所有者的利益着想,另一个则处理关于茶园监理人或助理监理人的一切事务与问题。结果私人经营的茶园都反对此举,因此只能成立监理人与助理监理人委员会。同时,私营茶园由于各种理由,决定加入新的协会,这个新的协会由茶园代理人发起,1921 年以后,便以伦敦锡兰茶园主协会名义设立在科隆坡。

茶叶研究所

1898 年,化学家 M. K. 巴伯受聘到锡兰研究种茶土壤,自此他专门从事研究有关土壤及茶叶制造上的各种问题,巴伯于 1924 年在格瑞温塞德因车祸逝世,生前著有《关于茶的化学农业——包括生产制造》及与 A. C. 恩斯福德合著的《爪哇、台湾、日本茶业报告》。其后他的科研工作由派勒特尼雅皇家植物园的农业指导员在茶树栽培及施肥方面继续进行,但这些只不过是这个世界著名茶园的一项普通试验工作。锡兰茶业的发展基本上是依赖种植者个人在茶的栽培与制造方面的经验,并且是逐渐获得的。目前,有许多问题还需要用更专业和系统的科学知识来解决。

为了弥补在科学方面的欠缺,R. G. 库伯提出一项锡兰茶叶研究计划,该计划经锡兰种植者协会资助,于 1924 年得到伦敦锡兰协会的批准。根据这项计划,成立了一个茶叶试验场,由锡兰茶叶研究所特设委员会办理,聘用化学家及昆虫学家从事茶厂的调研,另外还有巡回督查员二人。采用此计划以后,茶业方面每年须负担经费 9 万卢比(合 6750 英镑,或 32000 美金),锡兰政府每年都补助茶商相等的金额,并将每 100 磅茶叶征税 5 锡兰分(等于 0.9便士),这样从政府的角度上讲就做到了收支平衡。

锡兰茶园主协会最初由于财政方面的原因,对于上述办法未能给予支持,政府因此取消了每年贴补 9 万卢比的预算,茶业界方面也不愿接受政府的补助,而自愿承担全部经费。以后每 100 磅茶叶征税 10 锡兰分,由政府协助办理,到了 1930 年税率则增加到 14 锡兰分。

1925 年初期,在伦敦、锡兰两处举行投票,结果赞成者占 97.7%。赞成者共占有 378572 英亩,反对者共占有 8668 英亩,无表示者 17000 英亩,茶叶研究条例于 1925 年 10 月 9 日经立法会议通过,同年 10 月 27 日,其第 12 条例所记载的设立茶叶研究所与管理委员会两项均获得锡兰总督批准,并且公布自 1925 年 11 月 13 日起开始征税。

管理委员会的 12 名委员由下列方法选出:

一、免选委员

1. 农业指导员;

2. 殖民地司库,如遇开会时因事不能出席,由副司库代理;

3. 锡兰种植者协会主席;

4. 锡兰茶园主协会主席。

二、推选委员

1. 锡兰种植者协会在其普通委员中推举三人;

2. 锡兰茶园主协会推举三人;

3. 低地生产协会推举一人;

4. 在小业主中由总督指派一人。

由各方推选的委员,任期为三年,可连选连任。

研究所于 1926 年 3 月 8 日委派植物学及细菌学专家 T. 派什为所长,所有助理人员由他自行选用。派什在职三年,1929 年 4 月 30 日辞职,由 R. V. 挪瑞斯继任。挪瑞斯曾任麻打拉斯印度农业服务处农业化学师(1918—1924 年)及印度科学院的生物化学教授(1924—1929 年)。

研究所在初期并没有合适的工作,仅在鲁华拉爱立耶以一所茅舍作为实验室与办事处。当时,派什所长亲自到各地种植者协会分会访问调查,收集了许多有价值的建议,这些建议对于正在研究的问题非常重要。

为避免调查工作重复起见,决定让农业部在研究所成立以前,将已着手的工作尽快完成,研究所则负责关于茶的栽培与制造方面的调查工作。

开始时,研究所由于在临时地址工作,工作进展颇为缓慢。调查研究的范围也受到限制。直到 1928 年才有了固定的办公地点,即迪蒲拉地区的圣可姆茶园,是从英国垦植公司购入,之后便开始修建实验室、样本茶厂、公路等,于 1929 年 10 月开办了一座应用电气的茶厂。但是研究所直到 1930 年才从鲁华拉爱立耶迁入圣可姆茶园,该茶园占地 423 英亩以上,其中已有植茶面积 165 英亩,新开垦面积 74 英亩,低湿地 184 英亩,买进价格为 60 万卢比。研究所购入此地,拟用 340 英亩专门作为生产商品茶。

研究所还计划在各产茶区设立试验场,关注研究当地的一切问题,但各场都有着共同的目标,那就是提高锡兰茶的品质。

劳 工 问 题

1904 年锡兰种植者协会所代表的全体种植业者,在南印度坦密省中心的多里奇诺波利地区派遣一名常驻劳工专员,办理招募劳工事宜。在其周围各地区,派遣了劳工副专员,监管各分支机构的工作。这项计划实施后,成效显著,得到了 75% 锡兰茶园的支持,其输入劳工占劳工总数的 95%。

以前在各茶园的当地人工头,可以向雇主领取预支款,用来支付办理劳工输入的各种费用,比如在劳工离开家乡以前,代为支付个人的债务及安家费等。

1921 年,对殖民地劳工法中关于劳工解雇一点加以修正,以制止雇主方面滥用职权,工人的工资也因此略有提高。

自 1923 年 10 月以后,法律规定招募人员须有经印度政府及锡兰的印度劳工人口管理员签字的执照,以示限制。

近期的茶业

起初锡兰所制造的只有红茶,到了1895年,据锡兰派驻美国的茶业专员麦肯基报告,说美国人喜欢绿茶,所以于1899年开始制造绿茶,每磅绿茶出口,补贴锡币10分($1\frac{3}{4}$便士),以资奖励。此种办法实施了6年,至1904年停止。奖励的本意无非是为了提高绿茶的价格使它与红茶相等,但是后来由于红茶价格下跌,对于绿茶也就不必另给奖金,这也导致了绿茶的产量逐渐减少。

大约在1900年,由于茶叶生产过剩及储藏设备简陋,使锡兰茶业的发展陷入停顿,直至1906年以后才开始恢复;到了1920—1921年,又遭遇了第二次衰落,原因是低级茶生产过剩与缺少堆栈设备。

锡兰开垦茶园的情景

锡兰的植茶业者是最先感觉到现代消费者所需要的是品质优良的茶叶,所以领导全体同仁向这个方面努力,经过1920—1921年的低潮后,他们领悟到只有高品质的茶叶才会有销路,应当立刻采取早采嫩摘及精细制造的政策。在1929年又因为存货过多导致价格下跌,于是在印度、锡兰、爪哇及苏门答腊的茶叶生产商协议减少,1930年茶叶产量到57,000,000磅。依据锡兰茶园所用的分级制度,1926—1928年在伦敦每磅售价平均在1先令5便士以下的茶叶,减少 15%;每磅售价在 1 先令 5 便士至 1 先令 7 便士的茶,减少 10%;每磅售价在 1 先令 7 便士至 1 先令 9 便士的茶,减少 5%;每磅售价在 1 先令 9 便士以上的茶减少 3%。但是此项计划试行不久即告失败,在 1931 年以后无疾而终。

因为接连不断的生产过剩,所以对于茶的出口不得不加以调整,由于伦敦英国商会中茶业委员会的倡议,英属印度与锡兰联合荷属印度议定了一个五年计划,规定在 1933 年的茶叶输出量减少 15%,以后每年都作相应的收缩。

锡兰园主协会

自 19 世纪以后,有多数锡兰茶园从私人经营变成公司性质,公司内一切事务统归茶园经理办理,这与印度的情形相同。在种植者协会的私营茶园,于 1921 年 8 月 5 日组成锡兰园主协会。

1932 年,该会会员包括 554 个园主,占地面积 641,925 英亩,植茶面积 375,504 英亩,橡胶树 243,100 英亩,其他农作物 23,321 英亩。该会设立的目的在于促进锡兰一切有关茶、橡胶与其他农作物生产者的共同发展,会员资格要求,无论茶园主或代理人,必须有垦地在 50 英亩以上。

锡兰园主协会的第一任主席为 C. M. 高登,任期从 1921 年 5 月至 10 月;第二任主席为 E. 吐纳,到 1922 年 2 月由 T. L. 威林纳斯继任,之后由 G. 特恩布、H. 伯斯、C. H. 费戈相继担任主席一职。

第十一章　其他各地的茶树种殖

茶树除了从中国大陆移植到日本、爪哇、印度、锡兰、苏门答腊之外,还移植到了中国台湾、法属印度支那、俄属高加索、纳塔尔、尼亚萨兰、肯尼亚及乌干达等地,并且在这些地区已经达到商品化的程度。还有些栽培较少的区域,如暹罗、缅甸、英属马来、波斯(伊朗)、葡属东非洲、罗得西亚及亚速尔。至于在东半球的植茶试验,则有瑞典、英、法、意大利、保加利亚等国,最近更是远至喀麦隆、阿比西尼亚、坦喀尼加等地。

在西半球,如美国、英属哥伦比亚、墨西哥、危地马拉、哥伦比亚、巴西、秘鲁、智利、巴拉圭及阿根廷均有植茶试验。岛屿上曾经试植茶树的地区,在东半球有婆罗洲、菲律宾、斐济、毛里求斯及西半球的牙买加、加亚那与波多黎各。

欧洲植茶的尝试

在欧洲种植茶树,曾经过多次尝试,但均告失败。

瑞典——最初试种茶种成功者为瑞典著名植物学家李纳纽斯(1707—1778年),他在1737年定下茶的学名,当时有一个法国印度公司的船长、瑞典自然学家彼特·奥斯本特受李纳纽斯之托由中国采得一株优良的茶树标本,本来想要携带回瑞典,不幸船只在经过好望角时,被大风吹落海中,而这也与第一株咖啡树由法国运到马提尼克时发生的意外相同。

后来,得瑞典东印度公司董事及瑞典学者拉格斯托姆相助,有两株中国茶树平安运抵瑞典的乌普萨尔,经过一年以上的培育后,发现这种植物是山茶;后来得到了一株真正的茶树,运至哥德堡,不幸的是运抵不久,又被老鼠啃坏。李纳纽斯并没有因此气馁,他委托在中国经商的艾克伯格船长采取标本。艾克伯格在没有离开中国之前,先将茶籽种在花盆中,让它在航海中发芽,当船到达哥德堡时,已抽嫩苗,他立即将其中的一半运往乌普萨尔,但在途中全部枯死。剩余一半,他在 1763 年 10 月 3 日亲自带到乌普萨尔,这也是欧洲大陆最早长成的茶树。

当时,法国科学院发表了茶树只能生长在中国不能种植在其他地区的理论,李纳纽斯便给该院写信,说明在他的园中已有中国茶树,生长得很好,而且正在设法繁殖,他还说此树的耐寒性不亚于其他的植物,如山梅花等。

英国——在李纳纽斯移植茶树到瑞典成功的同一年(1763年),英国的植物学家也从广东取得若干茶籽,在途中播种发芽,移植到英国。在运输途中,他们对于灌溉及避免强光、强风等方面非常注意。这种栽成的茶树并不能供作饮用,而是作为温室标本或庭院美化之用。最早在英国种茶而开花的人是西洪的诺斯姆德公爵。

法国——在法国大革命前数年的 1793 年,伦敦有一位花木商高登赠给巴黎的詹森一株茶树,这是法国的第一株茶树。不久,考斯公爵也得到一株茶树。1838 年,巴黎国立自然博物院植物技师 M.古兰姆接到巴西农商部赠送的 3000 株茶树。其中成活者不到一半,但是植物园方面还是非常注意保护。后来试种在沙姆和安格斯海岸,观察它能否在野外中繁殖,只是生成的叶片太轻,不能达到商业性成功的标准。

俄属高加索——就各地栽培茶树的年代及重要性的顺序而言,第二位就应该讲到俄属高加索引进茶树,这一地区的移植,开创欧洲大规模种茶的新纪元。1847 年黑海沿岸的苏克亨港的植物园,受高加索总督沃诺佐夫之命,率先试种茶树。此后数十年,俄国农业家继续在内地进行试验,1893 年开始大规模种植,成为高加索地区重要的一种资源。

　　俄国最初从事茶树试验的工作者是 A. 索罗佐夫上校,他于1884 年由中国引进茶种,栽培茶树有 5.5 英亩。其后改进而且较大规模的种植者是鲍波夫茶叶贸易公司的总经理 C. S. 鲍波夫,他在黑海东岸巴统地区附近购入农园三所,开辟了种茶的苗圃。1893 年,他引进中国种茶苗,自种茶树 385 英亩,其后数年又由 M. 克林格及凯斯诺夫教授将印度、锡兰茶籽育成茶苗精心培育,并且雇佣中国劳工及炒工 15 名,教本国人制茶的方法。1896 年,又添置了制茶机器,如揉捻机、碎叶机、干燥机及分筛装箱机等,打下了在俄国市场供给茶叶的商业基础。

俄罗斯茶民采茶的场景

　　在鲍波夫的领导下,恰克伐的皇家土地也有茶地 600 英亩,1900 年农业部设立一间试验场,免费供给茶苗给当地地主。

　　由于政府奖励提倡种茶,民间对种茶的积极性越来越高,新茶园陆续成立。到 1905 年,有茶园 40 余所,栽培面积增加到 1125 英亩。1913 年,茶园总计达 147 所,栽培面积达到 2400 英亩。

　　1900 年,巴统北部内地的高塔斯设立了试验茶区 25 个,经过6 年的试验,明格里亚及高立亚的多数地主,各种茶树 1—2 英亩。到了 1913—1914 年,多数农民也都将一部分土地辟为茶园,平均每英亩可收获 170—200 磅。

　　第一次世界大战开始,各茶区的交通被中断,加之土耳其、孟希维克派、英国以及苏俄军队经过巴统,将茶园变成了战场,因此高加索的茶业遭受了沉重的打击。1917—1921 年间，该地区由孟希维克派控制，茶树栽培面积减少到 405 英亩。其间，有一段很短的时间由英国占领，一些军官曾经在离巴统 15 里的恰克伐，设法恢复茶区，但是不见成效。自 1923 年乔治亚成为苏联的一邦，至 1933 年，该茶区的茶园面积由 1000 公顷增至 34000 公顷，并且有诸多试验场设立在恰克伐、苏克亨、奥受其蒂及楚地蒂等地区。

意大利——除上述各国外，欧洲栽培茶树的还有两个国家，即意大利与保加利亚。这两个国家在茶树栽培领域还处于试验期，意大利的巴维亚、佛罗伦萨、比萨及那不勒斯等地的植物园，均栽有茶树，而且在西西里岛，茶树全年能在室外生长。在马其来湖的包乐门岛以及比萨省的山格立拿的茶园中，茶树已能开花结籽。

保加利亚——近年来，保加利亚从俄国移入茶树，种植在菲利波波利斯，效果非常好，现已计划大规模栽培。

亚洲植茶的扩展

中国台湾——台湾茶业与中国大陆和日本相比较，历史较短。最初开始栽培，大约在 19 世纪初，但在台中、台南以及高雄等地 2500 英尺以上的高山发现了野生茶树，因此往往认为台湾茶树有可能是岛上原有产物。

17 世纪末，中国大陆移民台湾，驱逐了荷兰居留民，夺回了该岛大部分领土，从相邻的福建供给茶种。1810 年后，大陆商人由厦门将种茶方法传入台湾，不久他们发现当地茶叶所制成的乌龙茶，最易显出特殊的品质与香气。1868 年台湾开始发展大规模的商业化经营，生产三种主要茶叶——著名的半发酵乌龙茶、新出的 3/4 发酵乌龙茶和花包种茶，此外还有少量的红茶及绿茶。

1868 年厦门的专业制茶厂商，在台湾岛上设厂，开始大规模制造乌龙茶，此后各种乌龙茶的产量日渐增加，现在，栽培面积已达到 112,000 英亩，每年产茶量将近 24,000,000 磅。

1895 年,台湾茶园情景

包种茶在1881 年由福建商人发明。在台湾最初试制红茶时,日本三井公司为最早从事大规模生产的企业。日本政府看到印度及锡兰红茶畅销国内,就急于自行生产红茶以供国内需求。后来,在1928 年又将台湾所制的红茶样品,送至伦敦及纽约市场。1929 年三井公司制成红茶一万箱,输往伦敦市场,并且供给美国、澳洲及日本,自此以后红茶产量每年都有所增加。绿茶的制造方法,直到20 世纪初才由比奥里特苏农业协会传授给台湾的中国人,现在只有小规模制造,供岛内自用。1923 年,三井公司成立了一间新茶厂,制造3/4 发酵乌龙茶样茶,送至美国,受到广泛欢迎。到1928 年底,该公司建立了四所最新式的茶厂,专门生产这种茶叶。

1895 年,中日甲午海战之后,日本侵占了台湾,日本政府对茶叶的生产非常关注。1902 年,在安培金设立机械制茶厂,1910 年有一红茶制造公司成立,政府准许其使用安培金的制茶厂。1918 年,日本政府又颁布了奖励茶业法规。凡有符合法规的工厂,都给予奖励用以添置设备。1923 年,又颁布了工厂规则及检验法规,凡是出口的茶叶,均须加以检验。

1923 年,台湾的各茶厂在日本政府的补助与监督下,共同成立了联合售茶市场,除了由各工厂给予各种协助外,还由新竹州农会在海庆设立茶叶运输办事处,该处给予茶商们提供种种便利。

法属印度支那——法属印度支那的原住民种茶树,已有数百年的历史,所以不能明确其茶业具体的开始时期。200 年前,茶业是当地的重要产业之一,后来逐渐衰落,直至 1900 年后,才由法国人再度复兴。

暹罗——据植物学家考证,暹罗的原住民与缅甸人及中国边境的云南人是最先使用茶叶的人群。他们将野生茶叶经过水蒸和发酵,制成小束,以供咀嚼。在远古时代,他们则将青叶煎沸,作药用。

缅甸——据最古老的历史记录,缅甸人曾经将茶叶作为蔬菜,过去的消费量远远多于今天。近几年有人提倡采用近代栽制法,建立商业化茶叶生产的模式。1919 年,在汤谷正式开辟茶园,1921 年开始种茶。

英属马来——1914 年农艺化学家 M.巴诺克利夫视察海拔 3500 英尺的路勃克泰孟地区。并考察了向登谷的一部分,他将采集到的多种土壤标本,与东北印度的最著名的茶区土壤进行比较,证明该地区土壤在任何方面均达到了优良土壤的标准,驳斥了高等茶叶不能在该处生长之说。

后来,还有其他化学家,也支持巴诺克利夫的观点,直到 1925 年开始进行实地测试,当年取得三种阿萨姆茶树品种,每类种籽 200 粒,种在坎麦伦的高地上,并且在较低的地方,设一苗圃,发芽效果很好,共得到 437 株茶苗,这些幼苗被移植到 4650 英尺的高原,所种植的品种为贝特贾种、冬贾种及拉季古尔种三种。1 年后长至 4 英尺高,茶丛 2 英尺。在采摘之前,1927 年 4 月先进行了剪枝,在 7 月开始第一次采摘,直到第二年 7 月为止。一年之间一棵茶树所得的干叶计 78 磅。以种植面积 1/6 英亩计算,每英亩可产精制茶 470 磅。

有多个试验区设在低地,其中的修屯试验场于 1924 年播种阿萨姆种茶籽 5 英亩,1928 年起开始采摘,只是当时制造方法非常幼稚,到 1933 年才有设备齐全的工厂成立,栽培区域也逐步扩大。

在 1924 年及 1925 年,吉打土邦的古隆地区开辟了一所茶园,种植茶树达到 300 英亩。吉打是马来半岛最北部的区域,全境多为山区,气候与锡兰相似,劳工工资低廉,终年可以雇佣,所以种茶的前景光明。在中国人聚居地,大约占地面积 360 英亩的圣奇倍西矿山区,中国地主曾经种中国茶树 140 英亩,专门制造中国式茶叶,供给中国侨民饮用。

波斯(伊朗)——波斯在 1900 年才由波斯王子引入茶树栽培法,他由印度引进茶籽,先派人到中国及印度学习制茶,学成回国后,传授当地农民种茶及制茶的方法。现在波斯平原边界里海南海的几兰省的富曼、拉希甘、兰格鲁特等地均有少量茶树种植。

非洲茶树的栽植

就一般而言,非洲的茶树栽培,除远东地区以外,在商业方面远比其他地区成功,而且非洲未开垦的土地极多,未来茶叶产量增加的潜力巨大,因此非洲茶业对于世界茶业来说,有着不可忽视的地位。

纳塔尔——茶树最初传入纳塔尔是在 1850 年,但是仅种植在德班植物园供试验使用。1877 年,由于繁荣的咖啡业很快宣告失败,纳塔尔的栽培协会,便从加尔各答引进数种印度茶种,这可以说是种植茶业的开始。后来又因为试种阿萨姆茶种的良好效果,证实这种茶种最适合纳塔尔的气候与土壤,它也就成为纳塔尔唯一栽培的茶种。而詹姆斯·L. 胡立特爵士被认为是非洲茶业之父。

茶苗被种植在纳塔尔的斯坦求附近,现在非洲南部所栽培的茶树都由该地区供给。全境适合种茶的土地共有 15000 英亩。但在过去最繁盛时期也仅开垦了 4500 英亩。该处现在最主要的栽培者为汉顿托公司及亨特逊公司,两家公司的总办事处都设在德班及斯坦求附近,前者拥有土地 1250 英亩,后者拥有土地 750 英亩。除这两家公司外,还有三四家小型公司,但他们的茶叶产量微不足道。

纳塔尔所栽种的茶树,在 1880 年初次收获,共计得茶 80 磅。以后每年都有所增加,到 1903 年产量达到顶峰,共计产茶 2,681,000

非洲纳塔尔茶园情景

磅。此后茶园面积没有太多变化，到了1911年，由于印度限制印度人移民至纳塔尔，导致工人工资迅速抬升，茶业大受影响，产量也逐年减少。导致减产的最大原因，是纳塔尔所产之茶价格极低，而非洲工人的工资较高。

尼亚萨兰——最早想将茶树引入尼亚萨兰的是英国园艺家J.丹肯，他于1878年去勃兰泰尔参加苏格兰教堂传道会时，爱丁堡植物园技师巴佛教授赠送给他三株咖啡苗及一株茶苗，他虽然在途中尽力保护，终因路途遥远，咖啡苗二株及茶苗一株均告死亡。

9年以后，1887年，在勃兰泰尔的教会试验园中另外种植数株茶树，只是由于该地降水量过大，茶树栽培不易成功。直到1890年，才有J. W.莫诺将勃兰泰尔教会所产的茶籽，委托锡兰咖啡栽培师哈瑞·布朗种植在姆兰治的劳特台尔咖啡园中，生长得非常不错。之后，由莫诺提供纳塔尔所产的茶籽，也能发育良好。数年以后，布朗又在当地另外建立一个咖啡园，并种植了一些茶树。到了1904年，姆兰治地区已有250英亩茶园。1898年，尼亚萨兰最早的茶样，被送到英国。

1901年，莫诺退休，他将劳特台尔园并入勃兰泰尔东非公司，并自任董事。该公司鉴于咖啡业日渐衰落，便决定尽量播种茶树，用以替代咖啡。

当时，该地区所能得到只是不纯的品种，后来知道要想产出优良茶叶,必须栽培纯正的麦尼波利种和阿萨姆种。当时,还曾有过引进锡兰茶种的企图,但因路途遥远及没有联系妥当,进行了几次都告失败。现在,每年引进的茶籽均以印度茶种为主。

勃兰泰尔东非公司决定了劳特台尔园的种植计划以后,便扩充耕地,设置水力发电,引进制茶机械,并将产品送至伦敦市场。当地的咖啡种植者目睹此种盛况,相继效仿,因此不出几年,姆兰治所有可以种茶的耕地,几乎都变成了茶园。

勃兰泰尔公司 1898 年在苏格兰爱丁堡成立,是如今的劳特台尔园及其他茶园的所有者,公司除了在尼亚萨兰种植茶树及其他热带产物外,兼理各茶园的业务,公司在非洲的总部设在尼亚萨兰的勃兰泰尔,最初在爱丁堡成立时,称苏格兰中非公司,到 1901 年才改成现在的名字,公司为尼亚萨兰最大的茶业企业。

1925 年,伦敦的里昂公司也在姆兰治的路其里购地 8000 英亩,在曾经在锡兰种茶的 C. F. S. 施诺的指导下,开始种茶,并建立机械制茶工厂和水力发电厂。

姆兰治的茶树栽培,逐渐影响到邻近的科罗。该地区雨量虽不及姆兰治,但也算充分。姆兰治的平均海拔为 2000 英尺,而科罗则有 3000 英尺,因此科罗所产茶叶品质优于姆兰治。

尼亚萨兰的第二个最大的茶叶种植者是鲁氏茶园,此外还有非洲大古胡地公司等若干家茶叶生产企业。1932 年尼亚萨兰茶树栽培数为 12595 英亩,产茶量为 2,699,984 磅。

坦喀尼亚属地——在第一次世界大战以前,德国人在德属东非洲,即现在的英属坦喀尼亚属地及喀麦隆曾有过多次栽培茶树的尝试。在坦喀尼亚的尼亚萨湖北部,雨量丰富,土壤肥沃,非常适于茶树生长。在依林加的东北高原也适合种茶,现在由于交通不是非常便利,如果铁路等交通设施完善,该地种植茶树和咖啡的潜力巨大。

罗得西亚——罗得西亚最早种茶在马松那兰省东边的麦尔色脱区的芝平加地区的新年礼物茶园。1925 年,该地开始种茶繁殖种子,这些种子生长以后,在 1927 年春季种茶 100 英亩,又在 1929 年 11 月新开辟 100 英亩茶地,直至 1930 年 3 月才完成。1930 年第一次收获茶叶 1400 磅,1931 年收获 4000 磅,1932 年收获约 10000 磅。后来,由同一园主新辟另一茶园,如正常生产,年产量可达到 40000 磅,足以供应全境的需要。

阿比西尼亚——阿比西尼亚的旅行家 K. 凯伯罗最先将茶树引入内地,但这些茶树数年后即全部死亡。到了 1928 年,在肯尼亚殖民地的种茶者 G. 霍兰德再次引进阿萨姆茶籽 8 箱,他旅游各地,选择适合种茶的土地,最后在加发地区发现几千平方英里的土地非常适合种茶,于是他在该地区的庞加创建了一所成功的苗圃,近年更有大规模的种茶计划,勃洛克旁特公司就是专门为在该地区开辟茶园而成立的。

乌干达及肯尼亚——茶树于 1900 年被引进乌干达的植物园,1910 年在康巴拉的公共区域开始种植茶苗,之后扩展到加科密洛和托洛两地。试验结果,非常成功,于是著名垦植家 F. G. 坦波特在该地建立茶园,此后各方闻风而起,现在乌干达至少有 1000 英亩以上的土地种植茶树。

肯尼亚最先种茶者,传说是奥查斯兄弟。1925 年,勃洛克旁特公司与詹姆斯芬来公司购买土地,开始大规模种茶,前者在里莫鲁购地 640 英亩,设立工厂,应当地的需要,还创立了合作种茶协会,有 15 个私人种茶者加入此会。后者,又与其他公司合资成立非洲高原产值公司,以 25 万英镑的资金,投资在可立巧及龙勃华两地,拥有地达到 23000 英亩。在购地之前,先请南印度专家进行考察,所得报告称该地土壤肥沃,雨量充足,用来种茶可与印度爪盘谷的高地相媲美,而费用则大大降低。

这些新实业的最大进步,莫过于 1933 年成立的肯尼亚种茶者联合会,凡公司或个人种茶者拥有茶地面积 50 英亩以上者均可加入。

自 1934 年起,肯尼亚、乌干达、坦喀尼亚及尼亚萨兰等地均赞同在印度政府实行茶叶管理计划时期中,限制本地新开辟茶地及禁止输出茶籽,直到 1938 年期满为止,所以四个殖民地区的新茶区面积总和限制在 7900 英亩。

北美洲的尝试

在北美洲方面,如英属哥伦比亚、美国的若干区域以及墨西哥,均曾有过种茶的计划。

英属哥伦比亚——英属哥伦比亚曾于 1915 年从日本取得长 6 英寸的茶苗,移植到温哥华岛的试验场,其中有些发育成长。这个试验的目的,不在于开展商业性的种植,仅表示当地的气候温和而已。茶树在哥伦比亚的旷野中可以生长发育,只是在加拿大并没有商业性种茶的计划。

美国——美国对于建立茶业企业并使之成为商业基础的尝试非常努力。最初在 1795 年由法国植物学家安瑞·密克斯(1746—1802 年)引入茶树,他于 1785 年由法国政府委派到美国采集植物标本,在美居留 11 年。起初两年,由于受英法战争的影响,他停留在离查里斯东 15 英里的植物园,由从事中国贸易的美国船长手中得到一些茶籽和茶苗,种植在园中。其中一株被看作原生茶树,长达至 15 英尺高,生存至 1887 年。

最早努力于种茶业的是史密斯博士,他放弃在伦敦原有的工作,于 1848 年来到格林维尔开辟茶园,据他在 1851 年美国农学杂志上的报告,茶树虽能耐寒而不死,但尚未脱离试验阶段,1852 年由于他的逝世,种植停顿下来。

1850 年时,医生约翰博士在乔治亚的麦肯拓什种茶,努力数年后,由他的女儿 R. J. 斯克瑞温夫人继续他的种植试验,最终也宣告停止。1858 年,美国政府对种茶产生了浓厚的兴趣,派遣英国园艺及旅行家罗伯特·福特到中国采集茶籽,免费分发给南方诸州的农民播种。在北部及南部卡罗来那、乔治亚、佛罗里达、路易斯安那及田纳西等地均长成了成片茶树。只是农民所生产的茶叶,仅供自用,并不从事商业化生产,于是种茶的兴趣便逐渐消退。

到了 1880 年,美国农业部部长威廉姆·G. 李顿聘用在印度有 17 年种茶经验的约翰·杰克森和他善于制茶的弟弟威廉姆·杰克森二人在南卡罗来那州的萨莫维尔地区,开辟 200 英亩,从事更进一步的试验,于是美国大规模的种茶试验死灰复燃。当时所用的茶籽除一部分由中国、日本及印度引进外,还有一部分来自以前政府散发于民间的种子所生成的茶树的茶籽。一些小茶园获得了成功,杰克森将它们制成样品送到纽约,接受公开点评推荐,可惜由于杰克森患病,在试验没有完成之前,工作即告终止。

此后,在化学农艺方面的著名学者查理斯·U. 沙帕德博士于 1890 年又在南卡罗来那的萨莫维尔开始了小规模的栽培,并受美国农业部聘请,为茶树栽培专员,他的企业就是著名的滨赫斯脱茶园,自 1900 年起,政府连续补助 15 年,每年约 1000—10000 美元,茶园的面积也从 60 英亩扩大至 125 英亩,每年所产茶叶最多达到 15000 磅。

美国茶叶检验师乔治·F. 密歇尔在 1903—1912 年间与沙帕德博士在滨赫斯脱茶园共事九年。该园在 1915 年放弃种植茶树。

此外,仅有一项商业性的茶叶计划曾经进

黑人儿童在滨赫斯脱茶园采摘中国茶

行。1901 年时,罗斯威尔 L. 库伯少校创办了美国种茶公司,由退伍军人奥各斯特 C. 泰勒上校担任经理。他们曾在旅行时暂居在滨赫斯脱茶园附近,对于沙帕德博士的植茶试验颇感兴趣,于是在南卡罗来那州购地 6500 英亩,拟用其中的一二千英亩作为茶园。第一年,苗圃中育成幼苗 60 万株。但是这项种植计划持续几年,仅制成少量茶叶。1902 年,该公司将沙帕德博士茶园作出来的产品,在全美各地的食品店销售,但是由于泰勒上校在 1903 年逝世,兼以停止征收美西战争中每磅茶叶 10 美分的进口税,这项计划也以失败告终。

1904 年,南卡罗来那还有一次小规模的种茶试验,是 A. P. 伯恩与农业部合作的,地点在德克萨斯州的马盖茶园,但是效果不佳,在 1910 年停止。1915 年,在加利福尼亚州的圣地亚哥博览会上出现了少数茶树品种,这些品种均能在田野中生长,与洛杉矶附近的日本农民家里所种的同样繁茂,可惜的是,商业性生产不再有人尝试。

墨西哥——从 1929 年起,墨西哥在瓦克萨卡的库加伦地区种植茶树,虽然数量较少,但是曾经制成了品质优良的商品茶。

危地马拉——危地马拉是中美洲唯一计划种植茶树的国家,在亚尔他凡附近的科班、奥斯卡、马热斯曾种一些茶树,生长得很好,其样品据称可与优良的印度茶媲美,只是这种试验并没有取得商业上的成功。

南美洲的尝试

南美五国,都曾计划种茶,但是都没有取得真正意义上的成功。

巴西——巴西种茶,始于 1812 年。当 1808 年,葡萄牙殖民者离去后,该国即向农业与商业方面发展,并且在里约热内卢建立植物园,从事有计划的植物移植。1812 年由中国移植茶树到该园,并雇佣中国茶工来该园传授种茶及制茶方法,开始时仅在首都附近种茶,不久就扩展到圣保罗及密乃斯其拉斯。1852 年的产量达到最高点,圣保罗一地的 39 家农场其生产茶叶 65,000 磅。但是 1888 年解放黑奴以后,茶业即告衰落。

1920 年后,茶业曾经在密乃斯其拉斯复活,该地的奥卢普雷托有一些茶园存在,还有一些日本侨民也在圣保罗及巴拉那以前没有种植茶树的地方种植茶树,到 1932 年,所种茶树约有 22000 株。

巴拉圭——巴拉圭在 1921 年在维拉立加设立试验苗圃,试验取得了成功,但生产没有达到商业化标准。

秘鲁——秘鲁最初种茶是在 1912 年,但是直到 1928 年,政府从锡兰聘请了专家指导以后,茶业才实际开始。当时茶园有 17 所,栽种茶树 1,349,029 株。1933 年制茶 2 万磅,1934 年预计达到 5 万磅。

阿根廷——阿根廷农业部在 1924 年由中国引进茶籽 1100 磅,分给北部农民,期望能使茶业达到商业化。茶树生长得不错,只是在制造上与市场销售上有一些困难,而且阿根廷有一种称为叶巴梅特的非常普及的饮料,所以茶业未能在阿根廷占有重要地位。

哥伦比亚——哥伦比亚在加查拉有小规模的种茶,所制茶叶在巴哥达内地一带销售,只有少量运往西班牙。

澳洲及大洋各岛

澳洲及太平洋与大西洋各岛,也有种茶的尝试,成功的程度各不相同,各处都有少量的栽培,其中大部分与欧洲人在各地发展的新企业有关。

澳洲——探究印度原生茶种的领袖查尔特恩中尉,在 1834 年发表了一份报告,说曾经看到茶树在澳洲生长,在这之后,就没有了关于茶的报道,由此可知茶树的种植并没有取得成功。1850 年又有了种茶的尝试,但是这次试验由于澳洲经常的强风暴及雨量不均的原因而失败,劳工工资过高,也成为茶业不能发展的一个原因,最近又在昆士兰开始了另一个种茶试验。

婆罗洲与菲律宾——在第一次世界大战以前,婆罗洲与菲律宾均曾计划种茶,但是在菲律宾试种过一次,效果不佳,以后就不再续种。婆罗洲则有英属北婆洲公司从事植茶试验,1926 年,从印度输入若干茶种,至今仍然非常繁茂。一位制茶专家评论此种试验,说婆罗洲的土壤与气候都适合种茶,但是没有合适的工人以及交通不便,是当地茶业发展的一大问题。

毛里求斯——毛里求斯岛是印度洋中的英国领土,种有少量茶树。1844 时,M. 朱尼特受到英国政府的资助,最先种植茶树,近年已能达到商业化的标准,现在常年产量为 29000 磅。

斐济——1870 年时,一位英国青年乔治·辛普森由阿萨姆到斐济,在斐济群岛中的第二大岛伐南来浮岛的西部开辟茶园,这是斐济种茶的开始。茶树种植以后,辛普森因病被迫回英国,茶园也就此荒废。1880 年,英国垦植家戴维·罗宾船长接手辛普森的茶园,重新整顿,年产量达到 6 万磅,但是以后未能保持这一生产记录。现在伐南来浮岛的茶园面积约有 200 英亩,在伐南来浮岛上设有工厂,配有英国制的揉捻机与干燥机。产品在斐济群岛销售,但是由于工人工资过高,最终未能取得商业上的成功。

斐济茶园

西印度群岛——西半球中的岛屿,开辟茶园的只有三岛。1903 年,美国试验场在波多黎各的马耶奇种植茶树,由于开花过多,花叶产量反而减少。法属圭亚那的开云岛,由法国人雇佣中国工人从事种茶试验,也没能取得成功。英属西印度群岛中的最大的岛屿牙买加,则产有少量的商品茶。

　　1868年,牙买加岛金高纳地区的公立试验场,试行种茶1英亩,因为试验成功,所以扩大种植面积。1900年,考克斯从试验场获得茶籽与茶树,在圣安司拜立希的伦伯尔种茶250英亩。最初用手工制造,后来引进机器,用以节省工人工资。1903年,他将所产茶叶推向本地市场,因为茶叶品质优良,适于拼配之用。但是由于日后的工资暴涨,导致茶叶产量减少,茶业也日渐衰落。1912年,考克斯逝世,茶园全部废弃,该岛也就不再出产茶叶。

第 二 篇

技 术 方 面

第十二章 世界上的商品茶

世界上栽培茶树成功的国家和地区有 23 个,但是产量丰富使茶叶能成为重要的商品的国家和地区只有 9 个,分别是:中国、印度、锡兰、爪哇、苏门答腊、日本、中国台湾、法属印度支那及尼亚萨兰。

茶叶通常按出产国和地区分类,如中国茶、锡兰茶、爪哇茶等,在市场上销售的各类各级茶叶,是按(一)采摘季节及茶身老嫩的差异;(二)种植地区的气候与地势高低的差异;(三)土壤的不同;(四)制造方法的不同,如红茶、绿茶、乌龙茶等;(五)用筛分及销售前最后处理方法的差异,如较为普通的非混合茶与各种外形及品质不同的拼配茶。

印度、锡兰的茶叶,大多销往英国、澳洲、美国、非洲、加拿大及苏联。爪哇及苏门答腊的茶多运往英国、荷兰、澳洲、美国、英属印度及苏联。中国茶多数运往欧洲大陆及地中海周边国家,以及苏联、美国、加拿大、英国。日本茶基本上专门销往美国、加拿大及苏联。台湾茶则以销往美国为主,但是有大量花香茶或包种茶销往英属东印度及暹罗。法属印度支那茶专销于法国及其殖民地。尼亚萨兰茶在伦敦市场销售。

中国产茶数量,占世界茶叶产量的一半,但其出口量不及其他一些国家。印度的茶叶产量占第二位,锡兰第三、爪哇及苏门答腊第四,日本第五,中国台湾第六,印度支那第七,尼亚萨兰则占第八位。茶叶在各国的出口贸易中,有的占有非常重要的地位,有的则无足轻重,如印度兰溪地区,虽然有茶树栽培,但产量过少,在商业上没有被重视。玉露茶产于日本,但成本昂贵,没有出现在国际市场上。这些茶叶,从品质上讲属于上乘,但由于种种原因,没有进入国际市场。现就国际市场上的主要茶叶种类略加说明,其他未列入本章的,将在下章介绍茶的特性时再加以说明。

锡兰主产红茶,即发酵茶,按产地可分为高山、中间地、低地三类。高山茶为内地高山区域所产,以味浓香高著名;中间地茶制工优良,茶汤也数上乘;低地茶有制工精良的黑茶,但茶汤平凡、香味不足。锡兰红茶的品级分为碎橙黄白毫、碎白毫、橙黄白毫、白毫、白毫小种、小种、花香及茶末等 8 种。

印度是世界上茶叶出口量最大的国家,出产红、绿茶,但红茶数量远在绿茶之上,占总产量的 98%~99%。茶叶以出产地或茶园的名字命名。茶叶中最主要的是北印度的阿萨姆茶,加锡茶、雪尔赫脱茶、杜尔斯茶、特莱斯茶、大吉岭茶,南印度的爪盘谷茶及加南第凡茶。通常来讲,印度茶的叶常是黑褐色,茶汤滋味醇厚。大吉岭茶带有馥郁的芳香,因而售价最高。印度茶与锡兰茶相同,也分为碎橙黄白毫、碎白毫、橙黄白毫等。

中国产红茶、绿茶及乌龙茶。华北功夫茶为最著名的红茶,色、香、味俱数上乘,华南功夫(或红叶)液汁较淡。华北的宁州茶、祁门茶及华南的白琳茶、坦洋茶,均为购茶者所爱。

中国绿茶,分为平水、湖州以及路庄绿茶。所谓路庄绿茶包括除平水、湖州及其附近地区以外各地所产的绿茶。绿茶分为下列品种:雨茶、贡熙、珠茶、圆茶等。

中国的半发酵茶在市场上均称为福州乌龙,其品质仅次于台湾乌龙。

日本产绿茶较多,分三类:原叶茶、釜制茶、笼制茶,而原叶茶就是以前所谓的瓷制茶。就一般而言,日本茶叶长如蛛脚,上等品质的都具有特殊的芳香。其等级为:特等、超等、上选、最优等、优等、中上、中等、普通及茶末、花香等。

中国台湾向来以出产半发酵乌龙及包种茶两类见常,在最近几年,也生产少量红茶及 3/4 发酵乌龙茶,分为碎橙黄白毫、橙黄白毫及白毫三个等级。乌龙等在市场上非常受消费者的欢迎。包种茶年产约 700 万磅,行销于暹罗、荷属东印度、马来联邦以及太平洋诸岛。台湾乌龙叶色青褐,冲汤时具有特殊的天然果香,分为头茶或春茶、早夏茶、二夏茶、秋茶及冬茶。台湾的茶叶检验机关将乌龙茶分为 18 级,在商业上则还有许多中间级别。

爪哇及苏门答腊所产红茶都以茶园名为标识。爪哇茶均为黑色而优美的叶片,只是在旱季时——大约在 6 月至 9 月,叶片则稍微变为褐色并硬化。但是经过这个过程后,茶叶品质更进一层。茶叶制作精良,茶汤色泽也不错,适于拼配,苏门答腊茶不像爪哇茶容易受到季节变化的影响,全年所产的茶叶均适于饮用。茶叶等级分为嫩橙黄白毫、橙黄白毫、碎橙黄白毫、白毫、碎白毫、白毫小种、小种及花香、茶末等。

法属印度支那兼产红茶、绿茶,出口品种为安南红茶及安南绿茶,均由较次的粗叶制成。制作茶叶的人大都是欧洲人,制作技术非常优秀。

尼亚萨兰是位于东、中非洲英国的保护国,近来红茶产量日渐增加,品质还可以,茶汤清澈,茶种均属于印度种。

商品茶表

洲别	国别	主要出口岸	著名之市场名称	贸易上特征
亚洲	锡兰	哥伦坡	锡兰茶 高地茶 平地茶 低地茶	大都为红茶。制工甚精,色泽匀净而黑,常有芽尖。汤色优良之高山茶至平凡之低地茶之间颇有差别。
	印度	加尔各答 吉大港 孟买 麻打拉斯 加利库特	亚萨姆茶 卡察茶 雪尔赫脱茶 杜尔斯茶 丹雷茶 大吉岭茶 爪盘谷茶 加南第凡茶	大都为红茶。干叶黑色至褐色。汤色浓厚而有香气

洲别	国别	主要出口岸	著名之市场名称	贸易上特征
	中国	上海 汉口 福州	华北功夫茶 华南功夫茶 路庄绿茶 平水茶 湖州茶 福州乌龙	红茶、绿茶、乌龙茶、窨花茶及砖茶。形状及汤色全不相同。常依其形式而命名，如雨茶、贡熙、珠茶、圆茶等。
	日本	静冈	日本茶	绿茶。形长而直，蛛脚形。上等茶具有特殊之芳香。
	台湾	基隆	台湾乌龙茶	乌龙茶。干叶青褐色。其茶汤有一种自然之果香。
	法属印度支那	吐兰 海防	安南茶	红茶、绿茶、团茶及花茶。条子粗松。汤浓而带苦味。
大洋洲	荷属东印度	巴达维亚 棉兰	爪哇茶 苏门答腊茶	红茶。干叶黑而美丽，制工颇佳，最宜拼堆。
非洲	尼亚萨兰	贝拉 支德	尼亚萨兰茶	红茶。汤淡，品质中等。

第十三章　茶叶的特性

如果你读完本章，可以了解到茶叶产于锡兰、印度、中国、日本、中国台湾、法属印度支那、缅甸、暹罗、伊朗、荷属东印度、大洋洲的斐济岛、非洲的纳塔尔、尼亚萨兰、肯尼亚、乌干达、葡属东非洲、毛里求斯、亚速耳群岛、苏联的乔治亚共和国以及南美洲的巴西、阿根廷和秘鲁等。茶区的分布虽然遍及全球，但大量茶叶的来源，仅亚洲一洲而已。大洋洲居次席，再其次则为非洲。由于非洲植茶历史较短，还不能称为重要产地，但是它的发展潜力巨大。

从商业角度而言，茶叶可分为三大类：(一)红茶，或是完全发酵茶；(二)绿茶，或不发酵茶；(三)乌龙茶，或半发酵茶。还有两种劣等茶，即缅甸人用作蔬菜的盐渍茶及暹罗人所用的茗茶或口香茶。

各种茶叶均为茶树的叶所制成的。各种不同的茶叶均为采摘后不同处理方法的结果。如果从茶园将茶叶采摘之后，立即加热，停止发酵，则可制成绿茶；如果采用揉捻方法，使叶片发生物理变化，再让茶叶自然发酵，经过数小时，然后加热，即可制成红茶；如果仅将茶叶作短时间发酵，就成为了乌龙茶。

红茶的主要产地为印度、锡兰、中国、爪哇及苏门答腊。绿茶则产自中国和日本，锡兰及印度也有少量产出。乌龙茶则仅产于中国的福建省及中国台湾。

红茶、绿茶及乌龙茶，可分为叶茶、砖茶、小京砖茶及可溶茶。叶茶在各产茶国均有产制；砖茶大部分为中国所制，印度也生产少量砖茶；可溶茶则生产于消费国家，在商业上不是很重要；至于压制茶(砖茶或块茶)及可溶茶，均可用红、绿、乌龙茶制造。

叶茶向来被视为商业上的茶叶,红茶、绿茶及乌龙茶更是可以划分出许多种类。其分类标准,视茶叶采摘的季节,叶的老嫩、生长及采摘制造时所受气候的影响,土壤的性质,制造的方法,分堆、匀堆时所用各种品质及大小茶叶的混合状态,以及其他原因而定。

茶叶以产地命名,如锡兰茶、印度茶等。有的冠以红茶、绿茶、乌龙茶及贸易上的名称,还有所谓的中国红茶、台湾乌龙等。有时各城市及地区名也有作为茶叶名称的,例如福州乌龙。还有各产茶国在本国内也都有自身固有的名称及品名。

锡　兰　茶

锡兰四季产茶,品质最佳的茶叶采于 2 月及 3 月,其次为 8 月、9 月,只是后者数量较少。茶叶产量以 4 月、5 月、6 月及 10 月、11 月、12 月为最多,1 月所采的茶品质最次,其主要产品为红茶。

锡兰茶分为高山、平地及低地茶三种,前者品质最优,但是从叶形来看,三者并无明显区别,只有在茶汤方面,高山茶味浓并且带有优雅的芳香。在 7000 英尺以上的高地,茶树仍然能良好地生长。平地茶则制工精美,茶汤尚属可以,低地茶有很好的黑叶,易于转卷而制成美观的外形,色浓而味淡。可以看出,4000 英尺以下低地所产的茶叶,虽有优点,但味道较淡,在这个高度上则具备了相当的香气。

用锡兰茶作拼配之用时,经常缺少某些印度茶的浓味与刺激性。因此锡兰茶适于单独使用,而不宜与其他茶种拼配。世人经常以叶的粗细判断锡兰茶及印度茶的优劣,实际上一些粗叶茶反而具有优美的香味。

锡兰茶以茶园名为标识,茶园数达到 2000 个以上。这些名称印在包装箱外,有时是第一个字母的缩写,如:SVCE Ld. 即是 Spring Valley Ceylon Estate,Ltd(译者注:锡兰泉水谷茶园)的简写,也有用几何图形作标识的,如大谷锡兰茶就用双三角形表示。

除了一些贸易专家,尤其是经纪人以外,平常人大多不在意茶叶的出产地,购买茶叶的人均仅凭茶叶的品质,并依靠经验从茶叶特征判断其产地。但是实际上每一产茶区的高度差,可以达到3000英尺或以上。一些地区如阿拉加拉、革加尔拉及其他地势较低的地区,出产品质一般的茶叶。其他如鲁华勒爱立耶、乌达布舍尔拉华、迪蒲拉,都出产品质极好的茶叶。

锡兰红茶的分级如下:碎橙黄白毫、碎白毫、橙黄白毫、白毫小种、小种、花香、茶末。这种分级是用筛分茶叶粗细来作为标准的,因此同时采摘的茶分品级之后,各级中的香气性质多少有些相似。

由于受广告的影响,一般消费者尤其是美国消费者逐渐将橙黄白毫误认为是品质优良茶叶的统称。在茶叶贸易中为了区分橙黄白毫的各种茶叶形式起见,又在它的名称上加以全叶、嫩芽、云卷、线状等字样。橙黄白毫的名称,究其来源现已不甚明了,虽然当初用以标明茶叶的物理形状,现在在字义上已扩展到凡是属于捻卷良好的茶叶,不论其有无叶尖,均称为橙黄白毫。依据茶叶形态较粗或碎叶多少进行区分,并非是表示品质的名词。

1924 年,美国农业部对于橙黄白毫的名称,规定仅适用于印度、锡兰、爪哇、苏门答腊等国制造的完全发酵茶。其他与橙黄白毫同一粗细的茶叶,如果要采用橙黄白毫的名称时,须附加叶子尺寸的数字并附其出产地名。1934 年,又颁布规则,对于中国、中国台湾、日本以及其他国家所产的叶形大小一定的完全发酵茶,如果与美国政府历年所采用的爪哇标准茶相符,均可称为橙黄白毫,但是在商业上的解释,只局限于“冷发酵”形式的东部印度茶叶,才可归入此类。

锡兰还产有少量绿茶,因汤水有令人不适的香味,故品质不及中国与日本的绿茶。

印　度　茶

印度茶所指范围极广,包括多数气候、土壤以及纬度不同地区的产品。事实证明,在各种不同环境下所生产的茶叶,品质及价值相差很远。因此阿萨姆茶与大吉岭茶,以及康格拉、台拉屯、尼尔吉利斯与爪盘谷等茶叶,均不相同。每地区所产茶叶,品质各不相同,只有茶师在试茶时,才能辨别出产地。

印度兼制红、绿茶,但红茶的数量远在绿茶之上。绿茶的品质不及中国和日本,大都在印度北部边境销售。印度茶总体来讲分为南印度茶与北印度茶两种。大部分的北印度茶出产于印度东北部,它的生产与制作都带有季节性,自4月至11月为产制期,6月至1月为销售期。南印度茶则全年都有产制。东北部茶叶的最上等的为二茶及秋茶,其中的大吉岭及杜尔斯最好。大吉岭茶以在7月至8月初出产的最好。随着气候变冷,品质虽有增进,但茶叶的外观逐渐变差,并带有褐色,而且梗子也多。南印度茶在近12月及1月中所产者为品质最优,以后品质逐渐降低,直至初秋,这时所产茶叶为全年中最差。

东北印度茶产自孟加拉及阿萨姆两地及帖比拉山的原住民区域。台拉屯及康格拉所产的茶,常被称为北印度茶。南印度茶产于迈索。只是南印度茶叶种类,经常以区或镇的名字命名,极少以省的名字命名。

印度产茶最重要的省份是阿萨姆,此地区又分为布拉马普得拉谷与森马谷,布拉马普得拉谷的茶统称为阿萨姆茶,森马谷茶多数以所属的卡察及雪尔赫脱两地名命名。布拉马普得拉谷所属主要茶区为拉肯普、悉萨加尔、达兰及诺康,还有较小的产区,为萨地耶边境、哥亚尔帕拉及加芦蒲等。

阿萨姆茶味浓郁,高级茶有优雅的香味及芽叶,中等茶叶则为结实且制工精良的叶片,灰黑色富有香气,是英国拼堆茶商人的主要原料。阿萨姆茶能泡出深色味浓的茶汤,强烈而有刺激性,因此常与较淡的茶相拼配。6月上旬,由于茶树生长缓慢,这个季节的阿萨姆茶为最佳。最优良的秋茶,则产于10月至11月之间。

杜陀麦是拉肯普的一区,此处有一些优良茶叶产地,不仅产量大,茶叶品质也属上乘。卡察茶在外观上呈灰黑色,叶比雪尔赫脱附近所产的茶略小,茶汤浓厚而味甘,但香味不如阿萨姆茶醇浓。雪尔赫脱茶外观精美,制工也好,液汁浓厚适中,并且有温和的香味。卡察茶及雪尔赫脱茶均属优良品种。

孟加拉省所产的茶,在东北印度中占次要地位,其主要产区为大吉岭、查尔派古利(包括杜尔斯)及吉大港。

大吉岭的高山茶,栽培在海拔1000英尺至6500英尺的喜马拉雅山上,此外所产的茶叶输出量大,价格最高。就其特征而言,大吉岭茶汤味浓厚,水色红艳,并具有馥郁且难以形容的独特香味,此种芳香经常被称作是胡桃香。茶树栽培区域,高度相差很大,因此各茶园所产的茶叶品质很难保持一致;有一些茶园生产最优良的茶叶,它的价格在伦敦市场上也高于其他茶叶。其中碎橙黄白毫级、橙黄白毫级的茶叶,叶片优美,只是由于一般买主只注重香气,反不及其他茶受重视。叶形从极细的嫩叶至极大的粗茶,任何懂茶的人只要品过大吉岭的优美茶叶,将永远不会忘记它特殊的香气。这种茶恐怕是印度中唯一可以单独饮用的。但是实际上,人们也经常将它与中国红茶即功夫茶或锡兰茶相拼配,只需混以少量的大吉岭茶,即会弥漫诱人的芳香。世界上任何区域所产的茶叶,就香气而言,没有能和大吉岭茶相匹敌的,该地在6月所采的二茶及10月所制的秋茶,品质最好。

杜尔斯茶的外观为黑色,在某种气候条件下,往往能发现大量带茶梗的红色茶叶,它的制工不是很均匀,略带有阿萨姆茶的特性,但是刺激性略弱。茶汤温和、色暗而浓厚,在10月及11月所采茶叶可制成玫瑰秋茶。

丹雷茶,叶黑而较小,形状不甚优美,茶汤品质中庸,但是色泽还好,且具有甜味,不亚于次等的大吉岭茶。丹雷茶常用于拼配,大概是由于大吉岭茶的馥郁香气,容易被硬性或刺激性的茶所破坏,因此用丹雷茶混合,最为合适。

吉大港所产的茶,叶色黑而形小,茶汤中等而味甜,属于中等及次等的品质,由于味淡且没有明显特征,因此在商业上不被重视。

别哈尔省与奥理萨省内有哈萨利巴格及兰溪又称可他那格蒲两个产茶区域,茶种大多为中国种,茶味强烈,略带铜气,兰溪附近今天仍产少量的绿茶。

旁遮普省的唯一产茶区为康格拉谷,是印度西北部的高地,气候寒冷,对于茶叶不很适宜。所产绿茶有美妙的香气,是它的特征,因此它的价格也不低,大多销往西藏,其余则为内销。

帖比拉山的原住民地区,属于孟加拉省,茶园大部分为印度原住民所有,这一地区所产茶叶在商业上不是很重要,与雪尔赫脱次等茶相似。

联邦省中的产茶区为古门——可分为阿尔莫拉和加瓦尔两区,及台拉屯。古门茶叶小而紧,能泡出鲜明而有刺激性的茶汤,但由于气候过寒,不能生长优良的茶叶。所产茶叶运往西藏和尼泊尔。台拉屯茶品质一般,没有香气和浓厚的味道。

南印度茶区在地理位置上靠近锡兰茶区,因此茶叶品质不似北印度茶而接近锡兰。麻打拉斯省包括科印巴托、交趾、库耳、马度拉、马拉巴、尼尔吉利斯、尼尔吉利魏南特及丁尼佛莱等区。

科印巴托茶常以所属的亚那莫拉的名字命名,茶汤浓烈,与爪盘谷所产的茶相似,但更为浓厚。交趾、库耳及马度拉在商业上是不重要的产地,马拉巴的魏南特,生产品质一般的低地茶。

尼尔吉利斯是高山区域,海拔高度为 400 英尺至 6000 英尺,所产茶叶有优美的香气与刺激的味道,茶汤稍浅,有时带有诱人的柠檬香气。尼尔吉利魏南特位于斜坡的半山腰,所产茶叶类似爪盘谷茶,品质很好。丁尼佛莱是不重要的产茶区。

还索位于麻打拉斯的西北,产茶不多,是一处新开辟的茶区,茶树均种植在旧咖啡园和未开辟的林地间。

爪盘谷省的产茶区为中爪盘谷或称比尔麦特、加南第凡、蒙达加阳及南爪盘谷。茶叶品质接近于锡兰茶,多具有香气、味浓,但叶形不是很优美。

中爪盘谷位于加南第凡与南爪盘谷之间,产中等茶叶。

加南第凡山或称高山区,产茶地在海拔 6000 英尺以上。该地出产大量上等茶叶。

蒙达加阳茶是普通的优良茶叶,南爪盘谷茶为普通的低地茶。

印度红茶的分级与锡兰相同,即碎橙黄白毫、碎白毫、橙黄白毫、白毫、白毫小种、小种、花香、茶末等。印度绿茶的分级为优等眉茶、眉茶、头号贡熙、贡熙、干介、秀眉、花香及茶末。

中　国　茶

中国产红茶、绿茶、乌龙茶、窨花茶、砖茶、小京砖茶、珠茶以及束茶等;种类繁多,不易分类。有些区域所产的茶叶,或完全没有出现在海外市场,或是仅专销于某一国家。总体而言,中国茶可依出产地、季节性及贸易上的名称进行分类。

红茶可分为两大类——即华北功夫茶与华南功夫茶。这种茶叶均为热发酵茶。前者有时称为黑叶功夫茶,后者常称为红叶功夫茶。产茶期从 4 月到 10 月,以头茶品质最佳。每年三次的采摘期分别为 4—5 月、6—7 月及秋季。

华北功夫茶,过去英国人常在早餐时饮用,故称为英国早餐茶。它产于湖北、湖南、江西及安徽。上等的功夫茶,有香气,滋味醇厚。品质低的,茶汤色稍差。

华北功夫茶中的代表者为祁红、宁红及宜红三种。以前曾统称为中国茶的龙头,因为它们都具有出众的芳香。祁门原为绿茶产地,在 19 世纪 80 年代开始改制红茶。该地所产绿茶品质极为普通,但是红茶则为中国最好的品种。祁红茶色浓味厚,有馥郁的香气,外形虽没有特殊之处,但是它的最高级产品确是茶叶中的珍品。宁州茶外形好看紧凑,色黑,茶汤鲜红诱人,茶身比祁红茶及宜红茶要轻,但在拼和茶中极有价值。宜红茶茶身很好,茶汤香味也好,只是略带有烟味或黑油味。

华北功夫茶中还有一种至德茶,与祁门茶相似,具有特殊的清爽香气,茶汤鲜红,汤味浓烈,也属于上品。湘潭茶叶形状不整齐,叶底粗老呈黑色,汤色淡薄,香味不浓,为低级的功夫茶。

古潭茶有时称中国的阿萨姆白毫,叶形短而稍带锈红色,味浓,贮藏稍久,就会产出生草味。这是它的一个缺点。

安化茶是湖南省所产的一种优质拼和茶,上等茶汤色鲜明,只是有烟味。

芜湖茶为江西马当地区所产,通常归入九江茶,常通过九江市输出,九江茶有馥郁的芳香,但无身骨,干叶色黑整齐,茶末少,易于变质。

湖北茶常称作"巫配",是由"湖北"两字的广东音转译而来。凡是湘阴、武昌、汉阳及湖南的衡州地区所产的茶叶,因其品质相似,又都在汉口的市场上销售,因此都称为湖北茶。

其他较不重要的华北红茶,有:

湖北省有长寿街、通山、羊楼洞、羊楼司、太沙坪、张阳、宁阳、咸宁、蒲沂、江岸、崇阳、汉阳、鹤峰。

湖南省有醴陵、桃源、浏阳、沩山、高桥、湘潭、云溪、平江、长沙、宁乡、湘阴、临湘、石门、聂家市。

江西省有临州、浮梁、宁都、武宁、瑞昌、修水、遂川、玉山。

安徽省有芜湖、六安、屯溪、秋蒲、徽州。

华南红茶以华南功夫茶、红叶功夫茶及福州功夫茶等闻名。产于4月至10月之间,最普通的为白琳茶、北岭茶及坦洋茶。由于土壤与气候不同,华南红茶的品质香气与华北红茶有明显的区别。华南红茶是中国茶叶中的上品。

白琳茶条子紧而细小,优等茶多带有白色芽尖,是中国红茶中外形最好的。茶汤鲜明而芳香,但缺少浓味。

坦洋茶叶较粗大,大都用于拼配,较细者味浓厚,并有香气。坦洋茶的夏茶,常称为针状坦洋茶或阿萨姆坦洋茶,很特别,香气非常好,清爽而带有刺激性。

北岭茶叶小而均匀,色黑,做工精细,身骨良好而重,并有动人的烤香味。

政和茶常被视为红叶功夫茶中最好的茶。其叶能捻卷匀紧,呈黑色,稍具芽尖,香味极佳,汤色鲜红,拼配时能在其他茶叶中分发香气。

沙县茶为红叶功夫茶中最红的茶,除一些头茶之外,制工粗放,二茶与三茶中常掺杂有粉末,但冲泡时,味强而有强烈的刺激性。

邵武茶品质优良,有香味,味浓,是优良的拼配用茶。

白毫功夫茶制工精良,叶黑而捻卷匀紧,叶底鲜红,只是茶汤略带暗色,缺乏香味。

精选红茶为火候最足的茶,干叶呈黑色而卷皱,叶粗而不匀,茶汤有清爽的香气,色浓,味道强烈,且有特殊的香味,略似黑葡萄,其普通品质的茶,虽粗但光润,味道也很强烈。

水吉茶为捻卷美观黑色的茶叶,滋味不浓不淡,品质普通,中等茶中常有粉末。

安溪茶与沙县茶相似,只不过叶色比沙县茶黑,香气也略逊,但仍不失为味浓可用之茶。

星村茶除本身有特殊的市场外,没有太大价值,产量不多,叶片粗松,混有茶末,是烈性饮料。

小种茶为多数大叶功夫茶的通称,特别适用于华南的粗叶红茶,汤水浓而呈糖浆状,略带烟味,最著名的是正山小种茶,常用来加入高价及精细的拼和茶以提高香气,叶色纯黑,稍卷曲,二茶与三茶比头茶略为柔和,此茶在美国曾一度畅销,但是现在已经没有需求。小种的名称,又经常用于印度、锡兰、苏门答腊及爪哇等一些的大叶品种。

福建省还出产一种在商业上不是很重要的茶——厦门功夫茶,火候很足,味强,干叶粗而宽松。

福建还产有一些数量极少而又不很重要的红茶,例如武夷茶或岩茶、白岭茶、洋口茶、界首茶、丹洋茶、邵武茶、东塘茶、武园茶、清和茶、政和茶等。

以前还有一种新茶或称地方茶或新产区功夫茶的,均是广东生产,由广州出口,现在已无此种名称。这种茶的主要品种为河源茶、白毫茶、小种功夫茶以及金银花功夫茶等。前二者色灰叶粗,汤水强烈;后二者则制工较精。其他普通的新茶,品质差不是非常重要。

河源茶形状不佳,叶底有铜色,汤色鲜红而优美。烟香河源茶则带有特殊的烟味。

白毫小种(品级名)功夫茶,有优美的卷叶,含有芽尖,茶汤鲜明,味浓厚而强烈,有些茶叶具有特殊的金银花香味,叶常带红色,茶汤也是强烈而爽快。

中国绿茶可大致分为路庄绿茶、湖州茶及平水茶三类。除湖州及平水附近的以外,各地的绿茶统称为路庄茶。绿茶主要产地为安徽、浙江及江西三省,其他如福建、广东、湖南等省也有少量出产。上述产地的主要茶类为,安徽的婺源茶、徽州茶、屯溪茶,浙江的湖州茶、平水茶及温州茶,江西的九江茶及福建的福州茶。绿茶的出产期,大约从 6 月至 12 月,以头茶为最佳。

各地产制的茶,可分为珠茶或虾目、圆茶、眉茶、贡熙、副熙、干介及茶末。这种名称仅用来形容制茶后干茶的形状,因此在贸易上这种名称常附以地名,如屯溪虾目、婺源虾目等。

珠茶以细嫩及半老嫩的青叶制成,揉捻成为球状,其大小从针头到豆状不等,可以分为特号珠、头、二、三、四、五、六、七号及普通珠茶等级,中国品级名称为蒱珠、宝珠及芝珠三种。

珠茶越小,价格越贵,因此头号珠茶形状极细。头号珠茶为细嫩的青叶紧卷而成,二号珠茶圆紧程度较差,三号珠茶已呈疏松状态。珠茶的中国名称为小珠。

眉茶也是由嫩叶及半老嫩的青叶制造,揉捻成长形细条,其品名可分为珍眉、凤眉及针眉等,有时也称为头号、二号及三号雨茶,珍眉雨茶为细长紧卷的叶条,凤眉条子较粗长而稍弯曲,针眉则为细小而卷曲的条子。

圆茶由较老的叶制成,通常是筛出珠茶时所剩的茶,仍做成珠茶状,但较疏松,可分为头号、二号、三号圆茶。头号圆茶颗粒圆紧,二号圆茶颗粒宽松,三号圆茶粗大宽松。中国称圆茶为大珠,这三个级别又称为蚕珠、丹珠及细珠。

贡熙为粗老的叶所制成,其形状介于眉茶与珠茶之间,在中国又称熙春,可分为贡熙、正熙与副熙三种。

干介的叶粗放、破碎、松散,品质低劣。副熙品质更次。

婺源茶产于安徽省,不仅是路庄绿茶中的上品,而且是中国绿茶中品质最好的绿茶,其特征在于叶质柔和细嫩并且光滑,汤色澄清而滋润,可分为三类:南京、帕贡及真婺源茶。南京与帕贡是一种优美的饮用茶,香气馥郁,汤色鲜明,味强而厚,叶身细柔;真婺源茶稍呈灰色,有特殊的樱草香气,乌倩是一种小粒状婺源茶,味特强。婺源茶有各种品牌。每个字号的茶,每年有三茬,第一茬约在7月初出现在上海市场,第二茬在9月初,第三茬在10月,其中以头茬茶最佳。

屯溪茶是安徽的路庄绿茶,形状优美,汤色清淡,叶底鲜明,香气与婺源茶非常相似,但不浓烈。火候欠足,叶身坚韧。做工比婺源茶更加精细。

徽州茶也是安徽路庄绿茶的一种,叶形还算可以,只是带有明显的烟味。在安徽还有其他较为不著名的茶,如歙县、休宁、绩溪、黟县及太平等,因为都以芜湖为中心市场,所以有时也称为芜湖茶。

温州茶是浙江所产的路庄绿茶,没有什么明显的特征,汤水低劣,香气好像干苹果。遂安茶在形式上与屯溪茶相似,但汤水与屯溪茶相差很多,而且泡出茶液瞬间变红,因此不能长期贮存。

上海土庄茶是由各地毛茶运到上海后精制而成,因其所做花色没有一定的规律,所以它的特征也无法详述。

湖州茶汤水淡薄,形状优美,有甜和香味,是中国绿茶在春季最早上市的。通常做成七八种珠茶,二三种圆茶,珍眉及凤眉各一种,湖州属浙江省。

平水茶品质与湖州茶相同,但略带金属味,汤色平淡,只是形状比湖州茶好,头茶与湖州茶的形状及味道均相似。制工非常好,比婺源茶紧密结实。平水是一个城市的名字,浙江省绍兴附近各地所产的茶叶,均集中在该镇制造销售,因此市场上统称为平水茶。

湖州茶与平水茶均为浙江的茶,该省的其他绿茶也都以县名命名,如奉化、上虞、诸暨、永嘉、瑞安、平阳、遂安、开化等。永嘉、平阳的绿茶大部分为内销。杭州的龙井茶为著名的内销绿茶。浙江的绿茶大部分集中在杭州、温州,然后运往上海。

江西也出产绿茶,多为内销,仅有少数外销的,大多集中在九江,然后运到上海,在市场上被称作九江茶,其地区包括德兴、余千、万年、玉山、铅山、上饶和吉安。

福建也产内销绿茶,均在三都澳和福州销售,最有名的是淮山茶,以香味甜和出名。

湖南出产少量的内销绿茶。

广东出产少量的贡熙和眉茶,经广州销往外地。

白毫茶是福建出产的绿茶,在形式上,乍看好像一堆白毫芽头,几乎全为白色,而且非常轻软,汤水淡薄,无特殊味道,也无香气,只是形状非常好看,中国人对这种茶常出高价购买。

中国大陆乌龙茶可分为福州乌龙、厦门乌龙及广东乌龙三种,其中福州乌龙最为著名,以前还有过高桥乌龙,这种乌龙茶制造粗糙,品质上等的令人感到快爽清香。银色乌龙为特别采摘的茶叶,由头茶中最嫩的茶叶制成。

福州乌龙昔日曾经称雄一时,现在因为有了台湾乌龙的竞争,受到了很大的冲击。福州乌龙茶滋味醇美,但无身骨,叶粗长而色黑,二茶或夏茶品质最好,秋茶比其他种类的三茶要好。乌龙茶每年可采制四至五次。

著名的线茶即为福州乌龙,其中有一些品牌如"同利"、"同茂"等相当出名。在过去,该种线茶制工极为精细,叶呈黑色,优美而洁净,一经冲泡,汤水清澄,香气纯正。品质优良的与婺源虾目或眉茶相拼配,可制成非常高级的拼和茶,但售价也是非常昂贵。曾经有一阵市场上对乌龙茶的需求非常大,泰岗、水吉等地都改制乌龙茶。

19 世纪末,大量乌龙茶由厦门输出海外,如 1877 年厦门输出乌龙茶达到 9 万担。这个时期台湾乌龙茶在台湾制造后运至厦门出口。到 1906 年时,台湾开始自行直接出口,输送至海外各消费国。现在厦门乌龙茶大多运往新加坡及暹罗,还有极小量的广东乌龙茶则由广州出口。

中国主要的花茶为福州窨花茶,由福州出口;广州窨花茶由广州出口;澳门窨花茶由澳门出口。种类有花香橙白毫、花香珠兰及包种茶等。就一般而论,窨花茶的滋味并不足道,味极淡且不强烈。

包种茶为福州市场上销售的窨花乌龙茶。台湾包种茶经常输入中国大陆。

福州橙黄白毫与福州珠兰茶应当被视为同一种茶,只是由于形状不同而叫法不同,长形的制成橙黄白毫,圆形的制成珠兰茶。这种茶叶经常用于拼配之用。

福州花茶依照惯例均在五六月间制造。福州窨花橙黄白毫为卷曲均匀的黄色叶,汤水清澄,是窨花茶中最上等的。福州珠兰,味淡,不足以供拼配之用,具有特殊的皱纹形状。

广州窨花橙黄白毫,叶形细长,呈暗绿色,经常被称为长叶窨花橙黄白毫或蜘蛛叶白毫,滋味浓厚而有刺激性,香气很好,品质比珠兰好。

还有一种短叶的广州窨花橙黄白毫,它仿照福州式制造,味道强烈而有刺激性,但缺乏香气。

广州珠兰茶分为两类,即光滑类与橄榄叶类,前者用白蜡磨过,后者则保持原来色泽。福州珠兰花茶叶形很小,有较大的刺激性。澳门窨花橙黄白毫,制工好,叶带黄色,有刺激性,其中最好的等级是高等白毫。

中国的砖茶可分为三类——红砖茶、绿砖茶及小京砖茶。一般而言,砖茶的味道,只及普通茶叶的1/6。

中国红砖茶是由中国、印度及锡兰的低级红茶与茶末所制成。制造时各有不同的混合方法,混合比例各家均保守秘密。红砖茶长8—12英寸,厚1英寸。茶砖装在竹篓中,每篓装30—140块不等,平均为80块。每块茶砖重2.25磅。有些奸商,往里掺入其他杂质,如树皮、木屑及煤灰。

绿砖茶全由茶的叶片制成。做成后装在木箱里,每箱可装45块。每块面积为7×12英寸或8×5.5英寸。无论红、绿砖茶,均分为上、中、下三个等级。

在四川雅安与打箭炉(打箭炉现改称为康定,今四川甘孜藏族自治州州府所在地)所产的砖茶,其性质与其他茶完全不同。这种砖茶,是用粗叶或剪枝剪下的枝梗所制成。将叶装在湿牛皮中,干燥后即成一个坚实的包裹,重约60—70磅,专供西藏贸易之用。

小京砖茶的制法与砖茶相似,完全用中国或爪哇及锡兰的最好茶末制造,制造时不用蒸汽而仅用压力。块小,每块约重4.788两,用银纸包装。

束茶由多数茶条束成,长许英寸,用银丝线绑住,是广州乌龙茶的一种,仅用茶树的顶芽制成,产量极少。

茶梗从茶叶中筛出,仅供内销。

毛茶出口若干国家,都不分级。

有时茶末不仅指粉末而言,还指一部分的茶梗和粉末。这种茶末都是在出口时为了增加重量而用。

日　本　茶

日本茶以绿茶居多,每年5月至10月出产,分为头帮、二帮、三帮。其中以头茶最好,汤水淡薄而气味香浓,叶底也比二三帮茶鲜绿,二三帮以后的茶,也有的形状非常美观。头帮茶采摘从5月至6月中旬,二帮茶从7月中旬至8月,三帮茶从8月中旬至9月,有时由于气候的原因,还可在9月底采摘第四帮。

日本茶按照其制造方法,可分为釜制茶(长形)、玉绿茶(圆形)、笼制茶及原叶茶,原叶茶以前称为瓷制茶。釜制茶由短叶制成,色淡绿,玉绿茶为类似中国眉茶的釜制茶。笼制茶用长叶制造,最上等品质则采用嫩叶,因为这种叶更易于卷成长而黑且带橄榄青的茶叶;中等品质用老叶制成,卷曲性也小,但还算是易于卷捻;至于下等品质则卷捻疏松,并且含有很多制工不精的茶叶。原叶茶的制法与釜制茶及笼制茶相似,但常杂有粗叶。

日本上等茶各自具有特异的芳香。在饮用上釜炒与笼制并没有区别,所区别的只是外观而已。

根据日本茶的用途,可分为商业上的煎茶、供神用的碾茶或称式茶、低级的内销番茶、产生于树荫凉下的叶片经特别制造而成的玉露茶。剪茶专供外销。还有新兴的红茶,也供外销。

静冈县为日本外销茶的最主要产地,所产茶叶,可分为远州茶与骏河茶两种。前者外观虽稍逊于后者,但味道非常好。再将它们细分,又有川根、森、大川、金谷、滨松等数种;其中以川根茶最好,叶细而卷,茶汤味强而厚。森茶叶形与汤色均佳;金谷茶品质中等,味强而色差;滨松茶则品质平凡;大川茶在商业上不是很重要,但也有与金谷茶混合后再出口的。

骏河茶是日本茶中外观最好的。大部分为笼烘,汤水品质不及远州茶,且缺少香气。可分为两大类:一为安倍茶,一为富士茶。前者品质略好,后者色佳而味稍弱。

靠近京都的山县,出产优等茶叶,宇治茶是其中的一种。大部分山县茶分为多个品级,供内销;由于价格昂贵,故极少出口。山县附近的近江,也出产品质优良的茶叶,称为滋贺茶。三重县所产的茶仅用于拼配;岐阜县也产有品质优良的卷叶茶。

在崎玉县的入间及玉一带,有一种称作狭山或八王子的茶,叶形及汤水均佳,只是在外销方面价格稍显昂贵,九州岛的鹿岛县,出产相当数量的低级茶,用于拼配而供内销。

在宇治树荫下生长的茶叶,经过特别方法制成的玉露茶,品级上等,不作外销。碾茶或式茶常为粉末状,也和玉露茶一样选用荫蔽叶制造,只不过玉露茶是揉捻叶,碾茶则是将茶叶在自然状态中干燥后再粉碎;其中用来供应茶道的称为抹茶,也不外销。番茶为一种粗叶下等茶,供内销用。焙茶为焙制番茶,刺激性强。

茶尖是块状的叶,制造时因不易卷曲而被捡出,在各种日本茶中都有,上等品质的茶尖汤水还算不错,但下等品质的茶尖则比原来的茶叶更次。

日本外销茶分为下列各级:超优等、最优等、优等、最上等、上等、中等、普通、茶尖、茶末及茶片。

台 湾 茶

台湾所制茶叶可分为两大类,即半发酵乌龙和包种(窨花乌龙)。最近又有了第三类茶,为发酵四分之三茶,专销美国;第四类为红茶,数量很少,销往日本。发酵四分之三的台湾茶,分为嫩橙黄白毫、橙黄白毫、白毫三种。但在美国销售时必须注明"橙黄白毫叶形"(O. P. Leaf Size)的标志。

包种茶在补火时用栀子、茉莉或玉兰花熏。在世界主要茶叶市场上,虽然还未见到这种包种茶,但是在对东印度的贸易量已经达到 700 万磅以上。

台湾乌龙茶曾被称为茶叶中的香槟酒,干燥、青褐而卷皱,又带有芽叶。茶汤有强烈的刺激性,并且具有最优雅而诱人的天然果香,汤色按采摘时间和品质从琥珀至棕色不等。品质越高则香气越高,如果叶底为完全绿色或近于绿色,则茶汤的香气与浓度还不是最好,如叶的边缘有发酵现象,品质较好。

台湾乌龙的生产期在 3 月至 12 月,分为五次:第一次即春茶,第二次为夏茶,第三次为晚夏茶,第四次为秋茶,第五次为冬茶。各种茶在品质上区别很大,例如春茶与晚夏茶之间的差异,就像功夫茶与锡兰茶或日本茶与眉茶之间的差异。一般来说,春茶外观较好,味较淡,而夏茶与晚夏茶均有身骨与香气。

春茶的采摘从 4 月初至 5 月中旬、6 月装运。叶粗而松,芽叶较少。水色为琥珀色,淡而薄。早采的有足够的香气,品质介于普通和上等之间。

夏茶的采摘在 5 月底到 6 月底,晚夏茶的采摘则在 7 月的第一周至 8 月中旬。前者外观美丽,香味浓厚;后者外形更美,芽叶较多,香味更浓。它的中级茶由于滋味浓厚,好像用一小部分的锡兰茶或功夫茶拼配而成。夏茶的品级很多,最高级茶就在这个时期产生。

秋茶于 8 月下旬至 10 月中旬采摘,叶美味浓,但是香气不及夏茶,因此品级也很难达到优等。

冬茶在 10 月下旬至 12 月初采摘,外观华美,汤水轻淡而新鲜,茶叶品质随气候不同而异。有时初冬寒气逼人,往往在冬季很晚时能采得少量的极香极美的茶叶,而且品质与春茶相似。但是这种情况为十年中难得一见的现象。

在地理上划分台湾的产茶区域,(不依品质而定),最主要的产地为新竹及台北。新竹区域内的茶产地为苗栗、竹南、竹东、中坜、新竹、大溪及桃园等;台北则包括文山、海山、基隆、七星、新庄、淡水。至于台中、台南两地则产茶数量极少。在外国茶商中有时将乌龙茶分为北区茶与南区茶,以产区大稻埕的南或北加以区分。中国旧式的名称,也被经常使用。

台湾乌龙的分级,政府检验机关分18级。为:普通、准优、优、全优、优上、过度超优、准超优、超优、全超优、高级超优、过度精品、准精品、精品、高级精品度、准最精品、最精品,过度珍选、珍选。在贸易上还有其他中间级别,为好叶、全标;过渡优等、精选超级、精选珍品及优雅等级。

法属印度支那茶

法属印度支那的产茶区为安南、东京及交趾支那各省。此外在老挝的各山地,也产有不少野生茶,原住民有时也制造。

印度支那最主要的外销茶为安南绿茶及安南红茶,都是欧洲人制造,制工非常精细,常作为法国拼和茶用。至于原住民所制造的,则均使用较次的粗叶,有强烈的辛辣味而无香气。还有所谓的花茶,正如其名,是用茶花制成,有一部分运往法国,巴黎人常把它作为新奇饮品。

在印度支那制造并且供当地消费的茶叶,除上述几种外,还有日晒茶、东京红茶、东京绿茶、东京饼茶及交趾支那绿茶等。前三者完全粗制滥造,毫无优点可言,大概是由于当地人喜好强烈的辛辣味而不重视香气。东京饼茶则与云南所制的饼茶相似,主要有海查饼茶及河内饼茶。交趾绿茶是一种粗而有刺激性的茶叶,在商业上并不重要。

暹 罗 茶

暹罗茶采茗叶制茶,茗树也是 Thea sinensis（L.）Sims. 的一种,每年通常采摘四次,即6月、8月、10月及12月。10月和12月品质较好。也有一些地方全年都可采摘,叶经过蒸及发酵,再加上盐以及其他调味品,用作清洁口腔异味。

缅　甸　茶

缅甸茶共有三种,即红茶、绿茶及土生腌茶。其中90%产于潭平老隆的北禅部及南禅部,还有亚拉根、都拿舍廉以及西北边境也有少量出产。

每年从3月至10月底,采茶三次,以5月至6月所采的二茬茶为最好,称作"斯威普"。头茶制成腌茶,这种茶经过蒸和发酵,在当地作为蔬菜,常与菜油、大蒜或干鱼一起食用;二茶通常制成干叶泡饮,但不适合欧洲人的口味。还有旅居缅甸的欧洲人所制的红茶,只不过数量极少,只够供本地消费。

其他亚洲茶

在伊朗的几兰、莫山台冷及亚斯塔拉白特也有少量茶叶出产,种子来自外高加索及印度。在马来联邦,吉打的古伦有300英亩的茶园,这些在商业上都没有太重要的意义。

爪哇及苏门答腊茶

爪哇四季产茶,其中以旱季——6月至9月为最佳,其余品质依次降低,而且仅出产红茶。

爪哇茶以茶园名作为品牌,有时还以产地命名,用来区别。由于采茶季节和地势高低的不同,茶叶的品质、香气及滋味等差异很大,一般来说,爪哇茶有黑色及诱人的外形,但在旱季则成为褐色多梗,香气更浓,爪哇茶汤水强烈适中,制工甚精,是一种优良的拼和茶。高山地区所产的茶叶有锡兰茶的香味,低地所产的则香气弱,茶水浓厚而不涩。

爪哇最上等的茶叶,产自潘加伦根高原,此地旱季所产的茶,可与印度及锡兰茶媲美。产地高度大约在 4000—6000 英尺。在布林加州的茶园占全爪哇 70% 。除此之外,产茶区还有万隆、加洛特、索卡保密、索麦丹及芝安祖尔等地。

巴达维亚州是仅次于布林加的产茶区,茶叶均产自高山上,产区为茂物及索邦。还有一些优等茶产于巴索鲁安州及马兰的隆马特宗一带。

苏门答腊茶受季节影响不像爪哇那样严重,全年所产各种茶叶都带有同样的美妙的味道,叶片也匀整可爱,大量茶叶产于东海岸的日里州,其次为亚萨汗、巴吐巴厘、星马隆根及潘马潭圣他尔。品质以后者为最好,茶园大多位于 800—2400 英尺的高地,其他各地将来也非常具有发展的可能性。

爪哇与苏门答腊茶的品级分为嫩橙黄白毫、橙黄白毫、碎橙黄白毫、碎白毫、一号及二号白毫小种、小种、碎茶、茶末及武夷茶等。

斐 济 岛 茶

斐济岛中的第二大岛伐南来浮岛上有茶园,仅出产少量红茶供岛民饮用,低地则不适于种茶。

非 洲 茶

尼亚萨兰——非洲种茶最多的国家是尼亚萨兰,产茶区为姆兰治及科罗两地,前者海拔 2000 英尺,后者为 3000 英尺,因此后者所产茶叶品质好于前者。两地产的茶均为红茶,品级在中等至上等之间,水色清淡。如今尼亚萨兰茶在伦敦市场上渐被重视,所以它的价格也能与锡兰、印度的同一高度产茶区的产品相似。它的分级方法与锡兰、印度相同。

　　纳塔尔——纳塔尔的茶树只生长在斯坦求附近的六个茶园内,该处是一个高地,海拔在 1000 英尺以上,在斯坦求临海区以西的土其拉河的南边——土其拉河是纳塔尔及祖鲁兰的分界线。如今茶业已经衰落,仅有茶地 2000 英亩,但是在 1909 年的时候,有茶地 5909 英亩。采摘季节从 9 月至次年 6 月,只出产红茶,茶种是阿萨姆土种,茶叶分为金黄白毫、白毫、白毫小种及小种四级,大部分在南非销售,仅有小部分在伦敦市场销售,是一种含单宁少而且有轻微香味的茶叶。

　　肯尼亚——肯尼亚殖民地的产茶区在尼亚萨的开力巧、基古右的肯姆普以及纳伐显和乌生奇休特区。地势多高于 7000 英尺。茶种均为印度种。叶肉肥厚,汤水薄而气味强烈,品质不错。目前虽然在商业上还没有起到重要的作用,但是发展迅猛。1925 年有茶地 382 英亩,到 1926 年已增至 1689 英亩。1929 年,一批肯尼亚茶正式在市场上公开销售。根据评茶报告了解到,他们制作方法完全按照其他产茶国的方法进行。

　　乌干达——有少数茶叶产于乌干达 5000 英尺以上的高地,茶叶中含有丰富的茶素、单宁及可溶物,因此与印度茶相似而与中国茶较为不同。通常在肯尼亚内洛皮的市场上销售,供内销用。

　　葡属东非洲——在葡属东非洲的莫桑比克与尼亚萨兰相连的姆兰治山,有茶地 493 英亩,所产茶叶行销本地及葡萄牙,并享受 50% 的特惠税。汤水平淡,与尼亚萨兰茶相似,无涩味,外观优美,具有芽叶。

亚速尔及毛里求斯

　　在葡领亚速尔群岛的圣密歇尔岛上也栽有少量茶树,可制成红、绿茶,品质很好,均运往葡萄牙,也享有特惠关税。印度洋中的英领毛里求斯岛也有商业性的茶叶生产,每年产量约 3 万磅。

外 高 加 索

在苏联外高加索的乔治亚苏维埃共和国境内的亚治哈立斯坦有广阔的茶地。茶园都在巴统附近黑海东岸的亚特加山的南坡。产品都销售给苏联。栽培及制造中心是查克瓦集体茶园。上等茶与多种中国茶及印度平地产的普通级茶相似，叶形优美，但汤水平平。

茶 叶 审 评

以前的茶师就好像是诗人，他们在茶业方面具有天赋而不完全是通过学习掌握这门技巧。虽然茶师的技术必须经过训练而成，但是必定是先天具有超乎常人的敏感的味觉及优异的嗅觉，才能达到大成。优秀茶师就好像音乐家一样，看到音符，就知道发音的高低长短；又好像烹饪师，有着优异的配合材料的见识，从而能轻松辨别调味的好坏。茶师不仅凭样茶的审评而定出几千磅茶叶的价值，而且还知道如何将多种不同种类的茶叶拼配成佳品，因此只有具备过人天赋的人，再经过多年的研究与实践，才能成为一名成功的茶师。

茶叶审评根据三个要点：干茶的外观，捻卷及香气，都凭借视觉和嗅觉鉴定；叶底的色泽及气味也凭视觉及嗅觉评定，汤水色泽、厚薄、强弱、刺激性及香味等，则由视觉和味觉来评定。

紧卷黑色的茶叶，表示萎凋良好；松而褐色的茶叶，表示萎凋不良。只不过茶叶稍带褐色，通常汤水最好，黑而且外形优美的茶叶，汤水往往一般。不卷的茶叶，易于泡出液汁，且初次冲泡，茶叶内富含的物质即可完全泡出；捻卷较紧的茶，第二次冲泡的茶汤通常都比初次好，因此在硬水区域适宜选择捻卷紧结的茶，而软水区则适合选用疏松的茶。一般来说，叶形小硬而捻卷均匀者为佳，芽尖并不十分重要。美国的购茶者大都注重叶形，并且以白毫的芽尖表示红茶的品质，但实际上各种红茶中的上等者，未必都有芽尖。例如上等台湾茶中，叶小而黑硬，捻卷良好均匀，品质则比叶粗、捻卷不匀而多芽尖者要好。超等大吉岭茶，通常都以最高价销售，特征是叶呈全黑色。如有芽尖的茶，则芽尖必定长而且呈金黄色，并且捻卷良好，多数购茶者每次将少许干样茶放在手中，轻轻按压，辨别样茶是否有弹

伦敦茶叶公司包装车间的品茶室

性或干脆。新茶在轻轻按压下，仍能不破碎并回复原状，相反，陈茶则易碎而生粉末。

　　锡兰、爪哇及印度红茶的干叶，在外观上大体相似，实际上爪哇茶也是阿萨姆种，因此在区分上非常困难。中国红茶完全与其他红茶不同，每一种都具有特异的香气，因而经过训练，便可以通过嗅觉来区分它们，有时茶师只用此方法鉴别茶叶，便可以判定茶的价格。

　　叶底的色泽非常重要。在红茶中，鲜明的叶底混有青色的叶片时，即为含有生茶而表示发酵不充分。这种茶叶如果过生，即称为"生"或"绿"。叶底为暗绿色而叶形平展者，则表示萎凋不足及发酵过度。叶黄而带有绿色者，则表示有刺激性。金黄色叶片必定是品质优良的茶叶。红叶底表示茶汤丰富而浓厚，暗叶底则表

示低级和普通的茶叶。好茶的色泽必须均匀。在绿茶中,汤水澄清并且带青黄或金黄色,茶叶沉于杯底者,表示这种叶是早采的嫩叶;如果是晦暗无光或带有褐色的黄叶,则表示是老叶或是低等茶。因此在一般的淡色茶中,汤色越淡即表示茶叶越嫩,而且茶叶品质也越好。日本的上等茶及中国婺源的虾目或眉茶,都有显著的鲜淡色汤水;当然水色越淡,表示汤水味道不够浓烈,但上述绿茶则属例外。因此有些特别淡色的茶汤,并不意味缺少其他汤水的性质。叶底也可凭借嗅觉特征差别而决定有无刺激性及气味厚薄与否,以及是否为浓烈或焙焦或发酵过度的茶叶。有些购茶者的确仅凭叶底的含蓄性质便可以判断茶叶的品质。在茶汤充分滤出后,茶叶仍含有相当的水分,就像挤压海绵一样,还可挤出相当分量的茶汤。

判断干叶及叶底的品质优劣与否,是在最后品评茶液的品质与香气。最理想的茶,是快爽、浓厚而有香气之茶,并且杯中有浓厚的汁液,不暗而富有光泽。好茶的水色在冲泡之后,即出现鲜明光亮的外观。如果是阿萨姆茶种,水冷时立刻生成乳状,中国茶则没有这种现象。

在茶叶审评时所用的各种形容词,非常抽象,难以描述,例如茶可称为快爽、醇厚、浓、厚、淡、青味、腥味、烟气、香味、涩味、金属味、辛辣、烤面包味、麦芽味、铜味。还有浓烈及强烈、刺激、辛味;又可有沉浆。刺激是尝液汁的感觉,在口中感觉粗糙或收敛,并不是一般的滋味。生与青是一种苦味。快爽是一种活气,与平淡味相对,正如新鲜苏打水与陈苏打水的差异。香味是一种甜味,类似蜜香。沉浆则表示茶突然变得浓厚,就像有大量浆液冲入茶中,并且水面会浮起乳状膜。这一点虽不能完全断定茶的品质,但是有此特征的,大多是品质优良的茶叶,只有这一点不表示香味。

从化学方面来看,单宁具有强烈的涩味与刺激性,正因为这样,才使茶汤有了特殊的味道。单宁使茶液呈金黄色、红色及褐色,另一方面还会让茶叶产生乳浆的现象。红色单宁产生青铜色及烈味;褐色单宁则使水色发老青铜色。单宁会使液汁发涩或快爽。茶素使茶成为一种兴奋剂;挥发油使茶具有芳香气。全部的可溶物使茶汤变得浓厚。

除上述各项特征外,茶师还必须能够发现各种茶自有的特性,使一种茶加在拼和茶或普通茶中使其特性能表现出来。茶叶如果具有这种品质,即便缺乏某种特性,也可以卖出高价。

拼 和 冰 茶

美国夏季最普通的饮品为冰茶,不需要加牛奶和奶酪。拼和茶商需要研究各种茶是否适合这种用途,因为有若干种茶的茶汤经常变浊而产生沉浆。上等阿萨姆茶及大部分普通阿萨姆茶及高地锡兰茶,都具有这种特性。

想要拼成一种沉淀不多的茶叶,也并非不可能,实际上多数茶叶如锡兰、北印度与南印度的低地茶、台湾红茶及华北功夫茶、华南功夫茶等,都没有沉浆现象。拼和冰茶在拼配之前,应用水冲泡6分钟后,再加冰调试。使拼和茶减少沉浆,在于冲泡的时间问题,如果热茶在冲泡3—5分钟倒出,即可成为夏季适口的饮料。

审 评 用 具

光线是审评茶叶的最主要部分。理想的审茶室,需要窗户向北,审茶台应放在光线柔和而各个茶杯都能有同一光源的地方,如果光源不同,则汤色不能比较,直接的太阳光与人工光线均不适用。在远东地区,茶台经常放在窗下,窗外需挂一幕帘,可以使光线反射于茶面。

美国审评茶叶的方法及设备与英国、荷兰及其他产茶国有所不同,后者更为周详而正确,美国审查茶叶所用房屋较小,时间也短。

除美国以外,各国审茶方法如下:长审茶台高约 4 英尺,审茶室的四周各种茶样有陈列的木架,一把铜壶放在火炉上,窗外有幕帘,可以调节光线。要进行测试的干茶样品排到台上。在样品之前,放置有盖的瓷钵,这种瓷钵通常无缺口,但是在欧洲有些地区,也有用带缺口的瓷钵的。在各样品与瓷钵之前,放置一定大小的瓷杯。每一种样茶用小型手上天平称取 1/4 两或 43 克。等到称完 10、20 或 30 种茶样后,各放入瓷钵中,然后用水壶准备冲泡,冲泡时所用的水,需刚到沸点,决不能用二次煮沸的水。水冲入瓷钵中就将盖盖上。

茶在钵中约放置 4—6 分钟,时间可用沙漏计,或用小壁钟计时,这些钟需预先调整,能在一定时刻鸣响,然后将钵横置于瓷杯中,使茶液流出,叶底就放在反转的

英国评茶工具

盖面上。这样,一方面可审定茶汤,一方面又可审视叶底。习惯上都从左到右审评茶叶,下等茶往往最先测试。

在美国审茶时常用圆台,台面可以旋转,台面由木制或人造石制成,台的中央装一架天平,固定在台基或台柱上,新式的还带有一突出的小盘,用一轴与台柱相

美国的评茶桌

连,这个小盘适合放在台面之外缘。台面可以转动,而这个小盘不动,用作比较样茶和标准茶。台面的四周约有三四英寸较低的台面,可将白瓷杯放在低面上,背后放一个浅盒,有时可以盛放样品。茶师坐在台旁的凳上。不用瓷钵,茶叶的重量等于半个蒂姆(1/10 美元)银币,称好后放入杯中,再将沸水冲入。茶师注视茶叶在各杯底缓缓展开,并随着台的转动,测评由杯中所上升的蒸汽。然后用干净的勺子在杯底搅拌茶叶,观察汤色变化。大约半分钟后,叶已冷却,可再嗅闻,然后用勺子取起叶底,放近鼻下嗅闻,用来辨别叶底的性质,再将勺子浸入台上盛有洁净热水的碗中洗净,防止相邻的两杯的茶香混淆,按这个程序依次审评其他样品。其次为观察水色,有些样品的色泽始终不变,有些样品不久就变暗。将一个标准样茶放在比较盘上,然后转动台面,将各个样品逐一比较。这种工作非常费时。

等茶逐渐冷却后,茶师就开始实际试茶。茶师看到茶汤已经不是很热而适于辨味时,就取茶水一勺,急速用上下唇吸入口内。茶水绝不能咽下,不然将会暂时影响味觉,试完味道,就将茶水吐在一个大口的水筒内,这个筒放在地上,夹在两膝之间,是特殊制造的,在美国这个筒的高度与茶台差不多,其他国家也有高于茶台的,筒的形状与沙漏相似,口底宽而中间窄。

茶是茶叶的水浸液,因此水的重要性不亚于茶叶本身。有的茶师用蒸馏水审评茶叶,但是这种方法通常不能试出茶叶的本质。伦敦方面为适合这种情形起见,拼和茶商经常采用两个地区的水,例如销售在普利茅斯的茶叶则采用南迪望的水检验。美国在试茶时对这方面不是很重视。

有些茶叶则适合用某种水冲泡,例如各种优等幼嫩红茶、绿茶,用纯净的软水冲泡可产生香气与强烈味,但是如果用硬水冲泡将很难得到软水冲泡的效果。火候太大或比较粗糙的茶,用硬水冲泡反而可以得到良好的效果。饮用牛奶的国家,最后还必须加牛奶测试。但是加在每杯中牛奶的多少必须相等,通常先让每杯中的液量相等,然后用小茶匙各加入等量的牛奶。有些看上去外观浓厚的茶,仅仅是色泽艳丽,加入牛奶后则淡而无味。

一般来说,伦敦茶商将浓烈的阿萨姆茶运往苏格兰,大吉岭及爪盘谷茶运往约克锡,锡兰及一些中国茶则运往西南部,其余的印度及锡兰拼和茶供伦敦及东部各地饮用。

茶师有在试茶时吸烟的,有事先咀嚼小块苹果或奶酪引起味觉器官兴奋的,有饭前试茶以防饭后味觉迟钝的,还有终日试茶的。评审室中的茶杯与茶钵的容量必须相等;天平必须准确;水壶必须干净;茶杯与茶匙也必须洗净并用布擦干。

(编者注:"世界主要茶叶种类索引"本书从略)

第十四章　茶叶的栽培与制造

种茶及制茶方法起源于中国,现今各产茶国,均直接或间接采用中国旧法;但是这些国家将旧法改良,应用了科学、合理的农业技术及制茶的机械。

在中国,茶籽播种在斜坡及荒地,栽植粗放,因此茶丛矮小、产量低下,比印度、锡兰、爪哇等地均有逊色。中国旧法制造绿茶,是将茶叶采摘后立刻进行锅炒,然后揉捻及干燥;制造红茶则是先揉捻,发酵,然后烘焙。

爪哇和印度的最早经营茶业者,首先雇佣中国技工,引入中国茶种,并采用中国方法栽培制造。后来改为种植阿萨姆本地种,剪枝采摘,改用新方法;制造则采用机械制造。今天欧洲人的经营方法已经与中国旧法不同。在栽培方面,选择适当园地,用苗圃育苗,再选择优良幼苗移植;茶丛施行剪枝,增加产量,采叶时也注意如何促进日后生长繁茂。至于爪哇、苏门答腊、锡兰及印度等国之间方法的差异,全由于气候及地理位置的不同,大体上来说,这些新兴产茶园,在产制技术方面均大同小异。

500 年来,中国茶叶的栽培与制造方法没有太大的变化,茶农仍以茶叶为副业,最近逐渐开始采用印度、锡兰的新方法;采用机器制茶仍然少之又少。日本则从爪哇及印度学到新法种茶,并且已发明多种特有的制茶机器。台湾也采用了先进的产制方法。

近代的茶树栽培

地理上栽培茶叶的区域,北从苏俄高加索,南至北阿根廷,在北纬42°—南纬33°之间,共计75°,但产茶最主要区域,仍限于北纬35°的日本至南纬8°的爪哇之间,跨度不过43°。至于经度,从东经80°至140°,在这个范围间,有中国、日本、台湾、爪哇、苏门答腊、锡兰、印度等国家和地区。

现在大规模的茶叶栽培者,对于茶树的栽培已经像其他园艺及农作物经营者一样,采用科学种植及精密管理。并采用多种方法,用来提高效率。爪哇、印度、日本、中国、苏门答腊及锡兰等国的各试验场,都从事研究工作,以求技术及产品的改进,并培育出新品种,使之能抵抗病虫害及适应不良的气候环境。

土 壤 条 件

中国茶树向来栽培在不适宜种植其他谷物的土壤中,因为大家一致认为茶树最好是栽培在贫瘠的土壤里。但是,根据各国初期的试验结果,证明凡是排水良好的土质过于疏松的土壤,用来栽茶将难以获得好的收成。事实上茶树能生长在任何种类的土壤中。例如阿萨姆坚实的粘土及疏松的沙土中,都能产出高产量的茶叶。卡察茶生长在泥炭土中,每英亩仍能产茶2000磅。然而想要茶树生长旺盛、容易管理及节省费用,仍以疏松、砂质、养料丰富且排水良好的土壤为宜。

由于茶是采叶的作物,因此土壤中氮的供给最为重要。至于有机物、钾及磷的需要而言,与其他植物没有区别,但是茶树的生长不太需要石灰。最适于生长茶树的土壤必须具有酸性,酸度较高的土壤,所产茶叶的品质也比平常的茶叶要好;中性及盐碱性土壤,都不适合种茶,并且产量不高且品质低劣。

气候与高度

茶为常绿植物,除过于干旱的区域外,可生长于任何气候。如英国寒冷潮湿的南部也可以生存,而在 5 月气温升高至 115℉,湿度减至 17% 的印度兰溪地区,也照常生长。但最适合茶树生长的地区,仍是热带及亚热带地区,如锡兰、爪哇的高热与潮湿地区,茶可以终年萌发新芽。印度东北部在 10 月季风停止时起至次年 4 月,气温降低,空气干燥,所以 12 月至次年 3 月,茶树发育受阻,不能采摘。中国比印度干冷,产量也较少。日本在冬季非常寒冷,因此虽有降雨,枝条仍停止发育。

湿度是茶叶生长的重要因素。干燥的空气不适合茶叶的生长,在 85℉ 左右而湿度很大的条件下,茶叶的生长发育最好。

寒冷的气候使茶树生长缓慢,虽然霜能使茶叶变黑,但不能提高茶叶品质,如锡兰高地茶、大吉岭茶、阿萨姆初春茶及杜尔斯秋茶,都是良好的例证。

在印度,茶树种于山地,高度大都在海拔 1000—7000 英尺不等。锡兰茶大多栽于平地至 7000 英尺高度的地面,只不过大部分生长于 3000 英尺左右的地面。爪哇茶多生长于海拔 1000 英尺的地面,只有潘加伦根茶栽种在超过 5000 英尺的山地。苏门答腊的栽茶区域,在海拔 1200—3500 英尺之间。

中国最好的红茶,产于安徽省海拔 3000 英尺的高地上。最珍贵的绿茶,产于安徽省海拔 4000 英尺的高地。日本最好的茶,产于河流两旁的山坡,但是有将近一半的外销茶叶,产自静冈县海拔并不高的地区。台湾茶园,大多位于海拔 250—1000 英尺之间,但著名的乌龙茶则产于平地至海拔 300 英尺的丘陵地带。

使茶叶生长茂盛的最主要条件,在于常年有均匀充沛的雨水,尤以采摘前的时期最为重要。不然,茶树柔弱,易受病虫侵害。雨量每年至少在 80—90 英寸,不宜有长期的干旱。多数重要茶区的降雨量通常超过上述标准,极少有低于这个标准的。除非该地空气湿度极高,可以弥补雨量的缺失。

印度各茶区的平均雨量,依照地理位置差异很大。东北部的阿萨姆地区,非常温暖湿润,年降水量在50—150英寸左右。杜尔斯平均雨量为100—200英寸,大吉岭一带在东北季风时,气温较低而干燥;但在西南季风时期,5—8月间,则空气湿度极大,连续下雨。一般来看该时期的雨量在80英寸以上。印度西南部茶区平均雨量在100—300英寸之间。

锡兰气候在12月至4月比较干燥,5月至11月为雨季,每年平均雨量在72—271英寸。

爪哇各产茶区的雨量,分布极为平均,最低的如马拉巴为102英寸,最高的茂物为168英寸。7月与8月是最干旱的月份。苏门答腊的雨量常年没有太大变化,雨量最少时为六、七两月。主要产茶区圣他尔,全年雨量平均为116英寸。

中国茶区气候与印度东北部相同,没有明显的旱季雨季之分,全年有雨,夏季多,每年平均雨量为60—70英寸。

日本终年有雨,没有固定的旱季。9月为降雨最多的月份,1月则为最少的月份。京都地区有浓雾与重露,对湿度是一种补充。年平均雨量约为60英寸,静冈平均雨量为100英寸。

中国台湾每年有明显的雨季,从6月至9月下旬,每天下午必有大雨,全年雨量大都集中在这个时期。

整　　地

印度早期开垦茶地,效仿中国的旧法,多选择峻峭的斜地,后来才知道平地栽茶更容易茂盛,因此现在印度东北部的最佳的茶地都在平地。锡兰、南印度、大吉岭及爪哇的茶,大部分栽植于坡地,因而须注意方向。例如锡兰选择晨曦直射的斜地。大吉岭的斜地,则以向北为佳。雪尔赫脱的丘陵地,也是同样的情况,该处除有遮荫树外,南向坡地不宜种茶。

在雇好劳工及建筑房屋之后,开垦土地的第一步工作即为建设苗圃;苗圃建立后,先使种子发芽,然后以4—10英寸的间隔播种。如果以森林地为茶园时,应当先将地面的杂草割去烧毁,再砍断及焚毁大树。需要注意的是,要除去一切的残枝残根,不然日后所种茶树,将遭受严重的根病。只是清除残物,花费的时间和资金很多,因而有时也会让这些残物自然腐烂。至于草地的整理,相对较为容易,只是不如森林地肥沃。

每一个茶园建立时,都应当提前规划,布置好道路;旧式茶园不但缺少大道,而且也缺少小路。现代茶园如位于平地,通常将大路划分为 10—20 英亩的小区,大路可通汽车。茶园中的道路越多,管理就越便利而且完善。

如果在斜坡上种茶,首先应开辟成梯田,将植物种植在坪上。坡度较缓的,不需要作坪,通常用土堆成环形,防止表土的流失。种植茶树后,应再挖排水沟,主沟倾斜顺坡而下,小沟则横过山坡并入主沟,让水流入主沟,具体方法完全依照其他普通农作物的方法。

当新的区域整理耙平后,用木桩在坪上排好栽种茶苗的位置,每一梯园可栽种一行或数行,根据坡度来定。坡度越大则每一梯园的面积越小。

平地栽茶多采用正方形或三角形栽种法,其栽植距离大约为 4—6 英尺。每英亩种茶株数根据种植形式不等。种植较密,花费略大,但可提前收获。经济的种植距离为 4—6 英尺,四年内就可使茶丛覆盖地面。

表 14—1 为平地用长方形种植法每英亩种茶株数,道路及水沟等其他空地未计算在内。印度常采用等边三角形的种植法,土地利用率高,同时可以避免茶丛过密的弊端。表 14—2 即表示每英亩依三角形种植法可种植的株数,道路水沟等空地未计算在内。

表14—1　长方形种植法每英亩种茶株数　　单位:英尺,株

	3	3.6	4	4.6	5	5.6	6
3	4840						
3.6	4148	3555					
4	3630	3111	2722				
4.6	3226	2765	2419	2150			
5	2904	2489	2178	1936	1742		
5.6	2640	2263	1980	1760	1584	1440	
6	2420	2074	1815	1613	1452	1320	1210

表14—2　等边三角形种植法每英亩种茶株数

株丛面积:3×3 英尺 = 每英亩 5590 株
株丛面积:3.6×3.6 英尺 = 每英亩 4107 株
株丛面积:4×4 英尺 = 每英亩 3144 株
株丛面积:4.6×4.6 英尺 = 每英亩 2484 株
株丛面积:5×5 英尺 = 每英亩 2012 株

繁殖的理论与实际

　　茶树的繁殖除了用成熟的种子外,还可用无性繁殖,如扦插、压条及嫁接等方法。种子繁殖最为普遍,但是如台湾采制具有特殊香气的乌龙茶品种,以及试验场中进行各种科学研究试验时,为了防止茶树的特殊性质发生变异,则采用无性繁殖。

　　多数茶园通常开辟一小块地培植经过挑选的茶树,让它生长至15—20英尺高,用来获取种子。种子成熟后,开始采收,再用筛选法或水选法选种,等充分干燥后,存贮在木炭、干粘土或二者的混合物中。运送时用箱装好。

　　茶树播种也有用直播的,但是在印度这种方法非常危险。由

于干旱易使幼苗枯死,而且不易充分灌溉。还有一个缺点,就是苗木不易优胜劣汰,即使每一坑中放三四粒种子,仍然难以避免这个弊端。

多数茶园选择适当地点做成苗圃,有的也种植遮荫树挡蔽烈日,有的用人工做成的木架或竹架,上面覆盖茅草或树叶遮荫。苗床宽 6 英尺,用小路分隔,旱时用水灌溉。种子运到茶园,大多经过了选择,但是通常再用水选法,将浮在水面上的扔掉,把重而沉入水底的留下。种子通常放在湿沙盆中发芽,等到种壳裂开,再种植在苗床中,深度为半英寸,眼孔须向下。但销售者保证过的优良种子,可以直接播种在苗床中发芽。

苏门答腊茶苗的移植,通常在发芽后两个月,此时虽已发育充分,但是选择还有些困难。因此普通移植应以 6 个月至 18 个月的茶苗为宜。印度茶苗移植时,幼苗附有泥块,须慎重移运至种植地。锡兰与爪哇的茶苗移植虽在旱季,也不是很干燥,因此移植时不必附泥块。

苗圃施肥,不是很流行。但幼苗移植后,常施一些厩肥。苗圃的遮荫非常重要,因此在种幼苗的茶园中,经常种植半常绿植物。中国只有一小部分采用苗圃,而在英属印度及荷属印度的大规模茶园,则通常都备有苗圃。

日本及台湾的种茶者不用苗圃。日本直接播种,播种方式采用丛播或条播。斜坡植茶时,为了防止表土流失,多采用条播。台湾对于普通及性质较强的品种,采用直接播种繁殖。但是对于优良品种,为了保持其固有的特点,往往采用扦插及压条方法,而压条方法更为普遍。扦插的步骤是将枝条插入湿土,并去掉叶子,让它生根。压条是将选定的茶树,压其侧枝,深入泥土,等到枝条生根后,将它与母枝剪断,再行种植。

爪哇对于品种选择的研究工作,已经开展了 16 年,近年来,印度支那、中国及日本也开始效仿,但锡兰与印度至今尚无此项研究。

耕　作

在种植幼苗的土地,清除杂草是促进茶树生长的重要条件。通常在雨季后进行深约 6 英寸左右的深耕;此外,每年大约再耕四五次。印度南部及锡兰经常进行除草,因而极少有杂草滋生。爪哇茶区都种植绿肥作物,也就没有深耕的必要了。

中国每年除草四次,同时在茶树四周翻土。日本秋季各行茶树间的深耕有时达到 24 英寸;3 月至 10 月间,浅耕除草及松土三四次。台湾地区在 6 月底以前每年翻耕一次。但不是全部这样,如果可能的话,还用耕牛翻土达四五英寸深。

在印度平地,新茶园中有用牛拖弹簧齿的中耕器,三四年后,茶丛长大,便不适用这种耕法,同时茂盛的茶树枝叶已经可以抑制杂草的滋生,只不过中耕器的使用即使是对幼苗耕种时也不及手锄有效,不易清理枝、干、根及附近的杂草。

遮荫、防风及护土植物

茶园栽种遮荫树,已经实行了多年,因为有树荫和无树荫相比,前者所产茶叶更好。遮荫树对于茶树,可促进钾及磷酸等矿物性养料的吸收,阻止根深干高的杂草滋生,促进土壤的通气与排水,并保护茶树,使它避免强光及水分蒸发。缺点是容易传播根病,在它枯死倒下时,必会祸及茶树,还会与茶树争养料、水分及湿气。权衡利弊,树木的供给矿物性养料可以用肥料代替;防止杂草丛生,可用除草方法避免;土壤的通气,可用适当的排水方法改进;如果多数地方太阳照射无碍茶树生长,则上等茶叶在没有荫凉下也能生长。只不过在一般情况下,利用遮荫树利多害少,而且可以更轻松地获得良好的效果。

阿萨姆茶园经过详细的测试结果,发现在树荫下生长的茶叶,可溶物大量增加而单宁则大量减少。

大多树木,只要不是过密,都能形成合适的树荫,但只有豆科植物有从空气中吸取氮气贮存在枝叶的功能。它的落叶和残枝即成为土地的绿肥,因此普通用作树荫的植物,均为此类植物。这种遮荫用树木的种植距离,在爪哇是 18—24 平方英尺,在印度东北部则以 60 平方英尺为标准。

豆科树木还可以种植在紧邻茶园的路旁,排列成行,用来防止强风区域的风害。暴风能严重降低茶叶的产量,因此除遮荫植物外,还适合种数行的防风林。锡兰海拔 4000 英尺的高地茶园,种植银桦作为防风林。

灌木性豆科植物,通常在茶园开辟时,种在行间,用作绿肥并防止水土流失。

一些一年生草本豆科植物也经常种在茶丛间,等到它们生长数周后,耕入土中。

锡兰及爪哇经常由于土壤受到剧烈冲刷,养分损失巨大。因此经常种植豆科植物,防止水土流失,并且用它来清除杂草。其中以 Indigogera endecaphylls 适用于锡兰,而 Vigna hosei 则适于爪哇。这两种植物经常在用作绿肥时可埋入土中。此种植物经剪割后又可以从根部迅速抽发新芽。印度最常见的覆土植物是 Phaseolus mungo 及 Crotalaria juncea、Sesbania aculeata。

施　　肥

施肥的目的,在于增加土壤中植物生长所必要的养料,以补充由于栽种及土壤冲刷的损耗,并不会损坏茶叶的品质。

关于哪一种土壤需要什么肥料,一般都由土壤分析师来决定。为追求完美,最好由栽培者将所用的土壤加以分析,以寻求适当和最好效果的施肥方法。印度、锡兰、爪哇、日本及台湾地区的各茶叶试验场,都聘请具有丰富经验的技术人员,从事茶叶栽培与制作的研究,各种土壤需要何种肥料,也是他们研究的课题之一。

印度、爪哇及锡兰除了常用绿肥外,还同时利用无机和有机肥料。印度使用最多的是厩肥,中国及日本通常使用人的粪便,日本还利用人造肥料。实际上各种人造肥料都可用于茶叶,常用的氮肥为硫酸盐、碳酸钠及它们的混合肥料。还有像钾盐、磷酸肥料、油饼、动物饼、鱼鳞、骨粉等物,在价格合适的时候也有使用的。

通常在每年茶叶萌发期前施肥一次。日本秋季采用迟效肥料,春季则施速效肥料。台湾地区科学试验的结果,极大加强了茶农使用人造肥料的信心,但是在中国大陆的茶农,经常任凭茶丛自然生长。

病害及虫害

茶树容易受到种种病虫的侵害。虫害中最让人头痛的是茶蚊,它喜欢吸茶树嫩芽的液汁。在爪哇及印度南部杜尔斯及森马谷流域,虽然采用了种种方法驱除,仍未见效,只有加倍地细心呵护。其他主要的害虫有茶卷叶虫,用丝卷茶叶做巢;还有穿孔虫,经常穿空茎枝,使茶叶不能生长,它在锡兰蔓延的很广,茶壁螨依据体色分为红壁螨、橙黄壁螨、淡红壁螨、黄壁螨等,均在干旱时期侵害叶片,使叶变黄色或黑色,最终导致叶片脱落。但是如果雨量充足,茶树虽然受到茶壁螨的侵害,仍能恢复。

此外有一种颜色鲜明的绿蝇产于印度,日本、中国也有,是唯一受栽培者欢迎的混虫。印度大吉岭一带,正是由于绿蝇的存在,所产的茶叶,品质极佳。

中国茶树的病虫害记录很少。日本冬季严寒,也因此少了许多严重的病虫害。如上所述,一些病虫害仅发生在某一地区或某一高度内。病虫害的发生,实际上是由气候和高度所导致的。

关于茶树害虫的详细情况,本书不能一一介绍,读者可以参考关于这个问题的专业书籍。如伦敦出版的 E. 安德鲁斯写的《防除茶蚊的要点》,巴达维亚出版的 S. 理夫迈斯所著的《茶蚊的研究》以及伦敦出版的乔治·怀特所著的《茶树病虫害》等书。此外关于各种防除方法,在加尔各答的印度茶业协会及爪哇茂物试验场的各种报告中可以见到。

　　各种茶树的病害都是寄生菌类侵害叶、根、茎的结果。叶部病害对于种茶者来说最为重要,因为茶树以产叶为主,因此发生叶病不但将来叶与干的发育受到影响,还会直接减少茶叶产量。茶树的病害,过去记载的已经有 150 余种,除了印度北部的霉泡病外,其他所幸尚未酿成大的灾害。

　　总而言之,凡是茶树营养不良,或由于其他原因减弱茶树的抵抗力,都是茶树被病菌侵入的诱因。因此如果施肥及管理得法,是可以避免的。叶病中有霉泡病、灰褐病、铜斑病、鸟眼形斑病以及黑霉病、叶癣病等。以上各病除中国没有详细的记录外,其他各国都有其中的病例。防除方法,是剪去病害部分并烧毁,或用波尔多红葡萄酒及勃艮第葡萄酒或用石灰硫黄乳剂治理,并采用精细的栽培方法。

　　上述方法,还适用防止其他病害。如赤锈病、细菌病、茎病、黑腐病、印度寄生性线斑病、其生性线斑病、白茎病、色斑病、马毛状病。还有两种干瘤病、粉红病、根腐病、绒状病,灰微病、幼苗的根腐病、癣苔、地衣及虫瘿、枝上瘤肿等。现在的做法通常是在剪枝及切口处涂沥青,防止病菌侵入。

　　根病会危及枝干,并导致茶树枯死,最是种植者所忌讳的。但这种病菌极少传染到茎枝上。凡是挖出已经坏死的根,如果没有其他原因,必定会发现病菌的菌丝。根病最普通的来源是枯死的树根,它能把菌丝传播到各个部位。根病有下列数种:Rosellinia arculta、Rosellinia abunodes、Ustulina Zonata、Sphaerostilbe repens、Diplodia、(红根病)、Poria hypobrunnea、Trametes theae、Fomes Lignosus、F. lucidus、F. applanatus、Pdyporus mesotalpae、Sclerotium 等。

　　关于茶树病害的处理方法,可参考 T. 派什所著的《茶树病害》

一书,派什曾经是锡兰政府聘请的植物学家及细菌学家,后来他担任了锡兰茶叶研究所第一任所长。

修剪、采摘及茶树管理

　　大多数农作物的生长,均不是原有的自然状态,尤其是茶树。野生茶树能长成参天大树,但是栽种在茶园中则成为了灌木的一种,这是由于定期剪枝造成的。而且剪枝后,并不是任其生长,而是等到新芽抽发时,把大部分摘去。这样周而复始,直至茶树衰老。为了保持茶丛根与叶的平衡,叶量超过平衡时需再进行剪枝。

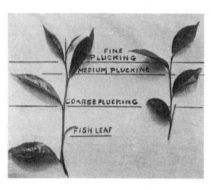

茶叶采摘叶

　　关于剪枝方式,印度、锡兰、爪哇及其他产国各有不同,但是原则与目的是相同的,即为了刺激新芽的生长,并使茶丛能保持适合采摘的高度。剪枝常用弯形的长4—8英寸的剪刀,但也根据需要而形式各异。剪枝的时间,有的在移植后6个月或1年,即去顶使茶树生出侧枝,也有的等到三五年后茶苗长成五六英尺的幼树时,就在离地面9英寸之处,剪去上部枝干,只留下部枝干。由此下部枝干长出侧枝,再将侧枝从距地面15—18英寸处剪裁,形成茶丛的骨骼,促进茶树侧向发展。第三年剪枝从距地面约18英寸处剪裁,以后每次剪枝比上次增高2英寸,直到产量减少或枝条太高为止。至此施行中剪枝,将离地14英寸以上全部剪去,以后每次剪枝增加2英寸。

　　阿萨姆以每年剪枝一次为原则,但也有些茶园,每两年剪枝一次。印度南部每隔二三年剪枝一次,锡兰剪枝次数按栽种地的高度间隔为 18 个月、3 年、4 年、5 年不等。爪哇剪枝为 1 年半至 2 年剪一次。日本则 10 年只剪一次,只是在茶树衰老时,实行台刈（译者注:修茶专有名词,指把茶树树头全部割去),等到茶树恢复树势,再进行整枝。台湾地区的茶树很少剪枝,在 5—10 年间,在离地 3—6 英寸处台刈一次。

普通手摘及日本使用采摘夹都有轻度修剪作用,并可以保持适当的采摘面与促进茶芽的生长。

印度、锡兰的茶丛,以剪成平顶形为主;爪哇过去的剪枝方法,则使树丛中间高周围低,但近年发现切断主干后,四周枝条更容易长高,因此采用了与印度、锡兰的相同方法。

中国培养的最佳茶丛,高度通常不超过 3 英尺,这样可以使矮小的采茶者,也可以轻松采摘。幼龄茶丛在生长初期,用指甲去顶,每年二三次,用以促进侧枝的发育;侧枝又继续去顶,让茶树多生茶叶。除了去顶以外,中国最优良的茶园还在必要时随时用剪枝刀剪枝,使茶丛保持在高度 2 英尺左右,便于采摘。

剪枝时期根据地区不同而各异,但是以寒季及雨季前植物休眠期进行剪枝最好。这种情形,通常适用于印度。锡兰茶树常年生叶,可以在任何时期进行。日本则视需要与否,在头茶二茶后的生长旺季中剪枝。

采摘是茶叶供应市场的第一步,采摘的精细与否,与成茶的品质有直接的关系。采摘通常由妇女儿童进行,男子则从事较为繁重的工作,采摘时仅采芽和第一第二叶,其他较大较粗的叶,则留在树枝上,采摘在茶树发芽期中可持续进行,时间间隔根据各茶区的气候,以及茶树状态各不相同,匀整的采摘,是制造优良茶叶的必要条件。因为粗细不同的叶,它们萎凋所需时间也会不同,必然会制出品质不良的茶叶。南印度、锡兰、爪哇及苏门答腊,没有旱期与寒期,茶叶终年生长茂盛,因此采摘可全年进行。北印度采摘期在 3 月末或 4 月初至 11 月中旬,中国采摘自 4 月起持续至秋季止。日本的初茶采于 5 月,连续采摘三四次,最后一次往往延至 9

月末 10 月初。台湾地区茶农自 3 月起至 12 月初采摘。

在植物中,叶是为植物制造养料的制造厂,因此若要保证茶树的健康,在采摘一定数量的叶片后,应留下部分新叶,以维持它的生长,问题是采叶的多少,这只能依靠经验了。锡兰的坦密尔采茶人用两手采摘,每日可摘 3 万芽,每 3200 芽大约可制茶一磅。

采摘头茶,除了留下鱼叶外,通常以留下已经发育完全的三叶在原枝上为原则(鱼叶在印度语中有生育之意,锡兰和南印度叫做鱼叶)。当叶腋部抽发新芽时,其第一叶(即鱼叶)边缘没有锯齿,叶形很小,第二叶没有普通叶大,也没有锯齿。通常在芽下第二叶下的叶梗附近用指尖掐取。由于叶梗不受购茶者的欢迎,因此采摘时叶梗务必越少越好,以前有采一芽三叶而留极短的梗以保护芽眼及叶腋的,现在已没有人这样做了。

凡是采集茶叶分为三类:精采、中采、粗采,完全用来表示叶的老嫩,以及同时采摘叶片的多少。

第一次采摘以后,爪哇、锡兰的习惯是,剩下一叶至第二次采摘,即有三叶一芽时,只采两叶一芽。在阿萨姆的第一次采摘,通常采取新芽及叶的全部,这种采法可以得到好的茶并制成上等茶叶,但是会对茶丛的生长发育造成不利的影响。

从发育不良的芽所生的叶子,通常没有继续生长的可能,因此称为不育叶,关于它的处理方法有多种观点。有人主张从速采去,这样对茶丛较为有益,但克劳德·邦德却认为这种叶是处于休止期,不宜采摘。更加详细地解释是,这些不育叶尚在发育中,但是叶根部的芽则处于休眠状态,原因是由于根部养分供给不足或干旱及过度采摘所导致的,经过一段时间的休眠,也不是没有继续生长的可能。

对于大面积茶园的茶树生长发育不良时,可用暂停采摘的方法,任茶树自然生长,用来恢复树的元气。茶丛的负担,原本在于产生叶片以供采摘,如果能够暂时免去这种负担,即可恢复原来的元气,为了恢复全茶园的健康起见,停止采摘一年,也不算过分。

停采是为了恢复茶的元气，并不是放任不加管理，茶地管理工作仍需照常进行。土壤要继续除草，到年底茶树恢复后，则对新枝进行修剪，就像其他采摘的茶枝一样裁剪二三英寸。这种剪枝会使茶丛不会因开花而消耗元气。如果茶上半期采摘而下半期任其生长，也是对茶树的一种休养方法。

茶叶采摘后，通常放在篮中数小时，等待运送到工厂。如果堆积过多，就会使茶堆内部发热，引起茶叶变红，导致茶叶品质下降。取篮内中央变红茶叶测试所含单宁量，与篮表面茶叶相比较，含量往往少了一半。由此可知生叶在茶篮中不宜堆压，而且需要多留空隙通气，并应尽快送到工厂萎凋，不可延迟。一般来讲以每日送工厂两次为宜。

茶　厂

规模宏大的茶园都需要配置设备完善的工厂，印度、锡兰、东印度公司都属于这种情况。日本茶厂的设备精良，但规模太小。中国大陆及台湾地区除少数有机械设备的新式工厂外，其他大部分还依赖手工揉捻及旧式炭火炉烘焙。

新式制茶工厂的厂房，由轻钢骨组成，以波纹铁板为顶，墙以砖建成，或用洋铁板墙再加木板。阿萨姆的茶厂，几乎全部为平房，萎凋则在另外的房中。杜尔斯茶厂大部分为二层或三层楼房，萎凋间建在揉捻室、烘焙室、包装室的楼上。锡兰、爪哇及南印度则用露棚。

茶厂布置没有一定标准，只不过多数设计，都按照萎凋室或露棚、揉捻室、发酵室、烘焙室、包装室的排列顺序，以便于工作和管理。工厂大小依产量而定，在阿萨姆，每年产量的 0.75%，作为每日平均应备的储备量。因此如果每季的产量为 80 万磅，则所装机器容量，每日应以 6000 磅为限。锡兰机器的设计，以最大每日采叶量的 3/4 为限。马歇尔式干燥机及揉捻机，戴维森的"雪洛谷"

式干燥机为制茶机中最普遍的,锡兰、爪哇也有制造制茶机的工厂。最近加尔各答也有了这种工厂。

制茶工厂中的揉捻室及发酵室,均需低温湿润,因此常用砖墙或石墙与烘焙室相隔,使其不受干燥机产生的热气的影响,阿萨姆的茶叶发酵工作经常在茶厂外的单独室中进行,发酵室通常在萎凋室的下面,可以使温度较低。如果茶厂中有调节温度的机械设备,可以调节温度与湿度,则发酵室与揉捻室不必单独设置。如果要将两室合并,则需要极大的房屋。过去由于没有调节温度的装置,因此不得不使房间缩小,还得进行分别设置。

烘焙室与筛分及包装室经常相连接。筛分室中的灰尘最多,最近有了专业的吸尘设施,可以使空气稍为清洁。

动力室通常在建筑物的中部,但常偏于一侧,主轴的一端转动揉捻机,中部带动干燥机,另一端则转动筛分机。

萎凋室高约 8 英尺,如过高则不便处理架上的叶片,太低则有浪费之嫌。其中最关键的是,窗户的大小与构造,务必做到可以保证室内有足够的空气流通。但是窗户又不能太大,以防在天热开窗时,过多的热空气进入室内。

茶厂的动力

茶厂的动力常用蒸汽机供给,根据地区情况各有不同,有用煤或木材为燃料的,还有采用新式柴油机的。日本与爪哇用水力发电机。爪哇的马拉巴还用电热干燥茶叶,这种情况只能在电费便宜的地区使用,普通干燥机多使用煤或木材,有时也有用油料的。

红茶的制造

红茶的制造有四个重要的步骤,即萎凋、揉捻、发酵及烘焙。萎凋是揉捻的准备工作,使茶叶失去相当的水分,变软,并使茶叶细胞内部液汁发生重要的变化。揉捻是破坏叶细胞，使液汁渗出与空气接触，同时制成细条。发酵使茶的一部分单宁氧化，叶色变红。挥发油也在发酵时形成。烘焙则是制止发酵的进行。

萎凋的物理状况

萎凋方法，在主要生产红茶国家，如印度、锡兰及东印度等国，各有不同。锡兰、爪哇及苏门答腊的气候，常年潮湿，印度在季风时的四个月内较为潮湿。因此锡兰与荷属东印度常在密室中萎凋，当地的空气条件不适合自然萎凋时，则以 90℉ 以上的热风进行调节。在印度一些地区——尤其是阿萨姆——自然萎凋条件良好，不用设置萎凋室。

萎凋时将叶均匀薄铺在萎凋架的萎凋帘上，萎凋帘用竹制成，表面是否铺漆布视情况而定。也有全用铁纱或漆布的，种类不一样。每一平方米的帘面，约可萎凋 1 磅的鲜叶，所需时间，视空气湿度而定，大约需 18—24 小时，萎凋时，叶因水分蒸发失去原有重量的 1/3 至 1/2，叶身柔软，并发出一种特殊的香气。

此时叶片发生的是物理变化，还没有发生明显的化学变化。判别萎凋的进度，可根据其所含水分的多少或一定分量的叶片消失重量的多少而定。阿萨姆每百磅的叶萎凋后，基本上只剩下 65 磅左右。锡兰每百磅约剩下 55 磅左右。

萎凋必须缓慢而均匀，不然芽梗尚未干燥，叶已变硬并黑皱。

萎凋的程度依时间、温度及湿度而定，最理想的时间为 18—24 小时。如果平均温度为 83℉（阿萨姆茶制造期时的温度）而 100 磅的茶叶在萎凋后变为 65 磅时，叶片即可适合揉捻。在锡兰温度较低时，物理的萎凋更为完全。

关于使用何种萎凋容器最为合适，曾经引起各方的讨论。争论结果是漆布及竹帘可以萎凋均匀，但必须薄铺叶片，因为表面上的叶更易于干燥。铁丝网可盛叶比较多，可两面干燥，但细嫩芽容易从网眼中漏下，并有可能导致过分干燥。漆布易藏有害细菌，在长期的潮湿环境下，容易产生酸味，尤其是阿萨姆地区，因此在阿萨姆的萎凋室四周均无墙壁。

萎凋均匀是制造优良茶叶的主要条件，因而在萎凋时，摊叶要薄而且均匀。锡兰每一磅的青叶，常占用 10—12 平方英尺的面积，多数工厂所用面积更大，有的达到 30 平方英尺，印度与锡兰相似，但比较优良的产茶区萎凋时，经常用 25—30 平方英尺铺茶一磅，爪哇摊茶比印度、锡兰要厚。

萎 凋 管 理

种植者都知道如果没有适当的萎凋，极难制成上等的茶叶，遇上长期的雨季时，叶片即使放置一昼夜，往往也不能达到目的。由于天然萎凋难以进行，不得不用人工方法代替。只是要想制出最好的茶叶，仍是以良好的天然萎凋最为适宜。天然萎凋的条件是，有充分新鲜适当的低温空气（约在 80℉），相对湿度为 70%～80%，流通速度为每分钟 50—100 英尺。这种状态，很难用人工模仿。

锡兰、爪哇及印度的一些地区，通常在工厂上层的萎凋室中萎凋，并引入干燥室的空气再以风扇排出。在多层萎凋室中，先使热空气进入大热气间，再由这个热气间用压力风扇或推压器吹送至需要热空气的室内，然后再以强烈的风扇由萎凋室的

爪哇茶场的萎凋机

另一端排出。一些设在屋顶的萎凋室,经常开窗,这样可以在适当的天气条件下进行自然萎凋。根据经验,萎凋室以长 100 英尺宽 40 英尺的标准,这种长度是热空气经过叶面而吸收水分的最大限度,超过 100 英尺,空气即成饱和状态,不再吸收叶面的水分。而 40 英尺的宽度,也是自然萎凋的最大限度。

萎凋室接近热空气室的一端,叶面所接触的空气,较热而干燥,因此这些茶叶,要比另一端接触较冷较湿空气的茶叶萎凋快。为了平衡萎凋程度,便采用反复送气的办法。即先从一端通气,再从另一端通气。这种方法,只要控制热气进出口即可办到。为了达到最佳效果,萎凋室的温度,不可超过85—90℉。事实证明用调节方法萎凋时,叶片必须平铺摊匀,使叶片接触温暖干燥的空气,等到叶片干燥后,应隔绝萎凋室与热气的连接,让叶进行萎凋,萎凋不能急进,通常在温度80℉左右的条件下,以 18—24 小时效果最好。

在上阿萨姆地区,全年中除 15 天外,可以完全在仅有屋顶而无墙壁的萎凋室中萎凋,该地区虽可以进行天然萎凋,但多数工厂,仍以巨资购置可以调节温度的萎凋室设备。由于这种萎凋室的成功,几年后阿萨姆的工厂都陆续装备了萎凋调节装置。

除萎凋室外,还有人应用茶叶干燥机的原理,用机器萎凋青叶。将青叶放在不断旋转的筐上,让它接触110℉的热空气,这样茶叶立即变红;但茶的味道稍有辛涩,比天然萎凋的效果要差。人工萎凋机的最大缺点,是机器的容积不能过于庞大,因此在萎凋大量叶片时,不得不采用较高的温度,如果将温度保持在80℉,则机器的体积必然很大,由于过程缓慢,很难实用。鲜叶在高温的萎凋机中萎凋,遇热迅速失去水分,变得柔软,看似已经萎凋适度,但放置一小时后,叶细胞内的水分重新分配,叶的柔软状态立即消失。这种情形同样会发生在干热空气通过萎凋室时,此种情况不可不给予关注。

最近爪哇马拉巴茶园的 K. A. R. 伯沙发明了一台有趣的萎凋

机,是一个长八角柱的铁丝网筒,凡是经过普通方法萎凋的鲜叶,放入此筒,吹入 125℉的热空气,并使筒慢速旋转 30 分钟。在这个过程中,叶可失去水分 2%~3%,茶叶变成褐色而带粘稠液体,发出熟苹果的香气。这正是发酵的状态。因此发明者说用这台机器可以减少发酵时间七八小时至三四小时。

萎凋的理想条件

根据实际经验,萎凋的理想条件如下:

(1)采摘后立即摊叶。(2)萎凋时勿使叶片损伤。(3)均匀薄摊在清洁的萎凋帘上。(4)在冷空气中进行缓慢而适当的萎凋,时间最少 16 小时,最多 24 小时。(5)物理萎凋的程度,视温度而异。若平均温度在 80℉时,100 磅青叶的重量减至 75 磅;70℉时,减至 55 磅,即为适度。

萎凋的化学状态

萎凋时叶内究竟发生了什么样的化学变化,从分析方法上很难明显地表示出新鲜叶与萎凋叶的差异。只是单宁及其他可溶物,随着萎凋的进行,随沸水浸出,含量有所增加。新鲜叶放于冷水中加氯化铁一滴,水色几天都没有发生任何变化,但是萎凋叶用同一方法处理时,数分钟后,水色即变为青色,这是萎凋叶中的单宁立即分散于水中的证明。实际上叶中的单宁及可溶物含量,在萎凋中实际上没有变化,而且细胞内的液汁酸度,也无变化,在萎凋过程中,其 PH 值均为 4.3—4.5。

关于茶叶萎凋时单宁化合物的变化,曾经有种种学说。较早的学说,认为单宁在新鲜叶中是一种配糖体,萎凋后发生水解。即单宁在新鲜叶中,依靠某种方式得到保护,萎凋后发生水解,而变为易于游离,这些还缺乏实际证据。

　　鲜叶浸水后,得到青黄色的溶液,萎凋叶浸水后,则青色稍淡。经茶师品评后,得出鲜叶的浸液有生味,而萎凋叶汁有辛涩的味道,这两种形容味道的词,非常抽象,即使是茶师也不易解释。只能说前者表示稍有味道,而后者则有一种收敛性而已。

　　如果叶片完全损伤,则汁变为红色。这种浸液,茶师仍称之为生,也称其有涩味。涩味在茶叶揉捻后即会出现,而它的特性与收敛性相近。叶经过发酵或经氧化作用,茶师称茶汁清爽。单宁红化合物被认为与刺激性有关,皮劳克曾说过茶汁中的收敛性,实际上是由单宁红所形成的。

揉　　捻

　　揉捻的主要目的是为了破坏叶细胞,使细胞内所含液汁及酵母菌流出。第二个目的,在于形成特殊的条形。叶细胞一破,液汁与空气相接触,发酵也就开始。吸收氧气而产生一定的热度,叶色由青而转铜红色,发出茶特有的香气。凡是这些过程,总称为发酵。以前制茶,在萎凋之后用手揉捻,这种方式,现在中国在制造功夫茶或其他红茶时仍然沿用,但是后来在印度、锡兰及荷属东印度则改用机器揉捻。揉捻机台面包有铜,即为揉盘,其表面装有长短高低不同的棱齿,揉捻机台面上有一开底的叶箱(即揉筒),作旋转磨状运动,还有调节压力的装置,使青叶在揉筒内与揉盘接触时,可加适当的压力,便于揉捻。

　　用手揉捻与用机器揉捻,在工作效率上相差很大。一台好的揉捻机可以代替70人的工作,并且能使揉捻均匀,而不触及人手,保持产品的卫生。

　　印度、锡兰及爪哇虽然都使用揉捻机,但形式并不完全相同。锡兰及爪哇的揉捻机每分钟转45转,每次需三小时;在印度每分钟转70转,时间一般为1—1.5小时。

　　旋转的快慢,对于茶质有无影响,曾经有过相当的研究,凡是

英属印度的杰克逊式揉捻机

在适当的温度下，二者所制成的茶叶，在茶汤上并没有明显的差异；只是缓慢揉捻，时间太长，揉捻器中的青叶，容易发热。印度气温较高，必须避免这种发热，因此常在揉捻后，立即薄摊于发酵室。

锡兰的慢转与充分萎凋有关，因为萎凋越充分，则旋转必须缓慢，才能有效果。从外观来看，揉捻越慢，碎叶越少而芽尖越多。快速旋转容易使芽与叶汁粘着而破损，其结果使揉成的茶叶，经常缺少芽尖。

锡兰茶通常揉捻六次之多。每次揉捻，叶必须分筛，将筛得的嫩芽叶移放到发酵室。这样的揉捻过程，导致时间长达三小时之久。最后留在机内的叶，不到最初的一半。

印度将揉捻分为两步：第一步是轻揉，大约需半小时。经过这道工作，叶片可彼此分离，而芽叶及细叶均与梗分离，经过选择后可将细叶送至发酵室；第二步是重揉，可将压力帽略为降低，大约一小时结束。

通过经验我们可以知道重揉可以增加茶汁的浓味，只是茶梗多了一些，在揉捻时所产生的热量，大部分是由发酵而引起的，而不是摩擦产生的。每隔数分钟，将压力减轻一些，以免温度太高。

揉捻过程中常使叶形变为球状，倘若立刻发酵，必定使卷在内部的一部分叶片与外界空气隔绝而仍保持青色，致使发酵不均匀。因此揉捻之后，先进行一次筛青，分离成团的叶，这种工作有助于叶片的冷却。

揉捻室的温度,必须保持低温,这样让叶在揉捻机中保持低温,如果叶片温度超过 85°F 时,发酵便会提前,不能制成优良的茶。

揉捻机台面棱齿的位置、数目及性质,对于揉捻的结果关系很大。棱齿高低较深的,适于生产碎茶;阔浅而低的棱齿,适合制造整叶。揉捻机应当经常保持清洁,随时将粘着于台顶的叶除净。并且多数茶块会粘着于茶筒内壁及加压盖。棱齿四周在揉捻完毕后均须洗刷干净。

解块机与青叶筛分机有时合在一起,由揉捻机送来的叶,经过解块分散后,由漏斗送入筛框或适当容积的圆筒筛。一个框上往往配有两筛,筛眼不同,一般为每平方英寸 3—6 孔,根据地区环境需要而定,是否先用较粗或较细的筛眼。但同时使用两筛比单用一筛要方便,这是无可争议的。

通常每两架揉捻机配置一架解块机,但在揉捻机多的工厂,则减至五架配两架。各种机器以及盛叶的器具,均须每日用水清洗。揉捻室的地面,经常堆放青叶,也应保持清洁。

发　酵

萎凋叶从揉捻机及解块机中取出,叶带青色而柔软,送至发酵室,铺在磁砖地面或玻璃及水泥台面,完成在揉捻时已经开始的发酵步骤。这种发酵室经常用水冲洗,防止任何类似氩气的臭味。发酵的意义仅在于完成萎凋的过程而已。

茶叶在发酵时的氧化作用,经常引起茶叶的化学变化,对成品茶的茶汁的香气、浓度、身骨、水色以及叶底的色泽,都有着很大的影响。先前的无色单宁变成红色单宁及褐色单宁,使茶汤显现色泽。

发酵在 70—80°F 时进行最顺利(冷发酵),只有在阿萨姆地区

英属印度的发酵室

的雨季时,温度不宜保持在80℉以下。在大吉岭及潘加伦根平原等较寒冷的地区,茶叶通常铺在干燥器附近,以帮助发酵。锡兰铺叶很薄,让充足的空气促进发酵。

发酵室的湿度,常保持饱和状态,方法是用麻制幕布悬挂在四壁,用带孔的水管在麻布上喷水。还有用湿布放在框上,将这个框放在发酵叶几英寸高的距离。还有一些工厂装备了像纺织厂的喷雾装置,这样可以使发酵进行得更加完全。

纺织厂式的喷雾装置,是用压力将水从管孔压出,从而产生适合需要量的水蒸汽,然后再用湿布等扩散开。简单来说,这种装置是由一个唧筒借高压将水喷至各需要的部分;喷嘴挂在天花板上,位置以最适于流通及散布湿空气为原则,使房间内可以得到均匀的湿度。喷雾装置有两种,一种为开放式,一种为换气式。开放式只供给水分,而换气式则与外界空气相通,引入新鲜空气,经冷却及过滤后进入发酵室。

揉捻室中装设喷雾装置的目的:第一,在天气炎热时可降低室内工作温度;第二,为防止揉捻、筛分、发酵时叶片的干燥。如果发酵叶干燥,则叶底色泽会不均匀。

发酵时间越短,则茶叶的味道越带有刺激性,发酵时间越长,茶味越温和,而且色泽也越浓。这是因为单宁在自然条件下为无色而有刺激味,但发酵后,则变色而刺激性减少。

叶的发酵,以等到叶变成鲜艳的铜褐色为止。最合适的发酵时间大约需要1—1.5小时至4—4.5小时,根据叶的萎凋与揉捻的程度而不同。地域的不同,发酵也有差异。不同茶园生产的鲜叶,发酵过程也不相同。发酵时间的长短,需经过精密的试验后方能决定。

凡是与叶片相接触的发酵室的任何表面,必须无臭气,无破损及裂缝,防止贮蓄叶汁,否则叶片难以保持美味。如木、砖等有小孔的表面,均绝对不能使用。铁虽然没有小孔,也不能使用,因为叶中的单宁容易与铁起化学作用生成单宁铁,使叶变为黑色。

发酵的化学变化

茶叶的幼嫩芽最易发酵,老叶硬且少液汁,发酵后也难有良好的红色。

空气是发酵的必需物,揉捻叶放置于真空及碳酸气体中,仍为青色而不发酵,如要制成好茶,一般来讲发酵过程(包括揉捻时间)不得超过三个半小时。

温度与空气的供给,是决定茶叶发酵速度的两种因素,空气的湿度对于发酵也有极大的影响。

在发酵时会发生种种反应,高温虽然可以加快反应速度使发酵过程缩短,但是由此也会产生细菌引起污染并失去香气,因此好茶叶仍以低温发酵最好。发酵在75℉时效果最佳。所以,如果与这个温度相差过多,就会使产生优良茶叶的各种反应不能顺利进行。

将揉捻茶摊在发酵床上,其厚度为1或1.5—5英寸。发酵层越厚则空气越难渗透叶面,发酵的时间也随之增加。

锡兰的山地茶园,气温较低,摊叶较薄——通常约为1.5英寸;但是印度温度在80℉以上,如果薄摊,在制造好茶时,发酵太快,因此通常摊叶2.5英寸厚。

发酵时面板的温度逐渐上升,二三个小时后即达最高点,经过五六小时再降低,当温度升至最高点时,即发出喷鼻香气,两小时则消失,以后又相隔一段时间还会继续发生。

发酵的主要作用是产生单宁红,使茶汤及浸叶变为红色,因此发酵时间越长,则水色越深,只是刺激性却相对减弱。刺激性是单宁的特性,单宁红的含量增加,单宁就会减少。

茶叶既有强烈的刺激性,又有极浓汤水的品种很少。购茶者通常在这两种特性中选择一种。因此同时具有这两种特性,但特性都不明显的茶,反倒不如一种特性明显的茶,因为这种茶在价格上更为合算。

发酵室中的湿度对发酵过程及效果会产生不同的影响。茶叶如在干燥空气的中发酵,则变为古铜色;如在湿润的空气中发酵,则变为新铜色即红铜色,也就表示发酵良好。一般来说,单宁褐是发酵不好的颜色,而单宁红则代表发酵良好。

关于温度、光线、空气、时间及湿度对于发酵的影响,曾有过多种研究,并且对于发酵过程中会出现的问题也有探讨。这些探讨及研究,可以在爪哇茂物茶叶试验场及阿萨姆的托格拉试验场的出版物中看到。科学试验中的结果与实际生产中所得到的经验可以互相印证。

为了获得适当的发酵,应当注意下列事项:1. 发酵的地面必须经常保持清洁。2. 气温最好保持在75℉,并且空气必须新鲜,应避免干燥。3. 发酵室空气的相对湿度应为95%。4. 摊叶宜薄而匀,不能超过3英寸,务必使发酵叶的温度不超过83℉。5. 香气一经发出或叶色已达到红铜色时,即应停止发酵。

谈到发酵,就不能不提到后发酵,茶叶在干燥及包装后,仍然会进行轻微的变化而产生碳酸气。这种变化称作成熟,是后发酵的结果。

红茶的烘焙

当欧美最早开始饮茶时,中国茶是世界上唯一的商品茶,其焙茶方法即用浅铁锅炒焙或用漏斗形烘笼烘焙,这种手工制法,至今仍然沿用于中国、日本。自印度、锡兰及荷属东印度等新兴产茶园供给大量茶叶以后,就有了大量焙茶的必要,于是干燥机应运而生。

干燥机有多种形式,以不同的方式供给热量,有自动运茶进入机器的,茶叶落在盛叶的框上,由机顶移至机底,再从机内排出。也有先预备一些盛茶的框,上面摊好茶叶,然后就像烘焙面包一样,将框放入干燥机内烘焙。

焙茶的原理是向密封的容器内吹入干燥的热空气,而茶叶则放在框表面通过这个容器。上行干燥机,干燥的热空气由容器的底部送入,热空气的温度达到 200℉,先与由机器排出的干叶接触,然后通过盛有较湿茶叶的框,最后当空气由干燥机排出时,温度降到 120℉,同时与新放入的湿叶相遇,排出的空气也变得湿润。

如果叶在干空气中快速干燥,叶的表面就会硬化,而叶的内部还潮湿,会发生缓慢的化学变化,损害茶叶品质,有时还容易发霉。

茶叶的发酵通常在 150℉时就会停止,如果有热风吹入,停止发酵的温度就会更低,因此当茶叶送入干燥机而遇到 120℉的热空气时,茶叶的发酵过程应立即停止。只是有时干燥器中的叶量过多,通过容器后的空气温度降到 120℉以下,则在机内的茶叶会在短时内快速发酵,蒸煮茶叶,导致生成乏味或发酵过度的茶。

送入干燥机的茶叶,根据萎凋的程度,分别含有 55%~65% 的水分。印度茶在烘焙时,含水量大多为 60%,烘焙分为两次进行。第一次烘焙使叶的水分减少到 30%,再在另一个干燥机内低温第二次烘焙,使水分减少到 3%。初次焙火时如果使叶中的水分急

英属印度的干燥机

减至30%以下,则会蒸煮叶片而损害叶的品质。

锡兰及爪哇的茶叶,它们的萎凋程度要比印度茶进行的完全,因而只需烘焙一次即可。

高温烘焙茶叶,从试验中我们可以了解到,第一次吹入的热空气不能超过180℉。如果将干燥的茶叶,留在这个温度的机器中,即变干变硬。本来茶叶在180℉的高温中,不致干燥过火,但是如果干叶再在这个温度下,即使时间很短,也会过火。过火的情况最容易出现在底部的盛茶叶的框上,因为底部框中的茶叶已干,即将排出机外。

如焙火温度过高,就会使叶片产生水泡。有时这种水泡极小,需在显微镜下才能看到。这种叶片,当用机械分类时,细小的水泡会由于摩擦而消失,变成灰色,顾名思义,灰色茶是红茶中发色不充分的茶叶。

下列是烘焙的最佳条件:

(1)最初以低温烘焙,温度为180℉。在出口处的温度最低为120℉。

(2)吸入充分的空气。

(3)摊叶必须薄。

(4)叶由干燥机送出机外时,应保持30%的水分。

以上(2)、(3)、(4)三项是为防止叶片被蒸熟所必要的。

叶片第二次烘焙后,水分降到3%,分堆及装箱时又相继吸收水分达到 10% 左右。因此在装箱前,还须再进入干燥器中复火,使所含水分降至 6% 左右。茶叶中的水分如果低于 6%,则不会变软,如果水分大于 6%,则会在箱中变质。

多数工厂在茶叶装箱之前,都会对含水量进行检测,用以判断是否需要再进行复火。印度在茶季开始时,大约一周或 10 日装箱一次,经常有复火的必要;如果在旺季,二三日即装箱一批,就没有复火的必要了。

印度红茶制造过程中的水分变化如下表:

表 14—3　印度红茶制造过程中的水分变化

鲜叶约含水 77%
萎凋叶约含水 66%
发酵叶约含水 66%
初烘叶约含水 30%
复烘叶约含水 3%
装箱叶约含水 6%

锡兰一些产茶区在长期的优良气候期间,经常以日晒法干燥已经揉捻及发酵的茶叶,这种方法所制成的茶叶,味强色黑,而且比机器烘焙的茶叶的芽叶要多,但是带有强烈的金属味。如果要除去金属味,可以把日光晒干的茶与一部分机器烘焙的茶相混合,既可改善外观,又可去除金属味。日晒法通常先将叶用机器烘焙,然后再薄摊在适当的物体表面,在日光下晒干。这样做也可以去除掉一些金属味。日光干燥时间约为 45—90 分钟,但是先用机器烘焙过的茶叶,时间可相应减少。

烘焙的化学变化

从化学角度来看,烘焙的目的在于杀死发酵素及其他微生物,以停止发酵。这种破坏作用依靠热度来完成,同时还可去除水分。除了这些结果外,还有叶中的一部分物质由于受热而产生麦芽糖香味,这种变化通称为糖胶化作用。正如糖在锅中受热变成褐色一样。在发酵叶中如有果香的物质,则在烘焙后也可消除这些不良的特性。

在烘焙过程中也有一些好的成分消失。这个结果在一定范围内,虽然不可避免,但是如果温度及气流控制的合适,则可以将损失减少。其中最重要的损失是产生香气的物质,这种物质常伴随蒸汽消失。烘焙的温度越高,则挥发香气的损失越大。只是烘焙温度低于170℉,则茶叶在贮藏中容易变质。除了香气消失外,还有茶素的流失,如果减低烘焙温度,则可减少茶素的流失。

干燥器中茶叶的蒸煮也是使香气消失的一种原因。这种原因大多是由于叶片堆积在干燥器中过厚所造成的。如果充分吹入热气流通的干燥器内,则可以减少因叶面凝集水蒸汽而消失的挥发油。

为了避免这些损耗,有使用吹干冷空气而使茶叶干燥的,还有使用石棉夹板中放氯化钙吸收水分的,这种方法虽然能制成优良的茶叶,但茶叶不易保存,除非与日晒法并用,才可避免这个缺点。同时使用热、冷两种方法,也可制出优良品质的茶叶,只是在成本上开销太大,不是很实用。

在烘茶时,叶中蛋白质凝固成为不溶解物,不能在茶汤中浸出。

红色的发酵叶,经烘焙而变为黑色,但是用沸水冲泡,又可恢复红色。

烘焙后的茶叶分堆摊放在地面上,任其冷却,然后置于箱中或其他容器,以备分级。

碎切、拣选及包装

大堆的中级茶为了外观整齐通常需要碎切。将叶送入切茶机切断,然后再进行分筛拣选。这样可以使高级茶叶的档次提高。

普通茶叶一般进行两次拣选,第一次在切茶以前,第二次在分筛以后。这个工作通常由妇女来做,她们的手指灵巧,更易于拣出粗枝、碎片、茶梗及其他夹杂物。

分筛,可将茶叶分为各种品级。目前市场上还没有不分级的茶销售。分筛机备有多个筛盘,网眼大小各有不同,分筛结果将茶叶按粗细分成若干级别,如白毫,即顶级红茶;嫩橙黄白毫,是最优良的茶,含有很多芽尖;还分为橙黄白毫及白毫。在比较粗

锡兰茶叶装箱的设备

的叶中,分白毫小种及小种。碎叶经过分筛后,也可分为数种,最上等的是碎橙黄白毫,其次为碎白毫。碎茶是最次的。硬小的碎片则不列入等级而称为花香(茶片)及茶末。

制好的茶,用箱储存,等到每个级别有相当数量时,即可以成为一帮花色。伦敦市场中每个等级以每18大箱或24中箱或39小箱为一帮。科伦坡每帮至少为1000磅,方可登入目录销售。

最后进行官堆,所谓官堆,就是将每天所制成同一品级的茶,最后进行彻底的拼配,使同一品级的茶的品质不会有所差异。

官堆之后,茶叶立即装箱打包,并标记出茶园的名称,然后运到最近的轮埠。

装茶时经常使用一种铁制机器夹住一个或两个箱子,这个机器以电力作快速的振动,使茶叶因振动而充实于箱内,可以避免茶叶在运输途中因摩擦而破碎。还有一种装箱机,应用振动和压紧两道工序从而使箱内的茶叶压紧。

　　茶箱的材料轻而耐用,并且必须不带有强烈的气味。现在使用的有两种,一种为木箱内衬铅箔,一种是完全金属制。木箱由小木板或三合板制成。木板都为当地出产的,而三合板则需要从外地运来。一些工厂直接购买茶箱,也有一些自己制造。三合板木箱已逐渐代替印度的旧式木箱。

　　金属箱通常用铁制,优点在于轻并且容量大。24×19×19英寸的木箱,容积约为5立方英尺,可装茶90磅,同一大小的金属箱则可装茶106磅。

　　近来,木箱中以衬铝或铅箔最为普遍,由于已经克服了制铝的困难,将来铝箱的应用会更加广泛。

绿茶的制法

　　制造绿茶主要有三个主要步骤,即蒸或釜炒、揉捻及烘焙。绿茶与红茶制法的差别在于绿茶不需要发酵。凡是用来制作绿茶的叶,都是先蒸热而不采用红茶所用的天然萎凋的方法。蒸与釜炒不仅使叶变得柔软,并且破坏掉发酵素,不让叶发酵或变红。

　　中国及日本的大部分茶叶是不发酵茶。北印度也生产一小部分绿茶,爪哇与锡兰则不生产绿茶。

　　中国制造绿茶的程序与制造红茶基本相同,只是减少了萎凋这个环节。茶叶用釜加热,温度比制造红茶时要高,时间也相对较长,发酵已不可能。然后继续进行揉捻及烘焙。

　　凡是用来制造绿茶用的青叶,采摘时必须无梗。

　　在日本,青叶一经采下,即用蒸汽破坏发酵素及微生物,然后在用铁板加热的纸框上揉捻。当揉捻过程在持续进行时,可分为四个阶段,此时水分会逐渐消失。大多数工厂采用机械代替手工揉捻。

　　使用揉捻机时,将热空气吹入箱形机内,如果是无盖的机器,则将铁板加热。外销茶再用铁釜复火,让水分减至2%左右。在中国则用笼复火。

印度制造绿茶有两种方法,阿萨姆及兰溪的制茶者先将叶蒸热,然后在揉捻前放入吸水器中干燥。台拉屯及其他印度北部地区,在揉捻前用锅炒叶。这两种方法在揉捻时都使用机器,与制造红茶相同。

绿茶在炒好后,常在外观上显现一种不均匀而且发脏的绿色。细叶仍能保持新鲜的绿色,但粗叶则往往变成黑灰色,有碍茶的外观。中国及日本的制茶者为了让上等茶叶有自然的绿色,便在炒完茶叶后,再在热锅中擦炒一小时。起先这种自然绿色的茶,不被美国市场所接受。为了适合美国市场的需要,常将茶叶染上有色物质,这些物质均在炒茶的最后阶段加入,由于分量极少,对人体不会造成伤害。自1911年以后,美国禁止输入这种染色茶,日本也颁布法令禁止生产染色茶。中国至今仍将这种茶运至埃及与土耳其,因为这些国家并没有明令禁止输入染色茶。

绿茶制造中的化学变化

关于绿茶制造过程中的化学变化,不像红茶有详细的资料。二者主要差别在于发酵。绿茶中的单宁,还是原来的形态,只有在制造前或许由于发酵及蛋白质的沉淀,导致单宁略有消失,但是单宁红与单宁褐在优良的绿茶的茶汤中,很少发现,也许是在绿茶制造的第一步,就防止了这些物质的产生。

绿茶制造时初次蒸青或炒青时,便将任何足以促进挥发油变化的微生物全部消灭。因此它不像红茶会有因微生物产生的香气。

乌龙茶的制法

乌龙茶的制法介于红茶与绿茶之间,前面已经谈到过。茶叶先进行萎凋,并任其略微发酵,然后再加火。萎凋时叶摊在大竹篮上,厚约三四英寸,放在树荫下,每隔四五小时翻转一次。叶的温度,在此时应当为 83—85℉,等到茶叶变色并发出特殊的苹果香时,即可停止发酵,再进行炒烘。

乌龙茶用铁锅炒大约 10 分钟。这种锅安设在砖或粘土制的火炉上,炉的温度大约为 400℉,这时用手炒或其他机械搅拌,防止焙焦。

炒后将叶放在席面,揉捻约 10 分钟。

乌龙茶用焙笼干燥,台湾焙笼高 30 英寸,直径 27 英寸,两端宽大,中间狭窄,放置焙心。焙心是在地面开设一个圆形穴炉,深 12 英寸,直径 18 英寸,中间放炭火,等到火焰及气体消失后,再将盛茶的笼放在穴面上。火面用灰掩盖,茶叶在炉上烘三个小时,中途不时将笼移开,以便翻拌茶叶。

在内地或乡间完成以上工作后,茶行在内地收购毛茶送至城市中再进行复火,此时温度为 212℉,时间约为 5—12 小时。品质最好的茶,复火时间也最长。

复火工作完毕后,将茶装入内衬纸的铅罐内,再装入木箱,箱面粘贴花纸,再用席子包裹好。

乌龙茶在美国非常畅销,全为台湾地区出产。以前由福州生产的也不少。福州是乌龙茶的发源地,但没有台湾茶的香气。以前印度及锡兰曾派遣科学家赴台湾考察乌龙茶的制法,想要模仿参与竞争。但是结果是这种茶所具有的特殊的香味,全是当地土壤以及气候所导致的,别的地方无法模仿。

包种茶在台湾出现,是最近 40 年的事。它的制作方法是在乌龙茶中混合各种香花,如茉莉、栀子等。这种方法与中国大陆地区的窨花红、绿茶相同。在最后复火以后,与香花混合 24 小时,拣出花瓣。为了得到最优美的香气,通常 20 磅的茶叶中混合 1 磅香花,然后加以密封储藏。

砖茶、块茶、茶饼及细末

砖茶多销往西藏,1917 年以前,俄国是砖茶的一大市场。这些砖茶,都是中国生产。

西藏地区的砖茶,是四川制造,制法非常简陋。制茶者采取细叶制成上等茶后,剩下的粗叶、茶梗、茶枝装入袋中发酵数日,然后用手挑选分为三级,再用蒸汽锅蒸。等到柔软后,与用米水粘过的茶末混合,再压成 11×14 英寸的砖块,每块重约 6 磅。

制造销往俄国的砖茶,在中国以羊楼洞及汉口为中心,这种工业起源于古代,当时陆地上以骆驼为交通工具。为了方便起见,便制成了这种砖块茶。细叶除去后,将粗叶及茶梗先分为三种,再切成 1 英寸长。这种叶片蒸后放在模具中,用水压机压成块状。品质较好的茶末,放在顶端及底部,即所谓的洒面洒底。而其他切细的茶梗粗叶,则放在中央。砖块大小不一,重量自 2.25—4 磅不等。在冲泡之前,先去掉砖块的边缘,再捣碎至合适的大小。

块茶由中国和爪哇所生产,是用特别品质的茶末制成的小型茶砖。曾经有一位英国化学家,在数年前制成一种丸型茶,与药丸相似,这种丸茶是用上等茶去掉茶末所制成的,以防茶水变浊。丸茶装于袖珍铅箱内。这种丸茶在 1915 年以前,在南卡罗来那州的萨默维尔有一所得到美国政府补贴的茶园也曾生产,是用寻常的制药丸机在 2000 磅的高压下制成,每分钟可生产 115 枚,但是不加入粘胶物。这种茶在旅行和野餐时使用非常方便。

饼茶——是云南南部普洱地区所制,这种茶也称为普洱茶,中国各药店均有销售,被视为对于助消化及兴奋神经极为有效的物品。这种茶有显著的苦味,制造时用釜炒、日晒及蒸热,然后压成 8 英寸直径的饼状。这种茶历史悠久,在 780 年出版的陆羽《茶经》中,已经有了关于这种茶的制造方法的记载,陆羽曾谈到过饼茶用竹片包裹运输,在今天普洱茶也是如此。

细末——在制茶工厂中,筛分机常将嫩茶破碎并将叶毛擦下,这种细碎的绒毛状物体均统称为细末。还有用扇簸时也会有茶末纤维与细末分离,这种含有 3.5% 茶素的残余物通常卖给茶厂,用来制造茶素。

茶园劳工

　　在制茶业中,廉价劳工,与优良气候、地势高度及土壤等条件具有同样的重要性。事实上,多数国家虽已具备良好的自然条件,但终因劳工的短缺,形成种种阻碍。

　　印度幅员广阔,但是劳工短缺,因此劳工便成为一个严重问题,茶园劳工仅在旱季或灾荒才会有大量的供给,因为这些劳工无法栽种他们自有的农作物,就暂时投身于茶园工作。上述境况,在阿萨姆、杜尔斯等地都有发生。大吉岭的情况稍好,可以从山地雇佣大批劳工。

　　锡兰茶园的劳工大多来自于印度的坦密尔族。锡兰的茶树种植者早已察觉本地人的性情,不适合在茶园内进行固定工作,因此都转向南印度雇佣廉价劳工,于是多数坦密尔族人也就被雇到了锡兰工作。

　　爪哇茶园的劳工,皆来自巽他岛,劳工分为长工与合同工两种。爪哇虽然人口众多,但劳工仍然非常缺乏。

　　苏门答腊从爪哇雇佣劳工,这些劳工的待遇比爪哇稍高,实际上这是促进移民入境的优惠政策。

　　近年来日本茶厂对于工人的待遇逐渐提高。茶树种植者的待遇也随之增高,但提高的幅度不如茶厂工人。

　　中国茶园一般均为农民全家自己经营,无须另雇劳工。台湾也是这样,茶叶的栽种及制造,都是由本地人经营。

茶叶试验场

　　各主要产茶园都设有茶叶试验场,凡是关于茶叶栽培及制造各方面都会进行科学的探讨与分析。

　　1912年,印度茶业协会在托格拉设立现今世界上最著名的茶叶试验场,还在相隔2.5英里的菩尔黑塔设有一个分场,该场科学部所作的一切报告都在加尔各答该会的季刊上发表,并刊载在年报上。

南印度茶叶种植者联合协会在尼尔吉利斯的提伐维拉附近设有一个设施完备的试验场,该场的工作报告刊登在麻打拉斯出版的种植者杂志及协会的会刊上。

锡兰茶叶试验工作由圣公波茶园的茶叶研究所承担,该所是一个地处茶园中心的试验场,并附设一间小型工厂,对茶叶制造进行科学研究,该所地处迪蒲拉,与塔拉韦克尔邻近。

爪哇茂物有一所国际著名的试验所,开展茶叶及橡胶的研究工作,试验物的报告均有小册子发表。除试验室的内部工作外,茶园可供参观,并提供一切有关种植的知识与信息。

1915年,中国曾经在农业及商业部长的要求下,在安徽建有茶叶试验场,后由于政治原因被取消。

日本主要的茶叶试验场有六所,在牧野原的国立试验场是提供试验室及教育之用,并且在牧野原设有静冈县茶叶技术培训学校,由该试验场或学校培养的学生,都派到静冈县从事实际的茶叶生产制造的发展工作。其他还有四所茶叶试验场,分别是京都茶叶试验场、奈良茶叶试验场、熊本茶叶试验场及鹿岛茶叶试验场。

此外在本州、四国、九州各岛,还有一些规模较小的茶叶试验所或试验场,专作各种茶叶上的探讨及研究,多数茶叶协会也从事同样的试验工作。

台湾有一所省立茶叶试验场,叫作平镇茶叶试验场,设在新竹,专门从事茶叶栽培及制造上的科学研究。还有专门研究茶叶栽培的两所试验场,分别设在台北的文山及新竹的桃园。

种植者协会

对于一般农业或制造业方面来讲,行业协会非常重要。各茶

叶生产国也都有行业组织的需要，以便谋求大家的公共利益与
保障。

加尔各答及伦敦的印度茶业协会是茶业组织中的两大基石。
其会员均为代表印度茶业界的所有重要单位，在加尔各答协会内
始终保持一种立法精神，并特设科学部用以协助栽植事业的发展，
还策划扩大印度茶叶在国际上的市场。伦敦协会则处理发生在英
国的一切问题。该协会在各地区设有分会或支会，散布于阿萨姆、
森马谷、杜尔斯、台拉屯、大吉岭、旁遮普及麻打拉斯等地。

锡兰种植者协会是该岛最早的行业组织，设立于甘堤。专为
处理一切关于茶园、劳工、立法、栽植者慈善基金等问题而设，在各
地设有 18 个分会，总会代表由各分会推选产生。

锡兰园主协会有会员 554 人，均为茶叶、橡胶及其他作物的业
主或代理人。另外还有一个重要的行业组织是低地协会，对于茶
叶也有很大影响。

锡兰茶业研究所指导委员会是由上述三个协会组建而成。创
立于 1925 年。

爪哇茶叶种植者的组织，在它的茶业史上早已成为一种法则，
栽培者均为企业联合社的会员，总会设于巴达维亚。这个组织主
持西爪哇试验场的工作。

巴达维亚茶叶专家局为种植者即所属会员提供技术咨询，所
有待售的茶叶必须将样茶送至该协会，经茶师鉴定后方可销售。
因而得以纠正不少茶叶制造上的错误。爪哇茶也因此大有改进，
此外该会对于茶叶市场也加以研究或考察，在澳洲和美洲更是积
极推进茶叶的对外宣传。

日本各地的茶叶生产者协会联合组织为日本中央茶业协会，
该协会的主要目的是发展日本茶叶在国内外的市场。

台湾地区也竭力鼓励茶叶生产者组织地方协会，由各区协会
组成一个中央茶叶工厂。这个计划开始于 1918 年，已经具有相当
成效。

第十五章　中国茶叶的栽培与制造

中国土地广阔,面积大于欧洲,人口据最近调查为 4.38 亿人(译者注:原文如此,指作者写作本书时的情况)。生产外销茶叶的主要茶区,在北纬 23°至 31°之间。最佳产区在北纬 27—31°之间。铁路交通在茶叶运输上极少应用,箱茶都以人力运送至最近的河流,再由水路运往上海、汉口或福州出口。

若干世纪以来,中国各省中栽培茶叶的省份,已达到 17 省,即广东、广西、云南、福建、台湾、江西、湖南、贵州、浙江、安徽、湖北、四川、江苏、河南、山西、山东、甘肃,其中最后四省——河南、山西、山东、甘肃位于中国北部,产量很少,品质也低,大都供本地消费。红茶主要区域为福建、安徽、江西、湖北及湖南,绿茶大都产于安徽、浙江两省。

中国茶叶生产者

中国茶树大多由农民在山坡上零星种植,作为农作物的一种。像印度、锡兰、爪哇、苏门答腊或日本的大茶园,还没有见到。农民采摘茶叶,先进行简单加工,售给水客或茶贩,再转售给茶行或茶厂,由茶行转售给中间商人,中间商人则供给出口商。

当茶价跌幅很大时,茶农任茶叶生长,不加采摘,直至价格回升,才再摘茶。栽茶面积每年变化很少,就算海外市场完全消失,中国国内仍会需要大量的茶叶。

土壤的性质

中国农业部研究茶区土壤发现,土壤由云斑性沙岩构成,并且富含铁,栽茶最为合适。这种土壤以皖南最多,因而,该地区所产绿茶、红茶,品质优异。表15—1是皖南祁门地区标准土壤的化学分析。

表15—1　祁门土壤的化学分析　　　单位:%

水　　分	2.41
燃烧的损失	6.58
不溶解于盐酸的物质	80.453
矽(溶于盐酸)	1.002
氧化铁	4.48
氧化铝	6.22
石灰	0.20
氧化镁	0.221
氧化钾	0.161
氧化钠	0.336
硫酸	0.117
磷酸	0.2035
碳	4.330
氮	0.1356
腐植质	2.041
共计	99.9001

就中国一般茶地而言,土壤大都非常湿润,但排水性也好。G.J.高登是一位有心的观察家,他在印度最初的种茶时代,就对中国茶叶栽培作了一份报告,报告中讲述茶树完全需要一种疏松、不干不湿,而且内部还应保留大量湿气的土壤。

英国皇家研究院著名化学家迈克尔·法拉迪教授(1791—

中国典型的茶园分布场景:低地种植水稻,山地种植茶树

1867 年)将中国茶区土壤标本,作了进一步分析,如表 15—2
所示。

这种土壤,均呈铁锈色,除二号标品为灰色或褐灰色外,其余
为淡黄至红褐色。而且土壤都富有粘土性质,但容易粉碎,在水中
会很快裂散。

表 15—2　中国茶区土壤分析

标品	采地	砂 (%)	含铁质的粘土 (%)	碎块 (%)	共计 (%)
1	澳门附近山地	46.1	53.9		100
2	福建东北部	17.7	56.53	25.77	100
3	福建东北部	10	90		100
4	武夷第一种	33.08	66.92		100
5	武夷第二种	44.61	55.39		100
6	武夷第三种	36.15	63.85		100

气候与雨量

　　中国气候受季风影响极大。北方的季风是寒冷与霜雪的先兆,能抑制植物生长;南方的季风暖湿,能刺激植物生长。南方季风时,夏季雨量虽然较多,但全年雨量分布较为平均,因此,不像印度有显著的旱季与雨季。

　　关于气象统计,较大的城市都可以得到,产茶区的记录很少,表15—3为广州、上海、北京的平均温度,代表中国南部、中部、北部的气候。红、绿茶区位于上海之南,广东之北,因此在此表中可得一概念。

表15—3　平均温度(℉)

城市	地带	纬度	全年平均温度	正月平均温度	7月平均温度	最高温	最低温
北京	北部	北纬39°	53	23	79	105	5以下
上海	中部	北纬31°11′	59	36.2	80.4	102	18以上
广州	南部	北纬23°15′	70	54	82	100	38以上

繁 殖 方 法

　　中国茶树,有的直接用种子播种,有的用苗圃培育幼苗,再移植到茶地。苗圃的幼苗,一年即可移植。用种子直接播种的,三年后可采摘,如果移植,则需略微延迟,但移植的茶树生长情况较好。种植时,株距一般为三四英尺,行距大约为4英尺,每穴种茶五六株。但在有些土质贫瘠的地区,均采取密集种植,长成后外形颇不整齐。

栽 培 方 法

冬季用玉蜀黍杆覆盖茶树的基部,以防冻害及土壤流失。如施肥料,则用菜饼或豆饼,二者均含丰富的氮。木灰也常与氮质肥料合用。一般施肥时期在 9 月与 2 月,次数根据土壤性质及茶树的年龄而定。

制造红茶的茶树,被认为不需施肥,只需除草,任其自然生长。制造上等绿茶的茶树,每年在春秋两季施肥两次,全年除草四次。下等茶称为山茶的,除每年除草两次外,不加任何处理,除下的草放在根旁任其腐烂。

中国茶树虽然大多栽种在山坡上,但是除了做成较平坦的床地外,并没有正式的梯田,最近,在中国山地最多的江西省的宁州茶区,已有了现代化的梯田。

修剪与采摘

中国农民为了避免采摘不便,极少让茶树生长到 3 英尺以上。苗木长到 1 英尺后,就进行去梢。其方法是掐去顶端嫩梢,使其中央部终止生长,而向旁边生出侧枝。第一年大约摘梢三四次。

除幼苗摘梢外,处理精细的茶园,即使是已长成的茶丛,仍须每年修剪,修剪时左手握满枝条,右手拿刀向上将枝条切断,使茶丛的高度离地约为 2 英尺。凡是沿地面生出的枝条,都须除去,多节或歪曲的枝条,也须在离地不到 1 英尺内切去,侧枝也经常切短,从主干分叉点起大约剩 2 英尺。短枝则切短至只剩一二眼或芽为止。

采摘从茶树长到三年后开始,但是仍有采摘过早之嫌,这是由于其他作物收成较早的缘故。

每年以采摘三次为限,第四次采摘,应当视为季末的清理工

中国长江流域妇女采茶情景

作,而不是普通的采叶。第一次采摘称作首春,自4月中旬开始,这个时候,茶叶刚抽出细嫩的叶芽,叶面覆有白色的细毛。首春的采茶量很少,但品质最佳,可制成最上等的茶叶。第二次采摘称为二春,常在农历4月底至5月初进行。此时各枝条均生满叶片,因此采摘量最大。第三次采摘为三春,在二春之后一个月进行,此时茶丛再生枝叶,采得的叶片,用来制造最普通的茶叶。第四次称为秋露,只能采得粗老的叶片。第三、四次所采的叶片只供内销。

红茶、绿茶可由同一株茶树的茶叶制造,现在已是众所周知的事了,所不同的是制造方法不同,但在中国各产茶区,制茶茶师均只专门生产一种茶叶,在中国,红茶与绿茶的采摘方法也各不相同。采摘绿茶只摘叶而不摘梗,因为梗与叶同时萎凋时必然会影响茶味;但采摘红茶,则用双手同时采摘,连梗采下,因为叶梗可以增进红茶的滋味。

采茶者各备一篮,随摘随放,除小篮外,园中每一分区,各备大篮四个,两个用于小篮盛满时将茶叶投入,另两个则将叶倒出送至炒茶处。

福建每英亩茶园,每年平均可产茶20斤,即每英亩可产茶160磅。就中国一般情况来讲,茶树产叶量最高期在第六七年,采摘以妇女和儿童为主,每日每人平均可采20磅。

红茶的制造

当青叶采集后,即摊在大竹席或浅盘中,放在竹架上,靠日光干燥。竹架高约 2 英尺,对着日光做 25° 的倾斜。如果叶的品质不佳,或者在雨天采摘的叶,必须用火干燥,叶片摊在平篮或席面上,放在竹架上,离地面大约 6 英尺,室中用木炭放在陶制盆中燃烧。

在烘晒叶片时,随时用手搅拌,并在空气中抛扬,以防发酵过度。如此持续操作至叶梗失去脆性,叶片有红点时为止。

叶片干燥后,放在竹筐中冷却,以阻止发酵,等到发出淡淡的香气时,就用手掌轻揉大约 10 分钟,然后再搅拌抛扬 30 分钟,这样重复操作三四次,等叶色变暗、叶片变软时,就进行烘焙。

第一次烘焙只需 5 分钟,用浅铁锅进行。锅为圆形,没有把手,放在砖砌的灶上,灶面通常向炒茶者一面倾斜。火口在炉的背面与炒茶者方向相反,这样烧火者就不会妨碍炒茶工作。

茶司每次取叶 2 磅,抛入锅中,让叶摊放均匀,两手从各个方向翻茶,让热力可以平均到各叶片。翻炒时,谨防叶片粘锅烧焦,这样会有碍茶香。炒茶持续至发出香气、叶片变软为止,然后,放入圆竹盘中准备揉捻。用刷子尽量刷去锅上剩余的茶叶,否则这些剩叶会在下次炒茶时烧焦。

在揉捻时,工人取两手所能握取的

中国工人手工揉捻红茶

叶量,前后揉搓将叶汁挤出,叶形也会达到商品所需要的条形。在揉捻过程中,叶片逐渐变成球状,流出青汁,水分逐渐减少,这种叶球经解块后,揉捻数次,再放入锅内进行第二次炒茶,时间稍短,之后揉捻与烘焙相互进行,至茶叶揉捻时没有茶汁挤出为止,最后进行烘焙。

最后一次的烘焙是将叶放于竹制的焙笼中,焙笼直径约有30英寸,高3英尺,两口稍大,中部为一竹匾,叶平均摊在匾面。地下挖有炭火坑,焙笼就放在坑口上。在最后一次烘焙时,最应注意的是勿使叶片穿过匾孔,落在炭火上。因为稍有烟熏,就会损害茶叶品质。

从焙笼中取出叶片,进行分筛和分级。筛眼依大小分为1号筛至10号筛,还有更小筛眼的细筛。用筛分级之后,就开始装箱。

绿茶的制造

用来制绿茶的鲜叶,采摘后首先摘去叶柄,用扇簸除去一切沙尘及杂物,然后将叶放在锅内杀青,利用蒸汽使其萎凋。绿茶锅比红茶锅要深,直径大约16英寸,深约10英寸。茶锅装在砖灶上,灶高大约与腰齐,锅低于灶面5英寸,加上锅的深度,自顶至炉共15英寸。这个炉用木柴做燃料。锅面烧至将要变成赤红色时,将叶放入,大约半磅重,迅速翻拌,这时会有爆破声,并发散出大量蒸汽。工人常用手将叶片抛高至炉顶以上,抛时并用手掌振荡,使叶片的蒸汽透出。最后将叶用力在锅面上回转二三次,就收集成堆,移入篮中,交给其他工人。

从锅中取出的蒸叶,放在台面上的席中,开始揉捻,方法与制造红茶相同。等到叶片卷成球状,再松开用两手捻成细条状。揉捻后,叶片放在筛上,让叶片在短时间内冷却后,再入锅作第一次烘炒。此时火力减小,用木炭代替木柴,以防烟火,但是锅面温度仍然很高,如果手触及锅壁会被灼伤,这时工人注意火候的调节,另有一人用扇子在叶面上扇风。

茶司在锅中交替用手搅拌茶叶或揉捻茶叶,方法与揉捻过程相同。这种搅拌与揉捻,直至叶片减少水分不再产生水蒸汽时为止。经过这样处理后,叶片仍然放在平锅中搅拌,直至叶片比较干燥,并且颜色转变为暗橄榄色为止。从锅中将叶片取出,分筛后,再进行第三次烘炒。

有些地区为了能迅速榨出叶汁,在第二次加火时将茶叶放入厚布袋,每袋重约15—20磅,将此袋向地面抛击并时常拧动,至叶片的体积减至 1/3 时,将袋揉搓,直至袋内茶叶变得有韧度时停止。

绿茶杀青时的情景

在最后烘炒之后,叶色就发生了特殊的变化而呈碧青色,这是叶片干燥程度适当的表示。在叶色发生这个变化以前,工人不能停止烘炒。三次烘炒共费时约 10 个小时。

经过烘炒的茶叶称为毛茶,如果不是立即挑选及分级,先装入箱中,由茶农售与茶贩及水客,再转售给较大城镇的茶行或茶厂。经过分筛工作,再用风车或用簸盘筛茶,然后按商业标准分级,如珠茶、圆茶、眉茶及贡熙等。

中国绿茶经分筛以后,再由妇女儿童手工挑出杂物及碎片。这种挑选工作虽然非常费时,但是却很重要,这样可以保证茶叶的优良品质。

中国制造绿茶,往往用染料着色,但英美的中国绿茶顾客需要清洁干净的茶叶,因此着色的风气业已停止;只有运往中亚、北非、土耳其、波斯和印度还有染色的茶。

外销绿茶装在双重的油漆箱内,内层大都为铅罐,让茶叶与空气隔绝,外层为木板箱,此外还包有竹篓,以免运输时损坏,箱外注明商标或花色及厂号的名称。

半 发 酵 茶

半发酵茶即为乌龙茶,具有绿茶与红茶的特性。制造时任其萎凋而进行局部发酵,过程完全与绿茶相同。以前在福建省出产大量乌龙茶,但是台湾地区拥有更好的生产与制造条件,所以乌龙茶贸易逐渐被台湾地区所取代。

花 香 茶

中国种茶者认为,只有次等茶才需要窨花。虽然如此,仍然有一些窨花茶的品质与价值非常高,为中国人所珍爱。凡是要窨花的茶,在最后一次烘焙后,趁叶未冷时即装入箱中,每层茶 2 英寸厚,在叶面上加一把新摘的花,这样花与茶叶互相重叠,直至装满为止。最适当的用花量,为茶叶 100 斤用花 3 斤。一般所用的花为白茉莉花、栀子花及玉兰花。茶叶加花后,放置 24 小时。次日,将花与茶叶相混合,放在筛上略加烘焙,每次大约 3 斤,时间为1—2 小时。有时任花混在茶叶中,有时则将花筛出,再装箱。

砖茶、包茶、饼茶及小京砖茶

砖茶有两种,一种由筛末、茶屑所制成,一种由叶与梗制成。前者销于亚洲与俄国,后者销于西藏。二者的用途不同,俄销砖茶通常饮用泡出的茶液,藏销砖茶则与盐、牛奶及其他香料煮沸制成一种汤汁。俄销砖茶的茶厂均在中部的汉口、九江一带,藏销砖茶在四川一带制造。

俄销砖茶——在汉口及九江一带的茶厂制造,制造砖茶的方法简单而有效。有一个笨重的模子,上面有精细的花纹,放在水压机中。不论红花或绿茶,经过通常的制造过程,再经过蒸热后放入模子中。先放一层上等茶,然后放一层厚的粗劣茶叶,再加一薄层上等茶在表面上。将模子加盖后,用机器重压。撤去压力,取出模子,即可得到砖茶。经过三个星期的干燥,砖茶制作完成。砖茶每块重2.5—4磅,大小不一。为了便于运输,均包上纸,并装入竹篓中,每篓80块,净重200磅。

茶屑包括碎叶、茶梗及粉末,是制造砖茶的常用原料。虽然原料大多是中国所产,但从印度、锡兰及爪哇进口的也不少,每年约为1000—1500万磅,通常与中国的茶叶和茶片相混合使用,这种拼和砖茶,比单用中国茶所制的茶汁更为浓烈。

中国茶厂的鼓风机

在湖北省的羊楼洞,山西茶商每年设立临时办事处开设工厂,该地区有数千名农民从事制造砖茶,大部分销往俄国及亚洲市场。原料多为二茶或三茶,叶长约1英寸,味浓,一般称为老茶。压制时多采用木质平压机,因为他们的经营大都属于临时性质,不利于购置新式设备。

藏销砖茶——运送砖茶至西藏,必定经过两个重要城市,即康定(打箭炉)及松潘,供给康定市场的茶叶,均产于雅州地区,在雅安、名山、重庆、天全、邛州(即邛崃)制造。栽培区域延展至4000英尺的高原。茶丛高达3—6英尺,种在山坡阶梯式耕地的四周,与杂草相混杂。6月至8月,将叶及幼枝切下,用锅加热数分钟,然后摊晒。经过这个步骤后,就装入袋中或打成一捆,携带到市镇,售给茶行或镇上的茶厂。

茶叶到达茶厂,发酵数日,然后将叶及枝摊开,由妇女儿童拣选,分为若干类。叶分为三级,第四级是最粗老的叶及切断为枝条和灰末等,拣选分级后,每个等级的茶叶都放在布上,用炉蒸,柔软后加入粘性米水与叶末混合,放入模子中,加以重压成砖状。每块长 11 英寸,宽 4 英寸,重 6 磅。放在架上三日,等到干燥后,再用印有厂名的纸包好,四砖合为一包,首尾相连配成长条。再用竹篓装好。工人就背着这种竹篓经康定,运至西藏出售,由雅州至康定约 150 英里,几乎没有可行走的道路,每人通常背负 300—400 磅,大约需 20 日才能到达。

比较上等的砖茶和在西藏拉萨销售的茶,在康定时先将竹篓解开,将各砖茶重新包装,每 12 块用生牛皮包成一包,用线缝紧,毛向里面,以免在山路上损伤砖茶。

运送砖茶时的情景

藏销包茶——松潘市场的包茶,制造方法比砖茶更简单,摘取茶树的幼枝及叶,甚至连周围的杂草也同时切下,在日光下晒干,捆扎成包,偶而也有用火烘焙的。这种茶包送至茶厂,发酵数日,然后稍加拣选。茶枝用铡刀切断,折断的枝叶,放入开水中煮,然后再压成包,用席遮盖后任其干燥。这种茶有两处产地,一地所出的是压成长方形,长 2.5 英尺,宽 2.5 英尺,高 1 英尺,重 160 磅;另一地所出的为圆卵形,重 90 磅。

饼茶——普洱饼茶,因产于云南南部的普洱县而得名,制成扁圆块,直径约 8 英寸,用竹叶包装,再用棕榈条捆好,是中国药店一种普通物品。在西藏喇嘛寺中也经常备有这种茶叶。茶叶摘后加火,再晒干,与四川的相同,蒸热后压成饼块状。普洱茶生长在掸部,普洱茶有显著的苦味,被看作药物,用来治疗消化系统的疾病及神经兴奋用。

销往俄罗斯的砖茶

小京砖茶——有一些小京砖茶,销往欧洲,茶做成小砖块,重不过数两,用品质特别优良的细茶末压制而成。

球茶——球茶的名字,专指以中国茶压成球形以抵抗各种气候变化而言。

束茶——束茶为广州乌龙所制,用丝带捆束。

中国外销茶的分级

中国茶叶经过各种步骤制造,依据叶的大小及揉捻的松紧,筛分为若干级或若干形式,例如白毫及小种,以及雨茶,均是表示形式的名称。但是这种名称通常再冠以地名区别。只是用地名作分类,常常缺乏统一性,有时按照茶叶出产地命名;有时按照茶叶制造分级地命名;有时甲地所出之茶,却用乙地地名。甚至有时由于茶叶相同,以他省省名命名。

制造方法也有很大差异,同一种茶叶在不同地区处理,就会得到不同品质的茶。因为最后处理的地区非常重要。即使采用同一种方法,各地也有不同的应用方式,致使茶叶的品级受到不可避免的影响。例如,以出上等品质茶著名的地区,其所产茶叶中最优、普通及最次的各等茶中,其最次的茶叶,往往比其他出产地最上等的茶叶还要好。其他如采摘茶叶的时期也非常重要。

在出口茶的名称上,主要以产地为主,如:华北功夫茶、乡野绿茶、巫配茶等等。

中国茶商对于茶叶的分类法

中国茶商自有一套分类方法,这种方法与外销的分类法一致。成茶为:红茶、绿茶、金茶(即黄色茶不供外销)及红砖茶、绿砖茶。每一类又分为粗、细、陈、新,共成 20 类,再各分为上货、次货两类,成为 40 种。中国商人还以出产地及省名等分为 200 余种,因此,完全按照土法分类,实际上应有 8000 多个等级。

上海市场上,按茶叶来源分为路庄茶——即由各地完全制成后,输入上海市场的茶;毛茶——上海乡间所造的茶;土庄茶——湖洲及其附近所产,在上海制造的茶;洋庄茶——是以上海拼配的各种茶叶,冠以地方名称,通常为珠茶、雨茶等,又称为上海包装茶。

政府的援助

1905 年,中国政府派遣茶叶专家赴印度、锡兰考察茶叶产制情况。考察报告中提出采取新方法,可使茶叶增产,并降低成本;还提议中国各小型制造企业、作坊,应联合成立大规模的茶厂,装备新式机器。但是提议并没有被政府采用,直至 1915 年,才在祁门成立新式茶园,但所产茶叶品质一般,价格也较高。1915 年,政府答应上海茶业同业公会的请求,减低出口税 20%。1917 年,茶叶出口完全免税。

第十六章 日本茶叶的栽培与制造

日本包括四大岛——九州、四国、本州及北海道及诸多小岛，自北纬30°—46°，适于种茶的土地，在北纬40°以南，茶区都分布在这一地区。

全国多山，只有东京四周有广大的平原，茶树多种在山坡或小块荒地间，排水良好，优良的农田多种植水稻与其他作物，因此茶区与铁路相距甚远，运输不是很方便。

重 要 茶 区

日本虽然是东方的工业国，但人民仍以农业为主，全国人口60%为农民。农民承袭了3000年来的农作，对于土壤与作物，有着广泛的知识；直到近年，这些知识才被现代科学所代替，各县都成立了农事试验场。

日本植茶面积自1892年以来，逐年减少，当年种茶面积计148,714英亩。1931年仅有93,352英亩。1894年茶厂为705,928家，1928年增加到1,153,767家，1892年茶叶产量为59,726,502磅，1931年增至84,447,994磅。

主要产茶地区为静冈县，位于富士山麓的风景区。京都县包括产玉露茶出名的宇治，以及邻近的三重、奈良，滋贺县，也是主要产茶区。事实上，本州及九州各县都种茶，同样是全国的主要茶区。除了已经列举的地区之外，本州还有埼玉县与岐阜县，九州还有熊本县与宫崎县。

日本全国产茶量的一半及全部出口的茶叶，都集中在静冈县制造,并且在静冈市及其附近的城市精制,从邻近的清水港或横滨出口。但具有特征的日本绿茶,则产于京都附近的宇治县。日本嗜茶者所喜欢饮用的玉露茶,便产于该县。

优等而高贵的茶叶,产于京都附近的山城旧治,大部分产品供作祭神之用,并有特殊品级的内销茶。

埼玉县的狭山地区,以产狭山茶而闻名,狭山茶又称为八王子茶,是仅次于山城茶的上等品。只是由于种种原因,逐渐衰落,但这个名字至今仍为美国茶商所熟悉。

表16—1为45县茶区的分布情形。以产量来看,静冈、京都、三重最为重要。

表16—1 1928年日本茶的产量及栽培面积

县　名	茶厂数	栽培面积(町)	制茶数量(贯)
岩　手	1432	12. 5	986
宫　城	2572	88. 9	5901
秋　田	17	2. 1	73
山　形	79	17. 4	1377
福　岛	7302	84. 8	7554
茨　城	42288	1979. 3	197033
栃　木	15878	372. 4	37419
群　马	5697	118. 0	8463
埼　玉	23932	1583. 3	247579
千　叶	23608	645. 3	73603
东　京	10995	630. 0	71901
神奈川	20424	262. 5	30110
新　泻	1013	512. 1	84027
富　山	2718	409. 7	42117
石　川	4889	244. 0	54174
福　井	28535	325. 1	164026
山　梨	4078	84. 1	5480
长　野	2477	24. 0	4409

县　名	茶厂数	栽培面积（町）	制茶数量（贯）
岐　阜	47978	863.8	218891
静　冈	31052	16000.7	5308798
爱　知	25914	231.3	70320
三　重	26796	1707.0	491242
滋　贺	29925	958.8	245956
京　都	28010	1498.8	544131
大　阪	4825	201.0	88908
兵　库	40561	647.0	146024
奈　良	12118	737.0	276180
和歌山	26499	365.0	94125
鸟　取	7532	40.0	11818
岛　根	38537	476.8	107315
冈　山	34839	291.0	91586
广　岛	79575	277.4	122342
山　口	40741	526.1	98605
德　岛	18595	435.4	89097
香　川	2080	29.4	2430
爱　媛	20607	439.2	55255
高　知	37870	1127.6	144968
福　冈	37842	1619.2	142067
佐　贺	30837	462.3	69831
长　崎	32721	390.7	66487
熊　本	69531	1876.5	213116
大　分	51454	568.4	67804
宫　崎	60550	1059.7	211018
鹿儿岛	117791	2887.6	407073
冲　绳	1053	51.4	1672
总　计	1153767	43164.6	10423291

注：1 町 = 2.45 英亩，1 贯 = 8.28 磅。

资料来源：农林省农业部报告。

气　候

日本气候温和,雨量丰富,环境最适合种茶。每年有三次雨季:第一次在4月中旬至5月初,第二次在6月中旬至7月初,第三次在9月初至10月初。6月是全年雨量最多的一月,正月是雨量最少的一月。

日本在气候上受影响最主要的因素是往来中亚平原的风,即普通的季风。季风起于戈壁沙漠,夏季时该处热空气上升,海洋上空气由东迅速向西,经过日本,将湿气凝集在该岛的东部。冬季时,沙漠地带比太平洋寒冷,因此,空气向海洋方面移动,此时最大的雨量在岛的西部山脉地区。不论季风的风向如何,风势必然卷起大洋的波浪而收聚湿气,降到种茶的山地,使该岛受其惠泽。

有利的地方条件

多数茶园在日本的西南部,即日本的温暖地区。茶区中心为静冈县的牧野原。静冈县的大部分茶叶,均生长在最有利的地方,而其他作物则不能或至多勉强生长。奈良及京都(包括著名的宇治茶区)位于离海大约30英里的内陆,因此,大风雨的影响要小于静冈县。同时由于与大海相隔较远,夏季较热而冬季较冷。

茶园通常在沿河川或湖沼的山上,该处有适合的温度,并有浓雾重露,使茶树可以很轻松地茂盛生长。宇治、川根及狭山等著名茶区都是如此。

表16—2为京都及金谷每日平均最高及最低温度与雨量。

日本受气温较低的影响非常明显,青叶在采摘后可以贮藏过夜,再进行杀青;而在印度湿热的8月及9月,这种存放将完全破坏茶叶的品质。

烈日与骤雨的交替,可以增强茶树的生长力,并有使茶汤色浓味苦的作用。在静冈县,6月与9月不宜产茶,原因不在于缺乏阳光,而在于多雨;缺乏阳光,有益于绿茶的品质,采摘湿叶,通常不能制出品质较好的茶,这在科学上也尚未探明原因。

表16—2　温度与雨量

京都(包括宇治地区)			
月份	最高温度(℉)	最低温度(℉)	雨量(英寸)
1	47.4	34.9	2.14
2	48.7	34.2	2.62
3	52.2	33.6	4.57
4	66.8	42.1	4.38
5	74.0	50.0	3.64
6	80.9	62.4	9.45
7	89.1	70.9	5.34
8	88.9	70.5	5.59
9	73.1	64.6	8.91
10	72.7	52.7	6.16
11	61.8	41.6	3.73
12	51.6	32.6	2.73
			总量 59.26
静冈县的金谷			
月份	最高温度(℉)	最低温度(℉)	雨量(英寸)
1	47.5	33.9	2.83
2	51.4	34.5	5.53
3	55.7	37.6	7.45
4	64.9	48.5	10.95
5	71.2	54.2	9.02
6	75.2	61.7	10.99
7	82.1	69.7	8.17
8	84.6	70.7	12.29
9	79.3	65.5	15.23
10	71.0	56.1	7.80
11	62.5	47.6	7.14
12	52.7	35.6	3.01
			总量 100.41

茶 用 土 壤

　　日本种茶,经常利用不适合生长稻谷及其他作物的土地,前面已经说过。除宇治附近以外,茶树通常种在倾斜的山坡以及荒芜的高原或者种在稻田的田梗上,果园的空地,桑树之间,以及其他的荒地。只有宇治一处,将广大的低地辟为茶园。

　　日本茶农都相信土壤对于茶叶的外形与品质有很大的关系。红粘土土壤可产出带褐色的茶叶;腐植质土壤可产出深绿色的茶叶;沙质土壤可产出淡绿色的叶;粘土土壤被认为可产暗色叶,并赋予香气,最适合外销。据称叶的形状也与土壤有关,红色土壤出产狭长叶,便于揉捻。

　　静冈县因地域较广,县内各种地形差别很大。因此,各地土壤也不尽相同,每一区域所产茶叶品质,也与土壤性质有着密切的关系。牧野原地区以红色土壤居多,产茶品质中等,味浓,但是颜色较差。阿部在静冈市的附近,土壤为肥沃土壤,出产茶叶品质很好。在富士镇周围一带,是火山富士山的所在区域,所产茶叶,味弱而色佳。这种绿色不是由于火山灰与腐植质造成的,而是由于施肥、遮荫所造成的。

　　沿河的山坡上,均适宜种茶,川根邻近河畔,所出产的茶叶是静冈县中品质最好的。

　　日本对于茶叶研究工作,向来是将重点放在制造方面,而不重视土壤方面的研究,因此,各地土壤还有没经过分析的。表16—3是两个主要茶区的六种土壤不完全的分析,就大体而言,日本土壤中含有促成茶树茂盛的各种重要元素,且土层极深,2英尺以下的土壤与表土同样肥沃。

表16—3　土壤分析

京都区			
	宇治	久世	砾壤土
有效性磷酸	0.71	0.106	—
有效性钾	0.010	0.010	0.020
有效性石灰	0.025	0.025	0.130
腐植质	1.710	1.620	—
酸度	57	48	酸
总氮量	—	—	0.440
静冈县			
	静冈土壤	庵原沙质土壤	牧野原腐植土壤
有效性磷酸	—	—	—
有效性钾	0.008	0.010	0.006
有效性石灰	0.160	0.200	0.100
腐植质	—	—	—
酸度	中性	微酸	酸
总氮量	0.25	0.17	0.51

茶树繁殖法

日本所种植的茶树均为中国种。在静冈县胜间田村及金谷附近的牧野原各县设立试验场，曾经尝试种植阿萨姆种，因为不能抵挡严寒，难以见效。

日本的茶树繁殖，就一般而言，都是直接播种的茶园，很少另设苗圃。只有少数采用扦插、压条或嫁接的方法繁殖。

日本非常注意在优良的产区采集种子，大都在晚秋时搜集，用水选法选择沉在水中的种子，放弃漂在水面的次等种子。

种茶有两个时期，即春季与秋季。春播通常在3月中旬至4

月初,秋播通常在 11 月的上半月。播种的种子数量,每段(日本面积名等于 0.25 英亩)约 54—72 升。

要想育成一株完全保持母树特性的苗木,必须采用扦插、压条或嫁接方法。金谷地区的扦插已获得成功。在 6 月间,切取长约 6 英寸的枝梢,除去大部分芽叶,防止生长过快,插在地中。如过程良好,扦枝生根,两年后可以移植。若采用压条法时,在茶丛侧枝离某一芽眼下 1 英寸左右,略加切伤,然后压低此枝,将芽眼埋入地下,等到生根后从母树处切断,再移植到合适的地方。插枝可施油饼或鱼肥,并用稻草保护。

播种法有丛播与条播两种。丛播还分为环播与群播;条播又分为单条播与双条播。环播时,将种子紧密排列成直径约 18 英寸的圆圈,每一圆圈的中心点与第二个圆圈的中心点相距约三四英尺。群播是将种子互相接近成一堆,不作环状。但无论何种形式,由种子长成的幼树,均成蜂巢形,最后成为篱状行条,行距根据茶丛的高低而不同,只是每条中心点与其他条中心点的平均距离,一般为 5—6 英尺。

单条播是将种子排成一行;双条播的方法与之相同,播成双行,行距约为 1 英尺。单条播与双条播的每组距离一般为 5—6 英尺,条播最适合倾斜的地面。

地形与排水

日本最著名的茶区均位于沿河的山坡,如宇治一带,茶树栽培在宇治川西侧的坡度较缓的山坡上,排水优良,同时,还可以补充到河水的蒸汽,使空气经常保持湿润。

伊河流过静冈县川根地区,两岸均为山坡,形成天然的排水系统。在狭山区及阿部区之间,也具有同样的地理特征。

金谷位于静冈县的牧野原地区,是季风较明显的平原,东南临太平洋。哈勒尔曾经描述该地区的风光"在春季狂风挟雨掠过乡野时,似乎只有茶才能享受这种气候。……在晴朗天气时,金谷景色异常美丽、壮观,一望无际的绿野,均为茶树。离谷较远的地方,色彩艳丽,都是其他各种作物,对岸的斜坡上遍种茶树,后面是一片片的松林"。

神圣绝美的富士山俯瞰这片景色,山顶终年积雪,自平地耸入云端,高达 12365 英尺。

京都不像牧野原那样广阔,产茶中心宇治位于宇治河旁,宇治河从琵琶湖蜿蜒流入大阪海。和牧野原一样,气候对该地区也有着很大的影响。

日本茶园中没有排水工程,也没有真正阶梯式构造,在静冈县周围,虽然有一些简陋的梯田园,但一般都种植绿篱,防止水土流失。

肥　　料

茶树所有肥料为豆饼、干鲱、海鸟粪、菜子饼、干鱼以及硫酸氨、硝酸钠、莳萝饼、过磷酸石碳、硫酸钾、人造肥料、米糠、人粪尿、绿肥等。硫酸氨及硝酸钠为速效肥料。一般来说,施肥的唯一作用就是供给氮。在宇治附近,一英亩用氮 230 磅,并用小量的磷及钾。印度每英亩仅用氮 30 磅,作为速效肥料。

为了促进新枝叶的生长,常用分解的菜子饼及磨碎的干鱼、米糠或其他有速效性的肥料。这种肥料又称为补肥或发叶肥料,施在茶丛四周的浅沟中,每年三次。最主要的一次,常在 9 月中旬至10 月中旬深耕时进行,所用肥料为迟效性,通常埋入地下 3—4英寸。

日本虽然不常使用绿肥,但也使用一小部分。一般用紫云英、黑豆,但红金花菜也通常栽培作绿肥用。这种绿肥常于夏季及秋末撒于表土上。

耕　　种

在日本茶园中有两种耕法:一为深耕,一为浅耕。深耕是在各行茶丛间耕至 2 英尺深。表面侧根均被切断,将泥土堆积在茶丛底部的四周。深耕时间并不一定,但通常在 9 月至 10 月底进行。

每年的 3—10 月,通常进行浅耕三四次,深度距地面一二英寸的地方,以适合除草松土为宜。茶树普遍用稻草或竹枝遮蔽,护根物在秋季放置,第二年耕入土中。

修　　剪

供制上品茶叶的番茶、玉露茶及碾茶的茶丛,任其长高到 3 英尺;制作中等茶叶的,树身一般截成 1.5 英尺。但是剪枝不可过度,以免茶丛在冬季遭受冻害。

修剪时期,依气候情况及农田或制茶工作的忙闲而定,一般都在采摘头茶后进行修剪,也有在二茶之后进行的。初次修剪在茶龄三四年时进行,高低以预定茶丛生长应达到的高度降低 20%～30% 为度,此后三四年间,茶丛长至所需的高度,其间应注意保护,防止伤到幼嫩的侧枝。这些茶丛自地面至丛顶依次修剪,即可形成圆顶的采摘面。茶丛如果衰老,可从根部割去,加肥覆盖。经过割剪后,能使树势恢复,枝叶繁茂,但是四五年后又会衰退。这种重割不经常进行,因为通常认为高茶丛所产茶叶的品质比较优良。在静冈县这样的重割约每 5—10 年在茶干离地 2 英尺的地方进行一次;京都产较好茶叶的茶园,每 30—40 年进行一次。

遮　　荫

在茶丛间种植遮荫树,在日本没有听到过,日本只采用人工遮荫方法,以生产品质较好的茶叶。例如玉露茶需完全遮荫,覆茶则采用部分遮荫。

人工遮荫分为两种:单丛覆荫及全园覆荫或区域覆荫,前者用草覆盖,形状就像覆盖干草堆所用的草顶,用来阻止茶树生长,增加茶色,这种茶称为覆茶。

玉露茶园在采摘前完全用特殊构造的遮栅。据日本人说,这样可以使玉露茶具有特殊的色味,而且可以增加甜味及茶的深绿色。在4月茶树将发芽时,在地面装置高6英尺的栅架,在芽将要成叶时,用帘盖在架上,11天之后,再加上草,采摘后将帘取去。

采　摘

茶树种植三四年后,方可采摘。8年至15年间的茶树,茶质最佳。普通茶树寿命为25年。以前采摘均为手摘,现在则改用特制的采摘夹。这种采茶夹形如修剪绿篱所用的大剪,刀片旁有一袋,刀片上有一个阻挡物,使茶叶落在袋中,用右手持夹,左手扳动带有刀锋的刀片,刀长约8英寸。旧法手摘每日可摘16.5—83磅,平均为45磅;但用采茶夹时,妇女每日可摘200—250磅,男子可采300磅,最高记录为每日采432磅。这种方法对日本茶

日本妇女用自制的采摘机采茶

树特别有效,因为它的叶面平坦而均匀。

在宇治地区,经常采摘遮荫茶丛的嫩芽制造玉露茶。新枝较

粗的部分通常制成番茶,二茶则制成煎茶。但是静冈县从头茶至四茶都制成煎茶。宇治采茶是雇佣女工手摘,这些女工身着艳服,在草棚下工作,不易被人看见。采摘时经常唱着采茶歌,非常高兴。

采茶期有三四次。第一次采摘的茶为一番茶,自5月1日至6月15日,是最好的茶,大约占全年产量的一半;第二次采摘为二番茶,在6月下旬至7月上旬;第三次为三番茶,大约从8月20日至9月5日;如果采第四次,则在9月底或10月初,为时很短。

采茶者将所采的茶叶集中在小箩,再倒入大箩,每两大箩由工人用扁担挑送至茶厂。

病　虫　害

日本冬季严寒,因此,许多其他地区的病虫害得以避免,使得茶区受益不少。哈勒发现印度最普通的害虫在日本均有发现,如红蛀虫、红蜘蛛、青蝇、日本茶毛虫、茶尺蠖、避债虫及卷叶虫等。但威胁印度茶农的茶蚊,则还没发现。

至于病害,饼病常发生在各季,尤其是9月及11月。茶树由于施肥过度也经常会导致褐斑病。其他的穿孔病菌、赤锈病、茶疮痂及根腐病等都有发现。当发现根腐病时,应当挖去患病的茶丛,以防传染。牧野原科学部曾经出版过方便茶农的图表,列出各种病害可能发生的时期及防止方法。

日本茶农一般使用石灰硫磺剂及波尔多液,在采制期后使用。据考察所知,如果能在采制前20—30日喷波尔多液在茶树上,对于茶叶非常有益。

制茶的种类

日本所制造的茶叶,绿茶占多数,绿茶中3/4以上制成煎茶——即普通茶,是主要的出口茶叶。其次是番茶,品质较次,多为国内所用。再者为玉露茶及碾茶。碾茶又称式茶,分为浓茶与淡茶两种。表16—4为各种茶叶的产量。

表16—4 1928年日本制茶种类

种类	制造磅数
玉露茶	589528
煎　茶	68588050
番　茶	16671838
红　茶	45880
其他茶	409553
总　计	86304849

红 茶 制 造

红茶产量虽少,但最近五年几乎增加了三倍,这都是私人奖励及政府鼓励的结果。日本最初制造红茶的目的在于代替印度的红茶,在日本国内的卖场。后来,随着美国红茶消费的普及,日本红茶开始被美国人所喜好,于是日本红茶尽力争取美国市场。美国农业部前茶叶检验主任乔治·F.米歇尔支持这种意见,认为日本必定能产出合适的红茶。

前印度托格拉茶叶试验场的C.R.哈勒也说到,日本茶种既然与中国相同,应当没有生产不出中国式红茶的道理,他说:

在静冈县我曾参观一间小茶厂,正在制造印度红茶,茶叶在揉捻后,烘焙前先放在冷处,经过一段时间的发酵,我认为不可能制成上等的红茶,原因也许是温度太低;在大吉岭如温度低于70℉时,则发酵时间延长,就不能制成优良的红茶。日本红茶用中国方法制造时,茶叶品质没有比中国红茶差的道理。

制茶的过程

日本茶叶的制造可大致分为三类:(一)手制法;(二)机械制法;(三)手工机械混合法。玉露茶与碾茶用手工制造,煎茶几乎全部用机械揉捻。在 1928 年,静冈县手工制茶占 8%,机械制茶占 71%,其余 21% 为手工与机械混合制造。

手 工 制 法

蒸茶——手工制茶的第一步是蒸茶。普通的器具为大底,口径为 1.5—2 英尺的铁锅,放在用砖、粘土或瓦砌成的炭炉上,锅上加一木制蒸笼,蒸笼形如琵琶,高 18 英寸,中间有一个开孔的隔板,蒸汽就由这些小孔中透出。有时隔板仅开一孔,用铁管接入,再装上交叉成十字形并开有细孔的管子,由细孔中均匀透出蒸汽。

茶叶放在盘中大约 5 英寸厚,盘底是金属丝网,加盖放入笼中。当蒸汽由盖透出时,则用棒子搅拌。蒸茶时间的长短,依蒸汽量的多少而定,在 100℃ 时,一般需 40—50 秒。蒸煮不足的茶会有苦味,而蒸煮过度的茶则叶片变软,颜色不佳,茶汤也浑浊。蒸后叶片摊在架上冷却,有时使用风扇加速冷却。

干燥——干燥为第二步。用纸盘放在粘土或瓦砌成的炭炉上进行。炉的直径 3 英尺,深 5.2 英尺,顶部略向前倾斜,后面比前面高 2.25 英尺。里衬为陶土壁,靠近底部稍厚,炉腔底部通常比顶部狭窄。

炉中放木炭 10—13 磅,上面覆盖稻草 1.25—1.75 磅,稻草经燃烧成灰后,盖在炭火上,使火力稍降。炉顶有五六条铁棒,上放一网,宽 1.5 英尺,长 3—3.5 英尺。网面上再盖一张薄铁板,使热气均匀。木边纸底的茶盘放在炉面上,茶叶摊在盘中。然后,用手将茶叶扬起播散,如此快速反复进行,需注意温度只可比体温稍高。干燥完毕时,茶业已失去光泽,茶梗皱缩,叶片产生暗色斑点。

揉捻——日本的手揉,经过多年经验积累,方法分为六步:(一)回转揉;(二)玉解;(三)中休;(四)中揉;(五)转缫揉;(六)仕上揉。揉捻工作在放在火炉上的纸盘中进行。

回转揉是第一步,大约进行35分钟,目的在于使叶干燥而不受损伤。如果揉捻太慢,会产生酸气,损坏茶叶色香;但是,如果回转太快也会有碍茶味,茶汤也因此变浊,形状也不好。不仅要注意温度的调节,还应注意调节回转速度与压力。回转揉进行到叶体表面有湿气时中止。

玉解或叫解块,随回转揉进行,作用在于使叶片均匀干燥,同时用手轻搓。

中休——间息约14分钟的名称。使茶叶微凉,并扫清纸盘。

中揉或中间性揉捻,将茶叶一把一把用手搓捻,并加大压力,等叶呈暗绿色时停止,时间大约25分钟。

转缫揉用来调整叶形,须十分小心,否则汤质不佳。当叶快干时,用两手从两侧揉茶,再加揉压力让其互相摩擦,使每一叶片均能卷紧。时间约为15分钟。

仕上揉是最后一次揉捻,大约需20分钟。茶在两手中互相摩擦,直至叶在手中没有粘性、光滑时为止。

最后干燥——将揉捻的叶移到另外的焙炉,等到叶近于干燥时,就放到可搬动的干燥器上,这种干燥器是木制并有多个抽屉。每个抽屉长、宽各3英尺,深3英寸,高度可根据工厂的需求而定。热源是放在炉底的木炭盆。每隔一段时间,将抽屉互调,使茶叶可以均匀干燥。叶变干变脆,在手指间可以压碎成粉时,干燥过程才算完成。制成的茶水分约为4%,最后干燥后,再任其冷却,即可放入密闭的容器内。

机 械 制 法

最近 10 年来,机械制茶的风气逐渐盛行。动力采用电动机、汽油发动机、蒸汽机或水车。

蒸叶——机械制法中,有两种蒸茶机器可供使用,即螺旋形筒和回转带。前者为小工厂所常用,是一圆形筒,长 3 英尺,内径 1 英尺,有一轴可以旋转。叶放在一端,回转后即逐渐移至另一端,这个过程中可蒸茶。这种机器每小时可蒸叶 200 磅。

回转带机器是一个长 6 英尺,宽 3 英尺的箱子,有一竹带或网带,带上放置茶叶,茶叶通过该箱时,蒸汽由箱底的气管放出。茶叶从箱的一端到达另一端,大约需 40—60 秒,然后再用风扇冷却。

初揉——初揉机器兼作茶叶干燥及回转揉捻用,式样很多,但大同小异。一般式样为一圆形筒,固定在回转的轮车轴上,在筒内有许多寻及叉,将叶抛高,叉压住叶片使叶片与筒壁相揉搓。筒通常为铁或铝制,用木作内衬。还有一台风扇,将热空气送入机器。

最著名的揉捻机为高桥式,是日本首创的制茶机。还有栗田式、原崎式,都是将干燥、初揉、中揉及仕上揉混合的机器。入木式是干燥、初揉及再干燥的机器。

中揉——中揉机器的形式与印度、锡兰、爪哇所用的杰克逊式机相似。只不过揉捻台不在箱内,机器较小,每次茶叶只能揉捻20—24 磅。使用这种机器,目的是使初揉的叶均匀。在揉捻时粗叶要比细叶费时,平均所需时间为 10 分钟。制造这种机器,以臼井、望月及栗田等最为著名。

再干燥——再干机与初揉机相似,只是不做任何揉捻工作。机内温度通常保持 60℃,速度为每分钟回转 35 转。工作时间需15 分钟。

最后揉捻——最后揉捻机是一长圆槽,下放热源,上有一木制揉捻滚筒,可以调节速度与压力,在叶片上前后滚动,温度通常保持在 70℃,揉捻时间为 40—60 分钟。每台机器每天工作 10 小时,可制茶 80—240 磅。从此机器取出的茶叶最后也像用手揉法干燥的一样。

手工机器混合法

手工机器混合法,就是手工与机器并用,前一半的过程用机器,中揉后就用手工完成。

玉露茶制法

制造玉露茶的第一步为筛分叶片,再拣去一切草屑、茶梗、老叶等。蒸茶方法与煎茶(即普通茶)没有太大差异,只是更加仔细、慎重,时间大约为 10 秒。其他各过程与制煎茶的区别,也仅在于更加精细而已。茶叶经过最后揉捻后,放入热锅中干燥,再进行筛分精制。干燥需 4 小时,温度要比普通茶稍低,一切步骤均由手工完成。

玉露茶制造中的电热

在京都有许多制玉露茶的人,尝试用木炭及其他燃料的制茶机,与静冈县一般使用的相似,但结果不佳,这是热力供给不足导致的。最近试用电热,得到较好的结果。应用电热的机器包括蒸叶的蒸发器、粗揉机、再揉机及干燥机。

电热的特点,在于可以根据需要调节温度,并可使热量均匀。1920 年左右,京都电灯公司开始应用电热的试验,到 1924 年得到完美的结果,现在已有多数工厂采用这种方法。

碾茶制造法

碾茶(式茶)是供仪式用的茶,通常为粉末。制造的第一步与玉露茶相同,只是放在炉面上的纸制底盘,要比玉露茶或煎茶所用的大一些,宽6英尺,长3英尺。

放置烘茶炉的房间,非常严密,室内温度至少保持在50℃。在盘上摊放1.75磅的鲜叶,每隔五六分钟即用竹片将叶徐徐搅拌,等到水分挥发六七成时,就取出叶片,用扇去热,再放回盘中,再按前面的方法搅拌,快干时再取出放在木架上,等待其干燥。

茶叶完全干燥后,将叶片碾成小片,分类拣选,暗色的就是浓色茶,淡色的就是淡色茶。然后,再将这些小片磨成粉末。

碾茶干燥所需的时间,第一次为30—40分钟,第二次约为30分钟,在架上干燥大约需4小时。成茶的重量仅为原鲜叶量的17%。

复　火

1862年,中国茶师将外销茶复火的方法传授到日本,日本直至1911年仍沿用中国的方法。方法是将茶叶5磅放入铁盆中,在炭炉上烘烤,大约半小时后,再进行着色。1898年,行原崎发明了再烘锅,现在,日本仍有大多数人采用。

出口茶大多在静冈县复火,这项工作包括加火、精制与装箱。工厂除了烘锅及木炭炉外,还备有各种筛子、风车、切茶机、磨光筒、去梗器及其他附属器具,均依靠顶部的回转轴带动。烘青时则用烘笼代替烘锅,叶可拼配也可不拼配。

精制茶有三种:原叶茶、笼制茶和釜制茶,统称为煎茶。原叶茶常用纸盘烘焙,但是由于某些原因,在日本贸易中,过去曾叫作瓷制茶,现在才称为原叶茶。笼制茶为长叶所制,外观极美,最上等品卷成 2.5 英寸长,叶细如针,因此,也叫作针叶茶与蜘蛛脚茶,若干年前,东京某著名茶商曾将它称为天下第一茶。

　　釜制茶由小叶制成,占外销茶的70%。

　　釜炒——制造釜制茶通常将原料 20 磅投入铁锅中,用机器搅拌。

出口茶的复火

这些铁锅排列成行,茶叶原料经搅拌 25—40 分钟后,投入到另外的筒中,进行摩擦使之变得光滑。

　　其次是精制,即先把茶叶放入筛分机,或人工用竹筛分选粗细。在筛分时还用风车吹去粉末和碎片。凡是叶片太长或太宽不适合釜制茶的,则先送入切叶器,切断后再进行精制。叶尖是茶叶中最柔软的部分,制造时容易制成圆形像珠茶一样的茶,这

日本出口茶的干燥

些叶尖,应当用特殊的切茶机筛分出来。玉绿茶是仿照雨茶的形式而制成,专供运销北非、俄国及阿富汗等地。

　　笼焙——长形叶通常进行笼焙,先将茶叶精制,再进行焙火。拣去番茶粉末以及筛底,留下的就是原料叶。将 5 磅原料叶放入竹笼中,笼深 4 英尺,形如滴漏,在腰部有一个可以移动的浅盘。笼放在盖有灰的炭火炉上面,烘焙 30—40 分钟。在烘焙中,笼应

从火炉上移开几次,用手搅拌叶片。焙火后,茶叶在空气中自然冷却,然后再进行拼和。

副产物——在制造精制茶时,所得到的副产物为番茶、叶尖、叶梗、碎片、筛底、茶片及茶屑等。番茶是拣选出的粗叶,专供国内。最近煨番茶的销路很广。煨番茶色如咖啡,味极涩。叶尖与中国珠茶形式相似,在手捻茶中,叶尖大约占 3% ;在机捻茶中,数量更少。叶尖从外销茶中拣出,如果留作国内消费则不拣去茶梗,通常与番茶相混使用。碎片、筛底、茶片,除一部分外销外,其余供国内使用。茶屑则售给化工厂,用来制造茶素。

磨光与去梗

釜制茶与原叶茶经焙火之后,投入水平回转的圆筒中磨光,所需时间根据叶的种类及所需光滑程度而定。笼制茶没有这个过程。

之后拣出茶梗,小叶茶如釜炒茶等叶片细小的,可用机器拣选,但原叶茶及笼制茶则必须用手拣选。

内销茶的复火

在日本国内销的茶,用手工复火,过程与笼制茶完全相同。零售茶叶每斤售价在 1.6 日元以上的,不用磨光,因为顾客非常看重茶叶本身的自然绿色。碾茶及玉露茶,则很少有进行复火的。

包　装

茶叶经过复火及精工细作后,即送至仓库拼堆装箱。供外销的用板箱装。箱有多种,外面是彩纸,箱内衬铅皮,再衬纸。茶装入箱后,将铅罐密封,箱外加篾,上刷商标、号数及净重,然后捆好。

也有将茶叶装入纸袋中,再装入能完全防潮的木箱或铅罐中,最后装入大木箱。外销茶的重量如表16—5所示。

表 16—5　外销箱茶重量

	大箱	小箱	盒
釜制茶	80 磅	40/50 磅或 5/10 磅	$\frac{1}{4},\frac{1}{2}$或 1 磅
笼制茶	70 磅	40/50 磅或 5/10 磅	……
原叶茶	70—80 磅	40/50 磅或 5/10 磅	……

内销茶装在体积为 14×16.5×28.5 英寸的箱中,箱内衬锡皮及锌皮。玉露茶和碾茶则装于小箱。

茶　　精

在制茶和消费茶叶的国家,还有很多其他种类的茶叶制品,茶精就是其中一种。这种茶精与牛奶混合,或者与柠檬汁相混合,制成液体或粉末状。但是制造过程都是保密的。大概是在真空中用茶浸出液制成,再用离心机去掉胶粘物质。

成　　本

静冈县最优良的茶园,1928 年地价为每段(每段等于 0.245 英亩)709 日元,中等的为 477 日元,下等的为 263 日元。每年上等茶园地租为每段 31.21 日元,中等的是 19.95 日元,次等的是 11.01 日元。

在制造方面,机制茶与手工制茶成本相差很多。工厂中工人每日用揉捻机工作,可出产 8—10 贯,用手工揉捻的工厂,每人每日只出产 1.3 贯。表 16—6 所示二者生产成本的区别。

表16—6　机械和手工揉捻制茶生产成本的比较

用机械揉捻制茶的生产成本	
鲜叶4贯,每贯0.55日元,2.2日元　单位:日元	
薪炭	0.3
人工	0.21
动力	0.04
机器损耗	0.22
税金	0.012
其他杂费	0.05
总计每贯茶叶成本	3.042日元
用手工揉捻制茶的生产成本	
鲜叶4贯,每贯0.55日元,2.2日元	
薪炭	0.7
人工	2.3
税金	0.035
其他杂费	0.07
总计每贯茶叶成本	5.305日元

釜制茶、笼制茶以及原叶茶等的复火所需费用每100磅为3日元。包装费如用小箱装,包括箱、铅及竹篾绳等,每100磅3日元。1磅装纸盒的成本根据材质、印刷等不同,平均每千盒为20日元。

日本茶的分类

除了极少数红茶外,日本所制的茶均为绿茶,分为下列四种:

1. 玉露茶或露珠茶,是最好的日本茶,生长在荫棚下,用来减少单宁量,但可增加叶素,同时使叶色光亮且香气增加。

2. 碾茶或式茶,也如玉露茶一样,栽种在荫凉处,但是不加揉捻,即进行干燥,磨碎成粉末。

3. 煎茶,一种由幼嫩叶制成,揉捻很好的普通茶,是销售最广泛的茶。

4. 番茶,是一种用较粗的茶叶制成或在制煎茶时拣出的粗茶。

煎茶通常外销,可分为:

(1)釜制茶,是用铁锅烘焙而成,原料叶捻卷良好,略微卷曲。

(2)笼制茶,用焙笼复火,叶为长形,最好的为针形,原料叶捻卷良好,长而直。

(3)原叶茶,形式在前二者之间,供内销。

(4)玉绿茶,或称卷曲茶,形状很弯,如茶名。

茶 业 协 会

日本茶业协会受政府控制,其规章制度都由政府制定。1891年,农商省颁布第四号法规,规定无论茶农、茶厂、茶商以及经纪人等,均必须参加茶业协会。各县有一个联合茶业协会,代表由各地协会推选,联合协会选出代表组织日本中央茶业协会。

每一地区协会,包括城镇或县的各类茶业人员。例如,在静冈县有静冈县茶业协会。富士村茶业协会、静冈县精加工茶业协会及其他地方协会有 13 所。协会的主要目的在于谋求发展当地茶业,并办理技术人员的培训及筹备茶业展览会以及维修机器等。

关于协会的工作,可以参考静冈县茶业联合协会,即静冈茶业协会的工作情况。该组织每年 3 月举行年会一次,由 16 个县选举代表出席。除了设会长、副会长、主事、会计之外,还有技师 2 人,助理员 2 人,茶叶检验主任 1 人,下有检验员 30 人,秘书 7 人。该会的工作是茶的管理与检验,并谋求生产方法的改进及市场推广等;还设立检查站,用来监测各厂所生产的茶叶,并规定标准品级,防止假冒伪劣。凡是发明茶叶机器的人,则给予奖金,补贴茶农改良茶园;在茶叶竞赛展览会中颁发奖品;开设学习班,教授机械制茶法;在牧野原茶叶试验场开展科学研究;补助地方协会活动经费;在海外派设通讯员,在国外的报纸、杂志上刊登广告,并且赠送日本茶叶样品;派专员到国外考察市场;在清水港建仓库。几年前曾出版《茶叶史》,还出版《茶业界》杂志,以供会员参考。

静冈县联合会的规则于 1924 年 3 月 1 日修正后,更加严格。规则很长,此处不一一例举,只有一条条款——第六条非常有趣,规定任何人不得买卖未经检验而贴有合格证的茶叶,凡是获得合格证的茶叶,品质必须符合或超过每年 3 月所规定的标准样茶。日本中央茶业协会及静冈县联合会的经费,都由合格证手续费拨充。

如上所述,日本中央茶业协会,是由各县组合推举代表所组成。协会的工作每年不同,大体上可分为两部分:(一)茶叶生产的改进;(二)日本茶叶国外市场的推广。在改进方面,有开展有奖的茶叶比赛大会、津贴讲演课程、培训技术人员、进行茶叶试验等。在国外市场推广方面,则派遣代表或团队到美国研究市场需求,举办茶业博览会和商场中的展览,在美国、加拿大的各报纸、杂志上刊登广告。除了俄国、加拿大及美国之外,在其他国家(除参加英法博览会外)并未开展重要的推广工作。

茶叶试验场

关于日本茶叶栽培及制造的所有科学研究以及教育、指导茶业生产的工作,都由日本六大试验场承担。这六大试验场是:

(一)农林省茶叶试验场,在静冈县金谷西南的牧野原;

(二)静冈县茶叶试验场,在牧野原的胜间村西北;

(三)京都茶叶试验场;

(四)奈良茶叶试验场;

(五)熊本县茶叶试验场;

(六)鹿儿岛县茶叶试验场。

以上六所试验场,根据经费情况,以中央政府的牧野原试验场为最主要。该场的工作,教育及示范比研究工作多。每年经费以前为 16000 日元,1932 年时增至 21 万日元。

静冈县的试验场聘有化学家 3 人,农学家 2 人,技师 4 人,机械师及昆虫学家各 1 人。场中研究室设备非常完备,并建有先进的工厂——手工及机械及一处 15 英亩的试验茶园。每年经费为42000 日元。

除上述各试验场之外,还有其余较小的茶叶试验室及研究所,四国及九州各岛的县农事试验场内从事茶叶研究工作。还有若干联合会也从事茶叶研究工作。例如之前讲到的静冈县的茶业协会,就有一座专门为茶叶试验的建筑,配有使用电热的新式制茶机等。其他各联合会也从事关于茶叶的栽培、防病虫害等试验,以及改进制茶方法的研究工作。

第十七章 台湾地区茶叶的 栽培与制造

台湾位于西太平洋,主岛为长卵圆形,附有若干小岛,地处亚热带。东西宽 97 英里,南北长 244 英里。在北纬 21°45′ 至 25°38′ 及东径 120° 至 122°6′ 之间。与古巴、墨西哥、撒哈拉沙漠及北缅甸在同一纬度上。

高山山脉纵贯该岛,由北向南。与大陆之间的海屿,深 300 英尺。在岛的东岸,离陆地不远就有深海。东北与日本相距 752 英里,西与厦门邻近。面积 13429 平方英里,比荷兰略大,比瑞士略小,与日本标准时间相差 54 分钟。

台湾的北半部,位于温带,南半部则位于亚热带。北回归线在靠近嘉义的地方,通过岛的中心,因此,除高山顶部在冬季有短时的积雪外,其余地区极少降雪。

关于台湾茶叶的栽培与制造,詹姆森·哈曾有过详细的记录,并报告给印度茶业协会。

茶区仅限于岛的北部,在西北高山与沿海平原之间。该区地形有三种:丘陵地、台地及起伏地。丘陵地平均高度大约从 100—2000 英尺,但大多数在 150—700 英尺之间,在 1000 英尺以上的地区极少种茶。

大多数的茶园均位于 250—1000 英尺的台地,台地大多向西倾斜,被该岛最大的河流——淡水河和主要山脉的山麓相隔离,只有若干水道横贯其间,但是这些水道一年中大部分时间都是干涸的。

起伏地包括起伏岩及主要山脉西部的崩岩,起伏地中间也有稻田。此地区海拔约 200—300 英尺,该岛品质最优良的茶叶均产于此。

凡是栽植茶树的土壤,都属于第三纪层及第四纪层,各种栽茶土壤面积及其平均产茶量,由于起伏地及丘陵地的茶园分布没有规律,难以正确估计。只能大约推算出起伏地的产茶量,每英亩应在 80—100 磅之间,丘陵区为 160—200 磅,台地为 250—320 磅。

台湾的主要茶区如下:

台北县:文山、海山、新庄、基隆、淡水、七星。每年产量约 600 万台斤。

新竹县:桃园、大溪、中坜、新竹、竹东、竹南、苗栗。每年产茶约 1100 万台斤。

台中县也出产一些茶叶。平均每甲产粗制茶 400 台斤,即合每英亩产茶 221 磅。(1 甲 = 2.397 英亩;1 台斤 = 1.325 磅)

乌龙种是台湾栽培最多的茶树,约占总产量的一半,黄柑种其次。在 30 多个品种中,主要为白毛猴、时茶、枝兰种、毛仔种、捕心种、竹树种及猫耳种等。

每年茶叶有 45% 在 4 月至 5 月制造,35% 在 6—8 月夏季制造,20% 在秋季制造。春茶富有香气,夏茶香气外形俱佳,滋味也较浓烈。秋茶外观虽好,但汤水不浓。

台湾农民种植茶树,完全属于副业,他们以种植五谷、蕃薯等为主业,仅用一小部分土地种茶。高地的种植地面较宽,茶园面积也较大。然而即便在这些地区,也是由农民个别种植,难以计算生产成本。

中间商深入乡间,从制茶者手中购买茶叶,再转售给当地茶商,几经倒手,汇集成较大数量,然后包装。在最繁忙的时候,茶园的工作量超过家族的工作量,亦雇佣短工,但这种情形很少。

在采茶时节,食物经常被送至田间,每日最多可达五次,但一般仍回家就餐。

采茶工作多由女子担任。

茶 用 土 壤

中央山脉附近的第三纪及第四纪冲积土壤,最适合茶树生长。这种土壤,大部分富含有机物质,且含小石粒较多。最肥沃的土壤为淡赭色。

就茶树栽培的实际应用而论,台湾的土壤可分为两类:(一)红色或红褐色土壤,各地因所含砂土的多少而脆性不同。(二)黄粘土,由分解的岩石生成,其中经常含有砂砾。

红色土壤为丘陵地的特征,死火山斜坡上的土壤常含有石砾,但有时在黄粘土中会发现这种红色土壤,并有石砾露出,这种土壤也是台地土壤的特征,色泽常比丘陵地颜色深。这种台地的土壤,常在一层粗圆的水蚀石砾之上,山麓的土壤深度——海拔120英尺——仅淹没石砾层,而在海拔450英尺的高地,深度可达6英尺以上。这种台地,当地人称为低乡,茶叶品质并不是最好。

黄粘土几乎只有在起伏地可以见到。形成这种土壤的岩石,经日光、雨水长年侵蚀,边缘依次破碎分解,较细的粉末,被冲积到邻近田野里,成为重粘土土地。黄粘土地区所产茶叶,品质非常著名,常被称为高地茶。实际上被称为低乡台地,其平均高度远在起伏地带的各著名地区之上。有些地区,赤土与黄土混合,只是区域不大,不太明显。台湾的种茶者认为,土壤及地理位置与茶的香味关系很大,其想法与法国的葡萄种植者相似。法国人认为葡萄品质越次,所酿的酒味越好。台湾的种茶人则常说"黄土小树出好茶"。

事实上,土地的崎岖峻峭,可以减少雨量过多的影响,防止雨水在土壤中过多积滞,崎岖地区,景象萧条,植物仅能生长在崩岩表面,因生存困难,所生长的植物非常强健。但是如果没有合适的土壤与气候,以及健康的树根,也不能生长出优良品质的茶树。种植者所关注的不是产量多少的问题,而是将品质作为唯一的关注点。

台湾的茶区土壤,著名化学家 H. H. 迈恩曾加以分析,印度茶业协会则研究这种土壤对台湾乌龙茶香气的影响。迈恩在台湾茶区三种土壤中各取代表样品加以分析,报告如下表:

表 17—1 土壤分析

	丘陵地 No. 1	台地 No. 4	起伏地 No. 5
有机物等＊	12. 76%	6. 92%	4. 3%
氧化铁	11. 19%	4. 75	3. 29%
铝	24. 25%	10. 04%	6. 86%
氧化锰	0. 01%	0. 06%	0. 04%
钙	0. 05%	0. 02%	0. 05%
镁	0. 17%	0. 35%	0. 17%
钾	0. 28%	0. 54%	0. 46%
钠	0. 27%	0. 32%	0. 25%
磷酸	0. 20%	0. 06%	0. 08%
不溶性矽化合物	50. 82%	76. 94%	84. 50%
	100%	100%	100%
＊含氮量	0. 15%	0. 13%	0. 08%

上述三种土壤的分析结果,如表 17—1 所示。迈恩博士发现,台湾乌龙茶所具有的特殊香气,除生产地的土壤以外,还有其他原因。根据他的观点,最重要的是制茶原料的特殊茶树品种——即所谓青心乌龙。同时,他指出这个品种的繁殖,全部采用压条法;在这个优良品质区域的产量很小(每英亩仅产 80—100 磅),而在产量较多的地区,茶叶的价值也随之下降。他并未谈到在中国大陆地区早有这个品种,之后传入台湾;但是他对富有香味的台湾乌龙茶极为赞美,他说"除台湾地区以外,再无一处可以集品种、气候及土壤于一处,生产这种特殊香味的茶叶"。

气候、雨量与高度

不论产生乌龙茶特殊香味的原因是什么,台湾的气候非常适宜生产优良茶叶,并且易于处理,这是毫无疑问的。该岛最高温度为 95℉,田野丘陵,四季长绿。最热的季节时,温度没有日本的九州高,但夏季很长。夏季经常有暴雨,雨后必有凉风,让人忘却闷热。

台湾的气候还有一个特征,即同一高度,相距不到 20 英里的两地,雨量相差很大。这是由于中间高山阻碍东北和西南季风的原因。所以一地是旱季,而另一地则为雨季。再加上日本暖流沿岛的西岸通过,更加强了这种差异。

以台北为中心,与茶区东边最潮湿的地点——基隆相比较,根据气象台的报告,5 年间的平均雨量如表 17—2。

表 17—2 5 年平均雨量

月　　份	台北（英寸）	基隆（英寸）
1 月	3.60	16.78
2 月	6.38	10.43
3 月	5.12	10.25
4 月	6.06	8.80
5 月	7.21	6.96
6 月	10.16	9.88
7 月	9.21	3.38
8 月	18.19	12.17
9 月	10.91	14.45
10 月	5.18	18.30
11 月	3.37	22.74
12 月	2.44	15.82
总　计	87.83	149.96

除去非产茶期的冬季月份——11 月、12 月、1 月、2 月及 3 月——的雨量,则两地相近(66.92 英寸与 73.94 英寸)。表 17—2 给了我们一种新的概念,即茶区有效的雨量,并非全年雨量。

日照与茶树的品质有着密切的关系,气象部门特就上述两地,将日照时间的百分率进行对比,如表 17—3。此表指明 7 个生产月份平均日照近 40%,并为全年的 33.3%。

表 17—3 日照百分率

月　份	台　北(%)	基　隆(%)
1 月	25	18
2 月	24	16
3 月	31	26
4 月	25	26
5 月	36	28
6 月	39	31
7 月	50	63
8 月	50	51
9 月	47	45
10 月	37	32
11 月	24	18
12 月	30	18
总平均	35	31

自 6 月初至 9 月底,台湾每天下午几乎都有阵雨,但实际上除台风期(9、10 月间)持续下雨二三日外,其余仅为阵雨。每日均有相当时间的日照,是台湾气候最主要的特征,这使大部分的茶叶得以干燥,并且能在阳光下晾晒,而且还可以当天制造;如果没有日光,在第二天制造,必损及茶叶品质,因此,茶树在雨天不进行采摘。所有茶区的温度,非常平均,台北市在茶区的中心,可作为代

表城市。每年平均温度为 71.6℉,平均最高温度为 77.7℉,平均最低温度为 65.5℉,平均温差为 12.2℉。单就制造期的平均温度而言,为 78℉,平均最高温度为 84.7℉,最低温度为 71.4℉,平均温差为 13.3 度。

台北的海拔仅 50 英尺,但全岛的平均海拔为 350 英尺。

茶 树 品 种

台湾所栽培的茶树品种,大部分为中国种,也有一二种日本普通品种。区别这两类茶很容易,因为日本种的叶色淡绿,形圆、组织较薄,中国茶树种植者认为台湾茶树有 8 个品种,可分为三类。

第一类包括四种:青心乌龙、红心乌龙、黄柑种及竹树种,由此类品种所制成的茶非常浓烈,其中,青心乌龙如遇上适当的土壤、气候及制法,会具有特别的香气,是其他品种所没有的。

第二类包含三种:时茶、枝兰种、柑子种。这种茶树叶片宽阔。侧脉与主脉几乎成直角,组织单薄纤维多,缺乏浓味与香气。籽茶,具有结种子的特性,这种特性,本类中都有,与第一类截然不同。实际上第二类品种,都用种子繁殖,而第一类品种则用压条繁殖。

第三类只有一种,即白毛猴,这个品种可制成一种优美的白毛茶叶,称作白毛猴。

除以上各种外,还有在试验场中的大叶乌龙,是青心乌龙用种子繁殖时的变种,纯属偶然获得的品种,不归入上述三类。

青心乌龙约占栽茶面积的 40%,红心乌龙占 30%,其他各品种占 30%。至于大部分地区栽培次等品种的理由,据说在 1880 年左右,该地区茶业骤然发展,青心乌龙供不应求,便由中国大陆引入其他种类。红心乌龙只在幼芽时通过颜色加以区别,因此经常用它来代替青心乌龙,现在这两个品种常混植在一处,尤其是台地一带。

青心乌龙的产量比时茶等要少,这也是青心乌龙的一个特点,时茶每10日可采摘一次,而青心乌龙则须每三个星期采摘一次,丰富的产量只能在次等品种中得到。

繁　　殖

台湾最优良的茶树品种繁殖,全用压条法,上述第一类的四个品种都使用这种方法,此类品种产籽很少,但是这并不是不用种籽繁殖的原因,因为,这类品种具有特殊香气,如用播种繁殖,容易发生变化。上述的大叶乌龙种,即为青心乌龙用种子繁殖时的变种。

压条时期在六七月的初雨时,其生根后与母枝的分离时间则在冬季或6月初雨时。方法是将茶树的侧枝用竹钩压入地下,使其生根;生根后与原树切断,最后移植到预先选定种植的茶园,一般来讲每穴种植二三枝。

在压条时,栽培者在侧枝压至地下的部位,进行强烈绞捻,其目的正如荷兰石竹及马鞭草等压条时的半切断一样,用此方法阻止养分流通,从而促进其根部生长侧枝。如按上述方法处理,直到母树的一半枝条压入地下为止。时茶、枝兰及柑子三个品种因为产有丰富的种子,所以常用种子繁殖。

种植与栽培

茶树的种植,常在冬季12月初或6月初雨季前进行,在起伏地种植时,株距通常为3.5×3英尺,但在台地则通常为5×3英尺。在起伏地带茶树在倾斜面上成横行,很少有用梯形状栽培的。

在台地如有可能耕耘时,通常用牛耕,其后跟随一人,茶丛很小,其间隔通常为2英尺,因此可犁耕三行。这种犁耕比较完善,往往深达四五英寸,在6月底时茶园可清除杂草。在起伏地或比较陡峭的地区,则每年锄耕四次。

修　剪

起伏地带很少进行修剪,仅在茶树生长不好或产量过少时进行。修剪时除留下主干数英寸外,其余全部剪去。

台地的茶园,经常加重修剪,这些茶树的处理方法要比起伏地慎重。加重修剪后所留下的枝干,有时为 1 英尺,但一般则为 3—4 英寸。该地带很少轻修剪,因为此地的采摘量很大,大量采摘具有轻修剪的功能。加重修剪会使茶叶的品质受损,据栽种者说,至少有两年的时间,茶树才可恢复其原有品质。

关于茶树修剪时期,并无一定时期,有些地区在 4 月进行,有些则在 5 月或 6 月初,即在第一次采摘后进行。

采　摘

根据其他各产茶国的标准,台湾的采摘要比修剪更为粗放。凡是可以摘下的叶,连鱼叶在内,自枝顶至枝底一概采下。到萎凋时将其中最粗的拣去,如果具有特殊香气的,则另行制造。然而这些粗叶也能揉成外形美观的茶叶,实在令人惊叹。

台湾北部的采摘,可从 4 月至 12 月初。这期间分为五期:春季自 4 月初至 5 月中;夏季第一次从 5 月下旬至 6 月底,夏季第二次从 6 月底至 8 月中;秋季自 8 月下旬至 10 月中旬;冬季从 10 月下旬至 12 月初,每年大约可采摘 11—20 次。

春茶快要结束时——5 月底或 6 月初,叶质变粗,然而大部分茶叶均在此时采摘。夏季采叶较为仔细,往往采一芽二叶或三叶,不采鱼叶。在起伏地带,发育不良的茶树,一般多采摘一芽二叶,但也有采三叶的。

起伏地带好天气时,每日采鲜叶 10 磅,在台地可采 15—20磅。但是就全季而言,每日平均采叶量应比以上要少。

采摘量既然如此之少,采摘费用自然非常高昂,幸好台湾采茶者全属家族式,不计工资,只有在大量种植及特殊农忙时,才雇佣工人。

乌龙茶的制造

台湾乌龙茶最初是模仿福建乌龙茶制造,以供移居台湾的福建人饮用。乌龙茶在商业上称为半发酵茶,因为这种茶既有红茶的特征,又兼具绿茶的汤味,非常像二者拼配而成的茶。台湾乌龙与福建乌龙味道上有着明显的不同。

台湾乌龙茶的制造,可分为两个过程,第一个过程在产地进行,第二个过程在茶厂进行。

第一个过程包括日晒萎凋、室内萎凋、初炒、揉捻烘焙,经此过程所制成的茶即为毛茶。毛茶的优劣,与制成最后茶叶的品质有着密切的关系,所以这个过程相当重要。一切工作均用手工操作,成品的好坏,全依靠制造的技术,而这种制茶技术全部来自经验,可以称得上是一门艺术,绝非模仿所能做到。

日晒或萎凋

鲜叶在中午送到工厂,立即摊在帆布帘上或浅竹篮中,每个约盛2磅,置于阳光下,任其萎凋。最初摊叶较薄,等到叶的温度升高,则以两倍的厚度摊叶。所需时间从20分钟到1小时;多云的天气则需时稍长。较嫩的叶,经过这个步骤后,形状略有卷曲,但需要注意的是勿使叶晒焦或变色。

下午采的叶,最好也在当天进行日晒与萎凋,如果在雨天并且是湿叶时,则应先将茶叶摊在筐里,等到第二天早晨再进行日晒萎凋,只不过这种情况制成的茶的品质一定不会太好。

发　　酵

　　萎凋后立即将茶叶移入室内,摊在框上,厚约三四英寸,使其发酵。首先放置 10—20 分钟,然后混合,并用手摇动,再重新摊开,这个步骤每隔 15 分钟进行一次,间隔的时间根据这个过程的进展逐渐缩短。

茶叶的萎凋和发酵

　　茶叶从日光中移入室内经过 2 小时或 2.5 小时以后,叶色渐变,嫩叶及叶边的锯齿处呈现褐色,当这种变色在嫩叶上蔓延成斑点状,并在较老的叶片边缘出现时,就可以进行烘炒了,但是实际上一般以香气来做判断。这种茶叶通常稍带暗色并且较软,但是比制红茶用的发酵叶程度稍浅。全过程所需时间,即从放于日光下至加火停止发酵止,如果荫凉处的温度在 82—86℉ 之间,大约需要 4.5—5 小时。在设备较新的工厂,鲜叶在棉制或竹制的框上经过日晒后,也有采用“马歇尔”式萎凋机相似的发酵机的。

　　同时进行萎凋与发酵是制造乌龙茶的主要特点,任何要制成乌龙茶的鲜叶的最终品质,大部分由这个步骤决定。

烘　　炒

发酵后,将茶叶放入铁锅或笼中,用木柴火烘炒,然后再进行复火。烘炒除增加浓度外,对于茶叶的特性并没有太大的作用,仅仅是制止发酵,并且使茶叶易于揉捻。

用笼烘炒的,烘笼为双层篾制,两端开口,底部大约9英寸处是一个竹篦,少量的茶叶置于篦面,放在炭火盆上。工人用手搅拌茶叶直至叶片变软停止。

用锅炒的,锅为薄金属制成,直径2英尺,中心部深为7英寸。放在石头与灰浆砌成的灶或者有竹边的泥灶上,锅面稍倾斜。

将两把叶片放在锅中,用手让它向后端回转,同时任由后部的叶向前滑下。热度大约为380℉,根据不同情况加以区别。

揉　　捻

烘炒后,叶片再放在帘上,用适当的压力揉捻,破坏叶片细胞,压出叶汁,等到叶片呈粘胶状时停止。揉捻的时间很短,不过8—10分钟。此后,将叶片倒出并摊开使其冷却。

焙　　火

茶叶再薄铺在竹盘内,竹盘放在圆形木架上,架高约6英尺,架下放置炭火,叶中的水分逐渐蒸发。初焙时用火很猛,仅焙2分钟,必须移开。

冷却后,再放在同一火上或另一火上。此次茶叶摊放较厚,焙火大约6分钟,再移开冷却;最后一次则放在文火上烘焙。其方法是将茶叶放入一个竹笼中,在距底部大约9英寸处,有一假底,将叶平铺在上面,厚约6—8英寸,下置木炭,徐徐烘干。叶的堆置厚度随每次烘焙而加倍,之后将其放在温暖的炉旁,经过一夜后停止。在新兴的工厂内,烘焙均用机器进行。

台湾制造红茶时的场景

此时茶叶的制造过程已经完毕,所制成的毛茶,即装在袋中。此后便由中间商到乡间购买。他们在购得茶叶后,如不自行带走,便将茶叶装入棉布袋中,每袋约 70—80 磅,加封待运。在繁忙时,茶叶在袋中仅保存数小时,但也有保存几个星期的。毛茶由小舟、货车或火车运往大集散地大稻埕(大稻埕在今台北市的台北桥附近),毛茶在此处进行再火、包装、出运之前,可以再转售给他人。

毛茶制造的各种过程,共需七八个小时,视季节而异,鲜叶在制成毛茶后,重量减少 75%。

再　火

大稻埕的茶商在购到毛茶后,则进行最后一步的制造,一部分人认为再火是制造过程中最重要的步骤,由有经验的茶师经手。

用手工方法去除灰尘杂物并扇去碎片后,再由女孩拣选,在茶季时,这项工作,每天皆可在沿街巷及市场的走廊中见到。此后,按照茶叶的优劣分成各个等级,再放在炭火上进行最后一次的补火,再火后,茶叶必须失去 10%~15% 的重量。

再火室必须不通风,烘炉放在砖地上,炉的直径约 2 英尺,深约 2 英尺,没有通风孔,炉内放满木炭,每次可燃烧两星期之久,而不用加炭,木炭是由相思树属中的一种树木所烧成。

室内常温保暖,砖地热如炉板。补火所用的竹笼,底部开口,所铺茶叶达 9 英寸厚,中间凹下,烘时温度为 180—200℉,时间大约为 8—10 小时。火被炉灰所盖,没有明火,火力不强,茶叶仅需翻动二三次。

茶叶经再火后即行装箱,箱的里层为铅皮,内衬纸张,每箱可装 20 或 30 斤(1 斤 = 1 $\frac{1}{3}$ 磅),也有装 7.5—15 斤的,大型者称为小箱,小型称为盒。

装箱后外加篾包,由苇草织成,从广州运入,这项工作由专门工人负责。打包后再加上藤条,然后加印标记。

箱茶由大稻埕用火车运送至 18 英里外的基隆港,从该处出口。

包种茶的制造

包种茶的制造及采摘与乌龙茶不同,其不同点在于前者以获得不发酵的茶汤为目的,而不像乌龙茶需要细小的卷叶。

制造包种茶或薰花茶,是乌龙茶在再火前混入茉莉及栀子花,茶与花的配比为:1 份茉莉花与 3 份茶叶;1 份秀英花与 4 份茶叶;1 份栀子与 1 份茶叶。这种花的栽种在大稻埕地区的乡间已成为一种产业。

大量制造时,干茶与花堆在烘场的地板上,少量时则放在圆筐内进行。茶与花相间堆放先洒上水,堆高在 3 英尺左右,上用布盖住,在 104℉ 的温度下过夜,大约经过 24 小时,即可使茶叶软化并渗入香气。

然后将花拣出,茶叶在 180—200℉ 的温度下烘焙。成品每箱大约重 1 磅或 2 磅,销售到菲律宾、荷属东印度、安南、暹罗一带。

茶业的改进

台湾当局对于改进台湾茶叶品质、增加产量、减低成本作出了巨大的贡献。自日本占领该岛后，振兴了台湾落后的茶业。首先成立了三井公司，其主要计划是在台北、台中、新竹等地区，将土地大量租给农民种植茶树，接受公司的管理，并采用科学方法施肥及除草耕作。在这种变革下，估计每英亩的成茶产量可增加至3200磅。该公司在台湾当局的帮助下，开辟新茶园，成立制茶工厂，装置新式设备，用来制造全发酵及四分之三发酵茶。

台湾的红茶制造，每年都在增加。大溪及中坜两地采用黄柑种制造，新竹用野生茶制造，埔里区用阿萨姆种制造，现在台湾当局对红茶的制造奖励很多。

四分之三发酵茶的制造，是将茶叶在日光下迅速萎凋，其余步骤与制作红茶方法相似。全发酵茶的制造方法，全部采用印度及锡兰的先进方法，因此，非常受英美市场的欢迎。

当作者到台湾考察时，曾经参观三井株式会社的制茶设施。该公司有适合种茶的土地84000英亩，它的联合公司，即著名的台湾实业公司有植茶地2万英亩。

作者曾经在瑞芳参观一家完全新式的制茶工厂。在锡兰、印度及爪哇新式工厂随处可见，由于铁路纵横，道路修建很好，交通便利，因此，新式工厂的建立可能性较大。而在荒僻、交通不畅的台湾，成立新式工厂，自然比较困难，然而在瑞芳的新式工厂内，备有发酵室、萎凋室、揉捻机、烘焙机、拼和机、切茶机及整套的分筛机，都是台湾当局大力支持的结果。

台湾当局自1918年以来，即鼓励当地茶叶生产者成立地方协会，对茶叶生产者进行管理，每一个完备的组织必须组建一个中央工厂，该协会所有的茶叶都集中在中央茶厂制造，这个计划已经取得成功，会员也逐年增加。

台湾原有的生产制造方法与印度、锡兰及爪哇等产茶国所提倡的茶园制度截然不同,后者是由茶园办理茶叶的种植、栽培制造及出口等,因此,可以降低生产费用,并避免小规模生产的一切弊病。台湾在现行制度下,生产者与出口者之间还有许多中间商,因此,茶叶的生产费用就增加了2—3倍之多。为了解决这个问题,台湾当局曾在1923年成立基金,专为改进茶业所用,尤其是在茶叶的生产改进方面,茶园园主都被劝导共同组织协会,贷给制茶机械及器具,免费供给种子,并给予补助金用来购买肥料。

组织A级协会有茶地600甲(每甲合2.397英亩),费用大约为5万日元(每日元约合0.4985美金),全年维护费用大约为5000日元,此外,还有2万日元免费供给会员用作购买种子之用。

台湾当局所属的中央研究所设有一处茶叶试验场——平镇茶叶试验场。

另一项改革自1923年起,由台湾当局创办的检验制度,目的在于禁止劣等茶的出口,以提高台湾茶在国际市场上的声誉。

由于想要改进台湾茶的市场情况,1923年,台湾茶共同销售所创设于大稻埕,这样协会可以直接与销售者及出口商发生关系,避免了中间商所取得的一切非法盈利。然而,事实上台湾的乌龙茶生意,中间商仍是不可缺少的。

共同销售所接受协会会员及非会员的委托,推销他们的茶叶,该所按照约定好的价格出售。

1926年,共同销售所开始贷款给出售茶叶的茶农,以不超过茶价的50%为限,等到茶叶在销售所出售后,如数归还。

第十八章 爪哇及苏门答腊茶叶的栽培与制造

爪哇及苏门答腊是马来群岛的一部分,这些群岛又名马来西亚群岛、东印度岛或印度尼西亚,是世界上最大的群岛。除菲律宾群岛、英属婆罗洲、葡领帝汶岛的一半外,其余都为荷兰属地,因此又名荷属东印度群岛。群岛绵延于赤道,位于东经95°—141°及北纬6°—南纬11°之间。

荷属东印度由东至西与美国从纽约到旧金山的距离相等。面积为荷兰本国的58倍,人口6100万,几乎达到荷兰的7倍。爪哇岛是群岛中最重要的,面积大约与纽约州相等,人口4200万,是世界上人口最稠密的国家之一。苏门答腊面积是爪哇的3.5倍,但人口仅7,841,000人。

爪哇岛长达620英里,宽度55—131英里不等。位于南纬6°—9°之间,是世界上最富饶的地区。南海岸险峻而多岩石,北海岸非常低湿。全岛多山,岩层由火山岩组成。岛上河流虽多,但仅有少数可以航行。

绵延的火山大部分已经休眠,形成本岛的脊骨。这些火山之间是极为肥沃的大平原,因此,一般多在这些平原上或邻近山岭的斜坡上经营茶园。

革达与沙雾火山,位于茂物附近,位于巴达维亚南35英里,是巴达维亚与布林加之间空旷地区的屏障。革达山在布林加州内,沙雾山在巴达维亚州内。在两座山脉的斜坡上有许多著名的茶园,如革达的哥尔巴拉茶园及沙雾的帕拉更沙雾茶园。

在布林加州的主要山脉南侧,另有一个重要的山区,有许多茶园。岛的东部,也有茶树生长,但不如西部繁茂,这是由于西部的雨量更加适中的原因。

最重要的商业中心是巴达维亚、三宝垅及泗水,均位于岛的北部。三宝垅及泗水为海港,有天然的港口,巴达维亚离港口德乔比利克大约 6 英里。巴达维亚、三宝垅及泗水至岛的各端均有铁路相连。事实上,所有的茶叶都在巴达维亚出口。万丹位于岛的西北岸,在 16 世纪时,曾是荷兰的香料贸易大本营,如今已失去了商业上的地位。爪哇的植茶面积,到 1933 年止为 150,465 公顷,茶园 293 所。

苏门答腊位于爪哇西端的西北方,在南纬 6°—北纬 6° 之间。高山绵延,西端到达印度洋时突然中断。在东部则形成一处广大的冲积平原,由于这种地形,使山的西部的河流短而且不利于航行;在东部的河流则较长,可通小船。

东北岸的棉兰是主要的商业中心,由日里港至该地有铁路及良好的公路连接。棉兰南侧大约 90 英里是圣他尔,位于苏门答腊东海岸,该地海拔 1200 英尺,是苏门答腊茶树生长最快的茶区中心。多数茶园位于圣他尔山地,也有少数茶园经营在西海岸的巨港及本库兰的山地上,该地环境非常适合茶树生长。茶地的面积,1933 年底为 33860 公顷,茶园 41 所。此外,适于种茶的土地还有数百平方英里。

苏门答腊欧洲人的租地制度,使欧洲人的企业得以长期保有大面积土地的产权,租期长达 75 年,虽然不是真正获得土地所有权,但事实上对于耕种及投资方面来讲,均与私有土地没有区别。意大利政府在爪哇牙律附近的芝比吐经营一家茶园。在苏门答腊东海岸的投资者,非荷兰人达到半数,如果将烟草除外,外国人的投资相当可观。

苏门答腊的地租非常便宜,每公顷第一年为 0.5 弗,第五年以后则为 3 弗,政府还可以根据该地的位置给予酌情减租。第一年的租金可分期付款,以免在筹备期间负担重税。一般情况是,第一年付全款的 1/5,第二年付2/5,第三年付3/5,至第五年还清,以后按年付款。

茶区的土壤

爪哇及苏门答腊的土壤,对于茶树生长的影响不如气候影响重要。只不过茶树生在沙质土或壤质土比粘质土中更为适宜,尤其是松散、含有腐植质及含氮充分的土壤为最好,如果是多孔易渗透则更好了。

最适合生长茶树的土壤成分为砾粒及粗砂一份,细沙及泥两份。强泥及粘土一份,这种土壤分布在潘加伦根,它的风化程度并不是非常充分,却能供给植物所需养料的矿物质,而且多孔易碎。如果土壤风化程度越高,则粘性越重,也就越不容易粉碎。苏门答腊圣他尔的土壤,大部分风化程度较低,极易干旱,幸亏当地气候良好,每年都有均匀雨量进行补充,这也许是该岛中茶树生长茂盛的原因。好茶园的土壤中所含有机物质与腐植质之比不能小于3:2,这个比例非常重要。圣他尔的土壤缺少有机物和腐植质,因此需要施用绿肥,增加茶叶产量。表18—1 为爪哇及苏门答腊主要茶区土壤的分析结果。

爪哇的多数土壤由火山灰构成。形成西爪哇火山灰的岩石,主要为安山岩及玄武岩,非常容易崩解,因此,高温与湿气还加速了风化,但是由于风化过快,如果没有充足的腐植质吸收,这些矿物质中的养料会随着热带的大雨流失。因此,如何保持土壤中的腐植质,就成为茶园中的重要工作。目前,该地的道路建设及排水设备大为改观,起到阻止表土中所含腐植质流失的作用。此外还有一种改良方法,即种植豆科植物如篱笆或覆盖物,这些植物不仅可以防止表土的流失,还可作为绿肥,供给有机物、腐植质及氮素。

表 18—1　土壤分析

	爪哇茶区			苏门答腊茶区
	芝比吐	索卡保密	潘加伦根	圣他尔
物理分析				
砂砾及石粗沙	10 23 }33	2 29 }31	1 23 }24	18 52 }70
细沙及泥	10 15 }25	23 27 }50	23 31 }54	10 6 }16
细泥及粘土	15 27 }42	12 7 }19	15 7 }22	7 7 }14
化学分析				
氮	0.38	0.48	0.69	0.60
氧化钾	0.04	0.01	0.03	0.15
磷酸	0.03	0.10	0.11	0.05
石灰	0.08	0.05	0.74	0.03
有效磷酸	0.01	0.02	0.02	0.01
有机物	5.20	12.32	15.30	0.54
可溶腐植质	—	2.65	5.10	0.94

　　一般而言,茶园的高度越高,火山土的年龄越新,种植在这种土壤中的茶叶品质越好。较老的火山土积集在山麓,风化越严重所含粘土量越多,如处理得当,耕耘适宜,由于低地的优越气候,也可产出大量茶叶,只是味浓色暗,缺少香气。

　　岛的西部产茶较多的原因是空气湿润及土壤来自火山岩,据1916 年印度茶业协会科学研究部主任 G. D. 侯普关于爪哇茶业报告中说:在巴达维亚及布林加州的广大产茶地区,几乎全部是第三纪的土壤,而大部分包含最近由玄武岩及安山岩火山所分解的火山灰。

　　布林加州多数茶园,均位于火山的斜坡上,仅有少数南方茶园在冲积平原上,布林加以北有众多茶园,以茂物及克拉温区、巴达维亚区、井里汶区为主,都在火山土上。爪哇中部,茶园集中在潘加伦根、三宝垄、葛鲁、索拉加尔塔、文里粉及涑义里各州的山坡上。爪哇东部的茶园则在岩望及比索基的山坡上。

除布林加以南的少数茶园在冲积土上外,其他所有的茶园均在火山土上。例如革达山上的革达,哥亚尔巴拉及百达华替茶园,均在较高的斜坡上,即在较新的火山土上;圣他尔茶园则在较低即较老的火山土上。

布林加南部的冲积土,最早也是火山土,后来被海水淹没,有时会沉积一层珊瑚石灰岩在上面,海拔在2000—4000英尺之间,并已完全风化,是一种粘土的结合体。

就全岛而言,在高处较新的土常呈灰色而多石,肯定会产出品质优良的茶叶;在低坡较老的土壤,色稍红,因风化而完全分解,腐植质含量很少。新火山土的茶叶产量为每荷英亩约为1000—1500磅(约合每英亩产茶575—850磅),老火山中由于所含腐植质较少,每荷英亩产茶700—1200磅(合每英亩产茶400—685磅)。在5000英尺的高度,由于土壤中含有腐植质极为丰富,因此,多数优良茶园都位于这个地带,每荷英亩产2000磅的优等茶叶(每英亩约产茶1140磅)。

这些茶园都在马拉巴、替罗、魏雅及温多的高坡上。

位于苏门答腊东北海岸的圣他尔的土壤,来自于火山上,由喷出的石英粗面岩构成,下层较粘重带黄白色,表土黑色易碎,易于耕耘,掺杂有石英碎粒,大雨后使地表发出一片亮光。

平坦地区,有些地方略微倾斜,微细土粒常被冲刷流失,导致表土成为砂质。只是特性仍与底土相同。表土的平均深度约为9英寸,足供茶树根的伸展。底土组织稍密,会使雨后形成积水。

有时会发现一片红色的土壤,表示其完全风化以及其中的铁质已经氧化,圣他尔的土壤是一种酸度极大的石英粗面岩喷出石风化分解而成,这种岩石在爪哇其他地区未被发现。土中的砂石部分所含矿物质大多为钾长石、石英及小量的云母石等。

在苏门答腊西南海岸的巴东高地的坦那他洛茶园,位于平坦略有起伏的地区。该地区森林并不茂密,表土腐植质层深呈黑色。与圣他尔土壤相比较,该区的土壤石粒较少,因此蓄水力强,需要排水。在黑腐植土之下,还有一层粘土与砂粒的红棕色混合物。在这层土内砂石是石英砂,并不像圣他尔地区布满全是土壤,因为有砂质底土,水极容易渗透,砂土以下有一层黄色粘土,直接接触空气被风化。再往下则为白色的粘土,不含砂质极为紧密,难以透水。所幸土层较深,如在腐植土之下,茶树树根将难以发育。黄粘土层的渗透性也不好,如果直接在腐植土下面,也不利于茶树的生长发育。茶树最适宜的土壤,是黑色腐植土之下的红棕色土壤。在这种土中,深耕与排水仍是绝对需要。

气候、雨量及高度

爪哇及苏门答腊与马来群岛完全相同,因受海洋的影响,形成温和的热带气候。四季温差极小,巴达维亚的最高温度为96.08 ℉,最低为66.02 ℉。

西南季风在7月经过苏门答腊北部,与亚洲南部大陆相同,在澳洲附近有一高气压区,因而,又有东南风经过苏门答腊南部及爪哇。这两种主要气流与其他若干因素决定了岛中6、7月各地的风向。1月时,从亚洲吹来一股南来的气流,同时又有西风经过爪哇,海岸地区因此比内地受风更多。事实上,这些风在内地高山地区的影响微乎其微。近海岸及高山地区,平时还经常有本地的气流,一般从4月开始,从西面来的气流则从11月开始。由于这个地区接近赤道的缘故,空气压力没有明显变化,因此没有台风出现。

季风与降雨有着密切的联系,其主要特点是在1月及2月为西来的季风,给爪哇带来大量降水,7、8、9月则为比较干燥的东南季风。

在爪哇及苏门答腊,茶树在3000—5000英尺高度的山区生长得最好,该地带全年雨量为 100—160 英寸,各季分布非常平均。早晨阳光照射,午后或傍晚下雨,是最理想的气候,太干燥的天气,使植物柔弱,容易生病。茶树的栽种偏重于在靠近革达及沙雾山的布林加州及茂物一带,正是由于该地区良好的气候条件。爪哇中部的山区也适合茶树栽培,在东爪哇的试验也取得成功。爪哇茶园的高度为 800—6000 英尺。

苏门答腊有栽茶最理想的气候和高度的地区,在圣他尔一带,靠近淡水湖,海拔 1200 英尺,是产茶的最著名地区。西海岸的巴东高地及西南海岸高 3000—5000 英尺的巴库兰也适于种茶。

表 18—2 及表 18—3 是爪哇西部主要产茶区的每月平均雨量及温度。

表 18—2　雨量(英寸)

月份	爪　哇				苏门答腊
	茂物 800 英尺	加索马兰园 1550 英尺	哥尔帕拉园 3300 英尺	马拉巴园 4650 英尺	潘马潭—圣他尔 1200 英尺
1 月	16.93	19.11	16.73	13.85	10.14
2 月	15.37	15.76	15.07	12.87	7.33
3 月	17.33	20.16	18.84	12.95	8.31
4 月	15.60	17.47	19.42	10.65	8.35
5 月	14.04	11.65	12.64	6.63	12.62
6 月	10.49	7.72	8.66	4.33	6.55
7 月	9.67	4.21	5.7	2.54	6.05
8 月	9.57	1.68	5.6	2.42	9.17
9 月	12.75	5.30	8.39	3.82	12.35
10 月	16.69	7.06	14.08	7.64	15.95
11 月	15.89	13.88	19.81	10.92	9.48
12 月	13.55	16.20	20.40	13.34	9.79
总计	167.88	140.20	165.34	101.96	116.09

从表中可以看出,即使是在4—10月的季风控制的干旱期,上述各地仍有不明显的干旱期。爪哇西部由于雨量分布均匀,因此,比本岛的东部及中部更适合茶树生长,况且,西部空气比东部更为湿润,东部也有部分地区种茶,但由于受长期干旱及热风影响,最终很难有良好的结果。

另一气候因素是——霜,在5000—7000英尺高度的潘加伦根高原,有几所茶园经常受霜的影响,在7、8、9月更加明显。在这个时期中,天气晴朗、地热发散,经常导致夜间下霜,通常在平坦之茶地容易受到影响,但是群山包围的区域则无霜。

表18—3　温度(华氏表度数)

月份	爪　哇				苏门答腊
	茂物 800英尺	加索马兰园 1550英尺	哥尔帕拉园 3300英尺	马拉巴园 4650英尺	潘马潭—圣他尔 1200英尺
1月	75.4	72.5	66.9	62.6	71.0
2月	75.6	72.1	66.9	62.6	72.6
3月	76.1	73.2	67.4	62.7	73.7
4月	77.0	74.1	68.1	63.3	73.9
5月	77.1	74.3	68.1	63.1	74.6
6月	77.0	73.5	67.6	62.6	73.7
7月	77.0	73.2	67.4	61.5	73.4
8月	77.1	73.5	67.1	61.5	73.4
9月	77.5	74.1	67.4	62.2	73.0
10月	77.5	74.3	67.6	62.6	72.3
11月	76.0	73.7	67.4	62.4	71.9
12月	75.9	73.0	66.9	62.4	71.9
平均	76.6	73.4	67.3	64.4	72.9

茶园的开垦及布置

爪哇及苏门答腊的种茶者所最要注意的,是防止表土流失,因此,无论在开垦以后或移植茶苗的初期,必须要在斜坡上筑成阶堤。各阶堤旁均种植根部繁茂的豆科植物,较缓的斜坡,则在外围挖掘沟渠或筑堤,或种植绿篱,用来保护表土。

茶树种在阶堤上,斜坡愈陡,则阶堤愈窄,每级所种的茶树也愈少。在最陡的斜坡,每阶堤只能种茶 1 行,斜坡较缓的,阶堤较宽,可植茶数行,这种方法简单可行,因此,荷兰人将茶树依斜坡之地形种植,已成为惯例。

在平坦而疏松的地区,如潘加伦根高原,预防表土的冲刷流失非常重要,但无论何处,都不宜让地下储存过多的水分,防止水量过多。

原始森林地带,可以新辟作茶园,但还是已被开辟的森林地更好。还有生长灌木的平地或其他的旧咖啡园、金鸡纳树园以及废弃茶园等也可再进行修建,这个计划要根据情况而定,但第一步的工作一定要防止冲刷,这也是爪哇及苏门答腊茶园的特点。

土地的开辟

开辟浓密的原始森林,首先必须开辟道路,以便测量管理,在开辟茶园时,先砍去树下的植物,任其干枯;其次,选适宜的树木,大约在离地三四英尺处砍伐。直径 3 英尺以上的大树,砍伐最为困难,而且最为费力,适宜连根清除。如果让树干留在原处,则容易引起茶树的根病,尤其在含有丰富的腐植质土壤中,更加明显。树枝、灌木及小树,最好堆放在将来准备修建道路的地方烧毁,因为在燃烧时会破坏土壤中的腐植质。砍倒的大树如果不锯成木材出售,便应依斜坡方向放置,防止滚落而妨碍茶树的种植,小树木则可滚到山谷中。

次生林的开辟较为容易,费用也比较少,但土质不佳。

覆盖着灌木及杂草的土地更容易开辟,先将所有的草木割下,等干燥后焚烧。草根也必须仔细除去,以免以后影响茶树生长。

老咖啡园、金鸡纳园及老茶园改为新茶园时,首先应除去还在生长的植物,重新植种茶树。有时新茶树难以生根,可种植一些豆科植物,数年后,旧园就可开辟成新园。

耕作的开始

土地在除完杂树后,便开始耕作。是否需要重复耕作,完全根据土壤的性质而定,疏松的沙质土及富含腐植质的土壤如潘加伦根地区,没有必要重耕,防止土壤过度干燥。相反,粘土质地的土壤则需要重耕。开始时要尽量深耕,同时除去草根及有害杂草。但有些杂草,极难除根,必须十分注意,保证将草完全清除,之后如果发现有杂草,应当立即清除。在爪哇及苏门答腊都认为种植后再进行耕耘是一种错误,因此,耕耘应在种植之前进行。

粘土最需深耕,让空气及水分易于流通,并且使矿物质容易分解,促进茶树生长。在疏松的沙地,水和空气的循环良好,因此无需多加耕耘,腐植质土壤也是如此。

筑　　路

爪哇及苏门答腊的公路相当优良,修建的细致、合理。在茶园内土地有一部分清理完毕后,即根据下列原则设计路网:

第一,建筑道路的目的不在于排水,而应防止水在路面上泛滥。当路面积有大量水时,应立即引入山谷或路下的排水沟,因此,设计道路应在设计排水系统之前。

第二,在山地筑路不宜绝对水平,每 40 米中应有 1

米左右的斜度,防止积水。如果道路筑在斜坡上,则路的方向可由山脊最高处直向山谷方向,这样沿路排水沟的长度可缩短。

第三,起伏不是很大的路,在每隔150—300米,须设一条横向的暗渠,以排泄过多的积水。

第四,因生叶需每日运往工厂数次,所以干路应修成蜘蛛网状,工厂则在网的中心。路的种类应是石路或轻便铁路,轻便铁路的费用并不比石路多,维护费用也较便宜;也有用索道运输的,但费用较高。

在采用轻便铁路方式时,主路不可太斜,以不超过1:30或1:40为限。种植之后,就很难再改变道路来适合铺轨,因此,在修路之初,就应该注意这点。设计道路时,还应考虑工人经常选择最短的路径穿行,在耕地中即使有障碍,他们也会选择修建一条小路。

此外,还有百米制,用道路将茶园分成若干边长为百米的四方形,并修筑辅路方便采摘者迅速到达工厂。

平行支路的设计也像主路一样,不可绝对水平而应倾向山谷。平行路之间,以急陡的小路连接,路的坡度不可超过1:7至1:10。路的连接应在山脊处,以便交通。

排 水 设 备

爪哇及苏门答腊的土壤均为多孔性,因此,当小雨时,雨水立即渗入地下;倘若遇到大雨,须将雨水立即排去,避免对土壤的冲刷。

想要防止雨水的积聚,沿斜坡直下修排水沟是非常必要的,如果设置随意,则很难有成效,根据经验所得:

第一,排水沟不可太长,因流水到达沟的底部,重量过大,仍会冲刷土壤,将排水沟的最高点设在山脊的顶部,依斜坡方向直向谷底,这样可缩短沟的距离。斜度各不相同,从1:25至1:40,平均约为 1∶30。两条沟之间的距离约为 50—100 英尺,但是如果遇到下列情况,两沟之间的距离应该紧密一些:(1)雨量大;(2)土壤疏松;(3)地势陡峭;(4)园地经常除草。

第二,山谷是天然的排水沟,因此主排水沟应设在此处,曲折愈少愈好。

也有持反对意见的人,他们认为山谷中的土质最佳,应采用深主沟排水。

主排水沟如果是陡峭的情况,就会逐渐变成深沟,这是由于水经过地面时,上层土的流失所造成的。沟的两侧应种些植物对沟进行保护,使湍急的水流变缓,减少冲刷土壤的力度。

地表水由支沟汇合引入主沟,支沟的斜度应较缓,在设计时应非常注意,两侧上下都种上适合的豆科植物,这些植物生长很快,成长为一个厚密的篱笆,根部的生长面积极大,保持住沟旁的泥土。支沟需经常清理,利于水流的畅通。

蓄　水　坑

蓄水坑的设置对山区茶园来说,应该是最有用的发明。第一,在大雨过后,水坑能储存相当的水量,使水能有时间渗入地下;第二,雨水冲去表土,在蓄水坑中沉积后,还可掘出移到地面。渗透性不强的土壤,水坑能积满一日或一日以上的水量。由于水坑所存的水,并不是全部随时有用,一般来讲一半的水量就已足够。水坑宽 0.15 米、深 0.4 米、长 2.7 米,坑的间隔为 0.9 米。在茶树畦间每隔一行挖一个,距离大约为 1.2 米。每公顷可挖 1150 个水坑,每个水坑的容积为 0.162 立方米,每公顷所有水坑的容量达 186 立方米,相当于 19 立方毫米的水量,如以一半计算,能保存的水量将少于 10 立方毫米,此数虽较少,但将水贮存,对防止土地冲刷极为重要。

如上所述,如果表土是较硬的土层,则土壤不能吸收大量的水分,在此种情况下,不适合开挖水坑,植茶树的畦不完全水平时,因此水坑的长度不要超过 10 英尺,如果是不平时,常在较低的一边发生冲刷作用。

建 筑 梯 田

荷属东印度一带对于修筑梯田式茶园,有多种良好的建议,但都视土地情况和雨量而定。大多数陡峭的斜坡,都修成梯田式茶园;较缓的斜坡则挖排水沟进行保护,有的种上合适的作物做成篱笆,有的则挖水坑。有时修筑梯田和挖水坑同时采用,但这就有可能使土壤吸水超过正常水平。因此先决条件是必须先了解土地是否需要大量蓄水,而且不会妨碍空气流通。

如果地势坡度不大,雨量也不多,则只需挖水坑或同时种植豆科作物作为篱笆即可。如果土壤渗透性极强,能吸收大量雨水最好在一畦间挖掘长的水坑,另一畦间种植豆科作物作为篱笆。在现在的茶丛间的狭小畦间,实在是没有空间再修筑梯田及蓄水坑了。畦间在 4 英尺或小于 4 英尺时,只可选择单独修筑梯田或挖掘水坑。一些植茶者在陡峭的急坡上修筑有遮荫的梯田而不挖掘水坑,只有在较为平缓的地面挖掘水坑而不修筑梯田,在有石块的地区则用石块垒出梯田,并种植各种植物保护。在较宽阔的梯田,则在内侧相隔一定距离就挖水坑用来接受从上方冲刷下来的土壤,隔一段时期,清理一次,将其中沉积的土壤再送回上一层的梯田。

繁 殖 种 子

爪哇及苏门答腊开辟茶园的第一步工作,即为建立大苗圃,这样两年后就可将幼苗移植到茶园。只不过在开辟一块处女地时,如果环境良好,种茶者宁愿直接在茶园进行播种,播种距离,株间为 4 英尺,畦间为 5 英尺,每穴播两粒种子,这样操作则会节省一些时间。采用苗圃栽培时,荷兰种茶者非常谨慎从事。苗圃必定选择肥沃的土地,并且还要有充分的水分供给。这种土壤一般深耕 2 英尺,除去杂草、树根及小石块,然后用 2 英尺宽的主路分成若干小区,每区宽 20—60 英尺,在斜坡上,主路依斜坡方向围绕苗床形成长方形。苗床通常根据土地的等高线水平修筑。小区还有小路穿插,将路上的泥移入苗床,高度有 1 英尺,每个苗床的周围种植绿肥作为篱笆,篱笆可使苗床坚固,并防止水土流失,还是良好的遮荫树及肥料。

在荷属东印度的茶树苗圃上,通常以凤尾草为覆盖物。还有先将茶籽播种在发芽床上,促进发芽,在发芽床上 30 英寸的地方,用茅草遮盖,发芽床挖泥深至 6 英寸,耕平后盖上筛过的细沙,种子即播种在细沙上,压入沙中半英寸深,茅眼向下,每隔两日灌溉一次,直至种子壳破裂。在生出幼树时,即移入苗床。

幼苗在苗圃内需生长 1 年半至 2 年,因此如土地宽裕,种子的间隔应为 6—8 英寸,幼苗必须达到这个年龄才可移至茶园。移植前将主茎割至 6—9 英寸高。表 18—4 为西爪哇试验场进行的各种距离高度栽培试验的结果。

表 18—4　苗圃播种距离的结果

播种距离 （英寸）	每百株茶苗的 平均重量(盎司)	平均高度 （英寸）	茎部平均圆周 长度（英寸）
4	43	56	1.14
6	56	50	1.48
9	80	47	1.80
12	98	43	2.03
18	128	40	2.20

从表中可以看出,株间距离增加,则植物的重量及浓密程度也相应增加,但高度减低。由此可以得出幼苗的年龄与间隔距离的最佳结果是:6 个月的茶苗,相隔 5 英寸;12 个月的茶苗,相隔 8 英

寸;24 个月的茶苗相隔 10 英寸。

在苗床中用三角形方式播种可以比长方形多播种 14%,每英亩苗圃的最佳发芽率,是边长 8 英寸的三角形播种,可播种子 5 莫恩德(每茂特约含种子 15000—20000 粒)。在出芽前在苗床上离地大约 5 英尺或以上的高度,用蕨草作遮荫,这种遮荫物大多使用在 4000 英尺高度以下的茶园。按照一般的习惯,当幼苗长到 6 英寸时,必须割草覆盖苗床,在苗床边缘的,则依靠绿肥的篱笆作遮荫。用这种方式遮荫的,苗床宽度不应超过 3 英尺。

无 性 繁 殖

压条、扦插、嫁接等无性繁殖,在爪哇除采籽园外,商业茶园大多不采用。茂物试验场曾经就各种繁殖方法,如顶接法、长方芽接法、直干压条法、压条法及插枝法的结果,编成一份报告,同时谈到不适用于茶树的有半裂接枝法、盾形芽接法、包被芽接法、连接接枝法及冠接法等。

种植及种植距离

当 11 月及 12 月的雨季开始时,正常季风的雨也随之而至,这时就可开始移植茶苗。等畦上的株间距离确定后,即在种茶之处,插一根高 3 英尺的竹杆,于是劳工便随工头立即在此处挖出 1.5—2 英尺的洞。这项工作应该在移植前一二个月开始进行,这样可以使土壤有充分的时间与空气接触。

1 年半至 2 年大的茶苗在 6—9 英寸之处切断,除去枝叶,再将其挖出以备移植,同时将主根及侧根加以修剪,但不可太重。清除泥垢后,再进行检验,如细弱的苗木及枝根短而弯曲的则可扔掉,因为这种苗木不能长成强壮的茶树。茶苗挖出后,立即用剪下的叶包裹,放入竹篮内,然后送至茶园。

印度通常移植发芽后 6 个月的幼苗。移植时根部必须连土块一起挖出。但在爪哇及苏门答腊由于土壤多属砂质，不能结块，因此大多不连土块。苏门答腊通常采用的一种移植方法是：将两株长约 4—6 英寸并有少数叶子及一个根的幼苗同时植在一个坑中。

一些种植者不用苗圃育苗而直接在茶园播种，每处播种 2 粒或多粒，间隔适当距离，等到长成时，去弱留强。

现在爪哇茶的株间距离一般为 3—4 英尺，畦间距离则为 4—5 英尺，但是根据土壤、气候及茶园的坡度，距离也会随之调整，如果在茶丛间种植绿肥，则距离以 5 英尺最为合适。

关于爪哇及苏门答腊的茶园工作，有值得我们关注并吸取经验的是：充分利用豆科植物及其他植物的特性发挥不同的作用，如绿肥、遮荫、防风、保护梯田、排水及防止斜坡地的水土流失等。

绿　　肥

茶园布置就绪挖好茶苗移植坑后，应立即在茶树行间种植绿肥，作为遮荫树、篱笆及覆盖物。因此在茶树没有移植以前，绿肥已在茶园种植妥当。

爪哇及苏门答腊的绿肥栽培，包括培育、剪枝及埋入土中等工作，现已证明绿肥要比人造肥料和化学肥料更为经济，并且可以减少劳力，提供大量氮及腐植质，获得较长久的效果。一些爪哇茶园在茶丛中栽培绿肥，因而获得加倍的茶叶产量。

豆科植物不论是木本或草木，大多具有培育某种细菌在根瘤中的能力，吸收空气中游离的氮气。将氮气固定的过程在根瘤中完成，因此根瘤含氮量比根的其他部分要多，最后就变成可溶性蛋白质输送给植物。

当豆科植物和它们的落叶被压入土中时，氮素迅速变成植物所需要的其他养料，等到分解开始，其所含矿物质化合物——如钾盐、磷酸及碳酸钙，均为豆科植物从土壤中吸收——又归还土壤，而变成易于吸收的状态。

　　绿肥在有机物方面,也能改良土壤,当它们在适合的环境下分解时,一部分变为腐植质。植物纤维素形成植物残物的主要成分加入土壤中,分解结果即变为土壤中的腐植质的主要部分。

遮荫及防风

　　豆科植物作为遮荫物,除了供给氮素和有机物外,还有下列各种作用:(1)深根可使土壤呈多孔性而易于透水;(2)荫凉可保持土壤清凉而湿润;(3)抵御大雨的破坏及防止土壤硬结;(4)使茶树茁壮生长,增加产量。

　　下列是用于遮荫及防风的主要的豆科植物:Albizzia stipulata、A. montana、A. moluccana 及各种 Acacias,它们生长都非常迅速;Derrismicrophylla 是一种生长缓慢的树,但韧性很强;其他的则为 Erythrina lithosperma;Leucoena glauca。

　　豆科植物的种植距离,一般为18—24英尺,当生长到20英尺高时,即从12英尺处将主干砍去,就可得到伞状的树形,提供茶树适合的荫凉。

　　豆科植物常种植在茶园的路旁,以防强风,强风对茶树的生长影响极大,风期中茶叶产量极小,有些受强风侵袭的茶园,在一二天后,茶树上已无余叶,在这种茶园,不仅要在路旁种植防风树,而且还要在茶丛中种植豆科遮荫树和篱笆树。在旱季受到夜霜侵袭的茶园,也要在茶丛中种植豆科遮荫树进行保护。金合欢在这方面最适合,只是有时不能抵御霜害,但是在茶园内每隔一定距离,挖10—15英尺深的沟,则非常管用。

篱　　笆

　　为了防止土壤的流失,通常在茶丛间种植多年生的绿肥。当茶园布置就绪后,绿肥的种子就间隔地播在茶树畦间的浅沟中,长成篱笆。这种篱笆,经常加以修剪,以免妨碍茶丛的生长,剪下的枝叶是一种良好的地被物,可以增加土壤的含氮量和腐植质。下列是经常用作篱笆的植物：Crotolaria usaramoensis、C. anagyroides、Tephrosia candida、T. moctiflora、Leucoena glauca、Clitoria cajanifolia。

由于茶树按等高线种植,因此排列没有规则,因此单位面积的种植数量难以计算,对于采摘管理难度很大,补救的措施是,在茶园中划成 1/20 荷亩(1 荷亩 = 1.75 英亩)的小区,每区周围种植篱笆植物。千年蕉经常作为这种篱笆植物,它与茶树并不抵触,而且它的高度及明亮的颜色,非常容易判别。其他也有用 Leucoena glauca 和多种 Alblzzias 的。

覆 地 植 物

近年来,种植豆科植物作覆地植物的人越来越多,目的在于保持土壤的荫凉及防止热带大雨的冲刷。在老茶园中,茶树生长稠密,豆科的篱笆植物反而有害,因此应挖去而改用覆地植物。在一些更老的茶园,覆地植物的栽植,不像新茶园一样有效,因此,当种植茶树后,应立即栽种覆地植物,让它们有充分的时间生长蔓枝,迅速覆盖地面,中耕时将蔓枝翻转,耕后再将蔓枝散展在地面上。

肥 料

爪哇及苏门答腊施用人造肥料不像日本、荷兰和印度使用很多,原因在于荷兰人修筑的梯田可以有效地保护茶园,防止表土流失,并大量使用绿肥而不应用速效肥料。该地区有充足的雨量,故对于多年生的植物如茶,荷兰人宁可选用慢性肥料如油饼、骨粉、盐基性火山灰及木灰。近几年来速效可溶性肥料的混合使用颇见成效。油饼及骨粉,在土壤中被细菌缓慢分解,可长期留存于土中,不容易被雨水所冲失,对于茶树剪枝期间有连续性的肥效。有时人造肥料能促进绿肥植物的生长,间接给予茶树更好地生长效果,而减少肥料因冲刷所受的损失。

施肥常在剪枝后不久进行,因为工人施肥在已剪枝茶园要比未剪枝茶园容易进行。肥料的多少,足以供茶树用至下次剪枝为准(即1年至2年)。可溶性肥料如硝酸钠等的效果,普通为8—10个月,只是在雨季时短期内有被冲刷流失的可能。每英亩最适宜的施肥量为油饼650磅;骨粉160磅;疏酸钾160磅或木灰300磅,可供给氮、磷酸及钾三种主要成分(前二者有迟效性)。有时还会加用石灰,用量根据土壤的酸度而定;施用石灰通常在施用其他肥料之前一个月进行。

人造肥料与绿肥合用则更为经济,因此栽培绿肥再混以人造肥料,必会获得最佳效果。如果绿肥生长缓慢,可施加木灰、石灰或速效性的无机肥料如磷酸钾或磷酸盐进行补充。

硝酸盐(如硝酸钠)初施肥时能促进产生嫩梢,但在爪哇这种可溶性肥料容易被水冲走,不适宜大量使用,随时少量施用或许较为有效。

适当的施肥可使茶树每年由土壤吸收的养料最终归还于土壤中。这并不是臆测之词,可由每年肥料的用量进行推算。

爪哇茶树的病虫害

爪哇的各种害虫中,蚊螨是最厉害的一种,蚊子实际是误称,因为这种昆虫不属于蚊科而应是盲椿象科,它在茶的嫩叶及嫩枝的绿色叶柄上,吮吸汁液,好像蚊子吸人血一样。蚊螨将口器刺入叶中,注入一种液体,破坏其周围的细胞,产生一种圆形的坏死组织,叶逐渐卷缩变黑,最后死亡。

蚊螨成灾时,平均减少产叶量约1千万公斤,有时还会更多。前茶叶试验场的昆虫学家 R. 门绎尔博士发现了一种蚊螨的寄生蜂,这种蜂产卵于蚊螨的幼虫中,其后被寄生幼虫所占据。蜂的幼虫到稚虫期脱离寄生,寄生虫在土壤的表面和空隙中作茧,经过十六七天后变为成虫,而寄主即告死亡。

寄生蜂虽然在各茶园都有发现,但根据最近的研究结果,还未发现用寄生蜂治理蚊螨的有效方法。因为一个寄生蜂只寄生于一个蚊螨中,而蚊螨的繁殖能力与数量远远超过寄生蜂。

其他的害虫为各种的蜘蛛、橙色蜘蛛、绯红蜘蛛及紫蜘蛛,最厉害的是橙色蜘蛛,危害 4000 英尺以上的茶园,而紫蜘蛛则危害 2000 英尺以下的茶园。当蜘蛛危害剧烈时,茶叶变成红黄色或黑色,最后脱落。这些情况多出现于旱季中,在雨季时蜘蛛被雨水冲离叶面,因此茶树不久可以再发新芽。

抵抗茶树虫害必须施肥——尤其是绿肥,并进行轻度的采摘及剪枝,以保持茶的健康状态。

红锈菌属藻类,侵害已受蚊螨、重剪枝或其他原因而导致衰落的茶树。它使健康的树叶上产生稀疏的圆点,迅速侵入弱组织,使叶脱落,树干破裂,最终枯死。

其他的病害如根、枝及叶的病,都是由于生长在各种腐朽植物上的微菌,传染至茶树的根,茶树因此致死,还会传播到相邻的茶树上。危害茶根的微菌有三种最危险,是两种根腐病菌及红根菌;前者如在高地茶园,后者如在较低的茶园,则危害更加猖獗。

爪哇还有许多次要的病虫害,茶丛之所以发生如此之多的病虫害,与印度相比,或许是由于剪枝次数较少及采摘较轻的缘故。至于高山茶园受地衣苔藓、介壳虫侵蚀的枝干,则两地情况相同。

凡是茶园耕种管理得法的,所受虫病害必定较轻。各地茶园以斜坡为多,茶丛又高,因此喷杀虫剂及其他直接防治方法,很难实际应用。因此植茶者所能做的只能是选择强壮健康的茶树以抵抗虫害,且将它们种在排水区良好的土地上,并栽种绿肥。如茶树已经受害,则应停止采摘,待其休养复原。茂物茶叶试验场著有许多茶叶病虫害的著作,为研究此类科学的人提供了不少素材。

马拉巴茶园于1928年6月16日进行了一次试验,以决定依靠飞机播洒药粉在防治茶树病虫害的方面是否可行。试验区域大约为2公顷,在数分钟内来回飞行4次,洒播硫磺粉60公斤,形成均匀的粉雾,在茶树表面覆盖了一层薄硫磺粉,效果极为良好。试验证明,用这种新方法防治病虫害,在种茶上非常实用,但是这要求茶园必须空旷如潘加伦根及日里等地区,没有崇山峻岭、坡度缓而且面积广阔才能适用。

苏门答腊茶树的病虫害

苏门答腊东海岸的茶树,生长健壮,尚无发现病虫害,只在少数适合微菌生长的地区,发现根部病菌。伯纳德博士曾经告诫苏门答腊的种茶者,他提出想要防御根病,必需保持土地的完全清洁,尤其要注意除去一切残留的树干、树枝及根。他还讲到断定病菌的种类并不重要,而最重要的是让植茶者明白地下腐朽的树身会产生无数的病菌,并能通过根部传入茶树。最有效的对策是挖地至19—23英寸深,除去所有残留的枝根,并用沟渠隔离不能够移去的残枝。

叶及枝的主要寄生菌为棕色叶枯菌,红锈微菌及灰色叶枯菌大多出现在老叶上,在幼树上它们只能侵害曾受其他病害而衰落的,但是在苏门答腊东海岸尚属少见。

虫病害不是很严重,但 Adrama 幼虫曾被发现于从爪哇输入的半破裂的茶籽上,因此这些茶籽必须放在装有纱窗的屋内进行挑选,受害的茶籽必须彻底销毁。

Helopeltis sumatrana 曾经在 Uncaria gambier 树上发现,而且好像特别喜欢这种树。但试验证明也会侵害茶树。另一种蚊螨在 Eugenia jambolana 树上,但是并不侵害茶树。Pachypeltis 是蚊螨的一种,侵害茶树的情况与蚊螨相同。蚊螨仅能侵害体质较弱的茶树并使之停止发芽,但健壮的茶树虽受到侵袭,仍然可以萌芽不受损失,由此可见蚊螨未必能影响苏门答腊东海岸的茶园,因为该地区的茶树生长的极为旺盛。

伯纳德博士曾在爪哇高度4000英尺以上的茶园,发现了 Brevipalus obvatus 的多种痕迹,苏门答腊东海岸的茶园并没有如此之高,所以这种害虫未必能繁殖,但紫门螨则在苏门答腊非常普遍。

红壁螨的危害很轻,还有几种蝎子及荨麻植物也会不同程度损害茶树的生长,在 Grevi Lleas 及 Sesbania 树下生长的茶树,如果发现 Lawana,同时必定会发现 Reduvlid,这是专门捕食 Lawana 的。总而言之,苏门答腊的茶树受病虫害的影响较轻。

修　　剪

在爪哇,首先由贾克布森在早期的实验茶园中进行茶树修剪,目的在于明确何时适合采摘。当时对茶树栽培的知识所知甚少,因此这是探求培育茶树唯一可实行的方法。今天的修剪已经成为增加嫩梢产量的方法,但修剪程度不如印度,而且感觉不是很重要,大概是由于一些地区土壤肥沃而深厚,即使一株独干茶树,不剪至8英寸高度下,仍能连续数年维持高产量,而不需剪枝。据克恩·斯图亚特博士的报告说:修剪并不能使茶树强壮,反而会伤其元气;生长新茶芽是牺牲贮藏养料的结果。重修剪的茶树如果两次采去新芽,会使茶树枯死。因此修剪与采摘必须非常小心,并且需施肥加以补充营养。

该作者同时叙述修剪的目的及限制:修剪使植物的分枝简单化,因此应减少顶芽数目而扩大每一个茶芽的体积与重量,并使根与叶的距离缩短,只是剪枝对于植物简单化的程度以及缩短的数字,很难得到具体的数字资料。

爪哇的剪枝法,根据土壤性质及各地的特有环境大致分为高剪及低剪两种。在潘加伦根等地区,土壤肥沃,气候非常适合种茶,因此种植者通常喜欢高剪。此种剪枝方法尽管在该地区实施的非常成功,但在其他地区及低剪区还未证明成功。在离万隆33英里,位于潘加伦根高原的马拉巴茶园,茶树高而树干直,一般的均为高剪,也是爪哇剪枝所采用的传统方法。锡兰种茶协会的科学研究员 M. K. 班博与会长 A. C. 金福特曾在 1904 年到爪哇考察茶业,并于传统的高剪法报告如下:第一次修剪一般为高剪,使用大而重的剪刀,过程很粗糙,茶树的生长状态多数很瘦弱。在这些茶园中,即使在较幼的茶树的树干上均呈现灰色。只有在剪枝后树皮呈现绿色,逐渐强壮,有时茶树中心太密,也剪去,尤其是当采摘极嫩的新芽时,但目的在于阻止茶树生长的太高……剪枝期在海拔低的地区为茶树 14 个月,在 5000 英尺或以上的则为树龄 2 年半。

较新的方法,第一原则为低剪;第二原则为改正不良树形,即将茶丛的枝条剪到比周围的低;第三原则为修剪应在两枝相接之处。这种正确的剪枝方法,与细心的管理相结合,是最新修剪方法的显著特点,这种方法在任何产茶园都被认为是很好的。

修剪不是短短几天的事,需在全年按步就班地依次进行。在旱季修剪还可减少割口树液漏出。在爪哇及苏门答腊的一些地区,差不多全年都处在修剪中,一般步骤如下:

修剪幼树——茶树种入地中时:(1)如直接播种的苗或由苗圃移至茶园而未经修剪的幼苗,首次修剪通常等到幼树 2 岁时进行,且树高达 6 英寸到 1 英尺时进行。第二次修剪在茶树高达 1 英尺至 20 英寸时进行。(2)如茶苗在移植时即进行修剪,通常在离地 9 英寸处修剪。第二次修剪在 12—18 英寸处进行。这样处理的茶丛,为单干的茶树。

修剪壮树,轻剪或重剪——修剪的次数根据茶园的位置及高度而定。施行轻修剪的间隔时间,比东北印度稍长,一般为 1 年半至 3 年。重修剪大约在每五次或七次轻修剪中进行一次,由于土壤肥沃及气候温热,在间隔期间,通常茶树长得非常浓密。

凡是因为蚊螨及红锈菌的侵害而导致茶树衰落的茶园,茂物试验场主张高剪——高度为 2—2.5 英尺,同时除去所有的微弱或枯死及有病的侧枝,以防传播病害,这种方法可以起到良好的效果。

试验场的伯纳德博士及杜斯博士曾经作试验寻找用何种物质可以密封剪口而得到厚硬且永久的保护层,结果如下:(1)普通的酚酸类煤脂是最妥当的封蔽物;(2)适用于树龄 1 年以上的茶树;(3)剪枝后须隔一日,才可涂抹。

最近几年也有用水泥及土沥青密封较大的剪口的,瑞典焦油对茶树有害,因为它能灼伤枝干的组织。其他物质有的渗透太快,有的容易脱落均不是非常适用。

茶叶的采摘

爪哇气候适宜,茶叶每年可以采摘,每隔 8—14 天进行一次,工人以妇女和儿童为主,用一个工头进行管理。

除去偶尔修剪外,茶芽可持续生长。修剪后,大约停止采摘60—90 天,茶树元气恢复,又可采摘。

“嫩摘”是采顶端的嫩芽及两片嫩叶,“中摘”为采一芽二叶,“粗摘”为采一芽三叶,爪哇的普通采摘法称为“长摘”,即每次采摘后留下一些完全的叶。这样会使茶树逐渐长高,到剪枝前往往高达 8—10 英尺,以致摘叶时不得不将茶枝压下。这种采摘

苏门答腊的采茶女孩

法对茶树生长有着不利的影响。最佳的方法是在茶丛中心采摘较深,而外围则采摘较浅,这样可以避免茶树长成羽毛状。这种采摘方法还可以使树中的营养平均分配给各枝叶。在修剪后 2—3 月

的幼条,不宜采摘太重,这点非常重要。等茶树较强壮后,才可在茶丛中心粗摘。

第一次世界大战后不久,在爪哇某茶园进行了一个试验,因而发明了"斯波拉塔"采摘刀,它的作用在于茶叶采摘后,可立即除去茶梗,免去了制造后再挑选的麻烦,是万隆附近斯波拉塔茶园总监卡尔·汉斯·迪曼斯所发明。这种刀用带绑在采摘工的腰上,照平常的方法摘叶,只是将枝条从同一方面握住,将枝条放入"V"字形刀口,将老叶及梗切断,坠入附于刀口下的袋中,嫩叶则放入挂在采摘工肩上的细布袋中。据发明者说,这种方法的效果尚未证实。

工人每日送生叶往工厂两次,工厂的房屋设备都很完善,装置了最新式的机器,使用水、电、油或水蒸汽等原动力。生叶送到时,检验及过磅,并记录每个工人的采摘量。工资的一部分按量计算,一般半公斤为0.8或1.5荷分。每个女工一日可摘15—30公斤。

田 间 运 输

生叶收集后,一般均用棉布包裹,在中午送至工厂,不像印度、锡兰那样用篮运送。普通最经济的方法是由采茶女工直接由山地斜坡运至工厂,但是如果在广阔的潘加伦根高原茶园,如环境允许,田间运输工作由女工、窄轨电车、牛车、马车及美国运输汽车承担。在万隆东南42英里的泰隆茶园则用空中缆索运输。

空中缆索的应用逐年推广,有两种形式:其一是有适当斜度的固定缆绳,上有一个装茶叶的篮子,附有2个滑轮,靠地心吸力而下滑;另一种有一条移动的缆绳,下面附有装茶的篮子。

总而言之,田间运输的方法经常受本地地形的影响。在梯田及坡地,车辆不能使用,则人工及高成本的缆车交替使用;在广阔起伏的平原,或斜度允许修建公路的地区,则用马车、电车或运货汽车,以解决劳力缺乏的问题。为了流通空气以保持生叶的新鲜及防止不良的发热,车的周围装上纱网,也有用木制浅盆形的架子,底衬纱网,叠置于车内。

有一些茶园,将生叶直接送至萎凋室,或送至一个巨大的接收室过磅。工资依采叶数量而定。如接收室在楼下,萎凋室在楼上,则需将生叶送至楼上。这种方法遭到反对,因为这样有可能造成生叶的遗漏,尤其是茶叶量大时。一些工厂采用升降机,或者用木盘传送带,将生叶送至楼上卸下。

萎　　凋

爪哇种茶者以消除生叶重量约 40%、不影响茶叶质量作为萎凋标准。同时,要使茶叶柔软,在揉捻时不会折断,萎凋时必须遵守规程不能马虎。

自然萎凋是最理想的方法,在多层的木屋内进行。每层都装有木架,上面成对放置木盆架,架的中部留有通道,可使工人通行,运送生叶,分摊在盆上。每个架可放多个木盆,盆与盆之间相隔大约 8 英寸。盆水平放置或略向通道侧倾斜。生叶均匀分布在木盆中,形成薄薄的一层,放置时间约为 16—18 小时,木屋的构造应使流动的风能沿木屋的前后两端通过。在布林加一带,由于空气潮湿,在屋内难以得到充分的萎凋。每天清晨工厂开工时,都很难得到昨日萎凋的茶叶,因此这种萎凋室在该地区很少采用。用竹筐萎凋而无风扇及输送热空气设备的,也有同样的缺点。从前竹筐的应用非常广泛,面积大约为 7 平方英尺,生叶分摊非常薄——每筐大约铺叶半磅,置在通风的地方。第二列竹筐放在第一列竹筐间的空隙处。在白天使竹筐尽量干燥,竹筐有吸收水分的作用,木板和黑漆布也具有这样的作用,但不像竹筐可以携带出室外晒干那样方便。

最新式的萎凋设备是工厂中设置 1—3 层的顶楼或与工厂分离的单独萎凋室。它的内部构造与先前所讲的萎凋室相同。木架每两座成一对,延房的纵轴,排列于房屋的两侧。每边都留有一条通道,用来运送生叶。通道与架之间设立墙和门。如果架上放有木盆,则每盆上、下相隔 8 英寸,最高的盆离地面不超过 8 英尺 3 英寸。当工人分摊生叶时,常用小梯子,或者在每个架子两边离地 2 英尺之处钉一木条,与架子相同长度,这样工人可踏在木条上到 达最高的木盆。木盆或金属网盆不允许工人踩踏,这些盆水平放 置或向通道路倾斜。金属网盆通常是倾斜放置,如使用黑漆布则 水平放置。黑漆布两端装有木制滚轴,当布松弛时,可使布拉紧。

当萎凋完成时,如何卸出盆内的茶,有多种方法。使用木盆 时,最简单的方法是用扫帚将其扫出,只要工作时略加小心,则这 种方法最简便。金属网盆则从盆底轻拍使茶叶跳出,但是仍有少 许会留在网眼上受到损伤。黑漆布时则松开一端,将叶摇出,或全 架悬在偏心轴上,将其旋转,使叶洒落,如此略加移动,就可使全架 卸空。除通道外,全萎凋室都装满上述的架子。

风扇放在萎凋室的一端或两端,使室内空气流通,在两端都装 有风扇的萎凋室,往往忽视了室下工厂空气的供给,因为这些空气 由干燥机放出,热而且潮湿;在单独的萎凋室,热空气可由一个单 独的空气加热器供给,并与外界吸入的空气相混合。如果混合空 气的空间稍大,可以得到有规律的萎凋。如果冷热空气未完全混 合而吹过叶片,则萎凋难以均匀。有时由于萎凋的需要,风扇要整 夜开动。例如生叶片在正午送入工厂分摊后,即开动风扇,直到第 二天早上 6 点。由于水力发电机有时不能长期使用,而用蒸汽机 或汽油发电机又太浪费,因而风扇开到晚上 11 点或午夜即停止。

马拉巴茶园使用 K. A. R. 鲍斯查所发明的萎凋机用以促进发 酵。生叶按照普通的方法萎凋后,放入八角形的大筒,筒的四边配 有金属网,沿一个水平轴旋转,吹入热空气,数分钟后,取出茶叶冷 却,再按平常的方法揉捻和发酵,这种机器常应用于温度较低的潘 加伦根高原,能减少发酵所需时间二三小时,因此在筒内的茶叶已 起轻微的发酵作用,因而前试验场的 J. J. B. 杜斯博士认为应将它命 名为前发酵机。由机内取出的茶叶,表面仍很新鲜,损失水分很少, 但是有棕色出现以及鲜苹果的气味。生叶经过适当的萎凋,用手握不发出声时,可以知道水分已减少30%~50%,便可以开始揉捻。

<h1 style="text-align:center">揉　捻</h1>

　　揉捻茶叶从前用手,现在则用机器。这种机器是方形或圆桶形的筒,将茶叶放在里边,容器在平台上来回转动,揉捻茶叶。"单动式"揉捻机,仅是容器转动或容器固定而平台转动;"双动式"揉捻机,则是容器与平台同时按相反的方向转动。"双动式"揉捻机现使用较多,这样可以得到更好的效果。容器及平台大多衬以黄铜,衬铝的效果不好,以前还曾经用过石英面的平台,现在已经全部淘汰。

　　平台的中心设有黄铜板,用来帮助揉捻的进行,并附有活门,用于揉捻完毕后茶叶的排出。容器的顶部是一个活动的盖,由旋柄调节升降,加上适当的压力,使汁液完全混合,这在揉捻老叶时是非常需要的。调节压力时,可以将活动盖升高,使茶叶冷却。没有这个压力盖的揉捻机称为"开放式揉捻机",它所需要的压力则全靠茶叶自身的重量。

苏门答腊东海湾一间茶厂内 **20** 台揉捻机工作时的壮观场景

在萎凋室有管道通至揉捻机,萎凋完毕的叶可经过这个管道进入揉捻机,每机一次可揉捻330—440磅的萎凋叶。普通揉捻都分为三个步骤。但有时也简化为两个步骤。每次揉捻后,将细叶筛出,粗叶则需要再次揉捻。还有当茶叶盛满容器后,不加压力,先揉捻15分钟,再将压力盖逐渐旋下,加压后继续揉捻5分钟,然后打开压力盖,再揉捻15分钟,如此反复进行。筛分后,粗叶再进行揉捻,逐渐增加压力。揉捻完毕的叶,落在机下的平底小车内,然后就送入揉捻解块机,这种机器有个回转的筒形筛或摇动的平底筛。筛出的细叶,则摊开进行发酵,剩余者继续揉捻。

发　　酵

解块机的筛网通常不能将卷成球形的揉捻叶解开,这时就需要手工操作。筛眼的大小应适中,否则老嫩芽叶混在一起,很难进行均匀的发酵。等到所有叶揉捻筛分完毕后,开始发酵。当发酵时,叶的颜色变为棕色,而茶香也开始产生。实际上真正的发酵在揉捻时便已经开始,有时在萎凋时就已经开始。

揉捻后的叶分摊在浅盆内,这种盆有一个带有竹篮的木架,叶分摊厚约2英寸,将盆叠置,经1.5—4.5小时,发酵完毕。

爪哇及苏门答腊的数家新式工厂,发酵在瓷地板上进行,地板必须非常干净,而且茶叶摊放须极薄,否则空气不能进入摊层的内部,不能得到完全的发酵。

为了保持茶叶充分的水分,浅盆之上还盖有湿布。发酵通常在单独的室内进行,这是一条很好的制度,这样可以使各个环节都有条不紊。

保持发酵室所需的湿度的方法有多种,现在常用的是压缩空气喷雾机,与纺织厂所用的相似。可以任意调节湿度——一般湿度为95%,且可以保持不变。发酵时经常将温度计插入叶堆中观察温度。发酵结束时,温度最高。如果发酵有规律时,温度也会均匀升高,这是由于发酵时产生的热量所引起的。

干　燥

茶叶发酵完毕后,就用90°C～100°C(相当于194℉～212℉)高温进行干燥。干燥时所用的

茶叶发酵室

是特殊的热空气。空气先在加热器或锅炉内烧热,用木柴或粗油为燃料。但是在马拉巴的热空气干燥机全用电加热。用粗油非常清洁,调节也容易,还可以得到更高的热度。大型干燥机可以在17分钟内达到212℉的高温,用木柴则需45分钟之久。在那加忽他茶园每个钟头消耗8.5加仑的粗油,虽然它的费用是木柴的双倍,但是如果有贮藏油的设备,费用还是可以降低的。

茶叶分摊在浅框上,再用热空气吹,方式有若干种,例如“下抽式”的雪洛谷干燥机,热空气从加热器吸至干燥室的上部,再通过装载茶叶的浅框从下部抽出。在这种装置中,湿叶直接与热空气接触。“上抽式”的雪洛谷干燥机,则是空气从干燥室底部吸入上升至顶部;这就使热空气直接与快要干燥的叶相接触,工作稍有疏忽,茶叶就有可能烧焦,这是此种干燥机最大的缺点。

旧的方法干燥是在干燥器中放入方形穿孔金属板大框数层,框中摊放茶叶,上下框分别由两个工人循环交换,使茶叶全部暴露在干燥的空气中,这个干燥器容积很小,但易于操作。较新的方法是将浅框连续叠置,茶叶分布在上层的框上,然后逐渐跌落到下层的框中,到底层时,则叶已充分或将近干燥。框的移动速度可以调节,叶的干燥程度也可随意调节。

最大的机器,每小时可干燥 1400 磅的湿叶,可得干茶叶大约 500 磅。干燥室有侧门,以便清洁与修理,还装有温度计和自动温度记录仪。茶叶必须分摊极薄,使其均匀干燥而避免烤焦。

要使干燥的茶叶迅速冷却,可将茶叶摊在竹筐上或放入箱内。这种箱子装有烟卤状的穿孔通气管,用来排出热空气。

用电热干燥茶叶,效果很好,价格便宜而且方便,这是 K. A. R. 波沙的结论,他曾在马拉巴茶园中安装电力萎凋机及干燥机。

筛　分

在爪哇,已经干燥好的粗茶称作"厂茶",放入筒状的旋转筛内筛分,或者使用带有摇动筛的筛分机。爪哇及苏门答腊的工厂都使用自动筛分机,这种机器由轧茶机和一组各种型号的筛子组成。

筛分后再由女工拣出茶梗杂物等,这是一项非常细心的工作。

在市场上的等级有 9 个:碎橙黄白毫、碎白毫、碎茶、嫩橙黄白毫、橙黄白毫、白毫、白毫小种、小种、茶末以及当地的武夷茶,这是含有茶梗的茶叶,一般在国内销售。这种分类方法是根据市场的情况制定的,并不是每个工厂都能制出相同等级的茶叶,制成的茶,储存在衬有铅或锌的箱内,等待装箱。

装　箱

装箱就是将茶叶装入内衬锌或铅的木箱内,每箱可装 100 磅,这种茶箱以前就在茶厂内制造,但现在都使用各种特许专利的箱子,内有铅制纸,再衬上纸。

装箱时应使用装箱机,茶叶由漏斗放入机内,机器再通过振动将茶叶装满,也有使用压茶器使茶叶可以多放一些。以前是由工人用脚将茶踏紧。

　　茶箱装满后,将铅盖小心焊好,然后用汽车或牛车运至最近的火车站。

　　多数制茶工厂开始使用水力和电灯。茶叶的搬运一直使用人力,但近来也开始逐渐采用节省劳力的搬运工具。

茶 园 管 理

　　爪哇——以下所述是欧洲人如何投资在爪哇经营茶业的发展概况。尤其是西爪哇布林加山区有充足的廉价劳工、肥沃的土壤及适宜的气候,因此茶业成为了马来群岛最主要和最发达的产业之一。

　　茶园大多属于侨居在爪哇的欧洲人,每个茶园有一名经理,助理2—6人,其中1人为工厂助理,另1—5人为茶园助理,人数按茶园面积的大小而定。以前种茶者就是茶园的主人,现在种茶者大多受雇于各大公司。这些公司设在巴达维亚或荷兰。

　　茶园或公司的出口及普通业务通常由巴达维亚的代办处负责,而普通的茶园管理则由富有茶业经验的人管理。每隔一定时间,巡视各茶园一次,检查各类工作、预算及账务等。

　　苏门答腊——苏门答腊各茶业公司,就其产品的销售及管理而言,显然已走上了现代大规模工业的发展道路。茶园的组织形式可分为三大类:第一种为大规模的公司,如阿姆斯特丹公司,直接拥有若干茶园,管理各种制造方面的工作,由欧洲派来的指导人员负责出口。第二种为茶园公司,从开始就由其他商号进行管理,公司为茶园代理人,处理各种事务方面的事宜,如棉兰的英国哈森·考斯菲尔德有限公司管辖苏门答腊西海岸的50所茶园。第三种为小规模并且独立的茶园,自己在本地或欧洲销售茶园出产的产品。

劳 工 及 工 资

　　茶园的劳工可分为永久工人和合同工两种。都是西爪哇当地人,一般是巽他人,包括男工和女工,由一名工头管理。工头的工资一般为每月 10—15 盾或每日 38—57 荷分(相当于 15—23 美分或 7.5—11.5 便士);工人工资为每月 8—9 盾或每日 31—34 荷分(相当于 10—16 美分或 5—8 便士)。由于 1929 年经济萧条,使爪哇及苏门答腊的工资降低 25%~50%。工人都有家庭,有的住在茶园内,有的住在附近的村庄里,医疗费用通常由茶园承担。茶园内设有工人子弟学校。粗重的体力工作如伐林、耕耘及剪枝等均由男士担任,像采摘茶叶及除草等轻体力工作,则由妇女和儿童担任。爪哇每天大约有 10 万人从事茶业工作。

布林加区人口众多,人们对于经营茶园的前景非常看好,都想自己开辟茶园,导致各茶园劳工短缺,茶园不得不经常提高工人的待遇,苏门答腊各茶园的工人工资较高,工人大都来自爪哇,通常月薪为 11.20 盾或每日 43 荷分(合 17 美分或 8.5 便士),只是工人都签有定期合同,三年内不准离开。

本 土 茶 园

爪哇除了欧洲人经营的茶园外,自 1880 年以后,就有很多当地人经营的茶园出现,主要集中在布林加区。这些茶园面积不大,大多位于陡峭的斜坡或荒地。在村落内,或村落附近,经常与香蕉、参茨、胡椒等作物混植,比较富裕的土人通常拥有 2—30 英亩的茶园。土人茶园一般为私人所有,也有属于村公所的。生叶通常售与邻近的茶园,与茶园出产的叶一起制造;有时也将生叶售与岛上中国人经营的小茶厂。到 1933 年底,爪哇土人茶园占地 46208 公顷。

工 人 住 宅

爪哇及苏门答腊的茶业工人享受着愉快的生活及满意的待

遇。东印度群岛在劳工福利方面经常是其他热带国家的榜样,在岛上,茶园工人的待遇都很好。在有茶园的村落中建有独立的或半独立的竹屋或棕榈屋,有市场、戏院、学校及医院等。这些新兴的村落,都是错落有致的房屋,屋顶覆盖波纹铁片。

苏门答腊东海岸附近圣他尔的荷属东印度土地公司的茶园的工人住宅,是岛上茶园的典范,整洁的小屋排列成行,围有整齐干净的篱笆,屋前铺有排水良好的道路,形成舒适卫生的住宅区,提供给从爪哇移入的茶工住宿之用。街道、商店及一部分住宅都装有电灯。儿童上学时欢快的情景,就好像他们生活在欧洲和美洲。

法律规定,医药费由茶园提供,设备完善的医院在茶园内比比皆是,屡见不鲜,设备最好的工人医院在苏门答腊的圣他尔。娱乐并不缺乏,这大概是由于爪哇人是天生的游戏能手。许多从当地村落中邀请来的音乐家、舞蹈家和演员形成国际性的聚会。工人也组织剧团、乐队等。

植茶者协会

爪哇——索卡保密橡胶栽植者协会是改进、推动爪哇茶业的首创组织。在 1924 年初,索卡保密栽植者协会和橡胶栽植者协会合并,用以发展爪哇西部的各种农业,例如橡胶、茶、金鸡纳树、咖啡、油棕榈、纤维植物等。总部设在万隆。

农业总联合社的总部在巴达维亚,是荷属东印度山地植物园栽植者的领导组织。这个团体管理茶、橡胶、咖啡及金鸡纳的试验场所进行的科学研究工作。联合社分为五个部门,是荷属印度的茶园、橡胶园、咖啡园、可可园和金鸡纳园的联合组织。

荷属印度植茶者协会的总部在巴达维亚,是在荷属印度的欧洲茶园主的组织。

苏门答腊——苏门答腊茶业有一个高度组织化的栽茶者协会,大家都统一行动。这个协会代表着各种栽植者的组织而成为相关会员的代言人。协会名称是苏门答腊东海岸橡胶栽植者总会,简称为 A. V. R. O. S,不仅代表橡胶园,还包括苏门答腊所有的多年生植物园,如橡胶、油棕榈、纤维植物、咖啡、茶等,但烟草除外,总部设在棉兰。

栽植者协会除了促进茶业及橡胶业的发展和福利外,还要维护苦心经营的试验场,进行各种技术及科学栽培、耕作、选种、橡胶收割、土壤分析、工厂设备的科学使用方法的试验及研究工作。

茂物试验场

在茂物的西爪哇试验场,是由索卡保密栽植者协会所设立,自1925 年起,接受农业总会的管理,为植茶者及植橡胶者的利益而进行各种科学研究及试验工作。1907 年即编辑出版了各种研究方面的小丛书。除试验室的工作外,每年都巡视各茶园,对栽植者所遇到的问题加以解答,并发表报告。

多数茶园的土壤都经过分析,并且就各种土壤与所种茶树的生长情况进行比较,以便改良土壤,增加产量,土壤分析包括物理分析、化学分析两种。物理分析方法与华盛顿地质局所用的相同,将土壤分为不同的等级——砂砾、粗砂、细砂、泥、细泥及粘土——以决定土壤的风化程度,应用阿勒伯特的方法寻求土壤的物理性质。土壤的化学分析指示出茶树生长的重要因素,除钾、磷酸及石灰外还有腐植质和氮等。除了土壤分析外,还有各种人造肥料的分析以及中国茶、阿萨姆茶的分析,以决定品质优良的茶所需要的茶素、单宁、芳香油的百分比。茶籽油及茶籽脂肪也都进行过试验。

种子的选择非常重要,但是很多产茶国都忽视了这一点。最近15 年来,茶叶试验场进行了各种选种的科学试验,目的在于寻找及繁殖产量较多、品质优良及可以抵抗各种不良环境因素如蚊螨及土壤等的品种。并且希望这个研究可以降低生产成本。再进一步,是将良好品质的母株用接枝法移植到隔离的园中,用以生产种子。这种无性繁殖的试验,曾经大规模进行,并且取得了满意的效果。选种的工作,需经过几十年的时间才能完成。由于急需良好的品种,政府对于进口茶种施行检查,并监督育种茶园。

施肥、采摘及剪枝的试验也都进行过,同时还注意到由除草和日晒引起的土壤冲蚀,为了防止这一现象,试验场曾指导各茶园在茶丛间种植各种豆科植物,作为覆盖物及平篱、遮荫树等。栽种绿肥的试验结果,使各区茶叶产量大为增加。

试验场还确定了蚊螨的生活习性。并有系统地做了害虫防治法及耕作方法的改良,取得了重要的结果。试验场还检测市场上的杀虫剂,却得出相反的结果,这样使种茶者避免了不少开销。茶树害虫的天敌——寄生蜂——在茶树病害与寄生主间加以研究,发现了某种蚊螨寄生蜂。

茶叶制造的各种过程,在理论与实际方面都进行了大规模的研究。试验场对萎凋、发酵等都作了重要的指导,并使一些工厂得到了明显的改进。1922年出版的《茶叶制造法指南》,深受植茶者的喜爱。

茶叶评验局

巴达维亚的茶叶评验局成立于1905年,是爪哇及苏门答腊种茶者的另一个重要组织。聘有对各主要市场都非常熟悉的茶师2人,他们的工作为:(1)在茶叶出园前检验样品,指出制造上的错误并加以改正;(2)进行品质测试,与以前的产品和其他茶园的产品相比较;(3)报告市场及价格的情况;(4)提出对于未来产品的改进意见。

茶叶评验局的成立,对于扩展荷属印度茶叶的各主要消费市场,有着极大的贡献,茶叶的品质也得到极大的改善。这些成功大都归于茶叶出口的严格把关。评验局还研究国际茶业市场的形势,并在美洲、澳洲为爪哇及苏门答腊茶作直接的宣传。评验局的发展让人兴奋,从其会员的扩充中可以看出。1910 年有 71 名会员,抽取茶样 6505 件,至 1933 年,达到 150 名会员,抽取茶样27,971 件。

茶业评验局在阿姆斯特丹、伦敦、加尔各答及科伦坡均设有联络站,经常以电报及邮件与国内保持联系,使会员可以迅速获得国际上的主要市场情况的信息。

荷属东印度植茶者的生活

在荷属印度曾经有贵族参与种茶。爪哇私人茶园的首创者即是荷兰贵族,他的后代安居岛上,成为社会上和行业中的重要人物。后来才有富于工业组织能力并受过生产茶叶训练的专门人才参与该岛的茶业,新老人才互相提携,使茶业蒸蒸日上。

爪哇——爪哇有志成为助理的青年,有的被本岛雇用,有的从欧洲聘用,以具有一般茶叶知识者为合格,其中农业学校毕业的学生,先接受助理资格的理论及实际训练,成绩优秀的可获得经理的最高位置。

初级助理一般开始时月薪为150—200 盾(荷兰的货币单位,1盾 =40.2 美分),升到高级助理时涨至 200—400 弗,一般由茶园提供不带家具的住宅,或由茶园支付房租,并且提供免费医疗。

工作五六年后,可享受 8 个月的假期,只是没有差旅津贴。假期中薪水的支付各有不同,平均为全额加红利的一半。经理的月薪为 500—1000 弗,除工资外,经理及助理均有分红,其数额根据净利润而定。

爪哇种茶者的目的一般为保有一所茶园,等到具有相当资产时便退休,或者成为茶园的代理商等。只不过大多数都在 15—50年后退休返回欧洲。

苏门答腊——苏门答腊有远见的青年种茶者通常来自欧洲,

但也有从爪哇茶园转雇而来的,他们起初担任茶园或工厂助理,学习全部的栽种及制造方法。

在东海岸的英国人的茶园大多雇佣英国助理,他们通常是毕业于阿伯丁农业学校的苏格兰青年。在荷兰人的茶园中,助理一般为来自荷兰或欧洲各处接受过农业训练的青年,但其中也有在爪哇学习过茶树栽培的,月薪由300—600盾,在工作五六年后,工资才能达到最高的500—600盾,此外经理和助理还有纯利的分红。

经理和助理均有不带家具的住宅,可根据个人爱好自行布置。经理办公室是茶园的中心,因此装有奢华安逸的设备。

种茶者的合同各有不同,但必需服从政府的法律。助理每个月有4天休假,其中两天必为星期日,另两天则与工人休假日期相同。此外助理还有每年半个月的休假,工作五六年后,则有8个月的返欧假期。欧洲人在假期中工资照付,或者有应得红利的一半及旅费。

第十九章　印度茶的栽培与制造

　　印度是亚洲大陆向南突出的一个面积很大的半岛,位于北纬8°—37°之间,南北长度及东西最宽大约为1900英里,连同缅甸的面积共 1,805,332 平方英里,人口 318,942,480,其中有1,094,300平方英里是英国殖民地,直接受英国人管辖。其余的711,032平方英里的土地则分为若干土邦,由土著酋长管理,这些土著酋长对内享有最高权力。英国领地的15省是:阿述米尔麦瓦拉、安达曼斯及尼科巴斯、阿萨姆、俾路支斯丹、孟加拉、别哈尔、奥里萨、孟买、缅甸、中央省及比拉尔、库尔、德里、麻打拉斯、西北边省、旁遮普、亚格拉及乌德联合省,土邦中最重要的是海达拉巴、迈索、巴罗达、喀什米尔及詹姆、拉奇布达那邦与中央印度邦。

　　在阿萨姆省的布拉马普特拉谷、森马谷及北孟加拉的大吉岭与查尔派古利相邻的两区总面积中,茶地总面积约占77%;沿南印度的马拉巴海岸的高原,包括爪盘谷、交趾、马拉巴、尼尔吉利斯及科印巴托等地占18%。1932年,印度的茶园数及种茶面积如表19—1。每英亩的平均成茶产量,各区不尽相同,如表19—2所示。

　　第一次世界大战前,全印度每英亩的茶叶平均产量为503磅,1915年,由于过度采摘增加到586磅,但是到了1921年,因受到生产限制及施肥不足与过度剪枝的影响,减少到430磅。1928年为572磅,1932年则为588磅。

　　印度茶的名称通常以区名或小区名表示,用邦名表示的很少。例如不称孟加拉茶而叫大吉岭茶,不叫旁遮普茶而叫康格拉茶,不称麻打拉斯茶而叫尼尔吉利斯茶。

表 19—1　1932 年印度茶园数及种茶面积

省份或主要区域	茶园数	种茶总英亩数
阿萨姆	998	428100
孟加拉	392	20700
南印度	943	153000
北印度	2489	15900
别哈尔及奥里萨	26	3700
总计	4848	807700

表 19—2　1932 年每英亩的成茶产量

区域	每英亩产量	区域	每英亩产量
马都拉	824 磅	蒲尔尼亚	403 磅
拉肯普	745 磅	卡姆芦普	397 磅
萨地耶边境	735 磅	大吉岭	376 磅
查尔派古利	679 磅	吉大港	343 磅
雪尔赫脱	644 磅	贴比拉	288 磅
悉萨加尔	630 磅	交趾	286 磅
达兰	603 磅	吉大港山区	273 磅
卡察	554 磅	迈索	259 磅
科印巴托	553 磅	台拉屯	244 磅
诺康	542 磅	兰溪	163 磅
库耳	530 磅	康格拉	142 磅
马拉巴	520 磅	阿尔莫拉	121 磅
爪盘谷	519 磅	丁尼佛莱	50 磅
哥亚尔帕拉	515 磅	加瓦尔	20 磅
尼尔吉利斯	423 磅	哈萨利巴格	19 磅
全印度总平均 588 磅			

雨　量

　　要了解印度的气候,首先要了解季风的变迁。总体而言,地球上通常有两种风向固定的风,即信风与反信风。信风由北方和南方吹向赤道。但由于地球自转,通常方向转为偏东北和西南。在温带有反信风,这种风在北半球由西南吹来,南半球则由东北吹来,中间有个平静的地区,形成沙漠和萨哥萨海。

　　假设没有中亚细亚大陆,印度南部应在东北信风路程中,而印度北部则应归入由撒哈拉、阿拉伯、波斯及塞尔等沙漠地区,但实际上,亚洲大陆夏季气温增高时,即有气流从南半球吹来,代替亚洲高原所升起的气流,该气流逐渐强大,终于压过东北信风,于是,西南季风开始形成。季风在不同的季节,风力也不相同。其根本原因现在还不清楚,但是肯定有一部分原因是由于这两股气流互相对抗所形成的。

　　在锡兰西部,季风分为两股,一股吹向东非海岸,一股吹向孟加拉湾。前者到东非海岸时,在阿比西尼亚高原形成大量降水,形成尼罗河的汛期,因此,埃及的作物,虽然在久旱之下,仍可长得非常茂盛。这股气流到达阿比西尼亚高原后,转而向东,经过伽达夫角及索科特拉岛时消失;向北的一股,到达孟买时全部转向西。孟买的雨量为150英寸,在内地则迅速减少,浦那的平均雨量在30英寸以下,但是当它远离海岸时,雨量又会增多,阿拉伯、波斯及信地已不可能有季风了,因此,卡拉奇只有10英寸的雨量。孟加拉湾的季风要比东非的季风稍弱。当它在孟加拉湾运动时,掠过缅甸南部到达孟加拉湾,这两股气流都受信地及拉奇布答那低地的影响。

　　到了季风时期的末期,孟加拉湾的气流再次形成,最后形成在印度上空的台风,台风带来极大的雨量,对各季作物产生极大的影响。在夏季结束前,这股气流对中亚的影响逐渐变弱,到了秋季,转向南方,印度北部的云层也随之消失。同时,以前被西南季风压倒的东北季风,也因西藏高原吹来寒冷而干燥的气流逐渐加强,当它经过孟加拉湾时逐渐变暖,并聚集水汽,最后降落在麻打拉斯的南部。

　　印度的气流大致情况如上所述,由此可知阿萨姆及印度东北角在季风的轨迹之外,但是,由于一股吹向西藏高原的气流经过这一区域时,夹带一定量的潮湿空气,喜马拉雅山脉横亘在前面,又有漏斗形的森马谷及布拉马普特拉谷,潮湿空气进入时被截留,形成云层,环绕群山,最终聚积形成降雨。因此,阿萨姆地区虽然处在干燥的大陆中,但是仍可保持常绿。锡兰西部及南印度主要受西南季风影响,一二个星期后,季风通过其他路径到达阿萨姆。锡兰东部及印度南部主要受东北季风影响,季风到达孟加拉湾前,变成干燥的风吹向印度东北部。表19—3是印度北部及东北部茶区的平均雨量。

表19—3　印度北部及东北部茶区的平均雨量(英寸)

时间	布拉马普特拉谷(托格拉)	森马谷(雪尔查)	大吉岭	杜尔斯(雪里)	丹雪(隆非)	别哈尔及奥理萨(兰溪)	雪尔赫脱(哈别干)	查尔派古利	台拉屯
1月	0.95	0.64	0.76	0.47	0.43	0.63	0.45	0.30	2.19
2月	1.35	2.32	1.08	0.74	0.69	1.24	1.24	0.66	2.49
3月	3.59	7.99	2.01	1.12	2.34	1.10	4.53	1.36	1.46
4月	7.89	13.56	4.08	3.99	4.22	0.80	9.08	3.73	0.78
5月	9.66	15.72	7.83	11.09	11.35	2.33	15.42	11.07	1.57
6月	12.43	20.39	24.19	33.43	30.89	9.00	19.74	23.73	8.29
7月	17.04	19.98	31.74	44.56	37.01	14.46	15.82	31.28	24.33
8月	13.01	18.69	25.98	28.21	29.57	13.61	14.32	25.04	25.68
9月	10.11	13.95	18.34	28.07	23.30	8.23	11.78	19.94	9.30
10月	4.47	6.40	5.35	7.49	6.40	2.79	5.90	4.90	0.29
11月	0.92	1.31	0.24	0.98	0.50	0.37	0.83	0.20	0.92
12月	0.37	0.54	0.20	0.19	0.15	0.04	0.27	0.11	0.67
总计	81.79	121.49	131.80	160.34	146.85	54.72	99.29	122.32	77.97

在南印度,可代表不同雨量的地区有,卡罗蒙特尔海岸对面孟加拉湾的麻打拉斯及在马拉巴海岸,对面阿拉伯海的甘那诺。在西海岸一带为产茶区,尼尔吉利斯区离海岸最远,阿那马那斯和爪盘谷则经常直接遭受暴雨的侵袭。南印度的雨量可见表19—4。

表19—4 南印度的平均雨量(英寸)

月分	麻打拉斯	甘那诺	尼尔吉利斯	阿那马那斯	爪盘谷
1 月	1. 14	0. 25	2. 38	0. 40	0. 41
2 月	0. 30	0. 26	2. 32	0. 12	1. 47
3 月	0. 34	0. 18	1. 94	0. 21	0. 44
4 月	0. 63	2. 15	4. 12	3. 48	2. 52
5 月	1. 84	7. 78	6. 00	3. 99	11. 77
6 月	1. 97	38. 22	4. 08	28. 56	48. 67
7 月	3. 84	35. 07	4. 74	83. 18	74. 33
8 月	4. 54	18. 83	4. 33	23. 70	40. 47
9 月	4. 86	8. 63	6. 63	17. 34	26. 47
10 月	11. 15	7. 95	14. 35	8. 17	19. 69
11 月	13. 61	3. 67	10. 16	3. 35	23. 85
12 月	5. 35	0. 61	4. 30	0. 33	0. 51
总计	49. 57	123. 60	65. 35	172. 83	250. 60

印度北部及东北部茶区

阿萨姆——是印度最大的产茶区。前印度茶业协会的科学研究员哈罗德·曼恩博士说过,上阿萨姆有种植茶树的理想气候,温和而湿润,并且没有长期的旱情,各地区的雨量相差很大。乞拉朋奇是世界上最潮湿的地方,雨量平均为381英寸,最高记录达905

英寸;雪尔查为 122 英寸;北拉肯普在 160 英寸以上;迪勃鲁加为 112 英寸;哥那赫脱区的米克山的阴地,雨量约为 50 英寸。

阿萨姆可分为两大区域,即布拉马普特拉谷及森马谷。前者所产之茶一般称为阿萨姆茶,而后者经常用小区的名字命名茶叶——卡察茶或雪尔赫脱茶。布拉马普特拉谷的主要小区为拉肯普区的迪勃鲁加及杜陀麦;悉萨加尔区的悉萨加尔、约哈脱及哥拉哈脱;达兰区的比什瑙斯、德士帕及孟加达;诺康区的诺康。

阿萨姆茶园内主干道两旁的场景

1932 年,森马谷植茶面积为 141,542 英亩,产茶 80,716,222 磅。气候与阿萨姆其他地区不同,雨量较多,分布不均,春季常旱。1—4 月中最高温度大约比布拉马普特拉谷高 7℉,10、11、12 月高 4—8℉。季风期基本相同。春寒对于森马谷的影响,要比阿萨姆其他各地略晚,由于气温较高,采摘经常延续到 12 月。早期的干旱经常使产量剧减,因为这个时期嫩芽都停止生长。叶也不再生长,除了生长在采摘面以下的驻芽,其余的都逐渐衰老。3、4 月,雪尔赫脱受阿萨姆西北吹来的台风的影响,冰雹、风暴等自然灾害时有发生。最初,卡察的茶树种在起伏的小山上,布置茶园时,没有想到在地面设置防护物,导致数年后表土大量流失。后来,茶树都改种在山间的平原上,并修建了排水系统。这个地区非常潮湿,地表土肥美,底土则不容易渗透。在卡察及雪尔赫脱的高原上,也有茶树栽培。总之,这个地区的气候与布拉马普特拉谷完全不同。

布拉马普特拉谷种茶 286,538 英亩,1932 年,产茶 176,341,711 磅。其南部由卡罗、加锡、琴雪、那伽山及雪朗高原等地与森马谷隔开。喜马拉雅山绵延雄踞在它的北部,山谷面东向西,宽度不等,地势逐渐升高,大约为每英里升高 1 英尺,土壤大部分属于冲积土。物理性有很大差别,靠近河的地方是沙质土,渐渐深入山地后土质粘性加重,有很多地方是粘土,对茶树生长最有利的是粘度不重的红粗砂土或壤土,或者是一些高原上的较粘而红色的冲积地。一般大家都把它称作阿萨姆布拉马普特拉谷。这个地方不属于热带,地处北纬26°—28°,有明显的夏季与冬季,7 月平均温度为83℉,1 月则为60℉,主要作物的收获期为4—11 月。

拉肯普区是阿萨姆省种茶面积最大的一区,此区包括布拉马普特拉谷两侧的大平原。其南部的山岭海拔约数千英尺,但北部则高耸至雪线以上。河流以南的平原有一定高度,沿山脉一带均被浓密的森林所覆盖。中部有一部分可用作种茶树和水稻的地区,仅靠小河的灌溉,所以,这种潮湿地区不多。

布拉马普特拉谷的北坡,地势较低,湿地很多,季风来时有时会引起河水泛滥。由这个地区到萨地耶森林地区,都长满青草和芦苇。

拉肯普三面环山,地面非常平坦,仅那伽山脉由地散河伸展至查浦、马干里太及地鲍的支脉有少数山岭。迪勃鲁加离海大约1000 英里,高度仅有340 英尺,萨地耶海拔不是太高,仅有440 英尺高。

种茶区域由河岸逐渐向内地延伸,在河流东部的茶园,建成的时间要比西部或南部的晚,在拉肯普边境区的杜陀麦的东部及康提还有正在建设的茶园。此区被称为柏伊第兴区。

通过调查,可以了解迪勃鲁加所产的茶,品质非常优良,售价仅次于东北印度的大吉岭的茶。

大吉岭——全印度最好的茶区,位于尼泊尔、锡金、不丹三个王国之间。茶园都聚集在推斯大河以西,是一块山岭及深谷所组成的地区,隆起的丹雷平原山区形成该区南方的边界;北部的边界则是大朗吉脱河的深谷;东部为推斯大谷;西部是由偏北的新加来山脉和偏南的麦希河谷组成。

大吉岭的气候与印度普通气候没有差异,寒冷、酷热、降雨,一应俱全。前南印度种植者联合协会的研究员 D. G. 穆罗关于大吉岭的气候报告如下:

> 寒冷的季节可分为两期:第一期在雨季之末,温和而爽快,空气清洁,没有灰尘和云雾,这就是大吉岭的秋季;但是到了 12 月底及第二年 1 月时,严寒来袭,地面经常全天冻结,空气干燥,晴朗无云。早晨非常寒冷,中午因太阳的照射变得温暖,但是在阴影中仍然非常寒冷,1—2 月间有时降雪。

> 春季暴风从喜马拉雅山吹来,但时间极短,到 3 月底停止。4—5 月是夏季,不时会有大雨,6 月初雨量更多。在此后的三个月中,大吉岭完全受季风控制,阴雨绵绵,白雾漫天,在大吉岭与恒河口间的冲积平原,是一片平坦的地区,山麓的海拔仅有 300 英尺,因此,来自南方孟加拉湾的水汽随风而入,没有阻碍。大吉岭在这段时期内,是全印度最潮湿的地区。

> 6—8 月为雨季。6 月的平均雨量为 24 英寸,7 月为 32 英寸,8 月为 26 英寸。与境内各地雨量差异极大,到 9 月,阴雨绵绵变为大雨,并且逐渐减少,日照时间逐渐增多,到 10 月时完全停止。此后天气变化很大,有时全天被深谷所升起的云雾笼罩。

大吉岭大部分茶园,平均海拔在 1000—6000 英尺,有些会更高,平均温度仅比伦敦高 2℃。山上山下气候不同,山底部为热带,山顶部为温带。在 4000—4500 英尺的高度有明显的雾线。在季风期,雾线以上完全被白雾笼罩,在 4000 英尺处,温度与湿度有明显的变化。茶树的形状迥然不同,生长迟缓,枝干上长满了苔藓。

大吉岭大部分土地都不是冲积土,而是由本地区岩石风化而成,渗透性很好,并且富含植物生长所需的营养和矿物质。该地区出产的茶叶,品质为全印度之冠,价格也最高。1932 年,植茶面积为 60,424 英亩,产量为 22,096,177 磅,只是每英亩的产量仅有 376 磅,与马都拉产区的 824 磅相差甚远。

杜尔斯——杜尔斯在大吉岭的东南,也属于孟加拉省,位于查尔派古利境内,种茶面积 132,000 英亩,全境均被新冲积土覆盖,土壤的类别从砂砾土至粘土均有,是河湾冲击形成的,但是大部分是较老的土壤,来源尚未察明。

杜尔斯气候与阿萨姆不同,平均最高温度比阿萨姆高 3—5℉,但在 2 月时温度低到 38℉,靠近山的地方,每年平均降雨 180 英寸,离山较远的地方,平均 125 英寸,亚萨姆的托格拉平均仅有 79.18 英寸。杜尔斯茶之所以能够生长,据猜测是由于土壤中形成的一种极佳的被覆物,这种说法后来经过田间试验被证实。

丹雷——丹雷北侧是大吉岭的支脉,西部边界位于尼泊尔麦希河以西,东部边界是推斯大河,河的对岸是杜尔斯。丹雷一词来自波斯,为“潮湿”之意。此语可适用喜马拉雅山脉的狭长地带,但就茶叶而言,仅指大吉岭山麓一带,杜尔斯也位于此潮湿的区域内。

著名的植物学家及探险家琼塞·丹·霍克爵士在他的《喜马拉雅山游记》中关于丹雷的描述如下:

> 雪立哥里在丹雷的边界,是一个潮湿且有瘴气的地区,从上阿萨姆的萨特拉至勃拉麦孔特,围绕喜马拉雅山脉,一进入该区,植物、地质及动物的形态都发生了突然的变化,海洋与陆地没有这种明显的差异。自丹雷边界至雪线间有明显的植物分界线,这就是喜马拉雅山植物的发源地。

丹雷种茶面积为 19000 英亩,土壤最适合种茶,但各地差异很大,情况与杜尔斯相似,但在年初时,雨量不足,土壤中沙质较多,高地的土壤色泽更黑。

吉大港——吉大港是孟加拉省最小的产茶区,种茶总面积仅有 5400 英亩,位于孟加拉湾;吉大港东北,是由海岸逐渐抬升的山地。气候条件比阿萨姆好,寒冷的天数较少,春天的雨量略有不足。土壤与雪尔赫脱大致相似,山地土壤与阿萨姆相同,地形与南雪尔赫脱相似。茶树通常种在小山上,形成美丽的梯田。南方是向阳的坡地,比向北的坡地贫瘠。

别哈尔及奥里萨——此区与省同名,包括产茶的哈萨利巴格及兰溪,在商业上统称为可他那格浦茶,这也是别哈尔及奥里萨高原中的一个地区名称。在兰溪附近有茶园 26 处,包括 3600 英亩的茶地,哈萨利巴格附近有茶园一处,种茶 30 英亩。这个地区有许多工人被雇到东北印度的茶园,如蒙达斯及奥萨斯两园,劳工是从兰溪雇来的。其他少数茶园的工人,均从附近的村落中招聘。

该茶区是缺少树木的高原,海拔大约 2000 英尺,气候条件非常不适合种茶,因为只有在季风来临时(6 月),才开始有降雨;而茶丛需在湿润的空气中才能茁壮成长,因此该地的气候与理想气候相差甚远,因而茶树生长不良。兰溪的产量为每英亩 163 磅,哈萨利巴格为 19 磅,与阿萨姆的每英亩 572 磅的产量相差很远。

可他那格浦的茶树为中国种,阿萨姆及缅甸茶种较之逊色,因为它们仅能在湿润的空气中生长。

古门——古门是与西藏及尼泊尔的联合省中的一区,分为两个小区,即阿尔莫拉和加瓦尔,高度 5000—7000 英尺。茶园 16 所,种茶 1200 英亩。爱德伍德·曼尼曾经在此区试验种茶,结果令人大失所望,该区气候寒冷,远离海洋,因此,许多种植的茶树任其荒芜,不加管理。但其土壤肥沃,果园与茶园互相混杂,此地贸易以绿茶为主。

台拉屯——台拉屯在古门的西北,与古门同属一省,是隔开喜马拉雅山外部支脉的一块盆地,区内有茶园 21 所,种茶 5054 英亩。西北的燥热天气不适合茶树的生长发育,干旱经常令茶丛枯萎,很难生长茂盛。劳工工资很低,但是运费很贵。

康格拉——康格拉为旁遮普唯一的产茶区,在印度的西北部,喀什米尔之南,西藏之西,有茶园 2464 所,种茶 9693 英亩,茶园数目之所以如此多,是因为大多数为小规模茶园,其中有些茶树混植于果树中。

康格拉虽然在喜马拉雅山区域,但茶区的高度都不是很高,仅在 2000—6000 英尺之间。气候干燥而寒冷,土壤肥沃,劳工众多,所产茶叶具有特殊香气,因此售价很高。茶叶多销往西藏及尼泊尔,其余则为内销。因为茶叶销量很小,所以对市场影响不大。

帖比拉山——帖比拉是南雪尔赫脱和吉大港间的一个小土邦。有茶园 47 所,种茶 8800 英亩,茶园均为印度人所有,因为欧洲人很少在土邦地区置业。

印度南部茶区

印度南部茶业与锡兰相似,与东北印度不同,这个地区的茶树通常与其他作物混植。一般来说,每个茶园都兼营多种产业,通常与咖啡、橡胶合营,但是阿萨姆的种植者则不经营副业。种茶总面积如表 19—5 所示:

表 19—5　印度南部茶地总面积及产量（1932 年）

	茶地面积（英亩）	产量（磅）	
		红茶	绿茶
麻打拉斯			
尼尔吉利斯	35, 347	12, 481, 712	—
马拉巴	12, 690	5, 948, 272	—
科印巴托	24, 756	11, 199, 333	—
丁尼佛莱	602	950	—
马都拉	118	30, 497	—
爪盘谷	74, 357	32, 640, 970	—
迈索	4, 239	153, 842	—
交趾	523	88, 791	—
总　　计	152, 632	62, 544, 367	—

南印度的产茶区分布在西高止山脉。这条山脉由南部的尖端延至孟买附近,形成了半岛西海岸的屏障。海岸与山脉之间仅有一条狭长的地域,在巴尔高脱附近有一个空隙,将在爪盘谷部分的山脉——卡当蒙山主脉从中分开,这一条峡谷宽约 16 英里,海拔仅1000 英尺。麻打拉斯铁路由此通过,是连接半岛两边的主要交通线。巴尔高脱北部的山脉是尼尔吉利斯山。

这些山脉的西侧面临西南季风。因此,茶树多种植于此。马拉巴海岸的平均雨量为 100 英寸,高山地区增加至 300 英寸,西南季风起于 4—6 月,东北季风则起于 11—12 月,茶园都在山地,不像大吉岭那样崎岖,但是没有卡察及雪尔赫脱平坦。土质种类不同,有砾质土、红壤土及重粘土等。

1927 年,麻打拉斯政府官员 A. H. A. 托德在关于土地赋税的报告中,讲到马拉巴区的魏南特土鲁克,在最近 20 年来,种茶面积由 4654 英亩增加至 15000 英亩,尼尔吉利斯区的古大路土鲁克由2496 英亩增加到 5880 英亩。这种扩张的趋势,直到现在还没有停止。托德在某些茶园中调查,每英亩的逐年利润为 4.75、1.56、8.70、5.24、3.74 及 2.87 英镑。他指出,茶园的获利并没有超过投资者应得的利益,其他新兴产业则可达到每英亩 60—80 英镑的纯利。他还在另一所大茶园调查,发现 500 英亩地所产的茶叶的生产成本为 350,725 卢比,包括经理的工资及劳工的医药费等四五十种款项,但是工厂的建筑费、地价、租金及捐税等没有计算在内,其中有一部分工厂建筑费,由政府分 5 年拨付,过了这段时期,茶树已完全成长,1000 英亩地 5 年间——第一次世界大战前及大战中——平均每英亩产茶 541 磅,每磅价值 4.78 便士,运费除外,因此,每英亩每年的纯利至少有 5 英镑。

尼尔吉利斯是一个高山区域,海拔在 4000—6000 英尺之间。茶叶品质优良,有时竟能和最好的茶叶相比。

垦　地

在英属印度,通常在雨季之后开辟茶园,将小丛树连根拔出并烧毁。将大树砍倒后,残根要尽量挖出,否则将诱发茶叶的根病。在阿萨姆和大吉岭等地,通常在树旁挖一条环绕的沟,将侧面的枝根割断,减少树干的支撑力,让其自行倾倒,使用这种方法能避免有残留之根的隐患。如属于豆科植物,则留下作覆荫林用。将树木砍伐后翻耕土地,并拣出石砾及枝根,将土壤翻覆混合;如果是平地茶园,还需要凿排水沟。

种　子

印度茶园中均留有一小块地,谨慎种植特选的茶树,供繁殖种子之用。这些地块通常远离种植区,防止杂交。从前,这种茶树并不剪枝,任其生长,除中国种外,能高达 30— 40 英尺。近年则开始实施剪枝,使茶丛成为高 12 英尺,直径 15 英尺的灌木丛,这样可以使茶树增强抵抗病害的能力。

印度使用大象开垦新茶园

苗　圃

苗圃的土地必需仔细耕耘,使土壤粉碎,不论石块及树根都尽量清除干净。苗圃筑成长方形,宽 5 英尺,用小路隔开,播种大约

深 1 英寸,种子间距约为 4—9 英寸。托格拉试验场主张树苗在 6
个月树龄时移植,种子间隔为 5 英寸,如果树龄 12 个月移植则为
8 英寸,24 个月则为 10 英寸。遮荫、灌溉及施肥都应非常小心,遮
荫则搭一个大约 5 英尺高的竹架,上面薄铺茅草或草席,苗圃中所
有杂草,用手拔去。

总体来说,在北印度的茶园中有四个品种:中国种、阿萨姆种
(即淡色叶土生种)、缅甸种(即黑叶种)及马尼坡种。北印度的平
原区以大叶种生长较好,黑叶种比淡色叶阿萨姆种耐寒,虽然两省
产量相当,阿萨姆种茶叶通常质量较好。在恶劣气候条件下的大
吉岭,则以中国种为最佳,杜尔斯及森马谷地区气候也恶劣,但适
合种黑叶种,而布拉马普特拉谷则适合种淡色叶的阿萨姆种。

8—10 月为茶树的开花期,果实经 12—14 个月后成熟,任其
落下后收集。晚上摊放在冰凉的地面,第二天早晨拣去石子、空壳
及其他杂物。

种子的选择一般用水选法,即将种子放入水中,将干的和空的
浮在水面的捞出扔掉,剩余的立即干燥。有时较轻的种子先保存
在湿沙中几天,再用水选法挑选,这样可以得到相当数目的沉入水
底的种子,然后再播种,这样可以得到长势良好的茶树。长方形植
法,1 莫恩德(译者注:阿拉伯及印度等地的重量单位,约合 82.28
磅)种子可种植的面积如表 19—6 所示,如果采用三角形种植方
法,则可省去 15% 。

扦插或压条等繁殖方法,在印度没有取得商业上的成功。

表 19—6　苗圃播种面积

距离(英寸)	每英亩株数	1 莫恩德种子播种的面积(英亩)
4 × 4	2722	3
4.5 × 4	2420	3.5
5 × 4	2178	4
5 × 5	1742	4.5
6 × 6	1210	7

移　　植

　　幼苗在苗圃中的时间各有不同,有经过 6 个月或 12 个月的,也有 18 个月的。移植时在茶园中画以直线,将幼苗在一定的距离处种下,间隔距离各有不同,根据土壤性质及茶树品种而定。一般多在四五英尺之间,也就是每棵幼苗从任何方向都相距 4—6 英尺,当画线设定好距离后,即以木标标出应挖掘的洞穴,每个洞穴至少应有 1 英尺宽及 10 英寸深。挖好后即可种下幼苗。

　　一般移植都用手工操作,在东北印度有时采用几种性能优良的移植器。最老的是哲班移植器,能连根旁的土壤一起掘出,放入铁皮制成的有活底的圆筒中,带到茶园,放在已挖好的洞穴上,拉开活底,将苗连土一起放入洞中。移去圆筒,再用泥土填实空隙,略微踩紧,树龄 18 个月以上的幼苗用此法移植,可能株体过大。最新式并简单的爱立脱移植器,由一个半圆形的铲和相同形状的锄组成,每铲大约有 10 个铲片。使用时需要两个人,一人使用圆铲掘土,另一人用铁片将挖出的圆锥形泥土敲落。

中　　耕

　　印度北部茶区大都施行中耕,在环绕幼苗 12 英寸处,掘松土壤,深至 3 英寸,为了防止杂草的繁殖妨碍幼苗的生长,需要同时进行深耕及浅耕。在旱季开始时进行深耕,深度需达到 8 英寸,但是真正达到这个深度的很少。以后每隔 6 个星期进行一次浅耕,深度约 3 英寸。浅耕的目的在于抑制杂草的生长。当季风期时,气候适合植物的生长,杂草经常占有优势。南印度的土壤较细碎,无需耕作太勤,但要时常除草。

　　1922 年,托格拉试验场开始大规模的栽培试验,这种工作延

续至今。研究结果证明杂草有害,因此,中耕虽然会对茶苗的生长
造成一定影响,但仍需要耕清杂草。会使茶树横向发展,遮盖地
表,压制杂草的繁殖,这样,不仅可以减少犁地的需要,还可使土壤
保持类似的森林土壤的疏松状态。为了减轻中耕费用而设计的茶
树中耕机,已传入印度,但仍未起到实际效果。

遮荫树及防风林

印度茶园所种植的遮荫树一般是合欢白地榆,这种树是落叶
树,在有些地区需要修剪,它有淡而均匀的荫影,落叶是良好的肥
料,并且能覆盖地表,12—次年1月时落叶,4—5月则再发芽,寿
命约为25年。

其次通常使用的是合欢属植物,它对于抵抗腐脱病的侵蚀,比
前者要强。紫花黄檀的效果也不错,只是发叶稍迟。大鱼藤树在
一些地区生长普遍,也可用作遮荫树。刺桐属莎草多用于印度南
部,印度东部由于极易患根病,因此很少采用。黄檀、大叶合欢都
应用的广泛。

印度南部普遍的遮荫树为合欢属石栗树,这种树叶大并生长
迅速,但是其枝叶过于茂盛,如任其自由生长,反而对周围的茶树
有害,由于这种树是常绿树,并且有浓密的树荫,会使土壤保留湿
气太多,因此不适宜在东北印度应用。

以上所述,均属豆科植物,在印度南部也有不用豆科植物的,
如银橡、铁刀木及无花果属的植物。

印度南部一般用作防风林的是黄檀属的多种植物,它们的常
绿浓密的树荫非常有用,银橡也被广泛采用。

绿　　肥

绿肥的应用几乎遍及全印度,由于大自然非常眷顾印度,土生

豆科植物遍地皆是。绿肥大致分为乔木、灌木和草本植物。

　　如前所述的合欢白地榆,不但可作遮荫树,同时还可作为绿肥,豆科其他植物也有很多可用的。紫花黄檀在一些地区曾被推广种植。

　　用作绿肥的主要灌木为:Tephrosia candida,一般称为 Bogamedeloa,大吉岭称为 Bodlelara;Cajanus indicus,或称为 Arhar Rahar;Sesbania aculeata,还有称为 haincha Sesbania egyptiaca,或称为 Jyanth,Indigofera dosua;或称为 Natal Java Indigo;Desmodium Polycarpum;Desmodium tortuosum;Desmodium retroflexum;Leucoena glauca;Clitoria cajanifolia 等。

　　用作绿肥的是一年生草本的植物,先将其种子播在茶苗的行间,等到发芽后数星期或几个月后植入土中。这些植物中有各种小型豆科植物,Mati Kalai 或 Kalaidol;Vigna Catiang,或称黎豆、黄大豆,有时也称为 Bhotmas;Cyamopsis psoralioides 或称 Guar;Crotalaria jauncia,或称 Sunn hemp;Crotalaria striate。

其 他 肥 料

　　印度茶园除特殊情况外,每年或每隔一年施肥一次,都在春季第一次浅耕时进行。如果茶树生长缓慢,宜施以速效氮肥,促进其生长。

　　凡是市场上出售的各种肥料,都可作茶树肥料,如硝酸钠、氢氮化钙、油饼、血粉、鱼肥、动物粉、蒸骨粉、兽皮及筋肉、海鸟粪、过磷酸盐、石灰、骨、盐基性火山灰、比利时磷酸盐粉、阿根廷磷酸盐粉、放射性磷化物、硝石或硝酸钾、钾盐及动物粪尿等。

　　肥料有时采用轮施方法,现举例如下:

　　第一年——磷酸盐及速效的绿肥,如黎豆。

　　第二年——氮肥及钾肥。

　　第三年——灰毛豆等豆料植物及根瘤菌

第四年——将剪下的灰毛豆的枝叶深埋土中。

从前认为环境需要时,第一年可用石灰,然后照上述轮施法,五年重复一次。其后证实茶园土壤并不需要施石灰。任何土壤,如果不是明显地呈酸性,可施用硫磺粉进行改良,氮是最重要的因素,物美价廉的可溶性人造肥料最有用。

壅土及培土

在有些情况下,壅土不必将土挖开,只将落叶及其他植物分布在地面即可,其目的在于燥热的气候时,可以保持土壤的湿度,并且当它们腐烂时,可变为良好的肥料。这种方法并不适合东北印度。

改良土壤的有效方法,在印度采用广泛的是培土,如邻近有肥土或泥炭土,则不难获得优良的土壤。当工人闲暇时,即可做这项工作。培土约深3英寸,每英亩土地约需泥土500吨。

病　虫　害

印度与其他产茶园相同,在茶树上经常发现某种虫害和病害。虫害中威胁最大的是茶蝇、红蜘蛛、绯红壁虱、青蝇及牧草虫。

茶蝇在7月底危害丹雷地区,而在其他地区,则以9月至秋季末最为严重。防治的杀虫剂为石油乳剂,但效果不是很明显。用钾肥尝试,也没能取得成功。目前在科学上,所能做到的似乎只能着重于剪枝时清除茶丛的微菌及有害的枝条而已。

红蜘蛛出现在4月底,当茶苗第一次发芽成熟时,至6月中停止,在中国种茶树中发现更多。防治方法是在茶丛受雨水或露水湿润时,播洒硫磺粉,每英亩用20磅即可,每英亩所需费用为20卢比。

绯红壁虱喜噬食阿萨姆土生茶树,出现在4月底或5月初,在茶园种植遮荫树,或施用硫磺,可以减轻虫害。红色壁虱及黄色壁虱也偶尔危害茶树。

青蝇经常出现在产生优良香气的茶叶的茶树。以前认为其危害严重时,常使茶树停止生长发育,但最近试验证明这种说法不准确。

牧草虫是一种呈小鱼雷形的昆虫,1906年在大吉岭首先发现,1908年最为严重。在东北印度曾发现三种。

防治牧草虫的最佳方法是增强茶树的体质,多进行中耕,施用肥皂液,或与石油乳剂混合喷射于叶上。

除以上的主要虫害外,还有其他虫害,如蟋蟀也经常危害茶树,尤其是在苗圃和重剪枝的茶树上更为严重。

甲虫中以多孔菌甲对茶树的危害最为严重,这种甲虫将茶树的嫩枝吃掉,让其上部枯死。螳螂蛴螬,危害茶树的根部。

茶蚜虫使成长中的嫩芽卷缩而停止生长,阻碍苗圃的幼苗及剪枝后的茶树正常发育。在大吉岭的山区上,介壳虫造成严重的危害,但在平地则由于茶树的生命力旺盛,而减轻了危害程度。马尼蚧吮吸由枝干向下流的汁液,危害更重。茶粉蚧损害茶树的根,是大吉岭的大害。茶籽蚤是育种园的大害,它能将茶籽贯穿,使微菌侵入、毁坏种子。

白蚁也是经常出现的虫害,它们成群聚集在茶丛上,先危害修剪的死节,逐渐扩展至茶树全身。

除虫害外,印度茶树还受到一些病害的困扰,最普通的是灰叶枯病、棕叶枯病、铜色叶枯病、水泡叶枯病、线状叶枯病,黑腐病以及干和根的各种病害。

病害的防治

托格拉试验场对会员提出防治茶树病害的10条规则,如下:

茎叶病:

1. 隔离病树,禁止工人和牧畜与之接触。凡是有必要的耕作等工作应由专人进行,并应使用特别指定的农具。每日工作完毕后,工人及农具都用石灰硫磺混合液就地消毒,防止病菌的传播。石灰硫磺混合液并不伤及皮肤或衣服,但切记不可入眼。

2. 摘去或剪去所有病株,就地焚烧,如果难以烧着,可浇上火油。

3. 喷射杀菌剂在病株上,如石灰硫磺混合液。

4. 按病的性质重复进行采摘、剪枝和喷雾。

5. 如果同时发生多种病害,则先处理小面积的,隔离大面积的,直至时间许可时再进行处理。

根病:

1. 发现有已死或将死的茶树时,应对茶园进行隔离,在这个茶园中使用过的农具也应隔离,工人则不必消毒。

2. 大面积和小面积病区的边缘,首先挖掉已死及有病的树丛,小心移去病株。

3. 病株尽可能就地焚烧,或用旧布袋或篮子装好,送至其他地方烧毁。袋或篮子最好一起烧毁,否则,应以石灰硫磺混合液消毒。

4. 注意新发现的病害并立刻处理。

5. 挖掉所有死株。

茶树受到多种细菌的侵袭,大多是由于耕作时不妥造成的,所以应注意栽培方法,抑制微菌的生长,经过研究发现,如果采摘或修剪时留下较多的叶,也可防止严重的病害。

剪　　枝

印度茶树的剪枝,一般在冬季 12 月至次年 2 月间进行,并且视各品种停止发芽的先后而定。中国种剪枝最早,其次为杂交种,剪枝的形式因植茶者和区域各异,印度东北部每年全园剪枝一次。

如果茶树不在年底剪枝,次年早期可获得较大的产量,但下半年产量则相应减少。

剪枝时间各地略有差异,如雪尔赫脱进行剪枝较晚。因为此地区经常遭受各种自然灾害的侵袭,过早剪枝必定会对重抽新梢嫩芽造成损害。在吉大港及其他山区,春季气温低,早期的抽芽容易受冻害,杜尔斯及丹雷适宜稍晚剪枝,但有时为了减少病菌的侵害,会进行早期剪枝。

剪枝所用的镰刀,刀口长约 4—8 英寸,形状按照剪枝的需求而变化。对第一次剪枝的树龄有不同的意见,有主张在种植后 6 个月进行的,有主张 3 年后进行的,主要根据茶树生长状况而定。首次剪枝多在离地面 6—9 英寸处,切去主干保留下部的侧枝,离地面 15—18 英寸的侧枝,也一律剪去。第二次剪枝在 15—18 英寸的高度,所有枝干全部剪去,以后剪枝与前面相同,比照前面所剪枝条多留 2 英寸。

印度茶树重剪枝干在离地 9—15 英寸的地方全部剪掉,每隔 10 年进行一次,这样会使当年减产一半,山区的茶园则会减产 2/4 至 3/4。

台刈是剪枝中程度最重的,一些专家认为,一般情况下没有必要;无论如何茶树树龄如果不超过 20 年最好不进行台刈。茶农中也有完全不实行台刈的。至于台刈的方法,是在茶丛离地面高约 8 英寸处剪去,也有掘去树旁的泥土,再将主干和枝条斜面切断,这种方法在 20 年前有人使用,现在已经没人采用了。

印度的剪枝标准视茶树本身而定,一般都有一定的范围,茶丛的形状通常为平面,但有时因侧剪及采摘形成馒头状。

轻剪是指不论茶树高矮或强弱,仅略剪去所有嫩枝的顶部。方法是将一根带标记的杆直立于树旁,在这个标记以上的一律剪去,但较弱的茶丛则不进行。

与剪枝相同的为整洁剪、稀薄剪、空间剪及摘芯。G. D. 侯普及卡蓬特讲到整洁剪也是剪枝的一种方法,有下列 5 项步骤:

1. 剪去所有的弱枝及不能生长的枝条。

2. 除去死株及断枝。

3. 产量多的新株,其嫩枝只留一二株;最外侧的枝条,如非必须,则予以保留。

4. 割去修剪后新抽的小侧枝,以减少侧枝的数目,而留下少数强壮的。

5. 新出的芽一律剪短至 6 英寸长。

稀薄剪包括 1 和 2 两项;空间剪则包括 1、2、3 三项。割去的枝均埋入土中,以增加腐植质。一年以上的则进行焚烧,防止传染病害。

采　　摘

印度南部与锡兰相同,不像北印度有旱季或寒季,茶树全年发芽,采摘可全年进行。在印度北部,茶树停止萌芽,是在风向转变,西藏高原吹来干燥寒风的时候,制造也随之停止。3 月时,春芽萌发,开始采摘,这是头茶。第二次萌芽是在 5 月底至 6 月初。这两次所采的茶,精制后含芽叶多,因此可以卖出好价钱。二茶以后期间不很明显,因为,叶腋随时能长出新芽。采摘可从 3 月底或 4 月初直至 12 月中旬持续进行。出芽次数 10—15 次。在劳力许可时,有些树每年竟然可以采摘 30—35 次——在采摘季中,每星期可采摘一次。在印度南部则全年都可采摘。但是当季风盛行时,有的茶树会停止萌芽,4 月至 5 月及 9 月至 12 月是两大萌芽季,前者可以制出全年精茶的 25%,后者可得 35%~40%。各区的采摘量差异极大。

印度南部的采摘法是摘一芽二叶,留下鱼叶外的三片发育完全的叶。第二次发芽到 7 月底,采摘时,各留一片发育完全的叶和鱼叶。8 月初暂停采摘,使采摘至鱼叶的茶丛得以休息。每次采摘大约相隔 7—9 天,最多时每英亩可采得鲜叶 120 磅,制成精茶 30 磅。

大吉岭在山地茶园内的采茶者

采摘有粗嫩长短之分,嫩摘是摘一芽二叶,粗摘是三或四叶。嫩摘的叶制成优良的成茶。1 个嫩枝的组成如下:芽占 14%,第一叶占 21%,第二叶占 38%,梗占 27%。

长摘是在离老枝一定距离处折断采摘,重剪枝后的茶树,必须应用这种方法,否则会使茶树受伤太重,当茶树逐渐变老、顶部渐长,就可以进行短摘,即在离老枝约 6 英寸处采摘,短摘、嫩摘都可以制成优良的茶叶。

印度东北部采摘规定为一芽二叶,采摘多少,视茶树体质的强弱而定。在各植茶者俱乐部中,经常听到关于怎么采摘的争论,有些人主张茶丛达到 3 英尺高时摘成平面;有些人主张先摘头茶,待生长到理想高度时再继续进行。

采摘一定的茶叶后,在嫩枝的一端必然形成一叶及一待发的芽,不再生长,此叶被称作不育叶,是否应当采摘,迄今尚未解决,但托格拉试验场的试验结果认为,不育叶应当摘去,否则会使茶树受损。

采摘一般由女工用手操作,摘后将叶放入工人所背的布袋中,但是,这样容易引起发酵,因此大多已放弃。现在用篮子盛茶,茶堆内部温度有时也会升到 140℉,如果茶叶遇到这样的高温,容易变红,这种变色的叶与新鲜青叶混合,很难制出好茶。

为了防止萎凋太早,每天至少两次送青叶到工厂。过磅是在原盛茶的篮子或倒入另一篮中进行,也有在田间过磅的,这样可使采摘者继续工作,得到更多的工资。

萎凋

印度南部及锡兰的气候常年湿润,印度北部则只在有季风的4月期间较为湿润,因此,前者的生叶萎凋都在不通气的室内进行,一些萎凋室还有热空气循环通过。在阿萨姆并不需要萎凋室,生叶摊在室内的架上,即可萎凋良好。杜尔斯、丹雷及大吉岭地区季风时气候比阿萨姆湿润,因此通常都设有萎凋室。

萎凋室有两种形式,一种是一层的竹框架上盖着黑漆布,每架间隔3英尺,仅可容纳小孩爬入分摊生叶。室内堆满生叶,只留中间一条通道,每个室内大约有10层。另一种是一层的浅铁丝网框架,上面铺以竹片或粗黑漆布,每架相隔6—9英寸,稍倾斜,高约6英尺。

新式的萎凋室用铁构建,屋顶为洋铁片,装有泄水板,旁边设有活动帘以防日光直接照射或雨水浸入,地板用竹片铺成,上蒙黑布,这种形式的萎凋室成本高,但效果好。

一般采用的竹框架,式样比铁丝网架多,可以制成优良的茶叶,以抵销较大的设备费用,还有生叶分摊在竹框上比铁丝网架上要薄。在铁丝网架上,每磅生叶可摊9平方英尺,在竹框架上,则每磅可摊15平方英尺,分摊的厚度,取决于倒入的茶叶量和可供分摊的面积。因此,有时叶的分摊,不能完全让人满意。

室内一般都装有风扇。风扇有两种,一种装在墙上,一种吊在天花板上。其中使用最多的是雪洛谷式风扇,可以放在地板上;雪洛谷墙扇、勃拉克孟式黄杨木百叶扇嵌入墙中吸入室外的空气;还有勃拉克孟式流线型扇;开脱式开放式回轮等。

萎凋时间大约为18—20小时,在室温较高的情况下,应先用冷空气吹过叶面5—10分钟,才可移入揉捻室。

揉　　捻

　　印度揉捻可分为三个步骤:首先是一般揉捻,大约 10—30 分钟;然后用解块机解开团块,之后再进行 45 分钟的重揉。重揉时先加压 10 分钟,去压 5 分钟,或加压 7 分钟,去压 3 分钟。第三次揉捻不是必需进行,多在发酵后 10 分钟进行,揉捻时间不定。

　　揉捻盘每分钟旋转大约 80 次。普通的速度为每分钟 70—75 转。大吉岭一带通常旋转较慢,为每分钟 65—70 转。南印度则较慢,约为每分钟 40—45 次,因此揉捻时间较长,需要的揉捻机也多。

　　揉捻盘以黄铜作面,黄铜磨光后,通常用水泥片代替。揉捻机使用最广的是杰克逊式揉捻机,最大的机器一次可容纳 4—5 蒙特或 320—400 磅的萎凋叶,相当于精茶 1 蒙特或 80 磅。北印度的新式揉捻机,茶季可揉捻 1000 蒙特或 8 万磅精茶。

发　　酵

　　发酵室通常与工厂其他部门隔开,但是需靠近揉捻室,加工更方便。温度通常保持在 85℉以下,是全工厂最凉爽的地方。

按照最新的方法,茶叶摊放在水泥地面或玻璃板及砖面上,但最新式的工厂大多用水泥,也有用架、桌或浅框的。

茶叶分摊的厚薄根据季节及茶叶的情况而定,一般为 1—4 英寸厚。

茶叶萎凋室

上盖湿布,但不能与茶叶直接接触,发酵所需时间根据气候条件而不同,大约为 2—6 小时,一些新式工厂有湿度调节器,用高压将水压成雾状从小口喷出,在室中形成水蒸汽。

茶叶揉捻、发酵和烘焙的车间

烘　焙

印度各制茶工厂都用机器烘焙。发酵后的茶叶从机器上端放入,再从底部排出。热空气则由底部进入,由上端抽出,因此,往往是最热的空气遇到最干燥的茶叶。热空气的温度均匀下降,到达顶部时温度约为 140℉。

第一次烘焙的干燥程度应为 3/4。除南印度以外,需要进行第二次烘焙。第一次烘焙通常使用大型的自动烘焙机,第二次则使用手工操作较小的机器。烘焙时间约为 30—40 分钟。

茶叶的筛分及拣选

一台大型干燥机的效率相当于旧式木炭干燥法 30—40 人的工作效率。燃料大多由屋外的炉口加入。各工厂所用的烘干方法未必全部相同,有先用循环带连续转动,使叶片的一部分干燥,然后再用小的干燥机完全烘干,也有用大型干燥机一次烘干完毕的。有意思的是,印度人常用货币数目来表示干燥程度。例如 1 卢比相当于 16 安那,因此工人称"十二安那",则表示干燥程度为75%。

　　印度使用的干燥机是著名的雪洛谷式干燥机,包括雪洛谷式浅盘上抽式干燥机、雪洛谷上抽式干燥机、雪洛谷下抽式干燥机、雪洛谷密封斜盘式压力干燥机及雪洛谷循环带式加压干燥机,均为戴维森公司制造。还有马歇尔制茶机器公司出产的杰克森专利干燥机。

筛分及拣选

　　茶叶烘干后,放入切茶机中,将大叶切小。然后用筛分机分为各种等级。印度所用的筛分机一般有两种——旋转式及摇摆式,两种机器都使茶叶经过一个摇动的网,让茶叶尽量通过网眼,网眼通常有五种型号,适合普通采用的等级。

　　第一次用13号或14号筛,每分钟转动25次,取出碎橙黄白毫;剩余的通过12号筛取出橙黄白毫;通过10号筛得到白毫。再剩余的含白毫小种,用轧茶机切细。筛分茶末用24号。

　　茶叶等级分为:碎橙黄白毫、橙黄白毫、白毫、碎白毫、白毫小种、茶片及茶末。也有分为黄金芽嫩橙黄白毫及嫩白毫的,但并不常用。还有一种纤毛,是茶叶筛分时飞扬散落在厂房四周的墙壁后,再清扫收集而得,这些纤毛卖到加尔各答用作制造茶素。

　　茶叶的拣选与清理是一项费时费力的工作。先进的茶厂在茶叶筛分后,一定要用手工挑选数次,拣去茶梗和杂物。工人多为妇女和孩子。拣出的茶梗也可出售。

　　茶叶分级后,各级的茶再用扇子扇去茶片及茶末。唯一供茶叶制造用的风扇是麦克唐纳德式风扇,一些植茶者选用老式风扇去除谷壳。在杜陀麦及其他的几个地区用篮子将茶叶颠扬,用电风扇吹风通过叶面,用来分离茶片及茶末。

补　火

　　拣选后的茶叶在包装前还需经过补火,去除在工作过程中所吸收的水分,茶叶在前面的工作过程中大约吸收水分 10%~12%。茶叶所含水分在 6% 以下才能良好地保存,超过 6% 则容易发霉变质。只不过茶叶如果过于干燥会丧失香气,还会有一种莫名的味道,尤其是新制的茶更加明显。补火就是让茶叶当中的水分不超过 6%。检测茶叶水分的方法,非常简单便利。设备为烘箱、天平、干燥器和一些小盒。在加尔各答只需 200—250 卢比,即可从任何药房买到这些设备。先称一定量的茶叶在小盆中,用蒸汽烘箱烘烤数小时,再在干燥器中冷却;再称重量,所减少的重量即为水分的重量。然后根据这个指标算出百分比,即可知道是否需要补火,或补火到什么程度。

匀堆及包装

　　茶叶经拣选后,放在工厂内,达到相当数量时就可匀堆装箱。通常茶叶需经过 150℉的温度补火,将水分减至 5% 左右,才可以保持芳香并不发霉。

　　匀堆时在地上铺一块大布,将茶叶倒在布上,用木耙将茶叶往返耙拌混合均匀。包装机有多种,但工作原理相同,即茶叶倒入时将茶箱振荡,有种装箱机是一个平台,每分钟可振动 2000 次,将内衬铝或铅的箱子放在上面。另一种较为通用的装箱机有一个摇摆的台子,将一个或两个木箱绑在台上,使之可以迅速振动。

　　一般来讲,每帮茶叶在 50—300 箱以上,品质上等的每种以不超过 25—40 箱为限。每箱中另备 2 盎司茶叶,用以补偿因水分蒸发而消失的重量。茶箱中最通用的是用三合板制造的,一些茶园仍用当地制的大箱,但由于太重,从安全和经济的角度来看得不偿失。三合板茶箱大多在上阿萨姆的雷多地区制造,箱内衬以铅或铝箔,如果内衬铅箔则还再衬以纸张。

茶叶装箱后,顶部用铅片焊接,再小心钉牢箱盖,注明厂名及批别,即可装船运出。

绿 茶

印度制造绿茶,已有 75 年的历史,在一段时期内,各茶区均有制造,现在只有康格拉、爪盘谷、雪尔赫脱、台拉屯、兰溪、卡察、尼尔吉利斯、吉大港、迈索、阿尔莫拉、马拉巴、加尔瓦及丁尼佛莱地区继续生产——地名先后按产量多少排列。

绿茶的手工制造过程与中国相同,查尔斯·G. L. 贾治曾发明多种制绿茶的机器,其生产制造过程如下:

先将生叶放入直径 36 英寸,深 12 英寸的铁锅内,锅下燃烧木柴或木炭,将锅烧热,用手或木棍迅速翻动,避免烧焦。

大约 3 分钟后,生叶逐渐变软,体积也缩小一半,移至揉捻台,用手揉捻茶叶,因绿茶需要很好的条索,所以揉捻时间要比红茶长,如果有阳光,则将已采的叶薄摊在太阳下,直到茶叶呈现黑青色,用手有粘腻的感觉时停止。如遇阴天,则将揉捻叶盛在网盘上,下面加火烘烤,直至上述同样的程度为止。

然后,再放入直径 25 英寸,深 12 英寸的锅中,用温火炒,温度的高低依靠手的感觉来掌握。放入的茶叶分量大约为半锅,用手来旋转翻动,等到它再度柔软时,移到揉捻台上揉捻。

第二次揉捻后,茶叶放入小锅中盛满,用文火不停翻转烘炒,大约 4 个小时,到茶叶快干时停止。如果要制造较多的珠茶,则将茶叶填满一个巨大的狭长的布袋中,经过踩踏,使之成为紧密的团块;如果要得到较多的贡熙,则贮藏在箱内,经过几个星期后,再进行最后的步骤,即放入上述的小锅,其分量约为半锅,加热到手不能接触的程度,然后用手将茶叶在锅边往返翻动,至叶呈淡绿色时为止,这个过程大约需 1 小时,然后再拣选分级。在装箱前须再补火一次,大约为 2 个小时,着色与否,看茶叶的色泽是否合适而定,然后装箱出售。

茶叶着色,一般称为"加工绿茶"或"真绿茶",不着色的称为"不加工绿茶"或"天然绿茶"。着色通常使用滑石粉,一茶匙够 4 磅茶叶用。

自从制造绿茶的机器发明以后,一些手工方法逐渐停止使用。1890 年左右,原先在锡兰,后来在爪盘谷的种茶者 H. D. 迪恩获得了蒸汽制造绿茶方法的专利。到 1902 年,蒸汽机首次传入印度。不久贾治发明离心机分离茶叶的凝集水。这种机器就是离心干燥机。

贾治为改良茶色,发明了绿茶精制及着色机,这种机器是一个六角形可转动的筒形箱,直径 4 英尺,可装 600—750 磅茶叶,中心是一个固定的铜轴,有网窗用来流通空气。后来市场上还有其他的绿茶精制机出现。

在台拉屯,生叶放在浅锅中直接加火杀青,等到有轻微的爆裂声时,快速猛烈翻转搅拌,立即取出,避免烧焦。

阿萨姆的绿茶制造步骤如下:生叶采摘后,立即送至工厂,摊放在一个长六角形的箱内,每分钟旋转 25 次,同时吹入蒸汽,大约 90 秒钟,再取出冷却;然后放入离心干燥机(每分钟旋转 1000 次)内干燥,这时会抽出多余的液体,其中固体约占 15%,因此,按照这种方法制造红茶,重量必定会减少 15%。茶叶脱水后取出,略成饼状,移至顶部开口的揉捻机内,揉捻大约半个小时,再放入烘焙机内,干燥到略微脆硬的程度。这种半干的茶叶,再揉捻半个小时,最后用 180℉的热度再烘焙。

绿茶着色用旋转的六角形内衬铁片的木箱进行,加 1% 的滑石粉,如果想制造优良的绿茶,则需避免采摘硬叶,绿茶的等级分为优等雨茶、雨茶、一号贡熙、贡熙、秀眉、干介、茶片、茶末等。

用热锅制造的绿茶比用蒸汽制造的要好。而且用热锅制造茶叶,茶叶不会变湿,因此可不用离心机分离水分,避免叶汁的损失。

砖茶的试制

砖茶曾在大吉岭和古门试制,以满足西藏和不丹市场的需要,现在不再制造。

远在 1883 年,就讨论过印度砖茶输入西藏的可能性,1905年,印度茶业协会派遣詹姆斯·哈彻森前往中国考察砖茶的制造方法和市场情况,他在报告中指出,西藏喇嘛有砖茶专卖权,因此,反对印度茶代替中国砖茶传入西藏。

运　　输

印度茶由产地运到加尔各答市场,至今仍然是一个难题。例如,迪勃鲁加离加尔各答 830 英里,用铁路运输。但是,阿萨姆和杜尔斯在前往加尔各答的途中有河流阻挡筑桥。

阿萨姆的贸易通道从古至今,即为布拉马普特拉河,又称为大河,最宽处达到 2 英里以上,加尔各答至迪勃鲁加相距近千英里,如通过老式的明轮汽船运输,费时两个星期。北岸一带远至高哈蒂,也都以汽船作为出口的交通工具。

在森马谷的铁路没有开通以前,白拉克河是出口的主要通道,箱茶由当地小船运至布拉马普特拉河

大吉岭地区运茶的苦力

再转装汽船。森马谷还有铁路直通吉大港,如果要往返加尔各答,需在陈德浦转装汽船至科伦陀,再转东孟加拉宽轨铁路,才能到达加尔各答。杜尔斯有联络孟加拉的孟杜铁路,在拉尔孟纳哈托与东孟加拉接轨,形成阿萨姆到加尔各答的铁路线,这条铁路线一直延展到桑塔哈与由西利古利而来的宽轨铁路相连。箱茶必须由桑塔哈转船或经过布拉马普特拉的杜勃立转装汽船直接到加尔各答。

阿萨姆地区茶叶的水运情景

　　阿萨姆最早的铁路是约赫地区及迪勃鲁萨地耶铁路,两者均为联络拉马普特拉与茶区修建。继这两条铁路后,又修建了阿萨姆孟加拉铁路,由吉大港至汀苏加横穿卡察直达阿萨姆的兰亭。此后又完成了兰亭到高哈蒂的铁路,如前往加尔各答则再转汽船至杜勃立。此地与东孟加拉铁路连接,加尔各答与阿萨姆间的交通网中,最后一条铁路是拉尔孟纳哈脱至阿敏冈的铁路,与高哈蒂相对。最近几年来,在阿萨姆又建成了几条重要的支线。

　　大吉岭属于山区,因此运输不便,最困难的是将箱茶运至大吉岭喜马拉雅铁路一段,此段铁路宽2英尺,由7000英尺高的大吉岭降至平原地区的西利古利,再与宽轨连接,通往加尔各答。

　　箱茶运到铁路线,有时需要用卡车或牛车装运数英里,因此需要良好的公路,阿萨姆的公路路面软泥太多,下雨后往往泥泞不堪,只能用牛车运输。

　　森马谷中有些公路路况较好,一方面因为当地土壤为红砖土,还有一方面是因为当地运输可走水路,减少公路运输,杜尔斯公路纵横交错,路况也好,只是河流太多,架桥比较困难。

　　台拉屯也用牛车或卡车运茶到加尔各答的铁路,兰溪的情况也大致相同,在康格拉及古门,由于一些茶园距离公路较远,需要由苦力将箱茶挑到较近的公路。吉大港的道路非常崎岖,因此,箱茶大多用海轮直接运至加尔各答及伦敦。

　　南印度有完善的铁路交通系统,有支线通往阿那马那,另有支线通往鄂泰卡蒙特,公路用碎石铺成。箱茶由牛车或卡车运送100英里到达铁路。最不利的因素是每月四五十英寸的降雨,经常将路面冲毁,致使运输停顿一周甚至数月之久。

过去和现在的劳工问题

　　印度地广人多,非常奇怪的是,困扰茶业的问题却是劳力问题,尤其以阿萨姆、杜尔斯及丹雷最为突出。其原因在于,这几个地区的印度人全都有自耕的田地,只有在可他那格浦及别哈尔省的圣达柏干那斯,中央省的奥利萨以及较偏远的麻打拉斯与孟买等省,雇佣劳工比较容易。慕达斯、奥伦斯及圣达尔斯是别哈尔及奥利萨省的劳工补充地区。中央省的哥德斯也是劳工补给区。

　　茶区劳工协会是印度茶业协会主持劳工补充问题的支会,在阿萨姆有92%的植茶者,杜尔斯及丹雷大约有70%的植茶者是该会的会员,由加尔各答的培格邓禄浦公司主持工作。

　　以前雇佣工人均签订合同,这个合同可根据《背约法令》或

1859 年的第 13 号法规延长到 3 年。由工头招募的工人,都愿按照第 13 号法规签约,其原因是预支工资。预支工资的额度大约为每年 12 卢比,如果是夫妻二人同时受雇,则二人得到的预支工资,可购买耕牛以供他们自耕土地之用。几年前,合约期减为一年,到 1926 年 6 月 30 日第 13 号法规被取消,取而代之的是纯粹的公民式合约,如有违约的情况发生,只能向民事法庭请求处理。

　　后来,发觉由工头承包的限制招募对新茶园的发展有很多阻碍,1932 年通过了一项新法令,取消原有的限制,但是,为了实施管理移民事宜及关注工人的福利,凡在阿萨姆受雇满 3 年的工人,享受提供旅费返回故里的待遇。这项新法令在杜尔斯和丹雷没有实行,原因是这两个地区的劳工主要是经过茶区劳工协会招募而来,仍沿用工头招募的方法。

　　茶树只能生长在不受洪水泛滥危害的地区,然而,在可以种茶的土地中竟有 50% 的土地不适合茶树生长,这些土地只适合栽种水稻。因此,在许多茶园中,劳工如果想跳槽,园主便拨出稻田供其私人耕种,只收取少许租金,有些甚至免收租金。在阿萨姆居留的 50 万劳工中,大多数都有私有田。

　　稻田并非完全与茶园没有关系,劳工如果用在私人土地耕种的时间过多,势必会减少合约法令所规定的最少限度的工作,这种工作对于有丰富经验的工人来讲每天须用 2.5—3 个小时。这些工人所处的地位无异于在封建时期享受土地保有权的人,既拥有稻田,又被承认每月最少限度的 24 天的工作,这样的话,每英亩茶园最少需要 1 个或 1 个半的工人耕作。

　　表 19—7 是由商业统计部所制,指出工人的工资逐渐升高。在考察工人的工资水平时还需注意,大多数工人都拥有大约一英亩的稻田,这些稻田的收入已足以维持工人全家的生计。

表 19—7　阿萨姆茶园工人的平均每月工资（1926—1931 年）

年份	男子			女子			小孩		
	卢比	安那	派	卢比	安那	派	卢比	安那	派
1926—1927	11	6	1	9	8	5	5	14	0
1927—1928	12	4	5	10	6	8	6	6	6
1928—1929	13	2	3	10	6	3	6	10	10
1929—1930	12	11	3	10	3	5	6	11	11
1930—1931	12	10	7	9	12	2	6	8	8

注:平均工资是以代表的两个月中(9 月及 3 月)每日平均工作计算,均为现金支付。

每个工人除了工资外,茶园还需提供如下福利:

住宅:估计最低为每个房间 300 卢比,可住三人,即应付 100 卢比,每年每人的租金应当为 10 卢比;米:11. 25 卢比;药费:5 卢比;医疗费:2 卢比;儿童养育费:5. 3 卢比;特别费,包括结婚生育、丧葬、节日及其他纪念性的礼物:3. 62 卢比;毛毯,每年每人一条:3 卢比;每年每人费用:40. 17 卢比;每人每日费用(每月以 26 日计算):0. 13 卢比。

除上述福利外,茶园工人可免费享受自来水的供给,去教堂礼拜或其他相同的权利,儿童免费入学,以及畜舍、托儿所、柴薪和一块用来栽种蔬菜的小菜园等福利,每 500 英亩茶园,对于工人福利上的开销,每年达到 20605 卢比,大于支付给工人的工资。

为了减轻劳力提供区的土地荒芜,阿萨姆的茶园不再吸纳可他那格浦或麻打拉斯地区的劳工。愿意去阿萨姆工作的,大都因为暂时穷困迫不得已来到该地。已经习惯了劳工移民制度的植茶者,对于租借其土地的工人的工作限度,本来是没有监管的必要,只是对于那些每天仅为了得到 12 安那或 1 卢比的新工人,势必要有合适的制度加以管理,这些工人的移居时期很短,大约 6 个月至 2 年。

阿萨姆地区经常发生两种制度冲突的现象,移居工人不满意新工人的工资过高。而新来的工人又羡慕移居工人的安逸生活和优厚福利,以及每天只有 3 小时的工作时间。总之,在一个茶园中的工人阶层以及由于工作清闲产生的自大、傲慢等等现象,成了让茶园主烦恼的问题。

杜尔斯与丹雷的劳工问题非常相似,但没有上述的限制。茶园经理经常亲自到其他地区寻觅雇佣工人,而今天的田园也发展到如同阿萨姆地区一样广大。

最近,茶区劳工协会在杜尔斯成立了一家分会,由选出的杜尔斯管理委员会管理。其中最引人注意的是,会员曾自动要求受到和阿萨姆地区植茶者相同的限制。例如会员甘愿受到茶园的约束,就像阿萨姆植茶者法令所规定而且必须执行的一样。但是,麻打拉斯一小部分的茶园则例外。劳工由本地工头招募,在一种联合制度下分配到各茶园,用以补充茶园的工人。

阿萨姆地区绿茶的运输场景

这种劳工制度与阿萨姆相似,只是茶园的工头属于雇佣的性质,可以在其部下的工资内获得 15—100 卢比的佣金,这些工头并不签约,也不承担工人的工作。

在阿萨姆与杜尔斯的茶园中,均可以见到印度各个阶层和种族的代表,因此,处理异族间的劳力分配的问题,很难得到圆满的结果。茶区劳工协会曾编写了东北印度的各阶级及种族的手册,用 12 种方言印出,内容大多是关于处理茶园生活的成语。

在茶园中所见到的最多的是达罗毗荼人土著,其中又可分为两大族:1. 说达罗毗荼语,以奥昂语及泰卢固语为代表,有 31 种阶级和种族;2. 说卡纳里斯语,以蒙达里语及萨瓦拉语为代表,有 12 种阶级和种族。

达罗毗荼语是印度的土著语,卡纳里斯语则归入澳洲类,是印澳的中间语;说达罗田比荼语的大多数为土著,但是说卡拉卡语者相传是由澳洲最早的入侵者传入的,上述两种方言均与雅利安方言(包括孟加拉语、印度土语及阿萨姆语)及印度边境通行的蒙古语毫无关系。

还有类似的第三类土著,但多少已和印度当地人同化,包括 67 种阶级和种族。

最先到达的移民,为阿萨姆人、印度人及孟加拉人混合而成。因此茶园经理不需说其他的语言,不过植茶者如果精通如蒙达里、桑塔利、岗德语或其他方言,则可以与各阶级和种族的人深入接触,更能获取人心。

茶园内的铁路与公路（索道）

大茶园内有吊车来运送生叶到制造厂,如果是斜坡山地,便使用缆车。满载茶叶的篮筐依靠本身的重量将下面的空篮拽上。简单的吊车是一条拉紧的铁索,装物的篮子挂在滑车上,靠重力滑动,行程可达 1 英里。不便之处是空篮必须用双手推回,机械动力的绳车也用在平地上的,但不依靠重力。表土肥料也常用吊车运输。

如果茶园远离河流,则用轻轨铁路运输茶叶。阿萨姆的轻轨铁路由茶园连接至布拉马普特拉河的轮船码头。

从事茶叶的印度人

据专家记述,最早的印度人茶园是雪尔赫脱人在 1876 年创立。此人名叫 B. C. 古帕塔,与他的伙伴 D. N. 杜特,是印度人茶业的鼻祖,他们的后继者为雪尔赫脱的拉加·基里斯坎德拉·罗伊,布拉马普特拉谷的马尼可汉德拉·巴鲁阿,阿萨姆的雷·巴哈德·比舒拉姆·巴鲁阿及查尔派古利的一些印度人。1907 年以来,在雪尔赫脱已经有 30 多家当地人开办的公司。在康米拉、勃拉孟白利亚、查尔派古利、兰贡及加尔各答也先后成立了由印度人开办的公司。到 1920 年,其中有部分倒闭。

阿萨姆原有茶园属于印度人的极少,但在康格拉、大吉岭、杜尔斯及丹雷的茶园,则大多数属于印度人,查尔派古利是印度植茶者协会的总部所在地。吉大港有 12 所茶园为印度人所有,帖比拉山的所有茶园都为印度人所管辖。

印度茶业协会

印度最早的茶业组织是印度茶业协会,由伦敦的印度茶区协会和加尔各答的印度茶业协会合并而成。前者在 1894 年合并之日即取消了印度茶区协会的名称。在伦敦所发生的问题由伦敦分会处理,在印度发生的问题则由加尔各答分会处理。每一分会由常务委员会主持,并对随时发生的各项问题向会员提出建议,但没有执行建议的权力。

总而言之,协会的重要目的在于推进一切从事植茶及茶业贸易的人在东北印度的公共利益,并谋求扩大对内、对外的市场,对外市场包括宣传及展览会等活动。

加尔各答分会是由茶园业主、茶园经理或代理人以及若干公司组成。伦敦分会则由个人、公司、从事印度茶叶的商店所组成。前者所包括的茶园,每年交纳会费 9 安那。其事务及财政由每年选出的 9 个茶园组成的常务委员会管理,每个茶园选派一名代表,主持事务,再由委员互相推选主席和副主席各一人。

孟加拉商会的秘书和助理是这个协会理所当然的秘书和助

理,因为从 1885 年起,商会与协会合并,协会就派一名代表参加孟加拉立法会议。

加尔各答的印度茶业协会,会址在克里夫街皇家交易所大楼2 号。有两个支会,一个是阿萨姆支会,设于迪勃鲁加;另一个是森马谷支会,设于卡察的平那康地。

科 学 部

印度茶业协会科学部的工作有三项:研究、试验结果的订正及科学常识的传播。最主要的是在试验室内研究之后,再与田间的实际情况相对照,在病菌学、昆虫学、化学、植物学及细菌学等试验室内的工作人员都是印度人,每组由一名欧洲专家指导。多数工作表面上似乎离茶业很远,但这些纯粹的科学工作对于实际工作上的指导意义重大。

化学研究室对于土壤分析及热带土壤酸度的研究非常详细。其他大部分工作则为研究茶叶在制造过程中的化学变化,在托格拉设有样板茶厂,方便工作的开展。

昆虫研究室研究茶树的害虫,因为如果要防治害虫,必须先彻底了解害虫的生活习惯。最近,昆虫研究室的主要课题是蚊害。这类蚊子与我们认识的有所不同,实际上是另一类昆虫,只不过外形与蚊子略微相似。茶蚊的危害是钻入嫩叶中吸取汁液,每年可导致数百万磅茶叶损失。

病菌学试验室研究茶树的病害,大凡关于叶、茎及根部的病害全都加以研究。尤其注意致病原因及防治方法,至今,所发现病害的数量令人震惊。

细菌研究室的主要工作在于研究土壤中的有益菌,先了解其生活习惯,明白适合其生长的环境。其次是研究茶叶发酵中的细菌,关于这个课题经过许多学者讨论,至今仍在继续研究中。

科学部的第二项工作,是将实验室中所得到的结果与田间所发生的情况进行对照。因为,农业所遇到的环境很难相同,每一个耕作者的工作均可视为一种在自然环境中的试验,例如,某种剪枝在某年效果很好,但次年即完全失败,要寻求发生的原因,应当查看是否与气候有关,或者是茶丛的环境不同,或者是其他原因,所以这就需要试验室来探寻内部真相。在理想的环境下,一定的处理方法可以得到一定的结果,但常有出乎意料的情况,这就是理论与实际对照时所不能避免的缺憾。研究员的工作就是要沟通及解释这些情况,现在由托格拉的研究部负责进行。

科学部的职员经常分驻在各地茶园从事调查,观察各种方法及结果,收集资料,从而编成宝贵的文献报告。

科学部的第三项工作是将实验所得的成果推广宣传。其中一部分是编辑季刊,现在改为年刊,但更重要的是巡视各地茶园,各植茶者都迫切地希望从科学部了解到别的茶园的工作情形及工作经验。

托格拉试验场

印度茶业协会在托格拉成立的试验场,位于东北印度阿萨姆的辛那马拉村邮局附近,包括化学、病菌学、昆虫学、细菌学、植物学等实验及样板茶厂、会客室、住宅、工人宿舍等,占地大约12英亩。此外,在离婆勃黑他2英里半的地方拥有广大的土地。

在托格拉用于种茶的土地只有5英亩,而主要地区称为托格拉空间,提供各品种试验之用。总的来说,茶树品种可分为三大类,中国种、阿萨姆种及缅甸种,观察每种茶树的强弱、生长能力对气候的适应性等。还有50种以上的小茶种,分植于各小区,内有印度支那、上缅甸、下缅甸及其他区别甚微的品种。

许多的剪枝试验正在进行中,有多种方法可以使灌木形茶树改成丛树形,高度正好适合女子采摘。最激进的手法,是将幼树齐地面切掉,逐渐培养成丛形,这种方法叫做台刈。另一种方法是将茶丛在离地面 18 英寸处截断,以后逐年割断横枝,但不会减少其产量。托格拉将各种剪枝形式,并附有过去各年的产量,制成表格供各地植茶者参考。

剪枝之后即为采摘,茶树的采摘虽然已有数百年的历史,但是采摘方法的合理性仍有待商榷。采摘的轻重,应当视茶树生长的强弱而定,但是仍存在其他问题,例如,假定采摘面离地 3 英尺的,是否应该将平面以上含一芽二叶的全部摘去,还是只摘一部分,然后再任其生长到采摘面后再进行第二次采摘。这个简单的问题,经过反复的试验,产生了不同的意见,而收成也有很大差异。

在托格拉的另一项研究结果认为,绿肥最适合茶园使用。该试验场还建有完善的气象观察站,用来研究气候对产量的影响。通过这些研究,可以知道用何种改良方法可以增加多少产量,什么病虫害会减少多少产量。

在婆勃黑他,现有 60 英亩茶地用作试验。与托格拉选择茶地一样,无论在土壤和雨量方面都不是很理想,而实际上,正是由于土地贫瘠才选择在此做试验。

托格拉的试验方法在婆勃黑他重复进行试验和推广,茶树生长情况经常在研究中,植茶者往往因为贪图眼前利益,而不能实行研究的长远计划。1921 年,加尔各答每磅茶叶售价 2 安那(合 2 便士或 4 美分),到 1924 年,涨到 2 卢比(合 3 先令或 72 美分)。在这两年中,茶树的生长环境虽然相同,但茶园的经营方式上存在差异。只关注茶树每年生长的情况,而不考虑市场价格的变动,说明在合理的范围内,试验场是不会计较成本的。

在婆勃黑他将茶树先种在苗圃中,大约一年后移植。关于最佳的苗圃遮荫树、最好的播种方法、最适宜的移植时期及其他许多问题,还在研究中。

此外,肥料也在试验中,由于茶叶的产量是由茶树的叶来决定的,而氮是促进叶生长的元素,因此,氮肥非常重要,所以必须明确何种氮肥最好,何时及如何使用,以及用量的多少。茶树有一段危险期,即进行剪枝和采摘的时期,在此之后更加需要施肥来补充树的营养,但施肥不能过量,过多施肥并不会带来好处,这个限度是婆勃黑他研究所的一大课题。有人认为,氮素过多会发生某种病菌,后来才知道,并非是使用了过量的氮,而是由于使用了硝酸钠,如果仅用硫酸氨会得到良好的效果。

在托格拉曾进行过剪枝试验,之后又进行采摘试验,最后才关注耕种方法,这是有关劳工的重大问题。实际上,所有茶园的耕种都用手工,因为茶丛太密,不能使用耕耘机。曾经有多种轻便的牛拉的耕耘机经过试验。此外,还关注几种耕作方法,如深耕、掘沟、浅耕及除草的效率。

最有意思的试验是选种。按照规律,两株植物杂交,其父母本来的特性可能混合表现在子树上,也可能保持原有单株的性质。如上所述,茶树品种可分数大类,因此,由最纯的茶树育种,连续数代选种,最后可得到纯种,由一粒种子到可以采摘需三年时间,如果要连续数代选择纯粹的品种,则要由植茶者的子孙来继续完成。

关于茶叶制造方面的研究,最近几年进步不大,在爪哇发现茶叶中有一种酵母,在发酵时十分活跃,当初发现时,认为酵母是茶叶制造中的重要因素,并没有加以彻底研究。在印度也发现了类似的酵母,似乎与香气的产生有关,但还未得到证实,科学对于茶业最大的贡献,是在茶叶制造方面完全及系统的研究,托格拉的化学家与细菌学家对于茶叶的联合试验,在各种环境下试验不同的制造过程,是最有价值的试验。

凡是研究茶叶的人,对于托格拉及婆勃黑他两地不能只去一二次,而需每年参观一次,并注意试验的发展过程及了解新方法的使用情况,实际体验观察关于茶籽生长的各个方面。虽然说印度的茶业协会在加尔各答,但是它的最前线可以说在托格拉和婆勃黑他。

印度茶业协会认为,试验工作只限于托格拉及婆勃黑他范围太小,因此,1925 年,在杜尔斯的雪里茶园成立了一个临时分场,由化学家 C. R. 哈勒主持。杜尔斯当地的植茶者对此表示热烈欢迎,并希望这个机构改为永久性机构,但是,由于科学部开销过大而终止。此后,又曾提议在大吉岭的丹雷及卡察与雪尔赫脱的森马谷设立分场,但是研究中心仍在托格拉,分场则只对地方性问题加以研究,并引用在托格拉研究的结果。1930 年,在杜尔斯的拉尔西帕拉成立了一个专作田间试验的永久性分场。

托格拉科学部的工作报告,对植茶者的讲演很重视,在秋季,经常有由 20 多人组成的队伍,从各个茶园来参与为期一周的报告会。

科学部的经费大部分由印度茶业协会负担,而协会用会员按茶园英亩数所交纳的税作为经费,除此之外,还有阿萨姆及孟加拉省政府的补贴。经费随着研究工作的项目、课题的增加而上升,现在平均每英亩大约为 7 安那(合 7 便士或 14 美分),大约占印度茶业协会基金总额的 80% 。

科学部的财务由在加尔各答的印度茶业协会总部掌管,账目也都存放该处,科学部主任预支一些现金用来支付下属职员及工人的薪水和其他各种零散的费用,每月结算一次,分送协会各会员审核。

印度茶业协会的科学部部分委员,每两周在加尔各答召开一次会议,有关科学部的各种提案都由协会确定,协会也有权批准提案。科学部主任每季出席会议一次,报告过去的重要工作及现在正在进行的工作。

植茶者协会

加尔各答的印度茶业协会,除了在迪勃鲁加有阿萨姆分会以及在卡察的平那康地有森马谷分会外,在南印度设有植茶者协会,目的在于促进此地区普通植茶者的公共利益。在印度各茶园普遍设有植茶者分会,在加尔各答设有一个植茶者的慈善机构。

各区分会最重要的工作是使植茶者共同努力,以解决有关集体耕作利益的问题。印度人植茶者协会最近在爪盘谷成立,以促进本省印度人植茶者的利益。杜尔斯有一个相似的印度人植茶者的组织,总部设在查尔派古利,管辖在杜尔斯及丹雷所有的当地人茶园。会方提供会员在立法机关讨论及提出共同意见的机会,协会会适当考虑他们的意见。

该协会研讨有关地方的重要问题,如铁路、公路交通以及印刷品改良等,不提供会员听取科学家、茶师、卫生等专家及其他专家特别演讲的机会。

印度南部植茶者联合协会的茶叶试验场

在尼尔吉利斯的地凡索拉的南印度植茶者联合协会的茶叶试验场,占地 27 英亩,是从伍德伯瑞茶园的园主 Z. A. 福彻租赁而来。全场包括研究员室、试验室、办公室、助理研究室、农场经理室、秘书室、三座工人宿舍、发电厂及冷气室。所有的房屋均用砖砌成,盖以屋瓦。欧洲人居住的房间及办公室、试验室均有自来水及电灯等设备。

印度南部植茶者联合协会科学部的最重要的任务是扩大工作,工作范围包括肥料、病虫害的处理、耕作法、剪枝、茶树生长的适宜土壤及其他与茶树栽培有关的问题。论文通常在《种植者年鉴》内发表,除编印年鉴外,还有下列小册子出版:1.《茶树施肥的原则与方法研究》;2.《印度南部植茶者对于茶蝇的观察》;3.《根腐病的处理方法》;4.《茶叶中的单宁》。

规定每位研究员每隔一段时间,要到茶区实地考察,每两年必须交换巡视各茶区一次。试验室的重要工作是确定茶叶的成分如单宁等,以及泡茶时形成的乳状物质等。

印度南部植茶者联合协会的科学部经费是由会员按每英亩交纳 8 安那筹集而来,再加上麻打拉斯省政府对三大农业——茶、咖

啡、橡胶——28000 卢比的补贴，每种补贴按种植面积的比例
分配。

印度植茶者的生活

印度植茶者并非有名无实，除了栽培、剪枝、采摘以及制茶的
知识外，还要掌握如何栽竹、烧砖、建屋、造桥及修路，同时还必须
是一名工程师、测量师及会计师，还得有坚强的信念及百折不挠的
精神。

植茶者对于工人间的纠纷要加以调解，并为他们治病，熟悉村
落中的一切事，视工人如同子女。总而言之，植茶者首先要善于管
理工人，无论在田间及业务上如何精明干练，如果不能管理工人，
成功也会非常有限。

只有天才能将这些问题处理妥当。他们既要明白工人心里所
想，还要有自信心，管理工人还得有耐心。当进入茶园时，观察工
人的喜怒哀乐，就可以判断园主管理劳工的能力。

植茶者对于气候及生活环境感到不满，尤其在北印度一些茶
区地处偏僻或远离加尔各答，交通不便，火车设备简陋，道路非常
崎岖，日常用品大部分必须从加尔各答运到，他们的消遣就是组织
俱乐部及拜访邻园。

欧洲人在印度的植茶者大多数来自英格兰、苏格兰及爱尔兰。
工厂非常需要工程人才，一般的助手以接受过农业训练者为最佳，
职员的聘请，不以其是公立学校的学生或者是受过特殊训练的为
标准，而是以才能作为选取的标准，其中有少数是大学毕业生。

每年有成千上百的青年，远离英伦来到遥远的阿萨姆、杜尔斯
等处的茶园及其他著名的茶园，因为英国人有吃苦耐劳的精神，向
往植茶者的生活，因此，来到这里的植茶者很少有人在成功以前回
国的。

受雇的青年一般签约3—4年，各茶园所付的薪水不等，平均约

为每月250卢比,工程师则另有25—50卢比的津贴。第一年月薪250卢比,第二年275卢比,第三年300卢比,第四年325卢比,这种薪酬非常普通。助理员也有35—50卢比的津贴,经理的津贴则为60—100卢比,各地视情况而定,此外,经理还享有一处不备有家具的住宅及二三个仆人和其他补贴的优待。

新聘的员工,如果是工程师,或许可以在工厂内工作,但大多数则根据情况需要,被派为外勤和内勤。通常,工程师对于田间和工厂内的工作都有熟悉的机会,以培养他们能够胜任茶园经理的能力。

助理的职务是管理田间的工作,这需花费一定的时间学习,并学习茶园中的俗语及一二种土人方言,所有的经验并不是全部从田间学得,还有一部分来自工厂,他们期待可以成为经理。从初级助理开始逐渐升为高级助理,此时他们的薪水也涨到每月400—500卢比,并可分到茶园纯利0.5%~1%的红利,10年或12年后,或许可以升至代理经理,薪水也增加50卢比,如果成绩突出,则可正式升为经理。经理的薪水在各茶园均不相同,大概为每月600—1000卢比,另有5%~10%的红利,在经营好的年头,红利超过薪水,数目颇为可观,至于居室及其他费用,各园不同,但是经理必定有一所宽大的住宅,有仆役数人,助理仅有宿舍。

植茶者没有固定的工作时间,他们几乎随时都在工作,黎明时督促工人开始工作,到了晚上监看茶叶过秤,但是他们除了工作繁忙的季节以外,经常有充分的时间从事休闲娱乐。在北印度的冬季,从11月到第二年3月,工作比较轻松,可以进行各种消遣,网球和马球最为流行,其他如高尔夫球、射击和钓鱼等,也受到他们的喜爱。

大多数茶园在园内合适的地方都设有俱乐部,在晚间为员工提供娱乐,例如桥牌、台球、跳舞、网球等。在离茶园较远,不能参加俱乐部活动的员工,则以射击或垂钓作为消遣。

青年植茶者在印度的生活不能过于放松,从开始就必须担任重要的工作,雇主虽然鼓励他们参加俱乐部的活动,但也要求他们必须按时工作。

工头能说英语,但是为了谋求直接与工人接触,使一切劳工问题有较圆满的结果,青年植茶者必须学习土语。

助理在鸡鸣时就必须起床,当晨雾消散后开始早餐;半小时后,日常工作开始,助理经过第一阶段后,最后方可晋升为经理。此时,茶园会提供宽畅华丽,并且爬满爬墙虎的住宅,另外还有花园和菜园,薪金丰厚,还有红利,随着财富不断的积累,盖栋别墅乐享人生不是多难的事情,如果再有一位精明的助理和能干的工头,这种舒适的生活真是无以复加。

经理的工作在早餐后开始,首先整理文件、邮件,然后去园中巡视。如果是采摘期间,还得决定第二天采摘的区域。中午经理返回办公室,洗澡后开始午餐,午睡后,喝一杯清茶,下午开始视察工厂制茶的情况,黄昏时,听取工头汇报一天的工作,然后命令助理发出次日关于工作程序的通知。

助理每隔四五年,经理则每隔三四年,有 6 个月的假期,被批准可以离开印度。在假期内薪水照发,并报销来回的旅费,包括家属的差旅费用。

植茶者留在印度的时间约为 30 年,等到他有足够的资本可以维持适当的收入时便退休,有才干的则留任为茶园的督办或加尔各答代理处的监察。但是大部分都退休回到英格兰南方的海岸,该处全是退休的茶业人员居住;还有退休去澳大利亚、新西兰的,该地区的气候最适合曾长期居住在热带的人。

已经退休返回英国的植茶者,大多在曾经担任经理的公司内任董事,每月到公司巡视一次,有些只在伦敦出席会议。

茶业经营带给人们的成就感,是其他行业没有的,其最大的吸引力在于人类的创造性,如果一个人在森林中,从数袋种子开始而逐渐扩大到上千英亩茶园时,这些创造者是不愿退休离去的。

第二十章　锡兰茶的栽培与制造

　　锡兰是英国的直属殖民地,位于印度东南,孤单地处于印度洋中,形状宛如一只耳环,是从孟加拉湾至阿拉伯海的中途站,北纬6°—10°,与非洲的塞拉利昂或南美洲的圭亚那的纬度大致相当。英国历史学家曾称锡兰为"卓越半岛",土地肥沃,物产丰富,岛长272英里,宽137英里,总面积为25481平方英里,相当于荷兰与比利时面积的总和,或英格兰面积的一半。英国人称之为"东方的克拉罕站台"。锡兰的确是到达地球另端的通道上重要的一站。

　　锡兰的建筑很好,铁路、公路、旅馆、游乐场及汽车运输等都极为发达。山上的气候终年凉爽,令人倍感舒适。科伦坡被列为世界上最大的作业港口之一,各国船舶从定期的邮船到本地的帆船,每日穿梭于港口,异常拥挤。

　　锡兰的9个省中有6个省产茶,按其重要程度依次排列为中央省、乌发省、萨巴拉加摩瓦省、南部省、西部省及西北省,在6个省中茶园分布的地区共有51个,每区的茶园数和植茶英亩数如表20—1所示。

表20—1　各区茶园数及植茶英亩数（1934年）　（单位:英亩）

区　　域	茶园数	植茶英亩数	茶与橡胶共植英亩数
阿拉加拉	30	4150	175
阿巴加姆华	37	6050	850
巴杜拉	83	33300	—
巴兰哥达	55	13450	400

区　　域	茶园数	植茶英亩数	茶与橡胶 共植英亩数
笛可耶	69	30200	—
下笛可耶	25	10200	—
迪蒲拉	111	47900	—
多罗斯巴其	42	12100	400
加那革达拉	53	1600	700
达姆巴拉	28	800	100
加尔	186	9800	1800
汉丹尼	61	6800	600
哈蒲他尔	76	23100	300
西哈蒲他乐	13	2700	—
上希华希他	13	6000	5
下希华希他	21	7000	15
洪那斯几利耶	10	3530	—
嘉都干那华	40	3200	1625
嘉鲁他拉	238	8500	2300
革嘉拉	113	7000	600
革兰尼	274	11200	1700
革尔波加	12	5300	—
那克尔斯	19	7400	—
可托曼利	20	11500	50
苦鲁尼加拉	95	1000	50
马都尔雪马及海华爱立耶	27	10000	—
马斯奇尔耶	48	20000	10
东马达尔	70	10000	700

区　域	茶园数	植茶英亩数	茶与橡胶共植英亩数
北马达尔	44	1150	500
南马达尔	27	3000	800
西马达尔	32	2000	480
马吐拉他	15	7000	—
米达马哈华拉	14	3250	—
蒙那拉加拉	11	600	—
莫马华可拉尔	62	9800	125
新加尔威	18	3700	—
尼拉姆比	21	6900	120
列替尔谷	10	310	—
鲁华勒爱立耶	20	4850	—
帕沙拉	17	9850	—
潘达劳雅	16	5700	—
普塞拉华	68	17100	1100
拉克华那	53	6600	270
拉姆波达	15	6300	—
兰加拉	14	5900	—
勒那布拉	164	24300	550
乌达布舍尔拉华	37	14700	—
下华拉潘尼	4	1000	—
华替加马	32	2300	190
耶克得萨	7	1050	—
低地区	124	2600	700
总计:51 区	2694	453740	17215

　　主要产茶区位于多山的中央省,有高达海拔 7000 英尺的,而大多数在 3000 英尺以上。也有些大茶区在西南平原,其中以在基隆尼谷的最为著名。凡是在 2500 英尺以上的山地,茶是唯一的栽培作物。堪的与鲁华勒爱立耶间的区域,只种茶树就是明显的例子。锡兰的茶园面积从 5 英亩至 3000 英亩不等,分布在 51 个区中,大约有 50 平方英里,均在科伦坡骑程 3 至 12 小时范围以内。

　　锡兰有铁道 740 英里,因此可以乘火车参观大部分茶园。从科伦坡至巴杜拉的火车路程最有意思,在最先 50 英里,铁路经过稻田区域,然后逐渐上升,椰子、可可树、橡胶及豆蔻树映入眼帘,到离堪的不远,大约海拔 1600 英尺之处时,便可望见茶园。在堪的境内多数园地中,可可、橡胶、豆蔻与茶树混植。从培拉登里雅有一条支线到堪的、马达尔及四周均为种植茶树、橡胶和可可树的区域。堪的以上,铁道向南经过无数种茶的山谷,到那伐拉比的耶已不见种植橡胶树了。经过这里,铁路两侧的每个山顶上都是茶树。从那伐拉比的阿起,已进入茶区中心,铁路由南向东至哈东、他华开来及那奴沃耶等地区。

　　巴杜拉在以堪的及哈东为中心的茶区的最东部,距科伦坡 180 英里,14 小时即可抵达,与此形成鲜明对照的是从加尔各答到阿萨姆重要茶区的迪勃鲁加需 48 小时,该处离加尔各答 700 英里,距海岸 1000 英里,而从上海到中国产茶区祁门则需 14 天。

　　哈东之外是笛可耶,此地区以前是繁荣的咖啡产区,一些咖啡厂的遗址在山谷仍可见到。在上笛可耶和下笛可耶,有 4 万英亩以上的土地栽植茶树,茶园在 2300—5000 英尺高度之间,制茶厂建在温暖而潮湿的山谷中,所产茶的品质不是太好;有些茶厂建在空旷的山边,全视有无水力可以利用而定。

　　邻近笛可耶的迪蒲拉区,是锡兰茶园中最大并且最完善的区域,植茶面积将近 5 万英亩。参观者可以看到在 5000 英尺高度的地方,刺桐树代替护谟树作为遮荫树以及一些荚豆植物,而银橡则遍植于茶园中作为覆荫及燃料。从那奴沃耶有一条窄轨铁路经过鲁华勒爱立耶及乌达布舍尔拉华茶区到兰加拉,此处有多个茶园是锡兰最大最好的茶园,其中有少数高度达到 7000 英尺,政府规定在 5000 英尺以上的丛林不得再进行开垦。

铁路干线到达最高端是 6225 英尺的贝塔布里,该处有一条隧道可达岛的东部乌发省的草地,根据经验,到该地旅游,6、7 月最好,这个时期西南季风正猛烈地侵袭横亘在该岛的山岭从而使云堆积成各式奇怪的形状,经常将山景吞没,随着一声长笛,火车冲入雨雾而进入漆黑的隧道,片刻间好像做梦一样,突然进入阳光照耀的大地,一片壮丽的景色浮现眼前,这种奇异的变化令人瞠目结舌。一些茶园如阿姆巴华拉地区的华卫克茶园,正好位于雨界上,步行 1 英里左右,即可出入季风区数次。

到了哈蒲他尔,铁路转向北方,经彭达拉鲁拉、台马地拉而至乌发省的省会巴杜拉。在乌发省有茶地 4 万英亩,锡兰的低地茶大多产自岛西南的革兰尼山谷中。

锡兰茶树的栽培由于受到缺乏适合种茶土地的限制,政府正计划增加自耕农,用来减少多数没有土地的当地农民,因此最近如有可以耕作的土地,将被指定分派给各村民。

同一高度的茶园,每年平均地价西部比东部高。岛的西南部与东北部没有太大差别,但通过股票价格看出,投资者对迪蒲拉及鲁华勒爱立耶区的每英亩价格的追捧,使该区的价格比其他地区要高。

茶树可以在任何排水良好的土壤中生长,但如果要形成商业化生产,则土壤中必须含有氮、磷、钾,这些事实早就被锡兰的巴伯、印度的曼宁加指出。锡兰茶园土壤所含茶树需要的三要素百分比如下:氮占 0.1%~0.15%,有效磷酸盐占 0.005%,有效钾占 0.1%~0.15%。

茶 园 土 壤

锡兰中部的岩石属于太古时代,与南印度的片麻岩及花岗岩类似。沿海岸的椰子园土壤为沙质土,进入内地逐渐变粘,红土的比例增加,最粘重的土壤发现在鲁华勒爱立耶附近。

茶地分为三类:森林地、草原地及黍稷地。被浓密的林地所遮盖的土地最适合开垦成茶地,只是锡兰现在已经没有可供开垦的林地了。草原地在乌发省内很多。黍稷地是当地人在耕种前加以焚烧形成的,只有在无法找到好地时才使用这种土地种茶。最近以开垦草原地为茶园占多数,这种土壤虽然缺乏腐植质,但物理性质很好,可以迅速地改造良好的茶地。只是有时由于干旱缺乏树木栽植,容易变成硬盘地。但是可以通过栽种豆科植物以及利用高顶遮荫的残叶进行补救。

茶园的土壤大都由地下岩石形成。虽然有薄片的石英层覆盖在上面,但仍以红土为主。在山坡斜坡的土壤,由于雨水的冲刷,往往失去原型;原来的土壤,只能在丛林中见到。

通过化学分析,可以知道锡兰土壤含有大量的铁和铝,可以证明土质年代久远。锡兰土壤中所含不溶解的砂与矽,通常不到50%,而在印度除东北省的泥炭土外,很少有这种情况。阿萨姆的土壤甚至就是重粘土。其所含不溶解矽量,也与锡兰土壤不同。除了包伽华、他拉华外,锡兰没有一处土壤可与印度卡察地区的泥炭土相比。包伽华他拉华的土壤含氮 0.799%,每英亩产茶 2235磅,可与卡察的每英亩 2400 磅产量相媲美。

气候、雨量及高度

锡兰的气候为潮湿的热带气候,由于地势高陡而变化明显。滨海地区温度不如印度高,主要港口科伦坡平均温度为 81°F,昼夜温差及年中各时期温度变化很小。鲁华勒爱立耶高约 6000 英尺,平均温度为 59℉,昼夜温度变化比沿海明显,而且有时有霜降。

锡兰每年有两次不同的季风期:一为西南季风,一为东北季风。在两个季风期间,风较少而雨水多。当季风吹向山区时,迎风之处雨水最多,在山背侧则由于山体的遮蔽作用,雨量较小。在两个季风之间,锡兰普遍降雨,并且不像季风时期降雨不均,此时各地的降雨经常被认为是季风带来的结果,事实上许多当地人就把季风作为"降雨"解释。季风与非季风期的大致划分如下:西南季风期为 5—9 月,非季风期为 10—11 月;东北季风期为 11—次年 2 月,非季风期为 3—4 月。就全岛而言,2 月是全年最干旱时期,西南季风比东北季风更有规律。东北季风期以及之前的非季风期的降雨,有一部分受低气压的影响很大,由于每年低气压移动路径不同,因此各地雨量波动较大。

岛中气候如此,所以能生产特殊的植物如茶、橡胶、水稻、椰子、可可、香料、烟草及咖啡,其中产量最大的是茶叶。各产茶区的气候、高度及地理环境各有不同。锡兰的山脉使多个产茶区不受西南季风或东北季风的影响。平均雨量为 72—251 英寸,平均温度为 65—85℉或以上。一般茶园的气候与欧洲的气候极为相似,其中以在 5000 英尺以上的环境最好。但是长期连续不停的雨和雾,是这种理想气候的唯一缺点。

气候对于茶叶香气的影响非常明显。较冷的天气,有抑制茶树生长,促进芳香成分充分发展的作用。当生长最旺的 3 月至 5 月或生长较弱的 10—11 月,虽然高处茶园的茶叶品质也会降低,但是到了发育转缓时,树势又会复原。在乌发区,多是干燥风气候,便将茶叶的性质发生完全的改变,产生一种芳香,茶价也因而暴涨;在高山区,当 1 月及 2 月的晴朗天气的寒夜而有轻霜时,也有相同的结果。

在科伦坡及勒那布拉,5—9 月的西南季风与 11 月—次年 2

月的东北季风的界限非常明显,但是由于勒那布拉后边有山,因此降雨比科伦坡多。堪的地理位置适中,四周无高山遮挡,因此降雨平均。那伐拉比的耶所处的高度导致该地有最大的雨量,每年平均降雨达到251英寸。鲁华勒爱立耶不受季风影响,却也有充分的降雨。乌发省的巴杜拉在雨带的东部,由于受东北季风影响而有大量的降雨。

勒那布拉的年平均温度为80℉。堪的(高1600英尺)为74.4℉,鲁华勒爱立耶(高6188英尺)为59.2℉,巴杜拉(高2225英尺)则为77.3℉。实际上全年平均温度没有太大变化,只是最高和最低温度略有变化。

3—5月在东北和西南季风区,是茶树生长最旺的时期,一些茶园在上半年即可获得全年3/5的产量。6—8月,季风带来狂风暴雨,生长减缓。8—11月,产量又达到高潮。生长在西南地区在12月—次年2月时,产量又减少。

干燥的风可以使茶叶具有刺激性及芳香的气味,就全岛而言4—5月生长的旺盛期及6—8月的重季风期时,所产茶叶品质较次。只有乌发地区在重季风期时是例外,这是因为当地的西南季风也是干燥的。但是乌发地区在11—次年1月东北季风的湿润季节,茶叶品质反而降低。可是当鲁华勒爱立耶正月吹来干旱的东北季风时,也能出产香气馥郁的茶叶。

锡兰茶叶的香气受栽培地高度的影响很大。低地茶园的茶叶味强烈而无明显的香气,具有优良香气的茶叶出产自中等高度地区的茶园,而具有最好香气的茶叶,则生长在海拔6000英尺的一些区域。低区茶叶品质虽较次,但产量丰富;反之高地茶必定具有良好的品质及香气。如今锡兰的山区,凡是适合种茶的优良土地,都已开辟为茶园,只剩下政府的森林地专门留作维持雨量分布之用。有些高度合适的草原也可开垦植茶,还有经过焚烧及生长杂林的中等地及低地也可向政府领购。

茶地的开垦

获得土地之后,首先必须有一名能干的测量员加以测量,在合理规划后,再雇佣工人将树木伐倒,或将草原地及火烧地进行清理,为了免除日后的麻烦及开销,则以完全焚烧为最好。焚烧不单可以减少开垦工作,还能使表土完全干燥,杀死遗落在森林中潜伏的种子。因为这种种子只需要有充足的阳光及空气就能萌芽。焚烧时如有巨大的根难以烧尽的,则留下而任其腐烂,因为清除巨大的茶树根有些得不偿失。焚烧后的工作是留出空间来建造厂房和苗圃。

繁 殖 方 法

锡兰茶树的繁殖方法均为实生法,凡是扩充老园时,必须在 1 年半至 2 年前预备苗圃的播种,以培育苗木。开垦新茶园时,也应及早在合适的地方修建苗圃,苗圃的位置,以有遮荫、土壤肥沃并且灌溉的山凹为宜。

种子在播种前须经过水选,漂起的完全废弃或另行播种。种子的发芽是在用椰皮织成的席中或特制的发芽床中进行。发芽床的底部铺上一层厚厚的完全腐烂的熟牛粪,再在上面覆盖 2 英寸的细沙。种子密播在沙上,以不相互接触为度,然后再盖一层薄沙和稻草,再搭建一个棚架,用来遮挡日光,棚架上铺以蕨草或其他不易枯萎的叶,每隔一日便充分洒水,大约 1 个月后,种子即可发芽,之后,每天淘汰生长较弱的。品质好的种子的种壳较薄,因此萌芽较快。

锡兰的茶树品种以叶淡色或黑色的阿萨姆种、中国种及中国杂交种为主,其中杂交种对恶劣气候的抵抗较强。品种对生产影响很大,优良品种产量虽高,但容易受恶劣气候的影响,需较长时间才能恢复。在锡兰从性价比来看,最佳而适宜的品种为黑叶的马尼坡杂交种,但是在东北印度及荷属东印度现在仅栽培纯种。

发芽的种子即可移植到苗圃中,幼苗种在深 1 英寸的坑中,每坑植苗一株,相距三四英寸,枝根向下,然后用泥土轻轻盖上,按照发芽床的样子做好遮荫。

茶苗大约 18 个月时即可移植,移植时可以连土块一同挖出,但一般都是挖出单独树干,茶苗切成 4—8 英寸的高度,先将土壤挖松,然后将幼苗拔出。政府对于防止茶苗钻蛀虫非常严密,因此运输茶苗,须经政府批准。如某处受害严重时,则该处苗木不得出境。

以前从印度有大量茶籽输入锡兰,但是为了防止水泡病的传入,现已完全禁止。

有少许茶园专以老茶树剪枝割下的枝干,繁殖成茶树,虽然生长的不错,但是这种方法未能普及。

道路及排水沟的设计

锡兰的道路通畅,景色优美,这是旅客们所认同的。实际上不仅道路如此,即便在茶园内也是一样。在各厂房的位置确定后,即开始仔细设计道路系统,用以连接办公室、工人住宅及工厂内部的交通,如果不是已修建好小路,则工人经常抄近路,横穿茶地,损害茶树。主路宽 12 英尺,小路宽 4 英尺,路面向水沟方向倾斜,雨季时雨水可流入沟中,不会导致雨水沿路而流。

排水沟的设计在道路设计之后,其目的是为了保护路面而免受雨水的冲刷。水沟由山顶开始,将多余的水引入主沟,并防止水流溢过路面。天然的山谷有主沟的作用,但是由于距离太远,还需进行人工挖沟来补充。流入主沟的支沟不宜过长,以避免主沟各处均有大量的水流入,超过负荷,支沟长一般以 150 英尺为准。在干旱的乌发区,排水沟中再建水闸,用以蓄水。

锡兰也有采用梯田式栽种的,并且逐渐普及,这是人们认识到土壤冲蚀问题的严重性。梯田最好建在排水沟的中间,保持水平。所有碎石用于修建梯田的外层,可避免雨水直接冲刷土壤。如果土块不多,就在排水沟间种上浓密的林木,用来保护土壤,还可以作为绿肥。

种　植

锡兰种植茶树的时期,因地而异,在西南季风区,6—8 月种植;在乌发区,东北季风期为湿润期,即在此季节——10 月至 12 月种植。

种植的距离一般为 3 英尺或 3.5 英尺,比阿萨姆平地茶园略密,而与雪尔赫脱矮山上的茶园相等。茶树种成平行的直列,即便跨过山坡也保持水平,这点与爪哇相同。

种植时将一根挖土的铁棒或木棒条插入坑的中心,连续转动,直到形成合适的洞为止,然后放入苗木,再将土盖上,让土壤紧密接触苗木的根。

锡兰茶农正在种茶

当发芽不久的种子移植到茶园时,先种在发芽床内,然后再移到 1 英寸深的坑中,一般来讲这种幼苗只种植在草原地上,如果种植在森林地或火烧地,则容易遭到切根虫及其他蛴螬的侵害。

遮荫、防风及覆盖植物

豆科树木常被选作为茶树遮荫用,并且具有防风的效果,但是其他植物也不是不行。遮荫树的条件是需具有均匀、稀疏的荫影，丰富的叶量，并可用作于燃料。非豆科植物桉树具备以上的各种条件，而且树态优美，只是生长稍慢。如果要造防风林，应当选种树木数行，与风的方向成直角。如果单独种植，生长情况不是太好，但是在中等地区及低地区种植在茶丛间，则生长的茂盛。

Albizzia Moluccana、A. Stipulata、Acaciadeurrens、Erythrina Lithasperma（The dadap）、Gliricidia Maculata、Leucaena Glauca 数种按属植物及其他树木，均可用作遮荫和防风，这些树木每隔七八年就必须移走，以免发生根病危害茶树；每种树木效果不同，生长期也各不相同，因此在何种环境下选择什么种类的植物必须慎之又慎。

栽种豆科植物可以防止土壤的流失，并且使土壤肥沃；虽然需经常除草，但是仍然被普遍采用。

最近在处理覆土作物时，常选定某种草，然后除去其他一切杂草，结果茶树间的土地不久即被此种草所覆盖，保护土壤不受冲刷。主张完全除草者则对此反对，他们认为在干旱期时，这些草类有和茶树争夺水分之嫌。在选择草种时，酢浆草被准许留下。这种草在锡兰极为普遍，它的生长蔓枝，其节间着地生根，叶略似紫云英，花及种荚为狭长形，成熟时用手一碰就裂。

Tephrosia candida 或 Boga medeloa 及 Vogili 经常被用作篱笆树种在茶丛间，以防止水土流失并提供腐植质。

施　　肥

施肥可以增加茶叶的产量。在茶树间栽植绿肥作物，并定期将绿肥的细枝剪下埋入土中。Dadap 是所采用的最普遍的绿肥植物，但是它并非任何高度都能生长。相思树属植物在 5000 英尺高度的地区应用很广。在较干旱的区域，则种植 Greviueas 及 Tephrosia，或者其他生长迅速的豆科植物。当它们成熟时，就埋入土中，增加土壤中腐植质的含量。高树干及匍匐绿肥植物的轮栽已经引起人们的关注。最近几年对栽培方法大加改良,尤其注意有系统的耕耘及肥料的施用,茶叶研究所正大力度进行各种人造肥料的大规模试验,以确定最合适的施用时期,并注意施肥与剪枝怎样配合最为经济,但是尚无定论,目前可供适用的仅一二种老式的混合肥料,仍在修剪后施用。

一些茶园认为剪枝后的追肥宜使用含氮较多的肥料,但也有主张在剪枝期多施含钾量高的肥料。一般肥料的配合比例为氮3/7,磷2/7,钾2/7。这个比例并非固定不变,可根据各茶园的具体情况而定。也有在剪枝前数月,施用含氮75%、磷25%的速效性肥料。按照普通的施肥习惯而言,次数少而量多不如次数多而量少。

锡兰不像印度东北部广泛使用绿肥,在东北印度,豇豆、Niglla Catiang、Crotalaria Juncea 及 Sesbania aculcata 等生长 6 星期后,即可犁入地中。但在锡兰,由于大多数茶园地势陡峭,因而并不使用,取而代之的是其他豆科遮荫树及防风树,定期剪枝,并将剪下的枝叶埋入土中,有时则作为覆地物。在培拉丹已雅进行的试验,指出 Dadap 树每英亩可剪下 1 万磅枝叶,而 Gliricidia Maculata 则加倍。Albizia Mduccana 也可剪枝,但一般不做此用。金合欢树也经常剪枝,但银橡因不属豆科,不进行剪枝。

深　　耕

在一年中任何时期,可用各种式样的犁耙进行深耕,一般经常与施肥同时进行。深度愈深愈好,耕耘时将耙柄向外推,将土耙松,称为"封套式"耙法,能将土壤流失的程度降到最低。

茶树的病虫害

凡是东北印度的普通茶树病虫害,在锡兰都发现过,但是并不严重。前任茶叶研究所所长 T. 派什曾经谈到有 60 多种病虫害，并指出：在普通茶树生长的环境，也适合病害的发生，只有定期进行剪枝及有规律的施肥，才能有助于抑止病害。大多数意见认为茶丛渐老时，病害也逐渐增多。

锡兰茶园一般所发生的叶病为灰色、棕色及铜色叶枯病，名称视茶叶上变化的颜色而定。天狗巢病使枝条成丛状；黄叶病使叶变黄；另有一种未定名的病，使分枝反常；还有茶茎溃疡病，但是至今为止，其中还没有一种发生严重的灾情。防治方法如下：

（一）摘去病叶并焚烧病叶；（二）施肥及中耕；（三）喷洒杀菌剂；（四）移去易感染 Cercosporella Theae 的相思树属植物及其他遮荫树。

第一种方法摘去病叶，不能大规模施行；施肥和中耕则是防治叶病的重要方法；喷洒杀菌剂虽然未必对饮茶者有害，但 Cercosporella Theat 只侵害嫩芽，喷洒杀菌剂也未必见效。

锡兰茶树的叶病及枝干病，最常见的是红锈病及黑腐病，其他的不是很重要，沃特博士称水泡叶枯病是"最恶劣的茶树病害"，只不过还没有在锡兰发现，他希望政府禁止有害种子的传入，以免感染蔓延。

枝干的病包括各种的枝肿瘤病、干腐病及干枯病，但是在其他数种不流行的病害中，有一种刺干病，最近在锡兰发现，症状是受害植物上生出特有的黑色针刺。

根病中最流行的是：Ustu'ina Zonata、Fomes Lamenoen sis、Poria Hypolateritia、Botryo Diplodia 及 Rosellinea Arcuata Retch，在锡兰与其他地区一样，根病的起因是残枝的腐烂造成的。

昆虫在锡兰危害茶树，只限于低地及中等高度的区域，卷叶蛾、钻蛀虫及荨蔴蛴螬危害严重。

红蜘蛛危害高山茶园，干旱期间更为严重。加鲁他拉蜗牛则常发现在低地区。白蚁在中央省非常猖獗，受害严重的茶树须将根挖去，轻者则用木油或"除蚁佳"处理。白蚁只侵害已受枝肿瘤病的死组织。荨蔴蛴螬在乌发省逐年增加,成为一大害。紫璧虱危害不大,只令茶树组织衰弱而已;赤璧虱则会使茶树致死,黄璧虱则仅伤害嫩叶。

茶蚊有时发现在低地茶园,但范围不广。哈勒说茶蚊与尾孢病不易区分,因为该病的特征与茶蚊留下的痕迹相似,因此没有发现茶蚊,则难以判断茶蚊是否存在。只不过在锡兰的茶园不像其他地区受茶蚊侵害严重。

剪　　枝

茶树经一年以上的持续采摘,元气大伤,因此必须进行剪枝,除去多余的枝干。剪枝对于茶叶相当重要,在降雨连绵的区域内,剪枝可长年进行。总之,剪枝的进行时期根据高度、土壤、品种、耕作及采摘的情况而定,一般来讲每隔 1—3 年进行一次。剪枝的结果使茶丛高度保持在 3 英尺以下。剪枝时剪去初生的芽,使茶丛顶部成为水平状。

在没有连续降雨的地区,剪枝时期根据气候而定,以避免干旱为原则。在干旱天气以前剪枝是错误的。岛的西南部剪枝时期在 2—3 月及 6 月中旬—9 月中旬,在乌发省则多在 6—9 月。

茶树幼苗不能抵抗季风的侵袭,因此在苗圃时就必须在 4 英寸处割断。这种首次剪枝适用于移植后生长 18 个月的茶苗,具体时期看茶苗高度而定。剪枝时在离地面 4 英寸处切断,此后当茶树长到 18—24 英寸时,进行第二次剪枝,从最初 4 英寸以上二三英寸处剪断,使此高度可长出新枝。

老树枝的剪枝通常在上次剪枝往上大约 2.5 英寸处进行剪枝,但是当干节较多时,则在主干较低处剪断,节则逐渐除去。在有些地区先在上部修剪三次,然后进行一次低剪。总体上说,锡兰以轻剪为主,但是也会根据气候、土壤、品种及高度的变化而不同。剪枝之后,让茶树休息一段时期,时间的长短根据茶树的高度而定。在低地区,茶树在剪枝后 6—8 星期即生长,而头芽则在 11 星期后出现;在中等高度地区,茶树大约在剪枝后 3—5 月生长;高地区则时间更长。

台刈很少在锡兰进行,但也有例外,马他尔地区经常进行尝试,很有成效。茶树之所以要定期低剪一次,目的在于除去树液上下循环所受的阻碍,对年幼、强壮而且生长的太高的茶树,进行台刈最为有效。但是现在的锡兰都实行渐进的剪枝。老茶园的茶树每次剪枝时都去除小枝节、枯枝及腐干,长势最次的一开始就立即去除。每次剪枝后,任茶树休息,直到茶丛枝叶复原为止;如果茶树不能复原,则将这株茶树挖掉,用另外的茶树代替。

所有的重剪枝都用锯来进行,较轻的剪枝则用锐利的剪刀,这种剪刀带有平滑的锯口,剪刀乱砍枝条是被禁止的行为,这样会使树干破袭,病菌乘机而入。没有复原的伤口用焦油或其他适当的材料处理,以保持水分,避免枯萎。但是这种处理方式,并不是经常有效。

采　　摘

采摘茶叶需要熟练的技术和完善的管理,一般由妇女和年龄较大的童工用手采摘嫩芽及二三叶,男子则从事较重的工作,如剪枝、耙地、施肥及挖沟等。锡兰全年皆可采摘,时间间隔根据茶园的高度而定,平常每隔 7 天至 14 天采摘一次。第一次及剪枝后的多次采摘称作"摘心",需由当地受过训练的工头指挥技术熟练的工人进行,这属于一般的采

锡兰妇女采茶时的情景

摘法。如果在重剪后,等茶树复原,采摘顶部的芽可以到预期的平面,即上次剪枝后往上6英寸处。等到多汁液的嫩枝长大到底部出现棕色木质时,让工人摘去顶芽,以抑止树液,下部的树干就得以加粗,更加强壮。中等及优质品种的茶树,在中央剪枝部位往上约两叶长的地方,经常有大量的枝芽,可供第二次采摘;但是劣质茶树,当枝条到一定长度时,摘去头芽,会留下很多老叶。

二芽发芽后,在叶与茎之间会出现鱼叶,一般在鱼叶之上留一二个完全的叶,等到鱼叶发芽时可提供树液继续滋养留下的叶。

大茶园只摘最嫩的叶,一芽二叶是标准采摘,中等采摘为一芽二叶和第三叶的柔软部分以及一或二个 Banji 叶(译者注:Banji 叶为发育受阻的芽的叶子)。粗摘则一芽三叶或三叶以上,或两个以上的 Banji 叶。工人采摘时用拇指及食指将叶摘下,不论技巧如何熟练,总不免有梗和老叶混杂其中,要休息时可让工人将其拣出。摘下的叶放入深 24 英寸直径 13 英寸的竹篮中,这种篮每个工人分发一个,可松装青叶 15—18 磅,如果将叶压紧,则容易使叶破碎并且开始发酵,因此严重禁止。每位技术精湛的采摘工,每日可摘青叶 70—80 磅。每日上午 9 点和下午 4 点在田间称叶一次,然后运到工厂,由制茶师再称一次。

锡兰茶园每英亩的平均产量为 400—600 磅,最高能达到 700—900 磅。产量最高的茶园,记录如下:剪枝后第一年,500 磅;剪枝后第二年,900 磅;剪枝后第三年,950磅;剪枝后第四年,850 磅。

茶树长出 Banji 叶时,须进行剪枝。在剪枝以前可进行轻摘,因为轻摘更易复原。

工厂与田间距离近的茶

妇女手中采摘后的茶叶

园,青叶由采摘工用头顶顶着运到工厂,如果距离较远,或几家茶园共有一个工厂,则不能采用这种运输方法。青叶由采摘的竹篮中倒入大篮、椰皮袋或麻袋,然后用牛车、汽车、缆车、电车等运送,除了缆车外,其他各运送方式都会使青叶在途中受到震动。一些茶园则尝试用草堆在车上,减少茶叶的撞击。

茶园中的工作场景

萎凋

青叶到工厂过磅后,即摊在萎凋室内进行萎凋。在锡兰不进行室外萎凋,萎凋室都建筑在工厂的顶部,这样可以不受天气影响。

工厂的顶层是个充满萎凋帘的房间,帘用麻布做成,系在滚轴架上,茶叶就摊放在上面,进行萎凋。这种萎凋室四周广开门窗,并且有导管与地面的干燥室相通,如有必要时可提供热气,在室内各端及中央都安装着风扇,通过调节风扇与门窗,可以控制空气的循环,进行均匀的萎凋。当天气晴朗时,所有的门窗都可打开,进行自然萎凋。两者可交替使用。

低温的自然萎凋要比高温的萎凋室萎凋效果更好。因为空气温度越高,茶叶品质越次。因此,所有萎凋室都装有大量的门窗以便在天气晴朗时进行自然萎凋,并且在潮湿天气时,关闭所有门窗,停止空气流通。

一些早期的茶厂是由咖啡厂改造而来,这些工厂多位于四周环山的山谷中,这样可以轻松获取水源。现代化工厂的地板及墙壁大多用砖或石块筑成,屋顶则为波浪状铁皮,地点多在开阔的空地,便于通风,利于萎凋的进行。根据经验,茶厂建在开阔的高地,可以接受任何方向的风从而进行自然萎凋,老式工厂很难进行自然萎凋,而新建的工厂由于地理位置优越,可以得到更好的萎凋效果。在潮湿的季节中,如果想要18—24小时内得到良好的自然萎凋的效果,非常困难,超过这个时间,如果还未达到揉捻的程度,茶叶则将变坏。而且茶叶放在萎凋盘中超过24小时,工厂的工作程序将被打乱,其他程序将不能正常进行。

根据以往的经验,当天气潮湿时,人工萎凋的唯一方法就是吹入热空气,但温度并不是主要因素,热空气的相对温度最为重要,关于这一点,可以通过湿度进行监测。

从前认为循环在萎凋架的空气须有90—100℉的温度,并且持续12小时以后,才能完成萎凋。后来知道这种方法不但有损茶叶品质,还会浪费电力和热力。之后发现下层的干燥机干燥茶叶时,将多余的湿热空气送入楼上的萎凋室,有将茶叶煮熟的现象,这样就引起人们对萎凋室空气湿度的注意,最后认为温度并不是非常重要,调节的关键是相对湿度或者说是空气的干燥力。

在大多数工厂中,茶叶萎凋后即进行过磅,通过所剩的重量可以算出萎凋的程度。如100磅生叶萎凋后剩55磅,则称为55%萎凋,叶含水分大约占54%。60%萎凋,叶含水分大约占58%,即为轻萎凋;而50%萎凋,叶含水分大约为50%,这即是重萎凋。轻萎凋制成的茶叶,滋味温和而汤色浓,重萎凋则滋味浓厚而汤色淡。

近来大家都认为热空气通过密闭的萎凋室,不能持续一小时以上。温度升高后，即开窗放出不良的空气，然后再引入热空气，根据实际情况，可持续操作。茶叶萎凋后大约18个小时，就会有发酵现象发生。

萎凋完成后，叶变得柔软，揉搓或揉捻时

茶园中运送茶叶的缆车

锡兰传统的揉捻、萎凋方法

不会回复原状了。萎凋是否合适可通过手感及气味来决定，萎凋充分的茶叶有新鲜的苹果气味。萎凋最直接的目的是使茶叶达到适合揉捻的状态，并且保证后面的制造过程顺利进行。萎凋既不能过度也不能不足，还必须均匀，因此摊放生叶要求匀薄，因为多数的茶园，现今都有足够的空间进行萎凋。萎凋完成后，茶叶送到工厂底层的揉捻机。

揉　捻

茶叶须经过揉捻机揉捻3—8次，目的在于揉捻叶片及破坏细胞，使茶叶具有特殊的香味。第一次揉捻一般不加压力，第二次则施以轻压，以后逐渐增压。每次揉捻后，将茶叶取出，送入揉捻解块及青叶筛分联合机，筛分大约10分钟，因为嫩叶所需揉捻时间比老叶短，因此必须筛出，将需要再揉捻的叶再次放入揉捻机内。

当使用压力时,每5分钟即去压数分钟,以免发热,从前锡兰的一位植物茶者 H.J. 莫派对揉捻有下列的建议:

适当萎凋的叶,揉捻标准时间表如下:

25 分钟,无压力;25 分钟,同前;30 分钟,15 分钟轻压,15 分钟半压;44 分钟,全压,施压 10 分钟,去压 5 分钟。

海拔 3500 英尺以上的茶厂,制造碎茶揉捻的标准时间如下:

30 分钟,无压力;30 分钟,同前;30 分钟,半压;20 分钟,略微加压;20 分钟,压力越重越好,其间解块 3 分钟;20 分钟,同前。

在高地茶厂,揉捻时间应延长,低地茶厂则相应减少。低地揉捻标准时间如下:

40 分钟,无压力;40 分钟,中等压力,施压 7 分钟,减压 3 分钟;40 分钟,同前。

在允许的范围内,揉捻越慢越好,锡兰茶厂的揉捻机一般为每分钟 45 转。过分萎凋的茶叶,根据情况可酌情泼入一勺水。

锡兰所使用的揉捻机有多种型号,设计符合两手操作。最简单的揉捻机是无底的箱子放在带有棱齿的平台上,此箱由曲柄旋转带动,当它转动时,放在其中的叶在棱齿上摩擦翻转,叶细胞破裂,汁液流出,易于发酵。这些汁液粘着于叶的表面,干燥后为干物质,用开水泡茶时极易溶解。

锡兰茶厂所用的揉捻机大多数为杰克森式。有 32 英寸的方形机,24 英寸及 36 英寸的圆形机,36 英寸的双动式及单动式全属机,24 英寸、28 英寸及 32 英寸的简易机,布朗式三动机以及最近科伦坡商业公司专为重揉捻设计的揉捻机,都被广泛应用。

揉捻时将叶放入螺旋调节压力的筒中,所施压力根据所需茶叶性质而定,重可使茶叶味道浓烈,但易操作坏茶芽,如果茶叶已具有香气,极少使用压力,最重的揉捻可以不需使用切茶机就得到碎茶。

锡兰茶厂认为揉捻碎茶机与揉捻机的数量是至关重要的事,小茶厂的标准是一架揉捻解块青叶筛分联合机配两架揉捻机,但当揉捻量较大时,比例则为 2 架联合机配 5 架揉捻机。联合机实际上就是简单的筛分机,有一个大而且能摇摆的筛子,每平方英寸有 4—5 个筛眼,是为了从粗老叶中筛出嫩叶而设计的,装有一漏斗形的盛叶箱,箱内有槌将揉捻时的团块打散。

发　　酵

关于揉捻室的温度和湿度,现在已经比过去更加注意,自从发现茶叶的揉捻时就开始发酵以来,大家认为揉捻时的湿度与温度对于发酵同样重要,因此揉捻室与发酵室实际上可合二为一。

揉捻后的生叶薄摊在具有充分的冷空气并且没有直接气流通过的水泥台上进行氧化发酵。单宁的氮化及芳香油的产生,在揉捻时茶汁外溢后就已经开始。锡兰与印度相同,为了防止空气干燥阻碍发酵,因此在发酵台上挂有湿布,保持空气湿润,也有茶厂直接将湿布盖在叶面上,但不与叶面接触。

湿布除了可以保持空气湿润外,还可通过水分的蒸发,降低温度,这点非常重要,因为当温度超过 82 ℉时,会产生黑色的氧化物,降低茶叶的品质。实际上锡兰茶叶的发酵温度要比这个标准低很多,有时会达到 61 ℉以下,而在阿萨姆通常在 85 ℉以上发酵。发酵最适宜的温度是 70 ℉,而且必须固定。同时干燥计的干球与湿球相差不能超过 2 ℉以上,如果保持水平最好,但是除了有调节干湿度设备的现代化工厂外,其他茶厂很难做到。

发酵室通常在厂房的底层,有无数的窗孔,可使茶叶随时受风。莫派特建议如果难以给室内完全供给新鲜空气,可以装置小型风扇。青叶摊放大约 1 英寸厚,但在高地区及气候寒冷的地区可以稍厚,以保存发酵所产生的热量。发酵所需时间从揉捻开始时起,细叶需 2.5 小时,粗老叶为 4 小时。

到香气产生后,再经轻微发酵,就可移至干燥机。如果要得到味道较浓的茶叶,则发酵须持续较长的时间,发酵进行中叶色迅速变化,最后呈亮铜色,并形成茶的香气。

干　燥

当茶叶发酵到一定程度时,即移入接通热空气的干燥机中,目的在于停止发酵并使叶干燥;最重要的是达到一定的温度来吸收茶叶所含的水分并且不损害茶叶品质。干燥机的工作状况,根据温度和气流而定;温度过高而气流不足,则有损于茶叶的刺激性;温度低时又会把茶叶蒸熟。

各茶厂烘茶时的温度各有不同,有的用 240℉ 烘干数分钟,再用 180℉ 完成;有的则自始至终使用 170℉,薄摊茶叶,令其缓慢干燥。当有大量茶叶需干燥时,其对设备的投资较大。

锡兰烘茶一次完成,不像阿萨姆分为两次进行。揉捻及发酵后的茶叶水分含量大约为 46%~62%,烘干到不超过 3%~5%。干燥机通常采用标准式干燥机、连环链压力干燥机、下抽式斯洛克干燥机、双舵式干燥机等,而以科伦坡干燥机和布朗式干燥机最受欢迎。科伦坡干燥机有 6 个盆,是上抽式,每小时烘叶 120—150 磅。布朗式干燥机烘叶量较少,每小时烘叶 80—90 磅,但烘干效果好。还有垂直管的远桥式干燥机,也逐渐普及。

经过萎凋和揉捻的茶叶大约烘焙 25 分钟后,便成为了干燥而易碎的商品红茶,但形式及形状不同,须再经筛分机分成各种等级。

如上所述,锡兰干燥茶叶一次完成,但干茶在潮湿的空气中容易吸收水分,因此在恶劣的天气情况下,须补火一次。成茶如果含水分超过 5%~6%,则包装后不能长久保存,因此虽然认为不必要的加热会有损香味,但发现含水量过多时,必须补火一次。茶叶水分的含量用手或嗅觉是不能判别的,一些茶厂采用化学方法来判断茶叶的水分含量。

拣选及筛分

茶叶烘焙后,筛分成各种等级。在筛分之前,必须拣出所有的红片、梗子及其他杂物。锡兰茶叶各等级所占百分比如下:碎橙黄白毫 50%,碎白毫 20%,橙黄白毫及白毫 20%,白毫小种、茶末及茶片 10%。一般使用的筛分机是将一组大小不同的网筛,略微倾斜,叠成一架,用曲柄连接,带动网筛摇动。最上层的筛子的网眼最大,越往下网眼越小。当筛架摇动时,茶叶从最上层投入,细小的茶叶穿过网眼至不能再穿过的网眼的筛子停止,最后将每号筛子上的茶叶分类收集于箱内。

粗老茶叶要经过切茶机切小。切茶机是一个卷筒,小圆孔遍布筒的表面,切刀向相反的方向转动。当茶叶投入时,细小的叶落入孔中,而较大的突在外面,即被切刀切断。圆筒上孔的大小,视茶叶的粗细而定。

绿　茶

锡兰只生产少量的绿茶。青叶采摘后,立即用蒸汽蒸,这是它与红茶制造时的不同之处,即不经过发酵。因此在采摘及运送生叶到工厂时,都要非常小心,避免发生破碎,并立即用蒸汽停止发酵。方法是将叶放入六角形的小桶内,桶内装有多孔的蒸汽管,当桶转动时,即通入蒸汽,在 30—40 磅的压力下,蒸煮大约 2 分钟。

之后将叶取来摊放冷却,放入揉捻箱内,先压出多余的水分,然后揉捻 10 分钟,再加轻压揉捻 10 分钟,无压揉捻 5 分钟,这时有一部分揉捻叶含有过多的水分,迅速移入 200℉的干燥机。揉捻时,叶未柔软会出现成团状,用手解散。茶叶在干燥机内烘干至有微胶粘性及呈橄榄绿色时停止,取出冷却,再揉捻 20—30 分钟,使茶叶形成紧密的条状。揉捻后,茶叶经过揉捻解块机,不能解开的团块用手解散。最后,用 180—200℉的高温补火一次,再筛分成各等级。绿茶的等级一般分为雨茶、一号贡熙、二号贡熙、珠茶及茶末。

包装及运输

　　茶叶筛分后,再经过匀堆,即可装箱。匀堆、装箱均需快速进行,避免茶叶从空气中吸收水分。每个等级有足够的分量后,便装箱运出等待销售。装箱通常用摇动的装箱机,使茶叶迅速落下,不用加压。这种机器是一个小台,将木箱夹在台上,台后连有转轴,使台子急速摇动。

茶叶装箱后等待运输时的场景

　　每箱可装 80—130 磅茶叶,小箱则装 50—90 磅,根据茶叶的大小而定。铅罐在装箱前即放在箱内,茶箱装箱后立即密封锅接,如果用铅罐则内部必须衬纸,最后钉盖,外面用铁条绑好。这样就可将茶叶运到科伦坡或在本地拍卖,或者再运到伦敦出售。

建　　筑

茶园内的职员办公室大多是平房,在低地区则多数建有两层,这样可以更加凉爽。经理办公室的设计则适于家居居住,还有为未婚者所设计的办公室,但环境都非常舒适,令人安逸。一些老茶园的厂房用劣质材料搭建,极易毁坏,新式厂房则坚固持久。新式工厂用钢筋作架,屋顶为铁皮,墙也是铁皮,内衬木板,基部用石块垫高大约 3.5 英尺。用两层高的石块筑成揉捻室,可以使之凉爽。锡兰茶厂的排列一般为,揉捻室、发酵室、烘干室、包装室及筛分室都在地面层,萎凋室则在工厂的顶层。较老并且规模较小的茶厂,厂房只有两层,如果每年产量达到 35 万磅的,则会有三四个萎凋楼。

资本及其他

开垦茶地所需资金差距很大,一般为 750—1200 卢比(1 卢比=1 先令 6 便士或 36 美分)。这项费用可分为四五年支付,先期需要较多,以后逐渐减少。费用包括厂房建设费、机器设备购置费及茶园的其他日常费用,还本大约需四五年。因此将茶园经营成永久事业最少需要 10 年。一个产优质茶叶的茶园最高生产费用为每英亩 1200—3500 卢比。

劳　　工

锡兰大多数茶园及全部高地茶园的劳工,都由南印度的坦密尔人引入。茶园优越的生活及优厚的待遇,吸引南印度的农民远离家乡,尽管在这里他们只能获得一季的收成。在锡兰有589,000坦密尔人受雇于茶园或其他园地。

坦密尔工人包括工头、副工头及田间工人、工厂工人,后者各种年龄及性别都有。补充工人的老式招募方法已不再使用,改由鼓励家长(通常为副工头)招募其亲属参加工

汽车运茶时的情景

作。在多里奇诺波利的锡兰劳工理事官并不真正招募工人,只为茶园做宣传而已。

现在的制度是,工人首先需接受考试,以检验其是否适合在茶园工作,合格后则送到曼台邦的检疫所检查身体,在准许赴锡兰以前,居留6天等候检验结果,一切费用都由坦密尔侨工按照一定比例认捐的普通基金内支付,凡是茶园面积为10英亩或以上的,则依照情况,按英亩捐款,所有技术工人及随行者回乡时,旅费、生活费及移民费等也由这项基金承担。

白天工作规定为每天8小时,上午7点开始至下午4点。最近,采摘工人的工资开始按采摘量而定,但多数茶园会另有额外的津贴,以利诱工人每月工作到21天以上或每天工作9小时以上。

最近几年,锡兰茶园对于劳工的生活状况加以关注,如设立学校、宿舍及医院等。茶园对工人子女必须加以留心,较大的茶园有设备完善的医院,每个茶园都驻有卫生员诊治轻微的病症及执行各区医生的命令。米由茶园供给,价格比普通市场低,宿舍医药均不收费。

1934 年坦密尔工人的工资如下：

表 20—2　坦密尔工人的工资

	高地茶园	中等地茶园	低地茶园
成人	49 分	43 分	41 分
妇女	39 分	35 分	33 分
儿童	29 分	25 分	24 分

注：单位为锡兰分，相当于 0.2 便士或 0.4 美分。

锡兰茶园的工人宿舍，建筑时由于受法律限制而标准化，老式宿舍也被迫改建，政府规定无论瓦或铁皮屋顶，都必须有一定的坡度。宿舍必须经过当地医师认可后方可建造，每屋平均居住不能超过两三人。

最适合建工人宿舍的位置是在不是非常倾斜的砂砾土上，水源在尽可能近的地方，方便工人取用。良好的建筑非常重要，为了适应天气的变化，所以设有走廊，屋檐伸出走廊有 2 英尺宽，地板高出地面 12 英寸，材料以砖为主，并用水泥铺助，或者用捣碎的砂土，盖上牛粪与泥的混合物。

工人宿舍的屋顶必须有天窗，用来流通空气，天窗的形式由政府规定，每屋至少有一个天窗，3 英尺见方，门的大小也有规定，不得小于 6 英尺长，2 英尺 6 英寸宽，环绕工人宿舍的是不积水的道路。

工人宿舍的建筑费，双排的每间约为 350 卢比，单排的为 375 卢比。如果用铁代替木材的，费用大约增加 20% 以上。

种植者协会

锡兰种植者协会是岛上关心茶业者的代表组织，所有茶园主、商店老板及个人，凡是对茶业有兴趣的，都有选举和被选举的资格。总部设在堪的维多利亚大厦内,全体大会及委员会都在此举行。

岛中茶区大约有 17 个附属协会,解决当地的耕作及行政问题,各协会的代表也服务于锡兰种植者协会的普通委员会。

锡兰园主协会包括 554 个园主或公司,栽培面积为 641,925 英亩。各行业的占地面积分配如下:茶为 375,504 英亩,橡胶为 243,100 英亩,其他为 2332 英亩。目的在于引起人们对茶、橡胶和其他农产品的兴趣和关心。园主及代理人有 50 英亩以上园地的即可被选为会员。

其他的茶叶组织有低地区生产协会。这是低地区产品如椰子、橡胶及樟树等栽种面积在 20 英亩以上的以及上述产品的制造工厂、磨坊的所有者所成立,有 412 个会员。

研　究　所

最近几年来,锡兰尤其关注茶树的生理与土壤肥料的关系,这也是茶叶研究所的科研项目。该研究所位于梯拉华吉利的圣康勃茶园内。最近的重要课题是各种土壤的石灰喷洒量,杀虫杀菌剂对茶叶制造的影响,生叶的化学成分及最优等茶叶制造中的化学变化等。也注意对卷叶虫的寄生蜂的培养。发现茶树剪枝后,由于缺乏淀粉而死后,对于真菌有球二孢属病也非常明了。以前没有记录的 Dadaps 病,现在发现是一种小螨虫的寄生所致。

研究所的工作结果大多编纂在茶叶季刊内。

锡兰种植者的生活

最初来锡兰的植茶者,大多是英国、苏格兰或爱尔兰公立学校的少年,偶尔也有大学生或没有经过训练的人,他们到锡兰茶园应征助理。签订了 3—5 年的合同,也有先试用的,享受膳宿及津贴费用,七八个月后视工作能力转正。

　　对这种试用制度存在两种不同意见,联合帝国新闻上的评论认为这种津贴试用制不妥,招选青年给予 100 英镑的津贴可维持他们数季的生活,多数茶园代理人认为这种试用制将产生大量的待职青年,从而导致失业问题,而从欧洲来的助理可以根据需求招聘。有些茶园甚至拒绝雇佣曾经受过试用的人。他们指出在爪哇与苏门答腊的植茶者,一签订合同,就开始领取薪水,主张锡兰应该效仿。

　　反对这种意见的代理人,宁愿用曾受过试用并且成绩突出的青年,而不愿雇佣由伦敦代理处送来的人。20 年前反对试用制的人很少,但无论如何,一个青年在试用期后成绩优良的,是不难获得职位的。

　　欧洲青年植茶者,由初级助理开始升至 200—300 英亩茶地的管理者,月薪在第一年为 250 卢比或年薪为 240 英镑(合 1200 美元),提供住宅、月薪及 2 个仆人、1 个园丁和 1 名管家,并被给予茶叶,每年增加月薪 50 卢比以上,直到月薪达到 800—1000 卢比或年薪 720 镑(合 3500 美元)至 990 英镑(合 460 美元)为止。最先升级为高级助理,协助管理者的工作,然后再升为茶园管理,最后可升至经理或巡回代理人。

　　除月薪外,管理人员和经理还可分得 70—100 英镑的红利、带家具的住宅、4 名仆人及一辆马车或汽车。经理可兼两园,薪金可高达 2500 英镑,但平均为每年 600—700 英镑。如果能经常巡视茶园,则薪水有可能高达 3000 英镑(合 14600 美元)。茶园的巡回代理人或指导者不兼其他事务,年薪为 3000—5000 英镑(合 14600—24000 美元)。按惯例他们不签合同,但也有签合同的,一般为 3—5 年。助理来锡兰的费用及薪水被先行支付,期满者可再续签合同。

　　每年有三个星期的假期,3—5 年后根据工作时间的长短及成绩,可享有 6 个月的返国假期,假期间薪水照发,并可延长 2—4 个月,但薪水只发一半。多数茶园在植茶者及家属回国时,提供头等舱和来回的旅费,但以返回工作岗位为条件。

锡兰植茶者的作息时间如下:早晨 5 点半起床,6 点集合,6 点至 6 点半早餐,7 点至正午巡视茶园及工厂;下午 2 点再开始工作,重点为处理办公室内各种事务,4 点开会,会后喝下午茶,4 点半至 6 点继续工作。通常星期六下午和星期日全天休息,此时的娱乐活动有网球、高尔夫球、射击或访友,在晚上则玩桥牌或参加私人聚会。茶季时,星期天早晨也要到田间巡视。

植茶者在锡兰工作的时间平均为 28 年,如果有雄心抱负的,则最终成为茶园的经理、巡回代理人、茶园所有者或茶园的大股东,当上股东就可返回伦敦退休,而通过海外的有限公司与锡兰保持联络,定期巡视锡兰一次。

总体来说,优厚的待遇使锡兰植茶者热衷于此项工作而不愿意离开,已成为一种风气。

第二十一章　其他各国茶叶的栽培与制造

科学家认为暹罗、缅甸的原始部落及中国边境的云南省住民，是最早采摘并使用当地山间所产的"茗"或野茶树叶的人。他们将野茶蒸煮并发酵后捆成小束，以供咀嚼之用。最初还煮野茶树的生叶作为草药。中国栽培这种茶树，为了便于保存这种树叶终年作为药品之用，就将生叶制成干叶。此后南方等地从中国人那里学会了制茶，并以茶叶作为饮料，但范围并不大。

暹罗

"茗"是暹罗所产的唯一茶叶，但只供内销，并不出口。暹罗是茶叶进口国，其进口的茶叶，除小部分供有欧洲生活习惯的暹罗人饮用外，大部分都被暹罗境内的外国人消费。北暹罗山间的居民，常将发酵野茶与盐或其他食物如大蒜、猪油等混合食用。因为"茗"有刺激性，咀嚼它可使人少食而耐劳。

大茗园区域中的茶树，有当地播种的，也有自然繁殖的。在天然森林中如发现有野茶，附近的居民就会将野茶四周清理，以便采摘。如是人工播种，则将种子埋入深二三英寸深的坑中，周围用三根硬木棍加以保护，然后任其生长，并不移植，这种种植的茶树，通常种在野生茗树之间。

幼树长到六七英尺高时，开始采摘，茶树的平均高度可达到16—20英尺，最高可达到25—30英尺。离地面3英尺的树干，直径平均为8—9英寸，也就是从这个地方以上开始生长枝条。

茶树除了每年两次的除草外，并不进行其他管理，也不剪枝或清除寄生植物,因此树上苔藓、羊齿、兰科等植物丛生。"茗"树最大的虫害是一种毛虫,损害幼叶及嫩芽。

"茗"树的叶比中国茶树的叶大,但比印度茶树的叶小,这三种树均同属于一属种。一般茗叶的采摘可分为四个时期——6月、8月、10月及12月。

10月与12月所摘的茶叶最好。6月和8月所采的叶的品质很差。每次采摘期都根据采摘数量和采摘次数而定,大概为2—3个星期。在某些区域如南区的东北部的明普区较大的"茗"产地内,采摘期并不固定,全年任意采摘,这些茶园大多数为丁族人所有,他们的采摘方法与之后所叙述的各区域采摘方法略有差异。

一般来讲,采茶时间都在早晨,但也有全天采摘的。多数茶区的采摘工人,不论男女,每枝有四五片叶的茶芽仅采它的2/3,方法是用右手拇指与食指摘下,放到左手,直至握满为止。然后用竹丝捆成一束,名为一干,每一干的茶叶虽然经过加工,保留还是比较完整,"干"是一种销售单位。明普区的丁族人则将有三四叶的嫩芽,连茶梗全部摘下制成"茗"。在这个区域内,每株茶树平均产二三十干的即为上等茶树,精于采摘的人,每天可采120干。

制作"茗"茶时,先将每干生叶蒸2个小时,冷却后放入篮中或竹桶中压紧,使其发酵。一个月后,即可食用。这种茶叶可保存一年不坏。有些人将"茗"茶放在竹筒中,埋入地下保存,这种方法仅在供过于求时使用。

有时"茗"茶也采用锅炒和手揉等方法,制成可以饮用的茶叶,这种方法仅兴梅西北的一小部分山地居民采用。

"茗"茶的需求,仅限于暹罗一国与缅甸的极小区域。在"茗"茶区域内,人们不能运用正确的方法制造商业化的茶叶,让人百思不得其解。

缅甸

缅甸种茶面积共约5.5万英亩,其中北掸部占5万英亩,南掸部占2000英亩,这项数据仅是对古代当地从事茶叶留存至今的估算,此外阿拉根州、坦纳绥林州及西北边区也有四个区生产茶叶,各区产茶面积如下:阿拉根的阿开勃省有 62 英亩,坦纳绥林的东谷有 700 英亩,加绥有 503 英亩,上更的宛有 1840 英亩。每年茶叶总量大约在 200—250 万磅之间,均为缅甸人及掸族人消费。

缅甸及掸部茶树的品种与邻近的印度北部产的马尼坡土种非常相似,只是叶片较厚而小,且锯齿较尖锐,叶片呈长椭圆形。而这些不同,恐怕是由于数百年来,缅甸茶树都被当作蔬菜而不是充当饮料的缘故造成的。野生马尼坡种茶树生长在更的宛河流域及缅甸西北部的支流一带,生长面积很广,是公认的最强健苗壮的茶树之一。

近年来阿萨姆土种茶传入缅甸,由于阿萨姆种茶树比马尼坡种更为优美,因此缅甸政府劝告民众可将它们种植在土壤肥沃及气候适宜的地区。环境不好的地区仍以种马尼坡种为主,因为柔弱的品种在这种地区遭易受病虫害,而马尼坡种仍可生长茂盛。

缅甸茶树的 90% 生长在 Tawnpeng Loilong 的北掸部,该地崇山峻岭,海拔在 6000 米以上。土壤呈暗褐色,是近似于粘土的肥沃土壤,土层很深,覆盖大量腐植质,茶树单本种植、树茎很大。荫凉处生长旺盛,发育完全的叶可达到 9 英寸,但不可剪技,只是剪枝会立即使茶树致死。

茶树的栽培,大多选择在浓密的森林地带,以蓝橡树或灌木林最好,松林地区则很少种植茶树。茶园都位于山体两边的斜坡上,直达山脚,山脊地带生长原生丛林,陡峭的山坡上的茶树通常较小。茶园的种植都是杂乱无章。

茶籽在 11 月收集,第二年 2 月或 2 月后播种在苗圃内,通常到第二年高达 2 英尺时,就在 8 月或 9 月间移植到已经整理好的山坡上。茶树除了在旱季浇水外,并不施用肥料。除草工作仅在雨前及 10 月后进行,方法是用锄翻土。茶树不进行剪枝整形,任其自然生长;树间空隙,则种植茶苗。

缅甸茶农都拥有自己的茶园,一直沿袭数百年来的古老的栽培方法,至今全国仍无一处科学化栽培的茶园。

茶树首次采摘,在第四年时,以后可连续采摘 10—12 年,从 3 月至 10 月,可采摘 3 次,这与发芽的次数相同。其中以第二次采摘——5 月至 7 月,为最佳,名为 Swe'pe。它的采摘方法极为粗放,老嫩参杂。

第一次采摘的很粗,制成湿茶或盐渍茶,掸族人称这种茶为 Neng Yam,缅甸人称之为 Letpet。Letpet 茶的制造方法是缅甸的掸族人及阿萨姆与缅甸之间的山地所特有。制作方法有两种,一、将生茶投入沸水中片刻,等茶叶柔软立即取出,放在席子上,用手揉捻后冷却,再用木杵将茶叶压紧塞在竹筒中,用蕃石榴叶制成的塞子塞严,将 4 个筒倒置阴凉处两天,将液体控尽,Letpet 塞入竹筒时,通常在竹筒上端留有少量空隙,装入用水混合的灰,防止虫子侵入。然后将盛满 Letpet 的竹筒埋入土中,经过充分的发酵后即可销售。竹筒如果不埋入土中,则茶叶将变质转为黑色。品质优良的 Letpet 应为黄色,销售时,由筒内取出,装进铺有树叶的柳条篮中,这种方法在伊洛瓦底河以西非常流行。

第二种方法流行于伊洛瓦底河以东的地区,是将生叶蒸煮,用手揉捻,冷却后放入铺有木板或竹席的地窖内,加盖,用重物压紧。如此保藏,以至于有人将它们全部买走。茶叶取出后装在竹篓中。这种 Letpet 茶或者称为 Siloed 茶,是浸入油内与大蒜、干鱼共同食用。这被认为是非常奢侈的享受。

第二次采摘的茶或称为 Swe'pe,大多制成干茶,生叶先蒸煮一夜,第二天早晨取出紧压揉捻,然后放在竹席上在日光下暴晒。在四天内连续揉捻三四次,等到完全干燥后,即成为干茶,叫作 Letpet Chank,保存在篮中。

掸族人将 Letpet Chank 作为日常饮品,有少量销往中国云南省,以前这是一项重要的贸易。这种茶叶并不符合欧洲人的嗜好,掸族人将茶叶放入陶壶中煮,再加盐饮用。

近年来,出现了提倡用科学的栽培与制造方法以改进缅甸茶叶的运动,但是由于设备的缺乏,所以在制造方面改进的不是非常彻底,但是改良的茶样已经非常受国内市场的欢迎。

1929 年缅甸农业部的工作报告中讲到:虽然在缅甸与掸部之间存在着大量盐渍茶贸易,但是缅甸仅有一处标准的茶园,即桑当茶园,该园拥有茶地 360 英亩,已经生产品质优良的茶叶,每磅售价达到 3 先令 6 便士。

最近桑当茶园的茶叶经营管理已转让给仰光的麦克·乔治公司,该茶园位于海拔 4500 英尺的山坡上,是新开辟的茶园,全年雨量为 180 英寸,栽培方法与锡兰相同。全年四季均可采茶,旺季时,每隔七八天便采摘一次,一般为每隔 1—3 周采摘一次,引进的茶树均是锡兰与阿萨姆的优良品种,其中以锡兰茶种生长最好,产量也更多。由掸部传入的茶树,为数不多。

首次提倡建立缅甸的茶业的努力所取得的成就,给予了缅甸茶在商业上可以成功的信心,因此在不宜栽种其他作物的土地上,开始便引入新品种的茶来栽种。

法属印度支那

按照中国古代的老方法制茶的安南土著人,很早就已经放弃了中国原始的栽培制作方法,而在东京浦东的国立实验所的鼓励和支持下,其出产的茶叶已逐渐能符合国际的商业标准。

安南土著人最喜欢饮用味道浓厚有刺激的茶,而不喜欢香美的茶,制茶原料均为老、大、粗叶,因此土著人所用的茶,成为了今天欧洲人所发展的茶叶的有价值的副产品。

法属印度支那的主要产茶区域为安南、东京(译者注:20 世纪初,越南有此地名)及交趾支那等省,此外有大

法属印度支那土法揉捻茶叶

量野茶生长在老挝山间,但原始栽种的茶树,已荡然无存。

安南植茶地大约有 6 万英亩,东京大约有 8000 英亩。1930 年法属印度支那的茶叶出口量共 533,000 公斤,价值 2,500,000 法郎;1929 年仅有 1012.4 公斤,价值 10 万法郎。

当地的栽植方法极为简单粗放,在居住的房屋四周栽种的茶树,很少超过 100—300 株,茶籽直接播种在田里,不知道苗圃育苗的方法。将两三粒茶籽播种在相距 23—32 英寸的坑内,每个坑中的幼树长出后,仅留下其中最强壮的一株,其余的都拔去。此后除了清理杂草外,再没有其他的看护工作。茶树长三年后,即可开始采摘,每年可采两三次,全部树叶几乎被采完。采摘时不采嫩叶幼芽而采老叶,但是由于茶叶采摘太多,茶树经常呈现凋零的态势,容易被病虫侵害。

土著人制茶方法很多,其中较为普遍的是将茶叶慢慢干燥后,放入米臼内杵,再经过完全干燥后制为成品。这个过程很像普通的萎凋、揉捻及干燥方法,所制成的茶则是未发酵的粗茶。

交趾支那及东京一带地区出产绿茶,将茶叶在锅内蒸煮,再移到另一锅内用手或足揉捻,然后摊置在阳光下晒一小时,再揉捻一次,等干后即成。

东京粗红茶的制造方法是将茶叶在采摘后即在硬木块上研压,然后分成小堆,略微洒上一点水,盖上布,发酵 12—24 小时,之后再放到阳光下晒数日,等到干后即成。用这种方法制成的茶,味道酸苦并缺乏香气。

老挝省土著人所饮用的野茶,其制造方法比普通阳光下干燥的制法更加复杂。将采摘的叶先倒入事先烧到适当热度的铁锅内不断翻炒,将近干燥时用手揉捻,等到完全干燥后即成。这种茶有一部分销往中国云南省,味道与欧洲人所喜欢的非常接近。

与土法制茶相对应的是欧洲人在安南经营的 6 所新式茶园所制成的优良产品。这些新式茶园的管理、设备都效仿英属印度、锡兰、荷兰东印度的茶园。其中 4 所已经建有设备齐全的新式制茶工厂,其余 2 所在最近也将完成新式设备的装置。茶园面积在

500—1200 英亩之间,但是 6 所茶园还未开始完全生产。

欧洲人在安南经营的第一所茶园,设在低地,该地土著人原先建有茶园,后来发现这是个错误,其他茶园也就相继建设在高山地区了。

最初,当地人认为本地气候与爪哇相同,实在是一个非常重大的错误,因为当地并不是赤道气候,冬季寒冷干燥,与干旱的锡兰乌发地区相似,不仅是温度、雨量、湿度与爪哇不同,而且整个气候还受东北部的山脉以及来自北部亚洲及中亚的干燥寒冷的季风影响。

一般来说,当地土壤并不肥沃,但其物理性质适合种茶,茶园所种植的都是阿萨姆种。茶苗先经苗圃培育后再移植。最初所用茶籽是从爪哇及苏门答腊引进,也有少量来自英属印度。今天所有茶园的茶树均为齐整的阿萨姆式矮丛。低剪已被证明有很好的种植方法。

安南工人由于受中国人的影响,工作非常卖力,男女工人均技术娴熟。茶叶在雨季中每隔七八天采摘一次,采摘非常精细,仅摘一芽二叶,干季则每隔 10 天或 20 天采摘一次。

英属马来联邦

英属马来及海峡殖民地茶树的栽植,自经数年前在塔纳拉泰及喀麦隆高地进行小规模试验种植后,即证明是一项成功的产业。在雪兰峨、彭亨及吉打等三地共有茶地 2000 英亩,在塞唐建有一所实验工厂。马来茶与印度卡察茶非常相似。

唯一有商业发展前景的茶区是未加入联邦的吉打州古兰地地区的茶园,该处有茶地 500 英亩。在松哲皮西矿区的中国人有茶地 140 英亩。茶叶全是手工制造,销售给该锡矿区内的中国工人。

伊郎(波斯)

吉兰省里什特附近 4 个产茶区,有茶地 570 英亩,每年产量约为 20 万磅。这 4 个产茶区分别是:富曼、拉希哲、拉甘及兰格鲁特,此外马萨得兰省也有茶树种植。根据加尔各答印度茶业协会前任总技师 G. P. 侯普调查伊朗北部茶业情况的报告称,伊朗的气候、地势及土壤都非常适合种茶。

茶树的播种通常在 11 月至次年 4 月间进行。幼苗在苗圃中经过 2 年的培育长到 0.25 南非兰特(1 南非兰特 = 40.5 英寸)高时,在春季或秋季移植。茶树在 4 年内不进行采摘,但需要除草。采摘多在夏季进行,每隔 10 天一次,春季采摘的茶,品质比其他季采摘的要好。如遇夏季干旱,茶树就停止长嫩芽。剪枝要在秋季进行,用剪子将茶丛切到适当的高度。茶树病害极为罕见,但是茶苗经常由于潮湿过度而损坏。采摘时每隔 10 天中耕一次,所用的锄头名为"bil",铲名为"Jappar",为波斯式,铲上配有铁棒,以便挖掘时可用脚踏而施加重力。如果茶树生长强健,10 天内可采摘 2 次。

伊朗茶树经常受到长春藤的缠绕而最终枯萎。白色蜘蛛也经常在茶树上结网,妨碍茶树的生长。

每 Jereeb(约 2.7 英亩)的茶地,可种植茶树 1 万株,如果株距在 1Zar 以上,每个坑中通常种茶 3 株,以便采摘。

伊朗的茶区都在人烟稀少的地区,因此劳工短缺成为政府发展茶业的最大问题。工人每天工资从 1.25—2.5 里亚尔(译者注:伊朗的银币,1 里亚尔约合 0.03 美元)不等。

每 Jereeb 茶地需工人 2 名。拉希哲地区没有超过 5Jereeb 以上的茶园。

制茶方法非常传统,茶叶在采摘后大约经过 15 个小时的萎凋,即用手揉捻,再放入类似小型斯洛克式干燥器的小木箱内。箱内装有 4 只棉布铺底的木盘,箱下放炭火烘烤大约 1—1.5 小时。

劳工是扩大茶园规模最大的问题,当地虽然有非常贫穷的居民,但他们宁愿自耕其地而不愿受雇,现在政府正考虑在里海附近另行开垦茶地。

纳塔尔

纳塔尔的茶叶生产已趋向衰落,主要原因是由于印度政府明令禁止移民至纳塔尔。当地所有茶树均为阿萨姆种,种植在斯坦求附近海拔 1000 英尺的高山地区。适合茶树生长的土地大约有 15000 英亩,现在仅有 2000 英亩开垦种植茶树。

纳塔尔的气候适合茶树栽培,日光雨量充足,无霜冻,病虫害也很少。采摘从 9 月至次年 6 月止。

该地工人原先都来自印度,现在与这些人的合同已经终止,但仍有些人由于可得到比合约更高的工资而留用。女工及女童工采茶技术非常熟练。自从印度政府禁止移民纳塔尔后,就用本地人代替,但他们的工作能力远不及印度工人。

纳塔尔有大规模的茶园 2 所,为 J. L. 胡勒特父子公司及 W. R. 黑德森公司所有,都在德班,此外另有 4 所较小的茶园。2 所大规模茶园中均建有设备齐全的工厂,可进行萎凋、揉捻、发酵、烘焙、筛分、装箱及运输等工作。其中尤其是 J. L. 胡勒特父子公司经营的凯瑞斯恩茶园规模最大,每年可制茶 1500 万磅。

纳塔尔茶分为金白毫、白毫、白毫小种及小种 4 种。如果将境内可以种茶的地区全部开垦,不但可以满足南部非洲的全部需求,还可出口。

根据南非政府年鉴,茶业的投资已达到 350 万镑。

尼亚萨兰

茶树的种植已过试验期,并且持续发展,由于气候和雨量的限制,产量始终无法增加,很难成为茶叶输出大国。茶树大多种植在海拔 2000 英尺高度的姆兰治地区,该区雨量充沛,分布平均。此外在 1000 英尺高的科罗区也有茶树栽种,但雨量比姆兰治地区少。

布兰泰尔与松巴两区,由于雨量不足,难以取得像姆兰治和科罗地区的成功。

尼亚萨兰最大的茶叶制造商是拥有姆兰治区 3 所茶园及下科罗区的茶园的布兰泰尔东非公司,1929 年该公司除计划开垦的园地外,已有茶地 2149 英亩。

最悠久的兰德勒茶园有茶地 940 英亩,1928 年产量为 32.4 万磅,1929 年则为 41 万磅,该处雨量在 1928 年为 72 英寸,1929 年增加到 104 英寸,其他自然环境也非常适合种茶。

如罗茶园公司是尼亚萨兰第二大茶叶生产商,该公司在姆兰治区有 3 所茶园。此外还有南非公司的茶园以及其他数家茶园。

里昂公司在姆兰治的卢吉地创建了一所大规模茶园,已有茶地 1200 英亩,并建造了一所最新式的四层制茶工厂,该地土壤肥沃,雨量充足。

印度种茶籽被经常引进或自行繁殖,这些种子都经过严格挑选,植茶

尼亚萨兰采茶时的场景

面积已从 1904 年的 260 英亩增加到 1932 年的 12,595 英亩,现在还在扩展中,最新式的制茶机械也已被采用,工厂的建设都效仿印度、锡兰。1904 年出口量为 1612 磅,1933 年则增加到 300 万磅。

茶树栽种方法效仿印度和锡兰,繁殖方法是在苗圃内用种子播植,一年后进行移植,三年内不进行采摘,但经常修剪,形成矮丛,高度在 2—5 英尺之间,到第四年底,就开始由土著人用手采摘,仅采一芽二叶或三叶,装入篮中,带回茶厂制造,每日二三次。大约一个星期后开始第二次采摘,在茶树生长期内,都如此进行。茶树发芽期的间隔,经常因气候而变更,5 日或 10 日不等。每英亩产量 250—500 磅之间。

茶树生长期自 11 月至次年 5 月,剪枝期为 5—8 月,采摘期从 12 月至次年 4 月,12 月是采摘旺季,当天气变得寒冷干燥时,采摘

量逐渐减少。

茶叶采摘后,在工厂内过磅,再放到楼上,薄摊在铁丝网架或棉布制成的架上萎凋,让茶叶的水分大约减少 1/3。萎凋平均的时间为 18 小时,具体情况依天气状况而定。

天然萎凋与人工萎凋在尼亚萨兰均有采用。生长在高湿度地区的茶叶,由于所在地的空气温度接近饱和,尽可能采用自然萎凋,只有在需要时才用人工萎凋——这与锡兰相同。

茶叶萎凋后,送到楼下的揉捻室,用英式揉捻机揉捻。揉捻机可装萎凋叶 350 磅,揉捻两次或三次以上,每次需 40 分钟。经过解块和筛分后,送入发酵室,摊在水泥、玻璃板或铜皮木板上,发酵 1.5—2 小时。发酵完毕,用烘焙机烘焙,再用筛分机分成各等级的红茶。

尼亚萨兰仅制造红茶。茶叶装在内衬铅的箱中,销往伦敦市场,售价并不次于同等质量的锡兰及印度红茶。在姆兰治有一个茶叶协会。

未来尼亚萨兰茶区的范围,应当是以姆兰治和科罗两区为限,其他地区会受到气候及雨量的限制,而尼西萨兰西岸雨量较多。如果能够改善交通,便利运输,则当地的茶叶发展还是有很大空间的。该地区地价平均为每英亩 5 镑。

根据 H. H. 迈恩博士的报告,该地区的茶业的发展足以成为该国富庶的重要基础。

葡属东非(莫桑比克)

尼亚萨兰的姆兰治山与葡属东非相接,尼亚萨兰与莫桑比克的界河两岸,有数块小面积土地,其气候适合茶树生长,Empreze Agricdd do Luglla Linitada 公司已开垦茶地 500 英亩,小规模的茶厂也已建立,每年产量大约 9 万磅。该公司的总办事处在里斯本。

乌干达及肯尼亚

乌干达及肯尼亚是英国的殖民地,经过茶树的栽培试验后,证明该地可生产出品质优良的茶叶。如今商业性质的栽种已经开始,但还属于比较初级。这里土壤肥沃,全是红色粘质土壤。乌干达的土地每英亩售价 4 英镑,肯尼亚则达到 10 镑。乌干达的茶地都在海拔 5000 英尺的高地,肯尼亚的里摩罗海拔 7300 英尺,隆勃华海拔 7000 英尺。

仅对在乌干达国家茶园土壤加以分析,但是非洲任何耕种区域的土壤差别很小。

乌干达及肯尼亚的茶业发展最大的障碍是劳工问题。茶叶能否完全从实验阶段转变到商业阶段,全看这个问题是否能圆满解决。

肯尼亚茶产于基库育省的江部区、索亚省的南地、乌新吉舒、远郎西素亚等区及尼亚萨省的北卡佛朗陀、基苏摩隆地尼区与基立各等区。基立各与里摩罗两区茶业经营状况最好,茶地总面积约为 12000 英亩,每年产茶大约 300 万磅。

坦桑尼亚属地

《坦桑尼亚西南高地植茶的展望》是 1929 年的一份重要的农业报告,该报告指出中东非洲的坦桑尼亚属地有发展茶业的希望,这里的雨量丰富的地区也能出产优良的茶叶。

最近迈恩博士还谈到茶业发展政策可适用于乌萨巴拉山南方高原的木芬的和兰威两区,该地区可开垦茶地 5 万英亩。他估算上述地区的茶叶产量除供本地产量外,还可大量出口。同时可维持大量欧洲、印度、非洲植茶者及劳工的生活。他还估算上述地区想要克服茶叶经营上的种种困难,只有效仿最近各产茶大国所采用的最新式的生产规模化和企业化,至少也应将民众集合起来。比如殖民者出资 3000 镑即可建成一个中心工厂,可采用合资及独资等方法加以推广。但是这种方法须由政府支持,才有发展的空间。

圣迈克尔及亚速尔群岛

圣迈克尔位于北纬 37°30′,西经 25°30′,属于葡属亚速尔群岛,有四五处茶园,出产品质优良的红绿茶,大部分绿茶销往有优先进口权的葡萄牙。克若那茶园创建于 1841 年,由四五名中国植茶者指导,但是他们的栽制方法与当地土壤、气候环境及人工供给均不合适,因此后来仍沿用本地土法。

俄属外高加索

茶叶生产在阿得萨里斯坦是一项重要的财富来源,这个区域属于乔治亚苏维埃联邦的外高加索,茶地大多在黑海东海岸的首府巴统附近的亚特查山南麓的斜坡上。主要产茶地均由政府控制,种植及制造中心在查克伐。

外高加索茶园中的采茶者

阿得萨里斯坦苏维埃化后,原本属于皇室的查克伐茶地,如今已归属于乔治亚农业人民委员会,1913 年时乔治亚仅有茶地 1825 英亩,1934 年则已达到 8 万英亩。

当地所产茶叶直到现在,还非常一般,这种茶叶就是伦敦明星巷的专家们口中所谓的"清爽鲜美而无特性的茶"。但是迈恩博士却认为这些茶叶可与大吉岭的茶叶相媲美。

茶区位于北纬 41°30′—42°30′之间,东经 42°,这是种茶最北部的地区了。气候属于温带,茶树遍植于山坡,因为高加索山的巨大屏障,免受寒风之苦,从黑海吹来湿度很大的风,使当地气候与其他茶区相似。巴统地区冬季的平均温度大约为 44℉,雨量大约为 100 英寸。西乔治亚北部地区的雨量平均为 50 英寸,土壤为红色粘土。

两年的茶苗移植到茶园内,每英亩可种茶树 2430—3200 株,也有采用直接播种的。中耕除草时掘地深约 15—20 英寸,并同时进行剪枝,四五年后开始采摘,每年三次,每英亩可采青叶 700—

1400磅或干叶300—350磅,采摘工人都是妇女和儿童,每日每人可采生叶18—22磅,红茶、绿茶都有制造,以前揉捻采用人工,现在已普遍开始使用机械揉捻。

外高加索茶园都受乔治亚茶叶公司的监督,该公司在1925年成立,资本为500万卢布。股东是乔治亚的阿得萨里斯坦及亚勃克亚细亚的农业委员会和中央联合消费合作社。

1937年,当苏联第二个五年计划结束时,政府希望在今后的10年后能在25万英亩的茶园内达到年产1亿磅茶叶。在十月革命前,俄国每年平均消费茶叶达到1.3亿磅,但进口量仅为60万磅。

现在政府对国内的中农和贫农长期贷放现款、种子以发展茶业。该地茶种最初来自中国、日本、印度和锡兰。其中以杂交种和中国种生长最好。在西乔治亚,由于农民有集体农场的组织,茶业发展更加迅速。

乔治亚茶叶公司设有3所试验站,总站在奥萨其蒂,分站在查克伐和苏格蒂地,试验站专门从事研究工作,如确定优良种子、改良栽培方法及选择合适的扩展区域。此外该公司的农学职员还从事调查黑海沿岸的天然环境。

茶园和工厂大多已实现机械化生产,如大牵引机、深耕机及德国西门子的小型马达中耕机,都已应用。萨多斯基设计的世界上第一部采摘机已经试用,效果很好。采摘机可以代替25个采摘工人。此外他还设计两种采摘机,正在试验中。其中一台能在10小时内采摘3.75英亩的茶树,相当于用手采摘30天。新式萎凋机现在也在采用中,据迈恩博士最近的报告中称到,乔治亚的权威或许可以使机械制茶达到完全自动化的程度,而世界上其他各国还未达到这个目标。他认为苏俄虽然想要使国内茶业实现完全自动化,但现在还不能实现。

巴西

巴西的茶叶种植,近年来有着明显的改进,尤其以密那斯日拉斯、圣保罗及巴拉那等地最为突出。在圣保罗与巴拉那两地,有日本侨民经营的15所茶园,茶树为阿萨姆种,所产茶叶均供本地消费。

第二十二章　制茶机器的发展

人类最初制造茶叶,完全以手工进行,但是到了今天,手工处理方式几乎全部被废弃,茶叶已实现机械化。

中国茶叶完全用手工制造,数百年后,茶叶栽制方法传到爪哇、印度、锡兰等地,中国的制茶方法,也就成为这些地区最先采用的方法。但是西方人与墨守成规的中国人性格不同,因此最初由中国传入的手揉、锅炒等方法已改变为今天用萎凋机、揉捻机、解块机、水泥发酵地板、玻璃发酵台、烘茶机、切茶机、拣选机、筛分机及装箱机的现代化茶厂。

中国古代制造方法

据中国古籍记载,饮茶者不仅自行煎茶,而且自行制茶。关于中国古代商品茶的制造方法有如下记载:

将鲜叶摊在竹匾上,厚约五六寸,放在空气流通之处,雇人看守。从中午到晚上,经过 6 个小时,茶叶逐渐发出香气,再倒入大竹匾内,用手搅拌大约三四百次,称为"做青"。这项步骤使叶边变红以及

早期中国传统的制茶工具

叶上生出红斑。然后放入锅内炒制，之后倒在揉盘中，用手回转揉搓大约三四百次，再放入锅内，炒后再揉，如此重复三四次。技术高超的人能使茶叶成卷曲状，技艺一般的，则制出的叶必定粗松平直。将揉捻后的茶叶放入焙笼内，继续搅拌，等到八成干时停止。然后平摊在平盘上大约 5 小时，等到茶叶干后去掉老叶、黄叶和茶梗。再放在文火上烘焙，到了正午翻转一次；如此 3 小时后，茶叶才完全干燥，可装入箱中。

18 世纪中国武夷茶的加工场景

古代中国茶农用脚踏法揉捻茶叶

这种复杂的人工制茶法，直到 19 世纪中叶，期间除了 1672 年，日本埼玉县的高林谦三发明了补火用的烘炉外，人们还没有发明出可以节省人工的机器设备。

爪哇及印度的最初方法

1843 年爪哇的 J. I. L. L. 贾克布森著《茶叶栽培及制造法》一书，讲述了当时的茶叶制造情况。先将鲜叶用竹筛盛好，放在台上，在太阳下晒 20—25 分钟后，加以翻动；再过 20 分钟后，又翻动一次,过15分钟,再翻动一次。日晒后将竹筛移至树荫下,放在架上萎凋。还有一种可在一个固定轴上旋转的水平八角形筒,可用手柄转动,在没有日光时,可以用来萎凋。

茶叶萎凋后,放入陶土锅内加热,这就是烘焙。只是这种锅需谨慎使用,因为只有在中国广东省才能买到。茶叶在锅中,用手不停搅拌,等到快干时,移入竹匾内揉捻;如此在各种不同的温度下,连续四次,摊放在大匾内,用盖盖上,到第二天,茶叶制作完成。已制作好的茶叶移放到另一地方分堆,然后将茶装入大篓或箱中。篓中衬竹叶及薄纸,出口的茶通常用手拣选,装入内衬铅皮的轻木箱中,外加装饰。

由中国传入阿萨姆的制茶方法大致如下:

1. 干燥——将采摘的茶叶盛在大竹筛中,放在轻巧的竹架上,在烈日下晒。

2. 萎凋——茶叶干燥后,即放在树荫下的架子上,使茶叶变软。

3. 炒焙——萎凋后的茶叶,放在烧红的铁锅中,用手尽力搅拌。

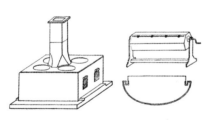

1830 年,贾克布森设计的萎凋炉

4. 揉捻——茶叶炒焙后,倒在台面上,用手搓成圆形。

5. 干燥——最后一步工作是干燥或烘焙茶叶。将已揉捻的茶叶放入形似沙漏的焙笼中,茶叶放在焙笼中间狭窄的上部。笼下放置炭火。

也有些茶园制茶过程更加复杂,爱德华·莫内是印度最早的植茶者,他在 1872 年著文论述制茶方法,主张应将 12 道步骤减少到 5 道。

茶叶干燥时间大约从 20 小时减到 4 个小时。有一个无名的制茶家在 1880 年致书给加尔各答的劳瑞公司,上面写道:"不用锅炒与文火干燥这两个步骤,大约在 1871 年开始施行,我认为有些种植者认为需暂缓装箱时,仍需用锅炒;而一般老一辈种植者也经常用锅炒焙自己喝的茶,因为这样可以使茶保存长久并味道香美。"

英国最初的专利品

　　印度、锡兰、爪哇的最初的植茶者都是西方人,他们都极力寻求用机器制茶代替人工制茶的方法。于是在 1855 年左右,一些机械专家开始制茶机的研制。查尔斯·亨利·奥利弗在 1854 年 10 月 26 日第一次在英国得到"改良干燥器"的专利。第二年,在 1812 年创立萨维治公司的爱德伍德·索纳治的儿子阿尔弗雷德·萨维治,发明了一种可以分离或混合不同种类的茶、咖啡及朱古力等的设备。在 1860 年,他因改良筛切茶机,又获得一项专利。

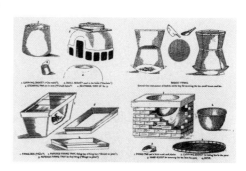

古代日本的制茶工具

　　1859 年 4 月 30 日,爱德伍德·弗朗西斯发明茶筛,在英国获得专利权。1860 年 8 月 6 日,亨利·莫内设计的拣茶器,在英国也取得专利。首次获得美国制茶机械专利权的是茶叶揉捻机,其专利权是在 1865 年 4 月 11 日由费城的 H.高登取得。

金蒙德及尼尔逊的机器

　　大约在 1867 年,英国土木工程师詹姆斯·C.金蒙德发明了一种揉捻机,机器由上下两个木盘构成,下盘固定,上盘能在下盘上面作偏心旋转。两盘的接触面,刻成凹凸的沟,沟由中心扩散至边缘。在粗糙面上钉有帆布。机器的动力,可用动物、人工或蒸汽驱动。盘面也有用金属制成的,但是这种盘面容易使茶叶变色。采用这种机器制茶,其费用仅为 6 安那或者说每磅费用不到 1 派。如果一台机器装有两对这样的磨盘,则每天可制茶 20 蒙特。四对则加倍。机长 16 英尺,宽 5 英尺,高 4.5 英尺。1876 年金蒙特对这种机器再加以改良,并得到英国政府颁给的专利权。1 年后,他又发明了一种筛茶机和干燥机。

还有一位先驱者詹姆斯·尼尔逊,他设计的揉茶机,是将茶叶装在袋中,夹在上下两个盘中间揉捻。

迪克逊的专利品

本杰明·迪克逊在 1865 年在英国获得发明干燥机的专利权,1868 年又得到改良机器的专制权。J. F. W. 沃森在 1871 年写有一篇论文,对于该机有下列的记述:

> 迪克逊发明的机器,可萎凋并干燥叶片,将茶叶放在抽屉内的盘上,用人工或牲畜或机器带动风扇转动,使热空气通过叶面。这种机器能否使叶片完全干燥,尚未可知,因为实际上使用这种机器的人很少,作者非常希望这个机器能起到萎凋的效果,因为它既能节省燃料,还可降低费用,而且不占空间。

迪克逊还发明了一种揉捻机,但仅用于代替手工。这种机器有一个大箱子,中间放有石块,放在已盛入茶叶的粗布袋上揉捻。

迈克米金的最初发明

卡察地区的茶园经理托马斯·迈克米金,首先发觉用笼烘茶的火力消耗可以利用。按照过去的习惯,将茶叶放在细孔的竹筛上,筛放入笼中,搁在地穴上,穴中生的炭火,热气通过竹筛后便流失。迈克米金认为,可以用这些余热通过其他盛叶的框,因此他在1876 年发明的设备,形如套架的箱子,上下相叠,各框底面是用细铁丝织成,放在灶上,热气由下上升,经过一框,再达到上面的框。如此由下层上升的热气,可以同时烘数框的茶,只是各框的位置,应根据烘焙进行的状况,随时变化。还有一扇铁门,用来隔断外界空气,这种机器应用很广。

迈克米金还发明了一种揉捻台,台上有小缝,在台上揉捻时,较细的茶叶可以通过小缝落在台下,但是该台只能进行轻轻揉捻,这是它的不足之处。

热空气代替炭火

在迈克米金的理论之后,植茶者在烘焙茶叶时到底应该用木炭还是其他燃料开始加以留意。茶叶专家曼尼采用木材、煤及其他燃料,以试验是否适用,在 1870—1873 年,试验证明木炭所产生的烟并非制茶过程中所需要的。曼尼还发明了一种火炉,装置在大吉岭的索姆,有很多的植茶者前往参观。

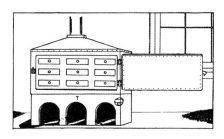

原始的茶叶干燥机

这种火炉,用热气烘焙茶叶,室内温度可以降低,而且没有难闻的木炭烟味,人工和燃料费用也相应减少。

吉布斯及巴里的干燥机

英国厄塞斯的威廉·阿尔弗雷德·吉布斯在 1870 年发明一种干燥机,用来干燥农产品、矿产品、化学品及商品,茶叶也包括在内。1886 年他又取得了另一种萎凋及干燥机的专利权。其后他陆续获得了四种机器改良后的专利权。1896年他与 G. W. 萨通合作发明了另一种干燥机。

加尔各答茶商约翰·鲍伊尔·巴里博士的儿子休伊特·巴里是一名机械工程师,他曾与吉布斯合作设计了一种干燥机——吉布斯及巴里干燥机。

1871年,威廉·霍沃斯发明了一种将茶叶装入小袋中揉捻的机器,在英国获得专利。

印度制茶机器的研究

现将印度制造红茶的机器的发展过程进行比对研究,以供参考。

制造技术上的三个基本步骤——揉捻、干燥及分筛,所使用的机器各有特点。揉捻机仅为了揉捻茶叶而发明,其他制造过程都不需要这种特殊的滚轴及卷捻作用。干燥机在各种制造工业及商业上都经常使用,虽然茶叶的干燥过程有其自身的特点,但它的原理则与其他制造行业所应用的干燥方法没有区别,因此把应用在其他方面的干燥机加以若干修改后,即可以干燥茶叶、咖啡等。筛分机的工作原理完全与揉捻和干燥不同,但这也并非是制造茶叶特有的过程,凡是用于筛分及拣选的机器,其原理完全相同,只不过根据具体情况来看,也有专门为制造茶叶而设计的筛分机。

揉捻——在印度茶园还未使用机器以前,茶叶都是在一张长木台上采用人工揉捻,方法是两手各取满把的萎凋叶,向左右方向揉捻,例如先向左前方揉捻,再回向后方,右手也这样。揉捻时均靠手掌和前腕在台面搓叶,这种两个方向的运动,使茶叶得到必要的卷紧,运行轨迹可用"8"字来表示,在"8"字形运动过程中,双手互相左右转移,运动轨迹成交叉状,这正与老式直交式揉捻机(杰克逊式)相同。

较早采用揉捻机的是前面提到的詹姆斯·尼尔逊,他是卡察

在印度使用中国的方法干燥茶叶

的茶园经理。据说尼尔逊发明这种机器,完全是通过观察工人揉捻而得到的启发。他看到工人用手揉捻数量有限,便思考如何加快速度的方法。工人用手揉捻时需有长台,如今将台面向下,放在另一个台子上,然后将茶叶放在两个台面之间前后同时运动,应当可以得到与手工同样的效果。只是茶叶在两个台面间容易散开,因此就必须有装茶的容器。他将一条白裤子截去两条裤管,装入叶片,绑住两端,成袋状,放在两个台面之间,令数名工人坐在上面的台上增加压力,再让其他工人将上面的台前

印度早期的揉捻机

后拖拉,这样袋中的叶即被揉捻。尼尔逊揉捻机就是这样发明的。这种机器是一个长而重的木箱,两侧有围框,能让它在长木台面上作前后交错的移动,移动是通过手摇,这就是最早发明的袋形揉捻器,后来又有霍沃斯和科利两人设计的揉捻器,但运动方式则为回转式。

　　“莱利”袋形揉捻器是一个木制带盖的圆筒或圆鼓,架在横轴上,放在圆状鼠笼式的箱子中,箱底有多个木制的揉捻棍,各在轴上自由回转,茶叶放入袋中成香肠形。打开箱子,将茶叶依次投入

揉棍间,圆鼓抵压揉棍,进行回转揉捻,这样茶叶在袋中随之回转,即可达到揉捻的效果。当打开箱门时,拽出茶袋,机器也自动停止工作,这种机器曾经盛行一时。此后詹姆斯·C.金蒙德发明将茶叶封闭在箱或套中,夹在相叠的两个平面间揉捻,用来代替许多茶袋,解决了机械揉捻的一个问题。之后杰克逊又加以改良,在机器上加了一个弹簧联动机,用以调节上面台板向下的压力,这就是最初的直交式揉捻机,几经改良后,最终形成"速动"揉捻机。

从金蒙德式到速动式揉捻机之间,还出现了巴伯及汤姆森式揉捻机。这种揉捻机中的圆板能在圆筒内绕水平轴回转,上下两板向反方向回转,还可用螺丝调整中间的距离,但是茶叶在两板之间的分布总不能令人满意,不像金蒙德—杰克逊式揉捻机可以使茶叶得到"8"字式的均匀揉捻。

茶叶揉捻机装满一定的茶叶后,经过一定时间后出,并非连续工作,近代自动干燥机则为连续式的,揉捻机连续放入而连续取出。筛分机也可采用连续式的,因此人们曾经设计过多种方法,想让揉捻机可连续工作,但最后都无功而返。还有在揉捻与干燥过程间,有一个发酵的过程,这个过程大概需要三四个小时,如果发明了连续揉捻机,就将打乱工厂的整个生产程序。

干燥机——干燥机是从火炉、炭火等老式干燥方法进化而来,最初的改进方法是改用热空气。戴维森的斯洛克分格炉证实了这一点。炉子其中一格连着烟囱,用来排烟,另一格的一侧与空气相通,另一侧与干燥室相通,同时还用一条通气管围绕着烟囱,下端与干燥室的顶部相接,将生火时烟囱的热量传到干燥室。戴维森的斯洛克上引式干燥机即根据这个原理制成,工作效率很高,只不过由于是用手工操作,相对来讲费时费力。

威廉·杰克逊继续采用管状火炉,并装上风扇,输送热气到干燥室。首先我们必须研究温尼逊式干燥器,它的盛叶框不需用手更换,与斯洛克上引式干燥机相同,可用手柄将有孔的金属板上的茶叶,敲倒下层带孔的金属板上。戴维森又设计了一种下引式热气干燥机,中间有风扇,热气由火炉通过到达干燥室的顶部,再由室顶下降,叶框用手放入底部,通过框杆逐步向上推到顶部,再用手取出。这种机器的工作原理更为合理,因为叶子与热气流相对运动,干燥程度高,所遇到空气温度更高,湿度更少。之后戴维森还设计了一种斜框式干燥机及另一种上引式风扇机,与温尼逊式干燥机相似。

在讲述近代应用的自动干燥机以前,应当先讲述其他两种各有特点的干燥机。一是金蒙德干燥机,是用人工操作的框形机器,这种机器应该是干燥机中最早使用风扇的。干燥室中有抽屉式叶框,用手安放,与斯洛克旁引式干燥机相同。火炉上盖有一块特殊形状的铁板,是干燥机的主要热源。风扇在室底的一侧,将板面的热量送到机器上部的

第一台杰克逊式揉捻机

干燥室。热气一部分发散在干燥室中,一部分仍回到火炉再加热。这种机器功效很大,但当铁板烧坏时不易更换是它的缺点。

二是吉布斯及巴里的干燥机,它应被视为最早的茶叶自动干燥机。干燥室是一个圆筒,轴略微倾斜,在滚筒上缓慢旋转,与现在用的混凝土搅拌机类似,圆筒内面有棱线。茶叶倒入圆筒的上端,即被许多棱线所阻挡,被带到上部,又因筒身倾斜而再落下,排出茶叶。热气来自火炉的炭火,由风扇送入筒内。由于叶片连续在筒中旋转,因此可使叶片卷捻良好,但是叶色灰暗。这种气体没有经过过滤,而且机器极热,在工厂中令人极不舒适。后来进行了一项实验,将此机与一个密闭的筒及轴相连,将热气直接吹入筒内,但没有取得预想的结果。

1880 年,改进后的杰克逊式揉捻机

近代自动干燥机应以杰克逊的模范干燥机、帝国式干燥机及戴维森的循环链圈压力干燥机为代表,二者均为扁带式或网带式机器,干燥机的表面是带孔的筛子或条板,放在链带上,链带在齿轮上回转,齿轮则在干燥器的旁边。这种原理为大多数自动干燥机所共用,不同的只占极少数。此类干燥机中,最早用于实际并成功的是杰克逊的"胜利式"干燥机,在 1885 年左右设计,在容量及构造上均超过以前的各种干燥机,它的干燥室、风扇、火炉等设计,都可以与近代最新式的干燥机媲美,自 1886 年以来,至今仍有很多人使用。这个机器中最重要的装置是移动网或带,与有机械运动的框或条片合成。据传是大吉岭的安塞尔发明的这种网带,将网带环绕在两个齿轮上旋转,摊在网面上的茶叶,移动到齿轮附近,由于网带转向下面而落到下面的网带面上,朝相反的方向移动。网上有小孔,容易使细小的茶叶落入网底,也容易使茶叶变色,只有杰克逊的胜利式网带避免了这些问题。

汤姆逊曾将杰克逊式机器加以改良,使网带在齿轮的上下方均可应用,以增加干燥面。当条板移动到齿轮附近而回转至左齿轮下侧时,条板能自行转动,将茶叶落在下侧的上面,再向前移动至靠近右齿轮时,条板再回转而落在第二网的上面,因此各网都向同一方向回转。

汤姆逊干燥机被称为"活力式"干燥机,是一种上行热气的干燥机,与胜利式相似,只是采用了两个风扇,以平衡机器中的热气。后来杰克逊又设计了一种"不列颠式"干燥机,跟"胜利式"相比,并无多大改进,只不过采用了汤姆逊的方法,使网带上下两方向可同时作为茶叶的干燥面。汤姆逊的活动框装置是带有弹簧的齿

1878 年,雪洛式干燥机

轮,能使每个框或条板快速向下。杰克逊没有采用这种方法,而使用了宽重而光滑的条板来解决问题。杰克逊的"模范式"干燥机曾经风行一时,至今马歇尔茶叶机械公司仍在继续制造。之后杰克逊的"帝国式"干燥机对于茶叶的放入与取出以及火炉的构造都加以改进,热气的分散由压力控制,空气先进入干燥室,再从顶端放出,但网带等构造则没有改变。后来戴维森也采用了自动式网带,与汤姆逊所设计的相似,但是他的机器——回转链条压力干燥机,是采用压力的机器(内部空气压力大于外部),这种机器与"帝国式"机器至今仍为最新式的茶叶干燥机。

还有夏普在 1893 年发明的干燥机,由林肯的福斯特公司制造。这种干燥器是一个垂直的圆筒,中间有一个回转轴,干燥面是一些带孔的框,各框成扇形,搁在外角上,绕垂直的轴旋转,各框还可以在框钮上转动,而将茶叶倒在框的周围,这是一种上引式机器,可与网带机器交替使用。

1880 年,第一台"温尼逊"式干燥机

只是这种机器在空气的分配及茶叶的摊放上非常难以控制。虽然曾制成几架应用,但今天已不再采用。

筛分——从前印度分筛茶叶时,都由女工用竹筛进行,后来改为用小轮推动做交替运动的竹筛。又经过安塞尔·库克及杰克逊等发明家的研究后,改成每个茶筛上可装几个筛框,并且可调节倾角。筛有各种大小的网眼,细小茶叶通过筛眼而放在下层的框上,粗叶在筛面移动到边缘时即落至下方的第二筛上;如此继续,使最细的叶先行筛出,粗叶按顺序依次筛出。汤姆逊式筛是一个圆筒状的筛,中间有一个圆锥形筛,绕水平轴回转,叶由尖端放入,筛的网眼大小各不相同,靠近尖端的最小,靠近底部的最粗,因此细叶先被筛出,由于筛的倾斜而依次筛出粗叶。近年还有所谓的"魔术式"筛及"摩耳式"筛,它们的运动部分极为平稳,设计和构造也非常合理,力量很大,却不导致茶叶全部筛成碎片。

"雪洛"式干燥机

水平回转的茶筛,适于筛细叶及碎片,但如果要分出紧结的白毫,则宜采用一种前后筛动的筛最好。因为前后运动,可使茶叶叠起从而易于筛落,而且回转运动经常使叶片经过较长的筛面,容易损坏茶叶品质。

筛分及分级需用切叶机或碎叶机,将大片的干叶切成适当的大小。最早的机器为"乔治·瑞德式"碎叶机(即现在以切茶机闻名的品牌),最近又有了"杰克逊"式匀茶机及"野人式"碎茶机与切茶机。这种机器的工作原理是一个回转的带齿圆筒,内有固定的刀片。目前对于这种机器在调节、清洗及减少茶末等方面,都进行了明显的改进。

颠茶机根据颠扬的原理,作为清洁及分筛茶叶用。制茶的最后步骤为装箱,机械对这个步骤最为有用,以前装箱时,用脚踩实茶叶,茶叶和脚之间铺上布;现在已改用机器,戴维森式、克杰逊式及伯瑞恩式装箱机,都是工作效率很高的机器,它们可不用压力而通过振荡式摇动的方式使茶叶自然地集中而将茶箱装满。这种工作看上去简单,它要求机器有极快的运动速度。

1880 年,第一台"胜利"牌干燥机

除上述外,还有萎凋方面未曾谈到。关于萎凋的机器也有多种,但是否有机器可以真正替代萎凋室,还没有定论。萎凋机在气候不好时,或许可以有用武之地,关于萎凋上遇到的问题,可以通过调节室内温度,并用风扇吹过一定的空气的方法解

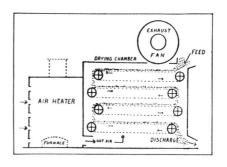

干燥机工作流程

决,这样植茶者已经认为满意了。1927 年马莎父子公司经过数年的试验,制成一种茶叶萎凋机,但很难应用到实际生产中去。

爪哇的第一台机器

19 世纪 70 年代初,A. 霍勒在爪哇的巴拉甘萨拉克设计了一台揉捻机。该机是一个圆木台,上面另有一个可以旋转的木台,并且可上下自由移动。将茶叶夹在两个台之间,上台用牛拉带动旋转,直至茶叶揉捻完成后停止。但它的问题在于如何放入叶片。后来经过 R. E. 克霍温的改进,可将此机器倒转,用以解决上述问题。即让下台旋转,茶叶则从固定的上台的孔中投入。但用此机

器揉捻后,仍需再用人工揉捻。

克霍温还设计了一种干燥方法,使火炉产生的热气先在铁板下通过,再到达烟囱。

杰克逊与戴维森的专利产品

制茶机器的实质性进展,以威廉·杰克逊与萨缪尔·克里兰·戴维森两人的贡献最大,他们的专利产品包括萎凋机、揉捻机、碎茶机、干燥机及分筛机等。

马歇尔的萎凋机

杰克逊在 1872 年在斯考特·阿萨姆茶叶公司的茶园中装置了最早的一架揉捻机,第二年揉捻茶叶达到 64000 磅。

戴维森最早留意的是茶叶的干燥法,他在 1877 年发明了第一台用于茶叶的斯洛克式热气机,这是干燥机的鼻祖。到了 1879 年,才有了第一台斯洛克式上引茶叶干燥机销售。

19 世纪 70 年代的其他专利产品

其他种植者及制茶者也有很多注重茶用机器的发明。1873年,英国伯明翰的约萨·拉斐利获得筛分机的专利权。第二年,阿萨姆的 W. S. 利利取得揉捻机的专利权。1876 年,F. W. 麦肯菲又发明了蒸汽干燥机,并且以木材和杂草等为燃料。

不久英国对于茶叶拼和机等在构造上进行改进,1872 年,英国布里司托尔的铁厂创办人约翰·巴特勒特发明了拼和机,这是巴特勒特父子公司。制造巴特勒特式各种制茶机器如磨茶机、筛分机及拼和机的起点;1911 年,该公司与亨利·波里公司合并继续制造各种巴特勒特式机器。

1877 年,J. P. 布拉汉姆发明了一种筛茶机,但是这台机器并非是最早出现的筛分机,因为杰克逊早已发明同类机器。

1876 年,爪哇的吉萨拉克茶园的管理人率先装备了杰克逊式揉捻机。1879 年,杰克逊发明了回转筒式揉捻机。1880 年,他在英国获得茶叶干燥机的专利权。之后,戴维森也继续研究干燥机。

早期的包装方法

1870—1875 年间,印度的茶叶是装在茶园自己制造或向外购买的木箱中,箱的内部衬有铅皮。绿茶通常在补火着色后,从锅中取出,趁热装箱时不再压紧,而是每装入茶叶少许就摇动木箱。红茶有时也趁热装箱,并用脚踩紧。箱外标明厂名、商标、品种及净重,如果是上等的茶叶,箱边还会用油漆绘出美丽的图案。

爪哇的茶箱大多使用标签,茶园的木匠各显其能,竞相作出更加美丽的花样。茶箱用铁条箍好,但是这在装船时非常不方便,但是当去除标签时,铁条也被除去。

19 世纪 80 年代的发明

1880 年,锡兰科伦坡的沃克父子公司制造了锡兰第一台茶叶揉捻机。1882 年,锡兰德罗斯贝其的温莎林园造出了锡兰第一部烘茶机。

1884 年,威廉·杰克逊将马歇尔父子公司制造的第一部热空气烘茶机运往印度,该机附有机械抽动设备。

**1894 年马歇尔的"帕拉贡"
牌茶叶干燥机**

1885 年,约翰·布朗发明了一种烘茶机,即今天著名的"布朗"干燥机,由科伦坡商业公司制造。该机每小时可烘茶 60— 95 磅。1892 年,布朗取得了三动式揉捻机的专利权,这种机器的揉捻台在一个铸铁架上的平滑面上移动;台下可放入小车,用来接已揉捻完毕的茶叶,下面的台为圆形,盖上木板或金属板,上下两台循环转动。当施加压力在上部的筒箱时,产生的联动,可使茶叶的揉捻持续进行。茶叶的容器由黄铜制成。

1885 年,H.康普顿在英国获得烘茶机的专利权,同时 A.布莱恩斯也获得了萎凋机的专利权。日本的高桥是清获得了日本绿茶制造机的专利权,包括两种揉捻机。

1886 年,杰克逊将注意力转移到机器的简单化方面,并改进了他的揉捻机,垂直的部位上加了一个曲柄,而以倾斜的将联动器控制。1887 年,他完全改变了旧有的模式,使曲柄作简单的回转,揉捻台就架在三个曲柄上,这种全新的机器被称为"方形快速揉捻机",应用很广。

杰克逊在 1887 年还制造了一台揉捻破碎机,是一个倾斜回转的筒状筛,筛上有半英寸的网眼,筒的中央有一个多齿的棒,快速转动。茶叶由开口放入,小叶通过网眼落下,成团的叶则被棒捣散。

戴维森在 1887 年发明了应用热空气烘焙蔬菜的器具并获得

专利权。第二年,他将机器加以改造而成为烘茶机。

1887 年,英格兰的甘苏鲍洛甫的亨利·汤姆逊获得烘茶机的专利权。此项专利的时间,从 1888 年至 1890 年。该机由伊普斯威奇的罗萨姆·斯姆森·詹夫瑞欺公司制造,是自动上引式烘茶机。1888 年汤姆逊也发明了一种揉捻机。

1888 年,林肯的杰克逊获得揉捻机的专利权,他的机器的特点是用玻璃作揉捻面。

威廉·杰克逊在 1888 年制成了他的第一部筛分机,该机有两个台子,上台在下台上方摇动,上台的筛眼为半英寸的方孔,下台为铁丝网。

同时,S. C. 戴维森致力于各种制茶机的改良工作。1888 年,他所改良的烘茶机及萎凋机获得专利,第二年又获得两种专利权。他在 1890 年和 1891 年又先后获得揉捻解块机和切茶筛分机的专利权。

19 世纪 90 年代早期的专利产品

1891 年以前,英格兰的布里斯托尔的巴特勒特父子公司继续经营其已获得专利的茶叶拼和机,当年巴特勒特还对其进行了改良,使茶叶从中轴倒出,这样运转可以加快速度。以后他还设法使茶叶在倒出时经过内面的浅槽,并加上刀口及筛,防止茶叶在倒出时有粗细之分,因为这种改良,他又获得了一项专利权。

1893 年,查尔斯·巴特勒特又将自己的切茶加以改进,增加了一种用于取出落入滚筒内的铁钉及其他物质的器具,避免这些物质损伤刀口及机器的内部。这种器具名为三刀过钉器。

1892 年,英格兰萨利的爱德伍德·罗宾逊获得了烘茶机的专利。在一个箱内装有带孔的圆筒,热空气从下向上通过圆筒。1897 年,罗宾逊发明了自动蒸汽烘茶机,他还设计了用干热空气制成的萎凋机,根据锡兰茶园的报告,证明这个机器非常成功。

1892 年,伦敦的 Waygood-Tupholme Grocer's 机器公司及 Beeston Tupholme 公司由于制造碎切、匀茶、拼和联合机而获得专利。同时杰克逊及戴维森也正在改良他们发明的机器,1892 年杰克逊获得了两种改良揉捻机的专利。第二年,他的烘茶机又获得了专利。戴维森在 1891 年获得碎切拣选机的专利,1892、1893 年又相继获得两种改良烘茶机的专利。

锡兰有一位栽植者威廉姆·凯姆瑞及布朗公司的詹姆斯·布朗,在 1893 年,发明了一种碎茶机,它的特点是纵切而非横切。1894 年,伦敦的 W. 高获得解块机的专利。

马莎父子公司制造的"模范式"烘茶机,形式与"胜利式"类似,但功效更大。W. 杰克逊在 1894 年获得上面两种机器的专利。这种机器对于茶叶入口和空气加热器已经进行了改进。继而又有了"温尼逊"的改良版,它比 1884 年版的体积更大,而且将叶框改为倾斜排列。1895 年杰克逊获得了两种揉捻机及一种烘茶机的专利。第二年他的改良烘茶机和烘茶机内热空气干燥室的发送器也都获得专利。

1894 年,戴维森与 F. G. 马奎尔获得装箱机的专利。最早的机器是一个摇动的平台,而用脚踩踏,其后加以改良,不用踩踏的方法了。"戴维森—马奎尔式"装箱机就是改良后的机器。第二年,他又获得了三种烘茶机、一种装箱机及一种揉捻机的专利。1896 年,他还获得了两种装箱机、两种揉捻机、一种干燥机及一种切茶机的专利。

1895 年,加拿大的 P. C. 拉金发明了茶叶包装机。将纸包放入一个箱内,密封底部,此箱及纸包夹入一个模具内,放在一个活塞的顶端;茶叶倒入漏斗形的容器中,然后流进箱内,由活塞压紧;将箱挪开,然后将纸包顶部折叠封好。

19世纪90年代后期的专利产品

1895年,C. H. 巴特勒特改良了他的茶叶拼和机,茶叶从中心经过一个斜沟排出,也获得了专利。

1898 年,科伦坡的 J. M. 勃斯第德取得电热烘茶机的专利。这种机器是将铁线圈卷在磁板上,其中一种形式是将茶叶放在发热板上面或下面的筛上;另一种是将

"雪洛"式双向干燥机

茶叶放在连环带上,由这条带子经过发热板的上下。同年锡兰的 J. S. 斯蒂文森获得了另一种电热干燥机的专利。

1896 年,日本的原崎源作发明了节省人力的机械补火锅,用来生产绿茶。第二年,B. H. 沃森及 H. C. 沃克合资的格罗斯工程公司在伦敦取得了茶叶拼和机的专利。1901 年,B. H. 沃森获得了改良他自己的"20 世纪"自动磨茶机的专利。

在1897—1900 年间,戴维森获得了 10 项专利,其中 7 项是关于改良烘茶机的。斯洛克式自动循环烘茶机在 1897 年出现,它的茶叶入口装置与新式循环压力烘茶机上所用的相同,所不同的是前者是吸入空气吸去茶叶层,而新式的机器则是将热空气吹入干燥室。斯洛克式循环链圈压力烘茶机于 1907—1908 年制成,一年后又发明斜盘压力烘茶机。1914 年此种机器应用茶叶自动入口及分摊器,但由于受第一次世界大战影响,直至 1919 年才发挥了重要的作用,现在已成为标准的烘茶机之一。

回潮至 1898 年,杰克逊发明了他的第一部茶叶装箱机,该机特

点是平台装在有角的半圆形钢弹簧上,其间并没有任何连接物,让该平台迅速振动,振动会传到箱内的茶叶上。该机只需一人操作。1898 年,杰克逊又获得改良揉捻机的专利,后来,他所改良的筛分机及茶叶分级机,也分别在 1899 年和 1900 年先后获得专利。

制造绿茶的机器

名产茶园都有一些时期制造绿茶,虽然印度、锡兰和爪哇现都已专注致力于生产红茶。

麦克唐纳的茶叶鼓风机

西方国家制造绿茶也有像制造红茶那样应用机器制造的倾向,第一部绿茶制造机是锡兰植茶者霍瑞斯·德拉蒙德·迪恩所发明,大约在 1890 年,他发明了制造绿茶应用的蒸汽机,使茶叶易于弯曲便于揉捻。该机是一个六角形的木箱,长 9 英尺,直径 33 英寸,用铸铁包边,有轴承支在架上,由动力转动,小型的则用手摇;蒸汽从箱的两端进入。大约在 1900 年时,由于红茶市场不很景气,就有一部分植茶者竞相制造绿茶的制造机器,在克服了一些困难之后,最终获得专利权。迪恩就是其中的一位。开始,迪恩与哥伦布的布朗公司合作制造机器。后来,他又与瑞伊合作,获得绿茶机的专利。

1902 年,有一名记者兼发明家名叫查尔斯·G. L. 贾治,将目光转向绿茶,于是他与迪恩合作,携带最新式的机器前往印度并与加尔各答的哈特利·哥拉沙姆公司签约订制。后来,他发觉由于蒸汽凝结而形成许多水滴,在叶面上附着太多,为了改正这种缺点,贾治采用了制糖用的离心机,在两三分钟内除去了所有的水分,每小时可摇叶 3000 磅,这样茶叶送去揉捻时,就没有过多的水分了。

　　迪恩—贾治式机器的工作步骤。除了去水外,还在生叶采下后,每半分钟就从深锅中汲取开水浸泡生叶,以保持叶新鲜。锡兰茶业协会的研究员凯尔威·班博是一位著名的化学家,他应用游离碳酸将茶叶消毒,并可使茶叶色泽美观,品质优良。但是现在的绿茶虽然汤水进行了改良,还没有固定的色泽,而且颜色又显得太绿了一些,这些现象虽然可以通过在热锅上炒焙进行改善。但手续相当繁琐,于是就有了锡兰的威廉·巴特勒爵士及印度的查尔斯·G. L.贾治在 1902 年同时发明了着色磨光机。

　　威廉·巴特勒爵士的着色方法需要两台机器,其一为狭长形转动的鼓形混合机,干燥的绿茶在内转动两三个小时,变得平滑,然后送至着色机,这个机器是一个较小的

戴维逊式茶叶拣选机　　　　雪洛式揉捻机

旋转筒,边上是细小的铁丝网,之后将茶叶补火,通常是在萨通式真空烘茶叶内进行,最后装箱。贾治式则是用一台机器实行着色、磨光、补火等步骤。1903 年,贾治研制出一种锅炒机。

　　1902 年,科伦坡的迈托公司制造出米托尤斯式锅炒机,同年,M. A.阿伦发明了一种类似的机器,由于受巴特勒爵士的专利权所限,不能输入锡兰。阿伦式机器的内部装有架子,防止茶叶滑落时破碎,由于不加热,因此茶叶必须补火。阿伦及 J.格里夫在 1902 年也制造出绿茶和乌龙茶着色机的专利。

　　此外还有其他发明家制造的绿茶磨光机。1902 年,印度的

D. 里德及戴尔制造了一种从外面加热的大型金属箱式的磨光机。1904 年,戴维森也制造出绿茶磨光机。1904 年,G. W. 萨通制造出一种磨光用的蒸汽双层筒,他还发明了锅炒揉捻机,是一个用蒸汽烧热的平台在固定的平框上旋转。

马歇尔双向"快速"牌揉捻机

若干年前,日本茶叶精制公司设计了一种用手摇动的磨光机,构造是一个明轮在金属槽上转动,金属槽加热或不加热均可。茶叶放在槽内,用手转动明轮。还有科伦坡迈托公司的 A. H. 安迪在 1903 年发明的绿茶揉捻机,意在仿制日本的针叶茶。

20 世纪早期,美国政府在南卡罗来那州试验种茶,由查尔斯·U. 谢夫德博士主持,发明了一种揉捻机,该机制成的茶叶与日本的釜焙茶相似。

各种焙茶的方法,虽然几经试验,以仿效中国绿茶,但是都没有取得成功。1903 年,锡兰 G. 斯特里廷、H. 塔弗及 F. E. 麦克伍德三人发明了一种旋转的加热容器,内有刮刀、活塞和漏斗用来蒸煮、干燥、炒焙及绿茶着色,贾治在 1904 年获得了与该机大致相似而带有中心蒸汽加热箱的机器的专利权。

20 世 纪

在 20 世纪开始时,印度、锡兰、爪哇及日本在制造茶叶时已经不再使用手工的方法了。在众多的发明中,最先被采用的,仅仅是些性能优越的机器,其余的则被放弃,1900 年以后,新发明和专利产品已比较少了。

1900 年,阿萨姆的 J. N.
F. 格里格获得了揉捻机的专
利。1907 年他与 A. F. 格里
格合作,获得了干燥机和萎
凋机两种专利。1900 年,G.
W. 萨通获得干燥机和萎凋
机的专利,该机有多个同轴
旋转的圆筒,空气供给器通
过蒸汽或电力加热。1904 年
他又获得茶树耕作机、马达
茶树耕作机及发酵器的专

贝特曼茶叶综合拣选机

利。1900 年,阿萨姆 W. F. 波曼获得揉捻机的专利,1912 年,他又
发明了自动压搾机,用来除去茶叶取出时过多的水分。

1900 年,美国罗伯特・布恩斯获得茶叶混合机的专利。该机
由纽约的詹伯・伯恩斯所制造。同时查尔斯・巴特勒致力于改
良他的切茶机及拼和机,1901 年,他因改良他的切茶机而获得专
利,2 年后又获得同样的专利。

1901 年,印度的 F. E. 温斯兰特及 G. E. 摩耳二人获得茶叶装
箱机的专利。第二年,锡兰的 H. M. 阿伦发明了若干制造绿茶的
机器,其中筛分、切茶及分级用的机器获得英国的专利。1905 年,
该机还获得美国的专利。

1902 年,前面讲到的查尔斯・U. 谢夫德博士在美国获得绿茶
杀青机的专利,该机有一个可以旋转的圆筒,内有凸边。一端有一
个用来吹入热空气的导管和漏斗,茶叶由漏斗放入,并在圆筒内旋
转,筒内热空气的温度逐渐降低,茶叶滑入在另一端的箱子里。

威廉・杰克逊和马歇尔父子公司经常获得改良产品的专利
权。1902 年及 1904 年,杰克逊获得了其改良揉捻机的专利;在

1904、1906 年及 1907 年，他将其改良的干燥机注册。S. C. 戴维森也在 1906 年及 1907 年获得了改良干燥机的专利。

1905 年，英格兰利兹的贾布·戴伊公司开始生产茶叶包装机。

马歇尔式茶叶拣选机

伦敦巴特勒特父子公司的 C. P. 巴特勒特继续改良其切茶、拼和及筛分机，并于 1906 年获得专利。至 1911 年又获得茶叶混合时吸尘机的专利；最近巴特勒特又发明了一种碎切筛分机，特设有双切、单切及直切等装置。

1907 年，卡察有一名植茶者约翰·麦克唐纳德，发明了一种机器，能防止茶叶在簸扬及筛分时变为灰色，此机被称为麦克唐纳"偏斜式"茶叶风扇。

1908 年，J. 拜格获得萎凋机内所有摊布器的专利。同年 W. G. 弗曼的筛茶机在茶叶进口处装上了特殊的漏斗，也取得专利。爪哇的 K. A. R. 勒斯查也在当年发明了一种萎凋机及电热干燥机。

1909 年，J. 豪登获得茶叶萎凋、发酵及干燥的专利。生叶首先萎凋于旋转器内，并可调节温度和压力。发酵则在另一个密闭的容器内加压进行。干燥也在旋转的真空器内进行。

杰克逊及马歇尔公司在 1907 年制成单动式"金属"揉捻机，它的效率比"方形快速"揉捻机还高，由于用金属代替了木材，因此机器的使用寿命更长。杰克逊在 1908 年及 1914 年获得了揉捻机和筛分机的专利。1910 年，由于茶厂的数量增加了很多，产量也大增，因此就需要较大的干燥机，第一台上引式压力干燥机即在同年问世。其原理是压入热空气通过湿叶来代替抽出的热空气，这样可以得到均匀的干燥，并使热力散布于干燥器内各处，其中最大型的是"帝国"牌。

戴维森不懈努力进行各种改良，他在 1909、1910、1911、1912 及 1915 年，多次获得揉捻机的专利。

1910 年，日本茶叶出口商富士公司的高级董事原崎源作，发明了一种茶叶补火机。

1911 年，乔治·L. 米歇尔获得茶树剪枝机的专利，

贝特曼式茶叶拣选机

在森麦维尔的派哈特茶园试验，结果每英亩剪枝费用从两三美元降到 40 美分。

布鲁克·邦德公司和杰简德 T. 沃克在 1915 年获得切茶机中茶叶入口装置的专利。1919 年菲利普斯工程公司和沃克在英国获得切茶机的专利。

1920 年，印度有一位植茶者 C. S. 贝特曼取得碎切拣选机的专利，后来由马歇尔公司制成贝特曼自动磨茶拣梗联合机。麦德尔脱的拣梗机在印度也非常受欢迎，由两个叠置的浅框组成。

爪哇的斯派瑞特茶园的监事 C. H. 蒂尔曼斯在 1924 年发明了斯派瑞特式采摘刀。1927 年，马歇尔公司制造出马歇尔萎凋机及伯瑞特装箱机，后者可同时装一箱或两箱，也可既装小箱又装大箱。马歇尔公司机器的发展趋势，是逐步增加机器的工作效率，对温度的控制会使操作更加简便。1930 年，制成了一台顶部开口的揉捻机，解决了最初不用压力的揉捻机所遇到的问题，1934 年，马歇尔公司改为马歇尔制茶机械公司。

大约在 1926 年，阿萨姆的 T. A. 查莫斯获得了轧茶机的专利。后来在 1931 年，马歇尔公司制造出由威廉·马科切尔发明的 C. T. C

一组晚期马歇尔式茶叶器

式(压茶、碎茶、揉捻)机器。该机的设计是为了制造出上等的茶叶。马科切尔曾经试验轧茶机达数年,最终有了这个发明。这种机器是两个与轧布机相似的带棱齿的滚筒,其中一个滚筒每分钟大约转 700 转,另一个每分钟约为 80 转,将稍加揉捻的茶叶放入机内,经过滚筒时不仅经过轧压而且还有揉捻的作用,使叶改变形状。茶叶仅经受短时间的压力而来不及加热,这样通过滚筒时被压出的汁液又能立刻被吸收。

1926 年,加尔各答的巴莫·勒瑞公司制出连续自动"考特"式拣茶机,该机由 G. E. 摩耳发明,运动方式为水平循环的转动,原理与在中国所用的手拣圆形筛相同。该机可持续不断地工作,每次加茶时不用停止,每台机器每小时可拣 10 蒙特的茶叶。

1927 年,英格兰的布拉德福特的贝尔·多林公司制造出改良的"蓝卡"式揉捻机,该机采用了萨通专利中的不锈钢皱面揉捻台。

最通用的茶筛是查莫斯牌,由印度的不列颠工程公司制造。1928 年,A. L. 迈克威廉获得了一种双动式揉捻机的专利权。

1930 年,科伦坡的霍工程公司制造出"多样性"牌干燥机,特点是节能。

1931 年,科伦坡商业公司制造出"C. C. C."单动式揉捻机,第二年又制成"C. C. C."揉捻解块及青叶筛分机,这种机器是根据锡兰茶园的内维尔·L. 安利所制定的青叶等级而设计的。

麦克切尔式茶叶加工机

1931 年,制茶机器上最著名的突破是马歇尔公司制造的马歇尔—伯斯坦德揉捻机,它应用了循环的氯化钙液,用来调节茶叶的温度。

科伦坡沃克父子公司最新制出的"自动压力"式干燥机和"最经济"揉捻机,与 19 世纪 80 年代间的"科伦坡"式干燥机及"经济"式揉捻机相同,只是效率更高。最近又制造出一种"五角形"青叶筛,是在六角形及筒形筛的基础上改良好而来。

自动茶叶揉捻机

1932 年,萨多夫斯基将他的茶叶采摘机传到俄国,其他的制茶机器也随之被引入。

1932 年,马歇尔公司将由 S.C. 高斯卢普所发明的联动器装在马歇尔揉捻机上,可以自动控制压力盖,自动加压或减压。

摩尔式自动茶叶拣选机

自从萨缪尔·C.戴维森爵士逝世后，他所发明的斯洛克牌制茶机中最应被提到的是"斯洛克"密闭式装箱机，该机大致与前面描述的相同，只是所有的旋转部分及轴承都被密封。

1927年，出现了一种改良揉捻机，名为斯洛克O.C.B揉捻机，特点是曲柄在上，可使机器活动方便而更加迅速，并可以减少茶叶的损耗和破裂。最近发明的机器是斯洛克双重斜框压力干燥机，既有可用手工调节的便利，还兼有大型循环带压力干燥机的效果。它的设计样式与密闭式干燥机相似，但干燥室是密闭式宽度的两倍，分为两部分并可单独工作。

20世纪的初期，德国发明家也曾致力于制茶机器的发明，最突出的是马德堡的一家工厂发明的各种产品。

一组晚期戴维森式茶叶机器

目　　录

·下　卷·

第三篇　科学方面

第二十三章　茶的字源学 ……………………………………… 517

第二十四章　茶的植物学与组织学 …………………………… 521

一般特征/524　茶树的变种/524　变种的品种/526　茶的代用

品/527　掺杂物/531　显微镜下的组织/532

第二十五章　茶的化学 ………………………………………… 534

成茶的分析/535　茶叶的成分/539　茶单宁/543　单宁含量的变

动/549　在茶中加入单宁/554　咖啡碱/555　茶的芳香油/559

茶叶的其他成分/560　茶籽油/564　茶叶制造中的发酵/564　制

造中的化学变化/571　红茶制造中的萎凋/571　红茶制造中的

揉捻/573　红茶制造中的发酵/574　红茶制造中的烘焙/575　含

水量与后发酵/576　中国红茶的制造/577　乌龙茶的制造/578

绿茶的制造/578　摘要/579　紫外线对于茶叶的效用/582

第二十六章　茶的药物学 ……………………………………… 583

茶叶普遍化的缘由/583　咖啡碱的功效/584　茶中的咖啡碱含

量/585　咖啡碱与心脏作用/587　咖啡碱与肌肉活动/587　咖啡

碱与精神/588　咖啡碱与人体全部系统/588　咖啡碱由体内的

排出/590　不含咖啡碱的茶/591　单宁的功效/592　茶中的单宁

含量/594　无单宁的茶/594　茶的蛋白质/595　茶的热量/596

茶的维生素/597　茶的不同泡制法与其成分的关系/601　结

论/603

第二十七章　茶与卫生 ················· 605

补身的饮料/605　茶有益于肝脏/605　茶在心理学上的价值/606　代替酒的饮料/606　健康快乐的饮料/606　茶可减少疲劳/606　茶可抗寒及抗热/607　茶可减少细胞组织的损耗/607　茶为神经营养剂/607　机械时代的镇静剂/608　茶能治疗神经衰弱/608　从容应付各事物/608　温和及无害的兴奋剂/609　茶的评论/609　茶的节饮/609　单宁没有恶劣影响/610　促进脑力/610　茶为辅助食物/610　每日五六杯无害/610　军队的食料/611　增强及维持体力的饮料/611　茶是纯粹的兴奋剂/612　牛奶使单宁无害/612　茶能增加快乐/613　咖啡碱是博爱者/613　茶对老人的功用/613　茶使反射中枢兴奋/613　杞人忧天者太多/614　增加心智及体力的工作/614　妄评茶叶为不诚实/614　茶是文明社会的救世主/615　咖啡碱为适当的兴奋剂/615　咖啡碱的作用不会累积/615　咖啡碱能克服寒冷/616　咖啡碱增加肌肉能力/616　无害的兴奋剂/616　茶能破坏伤寒病菌胞子/617　茶不会引起神经过敏/617　茶增加工作的能力/617　特殊因素/618　茶清洁人体/618　合理的饮茶无害/618　茶,保持精神的平衡/619　茶能产生安宁/619　适度饮茶无害/619　绿茶与红茶的作用/619　茶为伟大的抚慰物/620　现代生活的必需品/620　最佳的鸡尾酒/620　兴奋而卫生的饮料/621　最有效的兴奋剂/621　茶不产生酸性物/621　无害而怡神的快事/622　对国民健康有利/622　饮茶使身体苗条/623

第四篇　商业方面

第二十八章　产茶国的茶业贸易 ·············· 627

印度的茶叶贸易/627　锡兰的市场情况/634　荷属东印度/642　中国的茶叶市场/647　日本的茶叶市场/658　台湾的茶市/664

第二十九章　茶叶消费国的市场状况 ·············· 669

茶叶运抵纽约/670　伦敦市场/671　荷兰市场/680　美国/684　其他国家/690

第三十章　茶叶的趸卖贸易 ················· 692

批发商的经营方法/692　大英帝国的批发业/693　美国的批发业/695　批发时的混合法/695　应用器械的拼配法/700　美国的拼配茶/701　其他各地的拼配茶/702　碎切及混合机/705　英国的茶叶包装/706　美国的茶叶包装/708　其他各国的批发贸易/712　茶叶容器/721　茶袋/722

第三十一章　茶叶零售贸易 ················· 725

独立零售店/725　代理店/727　铁道员工的茶叶购买/727　合作社/728　连锁商店/729　邮购商店/732　赠品商店/733　家庭服务商店/733　茶叶零售业/734　小包与大宗/735　零售商的拼配及包装/735　拼配技术的竞赛/737

第三十二章　中国茶叶贸易史 ················· 738

早期的中国茶叶贸易/738　早期的西藏砖茶/738　俄国商队/739　俄国砖茶贸易/740　沿海贸易的发展/742　英国独占时期/743　俄商获得控制权/744　广州的联合商行/744　广州的洋行/745　外商的先驱/746　中国富豪——浩官/747　公行制度的没落/748　中国著名的茶商/748

第三十三章　荷兰茶叶贸易史 ················· 753

爪哇茶进入市场/754　巴达维亚茶叶贸易协会/755　苏门答腊茶叶进入市场/756　阿姆斯特丹的荷兰茶叶贸易/756　荷兰东印度公司取消以后的一个新茶叶公司/756　荷兰的进口贸易/758　茶叶经纪业务/759　茶叶批发贸易/759　茶叶包装业/760

第三十四章　英国茶叶贸易史 ················· 761

红茶超过绿茶/764　英国茶叶税的变迁/764　历史上的明星巷/767　茶叶买卖的演变/769　印度及锡兰茶加入市场/770　茶叶经由苏伊士运河运输/771　小包装茶/772　拼配茶批发业/773　企业化零售商/773　20世纪的贸易/773

第三十五章　印度的茶叶贸易 ················· 776

加尔各答的茶叶公司/776　加尔各答茶商协会/777　科伦坡的茶叶贸易/778

第三十六章　英国的茶叶贸易协会 ················· 779

印度茶业协会(伦敦)/779　伦敦锡兰协会/780　伦敦南印度协会/782　伦敦茶叶经纪人协会/782　买茶经济人协会/782　伦敦茶叶购买者协会/783

第三十七章　茶叶股票与茶叶股票贸易 ············· 784

茶叶股票的交易/784　市场发展情况/784　多种著名的股息/785

第三十八章　日本茶叶贸易史 ····················· 788

茶叶贸易的开始/789　横滨早年的茶叶贸易/790　神户成为茶叶通商口岸/792　直接贸易的初步尝试/793　推广性的展览会/795　整个茶叶组织/795　1885—1900 年间的茶叶贸易/796　20 世纪的开端/798　茶叶贸易转移到静冈/799　第一次世界大战时期——1914—1918 年/800　战后 10 年/800　日本著名的茶叶公司/802　日本茶业协会/807

第三十九章　台湾的茶叶贸易 ····················· 808

台湾的其他茶叶/809　茶叶贸易协会/810　茶叶出口公司/810

第四十章　其他各地的茶叶贸易 ··················· 813

伊朗的茶叶贸易/813　俄国的茶叶贸易/813　德国的茶叶贸易/815　波兰的茶叶贸易/816　法国的茶叶贸易/816　斯堪的那维亚半岛的茶叶贸易/817　欧洲其他茶叶消费较少的国家/817　北非的茶叶/818　南非的茶叶贸易/819　澳大利亚的茶叶贸易/821　新西兰茶叶贸易的发展/823

第四十一章　美国的茶叶贸易 ····················· 824

第一艘美国运茶船/824　其他早期赴华的航行/825　扫除贸易壁垒/826　斯蒂芬·杰拉德/827　托马斯·汉德希克·帕金斯/827　约翰·贾克布·阿斯特/828　1820 年至 1840 年间贸易的发展/828　19 世纪 40 年代、50 年代及 60 年代/830　19 世纪 70 年代及 80 年代/832　1890 年以后的贸易/832　纽约的茶业协会/834　全国茶业协会/835　美国茶业协会/835

第四十二章　茶叶广告史 ························· 837

早期的茶叶宣传/837　利用书籍的宣传/838　美国最早的茶叶广告/839　拍卖/840　后来关于茶叶宣传的书籍/840　著名的茶

叶宣传/841　日本茶及台湾茶的宣传/842　锡兰的联合宣传运
动/846　印度的联合宣传活动/854　爪哇的茶叶宣传/864　中国
茶的宣传/865　商人的联合宣传活动/866　国际茶叶的宣传/868
最近的宣传/868　茶叶宣传的效力/869

第四十三章　生产与消费 ······································ 871
中国——最大的生产者/874　印度——主要的输出国/876　锡
兰——茶继咖啡之后兴起/877　荷属东印度/878　日本/879　台
湾/879　法属印度支那/880　英属南非——纳塔尔/881　英属东
非/881　苏维埃联邦——外高加索(乔治亚)/882　伊朗的吉兰
省/883　葡属亚速尔群岛/883　葡属东非的莫桑比克/884　暹罗
(泰国)的"茗"茶/884　巴西/884　秘鲁/884　英属马来亚/885
毛里求斯岛/885　斐济群岛/885　生产国的茶叶消费/885　限
制协定的实施/886　茶叶输入国的消费/888

第五篇　社会方面

第四十四章　饮茶的早期历史 ······························ 899
第四十五章　茶在日本的崇高地位 ······················ 902
茶道的理想/903　"茶道"的演进/905　茶室的美学/906　茶道
大师的故事/908　千利休的训条/910　茶道典礼仪式详述/911

第四十六章　茶园中的故事 ································· 917
"老虎山姆"的封号/917　蟒蛇与树干/918　《小主人的喉
舌》/918

第四十七章　早期的饮茶习俗 ······························ 923
日本人对茶的尊崇/925　壮观的"茶旅行"/925　"茶芝居"的游
戏/926　西藏的酥油茶/927　荷兰的《茶迷贵妇人》/928　英国
饮茶习俗的发展/929　"一盘茶"/931　"茶"、"饮茶时间"和"厚
茶"/932　午后茶的起源/932　茶与节制/933　美国早期的饮茶
习俗/933

第四十八章　近代饮茶习俗 ································· 935
英国/935　新西兰/942　澳洲/943　加拿大/945　荷兰/946　美

国/946 德国/950 法国/950 苏联/951 欧洲其他国家/953
中国/953 日本/954 亚洲其他地区/955 非洲的饮茶国/958
拉丁美洲的饮茶国/958 新闻报纸上关于茶的新闻/959

第四十九章 茶具的发展 ······················ 960
中国宜兴茶壶/960 日本和西藏的茶壶/961 欧洲最早的茶
壶/961 成套茶具的发明/963 近代的欧美茶壶/963 天才的发
明家与茶壶/964 嵌入过滤器的茶壶/965 袋泡茶/967 其他泡
制器/968 茶囊和制茶匙/970 茶具杂录/970 茶壶与茶炉/970
公用的茶壶和茶炉/971 茶盒的兴衰/972 茶杯和杯托的变
革/972 茶匙的发展/973

第五十章 茶的调制 ························· 974
主要成分/975 沸滚而起泡沫的水/976 泡茶最佳的 5 分钟/977
麦斯默泡制法/978 茶素与单宁的成分/978 牛奶与白糖/978
科学泡制的规则/979 英国人饮茶的习惯/979 对于嗜茶者
的劝告/980 大份茶的泡制方法/986 茶的几种泡制方法/986
茶的新奇品种/989

第六篇 艺术方面

第五十一章 茶与艺术 ······················ 994
东方绘画艺术与茶/994 西方绘画艺术与茶/995 雕刻与茶/998
音乐和舞蹈与茶/998 中国的陶瓷艺术/1000 日本的陶瓷艺
术/1001 欧洲的茶用陶瓷/1003 英国的茶用陶瓷/1004 陶瓷
艺术在欧美的发展/1006 精美的银制茶具/1006

第五十二章 茶与文学 ······················ 1010
早期中国散文中的茶/1010 早期日本散文中的茶/1012 中国诗
歌中的茶/1012 日本诗歌中的茶/1013 早期西方诗歌中的
茶/1013 现代诗歌中的茶/1020 早期西方散文中的茶/1022
现代散文中的茶/1026 关于茶的轶事/1030

译者后记 ································· 1033

第 三 篇

科 学 方 面

第二十三章　茶的字源学

现代社会中与"茶"字意义相同的语言,都直接来自最早栽培及制造茶叶的中国,中国茶字的发音在广东为 chah,在厦门则变为 Tay。从这两个发音中之一,略加转变,或都没有变化,即成为现代各种语言中关于"茶"字的来源。

中国在 725 年以前,早期文献中是借用表示其他植物的字来表示茶,因此在这个时期以前,文章或文献中所提到的"茶"字是否指茶而言,尚属疑问。

王褒在公元前 50 年《僮约》一文中写道"牵犬贩鹅,武阳买茶"。武阳是四川著名产茶区的一座山,因此在王褒写这篇文章时,应当已经开始生产茶叶了,有些东方学者认为王褒所谓的"茶",就是指茶叶而言。

中国的"茶"字是古代荼字的借用字,有三种意义:(一)苦菜,(二)草,(三)茶。因此必须根据当时的情况才能断定其所指为何物。

据德国著名植物学家 E. 布莱特·施奈德(1833—1901 年)服务于北京俄国公使馆时所述,《世说》中记载惠帝的岳父王濛喜爱饮茶,就是指茶而言。

晋朝(6 世纪)诗人张孟扬作诗赞美饮茶,在《登成都白菟楼》中写到"芳茶冠六情,溢味播九州"。

在中国的教会医生约翰·杜贞引用《康熙字典》中"茶"字的解释:"人们说茶即是古代的荼,但不知荼有几种,只有槚,苦荼的荼才是现在的茶。孙炎却说荼并不是清洁的植物,也不是苦菜"。

"槚"是茶的另一个借用字,曾经被中国早期文人所采用,究其原因是当时文人们不能对茶树进行正确的植物分类,因此在翻译中国作家的作品《中国的蕴藏》一书中称:在《尔雅》中称茶为槚,意为苦茶,郭璞注释到:树小如栀子,叶冬生(即常绿)。

郭璞(276—324 年)是中国晋代的作家,曾经校订《尔雅》,并解释茶的意义如下:"槚,苦茶,常绿小树,与栀相似,取其叶煎之,可作饮料。早采为茶,晚采为茗;又名荈,蜀民则称苦茶。"

郭璞还指明其他两种茶属的植物为槚。

"茗"是古代茶的另一个名称,从暹罗语"Miang"转为云南土语"茗",这是最早把茶当作食物的。布莱特·施奈德博士讲到在公元前数世纪所著的《晏子春秋》中,记载茗茶是与孔子同时代(公元前 500 年)晏婴时期的食物。

《食货志》中也称茶为茗,该书虽被称为是神农时期(大约在公元前 2737 年)的书籍,但实际上是东汉时期(25—219 年)所写成的。

到了 5 世纪,茶仍称为"茗",当时有一位中国女作家鲍令晖称之为"香茗"。

明代顾元庆(1487—1565 年)所编的《茶谱》中说:"隋(公元 581—618 年)文帝病脑,僧人告以煮茗草作药,服之果效。"

当茶的饮用逐渐普及,人们将有多种意义的"荼"字减去一划而成为"茶"字。据 7 世纪时评注家杨士奇的记载,"荼"字在这个时期才转为"茶"字。

大约在 780 年时,中国的陆羽著写了举世闻名的《茶经》。据布莱特·施奈德博士讲:在《茶经》出版以前,"茶"字的应用并不普遍。陆羽在《茶经》中讲到当时代表茶的有五个字:荼—茶,槚—茶,蔎—茶,茗—春芽,荈—老叶。

杜贞博士认为远古的书籍中没有"茶"字,"茶"字首先出现在苏庚的本草中。苏庚是唐代(618—907 年)的官员,他修订并完成了唐代本草,著作为《本草纲要》,此书被认为是抄袭《神农食货志》,但实际并非这样,只是由苏庚增订而已。因为在郭璞注解

《尔雅》以前,并没有"茶"字出现。

　　中国茶字翻译成他国文字,是在茶叶销售给外国人时。布林克利说 5 世纪末叶,土耳其商队出现在中国北部边疆时,茶叶首先成为输出品。之后阿拉伯人从乌兹别克鞑靼人处购买中国茶,阿拉伯作者最早称之为"Chan"或"Sax"。现在阿拉伯和土耳其都有相似的文字,阿拉伯称之为"shai",土耳其称之为"chay",均由广东语"茶叶"直接演变而来。

　　8 世纪时,中国茶籽首次传入日本,并同时传入"茶"字。

　　波斯文的"茶"字,也由中国字演变而来,在 1633 年霍斯坦恩公爵出使波斯时,在他的报告中讲到波斯人非常喜欢饮茶,茶叶从鞑靼人处购得。"cha"字在波斯(现称伊朗)语中至今仍无变化。

　　17 世纪中叶,茶在俄国已非常普遍,同时传入西欧,但俄国与西欧不同的是,茶业由陆路运入,因此俄文"chai"字,也和土耳其与阿拉伯的"chay"及"shai"字,由中国"茶叶"二字演变而来。

　　欧洲人采用广东语"cha"字的,只有葡萄牙一国,因为葡萄牙人是欧洲人中最早与中国建立贸易关系的(1516 年),而与他们交易的则是广州商人。荷兰是从事东方贸易的第二个国家,并且是东方贸易最大的先驱者,最初由爪哇万丹引进茶叶,这种茶叶来自中国福建厦门商人手中,因此就将厦门土话"Tay"用拉丁文译成"Thee"音。其余欧洲各国,除葡萄牙外,开始时都依靠荷兰供给茶叶,所以他们的"茶"字都由厦门土音演变而成。

　　英语的"Tea"字,原来发音为"Tay",后来变成"Tee",均由荷文演变而来。据英国东印度公司的记载,1664 年"茶"字的拼音为"Thea",1668 年变为"Tey",此字属于完全新创,并非来自原有的英文或欧洲古文,仅应用于茶属植物的叶子和饮料,但当应用于其他植物时,如巴拉圭茶、新泽西茶等,则仅为借用字。

　　"茶"字并没有出现在《圣经》、莎士比亚的著作以及 17 世纪末叶以前的出版物中。在英国关于茶叶最早的记述,应当在 1650—1659 年间,"茶"字最初以"Tee"的形式出现,其发音为"Tay"。

1660 年时,才拼成"Tea"字。但直到 18 世纪中叶,其发音仍为
"Tay"。

按照 Hobson-Jobson 字典,发音的改变一定是在 1720—1750
年间,因其后来在托马斯·摩耳的诗中出现。

在 1745 年出版的字典中,英国人将此字写作"Tee"或"Tea",
发音为"Tiy",与现在的发音相似。

"Thea"字应用于茶树,是山茶科中的一种植物的学名,最先
为德国自然学家安艾尔伯特·凯弗博士(1651—1716 年)所使用,
他的著作《海外奇谈》(又名《可爱的外来植物》)在 1712 年出版。

"Thea"是希腊文"Oea"的拉丁译文,希腊文的原意为"女神"
或"灵草",是否由凯弗首创此字,无从考证,但必定是从厦门土语
演变而来,法文的"Thé",荷文及德文的"Thee"及英文的"Tea"也
是这样。

瑞典植物学家林奈斯(1707—1778 年)在 1737 年将茶名分为
两大类:Camellia 和 Thea,"Thea"是借用凯弗所创之字。

现在世界各国现代语中的"茶"字,均来自中国"茶"字的(1)
广东音"Ch'a"及(2)厦门音"t'e",即为:

(1)日本语,茶;俄语,Chai;阿拉伯语,Shai;土耳其语,Chay;
葡萄牙语,Cha;伊朗语,Cha;印度语 Cha;乌图语,Cha;意大利语,
Cia(已废);西班牙语,Cha(已废);英国军队俚语,Chah;西藏语,
Ja;安南语,Tsa;保加利亚语,Chi。

(2)英语,Tea;荷语及德语,Thee;丹麦语,Te;瑞典语,Te;法
语,Thé;意大利语,Te;西班牙语,Te;马来语,Te 或 Teh;福建土语,
T'e 或 Teh;拉丁文(科学用),Thea;新贺语,Thay;塔木耳语,Tey;
日尔曼土语,Thee;芬兰语,Tee;挪威语,Te;世界语,Téo-a;拉脱维
亚语,Teja;捷克斯洛伐克语,Te;匈牙利语,Te;高丽语,Ta。

第二十四章　茶的植物学与组织学

茶树属于种子植物门,是开花植物中最多并且最重要的一纲——双子叶植物纲。属于离瓣花目,科名曾经称为茶科,但现在大多称山茶科。以上观点,是已被植物学家所公认而确定的。只是在谈到茶所属的属名及种名时,经常会有一些不同的意见。

瑞典植物学家卡尔·万·林奈(1707—1778 年)曾经以林奈斯的名字闻名于世,是最早采用植物的双名法的人。他的名著《植物种志》一书,于 1753 年出版,首创了此植物的命名方法,因此他的著作实际上是现代植物分类学的基础。

1905 年,世界各国植物学家汇集在维也纳,举行国际会议,议定国际规则,其中第十九条中规定:"全部脉管组织植物的植物命名,均以林奈斯所著 1753 年初版的《植物种志》为依据",由此可见他的著作的重要性。

林奈斯在《植物种志》第一卷第 515 页上,称茶为 Thea sinensis,又在第二卷第 698 页称为 Camellia。因此在植物学界对于茶的名称问题就产生了两种不同的见解,(1)是否有两种不同的属,Camellia 和 Thea;(2)Camellia 与 Thea 是否可合并为 Thea 一属。

林奈斯决定茶树的特征,所依据的材料并不充分。因为后来的植物学家得到了一些亲缘种类,所以一些学者认为 Thea 与 Camellia 二属不可分离,这也就产生了如果合并为一属的话究竟冠以何名的问题。

著名英国植物学家罗伯特·斯威特(1783—1835 年)在 1818 年最早将二属合并而冠以 Camelliea 的名称。德国自然学家兼物理学家海里奇·弗霍德里克·林克(1767—1851 年)在 1822 年也采用了同样的分类法。只是根据国际命名规则第 46 条,凡是两种或两种以上相类似的种类合并时,应保留最老的名称。对于 Thea 与 Camellia 两名而言,《植物种志》的第一卷出版于 1753 年 5 月,第二卷出版于当年 8 月,因此 Thea 的名称早于 Camellia,两名合并时,此属应当称为 Thea,因此依据国际规则,茶属植物称为 Thea 是毫无疑义的,如果将 Camellia 与 Thea 分为独立的两属,则茶仍为 Thea 属。

也有植物学家认为 Camellia 与 Thea 不能作为独立的两属,而将 Thea 作为种名。例如著名经济植物权威乔治·沃特爵士以及 S. E. 凯恩德勒博士均将茶的学名定为 Camellia Thea Link。

但近年来,大多数植物学家均已采用林奈斯最初给予茶的学名 Thea Sinensis Linn,当然这个名称从地理学上讲不是非常准确,所以林奈斯本人在他的《植物种志》的第二版(1762 年出版)中即放弃了 T. Sinensis 的名称,并决定有 6 片花瓣的为 T. bohea,有 9 片花瓣的为 T. viridis;这与英国杂文作者及植物学家约翰·希尔(1716—1775 年)划分红茶和绿茶的方法同样武断。

近代植物学家对此问题的见解可以参考 C. P. 科恩·斯图亚特博士,他在任爪哇茂物实验场植物学家时,曾著了很多著作,其中写道:

> 最近所采用的茶的学名,与 1753 年著名瑞典植物学家林奈斯的最初所用的名称 Thea Sinensis Linn 相一致,自此以后,Thea 属已包括林奈斯所说的 Camellia 一属,而 Camellia 的代表即为温室中常有的 Camellia,现在称为 Thea japonica,有红色或白色的花。科学家发现两属的代表种类逐渐增多,并且发觉二属越来越接近,而 Thea Sinensi 的名称沿用至今,就不再仅仅指林奈斯时代的中国所产茶而已。1823 年自从勃拉马普特拉谷的森林中发现了阿萨姆种以后,科学界又碰到了让人迷惑的问题。即这种茶是否应与中国种同属于一种,或者作为

Thea sinensis 的一个变种,还是又属于另外一种。由于两种的形态外形差异很大,所以多数植物学家对于这种情况的意见倾向于后者,而称阿萨姆茶为 Thea assamica。只不过这个变种,完全是茶的味道的问题,现在我们已经知道中国茶与阿萨姆茶同是制造茶叶的植物,就要不应再持偏见,应恢复林奈斯的 Thea sinensis 原有的地位,因此无论中国、阿萨姆以及其他各种变种、各种品种或品系的茶,都应视为一种。

查尔斯·斯普拉格·萨珍特博士是伦敦林奈斯学会的外国会员,他还是美国哈佛大学植物园主任及植物学教授,他也主张采用 Thea Sinensis 的名称。

阿尔弗雷德·巴顿·兰德尔是英国皇家学会的会员及林奈斯学会会员,还是英国博物馆植物部主任,他也赞成上面的说法。

格雷植物标本馆的技师本杰明·L. 罗宾逊及哈佛大学植物分类学教授阿萨格雷,也与现今各权威的意见相同,主张以 Thea Sinensis 为茶所属植物的实际名称。而 Thea 一属与 Camellia 一属极为相近,因此对于属的分类采取比较广泛的观念的学者,经常将二者合并为一属,这完全是根据它们的形状而判定。但是罗宾逊博士显然认为 Thea 与 Camellia 应是不同的属,只是这种观点并不会影响 Thea Sinensis 这个名称的正确性。

纽约布鲁克林植物园的阿尔弗雷德·甘德林博士讲道:"茶树的花与装饰用的 Camellia 花,有若干不同的特征,所以现在所说的茶及其类似的种类,虽与 Camellia 相似,但并不隶属于同一属。因此茶的学名仍以林奈斯在《植物种志》一书中所采用的 Thea Sinensis 为妥。"

伦敦克犹的皇家植物园的各学者认为 Thea L. 的属名,最初见于林奈斯的《植物种志》第 515 页(1753 年 5 月出版),而 Camellia L. 则发表于该书的第 698 页(1753 年 8 月出版),因此茶树应称为 Thea Sinensis,因为这个名称最先出现。

但 J. 史密斯在他的《中国的武夷茶》(载于 1807 年,《科蒂斯植物杂志》卷二十五)一文中,首次将武夷茶、绿茶、广东茶等合称为 Thea Sinensis,其完整的名称为 Thea Sinensis(L) Sims。

茶树在植物分类学上的地位再重述如下:

门——种子植物门,纲——双子叶植物纲,目——离瓣花目,科——山茶科(Theaceae),属——茶属(Thea),种——茶(Sinensis)。

一 般 特 征

茶为乔本或灌木本,有时高达 30 英尺,叶互生,常绿,椭圆或长圆形,叶尖锐,有锯齿,叶面光滑,有时叶背有软毛。成熟的叶,暗绿色,平滑坚韧,长约 1—12 英寸,嫩枝多有软毛,且有薄而尖的芽(白毫)。

花芽单生或丛生,自叶披的侧芽长出,球形且松弛下垂,与花相同。花色白,有芳香,直径约 1 英寸,萼 5—7 片,为革质宿存,花瓣 5—7 片,排成一圈,雄蕊多数合为一体下垂,花药为二室,子房有毛,三或四室,花柱平滑,有三四个长形雌蕊,茶的子叶细胞含有大量的油和其他物质,用来供给发芽胚体的营养。

果实光滑,褐绿色,直径约 1 英寸。有 1—4 个裂片,视其是否由一室或多室发育结果而定:每室有 1—3 粒种子,外表光滑,但带有沟痕,是其子房的结合点。种子暗褐色,直径大约为半英寸,球状或扁平状,光滑。在种子中有大油状片,两片为其子叶。分离时,幼叶与幼根可明显区别,发芽时更加明显。果实的果皮在种子成熟前,组织坚硬,呈绿色,成熟后变为暗褐色。

茶树的变种

如何正确分别茶树的变种,有多种不同的意见。变种本身具有易于变成中间形态的倾向,仅凭其细微的差异加以区分,在植物学上实在是没有多大的价值。在一般栽培茶树时,栽培者往往认为品质与普通茶树稍有不同,就是茶树的另一品系。这种观念,在商业上或许有存在的价值,但不足以构成植物学上的定义。因为这些品系往往没有充分固定的特征,作为科学上的品种根据。变种,经常因栽培上的选种而发展,具有固定的名称。

　　沃特举出茶树的四种主要变种,即:尖叶变种、武夷变种、直叶变种以及尖萼变种。尖叶变种又分为 6 种:(1)阿萨姆土种;(2)老挝种;(3)那伽山种;(4)马尼坡种;(5)缅甸及掸部种;(6)云南及中国种。直叶变种是一小丛茶树,据沃特所述,经常在印度的种子园中见到,随时开花结果,叶厚而坚韧,长 $1\frac{1}{16}$ 至 2.5 英寸,宽 $\frac{1}{16}$ 至 $\frac{3}{4}$ 英寸,很少有 8 条以上清晰的叶脉。沃特还讲到尖萼变种恐怕是供于制茶用的茶树中最具有热带特性的,它是一种新加坡及伯南茶树。

　　科恩·斯图亚特将四种变种或更多种类的分类系统,代替沃特的分类法,将其中最主要的阿萨姆标准型茶丛与中国种分别命名为阿萨姆变种及武夷变种,后者的名称曾为林奈斯所用,由以产红茶闻名的中国武夷山而来。他还发现在中国南部及西部一带的大叶变种及暹罗、缅甸掸部型的土种。

　　阿萨姆托格拉茶叶试验场前任化学师 C. R. 哈勒博士,在研究了科恩·斯图亚特最近的著作以后,将茶的四种变种之名定为武夷变种、大叶变种、掸部型变种以及阿萨姆变种。武夷变种(中国茶)是种小而粗的茶丛,枝条很密,叶小而硬(长度在 3 英寸以下),有不明显的叶脉 10 至 14 对,叶芽通常为紫色,树丛开花繁茂。大叶变种形状如中国种,但树身较大(约高 15 英尺),叶也长达 6 英寸,叶面有 8 至 9 对叶脉,也不明显。掸部型变种至今还没有拉丁文名称,明显与阿萨姆变种相近,树高 15 至 30 英尺,叶面有 10 对左右的叶脉,顶端尖锐,叶形比其他品种更接近于椭圆,叶边有小而密的尖锐锯齿。阿萨姆变种(阿萨姆土种)在野生状态下可高达 30 英尺,枝条比较稀疏,有大而且顶端尖锐的叶(6 至 12 英寸),侧脉为 10 至 16 对,非常鲜明,因此在叶背形成明显的沟,花少而且不集中。

还有些植物学家认为阿维兰热·德罗里诺(1715—1796 年)所定名的广东变种也非常重要,这种变种高约 4 英尺,枝条很密,叶为指针形,有锯齿,平滑而较厚,很短,花单生,果实三房及三裂。

变种的品种

沃特将尖叶变种分为 6 个品种,前面已经提到。其中的第一个品种是阿萨姆土种,已被确认为一个变种,他将其他各品种记述如下:

第二种为"老挝种",是一种受大众欢迎的 50 至 60 英尺高的小乔木,叶片充分成长后,平均长度约为 8 至 14 英寸,宽为 4 至 6 英寸,是现今所知的茶树中叶片最大的,比中国茶树的任何记录都要大。叶面具有 22 至 24 条明显的叶脉,组织与表面的特征与阿萨姆土种相同。这种茶树仅产于雪尔赫脱和吉大港的一部分地区,完全是地方性野生茶树发展而来的。

第三种为"那伽山种",是种小而茂盛的茶树,向上生长的枝很少,在邻近菲里麦一带高达 2000 英尺的地区很多。叶狭长,长约 4—9 英寸,最宽之处仅有 2—3 英寸。组织结构与阿萨姆种相似,在安姆古里一带也有栽培,经常用来与阿萨姆土种杂交。

第四种为"马尼坡种",是马尼坡的野生茶,在该地区并没有经过人类栽培,仅成为森林中的野生植物。如果将它带到卡察、雪尔赫脱,甚至阿萨姆,都会生长得很好,并可与其他品种杂交。特征为叶很宽,几乎呈长椭圆形。长 6 至 8 英寸,宽 2.5 至 3.5 英寸。在组织上,叶软而坚韧,暗绿色,叶脉稀疏呈开放状,它是阿萨姆土种中叶最宽的。多数茶园中所见到的暗绿色茶树,大部分就是这种茶树,也有将它认为是阿萨姆土种的。

第五种为"缅甸及掸部种",关于这个品种能否与其他品种分开,研究很少,因此它的地位应当在以后加以谨慎的研究。这个品种一方面与"马尼坡种"相混,另一方面又与"云南种"相混。叶小而厚,质粗糙,叶边锯齿尖锐,叶面不如"马尼坡种"平滑,但形状完全为椭圆形。最近由于乌龙茶热而受关注的台湾茶,其叶除了比"缅甸及掸部种"更长外,其余都非常相似。我还没见到更多的乌龙茶叶片,因此还不敢断定是同一品种,但根据我的判断,以后必定会有机会证明这是一个特别的品种,值得单分出一种。

第六种为"云南与中国种",关于中国所产茶树的品种,了解的很少,很难像印度茶那样加以分类……在大多数植物标本室中,经常见到中国各地所产的茶树标本,但不是很详细,直到最近亨利博士才将它进行了详细并系统地采集。他告诉我,这是一种小而且分枝稀疏的茶树,生长在浓密森林的树荫下,其情况与印度野生种的状态相似。

其他植物学家也有不按照这种分类法而将上述品种作为不同变种的,还有发现很多其他变种品种及亚品种的。

茶的代用品

茶树除了茶叶作为饮料之外,茶花干燥后,按泡叶的方法也可作为饮料,因此茶花可称为茶的代用品。

茶的最主要的代用品应当是"马替"茶,又称为"贤白马替"、巴圭茶或巴西茶,属于一种冬青科植物。叶长 6—8 英寸,有短叶柄,并有尖锐的叶尖。叶边有整齐的锯齿。花小而色白,叶脉呈开叉的簇。花瓣、花萼及雄蕊均为 4—5 个,果实有 4 个种子。这种植物在巴拉圭和巴西南部生长的很多。

采取"马替"茶的大都是印第安人,他们爬到树上,用剪刀切取生叶的树枝,将树枝合成一束,在火面上熏烤,使其萎凋而且不会烤焦。经过这种处理后,就送到工厂作最后的干燥,时间大约为 14—16 个小时。然后将干叶碾成粗粉,装袋销售。有时也有用铁锅放在砖炉上,像中国烘茶法那样进行干燥。

在巴拉圭及阿根廷,先将叶的中肋剥下,然后烘焙,称为"加米里"或"加米林"。"马替"茶是由较大的老叶制成,并带有嫩枝新梢及小茎,在巴西使用的最多,而称之为"加伽科"或"加伽苏"或"贤拉陀布鲁"。品质最好的是由未展开的幼叶制成,常带有红色,称为"加科"或"加科育"。

"马替"茶虽然是由基督徒首先栽植,但在古代早已为印第安人饮用,"马替"一词,是由印加人的语言而来,原意为葫芦。"加"是这种植物的印第安土语,斯巴尼人则称之为"贤白"。

"马替"茶使用镶银的葫芦作为泡茶的器具,大小约与大橙子相等,顶部开口,先将糖和少许热水倒入容器中,再加"马替",最后用开水或热牛奶加满,有时则将少许烧焦的糖或柠檬汁加入容器中,用来代替牛奶。

这种饮料用长约六七英寸的金属和芦苇制的小管吸用,吸管一端呈球状,用芦苇精细编织,或用金属制成,球面有微细的孔,"马替"茶就由管中吸入口中,这个吸管叫作"Bombilla",在家庭中经常用这种葫芦与吸管逐一传递饮用,马替茶也可用普通的茶杯饮用。

还有一种饮料,称为"卡西纳",是一种北美所特产的冬青晒干制成,这种植物的叶中含有咖啡碱。美国农业部的化学局曾提出一种干燥此叶的方法,制成"绿卡西纳"、"红卡西纳"及"卡西纳马替",最后一种与"油白马替"极为相似。

茶的代用品有很多,许多国家都有其特殊的"茶",在一次世界大战时,由于对茶的迫切需要,因此寻找出许多古老的方法,再加以一些新方法制出了许多茶的代用品。

最主要的一种代用品为"Faham"或"Fa-am"或包旁茶,它是由一种名为安格兰桂的果树的干叶制成。这种植物原产于非洲,但以马达加斯加、来龙、包旁及毛里求斯最多。最初大家都认为这种植物具有香兰草的香味,后经卡尔迪发现它的香气是因为含有桔香精油的缘故。叶少,形狭细长,花白而香,所谓包旁茶就是用它的干叶制成。来龙人及马达加斯加人自古以来就饮用此茶。

加波立茶,又称苦包卡茶或意温茶,由三种草叶经染色制成,即柳兰、绣线菊及山利木的干叶混合后,放入热水中,再加摩擦,并掺入稀糖水、香料晒干。

南海茶用冬青科的一种灌木或小乔木桂树的叶制成,产于美国南部。

新泽西茶是鼠李科的一种灌木 Ceanothus americanus 的叶制成,产于北美。

山茶又称加拿大茶、红茶或纽芬兰茶,是石南科的短小丛木侧卧白株树所制成,原产于加拿大及北美,有时称为马蹄草或茶莓。

波西米亚茶或克洛地亚茶,由石苇制成,常称为"茶"而加以栽植,用此制成的红"茶"或绿"茶",经常用来冒充真正的茶叶。

拉勃拉特茶是石南科直立小叶丛木——矶踯躅树叶所制成,原产于北美、加拿大及拉勃拉特。

俄斯威哥茶或宾夕法尼亚茶是由唇形科的一种多年生植物美国薄荷的叶制成,原产于加拿大及美国北部,可作滋补药及胃药。

柏格齐或称山茶,产于德国哈尔志山,由蓍苇花、乌荆子、欧洲薄荷、款冬、薄荷等合成,另加以梓木根皮及甘草根。

冬青茶是由冬青科一种常绿平叶丛生的灌木梅叶冬青的叶制成,原产于美国北部及加拿大,这种植物一般称为蓝莓。

本高伦或马来亚茶,在苏门答腊使用,由桃金娘科的灌木针叶松红梅制成,产于马来半岛。还有同科的其他种类的植物,如松红梅及桃金娘科两属,在澳洲及新西兰均称为"茶树"。

墨西哥茶是藜科的多年生藜草,产于墨西哥,但已移植于南欧。这种植物通称为鹅脚或猪草。

波丹尼湾茶或称为甜茶及澳洲茶,是原产于澳洲的牛尾菜科的一种蔓延性常绿灌木。

灌木茶或岬甲茶是由 Cyclpoia genistoides 或其他近似种类植物的叶制成。

巴西茶为高大单茎的两年生植物,花蓝色穗状,属于马鞭草科,产于西印度群岛及美洲的热带地区。

西印度茶由玄参科的瘦果伯萨的茶制成。据说原产于北美,但已移植于西印度群岛。通称为山羊草。

阿比西尼亚茶有时称为阿拉伯茶,由巧茶的叶制成,为阿拉伯人所饮用。

阿根廷茶是 Partnychia 的一种,它的花可制成药用茶。

伯尔伯里茶是黄杨刺或阿盖尔公爵茶树的叶制成。

蓝山茶由北美产的香一枝黄花的花和叶制成,又称为金棒茶。

丁姆斯特茶是由北美产的麻黄类植物所制成,有治性病的功效。

推山茶产于中国南部,穷人经常用它的叶作茶用。

查马米尔或卡莫米尔茶是西欧及英国所产的白花青黄菊所制成。用花作饮料,略带苦味,这种植物在英、法、比利时都有栽种。

欧洲茶由药用婆婆纳的头状花所制成。气味芬芳,但有苦味。

法国茶或希腊茶,常用法国南部生长的鼠尾草制成,有强烈的香气和特殊的味道。

其他还有很多茶的代用品,现列举主要的如下:

柠檬草为印度土著人所用;苏门答腊人用烤咖啡叶代替茶;好望角人用 Printyia aromaica;中国人用蔷薇科的白花蛇莓属植物;新荷兰用地榆;日本人采用一种八仙花属植物;暹罗人用"老藤";

中非及锡兰用兰草属植物;野樱草以前为英国人所用;毛蕊花至今在德国及其他欧洲国家还有使用的;智利人采用一种豆科植物;印度土著人用"图拉时";有一种石南制成的萨尔伐多茶为澳洲的塔斯马尼亚及法克伦特人所采用,等等。

掺　杂　物

最普通的掺杂物是其他植物的叶,所用的叶,大多有收敛性及边缘有锯齿的,其中如山毛榉、山楂、茶梅、乌荆子及金粟兰的叶,但对于无关重要的顾客,那些与茶绝不相似的橡叶、白杨叶、枫叶及其他树叶也被掺入。

从前应用很广的掺杂方法是掺入用过的茶叶。由餐馆、旅社收集用过的茶叶,经过干燥,混入真茶内。有时并没有新鲜的茶叶,就用废叶拌以儿茶、焦糖、蓝靛、柏林青、姜腐植质、石墨等,所谓的商队茶及君王茶,据说就是用这种方法制造的。所谓的高加索茶是以用过的茶叶与乌树的叶混合。这种掺杂方法用显微镜不能分辨,但是可用化学方法检测,尤其是检测其热水浸出物、单宁总量及可溶性物质。

其他的掺杂是想增加重量的可用物质为粘土、石膏、铁屑、沙子等,通过化学方法很容易检验。

以前茶叶大多着色,以使其外观美丽,所用色料,绿茶为滑石、普鲁士蓝、群青、蓝靛、姜黄、肥皂及石膏等;红茶则用石墨。着色的化学检验方法,里奇曾列举如下:着色的精细检验方法是用筛筛出茶叶末,或用水与茶叶摇动后所得到的沉淀物,将粉末或沉淀物放在显微镜下观察。石墨呈现有光彩的黑色,肥皂石——灰色,石膏——白色,普鲁士蓝——蓝青色,蓝靛——蓝色,姜黄——黄色。普鲁士蓝遇苛性钠褪色;群青遇碱液无反应,但遇盐酸褪色;蓝靛遇上述两种试剂均不褪色。

美国禁止进口着色茶,应用简单的瑞德机械方法检验着色茶。

这种方法由美国化学局已故阿尔伯特·瑞德女士发明。将茶叶筛出的粉末放在白纸上用角匙摩擦，任何着色剂无论普鲁士蓝、蓝靛或群青，均在纸上留下有色条纹，之后再在黑纸上作同样试验，如果有石膏或硫酸钡，则黑纸上会立刻出现白色。这种简单的试验，各进口商可以在办公室内进行，非常方便。

爪哇茂物实验场的 J.J.B. 杜斯博士列举真茶分析须知如下：

（1）当用显微镜观察时，无异样的叶。（2）茶叶的含水量应在 8%~12% 之间，这是欧洲纯粹茶叶的水分含量标准。（3）茶叶含矿物质最多为 8%，而不少于 3%，但食用盐或灰尘及铅都会影响这个数据。（4）绿茶的水浸出物的含量至少有 20%；红茶至少有 24%。优良茶叶应为 30~40%。在杯中较少是因为没有完全浸出。（5）咖啡碱的含量至少为 1%，绿茶的单宁含量至少为 10%，红茶至少为 7.5%。（6）不能含有奇异的色料。（7）茶如混有铅，则绝不能作为饮料，只能作为提取茶素用。

显微镜下的组织

茶叶显微镜切片的制作方法有几种，根据叶的部位及检验目的而不同，最普通的是将茶叶浸在开水中，然后再放入含氯醇水化物 2 份与水 1 份的混合液中。

观察叶底的表皮，可以看到特殊的茸毛，这是茶叶最大的特征，嫩叶的茸毛比老叶多，经常形成浓密的毛茸，长 0.5—0.7 厘米，底部弯曲成直角，因此铺在叶的表面，成一平面，这是由长形细胞形成的，细胞壁很厚，有时在插入表皮处，被放射状的表皮细胞包围。

茶叶先用氯醇水浸泡，再用甘油，最后用水，就可观察叶底的表皮细胞。细胞的外围为水波状，老叶更为明显。中部有无数的气孔，呈广阔的卵形，经常是三四个附着在细胞的周围，这些细胞较窄，沿切线方向紧密连接。气孔是狭小的细孔，这也是茶叶的特征。叶面的表皮有小而柔软多面的细胞,但是没有气孔。

　　叶的边缘为锯齿状,每个锯齿是一个圆锥状的柔软细胞,被一层腺细胞所覆。据科恩·斯图亚特说:茶芽能产生一种胶质,如果一个锯齿脱落时,在叶上会留下棕色的疤痕,并且有一条小静脉通至疤痕。

　　在上表皮下作一横剖面,可以看到栅栏状组织的柔软细胞,有时有两层。栅栏细胞从表面看为圆形。叶面表皮之下为海绵组织,空间很多。叶的中部有无数含有结晶体(草酸钙)的细胞。

　　茶叶最明显的特征是绿色组织,这种组织大而无色,由形状特殊的厚膜细胞或石细胞组成,随叶的成熟而增加。形状有时为星形,有时为树枝形,经常有深折痕的边,支撑上下表皮。英国著名作家阿尔伯特·E.里奇及 A. L. 温顿在《食品分析》一文中写道"要观察这种组织,最好制有一个茎或中肋的切面,与叶面平行。要做这个切片,应先将叶片浸在水中,再浸于酒精中,然后再切"。伦敦大学英国药物学会制配药物学教授亨利·C.格里尼诗发明用藤黄酚及盐酸使其木质化的细胞壁着色,便于观察。叶的内部,主要的是基础组织,被充满叶绿素的细胞及脉管组织的纤维束包围。格里尼诗指出辨别茶叶的特征如下:(1)茸毛的形状与大小,与底部的细胞同呈放射状排列。(2)草酸钙的结晶为簇形,常有结晶砂附着。(3)厚膜细胞毛,在叶柄和中肋的,绝不会完全没有。(4)气孔。(5)叶边的锯齿,或其脱落后的疤痕。

第二十五章　茶的化学[①]

在讨论茶的化学以前,概述论题的性质并指出茶叶问题中科学研究的发展趋势,是非常必要的。

关于茶的化学,最初只是注重商品成茶的简单分析,而后在产茶国开始了对鲜叶的分析。

研究茶叶在制造时所发生的变化,大约开始于 1890 年,之后的 20 年间,研究方法才具备了一定的基础。自此资料逐渐丰富,对于茶叶化学的见解也日新月异。

与制造红茶有关的酵素、细菌、酵母菌的科学研究,开始于 20 世纪初。

由于茶叶化学问题的复杂性及现代生物化学知识的不足,人们关于茶叶化学方面的知识仍然非常有限。而且由于在爪哇、印度及锡兰研究茶叶的化学家,远离西方的科学中心,也造成了交流上的困难。

因此研究的结果,从纯粹科学的角度而言,并不十分明确,而且研究根据的理论与实践的方法,仅能引用西方对于相似问题的处理方法,而研究的结果又多以实用及商业价值为目的,因而影响了工作的正常进行,导致完全理论性质的研究少之又少。

以下列举近代茶叶化学观念的发展,并将早期化学家的工作及其结论加以简单叙述,其次讨论茶的主要成分以及与茶叶有关的发酵与微生物,最后讲述目前已知的茶叶制造时所发生的化学

[①]　原书注:本章作者为 C. R. 哈勒,哲学博士,理学士,化学学会会员,英国皇家气象学会会员,印度茶业协会托格拉茶叶试验场化学师。

变化。

成茶的分析

本节力求使没有专门化学知识的读者易于理解，因此提供了许多定义和详细的解释，其中大半是为了说明某种论证或推理，并非为专业人士所写。

如果分析鲜叶，再分析成茶，似乎比以下的无系统的分析更加合乎逻辑；但是为了符合历史的演变进化起见，首先论述成品茶似乎更加合理。

初期的研究——玛尔德、波立高与罗切里德三人在1840—1850年间完成了部分最早茶的化学研究工作。前二人是依照当时的标准方法分析商品成茶。罗切里德的研究，由茶叶中发现了单宁，并分离出一种物质，称之为武夷酸，这大概是由当时供制中国红茶的武夷茶树的名称而来。赫拉西沃与马林于1861年在茶叶检测出没食子酸，后来又声明在中国茶中检测到一种黄色结晶物质。海兹威托证实了所谓的武夷酸就是没食子酸、草酸、单宁与槲皮黄质的混合物。

在1860年及后来几年，曾经有过多种茶叶的分析，随着化学知识不断的增加，研究课题也逐渐增多，到了1880年，非常完全的分析方法已可应用。

1879年，布莱斯所发表的一文中，列举出茶的成分为香精、茶素（现称咖啡碱）、武夷酸、槲皮真黄质、单宁、槲皮黄酸、没食子酸、草酸、树胶、叶绿素、树脂、蜡、蛋白质、木质、色素与灰尘。文中引用德拉根道夫关于俄国商品红茶的分析，来表示水溶解物、咖啡碱、氮、单宁、碳酸钾与磷酸的百分比，这些数据显示了巨大的变化，而与现代分析结果的标准相符。

如果将1879年布莱斯对于通行的茶叶分析及化学分析对于评定茶叶价值的未来用途的观察加以注意，会发现非常有意思。

他讲道:"我们没有完整的茶叶分析,只有无数的茶叶各部分的分析。"茶的全部成分今天虽然已经明了了,但是这句话在今天仍然正确,因为一般的分析仅展示出个别物质多种方面而已。

在同一篇文章中,布莱斯还说明:"茶叶贸易完全依赖于科学分析和茶师报告的时期已不会太远了。训练有素的味觉,能鉴定特别的香味,而化学分析是不能达到这一点的;然而一个完全的茶叶分析报告则具有很高的价值,可作为买主的指南针,或是作为茶中没有掺杂杂物的证明。"这篇文章虽写于 50 多年前,但今天我们对于茶叶的评价仍旧要看茶师的意见,不管科学发展到何种地步。

杜斯于 1924 年发表了一篇文章,将茶师评茶所用的茶汤中的咖啡碱、单宁及水溶解物进行多次定量分析以后,得出结论:"以我所见,要在茶的成分和其品质间确立关系是不可能的事。"文中所说的茶叶的成分,已经知道有刺激性物质的存在,因此无论如何,其中的一部分必定与茶的刺激性及茶汤的品质有关。

1910 年,伦敦莱塞特实验所完成了多种茶叶分析。其分析结果,咖啡碱与单宁在上等茶叶中往往形成一种化合物,即单宁酸咖啡碱,但在普通茶中,这两种物质大半不会结合。并且还讲到如果咖啡碱与单宁以结合的状态而存在,那么一切饮茶的不利之处会降到最低。但是这种实验结果未必被后人所认同。

近代分析——在 1914 至 1915 年,卡蓬特与库普二人对于印度茶做了很多次分析,用以确定咖啡碱、单宁与水浸出物的含量,并且还研究单宁与咖啡碱的化合物,但是他们的定量分析没有与茶叶的市价或茶师的报告产生紧密的联系。

杜斯对于多种爪哇、日本、中国及台湾样茶,曾测定 5 分钟冲泡液中所抽取的咖啡碱、单宁及固体物质的含量,他将分析结果与茶叶品质比较后,得出下述的结论,见表 25—1:

表 25—1　5 分钟冲泡液所抽出的咖啡碱与单宁

	咖啡碱	单　宁	水浸出物
爪哇红茶	2.7%~4.4%	6%~20%	16%~26%
日本绿茶	2.0%~3.3%	4%~12%	16%~26%
中国红茶	2.0%~3.7%	5%~10%	16%~22%
台湾乌龙茶	3.1%~3.7%	12%~23%	23%~25%

咖啡碱的定量方法将在后面详细叙述。

单宁的定量方法如下：茶叶先用开水浸泡，然后取出，加入取出水量的 40% 的乙醛液处理，再加入浓盐酸，并加热 15 分钟，就会生成棕色的单宁状沉淀物，这就是单宁与乙醛的化合物；1 克单宁，生成 1.24 克单宁状物质。这种方法并不完善，但杜斯坚称用此法可以得到准确的结果。

此处需注意，按照旧的单宁分离法，盐酸与乙醛能沉淀"儿茶酚"单宁类物质，但不能使"没食子酚"单宁类物质全部沉淀甚至没有沉淀作用。杜斯的方法是假定茶单宁属于前一类。

今天研究茶叶的化学家一致认为成茶的市场价格并能用现今化学分析表的数字来估计；虽然，近几年来日本绿茶的品质估计，是根据冲泡液的花青素的含量而定，并已引起人们的注意。花青素是在强烈的日光下生成于叶中的物质，味苦，并有损绿茶的品质，因此最好的绿茶是由荫凉下的茶叶制造而成。

花青素的试验是日本金谷茶业试验场完成，现被认为用作测定日本绿茶品质的一种方法。这是一个简单的试验，方法如下：在茶的冲泡液中——如茶师所泡制的，加入数滴稀盐酸，如有花青素，溶液则变为红色，而且红色的深浅随花青素的含量而增减。因此用一组标准的颜色，即能对微量的花青素进行测定。茶液中含有 1‰ 的花青素，就会产生苦味，明显有损茶的品质。玉露茶是日本的上等绿茶，不含花青素。

日本对于花青素的存在与变化，以及少量存在于叶中而与之有关的花黄素色质,还在作进一步的研究。对于此类物质将在后文中描述。

花青素的检定方法不能用于红茶。

印度、锡兰、爪哇红茶的品质,与其冲泡液中的单宁及单宁生成物有密切的关系,虽然用普通方法所测定的单宁并不能说明这种关系。如果将硫酸、食盐或硫酸铔加入到红茶的冲泡液,则会产生沉淀,而茶液中的单宁则减少。许多学者认为利用这种方法可以将红茶冲泡液中组成"单宁"的各种物质加以区别,对于这个问题的研究,莱塞特实验所的一名工作人员在1911年著有一篇文章并发表。较新的研究已在阿萨姆和锡兰开始进行。

以前所得出的结果,并不能急于断论,单宁这种物质将在本章单宁一节中详细讨论;单宁酸、咖啡碱的生成将在咖啡碱一节中一并讨论。

化学分析虽可确定茶的一些品质,但化学家是否最终将取代茶师,尚属疑问。

表25—2说明红茶的数种主要成分及其含量的合理范围,但需补充一点的是,茶叶成分的数值,往往超出表中的范围,与茶师的评价并不相对。

绿茶具有与红茶同样大的变动范围,表25—3表示玉露茶与煎茶分析结果的普通界限。煎茶为日本的普通绿茶。

表25—2　红茶的主要成分与含量的范围

水　分	5%～8%
咖啡碱	2.5%～5%
氮	4.75%～5.50%
单　宁	7%～14%
水溶物	38%～45%
灰　分	5%～5.75%

表 25—3　日本玉露茶与煎茶的分析

化学成分	玉露茶	煎茶
水　分	3%~7%	4.5%~5%
咖啡碱	3%~4%	2.5%~3.2%
氮	6.2%~6.8%	5.5%~5.8%
单　宁	10%~13%	14.5%~18%
水溶物	37%~43%	43%~46%
灰　分	6%~6.5%	5.4%~5.8%

　　茶叶分析的结果显示如此大的变动,因此它的平均值并不重要,表 25—2 中的平均值也是如此。

茶叶的成分

　　早期的研究——鲜叶最早的化学分析,在 1880—1890 年间进行。1886—1887 年,凯尔纳详细分析了鲜叶及每隔一定日期所采集的鲜叶的灰分。1887—1892 年间,茶的分析结果及记录,由保罗及考思利二人收集发表,在当时非常有用。1890 年,日本的湖西在研究茶叶时,取一定量的叶,一部分在 80℃的温度下迅速干燥,一部分制成绿茶,一部分制成红茶,三者的分析结果如表 25—4 所示。

表 25—4　湖西对干叶、绿茶与红茶的分析

化学成分	干叶	绿茶	红茶
粗蛋白质	37.33%	37.43%	38.90%
粗纤维	10.44%	10.06%	10.07%
灰分	4.97%	4.92%	4.93%
咖啡碱	3.30%	3.20%	3.30%
单宁	12.91%	10.64%	4.89%

化学成分	干叶	绿茶	红茶
热水浸出物	50.97%	53.74%	47.23%
醚浸出物	6.49%	5.52%	5.72%
含氮量	5.97%	5.99%	6.22%

可溶性单宁与热水浸出物都发生了明显的变化,在制造红茶时,可溶性单宁大约失去8%,约占总量的2/3。

首先对于茶叶化学及制造时所发生变化的有系统的研究工作,是由班博在印度及锡兰所完成,在爪哇则由万·罗姆博格、罗曼与南宁加三人完成。

在1891—1892年,班博首先在印度东北部为印度茶业协会工作,他的著作《茶的化学与农艺》,大多采用了他在阿萨姆的实验结果而加以详细论述。1898年,他与锡兰种植者协会签订合约,开始研究锡兰的土壤及该地茶叶的制造。他的报告名为《锡兰的茶土》,其中关于茶的化学的材料很多。班博之后的许多研究与实验结果,发表在《印度的种植与园艺》书中。

1892年,万·罗姆博格、罗曼与南宁加三人在爪哇出版的荷兰杂志中发表了他们的报告。杜斯将他们历经15年的研究结果作成摘要公之于世。

1900—1907年,迈恩在印度东北部工作,在茶叶化学、生物学方面贡献很多。同时伯纳德及威尔特在爪哇也从事着类似的工作。

对于这几位早期化学家的工作,将在后面经常提到。

自1910年以来,研究茶叶问题的化学家越来越多,研究的范围越来越广,默默无闻的个人研究者也很多。

最近的科学家们已完成茶叶制造中实验方面的详尽研究。

鲜叶——茶的嫩叶与大多数植物的叶不同,含有大量的单宁和咖啡碱。茶树嫩梢的水分在75%~80%之间。组成灰分的物质,大约占叶中干物质的5.5%。

茶叶的组成,基本上由纤维素与粗纤维、蛋白质、单宁、咖啡碱、树胶状物质、糊精、果胶素、脂肪、蜡及灰分组成。这些物质占茶叶固体物质的95%。其余5%为叶绿素及其他联合色素,并有少量的淀粉、糖类、没食子酸、草酸、槲皮黄质等。

鲜叶含有微量的挥发成分,可用蒸汽蒸馏鲜叶得到。这种挥发成分有明显的芳香,是一种酸,并含少量酮与一种还原剂。

鲜叶的水浸出物,各种样品往往大不相同,表25—5表示研细的干叶从开水中抽取的物质的性质。百分比以叶的干物质计算。

表25—5 干叶粉从开水中抽出物的性质

化学成分	水浸出物的组成
单宁	27.70%
全氮量	2.50%
非蛋白质氮,咖啡碱为主	1.56%
树胶状物、糊精、果胶质、其他	6.00%
灰分	5.03%

表25—6 阿萨姆茶的好叶与次叶的代表分析

化学成分	干物质的百分比	
	好叶	次叶
单 宁	25%	15%
咖啡碱	4%	2%
水溶物	47%	35%

茶叶的水中溶解度及其在其他溶剂中如三氯甲烷、乙醚、乙酸乙酯、乙醇中的溶解度,在后文关于红茶发酵一段中讲述。

如果其他条件相同,最好的红茶与绿茶是由细小柔软略呈黄色的一芽二叶的嫩梢所制成,这种嫩叶在分析时所检测的单宁、咖啡碱、水溶解物,大致比同一环境下所生长的次叶更高。表25—6是从阿萨姆收集的好叶与次叶的代表分析。好叶软而多汁,次叶虽然也是嫩茶,但比较干硬。这种分析所用的是鲜叶的一小时开水抽出物。

成茶——红茶制造时发生重要的化学变化,其中主要的芳香的挥发及某种单宁化合物的生成。一些单宁化合物溶解在茶的冲泡液中,而使之呈现鲜明的颜色,其他不溶解物不溶于茶的冲泡液中。芳香与香味经常与茶叶的芳香油有密切的关系。

制造绿茶时,并没有可溶性有色单宁体生成,叶中单宁大半仍为可溶性。绿茶制造时没有芳香油的生成。

红茶的冲泡液,大概包含单宁与单宁生成物、咖啡碱、糖类及少量除咖啡碱以外的含氮物,并有芳香油的形成与少量色素。绿茶的冲泡液大致包含单宁、咖啡碱、树胶状物、糖类及除咖啡碱以外的少量含氮物所衍生的少量物质及色素。

红茶与绿茶中最重要的物质为咖啡碱,如果没有这种兴奋剂,则作为饮料的茶,能否有如此广大的需求,尚属疑问。

在多数印度、锡兰与爪哇的红茶中,茶单宁被认为是第二种非常重要的成分,并非仅因为茶单宁使茶汤带有特殊的辛涩刺激与收敛性,还因为茶单宁能产生冲泡液中的有色物质。凉茶凝集的"乳状物"中包含一部分的单宁体。

如果茶中含有足够的香味与芳香,则其他特性皆无足轻重,芳香的茶必会有很高的价格。许多最好的中国祁门红茶与宁州红茶,几乎全部根据香味评定价格。多数大吉岭茶与锡兰茶也是如此。这种茶的单宁含量通常较低,在这种情况下,单宁当然不是重要的因素了。

在品质检验时,茶汤的浓厚或者说冲泡液的"身骨"是非常重要的因素,这种因素来自于热水中所抽出的固体物质。"水浸出物"即水溶物的百分比的名称,在红茶与绿茶中都非常重要。

如前所述,花青素的含量是以绿茶的品质来判定。绿茶的品质也可直接根据叶的氮量而判定,而冲泡液的含氮物的百分比也视之而定。

　　然而关于上等或劣等红茶与绿茶的主要成分的总量,并无规律可循。红茶中芳香油的重要作用及日本绿茶中花青素的有害作用,皆已谈到。芳香油与花青素存在于茶中的量极少。

　　在讨论茶的水溶解成分及其对于冲泡液品质的影响时,应注意要使叶中可提取物质全部抽出,大约需要 1 个小时才可。茶师将茶叶冲泡 6 分钟,其所检测的茶液,约含一半的单宁,3/4 的咖啡碱及一半的水浸出物。提取阿萨姆茶所得的结果见表 25—7。

表 25—7　1 小时煮沸与 5 分钟冲泡后可提取的固体物质的对比

化学成分	1 小时煮沸	5 分钟冲泡
单　宁	12.4%	7.3%
咖啡碱	4.8%	3.6%
水浸出物	44.5%	23.2%

茶　单　宁

　　单宁类——单宁这个名称,被各种学者所采用,其意义不尽相同,有时专指一种特别物质,即槲树没食子的单宁;有时则泛指具有某种共性的一类物质。此处单宁是取其普通的意义。

　　单宁类物质的主要性质可概括如下:(1)大多数不能结晶,是有收敛性的胶体物质。(2)与高铁盐能生成蓝黑色或墨绿色的化合物,这种化合物最初即用来制造墨水。(3)具有与真皮及兽皮化合的性质,可得到商品皮革。(4)一切单宁皆能为醋酸铅沉淀,儿茶酚单宁类则能被一定量的碘水所沉淀。(5)能沉淀生物碱及碱物质。(6)在碱性溶液中,单宁及其许多衍生物会迅速氧化,颜色转暗。(7)在酸性溶液中,儿茶酚单宁类生成不溶性的红色物质,为红色复单宁或单宁红。(8)略显酸性。

单宁,从广义上讲,广泛分布于植物界中,在较高等的植物中,或多或少都会有单宁存在某些组织中,如在树皮内或者在可分离的特殊细胞较成熟的部分。单宁还发现于多数植物中的特殊构造中,至于病理组织,如没食子含量特别丰富,可含有 25%～75% 的单宁。

在植物细胞中,单宁存在于细胞液中,由于单宁遇蛋白质会产生沉淀,因此在单宁粒周围的原形质变为不能渗透,否则原形质将被生成的单宁所吞蚀。

现简单介绍天然单宁物质比较重要的来源,说明单宁的分布范围很广。在树皮中,以多种槲树皮最广。铁杉、落叶松、云杉、冷杉、含羞草属、巴补树、杨柳、桦木等树皮也为各国所采用。各种树中以生长在南美的破斧树单宁含量最多。从栗木、槲树及儿茶木中所取得的单宁也被采用,儿茶木是印度染革时所用染革剂的名称。印度的槟榔膏及西西里的黄栌的叶与细枝都含有大量单宁。

遍生于南美的云植属的荚树及印度诃黎勒树未成熟的干果,都是单宁的供给源。至于从根中提取单宁的植物,则以美国的扇叶棕榈及墨西哥与澳洲的坎爱格里树最为普遍。

单宁的化学性质,视其来源而不同。根据许多不同种单宁化学反应的研究,构成数种分类方法的基础。单宁可分为两大类,为没食子酚单宁与儿茶酚单宁,这大概是由于含单宁的木材在干馏时,通常生成二者之一。没食子酚单宁类的含碳 52%,而儿茶酚单宁类则约含 60% 的碳,几种分类方法都以此为根据。

普罗塞特将单宁分为如下两类:

一、没食子酚单宁类,包括云植属、没食子、黄栌、诃黎勒、槲树没食子、槲树及栗树等的单宁,有下列特性:

1. 遇高铁碱呈深蓝色。2. 遇溪水无沉淀。3. 能在革上生成一种花纹,内含双没食子酸。

二、儿茶酚单宁类,包括一切的松、金合欢属、含羞草属、槲皮

（但不是槲木或槲树没食子）、破斧树的木材、肉桂树、坎爱格里树、儿茶及槟榔膏，有下列特性：

1. 遇铁矾呈墨绿色。2. 遇碘水产生沉淀。3. 在其溶液中加入一滴浓硫酸，则在硫酸与溶液接触之处生成深红色的环。4. 加于革上并不生成花纹，但加酸煮沸，即产生不溶性的红色沉淀，即所谓的红色复单宁。

这类中的数种单宁，尤其是槟榔膏与儿茶的单宁，其分子中含有藤黄酚基。

一种天然单宁的新分类法，比没食子酚—儿茶酚的旧分类法，区别起来更加明显，这是在 1918 年由罗金和埃弗斯特所提出的。他们将单宁分为如下三类：

一、醇酸脂类（即旧方法的没食子单宁类）。二、二苯基单宁类（即旧法的双没食子单宁类）。三、生色单宁类（即旧法的儿茶酚单宁类）。

这种分类法已有了明显的进步，它已将单宁分子的构造考虑进去。

1920 年，弗鲁登伯格贡献了一种新的分类方法，比上述方法更加精确，这也得力于近年来单宁研究的重大进步。在这个领域中，最有特点的化学研究是 1918 年埃米尔·费舍合成没食子单宁酸，这使关于单宁化学的旧观点大为改观。弗鲁登伯格最初与费舍合作进行这项伟大的工作，而且他与尼尔伦斯汀对于儿茶质的组织成分的测定已贡献了很多。儿茶质可以替代儿茶酚单宁类，如同没食子单宁酸可以代替没食子酚单宁类。

弗鲁登伯格将单宁分为两大类：

1. 水解性单宁类，其苯核由氧原子联合成更复杂的物质。2. 缩合单宁类，其苯核由碳原子连结组合。

第一类包括（a）酚酸，或酚酸与醇酸合成的脂；（b）酚酸与多元醇及酚酸与糖类所合成的脂（即单宁类）；（c）生糖质类。第一类单宁最重要的特性是能被酵素加水分解成较简单的成分，尤其是单宁酵素(为黑麦菌所分泌)或脂肪分解酵素更加明显。

第二类单宁不会被酵素分解为简单的成分,遇碘素产生沉淀,并且在用强酸或氧化剂处理时,可综合成高分子量的单宁或"单宁红质"。此类单宁根据藤黄粉存在与否,又分为两亚类,除了少数例外,儿茶质类属于藤黄酚亚类,破斧树和槲树也属于此类。

关于单宁在植物内部的生理作用,在此略作陈述,至于植物如何生成单宁,现在仍在争论中。单宁大概不是由光合作用直接生成的,单宁产生于植物的绿叶并运送到茎、根等部位;单宁与光合作用所生成的糖类有密切的关系,曾引起许多学者探讨单宁是否具备作为食物的重要功能。

有明显的证据证明,单宁是产生在剧烈新陈代谢作用进行的地方。如单宁出现在生长季开始时的绿茶中,存在于被虫蜇到后发生迅速变化的部分中。单宁大概是构成软木组织的中间生成物,也与色素的生成有关。

茶单宁的提取方法——制备茶单宁时,防止发生氧化非常困难,而且稀酸中,单宁红生成物也极难构成。因此要想提取任何纯单宁都是一件非常困难的事。

早期的茶单宁的化学研究有达克的报告。南宁加制备茶单宁时,先用三氯甲烷从烘干的鲜叶中提取,用来除去咖啡碱与叶绿素,然后用不含醋酸的乙酸乙酯提取单宁,在提取物中反复加入三氯甲烷,使单宁沉淀,即使这样得到单宁仍不纯。

杜斯将罗伊的方法略加变化,用来提取纯单宁,方法如下:先将鲜叶放在90—100℃的热空气中干燥,然后研成粉末,并加以热石油醚用以抽掉叶绿素、树脂等。将多余的石油醚去除。再加入热酒精继续提取。将提取的溶液蒸发,去除酒精,还剩杂物呈糖浆状,再加入蒸馏水,可将其他杂质沉淀出,单宁则溶在水中。要使杂质迅速沉淀,可加入少许食盐,再将溶液过滤。将乙醚加入过滤液,加以振荡,用以除去微量的没食子酸,再加入乙酸乙酯,再振荡,用以溶解单宁。加入食盐可使单宁易于溶在乙酸乙酯中。将这种单宁溶液用硫酸钠脱水,再在真空中浓缩。将这种最后的溶液倒入无水的三氯甲烷中,使单宁全部沉淀,尽快将沉淀物滤出,并在真空中干燥。

如此所得的产物通常为黄色,但是如果从成茶中提取的则为棕色,而且容易不纯。将这种物质再用乙酸乙酯及三氯甲烷溶解沉淀,即可得到高纯度单宁。

茶单宁的性质——根据化学分析与分子量测定,茶单宁的分子式应当为 $C_{20}H_{20}O_9$,性质如下:遇三氯化铁产生黑色沉淀,在极淡的溶液中则是蓝黑色;遇醋酸铅生成灰黄色沉淀;遇碘水生成黄色沉淀;遇锰酸钾则完全氧化,而硝酸则仅能使其氧化为草酸;能还原斐林溶液;遇苯基则生成黄色沉淀,并能还原氧化银的氨溶液。由此可知茶单宁中含有酮基,加5%硫酸煮沸,可得红色化合物沉淀,与从槲树单宁所得的相似。遇乙酐与无水醋酸钠则造成单宁的乙醋硫化物,其分子式为 $C_{36}H_{36}O_{17}$,这种8羟基的8个氢原子全为乙醋基所取代。这些反应表明茶单宁的分子中,至少含有一个羰基,8个羟基,但不含羧基。

纯的茶单宁为白色粉末,在空气中极易氧化为棕色树胶状物,这种变化在湿空气中进行的更加迅速。茶单宁易溶于水、酒精、甲醇、丙酮及乙酐,稍溶于乙酸乙酯、硫酸及醋酸,不溶于三氯甲烷、石油醚及干燥的乙醚。

现在再阐述稀酸作用于茶单宁所产生的红色物,这种物质在真空中也能生成,杜斯认为红色物质的生成是由于单宁中的水分被分离的缘故。这种"红质"不溶于茶单宁的水溶液。

如果加少量氨水于茶单宁溶液,可得到一种棕色物质,这种物质可被锌粉与稀酸还原而成原来的单宁。杜斯认为当制造红茶时,单宁经氧化酵素的作用生成这种棕色物质。该物质能溶于茶单宁的水溶液。

茶单宁的分类法——准确的单宁分类法则在探讨中。最初,单宁被认为是植物性来源的物质,呈水溶解形态而存在于许多植物中,具有一定的化学性质,有收敛性,并可使兽皮变为皮革。茶单宁虽具有单宁的某些化学性质,能在溶液中使动物胶和兽皮粉沉淀,但并不能使兽皮变为皮革,因此茶单宁又被称伪单宁。

关于单宁的分类,达克将茶单宁与没食子单宁同列于没食子酸类,这是达克分类法的一种。包括普罗塞特分类的没食子酚类。杜斯反对这种分类方法,根据对茶单宁的分析及它在酸类存在时容易生成红色化合物的事实,他将茶单宁与槲树单宁或儿茶酚单宁归为一类。按照罗金与埃弗斯特的分类法,茶单宁应称为生色单宁。

弗鲁登伯格的分类法,将单宁列于水解单宁类的第二亚类,即含有酚酸与多元醇及酚酸与糖类所生成的脂的亚类。但是杜斯与他争讨,杜斯认为根据茶单宁与碘水而产生沉淀及茶单宁被酸类作用时或氧化而生成红棕色物质的事实,茶单宁应归于缩合单宁类。弗鲁登伯格已指明缩合单宁不能被酵素分解为较简单的成分。

在红茶制造时,单宁氧化为不溶于水而溶于茶单宁溶液的棕色物。

杜斯用自己的方法所提取的茶单宁溶液,并不与用酒精从茶汁中沉淀出的酵素发生作用,这个结果使杜斯更加深信茶单宁是缩合单宁。

杜斯尚未证明茶单宁是否含有藤黄酚基,这是缩合单宁类中许多单宁的特性。

杜斯将红色复单宁与"红质"分为两种物质,这两者是由茶单宁所形成的。他认为前者是单宁于没有酸类和盐类的氧化而生成的棕色物质,而"红质"是用稀酸处理茶单宁的产物。

没食子酸、花黄素类及花青素,都是与单宁有关的物质,将在本章后面的章节中阐述。

单宁含量的变动

由于茶单宁含量的重要性,因此一般研究工作者对于茶叶生长时期与制造时期各阶段所进行的单宁定量分析,数不胜数。

本书内一切提及的单宁值,除了加以特别说明的以外,都是使用略加变化的罗温勒方法,换算系数为 0.046,是用兽皮粉方法所测定的;如无特殊说明,则单宁的数值,是指用水煮沸一小时所提取单宁的总量,以干时为基础而进行测算。

鲜叶中的单宁——茶单宁并不是均匀分布在茶树的各个部位,大多数存在于叶中,木质部分与根中约含 1%,种子中含量极少,茶花中约含 1.5%。表 25—8 为阿萨姆茶的嫩梢中单宁的分布。

表 25—8　阿萨姆茶的嫩枝中单宁的分布

芽	27.8% 单宁
第一叶	27.9% 单宁
第二叶	21.3% 单宁
第三叶	17.8% 单宁
第四叶	14.5% 单宁
上部茶梗	11.7% 单宁
下部茶梗	6.4% 单宁

印度、锡兰或爪哇,在茶树生长全盛时期,有二叶一芽的嫩梢中含有单宁 19%~22%,但也有超过这个范围的。印度、锡兰及爪哇的茶树,由于种类不同,单宁含量也有差异,但相差不多。日本茶树中的单宁含量仅有 15%,在高加索已经发现单宁含量高于 15%。

精摘的嫩梢(包括二叶一芽),所含有的单宁量比粗摘(包括三叶或三叶以上）含量丰富，表 25—9 表示优良嫩梢平均重量的百分比。

表 25—9　优良嫩梢平均重量的百分比

芽	占嫩梢比重 14%
第一叶	占嫩梢比重 21%
第二叶	占嫩梢比重 38%
梗	占嫩梢比重 27%

在精摘的嫩梢中，第二叶与茶梗的重量甚至超过了嫩梢总重量的 60%。当采摘三叶一芽时，则第三叶与茶梗的重量占嫩梢总重量的一半，所以单宁成分大为减少。

在阿萨姆曾观察到嫩梢中的单宁含量随季节变化而变化，在茶季初（3 月与 4 月），单宁含量不高；在 8 月与 9 月间，单宁含量达到最高；之后至茶季末，单宁的含量逐渐下降。表 25—10 说明阿萨姆茶的嫩梢中单宁含量的变化。

表 25—10　阿萨姆茶的嫩梢中单宁含量的变化

5 月嫩枝含单宁	11.6%
6 月嫩枝含单宁	20.2%
8 月嫩枝含单宁	21.3%
9 月嫩枝含单宁	21.7%
10 月嫩枝含单宁	19.2%
11 月嫩枝含单宁	18.2%

在日本与高加索，已注意到茶季中早采的叶所含单宁比后采的含量低。爪哇的气候使茶树全年都可发芽，经过初步观察发现，两年一度修剪后的茶芽，所含单宁要比之后所生长出的含量低。在锡兰也有记录，讲到单宁含量按照剪枝后叶的年龄而变化。锡

兰内地所产茶的分析结果,为修剪后五个月的嫩梢的单宁含量约为 14.4%,修剪后 16 个月,单宁含量约为 18.7%,修剪后 34 个月,单宁含量约为 17.3%。

叶的化学成分,从早到晚不断变化,一些光合作用的产物,在叶中从早到晚有明显的增加。当白天开始时,叶中生成一种树胶状物质,这种物质将在使用乙醛液法检定单宁时产生阻碍,而且这种物质如果不去除,单宁则不能完全沉淀。后来知道这种树胶状物质能被酒精沉淀,去除这种物质后,单宁的准确含量即可测出。

表 25—11 的数据是沉淀后叶中水提取物的总量,用酒精沉淀而出的树胶状物质及除去树胶物以后的单宁总量,茶叶为一日中四次不同时间所采摘的。

表 25—11　一日中四次不同时间所采的茶叶中水抽出物总量的分析

	第一次	第二次	第三次	第四次
水抽出物总量	36.4%	42.7%	46.1%	46.9%
加酒精所产生的沉淀	极微	2.4%	4.0%	6.7%
单宁	17.7%	19.0%	20.4%	20.4%

这点应当非常注意,即水抽出物的总量的增加,主要是由于被酒精沉淀出的树胶状物质与单宁的增加所导致的。

覆荫对绿茶与红茶的品质都有影响。覆荫对日本绿茶的影响前面已提到过;在阿萨姆,就一般而言,覆荫对红茶会产生不利的影响。班博认为茶丛外部的叶直接受阳光照射,所含单宁比茶丛内部的叶多,并且认为只有鲜叶能产生单宁。之后侯普用草或树荫覆盖茶丛所得到观察的结果,确实可以减少单宁的含量。

日本的宇治区,通常在头茶采摘前的三个星期,在竹架上盖以草席用以覆荫茶园,如前所述,这种方法主要目的是为了减少叶中花青素的含量,研究覆荫茶树嫩梢中单宁的含量的结果,发现覆荫期间单宁含量减少达到3%。

在阿萨姆,各种施肥方法并不能显出对茶叶的单宁含量产生影响。

嫩梢单宁的总量随茶丛的采摘和修剪而发生变化,茶树越任其自然生长则嫩梢的单宁量越少。因此在阿萨姆,从茶籽长成的茶树的嫩梢,从未修剪或采摘的,所含单宁量小于20%,而时常修剪与按时采摘的,单宁含量可达到25%。

"驻梢"是一种嫩梢,其芽虽然暂不生长,但已生的叶仍缓缓长大,这种茶叶的单宁含量很小。"驻留"是种自然现象,发生在枝条生长时,如果受到某种病菌的袭击,嫩梢的生长速度变慢,单宁含量减少。

采摘的长度与嫩梢的单宁含量有关,长度越长则单宁越少。长梢采摘是指采摘生长很长的新枝而言;短梢采摘是指嫩梢不是很长时的采摘。在阿萨姆曾有一例,茶树被修剪到9英寸高,在长到36英寸时所采摘的嫩梢,在全季中,单宁的平均含量为22.7%。同样的茶丛,剪顶到30英寸高,在长到36英寸时采摘,嫩梢单宁的平均含量为24.2%。

现简述茶树种类与其嫩梢单宁含量的关系。植物学家按各种茶叶的大小及叶尖的长度将茶树分类。科恩·斯图亚特发现叶尖的长度与单宁含量略有关系,其结论为:只有一种叶尖的长度超过9毫米的茶树,其嫩梢的单宁含量超过15%。由此可知中国种茶树的单宁含量应比其他种茶树低。

制造时期——茶叶制造时,其可溶性单宁含量的变化已成为研究的方向。此处并不讨论使单宁减少的化学变化,只研究变化的趋势与程度。表25—12说明制造红茶的各阶段中的单宁含量。

此处应注意红茶制造时水溶解单宁的大量消失,是发生在发酵阶段,发酵是制造茶叶时氧化作用的别称。供制绿茶的叶,在采摘以后立即加以烘炒,这种操作使发酵不可能发生。

绿茶制造时水溶解单宁损耗不大,其平均数见表25—13。

关于印度、锡兰、中国红茶的单宁含量此处可加以注意。表

25—14 所示的单宁值,是用硫酸金鸡纳碱沉淀单宁而得到的。

表 25—12　制造红茶与绿茶时各阶段的单宁含量

叶的种类	水溶解单宁		
	锡兰茶	印度茶	日本茶
鲜叶	22.3%	22.2%	15.2%
萎凋之叶	22.1%	22.2%	—
揉捻叶	20.8%	—	—
发酵叶	13.2%	12.9%	—
成茶	12.9%	12.0%	12.2%

表 25—13　绿茶制造时水溶解单宁的减少

鲜叶	15.2%单宁
第一次揉捻后	12.8%单宁
第二次揉捻后	12.3%单宁
最后一次揉捻后	12.2%单宁

表 25—14　用硫酸金鸡纳碱沉淀单宁所得到的单宁值

印度红茶	13.32%～14.98%单宁
锡兰红茶	10.31%～13.91%单宁
中国红茶	7.27%～10.90%单宁

　　这种单宁值大可被用作说明的资料,中国红茶的单宁值低,主要是由于中国种茶树的鲜叶所含单宁比印度与锡兰的大叶种单宁含量少。中国制造红茶的方法,使发酵非常完全,也是使单宁含量减少的原因。还有一些原因可以解释锡兰茶所含单宁要少于印度茶,大概是因为锡兰茶为杂交种,所含单宁往往比纯种的阿萨姆种少,大多数锡兰茶园位于高度很高的高原上,因此茶树生长迟缓,而且其采摘时间往往长于印度,这些都是使嫩梢单宁含量降低的因素,所以成茶单宁含量也随之降低。

　　关于红茶冲泡液的单宁含量不能与辛涩、刺激、清快、浓厚及水色发生联系，前面已讲到此四者皆为茶的品质，完全或多少受冲泡液中的单宁与水溶解单宁生成物的影响，这或许是由于平常单宁的测试并未将各种单宁体区分的缘故；这种单宁，虽有与动物胶结合的通性，但是在组成茶的冲泡液中，可以有不同的作用。

　　当稀硫酸或稀盐酸加入茶的冲泡液时，液中的单宁值减少；加入萎凋叶或发酵叶的冲泡液中，也能发生沉淀。这些单宁值的消失，随制造的进度而增加，在锡兰已将这些变化加以记录，见表25—15。

表 25—15　制造进行时单宁值逐渐消失的状况

	水溶解单宁	
	总量	加碱以后
萎凋叶	23.6%	22.8%
萎凋叶，揉捻30分钟后	23.3%	19.8%
萎凋叶，第二次揉捻后	19.8%	16.9%
萎凋叶，第三次揉捻后	17.5%	12.4%

在茶中加入单宁

　　加酸以后单宁消失，被认为表示可溶性单宁变为不溶性单宁的一个阶段。加酸所得到的沉淀与单宁的棕色氧化物有密切的关系，并且成茶的性质或多或少受这种沉淀的影响。

　　加酸在红茶冲泡液后所产生的沉淀的进一步研究是与单宁酸咖啡碱有关，将在下节中讨论。

　　在许多茶中，单宁如此重要，因而便有了设法加入单宁来提升茶叶品质的尝试，在爪哇已有人开始这种尝试了。最初的效果很好，但是这个结果并不稳定，不能重复得到。这种失败，恐怕是由于加入的单宁属于没食子单宁类的缘故,而茶单宁属于槲树单宁类。

咖 啡 碱

咖啡碱最早在1802年发现于咖啡中,1827年在茶中发现,被定名为茶素。其后在巴拉圭茶和其他植物中也被发现。茶的茶素与咖啡的咖啡碱被证明是一种物质,茶素这种称谓即被弃用。

咖啡碱属于强生物碱,是人体的兴奋剂,茶与咖啡作为小剂量饮料,就是含有咖啡碱的缘故。咖啡碱被大量使用在制造药剂和不含酒精的饮料上。商用咖啡碱一般提取自变质的茶和茶渣中。

纯咖啡碱为白色丝状长针形晶体,但极易变为稀松的羊毛状物质。其针状晶体属于六方晶系,从水中结晶而出,含有1个分子的水。加热至150℃,晶体失去水分,加热到234℃,咖啡碱开始熔化,咖啡碱难溶于水,而易溶于酒精及乙醚,溶于酸中则形成不稳定的盐。

加热时咖啡碱形成蒸汽,这种蒸汽遇冷会形成固体凝结,这是咖啡碱的升华,开始于120℃,止于178℃。

咖啡碱的成分,已在埃米尔·费舍所作的纯嘌呤族的科学合成试验过程中被确定。咖啡碱、可可碱(可可的主要生物碱)、黄花碱(肉的水溶成分之一)与酸之间的相似点,以其分子构造图表示如下。

咖啡碱为三甲基黄花碱,该构造式表示了嘌呤族的这几种物质之间的化学关系。只是切勿以为这些化合物的构造式相似,在生理上的作用也大致相似。咖啡碱分子中的甲基($-CH_3$)的存在与位置,这也许是咖啡碱的作用与同族者不同的主要因素。

茶叶中咖啡碱的提取法——咖啡碱可以用多种方法从茶叶中大量提取。有些方法是用咖啡碱的溶剂如三氯甲烷、酒精或石油醚提取;有时则加入生石灰、氧化镁或氨水,用上述溶剂提取。其

$$\begin{array}{ccc} HN-CO & & \\ | & | & \\ OC & C-NH & \\ | & | & >CO \\ HN-C-NH & \end{array}$$

尿　酸
（Uric Acid）

$$\begin{array}{ccc} HN-CO & & \\ | & | & \\ OC & C-NH & \\ | & | & \geqslant CH \\ HN-C-N & \end{array}$$

黄花碱
（Xanthine）

$$\begin{array}{ccc} HN-CO & & \\ | & | & \\ OC & C-N-CH_3 & \\ | & \| & \geqslant CH \\ H_3C-N-C-N & \end{array}$$

可可碱
（Theobromine）

$$\begin{array}{ccc} H_3C-HN-CO & & \\ | & | & \\ OC & C-N-CH_3 & \\ | & \| & \geqslant CH \\ H_3C-N-C-N & \end{array}$$

咖啡碱
（Caffeine）

他方法还有先用生石灰、氧化镁或氯的稀溶液提取，然后再用三氯甲烷提取。

　　碱的作用是使咖啡碱从某种结合物中分解出来，因为在自然状态下，咖啡碱许多时候是以结合物的形态存在。在一切提取法中，还须进行第二步，用以清除与咖啡碱同溶的其他物质。

　　这里将详细阐述两种方法，是常用的两种方法。干茶叶先用热酒精进行提取，将提取物用10%的氧化镁溶液处理，然后将溶液蒸发干；再将所得的固体物溶于热水，滤过后加入稀硫酸，并煮沸半小时；再将溶液过滤，加入三氯甲烷提取，并在三氯甲烷提取物中加入少量氢氧化钾，用来破坏存在于其中的色素，然后将溶液蒸发干，残渣再用三氯甲烷处理，这样咖啡碱被溶而剩下杂质；最后将三氯甲烷溶液蒸发，即可得到纯咖啡碱。

　　杜斯则采用下面的方法：取含20%~25%水分的茶样10克，放入脂肪提取器中，用三氯甲烷处理2个小时。提取之后，蒸发掉三氯甲烷，再加入数滴高温醋酸铅溶液处理残渣。将此溶液稀释到125毫升进行过滤。然后将几乎为无色的滤液取出100毫升加入60—70毫升的三氯甲烷处理三次,于是所有的咖啡碱都溶于三氯甲烷中,蒸馏掉三氯甲烷,在100—102℃的温度下将咖啡碱烘干,并称其重量。

商业提取法——商业上从茶叶中提取咖啡碱,需一种简单而经济的方法,并能将咖啡碱几乎全部提取出才可以。根据这种要求,万·罗姆博格与罗曼曾经采取了两种方法。

在第一种方法中,茶渣先通过水溶液进行提取,这些提取物先后用稀硫酸、石灰乳、醋酸铅进行处理。将许多咖啡碱以外的水溶解物沉淀出,然后蒸发溶液得到不纯的咖啡碱。再用三氯甲烷提取这种咖啡碱,再用反复结晶法提纯。

万·罗姆博格与罗曼都认为在工业上可以直接用三氯甲烷提取咖啡碱,结论是这种方法可以用于含水分20%~25%的茶渣,较干的茶渣则提取较不完全。直接提取法所用三氯甲烷的量比间接法多,但是工艺设备比较简单,因此成本与间接法不相上下。

现在提取咖啡碱的通用方法如下:将泡过的茶叶用水湿润至含水分约25%为止,然后用苯或甲苯提取。在提取物中加入少量的水,进行蒸馏,碳水化合物被蒸馏,咖啡碱则留在溶液中,并能结晶而出,第一次结晶纯度为95%,如此将结晶法重复三次,并在最后一次用骨碳处理,即可得到纯咖啡碱。提取量约为茶渣的2.5%~3%。这种方法与沃森、色斯和萨德布拉夫等人所采用的方法相同,他们曾经用苯或甲苯的石灰水在90—100℃的温度下从茶中进行提取,来测定茶中的咖啡碱含量。

茶叶中的咖啡碱——咖啡碱究竟是以什么形式存在于茶叶中,现在所了解的还很有限,多年前万·罗姆博格与罗曼已开始研究这个问题。他们将鲜叶与成茶用酒精及乙酸乙酯进行提取,直至提取出无色物质时停止。已经被提取过的叶,用稀硫酸处理,目的是为了使茶叶中还有剩余的咖啡碱的化合物分解游离而出,但这样处理后,所得到咖啡碱并不多。他们还发现鲜叶与成茶中咖啡碱的含量相同。

　　这两位学者并没有留意这个结果,坚持认为咖啡碱以结合状态存在于茶叶中,并认为这种化合物在制造茶叶时发生分解。在研究提取时所得到的各种液体以后,他们的确找到一种与咖啡碱结合的物质,这种物质的性质与构造至今未被了解。

　　咖啡碱在叶中的作用,现在还不明确。咖啡碱聚集在老叶内,与其说它是由化合作用生成的,还不如说是由于养分不足造成的。有些人认为咖啡碱是供植物生长时用来构成蛋白质分子的,但是哈特·威奇与杜·帕奎尔二人的结论则恰恰相反,他们认为咖啡碱并没有这种作用,反而是蛋白质分解的产物。

　　咖啡碱含量的变化——咖啡碱在嫩梢中的分布并没有一定的规则。万·罗姆博格与罗曼二人指出茶树各部分的咖啡碱含量,如表25—16。

表25—16　茶树各部的咖啡碱含量

茶树的部位	咖啡碱含量
第一二两叶	3.4%
第五六两叶	1.5%
第五六两叶间的茶梗	0.5%
茶花	0.6%
绿色茶花的壳	0.6%
茶籽	0.0%
嫩叶的毛	2.25%

　　日本已证明嫩梢中的咖啡碱含量,在春季第一次采摘的茶往往最大,但在全季中并无太大变化。爪哇也已证明咖啡碱的含量几乎不变,并且已经知道修剪后采摘的茶叶的咖啡碱含量往往较高。

　　阿萨姆证明咖啡碱的含量并不因施肥多少而有明显的变化。

　　美国北卡罗来那州派恩霍斯特国立茶叶试验场,发现覆荫茶树可以增加咖啡碱50%以上。日本也已探明覆荫可增加茶叶中的咖啡碱。

　　咖啡碱的含量在制造茶叶时虽然没有明显的变化,然而已有大多数人认为茶叶制造时咖啡碱化合物会发生分解与化合作用。哈特·威奇与杜·帕奎尔曾制成一表,表示在制造的各阶段中"游离咖啡碱"与"结合咖啡碱"的总量。

　　对于茶叶冲泡液中咖啡碱与单宁的化合物的研究,已完成许多工作。莱塞特实验所的学者发觉如果将稀硫酸或硫酸铵加入茶的冲泡液中,即可得到一种沉淀,其中咖啡碱与单宁的重量比为1:3。这种研究证明了中国茶中大部分单宁是以结合状态存在,但锡兰与印度红茶的单宁则大多数以游离状态存在。

　　然而,之后的研究所得的沉淀证明咖啡碱与单宁的比例并非是一成不变的,比例可从1:3至1:12,根据茶液的浓厚及所用沉淀剂的多少而定。

　　杜斯在没有水存在时制成茶单宁酸咖啡碱,并发现这种化合物遇水分解。茶单宁与咖啡碱的化合物与其他单宁化合物不同。

茶的芳香油

　　提取茶的芳香油,是将红茶用蒸汽蒸馏,再从蒸馏液中将微量的芳香油提取出来。这种芳香油有时也称为"茶香精",班博在每1万份茶中制得3份的芳香油,并称这种物质是一种无色具有高折光度的不规则的油滴。万·罗姆博格只从蒸汽蒸馏的非水溶解物中提取,他在10万份茶制得6份的芳香油。

　　由于芳香油含量极少,因此对于它的性质的研究并不完全。万·罗姆博格探明在茶液的水蒸汽蒸馏液中的水溶解物中含有甲醇及一种极易挥发并且有醛类特点的物质。这种水溶解物中还含有丙酮,真正的芳香油成滴状而凝聚在蒸馏液中,有强烈的茶香,在26℃时比重为0.866,并略具旋光性。万·罗姆博格用蒸馏法将这种油分为两部分,其中一种的沸点为170℃,另一种则高于170℃。沸点低的油是一种无色液体,具有茶的香气。根据分析结果,这种物质的分子构造当为 $C_6H_{12}O$。沸点高于170℃的部分则含有少量的杨酸甲酯(冬青油)。

吉尔米斯特与霍夫曼二人讲到这种芳香油的主要成分及分子式为 $C_6H_{12}O$ 的醇。

这种芳香油暴露在空气中因氧化作用而变为树脂状。香精来自发酵过的茶,鲜叶中是否也存在,尚未证明。鲜叶一经揉捻而任其发酵,芳香油则立即生成。班博发现在初期烘焙时,芳香油继续增加,之后逐渐减少。

芳香油从绿茶中不能得到,但玛尔德声称已在未发酵的茶叶中取得了大量芳香油。

哈特威奇与杜·帕奎尔认为芳香油的主要成分是生糖质并存在鲜叶中,当制茶时,其物游离而出。斯塔伯认为这种游离是酵素作用的结果,并非是酵母菌和细菌作用的结果。杜斯的意见是制茶时从一些比较复杂的物质生成一种糖,以供给芳香油中的醇。

一切红茶除了由于芳香油所产生的正常香气外,还有其他只限于某种地区和气候的香气。关于生成这种香气的物质尚无定论。当某种茶称为"香"时,是指茶的芳香油所产生的香气以外的香气。

茶叶的其他成分

茶的三大主要成分,都已讨论,现在再简述一下其他数种对于茶的品质不太重要的成分。

色素——叶绿素即植物的绿色质及其联合的色素,存在于叶中。叶绿素对于植物的光合作用极为重要。叶绿素的 d 与 β 及其联合色质胡萝卜素与叶黄素,有时可占植物干物质的1.6%。

关于茶叶中的这种色质,并没有可靠的数字可以应用。

叶绿素虽然不溶于水,茶叶的绿色及绿色的茶冲泡液,显示有某种形式的叶绿素的产物进入了茶液中,这部分的叶绿素通常认为在红茶发酵时被破坏。

花黄素族与花青素族的物质也存在于茶叶中。花黄素与花黄酚色质为成分相似的黄色物质,并具有相似的特性。这两种物质存在于植物中常成为生糖质。槲皮黄质是在茶中发现的花黄酚的一种衍生物,是一种生糖质,在加水分解时生成槲皮真黄质(四羟基花黄酚)及鼠李糖——一种糖。

杜斯证明槲皮黄质的存在如下:从鲜叶或成茶所得到的水提取物中,加入0.5%的盐酸,上装逆流冷凝器,在二氧化碳的蒸汽下煮沸,即可得到一种棕色的沉淀,大部分为单宁"红质"。将这种物质烘干后,用乙醚提取,就可得到槲皮真黄质。无论鲜叶或成茶中都没有发现槲皮真黄质,因此杜斯认为存在于茶中的是生糖质状态的槲皮黄质。

鲜叶与成茶中,槲皮黄质的含量为其干物质的0.1%。

南宁加曾经详细阐述了一种生糖质,是他从茶中分离出来的,这种物质很有可能就是槲皮黄质。师贝塔曾说明在日光下生长的茶所含有的花黄素类物质要比生长在阴凉下的茶多。花青素的色质在绿茶中的重要性,已经讲过。现在知道花黄素类与花青素之间有着密切的关系,而且这两种物质都与儿茶质有关。弗里德宝用"儿茶质类"一名作为从植物中所得到的这类物质的总称。

在植物中所发现的花青素,往往是生糖质及称为花青母素的物质。存在茶叶中的花青素极少,关于这类物质现在尚无详尽的研究。

没食子酸——少量没食子酸可从茶中获得,这类物质存在于没食子多种树及树皮与多种植物中。

没食子酸的晶体为丝状针形,在盐性溶液中生成棕色并能还原斐林溶液,但并不能沉淀动物胶。从没食子酸可得到双没食子酸。双没食子酸与没食子单宁酸(即槲树没食子的单宁)的关系,在费舍合成五价双没食子酸葡萄糖酯中被证明。费舍的合成物,实际上与没食子单宁酸(即没食子酚单宁类中最著名的一种)完全相同。

早期的研究者将茶单宁归入没食子酚单宁类,或者受没食子酸存在于茶中的影响。

茶碱及其他——在 1888 年,可塞尔将茶碱($C_7H_8N_4O_2$)从茶叶中分离而出。这种物质在茶叶中含量极少。茶碱是可可碱的同类异形体。

微量的黄花碱、亚黄花碱、腺碱及可可碱的存在,也已有报告,这类物质与茶的关系,还未有明确的研究。

蛋白质体——茶或干叶中氮的含量约为 5.5%,其中约有 1/5 可作为咖啡碱的含氮量。叶中"粗蛋白质"的含量从实验计算约为 26%。这个数值包括蛋白质、氨基化合物及其他含氮物质。"纯蛋白质"的含量不包括用酒精与 2% 醋酸的混合物所提取的含氮物,在鲜叶与成叶中约为 15%。这个数值皮立高在 1845 年就已发表,后被证明无误。

制造茶叶时,蛋白质的一部分被单宁所沉淀,一部分在烘焙中受热而胶凝,结果竟使叶中的水溶解蛋白质也变成不溶性,即使没有这种结果,则泡茶时所用的沸水也会使它产生这种变化。茶的冲泡液包含少量咖啡碱以外的含氮物,也可作蛋白质计算。

在日本已发现氨基酸对绿茶的品质有重要的影响。日本的绿茶分析经常列出粗蛋白质、纯蛋白质及氨基酸等项。

施用适量的氮肥,可以增加叶的含氮量,并改进茶的品质,这点在日本已被探明。在阿萨姆施用适量的氮肥,虽然也能增加叶的含氮量,但并不能改进茶的品质。

碳水化合物及其他——纤维素大量存在于鲜叶及成茶中,叶的构造大多由纤维素组成。纤维素的含量约为 12%,但因为不溶于水,因此不能进入茶的冲泡液中,并且在茶叶制造时也不发生明显的变化。

糖类则少量存在于茶叶中。马伦布里彻与托伦斯在茶叶中发现分解乳糖与树胶醛糖。日本的研究发现储藏于茶叶中的糖类，或多或少根据生长的环境覆荫等会发生变化。用来制造玉露茶的茶树，经过覆荫与没有覆荫的，糖的总量作为己糖计算的，均约为1.2%。然而经过覆荫的茶树仅含有微量的还原糖，而不经覆荫的茶树所含量，则从微量起至0.4%。蔗糖的量作为己糖计算的，在覆荫的茶树中约为0.9%，在不覆荫的茶树中约为0.6%。玉露茶中糖的总量的变化从1.2%~1.8%。

树胶状物、糊精及果胶素大量存在于茶叶中，大约占茶叶干物质的6%~7%。当茶叶烘焙时，其中有些被烘焦，在红茶离开焙炉时所发出的"焦大麦"气味，一部分就是由于这种变化所致。这种物质可大量溶于沸水，并影响茶汤的厚度。

淀粉的量，在嫩叶中很少，约占0.5%，但在老叶中则量较大。茶树的木质部分，大约含有15%或更多的淀粉，茶籽则含有30%的淀粉；自然生长的茶树，即采籽用的茶树的嫩梢，淀粉含量比按时修剪和采摘的茶树的嫩梢所含量高出很多。"驻梢"中的淀粉含量非常丰富。一般来说，叶的淀粉含量高的，单宁含量要比淀粉含量低。

茶叶的淀粉量在白天增加，当萎凋时淀粉实际上已经消失。

茶叶含有多种无机盐及有机盐。胶酸、草酸与磷酸的钾盐存在于鲜叶与成茶中，这已被南宁加证实。磷酸的大部分以钾盐的形式存在。

灰分约占干叶重量的5.5%，包含50%的碳酸钾及15%的磷酸。其余部分大多为生石灰与氧化镁，还有少量的铁、锰、钠、二氧化矽、硫及氯。一些日本茶的灰分含量竟可高达9%。

叶的其他物质，如脂肪、蜡、粗纤维及草酸，此处暂不讨论，脂肪与蜡约占叶的1.5%，粗纤维约为10%。

茶　籽　油

关于茶籽油,首先需要引起注意的,即这种油与茶叶的芳香油大不相同。

欧洲人管理的茶园,除了开辟种子园外,大多不利用茶籽。在种籽园中,并不采摘茶籽,而任其自然生长而结籽。在摘叶的茶园,茶籽被认为会减少茶叶的产量,因此茶籽或茶花在修剪时皆被剪掉。

茶籽油作为商品,产于中国、印度支那及日本。中国的主要中心产地为赣东与滇南,主要出口地为汉江与武圳,这种油是由多种茶树籽压榨而得,但是专为采叶而种的茶树的茶籽不用来榨油。油的含量,根据茶籽的种类及生长的环境而不同,大约为 15%~45%。

杜斯在爪哇的茶籽中求得油的平均量约为 42%。而中国的茶籽含油 30%~35%。阿萨姆的茶籽含油则为 43%~45%。

茶籽油是一种不干性油,颜色从黄至橙,粗油有难闻的气味,且或多或少含有苦味,但使用适当的精制法都能除去。

上等的茶籽油可用作生发油;普通的茶籽油中较好的,大部分供产茶国人们食用;品质较次的茶籽油,则用来制造肥皂和灯油。

茶叶制造中的发酵

前面已经讲述了茶叶的化学成分,现在需详细阐述茶中的酵素及叶上的微生物,因为如果没有这方面的知识,则制造时各过程的要点将不能理解。

酵素与微生物被认为在红茶或发酵茶及乌龙茶或半发酵茶中最为重要。制造这种茶的第一步为萎凋,在这个过程中茶叶实际上已在正常的气温下进行了部分的干燥。此后将叶揉捻,叶的细胞因而破裂,茶汁便暴露在空气中,这种暴露,称为"发酵"。发酵从实际意义上指糖类被酵母菌或酵素而生成醇与气体或者酸与气体。虽然各种研究者认为茶叶制造时真正的发酵只是略微进行,因为酵母菌存于叶中而糖类也存在于叶汁中,并且发酵时产生的芳香油是一种醇,然而茶的"发酵"的主要作用是茶单宁的氧化。

"发酵"这个名称用于制茶时,仅仅是种植者的术语。班博在他早期的工作中用"氧化"这个词来指发酵的过程,还有米歇尔在她的报告中,关于美国的茶叶坚持使用"氧化"一词。

在下列讨论中,使用"发酵"一词,是根据嗜茶的欧洲人的习惯用法。

茶单宁的氧化是在酵素的辅助下进行的。在绿茶制造时,揉捻之前,即将叶烘焙,因酵素的活动被阻碍,所以氧化并不发生。因此绿茶指未发酵的茶。

酵素、细菌及酵母菌——在阐述关于茶叶的酵素与微生物的研究工作之前,先将这些物质做简单的说明。

在有机化合物中,有一大类称为酵素,其中有许多存在于各种植物中。这些物质有着某种共同特性,即在植物中促进化学反应而本身并不发生任何永久的变化;换言之,这种物质是有机触媒。许多植物细胞中所发生的反应,因为有酵素的存在,在常温下会有极快的速度,然而在用人工方法使其发生时,则需要不断加热的高温。

酵素一般用水从其存在的植物中提取,只需将植物的组织彻底分裂。酵素的化学组成现在还不清楚,这种物质通常在60℃以上的温度下破裂。

许多植物内部酵素所控制的作用,在适当的情况下,在试管中也能进行。大多数已知的植物酵素,能控制加水分解及其逆反应,即去水的缩合作用;然而在人工处理时,以加水分解最为普遍。

水解与合成并非是酵素仅有的作用,如氧化酵素在植物中可以促进物质的氧化,尤其能促进芳香族化合物的氧化。此外还有胶凝酵素、发酵酵素及还原酵素等。

酵素有助于成叶中光合作用产物的生成,在呼吸作用过程中,这时复杂的物质被分解成简单的物质,酵素即在中间发挥作用。这些酵素还能使不溶的物质变为可溶,以便在植物内部运行。酵素触媒在植物中反应的种类,现在还不能完全掌握。

酵素种类不同,作用不同,一般按照其作用分类。普通的酵素,可用下列方法进行分类:

(a)水解酵素:这种酵素能使物质加水或失水,按照其所作用的物质,还分为脂肪水解酵素、糖类水解酵素、生糖质水解酵素及蛋白质水解酵素。

(b)氧化酵素:过氧酵素水解过氧化合物而游离出"活性"氧,可能为原子形态氧。

催化酵素从过氧化氢中游离出"不活性"氧,催化酵素并不是真正的氧化酵素。

(c)酵素:即酵母菌的酵素,促进某种己糖的分解而生成酒精与二氧化碳。酪酸酵素存在于某种细菌中,能将某种酸分解为酪酸。

茶叶发酵的酵素为氧化酵素,因此对这种酵素加以详细阐述。

植物中氧化酵素的存在,经常与下列现象相伴发生:将若干植物组织压榨而得到的汁或其水提取物,在空气存在时加入愈疮木树胶中,片刻即呈现深蓝色;反之,若干其他种植物的汁或水提取物并不生成这种颜色;只不过此时如果再加入数滴过氧化氢溶液,则会立刻出现深蓝色。

含有氧化酵素的植物还有其他特征,如果将其组织的提取物完全暴露在空气中,则颜色变暗——经常为棕色或红棕色;如果暴露在三氯甲烷蒸汽中,也可得到同样的效果。仅有过氧酵素作用的植物,没有这种现象。

各种假设曾被提出用以证明解释氧化酵素的作用。通常被接受的假设是氧化酵素包含两种成分——一种是过氧化合物,另一种是过氧化酵素。这种过氧化合物既可为过氧化氢又可为有机过氧化合物。过氧化酵素作用于过氧化合物,夺去其中一个氧原子,这个氧原子是在"活动"状态下被迁移到作用基体上,后者就被氧化。在上述试验中,愈疮木树胶即为基体。

基于上述的假设,于是假定能发生氧化酵素反应的液汁或提取物中,必定有一种有机化合物能有过氧化合物的作用者存在于其间,事实更证明了植物具有氧化酵素反应及破损后变成棕色,且含有一种具有儿茶酚基的芳香族化合物。当植物细胞受损或因三氯甲烷蒸汽而死亡,这种芳香族化合物被过氧化酵素所氧化,生成一种棕色的氧化生成物,这种物质在氧化酵素中是种有机过氧化合物。

上述的植物氧化酵素反应可被愈疮木树胶检出的,是细胞死后变化的结果。在活树生存的新陈代谢中,氧化酵素的真正作用,至今仍在讨论。

细菌与酵素不同,具有繁殖力,细菌是极微小的植物性微生物,大多为单细胞,且无叶绿素,这种微生物进行简单的横断分裂繁殖。细菌是植物生命中下等的形式,每种细菌在合适的生长环境下,即可迅速繁殖。

细菌几乎随处可见,但健康动物的血液中或植物的组织中并无这种物质。

细菌大概在弱光下繁殖迅速。一切微生物在 150℃ 的温度下,都不能生存超过半小时。杀菌剂也能破坏细菌。

酵母一词,是指大部分的单细胞菌,其中多数生长在果汁、麦芽汁及其他含糖的溶液中时,有产生酒精的能力。

酵母菌与细菌相似,是细微的植物性微生物,但具有比细菌更高级的进化形式。酵母菌有一定适合生长的环境条件,在高温下不能生存。酵母菌具有分解某种糖成为酒精与二氧化碳的能力,这完全依赖于酵母菌细胞中分泌出的酵素。这种酵素可以通过将酵母菌与砂一起研磨,并加以高压的方法提取。这种提取出的酵素,有促进发酵的作用,但不能生长或繁殖。

早期研究——茶叶发酵的本质已经讨论多年。在1881年出版《茶叶百科全书》中有许多种植者所寄的函件,辩论茶叶发酵的性质。有人认为这是一种大麦发芽作用时淀粉质的水解相比拟的变化,还有人认为茶叶发酵是腐败开始时的一种作用。

关于这个问题的科学研究,起于20世纪初。首先研究的是何种物质使萎凋叶的颜色在揉捻以后由绿变为赤褐色。班博开始研究这种变化时,认为这是一种纯粹的化学变化,没有酵素或微生物参与其中。之后他设法从茶中分离出一种酵素,与南宁加在爪哇的发现几乎为同时。在日本,麻生氏也证明茶叶含有一种酵素。牛顿研究关于茶叶发酵的酵素,并予以茶酵素这个名称,迈恩关于此问题提供了许多资料,之后,伯纳德、威尔特与斯塔伯三人又发表了进一步的详细研究。

班博证明了关于茶叶发酵的酵素是氧化酵素,这种物质在发酵时氧化叶中的某些成分。麻生氏的结论认为茶的黑色是由于氧化酵素对单宁的作用,并认为从绿茶的颜色可以看出酵素在制造时的第一步过程中已被破坏。

细菌可从茶叶中分离。多年前古在氏曾经提出,茶的发酵是细菌作用,沃吉尔之后也响应这个说法。对于这种见解,或即对于微生物有任何控制作用的理论,最早的反对意见是微生物在发酵阶段并没有时间来充分的扩展,此后的研究证明了茶叶先行杀菌,继而开始发酵的见解,即发酵主要的作用来自于微生物以外的作用。

伯纳德从鲜叶中分离出酵母菌并进行纯粹培养。在他关于酵母菌的一文中,根据当时的实际情况,讨论了茶叶发酵的三种理论。这三种理论为:(a)化学理论——简单的氧化作用。(b)酵素理论——借酵素的辅助而发生的氧化作用,酵素存在于茶叶中,称为氧化酵素。(c)微生物理论——氧化作用并非由于叶中的酵素,而是由于生长在叶上的微生物细胞中的酵素。

　　第一种理论已被放弃,因为所有的事实都与之不符。酵素理论虽然被当时的大众所接受,并且被班博、万·罗姆博格、南宁加及迈恩等专家认可,但是某种试验似乎启示着酵母菌对于发酵有重要的影响。但是伯纳德认为细菌对于茶的发酵并不重要,并认为细菌在发酵时对于茶的品质有不好的影响。

　　勃斯查相信酵母细胞在茶叶发酵中占有极为重要的位置,他的这种理论,在他与南宁加之间引起了激烈的争论。

　　以后的研究并没有新的事实足以证明微生物在茶叶发酵中占有重要的位置。事实说明发酵的主要作用是被氧化酵素所左右,细菌通常有害,酵母菌或可占次要位置。酵母可能与茶的芳香有关,虽然芳香油的挥发在发酵的过程中为次要反应,但从茶的价格来看,芳香非常重要。

　　后期工作——伯纳德与威尔特二人对于酵素作了仔细的研究,酵素则采用迈恩所用的方法从茶叶中分离而出。鲜叶加兽皮粉捣烂,兽皮粉为沉淀单宁用。单宁的去除非常必要,因为单宁将在检定酵素的愈疮木树胶的反应中起破坏作用。将浆状的混合物放在布中绞挤,如此所得的液体含有酵素,再用酒精沉淀而出一种粘滑的物质,干燥后成一种白色粉末。

　　伯纳德与威尔特二人在茶树各部分所检测到的氧化酵素和过氧化酵素,含量几乎相等,并发现在制造过程中叶内的酵素总量并没有明显的变化。用愈疮木树胶的反应所测定的酵素的活性,在25℃~75℃间大致相同。在78℃时,酵素的活性减弱,在这个温度以上,酵素即停止反应。然而这种酵素可以抗热,在80℃以上的温度下若干时间,这种酵素总是暂时消失活动能力而已。

　　威尔特证明了碳酸或硫化氢与过量的氧化氢,也能破坏酵素的活力。酸类能阻碍酵素的作用,1000份的茶叶用一份硫酸,就足以使发酵完全停止。碳酸能使发酵变慢。

　　威尔特证明发酵时单宁的变色与酵素有关。他还发现酵母菌被破坏以后,发酵依然进行。大概因为是酵母所含的过氧化酵素,在酵母被破坏以后,仍然参与发酵。为了证明这个观点,威尔特采取茶梢上未开的芽,假定没有酵母菌存在,并在用三氯甲烷处理后,加以揉捻,发酵的进行与平常茶叶在正常状况下情景相同。

威尔特还发现了成茶用冷水进行提取以后,对愈疮木树胶也呈过氧化酵素的反应,由此可知茶的醇热或后发酵的解释,并可得出酵素对于热及干燥具有强大的抵抗力。

1923 年,杜斯对伯纳德与威尔特二人未发表的论文加以评论,题目为《茶叶发酵》。

伊万斯在锡兰,最近首次研究茶叶发酵中的酵素系,观察碎叶吸收氧气的速度,并发现在最初的三四个小时中,氧气的吸收速度很快,此后逐渐减缓。吸收氧气的量与所需时间的关系,可用一个由高而低的整齐的曲线来表示,这种曲线可以表示出酵素反应的特点。吸收氧气是正在发酵的茶叶的特性,若用高温将茶叶烘干,或者在茶叶破碎前用蒸汽加热数分钟,这种能力即消失。此外,鲜叶如被浸在 12% 浓度的氯化汞溶液中,对于其吸氧能力并无损害。由此可见,这种特性并不是因为微生物的存在。

伊万斯还研究了茶叶中催化酵素的作用,并在测定它从过氧化氢释放氧的速度时,发现催化酵素的活性在萎凋时略增而在发酵时降低。在叶细胞被破坏 4 个小时后,催化酵素的作用,变得微乎其微。

现在再说一下茶叶的微生物。鲜叶中有许多细菌类物质已被证明,但是关于这个问题的专门研究却很少。在正在发酵的叶中,也有多种细菌被发现,班博还发现大量的酪酸菌存在于发酵四五个小时以上的茶叶中。发酵过度的茶的酸味,他认为是酪酸菌的作用。茶叶的其他"变质"现象也可认为是细菌的作用。

勃斯查与布雷泽索斯基二人测定正在发酵的茶叶中的微生物,发现了许多细菌,其中大多数对于茶的品质并无损害。对茶有害的细菌,大多是从外部侵入。

酵母菌参与茶叶发酵的可能性前面已经讲过,一些研究者也支持这种意见,即某种茶限于地域或气候的香味,也是酵母菌的作用。关于这种说法,已有记载,阿萨姆茶叶在春季与秋季,酵母菌非常丰富,这个阶段的阿萨姆茶有香味;到了季风期时,叶中的酵母菌不多,因而此时的茶除了由芳香油所产生的正常香气外,很少有其他的香味。

茶叶的酵母菌与细菌相同,在红茶制造时,数量会增加。

还在发酵的叶,除含有细菌与酵母菌这些微生物外,已证明还会有某些较高等的微生物,如青霉菌属、曲菌属、毛霉属与白羽菌。

制造中的化学变化

印度、锡兰与荷属印度制造红茶时几乎采用同样的方法,这种方法已被其他欧洲人所控制的工业国家所采用,该方法包括五个过程,即萎凋、揉捻、发酵、烘焙与筛分。中国的制造方法有所不同,需另行介绍。

最后一种操作全部为机械工作,在这里我们仅讨论箱茶的水分在筛分时将茶叶暴露所受的影响。简单来说,各种过程所发生的变化如下:

萎凋时茶叶失去水分而变得柔软,可进行揉捻。叶一经揉破,发酵立即开始,当茶叶在发酵室暴露在空中时,发酵进行得更快。烘焙时茶叶几乎被完全烘干,发酵作用因此停止。

红茶制造中的萎凋

根据现有的知识,鲜叶萎凋时最重要的变化为失水。失水大多发生在叶的背面。

萎凋时细胞壁的渗透性加大,可作如下证明:将鲜叶及萎凋叶浸在水中,注意前者遇三氯甲烷没有颜色变化,而后者则会出现颜色上的变化,表示其中的单宁迅速扩散。单宁与其他物质从沸水中提取更加容易,也随着萎凋而增加。

茶叶采下以后,其呼吸作用仍在继续进行,但速度较缓。茶叶萎凋至含55%的水分时,仍在不断呼吸,但比鲜叶时还慢。萎凋叶的呼吸,在揉捻后即受到阻碍。但如果是鲜叶,则没有明显的变化。

萎凋时不仅叶会失水,而且有一部分固体物质也会因呼吸作用而消失。这些消失的固体物质的总量相当可观。叶的水溶解物在萎凋时会明显增加,如果将因呼吸作用而消失的物质加以核算,就会发现水溶解物的百分比,并没有真正的明显增加。

爪哇的早期茶叶工作者说明水提取物在萎凋时有1%~2%的减少,这也许是由于萎凋过度或萎凋的高温造成的。高温影响的极端情况,实际上经常在茶叶放在茶筐任其发热时产生。在某种情况下,一筐茶叶的中心温度可达到140°F。在这种情况下,水溶解单宁减少原有的一半。

细胞液的酸度在萎凋时并无变化,在萎凋的各阶段中,其 PH 值皆在4.3—4.5之间。叶中少量的淀粉,在萎凋时实际上似乎已经消失。萎凋时具有一种水果的气味。

如将鲜叶或萎凋叶用沸水冲泡,则得到一种黄绿色的溶液。据茶师讲,这种冲泡液可称为"生"或"粗"。如果将鲜叶或萎凋叶加以损坏并保存数分钟,这些叶即可生成红色的冲泡液。这种冲泡液,茶师仍称为"生",并发现该溶液已含有辛涩刺激的特性。茶叶一经揉捻,即可产生辛涩刺激的特性,这种特性大概是发酵的结果,并与单宁的氧化生成物有关。皮考克认为巴拉圭茶的收敛性,是由于红色复单宁存在的缘故。

总的来说,关于萎凋时茶叶所起的变化,可以知道萎凋的主要目的是使叶变软而适合揉捻。在实用上,萎凋的程度是用各种极为普通的方法进行判断,其中包括查看叶与梗是否膨胀。现在除了这种物理方法外,并没有其他检测萎凋状态的方法。

时间也是萎凋的因素之一,通过试验证明,最佳的萎凋是水分的必要消失大约需 18 个小时。既然时间被认为是萎凋的一个因素,因此许多人相信萎凋时,曾经发生了一些主要的化学变化,但在爪哇与印度的多数研究,都不能指出有任何明显的变化,事实说明,如果不谨慎操作萎凋,则会导致损害成茶品质的化学变化有可能发生。

　　时间对于萎凋的效果曾用下列假设说明,其最基本的假设即叶的干燥使细胞液浓缩,因此改变细胞成分的扩散程度。由于浓度的增加而影响叶中胶体物质的状态,因此渗透度与表面面积都发生变化,表面面积对于细胞的氧化作用极为重要。胶凝既受时间与温度的影响,也受浓度的影响,达到水分的必要消失所需的时间与温度,可能影响细胞成分的扩散程度,因此氧化的有效表面面积的总和,会随茶叶的萎凋情况而变化。

红茶制造中的揉捻

　　将叶揉捻的目的是使叶细胞破碎,并由此混和细胞中的成分。从附属于此操作的化学变化的观点而言,揉捻与发酵有密切的联系,这种变化将在后文中发酵一节讨论。

　　发酵时所发生变化的程度,大部分被揉捻的程度所左右,换言之,即为叶细胞被破坏的个数所控制。

　　揉捻时,揉捻器中多少会产生热量,叶的温度通常升高 3—15 ℉,这种热量大多由于发酵而产生。

　　茶的萎凋不足或揉捻过于剧烈,则会使茶汁从揉捻器中压榨而出。这种茶汁在气候较热的茶区迅速变红,因此常被舍弃。在阿萨姆已经发现如果将这种茶汁揉入叶中,则所制成的茶较为平淡。一部分是由于茶汁的发酵速度比叶更快的缘故。根据分析结果,可以知道榨出的茶汁含有 1%~1.5% 的固体物质及 0.25%~0.35% 的单宁,萎凋越充分,则这些成分越丰富。如萎凋适度的叶,榨出的茶汁极少。

红茶制造中的发酵

红茶制造中的大多数化学变化都发生在发酵这个过程,水色、浓厚、辛涩、刺激与芳香挥发等变化均在此时发生。在限度以内,揉捻越剧烈越长久,则茶越浓厚,水色越深。但剧烈的揉捻会使茶梗掺入成茶中。

老硬的茶叶,发酵不能充分,一方面是由于其缺少单宁,另一方面是由于其细胞在揉捻时不易破碎。

茶的发酵到完美的阶段时,则会产生一定的颜色与芳香,实际应用时,通常依据茶师的报告停止发酵,是依据茶师的经验来探求发酵的通常条件,用以制造出符合各种市场需求的茶。

茶叶在真空中并不发酵,在二氧化碳中也是这样。氧气对于发酵极为重要。还在发酵的叶,所吸收的氧气量根据揉捻的程度而增加。萎凋叶在揉捻时吸收的氧气比鲜叶多。

氧气对于发酵既然非常重要,那么发酵叶的摊铺厚度则不可忽视,因为厚度可以调节空气的供给量。一般来讲,叶摊放越薄,发酵越快。

空气中的湿度有助于发酵。如果空气干燥,则叶的表面干燥,叶的氧化不能顺利进行。茶叶发酵大概需要一种液体媒介存在于叶上,以便充分发酵。

茶叶发酵中的微生物究竟处于何种位置的问题,至今尚未完全解决,但茶厂的习惯是使发酵室保持清洁没有任何微生物。当然这种做法并不能防止茶叶本身带入的微生物。

光能阻碍酵素作用已被证明。虽然光对于发酵有害尚未证实,但是实际上发酵室中禁止任何强光。

南宁加曾研究茶叶成分的溶解度在发酵时所发生的变化。他用三氯烷乙醚、乙酸乙酯、酒精与水提取干叶和制成的红茶以后,发生下列变化:

一部分的叶绿素显然在发酵时被破坏,然而此事尚未被确切证明。水溶解单宁大部分消失,水溶解物则从62%减少到50%。各种提取后所剩余的物质,大部分包括蛋白质、纤维素及纤维物质。

关于时间对于发酵化学变化的影响。南宁加证明水溶解单宁因发酵时间的增加而减少,茶的收敛性因此变弱。当发酵时水溶解单宁往往减少到原含量的一半。叶的水提取物,在发酵初期时增加,继而逐渐减少。

南宁加在研究温度对于发酵的影响时,发现温度越低则发酵越慢。在15℃(59℉)以下,发酵几乎不进行,30℃(86℉)以上的温度不适宜,因为会使芳香消失,并且叶中的水溶解物在这种高温下也会减少。他发现最佳温度为27℃(80℉),这时的发酵显然正在以最佳的状态进行。他并未发现发酵适于低温,大概是由于长时间的发酵会使芳香消失。只是关于此点,南宁加强调控制发酵时间与温度的确切规律尚未定论。

现代的经验证明发酵室中须以25℃(77℉)的气温作为标准。茶叶的温度在发酵时或许从25℃升至约30℃,这是根据其摊放的厚度而定,这种温度的升高并不会影响到发酵。现在知道三四个小时的总发酵时间(含揉捻在内),能得到最好的发酵结果。

制造时茶单宁所进行的真正变化,现在所知尚不完全。一种单宁的氧化生成物在溶于茶的冲泡液时形成,一些单宁被叶中的蛋白质变为不溶于水。对于发酵过程中香精的构成,现在也尚无所知。

红茶制造中的烘焙

就化学效用而言,烘焙茶叶的目的,是使参与发酵的酵素与微生物停止活动。加热与去水实际上是使发酵停止。

烘焙时叶的一些成分发生变化。未经烘焙的茶叶冲泡以后的

"青臭"，在烘焙时变为"麦芽"的香气。这是一些叶的成分的部分焦化造成的。

多种茶叶中的宝贵成分，即生成芳香与香味的成分，在烘焙时会消失一部分。构成芳香油的物质，能在水蒸汽中挥发，高温会加速它的消失。烘焙机中装叶过多时，水蒸汽聚集而叶被"焖热"，香味会有明显的消失。要保存芳香油的最高量，茶叶应采用低温烘焙，并且摊放须薄。

在某时期，高温烘焙被认为会减少茶的咖啡碱含量，在烘焙机中经常发现的灰色粉末，被假定为大多是咖啡碱。然而根据凯尔勒的报告，这些物质仅含3%的咖啡碱，与平常茶的纤毛含量相同。

南宁加研究烘焙温度对于茶叶的化学成分的影响。他接连用湿醚、乙酸乙酯与酒精提取成茶以后，得到如下结论：110℃（223℉）的高温烘焙所制成的茶，所含的游离单宁（溶于湿醚）比85℃（185℉）烘焙的要少。他发现高温烘焙会有损茶的品质。

经验证实170℉以下烘焙的茶，不宜久藏。用人造干燥空气冷却烘干的茶，可制成富有香味的茶，但也不宜久藏，要想使发酵停止，温度高于170℉非常必要。

发酵的叶在烘焙时变成黑色，但在冲泡时湿叶仍呈现红色。连续的冲泡能将其红色质大量除去，剩下的叶则呈暗棕绿色。

烘焙时叶中的蛋白质全部被胶凝，变为不溶于水。咖啡碱以外的含氮化合物进入茶的冲泡液中，这些物质大概属于蛋白质的分解形式。

含水量与后发酵

在萎凋与烘焙过程中，茶叶会失去水分，下表可作为在印度东北部茶叶水分消失的过程的代表。

表 25—17 印度东北部茶叶水分消失的过程

鲜叶	约含 77% 水分
萎凋叶	约含 66% 水分
发酵叶	约含 66% 水分
首次烘焙叶	约含 26% 水分
最后一次烘焙叶	约含 3% 水分
包装的茶	约含 6% 水分

在锡兰将茶叶萎凋至约含 55% 或 60% 的水分为止,在爪哇大约含 60% 为止,这两个国家中茶叶的烘焙通常为一次完成。

印度与爪哇的试验皆证明茶叶在含 6%~7% 的水分时,最适合包装,因为在这种条件下不可能发生后发酵或"醇熟"作用。成茶包装时含水分过少,则在包装后不能醇熟,然而水分过多,则在贮藏时容易变质。

成茶从干燥器中排出时虽然仅含大约 3% 的水分,但是在筛分时,必然会从筛分室空气中的湿度吸收水分。杜斯的许多实验证明成茶放置在相对湿度为 65% 的空气中,则按照原有的含量,吸收水分至大约为 6% 而止。

中国红茶的制造

在中国,茶叶在采摘之日即开始制造已经成为一种定式。将叶放在日光下迅速萎凋以后,在阴凉处继续进行轮番的揉捻。烘焙分为多次进行,其间伴以揉捻。叶经过极其彻底的手揉以后,叶细胞的破裂比机揉的更加完全。在中国,茶叶谨慎操作的目的在于尽量使茶汁含在茶叶中,因此单宁所起的变化与在印度、锡兰和爪哇所发生的变化有所不同,在这三个国家,茶汁都任由暴露在空气中。

中国红茶制作方法中茶叶细胞汁的混合极为均匀,加上叶的不时加热,而且强度并不足以使发酵停止,可以确保发酵非常充分。此外,中国的鲜叶含单宁比印度、锡兰及爪哇的要少,因此中国所制的茶含单宁也不多。中国制法中,蛋白质沉淀的单宁可能比用西方制法的多。因此中国茶必定缺少单宁"红质",事实上中国茶的汤色不深,也证明了确实缺少单宁"红质"。

乌龙茶的制造

乌龙茶的制造,除发酵停止较早以外,其他均与中国的红茶制造方法极为相似。对于乌龙茶,就像优良的中国红茶一样,芳香的挥发为主要目的。从制造的形式可以推测乌龙茶由于发酵程度较低,所以其所含水溶解单宁大概比大多数的红茶要多。

绿茶的制造

中国制造绿茶时,去掉开始的萎凋过程——这是针对红茶制造所必要的——将茶叶立即用足以使发酵停止的高温加以锅炒,这样就使发酵变为不可能,并使茶叶变得柔韧,然后进行轮番的揉捻与炒焙,直到茶叶过脆不适宜再进行操作为止。最后再将茶叶放在焙笼中或铁锅中烘炒。

日本的杀青经常采用蒸汽,在印度制绿茶的少数地区,则蒸汽与锅炒都被采用。在日本,有些茶叶的揉捻与中国一样在热板上进行,有些则在特别构造的机器中进行机械揉捻。这种揉捻机加热可使揉捻与烘焙同时进行,而烘焙的速度是固定的。下表为日本所分析茶叶水分消失的过程。

表 25—18　日本茶叶的水分消失

鲜　叶	机揉	手揉
	76% 水分	76% 水分
第一次揉捻后	59% 水分	69% 水分
第二次揉捻后	59% 水分	51% 水分
第三次揉捻后	28% 水分	32% 水分
最后一次揉捻后	11% 水分	17% 水分

外销茶在包装前,先在集中的场所加以烘焙,并将水分减少到 3% 。

绿茶与红茶的主要不同在于发酵。在绿茶中,大部分单宁皆为水溶解状态,即在鲜叶中单宁的状态。制造时单宁的少量消失,大概是由于叶中蛋白质使单宁沉淀的原因。在杀青之前,如果有已受损伤的叶,则会进行发酵,但这种发酵可以忽略不计,从绿茶的冲泡液中没有红色可以证明。

在日本,单宁的含量在制造时大约从 15% 降到 12% ,而在印度东北部单宁含量则从 20% 下降到 14% 。

多种分析证明绿茶的咖啡碱比用同样的鲜叶制成的红茶中的咖啡碱更易于提取。

绿茶冲泡以后,叶底须保持其天然的绿色,并且无棕色或赤褐色的混杂物,这些物质是发酵的标志。绿茶制造时假定叶绿素并不进行任何剧烈的变化。

绿茶制造时并不生成芳香油。

摘　　要

做出概括鲜叶制成红茶或绿茶时所起变化是一项非常困难的工作,因为关于这些还缺少足够准确的知识。

各国制造茶叶时消失的水分不同。中国、日本及台湾的制茶,在制造全部过程中水分不断消失;但在印度、锡兰与爪哇,水分的消失仅发生在萎凋和烘焙的时候,鲜叶含水分约为77%,成茶则为3%~8%。

茶叶的单宁在红茶制造时发生重大的变化,水溶解单宁减少到原来的一半。这种消失,一部分是由于构成单宁氧化物,一部分是由于与蛋白质结合而成不溶于水的化合物。绿茶制造时,单宁的损耗不大,它的损耗大概是由于与蛋白质结合的原因。制造绿茶时,并无水溶性有色单宁生成物的产生。

制造时咖啡碱的变化情况,现在还不清楚,但事实指出咖啡碱的变化很小。咖啡碱的含量在制造时并无变化。

红茶的香味与芳香是与芳香油有关的品质,芳香油产生于茶叶发酵过程中。绿茶既然不发酵,因此不含芳香油。

鲜叶中的蛋白质在制造时胶凝,因而不进入茶的冲泡液中。除咖啡碱以外的含氮物质,在绿茶冲泡液中也很重要。这种含氮物质常被认为是蛋白质,但这种物质大概是蛋白质的分解物。

树胶、糊精与果胶质并不发生太大变化,虽然在印度、锡兰与爪哇的烘焙过程中,糊精有时会发生某种焦化。

纤维素与粗纤维并不进入茶的冲泡液中,这两种物质制造时大概不发生变化。对于少量存在于叶中的脂肪与蜡,所知不多,但从制造茶叶而言,并不重要。

叶绿素不溶于水,因此不进入茶的冲泡液中,然而叶绿素能使泡过的绿茶叶仍呈绿色,这点非常重要。通常认为叶绿素的一部分在制造红茶时分解,但在制造绿茶时则没有。其他色质、花青素与花黄素类进入冲泡液中,对于绿茶相当重要,而红茶则不然。

茶叶的氧化酵素与红茶制造中的大部分变化有关。细菌对于茶叶的发酵并非必要,并且在多数情况下被证明有害。如果酵母菌在红茶制造中有作用,则其作用现在尚未明了。烘焙后微弱的后发酵,虽比较明显,但实际上酵母菌与微生物已失去活性。

在绿茶的制造中,杀青使酵素与微生物丧失活性而不发酵;制造红茶时,酵素并不增加,但微生物增加。

在红茶制造时,叶中的水溶解物大约减少10%,大半是由于单宁引起的变化。在制造绿茶时水溶解物减少率较小。

根据有限的可用资料,制成表25—19,表示红茶制造中所发生的多种变化。表中数字皆为大约的数值,计算时以干物质为基础,并以印度、锡兰、爪哇与苏门答腊所制的红茶为据,而非指中国茶。

25—19　化学总表

印度、锡兰、爪哇与苏门答腊红茶制造时所起之数种变化

鲜　　叶	萎凋叶	发酵叶	烘焙茶	给予成茶之特性
单宁 ……… 22%	22%	13%	12%	辛涩刺激,浓厚与水色
		生成单宁氧化生成物		
咖啡碱………… 4%	并无变化可以检知		4%	刺激性
	芳香发挥于发酵之时		微量之芳香油	芳香与香味
粗蛋白质 …… 27%	使若干单宁变成不容于水		胶凝	茶汤之厚度
树胶、糊粗、果胶质 …… 70%	或部分焦化		3%	
盐类……… 5.5%			5.5%	
纤维素、纤维、粗脂肪与蜡 …… 25%	或无变化			
叶绿素与色质 ……	一部分叶绿素于发酵时破坏			
氧化酵素 ………	量不变	单宁氧化	破坏	
酵母菌与细菌 ……	数目增加		破坏	
水溶解物总量 …… 48~55%			38~45%	

注:在萎凋时鲜叶之水分约从77%减低至60%,在发酵时之水分不再有显著之变化。烘焙约将水分减低至3%,但此数于筛分时约增高至6%,乃行包装。本表所示之百分

数代表为沸水抽提一小时所得之各种成分。茶师之冲泡液之制备乃将125℃沸水加上三克的茶,并放置六分钟。在此时间中约抽出水溶解物总量之半,即19%~23%之干叶重量。此抽出物之组成约为7%单宁物体,3%咖啡碱,3%无机盐类,若干树胶、糊精、果胶质等等,除咖啡碱以外之少量含氮物质,微量之茶叶色质及极微量之芳香油。本表所示之数字,系指干茶之百分数。

紫外线对于茶叶的效用

1934年在伦敦进行的试验,以探求紫外线对于干茶的作用,其结果是单宁明显减少及品质得到改进。可以这样说在完全电气化的工厂出现后,对于鲜叶利用紫外线的研究,将有明显的进展。

第二十六章 茶的药物学

茶、咖啡及其他饮料对于人体的消化及健康的功效,是经过长久的争论而无结果的问题,大概是由于这些性质的试验受严格的管理和限制而极难进行。这个问题再加上商业上的宣传作用变得更加复杂。本章仅论及纯粹的科学试验和结果。

坚持茶树健康有害的人的理论,通常是基于个人经验及茶的用量适度时的假说。茶是地球上居住在各种气候下的人们的饮料,虽然茶的普通饮用不能成为茶适于健康的理由,但既然对茶有这种普遍的需要,那么探索这种需要的本质是非常必要的。

关于茶的普遍应用的原因究竟是什么?中国4亿人口每年消费茶叶大约8亿磅,这虽然与习俗有关,但是像中国的国家,食物和饮用水中经常含有有害的细菌,茶实际上是安全的饮料,这应当是饮茶普及的一大原因。只是在英国每人每年消费9磅茶叶以上,却没有这种理由作为解释,这大概可以解释为是英国的气候产生对茶这样的饮料的需要;但是很显然英国的气候并不是重要的原因,因为在天气炎热而干燥的澳大利亚,每人每年的消费量与英国相似;在印度的英国人,仍然喜欢以热茶作为饮料。印度人现在也倾向于饮茶,尽管每人的消费量很少,全印度每年共约消费5000万磅茶叶。

茶叶普遍化的缘由

其次,我们必须探讨茶叶为何可以流行如此的广泛。茶曾经一度是东印度公司的专卖品,其后印度、锡兰逐渐开始植茶,茶叶就成为了英帝国的产品,这些事实并没有降低茶作为饮料的价值,而受其影响,茶成为了英国人的饮料。同样,荷兰人也因受荷属东印度生产茶叶的影响,而使现在每人年消费约为 3.64 磅,英国的一部分殖民地或许仍然保持着饮茶的风气,以维持与英帝国的联系,而日本、中国、印度及其他亚洲国家的饮茶,一部分是由于出产茶叶的缘故,而其最大的理由是茶叶是国民财富的主要来源。

上述只是部分使饮茶成为习惯的理由,并不能以此来解释茶在德国、法国、俄国及南美洲的应用,更不能说明茶在美国饮用到了何种程度,在美国传统的爱国主义对于茶完全是欲拒之而后快。我们应当从茶叶本身探究其最重要的原因,茶之所以能胜过一切竞争者而受到全世界人们的欢迎,其原因也在于此。

茶被人类饮用,是因为饮茶后有轻松的感觉,在正常状态下容易消化;茶虽然是热饮,但在高温下有发汗的作用使人凉快;有辛涩的美味及香气;最重要的是对神经及肌肉系统的兴奋作用,这种作用在温和的刺激与安适的休息间诱发出一种意识形态。饮茶并不是因为它有食物的价值,只不过是当作一种辅助食品而已。据说一杯热茶能从皮肤上蒸发掉 50 倍于热茶加在我们身上的热度。

绿茶与红茶大约含有等量的单宁、咖啡碱及浸出物,如果是浓而热的绿茶,则给予人体内部的安适与刺激不次于红茶。至于像在远东地区清淡的茶汤,则其价值仅比止渴剂略高。

茶的各种成分对于人体的作用有加以研讨的必要。

咖啡碱的功效

当讨论饮茶的害处时,必定会提及其两大成分,即咖啡碱和单宁。单宁经常被认为对消化有不良的影响,而咖啡碱则是一种兴奋剂,也难免一同遭到反对。

《英国药物法典》内讲到咖啡碱作为药用时对人体各系统的

作用如下：

咖啡碱有三大作用：(a) 对于中央神经系统；(b) 对于肌肉，包括心脏在内；(c) 对于肾脏。

对于中央神经系统的作用，最主要表现在于脑与身体的关联，其功效为保持清醒的状态及增加精神的活动能力，感觉印象的判断更完全并且准确，思维也比较清楚而敏捷。

咖啡碱用量过多时，其作用由肉体扩展到动力部分而至神经，病者最初表现为烦躁不安，之后或表现出痉挛的特点。咖啡碱能使各种体力工作省力，并且能实际增加一切依赖于肌肉的工作。以常人而论，很难指出对于肌肉的作用。咖啡碱减少疲劳的作用主要在中央神经系统。咖啡碱会使脉搏加快，略微提高血压，但并没有像毛地黄一样的作用；由于增加心脏肌肉的刺激，过多摄入咖啡碱容易使心脏疲劳。

咖啡碱及其化合物是一种重要的利尿剂，它在尿内的比重比常态低，因为其所含的盐与尿素较少；但固体总排泄量如尿素、尿酸及盐都有增加。咖啡碱刺激骨髓，使肾脏产生收缩，最初会影响尿的流动。咖啡碱的用量为6—30 毫克。

上述的报告可代表英国医学界的意见，而此中所包含的事实均被他们认为可以编入一般的刊物中。

《美国药剂大全》中写到，咖啡碱的用量限制为 15 毫克。

茶中的咖啡碱含量

在叙述关于咖啡碱对于人体功效的试验以前，应先讨论普通饮茶者所吸取咖啡碱的分量。

从欧洲经营茶业的观点而言，英国应当是最主要的茶叶消费

国,每人每年消费茶叶约 10 磅,按照茶叶中的咖啡碱含量为 3%
计算,则平均每人每年饮用的茶内含咖啡碱 4.8 盎司。这是假设
咖啡碱完全被提出而饮入体内,但实际上并不可信,因为在 5 分钟
的浸液内,咖啡碱仅有 3/4 浸出,浸泡较久或再度冲泡,还将剩余
的咖啡碱全部或一部分浸出。因此英国人每日饮用的咖啡碱应在
24 毫克以内,似乎较为可信。

　　如果用 1 磅茶叶冲出 200 杯茶,则每杯茶内所含的咖啡碱平
均少于 6 毫克。伦敦、加尔各答或科伦坡的茶师用 43 金衡喱(称金
银宝石的单位,等于 6 便士币的重量)的茶叶,浸泡 6 分钟。这样泡
成的茶,每磅茶叶可泡 160 杯茶,每杯平均含咖啡碱约 6 毫克。

　　在谈论一杯茶对于人体的影响时,必须明了茶叶的咖啡碱并
不是以纯粹的状态服用的,更不是可以立刻发生作用的。一杯茶
喝完后对于身体的作用是逐渐显现的,在一定时间以后才发生效
力,因此剩茶中所含一定分量的咖啡碱,其功效并不像《英国药物
法典》上所记载的那样大,该书可作为直接摄取纯咖啡碱的参考。

　　一杯茶所带给我们的刺激的程度很难确定,这完全依个人的
神经系统的情况、煎煮的浓度、茶叶的性质以及是否是鲜叶而定,
如饮用清淡少量的茶,其功效仅略优于止渴剂,并促进发汗而已;
但若全天饮用浓茶,则其累积的结果,将对人体产生强烈的刺激。

　　经常有人认为咖啡中的咖啡碱,其形态比在茶中的形态对人
体更用效用,大概认为茶中的咖啡碱因为与单宁结合,有一部分不
起作用,但这种假设并不为现今的科学观点所支持。1 杯咖啡的
刺激性一般比 1 杯茶更大,是因为咖啡碱比较多的缘故,1 磅茶中
含有咖啡碱约 210 格令,在首次冲泡时约有 170 格令被浸出,1 磅
茶可冲泡 160 杯至 200 杯茶,因此头泡茶每杯平均含咖啡碱少于
1 格令。1 磅咖啡含咖啡碱约 140 格令,但平均只能冲 40 杯以下,
而且咖啡中的咖啡碱可完全提出,因此 1 杯中约含有 3.5 格令咖
啡碱,这就是为什么咖啡的刺激性较大的原因。

咖啡碱与心脏作用

在书报上所载关于咖啡碱作用的观点,也存在着很多分歧,曾经用犬、猫、豚鼠、鸟等作试验,用大量的药剂注射,而得到不同的结果。这种工作的困难在于还有很多未被利用的材料必须加以研究,得出平均测量结果,才不致于产生其它的副作用。

在测试咖啡碱对于低级动物的作用时,发现植物碱能使脉搏加快、加强心脏的收缩及刺激血管运动中枢。但是在以人类为试验时,结果并未像上述那样详尽,其原因之一是对于畜类的药量比较大,如伍德研究少量药剂对人体的影响,他用6格令(1格令等于0.0648克)的药量不能察觉对血压有如何明显的升高。一些研究者测试血液循环与人类相似的犬,发现狗的血压受咖啡碱的影响而增高很多,伍德的下列的事实说明中间差异之处:以犬作试验时,为体重1公斤施药量100毫克,即相当于600毫克的药量施加于普通体重的人,如果用少量的药剂施加在犬身上(每公斤1毫克)时,犬的脉搏次数并不增加。

伍德用治疗用的药量(约18—36毫克)施于人时,发现只略微增加心脏的收缩力,而使动脉的血压略有升高。

咖啡碱与肌肉活动

咖啡碱对于肌肉收缩力的影响,曾有人加以研究,1892年德·萨罗及伯纳迪尼用验力器测明咖啡碱能增加肌肉的收缩力。其他一些研究者多数采用肌力计的方法,也能测出咖啡碱的刺激效力,其结果大半被里弗斯及韦伯所证实,他们也断定肌肉工作的增加并不是由于任何兴趣及心理暗示造成的。伍德只以治疗药量研究咖啡碱对于肌肉的运动的影响,他认为咖啡碱对于脊髓的反射中枢有兴奋作用,使肌肉的收缩更有力而不发生间接的衰退。所有研究的结论说明,吸食咖啡碱后的肌肉工作能力更大。

大量服用咖啡碱会引起肌肉僵硬,但是一般人的摄取量不会导致这种现象发生。

咖啡碱与精神

咖啡碱对于精神的影响也是历来研究的对象。克拉普林说:"我们已经知道茶与咖啡能增加我们的精神效能到一定的程度,因此可利用这些饮料作为克服精神疲劳的方法。在早晨,这种饮料可以除去精神疲劳上的最后的痕迹,到了晚上,当我们处理心智上的工作时,它又能使我们保持清醒的状态。"韦德梅耶尔认为正常服用咖啡碱,在心理上的影响从四五个星期以后开始降低。

咖啡碱与人体全部系统

除上述的特别研究外,H. L. 霍灵沃斯在纽约哥伦比亚大学曾进行了咖啡碱对于人体各系统的普通测试,他竭力除去这些试验常有的错误,其结果是根据无数次的测量而得(见下表),所测试的项目包括稳定、轻叩、同等打字、辨色、计算、反面、取消及辨别等试验,再加以近似形量的幻觉测试。

表 26—1　咖啡碱对于心智及运动过程的影响

过程	试验项目	少量	中量	大量	作用时间（小时）	持续时间（小时）
运动速率	1. 轻叩	刺激	刺激	刺激	$3/4$—$1\frac{1}{2}$	2—4
同等	2. 三洞	刺激	无影响	迟缓	1—$1\frac{1}{2}$	3—4
	3. 打字 a. 速率 b. 错误	刺激	无影响	迟缓	结果仅以全日的工作表示	
		一切药量均较少				

过程	试验项目	少量	中量	大量	作用时间（小时）	持续时间（小时）
联想	4. 辨色	刺激	刺激	刺激	$2—2\frac{1}{2}$	3—4
	5. 反面	刺激	刺激	刺激	$2\frac{1}{2}-3$	次日
	6. 计算	刺激	刺激	刺激	$2\frac{1}{2}$	次日
选择	7. 区别及反应时间	迟缓	无影响	刺激	2—4	次日
	8. 取消	迟缓	？	刺激	3—5	无资料
	9. 形量的幻觉	无影响	无影响	无影响	—	—
一般状况	10. 稳定	？	不稳定		1—3	3—4
	11. 睡眠之质	个别的差异				
	12. 睡眠之量	—		2？		
	13. 一般的健康	视体重及用药情况而定				

上述试验是在一个装有特殊设备的实验室中进行的,如果要了解试验技术的详细情况,可参考心理学丛书《心理学档案》中一篇专门论文,题为《哥伦比亚对于哲学及心理学的贡献》。

咖啡碱放在胶囊及糖浆内,将胶囊与糖浆在试验者不知情的情况下服用。

简单来说,此项试验目的如下:

(一)在控制的情况下,研究若干个人在长时间——40日——内的动作,以决定咖啡碱无论在定性及定量方面对心智及运动过程的影响。

(二)研究由于被测试者的性别、体重、年龄及癖好而改变这些影响的方法,用药量的多少及用药时间与情况不同而受影响的程度。

（三）研究咖啡碱对于受试者一般的健康、睡眠的量及饮食习惯的影响。研究结果见上表。

应用的药量由 6 毫克至 36 毫克，24 毫克以上即为大量。在各种试验中均无反应。一般的结论为咖啡碱对于运动过程的影响迅速明显，但短暂；对于心智的影响过程则迟缓而长久。

有两个重要的因素能改变咖啡碱的影响过程，即体重及服用咖啡碱时留在胃中的食物。在各种试验中改变咖啡碱的影响程度恰好与体重成反比，尤其是在空腹摄取时更加明显，这种变化对于睡眠的质量也是如此，如果连续数日摄取则更加明显。咖啡碱的效用似乎不受年龄、性别及固有的咖啡碱癖的影响。在试验时不用含有咖啡碱的饮料，被测试者也没有需要这种饮料的表示。

由于缺乏对许多重要的指标的跟踪，不能确切证明它对工作能力的提高的作用，但事实上个人的工作水平却因此提高。由这个试验证明，饮用含适量咖啡碱的饮料不会造成身体不适。

咖啡碱由体内的排出

关于咖啡碱由体内排出的问题，萨兰特及瑞格从兔、豚鼠、猫及犬身上研究的结果，发现一部分是由于服食的情形，一部分无变化由尿中排出，一部分则进入胃肠管及胆汁。其结果是咖啡碱的重甲基置换，在食肉动物中比食草动物中多，因此食肉动物利用这种作用以防御这种药的毒性，这是因为咖啡碱对于食肉动物的毒害要大于食草动物。

咖啡碱，尿酸及嘌呤属的其他部分各部在构造上的关系，已在上章中提到，可以知道咖啡碱受重甲基的置换（移去 CH_8 根）及氧化作用（以氧代替氢）后可变成尿酸。

动物服食咖啡碱后，从尿中排出少量（少于服食量的 1/10），罗斯特认为人类在尿中排出的咖啡碱，仅约为 2%。

曼德尔及沃德尔的报告中认为在不含嘌呤的食物中添加茶、咖啡或咖啡碱后,咖啡碱的排泄量的增加与服食的咖啡碱成正比。但克拉克及罗里默在最近的报告中反对这种说法,他们的试验的对象是加利福尼亚昆丁悔过所中的拘留者,服食咖啡碱后虽能增加这种物质在尿中的排出量,但二人却不能查出这两种含量间的必然关系。服食咖啡碱后尿中排出的尿酸增加,但他们不认为这些增加的尿酸是由于咖啡碱受重甲基置换及氧化作用所致;他们还发现服食咖啡碱后能增加血液中的尿酸浓度。

上述各研究者也认为由于服食药物是由口腔进入,因此极难说明是否有些被人体组织所吸收,这根据具体情况而定,如剩余食物的分量、细菌活动情况、蠕动率等。

K. 奥库西玛认为饮茶或咖啡一小时后,尿中排泄的咖啡碱开始增加,在3—4小时后达到最高点,以后逐渐降低,但可持续4—5小时之久。

这些关于咖啡碱排泄的研究,并不包括从汗及肠道的排出,关于整个问题,在下任何重要结论之前,需要进一步的研究。

不含咖啡碱的茶

在结束关于咖啡碱的讨论之前,须简单介绍一下不含咖啡碱的茶的制造。这个问题在德国、美国并没有像咖啡制品那样引起人们的注意,大概是因为这两个国家的茶叶消费较少的缘故。咖啡如果在烤焙以前的青绿状态时处理,或许更为有效,而茶叶在制造完成前唯一可进行处理的时间是在茶园内,这也是不含咖啡碱的茶叶不能扩大规模的原因。

梅耶尔及威默曾经试制无咖啡碱的茶,将茶叶用挥发性溶剂如醚、石油精、烷或哥罗仿等进行处理,用以除去芳香物质,将此溶液移去后,茶叶用蒸汽及氩气、硫磺、二氧化硫或盐酸处理,以游离在结合状态中的咖啡碱,再将茶叶浸入有芳香成分的挥发性溶剂中,以提取咖啡碱,此后将溶剂蒸发,使叶干燥,即可得到不含咖啡碱而略有香气的茶叶。塞色尔继续进行了大致相同的试验。

但是为何要制造这种无咖啡碱的茶叶呢?茶的生理作用实际上是采自咖啡碱,在一杯茶中的含量不足为害,但是作用较为持久。纯咖啡碱能在短时内产生最大的刺激作用,而在茶中的刺激作用不是很强烈,只是时间持续较长。

在某种情况下,有充分的理由可以说明为何非要除去咖啡碱不可,例如患痛风病者,须竭力减少服食嘌呤,以减轻肾脏过重的负担,遇到这种情况,则无咖啡碱的饮料极为合适。

单宁的功效

从生理学的观点来看,单宁是一种药,在药物学中非常著名。就茶而言,单宁通常被视为饮茶过量时的一大隐患,一般人认为由于茶含有单宁,而容易使胃鞣化。

下列对于单宁的说明来自《英国药物法典》,其标题为《单宁酸或单宁》。

单宁的性质因与蛋白质或明胶的化学的相互作用而产生差异……,其游离的酸仅具有收敛性,当被蛋白质或碱中和时,其收敛性消失。

入口时有收敛性,可将表皮周围的蛋白质物质凝结,甚至侵入若干的表皮细胞中。

在胃中与碱及蛋白素结合而成单宁酸盐,当蛋白素像其他的凝结蛋白质被消化时,单宁即被游离出而再与其他物质结合。当在小肠时,单宁将蛋白质凝结而减少分泌,会导致便秘,因此偶尔用于治疗痢疾。

单宁对于消化系统的任何部分,如口腔、食道、胃或肠等或许有害——视其分量与其他物质的构造而定。当在茶中加入牛奶时,干酪素即与茶单宁结合,阻止其对口腔内及食道的一部分粘贴膜起作用,如果饮茶不加牛奶,则单宁与胃中未消化的食物的蛋白质结合。

无论茶单宁被牛奶中的干酪素或胃中的蛋白质所凝固,其形成的单宁酸盐与任何凝结蛋白质受同样的消化作用,当部分消化的食物进入小肠时,单宁再被游离,小肠内呈碱性,游离的单宁于是形成碱性的单宁酸盐。在这个区域内显示出单宁的可能有害作用,不习惯饮茶者往往由于单宁轻微的收敛性而略有便秘,但经常饮茶者则逐渐生成对茶单宁的抵抗力。

通常认为食肉后饮茶有害,因肉中有蛋白质被茶单宁所沉淀而导致消化不良,这个问题还须加以试验证明。

首先须明了的是,大部分的茶单宁与加在茶中的牛奶干酪素结合,其次须说明的是,1 公斤生肉含有大约 350 格令的蛋白质,即等于生肉重量的 1/5。一杯普通的茶,在未加入牛奶以前,含有10 格令以下具有收敛性的单宁,假设 1 份单宁能完全沉淀 6 份蛋白质,而肉类蛋白质被一杯茶所沉淀的量仍然很小,这个比例是在极安全的限度内所进行的假设,而其实生肉中的蛋白质还超过单宁所能沉淀的限量。

如上所述,蛋白质在肠中受同化作用,而所有的单宁蛋白质结合体则被分解,而将单宁游离,根据这种论断,可以认为肉与茶同食也不会有任何害处,澳大利亚的饮浓茶的习惯可以说明这个问题,只是许多人不想在进餐时同时吃肉与饮茶,作者也有这个习惯。

医药界一致的意见是反对过量饮茶,其最大的原因是单宁对于消化道的影响,单宁的收敛性可使肠闭塞而引发便秘以及减少肠的分泌而导致消化不良。

欲泡制最佳的茶,浸泡时间应以 5 分钟为限,在这个时间内3/4 的咖啡碱及 1/3 的单宁被浸出;第二次浸泡时浸出的大部分剩余的咖啡碱(约为原有总量的 1/4)及比第一次少的单宁。第二泡茶比头泡茶的刺激性略少,且不会产生同样舒适的感觉。

在治病上,红茶与绿茶并无太大区别,两者均含有咖啡碱及单宁,而绿茶的单宁含量通常比红茶多,但这种差别无关紧要,就咖啡碱的浸出而言,绿茶比红茶快,所以有些权威人士甚至将它归为春药的一种。

普通的单宁药剂,据《英国药物法典》所载,为 0.3—0.6 克,在《美国药剂大全》中所载的为 0.5 克。

药学上的单宁酸为五价没食子酸葡萄糖。

茶单宁的分子式为 $C_{20}H_{20}O_9$,加以详细分类,则有些不同于上述的单宁,但都有单宁的特性,其与蛋白素或动物胶结合为不溶解的单宁酸盐,因此也可作为收敛剂。

茶中的单宁含量

计算每个饮茶者消耗多少单宁,是一件非常有意思的事。红茶的单宁含量平均约为 10%,虽然普通一次冲泡的茶所浸出的单宁不过一半或略多,在安全方面,假设单宁的 3/4 被浸出,当 1 磅茶叶冲成 200 杯茶时,则每杯茶中约含有单宁 2 格令(grains),对于这个问题目前研究尚少,但根据 5 分钟的浸泡中能浸出 66% 的单宁,这种茶汤即感觉有刺激性,其余则变成单宁酸盐而无刺激性。这种有刺激性的单宁被认为可增进水色。以此数字为根据,通常一杯茶中含有 1.5 格令(grains)以下的刺激性单宁。

无单宁的茶

为了除去或减少茶中的单宁,曾经经过若干努力,通常所用的原理为利用单宁与蛋白素结合的特性。克里斯托夫·立夫特沃奇将茶汤在真空罐里蒸发干,然后磨成粉末,与明胶粉混和,再溶解,滤去单宁的结合物,滤出的液汁中即不含单宁,因而认为不会伤害消化器官。格里姆肖用相同的方法使单宁沉淀,不同之处在于将明胶在茶叶浸泡前加入。桑斯塔德使单宁沉淀于牛奶或脱脂奶中,大约用 2 公斤牛奶提取 1 磅茶,牛奶中的干酪素成为不溶的单宁酸干酪素,呈紧密的块状,然后使之分离。

其他有些与上述性质相似的专利方法皆已注册。贝尔虽没有打算除去茶单宁,但他设法使单宁与咖啡碱间形成平衡,这样在茶中的最后比例为 1 份咖啡碱对 3 份单宁。含单宁过多的茶可喷射咖啡碱或盐类溶液于用以干燥茶叶的气流中,而使之平衡,或茶叶发酵时与咖啡碱溶液充分接触,也可使之平衡。

饮茶虽然有可能在生理上有不良的影响,但这种饮料的消费日渐普及,而且制造无单宁茶的方法也没有突破。原因是如果除去单宁,不仅会丧失刺激性,而且会减低茶汤的浓度,在饮茶者的心目中,茶的生理影响是不如滋味重要的。

1911 年,莱塞特实验所发表的一篇论文,讲到优良的茶中的单宁与咖啡碱结合而不发生鞣化作用。后来的化学研究工作证明这种说法不可靠,不论是好茶还是次茶泡出的茶汤,都含有刺激性。

实际上印度、锡兰及爪哇茶的单宁含量,平均比中国红茶中所含单宁多,因此中国红茶不像前者容易引起消化不良。英国、澳大利亚及其他国家的人,嗜茶成癖,大多是由于含有单宁的缘故,味淡的中国红茶则不是他们所喜欢的。

茶的蛋白质

在药物学的观点上,咖啡碱及单宁是茶中最重要的化合物,即便从食物价值上的立场研究这种饮料,也是正常的。

茶的营养物来自加入茶汤中的牛奶和糖,而并非来自茶本身。一杯加牛奶及糖的茶,其实际成分由于其种类及泡制方法而不同,一般英国人家庭所泡的一杯茶中,含咖啡碱 0.75—1 格令(grains),单宁及单宁化合物为 5—10 格令(grains),还有少量除咖啡碱以外的含氮物质、胶物质、碳水化合物及极少量的芳香油。

　　茶叶含粗蛋白质约为 30%，对于茶蛋白质的研究工作，极为缺少，但早在 1843 年，皮立高估计生叶中含有 15% 的纯蛋白质。茶制造时蛋白质受热凝结而变成不溶性，因此成茶的泡液中几乎没有蛋白质的存在，但其中总有一些含氮物质，这些物质在日本茶中尤其重要。

　　通过测试绿茶的结果，仅有 1/5 的粗蛋白质被浸出于茶液内，其中只有少数为纯蛋白质。

　　由此可以看出，茶不能被认为有任何蛋白质食物的价值，虽然饮茶时加入牛奶（约一汤匙），每杯茶中大约增加 10 格令蛋白质；而普通人每天须从食物中摄取 3 盎司（1312 格令）的蛋白质，这个分量意味着什么，可以想象。有少数人仅需要少量的蛋白质，但茶中所含量仍然不足。

　　一部分亚洲人以各种方式吃茶的生叶，这个方法非常合理，这样可以获得生叶中的营养，在有些地区将茶叶与油脂及调味料混合制成一种汤饮用。

茶 的 热 量

　　食物的能量及身体所需的能量均以热量（卡路里）计算，富含脂肪的食品有高热量，而富含蛋白质、糖及淀粉的，其热量也比含水分多的物质高。

　　在美国一些餐厅流行的法定食品表中，指出一杯茶（热或凉茶）的热量为 10 卡路里——1 卡路里为蛋白质，1 卡路里为脂肪，8 卡路里为碳水化合物。茶中有如此大的热量，是否准确，很难断定。因为在著名的食物价值表内，茶与咖啡都未被列入。

　　对于热量价值的认识，是由每个普通人每天需要被供给 2500—3000 卡路里的食品的一种学说而来。在半品脱的茶内加入一汤匙的牛奶（10 卡路里）及一块蔗糖（25 卡路里），这样的一杯茶中共可产生 45 卡路里的热量，就此价值而言，可以认为这种饮料为适当,但如果与一小卷面包或一小薄片罐头菠萝即能产生100卡路里相比,则该饮料价值并不大。

同一个卫生食品表中也指出一杯咖啡的热量为12卡路里,一杯谷类咖啡代用品为10卡路里。

茶的维生素

近几年来关于维生素的研究逐渐多了起来,最近论及于茶叶中的维生素含量。在茶业制造的干燥过程中,由干燥机吹入的热空气能将大部分维生素破坏,这在这项研究发表之前,就已经被经常谈到,但并非所有的维生素全被破坏,因为一些研究者在成茶中仍然发现有维生素存在。绿茶,尤其是手工制造的,并没有经过很高的温度,因此绿茶的维生素含量有可能高于红茶。

数年前,维瓦·B.阿普莱顿曾引起世人对于茶叶中维生素B的注意,虽然他的言论没有试验资料的支持。他在沿贝尔岛海峡的拉布拉多地区,记录下如下的观察:

> 每个家庭每年需要茶20—40磅,这种风行全球饮料,无论男女老少,在每次吃饭时,都饮二三杯……在2月时粮食缺乏的人们,仅剩下少量的麦粉和茶……秋收的新农产品,需到6月底才能到手……其间主要的食品为谷类,此类食物的碳水化合物过多,而缺乏某种维生素及适当的蛋白质……维生素的供给,一部分来自野莓及少量的炼乳、蔬菜与蜂蜜,在如此粗劣的食品中,营养不足的疾病很少发生,无疑是茶中的维生素起了极大的作用。

1922年,谢夫德发现茶叶含有维生素B,茶叶及其浸液均被作为提取维生素的原料,但这项试验并没有确切的证据(维生素B可防治脚气)。

日本化学家三浦政太郎在1924年发现茶叶含有维生素C(抵

抗坏血病的维生素),据他的观察,绿茶有相当大的抵抗坏血病的功能,而红茶则无此功效。他们认为红茶丧失维生素 C 是由于制造过程中的氧化作用(发酵)所致。

豚鼠经常被当作试验品,用来证明茶叶中含有维生素。一般的试验程序如下:被测试动物先用缺乏维生素 C 的饲料喂养,然后加新鲜制好的茶汤于饲料中,则该动物可以避免坏血病。据此可知茶汤中含有必要的维生素 C,而使之成为安全的饲料。

新茶及陈茶的功能都经过测试,其结果如下,其中数字表示治疗或预防豚鼠的坏血病所需的量。

(1)新茶:每日 0.4—0.6 克;(2)一年陈茶:每日 0.75 克;(3)两年陈茶:每日 1 克;(4)三年陈茶:无明显功效。

从一般商店购得的一年陈茶 0.75 克所泡成的茶汤,可使一只体重 270—330 克的豚鼠避免禁止坏血病,其有效期在 60 日以上。有时可以达到 108 日,在此期间毫无坏血病体征的表现。但茶叶贮藏的时间越久,其抗病能力越低,三年以后则完全消失。

三浦与冈部二人证明用半公斤绿茶加在猴子每天的饲料中可以使猴子的坏血病迅速痊愈。

1925 年,美国克利夫兰的美国解剖学者协会宣读了一篇论文,题为《抗不孕性维生素,脂肪溶性 E》。在此文中指出动物组织中有丰富的贮藏,但缺乏维生素 E。维生素 E 集中在某些植物中,特别是种子及青叶中。并认为莴苣、紫苜蓿、豆及茶等植物的叶,经小心干燥后,对维生素并无损害,该文也讲到了大量维生素 E 存在于优等茶叶中。

最近纽约罗切斯特大学的 J. R. 纳林,测试茶中的维生素 C,由于缺少完善的化学设备,他用生物学的方法决定其比较的含量。被测试的动物为豚鼠,试验用茶为釜炒及笼焙的绿茶、乌龙茶及红茶的浸液。除了食用在饲料中加釜炒绿茶的豚鼠外,其他均死于坏血病,由此证明釜炒绿茶中含有维生素 C。

马替尔及普拉特在罗切斯特大学的人生经济系中还将纳林的

工作扩大并补充,也得出了相似的结论。不过他们的结果受到明显的限制,因为他们并不知道茶中贮藏一定时间后是否还有维生素 C,而且仅就一批茶加以试验,并且除了食物来源没有问题外,他们并未主张以茶作为维生素 C 存在的可能来源。

1928 年,密歇根战地疗养院营养试验室指导海伦·S. 米歇尔博士经过试验后断定日本绿茶浸液并不含有维生素 C,其结论发表后,受到了众人的反对,于是他重新试验,第二年得出了绿茶中即使有维生素 C,含量也很少。

1929 年 6 月,三浦政太郎发表一篇关于泡制日本绿茶用水温度的记录,从记录中可以得知在日本试验时,试验液制成后强迫豚鼠立刻服食,而不是在 24 小时内任豚鼠随意吸食,如此可能造成不能完全摄取维生素 C,同时也将逐渐失去维生素的活力。

三浦发现绿茶在 65℃ 左右的水中浸泡 5 分钟,则有维生素 C 总量的 2/3 被浸出,余下的可以用同样的方法再次浸出。每次 1 克茶叶用水 10 毫升,共计 20 毫升,如此制成的茶汤有强烈的抗坏血病的功效。如果再将茶叶在 70℃~75℃ 的水中蒸煮一定时间,其浸液抗坏血病的功效会损失 74%。如果绿茶用沸水浸泡,则损失大部分的抗坏血病的功效,损失视水温降低的速度,如果温度急速降低,大约可保存原来活力的 33%,如果上述茶叶以 65℃ 的水浸泡出的茶液,在 24 小时以后才会失去活力。上述的试验结果,根据三浦的意思,认为可作为解释历来试验不能发现在绿茶浸液中有相当的维生素 C 存在的理由。

但有人认为日本的内销茶只经过轻微的炒焙,因此会有相当的维生素 C,但其外销茶则经过 210—260℉ 的补火,因此这种成分损失殆尽。S. 约瑟芬·贝克支持这种说法,他认为:"因受热而破坏的唯一的维生素就是维生素 C。"他又讲到由于维生素 C 存在于柠檬、橘子及葡萄汁内,故人极易摄取于食品中。

最近的研究工作证明了维生素 C 被破坏的原因,由氧化作用造成的较多,而由高温造成的较少。如果使茶叶干燥作用的温度达到210℃,则维生素 C 全部被破坏。

美国农业部家庭经济局接受食物药品及杀菌药管理处及联合贸易委员会的请求,于1929 年初,研究茶叶中维生素 C 的含量,根据美国农业部于同年 7 月 28 日所发表的报告,绿茶并不是令人满意的维生素 C 的来源。报告内容如下:

> 大众对于良好食品的兴趣,尤其是最近对于人们食物中维生素的重视,导致一些商人对自己的商品夸夸其词而大众却又不能经常用试验来检测。销售商曾宣传绿茶富含维生素,这种宣传被一些人认为是有理由的,因为他们知道市场上销售的是嫩叶。

家庭经济局曾接到许多信件,询问上述宣传是否属实。于是用豚鼠饲养三个月作为试验对象,因为其他试验室的研究,每件都有矛盾的结果。茶只能饮其浸液,而不食用其干叶,饲养豚鼠的茶液是按照美国茶叶检验员所规定的标准方法泡制,所用茶叶为一包日本绿茶,包上有一纸条写明富含维生素 C 的字样,被试验的豚鼠共 14 只,10 只喂不含维生素 C 的基本饲料,外加茶汁,两只为负对照试验品,仅供以基本饲料,另两只为正对照试验品,喂以基本饲料及维生素 C 含量丰富的橘子汁。

喂茶的豚鼠,其寿命仅比只喂基本饲料的负对照试验品平均多活 3—6 天,可见茶中维生素 C 含量极少。这种豚鼠的坏血病发病程度与负对照试验品一样。而每日喂以 2 毫升橘子汁的豚鼠,其寿命延长至试验 90 天,且体重有明显的增加,而且没有任何坏血病的症状。换言之,2 毫升的橘子汁可以提供足够的维生素 C,以适应豚鼠正常生长的需要,而 15 毫升的茶浸液所含的维生素 C,不足以减少豚鼠在 90 天试验期中的死亡,这证明了日本茶"富含维生素 C"的说法并不可靠。

该局在 1929 年进行第一次试验后,又进行试验,证明茶单宁不会影响维生素。最近的试验,不仅去除关于单宁影响维生素的疑问,并且证明三种试验的绿茶样品中,没有一种的维生素 C 含量可以引起注意。

这类试验在海兹·E.穆塞尔博士的指导下多次进行,最后结果证明尽管让豚鼠尽量饮茶,但是茶中的维生素 C 难以维持其生命。

关于茶的含有维生素的问题,至今还没有得到明确的证据,虽然有人极力认为茶中确有维生素存在,但就我们对于维生素现有的知识而言,也没看出它有多少重要性,如果在一种指定的食品内缺乏少量的某种维生素,饮茶或许可以防止营养不足。

茶的不同泡制法与其成分的关系

现在可以得一种结论,即饮茶并非因其具有食物的价值,而是在于它的兴奋作用,及特殊的滋味。基于这种观点,即须决定如何泡制才可得到最好的茶。为解决这个问题,阿姆斯特丹的荷印茶叶生产者协会提出下列问题,请阿姆斯特丹的贸易陈列所研究,即是否可用分析方法来决定各种泡茶方法的影响及茶的滋味是否可用数字来表示。后者以我们现在的知识水平,实在是难以达到,但是各种泡制方法的效果,可用普通分析方法来决定,如此得到的结果也非常有用。

泡茶在 5 分钟内约可浸出咖啡碱总量的 75% ,单宁则为40% ,如果冲泡时间较长则可浸出更多的单宁与色素。

对于茶液的平均估计,并不将重点放在比较日常生活中普通方法泡茶的效果,而贸易陈列所正是在这个观点上加以研究,以爪哇茶的三种样品为材料,其成分如下表所示:

	咖啡碱	单宁	可溶物
第 1 号茶	3.21%	21.00%	44.3%
第 2 号茶	3.10%	18.60%	42.6%
第 3 号茶	3.53%	16.40%	38.1%

在三种样品中,单宁的含量均很高。

当干茶用沸水浸泡时,被浸出物质的量视水的温度及浸泡时间而定。低温下的浸出量比高温下要少。为了加快浸出起见,必须防止热的散失,因此茶壶应放在保温的物体内(如茶壶套之类),或者放在烛火及酒精灯上,或者采用俄式的铜壶。前者可防止热的散失,后者则用灯火补充新的热量。不管用什么方法,如浸液的温度相同,浸出的可溶物量也相等。

有些人反对将茶壶放在灯上,认为这样茶壶部分受热,在壶底的茶叶将因受热而分解,实际上除非使用大量的茶叶,这种意外的事并不会发生,而且试验结果证明,茶壶在灯上加热,温度仍非常均匀。只是用灯火加热会使芳香油随蒸汽蒸发而消失。

有些国家往往从茶壶外部加热以保持茶的温度。对于这种方法曾经加以研究。试验时取风干茶叶 18 克,用 900 毫升沸水浸 5 分钟后,倒出浸液,再加 900 毫升沸水浸 20 分钟,再将浸液倒出。有时首次的浸泡时间为 33 分钟。

上述三种茶的平均浸出物及成分如下表所示:

浸泡方法	咖啡碱	单宁	可溶物
1. 在保温器中浸泡 5 分钟,第二次用沸水在保温器中浸泡 20 分钟	82%	38%	61%
	21%	21%	24%
2. 在保温器中浸泡 33 分钟	96%	64%	81%

上表明显表明迅速浸泡的好处,可避免单宁过多而得到使人过于兴奋的饮料。

在托格拉试验所用阿萨姆茶做试验,表明咖啡碱与可溶物的数值与上表相似,只是单宁浸出的比例大约为 60%。大多数阿萨姆茶大约含 10% 的单宁,因此阿萨姆茶浸出单宁的 60% 与爪哇茶浸出液单宁含量相等。

下表为茶壶在酒精灯上保温所浸出的咖啡碱、单宁及可溶物的百分比。

浸泡方法	咖啡碱	单宁	可溶物
1. 在酒精灯上 5 分钟,第二次用沸水 在酒精灯上 20 分钟	86%	37%	63%
	17%	23%	24%
2. 在酒精灯上 33 分钟	98%	65%	84%

此表中的数字与茶藏于保温器内的数字极为相似。

前茂物茶叶实验场的伯纳德博士评论上述的试验结果,认为可以证实从前的经验所得到的知识,由此项试验可得出一个结论:要想泡一杯好茶,茶叶不必太多并要短时间浸泡,如此可以得到富有香气的茶,因为芳香油极易溶解在热水中,但茶的滋味就会太苦,并且有一部分需要的特质将损失。同时也会有充分的单宁存在,它会使水色佳而带少许酸涩味,这样就可称为泡制良好的茶了。在这个方面,茶可与酒比较,勃艮第酒因不含单宁,被嗜酒者称为无价值的酒,品茗家对于茶也希望有单宁的滋味,甚于此,嗜茶者从经验上决定用 3 克茶叶放入 100—125 毫升的水中浸泡 5 分钟,这样得到的浸液,水色很美,而其略带苦味的香气与酸涩性,都恰到好处。

结　　论

从上述泡茶的科学分析所得的结论如下:

1 杯茶平均含有 1 喱以下的咖啡碱及 2 格令(grains)的单宁,茶液呈极微弱的酸性,PH 值在 5—6 之间,基本上是酸性的;胃液的 PH 值为 1.0—2.0,其酸性至少比茶大 1000 倍。

茶中加入牛奶后,单宁被牛奶中的干酪素所凝固,茶中加糖仅使味道变甜,并增加茶的食用价值而已。

茶中加牛奶使茶失去刺激性,当饮用时,首先进入胃中,糖和其他普通食物一样,被立即吸收,而咖啡碱也被摄取。在饮用后,可立刻感觉到饮料的温暖所带来慰藉的效果,但茶的刺激性要15分钟以后才开始发生。

单宁与干酪素的化合物被消化与其他任何凝结蛋白质相同,被游离出的单宁进入小肠,产生轻微的刺激作用。

虽然有些人因为单宁而反对饮茶,但这种成分及其发酵产品对于茶极为重要,因此不含单宁的茶很难发展。同时咖啡碱的刺激性也非常重要,因而不含咖啡碱的茶也不被饮茶者所接受。

第二十七章　茶与卫生

关于茶及咖啡的文献,未经发表的还有很多,因此将这种饮料传播以来各种言论搜集起来,再加入一些权威方面的意见,作为补充之用。首先的工作,是将报纸与定期刊物上的记载以及名家所发表的科学、医学及通俗的意见加以编辑。其中有些观念颇有问题,是由于缺乏合理的科学依据造成的。本章所引各节,须与纯粹科学性的药物文章加以区别。

补身的饮料

巴黎医生团生理医生路易斯·兰莫里博士说:

茶是健身的饮料,因为它对人体的影响总体来说是利多弊少,每人每天饮茶 10—12 杯,也不会有任何伤害。在神经烦躁时饮一杯茶,可消除烦躁,无论何时,任何年龄及环境都适合饮茶。

——1902 年巴黎出版的《食品论》

茶有益于肝脏

德国著名化学家巴隆·贾斯特·万·列比格说:

我们可以认为这种含氮化物的咖啡碱是有益于肝脏的食物,所含的成分,可增强肝的功能。

——1924 年出版的《动物化学》

茶在心理学上的价值

伦敦莱塞特杂志上说：

　　茶对性情有不可思议的影响，使人对于事物的观感产生奇异的改变，这种改变通常是往良好方面改变，因此在沮丧失意中是茶使我获得信心、希望及鼓励；细胞组织受一些感情的影响而迅速损耗，茶可以迅速补充。

　　　　　　　　　　　　　——1863 年伦敦莱塞特杂志

代替酒的饮料

马利兰州卫生局秘书 C.W.凯恩赛勒说：

　　茶不仅可使一个民族节酒，还可以增加许多社交的乐趣，并且没有烈性饮料所引起的刺激。

　　　　　　　　　　——1878 年 1 月马利兰州卫生局报告

健康快乐的饮料

W.高登·斯塔伯说：

　　在午前或炎热的时候，一杯清茶比酒更能使人凉爽、安静及增加活力，并且作用持久，虽然再经过相当的时间，也不会因为豪饮产生副作用而损害健康。

　　　　　　　　——《茶，健康快乐的饮料》，1883 年伦敦出版

茶可减少疲劳

伦敦托马斯·莫曼说：

　　我曾仔细阅读所有这些关于耐力的论述，极为赞同

素食及以茶作饮料,我认为长时间看护病人的护士,非常
需要这种饮料振作精神。

　　　　　　——阿瑟·里德著:《茶与饮茶》,1884 年伦敦出版

茶可抗寒及抗热

伦敦埃德伍德·A.帖克斯教授说:

　　作为士兵的粮食,茶最为重要,一杯热茶有抗寒及抗
热的功效,在炎热的天气中,对恢复疲劳尤为有用,并且
有使水清洁的效果。茶如此清淡,并且易于泡制携带,因
此应作为士兵在勤务中的饮料。茶还可减少疟疾的
传染。

　　　　　　——阿瑟·里德著:《茶与饮茶》,1884 年伦敦出版

茶可减少细胞组织的损耗

美国博物馆的 Wm. B. 马歇尔说:

　　我们经常有这种经验,即一天的紧张工作使身心疲
惫时,茶有恢复元气的效果,但这种效果为时很短。可立
刻振作萎顿的精神,使身体排除受不良心情所产生的影
响。饮茶并无不良的后果。茶的作用,犹如使混乱的房
间变得有秩序。咖啡碱有减少细胞组织损耗的作用。

　　　　　　——《茶》,载于 1903 年 2 月费城《美国药学》杂志

茶为神经营养剂

伦敦约纳森·胡金森爵士说:

　　我建议让小孩饮茶及咖啡,这是我经过深思熟虑的。
除去一些例外,大部分年幼的孩子饮茶不会有害的。饮

茶可振奋精神,使人平静理智、防止头痛,使思维更适于工作,这种宝贵的东西却被题以"神经刺激药"的名称,而实际上茶是神经的营养剂。

——1904 年 10 月 1 日,《伦敦泰晤士报》

机械时代的镇静剂

纽约乔治 F.谢立迪说:

茶的要素——芳香油对于神经起温和刺激,对精神系统及消化系统有平静及镇定的效果,这种影响既不持久也不会累积。重要的要素"咖啡碱",可起到镇静神经及减少细胞组织的损耗的作用。在今天高度紧张的生活中,茶不失为一种最好的兴奋剂。

——1905 年 11 月 28 日,《纽约先驱报》

茶能治疗神经衰弱

华盛顿乔治城大学的治疗药讲师乔治·罗伊德·马革鲁德说:

我不知如何对饮茶的效果及茶对神经系统的影响加以讨论。温和的茶对于普通人类均有益处,当妇女白天购物时因讨价还价而精疲力尽,返家时处于神经衰弱的状态时,借助一杯茶,可以数分钟内感觉精神复原,进入安宁的状态,这是茶中咖啡碱的作用。

——1905 年 12 月 1 日,《纽约先驱报》

从容应付各事物

纽约爱德伍德·安冬尼·斯比兹卡说:

茶的饮用如此广泛,并且有如此之多的优点。实际上,在论及茶和过于沉溺于茶所产生的可能影响时,须知暴饮的伤害不是仅指茶。过度的吸烟、饮酒及其他事物,对神经系统都会产生不良的影响。

——1905 年 12 月 2 日,《纽约先驱报》

温和及无害的兴奋剂

伦敦皇家医学院约克·戴维斯说:

茶的饮用若有节制,则是一种温和无害的兴奋剂……咖啡碱有了满足食欲的作用。茶除了作为兴奋剂外,还能缓解酒精饮料所引起的刺激。

——1905 年 12 月 1 日,《纽约先驱报》

茶 的 评 论

芝加哥 G. F. 里德斯顿说:

茶使人有良好的健康而不影响神经……饮茶、咖啡及可可如有节制,则完全无害。

——1905 年 12 月 2 日,《纽约先驱报》

茶 的 节 饮

前纽约卫生局局长托马斯·达灵顿说:

盛行于我国的饮茶并无害处,只是在过量饮用或泡制不当时才会有害。因此也像其他食物一样,须节制饮用。

——1905 年 12 月 11 日,《纽约先驱报》

单宁没有恶劣影响

纽约伊萨克·奥蓬海莫说：

　　如果仅就单宁而言，我可以说它没有任何不良的影响。

——1905 年 12 月 7 日,《纽约先驱报》

促 进 脑 力

伦敦皇家研究院讲师威廉·斯德令说：

　　茶、咖啡及可可确实可以促进脑力,而酒精类饮料更多的是麻醉作用。茶能促进精神的活动能力,酒精则相反,是一种麻醉剂。

——《食品与营养》,载于 1907 年 7 月
纽约《茶与咖啡贸易》杂志

茶为辅助食物

伍兹·胡金森说：

　　茶与咖啡可以增加生命的快乐并减少烦恼……,这两种饮料可以提振食欲,而且在饮用时经常加糖、奶酪或牛奶,这样一杯饮料中含有丰富的附加物;其营养价值相当于一小碟的早餐食物。

——1907 年纽约 Me Clures 杂志

每日五六杯无害

美国陆军少校罗斯威尔·D. 特安勃尔说：

茶是良好的兴奋剂,如非饮用不当,不会产生任何有
害的影响。任何食物,甚至水在某种情况下都是兴奋剂。
所有兴奋剂均无毒,茶也是如此……茶是否有害的问题,
可同时回答是或否。如果饮用劣质茶,泡6分钟后必须
将茶叶舍弃;若将茶煮沸或长时间浸泡,则变为有害。我
们是否会因噎废食? 用品质好的茶按平常的方法冲泡,
普通人每天饮五六杯也不会有害。

——《茶的有益效果》,
载于1907年9月《茶与咖啡贸易》杂志

军队的食料

美国陆军第七步兵连队长卡尔·瑞曼说:

我在满洲目击的战争中,两个民族都是著名的饮茶
民族,他们的奋勇非亲眼目睹不能相信。在大战中,两军
日夜前进,战斗不止,仅有少量的睡眠及少许的粮食,虽
然艰苦,但他们喝一杯茶,继续前进……在炎热中能解渴
的莫过一杯茶了。抑制雷鸣的空腹,温暖僵冷的身体,也
莫如一杯茶。在马上36小时没有进食,恢复身体也莫如
一杯茶。我在军营时,总说是先检查我的食具箱,并装满
茶叶。

——1908年4月,伦敦莱塞特杂志

增强及维持体力的饮料

英国陆军军区总监德·伦兹说:

我所能说的是,当军队在长期行军而极度劳苦时,一
杯红茶能使士兵体力增加及持久。

——1908年4月,伦敦莱塞特杂志

茶是纯粹的兴奋剂

C. W. 萨里比说:

我冒昧地下一个结论,以反驳某种迷信——即茶能使人清醒而咖啡则不能,在自然界的一部分中,信仰决定事实,但仅此一部分而已,如果说仅酒精及其他药品被称为兴奋剂,我对于使用酒精及其他麻醉剂与使用茶及咖啡所得到的本质差异,将无法理解。医生和其他人一样,被言论所迷惑,当我们发现茶中的咖啡碱是一种纯粹的兴奋剂而无副作用时,我们对于茶的认识才开始正确。少数为饮酒辩护的人常常极力非难茶与咖啡,然而,我们请求这些为酒辩护的人解释茶素如何能致人于死亡? 或请他们在显微镜下将任何茶持久活动的结果告诉我们,请他们指出任何一种肌肉的变化,任何一种值得提及的症状,任何罪恶或死亡的征兆,他们做不到,我也知道他们根本就做不到。

——《健康、体力及快乐》,1908 年纽约出版

牛奶使单宁无害

A. E. 达赫森在印度茶业协会演讲时说:

单宁大约不会影响活动的细胞组织,其作用仅在胃的表皮,所以无足轻重。牛奶与单宁结合成单宁酸奶酪素,沉淀成不溶解状,变为无害。单宁在茶液中浸出远比咖啡碱慢,因此在普通冲泡的茶汤中仅含有少许的单宁及足量的咖啡碱。

——1910 年,在伦敦印度茶业协会演讲

茶能增加快乐

日光浴医生阿诺德·罗拉诺说：

饮茶一杯后感觉无限的快乐，疲劳渐减，这是所发现的芳香油及咖啡碱的联合作用。

——old Age Defferde,1911 年出版

咖啡碱是博爱者

C. W. 萨里比说：

咖啡碱是一种好东西，因为它是一种真正的兴奋剂，有益于生命。咖啡碱若合理取用，则与其他镇静药物完全不同，因为它不会成瘾。它可免除烦闷，使身心轻松。

——《烦闷：时代病》,1911 年出版

茶对老人的功用

南方药物学院生理学教授乔治·M.尼尔斯说：

茶对神经系统是温和的兴奋剂，可以振作精神，减缓疲劳。一些年老者胃的机能活动变弱，消化器官难以提供足够的热量及能力，茶则能满足他们萎缩下垂的肠胃，增强其所负担的任务。

——1912 年 7 月,纽约《茶与咖啡贸易》杂志

茶使反射中枢兴奋

费城的药物学教授 H. C. 伍德说：

咖啡碱在脊髓内对反射中枢作为兴奋剂，使肌肉收

缩更加有力而不起副作用,因此肌肉活动的总和比没有咖啡碱影响时大。

——1912 年 10 月,纽约《茶与咖啡贸易》杂志

杞人忧天者太多

斯丹福特大学的 F. H. 巴恩斯说:

我不相信茶与咖啡有害,除非用量不当……我的意思是,在医生和不饮茶的人群中,极端论者与杞人忧天者太多。

——1912 年 10 月,《茶与咖啡贸易》杂志

增加心智及体力的工作

堪萨斯城医学院神经教授 G. 威尔斯·罗宾逊说:

每日一杯茶或咖啡,其量虽少,也可为神经及肌肉组织的兴奋剂。咖啡碱作用于神经系统,通常经常为增加大脑外皮层对反射更容易接受刺激,改善心智,加快思维,所有各种意识的起始刺激降低,疲劳感觉消失,心智及体力的惰性消失。

——1912 年 10 月,《茶与咖啡贸易》杂志

妄评茶叶为不诚实

查尔斯·D. 罗克伍德说:

对于大多数健康人,茶与咖啡的适度饮用并无损害,但很多人受捏造的宣传而对这种饮料产生曲解及恐慌心理。

——1912 年 10 月,纽约《茶与咖啡贸易》杂志

茶是文明社会的救世主

前伦敦药会主席詹姆斯·克里彻顿·布朗尼爵士说：

我确信茶为人类的救世主之一，欧洲如果没有茶与咖啡的传入，人们会因饮酒致死。

——1915 年 4 月，纽约《茶与咖啡贸易》杂志

咖啡碱为适当的兴奋剂

密歇根大学医学院院长 V.C.沃汉说：

我相信以咖啡碱作为饮料而适度饮用，对于大多数成人有益无害。咖啡碱对人体有害无益，在此无法证实。我曾试验去除咖啡碱的饮料，但那并不是我想要的饮料，它并不能供给身体以适当的兴奋。我相信咖啡碱是生理的兴奋剂，它能使我们经常保持清醒及良好的状态。

——《咖啡碱饮料的益处》，
载于 1913 年 5 月，纽约《茶与咖啡贸易》杂志

咖啡碱的作用不会累积

一些德国科学家说：

P.普拉泽在 1887 的试验证明，咖啡碱的效果迅速而无累积作用。贝勒·斯泽卡克强调"咖啡碱的最大好处在于其无累积作用"。J.帕温斯基发现咖啡碱无累积作用，而且排泄迅速，因而没有中毒的危险。O.萨弗发现由于排泄迅速，咖啡碱的作用时间很短。

——哈罗德·赫施著：《咖啡碱是标准的兴奋剂》，
载于 1914 年 6 月，纽约《茶与咖啡贸易》杂志

咖啡碱能克服寒冷

罗马大学的 A.蒙托里及 R.鲍里泽说:

咖啡碱是理想的兴奋剂,可以用来在极端的寒冷中维持体温。咖啡碱直接作用于神经,并使之兴奋,从而克服在极端寒冷所引起的衰弱。

——F. H. 弗兰克著:《咖啡碱是身体的取暖器》,

载于 1916 年 10 月纽约《茶与咖啡贸易》杂志

咖啡碱增加肌肉能力

纽约哥伦比亚大学已退休的神经学教授 M. A.斯达说:

各大学的运动员在各项运动之前饮用浓茶,已成为一种习惯。……一般的经验,无论是由临床和实验室内研究各种病人得出的结果,还是由社会上茶的实际应用得出的结果,因为"由一杯欢愉而不醉的茶中可以获得无限的安慰及愉快"。

——1921 年,纽约医学院记载

无害的兴奋剂

威廉·布拉迪说:

每天早晨饮一二杯咖啡,加或不加奶酪及糖,对多数成人无害。根据我的意见,从保健角度来说,每日的膳食中喝一二杯茶,也会有同样的效果。

——载于 1922 年,布鲁克林·伊格尔

茶能破坏伤寒病菌胞子

美国陆军军医总监 J. G. 麦克诺特少校说：

将伤害病菌胞子培养液在茶液内 4 小时，能减少胞子数目，20 小时后，在茶中消失。在营中，士兵劳累时，以冷茶代替开水最佳。

——1923 年 7 月，纽约《茶与咖啡贸易》杂志

茶不会引起神经过敏

波士顿健康饮食专家马丁·埃德纳兹说：

我承认大多数美国人变得比以前更神经过敏及暴躁，但不同意把这种情况归罪于茶与咖啡饮用的增加……中国人饮用茶已有上千年之久，也不能说他们是神经过敏或暴躁的民族。一日之中，人体有两次低潮，一次在早晨，一次在黄昏，这些时候饮茶最为合适……美国的五点茶也无害。

——1924 年 4 月，《波士顿邮报》

茶增加工作的能力

慕尼黑大学心理学教授 R. 保利说：

茶对心理作用表现为加快的现象的意识，如增加记忆、选择、作诗、注意力的活动、区别差异等。这些影响大约在饮茶 40 分钟后达到最高点，再过 30 分钟消失。一杯茶可使心智能力增加 10%，持续 45 分钟，之后回复常态，而不会像酒精引起不良的反映。

——1924 年 7 月，纽约《茶与咖啡贸易》杂志

特 殊 因 素

马萨诸塞州工艺研究院 S. C. 普莱斯科特说：

如果对于茶或咖啡特别敏感的人，只能饮用极小量的茶。这与其他多种食品——肉、蛋、奶或蔬菜等相同，对于每个人的影响都会不同。

——1924 年 1 月，纽约《茶与咖啡贸易》杂志

茶清洁人体

前芝加哥海迈恩医学院院长及尼沃克工艺学院院长丹尼沃克·霍登说：

优质的茶按照普通方法冲泡，是最美味而经济的饮料。适当饮用，对人体各系统有保健的效果，解除疲劳，老年人多饮好茶有助于消化……茶是最便宜的饮料。

——1924 年，纽约《茶与咖啡贸易》杂志

合理的饮茶无害

前纽约市健康委员会委员及纽约州参议员罗伊尔 S. 波普兰说：

合理的饮茶对于成人无害。泡茶不宜浓至呈单宁的结合物状，但新鲜冲泡的茶则可每日饮两次而无损健康。用餐时饮茶最为合理，因其可帮助消化，并且可以增加餐桌上欢快的气氛。

——1925 年 12 月，纽约《茶与咖啡贸易》杂志

茶,保持精神的平衡

纽约哥伦比亚大学药物学院院长 H. H. 巴士比说:

　　茶与咖啡直接刺激大脑的活动,并且激发其故有的机能,因此精神的平衡得以保持,心智活动增加。

　　　　　　　　　　——1925 年 8 月,《茶与咖啡贸易》杂志

茶能产生安宁

加拿大多伦多 Insulin 的发现者 F. G. 巴廷说道:

　　加拿大著名的医生都认为午茶是一种镇静剂,是深思、智巧、创造的诱导者。我赞成午后四时休息饮午茶的观点。

　　　　　　　　　　——1905 年 1 月,纽约《茶与咖啡贸易》杂志

适度饮茶无害

美国医药协会杂志编辑莫里斯·费师本说:

　　最好的科学证明指出适度饮用茶与咖啡均无害。有些人每天饮茶或咖啡,经过五六十年也没有明显的不良结果。

　　　　　　　　　　——1927 年 10 月,纽约《茶与咖啡贸易》杂志

绿茶与红茶的作用

海吉亚编者答复读者的问题如下:

　　红茶与绿茶在治疗作用方面无太大的区别,其重要的作用来自咖啡碱。两种茶均含有少量单宁,普通一杯

茶中单宁含量略有不同,但是没有任何实质的问题。

——1927 年 2 月,芝加哥 Hygeia 杂志

茶为伟大的抚慰物

詹姆斯·克里彻顿·布朗尼爵士说:

茶无疑是东方赠与西方最好的礼物。其给与人类的利益无法估计,曾经历过疾病及忧愁困扰的人才知道它的价值。茶是伟大的慰藉者,不少失意的妇女因为一杯适合时宜的茶而免于自杀。

——1927 年 10 月,纽约《茶与咖啡贸易》杂志

现代生活的必需品

伦敦新健康会会员、世界大战食品部的科学顾问 J. 坎贝尔说:

茶可称为现代生活的必需品,因其是一种兴奋而无害的饮料,在人们最需要的时候,可以给疲惫的人们带来一种刺激。茶有一种不同于咖啡而让人舒畅的香气,如果适当饮用优良的茶叶所制成的茶,则绝不会有神经衰弱、心脏病或消化不良的疾病产生。

——1928 年 3 月,纽约《茶与咖啡贸易》杂志

最佳的鸡尾酒

詹姆斯·克里彻顿·布朗尼爵士说:

我们经常在报上见到关于过量饮茶有害的结果发出的警告,这实在是偏见和悲观的论调。任何食物如冷水或啤酒饮过量都会有害,更不要说有兴奋作用的饮料了。饮食卫生中的吹毛求疵者所言饮茶之有害者,我确信在

一万次中能有一次就不错了。我们应该感谢茶带给我们
的好处,它使人满足,思维清晰,实在是最佳的鸡尾酒。

——1928年10月在伦敦伯恩瑞公司的年会聚餐时的演讲

兴奋而卫生的饮料

W.阿布斯诺特·雷恩爵士说:

适度饮用好茶,这是一种兴奋而卫生,且对人体最有
益的饮料。好茶是一种最经济的饮品。

——1928年10月,《伦敦每日邮报》

最有效的兴奋剂

伦敦大学生理学教授J.S.麦克多沃说:

我们可以得到一种结论,就我们所知,适当饮用正常
制造的茶,并不会产生危害,而与膳食共饮,则会抵抗用
餐后的睡意。

——《茶的生理作用》,载于1928年伦敦医生杂志

茶不产生酸性物

纽约康乃尔大学学院临床医学院副教授A.L,霍兰德说:

茶叶中的咖啡碱并无大的害处,除非饮用过量。理
论上,单宁太多,可使肠胃各种腺体受害,但在普通茶中
泡制单宁含量不多,因此,不至于对胃发生显著作用。尤
其是与牛奶及其他食品共饮时更是如此。数年前,我在
纽约康乃尔大学医学院临床学上努力研究茶在胃中产生
酸性的影响,我给作试验的胃病病人面包及开水,进食一
小时后,抽出胃中食物分析其酸性,由此得出病人胃中的

平均酸度,然后用淡茶代替开水,同样进行测试。经过长久的重复测试,得出结论为,在这种条件下,茶的适度饮用并不使胃产生的酸性有明显增加。

——1928 年 5 月,纽约《茶与咖啡贸易》杂志

无害而怡神的快事

罗纳德·罗斯爵士说:

我也和英国大多数人们一样,每天饮茶二三次,我认为这样并没有害处,而且是文明生活中的一件快事——因为茶无害而且怡神。英国人每年每人消费茶叶约 10 磅,因上世纪茶叶消费的增加,酒精的消费相对减少。据 1923 年伦敦健康医生本年度报告,最近 8 年来,由于饮茶的缘故,国民的平均寿命增加了 20 年以上。

——1929 年 10 月 25 日致伦敦锡兰
协会主席 W. 莎士比亚的函

对国民健康有利

马考姆·沃森说:

任何饮品过量饮用,都可以导致身体和精神患病。茶与咖啡的过量饮用,也可以妨害睡眠,引起头痛及其他神经疾病,但据我的经验,30 多年来,在温带及热带饮茶和咖啡的民族中,能饮过此限度的人从未发现。我们相信,茶对国民健康发生有害的影响毫无根据,而这种颐神饮料消费的增加,以其在英国各大城市中供应的最为便利就是确凿的证据。

——1929 年 10 月 31 日致伦敦锡兰
协会主席 W. 莎士比亚的函

饮茶使身体苗条

芝加哥药物学家哈夫·A.圭甘说：

　　饮茶与咖啡比饱食的危害少——在今天无论男女老少都渴望拥有苗条的身材，而饱食又是最普通的错误。这种饮料可以减少饥饿感，因此在一定范围内可以防止饮食过量。

——1930 年 4 月,纽约《茶与咖啡贸易》杂志

第 四 篇

商 业 方 面

第二十八章　产茶国的茶业贸易

茶叶从产地运往各个国家消费,其运输途径,与其他的东方物产相同。一般情况下,茶叶必须由生产者经过代理商,或产地的出口商输出,其中制度可能各有差别,但顺序大体相同。

产茶各国最重要的运输中心有:印度的加尔各答、吉大港、图提科林、加里库特;锡兰的科伦坡;爪哇的巴达维亚;苏门达腊的棉兰;日本的清水港、横滨及神户;中国的上海、福州、汉口及广州;台湾的台北。加尔各答和科伦坡虽有正式的茶叶市场,但多数的印度、锡兰茶叶还是运往伦敦拍卖市场销售。至于其他各产茶国,除有一部分茶叶运往伦敦及阿姆斯特丹市场外,其余多数直接销售给各消费国的进口商。

印度的茶叶贸易

加尔各答是印度最重要的茶叶市场及航运中心。一部分南印度茶叶由科伦坡输出,另一部分从加里库特或图提科林直接运往各消费国。印度东北部的茶叶一部分由吉大港起运,所有运到这里的茶叶,目的地都是伦敦的出卖市场,有货轮就马上装运。

印度的茶园大多数是英国人的公司经营,总公司都设在伦敦、加尔各答、利物浦、格拉斯哥或其他经济中心,此外也有印度当地人组织的公司和茶农私人经营的茶园,虽然这部分茶园近期逐渐增多,但还是少数。凡是拥有茶园的公司都派出代理人或推销员驻在加尔各答或伦敦。

茶叶在茶园生产包装以后,茶园管理者就将茶叶送往驻加尔

加尔各答的茶叶代理人在销售大厅

各答的代理人,伦敦设有总公司的,代理人对于茶叶的处置,必须听从总公司的指令。此时,茶叶寄存于港务委员会所经营的堆栈中。堆栈有两处,一是哈得路堆栈,专为堆放由铁路运来的茶叶;一是吉特波尔堆栈,专为堆放由水路运来的茶叶。前者面积为283, 312 平方英尺,后者为245,000 平方英尺。每个堆栈可存储茶叶 10 万箱。港务委员会由孟加拉商会委派,工作人员来自本地或国外,堆栈一切的存储费用均由港务委员会负责征收。

　　代理人对于茶叶货单的处置有两种办法,其一可将货单交由加尔各答的经纪人在当地出售,其二将货单寄给在伦敦的代理人,再请经纪人在伦敦市场拍卖。如采用第一种方法,代理人的身份与货主相同,可将茶叶已运出的消息告知其委托的经纪人。加尔各答的经纪公司只有四家,即托马斯公司、莫兰公司、克来斯威尔公司及菲基斯公司。经纪公司接受委托后,即可通知堆栈,预先对货物进行检验,将茶箱分行排列,每箱凿一小洞,取茶叶数两作为样茶。

　　如果经纪人对茶样认为满意,即可将箱上凿的小洞重新封住,然后将茶样分成许多小份,在拍卖前几天分别送给那些可靠的买家;如果经纪人认为茶样不规整而且与原样不符,那么,这批茶叶只能作为"零星杂茶"另行出售,或将各箱茶叶重新混合,另扦新样。这些手续都在堆栈内完成,然后将茶叶重新包装,以待买家来函订购。

加尔各答的堆栈

加尔各答的堆栈以吉特波尔最为著名。此堆栈位于胡格利河滨,离城区约两英里,是一个狭长的建筑,面积为 650 × 118 英尺。茶箱在屋内分行堆放,每两行之间留一条走

加尔各答的堆栈

道,栈内还需留出充分的余地,使经纪人在扦样时得以穿行自如,大部分箱茶预先已在顶部或底部凿有便于扦样的小洞。

加尔各答的拍卖市场

在产茶季节,茶叶在拍卖市场每星期二定时拍卖。一日的成交数额往往高达 4 万箱,价格在每磅 1 安那 6 派至 5 卢比之间(译者注:安那、派、卢比均为印度钱币名称)。拍卖旺季在每年的 7 月至 12 月之间,就是在每年的 1、2、6 月这样的淡季也会有少数交易。茶叶交易是在加尔各答茶叶贸易协会指导之下进行,拍卖地点在茶叶经纪人公会所租赁的拍卖厅内。竞卖时,4 个经纪人轮流到场,每个人均在竞卖前 4 日,刊印一份茶叶目录,连同即将拍卖的茶样分发给各进货商店。总之,一切拍卖事务皆由加尔各答茶叶贸易协会负责办理。

拍卖时间自上午 10 时起,至下午四五时止。但在旺季,遇有大批茶叶从茶园运到,则拍卖时间往往延长至晚上七八点钟。

在 1925—1926 年拍卖季的下半期,每星期以 3 万箱为限,对出卖数量进行调节,其目的在于均匀分配每星期的拍卖数量,避免每星期的拍卖量有过多或过少的问题。此外还有一种节省时间的办法,就是将 500 磅以下的小件货物另外印制目录,等到最后再进行拍卖,因为这些小宗的茶叶一般不被大客户关注。

如卖家认为估价过低,即可停止拍卖或将茶叶暂存在加尔各答,以待涨价后出售,或转运至伦敦市场,以便获取更高的收益。

在加尔各答拍卖市场,拍卖茶叶以磅为单位,在栈房交货。装运则以箱为单位,每箱重量自 80 磅至 120 磅不等,茶末每箱重约 120 磅,小叶茶每箱重约 80 磅。

拍卖时叫价,凡在 8 安那以下的茶叶,每磅以 1 派增减;在 8 安那或 8 安那以上的茶叶,则叫价增减不得少于 1/4 安那。每次拍卖约有四名叫卖员,他们必须将目录内所列货物全部售罄。叫卖员叫卖的速度极快,买办者必须十分专注。

加尔各答买茶情况

茶叶买办必须精确判定茶价的价位区间,但是即便尽了最大的努力,也未必能按照预想的价格成交,因为在场的买办经常多达 50 人,这时极有可能出现这样的情况,第一个竞买者先出的价格,正是自己预想的价格,轮到自己出价的时候又不敢再将价格抬高了,所以一个买办如能在竞卖场中,能够以与拍卖前所判断的价位区间相差不大的价格获得成交,其高兴的心情不言而喻了。

买办在获得成交以后,应尽快赶本周第一班邮船将茶样寄出。因为每次进货都必须逐一扦取货样,准备寄出,手续极为繁琐。每星期二是竞卖日,如果邮船开出日期为星期四,则必须在两日内办好一切手续,时间非常紧张。

有许多种费用要在茶叶装运前付清,其中,如检验、扦样及印刷费每箱为 3 安那;堆栈费每 90 磅为 3 安那 6 派;租金每 90 磅每星期为 9 派;佣金为 1%;并须缴纳政府所征用的作为印刷茶叶宣

传品的捐税。以上各种费用虽然是在装运时缴付,但全部归茶园
负担,并在开给买办的账单内扣除。

加尔各答茶商协会

加尔各答茶商协会是由卖家、买办及经纪人联合组成,凡是在
加尔各答的一切茶叶贸易,皆受该协会支配和管理,其目的在于促
进和维护买卖双方在加尔各答市场上的共同利益。

协会的一切事务由 9 人组成的委员会管理,委员的选举由投
票产生,买办、卖家与经纪人三方各自推举代表参选,选举于每年
12 月举行一次,年费 100 卢比,入会费 10 卢比。

协会章程中规定协会应向买卖双方各收 1% 的佣金,无论是
竞卖或与人自行成交方式,都必须交纳此项佣金。对于茶叶的报
告和估价,每件茶样收费 2 卢比,如果经纪人能够完成销售加尔各
答销售报告上所列茶叶总量的 25% 以上,可以免收这项手续费。

经纪人不可直接收取货单,在加尔各答出售的全部茶叶,必须
经过登记合格的代理商之手,这些代理商的姓名、住址必要时须向
协会的委员会报告,如果销售的茶叶并没有已登记茶园的商标,则
经纪人在代为销售以前,可责成卖家提供关于该种茶叶的来源及
一切相关信息。

经纪人必须遵守协会的规章,如有违反,就要处以 5000 卢比
的罚款,并须有两名信誉良好的保证人,各付 2500 卢比的责任。
经纪人无论直接或间接,都不得参与茶叶的采办或装运,同时茶商
或代理人也不得经营茶叶购买、出售或装运业务。

除茶商协会以外,还有一种茶叶经纪人公会,由加尔各答的四
名经纪人联合组成,他是专为维护其自身利益而设立。

(编者注:"10 年内在加尔各答竞卖场售出茶叶之箱数及每磅
之平均价表"本书从略)

贸易范围及运费

10 年内加尔各答售出茶叶的箱数及平均价格,依平均价而论,大吉岭茶通常占据首位。

南印度并没有像加尔各答和科伦坡一样的茶叶市场或拍卖场,其所属各区生产的茶叶均从南印度各海口岸运往科伦坡或伦敦市场,或直接运送到消费国的买办,表 28—1 为 1927 年至 1932 年 6 年间从南印度输出的茶叶数量。

表 28—1　在 6 年内从南印度输出之茶叶　　　　　　　单位:磅

运往地	1927	1928	1929	1930	1931	1932
联合王国	42,635,331	43,992,019	47,164,651	41,446,098	45,077,023	49,946,978
澳　洲	7,534	599	16,992	10,206	7,339	11,092
美　国	53,975	64,255	99,755	279,927	185,794	175,024
科伦坡	3,922,879	3,776,240	4,109,209	4,846,876	2,928,373	3,243,313
其他口岸	994,343	814,021	893,638	854,302	1,024,656	1,137,159
总磅数	47,614,044	48,647,134	52,284,245	47,437,409	49,223,185	54,513,566

茶叶由加尔各答运往伦敦,大概需要五个星期,运往纽约为七个星期。轮船装运的收费标准,根据容量而不根据重量确定,因此,能装 100 磅的茶箱如与仅装 95 磅的茶箱大小相同,则运费也相同,海运运费从加尔各答至伦敦,以每 50 立方英尺装茶一吨计算,约为 2 镑,运到纽约大约为 2 镑 15 先令。

加尔各答的茶叶买办

想要成为一个精明的茶叶买办,必须具备多种资格和条件。对于茶叶他不但需要有很强的识别能力,而且需要熟悉各种茶叶的销路,哪种茶叶在哪个地方最有销路,哪种茶叶最适合哪个地方人的嗜好等等,均须胸有成竹。另外对变化不定的市场状况,以及经济、运输及汇兑等事项，须有超常的智慧，更须有果断的见识，使得他的当事人能预知市场变化的发展趋势。当然，专心致志于所担任的工作，在旺季或工作繁重之时，牺牲个人休息和娱乐时间加班加点工作，也决不是体能虚弱的以所能胜任的。

大多数买办的培养，都是从走出校门以后，先在伦敦的茶叶公司实习数年，在此期间没有薪水和津贴。实习期满后派往印度提任助理买办，经过长时间的考验，如果能够胜任，即可升任正式买办。

这种人才以受过良好教育，尤其是受过商业方面教育的人最为适宜，同时还要有这方面的潜质。

这些人到印度任职，大概要签约 5 年，签约期满后，如双方同意，可续约 3 年。薪水和津贴的数额向来是保守秘密的，但是，一个干练的买办，他的收入应当不低于从事其他行业的人，而且除了薪水以外，往往还有利润分红，只是大多数都不提供住宿。

至于茶叶买办的聘约并没有一定的格式，各公司根据各自的情况自定，助理买办所订的合同，格式则相同。

每年的 6 月至 12 月是工作最繁忙的时期，平均每一个买办的办公时间自上午 9 时或更早至下午 7 时半止。此时正当炎热的夏季，湿度几乎接近百分之百，挥汗如雨，工作极其辛劳。日常的工作大部分时间需站立和品茶辨味。每星期所需品味的茶叶甚至多达 2000 种。每星期二举行公开竞卖，自上午 10 时开始，直至下午 7 时或 7 时之后才能结束。星期四是寄发茶叶最忙的一天，寄出进货茶样，在货单上签字，开出汇票，这一切皆须在当日办理完毕。电报也是一种极重要的工作，每日与世界各地来往的电报有如雪片，使人应接不暇。当时的货价每磅大概不高于 0.25 美分。一个买办的工作如此繁重，除星期日休息以外，根本没有休息、娱乐的时间。

买办的假期根据他服务时间的长短而定。一个新来的买办必须在工作 5 年后才有假期，以后每隔三年或四年休假一次。假期通常为 6 个月，但在 3、4、5 月等淡季中，买办也有到世界各国考察有关茶叶方面的各项事务来消磨假期的。大多数买办的差旅费由雇主提供,并且在假期内可以领取全额的薪水和津贴。

一个买办在东方国家服务能够长达 20 年,同时把有了相当数量的积蓄,此时,许多买办就会回国另觅其他职业,但也有继续工作到 30 年的。

锡兰的市场情况

科伦坡是锡兰的主要城市,位于锡兰岛的西海岸,从加尔各答乘轮船 6 天到达,伦敦乘邮轮需 21 至 23 天,墨尔本为 21 天。锡兰与印度南部的铁路交通可借助孟买海峡的阿罕纳舒考第与塔莱曼那两地间短距离的轮渡来联接。科伦坡与锡兰各大城市之间有公路网相连接,铁路线则几乎辐射到所有产茶区。

科伦坡海口以东方的克拉巴姆枢纽著称,凡是往来于印度、澳洲、海峡殖民地及远东各地的邮船与货船都会在此停泊,以备载客、装货或供给燃料,因此,茶叶不仅可直接装运至英国与欧洲并且可以运往澳洲、新西兰、非洲、南北美洲、俄国及西伯利亚等地。装运货物有特别便利的设备,在海关人员的监督下,船上的货物可直接从一船转到另一条船,或将货物卸到岸上堆存在驳运栈内,等候转运。在科伦坡和南印度各口岸如图提科林之间,通常有定期的船运。

茶叶在茶园制作完成并且达到一定数量以后,即装入箱内发往科伦坡,由科伦坡直接运往伦敦,或在科伦坡市场出售。在本地出售的茶叶,大多以各殖民地与澳洲为目的地,同时也有一大部分从英国再运到这些市场。

装运时大部分都用茶园的原包装,但在科伦坡成交的茶叶也有根据雇主的指示重新包装的。每周的茶叶竞卖均在科伦坡举行,这一切活动都接受锡兰商会及科伦坡茶业商会的管理。

英国是锡兰茶业最大的客户,约占销售总额的 61%,澳洲及美国次之,澳洲约占 9%,美国约占 7%。新西兰和南非也是锡兰茶的重要市场,其余的如埃及、伊拉克及小亚细亚也是未来很有发展的市场。

科伦坡港

科伦坡港为陆地所环绕,东、南两面连接大陆,西、北两面被海堤围绕,水面达 643 英亩。装货卸货皆用驳船,码头全长 10,604 英尺,装备有最新式的电气起重机及蒸汽起重机等设备。堆栈面积 583,633 平方英尺,口岸归当地港务委员会管理。

锡兰的大多数茶园与印度和爪哇的情况相同,也是本地的公司所有,这些公司的代理人负责管理公司的财产并经营公司的产品。茶叶在茶园生产及包装以后,即由公司经理经铁路运输,交到代理人手里。此时茶业运销的路线有四条:①运到英国,在伦敦市场拍卖;②在科伦坡拍卖市场拍卖;③事先已定购的,即直接运往消费国;④在科伦坡以私人交易方法销售。

预约定购办法,是锡兰茶叶销售新的发展方向,只是它的应用范围还远不如爪哇的广泛。

科伦坡的茶叶销售情况

锡兰所产的茶叶大约有一半是在科伦坡的拍卖市场销售。这里有正式的茶叶经纪商 6 名,(编者注:此处略去六位经纪人的姓名)每位经纪人在每次竞卖前均需刊发一期目录。各个茶园的代理人将所要销售的茶叶品种货单寄给经纪人,经纪人随即将此开列各品种的茶叶列入到目录中,然后经纪人将茶样及目录送交当地的出口商店,这件事情必须在举行竞卖前一周的星期五上午 10时以前完成。

目录寄出以后的各种手续,与加尔各答竞卖市场的相同。每逢星期二在商会的竞卖厅举行一次竞卖。茶叶的竞卖单位称为票,重量在 1000 磅或 1000 磅以上的称为大票,不满 1000 磅的称为小票,但是最少 300 磅才能列入到目录内。

目录中编列的每票茶叶如下：

At Messrs. Jone Jones & Co. -'s Stores

On Estate Account

MARABOOLA······Inv. No. 16

B&H（Native Packages）

36······322······15Half chests Br. Or. Pekoe 820

37······329······16Chests······Orange Pekoe 825

票上"On Estate Account"字样，即货单为原出品人（公司或个人）的财产；货单的号码自 1 号起，是依照公司或茶园的会计年度依次编制，第一个数字"36"是该货单的号码；第二个数字"322"是经纪人样茶茶箱的号码；"B&H"是打包和加箍的意思；最后一个数字"825"则表示的是磅数。茶叶的包装可分四种：①用锡兰本地木材制成的"本地包装"；②日本枫树做成的"枫树包装"；③专利木箱，如 Venesta、Luralda、Bobbins、Acme 及其他品种的"专利包装"；④在木架上装置轻金属的"金属包装"。

代理人卖茶的佣金大概是 1%，另有到堆栈的车马、扦样、存栈及保险等费用，全部费用合计大概为每磅茶叶的 5% 到 10% 之间。这些费用还包括经营费及代理处的办公费。代理人的费用，其实是有名无实，因为它不足以支付锡兰籍职员的薪水。茶园代理人必须任用有丰富经验的茶叶种植人员，这些人的报酬很高，往往被聘为代理公司的董事或受邀成为合伙人。伦敦各个公司所管理的茶园面积虽然高出本地公司管理的面积大约两倍，但是本地代理公司的数量多。

准备在科伦坡拍卖场拍卖的茶叶，明显多于实际出售的数量，这并不说明茶叶在科伦坡供过于求。代理商店往往对卖茶经纪人规定限价，如果竞买者所出的最高价格不能达到这一限价，那么他的竞卖权力只能保留到次日下午 1 时止。换句话说，货主如果对卖价不满意，有拒绝卖出的权力，向茶叶经纪人讲明，使竞买者竞抬价格，最终的得主是竞拍出价最高的人。但实际上，这种从竞卖场提出来的茶叶,往往在第二天就被别人议价而成交了。

特别的契约方式

锡兰也出产少量的绿茶,大多行销于美、苏两国。这种绿茶大都不在竞卖场出售,而是事先预定,准备有一种特殊的契约格式,写明买卖双方的条件。

红茶的定购也有一种特别的契约方式。锡兰商会每年指定若干名茶叶专家,如果遇到争议,就在这些专家中选择一位做仲裁人,执行公断。

全年的茶市

锡兰全年都有茶叶生产,印度则在每年春季有三个月停止工作。这一间歇期对于工作过度劳累的茶叶经纪人来说是一种恩惠,藉此可以休养疲惫的身心。但不幸的是锡兰的茶业毫无间歇时间,必须长年不断工作,每星期要应付 1500 至 2000 种茶样,只有在圣诞节和茶叶贸易节有几天的休息时间。

许多加尔各答的经纪人每年可回英国一次,但在科伦坡的习惯是,参加工作三年后才开始有 6 个月的假期,即便如此,有时也须要等待很长的时间才能得到休假。在热带气候中,人的生命比在别的地方更没有保证。休假的人虽已整装待发,但是因为其他同事的疾病或死亡而不得不打消休假计划的事情屡有发生,结果是不得不再等上一年。

科伦坡的茶业专家对于制茶的科学方法需要有相当的见识,他能对茶园送来的茶样加以品评并给出意见。关于茶叶的品评方法,是用茶叶一份——其重量等于 6 便士钱币一枚的重量——放置在一小壶内,冲入 1/8 品脱的沸水,盖上壶盖,等待五六分钟后,将茶汁倒入瓷杯中,将泡过的茶叶取出放在倒置的壶盖上。从茶汤的滋味、泡过的茶叶的香气与形状,以及干茶叶的外观,来判断茶叶的品质好坏。

　　科伦坡也和加尔各答一样,茶叶买办必须将样茶在成交后,赶第一班邮船寄出。每星期二或下一星期的星期四为邮寄日,因此茶叶买办必须在两天内抓紧办理邮寄手续,然而所买茶叶的贮存地可能相隔的很远。

茶税与茶捐

　　科伦坡之所以未能成为一个茶叶的集散中心,最大的原因就是每磅茶叶须征收进口茶税25锡兰分(约等于8美分或4便士),曾经有人主张准许茶叶用保结方法(即在提货时纳税)输入或转口,据当时的人们说,此项计划可使科伦坡成为印度、爪哇,甚至是中国茶以及锡兰本地产茶叶的大型集散中心。

　　就是在现行的方式下,也有相当数量的印度南部茶叶在科伦坡竞卖,这些货物来自于从堆栈内预备转运的大宗茶叶扦取的茶样。从此可以看出锡兰实际进口的茶叶数量,实在是无足轻重。

　　茶叶的出口税每百磅征收2.37卢比,此项税率自1932年4月实行以来,至今未变。

　　对于出口的茶叶,除了征收出口税以外,还要征收每百磅10锡兰分的捐税。征收这项捐税是为了维持茶叶研究所的费用。为此1925年11月12日颁布了第十二号条例,即所谓的《茶叶研究所条例》,该条例自1925年11月12日起生效。

　　1930年,在伦敦的锡兰协会、锡兰茶园主协会、锡兰茶叶种植者协会及低地区物产协会一致赞成在1931—1933年间将每百磅茶叶的捐税增加到14锡兰分,因为茶叶研究对政府的负债越来越多,原来10锡兰分的捐税入不敷出。这项增加的税率一直征收到1934年年底。

　　1932年,另征每磅半分的捐税,作为新成立的茶叶宣传机构的经费。自1933年以后,为推行限制茶叶生产计划,又加征每百磅14分的捐税。至此,每百磅茶叶出口总计须要纳税3.15卢比。

港口捐及栈租

港口捐——是根据每箱茶叶的净重计算,凡是重量在每箱 50 磅或 50 磅以下的,每件收捐税 3 分,50 磅到 100 磅的,每件 6 分,以后每加 20 磅以下或 20 磅的,均加捐 1 分。付清此项捐税以后,茶叶才能在码头留置三天,星期日及海关例行假日不计算在内(如果轮船在此项休假日内获得特别准许装货,则不在此例)。三天期满后,多一天或不到一天,即照原税率多收一天捐税,包括星期日、海关例行假日及装货之日在内。

出口的茶叶堆存在有遮栏的栈房内,每周须要付出与出口捐同类的栈租,不到一周的按一周计算。

运费

第一次世界大战前,茶叶运往英国,运费平均每吨约为 35 先令。1916 年突然增加到 245 先令。至 1917 年,竟达到 300 先令的最高记录。在 1919 年初期,每吨的运费为 130 先令,同年后期即涨至 175 先令,直至 1920 年中期仍保持 175 先令的价格,1921 年中期跌至 65 先令,至同年末又跌至 60 先令。1923 年 4 月至 1925 年 6 月 1 日期间,则停留在 52 先令 6 便士的数额,以后又增至 57 先令 9 便士,公定折扣为 10%。

茶叶运至澳洲的费用为 71 先令 3 便士;运至美国(纽约、波士顿、费城)为 67 先令 6 便士;运至马赛、安特威普、阿姆斯特丹、鹿特丹、汉堡、不来梅及意大利各口岸为 57 先令 9 便士;运至德班为 62 先令;运至开普敦为 72 先令 10 便士。

茶叶竞卖的数量及价格

科伦坡茶叶拍卖市场自 1923 年至 1932 年的 10 年中,其竞卖数量及平均价格如表 28—2 所示:

表 28—2　科伦坡拍卖市场 10 年中茶叶的竞卖数量及平均价格

年别	本地拍卖磅数	平均价卢比·分	年别	本地拍卖磅数	平均价卢比·分
1923	82, 956, 852	1. 02	1928	117, 940, 469	0. 85
1924	95, 613, 729	1. 04	1929	132, 805, 644	0. 81
1925	100, 958, 076	0. 96	1930	119, 773, 827	0. 75
1926	105, 277, 310	0. 99	1931	110, 058, 150	0. 57
1927	132, 271, 778	0. 94	1932	111, 560, 761	0. 42

贸易协会

科伦坡茶商协会共有会员 42 人,包括在科伦坡市场买卖茶叶的买办、茶园代理人以及个人代表与茶叶经纪人,也就是除去商店雇佣者以外的所有茶叶买家。该协会在锡兰商会的指导下组成,以维护茶叶贸易为宗旨,它的职责是监管有关茶叶的各项竞卖事宜。

科伦坡经纪人协会由茶叶经纪人或股票经纪人 6 人组成,是为维护其会员利益而设立。

锡兰商会约有会员 100 人,其宗旨是促进并扶植锡兰的商业,收集分析有关锡兰商业的消息,纠正公认的错误和去除有害的规定,解决关于当地习俗与惯例之间的差异引起的一切争端,并设立调解或仲裁庭,应双方当事人的请求进行调解或仲裁;与公共机关设在其他地区的性质相同的社会团体及从事相关业务的个人互通信息,并将全部程序及案件决议印成汇编,供给商业上做参考。锡兰商会的主席或副主席就是科伦坡茶商协会的主席。

科伦坡的茶叶买办

在科伦坡一名成功的茶叶买办必须具备多种能力,即熟谙各类顾客的嗜好,了解各地市场的需要,以及各个产茶国的情形,对于茶叶的制造必须有相当丰富的知识,能够知道各种不同的茶叶都是用什么不同的方法制成;尤其是要有强健的体能来抵御酷暑;还有一项最重要的那就是要有敏锐的味觉。

如果你想成为一个茶叶买办,一开始可加入一家伦敦茶叶机构,学习每日例行的公事长约一年时间,然后转入一家茶叶买办的事务所,协助买办扦样与司秤,这样可以学到在堆栈内应该办理各种手续的相关知识,也由此可以学习到分辨茶叶的种类或等级;用嗅觉鉴别所销售的各种茶叶,开始帮助买办辨别茶味,办理茶叶的过秤和匀堆;寄发样茶;照看准备销售的茶叶;保管存货;辅助办理其他一切相关事务。同时,可以获得茶叶经营业上的知识,参与茶叶竞卖并摘录价目,将参与竞卖的部分茶叶依照等级或产地分别堆放,以供买办辨味。他的任务会逐渐增加。经过初期的实习,一名实习买办进步是否迅速,全看他能力的大小和味觉灵敏度。实习期平均为三至五年。

经过上述训练后来到锡兰工作的一个生手,即可任职初级买办,从事茶叶的辨味,并学习一种新币制的应用,亲自到拍卖市场购买小宗茶叶,逐步学习,而他的责任也会逐步增加。

最适合做这种职位的应该是从中等学校毕业的青年人,有强健的体格,富于热情和诚恳的态度,这样能使当事人对他产生良好的印象,这应该是一名成功买办必须具备的条件。

一名初级买办的薪水开始大约每月 400 卢比至 500 卢比,在第一次订约的三至五年的期限中,可以逐年增至 600 卢比至 1000卢比。第一次聘约期满之后的薪水,则要看营业范围的大小和所承担责任的大小来确定,每月可增至 1500 卢比至 2000 卢比。也有除了薪水以外还能得到佣金的人,此项佣金的数额没有绝对限制。只有极少数商店准备有小房间,可以供给买办住宿,但是必须折抵薪水的一部分。

茶叶买办的聘约并没有固定格式,一个担任买办的人可以按照受雇的公司所采用的标准格式来签订合同,还有的竟然只是口头约定而不订立任何合同。

一名初级买办的日常工作如下：早晨 7 点到工厂视察，并部署一天的工作，上午 8 点半到 9 点之间到办公室，直至下午 4 点半到 5 点之间结束办公。在邮寄日及茶叶竞卖日工作繁重的时候，须要到晚 6 点或 6 点半以后才可能离开办公室，原则上大多数商店都鼓励他的低级职员从事体育运动。户外运动的时间自下午 4 点半到 5 点，或者 6 点到 6 点半。在晚上 8 点到 8 点半之间进晚餐，10 点或 11 点就寝。

高级或正式买办，有时到工厂中视察，通常这种视察多少带有点督导的性质。从上午 9 点或 9 点半到下午 4 点或 5 点，大部分时间在办公室中，但每逢茶叶竞卖日及竞卖以后的两天，则留在办公室的时间较长。上午的时间大概都用于品辨茶味的工作上，下午则专门写信。他们经常在闲暇时间都会进行各种室内、室外的体育活动。

一名买办在锡兰服务到 5 年可休假一次，其后每四年休假一次，再往后每三年休假一次。假期大约是 6 个月，在事前要排好日程，只是有时因发生意外变故不得不有所变动。往返的头等客票由公司提供，在假期内享受全薪或半薪待遇。

服务期限的长短有很大差异，大多数买办的服务期多在 15 年到 30 年之间，到 45 岁或 50 岁时退休。

荷属东印度

荷属东印度首府巴达维亚也是茶叶的一大市场，位于爪哇岛的西北角，离海口德乔普利克 6 英里。在巴达维亚附近有巴达维亚行政区及布林加统治区，爪哇的大部分茶叶都出产在这一带。

爪哇用木制的茶箱，里面衬上铅皮或铝皮，每箱可以装 100 磅茶叶。虽然一部分茶箱由茶园自制，但是三合板专利式茶箱的采用已日渐普及。茶叶包装好以后，就用货车送到最近的车站，再经铁路运到巴达维亚。

德乔普利克港有一个外口岸,三个内口岸。外口岸以长堤围起,蓄水面积约 350 英亩。三个内口岸各长 1,200 码,只是宽窄不同,第一内口岸宽 200 码,第二内口岸宽 165 码,第三内口岸宽 235 码。各内口岸均筑有码头,装有现代化的电气起重机,在码头上有港务局及私人轮船公司所设的堆栈。有一条公路和双轨铁路自该港口通往巴达维亚。茶叶先运到巴达维亚车站,然后由铁路运往各处。茶叶运到阿姆斯特丹,每立方公尺的运费需要 37 盾 50 先令,运到伦敦为 38 盾 50 先令,实际费用以九折收取。

巴达维亚的茶叶几乎全部被英国公司收买,在此处设立的英国公司或代理处约有七八家。在其他地方,茶叶的销售几乎完全操纵在荷兰人手中,只有三家英国公司和一家德

巴达维亚港口装载茶叶时的情景

国公司支配着多数茶园,此外有少数中国人和阿拉伯人也有茶叶销售,只是范围很小。

爪哇的大部分茶园隶属于好几个公司,这类公司在伦敦或阿姆斯特丹都设有总公司,其中有在巴达维亚设立代理处的。茶园经理对茶叶的处置直接听命于公司的董事,如果在巴达维亚设立代理处,则由代理处将董事的意见转达给茶园经理,董事的指示方针依据营销策略而定,其营销策略可分两类:一类将全部茶叶在阿姆斯特丹、伦敦或巴达维亚出售;一类要看各地茶叶市场的公议市价酌情处置。如果在巴达维亚设有代理处,代理人可将茶叶经营实际发生的全部费用向公司报销,并可收取所销售茶叶的定额佣金。

爪哇的茶园生产出茶叶以后,即运往下列各地:①运到伦敦,在拍卖市场出售;②运到阿姆斯特丹竞卖;③运到巴达维亚,以私人契约的方式销售到消费国。其中最后一种方法是在这里最受重视的。

巴达维亚并没有拍卖市场,茶叶以私人交易方式销售给当地的公司或各消费国的代理处。有买茶及卖茶经纪人,这些人向买卖双方各收取5‰的佣金。港务当局所设的堆栈并没有匀堆放置茶叶的设备。处理茶叶所需的费用如下:

	巴达维亚	德乔普利克
运费	17.5 分/箱	20 分/箱
栈费	6 分/箱	6 分/箱
保险	0.5%/月	0.5%/月
统计出口税	0.25%	0.25%

预约购买

大部分茶叶的销售为定期贸易。有的是一个茶园一年内或一年以上各种茶叶的全部产量,有的是限定某种茶叶在一个月、三个月或六个月内的产量,有的是干季内所产的优良茶叶,有的是雨季制作的次等茶叶,这些全都根据顾客的需要而定。总体来说,荷属东印度的茶叶生产者的茶叶销售方式,一切听命于顾客。实际上,有许多茶叶在离开茶园以前早已经销售出去了,这些茶叶或运至巴达维亚顾客的仓库,或直接送到顾客指定的口岸。

预定以良好平均品质标准为依据,这一商标代表的是这一季所生产茶叶的平均品质。这种预定方法与看样购茶不同,办理起来很不容易,经常发生纠纷。假如一个顾客在 12 月份向某一茶园预定次年 6 月至 9 月间生产的茶叶,那就必须对这个茶园能够生产出某种品质的茶叶有相当大的把握。

卖方也必须注意不让自己产品的质量标准降低,因为实际上在巴达维亚出售的茶叶大多数是预定,完全以商标为选择的标准,因此卖方如果不顾及商标的信用,就将失去这种极有价值的资产。各茶园的商标被全世界所熟知,消费国的顾客如果对某种商标的茶叶表示不满时,即命令在巴达维亚的代理人不再购买该商标的茶叶,虽然该茶园在以后出产的茶叶在品质上已经加以改进,但是如果不是经过若干年,已失去的信誉很难恢复。

如果一名茶叶顾客对于送来的定货发觉低于预期的标准,则卖方多数会将此事请茶叶评检局或专门的经纪人鉴定,这种情况往往能够得到满意的解决,如果认为卖方产品的平均品质还是达不到要求,那么此事就需要取决于仲裁庭的仲裁。

数量

巴达维亚每年所销售的茶叶平均有 5000 万磅,其主要客户是英国、美国及澳洲。茶的品质因为生产季节而有不同,爪哇茶叶大致可分为两类:在 6 月至 10 月期间生产的优等或称干燥季茶叶;在 10 月至次年 5 月期间生产的次等或称雨季茶叶。通常在一年中的前几个月生产的茶叶数量较多,7 月以后的产量较少。

苏门答腊

苏门答腊在所有产茶国中最有前景,它的茶叶种植面积在 10 年或 15 年之内有扩展三倍的潜能。沿东海岸的棉兰相对于苏门达腊所处的地位,如同巴达维亚对于爪哇。棉兰是一个重要的商业中心,离比勒温德里海口 12 英里,有铁路和公路相连。因为苏门达腊东海岸有惊人的发展,因此在比拉温河口有一港埠的建筑,该港口的出入水道与该河本身经常不断疏通,以维持航运。

比拉温港的旧址有一处 820 码长的码头,新址也有一处 201 码长的码头,排水 28 英尺,船只可以停靠,有两处装煤码头,各长 33 码。此外还有一处分隔的水潭,被称做“可可叶港”,供本地帆船停泊。而后,又建筑了 1000 码长的有遮盖的码头,使大洋轮船即使在退潮时也可驶近。

东海岸所产的茶叶全部归属少数规模宏大的英、荷、德等国公司,其输出程序大致与爪哇的相同。

运往爪哇、新加坡及槟榔屿的茶叶大多数转运到澳洲、欧洲及美国。苏门答腊岛上并没有茶叶的消费。茶叶从巴达维亚运到美国平均需要 49 天,运到伦敦需要 33 天,运到阿姆斯特丹需要三十三四天,从苏门答腊起运就可以减少数日行程。

协会

与爪哇茶叶有密切关系的唯一组织就是巴达维亚的茶叶评检局。该局虽然实质上是一个茶叶种植协会,但是对巴达维亚市场实在是有着极大的影响。它的宗旨一方面是以试验的方法来改进爪哇的茶叶种植,一方面为生产者提供关于市场需求的专门信息。T. W. 约翰是一位茶叶专家,是此项工作的负责人,他是继 H. T. O. 布朗德之后任职,该局在行政及文书方面的工作则由乔治·温瑞进出口公司主持。该局就设在乔治·温瑞进出口公司。

茶叶买办也有一个团体,名叫巴达维亚茶叶买办协会,该会的宗旨是促进在巴达维亚市场茶叶买办的公共利益。该会的会员包括 8 家公司的代表,此外凡是在巴达维亚购买茶叶的人也全部都是合格会员。

除茶叶买办协会以外,巴达维亚茶叶界中还有一个商业团体,即巴达维亚商业协会。该协会的性质是代表一切商业和工业界的利益,较为琐碎的事情就交给专门的商业团体,如茶叶买办协会、橡胶业协会等来解决。巴达维亚的所有商店都是商业协会的会员。

苏门答腊的所有茶叶批发商组成了一个协会,即棉兰商业协会,与巴达维亚的商业协会性质相同。

爪哇及苏门答腊的茶叶买办

一名成功的买办在爪哇和苏门答腊所应具备的资格有:必须清楚商业上的一般情况,有充分的茶叶知识;与外国客户有一定的关系和联络。这要先从担任助理买办入手,曾经受过高等教育,尤其是受过商业方面教育的人最为适合。买办的薪水多少不同,或者成为商店的一份子,可以得到商店的利润分配,或者只挣薪水和佣金。关于茶叶买办的聘任并没有一定的契约格式。

爪哇和苏门答腊买办的办公时间,大约从上午 9 点到下午 4 点或 4 点半,工作之余还有一些娱乐。每三年有六个月或八个月的休假,假期内薪水照发,旅费实报实销。有一部分买办只在爪哇住一段时间,其余时间分赴各地,如科伦坡、加尔各答或澳洲等地。

中国的茶叶市场

产茶国中国、印度和锡兰最主要的不同之处是,后两者有大规模的茶园,生产大量的茶叶,其主权皆属于欧洲人所经营的公司,中国则不同,它由农民将茶叶种植在崎岖零星的土地上,只被看作是一种副业。他们更注重的是其他农作物,对于茶叶的采摘大多漫不经心。

中国茶叶贸易的普通程序是由茶贩分别向农户收买少数的茶叶,带到附近的市场——通常是接近水道的大乡村或市镇。一般的茶行或茶号于每年 3 月间派人到这类的村镇设立收茶处,贷放款项,这些人大多数都从汉口、上海或福州等商业中心而来。有许多茶行都接受上海及福州茶栈的贷款,唯有汉口的茶商在经济上不依靠他人,因此不受茶栈的约束,只送样茶给茶栈,以此赚取佣金。

"行"字即行列或连串的意思,中国堆栈称为"行",似乎是因为其有并列的数间房屋,此字现在也适用于各种商品的货房。茶行的利润本来极为丰厚,但是自从印度、锡兰及爪哇进入世界茶叶市场以后,其获得的收益大为减少。

茶叶是经过茶栈之手销售给外国出口商或洋行,先将装在小罐中的各种样茶送给他们审验,罐外写明中文的牌号及标记,由外国茶师检验它的色泽、叶脉及茶汤。中国茶栈可以得到茶叶销售 1% 的佣金。

中国市场上的验茶现场

评验方法是用与一枚6便士英币等重的茶叶放入茶杯内,冲入沸水,茶叶在水中大约浸泡5分钟,然后将茶叶倒掉,品味茶汤。评验结果如果茶师认可,就让其再送半箱,经检验如与样茶相符,就会让他将所购的整批茶叶送到堆栈,以备检验。洋行如果发现整批茶叶与样茶不符,就会将原货退回,或者与茶栈另议减价。

中国境内各个方向都有纵横的道路,只是大多数崎岖不平。内地以及南方各省的道路,宽度极少有5英尺以上的,因此不便于行车,驮运的牲畜极度缺乏,在没有水路的地方,只能用人力运送。此外还有若干条通商大道和驿路,它在平原上的宽度平均为20到25英尺。

中国只有铁路7500英里,过去因为内乱频繁,以致放弃了再修铁路的打算。

中国的货物运输大多依靠江河,其主要的河道有五处,即西江、闽江、汉水、长江及大运河。

长江是中国的主要河流,长3200英里,横贯中国的中部,约在北纬31°的地点流入黄海,经过富饶而又人口稠密的城市,如镇江、南京、九江、汉口、武昌、汉阳、宜昌、涪州、重庆及泸州等地。长江流域是一片肥沃的土地,面积约70万平方英里,人口2亿,长江下游可以通过大轮船的水道约1000英里,它的上游可以通过浅水轮的有300英里,可以通帆船的约200余英里。长江实在可以称的上是中国的生命线。

重要地位仅次于长江的是大运河,南以杭州为起点,北以天津为终点。在天津与白河汇合直达北京通州;在镇江与长江汇合;在杭州与镇江之间则是苏州。

捐税

在过去的半个世纪中,出口税与内地杂税的繁重,给中国茶叶带来很大的障碍。出口税最早是在 1842 年的《南京条约》中规定,而后又在 1858 年的《天津条约》中重新确认,即每担收税银二两半(一担等于 133.5 磅),即按每担茶叶价值 50 两白银的 5% 收取出口税。只是茶叶的价值从未达到每担 50 两白银的数额,后来因为茶价低落,以致出口税增加到按每担 10%。1902 年,茶叶出口税减至 1.25 两白银,到 1914 年又减少至一两(一两白银等于70 美分)。

上海出口茶叶装卸时的情景

1918 年,茶叶市场呈现出不景气的现象,一部分茶商呼吁停止出口税,结果得到了政府当局的核准,自 1919 年 10 月 10 日起免税两年。到 1921 年末,情况仍然没有好转,又将免税期延长一年,以后一再延期,直至 1925 年止。到了 1927 年,终于永远取消了出口税。

　　中国的茶叶生产者负担内地的苛捐杂税,即所谓"厘金",十分繁重。茶叶每一次运输都需要纳捐,不仅出省有捐税,即使在同一省内也处处有捐税。这项厘金所收的确实数额无从考查,全由各地方当局任意规定。只是一担茶叶所缴纳的厘金很少有少于一两白银的。从产地运到汉口,一担茶叶需要纳捐税银二两半以上,由此,就可以知道厘金(译者注:清末民初征收的一种商业税,1931 年被国民政府取消)的苛税有多重了。

　　上海太平洋运输局,最近请上海中国茶叶公会注意茶叶的包装问题,并请求给予迅速改善,使茶叶运到目的地时不致于因为包装不好而受到损失。同时,为了劝导中国茶商采用坚固木材制造茶箱,特提议如果不改善包装,则应在现在每吨(46 立方英尺)茶叶收 6 美元的运费的基础上增加 2 美元。

舞弊

　　中国的茶叶贸易向来陋习重重,每经过一个中间人的手就多一层剥削,最大的中间人就是买办,洋行购买的各种货物都要向货主收取佣金,并且认为这是他应该享有的权利。中国人习惯了这种不正当的行为,对于这种陋习认为是理所应当,反而对于不按此陋习行事的认为是可耻。中国海关往往被人说成是弊端百出,此话好像并非凭空捏造。

出口市场

　　中国茶叶输出的主要市场是汉口、上海、福州和广州等通商口岸。当与俄国通商取道恰克图而没有改走西伯利亚铁路的时候,天津也是茶叶运往俄国的一个出口市场。厦门曾有一个时期也是一个输出中心,然而现在已经没落。砖茶的主要市场是接近蒙古边界的张家口、包头、归化及四川省西部与西藏边界毗邻的打箭炉(康定)及松潘。

　　1931 年,国民政府颁布实行茶叶检验条例,凡是出口的茶叶必须经过商品检验局的检验并取得验讫证，才可以放行。

汉口茶叶市场

汉口是中国内地的一大茶叶口岸，位于长江北岸，在汉水与长江汇合处，东边距上海 600 英里。在长江南岸而与汉口隔江相对的是湖北省省会武昌。汉口与上海之间每天有轮船往来，不仅有较小的轮船可以直达宜昌，而且大洋轮船一年中有六七个月可溯江而上直达汉口，只有汉口运往外国的货物要一律在上海装船出口。轮船在汉口装货全都在江心或趸船上进行，茶叶从堆栈直接驳运到趸船，然后装上货船。

汉口因为地处产茶最多的三省湖北、湖南及江西的中心，与四川、安徽、陕西、江苏等省又有水道相贯通，因此汉口成为中国最大的茶叶市场达 60 年之久。汉口获得如此重要地位的原因，还有一部分是来自俄国大多数茶商在此设有工厂，因此自从俄国失去大主顾的资格以后，汉口原来的外国茶商荟萃中心的身份，就开始失去了它的重要性。1914—1918 年的第一次世界大战，使汉口的茶叶出口事业顿时宣告停止。多数茶行也纷纷关闭。之后，当正常的商业关系恢复时，外国茶商认为上海是茶叶采办更适合的中心地点，虽然在汉口还有开设分店的，但只不过被看作一种辅助机构。去汉口的茶叶专家也在逐年减少。汉口与上海的茶叶价格每担相差不过二三两白银，只够支付从汉口到上海的运费及汇率差额，但在上海购买茶叶时，需要付当地中国茶行额外佣金、加倍的劳工费及码头仓储费，至于扞样与栈租等费用则另行议定，平均每担约一两半白银。

有相当数量的一种茶叶，即所谓"陆路茶叶"，从汉口沿汉水运到樊城，再由樊城从陆路运往西伯利亚和蒙古。

1925 年，苏俄政府在汉口收购茶叶，因而成为茶叶的一大主顾，但近年来苏俄实际上已失去了大主顾的资格，所以，汉口能否恢复以前茶叶市场的地位还有疑问。原来在汉口设有工厂的俄国茶商即使不停业，也因在俄国各地失去了推销的机构而受到严重打击。在汉口有制造砖茶的俄国工厂三家，分属于下列三个公司：即阜昌洋行、顺丰洋行及新泰洋行（现属英国）。此外还有一家中国工厂，属于新山公司。

国民革命军北伐以前，汉口的外国茶叶出口商有下列几家：协和洋行、新泰洋行、天裕洋行、天祥洋行、锦隆洋行、恰和洋行、禅臣洋行、杜德洋行及同孚洋行等。

一般而言，中国茶商极为守旧，这些人仍然希望有一天俄国茶商能回到汉口而成为他们的大主顾。中国茶商在汉口有一家茶叶公会，但是外国出口商实在觉得无法说服这些人，使他们在业务改进上采取一致行动，例如要求改良装茶用木箱的材料，迄今没有效果，如此可见一般。中国茶叶界中有许多人一味依赖外国出口商用铁皮与篾席重新加以捆扎，而不考虑自己改用坚固实用的包装。

过去的汇兑问题

外国茶商如果在汉口买进一批茶叶，他付给中国茶商的茶价必须用本地的汉口银两，同时开出折合美金或英镑的支票。

汇兑成为外国人在中国经营商业或银行业感到最困难的问题之一，就广义而言，汇兑可分为国内与国外两种，外国商店与银行专办国外汇兑，至于国内汇兑，除在汉口、上海与天津的范围以外，统一交给中国买办代办。因为中国银两在重量及成色上的复杂，银元及辅币种类的繁多，而且实际上各自有独立的性质且没有一定的兑换比率，因此外国商人不得不将国内汇兑一事委托买办代为处置。

国内汇兑必须顾及所有商业上的交易，包括在汉口以外各地所购货物。本地所通行的办法是在一家或一家以上的外国银行或者在一家中国银行开设银户与洋户。如果按货物销售地的通用货币付款，则必须折合成银两，这样与在银行所存的银两在重量及成色上也会有不同，其他的也有需要以银元付货款，银元的市价可以向银行查询。中国龙洋与墨西哥银元的价格几乎完全相同。一年中在某一季节对于银元的需求急增时,市价会涨高到超过铸币厂定价的5%。

　　银两从不铸成钱币,有的银块铸成元宝或银条,其含银纯度为99.6%至99.9%,每枚重约50两,上面刻明银两的数值及熔铸人的标记。熔铸人对于所刻的重量与成色必须负保证责任,其标价为大多数人所承认,就像美国造币厂所铸的20元金币一样。

　　国外汇兑或许成为中国贸易最困难的问题之一,因为熟练汇兑手续只能从实际经验中来。金银的兑换率是根据世界上最大的市场所定的这两种金属的比价。这种行情表由上海英商汇丰银行每日挂牌公布,汉口汇丰银行在每日接到上海分行的电报以后,即印成行情单分发给汉口的汇兑中间商及银行和商家。行情单内载明汉口的某种货币与外国某种货币的比价,每两汉口银等于多少外国货币,只有与日元比价写为每百日元等于汉口银几两。

　　汉口外商茶叶大市场交易的期限最多不超过4个月,通常是在6个星期左右,茶季自5月15日开始,至10月中旬为止,其间最重要的交易大多数在5月底至7月初。这一时期,中国中间商从本乡携带货物到洋行兜售,茶师就在化验室加以检验,化验室的设备非常完备。

　　从前,在汉口的俄国茶叶市场有一个特点,就是它邻接中国最大产茶区的内地口岸,就此成为茶叶的一个交易地。当砖茶工厂还在生产的时候,大量的茶末从锡兰、爪哇及印度输入,与本地产的茶叶混合筛分。中国茶末为数不多,价格也便宜,每担仅值白银5两到10两,而锡兰、爪哇及印度的茶末则每担的价格需要40两至70两。

福州

　　福州是福建省的省会,也是该省茶叶市场的中心。福州约在上海南455英里,位于闽江的北部,距海34英里。外国轮船因为闽江水浅,只能在南台岛对岸罗星塔附近停泊,此地与福州相距15英里。

有一段时期,俄国人和英国人在福州开设了多家砖茶制造厂,当时砖茶出口贸易盛极一时。后来此项贸易就转移到了汉口与九江,其中的一个原因就是福州的茶叶不适合制造砖茶。只有几家外国工厂现在被华商收购,仍在继续经营。

福州的中国茶商有许多派别,"公益堂"专门经营出口贸易,其内部大多数是广东人。另外有专营内销茶的三大团体,即北京帮、天津帮和广东帮。北京帮是由河北、山东两省商人组成,他们将茶叶先运到北平,然后转道运往华北各地及蒙古;天津帮将茶叶运往天津;广东帮专门将福建茶叶供给华南各省。

在福州除上述茶商以外,还有八九家外国商店或分店,专门经营茶叶的出口贸易。

福建茶叶通常一年采摘三次。第一次在5月间,月初摘的是白毫,月中摘的是功夫和小种,这些茶叶6月底才在市场上出售;第二次摘的茶叶到9月中旬在市场上出售;第三次是10月底在市场出售。

广州

广州离香港80英里,位于珠江三角洲的顶点,是广东、广西两省的政治中心,它人口稠密、商业繁盛,有一条完备的与香港连接的航线。

轮船自香港开往广州,半途经过一处狭隘的海口,名字叫虎门,再往前就到了广州的港口黄埔,运茶的船就在此停泊,等候装载茶叶运往纽约和伦敦市场。

1842年以前约153年间,广州是中国特许外国人唯一的通商口岸,在这个时期,城市特别繁荣,直到1842年8月订立《南京条约》以后,开始与上海、宁波、福州及厦门共同列为五大通商口岸。

19世纪中叶,广东省输出的茶叶,占中国茶叶出口总数的

50% 以上。茶叶贸易的权力操纵在英国人手中，但是英国人输出的只限于红茶。所有广东的茶叶以前全部是从广州装运出口，因为茶叶的品质不好，其他的省份后来居上。至 1900 年，广州就不再是一个重要的茶叶出口市场。今天，只有少数功夫、橙黄白毫、小种及包种等茶叶从此地运往澳洲、南美洲及美国，此外还有小部分贡熙及副熙茶出口。

上海

上海是中国沿海的一个国际大都市，地处黄浦江之滨，离黄浦江与长江汇合点 13 英里，距伦敦 11,000 英里，距旧金山 5,000 英里。东方贸易的全部欧美轮船都在上海停泊，这就使上海成为中国最大的茶叶出口市场。

上海黄浦江运茶船

上海茶叶输出每年自 6 月 1 日开始，在理论上至次年 6 月才能够终止，但是上等的茶叶大部分都是预定，最迟在 10 月或 11 月之间装运出口。一年中其余的时间虽然也有营业，也只是处于零散或时断时续的状态。

（编者注：此处略上海租界的介绍）从中国茶叶的出口市场来

看,上海并不占有如何重要的地理位置,然而从 1918 年至 1922 年的经济危机开始,汉口与九江相继衰落,上海随即取而代之,兴盛起来。上海是一个输出口岸和汇兑市场,因此对商业有极大的影响。第一,绿茶客商将存货从安徽、浙江等省转移集中到上海,准备运往美国;第二,俄国茶商从汉口、九江等处将红茶及砖茶运到上海,然后转装俄国商船运往海参崴。因为它的地理位置适中,运输便利,各大茶叶公司都有总部设在此地,因此上海今日的地位越来越重要。

各地茶叶集中在上海的数量很大,上海的全体中国茶商联合组织是一个特殊的茶业公会,如果不接受该公会的管理,茶叶就没有成交的希望。上海大部分的茶叶交易是来自安徽的绿茶,大多数的中国茶商也是来自安徽。中国茶栈所得的佣金是 1%。

依照多年前的普通规章,一切茶叶交易,无论内销或外销,都是在事前订立契约,一切按照契约来履行。以前的这种契约上载明茶叶的过磅和交货以一星期为限,货款必须在四天内付清。但是因为大部分存货远在其他埠地,这种条款常常不能实现,有时甚至会引起误会,考虑到现实情况,此项条款不得不予以变更。现在,在上海所签的全部契约,将茶叶过磅与交货的期限延期为三个星期,付款更是延长至一个星期。

各地中国茶商都有各种团体组织,其中主要的有中国茶业协会(设在上海)、上海茶商公会、汉口茶商公会及福州茶商公会等。

中国正在努力使输出的茶叶标准化,以期保持其仅存的出口贸易。1931 年 7 月,实业部颁布检查出口茶叶的法规,规定所有茶叶的出口必须先接受检验,凡是没能持有商品检验局证明书的就不准许装运出口。

陆上贸易的路线

中国也由陆路运输大部分茶叶,其目的地是俄国、蒙古及西藏,其中有一小部分是运往泰国和缅甸。以前运往俄国的茶叶都是经由汉口、天津、张家口、恰克图一线。茶叶从汉口运往天津,则由海路运输。到达天津后,转装帆船,溯白河而至通州,从通州改用骆驼运至张家口及恰克图;有时驼队也从天津起运。俄国商店在天津设有办事处及堆栈,关税也是在此地征收,同时发给驼运通行证。

有时大宗茶叶在尚未西运以前,集中于张家口。有许多本地小茶商自恰克图赶到张家口购买茶叶,这些人在汉口并没有开设分店或办事处,

茶叶从北京运往内蒙古

就是在今天仍有少数中国茶商从蒙古赶到张家口,购买天津客商运来的每箱 60 斤装的福建红茶。张家口也是一个砖茶的市场,这些茶是从平绥铁路运来,其目的地是蒙古的库伦(即今乌兰巴托)。

现在运往俄国的茶叶是由海道运至奥德萨,或先运至海参崴再用西伯利亚的铁道运输。从海参崴至莫斯科的铁路运输费是按重量计算,大约每磅运费是 9 美分。运往俄国的茶叶大多数用专利茶箱包装,麻袋曾经试用过,结果是对茶叶的损伤很大。据说也有成千上万箱茶叶从陆路经过甘肃、新疆运到布哈拉和高加索。

有大量的砖茶运往俄国、蒙古、西藏和新疆。砖茶从张家口、包头及归化通过驼运销往中亚细亚高原的所有地方,以换取羊毛、皮货及皮革。

四川、云南两省皆有砖茶运往西藏。云南的茶叶贸易中心是思茅、石屏和易武,每年有 10000 担以上的茶叶经过思茅,其中 30% 由陆路运至越南的东京,70% 经过四川运到西藏。每年秋季

有许多西藏人到思茅购买砖茶,将所购买的砖茶从陆路运回西藏。还有许多红茶先运往泰国和缅甸,然后转运到西藏。云南的茶季自 3 月开始。

西藏贸易的两大商业中心是四川西部的打箭炉(康定)和西北部的松潘。通往拉萨的大路必须经过打箭炉,该城是西藏南部和中部的贸易市场,包括拉萨、昌都及格德等地方。松潘成为阿姆杜和青海的贸易市场,用茶叶很容易换取西藏的皮货、羊毛、麝香、药材和其他物品。

中国茶叶买办的资格

在中国,一名成功的茶叶买办须熟知什么时候茶叶的质量低劣而价格高,什么时候的茶叶质量优等而价格便易,并且需要有自持力,如果遇到前者的情况,做到置之不理,然而一旦遇到后者的情况,则要尽量买进。

茶叶买办要先在伦敦或纽约的经纪人事务所内工作,为他将来取得经纪人地位预先做准备。

日本的茶叶市场

近十余年,日本的茶叶种植面积极少变动,实际上专门种植茶树的耕地略有减少,但是种植在其他农作物中间的茶树的增加,补足了它减少的数量,并且因为改良栽培方法而使收成大大增加。近来因制茶成本增加,似乎很难与其他产茶国竞争,而且各产茶国在一次大战以后又渐渐恢复了他们大规模的茶叶生产和出口。

日本也和中国相同,茶叶是个别农民进行小规模生产,茶农有时自制茶叶,只留复火这一步,在静冈等地的中心茶场完成。由于制茶费用很大,现在有很多茶农完全放弃了自制茶叶,将鲜叶卖给茶贩,由茶贩转卖给茶厂,在茶厂中用机器制造茶叶。

日本的购买季节,从头茶在市场上出现时开始,头茶大概在 4

月底上市,这种上市的早采茶叶价格很高。但是如果是正常气候条件,实际的茶市应该到 5 月中旬开始,倘若遭受冰霜的侵害,那么茶市开始的就更晚。至 11 月底,内地大部分茶叶都可以应市,因为内销茶叶大约在 9 月下旬开始,一直持续到此时。

一切贸易几乎全在静冈市内的茶町、安在及北番町等地方进行,这里很多条街道在市内毗邻相接,占地面积很大。

推销制度

日本,茶叶从生产者推销到消费者,这一销售链的第一环节是山方茶贩。山方茶贩在产茶区分别向农户收买毛茶,卖给在本区域的中间商。中间商再将这些毛茶转卖给茶行,其佣金在静冈是 2%,在东京是 5%。茶行将毛茶精制,然后卖给经营内销茶的批发商,或将制成的茶卖给复火商再加以复火。批发商将茶叶批发给零售商,送到日本的消费者手中。

如果是出口外销的茶叶,则复火商就成为其中的一环。这类商家有自己的茶厂,他们从中间商、茶贩或茶农购进茶叶,在其茶厂精制以后,卖给日本的出口商和洋行。

出口商没有自己的精制茶厂,他们的任务就是收购制成的茶叶,加以包装出口到国外。收购茶叶时所看的茶样有已复火的,也有尚未复火的。尚未复火的茶样,可以显示毛茶的真实形状,成交后再由复火商加以复火,并且必须符合已复火的茶样,交货期限为 15 天至 20 天。

茶叶售价是以重量计算,外销茶以一磅为单位,外销的复火茶以 100 磅为单位,毛茶以一贯(1/16 担)为单位。出口贸易的条件或者是在输出口岸的轮船上交货,或者直接运到目的地,这要根据顾客的要求来定。后者的保险、水脚等费用当然由买方负担。从国外寄来的定单由银行做信用担保,开出 30 天、60 天或 90 天的定期汇票。

在静冈用现款购买茶叶有 2% 的折扣,在其他的地区则没有。

茶叶的审评

日本的茶叶评审室大多数都是三面不透光,在朝北的方向有一扇窗户,窗下放一个长柜,窗外没有竹帘或木牌,让光线只从上面往下照。评审用具有盘、秤、5 分钟的沙漏、匙、铁丝漏网、杯、壶等,用杯子试验的是一种普通方法,在放了茶叶的杯子里加入沸水以后,停留 10 分钟,然后用铁丝漏网取出茶叶。

审评时应当注意的有五点:即形状、色泽、汤汁、味道及香气。每点假设是 20 分,合计 100 分。例如:某种茶叶,审评的结果——形状 15 分,色泽 18 分,汤汁 16 分,味道 19 分,香气 12 分,合计为 80 分。

在很多地方,分数的分配略有不同,这全要看各种茶叶所注重的点的不同而有差异,例如玉露茶的标准定为形状 20 分,色泽 25 分,汤汁 15 分,味道 25 分,香气 15 分,合计 100 分。

日本茶叶的标准

日本茶业的从业人员,不论茶农、制造者、商人、茶贩或零售商都必须加入当地的茶叶组织,由各地茶叶组织选举代表组成联合会议所,再由联合会议所推举代表组成中央联合会议所。

上述各组织规定三种茶叶标准,大概分为:出口的标准;制造者收毛茶的标准;生产者的标准。出口标准与美国政府所定的标准相同。制造者收毛茶的标准与生产者的标准是由各联合会议所制定。制造者的标准是一种实验标准,在毛茶没有经过最后的精制手续前,可以适当的调整。各种标准是于每年的 3 月根据上一季的茶叶而制定。制定标准的共 9 人,由日本中央茶叶会议所所长委派。在这 9 个委员中,有联合会议所的代表 2 人,出口商代表 2 人,茶商代表 2 人,茶农代表 2 人,检验员 1 人。

茶叶除茶末和茶梗外,在汁、香、味各方面必须符合所定的标准。茶末和茶梗只以香气作比较,烘焙茶也只以香气和味道作比较,只有红茶和砖茶不受此限制。

茶叶的检验

日本茶叶的检验大概经过三道手续；①在工厂内；②在内地各市场；③在输出口岸。对工厂的检查是茶叶组织在主要的生产区域，委派检验员频繁到各个工厂检查，以防止其使用不正当的制造方法。对市场的检查是茶叶联合会议所或茶叶公会在市场进行茶叶的检查，方法是每 10 箱抽验一箱，每 50 箱抽验两箱，100 箱或不到 100 箱抽验三箱，100 箱以上的大宗茶叶每百箱抽验一箱。茶叶研究所在大多数重要的市场都设有查验处。对出口茶叶的检查是由中央茶叶联合会议所管理，但是此项检查工作有时也委托联合会议所办理。

静冈的出口贸易

静冈是日本茶叶出口的主要市场，此地有 12 家日本及外国商店积极从事着这项贸易，茶叶购买季节大约自 5 月 1 日开始，直至 11 月才结束。有少数外国茶商常年居住在日本，但大多数美国人冬季回国。

日本大约有茶叶复火商 60 家，其中有半数专供内销，其余半数是外销，茶叶的外销在出口贸易上占有很重要的地位。

静冈是静冈县的首府，是日本的茶叶中心，位于横滨西南约 100 英里。

日本出口办公室在检测茶叶

有一段时期，茶叶全部在横滨、神户的租界内经营，所有在租界内的商店都可以经营出口贸易，有自己的制造与包装工厂。这些商店在业务上的性质几乎完全相同。毛茶从乡村运到横滨或神户,卖给日本茶商,茶商转卖给出口商运往美国市场。同样的茶样送给各出口商,由出口商自己估定价格。一宗茶叶自 20 担、30 担(1 担等于 133.5 磅)以致 300 担、400 担不等,出价最高的是得主。各个商店都是自制茶叶,自己包装,因此需要有宽大的仓库以供茶叶储藏,还需要有烘焙、筛分及包装的工厂,更需要雇佣大批人员。一开始烘焙、筛分及包装等工序都用手工,后来就逐渐改进为机械,目的是减少成本。今天,手工制造已成过去,而普遍使用机械生产。

大约在 25 年前,有许多日本小茶厂在静冈及其附近地区相继开设,静冈位于各产茶区的中心,横滨市场的毛茶就是由这些产茶区供给,除毛茶以外,同时还有土制茶供给横滨市场。起初这些土制茶不受横滨、神户的茶商所欢迎,但是不久渐渐地吸引了美国茶商的注意,他们感到没有自己制茶的必要,其中很多茶商就在每一个茶季的几个月内在静冈收购现成的土制茶叶。这些外国茶商因为全部依靠本地复火茶厂供给的已制成的茶叶,自然不能使成茶与样茶相吻合,更没有办法使各种花色品种整齐划一,年复一年,他们与那些拥有全部初制、精制设备茶商的差距越来越大。

经过一段时间,在横滨、神户的一些老公司相继将工厂转移到静冈。今日的静冈已经成为日本全国的茶叶中心。静冈所处地位的优势,在于装运毛茶到横滨、神户的水脚及茶箱的费用均可省去。同时,买到的茶叶比较新鲜,不必在同一时间收购数百担大宗茶叶,这样使山方茶贩无法掺杂使假,因为在大批茶叶内混入少数杂质不易察觉。茶叶买办对于毛茶的品质比较容易控制,虽然每次购买的数量小,但是积少成多,总能够达到所需要的数量。

因此,经营美销茶的茶商显然可以分为两类,第一类有自己的工厂,仍在继续收购毛茶来加以烘焙、筛分、匀堆与包装;第二类从复火茶厂购买制成的茶叶,经过包装出口到外国。现在第一类茶商已为数很少了。

运输口岸

大约离静冈 8 英里,在骏河湾上有一处清水港,从这里出口的茶叶约占日本茶叶出口总额的 90%。茶叶从静冈用马车、火车、电车或卡车运来,由驳船送到大轮船。有三家装运货物的公司在这里备有宽大的堆栈与装货设备。

仅次于清水港的茶叶运输口岸是横滨,位于东京湾上,接近东京四周的产茶区。神户是第三大茶叶输出口岸。四日市昔日曾是第二大输出口岸,但现在已经没落。

出口茶叶并不征税,但是有进口税和每磅一分半的当地公会捐,这项捐税大部分作为宣传费用。关于出口茶叶的主要费用如下:

(一)从静冈到清水港每小箱茶叶的运费,马车 11 钱;卡车 15 钱;火车 3 钱;电车 3 钱。

(二)从清水港码头至轮船的驳运费(包括装货费)每小箱 5—8 钱。

(三)保险费每年每千日元 40 钱。

(四)在清水港每月栈租平均每小箱 5 钱。

(五)轮船运至太平洋各口岸,运费每吨 4 美元;转道巴拿马至纽约,运费每吨 9 美元;转道巴拿马至蒙特利尔,运费每吨 11 美元。

(六)由陆路至芝加哥及美国东部各口岸,运费每磅 1.5 美分;转运费每磅 2 美分。(一吨等于 40 立方英尺)

组织

日本的各种茶业组织已经在前面叙述过。日本中央茶业联合会议所的一部分工作就是推广国外市场,其他的制造、市场等特别问题归有特别关系的静冈县茶叶精制业公会及制茶业公会。

日本的茶叶买办

在日本要想成为一名茶叶买办,必须具备下列资格:对于茶叶有充分的知识;有判断能力,并对自己的判断有自信心;对日本本国的特性有了解和认同;善于沟通和增进与购茶客商之间的关系并取得其好感;需要有极大的耐心。如果想成为一名茶叶买办,必须从本国的办公室工作入手,从看样练习生升至助理员或推销员,然后到日本在最底层的职位上实习几年,在此期间须不断加强学习。一名茶叶买办最高薪水为 4,500 美元,外加办公费。在茶叶购买旺季,茶叶买办需要日夜工作,几乎没有休息和娱乐的时间。在旺季以后,这些人还需到各处去推销,为第二年的销售做准备。这些人完全没有假期,并且一旦任职日本的茶叶买办,就没有了改行的机会。

台湾的茶市

与日本相同,中国台湾的茶叶大部分是由农民在小规模的私人土地上耕种,这些农民大多数是中国人,不过,近来兴起一家大规模的日本公司,该公司有适宜种植茶叶的耕地约 10 万英亩,开辟茶园 8 处,还有许多新建的现代化茶厂。

台湾的中国农民将茶叶粗加工后,就直接卖给精制茶厂,或经过茶贩之手卖给精制茶厂。厂商和茶贩都是中国人。有时候茶叶先经过粗加工制成毛茶。这些毛茶经过包装以后,用帆船沿淡水河运至台北市内大稻埕市场,然后售予本地的茶庄和洋行,由茶庄和洋行将茶叶加工精制。从淡水河运来的粗制茶用袋装,每袋约重 60 磅。

茶样先寄给居住在台北的茶贩,然后由茶贩转送各出口商。但是茶样很少有与整批茶叶相符合的,这不过是一种制成的样本,只表示毛茶在乡村茶厂能够加工出的品种。经过许多讨价还价的手续,然后议定一个价格,将茶叶精制以后,装运到台北。茶叶的包装用半木箱装,每箱约二三十斤;用盒装,每盒约 7 斤。如果加工出来的茶与茶样不符,则又需经过一番讨价还价。

联合售卖市场

联合售卖市场在法律上的地位形同一种组织或公会,一切在台湾总督的指导下进行,它的日文正式名称为"台湾茶联合售卖市场",总部设在台北,分支机构视各地的需要而设。

不论公司、公会或在台湾总督的鼓励政策下所设立的合伙商店,全部要成为该市场的合格会员。委托给联合市场销售的茶叶全用竞卖方式,委托者往往限定销售的价格,不过,常常是以所限定的最低价格出售。由这个市场经销的茶叶数量约占乌龙茶及包种茶输出总额的 1/15。

凡是属于该市场的会员,照章都需要将茶叶送到市场,但是有一部分会员并不遵守规章,而将其生产的大部分茶叶卖给茶贩。有很多会员是茶厂的主人,这种茶厂享受政府的津贴,其中有 95 家是"乙级"厂,4 家是"甲级"厂。

联合市场经营茶叶的数量逐年增加。为了奖励,该市场也对茶农发放贷款,只是数额以各茶农所交付茶叶售价的 50% 为限,此项贷款的款项在以后销售的茶叶内扣除。

台湾所制造的茶叶有 7 种,最著名的是乌龙。茶季分为 5 期,即春季、初夏、中夏、秋季和冬季。茶叶按担购买,以日元计算。

为了与美国政府所定的标准相吻合,现行的标准如下:普通、准优、优、全优、优上、过渡超优、准超优、超优、全超优、高级超优、过渡精品、准精品、精品、高级精品、准最精品、最精品、过渡珍选、珍选。在贸易上还有其他中间级别,为好叶、全标、过渡优等、精选超级、精选珍品及优雅等级。

除上面各等级之外,有时还增加一种中间等级 Good Caigo(与 Good 相同)。

台北

台北市在台湾的北端,位于北纬 25°4′及东经 121°28′的一个宽阔的平原上,右边濒临淡水河。该城以前划分为三个区,即城内、艋舺及大稻埕,1920 年改为市,将周边的一些城区合并进来,现在管辖的面积 6.7 平方英里,人口为 173,000 人,其中日本人占 48,000 人。

艋舺位居淡水河畔,昔日曾经是一个繁荣的口岸,但是在过去的半个世纪中,这条河日渐干涸,船舶无法停靠,结果使这座城市突然衰落,被大稻埕取而代之。

大稻埕在城内的北边,它的形成距今只有 70 年,离淡水河口大约 10 英里,是台湾的茶叶中心,这里的大部分地方筑有砖屋拱廊等,中国妇女和女孩坐在拱廊下捡茶,还有许多制茶的工厂及堆栈。大部分外国茶商的住宅都在淡水河一带。

淡水

淡水是一个中国人的市镇,在台湾的西北沿海,1895 年以前,当日本人掠取该城时,还是内地最重要的交通要道,现在已经失去了重要性。该城距离台北 14 英里,有铁路与台北相连,离厦门 220 英里,离福州 161 英里。

基隆

基隆是台湾最北端的一个口岸,离神户 986 英里,离横滨 1245 英里,离台北 18 英里,所有台湾茶叶都从此处运出。茶叶从台北用铁路和电车运来,堆存在转运公司向台湾总督租赁的堆栈内。港口上的设备近年来有很大的进步,包括一个有现代化机械装置的码头。装货是用驳船运送。

台湾茶叶的一个重要现象就是台湾总督所制定的茶叶检验制度,检验的目的在于防止劣质茶出口到外国。为了制定茶叶检验的标准,茶叶检验处从乌龙茶和包种茶公司收集茶样,在标准敲定以后,即分送给各茶叶商店。在茶叶生产者和收购者之间订有合约,如果茶叶经检验合格,则一切费用由收购者承担,如果不合格,费用由生产者承担。

台湾总督所颁布的规章特别注重出口茶叶的包装方法,对包装不完备的有三种取缔标准:第一种是茶箱材料不坚实;第二种是乌龙茶包装所用铅皮每平方英尺不得轻于 2.75 盎司,包种茶所用的铅皮每平方英尺不得轻于 2 盎司,铅皮上不得有细洞;第三种出口的茶箱外包装上不得使用不良外包皮。

商业组织

除了以联合茶农的利益为宗旨的生产者公会以外,还有两种组织,他们的目的是维护台湾茶商的利益。一个是台北的台北外商公会,一切外国商店全是合格的会员,由会员中推举委员 5 人,负责主持一切事务;一个是台北茶商委员会,由经营乌龙茶、包种茶的商店、行、包装业者及茶贩组合而成,大多数会员是在台湾向日本当局注册的中国人。但在会员中有 1 家美商、3 家英商、2 家日商以及若干华商。

第二种组织积极从事阻止次等茶的生产,该组织在产茶季中派人到大稻埕各茶区巡视,行使职权时,可以得到警察的协助。

台湾的茶叶买办

如果想要在台湾成为一名成功的茶叶买办,对台湾的乌龙茶必须有透彻的认识——关于乌龙茶在台湾的收购情况及所需要的种类——同时具备一种让委托人信任的品格,并且必须以茶叶为专业,随时在茶叶市场潜心学习。最适宜担任这项工作的人选是具有良好的品德,有健全的体魄,并且能够适应台湾的气候。

茶叶买办的薪水没有一定的标准,由买办和商店双方订立。在产茶季中,这些人很少有休息的时间,但在一年中的最后几个月比较空闲,可以得到很好的休息和娱乐。休假的规定各有不同,由各店的雇主和雇员双方议定,在休假期间仍然可以领取全薪,并且报销来回的旅费。服务期的长短也不相同。在台湾经营乌龙茶到30年以上的是少数人,有很多人的服务期只有几年,其原因不外是失去健康,或因店主停派台湾买办,或因家庭问题而回国。

第二十九章　茶叶消费国的市场状况

从产茶国的初级市场运往伦敦、阿姆斯特丹、纽约以及其他转卖市场的茶叶,是用无数轮船和帆船装运的,但是自从有了高速、大吨位的轮船以来,帆船几乎被淘汰。因为茶叶的消费遍及全球,所以海洋上装运茶叶的船舶,往来不绝。

大部分出口的茶叶运往伦敦。伦敦是世界上最大的茶叶消费与转卖市场,约占出口总额的60%。在欧洲市场中,阿姆斯特丹位居第二,但是仅占出口总额的4%。美洲方面,纽约占出口总额的5%。其余31%则直接或间接分配到各消费国。在这些消费国中,澳洲及新西兰因消费率较高,且邻近产茶国,因此占据了十分重要的地位。

茶叶运往主要的转卖和消费市场所需要的时间,因运输船舶行驶的快慢,差异很大,大致情况如表29—1 所示。

表 29—1　到达各主要茶叶市场的运输时间

起运地点及运输时间	加尔各答	科伦坡	棉兰	巴达维亚	上海	横滨	基隆
目的地:伦敦	32—36	23	27	33	42	52	48
阿姆斯特丹	33—37	23—24	27—28	33—34	42—43	33—52	48—49
纽约 铁路*	/	/	/	/	44	37	45—55
纽约 巴拿马	/	/	/	/	50—55	48	65—75
纽约 苏伊士	48—53	40—48	50	50—58	70	77	70—80
旧金山	34	35	33	31	20	15	17

起运地点 及运输时间	加尔 各答	科伦坡	棉兰	巴达 维亚	上海	横滨	基隆
⎧温哥华 ⎨西雅图 ⎩达科马	44	40	43	43	18	11	22
悉　尼	43	26	38	15	29	36	40
墨尔本	38	21	43	20	31	38	42
奥克兰	45	37	35	32	33	40	44
惠灵顿	45	37	35	32	34	41	45
*经太平洋再由火车经北美大陆至纽约							

　　表中所列运到某一口岸的时间有 2 天或 2 天以上的差异,原因是运输的船舶有快慢的区别。如自加尔各答运往伦敦或需 32 天,或需 36 天,区别就在于运输船舶的速度有快有慢。

　　大体上说,到阿姆斯特丹与到伦敦的时间相同。从东方到这两个口岸,有直接的邮船航线。运往阿姆斯特丹的茶叶,大致都是直接的邮船运送,不必取道伦敦。

茶叶运抵纽约

　　所有印度、锡兰、爪哇及苏门达腊运往纽约的茶叶,几乎都取道苏伊士运河。如果经过太平洋运至美国西海岸沿海各口岸,然后经由巴拿马运河或从陆上由铁路运往纽约,也可以行得通。但是从经济的角度上看这样很不合算,因为由苏伊士运河运到纽约与经过太平洋而运到美国西部沿海的运费,几乎没有什么差别,然而从西海岸至纽约的额外运费,对于在纽约市场的竞争,特别不利。中国、日本及中国台湾的茶叶都是经由苏伊士或巴拿马运河运到纽约。从前,有一部分茶叶经过太平洋运到美国西海岸,然后由铁路运至纽约,和今天运往圣保罗、芝加哥及其余各中部城市相同。但近年来,茶叶很少有由铁路运往纽约的,因为经由巴拿马的水路运费相对比较低廉。

伦　敦　市　场

伦敦是世界上最大的茶叶市场,很久以来就已经成为茶叶贸易的脉搏。全世界大部分茶价行市都以伦敦为标准,伦敦市价上涨,各国市场也随之上涨,伦敦市价下跌,各国市场也随之下跌。

大多数重要的茶叶生产公司都在伦敦设有总公司,对于业务上的所有事情,如开辟新茶园、扩充原有茶园及出口茶叶到什么地方等诸多事项,全部由伦敦指挥。一般情况下,囤积世界各地的茶叶,皆以伦敦为运输枢纽,每年经过伦敦的茶叶约有 550,000,000 磅,其中包括国内消费与转口贸易。

伦敦商埠的行政管理由商埠当局负责主持,建筑有绵亘 38 英里的深水码头,装置完备的各种机械化运输工具、起重机及货车。伦敦运茶码头为第六大码头,于 1805 年开辟,现占有水陆面积 100 英亩。

卫生检查

茶叶运到伦敦,即在深水码头卸货,然后用铁路和驳船运到下列公营堆栈(伦敦商埠当局所设的堆栈有两处——卡特勒街及商业路):蒙那斯特利、布鲁克、红狮、科·莱昂纳尔、曼纽门特、查波莱恩、库珀斯、圣·奥勒弗、新鹤、尼克森、巴特勒、京都等 23 处。

在英国境内,对于本国生产的茶叶,每磅收税 2 便士,外国生产的茶叶,每磅收税 4 便士。只有纯净合乎卫生条件的茶叶,才允许当作饮料。凡是进口的茶叶,在货物上岸时,必须全部接受政府所派茶叶检查员和化验员的检验,它依照的是 1875 年所颁布的《食品及药物销售法令》。不合格的茶叶只能做提取茶素之用。这种茶叶首先必须在海关和国税税官的监督下,进行改变其性质的处置,以防混入去做饮料,并且必须将变性的茶样和变性所用的药品送交实验室察看,以此来证明已经作过变性处置。依照海关和国税当局的规章,变性药只能用石灰和阿魏(译者注:Asafoeti-da,植物树脂,以前用作镇静药)。

堆栈及过磅

茶叶送到堆栈,堆栈公司就派人过磅,代表货主的中间商也来查看每件货物是否受损。过磅前取消装运时使用的重量标准,而改用"伦敦重量和皮重"。

秤皮重时,在每批 20 件或不足 20 件的货物中抽出三件,倒出茶叶,秤其包装的平均重量。每批 21 件至 60 件的货物中抽秤五件;每批 60 件以上的货物抽秤七件。毛重在 29 磅或 29 磅以上的货物,可以折减一磅,29 磅以下的不准折减。一部分受损的印度和锡兰茶叶可以在拍卖场竞卖,但是也需要经过海关化验员的检验。

经过茶厂均堆进口的茶叶,如果重量相差不多,就称量它的平均皮重;如果因任何原因有再次匀堆的必要,就要逐一过秤。凡是毛重在 28 磅以上的货物,包装以半磅为准。如果空包装的重量正好附合平均磅数,就按磅计算;如果重量正好是半磅或半磅以上,就加入第二磅内;如果重量在半磅以下,就在磅内照减。为了能在此种规则下不受损失,空包装的重量——包括钉及其他一切配件——应该少于半磅,而其毛重应大于一磅。

对于各种茶叶的进口、提货及存货做非正式估算时,每箱货物的平均重量如下表所示,此表来自伦敦茶叶经纪人协会印发的报告。

表 29—2　伦敦茶叶进口、存货及提货的非正式估计中所用的平均重量

印度茶	整箱	每件 118 磅
	半箱	每件 70 磅
	盒	每件 21 磅
锡兰茶	整箱	每件 106 磅
	半箱	每件 70 磅
	盒	每件 20 磅

爪哇茶	整箱	每件 110 磅
功夫茶	整箱	每件 106 磅
	半箱	每件 64 磅
	盒	每件 20 磅
小种茶	整箱	每件 90 磅
	半箱	每件 50 磅
	盒	每件 17 磅
花薰茶	盒	每件 21 磅
花薰橙白毫	盒	每件 20 磅
乌龙茶	整箱	每件 60 磅
	半箱	每件 44 磅
	盒	每件 19 磅
白毫	整箱	每件 60 磅
	半箱	每件 44 磅
贡熙	半箱	每件 58 磅
	盒	每件 17 磅
副熙	半箱	每件 65 磅
	盒	每件 25 磅
珠茶	半箱	每件 60 磅
	盒	每件 34 磅
麻珠	半箱	每件 66 磅
	盒	每件 37 磅
日本茶	包件	每件 60 磅

茶叶的堆栈费在付款期限(在出售日以后的三个月内)以前归卖方负担,付款期限以后归买方负担。每件货物的栈费如下:

毛重 50 磅或 50 磅以下:每星期 0.375 便士;

毛重 51 磅至 100 磅:每星期 0.75 便士;

毛重 101 磅至 151 磅:每星期 1.125 便士;

毛重 150 磅以上:每星期 1.5 便士;

从 1930 年 1 月开始,这项租金减少了 7.5%。

查验及扦样

茶叶在过磅和取得皮重以后,如果茶商急于出售,可以通知卖茶经纪人。如果想待价而沽,等待好的价钱再出售也悉听遵便。茶商如有出售的意思,可以先让经纪人将茶叶印入目录,以备竞卖,这是通常的习惯。茶叶也可以用私人订约的方式销售,它与预先定购的情况相同。

伦敦商业路茶叶堆栈

卖茶经纪人派一名检验员到堆栈,在茶箱或包装上编号,标明船只及进口日期。有时打开包装上面部分,割断箱内所衬铅皮,以便扦取茶样。现行的检验方法都是凿洞,方法是在每件上凿一小洞,扦样后再用洋铁皮封闭洞口,从每件中用铁杆扦取少许茶叶,然后将取出的样茶放在一个个小盘上,由栈员送给在栈内坐等的查验员,查验员逐一检验,检验叶片的大小、色泽或与一般的形状有没有差异,靠嗅觉察看茶叶有无污染或损伤。如果没有差异,该批茶叶即为合格,如有差异,则必须重新匀堆。匀堆的目的在于使茶叶的品质匀整统一。这种均堆手续如果在国外办理的不合乎规范,则全部茶箱都要打开,将茶叶倒出,经过细致的搅拌均匀后,才可以再将它们放入箱内。

卖茶经纪人得到查验员的报告以后,即将这批茶叶印入目录中,这个目录在拍卖前一个星期分送各批发商,一面通知堆栈,陈列从每件中取出作为样品的茶叶。莀卖商派扦样员到堆栈扦取各种陈列的茶样,扦样员从陈列的茶箱中扦取茶样时,必须将相同品质和重量的小包茶叶放置在箱内。

当样茶送到经纪人办公室时,就要马上放到铅罐中,以免受潮变质,每罐贴上号码,这个号码与样茶目录内的号码相对应。

销售时,如果拍卖人提出要求,或者在售出之后的星期六——如果数额清单已于星期四下午 5 时送交茶叶买办——买办应付给卖茶经纪人每件 1 镑的保证金,或者是目录中所记载的其他保证金。其余货款在付款期——销售后三个月——或此期限前付清,同时收回保单。卖茶经纪人在收到货款时,应将保单或其他相关文件随茶叶一同送交买办。买方所付保证金及其余货款自付款日起至期限日止,可以得到年利 5% 的利息。买办按照茶叶起运时的重量和皮重付款。

关于茶叶销售如果发生任何争议,可由两位仲裁人仲裁,仲裁人必须是下列任何一个机构的会员,即在伦敦的印度茶业协会、伦敦的锡兰协会、伦敦茶叶买家协会、伦敦买茶经纪人协会和伦敦茶叶经纪人协会。双方当事人各推选仲裁员一人,必要时还得由仲裁员另推裁判一人。仲裁员各得仲裁费 20 先令,裁判员得 40 先令,这里包括他们有时需亲赴堆栈调查的费用在内。

(编者注:"茶叶运到伦敦及在堆栈内办理各种手续的费用清单列表"本书从略)

买茶经纪人

买茶经纪人是大多数茶叶拍卖中的购买人,约有 12 人,他们都是伦敦买茶经纪人协会的会员,他的正常佣金是 5‰。买茶经纪人的存在有四条理由:第一,为他的当事人选择适合的茶叶,并寄去茶样和报价单;第二,让购买量少的商人也能得到他们所需的茶叶,买茶经纪人可以在购进的一批货物中分一部分给他们,剩余的货物则由经纪人自己支配存放;第三,使顾主不必宣布其真实姓名;第四,由经纪人代买茶叶比顾客自己购买更为便宜。

买茶经纪人往往在尚未接到买主的定单,但是自己认为很有销路的时候,就先将茶叶买入。这些茶叶放入货物目录单中预定项下,凡是在拍卖场被买茶经纪人定下但还没有销售的茶叶,上都列入此项目内。这种货物目录单天天公布,使经销茶叶的商人、中间商及其他经营推销业务的人,可以从中选择需要的茶叶。

茶叶的评验

有大量茶样送到买办办公室的时候,茶师就开始工作。在茶市旺季,每一批印度茶往往都有 5 万件,代表 1200 至 1400 种不同的茶叶,每一宗有每一宗的茶样,因此每到一批货,就有 1200 种不同的样茶需要加以检查、评验与估价。大多数批发商所雇佣的处理印度茶的买办不止一个,因为在这一季节中,每星期应该仔细查验的茶样数量很多,决非一个人在极短的竞卖期间所能应付。通常采用的方法是由一人专门负责评验小种白毫、白毫及橙黄白毫,另一人负责评验茶末、茶片、碎白毫及碎橙黄白毫,只是各等级的编排与拍卖场不同。

有的时候,买办注重的是价格而不是品质,换句话说,就是只选择价格最低的茶叶,这些人察看茶叶的形状及商标,选择次等的小种白毫,不必有检验的麻烦,他们估价全凭嗅觉,货物一经看好,即向经纪人定购。

如果茶师的目的在于选择茶叶的各种花色,以备最后卖给英国的杂货商,那么他所用的程序就大不相同。他的办法是先将要检验及评价的茶叶分成等级,即将茶末、最低级的小种白毫、碎白毫、橙黄白毫及碎橙黄白毫分别堆置,大吉岭茶则另行泡汁实验,以便在评价时有所依据,并与"标准茶"相比较,所谓"标准茶"就是以存货或刚刚出售的茶叶为标准,来测验尚未成交的一批茶叶的品质和价值。

每宗等待检验的茶叶,以编号铅罐所盛的少量样茶为代表。从每罐取出与一枚 6 便士钱币等重的茶叶,放入实验用的壶里,当 20 种至 30 种样茶秤入分别放入壶里,即用开水冲泡。所用的水只以第一次沸滚为标准,不必等到第二次沸滚。茶叶在沸水中浸泡五六分钟——时间是用沙漏或茶师特备的钟表计算——然后将水壶倒置于茶杯上。因为有壶盖挡住茶叶,不致于漏出,而只将茶汁倒入杯中,同时泡过的茶叶则留在倒置的茶壶盖上,就这样将茶汁与茶叶分别试验。按照排列好的壶和杯,由左至右,依次逐一试验。照例是先试验比较差的茶叶。

每宗茶叶经过估价以后,买办愿意支付的最高价格就由助手在目录内暗自做上记号,使得买办容易识别他所选定的茶叶及所愿意支付的价格。

伦敦的茶叶拍卖

伦敦的茶叶拍卖是在明星巷 30 号的伦敦拍卖厅举行。如果到了茶叶旺季,印度茶每星期拍卖两次——星期一和星期三,锡兰茶是星期二,爪哇和苏门达腊茶是星期四,有一部分中国茶也在星期四,但是大多数中国茶都是以私人议价成交。拍卖时间是上午 11 点至下午 1 点半,下午 2 点 15 分或 2 点 30 分开始,这个时间是与茶叶买办商议确定的。

茶叶和其他可根据标准订立契约交易的商品不同。它有无数等级,而且其评价标准大多数是凭借个人的判断。判断时最注重的是茶叶的形状及香味,因此对每批茶叶的分别检查和评验都至关重要。

每逢伦敦茶叶拍卖时,欧洲大陆各国及大不列颠诸岛的客商都在此云集。当拍卖开始时,买卖经纪人对于茶叶的品质或价值都提供意见。这些意见很不一致,自然,卖茶经纪人想要获得最高的价格,而茶叶买办则追求最低价格。有时货主向经纪人限定最低的价格,如果不到限价以上宁可收回不卖。但是,就一般情况来

伦敦商业销售大厅

说,货主最终会得到最好的价格。此项议价由货主的代理人与经纪人商定。

经纪人销售茶叶是按茶叶经纪人协会排定的程序办理,等到第一位卖茶经纪人出清他的目录内所登载的货物品种,才能轮到第二经纪人,依顺序出售,不可以争先恐后。出售的手续是遵照通常的竞卖办法。茶叶以磅为单位,叫卖以法新(Farthing,英国最小的钱币名,相当于0.25便士,现已不用)递增。

如果竞买人的叫价相同,则这宗茶叶就卖给第一位叫价人,否则叫价最高的为得主,但是没有达到限价的除外。如果叫价没有达到限价,即可将茶叶收回。

拍卖进行的很迅速,每小时大约可拍200宗至250宗。有时候9万件茶叶(代表3000种不同的品种)在一个星期即可售完。每一个项目经卖茶经纪人落下小槌以后,即开始拍卖第二个

在伦敦明星巷茶叶销售大厅进行的茶叶拍卖会

项目。实际上叫卖完全归经纪人执行,但是趸卖商是经纪人的委托人,往往在旁边用暗号表示,让经纪人可以继续抬价。

拍卖结束后,买办可以到卖茶经纪人事务所接洽,并且领取通知单,凭此通知单扦取他所购买的各种茶叶的茶样。这个通知单要递交给存放茶叶的堆栈,按照买办购入茶叶的数量换取相同比例的样茶。但是一个人去堆栈提取样茶并进行评验是不可能做到的,因此只能凭嗅觉以及对茶叶外形的鉴别来判断,一般来说换回的样茶以次充好的概率极小。

结算所

茶叶结算所成立于 1888 年,地址在菲尔彼德街 16 号,是伦敦茶叶堆栈在城区中的办公地点,它是码头管理员和茶商两方面的中间人,是一家私营公司。伦敦的茶商是该公司的会员,每年捐助经费,它的工作内容主要包括:保单的保管与传递、扦样、送货、附缀卡片、捆扎、寄发给各码头及堆栈的通知单及协助商人取回保单及其他文件,从以上情况可以看出,结算所仅仅是围绕着有关堆栈的各项事务服务的中介公司。

除了上述功能以外,结算所还印发 13 种名目不同的印花票,票价自 0.5 便士至 2 先令 6 便士不等,栈内的少数费用可以用印花票给付。结算所也是绘制统计表、报告关于茶叶的堆存、轮船船期等消息的总机构。

抛售期货

伦敦的印度茶业协会于 1924 年 9 月提出建议,主张生产者不应该预先将 1925 年的茶叶收获数量提前抛出,全体会员都赞同这个建议。加尔各答的印度茶业协会及锡兰的种植者对此都表示合作。这项协定在 1926 年和 1927 年对于印度北部地区继续有效,直至 1928 年废除。

反对预先抛售的理由是:第一,预定的契约如果到出货时茶价下降,买方有可能不履行约定,以致生产者积存货物无法销售;第二,如果茶价涨高,买方可能会将预先廉价订购的茶叶向市场倾销,而且这种抛售足以削弱拍卖时的竞争。因此生产者只能求得按最近的市价出售,而不愿意冒这样的风险。但是在1928年有二、三家最大的顾客反对这项取缔抛售的政策,此后,仍然是一方面生产者预先订约抛售,一方面在拍卖市场按照通常的方法销售。

伦敦的茶价

伦敦市场有左右世界茶价的权威,加尔各答和科伦坡的市价通常比伦敦少2便士,这是他们与伦敦每磅运费等项目的差额。各种茶叶的比价,如锡兰、北印度、南印度、爪哇及苏门达腊等处的茶叶价格,每周变动很大。但是从这些年的平均价格核算,可分以下几等:第一,锡兰;第二,北印度;第三,南印度;第四,苏门达腊;第五,爪哇。

在北印度茶叶中,又可分为下列等级:第一,大吉岭;第二,阿萨姆;第三,杜尔斯;第四,卡察及雪尔赫脱。

荷 兰 市 场

阿姆斯特丹是欧洲第二大茶市,每年成交的茶叶约有3000万磅,包括行销荷兰及运往欧洲各地与北美洲的茶叶。每年从鹿特丹进口的茶叶量很少。

历史上,阿姆斯特丹是欧洲最早的茶叶市场,荷属东印度公司用武装船只运进大批茶叶,以备分销欧洲大陆及英国。今天,阿姆斯特丹是荷属东印度的爪哇和苏门达腊茶叶的主要销售市场,但是阿姆斯特丹在爪哇和苏门达腊茶叶未出现以前,就已经是重要的市场。阿姆斯特丹位于爱河南岸,爱河是前须德海的一支,此海今天已成为内湖,更名为艾瑟尔湖,有一运河式的阿姆斯特尔河流经这座城市而入爱河。爱河在须德海的入口处有一个沙洲,以致阻塞了这方面的商业交通,但是现在排水量最深的船只也能通过这一运河行驶到北海。在阿姆斯特尔河中,由人工筑成三个岛,铁路以岛上为起点经过该城的前方形成一长串的码头,其中之一是派威米斯登·万得和,就是茶叶堆栈公司的巨大堆栈所,这个堆栈公司是一家私营公司,原来是荷属东印度公司在 1818 年创办,凡是在阿姆斯特丹销售的茶叶几乎全是出自这个堆栈。

进入荷兰的茶叶都必须缴纳每百公斤 75 荷兰盾(1 荷兰盾 = 40.2 美分)的进口税。1862 年到 1924 年的 62 年中,进口税率为每百公斤 25 荷兰盾,自 1924 年起增至 75 荷兰盾。这项按照荷币每磅增加 13.5 荷兰分的重税,对于荷兰茶叶销售的正常发展起到了严重的阻碍作用。1927 年,一些进口商曾向内政部请愿减少茶税,后于 1929 年,因受英国取消茶税的鼓励又展开废除茶税运动,但是都失败了。

阿姆斯特丹的茶叶拍卖市场

荷兰的茶叶市场之所以能取得如此重要的地位,全部依赖阿姆斯特丹的拍卖市场,凡是运来参加竞卖的茶叶,都存放在茶叶堆栈公司设立的堆栈里。这些进口商就是商人、银行及荷属东印度茶叶种植者的董事或代理人。堆栈公司的任务是为茶叶提供贮藏、查验、分类、过磅、称皮重、分成批次等服务,为竞卖场扦样及凭"保单"送货。这种保单最初以茶叶所有人的名义签发,但是因为有关于破产的纠纷,才于 1845 年改变方法,自此以后的惯例是"保单"发给"持票人"。如果贮藏的茶叶未经查验,则发给"贮藏凭证",只是贮藏凭证与保单不同,并不保证茶叶的品质。

查验的方法是用电凿孔器在每箱上钻一小洞,然后用中空的长铁杆插入茶箱中,来扦取均匀的茶样。对扦取的茶叶,凭嗅觉及观察外形来查验。

从爪哇茶园或巴达维亚茶商运来的每宗茶叶往往包括不同的种类,通常在每包上印有同样的号码。各个品种或号码不同的茶叶要分别处置和扦样。茶箱必须经过检测、秤量来估定皮重,得出茶叶准确的净重。凡是不十分完好的茶箱就必须打开,仔细地加以验看,并扦取茶样,来确认与整批茶叶是否完全相符。如果同批同种各箱中的茶叶,其品质各异,应在竞卖时声明,如果认为这种差异关系重大,即可将各种茶叶倒出,重新拼堆,在拼堆时必须注意不要将茶叶挤碎。

茶叶的秤衡及测定皮重,是采用一种极准确的专利自动磅秤。决定平均的皮重是一件很重要的工作,将重量及皮重列入印发的茶样目录表中,这个茶样表在海关看作是一种目录,只是它需要在拍卖两星期半之前印发。

茶叶堆栈公司,对于每宗交易超过 14000 箱的进口商,向其收取每百公斤(净重)2.45 荷兰盾的手续费,按九五折实收,此项手续费包括:起货、上栈、海关过磅、查验、扦样、刊印目录及发给保单等。此外进口商需要付给堆栈每 12 箱茶叶每周 0.25 荷兰盾的栈租,自茶叶进入货堆之日起计算,至拍卖日后两个月止;自付款到期日起(即拍卖日后三个月),由买方每月付栈租及火险费 0.125 荷兰盾,至茶叶出栈日止。付款虽然以三个月为限,但习惯上茶款是在成交后两个星期内付清,因为这样可以享受 12.5‰的折扣,另外在交货时还需付 0.20 荷兰盾,作为付款前这一段时间的火险费。

东印度茶叶种植者销售茶叶,大部分都通过代理人,即进口商。进口商以生产者名义代办一切手续,可以得到 1%~2.4% 的佣金;但是由茶叶公司董事自己销售的茶叶,通常不用收费。

另外,还有替买主完全代办的经纪人,他们可以参与或不参与实际的竞买。常常有因为买主不愿意出面而让经纪人代为叫价,否则由买主直接竞购。但是无论如何,在每一宗茶叶成交完成以后,必然由经纪人负责订立合同,并向卖方收取 7.5‰的佣金。

拍卖由茶叶进口商协会主持,在布雷克·格朗得大厦的拍卖厅举行,一切工作由茶叶堆栈公司与茶叶进口商协会密切合作。在竞卖时,由一个正式拍卖师负责办理。

全年举行 23 次拍卖,除暑假外,每隔两周举行一次。第一次拍卖一完毕,即发出第二次拍卖货物的目录单。在拍卖前两个星期,将茶样送交经纪人,经纪人将茶样寄给买主。拍卖时的合法竞买人虽然只限于荷兰茶商,但是茶样有时分送给全欧洲及黎凡特(译者注:一次世界大战前地中海东部诸国的通称。)。经纪人的任务是检验样茶,并评定其价值,只是检验及估价需要专家担任。一般大商人及经纪人公司都有其自用的茶师和估价员,他们来估计预备拍卖的各批茶叶的价值。

拍卖自上午 10 点开始,全天工作,如果交易数额巨大或手续进行迟缓,往往延至下午 4 点或 4 点以后,每批同商标同种类的茶叶,以 60 箱为最多。在一批茶叶中,购买其中一部分的第一位买主拥有以同一价格购买同一批茶叶中其余茶叶的权利。凡是 60 箱一批的茶叶,通常分为 36 箱及 24 箱两小批。当一宗交易拍下以后,买主就要提出经纪人的姓名,由他来办理签约手续。

拍卖以后,经纪人就将买主的真实姓名宣布。买主必须在 14 天以内付清茶款。同时,买主即可取得在堆栈所存茶叶的保单。外国顾客可由在荷兰所设的中间商行购买茶叶。阿姆斯特丹拍卖场有一个特点,即对外国顾客和国内买主同样重视。荷兰进口的茶叶约有半数在国内销售,其余半数销往国外,这与伦敦市场形成对照。伦敦市场的茶叶销售,内销占 90%,外销仅占 10%。在阿姆斯特丹市场,英国人和爱尔兰人占有重要地位。爱尔兰人之所以在这里购买茶叶,是因为从阿姆斯特丹运往该国的运输费用比伦敦低很多。

竞卖受益较大的是包装公司或批发商,他们将买来的茶叶分成小宗,转卖给较小的商店,大多数茶叶都是经过包装商及拼堆商的手,卖给零售商。荷兰内销茶约有 4/5 被包装商、商店及设有分店的商号购入,这些商店在拍卖场有自派的代表,或委托经纪人代购;其余 1/5 是中国和英属印度的茶叶,在伦敦和东方市场以私人订约的方式被订购,在阿姆斯特丹有 20 家茶叶进口公司,茶叶经纪人 8

人,鹿特丹有经纪人 5 人,这些人都是特许有购买茶叶资格的人。

通过荷兰海关及堆栈处置茶叶的办法主要为了争取商业上的便利,尤其是对于再出口贸易。这种办法远比伦敦采用的办法先进。在荷兰国内推销茶叶,因为遍地河流纵横,运输便利,因此它的运费低廉,是任何以铁路运输的国家所无法比拟的。

因为英国国内贸易关系,伦敦在世界茶叶市场上仍将保持其首屈一指的地位是毋庸置疑的。但是在市场竞争中,英国如果不采取更经济、更进步的方法,干练而善于经商的邻国荷兰,将会在再出口贸易上的地位越来越高。

鹿特丹的进口贸易

鹿特丹的茶叶市场,远远不如阿姆斯特丹。鹿特丹没有拍卖市场,进口的茶叶由进口商直接出售。市场上有茶叶经纪人 5 人,进口公司一家,像阿姆斯特丹一样,进口商代表生产者,而经纪人代表一般茶叶包装公司及批发商。

贸易协会

荷兰的茶叶贸易有两个最重要的协会,即茶叶进口商协会及荷属印度茶叶种植者协会。阿姆斯特丹的茶商加入进口商协会,茶叶种植者协会以增进荷兰茶叶各部门的利益为宗旨。另有一个宣传局附属于茶叶种植者协会的秘书处。到目前为止,宣传工作仅限于荷兰本国,但是它的活动范围正在逐渐扩展,将来的宣传可能达到国际化。

美　　国

供饮用的一种特定标准的茶叶,可以免税进入美国,茶叶副产品——茶渣、筛下来的茶末及茶屑,则每磅需征税 1 美分,并且保证专门用于制造茶素及其他化学品。

进口茶叶有印度、锡兰、荷属印度、台湾、日本及中国的红茶；日本、中国、印度及锡兰的绿茶；台湾及华南的乌龙茶，还有少数从中国南部各口岸运来的花薰茶。

美国没有茶叶拍卖市场，进口商向产茶国或在伦敦、阿姆斯特丹等市场以竞买方式或直接洽商方式采办茶叶。现在美国茶叶批发交易约有60%~70%是向国外直接定购。

纽约市场

纽约是茶叶进口国——美国的主要口岸之一，就进口数量而言，占世界茶叶市场的第二位。纽约并没有装运茶叶的特定区域，单就茶叶而言，只有曼哈顿和布鲁克林两处码头。堆存茶叶的堆栈约有60处。主要的公营堆栈有布鲁克林的布什特米诺堆栈、迪奥多克罗威尔高夫和色姆克堆栈、曼哈顿的弗雷利蒂威尔豪斯公司。其余的堆栈，很多是大包装公司所设立，专门堆放自己的茶叶。

依照海关的规则，堆存茶叶的堆栈应该接受海关收税员的指定，同时货主应出具保结。不在指定堆栈堆存的茶叶，在未经查验并得到移动许可证前，需要放置在进货公司或公共贮藏所内；出具保结后，茶叶可以在进口商自有的库房内堆存，等待查验。遇到这种情况，收税员委派一名管货员在堆存茶叶的库房内执守，这部分费用由进口商负担。在任何堆栈留待查验的茶叶，必须与其他商品分离。依海关的规章，准许保税堆栈内的茶叶在某种条件下可以重新包装运输出口。所有栈租、车力及工资等一应费用，均归进口商负担。

纽约的进口商大约在茶叶运到前一星期至三星期可以接到邮寄的样品。大多数印度、锡兰、荷属印度及日本的茶叶是按皮重进口，因此在海关方面，不必重新过磅及称取皮重；但是按照中国计量所购进的茶叶，必须过磅称取皮重。过磅由一个正式的司秤店办理，每件过磅收费6美分，称取皮重收费50美分，如果一批货物在9件以内，抽秤2件，来估定皮重；如果在10件以上100件以下，抽秤3件；如果在100件或100件以上，抽秤5件。

各种包件及茶箱的重量都与伦敦市场相同。当每一批茶叶运到的时候,进口商就派人到堆栈提取大样,从大样中分出若干小样,送交茶叶经纪人,然后由茶叶经纪人分发给中间商、批发商及连锁商店。经纪人正常的佣金是 2% ,但有的时候,大宗交易经双方协商,要减到 1% 。

纽约进口商预备有贮存在标有编号铅罐内的茶样,在他派往产茶国的买办或代理人的办公室内,也有同样的茶样。进口商预备的中国、日本及台湾的茶样,基本上是一年更换一次,对于印度、锡兰及荷属印度的茶样更换的次数会更多。

茶叶运到以后,主要费用包括以下各项:报关、车力、栈租、工资、桶费、保险、利息、抨样、过磅、称取皮重、中介费、佣金。

美国其他的主要进口市场,按进口量的多少依次排列如下:东部海岸的波士顿;太平洋沿岸的西雅图、旧金山;中太平洋夏威夷群岛的檀香山。

美国的茶叶法规

按照 1897 年的《茶叶法》——此法后来经过 1908 年及 1920 年两次修改,凡进入美国的茶叶,都必须存放在特定的堆栈内,由进口商或者承办人向海关收税员出具保结,来保证茶叶在未经查验放行前决不移动,等候依据政府制定的标准查验茶叶的卫生、品质及是否适合于饮用。多年来《茶叶法》在财政部的主持下实施,现在改归农业部执行。

茶叶由农业部部长正式规定:嫩叶、叶芽、各茶种的嫩节,是按照正规的方式生产加工的,并且要证实其种类及产地与茶叶的名称全部相符。含灰分最少 4% ,最多不得超过 7% ;符合 1897 年 3 月 2 日议会通过的《茶叶法》所规定的条件,此法载明了关于茶业进口及检验条例。

茶叶进入驻有查验员的五个口岸之一时,隶属于茶叶检验处的抨样员就将每批每类茶叶抨取样品。抨样是用一种寻常的夹木

及特制的尖叉，
待洞凿成以后，
就把竹耙或铁丝
耙插入洞内。扦
样时应注意不要
弄碎茶叶。

茶叶扦样检查

　　扦取的样茶
由一名政府派的
查验员予以比
较，检查它的卫生、品质及适合饮用的各个方面是否不低于标准。
如果进口商或承办人对于查验员的意见表示异议，可请美国茶叶
纠纷调解处做出公断。调解处由农业部部长在工作人员中选派三
人组成，地点在纽约。调解处的委员不亲自查验茶叶，只是当庭监
督茶叶专家所做的查验手续是否合理。最后被调解处认为不合格
的茶叶，必须在6个月内离境，否则必须接受海关部门的处理——
将之烧毁。

　　茶叶以一包或一件为单位，无论被迫运走或烧毁，不得将一整
包茶叶分拆处置，但是遇有农业部于1923年8月颁布《茶叶法》
第九条所规定的情况时，则不在此例。该条规定如下：

　　（一）如果遇到进口的茶叶含有过多的茶末，则可加以筛分，
此类茶叶的品质如果合乎标准，可准许进口，只是筛出的茶末必须
在政府的监督下，予以烧毁或输出。

　　（二）如果茶叶因为受到损伤而被放弃，可以将受损部分除
去，在海关监督下输出或烧毁，其余完好部分，如果合乎标准，可以
再次请求查验进口。

　　如果茶叶进入没有查验员的口岸，则由海关提取茶样，进口商
也提取一份，送交附近的查验机关，并且附以一式三份的税关单。

　　现在茶叶检验员分散在美国五大进出口岸或地区。到1934
年6月30日会计年度终止时，输入美国各口岸的茶叶约有

85,000,000 磅。

政府制定的茶叶标准

政府的标准，是由农业部每年委派 7 人组成的茶叶评验委员会所制定。该委员会必须依法于每年 2 月 15 日以前成立，一经成立，就应尽快召集会议，推选主席，决定茶叶的标准，将决定的标准呈报农业部部长付诸实施，实施期每年从 5 月 1 日开始。

按照《茶叶法》，只制定适合饮用的最低等级茶叶的卫生及品质标准，以避免有限定价格的企图。在法律上，规定具体标准的用意，在于有一个尺度，使输入美国的茶叶有据可依，也使《茶叶法》

1935 年美国一些茶叶专家在评选茶叶标准

有统一和确定的管理方法。

标准制定以后，将选定的茶叶分发给各茶叶检验员，然后由检验员按成本卖给茶商。《茶叶法》规定：凡输入美国的茶样，应依照行业习惯——如试验茶汁，并在必要时加入化学分析手段，以此与政府所定的标准相比较。既然有了这项规定，则驻产茶国的收货员或外国茶商在装运茶叶前，就可以与美国政府制定的标准相比较。比较时，如能慎重行事，则无论出口商或进口商都不致有货物被禁止输入的风险。

瑞德试验法

按照《茶叶法》，凡是茶叶中含有非自身固有的成份，都认为是不纯洁的杂质。对于这些杂质的存在,可以用很多便利的方法检查出来,历来所采用的方法都是简单和费用较低的。其中有所谓的瑞德试验法,是检查茶叶着色和涂粉的一种方法,是已故美国农业部细菌分析学专家 E. 阿尔伯特·瑞德博士所发明。他的方法是用一个每英寸有 60 个网眼并且有盖的筛子,用 2 盎司茶叶在筛子上簸筛,将茶末筛在一张 8 英寸宽、10 英寸长的半光滑白纸上,称取茶末一格令(等于 1/7000 磅或 0.065 克),散放在一张试验纸上。试验纸最好放在玻璃或云母石的平面上,用一柄长约 5 英寸钢制的扁平碾药刀,重复施以压力。如果茶末中含有有色物或其他杂质,即可将这些杂质的细粒铺在纸上,然后将茶末刷去,用一个直径 7 英寸半的普通放大镜在纸上查看。为了看得清晰而能区别其细粒,应该在光线充足的地方观察。

如果被查验的茶叶所含杂质多于标准,则可以取一磅茶样,送交附近农业部所设的食品与药物查验站加以分析,如果检查其所含杂质果然高出标准,则这批茶叶被认为不合格,拒绝进口。

不合格茶叶的申辩

如果一个进口商对于茶叶查验员的判断表示不服,必须在 30 天以内准备一份上诉状递交收税员,收税员即将上诉书连同不合格茶叶的样品封存寄给美国的茶叶纠纷调解处。调解员邀请适合担任这项工作的茶叶专家二人或三人,查验这批不合格茶叶。茶叶专家将不合格茶叶与政府的标准样茶一并在调解处当场查验,如果这两位专家的报告与查验员的报告相符合,则查验员的判断就被认为是准确的,反之,如果专家的意见与查验员的意见相悖,再争求第三位专家的意见。调解处对各位专家的报告详加考虑后,将应采取的处置方法分别通知海关及进口商照此办理。

茶叶专家所查验的茶叶有政府的标准茶和被扣的茶叶,两批茶混在一起不做说明,使之无从分辨来源,以免有事先存有成见的弊端。查验程序自左而右,例如接受检查的茶叶有四种,专家分别等级以后,各杯位置虽然有移动,但因杯底有暗记,因此不难辨认标准茶所处的位置,如果标准茶在左起第三位,则在其右边的两杯就是被扣的茶叶,如果重复试验几次,就可以得到结论。第三位专家只在前两位专家有不同意见时才被召到场。

《茶叶法》自1897年制定以来,除了在1908年5月16日略有修正,及在1920年5月31日从财政部移交农业部接管外,很少变更。1906年6月30日所颁布的《食品与药物法》也适用于茶叶。

因为美国政府与茶业界采用相同的实物和实验标准,一方面在产茶国的收货员对于茶叶所含的杂质也能实施简单的初步实验,因此近年来,不好的茶叶进口到美国的极少,因此不卫生或含杂质过多而被认为是不合格的拒绝进口的茶叶也很少。凡是进口美国的茶叶,必须符合卫生标准并且有优良的品质可以饮用。

其 他 国 家

除英国及荷兰以外,任何主要的茶叶进口国都没有茶叶拍卖市场。在其他国家,如美国茶叶买卖是经过经纪人、进口商或中间商之手。如果不直接从产茶国或伦敦及阿姆斯特丹采购茶叶,也可从较大的转口市场如纽约、悉尼、墨尔本、蒙特利尔、温哥华、都柏林、贝尔法斯特、阿尔及尔(阿尔及利亚首都,港口城市)、奥克兰、惠灵顿、开普敦、亚历山大及汉堡等处采购。

唯一的例外是俄国,茶叶通常是通过竞争式的私营企业变身为国营的茶业收购机关购买。

俄国市场

俄国对于茶叶的需求,在第一次世界大战前及战前很多年,是茶业最大的支柱。当时,俄国每年的茶叶消费量大约将近190,000,000磅,1917年十月革命以后,俄国茶叶市场顿时宣告崩溃,1921年以后,俄国开始重新成为茶叶买主。

1925 年,苏维埃联邦将茶叶贸易收归国家专营。茶叶收购机关有两家:一为茶叶托拉斯,总局设在莫斯科;二为全俄消费合作社中央联合会,它于 1898 年在莫斯科成立。后者于 1919 年在伦敦设立一家独立性质的公司,名为萨托索耶斯有限公司,但是在 1927 年 5 月,英国曾与苏联断绝商业关系很长时间。近年来苏维埃政府又向英国合作社及东方各产茶地收购茶叶。

1925 年,政府授予茶叶托拉斯及全国消费合作社中央联合会在苏维埃共和国内供给茶叶、咖啡及可可的特权,同时将所有商办的批发商及包装公司,以及主要的零售商店一概归属该托拉斯,与其他国营合作社购买茶叶必须经过苏俄的代表商店如伦敦阿考斯公司的情况不同,茶叶托拉斯有权向产茶国如中国直接采购或在伦敦及阿姆斯特丹拍卖市场直接采购。在实行政府专卖制的第一年中,进口的茶叶达到 23,000,000 磅,几乎比上一年的进口数增加两倍,中央联合会所经营的数额占进口总额的 1/5。

茶叶托拉斯起初通过俄国人所设的商店在中国购买茶叶,但是大宗交易则由该托拉斯的伦敦分店在伦敦市场上购买,中央联合会也向伦敦市场收购茶叶。

经过一段实践发现,双重的经营机构耗费太大,茶叶托拉斯也因此停办,自 1927 年以来,苏俄的全部茶叶贸易集中于全国消费合作社中央联合会之手。

俄国主要的茶叶输入口岸有下列几处:西伯利亚铁路终点濒临日本海的海参崴;沿黑海的巴统及奥得萨;濒临波罗的海的列宁格勒。

以前俄国市场从中国汉口购买俄商在汉口制造的大量砖茶,但是在第一次世界大战期间,沙皇军队只喝叶茶,由此砖茶的地位逐步发生动摇,因此有人预料将来俄国新市场所购买的茶叶,必然大部分是叶茶。但是由此就说砖茶会完全退出市场,也为时过早。

第三十章　茶叶的批发贸易

在茶叶销售过程中，最重要的一个环节就是趸卖业，就是我们现在的批发业，英国的批发商通过茶叶经纪人购入茶叶，然后以原有的包装或经过拼配后包装卖给乡间的批发商、兼营批发的零售商及零售杂货商。美国的茶叶批发则操纵于进口商、经纪人及批发商的手中。

英国的批发商包括茶叶拼配商、包装商、在各地有分店的商店、合作社、批发商及出口商等。同一商店同时经营茶叶贸易各个环节的业务，也是屡见不鲜。

批发商的经营方法

伦敦是世界上最大茶叶消费市场的买卖中心，当然在批发市场方面也居于极重要的地位，就总体而言，可以是其他一切市场的模范。伦敦的最大茶叶商店供应零售商的方法，不外下列三种：用自己的商标包装茶叶供给零售商；散装出售，让零售商自行拼配及包装；以零售商名义并用零售商的商标批发包装茶叶。

批发公司通常都在各种茶叶中选择一种或一种以上认为是最适合交易标准的茶叶，一个茶叶买办有多种用锡罐装的茶样，以备在购买时进行比较，这些茶样随时更换，但是标准只有一个就是要得到最满意的效果。有一部分经纪人能够比较也能判断茶叶的优劣，好的经纪人每次购买茶叶时，照例必须以茶样与已知价格标准的茶叶相比较。

进货如果有错误，其损失极大，当发现一批茶叶不符合进货标

自动茶叶打包机

准时,最好的办法就是马上忍痛降价甩货,以免时间长了损失更大。推销员对于存货中的"呆货"也只能漠然处之,以致茶叶可能会变质或损毁。

现在大部分卖给零售商的是已经分装的茶叶,没有分装的茶叶有一个缺点,就是批发商必须多备各种各样的货物,以应对市场的需求,而且每次交易,同业中也有相同的货物与之竞争,当然谁都会夸讲自己产品的品质最好,如果不幸遇到客户对于茶叶既没有正确的认识,又不能辨别货物品质的高低,往往好的东西还卖不过次的东西。

批发商依靠推销员和广告来发展业务,他们大部分是批发包装的茶叶,而将散装的茶叶全部放在同一商标下出售。当这个商标的信用一经确立而所销售的茶叶让顾客感到满意的时候,即使有同行业的竞争,也不容易影响他的经营。

大英帝国的批发业

大英帝国的茶叶供给商,包括一般性的拼配和分包的商店,广泛供给国内外的批发商及零售商。他们不仅为他们自己商标的茶叶包装,并且也为其他批发及零售商店的私人商标茶叶包装。有一部分茶叶供给商在各地有分店,专门向他们自己的分店销售,而不供给其他商店。有一家很大的拼配及包装商店是一个联合的批发合作社,可以称得上是大不列颠市场上最大的茶叶经销机构。其他的批发商及零售商则购入原箱茶叶,然后自行拼配及包装。

较大的茶叶销售商在拍卖时有自己的收货员到场,但是并不参与叫价,除非买茶中间人不到场或有其他事情,才亲自出马,不过无论如何,一切交易仍然以买茶中间人的名义进行,并且付给中间人1.5%的佣金。

在伦敦有多家比较大的拼配及包装公司,甚至有印度、锡兰及东非洲等地自有茶园的茶叶种植者。

在伦敦有一家茶叶买办协会,其目的在于保障批发商的利益及应付市场中临时发生的情况,会员约有110家。

据估计,仅在伦敦一处约有50家拼配商或包装商,它们的经营范围遍及全国;全国有在省、区推销的相同性质的商店大约100家;经营茶叶的批发杂货商,主要的商店在交易中心区约有300家;在小村镇的次等批发商店约有4000家至5000家;经营茶叶而且在各地有分店的商店约有500家;包括大约15000家个别商店;除上述以外,还有将茶叶自行拼配的合作社,通过分布在全国的5000家合作商店销售大量的茶叶。批发合作社是合作社的最高级别,大多数粮食是自己生产,自己加工,并且有自设的工厂、糖果厂、轮船、火车及堆栈,总店设在曼彻斯特的巴龙街,分店以地方合作社形式——经营杂货一类的业务——深入到各个领域。其经营范围之广泛,可从下列事实中得到证实:检验茶叶及其他费用每年达1亿英镑;在大英帝国市场上是最大的买主,每年承销9000万磅;凡是合作社设有工厂的村庄都属于它的管辖范围。

美国的批发业

美国有茶叶批发商 3700 家,包括杂货批发店及专营茶叶与咖啡的批发店,还有 325 家连锁店也经营茶叶。

在美国,茶叶经纪人与茶叶中间人的地位是处于批发商和进口商之间,但是茶叶经纪人和中间人数量不多,近来批发商有直接向进口商购买茶叶的趋势,凡是进入美国的茶叶,60%~70% 全是批发商直接定购。

在批发商中,经营茶叶量较大的约有 1200 家,专营茶叶的为数不多,大多数商店是在各项批发货物中另设茶叶部。分包和散装茶叶均有出售,大多数专营茶叶及咖啡的商店为迎合大众的嗜好,多数注重在咖啡方面,而茶叶得不到相同的重视,直到最近,这种态度开始稍微有所改变,这当然不包括比较大的茶叶包装商,在他们的商品中,茶叶确实占有很大的比重。

美国有许多批发商将茶叶包装工作委托给专营此项业务的商店代办,批发商先将茶叶运到包装商店,包装成各种式样,然后运回,再销售给零售商。但是有少数比较大的批发商有自己开设的设施完备的包装工厂,装置全部拼配及包装用的必要机械设备。

批发时的拼配法

40 年前,批发商及零售商销售的茶叶并未经过拼配程序,保持东方茶园运来的原状。这样销售对于批发商来说固然便利,但是结果不能让人满意,一来货物的成色每批很难一致,二来因为批发商都相互竞争推销大致相同的几个品种,以致最先推销这几种茶的商店不容易得到客户的第二次定购。

今天,批发商销售拼配型茶叶已经成为一种普遍的习俗和时尚,按照各种方式拼配,以此消除因为季节、气候或其他的原因所产生的差异,从而使货物的成色整齐划一。由于对拼配型茶的需求已形成了习惯,销售散装茶所带来的困难也就随之消失。

据估计,在英国销售的茶叶,拼配及分包的茶叶占80%,不分包的只占20%,这个比例在茶叶消费各国虽然各有不同,但分包茶叶在各处均占主导地位,没有例外的情况。由于这个原因,在许多产茶区有逐渐使一种茶叶显著的特性专门化的趋势,以此适合于拼配茶的需求,而不再注重于普通专供品饮用的品质了。

茶叶专家——在一个综合商店的茶叶专家除了对其工作需要有一种自然的倾向以外,更应有敏锐的嗅觉、味觉、丰富的商业知识,并熟知市场的情况。在成为一个真正的专家以前,长久的经验也是必要的,对于所有茶叶,至少对在市场上最流行的各种茶叶的性质,必须十分清楚,此外,对于各个季节所产茶叶的特性也必须了解,因为各个季节所生产的茶叶在市场上的价值不同,因此必须将各批茶叶加以选择与拼配,使之最大限度地适合于各地区的水质及消费者的口味。凡是能以最少的费用做到这一点而取得最好成绩的人,就可以被称为成功的茶叶拼配专家。

茶叶专家或茶师都可以得到丰厚的待遇,近年来女性也有从事这项工作的,而且成绩极好。

因为长期研究大不列颠对于茶叶的需求,而使茶叶拼配专家发现不同的人在口味上有不同的特性,口味是专家在拼配茶叶时最注重的事项之一。例如在伦敦泰晤士河以南各郡的饮茶者,据说对于茶叶的品质并不讲究,然而在工业区的煤矿及其他工人则喜欢在家中饮上品茶;苏格兰需要的是品质优良而且有香气的茶叶;爱尔兰消费的茶叶品质均优于苏格兰和英格兰。

在美国,对茶叶口味的要求也是大不相同,这是茶叶专家应该注重的地方。中国的绿茶大部分行销于中部各州,而在其他地方则制成混合茶饮用;乌龙茶的主要销路在纽约、宾西法尼亚及东部各州;发酵茶是由印度、锡兰、爪哇及苏门答腊茶拼配而成的橙黄白毫,行销全国;日本绿茶大部分销售于沿加拿大边界自新英格兰以西到明尼苏达一带的北部各州,中西部的依阿华、密苏里及堪萨斯,以及太平洋沿岸的加利福尼亚等地。

适合饮用水的拼配法——一名成功的茶叶拼配专家所应具备的资质不仅需要有敏锐的味觉,在明星巷认为一名茶叶专家必须明了英国各地饮用水所含的化学成分。茶是茶叶浸在水中的一种溶汁,所用水的重要不亚于所用茶的重要,因为两个地方的水从来都是各不相同的,因此在拼配以前必须明确水的软硬程度,才能适合调味。有许多大的综合性公司从各地运来饮用水,以备拼配茶叶试验使用。有一部分茶商备有英国各地的饮用水图表,以供参考。这些图表视情况的变化随时加以修正,每当遇到各地零售商想要购买茶叶时,就先查对图表,然后将茶叶拼配以期适合顾客所在地区的状况。将刺激性较弱和较强的茶叶运到什么地方,是和那个地方水质的化学成分相配合,这样泡制的茶水,在不同的地方几乎口味相同。

所有混合型茶叶可分为三类:有刺激性、敏感的茶叶;浓厚味重的茶叶;醇厚有香气的茶叶。大凡软性的水质适合颗粒细小、强烈但没有苦味的茶叶;硬性水质适合刺激性强烈、气味芬芳的茶叶。

最适合软质水的茶叶有:高地的锡兰茶、浓厚的杜尔斯茶、大吉岭茶、康格拉茶、尼尔吉利斯茶及金塔克茶。

比较有香气的茶适合于中性水质,如祁门茶、大多数的锡兰茶、大吉岭茶、卡察茶、雪尔赫脱茶、阿萨姆茶、爪哇及苏门达腊茶等。

最适合硬性水质的茶是浓厚强烈的茶种,例如乌龙茶、宜昌茶、沙县茶、帕特莱茶、浓厚的邵武茶、婺源绿茶、雪尔赫脱及杜尔斯(有些季节生产的)茶和有刺激性的阿萨姆茶。普通所用敏感的茶叶大多是阿萨姆种,阿萨姆天气比较冷的地方,晚种的一种较硬的茶叶,可以泡制有刺激性及敏感的茶汁。

　　从事茶叶拼配的人,以其多年的经验懂得一种优良有香气的茶叶不能与粗茶拼配,如果为了求得香气而用花薰茶,配合的茶叶就应选择味道浓厚强烈的茶,否则泡出的茶汁味道必然极为清淡。一种拼配茶至少由两种,多至 20 种拼配而成。照例多用几种拼配是上策,因为这样拼配的茶叶即使缺少一二种,或以其他种类代替,也不会觉察出有什么不同之处。

　　一种中等价值的茶叶在任何水质中都能泡出浓烈的茶汁,可以用一种有香气的锡兰茶及浓厚的杜尔斯茶,再加上少许的花薰白毫或乌龙茶(在 16 磅或 18 磅茶叶内加入 1 磅已足够)配合而成。配制一种比较适合于高度硬性水质的中等价值的茶叶,可以用一种敏感有刺激性的阿萨姆茶来代替有香气的锡兰茶,香气在硬质水中不容易显露出来。

　　一种适合于中性水质的上好拼配茶,可用浓厚的锡兰碎白毫及有香气的阿萨姆白毫,或加上少许花薰茶拼配而成,如果用一种刺激性强烈的阿萨姆白毫,则不必再加花薰茶。适合于软性水质的口感好的拼配茶,其配合的主要成分是上等锡兰碎白毫及浓厚的杜尔斯白毫,再加上优良的台湾乌龙茶来增加香气。

　　一种由红、绿茶及乌龙茶平均分配的拼配茶,其构成比例是台湾夏季摘的茶叶占 45%,婺源或副熙茶占 30%,早采的日本笼制茶占 15%,有香气的锡兰茶、阿萨姆茶、大吉岭茶、爪哇茶或苏门答腊的白毫(任选一种)占 10%。如果用各种地道的茶叶拼配,拼配后堆放几个星期,从而使各种香气适当融合,那么这种拼配茶必然口感极好,而且香气十分柔和,以致没有其中某一种茶叶的特殊味道。

　　拼配茶能适合各种特殊地域的水,在大不列颠及其所属殖民地应用最普遍,这种方法也逐渐推广到美国及其他茶叶消费国,这些地方比较进步的茶商都已采用拼配法。

　　品质上乘的拼配法——市场上虽然常有对于不用拼配方法的各种上等茶叶的需求,但是经销茶叶的商人觉得用某种简单的拼配法制成的茶叶比较容易销售。例如用等量的中等锡兰茶与印度茶拼配制成的茶叶，比二者之中的任何一种单独出售都更容易推销。在英国出产的茶叶中加入少许乌龙茶，从芬芳及香气浓烈方面也有显著的表现，这一点在上等茶叶中表现尤为突出。

任何颜色淡、茶汁味轻的台湾茶如果和锡兰茶拼配，就能改进它的品质；中等功夫茶与锡兰茶、印度茶、爪哇茶或苏门答腊茶拼配也是非常有利的。

一种低级价钱便宜的拼配茶有时也称做"桶茶"，是拼配台湾标准茶、功夫茶及低级麻珠茶或贡熙茶而成。

有一部分茶叶拼配业的人不愿意制造不够精良的中国茶，他们认为即使混入10%这样一小部分，也是很容易被同业人所察觉，但是这种见解总是觉得不够准确。例如中国一种无刺激性的武宁红茶与强烈的锡兰茶及印度茶拼配就能得到极为完美的效果，这种拼配茶能保持一年而不致走泄香气，如果单用锡兰茶则不能做到这一点，它的香气不易保持长久。

包装茶是一种行销很广泛的拼配茶，拼配方式大概有：①锡兰茶与印度茶拼配；②锡兰茶、印度茶或爪哇茶、中国茶及台湾茶以各种不同的比例配合而成。例如一种价格公道的英国包装茶是中上等的印度茶与锡兰茶均匀配合而成；一种著名的加拿大包装茶包含一大部分高地锡兰茶及若干高等级的爪哇茶。

在美国有一种最著名的包装茶行销全国，是用印度茶与爪哇橙黄白毫拼配而成；另一种行销很广的美国包装茶包含中上等级的印度茶及锡兰茶，并有少数中国茶。日本茶及台湾茶通常作为单独饮品，但近来台湾红茶用作拼配茶的逐渐广泛，拼配茶——绿茶及红茶——在消费总量中，约为10%~12%。

近年来美国对于橙黄白毫的需求急增，为了适应这种需求而多制造储备这种拼配茶，以致使混合的品种范围缩小。在美国，锡兰茶及印度茶的需求最广泛。

应用器械的拼配法

伦敦流行的茶叶拼配法,先从拼配商所存的千百种茶叶中选出 20 种左右认为适宜混合的茶样,按照通常所用的方法逐一加以实验,然后选定几种作为拼配之用。把这些选定的茶叶,依照拼配专家事先拟定的公式,合成少量的拼配茶。这里必须注意它的配合比例,因为这些少量拼配茶证明是满意的时候,就可以将详细计划送到堆栈,以便如法炮制。

在美国有许多批发商对于茶叶的拼配仅仅是凭着进口商和中间商的方案,而使拼配的茶叶合乎标准。有时进口商不仅为批发商拼配茶叶,也代为包装。

每个商家各自都有特殊的拼配方法,有沿用在地面上拼配茶叶的古老但很可靠的方法,也有采用茶叶拼配机,以科学方法拼配,但是无论采用哪种方法,最应该注意的就是拼配切勿过度,因为过度的拼配足以摧残茶叶的锋芒,甚至会被碾成碎末,以至于茶叶色泽黯淡。一种小型轧碎机或研磨机是必备的工具,用它来截断大叶的小种白毫或白毫。

用来拼配的各种茶叶都有不同的特性,因此制造一种拼配茶必须慎重选择其特性,并且需要使它合乎各种特性的标准,这样可以使一种茶叶保持它的平衡状态,而不会时有变化。同样,须切记不要将碎茶及大叶混入,拼配的小叶都沉到底层。不过小叶或碎茶也可以自行拼配,制成一种碎拼配茶。

日本茶在一部分商人的意识里认为它的味道不如中国绿茶,但是以日本釜制茶与中国副熙茶混合,则可以弥补这个缺点。

爪哇茶、雪尔赫脱茶及功夫茶往往可以作为便宜的拼配茶的补充物。质优叶小的功夫茶也有同样的功效。

美国的拼配茶

制造一种拼配茶必须彻底明了茶叶的试验法,单靠公式是不够的。在其他方面,想要提供特殊的公式很困难,因为它与经营的性质、服务的地域、各季所产茶叶的变化、市场状况以及市场价格的变动等等都有很大的关系。对于上述各项情况虽然不能忽视,但下列各种拼配茶标准对于美国的拼配茶行业很有用处。

拼配发酵茶——这种茶叶可以用印度茶、锡兰茶、爪哇茶及中国红茶拼配而成,爪哇茶、印度茶或锡兰茶,可以相互更替使用。有一种便宜的拼配茶(零售60美分)可以用2份爪哇白毫与1份"华北"功夫茶拼配而成;另有1种同样价格的拼配茶是拼配等量的雪尔赫脱白毫、卡察白毫及功夫茶而成。

有一种低价拼配茶(零售70美分)是拼配2份锡兰白毫及1份印度的卡察、雪尔赫脱、杜尔斯或丹雷白毫而成;另外一种售价相同的拼配茶可用等量的锡兰、爪哇及卡察或雪尔赫脱白毫拼配而成。

有一种售价中等的拼配茶(零售80美分)可用碎橙黄白毫、阿萨姆白毫各一份拼配而成;另一种是由2份爪哇橙黄白毫与1份"华北"功夫茶拼配而成。

一种超级拼配茶(零售1美元)可以拼配9份锡兰橙黄白毫与1份大吉岭白毫而成;另外一种的拼配成分是碎橙黄白毫、橙黄白毫及大吉岭白毫各1份。

各种不同种类拼配而成的茶叶——这种茶叶拼配的成分或者是红茶与绿茶,或是红茶与乌龙茶,或是乌龙茶与绿茶,或是红茶、绿茶及乌龙茶。从前副熙茶用量很多,但是因为这种茶叶的供给极有限,而且价格也很高,因此现在改为日本茶或麻珠作为替代品。

一种低价的拼配茶(零售60美分)可用3份台湾茶与1份麻

珠或日本茶拼配而成;或者可以用等量的廉价麻珠、功夫及乌龙茶拼配而成。

有一种零售70美分的拼配茶,它的比例是台湾茶3份、锡兰碎橙黄白毫2份及日本釜制茶2份;另一种低价拼配茶可拼配5份台湾茶、3份麻珠、1份日本笼制茶及1份爪哇碎白毫或白毫而成。但是有一部分拼配商认为日本茶与麻珠茶不宜拼配在同一种茶内。

一种售价中等的拼配茶(零售80美分)可以用5份最好的台湾茶、3份次等副熙、1份优良日本笼制茶及1份锡兰白毫拼配而成,或者用等量的副熙、功夫及乌龙茶拼配。

一种超等拼配茶(零售1美元)包含五份优良台湾茶、三份头等副熙、一份头摘日本笼制茶及一份优良锡兰白毫。其余中等价格及高等价值的拼配茶也是由低等拼配茶所用的同样的原料及相同的比例配合而成,不过是选取比较高等的材料而已。一部分拼配商认为,在各种不同的茶叶拼配制成的茶内,至少需要有50%的红茶,使之有充分的浓度。

日本绿茶制成的拼配茶是用高等或低等的日本茶配合而成,有时偶尔加入副熙。

橙黄白毫拼配茶———一种低价的橙黄白毫拼配茶(零售60美分)可用等量的锡兰(如果价格不贵)、阿萨姆、卡察及爪哇的橙黄白毫拼配而成。因为锡兰橙黄白毫价格比印度、爪哇生产的贵,因此不常用于低价茶。一种售价中等的橙黄白毫拼配茶(零售80美分)可用等量的锡兰及爪哇(或印度)橙黄白毫拼配而成。一种超等的橙黄白毫拼配茶(零售1美元)包含等量的锡兰及大吉岭橙黄白毫。

其他各国的拼配茶

英国———英国拼配商用等量的湖北红茶、锡兰小种白毫、阿萨姆小种白毫及花薰红茶制成一种低价的拼配茶。一种售价中等的拼配茶包含有等量的武宁红茶、安徽茶、华南红茶、大吉岭白毫、阿萨姆小种及锡兰金黄白毫。一种优等的拼配茶所包含的成份为6份碎阿萨姆茶、6份碎锡兰茶、2份大吉岭白毫、1份宁州红茶及1份政和红茶。

一种极为名贵的正山小种茶与价格便宜的邵武茶拼配,都能生产出一种很好的小种拼配茶;锡兰茶也是容易和价格便宜的爪盘谷茶拼配制成一种富于锡兰风味的拼配茶。

有一家著名的伦敦茶叶包装公司,采用优良有色的印度茶作为生产各种拼配茶的基础,再加入芬芳的锡兰茶,有时也用若干纯粹的爪哇茶。该公司对于每种"拼配"所用的茶叶有8种,因此,如果遇到一种拼配茶售罄时,也比较容易仿制。它所生产的零售2先令8便士或3先令的高价拼配茶是用品质优良的阿萨姆茶、锡兰茶,有时加入若干芬芳的大吉岭茶拼配而成,该公司发觉纯粹并可以单独饮用的锡兰茶极受顾客的欢迎。

荷兰——虽然荷兰茶叶的平均消费量很高,但是它所消费的高价茶的百分比很低,低廉茶包含的大多数是爪哇茶及普通的中国茶,例如普通的湖北武宁红茶及碎坦洋功夫茶。中档茶叶则用等级较高的爪哇茶、印度茶及锡兰茶拼配。越是高等的拼配茶则所用英国产的茶叶越多,有许多包装商在其高等拼配茶内也用一种优良的坦洋功夫茶,加入少许煤浆的小种茶。在荷兰北部,中国白毫的行销越来越广泛,绿茶从来不作拼配之用,只有二三种拼配茶内用少量的台湾乌龙茶。

斯堪的那维亚——斯堪的那维亚包装商用作拼配的主要茶叶是中高等级品质的锡兰橙黄白毫及白毫,他们也用少量的锡兰碎橙黄白毫、大吉岭及阿萨姆的橙黄白毫与白毫;有一部分包装商则采用少量的爪哇茶。在中国红茶中被选取作拼配用的是武宁红茶、祈门红茶、坦洋功夫茶等及为数很少的小种茶。至于绿茶是完全不用的。

俄国——一种标准的俄国拼配茶,包括 3 份普通正山小种茶、1 份普通宁州的武宁红茶及 1 份华南红茶。一种售价较高的拼配茶是用 3 份正山小种茶、1 份华南红茶、1 份宁州红茶及 1 份中国橙黄白毫拼配而成。

有一种为一般喜欢饮清雅芬芳茶的人制作的"队商"拼配茶,用中国祈门红茶约 60%、中国政和红茶或大吉岭茶 30%、乌龙茶 5% 及中国嫩白毫 5% 拼配,在这种混合茶中,祈门红茶的作用在于中和而使之不过于强烈,大吉岭茶及中国政和红茶取其有香气,乌龙茶取其有刺激性,嫩白毫——完全是白色芽尖制成——只取其形状美观,但对于所泡茶汁并不发生任何效力或影响。这种拼配茶极合俄国人的口味,饮时往往再放入一片柠檬。在中欧及斯堪的那维亚所消费的茶叶几乎统统属于一种全叶的茶叶,一般来说喜欢清雅芬芳,而不注重汤汁的浓淡。

法国——一种寻常品质的拼配红茶所用的只是中国茶,其主要拼配成分是:15 份优良的中国正山红茶、3 份华南红茶及 2 份武宁红茶。一种稍微粗制的拼配茶包含 4 份中国正山红茶及 1 份锡兰白毫,二者都有芳香。

一种价格公道只用中国红茶制成的法国拼配茶极受法国人的欢迎,它由 4 份超等中国正山红茶及 1 份宁州红茶拼配而成。一种中、印拼堆茶包含 4 份中国正山红茶及 1 份种于平地或矮种的大吉岭茶,这种茶叶性烈。

一种超等法国拼配茶纯由中国茶叶制成,包含 14 份小种茶、3 份精选的宁州红茶及 3 份顶尖嫩白毫。一种中、印拼配茶是用 3 份中国正山小种茶、1 份精选的宁州红茶及 1 份优良阿萨姆白毫拼配而成。

澳大利亚及新西兰——在这样的岛屿上,茶叶的平均消费量很高,但不用绿茶,最好的拼配茶几乎只用锡兰茶或拼配百分比极小的印度茶,即便这样也是以不侵犯锡兰茶的特性为尺度。在澳大利亚包装商之间竞争很激烈,在拼配茶中只拼入少许爪哇茶,以便降低价格而与其他经营者竞争。

碎切及混合机

为了切碎大叶茶使之适合比较精细茶叶拼配所用的机器,种类很多,其构造的重要部分包括入口及碎切用的一条或多条滚筒,滚筒的周围刻有沟槽,沟槽的大小相当于所轧茶叶的大小。滚筒的沟槽大小不等,以供轧成各种大小的茶叶,通常为一英寸之$\frac{1}{8}$、$\frac{3}{16}$、$\frac{1}{4}$、$\frac{5}{16}$、$\frac{3}{8}$、$\frac{7}{16}$、$\frac{1}{2}$及$\frac{3}{4}$,各滚筒可以更替装入机器中。滚筒转动时所抵触的金属阻力板均受一螺钉的控制,可以随意松紧,以便加以清除;只需要用一个小钉或小梗,此板即能自由松退后,立即恢复原位。

碎切机的大小,从柜子上所用袖珍式的小机器到工厂中所用每小时能碾茶叶1150到2500磅的巨大自动机器均有。有几种轧碎机装有钉类通过器,以便将拆包或倾倒时偶尔混入茶叶内的钉类剔除。也有装置电磁铁,以吸取茶叶内混杂的任何金属物质。

有一种筛分与碎切两用机,一般大拼配商都选用这种,它装有一面大筛,借着曲柄轴的力量振动,筛去茶末或尘埃,然后将筛净的茶叶送到机器的轧碎部。这种机器也和构造简单的切茶机一样,有手动和电动的区别,并且可以装置除钉器。

混合式拼配机也有很多种,大多数是旋转鼓形筒式,手摇式、自动式都有,用手摇的机器大小也不一样,有在柜台上或秤上所用的样茶拼配机,它所能混合的数量不过二三磅,然而也有能混合50磅到半吨的比较大的机器。用动力驱动的拼配机经常能容纳50至1500磅,然而在几家大拼配公司内所用的一种特殊机器,则每次能混合3000磅,甚至4000磅的茶叶。

有几种混合机借助中心轴使鼓形筒旋转,鼓形筒有架子或支撑物支持,使茶叶从筒的周围往外射出。也有靠筒耳及阻力轮来支撑鼓形筒,并使之旋转,这样可以省去中心轴,以便茶叶由鼓形筒中心的一端向外射。圆筒由打缀帽钉的钢板制造而成,内部光滑,质地很坚硬,在满载茶叶转动时,足以抵抗扭转力。鼓形筒借着一个减速齿轮徐徐旋转,内部的茶叶装置也借着另一齿轮而做螺旋运动,使茶叶可以拼配彻底。有一个坚固的生铁架用螺钉紧钉在地板上,使机器开动时不动摇。

英国的茶叶包装

因为激烈的竞争,使茶叶的包装向着机械化和方便、高效方向发展,其发展的程度并不落后于其他工业。英国茶叶包装的一个标准例子,可以从伦敦附近一家大工厂工作的情形中得到印证。

茶叶从产茶各国运到伦敦码头,再由船坞堆存在特约堆栈内,以待海关进行茶叶的卫生检查。第二步,将各箱茶叶送到制茶工厂,用电梯送到最高一层楼上。如果有大叶的茶叶则要先通过碎切机。各种新到的茶叶都倾倒在机器上安装的许多漏斗内,茶叶从漏斗通过进入下一层装的混合机。这种英国混合机可容纳两吨茶叶,通过这个机器装入可容纳 1 英担(相当于 112 磅)的袋子中。然后将茶叶袋装入走廊车运到打包室。在走廊边有宽大的漏斗可以将茶叶送到打包机上,每一个打包室有 12 个漏斗,每个漏斗能容纳混合茶 1500 磅,每遇一个漏斗空了,就亮红灯。

包装机器以需要称重的包装大小而定,这种机器种类繁多,但原理是一样的。机器运动的速度每分钟能完成 70 袋茶叶的称重、包装等工作,它运行速度的快捷足以使人眼花缭乱。这种机器的主要构造有:在同一平面上紧密并列的圆盘或桌面,两个向同一方向旋转;在一支盘上放入做袋用的纸,马上就可以做成一端封口的袋子,另外一支装有 12 架接收器,来接收从第一支盘移下来的袋子,把它直接加固在接收器上。圆盘作间歇式旋转,即在旋转进行中,每隔一定时间就停一下,等待一个程序的进行。这种纸袋要衬上不透水的纸,在封口用的一面涂上胶水,裁成适当大小并折叠好,套在第一盘上装的八具模型之上,这时候盘子在旋转,每当一个模型循着圆型轨迹旋转时,机件的作用就是将纸条有胶的一面粘住另一面压实,这样将纸袋的一端封住。纸袋制成以后,就推移到第二个盘上,第二支盘装有12架接收器,每架可以容纳直竖的纸袋12支,当纸袋脱离第一支盘时,借着颠动作用,使纸袋由横放而变成竖放。

自动称重机从上一层楼的大漏斗漏下的茶叶称取准确的分量倒入纸袋内,在第二盘下面有一个振动机使茶叶在袋内放置均匀,同时有一个压力器渐渐压下使茶叶装紧,然后将茶叶向外推移,并且自动计数。打包机所用的称重机可分四组,它所秤的茶叶重量极为准确。

从包装纸放入包装机直到制成可装茶叶的纸袋,需要8秒时间,茶叶装进包中,每四包需要2秒时间,称重的时间少于打包的时间,因此称重的机器分为四组,两组专司称重,其余的两组同时将茶叶装入袋内,这两种工作——制袋与装茶——以每分钟70包的速率完成。每袋茶叶都于秤好后在称重机内等待打包机接取,因此称重机的容量显然必须多于实际所需的大小,以免茶叶过满溢出。

称重过程是将漏入称重机的全部茶叶,分为向下流注的许多股,每股大小都预先定好,开始流量大而快,最后细如点滴,有一组秤杆轮流转动,每股的全部重量分批依次的流注于各杆上。秤盘是一个接收器,它的底面有一双重铰链的盖,借着机器的力量张开,由打包机上的接触器借电力来控制。有一个遮挡灰尘并有两扇玻璃门的罩,罩在称重机上。

袋茶随着一个不断转动的传送带向前推进,此时纸袋的一端封固,另一端贴近茶叶约纸袋的一半处也已经压紧,同时留有一直竖的纸袋褶口。当这个循环不停的传送带在滚筒旋转时,这一竖立的纸袋褶口也自动封闭,由第二传送带将纸带送到打包机右面的标签机。

在离开标签机时,纸袋制成小包,每包装茶叶 6 磅,这种小包堆在许多有车轮的小车上,待小车装满后,由工厂货车运到贮藏地。

美国的茶叶包装

美国——美国的茶叶包装设备,大致与英国相同,只是大多数机器都是美国制造,美国的包装程序比英国更加精细,费用也比较大,因为运输路程比较长,并且销售给零售商的时间比较晚,因此对茶叶的保护必须更加妥善。

美国的自动茶叶包装机

有一个专门经营茶叶包装的美国标准工厂,据称是美国最大的茶叶包装公司,他的地址在霍伯肯,隔北河与纽约相望。工厂是一个 12 层的大厦,办公室设在顶层,其余各部的分配均合乎重力性的设计,使茶叶可以从第 10 层的筛分机及轧碎机倾泻到底层的装运室。

该公司总办事处设在顶层。在第 11 层即办公室的下一层有一个设备完全的铅罐制造厂,所制造的铅罐足以供给该公司大部分出品之用。铅与纸板被同时采用。

第 10 层有一部分作实验室,室内只有靠北边一面透光,墙面都涂成绿色,调节光线用的竹帘也漆成绿色,靠北头有一个长柜,柜上有称取实验用茶叶的小秤,以及一排排的杯壶,墙上挂有一个小钟。

试验茶叶采用英国方法,即称取适量茶叶放入壶内,冲上沸水,每隔6分钟,钟上的铃就叮当鸣响,然后将茶汁倒入杯内,并且将泡过的茶叶倾于倒置的壶盖上。

工厂中的工作程序从10层开始,原装茶箱送到该层后将茶叶倒出。茶叶从箱子倒入木桶内,用手将木桶移至本层所装的塞维治式筛分机及碎切机,倒入漏斗内。

茶叶经过筛分及碎切以后,由输送器运至两架电动的伯恩斯式混合机中,这种混合机是一种末端开口式机器,每架容纳茶叶1,500磅。在徐徐转动的圆筒内有逆列的架隔,每20分钟能混合数百磅或0.75吨的茶叶,每当隔门旋进时,茶叶就由筒的中心向外射。在混合的进程中,由一个吸引扇将一切纤毛及尘埃自动移入装于机器一边的一个烟卤式接受器内,在此接受器的顶端,有一个空气通道直通室外,将极细微的尘灰散发于空中。

当茶叶拼配完毕以后,即倒入底部装有活动门的车内。车在一种有裂槽的轨道上行驶,茶叶从裂槽倒入第9层包装机的漏斗内。这个裂槽有14个,下面紧接14个大漏斗,分做两行排列;一行将茶叶倒入装纸包的机器内,另一行则倒入装铅罐的机器内。

在室内装纸包的一边,将茶叶装成半磅、0.25磅等数种。纸袋在室内的一端用机器制成后,由输送器传递到为其加入衬里的另一机器内。

这种成批的纸袋在离开衬里机以后,就由此输送器送到称重及装茶机,这时茶叶从漏斗落入准确的电秤盘上,自动装入袋内,装好茶叶的纸袋由传送带振荡而下。

每包茶叶由输送器传递,经过一封口器将纸袋密封以后,送到有一位女工管理的第五部机器,该机器将纸包加上蜡纸的封套,并在其一端盖印。之后茶袋即送达另一群女工装入纸板箱或木箱内,由电梯运到底层的装运室。

在屋子的一边,茶叶用锡罐装成 1 磅或 0.25 磅两种,这种锡罐茶叶是用另一套机器包装。锡罐从第 12 层上的沟道降下,由工人手工将衬纸插入。茶叶由自动称重机装入锡罐内,其程序与纸袋装的大致相同,不过它是运用半机械半手工的方法。当秤盘倾斜时,盘中茶叶就经过一个小嘴倒入锡罐内,一个工人拿罐接入。每一锡罐装满时,由工人置于输送器上,送到压实茶叶用的机器上,另一个工人迅速盖上盖子,将锡罐递到标签及干燥机上。

锡罐在贴上标签以后,即装入木箱或纸板箱内,每箱可装 0.25 磅的罐 50 罐,或 1 磅的 25 罐,木箱的盖用钉子钉住,或将纸板箱封住,然后将这些包件送到底层的装运室内。在装货的站台上有一条三轨道铁路,上面可行驶许多车辆。

加拿大——加拿大茶叶输入的主要口岸是哈利法克斯、圣约翰、蒙特利尔、多伦多及温哥华。茶叶由批发商输入,他们以原装的箱茶或者经过拼堆及分包手续销售给零售商,据估计,销售的 50% 为散装茶,其余 50% 是包装茶,大多数单独出售的茶叶是锡兰茶,印度茶大多作为拼配之用。在这里,拼配商对于拼配茶叶并无固定的公式,大部分是看各季茶叶的品质而定。

从事拼配工作最多的只有三个城市,即蒙特利尔、多伦多和温哥华。在魁北克、渥太华、温尼伯格及其余中心地区,也进行少许拼配工作,但是在较小地方的茶商大多从英国购买拼配茶。凡是进入加拿大的茶叶在准许销售以前,均须经政府派出的查验员详细检验,核查是否有掺杂作伪的情况。

多伦多有一家加拿大最大的拼配及包装公司,是一所四层的建筑,占地 67,000 平方英尺。购进的箱茶运到顶层倒入漏斗中,以后的工序都是应用重力原理,不必经过其他手续。

加拿大用的机器大多数是英国制造。茶叶准备包装的第一步工作是运用在顶层装置的塞维治式漏斗、碎切及筛分联合机。茶叶从三个口进入漏斗,再由底部一个出口倾泻到下一层的混合机内。漏斗上面的一个入口通到碎切滚筒,碎切滚筒将粗大或细长的茶叶轧成大小均匀后,落入正在簸动的筛盘内,由筛盘直接筛入下面的混合机内。茶末则落入另一个通道,进入拼配机旁的一个大接收器内。在漏斗左面的入口只通到筛分机,因此大小适当的茶叶不必经过切碎程序,而是只除去茶末或灰尘。漏斗前面的第三个入口直接给下面的混合机供给茶叶,进入此口的是大小匀称没有灰尘的茶叶。

还有两架戴尔式拼配机。这种混合机是钢制的庞大鼓形筒,直径 12 英尺,宽 7 英尺,在两条坚固的轴上旋转,旁边有齿轮来限制它旋转的速度,在这两架混合机中,一个可容纳茶叶 2 吨,另一个可以容纳 1.5 吨。

茶叶从混合机借着重力落入大玻璃槽内,由玻璃槽通过自动电秤进入包装机。

该公司采用司机式双重自动电秤,悬垂于天花板的托架上。所谓双重电秤实际是两架秤,这两架秤轮流使用,每分钟能完成半磅装的茶叶 120 包。

戴式自动包装机从自动称重机接收茶叶。这种包装机将铝片自动拼成一端开口的袋子,放到接通秤盘的输料管下面,以便装入一定数量的茶叶,然后将铝袋封口,传递到标签机——也是包装机的一部分——铝袋打上标签后,就送到打包工人处,由打包工人直接装箱。包装机平均每分钟能装 32 包。

自动标签机是戴式包装机的一部分,但是该公司也采用 1913 年德国生产的詹根伯格式标签机。在这种机器的一边有一个自由运送机,它将各包茶叶送到旋转中的八边鼓形筒的对面,由一个机械手指从鼓形筒中抽取标签围裹在各包茶叶上,同时有一个自动打日期的机器将包装日期印在每一个签条上。这种机器每小时能出 1,500 包。

有一种加拿大自制的摩根式重力运送器,将装满茶叶的木箱从包装机运到自动打钉器,这种自动重力运送器全部是用钢铁制成,有一连串的中空管,每管的直径是 1.5 英寸,各管间的距离也是 1.5 英寸,且微微向下倾斜。这种中空管悬在许多滚筒的支撑物上,以尽量减少摩擦。

木箱从重力运送器放在美国摩根式打钉机下,由打钉机分两次打入 16 枚钉子。在打钉机上面有一个正在振动的盘,由 8 个输料管供钉,在脚踏板一踏,就有一个笨重的铁条压下,将 8 枚钉同时压下,7 枚钉钉入箱子的一端,一枚钉入旁边。

其他各国的批发贸易

澳洲——有少数澳洲最大的批发商在产茶各国有自派的买办,其余批发商收购茶叶大多数都通过经纪人或中间商。但大多数茶叶都是由少数进口商输入,获取佣金后转售给批发商。

各种品牌的包装茶叶已经逐渐取代了从前各种散装茶,其销售比例为:包装茶占 70%,散装茶占 30%。在报纸上登载包装茶的广告创始人是一家批发商店,其后渐渐的各家都随之效仿,直到现在,一个澳洲零售商就需要广告上刊登半打以上种类不同的包装茶。除了广告以外,包装批发商为了向零售商推销,每星期都将规格不一的各种品类的包装茶用送货车送给各零售商一次,从这些样品中,零售商可选购各种规格及各种品类的包装茶。他们在商品上的竞争非常激烈,这种推销方式费用是否过高已成为问题,但至少给零售商带来了任意选择的便利。澳洲茶叶批发业的主体是那些在各地有分店的批发商店,这与英国和美国的情况相同,只不过它的范围比较小,最大的批发商店其所属分店只有 80 家,其余的有的不到 30 家。

墨尔本及悉尼是澳大利亚批发茶叶的拼配及包装中心,但是全部的拼配工作并非都由批发商办理,有几家零售杂货店也自行拼配,以图用自己的名义或品牌来发展这项业务。也有委托批发商以零售商自己的品牌来包装产品,不过以批发商品牌销售的茶叶仍占较大的份额。

新西兰——茶叶是这个岛上食物批发业的一个重要组成部分，一少部分由专营茶叶的大商店输入。这些商店在奥克兰、惠灵顿、都内丁都设有办事处，在克里斯特也设有代办处，这四个地方是新西兰的四大商业中心。

茶叶从科伦坡或加尔各答的茶行大批输入。销售的茶叶大约55%是包装茶。

北爱尔兰——北爱尔兰、英格兰和苏格兰是大不列颠联邦的一部分。从统计数字看，供给北爱尔兰茶叶的主要批发商来自伦敦和利物浦。在贝尔法斯特的批发商大部分是从英国仓库收购茶叶，而很少向产茶国直接采办；零售商是向本地或英国批发商购买茶叶，按磅销售的茶叶通常包成1盎司、2盎司、4盎司、8盎司及1磅的小包，每磅售价自8便士至2先令不等。

爱尔兰——零售商的大部分茶叶来自在伦敦设有总公司的茶叶批发商，爱尔兰批发商也分得一杯羹，他们还有一部分茶叶是在阿姆斯特丹市场上采购。

荷兰——荷兰有很多拼配商和包装商，从前也有特殊的优势，他们拥有的设备从手工工具到灵巧的现代化自动机械应有尽有，例如拼配用的勺及包装用的手工模型。在荷兰，最大的拼配及包装公司设在鹿特丹，茶叶用机器，使用羊皮纸袋包装，每台机器每分钟大约能完成60包。这个公司的包装茶销售给全荷兰的零售杂货商。

荷兰销售包装茶及散装茶的比例是，包装茶占80%，散装茶占20%。在乡间，茶叶几乎全部以包装茶形式销售；在阿姆斯特丹也有一部分散装茶销售，这一需求主要来自旅馆、机关和军队。

德国——茶叶是由汉堡和不来梅的进口商输入德国，他们聘用的巡回推销员向德国各大城市的批发商兜售。其茶叶的主要来源是伦敦和阿姆斯特丹拍卖场，或从上海直接进口。

如果与英国及荷兰相比，德国的茶叶消费并不多，但在法兰克福、加尔斯卢和慕尼黑及其他批发业中心均设有拼配及包装公司。

茶叶分装成:50、100 克及 250 克的纸袋;0.25 磅及半磅的罐;10 或 20 克的小袋。德国或英国品牌的袋装茶很受城市居民的欢迎,乡村盛销小袋的廉价茶。

法国——法国的茶叶全部从马赛输入。法国人和英国人开办的从事进口和拼配的主要商店在巴黎和马赛均设有公司,他们主要经营印度茶、锡兰茶及安南茶的包装和销售,同时也经营一小部分中国茶及荷属东印度茶。锡兰茶有各种品种的标签,例如橙黄白毫、小种白毫或小种等。法国包装商将印度茶做成典型的印度商标,如虎牌等等。

除了进口商和包装商以外,还有批发及零售食物的商店(其中有在其他地方设分店的),这些商店销售的是自己商标的茶叶。其中有少数商店自营进口业务。但是大部分是购买巴黎或马赛进口商的茶叶。

包装商及批发商雇佣巡回推销员推销茶叶,半箱装是最通行的包装样式,里面是锡箔包的小包茶叶。

俄国——苏俄茶叶通过消费合作社中央联合会,与其他食物一起全部归政府专卖,从前私人经营的许多设备完整的拼配和包装机构,现在都归政府机关。但是因为缺少贷款,使茶叶的销售受到很大的限制。第一次世界大战前的 10 年中,俄国每年的茶叶消费量是 100,000,000 磅,而 1933 年进口的茶叶只有 42,564,000 磅,两者比较相去甚远。

消费合作社中央联合会在莫斯科设立的拼配及包装公司,是俄国茶厂的典型,这个茶厂有一座很大的四层大厦,装有最大的混合机,茶叶从混合机送出后,送到包装室内各长柜上放置的电力称重机上,室内有大批工人用手工将茶叶装进密封不透空气的纸袋中。

如今,俄国市场上出售的大多数是拼配茶,仿照以前商店所用不同大小的纸袋包装,以此寻求适合消费者的口味。标签上印着价目及重量,只是重量以克代替了俄磅。

各地茶叶消费合作社依照中央协会规定的价格零售,但是因为供不应求,给私人茶商带来机会,经营少量的茶叶买卖,只是他们的销售价格往往超过规定价格的一倍以上。

瑞典——像在斯堪的那维亚的其他国家一样,瑞典饮用咖啡比茶叶多。瑞典对于包装茶的需求倾向于各种小包,不采用大包件,在批发市场上有多种拼配茶出售,包装从最小的 2 盎司纸包茶到用蜡纸包的半磅茶,以及 1 磅的罐装茶均有。最大的拼配及包装批发商店之一就设在哥德堡,该商店出售 3 公斤、5 公斤或 10 公斤净重的箱茶,或者以自己的品牌分装各种大小的包装销售。因为包装的种类和大小各有不同,因此用自动的机器不方便,该商店雇佣 50 名女工从事包装茶叶的工作,它的销售对象大部分是瑞典的批发商及零售商。

瑞典包装商力推包装茶的销售,然而增进销路的最好方法莫过于推销有名气的包装茶。一般来说,杂货商无法辨别锡兰碎橙黄白毫、印度橙黄白毫或中国小种等茶叶的区别,只能笼统认识锡兰茶、印度茶或中国茶。有些商店出售按磅计算的散装茶,遇到这种情况,杂货商在定货单上往往注明购买"某种价格的茶叶"。

挪威——在挪威市场,大部分茶叶是零售店散装出售,比较前卫的茶商大部分购买罐装或蜡箔纸包的茶叶,每罐或每包装茶的分量大多在 0.25 公斤至 1 公斤之间。英国、德国、英属东印度、丹麦及荷兰是挪威主要的茶叶供给国。

丹麦——茶叶在丹麦的销售比较受限制,但是有几家外国商店以自己的品牌茶叶在市场上出售。荷兰较大的批发商从产茶园直接输入原箱茶,然后就地重新包装,加上自己的品牌。外国品牌的茶叶由包装商店的当地代表销售,在丹麦包装的茶叶由包装商直接出售给零售商,茶叶从几个国家输入,以下按输入量的多少排序:英国、英属印度、中国、荷兰及德国。

葡萄牙——输入葡萄牙的茶叶有从产地直接运输到港,也有从伦敦、马赛、汉堡等地转运来的,包装是整箱或半箱的原包装,茶叶运到后,由当地代表销售,大部分代表是伦敦商店,也有部分马赛和汉堡的商店。茶叶价格通常根据里斯本的市价(包括保险、运费及萄领事签发的运输执照费),以净重计算。

西班牙——输入西班牙的茶叶几乎全部来自于英国商店,如立波东、郝纳门、瑞德伟和里昂等,这些商店的巡回推销员将茶叶推销给较大的杂货进口商。

比利时——与美国和荷兰相比较,比利时的茶叶消费很少。茶叶零售商从一二家进口商处批发茶叶,或从伦敦和阿姆斯特丹的出口商处采办茶叶。

瑞士——在这里,茶叶并非普及性饮料,主要用于供给外国旅客,而外国人来此游历的也比较少。批发杂货商输入茶叶,再卖给零售商店,最大的零售商店是那种连锁店和在各地有分店的店铺。

奥地利——批发商、进口商输入茶叶,销售给零售杂粮的店铺及熟食店,进口的茶叶来自德国和俄国商人。

匈牙利——自从沿着亚得里亚海的阜姆港口失去以后,布达佩斯的批发商就成为匈牙利的主要茶叶进口商,还有全国比较大的粮店也输入茶叶。主要的茶叶供给地是汉堡、不来梅、伦敦及地里亚斯德,销售的茶叶大多数是德、英两国包装商出口的包装茶,不过也有许多匈牙利商店输入最好的茶叶自行包装。主要的消费者是外国的侨民、本地人,特别是乡村住户,将茶叶当作一种药物来治疗伤风咳嗽。

意大利——茶叶作为进餐和社交时的饮料,只有外国侨民和大部分旅游的人饮用,意大利本地人只把它当作一种药品。这些茶叶主要来自于大不列颠。茶叶是以原装的整箱、纸袋或铅罐包装输入。在热那亚或米兰进行就地包装后供应给零售商。

波兰——但泽(译者注:波兰北部港口城市)是茶叶输入的必经口岸,大部分茶叶来自于伦敦,也有一小部分来自荷兰。有些茶叶到达时就已拼配,也有一部分到达后拼配,外来的拼配茶大部分都是英国商店出品的,它的小包装茶叶在有英国茶出售的地方都十分受欢迎。本国商店拼配的茶叶以锡箔包的纸袋销售,纸袋外面围着

带徽,其规格有 50 克、100 克、200 克、250 克、400 克、500 克及 1 公斤
装等等很多种。有一个时期波兰在俄国统治下,曾经禁止散装茶销
售,全部茶叶都必须重新包装,带徽由政府颁发,作为纳税的一种标
记。有一部分茶叶由外国或本国包装商装到装潢美丽的小铅罐销售。
茶税在进口时交纳,以后不再重征,茶叶以散装或包装销售均可。

爱沙尼亚——茶叶由粮食店及杂货店经销,专供城市居民
消费。

立陶宛——茶叶大部分都是批发商散装输入,然后分装成小
包后卖给零售商,这些茶大部分来自德国。散装输入可以省去许
多国产税,因为原装的包装茶税费是散装茶的 2.5 倍。

拉脱维亚——茶叶大部分由英国、但泽、德国、荷兰、美国及立
陶宛输入。

芬兰——批发商输入散装茶,然后以自己的品牌销售,印有外
国商标的包装也有一些销路。

捷克斯洛伐克——批发商输入箱茶,待分装成小包装后销售
给零售杂货店,大部分的散装和包装茶来自于英国。

希腊——茶叶的消费数量极少,是经过特别代理人或由杂货
商一类的商人从英国、埃及、法国及荷兰输入。

保加利亚——保加利亚不同于南欧的其他国家,是一个喜欢
饮茶的国家,这无疑是因为它与俄国接近,俄国人喜好饮茶。但是
该国的消费数量也是极为有限,保加利亚通常是输入散装茶,需要
包装的就地办理。

罗马尼亚——茶叶的消费数量不多,这些茶主要来自于德国,
其次有英国、法国、荷兰及意大利,其中英国品牌的茶叶在外国侨
民中最受欢迎。茶叶由罗马尼亚的进口商输入,然后销售给一般
的商人。

叙利亚——在上层社会中有少量的茶叶消费,至于游牧民族
根本就不知道茶叶为何物。散装输入的是低等茶,罐装输入的是
高等茶。茶叶出口商通常派一名专职代理人驻在贝鲁特,以便向

全叙利亚推销他们的茶叶,他们将茶叶销售给杂货商及药材商。

土耳其——进口的茶叶是 50 磅和 100 磅的箱茶,近来人们更倾向于 50 磅装,因为它更适合小商人购买。在土耳其大约有 95% 以上的人购买以磅计的散装茶,其余 5% 的人购买罐装或包装茶,他们大多是英国品牌的茶叶。散装茶通常会与一种名叫布瑞萨的树叶混合,这种树叶的样子与茶叶很相似,但是它没有芳香。散装茶往往放在开口的箱子里暴露在空气中,以致容易丢失香气。

巴勒斯坦——茶叶由批发杂货商进口,分配给杂货商店。在这里回教徒占全国人口的 75%,他们绝对不喝茶。

伊朗(即波斯)——茶叶在这里是极受欢迎的一种饮料,它由批发商及零售粮食商从加尔各答及科伦坡输入。按照海关规定,茶叶进入伊朗必须经过以下口岸:布什尔、林加、班达尔、阿拔斯、查皮哈尔、查斯克、莫罕默拉、阿瓦士、阿巴屯、阿斯太拉、派尔维、麦什迪萨可汗、沙太克蒂、可达阿弗林、盖斯里锡林、贝杰兰、巴伦、鲁德弗贝特和都什达尔。茶叶进入指定口岸以后,即可自由转运到其他地方。

伊拉克——伊拉克没有包装商,散装茶叶按公斤(2.2 磅)或欧克(2.8 磅)销售,用平常的纸来裹。少数的茶叶也以罐装销售,这种罐装茶叶是英国包装商按统一标准包装的。大多数散装茶从加尔各答和科伦坡输入。

中国——茶叶在专售茶叶的小商店零卖,各种品类的茶叶装在不通空气的大罐子里分行陈列,价目每磅自 1 元到 10 元不等。茶叶店也用罐头贮藏烘干的茉莉、天竺葵、玫瑰及其他花朵,以备加入到茶叶里,迎合个别顾客的口味。

西藏有大量砖茶从中国西部边区的四川走陆路运输,大部分通过西藏边境的康定(打箭炉)分散到全西藏。西藏茶叶大部分掌握在西藏的富商巨贾及喇嘛手中,喇嘛委派特别管事来经营这项业务。在四川边界,中国茶在西藏占有一席之地。资本雄厚的喇嘛及西藏商人都备有大量的存货,用以防备政治上的变故而导致的货源短缺问题,也可以维持经营数月及至数年之久。这是一部分西藏富商用投资茶业来处置其过剩资产的恰当方法。茶叶离康定打箭炉(康定)越远价钱就越昂贵,在打箭炉每包 18 斤的茶叶售价约白银二两,到甘孜就卖到四两、拉萨卖到六两。

海峡殖民地——批发商进口茶叶批发给零售商店。散装茶销售给本地居民,0.25 磅至 1 磅的包装茶则供给欧洲的侨民。

法属印度支那(译者注:即今越南)——与远东的其他民族相同,法属印度支那人——包括东京、安南及交趾支那——都是以茶为唯一饮料。销售的茶叶大多数产于安南,但是也有中国茶商运进不少中国茶,茶叶专门销售给城市居民。

摩洛哥——饮茶是摩洛哥一种根深蒂固的习惯,他们喝绿茶,主要供给地是上海。红茶只供欧洲侨民饮用。大多数重要的出口商在摩洛哥都设有代办处。

阿尔及利亚——在阿尔及利亚,中欧人有 800,000 人,因此成为茶叶销售的良好市场,经销茶叶的是杂货商、药房及药商。

埃及——以赚取佣金为业的商人进口茶叶,然后转售给分布全国的批发商和零售商,进口商与产茶各国都有直接联系。最著名英国商标的茶叶在这里也有大宗交易,这些茶叶大部分供给外国侨民消费。

突尼斯——本地人和外国侨民都消费大量的茶叶,供给突尼斯茶叶的主要茶商来自加拿大、伦敦及马赛的散装及包装茶商店。法律上规定,在包装外面所印的重量必须用法国的计量单位。

纳塔尔——进口的大部分茶叶分两种包装,56 磅的大包装和不到 10 磅的纸袋。零售商销售散装茶,或者是 1 磅、0.5 磅、0.25 磅、2 盎司及 1 盎司装的包装茶。

南非联邦——茶叶进口大部分都是散装,然后当地的许多商店再专门将其分装成小包,重量为 1 磅、0.5 磅及 0.25 磅,加贴商标销售。零售杂货商也采取同样的方法,将购入的茶叶重新装入特制的袋子内,贴上相应的商标。低等茶叶就以散装销售,几乎在每一个杂货店都可以买到,南非的批发商进口这样的茶叶数量很多。

牙买加——全部消费的茶叶都由金斯顿批发商进口,然后分配给零售杂货店。

厄瓜多尔——茶叶销售量极小,主要是供给外国侨民。

秘鲁——秘鲁的批发商通过外国出口商代表进口茶叶,然后转售给较小的零售杂货商,有一部分茶叶是中国批发商经营。

智利——智利人是南美洲最喜欢喝茶的民族,输入的原装包装茶叶规格有:50 磅、80 磅及 90 磅,再由批发商进行拼配分装成 1 磅、0.5 磅、0.2 磅、1/12 磅及 1/50 磅的小包。茶室也购买 1 公斤(2.5 磅)装的茶叶及最小的每包 50 磅的原装茶。

哥伦比亚——咖啡是哥伦比亚的主要产品之一,也是全国人民最喜欢的一种饮料,但是分散在五六个城镇里的上层社会及有闲阶级,在社交时也大多饮茶,茶叶由进口商直接输入。

巴西——茶叶由进口商直接输入,转售给零售杂货商,巴西人喜欢喝咖啡,茶叶大部分是外国侨民饮用。

巴拉圭——从英国进口茶叶占茶叶进口的很大比重,由进口商直接输入后,可批发零售。

乌拉圭——只有在首都蒙特维的亚及内地大城市的少数居民饮茶,由许多食品进口商及特种杂货商输入,他们经营外国食品这一类业务成绩显著。高等茶以包装大小不同的包装茶形式输入,即以现成的原装货销售,只有低等茶是散装销售。

阿根廷——茶叶消费数量极少,几乎全部供外国侨民饮用。

尼加拉瓜——茶叶只供给外国侨民消费,其来源一小部分来自英国,大部分由美国输入。

萨尔瓦多——在这里茶叶消费总量微不足道,萨尔瓦多也是一个咖啡生产国。经营茶叶进口的大多是中国商人和大杂货商,其主要的供应对象是有能力购买这种特需品的人。

哥斯达黎加——茶叶消费很少,如英商立波东及瑞其伟等商家的茶叶每磅零售价约 1.75 美元,而咖啡每磅的零售价是 25 美分,两者价格悬殊很大。该地所有销售的茶叶都是从英国、美国、德国及中国进口的。

危地马拉——茶叶消费不多,唯一的消费者是来自英国、美国、中国的侨民。

墨西哥——英、美两国的大茶叶包装商都在墨西哥设有代办处,方便在当地的销售,为了供应当地的需求,代办处往往备有存货以满足市场需求,至于离墨西哥城比较远的地方的定货,就由包装商直接运送。为了便于当地的销售,有少数茶贩也贮存一些茶叶,其余的如杂货店及兼设茶楼的酒馆等也从英、美两国进口茶叶。

茶 叶 容 器

欧洲包装商大多采用纸制容器,他们的公司设在零售市场附近,销售货物迅速。也有一部分采用马口铁制包装,但是不像美国用的那么广泛。在美国,茶叶运到零售商之手路途较远,而且因为大多数人都饮用咖啡,因此茶叶销售滞缓。

用铅皮包装茶叶在一段时期很普遍,而现在实际上已经废止不用了,除了它的价格比较贵以外,铅也容易使茶叶失去色泽,以致使人怀疑是陈茶。

用硬纸板包装茶叶很广泛,因为纸板自动化包装比较经济实用。在纸板内通常衬有铅、铝或锡纸,外面用羊皮纸包裹,也有一些包装商

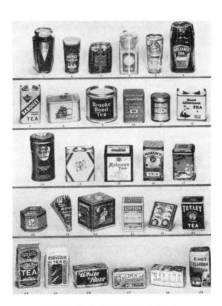

美国各种各样的茶叶包装盒

采取四面用纤维质、两端用马口铁的容器。

关于茶叶包装用什么容器包装最妥,在美国有很大分歧。用锡纸及硬纸板制成的容器在运输途上及销售迅速的连环商店中是很实用,但是在零售商店茶叶放置架上的时间比较长,或者需要经过长距离运输,这种纸板或锡纸制的容器就不是很适合,因此大多采用顶盖可以移动的马口铁容器。

美国包装商致力于制造精致美观的茶叶容器,这种努力是英国及其他任何国家的包装商都无法赶上,无论是设计还是色彩,都力求完美,使得美国各个著名拼配商所出品的分包茶叶都有着显著的个性色彩,这种情形在纸袋、纸板、混合式或马口铁质的容器都有所体现。

茶   袋

在美国,茶叶大多在小纱布袋内泡制,至少有十余家商店专门经营制造茶袋及包装业务。还有二三十家著名的茶叶包装商也有制造茶袋及包装机的设备,这种机器的式样有三种,其中最流行的一种价值是 12000 美元。

美国市场上,各种形状的茶袋可以分为四大类:第一,即所谓"茶球",是用未经缝制的一块圆形纱布,用绳子在顶端收缚;第二,即"茶袋",在纱布的两边缝合,使之成为一个长方形的袋子,装入茶叶后即将开口的一端收紧,最流行的方法是把开口处用铝带扎住,此为一种专利式制法;第三,是一种圆形袋;第四,是形状如枕头的袋,系将长方形沙布折叠,三面缝合,不需要收缚。每类茶袋都用细绳系一签条,签条上注明茶叶的种类、品名及出品人,袋口系的绳子用于牵引茶袋,当茶汁到相当浓度时,将茶袋提出。第五及第六类的茶袋采用穿孔赛璐珞来代替纱布,制成方形或圆形的袋子。

袋装茶叶的价值各不相同,因为各包装商装入袋内的茶叶分量不同,所以所用茶袋也有大小之分。茶袋大致可分为两类:即用于茶杯的和用于茶壶的,后者又有可容二杯至四杯不等。

用于茶杯的茶袋,每磅茶叶可以分装200袋,但也有很多包装商将之装成225袋或250袋。用于茶壶的茶袋,每磅茶叶可以装成100至120袋或者150袋。可装200袋的杯用袋茶,每袋约重1/12盎司,如果装150袋,每袋重1/10盎司,也就是说每千袋可装茶叶5磅至10磅。因此袋装茶叶的价格,视所装茶叶的等级及每袋茶叶的数量而定,大约比同等重量的散装茶价格高出二至三倍。

最近冰茶采用茶袋的方式流行很广,这种茶袋所装的茶叶自1盎司至4盎司不等。装1盎司的茶袋可以泡茶1加仑,装茶较多的茶袋的泡水量照比例增加。

用机器包装茶袋的方法已经达到非常规范的程度,有时全部流程都是自动,机器对于散装茶、绳子、纱布以至于制成茶袋的全部过程,都在连贯的机械化过程中完成。这种

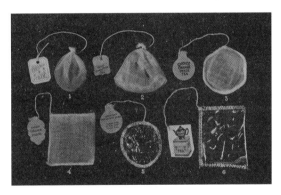

美国早期各种袋泡茶

机器顶端有一个漏斗,茶叶由此倒入,通过一个轮转的管子——管子内刻有来复线,就像枪膛内的形状——输入机器中。这个轮转的管子保持茶叶的均匀流动,流入一个自动秤盘内,当茶叶到一定重量时,秤盘就自动倾斜,将茶叶倒在一块裁好的纱布上。

纱布是用一个小刀自动剪裁成规定的大小,大小由机器自动调整,以便裁成任何需要的尺寸,因为机器有这样的调整作用,所

以不难裁成每磅茶叶所需的式样。

当机器开动时,输送茶叶的管子将茶叶从袋口倾注于纱布袋内。有一个剪刀形状的机械握住纱布袋的顶端,送到一个地方将顶端修剪整齐,再送到另外一处,将袋口束紧,最后送到第三个地方,系上一个与之相符的签条。在第三个地方有一个签条贮藏器,所用的签条由此供给,用一细绳穿过签条上的小孔,然后紧紧拴住。此外这里还有一个小刀修整袋子的顶端,最后将装满茶叶的袋子送到女工处,由她们装进运输用的容器内。这样的机器每天工作 8 小时,能包装袋茶 18,000 只。

从前,几乎任何品种的纱布都可以做茶袋,后来经多次研究,开始采用一种漂白的、有吸收性的纱布。美国茶袋所用的这种纱布每年达到 800 万码以上。

第三十一章　茶叶零售贸易

　　茶叶销售的最后一个环节是零售商,通常大约有七种,独立的商店、代理店、合作社、连锁店、邮购店、赠品店及货车送货商店。

　　按照贸易法则,这七种商店可分为三大类:第一类是顾客到店内购买商品,包括独立的杂货店及百货店、药店、餐馆、茶叶店及食品店、代理店、合作社、连锁商店、赠品店;第二类是邮购商店,收到定单后,即将茶叶打成小包裹邮寄给顾客,用普通邮件或快递邮件递送;第三类是货车送货店,它的办法是雇佣推销员沿街推销茶叶,为了广揽客户并且使之成为老主顾,货车送货店的老板还经常赠送顾客一些家用的物件做礼物。

独立零售店

　　杂货店及百货商店——茶叶零售店中最重要的是独立的杂货零售店及小规模销售杂货的百货商店,这种商店在美国约有325,000家,英国有80,000家。

　　茶叶最初仅在咖啡店及药店销售,从18世纪开始在杂货店中出现。当时茶叶是一种奢侈品,售价在每磅16至24先令,茶叶与咖啡及朱古力同时成为富裕家庭的时髦饮品,而伦敦的多数杂货商及上流社会人士发觉茶叶的销售不仅可以增加其声誉,而且可以获得可观的利润。

　　一开始不是所有的杂货店都销售茶叶,在伦敦曾经有用"茶叶杂货店"的名称以示与不出售茶叶杂货店的不同,当茶叶应用逐渐普遍时,茶叶就成了杂货商的主要商品,这种状况一直延续到现在。

很多年前的典型杂货店,是一个光线昏暗而且污秽的房间,门窗都是黑色的布满了苍蝇,地板上积有油腻,厚厚的灰尘,茶叶从无盖的罐子里取出,就在柜台上秤重包装。后来渐渐改为预先秤好包装。因为有清洁的连锁店与之竞争所以此只有现代化的杂货店才能吸引到顾客。今日的杂货店是用彩色的包装将茶叶包好陈列在货架上,将橱窗和柜台布置的赏心悦目。

自从连锁店的形式出现以后,零售杂货店与茶业都发生了巨大的变动,第一个杂货商协会成立于 1890 年,其他会社也相继成立。以前各店之间相互猜忌,这种猜忌因订立同业规则而消除,从此相互联合,发挥团结互助的精神,现今每个城市都有杂货商协会,会员都接受一些商业教育,获得很多商品分配的科学知识。

美国的大百货商店多数都有杂货部销售茶叶和咖啡,其中若干家商店还有设备完整的拼配及包装工厂,可以与批发包装商的工厂媲美,只是规模略小一些。

药店——茶叶和咖啡在美国很多零售药店内销路很好。优良的茶叶和咖啡原本就被认为是药商的主要货品之一,因为它们都有药用的功效,自从作为日常饮料以后,其药用价值仍然被人们所重视。

药商销售这种商品,常常感觉有些麻烦,因为它不像杂货店有送货设备,顾客只有亲自到店中购买,普遍的只有靠提高价格以示其品质的优良。

大餐馆、茶叶店——欧美的城市,人口稠密,多数大餐馆都销售制成的食品如烧肉、生菜食品等,并经营若干杂货,包括茶叶和咖啡。牛奶店、肉店、水果店及蔬菜店也销售茶叶和咖啡,有些著名的食品店及茶店,用其自有的商标出售小包茶及咖啡。

代　理　店

需要劳工的地方,如大工业、矿业、伐木业等公司的所在地,常有很多的代理店,他们把最低价格的货品供给工人们,这种情况尤其是在美国最多,这些代理店从小规模的杂货店到配制完备的百货商店都有。

工业行业的代理店一出现就可能马上成为批发商的机会或障碍,因为它被大股份公司所拥有,与零售商店不同,它的货物销售迅速而且有规律。另外,因为他拥有雄厚的资本,可以大批量进货,并且廉价销售。

在这种情况下,批发商不能将其拥有统一商标的茶叶和咖啡,以和代理店相同的公平价格售与零售商,因此必须在独立零售商和代理店之间作出选择。很多的批发商选择了将散装茶叶及咖啡,销售给代理店,而将有广告效应的包装茶售与正常经营的商人。

工业行业的代理店,除了那些与贸易地相距很远的,极少能在工人中获得巨大的营业额,因为它代理货物过多,一部分茶叶和咖啡的贸易往往进入了零售渠道。

美国的代理店分布于 25 种工业中,其数量达到六七千家之多。

铁道员工的茶叶购买

大多数英国铁道公司通常都有铁道员工优惠券协会,铁道员工都持有这种优惠券,每票每年取费 3 便士,样式为红色折叠的小卡纸,上书票主姓名及编号,并有该协会秘书长的签名。凡持有此票券者在协会购买茶叶或其他物品,可享受折扣的权利。

茶叶由协会秘书长配给城市及郊外重要车站的员工,每星期经常有一万至四万员工向其购买日用必需品,站台搬运工、售票职员、车长、工程师、火夫都用这种方法买茶,但是这些茶叶并不售与零售杂货商,而仅售与员工家属。

合 作 社

合作社也仿效工业代理店的办法,以减低社员(多为工人)的生活费用,但并不像工业代理店直接减低价格。有许多的合作社仍按照普通的价格出售货品,但是根据股东的购买数量而分给若干红利。

合作社在英国十分发达,现有社员达 650 万人。由一个批发合作联合社办理进货,联合社的数量也不少。英格兰的零售合作社与英国的批发合作社互有联络,虽然它的规模较小,但销售的数量很可观。批发合作社分发红利给零售合作社,同样零售合作社也分发红利给它的社员。

苏格兰的合作社也有一个批发组织,其重要性不亚于英格兰的批发合作社。苏格兰的批发合作社也与英格兰相同,将红利分发给社员,有一部分作为社员的奖金。

英格兰和苏格兰批发合作社的经营,主要包括购买拼配、包装茶及每年分配 120,000,000 磅以上的茶叶。有一个批发合作联合总社,其性质是有限公司,总社设在伦敦。该联合社掌握英国茶叶贸易的1/6,且

英国的合作社内摆放的茶叶

拥有最大的设备完善的仓库,面积135,000平方英尺,每周包装茶叶1,000,000磅。

在联合社下有零售合作社约1,300家,社员600万人以上,每社各自有商标,共有5000个门市店分布于英格兰及苏格兰各地,这些门市店以联合社购进茶叶,在门市销售。

近年来合作社的门市店大量增加,单在伦敦区内就有250家装潢华丽的合作商店,此外每个城市均有合作商店,杂货贸易占总数的3/4,各个独立杂货店常常想方设法与之竞争,拉拢顾客,他们的顾客中有一部分是合作社的社员。

实际上最让合作社感到困难的是价格的变动,他们在每一季趸购大批的货物,无法预料以后市场价格的涨落,只有依仗业务量大,使物价在三个月内保持不变,这是合作社的弱点。至于独立杂货店要每周进货,因此价格可以随时变动,主妇及合作社社员一见到杂货店有廉价商品出售,自然争先恐后去购买。

为了给社员谋求便利,很多大合作社设立餐室及茶店,出售拥有自己商标的茶叶及其他食品。

大多数合作社的社员,都会受红利的诱惑而入社,红利的多少各社不同,每购买一磅可得1先令10便士的红利,此红利可以立即取走或储蓄,储蓄还有利息。

美国的工人虽然正忙于组织这样的合作社,但是迄今大西洋西海岸的合作社事业仍未发展,事实上有少数依照罗查戴勒计划成立的合作商店,在不同时期内设立,但皆因经营不善而失败。在犹他州,盐湖城的摩尔蒙斯有一家大的合作商店,他被看作是经济及商业制度发展的一个环节。这个商店经销廉价的百货类商品,包括杂货在内,管理完善,成绩显著。

连 锁 商 店

美国的连锁店,是应大众节约的需要而发展起来的,其组织结构兼有批发和零售两种作用,使生产者和消费者均受益,因为它购入的货物数量比普通的批发商多,因此可以廉价售与消费者。

美国的连锁店,在杂货业、药品业、茶与咖啡专营行业中甚是发达,三大行业都兼有茶叶的销售。

连锁杂货店与高档的旧式独立零售杂货店有根本的区别,其特征是现金交易,并减少了老式的招徕方式及送货等所需的费用。

在预先称好的货物包装上标明价目,大大减少了临时称茶和其他人工。今日的连锁店,也还有 20 种货物在柜台上现场过磅,虽然这些物品也可以预先包装好,标明价目,但是顾客总怕斤两不足而吃亏。

陈列的技术不外乎整洁,监督员常常在连锁的若干商店逐店指导架上和橱窗内的陈列;或者分别发给各连锁店陈列标准及图解,同时发给广告用的图画装饰。

法国里昂的茶叶商店

连锁店通常都兼营散装及小包装茶叶,主要包装商的小包装茶,其商标一律印在包装上,而连锁店每店都有自己的商标。在每种货物的前面贴一个清晰的价目表或者印在包装的两侧,使顾客容易选择。

少数的连锁药店以经营茶叶及咖啡为主,而且销售量很大。其中有一家连锁店有分店 450 家,以茶叶销售为主。这样的商店曾用种种方法培养顾客购买固定商标的货品,如果再加以适当的推广,则不难保持其稳定的营业额。美国除了连锁药店以外,还有大药房,如联合药房,委托独立的药店代理,也以销售茶叶及咖啡为主,用与连锁店相似的方法,来保持大众对其商标的信赖。

在英格兰、美洲、欧洲大陆及安提波帝斯群岛专售茶叶及咖啡的连锁店,向代理商集体采购的原则极为成功,有许多这样的组织专注于茶叶、咖啡的经营,同时也经营杂货业。例如某一连锁商店遍布全英国,以经营茶叶、咖啡、可可及其他杂货为主,每当明星巷茶叶跌价时,这些商店的橱窗内就立刻公布消息,并宣布其新价格,如市价有所变动,无论茶叶、咖啡或可可就在橱窗内单独陈列。其橱窗陈列的样式每日更换,小包茶叶有漂亮的纸包装,将不同商标的茶叶堆摆成不同的造型,以此艺术化的造型来打动顾客。

这个公司自设工厂,制造、包装各种产品,包括茶叶在内,每日用货车或马车分送到各个商店。

英国有连锁店 500 家,共有分店 15000 家,规模最大的有 1000 家分店,而且数量还在不断增加。美国有 860 家,其所属分店总计在 64000 家以上,规模最大的有分店 15700 家,销售茶叶占全国零售总额的 1/6。美国连锁店的经营方式与英国极为相似,主要的不同之处在于其分布更加广泛,因此管理方法也各不相同。

连锁店的经营方式曾传入荷兰,在荷兰的食品零售连锁店以销售茶叶为主,其中一店有 160 家分店分布于荷兰各城市中,此店专卖碎茶,以其自有的商标包装,可可、朱古力、果酱、通心粉、面粉等也可以出售。

德国有数家连锁店管辖着 100 至 1000 家分店,零售普通杂货,包括:咖啡、茶叶及朱古力。在各分店中出售的货物,价格统一。除了杂货连锁店以外,还有两家连锁店专门经营咖啡、茶叶及可可,其中一家专门经营高档货品,不仅销售高档的茶叶,并且配以最漂亮动人的包装及装饰;其他各店则几乎都是为供给大众需求而设。

澳洲的大部分茶叶由连锁店销售,因为它的人口比英、美少,所以连锁店的数量也不多。规模最大的约有 80 家分店,次之的只

美国典型的茶叶连锁店

有 30 家分店,最大的连锁店完全经销茶叶,仅此一家,其贸易额远在独立的杂货店之上。

连锁店在加拿大发展的十分迅速,1928 年仅有 700 家,1929 年即增至 1000 家,到 1936 年 1 月 1 日增至 3700 家,其中有 1670 家是杂货连锁店。

法国有 106 家杂货连锁店,其所拥有分店的数量由 15 家至 1000 家不等,总计是 18500 家。其中有一家规模最大,拥有分店 956 家,专营咖啡,但是并没有专营茶叶的连锁店。

美国东部大城市最近出现 5 美分或 10 美分杂货店,这种商店起源于波士顿,任何杂货都有出售,包括茶叶和咖啡,各种物品的价格都不超过 5 美分或 10 美分。门口设有一个篮子,顾客选定好商品后,出门时就将钱放入篮中。

邮 购 商 店

将茶叶直接邮寄给顾客的邮购商店有两种,一种是专营茶叶或咖啡,或者二者兼营;另一种是普通的大邮购商店,经营若干种杂货及普通货品。

第一种方式在欧美很多。这种商店专门致力于推销自己的品牌,使之达到期望的品牌效应。

普通的大规模邮购商店,专门经营美国及加拿大的农副产品,分发各种茶叶目录,使顾客可选择适合的价格和口味,但不太重视其他杂货。

大致说来,各个茶叶消费国中邮购商店在农村均能取得良好的效果,他们先在报纸上宣传,定期在种植业中巡回,之后再分递传单及目录给未来的客户。

自 1912 年美国政府采用小包邮寄制度后,大力推动了美国的邮购事业,此后,这种贸易方法在零售业中极为重要。

英国零售商组织的货到付款协会,鼓励其会员采用邮购制度,标榜"茶叶由轮船走向茶壶"。1926 年 3 月美国邮政局采用国内货到付款制度,避免了延期不付款的弊端,第一年邮局就递出 100 万件以上的包裹。

赠 品 商 店

购买茶叶有赠品,起始于英国,之后发展到欧洲大陆、北美洲及澳洲。凡购买一磅茶叶,即有书籍、茶杯、碟子或其他物品赠送;或者发给顾客赠券,积够若干张赠券即可换取比较贵重的物品或 12 到 20 磅茶叶。杂货店不用这种办法,只有一些茶叶商店推行,在这些商店的橱窗内陈列各种精美的赠品。

赠品商店在 19 世纪末大部分关闭,只有少数保留在荷兰、英国及澳洲,在美国也全部由上门推销的商人所代替。

家庭服务商店

美国的家庭服务商店极为发达,完全靠赠品吸引顾客,以购买商品的数量来定赠送物品的多少,赠品除瓷器及其他实用品外,还有银器、玻璃器皿、丝绸等。一般的大规模家庭服务商店现在又开始倾向于预赠礼品的办法,也就是一位顾客在购物之前可以先领取赠品,其选取的赠品先行记账,等到他购买的货物与预领的赠品相符或相差不远时,可再第二次预领赠品。每次送货的定单由送货人取走,并代为保管,以便计算赠品的数额,这一切都是以顾客满意为目的。

在很多情况下,当作赠品的物品也就是销售的商品,价目表中所列各种商品的价目,也是根据赠品的价值而定。近年美国的家庭服务商店已经发展成为很普通的一种商业形式,除茶叶与咖啡外,还出售各种家庭用品。

在最近刊印的《茶与咖啡顾客指南》中所记载的家庭服务商店有 500 家,其中有小规模的零售店,其服务范围仅限于百余户人家,但是,也有拥有两个大生产厂、81 家分店、1400 辆送货车和服务范围覆盖到 90 万户以上家庭的大规模商店。

上门推销的商店,其数量在美国并没有限制,但是现有的数量离它的发展限度还很远。在伦敦最大的茶叶包装商号,虽然它的小包装茶叶已经极为普遍的在全国各杂货店中囤积,他们也派送货车到英国各地给零售顾客送货。澳洲也有大规模的上门推销的商号,其中一家有顾客 5 万人以上。

茶叶零售业

茶叶零售业是当前的一大课题,必须经过深入的调查了解,才能了解各方面的关系,任何人如果想经营茶叶零售业,必须知道关于茶业各方面的情况,例如主要市场最普遍的特性以及季节的变化等。更需要了解茶叶拼配的原因和方法,调查茶叶冲泡的最好方式,然后遍尝各种茶的味道,如果在店内没有评审的设备,也不妨在自己的桌子上品评它。

除了了解茶叶进入本国市场的现实状况外,零售商还须研究本地的各种基本条件,某地出产的茶叶在某区域销路好等等,各地所用水的性质也有不同,这也和冲泡茶叶的品种有很大关系。

零售商想使事业成功,有两个基本的方法:一是从批发商处购入已拼配好的茶叶销售给顾客,另一种是向产茶园购买原箱茶自行拼配好,二者各有利弊。现在仅有少数独立杂货零售商自行拼配,但在英国及美国的少数杂货商店、小规模杂货连锁店及家庭服务堆栈很普遍,各自有各自拼配的比例,拼配后交包装商店用自己的商标包装成小包。其他方面,大连锁商店、家庭服务商店及合作社都是自行拼堆及包装。

还有其他的不同点,即很多零售商以大箱或罐装茶叶大量出售,其他的则将茶叶的部分或全部预先秤出适合顾客需要的分量,包装成小包出售。

小包与大宗

经营大宗茶叶与小包装茶叶究竟哪种更为有利,纯属个人问题,每一个商人根据自己事业发展的需求来决定。从零售商的观点来看,无疑是经营已有很好信用的小包茶叶最好,既可减少秤重及包装的麻烦,又干净整洁,获利丰厚。

另一方面,如果零售商熟知茶业的行情,并且对茶业有兴趣,就必然能经营大宗茶叶贸易,以相同价格销售品质比较优良的茶叶,使其经营的各种商品中茶叶的收益达到最好。由于对顾客嗜好的调查研究再加上销售技巧,可以确信能满足顾客的需求。

零售商的拼配及包装

19 世纪末,每一个杂货商及茶叶商都自行制造拼配茶叶,以此招徕顾客,倘若向批发商购买已拼配的茶叶,被认为是莫大的耻辱,在他们看来,批发商是否精通拼配方法值得怀疑。今天仍有杂货商店购买原装茶叶而自行拼配,而且经营的情况比批发商好,不过销售量小的零售商不能从事拼配,因为自行拼配须购入大批原箱茶(指向产茶国直接购买的箱茶),同时更须要关注市场的变化。

关注各种茶叶,在其价格合适的时候买入,因此收购原茶必须有充足的资本及固定的销路,才能见机获利。至于选择哪种茶叶来作适当的拼配——例如用 6 至 20 种——以便剔除不适合的成分或以其他品种代替其中之一,情况就更加复杂了。

有一位经验丰富的英国杂货商说,假如一次购买六箱以下的茶叶,制成自己商标的茶样,送往你所信赖的拼配商加以比较鉴定,然后照样配制,即可获取利润。初次从事茶业的人不知道自己拼配或购买成品哪个更加有利,给他们一个忠告,还是采用后者为宜。

杂货商人在制造自己的拼配茶时,可以获悉茶叶的特性。零售商的拼配及包装方法,其实与批发商相同,只是数量较少而已——连锁店等例外——倘若使用机械,则更为简单而且比较省力。茶叶机械制造商特别为此制成小型的切茶机、筛分机、除梗机、混合机等,但是也有很多商人相信用手工的效果更好,应用大勺及清洁的地板就可以从事拼配茶叶的工作了。

最近小包装茶叶畅销,很多头等商人尝试用自有的纸签进行包装,因此应当给这些有进取精神的商人热情的鼓励,平常这些人只关注其经营的商品能取悦其他零售店。很多经验老到的商人及茶师,他们能创造出新商标并且获得成功,但是在收到一二次定单之后,往往随之放弃,仍然采用已有显著信誉的老商标。

制成新商标的小包装茶叶,确实是值得投资者注意的一项事业,但是如果一个零售商想要自创一种商标作为副业,那么他们和包装商比起来则处于不利地位,因为包装商全心专注于此项事业,而零售商则不能在这方面专心致志。

凡是自行拼配茶叶的商人贮藏茶叶,都以原装散茶为最佳,所有的茶叶中以锡兰的小包装茶最容易变质。这种茶叶通常是隔相当长的时间购进一次,拼配成适合市场需求的茶叶。如果应用前在紧密的箱子内贮藏一周以上,则拼配效果较好,例如用铅罐装半磅香气强烈的橙黄白毫,在包装后一二周内味道最佳,如果在架上放置六个月以上,就将失去其最大的吸引力——香气。

连锁店及廉价商店能以较低的价格销售上等货物的唯一理由,是能够在新鲜不变质前售出货品,咖啡销售的情形也与之相同。

拼配技术的竞赛

茶叶拼配每年在伦敦的杂货联合业展览会中举行激烈的竞赛活动,杂货及油业评论杂志社捐赠一个优胜杯,此外展览会也发给奖金,头等奖10英镑,二等奖5英镑,三等奖2英镑,四等奖发给奖状。

这项竞赛是展览会中50种有趣的竞赛之一,包括杂货店的各项工作,如茶叶、奶酪、熏肉的秤重及包装、速度及清洁、橱窗及柜台的装潢及其他有关茶叶拼配的项目等。参加比赛者如果合乎最高标准即是优胜者,被宣布为优胜者并发给奖杯。

第三十二章　中国茶叶贸易史

中国的茶叶贸易,开始于4世纪的四川省,当时出售茶叶是作为药用。准确的时间在早期的中国贸易史上并无记载。直至茶叶成为普通的提神醒脑饮品以后,才急速发展从而在商业中占有重要地位。5世纪末,中国与土耳其商人在蒙古边境进行贸易时,茶叶成为首要贸易物品。

早期的中国茶叶贸易

自唐代(618—907年)发明茶叶制做方法以后,茶叶就可以运输了,不久以后它的贸易就随着新型饮品之名直下长江到达沿海各省。

大约在780年,正当茶叶沿江发展的时候,茶圣陆羽在湖北商人的鼓励下写出了著名的茶书——《茶经》,此书促进了茶叶贸易的广泛传播。

同年,茶叶贸易引起了政府的注意,认为征收茶税可以成为税收的一个来源,于是开始征收茶税,不久予以废止,但是到793年又恢复了征收。

北宋(960—1127年)开始准许在北方进行茶叶贸易,之后茶叶贸易才渐渐发展成为后来的商队。

早期的西藏砖茶

在蒙古边境开始对外贸易时,四川、云南两省也开始与西藏进行茶叶贸易,后来发展成了特殊的商业形式。

砖茶是将粗茶制成砖的形状,包装好以后,用人力、骡或牛经过无数崎岖险路进入西藏,这一贸易扩展迅速,直到现在仍然没有变化。

四川西部的打箭炉(康定)及松潘是茶叶输入西藏的集散地,然后再运入西藏。集中在这两个市场的茶叶,因为生产地区不同,所以品质也有差异。

俄　国　商　队

中国饮茶的消息于 1567 年首次由哥萨克人伊万·彼特洛夫和布那什亚利瑟夫两人传入俄国,到 1618 年中国大使赠送少量的茶叶给沙皇做礼物。这个礼物在 1687 年的中俄《尼布楚条约》签订前,已经由陆路经蒙古及西伯利亚运抵俄国。

最初所有的茶叶均由俄国政府的商队运往俄国,到 1735 年伊丽莎白女皇建立自己的私人商队,来往于中俄之间。用这种办法输入的茶叶,开始时数量不是很多,因为茶叶的价值太高(1735 年时每磅 15 卢布),仅宫廷贵族或官吏才有能力购买,而且商队也不能大批量运输。18 世纪初,每年由中国运入俄国的茶叶,估计总数不超过 1 万普特(约 361,130 磅)。19 世纪以后,每年的输入量增加到 10 万普特(约 3,611,300 磅),并且全部是箱茶。

商队贸易虽然已经成为过去,但是在茶叶史上有着光辉的一页,现在已经无人能体察它的艰辛以及用这种办法将茶叶从中国运至俄国所需时间的漫长。通常的商队有 200 至 300 匹骆驼,每匹驮四箱茶叶,每箱重约 16 普特(约 600 磅)。以平均每小时 2.5 英里、每日约 25 英里的速度前行,11,000 英里的路途需要 16 个月才能到达。茶叶由水路运达天津后,即用马和骡驮载,越过山岭到张家口,在此地改用骆驼,横穿 800 里戈壁沙漠的艰苦旅途,这一段是

俄国的骆驼运茶商队在北京

全程最危险的部分,但是仍然是到达恰克图的捷径。到俄国的其余一段路经伊尔库次克、尼乌提斯克、托马斯克及鄂穆斯克到达基里亚宾斯克。

1860 年至 1880 年间,取道蒙古的中俄商队贸易达到最兴盛时期,以后因为西伯利亚铁路部分修通而开始衰落。到 1900 年海参崴到俄国的铁路完全通车时,商队就彻底绝迹了。从前商队运茶需要 16 个月,而现在的铁路运输只需 7 周。

俄国砖茶贸易

约在 1850 年,俄商开始在汉口购茶,于是汉口成了中国最好的红茶中心市场。俄国人开始在这里购买的是功夫茶,但是不久,就改为购买中国很久以来就与蒙古进行贸易的砖茶。

1861 年汉口开放成对外的通商口岸,俄国人就在这里建立了生产砖茶的工厂,他们对中国制造砖茶的老方法进行了改造,改用蒸汽压力机。到了 1878 年改为使用水压机。开始制造俄销砖茶的原料是零碎的茶末,随着贸易的发展,也因为商业上的需求,就将品质良好的茶叶,用机器磨成粉末制成砖茶,使俄国家庭消费的砖茶质量日渐提高,销量也远远超过了功夫茶或未经压实的茶叶。此

汉口长江畔水位低时运茶的情景

后,又输入大量的印度、锡兰及爪哇茶末,以此增加原料的来源。

19 世纪 70 年代,俄商开始在福州制造砖茶,另有三家英国商店也设立了砖茶工厂。1875 年福州的砖茶产量是 6,200,000 磅,1879 年增加到 13,700,000 磅,从这时开始到 1891 年间,茶叶贸易时盛时衰。1891 年以后,俄商将茶叶贸易转移到了汉口及九江。

1891 年至 1901 年的 10 年间,俄国人在九江制造砖茶的生意十分发达,从 1897 年开始从锡兰输入茶叶末,混入原料中制成红砖茶。1891 年九江的俄商工厂开始制造茶饼,但是茶饼贸易并不占重要地位,它最高的产量,据统计在 1895 年达到 872,933 磅,现在已经完全停产。

1918 年九江及汉口的市场因为俄国人停止购买茶叶而受到打击,大多数工厂陷入停产,许多俄国和中国的

压制砖茶的机器

商店均遭遇经济困难。

在汉口市场俄国十月革命前著名的茶叶洋行如下:新泰洋行、百昌洋行、源泰洋行、阜昌洋行、顺丰洋行等,还有很多家是托其他洋行代理的,如:A. Goobkin. , A. Kooznetzoff & Co. , V. Uyssotzky & Co. , 及 Vogan&Co. 等。在上述洋行中,有几家附设新式工厂制造砖茶及茶饼。在汉口存在时间较长的中国茶号,最著名的有绍昌,设有工厂,制造砖茶输往蒙古及西伯利亚,此外还有忠信昌、顺安栈、新隆泰、源隆、永福隆、洪昌隆、熙泰昌、森盛昌、公昌祥等。

汉口除了有中俄设立的公司外,还有英、美、德、法公司也在不同的时期内设有分店,作为采购处或经纪公司。

沿海贸易的发展

中国早期的茶叶出口贸易史,极为含糊,大约在 539 年,中国佛教及文化传入日本以后,常有帆船载运少量茶叶到日本。

销往俄罗斯的茶砖

欧洲人从中国沿海输入茶叶最早的是荷兰人,他们从 1606—1607 年间由葡萄牙的殖民地——澳门将茶叶运到爪哇的巴达维亚,当时他们企图与广州的华商直接贸易,但是受阻于葡萄牙人,这以后荷兰人竟然想要夺取澳门,但最终还是失败了,只在中国海岸附近占领了台湾得到了一个根据地,直到 1662 年才被驱逐。1663 年及 1664 年荷兰人曾短期占领厦门及福州,之后他们获准与其他外国人共同在广州通商。1762 年荷兰人在广州建立了一个工厂,于是大量的茶叶贸易才得到开展。

美国于 1784 年与中国发生贸易关系,当时"中国皇后"号船载满人参运到广州,换回茶叶及其他中国的产品。中美之间的茶叶贸易曾有短暂的中断,但是美国人在广州得到的地位仅次于英国人。1844 年 7 月 3 日,中美签订商约,自此中美的茶叶贸易逐渐发展起来,直到 19 世纪 80 年代印度及锡兰茶代替了中国茶叶在美国的地位为止。1886 年后,贸易就逐渐下降了。

1866 年俄国派遣两艘商船到达广州,来视察是否有在这里插足的可能,但是清政府宁愿让其继续以前已在华北建立的商队贸易,也不准未在广州建立商业贸易的国家在广州进行贸易活动。

法国于 1728 年首次企图在广州建立商业贸易的是私人经营的企业,此后到 1802 年及 1829 年重新在这方面进行努力。其他国家也陆续来广州通商,1731 年瑞典东印度公司正式成立,也像丹麦及奥地利的公司一样向行商租赁土地,建立工厂。

英国与中国通商,经过很长时间才达成。1627 年英国东印度公司派遣商船队到达广州,但被葡萄牙制止,将其船只扣留在澳门。1635 年该公司与葡萄牙签订商约,准许其在澳门贸易,同年两广总督准许其在广州通商。1664 年英国东印度公司在澳门设立办事处,1684 年又在广州的河边建立一个工厂。

英国独占时期

英国东印度公司最先从爪哇输入中国茶,后从印度的马达拉斯及苏拉特输入,最后直接从中国输入。1689 年第一次直接输入英国的茶叶是从厦门购买的。早期的茶叶购买是由该公司委托在中国的办事处代理,再运到马达拉斯。

从 17 世纪末开始,英国从中国购买茶叶的数量逐渐增加(供本国消费及转售他国),英国掌握这一利润丰厚的贸易达 200 年之久。1886 年达到贸易的最高峰,这时中国向英国输出茶叶的总量约 300,000,000 磅。此后英国商人的目光转移到了印度及锡兰茶叶上,就渐渐放弃了中国市场而让给与其竞争的俄国商人。

俄商获得控制权

俄国商人于 1894 年继英国之后开始控制中国市场,直到 1918 年才停止从中国购茶。初期俄国市场上的中国茶叶,均由商队经陆路运输,后由西伯利亚铁路运输,除陆路运输外,俄国又从 19 世纪 60 年代开始,将茶叶用船舶经苏伊士运河至黑海的港口奥得萨,以这种方法运输的茶叶数量较少,不占重要地位。至 19 世纪 80 年代环境大大改变,俄国在中国沿海的贸易日渐发展,因为英国将其在中国市场的地位让给立足已稳而且发展迅速的俄国商人,至 19 世纪 90 年代,中国的市场完全受俄国控制。

俄国持续保持着它在中国茶叶贸易的优越地位,直到 1918 年国内发生革命,使俄国人的茶叶购买完全停顿,致使中国的茶叶对外贸易衰落,加上中国内战,1926 年间其影响波及汉口,结果少数外国人的茶叶公司不得不退回上海,于是上海形成了茶叶对外贸易中心。

广州的联合商行

当早期欧洲的冒险家来到中国的时候,华人对他们感到惊惧而且隐存蔑视,视欧洲人为蛮夷。1702 年,中国朝廷派遣一名官员——或称皇商办理和外国人的贸易,此行为实际上含有独占的经纪人性质,外商必须向其购买茶叶、生丝及瓷器,而他也向外国人购买所需的外国商品。广州后来成为唯一准许外国人通商的地方,而这一官员则成为该地的重要官吏。

因为皇商不能顺利供给外国人所需的货物,故而引起外商的不满,于是在两年后(1704 年)准许增加一些华商办理此项事务,以此应付范围日渐扩大的商业行为。因为持有此项特权,外国人每船货物须向此官员献银 5000 两(1667 镑),这种襄助皇商办事的商人,不超过 13 人,即通常称为行商,行商仓库大多与外国人的工厂相邻。自行商在对外贸易上出现以后,皇室派出的官员就成了税收机关。直至 1904 年这一职务才被裁撤,职权移交总督。

行商的业务范围日渐扩展,至 1720 年他们组织成一个公会或名为公行,主旨是调节价格,此后,公行开始操纵外商业务。1842 年鸦片战争结束,《南京条约》签订之时,才将公行制废除。

外商船只到达广州,只能停泊在 10 里外的黄埔,不能进入珠江一步,待船到埠后,须要请行商中一人做担保,才能进行各种事务或卸货。行商不久就变成了政府与外商间的媒介,其本身则成为捐税的强取者和纠纷的调停者,当发生诉讼时,就以其自定的法律裁判。H. B. 摩斯描写其地位云:自始至终外商贸易是被压榨者,而公行则是榨取者。

行商在靠近工厂建有仓库,内地运来的丝、茶就堆存于此,必要时在工厂内改装、过磅、捆缚及贴标。在运往黄埔装船之前,须先向皇商纳税。

最重要的行商是浩官、潘丽泉、茂官、启官、昆官、章官、经官及鳌官。浩官为行商中资格最老的人,死后遗产极为丰厚。

广州的洋行

广州的洋行均位于河边,威廉·C.亨特描写如下:从西边开始,第一家是丹麦工厂,中间隔着中国商店,称为新中华街。第二家是西班牙工厂,第三家是法国工厂,其侧面是一家行商——东生行,此处隔着一处旧中华街,对面则是美国工厂、奥地利工厂,其旁边是另一行商——宝顺行,与之毗连的是瑞典工厂、旧英国工厂及丰太行。此处又隔一狭巷名珠巷,新英国工厂的高墙形成此巷的边界,其东面是荷兰工厂及河浜工厂,所谓河浜工厂,是因一条小河而得名。此河沿城墙流入江中,原来是城西的堑壕。全部建筑共计 13 处,后来成为自东至西一条狭长但很重要的一条长街,称为十三行街。

1821 年前的广州洋行外景

掌握有远东贸易独占权的英国与荷兰公司是英属东印度公司和荷属东印度公司,分别成立于 1600 年及 1602 年,他们本国的商店想到广州进行贸易都须经过他们的特许,法国、瑞典、丹麦及奥地利的东印度公司从事与广州的直接贸易,虽然曾经活跃一时,但最后都以失败而告终。

外国人工厂的公所在十三行街对面的旧中华街,公所与堆栈同是行商所有,租赁给外国人,其费用也由外国人自理。

留居广州的白种人在工厂内犹如犯人,账房、货仓及茶叶审查室都在底层,并且设有银库、买办室、助理员室及工人宿舍也在底层。二楼是休息室、食堂,三楼则是白种人的寝室,房屋总占地面积是 15 英亩,其中大部分是临江的空地。

外商的先驱

1825 年广州重要的外国人商店有:马格尼亚基公司,是怡和洋行的前身；托马斯邓特公司、伊尔百利、费尔隆公司、华特曼及罗伯逊·卡伦公司，这些公司是英属东印度公司特许在远东经营的公司，1833 年以后，他们才得以自由贸易，不再受东印度公司的限制。

广州的工厂及其贸易经营的重要性，单从茶叶这一项就可以窥见一斑，茶叶是其主要的输出品，除中国与日本以外，其他各国都依赖其供给，中国茶是唯一被他们采办的茶，而且只限于广州。日本当时也在闭关自守时代，不与外国人通商。

中国富豪——浩官

在广州行商中最著名的是伍秉鉴，外国人称他浩官，他是当时的首富及外商的好朋友。伍秉鉴是厦门人，生于 1769 年，为人低调、谦卑，他 20 岁时，因为有与外商经商的天赋才能而被许可加入公行。西尼及马交里·格林比二人在《俄斐的金子》一书中叙述，浩官在中外商人间，随时随地保持灵活的手段，调整中外商人间的关系及克服各种困难。

1825 年浩官被公认为是一个老资格的行商，饱尝这种工作的甘苦。随着他财富的逐渐增多，其责任也随之加重，他因此很想卸下这一职务，但政府不准许他退休。

浩官的职务除了他的商业经营外，还与外国人进行私人的交往和社交活动，当时有一种禁例，不许外国人携带白种妇人到广州，但是外商偶然有秘密携带妻子入境的就乔装成男子，以图混过中国官方

中国当时的首富浩官（伍秉鉴）

的耳目,但是不久就被察觉,浩官就被迫依法执行他的职权。

在行商中浩官最为富有,以致常常被政府官吏所剥削,虽然如此,浩官的私邸在广州仍然是最豪华的,1834年的时候,估计财产已达2600万美元。此时他决意倾力帮助美商罗塞尔公司。他与该公司及其他美商公司所订立的合约都是保密的,他有一件轶事,就是他的一个管理人员私自使用了罗塞尔公司的款项5万元,他得知后立即全部赔偿。

公行制度的没落

浩官与其他英美商人投资鸦片贸易,从而引起1840—1842年的中英鸦片战争,结果签订了《南京条约》,使公行制度消灭,并开放中国的口岸允许外国人自由通商。鸦片战争初期,中国得胜时,英国人的工厂全部被焚毁,最后英国胜利时,就向中国政府索赔600万美元,而中国政府责令行商负担此项费用。浩官个人曾捐出110万美元。浩官在战时及战后衰老多病,加上财产损失的刺激,遂忧郁而死。

中国著名的茶商

中国茶叶对外贸易的重要中心,经过多次变迁,直到今日仍然是广州、厦门、福州、宁波、杭州、汉口、九江及上海等城市。在18世纪及19世纪初,中国沿海的茶叶出口贸易都集中在广州市场,广东省的茶叶全部由此输出。此后,外商因为要购买优良的茶叶而逐渐关注湖南、湖北、福建、江西及安徽等省,茶叶贸易也随之扩展到厦门、福州、宁波、上海,最后远达汉口及九江。

中英鸦片战争于1842年结束后,根据条约履行五口通商,这五个口岸是广州、上海、宁波、福州及厦门。其后汉口于1858年,九江于1861年,杭州于1896年相继开放。

现在中国茶叶贸易出口的中心在上海,上海被列为世界第八大商业港口,是苏伊士运河以西最富丽而且现代化的商业中心。

在上海经营茶叶贸易并且已

茶叶快剪船到达福州

成立了90年以上历史的公司有两家,就是英国的怡和洋行及德商的禅臣洋行。前者从一开始就经营茶叶,后者则已在25至30年以前就放弃了茶叶贸易。天祥洋行成立也已经有70年之久。

怡和洋行成立于19世纪初,创办人是威廉·贾丹,他于1807年来到远东服务于东印度公司,最初与他合作的是詹姆斯·马修森和霍灵沃斯·麦格尼亚奇。

贾丹博士是苏格兰南部人,1784年生于罗赫马本,他的族人数代居住于当非利斯。詹姆斯·马修森生于罗塞斯。麦格尼亚奇是一个瑞士商人的后裔,侨居澳门一直到18世纪末,他在一个老商店比尔和瑞得中服务,后来成为股东,改名为比尔和马格尼亚奇公司,最后又改名为马格尼亚奇公司。

经营初期,贾丹常常来往于印度和中国之间,马修森则在印度从事处理贾丹从远东带来货物的工作,而麦格尼亚奇则在广州及澳门出售从印度及马来西亚输入的商品。他们的业务量与日俱增,到1827年贾丹及马修森二人感觉有在澳门设立一个永久性商店的必要。他们在广州的业务由特许马格尼亚奇公司主持,澳门和广州的两家公司都很有收益。

1834年,东印度公司的独立贸易势力减弱,马格尼亚奇公司也解体,贾丹、马修森及麦格尼亚奇三人就另行组建了怡和洋行,于 1834 年 3 月 24 日首次派遣一艘免税船由广州开往伦敦,亨特称之为"首艘载运免税茶的免税船"。

香港成为英属地后不久,该公司就于 1842 年在该处设立了总公司,1859 年在横滨设分公司,随后又在以下地方陆续设立分公司:东京、下关、静冈及神户,还有台湾的台北及大连。1870 年,他们经营的茶叶都是在上海、福州及厦门采办。另外又在中国的北平、广州、镇江、重庆、汕头、天津、汉口、南京、九江、牛庄、宜昌、青岛及芜湖等地,也设有分公司。纽约的分公司设于 1881 年。伦敦代理处是马休公司。

1838 年贾丹在远东驻留了 20 年后离去,公司的业务交给马修森经理,他也于 1842 年离开中国,继任的人是他的侄子亚历山大·马修森,他曾经在印度接受最早的商业训练。这以后公司的主持人是安德鲁、戴维、约瑟夫、罗伯特·贾丹、威廉·贾丹,此外还有威廉·奇斯维克、约翰·贝尔—欧文、詹姆斯·J.奇斯维克、詹姆斯·J.贝尔—欧文、C.W.迪克逊、W.J.格里逊、亨利·奇斯维克、戴维·兰戴尔、C.H.罗斯、约翰·庄斯通、D.G.M.伯纳德及 B.D.F.贝斯等人。

德商的禅臣洋行是 G.T.西门子及沃纳·科罗恩二人于 1888 年在福州设立的,是继承家庭早年设立的西门子公司的旧业,这个家族于 1840 年就从事中国茶叶贸易的经营。该公司在福州经营茶叶贸易,直到 1900 年才全部结束。沃纳·科罗恩死于 1897 年,西门子死于 1915 年。

英商天祥洋行是乔治·本杰明·多特威尔与其同僚于 1891 年所设立,最初名为道特威尔公司,总公司原在香港,分公司设在上海、汉口、广州及福州。该公司接收了在 1858 年成立的阿达姆森贝尔公司。多特威尔以前在这家公司的船务部工作。1872 年来中国,至 1891 年此店解体后,他与其他同事组织成立道特威尔公司,1899 年改为有限公司,同时总公司也转移到伦敦。除了在中国设有分店外,他的分店遍布横滨、神户、伦敦、科伦坡、纽约、旧金山、西雅图及其他各地。天祥洋行的中国茶叶采购人以前是 A. J. H. 卡里尔及 H. A. J. 麦克雷，现今在上海的是 R. G. 麦克唐纳德，在福州的是 J. G. P. 威尔森。多特威尔返回伦敦出任总经理，1923 年退休，由其侄子斯坦利·H. 多特威尔继任。创办人乔治·本杰明·多特威尔死于 1925 年。

上海的英商锦隆洋行是 W. W. 金于 1878 年创立。1892 年其子 W. S. 金加入后改为 W. W. 金氏父子公司，1904 年改为金氏父子兰姆西公司，1908 年改为威施福·金兰姆西公司，1918 年再度改为哈里森·金罗文有限公司，并在汉口设一分店，由遏斯坦利主持，另一分店设在福州，A. S. 奥森任经理。

上海的现任总经理 W. S. 金，他是中国茶叶贸易的领袖，也是中国茶叶协会的主席，这个协会包括全部主要的外国茶叶公司。W. S. 金于 1869 年生于汉口，他的父亲是 1863 年代表伦敦的默法特和海斯公司来中国接收肖·瑞普利公司。W. S. 金在英国达尔威治学院受教育，而后在他的父亲曾经学习的同一商店中做练习生。

上海其他著名的外国人茶叶公司如下：协和洋行、天裕洋行、福时洋行、保昌洋行、乾记洋行、杜德洋行及同孚洋行等。

陈翊周是一位经验丰富判断准确的中国茶商，是上海茶叶贸易的领袖，也是上海茶商公会的主席，他之所以能获此地位，是因为他的声誉极高，他于 1906 年创办忠信昌茶栈，除了以茶叶为经营的主业以外，还拥有许多其他的大企业和钱庄。

在中国茶商中，最老的商店之一是华茶公司，是唐亚卫创办，现在由他的两个儿子唐叔璠及唐季珊担任经理，华茶公司成立的目的是为了减少中国茶叶向欧美推销时的外国中间商环节。唐季珊数次考察欧美后，在欧美茶叶界名声大噪。这个公司虽然早在 1916 年成立，然而大规模的经营则在第一次世界大战以后。

福州是一个最适合茶叶出口的港口，也是福建省的海运中心，但是有一部分茶叶从厦门出口。福州最老的茶丝出口商太兴洋

行,是约翰·贝斯盖特及托比亚斯皮姆二人于 1879 年接收倒闭的
奥利弗公司而开办的,两人都是此店的店员,当该店倒闭后,他们
二人就再次组建并且将之扩大。约翰·C.奥斯沃特是 1886 年加
入该店,他于 1873 年在伦敦进口商 E. A.迪肯公司开始经营茶叶,
从 1886 年到福州加入太兴洋行。约翰·C.奥斯沃特死于 1930
年,他的儿子 J. L.奥斯沃特是现在的主持人。

广州评茶时的情景

1926 年美国进出
口公司布鲁斯特公司
在福州成立茶叶部,
并聘奥托·海森做茶
叶部的收购人。他以
前曾服务于汉堡的著
名茶叶公司弗里德·
威尔·兰芝公司。布
鲁斯特公司在德国、
英国、荷兰、意大利及
美国均设有代理处。

在福州的其他著
名茶叶出口商有:协和洋行、天祥洋行、乾记洋行、德兴洋行、锦隆
洋行、怡和洋行及杜德洋行等。

广州在快剪船航行时代,是这一行业的中心,但并不是重要的
茶叶产区,只在北江清远县附近有少许茶树栽培,出产低级红茶。
这种产品输往香港、台湾、荷属东印度、澳洲及南洋。此时广州与
美国的茶叶贸易已告消亡,每年只有数千磅茶叶运往美国,供当地
华侨团体消费。

在广州沙面的茶叶出口商是迪康洋行,大约在 1890 年成立。
赫伯邓特洋行于 1870 年成立。委托前者为代理人。天祥洋行于
1891 年成立。汉尼拜尔于 1910 年成立。怡和洋行约于 1834 年
成立。其他还有无数的中国茶叶公司装运茶叶到台湾。

第三十三章　荷兰茶叶贸易史

1595 年 4 月 21 日，荷兰一家公司以四艘商轮武装结队从泰克塞尔岛出发驶往印度购买香料及东方物产，1596 年抵达爪哇的万丹，于是就利用此港口作为香料贸易的根据地，他们感觉当地人都乐于和他们进行贸易，到 1597 年 8 月他们装载大量有价值的货物返回，受到国人鸣炮热烈欢迎。当这个公司的船队尚未返航时，其他公司也开始纷纷组织成立，并各自派遣商轮从事这种风险很大的贸易活动。到了 1602 年，航行印度的荷兰轮船已达到 60 多艘，货物大量进口，于是市场出现了过剩趋势，各种货物的价格随之大跌，有很多商船公司倒闭，其余没有倒闭的公司，也摇摇欲坠。因此，国会发起将现存各公司组织起来联合成立一个新公司，于是 1602 年 3 月 20 日在海牙成立荷属东印度公司。

新公司的资本额几乎达到 6,500,000 荷兰盾，规模之大，远远超过了其他任何投机贸易的经营规模，同时国会授权统治印度，协助对抗西班牙及葡萄牙的战争，并且要与国内经常贸易。实际的统治权操纵在公司 17 位董事之手。

荷兰商人早在 1601 年已经抵达中国经商，将中国物产运回国，因此该公司于 1602 年开始营业的时候，就以 14 艘商船驶往中国，而首批将茶叶输入荷兰的是于 1606—1607 年从中国的澳门运往爪哇；而于 1610 年又从爪哇运回欧洲。茶叶成为欧洲人的日常商品，开始于 1637 年荷兰公司的 17 位董事上书巴达维亚总督之时，上书中说："茶叶已开始为国人所需要，我们希望每艘船均装有若干箱中国茶或日本茶。"而此事发生的 31 年前，英国东印度公司早已发出了第一张购茶的定单。

　　直到 1650 年,荷兰人也只是运送了少量的茶叶到欧洲,在荷兰东印度公司的案卷内,其船单记录中到该年年底以前,由印度驶回的 11 艘船中,日本茶叶运抵荷兰的只有五箱,重 20 斤(约 30 磅)。

　　1685 年的时候,情况略有转变,因此 17 位董事上书巴达维亚总督说:"我们已决定将茶叶之需要增至二万磅,且茶叶品质必须新鲜,包装良好,才能附合国人的要求,茶叶如果因时间过长而变质,或者品质低劣,就毫无价值,这些在上次就已经加以说明。"

　　在该世纪下半期,荷兰公司的茶叶贸易逐渐发展。1734 年输入荷兰的各种货物中,茶叶合计有 885,567 磅,1739 年当茶叶由一艘商船队从印度载回的货物中价值列为最高时,就在荷属东印度公司进口的商品中占到主要地位。到 1750 年左右,红茶开始代替绿茶的位置输入荷兰,同时也代替了一部分咖啡,成为早餐中的饮品。

　　在 1734 年至 1784 年的 50 年间,该公司输入荷兰的茶叶数量增加四倍之多,每年达 350 万磅。但是因为有其他国家东印度公司的竞争,不仅使荷属东印度公司的利益削弱,并且其结果是荷兰人被逐出英属印度大陆及锡兰岛,荷兰曾在这两个地方设有很多重要的工厂,荷兰公司自从被印度、锡兰排斥后,就加强了它在荷属东印度的生产,试图补救,但是在 18 世纪初,陷于经济困难而最终导致破产。一直到 1798 年拿破仑征服荷兰的时候,这个公司最终解体,所有权力也从此消灭。

爪哇茶进入市场

　　荷兰政府在统治爪哇时所生产的茶叶,于 1835 年首次进入阿姆斯特丹市场出售,可惜因为品质不佳,价格(150 至 300 荷兰分)远远低于生产成本。1870 年的土地法规定将政府土地分配给私人茶叶种植者,才将整体环境改变。但是茶叶垦种的资金,一时难以筹措,因为当时的人们都重视咖啡及金鸡纳树的种植,认为那些更有利可图,因此爪哇茶在 19 世纪 70 年代品质仍然很低,价格也低于英属印度茶。

　　1877 年巴达维亚商店创办人约翰·皮特,唤醒了爪哇茶叶种植者对荷属东印度的茶叶经营,他选送茶样到伦敦,请英国经纪人品评。该经纪人指出了荷兰茶的问题,并送给他们英属印度的茶样做比较,结果是使爪哇茶叶种植者改变了茶树品种的栽培,采用阿萨姆种代替中国种,同时采用机器制茶。1880 年到 1890 年间,爪哇茶叶品质已经逐步改良,到第一次世界大战前,巴达维亚已跻身于茶叶贸易的重要地位。大战后巴达维亚继续发展,至今已成为世界重要的茶叶市场之一。巴达维亚茶叶贸易协会订立了茶叶贸易管理规定。茶叶买卖大多数由英国商店经手,这样的商店已成立了大约七八家。巴达维亚出售茶叶的数量每年稍有不同,几乎平均达到 5000 万磅,它的主要输出地是英国、澳洲及美国。

巴达维亚茶叶贸易协会

　　巴达维亚茶叶贸易协会是巴达维亚重要的商业组织,由当时著名的商人于 1850 年 5 月 1 日创立,是整个爪哇工商业的代表,会员不下 185 位,城中的各个商店店主都包括在内,该会制定标准及仲裁规则,以此管理巴达维亚市场的茶叶买卖。

　　巴达维亚茶叶检验局于 1905 年成立,爪哇茶叶的改进,主要受它的影响。第一任茶师是已故的 H. 兰博,服务期间自 1905 年至 1910 年,继任的人是 H. J. 埃德伍兹,服务期间自 1910 年至1920 年。在 1920 年至 1923 年间是 H. A. 普勒,继之是 H. J. O. 布朗德。到 1929 年布朗德退休后,由其助理 T. W. 琼斯继任。巴达维亚的威利公司从一开始就担任该局的管理及文书工作。

　　1922 年有很多重要的茶叶商店组织了一个巴达维亚买茶者协会,由 C. H. 罗斯梅尔·考克、W. P. 菲普、W. G. 巴尼、P. 丹尼尔等发起,会员共有 10 人,入会资格只限于买茶人。

苏门答腊茶叶进入市场

　　1894 年苏门答腊茶首次由兰卡特烟草公司从日里的瑞姆伯恩茶园运往伦敦,这批茶叶有 6 大箱,17 小箱,运费每磅 2 便士。到 1910 年苏门答腊的茶叶生产因为哈瑞斯·克劳斯菲德公司以及以后数年荷印土地理事会和其他生产及输出商等方面的共同努力,达到重要的阶段,同时应用现代化的方法大量生产茶叶,使苏门答腊在茶叶贸易中占有重要的地位。

阿姆斯特丹的荷兰茶叶贸易

　　如上所述,茶叶在 1637 年以后才正式进入阿姆斯特丹,到 1685 年,进口货的输入被荷属东印度公司所独占。

　　阿姆斯特丹东印度公司的董事会下分五组:供应组、送货组、仓库组、账务组及印度贸易组。

　　17 及 18 世纪时的仓库组由两个仓库主任管理,他们在就职时必须向阿姆斯特丹市长宣誓,该仓库组在东印度公司总公司的东印度大厦内设有办事处。

荷属东印度公司取消以后的一个新茶叶公司

　　大约在 18 世纪后半期,仓库组与供应组合并成商业组,当东印度公司于 1798 年 12 月 31 日结束时,该商业组仍然继续营业,直到 1818 年,改组为帕克韦斯米斯特朗公司,创办人是约祖亚·范·艾克,他是东印度公司最后一任仓库主任,他于 1831 年逝世后,由他的儿子 Josua van Eik, Jr. 继任,直到 1878 年逝世为止,现在的股东是 A. 比伦斯·德·汗、C. F. Bierens de Haan 及 L. L. Bierens de Haan 等人,该公司在上世纪的一段时期兼营咖啡与茶叶,1858 年以后则专门经营茶叶。管理阿姆斯特丹茶叶拍卖事宜的爪哇茶叶进口业协会将一切进口业务都委托帕克韦斯米斯特朗公司代办。

在阿姆萨特丹茶叶经营者有两个代表组织,即茶叶进口业协会及茶叶生产协会。茶叶进口业协会成立于 1916 年,是由阿姆斯特丹市场代理茶园办理各种茶叶进口业务的公司所创办,这个协会与帕克韦斯米斯特朗公司共同办理阿姆斯特丹市场的茶叶拍卖事宜,而在阿姆斯特丹市场不能出售的茶叶由该协会会员负责推销。同时在拍卖时参与竞买的人,必须经过协会特许的经纪人之手,才可以购买。

Abr. Muller 是这一茶叶进口业协会的第一届主席,在任 5 年(1916—1921 年),而后由 C. J. K. Van Aalst 服务 2 年(1921—1923),其后 C. J. A. Everwyn 继任 6 年(1923—1929 年),J. Bierens de Haan 任职 5 年(1929—1934 年),从 1934 年起改由 A. A. 鲍继任。F. H. de Kock van Leeuwen 在 1916—1934 年间任秘书,继任者是 F. W. A. 德·考克·范·利文。

现任会长 A. A. Pauw,1880 年 9 月 1 日生于哈雷姆,1898 年任职于阿姆斯特丹的荷兰贸易会社,在荷属印度苏里南及远东的办事处服务达 26 年之久,于 1930 年升任阿姆斯特丹总公司总经理。前任茶叶进口业协会主席 J. Bierens de Haan 于 1929 年被选为主席,因此成为阿姆斯特丹市场上的重要人物之一,同年,被选为茶叶生产协会委员会委员。他曾攻读于乌得勒夫大学,取得法学博士学位。1900 年任荷兰贸易会社经理部的秘书,到 1918 年升任总经理。

茶叶生产协会成立于 1918 年,以联络并保护荷兰茶叶生产事业为主旨,其会员除了包括在欧洲占有重要地位的荷属印度各茶叶公司外,有志于茶叶事业的人也可以成为特别会员。该协会在秘书处下设一个统计局,是属于该协会业务的部分,此外还有一个宣传部,由前爪哇植茶人 A. E. 瑞斯特主持,宣传范围包括荷兰及其附近各国,宣传经费由政府抽取种植税税款而来。

(编者注:以下人物简介本书从略)

荷兰的进口贸易

　　如本章前节所述,荷属东印度公司最先将茶叶输入荷兰,但是当1798年该公司关闭后,其特有权力消失,茶叶贸易就开始允许私人企业经营。

蒸汽机运送茶叶到达阿姆斯特丹时的情景

　　荷兰最早的进口公司目前还存在的有阿姆斯特丹的 H. G. TH. 皇冠股份公司,该公司成立于1790年6月2日,即在东印度公司结束前几年成立。1885年该公司接受第一批由巴达维亚输入爪哇茶的委托寄售,并于1893年开设第一家爪哇茶叶生产公司,这是荷兰最早成立的茶叶公司,并且公开招股。该公司在巴达维亚及舍马兰均设有分店。

　　荷兰贸易会社是阿姆斯特丹一个大银行性质的公司,分公司遍布东方及远东,如在鹿特丹及海牙等地,该公司在茶叶贸易上占有重要的领导地位,阿姆斯特丹拍卖场中大多数都委托它代售茶叶,该会社于 1824 年获得特许而成立。C. J. K. 阿尔斯特任总经理,它的董事是 A. A. Pauw 及巴伦·考洛特·德埃斯科瑞等人。秘书是 F. H. 阿宾。喜力是阿姆斯特丹的茶叶及咖啡进口公司,自 1828 年以来就用这一名称,是从好多其他名称的公司演变而来。它的创办人是 J. J. van Heekern。公司早在 1870 年就开始在拍卖场销售茶叶。19 世纪后半期,公司在 F. L. S. van Heekern 的领导下,开始大规模发展进口事业,与 van Heekern 合作的是 S. C. van 米森布鲁克,前者死于 1914 年,后者不久也逝世。20 世纪初期该公司经常经营爪哇茶叶的进口。

茶叶经纪业务

让·贾库伯·武特—佐南公司创立于 1795 年,是阿姆斯特丹市场上茶叶经纪商的领袖,到 1878 年他的主要人物罗伯特·武特逝世后才退出领导地位,罗伯特·武特在当时被称为"中国之王"。

莱昂纳多、贾克布森、武特—佐南是鹿特丹的茶叶经纪商,在该店创办人的儿子 J. I. L. L. 贾克布森经营下,该公司在爪哇历史上对于引进茶树的栽培起了重要的作用。

茶叶批发贸易

荷兰最老的茶叶批发公司是 N. V. 杜威·埃格伯茨公司,该公司是在荷属东印度公司将东方物产及茶叶运到荷兰销售的时候,就已经成立。它除了经营茶叶以外,也经营烟草和咖啡。该公司是 1755 年由 Egbert 所创立. Egbert Douwe 或名 Egbert 是 Douwe 的儿子,就是当时只有名而没有姓,公司一向以店主人的名子 Egbert Douwe 命名。

荷兰另一个茶叶及咖啡批发公司是鹿特丹的 N. V. Van Rees, Burksen & Bosman's Handelmaatschappij 公司,该公司成立已有百余年,经营茶叶进出口业务,1923 年改用今天的名字。

鹿特丹的 M. &R. de Monchy 公司是 E. P. 德·蒙彻于 1820 年所设立,也有百余年的历史了,1950 年开始改用今天的名字。

L. Grelinger's Im-& Expont Mij N. V. 设立在阿姆斯特丹,专营绿茶及爪哇、苏门答腊与中国的红茶,是 1860 年 L. 格雷林格创立,1923 年改为有限公司。

阿姆斯特丹的 N. V. Heybroek & Co's Handel Mij 公司经营的茶叶批发业务遍及欧洲大陆,并在爪哇、加尔各答、锡兰、中国等处设有代理处,在鹿特丹设有分公司。

J. Goldschmidt & Zonen 公司是阿姆斯特丹的批发商,于 1887 年开始经营茶叶,此后,J. E. 高德施密特前往伦敦学习茶叶,当时由中国树种生产的爪哇茶品值低劣,他就尽力推广介绍阿萨姆及锡兰的优良品种,以此改良茶叶的品质。

茶叶包装业

Otto Roelofs & Zonen 公司是阿姆斯特丹的茶叶拼配商及包装公司,并且专供荷兰女皇的食品,于 1784 年由奥托·鲁洛夫斯所创建。

A. F. Kremer, Haarlem 公司是阿姆斯特丹的茶叶拼配商及包装商,业务范围遍及荷兰全境,1796 年由 T. H. 克雷默创立,开始的时候他们把茶叶当药材出售,该公司的事业由他的子孙们延续了四代。

荷兰的包装业务当首推鹿特丹的 De Erven de Wed J. Van Nelle 公司,该公司创始于 1806 年,创办人去世后,由其妻继续经营,后又传其子孙,该公司在创办初期,只经营烟草的包装,不久以后,才增加咖啡及茶叶拼配与包装部,最近几年新工厂也逐渐建成。

第三十四章　英国茶叶贸易史

　　除中国以外,英国是世界上最大的茶叶消费国,同时更是茶叶的再出口国。关于英国初期的茶叶贸易史,在上卷第六章"世界上最大的茶叶专卖公司"中已经叙述过,这种专卖到1833年终止,

18世纪英国商店里的茶叶宣传品

从此给英国消费者供给茶叶的任务转移到了英国商人之手。但是事实上，直至很多年后，东印度公司在远东还保存着它在政治上的功能，并且是印度的实际统治者。因此从1834—1835年，开始在印度发展茶叶事业。

东印度公司运到英国的茶叶，大部分是在中国所能购得的最优良的绿茶，因为供给不足及税率太高，一般老百姓都没有能力购买。也是因为这个缘故，大家都希望能采取自由竞争的方式压低茶价，使它成为大众的饮用品。这一希望在停止专卖10年后，才真正达到，每年的消费量随之增加63%——总量达53,000,000磅——至1929年数量增加到560,000,000磅，比之前增加10倍。

英国初期的茶叶进口商，因为东印度公司所能供给上等品质茶叶的数量有限，自然不容易廉价买到绿茶。为了供应需求及降低茶叶价格，于是就采用伪造混合物及人工着色。这种伪造品一部分在中国制造，但是大部分在国内制成。伦敦成立许多小工厂，专门从事柳叶、乌荆子叶及接骨木叶等伪茶的制造及着色，并收集用过的叶片，以备混用。

当时国人对于零售商最为不满的就是混合茶叶一事。优良茶叶的混合显然是茶叶商人的一种欺诈手段，借此使比较次的茶叶也可以混充较优良品质的茶叶，但是在今天混合（或拼配）可以增进茶叶冲泡出的品质，对于有信誉茶商来说，拼配茶叶是为了更好的满足市场的需求。

理查德·吐温（1749—1824年）是茶商及小品作家，他的祖父托马斯·吐温（1675—1741年）即伦敦最初的茶商，他对于祖父如何制造拼配茶，有简略的说明：

　　在我祖父的时代，绅士和淑女都有亲自到店中购买茶叶的习惯，按照贯例茶箱中的茶叶需要倒出来，供顾客选择，而我的祖父则在顾客到来之前，会亲自将几种茶叶混合，在杯中冲泡让大家品尝，反复尝试，直至混合出顾客满意的口味为止，这大概是因为当时已没有人喜欢饮用未经混合的茶叶。

1784 年颁布调整法规以后，走私之风稍减，而以前充斥市面的伪茶亦因此减少。只是英国商人还面临一种困境，就是东印度公司所供给的茶叶有的时候品质大多都已变质。例如 1785 年有许多零售商推举精明干练的代表如约瑟夫·特拉弗、阿伯拉罕·纽曼等亲自到公司的总经理室，提出强硬的抗议，指明当年 3 月出售的 1,087 箱茶叶中有 360 箱完全不适于销售，应由公司收回。

1725 年英国第一次颁布取缔茶叶掺假的法律，规定除没收外，还要处以 100 镑的罚款。在 1730—1731 年，罚则减轻，只罚款不没收，如果发现有伪茶时，每磅处罚 10 英镑。1766—1767 年，加上了拘禁的重罚。另一种取缔伪茶的法律颁布于 1777 年，当时掺杂作伪盛行，其结果不仅使森林中树木大受损耗，而且危害英国人民的健康，减少税收，阻碍正当商业的发展，还有可能会使人民产生惰性，才制定了此项法律。但是吐温在他 1785 年所著的小册子中，称政府的压力并未发生效力，因此说每年仍然有大量伪茶在英国境内制造，甚至还有用其他更有害的物质混充的，为了使公众明白伪茶的性质而有所警惕，吐温详述伪茶的制造经过，他们的办法是收集家庭所抛弃的回笼茶，在日光下晒干后再进行烘焙，烘干后堆积在不清洁的地板上，经过筛分后加入明矾水与羊粪拌和，再摊在地板上使之干燥，即可出售给茶贩。

到了 1843 年的时候，英国内地税务局仍有检举再干燥茶叶的案件，1851 年伦敦《泰晤士报》有一名爱德伍德·索斯与他的妻子共同犯有制造大量伪茶的罪行。1860 年首次颁布取缔一般伪造食品的法律后，到 1875 年通过《英国食品及药物法》，此劣质茶制造才宣告断绝。

1875 年通过《食品与药物法》后，开始还有大量回笼茶及伪茶继续在伦敦发现，它们与优良茶叶同样经海关输入。政府对这些奸商也颇感应付困难，就设置茶叶检验员，任务是防止非正当茶叶混入，这个措施很有效果。因为伪茶制造者和进口商知道被发觉之后，他们的货物将被退回，因此伪茶的进口大大减少。

现在产茶国家不再制造伪茶,因为输入英国的茶叶仍然需要接受严格的检查,如果发现有掺假或回笼茶的茶叶,即予以没收并焚毁。但是这种伪茶经过海关特许也可以输入,专供制造茶素。

红茶超过绿茶

因为掺假、着色的种种弊端,公众对于绿茶的信仰动摇,而对中国红茶的需求渐渐增大。这种红茶以武宁、正山、界首等地出产的红茶最受欢迎,凡是经营这一行业的对于红茶的品质非常熟悉,当印度茶首次在市场出现时,红茶也并未受到任何的影响。其中某种香气和滋味,仍然被嗜茶的人留恋。为了谋求对这种需求的供应,就采用橙黄白毫与续随子(一种有刺灌木)混合成茶,这就是现在拼配方法的起源。现今多数茶叶,都在拼配后出售,而红茶早就走在了前边。

英国茶叶税的变迁

茶早已成为英国政府收税的最佳商品,在 1660 年以饮料为对象每加仑征收 8 便士。这种饮料在咖啡馆中出售,就像酒一样,也藏在小桶中,加热后即可供顾客饮用。1670 年税收增至每加仑 2 先令,只是实际上是派人到咖啡馆估计所制饮料的分量,所费不赀。因此量液抽税的方法即行废止。到 1689 年开始依照干茶叶每磅 5 先令抽税。

1695 年由远东输入的茶叶每磅加税 1 先令,由荷兰输入的每磅加收 2 先令 6 便士,其税收额在商业行业中已经非常可观了。

1721 年在罗伯特·沃普尔执政期间,将各种入口税,如茶、咖啡、朱古力等一概免去,使这些物产在英国的贸易得以自由发展,同时对于国内消费的茶叶仍然征收相当的茶税,到 1723 年英国输入的茶叶,第一次超过 1,000,000 磅。

1745 年,每磅茶叶征税 4 先令,此外还有附加税 14%。这年对东印度公司也按其售价征收每磅 1 先令,另加赋税 25%。1748 年每磅仍然征收 1 先令,但附加税则增至 30%。到 1749 年伦敦成为茶叶运往爱尔兰和美国的免税口岸。

此后茶税连续不断增加,1759 年附加税增至 65%,1784 年增至 120%。因为茶税太高,于是造成走私成风,海岸一带成为有组织走私队伍活动的区域,西海岸的汉斯托马绥堡是走私队的集中地,伦敦某报于 1776 年 5 月记述一走私案的经过,该批走私的茶叶有 2000 磅。同时又记载有一个税官在牛津街的公寓内发觉并没收 12 袋走私茶,该地就是现在伦敦西部的商业中心。

1780 年伦敦与明斯特及南马克的保罗等地方的茶叶、咖啡及朱古力商人,组织成立了一个协会,以此与走私抗衡,并悬赏征求关于伪造着色茶叶的报告。对于报告人除了给赏金 5 英镑外,且不透露其姓名,给予保护。

走私之风盛行,有人估计在茶叶输入总值中,走私的数量与由东印度公司的输入数量各占一半,甚至有人估计走私的数量竟达到总额的 2/3。1784 年国会通过一项调整法规,将以前 120% 的附加税减至 12.5 先令,即减少到 1/10。这种附加税的减少,对于走私及取缔伪造茶叶成效显著。由此正当输入的茶叶数额打击倍增。

这种降低相当数量的茶税,只维持了几年,其后又开始逐渐上升。其原因在于欧洲各国为偿还拿破仑战争债务,而不得不增加税收,后来几经变化,到 1819 年茶叶附加税增至 100%。1833 年经国会通过改为每磅征税 2 先令 2 便士。当时茶叶的平均价值是每磅 3 先令 6 便士,只是因为英国当时进行大规模的禁酒运动,因而使茶叶的税收激增。而后茶叶平均价值降到每磅 2 先令 2 便士,因此捐税也达到了茶价的 100%。茶叶附加税的变化也与茶税相同,极为复杂。

1834 年,原则上说是茶叶的黄金时代,当时附加税废除,主税也依据茶叶的品质而分级而定。普通茶叶每磅收税 1 先令 6 便士,优良的每磅 2 先令 2 便士,最优等的 3 先令。这一税率维持到次年,那时茶价跌落,茶税也从 2 先令 2 便士减至 1 先令 11 便士,约为原税收的 12%。

茶税由历届财政当局任意增减而使之起伏不定的时期长达 50 年,而后才逐步走入正轨,但是负担还是没有减轻。1836 年茶税已经固定为每磅 2 先令 1 便士,直到 1840 年,开始改为每磅 2 先令 1 便士,并增附加税 5%。1851 年改为每磅 2 先令,附加税 5%,以后继续征收两年。

此后茶税逐渐减低,1853 年减到每磅 1 先令 10 便士,1854 年减到每磅 1 先令 6 便士。在克立孟战争时期,即 1855—1856 年,又增加到 1 先令 9 便士。但是到 1857 年印度民族起义时,即改为 1 先令 5 便士。1863 年是 1 先令,1865 年是 6 便士,1890 年是 4 便士。

如果英国不与其他国家发生战争,这 4 便士的税率大概能维持得长久些,但是 1900 年波尔战争发生,茶税又增加到 6 便士。1906 年改为 5 便士。到 1914 年 11 月英国参加第一次世界大战时,又提高到 8 便士,1915 年又增到 1 先令,这个税率维持到 1922 年。其中 1919 年采取优惠政策,凡是英国自产的茶叶减税 2 便士,其他国家生产的茶叶全税照纳。

1922 年英国税收减到 8 便士,1923 年再减一半,仍然恢复到 4 便士,与 1919 年相同,1926 年虽然有再减茶税的提议,但是未能实行,财政大臣向国会说明政见时,也以未能废除茶税引为憾事。

自查理二世以来,终于在 1929 年 4 月 22 日,第一次将茶税完全废除,这是 269 年来茶叶得以免税输入英国的创举,但是免税只实行了三年,到 1932 年又开始对外国茶征税 4 便士,本国茶征收 2 便士。

在结束茶税前,应当简略叙述"反对茶税同盟",来唤起公众舆论的重要性,这一工作奋斗了近 25 年,才达到目的,使受苦多年的英国人民摆脱了茶税的桎梏。

同盟的产生是波尔战争后茶税过分增加的结果。这一主张最初由 1904 年 11 月茶业领袖会议中讨论提出,参与会议的有伦敦印度茶业协会主席 F. A. 罗伯特公司的 C. W. 华莱士以及 A. G. 斯坦通、H. 康喜顿等人,后来又有 P. R. 布莱恩公司的 A. 布莱恩斯参加。为了成立一个组织,又于 1905 年 1 月 15 日召集印度、锡兰两个茶业协会的联席会议,于 1905 年 1 月 23 日开始正式定为"反对茶税同盟"。因为 H. 康喜顿对茶叶的方面有丰富的知识,并且具有宣传天分,所以被推举为组织干事,他曾在印度种植茶叶大概 20 年,回国后以写历史及小说闻名,后来同盟组织日趋健全,是过去任何关于茶叶贸易的宣传都比不上的,他们使用的标语口号是"立即袭击伦敦的要害",事实上他们也确实做到了,F. A. 罗伯特是该同盟的主席,威斯特·瑞治威爵士是会长,还有副会长等 16 人,执行委员也有 15 人。

同盟最初的会所在明斯特的会议街 35 号。1906 年巴尔弗政府的失败,很多人认为是因为康喜顿及其同盟的煽动。主席 F. A. 罗伯特在检讨他一年来的工作时,认为使国会议员对降低茶税表示同情,是工作中最令人满意的部分。

康喜顿的努力对于明星巷的利益有很大冲击,于是 1906 年初,就取消了他想组织免税茶业同盟的计划,这时他不幸身患印度所流行的疟疾,神经遭受损伤,于 1906 年去马特拉所乘的船上,投海(或者是失足)而死,他的愿望也没能得到实现,后来由 S. R. 寇普继任干事,反对茶税同盟至 1909 年宣告结束。

历史上的明星巷

明星巷是伦敦的商业中心,商人及经纪人的事务所林立,他们经销的货物范围极广,很早就开始对外贸易。斯杜在 16 世纪出版的《伦敦的调查》一书中称"热那亚及其附近的人是走廊中人,因为他们从走廊出来时,就会带有酒类及其他商品",他们又常常在明星巷集聚,Mincing 一字是旧英语字音上 Mynchen 的误传,就是圣海伦修道院的意思。

16 世纪,偶然有商人家集合于此,此后该地就成为商人及经纪人荟萃之所,并且他们在世界各地派有代表与通讯员。

在伦敦茶叶拍卖会上,锡兰优质茶叶拍卖到每磅 **25.1 英镑**时的情景

到 16 世纪末,商人和船长等赴殖民地进行贸易的人,都在特定的咖啡馆内会谈,以这种方式联络促进经营。西印度商人常集中在牙买加咖啡馆,而在东印度贸易的人常集中在耶鲁撒冷咖啡馆。商人们利用这些场所进行贸易,同时咖啡馆经理也备有报纸、市价消息、船期表以及轮船所到各个港口的最新消息,一切关于竞卖的事务,都在咖啡馆的灯光下进行,而且船租等事宜也在此讨论完成。

1811 年,一部分伦敦商人发起创立伦敦商品营业厅,它的建筑物就成了明星巷的营业中心,在它最初成立的 23 年中,商品营业厅的主要商品是糖、酒以及其他西印度产品。此外还有油脂、香料、漆树皮以及葡萄酒等。当时东印度公司称为约翰公司,在享受印度以及中国贸易的专卖权时,一切货物都是由他们的船舶运输,运到自设的仓库以后,在印度馆出售。

东印度公司专卖的结果,使英国人在同一种物品上购买本国的比购买其他欧洲国家私人经营的物品支付的价格高,因此国人感到很不满。国会对此事进行研究,最后辩论的结果是东印度公司宣告失败,自1833—1834年起,以前归东印度公司专卖的茶叶以及其他东方物产,就归明星巷的商品营业厅经销。

1896年,扩建营业房屋,至今还在继续经营。其竞卖室设在楼上,楼下是预定室,并且备有会员定期集会的地方,也就是会员之间交易的场所。

最初只有进口的中国茶,但是后来从新产茶国进口的茶叶,如英国所属产地的茶,也开始在这里出售。有一次竞卖值得纪念,现在伦敦茶商中还有当时身临其境的,即1891年4月18日举行的一次竞卖,当日有一批加托莫的锡兰茶,是A.杰克逊代表的公司以每磅25镑10先令的高价买进。

我们通常所说"明星巷"一词,是指销售所有物产的市场。如果单以茶叶来说,还包括凡彻街、塔街和东区便利街。

茶叶买卖的演变

在英国茶叶最初是由咖啡馆及药房销售,其后玻璃店、绸缎商以及瓷器商也都兼营,据传说有一位作家也兼营茶叶。

18世纪初叶,由以前的胡椒店蜕变而来的杂货店也开始销售茶叶,到18世纪中叶,英国茶叶消费达到100万磅,这样一来,很多杂货店开始专门经营茶叶销售,称为茶叶杂货店,以示与其他普通杂货店的区别。普通杂货店专营香料、干果、糖等,不销售茶叶。

在18世纪,杂货店是推销东印度公司的东方产品的主要渠道,其他商人也想染指,因此专营英国及荷兰陶瓷器的陶瓷店开始兼营东方输入的瓷器,同时兼营茶、咖啡、朱古力。药房及糖果店也开始经营茶、咖啡及朱古力等。

因为东印度公司出售的茶叶每批至少是 300 磅至 400 磅,规模小的茶叶杂货店及一些茶叶零售商,面对如此大量的采购他们感到很困难,于是就几家联合起来选定一批货物,出价竞买。输入英国的茶叶,不论数量多少,依法都必须向东印度公司购买,但也有经过中间商之手的。这些公司在东印度公司定期销售时购进茶叶,然后再转售给国内商人。有时还供给市内的零售商。

19 世纪之初,茶叶成为英国杂货店中最有利的商品,当时法律规定,零售茶叶的商人必须在门上悬挂售茶的招牌,否则处以 200 镑以下的罚金。他们必须从登记的茶商或东印度公司进货,否则处以 100 镑以下的罚金。商人须记录售出茶叶的数量,以备税务员的检查。

当时杂货店的业务不断扩大,他们兼营葡萄酒以及其他特殊商品,如茶叶之类。茶叶是此类商品中最有利可图的货物,因此,自从合作社、百货公司、连锁店、旅行社、赠送礼品公司,邮购公司等出现以后,茶叶也都是他们经营的商品之一。

印度茶及锡兰茶加入市场

1839 年 1 月 10 日是英国茶叶贸易史上最值得纪念的一天,这一天印度茶第一次出现在伦敦市场。很多年以来,英国商人就对他们对中国茶贸易的依赖感到忧虑,当东印度公司专卖权停止后,他们在英属印度开始试行种茶。1838 年有相当数量的阿萨姆土种茶制成,并由当时印度的最高统治者即东印度公司装运 8 箱到伦敦销售。

当时的人们对印度茶寄予很高的期望,因此将运载茶叶的船也进行了改造,当茶叶运到伦敦时,引起了英伦人很大的兴趣,这些茶叶在印度馆销售,8 箱分别进行拍卖,全部被该街著名的商人皮丁船长收入囊中。

明星巷的经纪人感觉阿萨姆茶前途极为乐观,虽然首批茶叶的制造尚未完成,已有人愿出每磅 1 先令 10 便士至 2 先令的高价定购 500 至 1000 箱,这种办法没能被卖方接受。次年第二船阿萨姆茶运到时,它的价值虽不及上一年,但是也相当昂贵,每磅自 8 先令至 11 先令,只有一种极粗的茶叶,售价每磅 4 先令至 5 先令。

最初的古门茶是在印度栽培的中国种,1843 年由法康纳带到伦敦,他是该省退职的植茶监督人。几年以后,印度的茶叶种植者都知道了土种茶叶品质优良,遂全力栽培这种茶树。不久,私人的栽培事业继首先倡导者东印度公司之后而兴起。因为创始于 1839 年的阿萨姆公司与创始于 1858 年的琼哈特公司种植茶叶获得成功,所以自 1863 年至 1866 年有许多公司从事茶叶种植事业。

加尔各答首次正式销售茶叶是 1861 年 12 月 27 日,次年即 1862 年 2 月 19 日,又出售一次。自此以后,每隔一段时期举行一次拍卖,现在是每星期一举行定期拍卖,如果销售的茶叶超过 3 万箱,则延续到星期二继续拍卖,一年中销售季约为 8 个月。

锡兰茶最初加入市场是在 1873 年,运到伦敦的茶叶仅 23 磅,结果他后来者居上,成了茶叶贸易史上发展最为迅速的一例。

科伦坡的茶叶拍卖,每星期举行一次,从 1883 年 6 月 30 日开始,最初拍卖的地点是萨姆威尔公司的茶叶经纪室。

锡兰茶叶受第一次世界大战的打击很大,科伦坡的拍卖于 1914 年 8 月停止。1919 年实行战时茶叶统制,等到 1920 年劣质茶充斥市场,即行废止。后来当局立即采取限制办法,使贸易得以迅速恢复。

茶叶经由苏伊士运河运输

在英国属地的茶叶最初进入本国市场的那些年里,特别设计的船舶从中国装运茶叶到英国,速度很快,开创了茶叶史的新记

录。这种快艇以中国快剪船闻名。1869年苏伊士运河开通,远东
到英国的航程缩短,快剪船时代才告结束。自此以后,竞相制造马
力大、速度快的船舶,使新上市的茶叶能迅速运到伦敦,不致于延
期。从1882年,运输业竞争进入激烈阶段,"斯特林堡"号轮船由
上海到伦敦,只需要30天。

最初经过运河的船只,其船体小,仅数百吨。保险公司唯恐路
上遇险而遭受损失,因此索取高额的保险费用,但是这种顾虑很快
被打消。由于需要而竞相制造快船,以利于在运河中航行,并且在
船身及载重方面也有激烈的竞争,结果有很多轮船在远东航行一
次,能载回500万磅以上的货物。1890年"克林斯"号轮载茶
5,095,000磅,1909年"巴黎"号载茶5,000,000磅,1912年"学院
派"号载货5,400,000磅到伦敦。

小包装茶

小包茶创始于1826年,是美国的一个教友派教徒约翰·霍尼
曼创行于魏托岛,现在由 W. H. & F. J. 霍尼曼有限公司经营。创
设小包装茶的目的在于,当伪茶及着色茶充斥市场时,使消费者可
以买到较为纯正的茶叶,他先用人工将纯正的茶叶固定封装在衬
锡纸的纸包内,而后又发明了简单的手工包装机,直到业务发展必
须迁往伦敦的时候,才放弃使用这种简单的机器。

曼兹沃特茶叶公司,事实上是最先经营大规模小包装茶叶的
公司,该公司于1884年开始采用高价及纯正的锡兰茶,并扩大宣
传,同业中有很多人仿效,因此使锡兰茶的价格提高,以致最后不
得不用印度茶混合,以此平抑价格而利于推销,小包装茶在当时极
为盛行。当时零售茶价格的低廉,使新进入此行业者不敢贸然经
营小包装茶,因为想要推销一种新品牌茶叶,需要投入很大的广告
费用。

拼配茶批发业

拼配茶的优点在于其价格与品质能适应大众的需求,因此能迅速发展。有许多公司应运而生,这些公司的业务范围很大,有仓库及审茶室等完备的设施,是过去任何茶叶贸易公司比不上的。为了适合各种性质的水质与不同地区,因此需要储备多种茶叶同时具有极高的技术,在这种拼配工厂中,必须有电灯及动力设备,以前用手工制做的,现在都已机械化。

企业化零售商

茶业的最后发展趋势,是具备企业规模的零售公司,其经营方式是广设分店,特点是改进供给业务,集中收购,调节茶价,从而减少中间商的剥削,有很多商店如此经营,发展很快。与这种商店的性质相近似的是英苏联合合作批发社,它在茶叶贸易中是最具购买力的。

20 世纪的贸易

1893 年至 1908 年举行了锡兰茶的宣传活动,主要对象是美国,经费取自于锡兰茶税。印度茶的征税开始于 1903 年,因为英属地的茶叶生产过剩,想借此扩充印度茶的国外市场。第一次世界大战时期,茶业非常繁荣,但战后市场上又出现茶叶供过于求的现象,后来因为银价突然大涨,印币比原值增高两倍,结果形成严重的危机。1920 年各茶叶公司均告亏损,而整个茶业也受到了相当大的影响,后来很快恢复,以后的很多年里,英国的茶叶贸易又回复到了以前的盛况。

现在已经停办的中国茶业协会于 1907 年在伦敦成立。以中国茶完全没有过量单宁的有害成分为理由,宣传中国茶。1909 年英国又有 40 家茶叶批发公司联合举行一种优良茶叶的宣传,以此增加优良茶叶的采用,持续五年,成效显著。

1914 年第一次世界大战开始,茶业陷入悲苦境地,1914 年到 1915 年有很多茶船被德国潜艇击沉,其中"外交官"号及"温彻斯特城"号被"艾登"号及"考尼斯伯格"号两军舰击沉,最初当局禁止茶叶从英国输出,不久稍见松动,1915—1916 年因茶叶产量少,运费增加,以致茶价上涨很高。1916 年 9 月英国完全禁止茶叶输出,但是输往中立国如西班牙与葡萄牙的除外。

1917 年,英国为了统制战时粮食,成立了粮食部,政府加强了对茶的管制,非英属地生产的茶叶也在禁止进口之列。因此中国茶及爪哇茶均被禁止,在英国能买到的只有印度茶和锡兰茶。船舶统制部最初允许每月从印度及锡兰运进茶叶 1600 万磅,以供国内消费,但是以 1917 年 9 月 29 日为周末的一周内运到的茶叶只有 500,000 磅,还不及正常消费量(600 万磅)的 1/10。

在施行茶叶管制开始的时候,因为与以往的贸易习惯相抵触,且委员会毫无经验,采取临时的方法来应付始料未及的困难,难免发生很多不满,但是在管制下,供给还能平稳增加,以合理的价格分配给一般消费者。

茶叶管制执行到 1919 年 6 月 2 日,此后茶叶贸易又恢复到原有的状态,因管制产生的影响,到第二年——1920 年才完全消除。当时因为战时及停战初期的茶价高涨,因此有大量的茶叶囤积。大部分是次等品的茶叶,在明星巷以每磅 5 便士出售,但是到次年茶叶市场又开始走向繁荣。

1926 年报纸上对于茶叶批发业的投机性展开了争论,于是全国粮食会议就开始研究,并发布报告。报告中对于茶叶在英国如何分配及零售商所采取的各种销售方式进行了详细的探究,这一报告于次年 10 月出版,报告对于投机一事做出了诊断。根据报告所述,在茶叶贸易中生产者似乎处于最有利地位,能限制在伦敦销售茶叶的数量,因此投机的机会依然存在,而且价格也因此受到影响。

英国属地中最后从事茶叶者是非洲的肯尼亚,它最初是于 1928 年 1 月 18 日运出茶叶到达明星巷,共计茶叶 12 箱,是肯尼亚茶叶公司所属的加伦伽茶园生产,品质上乘,舆论也都给予称赞。

1928 年下半年,伦敦茶业界中发生一场剧烈的争论。由于爪哇及苏门答腊茶的输入增加而大大威胁了印度、锡兰茶,所以当时代表锡兰及印度的茶叶种植者的伦敦锡兰协会、印度茶业协会及伦敦南印度协会请求贸易局,根据 1926 年的商标法颁布条令,对于茶叶商标不论它是小罐或大箱,都应标明是否是英国产品,以此抑制外国产品。

杂货业公会联合会、苏格兰杂货业协会、设有分支店的店主协会、茶叶买办协会、全国生产经纪人联合会、苏格兰茶叶批发协会、在荷兰的英国商会以及国会中合作会议的委员会,对于上述请求群起反对,贸易局经过慎重考虑,决定在目前贸易的状况下,还不适合颁布前项条令,于是在 1929 年 3 月将此项决议提交国会。

1920 年印度和锡兰的茶叶种植者因为生产过剩,都赞成限制办法,从而使产量得以根本减少。

因为英属印度、锡兰、爪哇及苏门答腊丰收的结果,1929 年普通茶叶在伦敦市场有大量的过剩,因此这一类的茶叶价格明显下跌,只有优等的茶叶在当时尚有销路,但是受一般市场的影响价格也全部下跌。到这一年的年底,各个制茶公司的红利都形成下降或暂停发放,生产过剩的影响才开始显现。因此英国及荷兰的茶叶种植者协会都同意自动减少 1930 年的生产量,唯独荷兰不能限制土人种植茶叶的运销,因此此项计划收效不大,到 1931 年就不能继续执行了。但是因为生产的继续过剩,于是在 1933 年,印度、锡兰及荷属东印度订立了限制茶叶输出的五年协定,各签约国均须依照协定限制茶叶的输出,使过剩存茶减少到正常比率,这几个国家在主要消费国举行联合宣传。同时,印度的英国茶叶种植者开始实行生产限制的计划。

第三十五章　印度的茶叶贸易

印度茶叶首次输入英国市场，是由生产者自己实施的，但是不久在加尔各答就有很多的代理公司成立，专门代理茶叶生产公司办理出口事宜。自19世纪40年代至19世纪末，有十几家代理公司非常活跃。至今还代理出口大量印度茶。这种公司都是它所代理公司的股东，这样使完善的茶园管理与运销有着密切的配合，其中有很多公司的营业范围遍及世界各地。

加尔各答的茶叶公司

现在将加尔各答在茶叶贸易上最著名的公司略述如下：

Gillanders，Arbuthnot公司，兼营银行业务及代理运输等业，是加尔各答最早参与茶叶贸易的公司。

贾丹·斯金纳公司，是经营茶园代理的先驱，由戴维·贾丹于1843年创立，1845年与查尔斯·宾尼·斯金纳合伙，自1853年贾丹去世后，该公司与香港怡和洋行在各自的业务领域内进行合作。

乔治·汉登森公司是乔治·汉登森于1850年在加尔各答创立，开始时名称是汉登森 & 麦克蒂公司，是汉登森在伦敦明星港设立乔治·汉登森父子公司五年后设立的。加尔各答的公司于1925年变更为私人的有限公司。

J.托马斯公司是茶叶经纪公司兼营蓝靛染料等业，是已故的罗伯特·托马斯与查尔斯·马丁二人于1851年所创立。

本格·登洛普公司是茶园的代理人和经营者，由戴维·本格与罗伯特·登洛普二人于1856年创立。

本格·登洛普公司，与加尔各答的茶区劳工协会及印度茶业协会的事业与发展密切相关。

在印度英国茶商上班时的情景

邓肯兄弟公司是沃特·邓肯、威廉·邓肯及帕特里克·普莱贾厄三人于1859年所创立，最初名称是普莱费厄·邓肯公司，1924年改为私人有限公司。该公司凭借印度茶业协会及茶税委员会而竭力促进印度的茶叶贸易。

巴洛公司是托马斯·巴洛大约在1860年所创立，最初是曼彻斯特及伦敦托马斯·巴洛和兄弟公司的分店，很多年来都是做托马斯·巴洛和兄弟公司所管辖茶园的代理人。

威廉姆森·贝格公司的业务发展与英国茶叶的发展并驾齐驱，该公司是J. H. 威廉姆森于1860年创立，他是在1853年到印度任阿萨姆公司经理，早年印度茶业由失败转向成功，他立下了汗马功劳。

加尔各答茶商协会

加尔各答茶商贸易协会于1886年9月8日成立，是由茶业界的很多人士在孟加拉商会内召集会议后组建的。D. 克瑞克尚克是本次会议的主席，其他到会的有A. 威尔森、J. 麦克费登、J. G. 穆古斯、G. J. 夏普等人。

科伦坡的茶叶贸易

目前经营锡兰茶叶贸易的老科伦坡公司,都是过去的咖啡园代理商,后因咖啡叶病而导致咖啡事业失败。到1880年间茶叶在商业上渐渐占据重要地位,各个公司就纷纷改营茶叶。1890年到进入下一个世纪,锡兰茶叶在新市场备受欢迎,而锡兰的茶叶种植者在海外的宣传也极为活跃,科伦坡的茶叶贸易逐渐出现蓬勃的景象,当时除了原有的咖啡公司改营茶叶以外,还有很多新兴公司创立,共同致力于茶叶的发展。茶叶公司大致可分为三类——卖茶经纪人、茶园代理商及茶叶运销商。

科伦坡茶商协会成立于1895年8月9日,大约有50个会员。

科伦坡经纪商协会成立于1904年。其会员是六家科伦坡产品及股票的经纪人。(编者注:以下人物简介、公司简介本书从略)

(编者注:以下全章"英国茶叶贸易人物简介"本书从略)

第三十六章　英国的茶叶贸易协会

推广、保护伦敦茶叶贸易利益的六家协会是：伦敦印度茶业协会、伦敦锡兰协会、伦敦南印度协会、伦敦茶叶经纪人协会、茶叶经济人协会及伦敦茶叶购买者协会。

印度茶业协会（伦敦）

为了使北印度茶园主人及经理人，能为他们共同的利益统一行动，印度茶区协会即现在的印度茶业协会于 1879 年 7 月 22 日在格累沙姆街协会会馆内举行了盛大的成立大会。

T. 道格拉斯·福赛斯爵士被推举担任会议主席，并且提出了组织该会的议案，得到全场一致通过。关于协会地点不设在印度而设在伦敦的理由，在计划书内有详细的叙述。内容如下：

"广大的产地使协会不能设在印度，茶园主及其他相关的事务都集中在伦敦，因此伦敦是协会总部最适宜的地点。同时，茶叶种植者及居住在印度的相关方面的合作者，对于协会不但极为重要，而且可以说是不可缺少的支持者。

成立协会更加重要的目的说明如下：

（1）作为与印度茶叶产业有直接或者间接关系的通讯中心，收集并发送有关茶业的消息。

（2）尽力使茶叶生产者与经营者之间在各种重要问题上达到一定程度的一致和协调，以求减低生产成本，改良品质及增加茶叶的需求。

（3）关注英国及印度立法对于茶业及茶区一般利益的影响，

倘若为了必须实现的目的,可以努力促进现行法律的修正或变更。

(4)采取必要的措施改良交通及运输工具,并且使劳工和移民源源流入最需要的茶区。"

个人每年的会费定为 1 基尼,但对于公司及茶园主人则是请求大量捐助。对于这个计划,很多人积极响应,仅在两个星期内就有 70 个会员加入,道格拉斯·福赛斯爵士当选为协会主席,恩斯特·泰被聘为秘书。

加尔各答的印度茶业协会是于 1881 年 5 月 18 日在孟加拉商会举行茶园代理人会议时决议成立的。

1894 年伦敦协会取消印度茶区协会的名称,并征得双方同意将伦敦印度茶区协会与加尔各答印度茶业协会合并,名称为印度茶业协会,在伦敦及加尔各答设分会,其目的在于使这两个协会之间的关系更加密切,共同发展印度的茶业。

伦敦分会处理在伦敦发生的各项事务,而加尔各答分会则处置在印度发生的问题,在两个分会中各有一个常务委员会,办理各种事务,对于会员之间发生的问题给予指导,但是这个委员会没有执行权。伦敦协会的办公处设在明星巷 21 号,年会及选举职员在 6 月份举行。该会总计会员 181 人,个人会员 23 人,名誉永久会员 1 人,即 P. R. 布彻恩曼公司的阿瑟·布莱恩斯。(编者注:以下人物简介本书从略)

伦敦锡兰协会

伦敦锡兰协会于 1888 年 4 月 30 日成立,其目的在于保护和促进锡兰茶业的共同利益。最初建议组织该会的是詹姆斯·辛克莱尔及 H. 克·鲁瑟福特,他们于 1887 年锡兰种植者协会在锡兰甘特举行会议时提出,并于 1888 年 2 月 17 日经该会年会批准。

1888 年 4 月 16 日锡兰茶业界在伦敦东方银行的董事室,举行筹备会议,种植者协会的建议经讨论被通过。两星期后,新协会

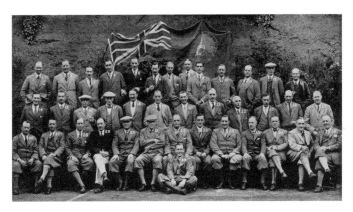

1928 年锡兰高尔夫社团成员在英国

的首次会议在同一地点举行。

会议决定协会的名称为"锡兰协会"，工作人员有会长、副会长及秘书各一人，规定会费个人会员为 1 镑 1 先令，商店为 3 镑 3 先令。

第一年该会有会员 88 个，1925 年增加到 554 个，其中 135 个是公司，54 个是代理公司及商店，365 个是个人会员。从 1925 年以后，每年的会员很少有变动，年会及改选会员是在 4 月的最后一星期举行。

伦敦的锡兰协会并没有常务执行委员会，但代以行政会议，由会长、副会长及 56 个会员组成，并且有三位永久的名誉会员，他们是哈夫·克里福德、诺曼·W. 格里夫及 H. K. 鲁瑟福特，后两位是茶师。

秘书办公室及伦敦锡兰协会的总会设在大塔路埃都尔巷 11 号，该会与在锡兰其他协会的关系虽然都是独立的组织，但是他们能团结一致为该岛的公共福利而努力。（编者注：以下人物简介本书从略）

伦敦南印度协会

伦敦南印度协会成立于 1889 年 1 月,因为南印度各界认为应该在伦敦设立一个协会,来处理关于南印度的种植、运输、贸易及商务等各种问题。

该会于 1918 年 2 月 28 日举行的临时大会所订立的规则说明了它成立的目的。

"独立或与南印度种植者联合协会或者其他抱有同样目的的团体共同发展南印度的茶叶种植业及商业等,并且处理其他临时发生的事件。"

该会成立后,凡有关共同利益的事情,都与南印度种植者联合协会及加尔各答和伦敦的印度茶业协会密切合作。

伦敦茶叶经纪人协会

该会成立于 1889 年,其目的在于保护卖茶经纪人的利益。现在全体会员中(23 个)包括茶叶买办 2 名,他们是在订立严厉限制茶叶买办加入为会员的规则前很多年选出的。该会有 16 人的委员会,包括主席及副主席各一人,由每年 1 月举行的常务会议选出,委员会排定会员在拍卖场出售茶叶的次序,处理所需印刷品及市场发生的各种状况等有关问题,并且使种植者和购买者协会认识有关茶叶买卖本身的利益,每周商情报告由明星巷 30 号的协会办公处印发,协会主席 H. B. 于尔,秘书是 A. B. 纽森。

买茶经纪人协会

该会 1899 年在伦敦成立,其主要目的在于保护、维持及促进会员在商业上的利益,该会约有会员 10 个,约翰·J. 邦廷是会长,名誉秘书是 S. T. 威尔考克斯。

伦敦茶叶购买者协会

茶叶购买者协会创立于 1898 年, 其目的在于保护会员的利益, 制定规程, 以此管理买茶的业务, 此项规程随时加以修正。职员包括会长、会计各一人, 委员会由 16 人组成。会员限于在伦敦市场的真正买家, 目前有会员 115 人。协会除了通常关注购买贸易的利益以外, 遇有其他相关的共同利益时, 起到与其他贸易团体沟通联络的作用。

第三十七章　茶叶股票与茶叶
股票贸易

很多年前,大多数茶叶公司的股票皆掌握在开辟茶园的人及其亲友的手中,范围比较小,就是在今天这种情况也仍然存在。茶叶股票在某一个时期内交易很兴盛,但是没有一个自由的市场。直到 1922 年的繁荣期时,社会对于茶叶股票的兴趣激增,市场才日见扩大。

茶叶股票的交易

茶叶股票的大宗交易只限于伦敦,伦敦证券交易所是主要市场。另外有很多茶叶股票贸易,也是阿姆斯特丹的证券交易所及伦敦明星巷茶叶与橡胶股票经纪人公会经营的品种,而苏格兰公司的股票也有一部分在格拉斯哥及爱丁堡交易。至于印度和锡兰的卢比股票则在加尔各答及科伦坡交易。

所有茶叶股票都是记名式,在大多数的英国公司大都可以抵押转让。因为股票面额过大,在市场的交易中有些迟滞。票面额有 100 卢比或 5 镑、10 镑很多种,甚至还有 100 镑的,但是为了使其在市场上交易便利,票面价格应该改为 10 卢比或 1 镑。今天大多数英国公司的股票票面价格已经减少到了这一数额。

市场发展情况

在茶叶股票史上的主要发展时期是在过去的三四十年间,而最重要的时期是在 1922 年以后。最先成立的公司是阿萨姆公司，它创建于 1839 年；其次是琼哈特茶叶公司，创始于 1859 年。两者都是采用英镑计算的公司。到了 19 世纪 60 年代又创立了 10 家公司，70 年代增加了 9 家，80 年代增加了 22 家，到了 90 年代因为销路顺畅，新设的公司多到 103 家。

最初组建的公司大多数是茶叶种植者的私人企业，他们冒着风险，在气候恶劣的环境中，由自己或向亲友募集股本创业。这些事业大多数在伦敦市场极为著名。当茶叶种植者从东方退休后，他们将自己的茶园出售，或改为有限公司，也有许多人以供职的形式继续担任董事或董事长等职务。这些政策使得公司经营模式日趋健全，使许多成绩卓著的有限公司增加了不少资产。

伦敦证券交易所约有会员 4000 人，至今仍然是以英镑计算的茶叶股票的最大市场。但也有些人宁舍伦敦证券交易所而到明星巷证券交易所，因为后者是专营茶叶与橡胶股票的机构。明星巷茶叶与橡胶股票经纪人协会于 1913 年开设，地址是明星巷 14 号，创办的宗旨是为了便利居住于明星巷附近的经纪人，会员约有 25 人，每日上午 11 时及下午 3 时各开盘一次。

多种著名的股息

在 230 家英国茶叶种植公司中，约有 50 家公司的英镑股票在伦敦及郡营证券交易所内正式交易。其中有很多家每年都能按期发放股息，有些公司及一些新公司还有可能发给红利，尤其是有几种获利丰厚的股票，因持票人不愿割爱而很少在市场上流通。

发放股息最著名的当推琼哈特茶叶公司。该公司设立于 1859 年，1860 年派发第一次股息，在 73 年的时间里，仅有三次未发股息，即 1866 年、1880 年及 1932 年，第 100 期股息是在 1927 年派发的。到 1919 年，其资本自 10 万英镑增加到 20 万英镑，是由发行票面额 1 镑的红股 5 万股及普通股 5 万股得来。在 1921 年及 1928 年,先后经政府核准增加资本,并印发股票,其资本额随之扩大到 40 万镑。

第一次世界大战以后,各公司所发最高的股息是 130%,免征捐税,因此此数相当于 150%,这是考瑞·埃利茶叶公司于 1922 年所派发的股息。

75%~80% 或更高些的股息都很普通,经营较好的有限公司,近 10 年至 15 年各时期所派发的,都能达到这个数额。

其他各公司在同时期中也有良好的记录,其股票在市面上往往比其他的价格较高的股票表现更为活跃,这是因为净利全部依据投资者对于他的股票支付的价值而定。事实上,常有以合理价值购入股息比较少的股票,而他获得收益的比例反而比较高。但凡没有股息可以派发时,投资者也就没有盈利。这是 1920 年及 1929—1932 年生产过剩时期中很多公司的状况。

各个公司的资本因为印发红股或新增财产发生变动,阿萨姆公司就是最显著的例子。该公司原有资本 20 万镑,现在则扩充到 100 万镑,每一个持票人原来持有股票一股,每股价值 20 镑,转换成现在持有 100 股,每股价值 1 镑。

各著名茶叶公司的股票目录中,载明关于种茶面积、盈利、股息及股票市价等最新信息,它常常由股票经纪人编印,并在伦敦、阿姆斯特丹、加尔各答及科伦坡的报纸上刊登。

为便利股票经纪人和股票投资人,每年常有多种茶叶股票手册出版。这些手册除了发表经济信息外,还登载发行股票的各主要茶叶种植公司的名称。

各英镑股票公司中著名的手册有:投资家发行的《威克尼斯的茶与咖啡股票手册》,R. P. 威尔金森出版的《茶和咖啡的生产厂家》。由明星巷茶叶及橡胶股票经纪人协会出版,L. G. 斯蒂文森所编的《茶叶生产公司》。

卢比公司著名的手册有:加尔各答 Place Siddons&Gough 公司出版的《印度投资者年鉴》以及科伦坡经纪人协会出版的《卢比企

业手册》。

　　总而言之,茶业虽然间或发生不景气现象,但是稳健的投资者仍然认为这一行业经济基础稳固,而且全世界对于茶叶的消费也有增长的趋势,前途很乐观。

第三十八章　日本茶叶贸易史

　　很久以前,日本就开始种植茶叶,但是从来不运到国外,直到荷兰东印度公司获得德川幕府的特许,于1611年在平户岛上设立了一家商馆,才开始有茶叶输出,该公司在1641年迁移到长崎江口之德仕玛岛上,荷兰驻日公使詹姆斯·斯派克斯是于1609年到达日本,他是在平户岛上的第一任监督。

　　荷兰商船每年驶来一次,4月间到达,直到9月才起锚回国。开始来的船只只有三四艘,后来逐渐增多,最多时达到60艘。这些商船载来各色货物,如糖、望远镜和钟表等,带回的货物有铜、樟脑以及其他少量的漆器、竹器和茶叶等。英国东印度公司也于1621年在平户岛开设办事机构,但并不收购茶叶,后因公司经理理查德·考克斯觉得无利可图,于是在1623年公司停止营业。

　　日本在荷兰人到来不久之后,建造两艘海船,一艘经太平洋驶向墨西哥,一艘开往罗马。大约就是在这个时期,因为葡萄牙人宣传基督教而与日本当地居民发生很多摩擦,致使德川幕府深信要想谋求国家的安定,必须采取闭关政策。根据这个决策,1638年除在长崎与华人和荷兰人进行有限的通商外,封锁各海口,不与外国人来往。同时下诏严禁日本人建造航海船舶。从1641年到1859年,长崎成为只许华人及荷兰人(其他任何外国人都不得享有此权利)通商的唯一的日本口岸。日本船舶也不准驶往外国海岸。

　　日本闭关政策维持达两个世纪以上,但是1853年美国海军军官卡莫多克·马休·卡布雷斯·派里(1794—1858年)访问日本,一面以武力威胁,一面运用外交手段,双管齐下,促使德川政权不得不改变闭关自守的政策。但派里的努力并没有立即发生效力，直到 1859 年横滨才开始开放与外国人通商，成为日本的第一个条约口岸。

长崎有位茶商大浦夫人受派里访问的影响，首先尝试直接的出口贸易。1853 年长崎的荷兰坦斯特公司，将大浦夫人的样茶寄往美、英及阿拉伯等国。其中一种茶引起英国茶商奥尔特的注意，他于 1856 年赶往长崎，向大浦夫人定购 100 担（一担等于 133.3 磅）嬉野珠茶。很有进取心的大浦夫人接受定单以后，就从九州岛各地收集茶叶，运往伦敦。奥尔特在长崎开设了奥尔特公司，E. R. 汉特就在该洋行任职。后来与弗雷德里克·亥耶尔合股在原址创建亥耶尔和汉特公司，大浦夫人于 1884 年逝世。

茶叶贸易的开始

日本茶叶具有商业规模的出口贸易，始于 1859 年，即横滨开放为商埠之后。当年 5 月底，香港怡和洋行在横滨英租界 1 号的建筑落成。托马斯·沃史公司，即沃史·豪尔公司的前身，则设立在美租界 1 号；其余外国商店占地一直绵延到 8 号，包括英国太古洋行在内，它的分行设在 7 号。上述洋行因开办较晚，因此在 1859 年输出的茶叶仅有 40 万磅。这些输出的茶叶换回棉布及其他物产。第一年输出的茶叶，其中一部分由托马斯·沃史公司运往美国。

美国从一开始就是日本最大的主顾，其原因一半是由于有直接通达的海路，一半是由于当时美国人喜欢绿茶的风尚。从 1850 年首次出口，到 1860 年运往美国的总数为 35,012 磅，略多于美国消费总量的 1‰。10 年以后，即 1870 年，总量增加到 8,825,817 磅，占总消费额 25%；1880 年增至 33,688,577 磅，占总消费额的 47%；在一战前的这些年中，美国从日本每年输入茶叶 4000 万磅，几乎达到消费总额的半数。当时日本出口的贸易已经达到了顶峰,日本全国茶区的生产量也已达到最大的限度,茶叶经营盛极一时。等到一战期间(1914—1918 年)日本工资提高,许多优良茶区如山城、大和、近江、伊势及下总等,在出口贸易上都一落千丈。现在静冈县的两个茶区——骏河及远州,每年供给输出的茶叶已经降到约 2600 万磅;其中 1700 万磅运往美国,占美国消费总额大约16.5%,其余则运往加拿大及其他国家。

横滨早年的茶叶贸易

横滨的茶商最初与外国人交易,没有经验,外国商人很多都雇

1899 年横滨的老式评茶室

佣中国买办为中间人,以此消除语言及习惯上的障碍。他们不仅能使用英、日两国语言,而且对于购买货物及日元折价等事,都具有极其精明的判断力。茶叶买卖一开始用本地货币,继而用墨西哥银元,与中国很久以来以墨西哥银元做标准货币的方式相同,大概

10 年以后,日本政府调整币制,制造商业上通用的日元。

横滨茶叶的另一个问题是茶叶在制造上不得法及新的茶箱不合用。这种茶箱经过海上的长途运输,容易使茶叶发霉。当时还没有使用铅皮衬里的方法,仅仅以贮藏了很多年的旧茶箱认为是最安全的包装,而对旧茶箱加工精制的方法也不得而知。茶叶运输选用三桅船或小船装运到中国口岸,然后改装快艇运往目的地。茶叶是外国商人能在日本购买的唯一大量的货物,因此他们大都从事这一贸易。

　　当时的横滨是一个以原始渔业为生的农村,只有87户人家,有一片荒废的土地,开始的时候由德川幕府租给外国人,便渐渐发展成了贸易的处女地。到1859年末,即横滨开辟为商埠的时候,居留在此地的外国侨民有英国人18名,美国人12名,荷兰人5名。第二年,又有30名外国人请求租地居住,得到了政府的许可,外国人的住宅日见增多。

　　当时虽然也有排外的团体反对,但是本地的商人如果得到县府当局的许可就可以与外国人通商。在静冈县想要得到这个许可证,比其他地区容易,因此1859年在横滨开设的静冈茶行达10家之多。

　　1861年,大谷嘉平——日本对外贸易中最著名的人

日本老式的茶叶过称方法

物之一——跻身横滨商人之列,后来又转到静冈。对于横滨早年的贸易状况,大谷说:横滨茶叶是由山域、伊势、骏河等地供给,除了从产茶区直接装运以外,各大批发商也将茶叶运到横滨,经茶行之手出售。这些茶叶品质优良,包装干燥,出口时不必再经复火。茶叶大多装在不受潮的大瓷缸内,每缸可容1/2担—5/8担(等于$66\frac{2}{3}$—$83\frac{1}{3}$磅),取名为"瓷茶",以示与木箱包装易受潮茶叶的区别。这种交易由茶行将茶样送交买主,成交时由买卖双方拍手三下,作为决定的记号。

　　第一个适合将外销茶叶复火的堆栈于1862年在横滨外国租界内建成,从广州、上海等地雇佣有经验的中国茶工,担任这个工作。他们带来了日本人以前不知道的手锅及喷糊着色等方法,这样制造出的茶叶被称做釜制茶。晒青的方法直到许多年以后才被

采用。茶叶制造工业的副产品——茶末,当时还不知道利用,往往将制造釜制茶剩下的优良茶末,用驳船装运倒入大海。根据布林克雷所说,早年茶叶制造商所得的利润高达 40%。但是好景不长,因为对出口茶的需求急增,以致茶价逐年高涨,利润反而日渐微薄。1858 年高品质茶每担售价 20 日元,1862 年增加到 27 日元,到 1866 年又增加到 42 日元,比 1858 年增加了一倍以上。而后利润显然逐年减少,但是出口的数量日益扩充,以此抵销了摊薄的利润,使这一贸易蒸蒸日上。

鉴于横滨茶叶贸易的兴盛,对于即将开辟的第二个通商口岸——兵库,都抱有很大的期望。这个口岸依照约定应于 1863 年 1 月 1 日开放,但实质上到 1868 年才开始开放。同时,一些爱国人士认为会因此再度受到商业侵略的威胁,组织起来坚决反抗。结果于 1867 年推翻了幕府制度,重建了天皇政权。1868 年 1 月 1 日虽然名义上开放了兵库口岸,但是外国侨民认为神户更适合于他们,因此请求改以神户为通商口岸,这一请求终于得到了政府的核准。

神户成为茶叶通商口岸

天皇的新政府成立以后,就在神户划出一片土地供给外国人用于经商,外商与本地商人暗中联络,计划严格保密,1868 年 9 月填高一部分地面,由海关出面标卖。

在神户最先设立公司及堆栈的是三家德国商店。1869 年 5 月开始,相继开设了许多其他公司,其中有设在 1 号的怡和洋行,2 号的托马斯·沃史公司,3 号是史密斯·贝克公司的砖茶堆栈及阿迪瑞公司的砖茶堆栈与办事处。荷兰泰斯特公司在 9 号建造了一个艺术化风格的堆栈和住宅。截至 1869 年底,神户共有外国侨民 186 人。

根据神户市政府于 1920 年印行的神户史,第一批茶叶由三个大阪商人运送到神户的仪三郎之手,他们将一部分茶叶售与怡和洋行的哈里森,其余的售与横滨 103 号的罗宾逊。但是这一说法被中山子园否认,他从神户开放以后就住在这里,据他所说第一批茶叶是售与了史密斯·贝克洋行,当时这一洋行租用一所本地人的房屋,因为他自己建造的办事处和堆栈还没有完工。

早年神户附近的大商人都很固执,不愿意与外国人通商,外国商人只有依靠从长崎、横滨一同来到这里的一些资本较小的小商人。后来像大阪的富商山本太郎等人与外国商人的交易才日渐频繁。

自从神户开放以后,长崎就失去了茶叶贸易口岸的重要性,从这时起,茶叶的供给可大致分为两路,即所谓的"神户茶"和"横滨茶"。神户茶包括著名的品种如山城的宇治茶、江川的朝宫茶等等;横滨茶包括同样著名的茶叶如川根、本山、静冈县的樱茶以及东京的八王子茶等。横滨茶的外观比神户茶漂亮。

外国商店在神户所建的堆栈,最初几乎全都是复火厂,关于这一点横滨拥有更多更好的设备,很多年来大量的毛茶都在这里转口。许多收买茶叶的外商在神户和横滨都设有分公司,但是他们中间很少发生冲突或对立,因为在这两个地方各自有自己的购买点。

直接贸易的初步尝试

日本开始对外贸易的时候,大多采用间接贸易方式,贸易一方是外商收购人,另一方以本地茶行为发售人,后者按从茶区运来茶叶的总值抽取 4.5% 的佣金。但是后来,随着发展生产额有时超过了实际的需求,以致过剩的茶叶陷入无法维持成本的窘境,在山区比较聪明而且有远见的茶人,开始寻求过剩茶叶的利用,而不愿意减少产量。最后他们订立了两项计划:一是谋求红茶的制造以及直接出口,不再通过外商之手;二是制造纯净无色的绿茶,也是直接出口。

因此,1873 年,实业局的农业组开始在很多个县试制红茶,不幸试验宣告失败。但是到了 1875 年内政部长大久保用四国、九州两岛所产的野生茶试制红茶,得到比较好的效果。雇佣两个中国红茶技师让他们分别在大分县及熊本县所设的茶厂中指导制茶,所生产的茶叶经过就地复火后运往美国,成效很好。

另外一个计划——制造纯净无色绿茶的推行,是在 1876 年派常氏携带精选的样茶前往美国,计划每月至少运寄 33,000 磅。冈本健三郎得到政府的许可,在东京木挽町的国营实验茶厂制造无色茶,但是由于市场的衰落,这些计划不幸落败。

1876 年有许多直接出口贸易公司组成,同时平尾喜重与田治作等人,对于发展直接贸易很感兴趣,就在东京九段郡的玉泉亭召集了一次会议,以此促进这项贸易的发展。但是在积极从事出口贸易的这些人中,没有一位清楚外国商业的状况,也没有一位与国外市场有丝毫的关系,只有增田一人能说英语,因此他们的想法没有成功,他们所经营的事业也随之宣告失败。

当政府与各个商店谋求改善市场状况而最终徒劳而返的时候,出乎意料地出现了一线生机。1876 年,有位茶叶专家赤堀玉三朗及 Yesuke Kamdo 二人负责主持的野村一郎在静冈县富士郡村所设立的茶厂。他们创制了一种蛛状的笼制茶,这种茶叶在美国市场极受欢迎,不久对于这种茶叶的需求激增,几年内,每年的输出额达到 600 万磅以上。这种新茶叶从一开始就对日本茶的市场推广起到了很大的作用。

富士郡蛛足状茶——笼制茶的产地,但实验证明志田郡所产的青叶也适合制造这种茶叶,现在离静冈城以西约 12 英里的滕枝镇,已经成为制造笼制茶的中心。

推广性的展览会

1876 年,日本决定参加美国费城百周纪念展览会,将日本的物产——包括茶叶在内的产品送往陈列。这是日本茶叶在美国展开重要宣传的开始,此后在宣传方面继续努力,从未间断。

1879 年日本参加另一次在悉尼举行的重要展览会,在这次展览会中,日本的红茶获得了最高奖。日本政府因此备受鼓励,继续提倡红茶制造。次年所有红茶公司合并成一个大公司,名为横滨红茶公司。该公司装运大批红茶到墨尔本,又运寄给美国公司史密斯·贝克公司 1,500 担(200,000 磅)。但是这两批货物都没能获得利润,该公司因此停业。

茶叶生产者的第一次竞赛展览是于 1879 年 9 月 15 日在横滨市政厅举行,陈列的物品是样茶,由 28 人组织成评审委员会,对样茶进行评判、奖励。展览会闭幕后,他们组织了茶叶研讨会,研讨关于茶叶制造及运销等相关问题。

这一时期内,釜制茶及笼制茶用中国秘方着色,即使日晒茶通常被认为是自然无色的茶叶,也用黄粉着色,为充分表现受到日晒的特点。

整个茶叶组织

1882 年美国通过一项法律,禁止掺杂茶的进口,此项法律的颁布给着色茶及粗制滥造茶以有力的制裁。鉴于此,茶叶讨论会于 10 月 9 日在神户举行的第二次茶叶竞赛展览会以后,采取有效方法,以求适应这一新的局势。他们向政府提出一份备忘录,详细叙述了将全国茶人组织起来阻止制造上的不良行为的必要性。

茶业会社于 1884 年 1 月颁布了临时规定,在每一个产茶区组织就地茶业组合。到 5 月间,各地茶业组合在东京召开会议,组成日本中央茶业组合联合会议所,第一任职员有:会长川赖秀次,秘书长大仓喜八郎,干事有:丸尾中山、大谷、山本及山西等人。该会议所的目的是从事改进制造及推广日本茶的国外市场。

1885—1900 年间的茶叶贸易

1885—1887 年间,日本的对外茶叶贸易,由复兴到繁荣,这期间增设再制茶厂并纷纷开设新茶叶公司。在再制茶厂中,有山城茶叶会社在山城县优见郡设立的再制茶厂 1 所。在滋贺县的大津、土山两地设立的再制茶厂 2 所。新茶叶出口公司开设在清水、神户、大阪、京都等地。

1888 年以后的 8 年中,进行国外市场的调查,为今后推广对外贸易作准备。派遣专使到俄国,收集直接可靠的市场信息。由此组织了一家新公司,由大谷任经理,向俄国推销茶叶,并负责对美国市场的调查任务。但也因此在国内引起一片嫉妒之声,以致该公司于 1891 年宣告解散。

1893 年横滨七号的太古公司取消茶叶部。同年 210 号的伯纳德,伍德公司由伯纳德公司接手,Frazer 和 Vernum 商店改组为 Frazer,Vernum 公司。

1892 年,日本中央茶业组合联合会议所被邀请参加将于次年举行的芝加哥世界博览会,伊滕熊男特意先行赴美考察,回来后决定在会场中布置一个日本茶园,展览很受观众的赞许。为了这次展览会,伊滕一平被派往芝加哥筹备,一名留美学生古屋竹之助协助他,山口铁之助任经理,小侯彦之助担任顾问。展览会期间,经理山口及筹备人伊滕一平遍游美国,借以考察各个主要市场。

为了利用新的关于美国市场的知识,讨论组织一个直接贸易公司,日本领袖茶人在前农业部次长前田正七的领导下,于 1892 年发起创设日本茶叶协会,总机构设在东京,分支机构设在横滨、神户及九洲岛上。同年,该组织委派曾任哥伦比亚展览会顾问的小侯彦之助为美国市场调查员,小侯氏有丰富的商业经验,熟谙英语,在其任专员期间就贡献很大。此后他以神户茶叶出口公司代表的资格在美国考察多年。

1894 年美国 C. P. 罗公司,因为经营丝业失败而停业后,由一家本地公司日本东贸易会社接手经营。该公司的一部分资本是前公司的债权人所投资。这一公司将茶叶装运到芝加哥,历时数年之久,但最终还是宣告结束。1894 年,中日贸易公司取消茶叶部。纽约卡特·麦斯公司在这一时期派遣一名收购员到日本,但是茶叶再制手续是由横滨考恩斯洋行经办。曾任某洋行买办的恩·奥斯于 1895 年在横滨 131 号自行开设一家再制茶厂,将所出产的茶叶销往新加坡。

1896 年,日本茶叶再制公司及日本茶叶出口公司分别在横滨、神户成立,这两家公司均是为直接贸易而设立的。

最早在 1897 年直接输出的茶叶,是在静冈制造,完全不依托于横滨。这时全国的茶叶制造开始放弃手工而改用机器,第一部绿茶制造机——即绿茶滚筒——是在 12 年以前由高林健造发明的,但是直到 1897 年才被茶厂采用。有一种再制机从 1892 年以后被费泽和恩耐姆公司采用,后来,汉特公司及亥耶尔公司也相继装置再制机器,具体装备的情况都是保密的。但是对于再制业最有贡献的设备,是静冈富士公司的原崎氏,他在 1898 年发明再制锅,后来又发明茶叶滚筒。

1898 年在横滨 48 号的莫瑞斯公司,22 号的密特兰顿和史密斯公司,以及在 143 号的 Frazer 和 Vernum 公司都将茶叶部废除。1899 年,仍然在经营茶叶的本地出口公司有下列几家:神户的日本茶叶出口公司、横滨的日本茶叶制造公司、优见企业会社及在静冈县崛之内的富士公司。

从 1897—1903 年的七年间,是本地茶商想办法扩展外国市场以消化本国市场生产过剩的时期。1897 年太谷嘉平及相泽喜平两人向政府申请补助费每年 70,000 日元(约合 35,000 美元),作为中央茶叶组合联合会议所在这七年中的国外宣传费用。

1898 年,美国征收每磅 10 美分的茶叶进口税,作为一种战时税,这一税种的征收,使高档茶叶的贸易大大减少。1899 年,前日本中央茶叶组合联合会议所所长大谷氏远航美国,努力请求取消进口税,后来于 1901 年在纽约组成茶税废除协会,经过该会的努力,到 1903 年这项进口税才宣告废除。

20 世纪的开端

1901 年在横滨 33 号的 Mourilyan, Heimann 公司经营失败。翌年,221 号的考斯公司将茶叶部停办,而在 216 号自己开办再制茶厂。

1902 年年终,神户遗留下的茶叶公司有 Hellyer 公司、Smith Baker 公司、John C. Siegfried 公司、Carter Macy 公司及日本茶叶出口公司。

自从清水开辟为商埠以后,在静冈设立的再制茶厂如下:

1899 年——静冈县的静冈茶叶公司;

1900 年——富士公司的静冈分店;

1902 年——江尻的东海茶叶贸易公司;滕枝的世野德次郎;静冈的森荣助及鸣冈阵之助;吉田村的中村圆一郎,挂川的小笠茶叶公司,牧野源的牧野原茶叶公司;

1903 年——静冈县的吉川嘉久次郎;

1904 年——岛田的齐滕艺太郎的岛田茶叶公司;金谷的村松茶叶会社,滕枝的铃木常次郎。

上述的本地公司及个人委托下列商店作为驻美国的代理人:纽约的古屋会社;芝加哥的水谷会社;蒙特利尔的西村会社。芝加哥的代理商店与 N. Gottlieb 公司联合,大约在 1900 年以 Gottlieb Mizictany 公司的名义,做神户的日本茶叶出口公司的代理人。

茶叶贸易转移到静冈

同一时期,茶叶贸易转移到静冈,地点在接近静冈县的两大产茶区,这两大产茶区是供给茶叶出口贸易的主要来源。清水是静冈县的海口,于 1900 年开放为商埠,同年就有 209, 799 磅茶叶输出。J. C. 迈特尼公司首先在这里设立了分店,到 1903 年春,弗雷德·格罗从芝加哥来到静冈,任 F. A. 詹奎斯茶叶公司的收货员,同年后期,又加入 J. C. 迈特尼公司。

1904 年伊势的四日市口岸开辟为商埠,同年有 565, 635 磅茶叶运往美国和加拿大。

静冈茶叶所采取的经营途径从一开始就与其他的老市场不同,出口商收购茶叶并不经过茶行之手,是向再制茶厂或方山茶贩直接购买茶叶。

芝加哥的 Gottlieb, Mizutany 公司是在静冈设洋行收购制成茶的第一家洋行,它开办于 1906 年。到了 1908 年该公司分裂,由 Gottlieb 公司独家经营。同年,水谷会社、W. I. 史密斯公司、J. H. 彼德森公司及巴克利公司都在静冈设立办事处,怡和洋行建造了一个宽敞的再制茶厂亥耶公司将总公司设在静冈,同时扩充了再制茶厂和堆栈,这些公司在再制工厂中装置现代式原崎制的茶锅,当亨特公司于 1912 年从横滨迁来的时候,带来了秘密再制机。

横滨史密斯·贝克公司的茶叶出口部由奥蒂斯·A. 鲍尔接管,于 1910 年迁到静冈。1912 年 Greo. H. Macy 公司结束了横滨101 号堆栈,与其他公司一起迁到了静冈。

1912 年底,只有布兰登斯坦公司一家还留在横滨,神户最后一家公司是日本茶叶出口公司,也在不久前解散。至此,旧日的茶叶贸易,实际上已经宣告结束。

第一次世界大战时期——1914—1918 年

大战给日本茶叶带来了有利的影响,从 1914—1918 年茶叶输出的数量和价值都有所增加。有很多红茶、砖茶及台湾乌龙茶,从其他国家运到日本转口,以致输出总额从大战前 5 年(1909—1913 年)平均每年 4000 万磅,在大战中的 5 年(1914—1918 年)突然增加到 5000 万磅以上。当时感到最困难的是没有足够的运输吨位,因此运费暴涨,日本产茶的成本也随之提高,达到茶叶史中的顶点。大战末期一般的茶商养成了粗制滥造的恶习,加上成本提高,给茶叶市场带来极为不利的影响。

战 后 10 年

大战以后,从 1919 年至 1928 年的 10 年中,日本最大的主顾——美国对东印度红茶的消费有显著的增加。同时日本的绿茶输入从战前的平均每年 4000 万磅到战时的平均每年 5000 万磅以上惨跌到平均每年 1700 万磅左右。大多数外国出口商,以前曾对购买日本著名的茶叶表现得很积极,今天则不是很活跃甚至销声匿迹。只保存了少数原来的洋行和少数老资格的茶叶店。后者是出于国家利益而致力于直接贸易,收到一定的成效。

表 38—1 指明 1932 年 5 月 1 日至 1933 年 4 月 30 日采茶年度中日本茶叶出口商店的数量,表内也显示每家商店输出茶叶的数量及运往的国家。

除了出口商以外,日本现今的茶叶市场约有精制茶厂 40 家及许多毛茶商贩,经营出口业的精制茶厂有:

自行精制的有:Hellyer 公司及静冈市内北番町的富士公司。

再制与销售的有:在 Dodayucho 的 Choyomon Ishigaki 公司;材木町的优见合名会社;在 Aoiccho 的 Kanetaro Unno 公司;在 Chome

Anzai3 号的野崎文次郎公司，在 Chome Anzai2 号的 Naojiro Uchino 公司；在西四町的 Sataro Saes 公司；在北番町的西北茶公司及静冈茶叶会社；在 Chome Anzai 5 号

日本妇女正在包装出口茶

的三本省三郎公司；在 Chome Anzai1 号的 Sunsei 公司；以及在 Chome Anzai 3 号的树尾鹤吉公司、过安吉公司、香川会名会社。上述各公司都设在静冈县内。

表 38—1　日本茶叶的输出量

（1932 年 5 月 1 日—1933 年 4 月 30 日）

输出商	磅　数
Irwin-Hanrisons-Whitney、Enc	9, 100, 202
Siegfried-Schmide co	3, 938, 953
Hellyer Co	3, 412, 801
富士公司	3, 123, 871
日本茶叶直接输出公司	2, 421, 598
日本茶叶收购代理处	2, 005, 731
票田兄弟会社	878, 656
三井物产会社	848, 741
M、J、B、Co.	671, 025
三菱商事会社	139, 607
日本绿茶生产公司	73, 755
吉内商店	41, 500
静冈贸易会社	39, 182
日本中央茶叶组合联合会议所	27, 983
其他	21, 650

输出商	磅　数
合计	26, 745, 254
至纽约	7, 465, 833
至芝加哥	7, 733, 708
至太平洋沿岸	1, 831, 915
美国合计	17, 031, 456
至加拿大	2, 117, 968
至俄国	4, 475, 649
至其他国家	3, 120, 181
合计	26, 745, 254

日本著名的茶叶公司

在美国海军军官派里访问日本 6 年以后,日本开放横滨岛为商埠。怡和洋行的名号最早出现在外国茶叶出口公司的名单内。

香港怡和洋行于 1859 年在横滨设立分行,后来又在东京、下关(马关)、静冈、神户等地设立支行。F. H. 巴格伯德是该洋行的现任总经理,总办事处设在横滨。

日本茶叶出口业的另一开创者是史密斯·贝克公司,大约在 1859 年在横滨创立,原来的合伙人是威廉·霍雷尔·莫斯、埃丽奥特·R. 史密斯、理查德·B. 史密斯、克盖特·贝克及杰斯·布立登伯格。在日本的神户、静冈及横滨,在台湾的台北及纽约均设有分公司。

莫斯于 1840 年生于波士顿,少年时就到了日本。埃丽奥特·R. 史密斯是西点军校的一个士官候补生,但不久也来到了日本。这两人在日本汇合并与理查德·B. 史密斯合作组织了这个公司。莫斯是驻横滨的美国领事。

该公司 1906 年改营证券业,总公司转移到纽约,它的董事长是埃丽奥特·R. 史密斯、副董事长是约翰·沃兹,董事有威廉·

霍雷尔·莫斯及卡尔·扬等人。1910 年横滨分公司的茶叶出口部由 Otis A. Poole 接手,转到静冈以 Otis A. ,Poole 公司的名义继续经营。Smith Baker 公司于 1916 年 1 月 1 日与 Carter Macy 公司合并。

最初的日本茶人,以野崎久次郎为首,他在茶叶出口业中极负盛名。野崎氏于 1859 年来到横滨,不久就熟悉了与外国人在茶叶交易上的复杂内幕,并提携同业,传授他们茶叶销售的方法,他也给中国买办不少的帮助和指导。另一方面外国收购员也依赖他,委托他定购货物。野崎氏于 1877 年逝世,凡是与他有过交往和进行过交易的买办,在横滨为他建立了一座纪念碑,以此来纪念他。

大谷氏——在叙述日本茶叶贸易中的领袖人物时,绝不能遗忘了已故的大谷氏,他曾经担任日本茶业组合中央联合会议所所长之职很多年,是茶业界的泰斗,生前就有人给他铸像,以表彰他的丰功伟绩,这是在日本历史上不多见的荣誉。他的铜像于 1917 年及 1931 年先后在静冈的清水园及横滨的宫崎町揭幕,他于 1933 年逝世。

大谷氏生于 1844 年,18 岁时加入横滨的史密斯·贝克茶叶公司,开始任公司的收茶主任,后来担任该公司的顾问,他在加入这个公司前是一名茶叶中间商,加入该公司后,仍然继续着他中间商的经营。当他在该公司的服务期内,公司经营和他个人的经营都很发达,以致商誉日隆。

大谷氏对于茶业有着极大的兴趣,不久就在日本茶业组合中央联合会议所崭露头角,1887 年当选为该联合会议所所长。任职40 年,直到 1927 年退休。

大谷氏于 1899 年至 1900 年遍访欧、美两大洲,代表东京及横滨的商会出席费城的商业会议。他在会议中演讲,力陈连接太平洋海底电缆的必要(后成为事实),并且促成废除因美西战争而征收的茶税。

亥耶公司——已故的弗雷德里克·亥耶于 1849 年生于英国,

是历年赴日本外国茶商的领袖。他于 1867 年第一次赴日本,在他的叔叔任经理的奥特公司内任职。该公司成立于 1856 年,经营茶叶出口业,后于 1869 年停业,另组汉特·亥耶公司。该公司继续经营到 1874 年,然后由弗雷德里克·亥耶与托马斯·亥耶兄弟二人联合组建亥耶尔公司。该公司在神户经营茶叶出口贸易,并且在横滨设立分公司。弗雷德里克于 1888 年来到美国,在芝加哥设立了分公司,也是该公司现在的总部。后来于 1899 年在静冈另设一家分公司。其在神户和横滨的分行,直到 1917 年才宣告关闭。弗雷德里克于 1915 年逝世,他所留下的事业是外国茶叶公司中历史最悠久的一家,该公司后来由芝加哥的阿瑟·T 与沃特·亥耶尔及静冈的哈罗德·J. 亥耶继续经营。阿瑟·T. 亥耶是日本茶业改进委员会的委员。

　　M. J. B. 公司设在日本的静冈和美国的旧金山,是 M. J. Brandenstein 公司的继承者,后者又转而接手了在旧金山及横滨的 Siegfrved 和 Brandenstein 公司,而且于 1893 年在横滨自行设立茶叶包装工厂。该公司原来的合伙人是约翰·C. 西格弗里德与 M. J. 布兰登斯坦,在 1894 至 1900 年派往日本的收茶员是阿尔弗雷德·阿登,现任纽约办事处主任。该公司以 Siegfried 和 Brandenstein 公司的名义继续经营。1902 年西格弗里德离开该公司,自己建了 John. C. Siegfried 公司,原来的公司改名为 M. J. Branderstein 公司,已故的约翰·贝克是收茶员,约翰·贝克以前在横滨是一位极其著名的人物。该公司于 1923 年 9 月大地震之后,将在日本的总公司自横滨迁移到静冈。M. J. 布兰登斯坦及约翰·贝克都是在 1925 年逝世。翌年,该公司改组,更名为 M. J. B. 公司。硕果仅存的只有前股东爱德华·布兰登斯坦一人,现任该公司的总经理兼美国茶叶评检委员会主席。在日本静冈 M. J. B 公司的中岛氏是日本茶业改进委员会的委员。

　　富士公司——就出口美国的茶叶数量而言,静冈北番町 62 号的富士公司是本地的冠军。该公司从 1888 年接收横滨一家贩卖鲜茶的商店以后开始经营,在历任经理万绿圆尾大崎伊兵、原崎源作、安田等人主持下出口新奇货物及食品。到19世纪90年代,该公司开始输出茶叶,后于1891年在堀内设立一家再制茶厂,在原崎氏的指导下,采用一种新式方法制茶。1894年改名为富士合资会社。原崎氏于1898年获得他发明的再制锅的专利权,使以后的日本外销茶的制造发生了革命。1900年该公司在静冈设立分公司,翌年总公司也迁移到了静冈,直至1921年12月改组,更名为富士有限公司。

Carter Macy公司——莫斯这个名字大约在1894年第一次与神户及横滨的茶叶贸易发生联系。当年,一家老资格的外国茶叶店名叫Frazer Farley和Vernum公司——第一家用机器制茶的公司——由纽约的Carter Macy公司接手,由弗兰克·E.福纳德担任收茶员。该公司于1916年注册,于1917年迁移到静冈。乔治·H.梅西于1918年逝世,该公司于1926年停业。

N.高特利伯将总部设在芝加哥,1898年开始在静冈营业,当时高特利伯是日本茶叶的收购人和输出人。大约在1903年高特利伯与水谷氏合伙组建了Gottlieb Mizutany公司以日本中央茶业组会联合会议所的代理人资格,在芝加哥代理推销日本茶叶。该公司1905年在静冈设立分公司,到1908年宣告清理。但是1909年高特利伯再次组建Gottlieb Peterson公司。1910年改组为Gottlieb公司,1921年又改名为N. Gottlieb公司。高特利伯于1929年6月在芝加哥逝世。他从1925年起任日本茶业改进委员会委员,直至逝世。

在伊势室生山的K. Ito制茶公司,由Kozaemon Ito担任总经理,1897年以他的名义经营再制茶。1917年更名为K. Ito制茶公司,该公司经营直接出口业,直到1924年底为止。

西格弗里德于1902年在静冈及芝加哥创立Siegfried公司,公司名称是Joh C. Siegfried公司。西格弗里德以前是Siegfried和Brandenstein公司合伙人之一,1902年,他在静冈自己设立公司收购茶叶,于 1915 年 7 月 8 日逝世。直到 1917 年公司改组,更名为 Siegfnied-Schmidt 公司,由西格弗里德的儿子沃特·H. 西格弗里德担任总经理。1933 年,E. Schmidt 撤股,公司名称改回 Siegfried 公司。沃特·H. 西格弗里德从 1925 年日本茶业改进委员会成立以后,就担任该会委员。

奥特斯 A. 波公司在静冈外商茶叶出口业中占有重要地位,从 1909 年奥特斯 A. 波接收横滨的 Smith Baker 公司的茶叶业务开始,至 1926 年波退休时宣告停业。

三井物产会社是日本的一家大公司,总店设在东京,分店遍布世界各大商业中心,该公司从 1911 年开始经营茶叶,同时在纽约设立一家办事处,大规模从事台湾茶的生产和销售。虽然在美国推销茶叶已有很多年,但是成为日本茶叶的直接出口商,则是近些年的事情。从 1928 年开始,三井会社在静冈自行设立分行,经营茶叶出口美国的直接贸易。这个业务由大谷负责主持。第一年该公司输出的茶叶在 100 万磅以上,在 17 家茶叶出口商中属第六位。

Irwin-Harrisons-Whitney 公司的静冈分公司是日本最大的茶叶出口商,他承办的是 C. Atwood 及弗雷德·A. 格罗于 1906 年设立的 J. C. Whitney 公司业务。Irwin,Harrisons 和 Grosftoeld 公司的分公司是 R. F. 艾尔文及 A. P. 艾尔文二人于 1914 年成立。格罗是芝加哥 J. C. Whitney 公司的董事之一,每年因为业务的关系来到日本,直到 1913 年才由奥格里福任日本经理。格罗对日本茶业改进做出很大努力,被推举为 1925 年组织的日本茶业改进委员会委员,在 Irwin Harrisons Whitney 公司改组以后,就担任该公司的副总经理,1909 年退休,定居在芝加哥。

J. C. Whitney 公司与 Irwin,Harrisons 和 Crosfield 公司与 1924 年 3 月合并,改称 Irwin Harrisons-Whitney 公司,由 J. F. 奥格里福、D. J. 麦肯兹、保 D. 阿伯伦斯三人担任收茶员。奥格里福于 1925 年退休,定居俄亥俄州的哥伦布城,不久逝世。麦肯兹及阿伯伦斯是现任的收茶员,前者自 1926 年以来,一直担任日本茶业委员会委员职务。

东京野泽会社是 1920 年前开始出口茶叶到美国,继而出口到澳大利亚,到 1925 年又恢复对美国的出口,1933 年,该公司委托纽约的 Bingham 公司为其驻美的茶叶经理人。

日本茶叶收购代理所于 1924 年在静冈设立,店主池田氏以前曾在纽约古屋会社任职,后入池田本间会社。日本茶叶收购代理所是设在前怡和洋行的旧址,从事直接出口贸易。

英美茶叶贸易公司,其总公司设在纽约,1934 年在静冈设立茶叶收购办事处,聘请石井精一担任经理,石井氏是日本茶业改进委员会委员,曾任静冈富士公司总经理,由于从 19 世纪初每年都到美国访问,在美国茶叶界很有名望。担任石井氏协理的是 R. G. 考夫林,即前任英美茶叶贸易公司在台北的收茶员。

日本茶业协会

茶叶讨论会于 1883 年召集会议,商讨关于茶业的危机,结果向政府呈上一份备忘录,请求对于茶叶贸易进行管理,以期调整不必要的茶叶生产。

政府采纳上述请求,于次年即 1884 年颁布茶业协会的组织条例,并拨款 1,500 日元(合 720 美元),予以资助。在各郡及各大城市都成立了地方茶业协会,由各地方代表组成的联合会议所,如静冈茶叶公会等,是各地方组合的联合机构,以沟通各协会间的相互关系,由"中央茶业组合联合会议所"统率,总机构设在东京,实施茶叶检验及促进出口贸易,凡从事茶业各方面的人士,不论是制造、贩卖、栽培、营运或中间商,都必须一律加入成会员。

第三十九章　台湾的茶叶贸易

中国台湾岛的乌龙茶贸易开始于1810年以后,开始偶尔有一些进入中国大陆,最初将茶树栽培法传入台湾岛的可能就是厦门商人,到1824年,台湾茶开始大量输入内地。

1861年英国派驻该岛的首任领事罗伯特·斯温霍提出在台湾岛发展茶业的意见,并上报其政府。他可称得上是发展台湾茶业的第一人。

1865年英国人约翰·多特来到该岛,次年访问淡水县农民,做出台湾乌龙茶出口的调查,并创立了多特公司,成为外国人在该岛设立商店的先驱,次年就开始收购茶叶。1867年该公司运载一船茶叶经厦门到达澳门。同年中国茶商柯升到淡水县,代表厦门泰特洋行购买数箱茶叶。

1868年以前,台湾毛茶运往厦门精制,当年多特公司在台北的板桥自建精制厂房,并且在福州、厦门聘请有经验的中国茶师,担任精制工作,这是台湾自行精制茶叶的创始,此后,茶叶都是经过精制以后,才装运出口。

1869年多特公司试装茶叶2,131担(284,133磅)运至纽约,结果大受欢迎。此后台湾乌龙茶在纽约市场大量增加。10年后,即1879年激增到每年1000万磅。至1889年达1500万磅。输出最高的达到2200万磅。在第一次世界大战前平均每年为1700万磅至1800万磅。一战后数量逐渐减少,截至今日,每年平均仅有700万磅。

台湾贸易开始之际,茶叶的精制和包装大部分操纵在外国商人手中,其后中国商人逐渐进入,也具有很大的实力。至1901年,台湾乌龙茶均由淡水出口,只是该港水量较浅,仅能停泊小轮船,巨轮只能停泊在一英里之外。台湾出口的茶叶须运到厦门加套篓,然后装轮运出。自从日本占领台湾后,就凿深基隆港,使巨轮得以驶入。从 1901 年以来,昔日在淡水的茶叶贸易都转移到了这里。

1901 年,台湾总督以 25,000 日元(12,500 美元)作为台湾参加巴黎博览会的经费。1932 年总督又在美国报纸上,作台湾茶叶的宣传,至今还在进行中。

近代台湾茶叶贸易上的一个重大事件是 1923 年总督颁布命令,出口茶叶必须经过品质的检验,凡是经过鉴定在标准以下的,一概不得装运出口。

1930 年,在岛内每斤茶叶征收制造税 2.4 日元(约每 132.28 磅捐 1.2 美元),但是现在已经取消。总督对茶税的取消,是多年来茶叶出口商呼吁的结果。

台湾的其他茶叶

台湾除乌龙茶大量运销美国以外,还制造大宗包种茶行销中国内地、荷属东印度、海峡殖民地及菲律宾一带。乌龙茶约占出口总量的一半,其余大部分是包种茶,还有少量的红茶。

包种茶的制造,是 1881 年内地商人高福卢由福建移居于台北时传入台湾,从此以后,包种茶的贸易渐渐发展,它为淘汰下的过剩乌龙茶开辟了销路。

三井公司制造及输出的另一种名为"改良台湾乌龙"的茶叶,也是属于乌龙茶系列,但是发酵时间较长,且全部由机器制造。1923 年首次赠送样品到美国,之后其出口贸易与日俱增。该会社也制造红茶,采用锡兰及印度的综合方法,在气候及土壤适宜的条件下,可以制成相同品质的红茶。

茶叶贸易协会

台北茶商公会成立于 1893 年,大部分会员是在台湾的中国人,主要工作就是禁止制造劣质茶,购茶季节,职员亲自到大稻埕的茶区视察,台北近郊也有茶人参与到他们中间。

台北外商贸易局是为了统一管理外国人商店(包括茶叶经营者在内)而设,这一团体是由美、英的商人组建,成立于 1900 年,开始时名为淡水商会,1906 年改为现在名称。

茶叶出口公司

外国人在台湾的第一家出口商店是多特公司,一直以来享有台湾茶叶先驱的名声,当多特于 1864 年到淡水后,是英国领事发表的关于台湾乌龙茶的报告启发了他,当时唯一的问题是农民能否供给足量的茶叶输往新市场,因为他们完全没有制造乌龙茶的知识,因此需要进行大量妥善的准备工作,多特到达台湾的第一年,就前往淡水附近的农民中间进行考察,并鼓励他们增加茶叶的生产,并且几次前往厦门,携带茶叶到该地的茶厂。第二年多特开始收购茶叶运往厦门,在厦门精制包装,并且在本地出售,获得一些收益。他认为想要涉足欧美市场,投资不能少,因此开始筹措资金,于 1868 年在台北的板桥建立第一所精制茶厂,从福州、厦门聘请技术精湛的茶师制造箱茶。次年就有两艘货船装载着他的首批茶叶 2,131 担前往纽约,这种新茶的贸易居然大获成功,在东部及新英格兰各州很受欢迎。多特于 19 世纪 90 年代初期逝世,他创建的事业在以后很长的时间里都给后人带来利益,其公司约在1893 年至 1900 年间停业。

罗伯特·H. 布鲁斯于 1870 年在淡水成立德记洋行,作为厦门德记洋行的分店,三年前厦门总店曾派一名内地茶叶买办到淡水视察市场状况,并带回一些半成品的乌龙茶,这是德记洋行在台湾事业的开端。基隆港开辟后,这家公司就迁移到台北的大稻埕。自1922年以来一直与美国朱润·哈里森·威特尼保持联系,其总经理是弗朗西斯·C.豪格,副经理是A.L.平克。

在厦门及福州的外国人茶叶公司,开始时并没有注意到淡水能成为乌龙茶的有力竞争者,但不久就因为台湾乌龙茶行销渐广而有所察觉,于是迅速在岛上占领地盘,英商艾利斯公司、布朗公司及鲍伊德公司于1872年设立台湾分店,其中布朗公司及艾利斯公司,后来由美国如塞尔公司继承,而鲍伊德公司失败后,则由莱普勒克·卡斯公司继承,但也于1901年倒闭。

鲍伊德公司是托马斯·迪斯·鲍伊德和罗伯特·克雷格二人于1854年在厦门设立,1872年在台北设立分店。克雷格退休后,托马斯·迪斯·鲍伊德邀请托马斯·摩根·鲍伊德及托马斯·迪斯·鲍伊德二人加入。1903年托马斯·摩根·鲍伊德与托马斯·迪斯·鲍伊德退休,W.S.奥就邀请爱得华·托马斯加入。托马斯·迪斯·鲍伊德于1914年逝世,福格斯·格拉汉姆·凯尔于1912年加入,于四年后逝世。到1928年爱德华·托马斯退休,罗伯特·鲍伊德·奥成为厦门鲍伊德公司最老的股东及台湾分店的主人。1934年该公司解体,由卡特·麦斯茶叶和咖啡公司继承了他的业务,罗伯特·鲍伊德·奥还在该公司服务。

另外一家英商怡和洋行,总店在香港,1890年在台湾设分店,他的业务现在也仍在进行中,现在的购茶师是H.拉罕。

同时,有一个美商涉足台湾市场是史密斯·贝克公司,它的总店在纽约,这家公司在美国与日本占领的台湾茶叶贸易中曾经占有很重要的地位。阿尔伯特·C.布莱尔是台湾的购茶师,到1915年,他的业务被卡特·麦斯公司接收。

卡特·麦斯公司于1897年在台湾开设分店,它的总店在纽约。分店开设后,聘请乔治·S.毕比为购茶师。于1934年又接收了鲍伊德公司的业务。

埃温瑞公司是一家纽约公司,1899 年开始办理出口业务,并聘请威廉·霍梅耶尔为购茶师,三年后由考布恩·霍梅耶尔公司继承。这家公司是费城的考布恩·霍梅耶尔及威廉·霍梅耶尔二人合股经营。1913 年约翰·古林出任购茶师,改组为 A. 古伯恩公司。古林曾服务于卡特·麦斯公司长达 20 年之久,最近在费城从事茶业经纪。霍梅耶尔于 1918 年逝世,他的公司也于 1923 年关闭。

另一家美商台湾服务公司于 1906 年加入台湾贸易,纽约的罗塞尔出任总经理,C. 沃特·克里夫顿出任购茶师,该公司于 1913 年关闭。

1906 年美国人 H. T. 汤普金斯以其个人的名义经营出口贸易。芝加哥的 J. C. 威特尼公司于 1912 年在台湾设立分店,聘请 T. D. 莫特为购茶师,1927 年英美茶叶贸易公司接替考布恩的公司后,也进行贸易,聘请约翰·古林为购茶师,到 1931 年由 B. C. 考万继任。

台湾被日本占领后,有很多日本商店加入到台湾乌龙茶贸易,1911 年三井会社及野泽会社均在台湾设立茶叶部,其后浅野及三菱会社于 1918 年各自在台湾设立茶叶部,翌年关闭。三井会社的首任购茶师是阿尔弗雷德·C. 菲兰,后由 C. 沃特·克里夫顿继任。他从 1899 年起就在台湾担任购茶师,继任此公司职位直至 1919 年逝世。约翰·古林继克里夫顿之后任职三年,后由 W. A. 波考尼继任,他曾在三井会社茶叶部服务很多年,初在纽约,后在上海。

第四十章　其他各地的茶叶贸易

伊朗的茶叶贸易

伊朗(波斯)是联络远东与近东茶叶贸易最重要的一环,伊朗国内茶叶贸易也十分活跃。伊朗现代茶叶贸易的鼻祖是穆哈默德·阿里·米尔扎·沙伊萨·凯什维亚桑塔那太子,1900年他将印度茶叶带到伊朗,开始与俄国正式通商,并且在国内栽植茶树。

伊朗的主要茶叶贸易公司有:H. M. Ali Ghaissarieh,1865年成立,设在德黑兰;Sherkat,Hashemi,1910年成立,设在德黑兰;Haji Seyed Mohammad Reza Kazerooni父子公司,1886年成立,设在布什尔;H. M. A. Amin兄弟公司,1857年成立,设在伊斯富汗;Hadji Abdul Nabi Kazerooni,成立时间不详,设在什剌子;Haji Mahmud Herati,1924年成立,设在麦什特;Abdul Ali Ramazanoff 1898年成立,设在勒斯特。

俄国的茶叶贸易

由中国北部经蒙古、西伯利亚至俄国的陆上商队,开始于1689年《尼布楚条约》签定以后。1860年至1880年间是商队最盛行的时期,1880年横贯西伯利亚的铁路建成一部分时,就开始衰落,直到1900年这一铁路完成后,商队逐渐消失。以后俄国大部分的进口货物都由海参崴经铁路输入。

茶叶除了由陆路输入外,俄国茶商于19世纪60年代开始经苏伊士运河至俄得萨输入少量茶叶,直到19世纪90年代以后,才开始迅速增加。同时期,俄国也经常从伦敦输入茶叶。

十月革命前,俄国最大的茶叶公司是:C. S. Popoff 公司、Alexis Gubkin 公司及 Wissotsky 公司。开始的时候,Popoff 公司经营的最好,但不久被后起的 Wissotsky 公司夺去大部分的贸易。Popoff 公司在一战后向中国购买货物,但是他的创办人 Popoff 上校去逝后,这个公司也就停业了。Wissotsky 公司现在在波兰经营,并在纽约设有代理处。Alexis Gubkin 公司从古伯金去逝后,就改组为 A. Kusnezow 公司,总公司在莫斯科。此后该公司改为贸易公司,又在英国注册,名为亚洲贸易股份有限公司。

另一俄国茶叶老店是 P. M. 克斯米谢夫于 1867 年在彼得堡设立的 P. M. 克斯米谢夫父子公司。1894 年其长子 V. 克斯米谢夫加入经营,另外两个儿子 C. 克斯米谢夫和 M. 克斯米谢夫也相继加入。P. M. 克斯米谢夫于 1910 年逝世后,他的儿子们扩大经营,在彼得堡、莫斯科、基辅设立分店。1917 年 11 月发生十月革命,这一惨淡经营 50 年的事业才宣告结束。

此后,俄国的茶叶贸易经过多年的混乱状态,直到 1925 年苏联政府将此贸易改组,进而由国家统治,统一归茶叶托拉斯专营,这是一个有名无实的机构,既无资金,又没有信誉,最终于 1926 年末停业。而整个茶业——包括由私营改为国营的旧制茶厂及商店等,都移交莫斯科的消费合作社中央联合会,此联合会供给全国各种食物。

联合会早在 1919 年在伦敦设有办事处,于 1927 年开始在伦敦市场购买茶叶,在中国的汉口也设有办事处。但是这样的国外办事处,因为有宣传共产嫌疑,而寿命短促,同年,英国政府封闭伦敦办事处,中国的北京政府对汉口的办事处也采取了同样手段。

联合会因为缺乏信用,致使购买茶叶受到很大限制,不能给苏联人充分的供应。一战前 10 年中,供给量年均 180000 多万磅,1917 年十月革命以后的混乱状态时,茶叶输入减少到每年 1000 万磅至 1200 万磅,但是到了 1926 年政府统治后,又上升到 3700

万磅至 3800 万磅。1932 年输入苏联的茶叶总计为 35,160,000 磅,1933 年是 42,560,000 磅。

德国的茶叶贸易

德国与其他国家相同,茶叶最初由药店出售,1657 年北豪森一地的茶叶售价 15Gulden(1.7 马克),到 1704 年根据普鲁士的物价表记载,I Loth(15 克)的茶叶售价是 5Groschen(60 芬尼)。

茶叶饮用的扩展十分地缓慢,只有在近海的不来梅及西北的奥斯脱弗雷斯兰特茶叶的消费比其他各地大些。1913 年德国的茶叶消费每人每年 70 克(2.4 盎司),但奥斯脱弗雷斯兰特则在 2 公斤以上。截止到第一次世界大战,其他国家茶叶贸易的发展没有比德国更缓慢的。1909 年大战前,茶叶输入的最高点时总量为 494 万公斤,同年 8 月,德国政府增加茶叶进口税,每半公斤由 25 芬尼增至 50 芬尼,结果使茶叶的消费在全国迅速减少。1914 年第一次世界大战爆发,整个德国的商业陷入混乱之中,大战期间,商人很难得到茶叶,但是到 1921 年茶叶的进口量又达到 1909 年的记录。同时,茶叶的进口税在 1918 年增至每半公斤 1.1 马克,1929 年又增到 1.75 马克,这种高税率阻碍了消费量的增长。

在汉堡及不来梅有一种运送货物的商店,出售茶叶、咖啡及可可,直接邮寄给家庭、菜馆及旅舍。这种邮售店中最著名的是 Schilling 公司。不来梅邮箱 844 号是马丁·施令于 1896 年设立,聘任爱德华·施令做茶叶收购人,该店自行输入茶叶、咖啡及可可等。

德国最老的茶叶配送公司是法兰克福的 Heinrich Wilhelm Schmidt 公司,成立至今已逾 200 年。

德国的连锁店很发达,其中专门出售茶和咖啡的分店最多的是莱茵省威尔逊的一个普通杂货店 Kaiser's Kaffeegeschaft,以 Hermann Kaiser 公司出名。1899 年该公司改组为有限公司,总办事处设在威尔逊。19 世纪 80 年代末至 90 年代初,该公司在德国各地遍设分店,现在约有分店 1600 余家。

汉堡有一个德国茶叶贸易协会,主要的茶叶批发商店都是它的会员。

波兰的茶叶贸易

波兰的茶叶贸易史实际上是俄国茶叶贸易史的扩展,在华沙的进口公司,最著名的有:E. W. I. G 公司;Fels 茶叶公司;Warzawskie Towarzystwo Dla Handlu Herbata;Japonczyk 公司;Krajowa Hurtownia Herbaty;Lipton;Sair,Plac Zelaznej;茶壶公司;Fr. fuchs 父子公司。

波兰的茶叶进口额在欧洲各国中位列第四,其数额大约是德国一半,但比法国多 1/3。

法国的茶叶贸易

法国早期销售的茶叶,全部是中国茶,售价极高,1882 年巴黎出现了一家销售价格低廉的锡兰茶和印度茶的零售店,这是由中国茶转向英印及锡兰茶的开始。最近由荷印及法属安南输入的茶叶逐渐增多,作为拼配茶之用。

印度茶叶协会(加尔各答及伦敦)于 1923—1924 年在法国大肆宣传印度茶,宣传持续到 1927 年 3 月,因为法国茶价过高,而被民众所拒绝。

有一个茶业组织,对法国茶叶贸易起着保障和促进作用,这个茶业组织名为茶叶进口业协会,它的会员包括所有重要的茶叶商店,总办事处设在巴黎。

利物浦华印茶叶公司的巴黎专卖店,于 1882 年开张,廉价出售印度及锡兰茶叶。当时在巴黎只有一二家商店高价零售中国茶,但药店及药商也有中国茶销售,只是当作药用,法国人很少以茶叶作为饮料。即使有饮用的,也不是很在意。利物浦华印茶叶公司先在法国开设茶馆,以此推销 Kardomah 商标的茶叶及培养法国人饮茶的嗜好。

其他比较重要的茶叶公司有:巴黎的殖民地公司;马赛的橡牌茶叶公司。

(编者注:以下公司简介本书从略)

斯堪的那维亚半岛的茶叶贸易

挪威、瑞典及丹麦都是大的咖啡消费国,因此虽然有少数现代化及完善的茶叶拼配及包装商以美观动人的包装推销各种花色的茶叶,然而茶叶还是很难畅销。锡兰、印度、爪哇及中国红茶的拼配茶比较受欢迎,绿茶则无人过问。

在瑞典哥德堡的詹姆斯·伦德格兰公司是茶叶贸易界的领袖,是詹姆斯·克立斯坦·伦德格兰于 1888 年设立,他于 1903 年逝世,留下 3 岁幼子,名为道格拉斯·伦德格兰,他于 1921 年继承父业,爱玛·伦德格兰夫人成为独资的店主。此店大规模经营拼配茶及包装茶业务,他卖给批发或零售商的都是原装或改装的箱茶,或者是各种商标的小包装茶,有一种特价品,即伦德格兰的 Frimarks 茶,每年销售到 250 万包。

欧洲其他茶叶消费较少的国家

在欧洲茶叶消费较少的国家中,捷克斯洛伐克、瑞士及奥地利三国国内每年消费茶叶 100 万磅以上。所有南欧各国及北欧的芬兰、爱沙尼亚、拉脱维亚、立陶宛等国的国内消费,远在 100 万磅以下。比利时在一战前消费量最高达到 120 万磅,近来则降至 45 万磅。比利时的茶叶贸易专供外国侨民以及旅客的需求,本国人则与荷兰人不同,并不饮茶。

奥地利最著名的茶叶店是维也纳的 Julius Meinl A. G。

欧洲大多数茶叶消费较少的国家都是荷兰、德国或英国的主顾,而很少直接输入茶叶,因此在它们的茶叶贸易史上,只能是上述茶叶输出国的附庸,它们的零售贸易也是由这些国家的批发商派遣推销员供给。

北非的茶叶

北非的茶叶贸易的开始已无从稽考,但是地中海南岸各国的土著人,深嗜饮茶,每年消费茶叶几乎达到 3400 万磅,与北岸居民的消费不过百余万磅相比,相差很大。这是因为一方面回教徒禁止饮酒,而拉丁民族大多喜欢饮酒的缘故。

每年输入北非的茶叶大概分布如下:阿尔及利亚 200 万磅;突尼斯 300 万磅;摩洛哥 1500 万磅;埃及 1400 万磅。这些大部分是绿茶。

阿尔及利亚——阿拉伯人从杂货店、药店及药商处购买大量的茶叶,但他们购买的数量没有朱古力和咖啡那么多,茶叶的买卖无论是商店和个人都没有单独经营的。中国绿茶在市场上占第一位,但大多数由英国人输入,也有一部分是法国商人所经营。少量的茶叶由锡兰、英属印度、爪哇及法属安南运来,由英、法著名包装商所销售的小包茶,如英商的立顿牌、法商象牌及殖民地公司各家的产品都很受欢迎。

突尼斯——茶叶的零售业全部操纵在土著人商店手中,从来没有由生产公司经营。仿效法国的政策,进口时须纳重税,甚至还征收较重的消费税,但是茶叶贸易不但没有受到影响还依然极为兴旺。供给突尼斯茶叶零售店的主要公司有:蒙特利尔的加拿大莎拉达茶叶公司;伦敦的 J. 立顿公司;R. O. 梅纳尔公司;Ridgways 公司;Torring&Stockwell 公司以及马赛的 A. Caubert et Fils 公司。

摩洛哥——绿茶是摩洛哥全国性的饮料,很久以来一直居进口货物的第三位,所有进口的茶叶都是中国茶,大多是由上海装运经马赛运至。伦敦市场曾一度是摩洛哥茶叶贸易的主要来源,但是,当第一次世界大战开始后,就失去了其统治地位,以后也未能恢复。茶叶分级通常在上海时进行。

埃及——第一次世界大战前,埃及土人还不知道有茶叶,当时只有少数波斯商人及欧洲杂货商输入茶叶,以供应外国侨民。大战期间,茶叶开始引起土人的注意,本地的进口商也努力推销到了农村,这种努力产生了良好的效果,尤其是大多数土著士兵在军队中养成了饮茶的习惯,返家后,就在同胞中传播。

开罗的 Giulio Padova 公司首先输入大量的茶叶到埃及,该公司于 1870 年开始营业。其他的对于埃及茶叶贸易有重要贡献的茶叶进口商有:Jacques Hazan Rodosli & Fils;S. D. Ekaireb;E. Agouri & Fils;J. Tasso 公司;Sudan 进口公司;I & J. Aghababa 及 Khouri Cousins 公司。埃及没有拼配商,只有少数小规模的包装商。

南非的茶叶贸易

南非的茶叶贸易开始于 1652 年以后,当第一个白人殖民地在南非开普敦建立时,荷兰船最先运茶叶到达欧洲,中途将此作为停泊的一站。当时中国茶叶独占南非市场,到 19 世纪初才渐渐被英属印度排挤,现在所有输入的茶都是锡兰茶和印度茶。

好望角省——在开普敦最老的茶叶店是斯匹尔霍斯公司,这是一家成立于 1876 年的进出口公司。W. 索斯霍公司是 W. 索斯霍于 1881 年设立的,零售及批发茶叶和咖啡,开始的时候,只销售茶叶,到 1894 年开始兼营咖啡,公司从 1898 年成立至今一直是创立人的儿子 W. C. 索斯霍与 A. K. 索斯霍兄弟二人独资经营。R. 威尔森父子公司是威尔森于 1884 年成立,既是批发商、经纪人、杂货进口商,也是金属品及糖果经营商。格恩·威廉姆斯公司成立于 1904 年,公司是粮食及生产商。伯恩·劳瑞斯公司成立于 1920 年,公司是批发商、杂货进口商及经营金属品。汉斯·本恩特公司成立于 1923 年,是杂货批发商,它于 1927 年重新改组。罗伯特·劳德公司成立于 1927 年,是食品批发及进口商。

开普敦的其他茶叶店对于茶叶贸易有贡献的有:奈斯他茶叶咖啡公司,是拼配商、进口商及包装商;咖啡、茶叶及朱古力公司是拼配商、进口商及包装商;托恩斯公司是茶及咖啡的批发商;麦克林兄弟公司是专营茶及咖啡的零售商。

南非茶叶贸易发展到本省东南海岸的伊丽莎白港。当时正是英国移民于 1820 年在阿尔哥湾登陆。好望角省的东部英国占有很大的势力,因此该地从一开始就需要大量的茶叶,近来又扩展到伊丽莎白港附近的内地。伊丽莎白港出售的茶叶,大部分是在锡兰包装,由批发商大规模的输入然后分销,并且有各自的商标。因为土著人及亚洲人是欧洲人的三倍多,因此大多数销售的茶叶,品质都在中等以下。

伊丽莎白港的 A. 莫塞色公司成立于 1842 年,是最老的茶叶批发商;麦肯·坦公司成立于 1850 年,也是一个比较早的批发商;坦弗斯公司成立于 1863 年,也是批发商。其他拥有自己商标的批发商有:赫希罗伯茨公司,成立于 1875 年;斯蒂芬弗莱色公司成立于 1888 年;马扎沃特茶叶公司成立于 1926 年。

纳塔尔——茶叶贸易于 1825 年伴随德班城的建立而兴起,其贸易的发展经历与同时代的开普敦和伊丽莎白港相同,初期中国茶叶独占市场,近三四十年被英属地的茶叶所替代。

大约在 1880 年,德班的茶叶贸易独占鳌头。自 1850 年本省开始有茶叶贸易以来,该地就成为一个重要的市场,供给了南非联邦大部分的需求。它的产量 1903 年达到最高,合计有精制茶 2,681,000 磅。后来因工资的增加而使茶业衰落。1928 年产量约为 80 万磅,同时由锡兰及印度输入的茶叶总计达到

11, 584, 000 磅。

　　在德班对茶叶贸易有重要贡献的商店有 J. L. 哈利特父子公司；W. R. 辛德森公司；里奥·派恩父子公司(从伦敦分出)；J. 莱昂斯公司(从伦敦分出)；W. 杜恩公司；格兰顿 & 米歇尔公司(是约翰尼斯堡的分店)；S. 布彻父子公司；商务代理公司；T. W. 巴克特公司(普利托利亚的分店)及卡尔·甘德弗灵尔公司。

　　德兰士瓦——本省的商业中心是约翰内斯堡与南非各港口，如：德班、伊丽莎白港及开普敦等都有铁路连接，它是三个港口在内地的分配中心，因此在茶叶贸易上占有一席之地。在约翰内斯堡著名的茶叶公司有：T. 辛普森公司是马泽沃特茶叶公司在南非唯一的代理处，托马斯·辛普森于 1890 年成立，有六家分店。

　　格兰顿·米歇尔公司是茶叶和咖啡批发商，是 F. H. 格兰顿及 W. 米歇尔于 1896 年成立，1921 年米歇尔逝世。现在的股东是 F. H. 格兰顿、E. J. 波特、A. E. R. 莱特福特及 F. 格兰顿等。

澳大利亚的茶叶贸易

　　19 世纪 80 年代前期，澳大利亚的茶叶市场被中国茶独占，但到了 80 年代后期，印度茶开始进入，几年后锡兰茶也相继出现。开始的时候，中国茶的买卖方式大多数是拍卖，直到 1880 年，加尔各答的代理店组织了一个茶业企业会社，竭力为印度茶开辟新的市场。企业会社第一批输入茶叶 2, 259 包，合计 113, 689 磅，于 1880 年 10 月成交，从此以后，英国茶逐渐发展，成为墨尔本及悉尼中国茶进口商的大敌。

　　大约在 80 年代中期，有人设计 6 磅、12 磅及 24 磅装的罐头茶叶向农民推销。这些罐装茶送到最近的火车站或代办所，这种方法实行了有 20 年之久，成效显著，但最终还是被淘汰。在同一时期内，有两种新式的商店出现，一是赠品茶店，一是廉价连锁茶店。前者抬高普通茶叶的售价，但每磅赠送若干礼物，这种办法不久就不受大众欢迎了。W. 麦克英泰尔创办麦克英泰尔兄弟公司，该公司是廉价连锁店，上等茶叶每磅售价 1 先令 3 便士，与大部分杂货店和赠品茶店每磅售价 2 先令到 3 先令相比，价格相差很多。该公司也曾输入大量的印度茶和锡兰茶，以期与批发商竞争，结果大败。

这两种商店在 19 世纪 90 年代后期及 20 世纪初被翻过了历史的一页，这时，杂货店出售的小包茶叶才应运而生，现在每周运货汽车都将各种大小及不同等级的小包茶叶送到各个零售杂货店销售。

伊温和麦克伊彻恩公司是科林·尼可·坎贝尔于 1847 年在塔斯马尼亚的兰斯敦设立，经营普通杂货和茶叶；墨尔本的约翰·科奈尔公司是约翰·科奈尔于 1850 年设立，公司是杂货批发商，并在斯温顿街设一零售处，1887 年在悉尼设立一家分店，该公司专营茶叶包装，除自有商标外，也可以根据顾客在定货时指定的标记包装。1914 年变更为公营公司。澳洲茶叶贸易的另一个开创者是罗夫公司，一个杂货批发公司，由乔治·罗夫及爱德华·贝利于 1854 年创建。

澳洲西部富利曼特尔的 J. & W. 比特曼公司，是沃特·比特曼于 1860 年建立，公司自始至终经营茶叶，最初名为 J. & W. 比特曼，后于 1919 年改组为有限公司，并在柏斯及卡尔哥里设有办事处。

塔斯马尼亚的荷巴特的莱斯特兄弟公司是约瑟夫·奥金尼斯于 1867 年建立，1893 年由莱斯特兄弟接手经营。

墨尔本的格里菲斯兄弟公司是詹姆斯·格里菲斯于 1879 年建立的专门经营茶叶和咖啡的公司。

G. H. 阿达姆斯于 1880 年创办了阿达姆斯公司，经营茶叶批发，现在仍然只有唯一的一位股东 G. H. 阿达姆斯。

爱德伍兹·伊塞茶叶公司，是 K. C. 爱德伍兹及 T. D. 爱德伍兹兄弟于 1880 年建立，经营茶叶、咖啡及可可的批发和零售。直到今天,股东还是两兄弟,并在悉尼和比利斯本开设了分店。

比利斯本的 A. 阿切利和道森公司是斯蒂芬·阿切利和托马斯·卡尔·道森于 1884 年在墨尔本建立。

利特维尔的罗伯特·约翰公司是阿瑟·赫伯特·罗伯特和伊萨克·B. 琼斯于 1897 年 10 月建立的茶叶进口及拼配企业,自成立至今,始终经营茶叶。

墨尔本的杂货批发商店由很多乡村商人合办,于 1912 年成立,开始是批发兼代理公司,到 1920 年与杂货批发商店合并。

其他对于澳大利亚茶叶贸易有贡献的商店有:墨尔本的汉瑞·贝瑞公司及派特森公司;南墨尔本的 W. A. 布雷克公司;悉尼的 D. 米歇尔公司和罗伯茶叶公司。

新西兰茶叶贸易的发展

新西兰初期的移民大多数是英国人,茶叶贸易与 1839 年大规模的殖民同时降临,在这以前,传道士、水手及伐木工人来到这里,只携带足够自用的茶叶。

岛上的人最爱饮锡兰茶,印度茶虽然也广为行销,但锡兰茶占进口的 2/3,近年来新西兰的茶叶进口总量平均每年达到 1050 万磅。

(编者注:以下新西兰茶叶公司简介本书从略)

第四十一章　美国的茶叶贸易

当美国还没有脱离英国统治以前，茶叶贸易被拒之门外。1776 年独立战争以后，受两大无形势力的影响，茶业才在美国兴起，一是因为以前荷兰人和英国人的移民有饮茶的习惯，二是东方和美国间开始由船主主导进行的一种新的贸易形式，而茶叶是广州唯一可以大量购运的商品。

第一艘美国运茶船

约翰·利德亚德是提倡中美国际贸易的第一人，按照他的计划，船只从大西洋各口岸取道合恩角到太平洋西北部，以美国的物产换取皮货，再将皮货运到中国，交换茶叶、丝及香料等，再取道好望角返回美国。利德亚德是一位航海冒险家，曾经往来于北大西洋沿海一带，向商人及船主游说，说在地球的另一端可以获得巨大的利益，但是他们都不为所动。直到 1783 年，费城的罗伯特·莫里斯伸出援助之手，答应出动一只船做环球航行。

罗伯特·莫里斯联合纽约港的丹尼尔·帕克公司准备了一艘船，名为"中国皇后"号，于 1784 年 2 月 22 日从纽约出发，不走合恩角而是取道好望角到达广州，载运出的货物是人参，运回的是茶叶及中国的物产。这是首次到达中国的美国船。船主是约翰·格林，萨缪尔·肖任押货员，此后，萨缪尔·肖受命出任驻广州的第一任领事。这次投资共 120,000 美元，获纯利 30,727 美元，收益率达 25%。

其他早期赴华的航行

"中国皇后"号于 1785 年 5 月 11 日安全返回纽约,当时纽约商人集资另建了一艘单樯帆船,名为"试验"号,于同年 12 月 26 日开航,彼得·施莫洪及约翰·万德比尔特是此次航行的投资人,船主是斯蒂万·迪恩,经过两年的航行,投资额是 20,000 美元,获得的收益为 10,520 美元载回的主要货物是茶叶。

不久以后,皮货成为茶叶贸易的支柱,也因此使国内最需要的现金不外流。

罗伯特·莫里斯向萨缪尔·肖及兰多船长收购了他们于 1786 年初由单樯帆船"派勒斯"号载运来的一满船中国茶叶。1787 年又出资资助"爱丽斯"号由费城出发,船长是托马斯·里德,"爱丽斯"号是第一艘美国船取道澳洲到中国,该船于 1788 年返回,所载货物价值 50 万美元。

这时,一些人对于新兴茶叶贸易的狂热不亚于采金,当时,有一位历史学家甚至称美国的每一条小河上的每一个小村落都有可以乘坐五人的帆船准备出发装运茶叶,但实际上仅有纽约、费城、波罗威顿斯、撒冷及波士顿有船开往中国。

1786 年埃利亚斯·哈斯科特·德比从萨勒姆出发,发出的货船名为"大特克",满载美国物产沿非洲海岸及印度洋各海岛贩卖,换得西班牙银币后,驶往广州购买茶叶、丝及瓷器回国。

第一艘从波罗威顿斯驶往中国的货船是"华盛顿将军"号,属于布朗和弗兰克斯公司的约翰·布朗,1787 年 12 月起程,1989 年 7 月 4 日返回。同年,美国政府对于进口的茶叶征收捐税,红茶每磅纳税 15 美分,珠茶及圆茶征收 22 美分,贡熙茶征收 55 美分。

当这种商业愿望获得圆满成功后,美国人相信他们与广州之间的贸易将有无限的前景,但是这种前景无法得到实现,因为美国的茶叶市场极为有限,而且缺少用于贸易的货物及银币。

扫除贸易壁垒

当新兴的茶叶贸易开始进入困境时,有两个不相关的事件为美国开辟了新的市场,一个是继 1793 年法国革命之后的一战,另一个是发现海外贸易的新市场。前者的影响是将各国所建立的贸易壁垒一扫而光,从而使美国货船得以在欧洲畅通无阻。后者是发现中国市场几乎不加限制的需要皮货、檀香及南海群岛的一些产品。

美国在西北太平洋的皮货贸易很发达,他们收集大量的货物换取茶叶。美国北部沿大西洋的波士顿港与中国通商最晚,但是以皮货作为茶叶贸易的主要媒介则最早。1787 年波士顿有六位商人合资 5 万美元,置备"哥伦比亚号"驶往西太平洋从事皮货贸易,然后再驶向广州换取茶叶,再经好望角返回波士顿,于 1790 年 8 月 9 日到达。此行结果圆满,由此建立了波士顿与中国间的航线。

纽约及费城的大多数商人都经营中国茶叶。纽约的约翰·贾克布·阿斯特从事此行业最早,且持续经营达 25 年之久。其他的还有奥利弗·沃科特公司及 H. 费宁公司,也有很长的历史,并且于 1812 年的战后,托马斯·H. 史密斯创立了一个大型企业,但终因能力有限,于 1827 年被迫破产。而后 D. W. C. 奥利芬特创办奥利芬特公司,成绩显著。他曾任托马斯·H. 史密斯公司驻广州的收货员,自他的顾主破产后,他开始自己创业。

因为受早期成功消息的影响,经过一段普遍投机时期后,中国茶叶贸易就集中到了少数大商人手中,如费城的斯蒂芬·杰拉德、波士顿的托马斯·汉德希德·帕金斯及纽约的约翰·贾克布·阿斯特,这些人都是因茶叶致富,成为当时的大富翁,上述三人都拥有资产上百万,而在当时的美国人有 10 万元已被认为是富翁了。他们的资产给几乎濒于破产的各州经济带来了有利的商业模式。

他们囤囤茶叶,等待时机卖给批发商,批发商以四至六个月的期票付款。

政府为了鼓励他们,准许从事中国贸易的商人可以在 9 至 18 个月的期限内缴纳税款,因此大规模经营茶叶的商人大多数都对政府有巨额的欠款,阿斯特在 20 年内对政府的欠款大约达到了 500 万美元,并得以免除利息。

斯蒂芬·杰拉德

斯蒂芬·杰拉德于 1750 年出生在法国的波尔多,少年时在商船上服务,23 岁时任船长。该船于 1776 年在费城被封锁,于是在水浜开设一家小店,出售船上所载货物,这件事成为他以后一生事业的开端。

1789 年至 1812 年,杰拉德率领他的商船队,走遍世界各地,其主要的商业活动是在费城至波尔多和费城至东印度群岛之间进行贸易,后者包括广州的茶叶贸易。这时他已经积累了不少资产,以致后来成为一位财力雄厚的银行家。以巨额款项贷给政府,而使得 1812 年的战争得以获胜,社会上的各种公私事业大都有赖于他的援助。1831 年逝世后,以其遗产 600 万美元捐作兴办费城的杰拉德学院。此校专为教育孤儿设立,至今仍然享有盛誉。

托马斯·汉德希德·帕金斯

另一位经营中国茶叶而成为百万富翁的是美国波士顿的商人托马斯·汉德希德·帕金斯,他生于 1764 年,他的父亲和祖父都是在马塞诸塞州经商,最初他与弟弟詹姆斯合资经营西印度洋商业,事业很发达,他的商店设在波士顿和圣多明哥。

1789 年年轻的帕金斯突发航行中国的兴趣,于是投身到"阿斯托"号商船任管货员,该船属于撒冷的 E. H. 德比,他在广州的时候直接得到了不少关于茶叶贸易的有价值的信息,又与一名著名的中国行商浩官相识,后来他们成交了大宗的贸易,但从不用订立合同。在这次航行之前,帕金斯商店的商船继续从圣多明哥收购糖及咖啡运往欧洲,但它主要的经营则是向美国的西北海岸收集皮货,然后再到广州易货茶叶,运回在欧美销售。

1838 年帕金斯商店解体,本人退出商业圈。1854 年逝世,享年 89 岁。

约翰·贾克布·阿斯特

因茶叶贸易而成为百万富翁的第三个美国商人是约翰·贾克布·阿斯特(1763—1848 年),他 20 岁时,随德国的沃多夫人来到纽约,他所带的商品只有七支笛子,由笛商发展到皮货商,但是他发迹则是从劝谏纽约的西印度商人詹姆斯·利弗摩合伙经营中国贸易开始。当时法国巡洋舰及武装民船专门捕捉驶往英国领土的美国船只。因为利弗摩的商船无法前往西印度群岛,才同意改行。早在 1800 年,利弗摩就派他最大的商船装载上人参、皮革、铁屑及 3 万元西班牙银币驶向广州,这次航行的结果是利弗摩在码头上的所有货物都进入了阿斯特的商店,并且分得盈利 5.5 万美元。

在以后的 27 年中,阿斯特经营中国的皮货、檀香及茶叶贸易,获得丰厚的利益。一次航行获利百分之百的情况屡见不鲜,而50% 就更是很平常的事情。1803 年以后,阿斯特就开始自备商船,他的商船所用的旗帜为英、美港口所熟悉。1816 年开始兼营银行业,1827 年放弃经营茶叶,逝世后遗产达到 800 万至 3000 万美元。

1820 年至 1840 年贸易的发展

1820 年费城有 24 家商店直接从中国输入茶叶,1823 年 11

月,在广州有五艘费城的商船等候装载货物,其主要的货物就是茶叶。本来美国的茶叶贸易发展的极为顺利,但后来,因为投机的人充斥市场,以致造成 1826 年及以后很多年的不景气,政府因为当时的捐税积欠很严重,因此严令催缴,费城的最

早期的中国式帆船

大茶叶店汤普森公司,因为无力缴纳税款,其所有货物被扣押,但是该店店主征得政府的同意,特许销售其货物中的茶叶部分,来偿还税款,汤普森因为财务困难开始作弊,他被允许提出变卖若干箱茶叶来付清税款,例如 100 箱,他就设法将茶叶分包成 1000 甚至 5000 包,秘密运到纽约市场出售,使本地的税收员不致于起疑,经过数月的倾销,结果使市场完全崩溃,而且货物的来源也被查出,汤普森也以欺诈罪被捕,最终死在费城的监狱中。

纽约的托马斯·H.史密斯是托马斯·H.史密斯公司的主人,这是在纽约茶叶贸易遭受打击破产时的又一案例,他单靠茶叶贸易致富,一次须缴纳捐税达到 50 万美元,但因为受汤普森公司破产的影响,最终也倒闭了。

史密斯欠缴政府的税款达到 300 万美元。其他范围较小的商店,虽然其失败对于公众的影响不如上述两家这么大,但是失败的程度几乎是相同的。其中纽约的史密斯及尼克森公司,倒闭时还欠政府 10 万美元。

混乱不堪的局面,到了 19 世纪 30 年代,使茶叶贸易有必要建立"总经理制度"——每家至少有一个人是受过高等教育的人士——来应对客户。这一制度最终使茶叶贸易回归繁荣。

从 1825 年伊利运河开辟后,费城及波士顿的茶叶贸易才走向

衰落,从而使美国的北部及大湖区域变成纽约港商业上的支流。

（编者注:1811—1840 年期间的公司简介本书从略）

19 世纪 40 年代、50 年代及 60 年代

19 世纪 40 年代是中国茶叶快剪船蓬勃兴起的时期,巴尔的摩运输商伊斯克·麦克蒂姆是最先拥有这种装货快艇的人,随后有许多美国运输商以快船运送茶叶到市场以获取丰厚的利润,他们所装载的茶叶或者是船主自有,或者是受托代销。

1841 年新茶广告

60 年代,汽船开始和快剪船竞争,当 1869 年苏伊士运河通航后,汽船就显示出了极大的优势。

40 年代至 60 年代,纽约的茶叶贸易发展极为稳定,并且由于美国铁路的逐渐发展,纽约成为进出口贸易的中心。1863 年以前,所有输入纽约的茶叶都来自中国,但是也就是在这一年的年初,有一艘三樯帆船"恩主"号输入第一批日本茶,委托 A. A. 罗兄弟公司销售。不久,日本茶大受欢迎,最后进口增加到占全美进口茶叶的 40%以上。

茶叶贸易在内战期间受到很大打击,除受战时征收每磅 25 美分茶税的制约外,还有因投机所遭受的损失。1863 年 2 月美国南部联邦的"佛罗里达"号,由船主约翰·马非率领,截获载有价值 150 万美元茶叶驶往纽约的"贝尔"号,两个月后,又截获由上海开

往纽约的"奥恩达"号,所载货物总价值为 100 万美元。

战后纽约市场值得注意的事情有两件,一是 1867—1868 年从台湾首次运来乌龙茶样品,二是 1868 年日本茶从横滨直接运往旧金山。纽约各个进口商的经营都在继续,每年秋季茶叶运到时,南街一带就很热闹,从考恩泰斯码头至派克码头间,都是堆茶的仓库,当时经营茶叶贸易是热门,因为它比经营其他行业更容易致富。

自从旧金山、日本、中国间的太平洋邮船开航及横跨大陆的铁路建成以后,就开辟了另一条贸易的新线路,茶叶的运输可凭借太平洋邮船经巴拿马运河行至纽约,因此由取道合恩角的航线费时五六个月即可减少到两个月以内。而苏伊士运河开通后,赴大西洋海岸的运费减轻,但是前往最西边的城市除外,因为那样需要在西海岸登陆后由铁路运输。驶经苏伊士运河的不定期邮船大多数都装载大量的茶叶。

亚太茶叶公司外景

直至 19 世纪 60 年代末,由于多种原因,促使纽约成为美国唯一的茶叶市场。一、所有从事远东贸易的船只都在此卸货;二、每磅茶叶 25 美分的战时税均用金币缴纳,而金币在华尔街兑换有优惠;三、这时商业上的旅行推销制还未实行,货物的分配多借助于代理处经纪人,买方每年多次到纽约或通过邮局寄送样品,以便选择。

茶叶的买卖除了由代理处分配以外,也常常以拍卖方式进行,汉诺威广场的拍卖由 L. M. 霍夫曼公司主持,后来改由约翰·H.

多普公司在前街举行。这种交易的额度常常达到数千箱,中国茶和日本茶均有。他们招集、吸引纽约、波士顿、费城、巴尔的摩及其他小城市的经纪人参加竞拍。

(编者注:1841—1869 年期间的公司简介本书从略)

19 世纪 70 年代及 80 年代

19 世纪 70 年代台湾乌龙茶很受新英格兰人士的欢迎,日本茶的输入也日渐增加,但中国茶仍然是这一贸易的支柱。杂货商及零售商常自行进货,并且时常奔走于经纪人之间。

因为运输的日趋发达和邮电的普遍应用,纽约渐渐失去其贸易中心的地位,而由旧金山、芝加哥及波士顿取而代之。因此,纽约许多的旧商店已无法再经营下去,当时 40 余家商店,至今只有二三家勉强维持。

19 世纪 80 年代大量着色及粗制掺杂茶由上海源源输入纽约及波士顿,这种茶在市场上倾销,使这一正规的贸易出现了很大的混乱,结果众人向议会请求制定法律,严禁粗制茶和劣质茶输入。

一部分拥护纯洁茶的人遭到很大的阻挠,尤其以借粗制滥造牟利的商人最强烈,但是当这一困难克服后,美国第一个茶叶法通过,这就是 1883 年的法规《禁止伪劣茶进口法》,这不过是一种限制的办法,并没有一定的标准,但是授权给检验人员,凭借个人的观点决定。

(编者注:1870—1889 年期间的公司简介本书从略)

1890 年以后的贸易

1890 年以后,美国人口众多的地方对绿茶的嗜好被红茶所取代,于是茶叶贸易发生了很大的变化。随后,传入英属地出产的红茶,更是借助有利的宣传、广告及旅行运动,使得中国和日本绿茶的行销遭受了很大的打击。这种新茶的逐渐普及,使荷印红茶也乘机而入。现在由东印度输入的茶叶竟然占到 1/3,锡兰及印度茶则共占 2/3。同时,很多日本人自己开设商店来推销日本茶。伦敦及阿姆斯特丹的商店也纷纷在纽约市场上设立代理处,因此使得本土的进口商及经纪人数量减少,实际上,纽约茶叶市场已落入外国人之手。

回顾这一时期大大小小的事件,我尤其想说的是,在那个时期美国人都嗜好绿茶的时候,锡兰有一位茶叶代表威廉·麦肯兹在红茶盛行的两年前就开始宣传红茶,使红茶的需求日渐增加。

1883 年茶叶法规颁布后,进口商与审查员之间对于某些绿茶是否准许输入问题常起争议,当时没有一个茶业团体可以为之仲裁。后来托马斯·A. 菲兰、查尔斯·科多瓦及阿尔弗雷德·P. 斯罗恩于 1895 年主张修改茶叶法,并筹集款项作为必备的经费,而且有 45 家大商店联名上呈议会,结果制定了 1897 年的茶叶法规,它是由财政部及进口商慎重起草修正。最重要的变动是将其由财政部移至农业部,其余没有变更。

1898 年政府认为对每磅茶叶征收战时税十分必要,并且延续多年,这种做法对茶叶贸易起到了很大的妨碍作用,于是纽约的46 家茶叶进口商店及批发店于 1901 年组织了一个取消茶税协会,进行茶税豁免运动。G. 沃多·史密斯为会长,阿尔弗雷·P. 斯罗恩任执行委员会主席。这以后的 1903 年 1 月 1 日议会通过豁免茶税。

1906 年旧金山大火是美国茶叶贸易史上无法抹去的一页,大火连烧三天,全城的茶叶商店几乎全部付之一炬。但是虽然损失很大,恢复的也很是神速,由于旧金山茶商的努力,数周后,就开始重振旧业,继续采办新茶上市。

1912 年设立美国茶叶审查监理人,其职责就是联络各地茶叶审查员。乔治·F. 米歇尔任这一职,工作成绩卓著。他于 1929 年辞职,改任马克思·威尔生产公司的茶叶部经理。此后,监理人一职也不复存在。

第一次世界大战期间,因为轮船受到袭击,使茶叶贸易及其他商业都遭受很大的困难,这一时期,由于封锁及潜水艇的活跃,平时经苏伊士运河前往美国东海岸的茶叶都改道经日本而至太平洋海岸。

1917年巴达维亚茶叶评验局的茶师及宣传员 H. J. 爱德沃斯携带10000箱爪哇茶来到美国推销后,荷属印度的茶叶就进入了美国市场,他们于1920年再次来到美洲,1922—1923年间,再为爪哇茶作宣传。苏门答腊茶也随着爪哇茶之后进入美国市场,各个主要产茶国在美国市场开始同时发展。

1933年美国农业部为了了解应用锡箔做茶叶容器是否有害,很多科学家开始研究,同时印度茶叶协会也在印度开始研究,结果认为茶叶装在衬铅的箱子内,吸收铅的含量极小,不足为害。单宁酸铅不溶于水,因此在茶汁中也很难察觉有铅的含量。虽然曾试出有微量铅质,但铅质是呈游离状态而非合成盐基。以前少量的零售茶叶均用铅皮包装,今日则用铅、防脂羊皮纸或透明纸代替。

1934年美国茶叶贸易采用竞争方法,此法被美国法规管理员莎夫·S.约翰逊所称许,而在复兴运动(通称为 NRA)下讨论实行。这一方法与美国其他行业所用的方法相同,其效果是使有效工作时间最多,工资最低,并确定贸易手段及管理方法。

(编者注:1890年以后的公司简介本书从略)

纽约的茶业协会

纽约茶业协会(后改为美国茶业协会)于1899年1月5日由以下各位茶人代表筹备而成:乔治·L.蒙特高莫利、W.巴特菲尔德、约瑟夫·H.莱斯特、罗塞尔·布里克、托马斯·A.菲兰、乔治·C.科尔威尔、弗兰克·S.托马斯、詹姆斯·W.麦克布莱德、B.托马斯·M.麦克卡西。其宗旨为:

促进经营茶叶及进口业者的公共利益;改正行业规范,摒弃不正当的剥削陋习;传播关于商人的地位及其他与茶叶贸易相关的真实可靠的信息,以此谋求茶业行业习惯的统一性和真实性;调解会员之间的纠纷;促进与茶业有关的商人间的友谊和情感。

纽约茶业协会的主要工作列举如下:1899年推举出一名监察员来监督所有装运到美国的茶叶;汇寄1036.75美元到中国和日本,作为递送统计电报的保险费;竭诚推动茶叶法规的实施;1902年与轮船公司商定在船上货舱内茶叶不得与其他有害货物放置一起或者距离太近;1904年抗议茶叶卸货不应该远在布鲁克林的码头,以及反对包装台湾乌龙茶时夹入过多茶末及小叶片;1905年与轮船公司商议除去茶叶卸货规定中的不利项目。

1912年协会为了增进工作效率,改名为美国茶业协会。

另一个茶业协会是全国茶业协会,此协会的成立就是为了维护禁止掺杂使假茶叶输入的法规,后来因为失去这种需要而解散。

全国茶业协会

全国茶业协会成立于1903年,形成于各主要茶叶进口商及杂货批发商于1902年召开的非正式会议,协会成立之前他们曾经有过非正式的联合行动,首要目的是为了促成通过1897年的茶叶法规,其次是为了反抗茶叶进口商历次的诉讼(共11次),因为那些进口商为了推翻茶叶法规而巧舌诡辩,但他们最终还是败诉了。

该协会的宗旨是促进茶叶的消费以及支持取缔劣质茶的法规,以保障大家的利益。

美国茶业协会

1912年5月28日纽约茶业协会召开会议决定改名为美国茶

业协会,扩大组织,以此号召全国的茶叶贸易工作。前协会的副会长 J. M. 蒙特高莫利被选为会长,代替已辞职的 W. J. 巴特菲尔德,R. E. 艾文被选为副会长,约翰·C. 沃兹被选为秘书,罗伯特·L. 赫切特为会计。

　　协会的主要工作是:1913 年向议会的财政委员会建议,凡是非产茶国如加拿大输入的茶叶,应征收 10% 的附加税;1916 年决定每次交易成功后须收取佣金;1918 年由于理事会的努力,使政府所规定的战时茶叶输入的各种限制得以免除;1919 年理事会还将茶叶推广到美国军队中,并且使生产者、运输者、商人及经纪人一致从事全国性的茶叶宣传;1920 年向协会会员及业内人士提议按照茶叶销售的净重缴纳佣金;1921 年呈送一决议案给华盛顿检察长,反对包装业批准法所做的任何更改,如果更改,将使肉类包装纸也可以包装茶叶、咖啡及其他和肉类不相关的食品;1923 年募集 7000 美元救济日本大地震;1924 年举行聚餐以庆祝纽约茶话会 150 周年。

　　现今协会有 40 个会员,分配如下:进口公司 15 家;包装公司 12 家;小包茶叶商店 2 家;经纪商店 5 家;产茶国(中国、日本及中国台湾)的出口公司 3 家;茶业协会 2 家(日本)及宣传局 1 家(印度)。

　　(编者注:人物简介及加拿大的茶叶公司简介本书从略)

第四十二章 茶叶广告史

任何物产最初的宣传很少有比茶叶还早的,茶叶的宣传已经有1100年的历史了。这期间,所有的宣传方法都曾经使用过,如书籍、传单、无线电及飞机等,并且曾经运用过国家与商人合作的宣传方式。宣传的结果是使得全世界的茶叶消费总量达到18亿磅。

早期的茶叶宣传

关于茶叶最早也是最著名的宣传是780年陆羽所著的《茶经》。当时的中国茶商亟须有人能集合他们关于这一正在发展中的产业的零散知识,作一个有系统的记录,陆羽胜任了这一工作,因为他的记录非常详尽,以致后来中国茶商想要保守他们制茶的秘密方法,外国人亦可以通过《茶经》获得充分的知识来仿效中国的制茶方法。

第二部宣传茶叶的名著是《吃茶养生记》,是1214年日本的僧人荣西禅师所著,他注重的是茶叶在医药上的效用,茶叶被称为"圣药"或"万灵长寿剂"。

1658年第一次在报纸上宣传茶叶的广告见诸于伦敦的《政治和商业家》报,位置在一则悬赏捕盗的广告上面,总共刊登了一个星期(9月23—30日)的时间。广告原文为:"曾经由各医药师证明的优美中国饮料,中国人称为茶,其他国家称为Tay alias Tee,在伦敦Sultaness-head咖啡店出售"。

早期茶叶宣传品最著名的是托马斯·盖威于1660年发表的

招贴"告烟草、茶叶、咖啡贩卖及零售的人",大约 1300 字,详述关于茶的知识,富有报告及知识性,是一个很好的宣传品,由于它的叙述简明扼要,给顾客一个良好的印象,实际上茶的很多功效一般人都不认可,唯独盖威能够深信不疑,因为当时对茶叶有深刻认识的人很少。

伦敦其他销售茶叶的咖啡店开始对茶叶进行宣传,最早的是 1662 年出版的《王国知识者》周刊上刊登的咖啡店广告,广告说该店除销售咖啡、朱古力及冰果子露以外,还有茶叶销售,劝读者们饮茶,因为茶有它特殊的优点。这是提到"茶"字的唯一的咖啡店。

此后不久,销售茶叶的人开始在报纸上宣传,于是在《伦敦宪报》《老鹰先生》报上自 1680 年 12 月 13 日起至 16 日止刊登了下则广告:"上流人士注意,有少量优等茶叶是私人所寄售的,最低的价格每磅 30 先令,一磅起售,并望自带容器,请与圣·詹姆士市场的《老鹰先生》接洽。"另一则是 1710 年 10 月 19 日《杂报》上登载如下广告:"法维先生在怀恩堂街贝尔商店出售一种武夷茶,此茶品质不亚于外国最佳红茶。"

利用书籍的宣传

1722 年,伦敦的茶及咖啡商人汉弗利·布罗德本特编辑了一个小册子《咖啡人》,说明茶、咖啡、朱古力及其他饮料的调制方法,并在"茶"项下列举其功效。欧洲人关于咖啡、茶及朱古力的著作,有法国人菲利普·塞尔维斯特·杜弗于 1671 年在里昂出版的《咖啡、茶及巧克力的妙用》及 1684 年在里昂出版的一本更完整的著作,这是一本关于饮料的坦诚宣传,而且极具广告效用,因此迅速被译成英文及其他很多国家文字。

1679 年荷兰医师科奈利斯·达克用科奈利斯·邦替克署名在海牙出版一本有关茶的一书,被认为是欧洲推行用茶的功臣之一。

1785 年伦敦东印度公司茶叶部有一位职员，未署名出版了《购茶指南》一书，在卷首阐明其宗旨："购茶指南是想要了解茶叶的相关知识及选购茶叶的女士所必备，书内还有关于茶叶拼配的技术，是一位在东印度公司茶叶部服务多年的工作者的杰作。"序文中着重声明本书的编著，并非以金钱为目的。

18 世纪出版的大部分茶叶文献，都直接或间接来自英国东印度公司，当时，该公司的主要工作就是向英国人推销这一新型的国民饮料，以此代替咖啡，终于创造了历史上非常好的记录。

美国最早的茶叶广告

18 世纪以前，美国没有关于茶叶的书籍出版。1712 年波士顿有一家药店开始宣传其所出售的"绿茶及武夷茶"、"绿茶及普通茶"，两年后，即 1714 年 5 月 24 日，有一位波士顿人爱德华·迈尔斯在该地的新闻报上刊登一则广告说："兹有极佳的绿茶出售，地点在桔树附近本人的家中。"

独立革命以前，报上关于茶叶的宣传，很忠实，而后的传单宣传时，则大多语句夸张，以期吸引社会的注意。如 1784 年在马萨诸塞州纽柏利港所印的传单，就是其中最著名的，原文如下："本店新到上等贡熙、小种及武夷茶，品质极优。纽柏利港，廉售店主人 J. 格里纳夫启"。

自中美贸易沟通后，1803 年 11 月 21 日《纽约晚报》上登载了一则广告："新到 205 箱上等贡熙茶，华托街 182 号爱利斯·肯公司启"。这批茶叶是否是詹姆斯·利弗莫及约翰·贾克师·阿斯特二人从事皮革、茶叶贸易时首次从广州运来的一部分，则不得而知，但阿斯特的商店及码头都在这儿附近，到了 1816 年当他成为全国著名的人物及美国主要的茶叶进口商时，在纽约报纸上常有这样的广告：

拍　　卖

阿斯特的货船"毕翁"号上周抵达,运到 2500 箱上
等茶叶,是上季著名的武夷及松罗产茶区出产,由约翰·
霍恩主持拍卖,地点在自由街的阿斯特码头。

在铁路运输还不发达的时候,费城是美国的主要城市。此时
该地的报纸上偶尔会有茶叶广告,1836 年 3 月 25 日《公众报》上
有一则广告:

茶叶——兹有大宗各种包装的贡熙、珠茶及圆茶出
售,品质优良,如蒙光顾,请到南前街 13 号。

萨缪尔·M. 开普顿公司启

后来关于茶叶宣传的书籍

除少数例外以及为种植者所编的教科书以外,各国出版关于
茶叶的著作都有显著的宣传特征,19 世纪到 20 世纪对于茶叶贸
易有贡献的著作有:

1819 年伦敦茶叶公司出版的《茶树的历史》,其中详细叙述了
由播种到包装及运往欧洲市场经过的情况。

1827 年英国有一位茶叶销售商史密斯在伦敦出版了一本名
为 Tsiology 的书,记载东印度公司等经营这一外国物产的报告。

1843 年 J. G. 何塞在巴黎出版了《茶叶丛书》一书,内容很丰
富,并且配有图解。何塞是经营中国及印度茶叶还有其他物产的
商人。

1878 年萨缪尔·菲利普斯·戴在伦敦出版了《茶的神秘与历
史》一书,其序文是由中国教育访问团的秘书罗方洛用中文书写,
序文对于霍尼曼茶叶公司有很多赞美鼓励的话。

1880 年伦敦的一位布商和茶商亨利·特纳出版了《茶叶通

论》一书,文字生动,但是判断略有错误。他预测合作社最先衰落,并且反对今天的广告法。

1882 年 W. B. 威庭盖姆公司在伦敦出版了《茶叶拼配技术》一书。

1890 年有一位曾在印度居住的芝加哥茶商 I. L. 豪色写了一本《茶叶起源、栽培、制造及用途》,两年后,费城有一位茶人约瑟夫・M. 沃什著有一书,名为《茶的历史与神秘》,它与 1896 年的《茶叶拼配艺术》,二者都是零售商的著作。1894 年伦敦莱温斯公司有一位职员著有《茶与茶叶拼配》一书。1903 年美国有一位茶叶经纪人约翰・亨利・布雷克出版《零售商的茶业秘密》。1905 年伦敦的反对茶税同盟出版赫伯・康普顿所著的《同时来讨论茶叶》,同年美国全国茶业协会会长托马斯・菲兰撰写《茶的秘密》,又于 1910 年重校,改名为《茶的秘密汇编》,由纽约阿詹克斯出版公司发行。

1907—1908 年芝加哥茶商 E. A. 斯高耶尔,曾经担任美国茶叶评验局会员及全国茶业协会会长,编纂一种小册子式的茶叶研究丛书,这是一个很重要的著作,虽然他的目的仅仅是为斯考耶公司的推销员推销茶叶而作。

1910 年伦敦的印度茶业协会出版詹姆斯・伯金汉爵士所著的《关于茶的种种》一书。1919 年芝加哥 J. C. 怀特尼公司出版怀特尼所著的《茶叶漫谈》一书。1924 年慕尼黑的一位茶商奥托・施莱恩科弗在德国出版《茶叶》。1926 年伦敦茶商 R. O. 迈恩尔出版《茶叶简史》。1929 年,另一位伦敦茶商 F. W. F. 斯代福卡尔出版《茶与茶叶买卖》。1933 年 C. R. 哈勒博士在伦敦出版《茶的栽培与市场》。1935 年怀特尼公司在美国出版《茶叶小史》。

著名的茶叶宣传

各主要产茶国在过去的 50 年中,曾经努力尝试各种合作宣传方法,以图扩展国外市场,这些宣传曾收到很大成效。但是中国则是例外,他从未将茶叶界的有识之士组织起来进行宣传。

英国 19 世纪 90 年代茶叶广告

从 1876 年开始, 日本茶叶在美国不断地宣传, 1898 年至 1934 年用于各国的宣传费用达到 279 万日元 (1, 395, 000 美元)。

台湾也在英、美及其他国家广作宣传, 25 年间用于这些宣传的费用达到 250 万日元 (125 万美元)。

锡兰用于欧美各国宣传的费用, 在 23 年内达到 5, 335, 577 卢比 (1, 920, 786 美元), 其中用于美国的达到 100 万美元。

印度在新大陆各国宣传茶叶的费用, 在 40 多年中成倍增长达到 100 万英镑 (500 万美元), 因此获得了良好的效果, 促进了英国的发展, 其中的 200 万美元在过去的 25 年中用于美国。

荷属东印度在荷兰及美国宣传它的茶叶, 历时 10 年之久, 耗费 12. 5 万盾 (5 万美元), 其中 2 万美元用于美国市场。

日本茶和台湾茶的宣传

日本的茶叶宣传开始于 1876 年费城的百年纪念博览会, 其后, 于 1877 年至 1883 年期间在东京、横滨及神户举行过多次茶叶竞赛会, 以此鼓励优等茶叶的生产。1883 年茶叶生产者与茶商联合组织日本茶业组合中央会议所, 由政府津贴补助, 该组织除改良生产外, 还组织国外的宣传事宜, 主要的事例有: 参加 1893 年的芝加哥博览会, 之后 1894 年在安特卫普、1898 年在俄马哈、1904 年在圣路易斯、1905 年在列日及波特兰、1909 年在西雅图、1910 年在伦敦、1911 年在德勒斯顿及吐林、1915 年在旧金山及圣地亚哥、

1926 年在费城及 1933 年在芝加哥,历届博览会中都有日本的产品送往陈列。在这些展览会中,其采用建造日式的亭阁及园地的宣传方式,并由日本的年轻女子着本国服饰招待参观的客人。

1896 年,日本察觉到与英国在宣传方面的激烈竞争,1896 年,Kahei Qtani 及 Kihei Aizawa 二人代表日本茶业组合中央会议所向政府申领每年 7 万日元(35000 美元)的补助费,期限 7 年,在美国和俄国积极从事宣传。1898 年至 1907 年的 9 年中,这项贸易保护运动在美国及加拿大共计耗费 19 万日元(95000 美元)。

1898 年,这一会议所成立两处分所,一处在纽约,以古屋竹之助为主持人,另一处在芝加哥,由托马修·密斯修特尼主持。他们的工作直到 1907 年分所关闭才停止。1911 年中央会议所委派伊沃·纳西为驻美国及加拿大的代表,指导茶叶方面的宣传活动。

1911 年日本茶叶输入美国各地开始达到高峰,并且保持不变,直至一部分美国人的嗜好从绿茶转向红茶后,日本输入美国茶叶的量才逐渐减少,

日本的茶叶广告

加上印度及锡兰红茶的发展,使日本的茶人深感困难,于是决定在美国再次发动宣传。1912 年开始推行第二次贸易保护运动,这次宣传在尼什的指导下持续 10 年之久,直到 1922 年尼什辞职。费用共计达 246,000 日元(123,200 美元)。

尼什指导宣传的前三年——1912、1913、1915 年采用日本式亭阁及赠送样品的方法,之后在美国的宣传集中在报纸及杂志,直到 1921 年,因为日本茶叶输入由 1920 年的 2280 万磅降至 1921

年的 1650 万磅——为 50 年以来的最低点,宣传才宣告结束。

　　1922 年至 1925 年的四年间,日本茶叶输出减少。当时日本茶谋求在国外市场的发展,此事操控在日本茶叶组合中央会议所之手,共耗 105,000 日元(52,500 美元)。至 1926 年,才发动第三次运动,工作在日本茶业促进委员会指导下进行。这一委员会是日本茶业组合中央会议所及静冈县茶业组合联合会议所联合管辖,其总会设在静冈县的静冈茶业指导会办公室内。1925 年 5月,国内外的出口商经一次会谈之后,决定每半箱茶征收出口税40 钱,作为每年 30 万日元茶叶促进费的一部分,其不足的部分则由日本的其他捐税补足。这项税收于 1925 年 5 月 23 日起发生效力。

　　日本茶业促进委员会于 1925 年 7 月 11 日成立,委员 16 人,是日本茶业组合中央会议所及静冈县茶业组合联合会议所委派,贵族院议员兼日本茶业组合中央会议所所长桂平大谷为首任会长。

　　宫本与石井二人于 1926 年 1 月前往美国,与美籍委员共同布置在报纸上的宣传活动。其范围包括芝加哥、得麻息、得特拉拉、明尼波利斯、圣保罗、俄马哈、托利多及密尔沃基等地,费用共87,000 美元。

　　1927 年大谷辞去委员会会长职务,由五平松浦继任,他的宣传计划舍报纸而侧重杂志,经费规定为 13 万美元,至 1928 年 4月 1 日增加到 137,000 美元,这两年的宣传仅限于杂志上。根据一个新的发现,称日本茶含有“贵重的食物成分——维他命 C”,费用达到 10 万美元。继而于 1930 年采用招贴宣传。而后日本在美国及其他国家宣传的费用如下:1930 年为 232,000 日元,1931 年为 142,000 日元,1932 年为 340,000 日元,1933 年为 171,250 日元,1934 年为 240,000 日元,1935 年为 125,000 日元。

　　1886 年日本中央茶商会社得到政府的帮助,派遣横山孙一郎前往俄国及西伯利亚调查开拓市场的可能性,到 1897 年决定在俄国宣传,1907年至1919年多次派遣代表去俄国,推销日本的红砖茶。西方昭三曾两度前往,终于在俄国建立了茶叶贸易的稳固基础。1898年,日本的茶叶开始在俄国宣传,直到1921年为止。其中1905年、1909年及1919年未做宣传,总共经过24年的时间,所用宣传费用达93,600日元(46,800美元)。

1905年,该会给澳洲分社1500日元(750美元)作为分送日本茶样的费用;同年拨出284日元(142美元)在法国报纸上做小规模宣传。

最近日本茶业促进会在国内发起宣传运动,1934年宣传耗费105,000日元。

台湾乌龙茶广告

1906年至1925年,台湾政府耗费2,052,000日元(100万美元)来宣传台湾茶叶,大部分用于美国、英国、法国、爪哇、华北及俄国的展览会,且在英美赠送样品,设立茶馆,并在报纸杂志上宣传,还在澳洲、南非及其他地方做宣传活动,并且赠送样品。自此以后,它的宣传就只限于美国,每年费用从15000—50000美元不等。自1898年第一次在英开始宣传以后,用于各国的宣传费用共279万日元(1,395,000美元),除派代表宣传台湾茶以外,同时也宣传其他物产如樟脑等。

锡兰的联合宣传运动

锡兰茶叶的宣传运动开始于 19 世纪 70 年代,后经 40 余年的努力,暂时中止。最近又重新开始联合宣传运动,1879 年由锡兰的茶叶种植者推举《锡兰观察报》的编辑 A. M. 弗古森为代表,参加 1880—1881 年在新金山开幕的万国博览会,继而又以锡兰《泰晤士报》编辑约翰·卡波为代表,参加 1883 年于加尔各答开幕的展览会。茶叶成了这两个展览会的特色。

广为人知的英国茶叶品牌

1886 年在伦敦南肯星顿开幕的殖民地及印度展览会,种植者预算需要经费 5742 卢比(2067 美元),作为宣传锡兰物产的费用,锡兰政府同意垫付 5000 卢比(1800 美元)。在这个展览会中 J. L. 洛顿—尚德被推举为代表,组织了一个锡兰部,有 167 个茶园送样品展览。

同年,H. K. 路斯福特捐募给锡兰茶叶理事会部分基金,以此作为收集和分发茶叶样品的经费,发送的样品有 67000 磅以上。1887 年,由 J. L. 洛顿—尚德私人出资在利物浦展览会中陈列锡兰的物产,并且在展会中销售茶叶,同时锡兰种植者协会采纳路斯福特的建议,募集锡兰茶叶基金,这是各茶园主及代理处自动捐助给协会的。从 1888 年 1 月 1 日开始,在最初的 6 个月中所摘茶叶每千磅捐 25 锡兰分,茶业理事会的基金也合并于这项新基金内。

1887 年至 1891 年每千磅捐 25 锡兰分,1892 年至 1894 年每千磅捐 10 锡兰分。先后募集的锡兰茶业基金,总额达到 146,874

卢比(52,875 美元),有如此雄厚的基金,使锡兰的茶叶闪亮登上 1888 年的格拉斯哥万国博览会、新金山百周年展览会及布鲁塞尔展览会,一切的布置及计划,均由格莱美·H.D.艾尔芬斯通爵士及 J.L.洛顿—尚德、李·巴普替、R.C.霍代恩等人负责主持。锡兰政府捐助各展览会的费用,总计达到 2000 卢比。

1888 年,创行一种新方法,即分发一部分茶叶给愿意推销锡兰茶叶的私人或商店,售与消费者,之后这种方法推行很广,第一次发给了费城的锡兰茶叶咖啡公司,后来当茶叶推广到纽西兰及阿根廷的时候,又分发了很多次。

1889 年的巴黎万国展览会及 1889—1990 年在都内丁的新西兰及南海展览会中,陈列的锡兰茶叶引人注目。

锡兰有一位种植者 R. E.平尼奥创立锡美茶叶公司,约翰·约瑟夫·格里林顿任总经理,这个公司得到了锡兰种植者协会的赞助,发展在美国市场的锡兰茶叶贸易。

1889 年时,赠送茶叶的办法推广到南爱尔兰、俄国、维也纳及君士坦丁堡。当费弗公爵夫妇游历锡兰的时候,赠送给他们数箱装潢美

"立顿"牌茶在法国的广告

丽的锡兰茶叶,这是赠送锡兰茶叶给贵族们的开始。其后,如意大利皇后、俄国的尼古拉斯公爵、德国皇帝及奥地利皇帝都接受了锡兰茶的馈赠。

1890 年开始在俄国宣传,由莫里斯·罗基弗主持了很多年,

英国当时的茶叶广告

他是斯威尔顿父子公司的瑞士籍股东。

1890 年茶业基金委员会赠送茶叶及津贴给塔斯马尼亚、瑞典、德国、加拿大及俄国的商店,这项费用占总宣传费用的 1/3。1891 年在科伦坡的旅客码头耗资 15150 卢比建筑锡兰茶亭,出售小包装茶叶及饮料,但是委员会立刻发觉继续经营有问题,于是将该茶亭转让给锡兰茶叶公司,该公司得到种植者协会的资助,克服种种困难,继续经营。

1894 年末,茶业基金委员会继续给罗基弗提供资金在俄国作宣传活动,并赠送茶叶给澳洲、匈牙利、罗马尼亚、塞尔维亚,加利福尼亚及英属哥伦比亚各国,还在伦敦的帝国学院发放 2300 卢比,作为准备销售锡兰茶的费用。

锡兰政府承诺捐助 5 万卢比作为锡兰茶在 1893 年芝加哥万国博览会中的陈列费用。1892 年 1 月派约翰·约瑟夫·格里林顿作为锡兰的代表,先赴芝加哥考察。锡兰种植者协会采纳了路斯福特的建议征收茶叶出口税,作为在芝加哥建立一个锡兰馆的费用。结果于 1892 年 10 月的立法会议中通过第 15 号令,自 1893 年 1 月起,每百磅茶叶征收出口税 10 锡兰分。

在芝加哥博览会中,有 6 万人参观了锡兰馆,它的建筑是副代表波罗·弗来彻尔设计,馆内出售茶水 4,596,490 杯及茶叶 1,061,623 包,博览会共计费用 319,964.64 卢比(25,187 美元)。

格里林顿在芝加哥设立芝加哥茶叶店,堆积 26,000 磅茶叶,但这项投资不幸宣告失败。1890 年格里林顿晋升为爵士,在克里米亚及锡兰政府中服务 46 年,政绩斐然。于 1912 年逝世。

由于商会及种植者协会的努力,1894 年 8 月通过第 4 号通令,自 11 月起继续征收茶叶出口税,并且增加到每百磅 20 锡兰分,由商会推举出 6 位代表,协会推举出 24 位,组成 30 人委员会,专门从事征收事宜。到年底,共收 57,277.537 卢比,在两年间征收的税款,超过芝加哥博览会实际需要使用的数额。

（编者注:锡兰茶叶捐税表本书从略）

茶业基金委员会除了收取茶叶税款以外,还有政府津贴。锡兰用于芝加哥博览会,所付银行的利息及在 20 年间(1888—1908年)的茶叶宣传费,共计费用 5,307,740 卢比(1,910,786 美元)。

1894 年至 1908 年,30 人委员会其他的主要开支是在茶业代表的指导下,在美国进行宣传活动,拨给格里林顿爵士所指定的一些茶叶进口商的津贴及锡兰代表在大陆各国(俄国除外)所用的宣传费用。俄国的宣传由波哥尔继续主持,他于 1895—1896 年接受 1500 镑的津贴,前后几年所得津贴的总数达到 2830 镑。他的活动是赠送 500 万包茶叶,在报纸上登广告,出版小册子及参加下诺夫哥罗德博览会等。

1896 年泰特勒公司得到 200 镑津贴,作为在日内瓦博览会中的山村小舍宣传锡兰茶的费用并将茶叶赠送挪威、比利时及荷兰等国。1897 年,罗斯弗的公司改为有限责任制公司,同时约翰·穆赫爵士参股 20,000 英镑,作为公司创新发展的资金。

罗斯弗的津贴补助到此时停止,代之以若干款项补助出口商店,克劳费德和兰帕德公司得到补助 1000 镑,用于在俄国推广锡兰茶,库珀有限公司的库珀也得到过补助。

锡兰有一位种植茶叶的先驱式人物威廉·麦肯兹被派往美国做驻美国的代表,于 1895 年 2 月赴美国做一次初步的调查,返回锡兰后向同业建议努力争取美国的绿茶市场,这一提案波尔·弗莱切曾于年前提出,美国平均每人的茶叶消费量大约 1 磅,咖啡则是 9 磅,而饮茶的人十之有九都饮绿茶。因此,锡兰采用奖励绿茶出口的政策。推进这一政策的奖金于 1898 年开始,最初每磅奖励 10 锡兰分,1902 年减至 1.5 锡兰分,1904 年又增加到 3 锡兰分,以后停止。6 年内输出绿茶达 24,653,172 磅,共支付奖金 993,051 卢比(357,498.36 美元)。

威廉·麦肯兹担任驻美代表 11 年,1905 年才退休,1916 年逝世。他在任时,曾在宣传方面花费 1,415,185 卢比(509,466 美元),在报上刊载广告,将锡兰茶供给杂货店,刊印小册子,指导巡行活动,以及发放津贴给推销锡兰茶的商店。

1888 年 H. K. 路斯福特建议锡兰应与印度联合在美国宣传,印度茶业协会的约翰·穆赫爵士也于 1894 年提议在美国设一个常驻联合代理机构,这个提案并没有落实,而 R. 布里沁登则单独前往美国促进印度的茶叶贸易。而后接到威廉·麦肯兹的指令,指令称在他认为是对锡兰茶有利的情况下,可以与印度联合经营。1896 年 2 月他在给当局的报告中说:"已与布里沁登合作,并且有一联合的广告刊登在 28 种杂志上。"

1904 年圣路易斯世界博览会开幕,锡兰派斯坦利·鲍伊斯为代表,闭幕后与印度联合宣传的形式就更为确定了。其原因之一是 1903 年 4 月 1 日起,印度强制征收每百磅 20 锡兰分的茶税,1905 年 3 月指派一名委员实行这一计划,而布里沁登就兼任驻圣路易斯的代表,之后又受顾于伦敦的印度茶业协会服务三年。联合宣传形式主要是在橱窗上绘制醒目的广告,以明信片及样品的形式赠送顾客,共计费用 175,500 卢比。

威廉·麦肯兹之后由另一位锡兰茶叶种植人 W. A. 康特尼继任驻美代表,但是他的任职期很短,从 1906 年 1 月至 1908 年 3 月 1 日止,他的工作也极为成功,并且设计了各种巧妙的宣传活动,首先停止了宣传锡兰茶叶的商店补助金,另寻其他真正能够负责宣传的商店,并且给予相同的待遇,他聘请纽约的 F. P. 威尔士为助手,为刺激出售锡兰茶叶商店的兴趣,特聘请一位锡兰茶师 L.
贝灵来宣传茶叶的配制方法,还到各地的学校、机关参观,借以介
绍锡兰茶叶。贝灵于 1893 年来到美国,任格里林顿的秘书,之后
自己经营茶叶。《茶与咖啡贸易》杂志编者威廉·H.乌克斯是这
个代表团的顾问。

　　该委员会继续在欧洲作宣传,咖啡栽植者的先驱也是伯塞奎
特公司的代理人 J. H.伦通被选派为 1900 年巴黎展览会的代表,
而后继续任职驻欧的永久性代表,在巴黎 R. V.韦伯斯特是他的
助理。他的工作就是印刷传单,向餐馆推销锡兰茶及给协助宣传
的商店发放津贴。(费用达到宣传费总数的 1/3。)他任职代表 11
年,1911 年仍留在欧洲多年,逐渐结束宣传事业同时继续发放少
量的津贴,于 1920 年逝世。

　　1906 年茶税豁免有逐渐实现的希望,但也遭到了强烈的反
对,尤其以伦敦方面最厉害,而 30 人委员会在这一年的 9 月提议,
从 1907 年 1 月 1 日宣传工作结束后,茶税应该减低到每百磅 20
锡兰分。美国的 W. A.康提尼将宣传方面的任务移交《纽约讲坛
报》的 R.威恩·威尔逊,他继续担任这项工作直到 1909 年末。

　　诺法斯科细亚主教弗雷德里克·康特尼的长子沃特·阿兰·
康特尼 1873 年 1 月 7 日生于苏格兰的阿兰桥,在新罕布郡康科特
的圣保罗学校及诺法斯科细亚的温莎皇家学院受教育。他于
1899 年前往锡兰,在茶园中做一名试用工,当他被选派为锡兰茶
业代表时,他已经成为保加旺特拉瓦的爱特斯茶园的管理人。
1907 年美国的宣传活动停止后,他投身茶业界,在纽约设立 W. A.
康特尼公司,1909 年改组为安德森公司时退出,之后服务于美国
钞票公司。

　　1908 年 30 人委员会捐助 388 卢比作为美国抵制华茶运动的
费用,1909 年,为同样的用途拨款 2000 镑。当时 30 人委员会的
财产有 285, 388. 74 卢比,但后来因为各种开支的增加使之渐渐减
少。锡兰《泰晤士报》的编辑 F.克罗斯比·罗尔斯是 1912 年纽约

橡胶展览会的锡兰代表,在这次展览会上做锡兰茶的宣传。当第一次世界大战开始时,该委员会还有相当数量的基金,预算内支配的大部分基金用于爱国工作,其次才是做宣传。得到政府批准后,就将 75000 卢比赠予战时养育院,其中用 15000 卢比购买茶叶送给俄国军队,1916 年再决定将剩余的基金购买茶叶,包成小包,赠予经过科伦坡的澳洲及新西兰军队,基金于 1919 年全部用完。

1929 年在科伦坡码头建立第二所茶亭,以便向顾客宣传,由锡兰茶叶宣传局主持。

A.S 兰帕德做出一个计划即所谓的"兰帕德计划",由个人自动捐助,以此作为锡兰茶在国外宣传的基金,从 1929 年开始实行,由锡兰种植者协会、锡兰园主协会、锡兰商会及科伦坡茶商协会联合办理,计划中规定每英亩茶园至少捐助 8 锡兰分,实施了有三年之久,首次募集 10000 美元,交给美国茶业协会用于 1929—1930年推行宣传的活动。对于这个计划很多人反对,因为自动认捐对各种植茶者来说,有负担不均的弊病。1932 年 6 月 24 日锡兰政务会议通过一项计划,通令征收锡兰出口茶叶宣传税,每百磅不能超过 100 卢比,并成立锡兰茶叶宣传局,主持锡兰茶对内、对外的宣传,该通令还限定所需费用的预算。E.C.威立斯在会议中很活跃,愿意做此法规的担保人,该法规规定最初征收出口税每百磅50 锡兰分,估计每年可收入 120 万卢比(9 万英镑)。

茶叶宣传局的首任局长是 G.K.斯迪伍特,是锡兰园主协会的代表。G.胡克斯雷以前是伦敦英国贸易局的高级宣传员,现被委任为该局的高级理事。他于 1933 年 1 月到锡兰就职,宣布准备在锡兰、英国、南非、加拿大、澳洲及新西兰实施宣传运动的计划,并指定 F.E.B.古雷为驻加拿大代表,莱斯利·窦为驻南非代表,R.L.巴恩斯为驻澳洲及新西兰代表,巴恩斯以前曾在伦敦的澳洲贸易宣传局服务。

宣传局从英国的利益出发,决定与印度茶业协会于 1933 年12 月成立"帝国茶叶促进会",在此会的指导下,联合进行这一宣传事宜。双方各推举代表一人,印度茶业捐税委员会推举约翰·哈伯,锡兰茶业宣传局推举罗伊·威廉姆斯。开始两年的费用是印度茶业捐税委员会每年负担1万镑,锡兰茶业宣传局负担1.5万镑。

首先在加拿大及南非开始宣传,胡克斯雷亲自到两地视察,宣称决心宣传帝国茶叶,并宣称不只为推销锡兰茶,更重要的是要注重品质。驻加拿大代表古雷,遍游该地后,就在蒙特利尔成立了总办事处,并且特约该地的库克费

美国著名的茶叶品牌

德·布朗公司作为宣传的代理商,于1934年3月开始在杂志及报纸上向农民广泛宣传,并且由英国邀请名人来此讲演,又利用商店的柜台、窗饰、电气及模型进行宣传,根据报告,每年用于加拿大的宣传费用达到5万镑。

南非的宣传总办事处于1933年在开普敦成立,而后经过初步的调查,开始在报纸上宣传,该地的大部分居民是以喝咖啡闻名的土著人。但是锡兰茶早已成为输入南非茶叶中数量最多的品种,因此宣传局亟待想要加强这一优势地位。

在锡兰本土的宣传,开始于1933年,由汽车队或旅行队深入土著人中教给他们制茶和饮茶的方法,每队都带有坦密尔和新海尔文字写成的说明,此外还利用发电机、无线电收音机及扩音器向群众演说,这些宣传队有完善的设备和可以容纳8个人的帐篷。

印度的联合宣传活动

印度茶的联合宣传开始于 1888 年,当时约翰·E. 马斯格雷弗·哈灵顿被选派为布鲁塞尔展览会的印度茶叶代表。他于 1860 年生于普利茅斯,是爪哇的咖啡种植者。他在展览会开辟出一个展厅,并且出版了很多关于印度茶的小册子,译成四国文字,分发给参观的人。他在展会闭幕后,就返回英国,自己开始从事茶叶贸易。

1893 年参加芝加哥世界展览会,是印度茶叶首次有组织的宣传活动,很多热心人士募集了 15 万卢比作为宣传的基金,这是对外贸易志愿基金的开端,之后由印度茶业协会接收并保管,所有的茶园主都认捐,最低限度每英亩茶地捐 4 安那,制成茶每蒙特捐半安那。从 1894 年至 1902 年的捐税税率每年不同,但是还没有一位茶园主拖欠达 70% 以上的。从 1893 年到 1903 年共募集 757,378 卢比,这些款项全部用于美国市场。

首次基金 15 万卢比指定由加尔各答印度茶业协会的委员会管理,该会请求与伦敦印度茶业协会合作,这时理查德·布里沁登正好在加尔各答的皇家植物园服务,于是就被派做芝加哥展览会的代表。布里沁登建议印度政府在展览会中建一座适当的房屋,来陈列、出售印度的物产,展览会闭幕后,布里沁登返回印度,当时尚有余款 25000 卢比,构成了国外市场志愿基金的核心。

这次芝加哥的经验,给予加尔各答委员会以极大的鼓励,几周后布里沁登再次被派往纽约工作,当时的生产者还不懂得组织产品的宣传。当时在美国的贸易活动,还是以降低价格做为打开销路的办法,最通行的帮助商家的办法就是给予商家津贴或补助金,而很少进行直接的宣传活动。

美国的茶叶批发商不怎么认识印度茶叶,但是来自英国的零售商则对这方面的情况知道的很清楚,并且能指出什么是阿萨姆茶,因此就利用这些人向消费者宣传,利用说明、插图、演讲、建筑茶亭以及其他相关办法,最后终于获得立足点。同时,印度的茶商也纷纷在美国设立代理处,他们最初也是从零售业着手。

穆赫爵士于 1894 年从加尔各答来到科伦坡,力促锡兰与印度的茶叶种植者联合推广他们的茶叶在美国的销路,加尔各答印度茶业协会极赞同他的意见,在锡兰也很受拥护。

1896 年威廉·麦肯兹以锡兰代表的资格赴美,并且联

美、德、英、法、日五国
在报纸上的茶叶广告

合布里沁登共同作印度茶叶的宣传。这一联合宣传在他们二人的主持下进行了三年之久,直至 1899 年结束。

当时的印度国外市场志愿基金渐渐不支,1897 年在政府税收项下拨出一些资金给予补助。1899 年印度停止所有在美国的宣传,只有一小部分款项捐助锡兰在报纸上作普通的联合宣传。布里沁登也加入锡兰的怀特公司,担任北美的代理人,威廉·麦肯兹继续做锡兰的代表,1899 年至 1904 年,印、锡两地在美国的宣传都由他主持。

印度的舆论渐渐倾向于制定法律强行征税,1902 年加尔各答印度茶业协会的委员会上呈总督,请求在出口茶叶中每磅征收1/4派(0.0019 美元)。此呈由 366 家茶叶公司签署,代表 416,140 英亩种茶叶种植地,印度种茶叶种植地总面积的 80％ 以上。卡琼勋爵对此呈文极有兴趣并接受,这使引导印度人大开饮茶之风成为

印度的热茶和冰茶广告

可能,卡琮勋爵只将呈文中"推广印度茶叶的销路及增加它在联合王国以外国家的消费"一句改为:"推广印度茶叶的销路及增加在印度与其他各国的消费"。

1903 年 1 月 30 日商务组委员特纳爵士在帝国立法会议中指出关于该项捐税的议案,在通过这一法规之前,政府责令印度茶业协会的委员会草拟一份管理该项基金的计划,于是由茶叶生产者及普通商业团体推举 21 人,组织一个管理委员会。茶叶生产者代表由下列各协会推举选出:加尔各答印度茶业协会(7 人)、阿萨姆支会(2 人)、杜亚斯种植者协会(1 人)、查尔派古加的印度种茶者协会(2 人)、大吉岭协会(1 人)、萨马印度种植协会分会(2 人)、康格拉山谷种植者协会(1 人)及南印度种植者联合会(1 人)。普通的商业团体代表 4 人,其中孟格拉商会指派 3 人、马得拉斯商会 1 人。

第九号法规即《印度茶叶捐税法规》于 1903 年 3 月 30 日在印度总督议会中通过,4 月 1 日起实行,为期五年。1908 年该法规期满,经各方同意延长五年,此后于 1913 年、1918 年、1923 年、1928 年及 1933 年各次期满又都延长五年,最近一期到 1938 年 3 月 31 日期满。

1903 年至 1921 年间,出口茶叶每磅征收捐税 1/4 派,数额很少,早在该年的立法议会中,曾接受茶叶捐税委员会的请求,对此加以修正,将税率增加到每百磅征收 8 安那或百磅 1 派。但是这一修正后的高税率并未实行,因为每百磅征 4 安那或百磅征税半派的税率,已经足够。1921 年 5 月 1 日起至 1923 年 4 月 20 日止,出口税均按此税率征收,之后则因为茶叶捐税委员会的请求增加到每百磅 6 安那,此税率维持到 1933 年 9 月,又增加到 8 安那,这样可以使委员会开展在美国的宣传活动。

该项茶叶出口税由海关征收后转交委员会。

(编者注:印度茶叶出口税收统计表本书从略)

茶叶捐税委员会的首任主席是 E. 凯伯,其后继任者如下:阿历克斯·陶彻、H. S. 阿师顿、W. 布朗、罗克哈特·史密斯、杰拉德·金斯利、W. 沃灵顿、R. 格拉汉姆、W. M. 弗雷瑟、F. G. 克拉克、萨缪尔·J. 贝斯特、卡尔·里德、T. C. 克劳福德、J. 罗斯、A. B. 汉内、A. D. 高登、J. A. 米里甘、J. 琼斯等。

1900 年哈灵顿被调往伦敦的印度茶业协会,并游历欧洲大陆。他撰写的报告说:印度茶叶的销售大有增加的希望。1905 年加尔各答的协会选哈灵顿为首任驻欧永久性代表,希望在安特卫普设立一家办事处,1906 年前往汉诺威,而后又在德国全境旅行。他的宣传方法是开设茶馆,赠送样品,在公寓及展览会中免费供给茶饮,并且分发小册子,直到第一次世界大战开始时,这一工作才宣告停止。但是在大战期间,他的宣传活动仍然继续进行,以茶作为礼物,馈赠给难民及协约国军队。1914 年至 1918 年间,用于此项开销的费用达到 14000 镑。

印度茶叶在欧洲大陆的宣传并不积极,至 1922—1923 年指定10000 镑作为在法国的宣传费用。这一工作延续到 1927 年 3 月 1日,1923 年至 1927 年的预算共计 67000 镑。

茶叶捐税委员会派舍罗德·W. 纽拜为高级代表,主持法国的宣传活动。以前他在伦敦和加尔各答经营茶叶,并且曾经指导宣传活动,以此增加印度茶的经营。1924 年退出,开始做茶叶经纪业,之后曾在他领导下工作的 H. W. 泰勒继任,一直到 1927 年 3月 1 日宣传工作结束时停止。

在法国的宣传工作主要是巡行活动,即驻法代表将刻有"此包内为印度茶叶"及印度茶叶捐税委员会驻法办事处等字样的图章,分发给出售印度茶叶的包装商店,只有拼配茶必须预先经该代表的审验后才可以出售。在法国停止宣传的主要原因是"由于该国茶叶价格的高涨,贫苦阶级有购买此商品的能力者减少,并且认为并无任何效用"。

法国的宣传停止后,又另拨 10000 镑在德国做初步的调查,J. E. 哈灵顿再次被派往德国各地视察,以便决定何处适合重振这项工作。回国后,即撰写报告,呈送茶叶捐税委员会,但是到了 1928 年工作还是无法开展。后来经决定每年拨 10000 镑,用两年间在欧洲大陆上开辟市场,并且特别注重德国。这项基金继续拨发到第三年,最开始采用的方式是先经由伦敦的茶叶进口商店,廉价出售纯粹的印度茶,之后又加以改变,计划采用借贷广告费的方式补助德国的商店,并且鼓励其出售纯粹的印度茶。

印度茶在英吉利联合王国的宣传开始于 1904—1905 年,最初是康普顿主持,之后由斯图亚特·R. 寇普继任。所用经费 1904—1907 年为 4000 镑,大部分用于帮助反对茶税同盟,此同盟成立的目的在于减少英国过重的进口税,结果每磅减少 2 便士。

经过一个短期的停顿,1908 年印度茶叶的宣传在 A. E. 达切森指导下,又在联合王国内继续进行,至 1918 年才宣告结束。这项活动的用意在于抵制已在进行中的中国茶叶的宣传,10 年间所耗费用共计达到 39,750 镑(193,000 美元),此后才停止宣传,直至 1923—1925 年,当英国展览会在温布利开幕,再次拨款 4000 镑作为宣传费用。

1931 年在伦敦销售的外国茶叶达到了一个惊人的比例——9 年中几乎增加了三倍——于是印度茶业协会(伦敦)、伦敦的锡兰协会及伦敦的南印度协会发起一场运动,即 1931—1933 年的"买英国茶"运动,并且再次征收优惠英国茶的捐税,以充实经费。印度茶税委员会由印度派一名茶叶代表哈珀赴联合王国参加合作,并且指定拨出每年 1 万镑宣传费。锡兰也承诺一旦政府议会通过,收取宣传税,对此活动也将给予一定的捐助。

后来一些团体也加入合作,来推动宣传运动,他们有:印度茶叶捐税委员会、伦敦印度茶业协会、锡兰茶业协会、南印度协会、帝国贸易局、印度的贸易代表、东非属地的高级代表及其他英国的茶叶拼配商店与包装店。

"买英国茶"运动所用的方法为兜售、赠送展览样品、在报纸上宣传、彩图广告、传单、演讲及广播等。

当这一运动开始的时候,英国商店是否出售的是帝国茶叶,顾客并不关心,也不考究这个问题,等到 1933 年运动结束时,根据代表哈珀的报告,称有 5 万余家英国杂货店及茶叶销售店都对帝国茶广为陈列,而且主妇们在购买茶叶时也普遍关注购买茶叶的产地考虑。开始时,批发商并未出售过一包纯粹的印度茶,但据报告称两年后约有 700 余包售出,并且有 1500 余座城市约定今后每逢向公众宣传茶叶,宣传的对象一定是帝国茶国。

1933 年 12 月帝国出产茶叶的宣传运动改组定名为"帝国茶叶生产者协会",1935 年又改名为帝国茶叶市场促进推广局。

1934 年,"帝国茶叶生产者协会"在英属各岛屿上发动帝国茶叶宣传,其主要目的是为了维持英属各岛屿的茶叶消费及鼓励对于优良茶叶的采用。这次宣传活动与前次的"买英国茶"运动最显著的不同是除去了帝国茶与外国茶的区别。伦敦出版交流公司及查理斯·贝克父子公司在这次活动中被指定为联合宣传代理处。1934 年 9 月至 10 月之前进行宣传。经过一番广泛的调查,决定采用三个口号,作为宣传的基础:一、你需要饮一杯茶;二、上午 11 点宜于饮茶;三、茶能使我精神振作。

印度茶叶捐税委员会于 1934 年在美国宣传帝国茶叶拨款 1 万镑,除此之外还拨款 1000 镑用于伦敦筹备理想家庭展览会,籍此庆祝茶叶种植传入印度的百年纪念。

回顾在美国的工作,印度的茶叶宣传于 1899 年停止,除了有一小部分经费捐作锡兰基金外,没有其他的活动,1903 年自印度茶税开征以后,茶叶捐税委员会再派布里沁登做代表,筹备参加1904 年的圣路易斯世界博览会,并且计划此后在中西部的工作安排。自从麦肯兹因为身体衰弱而宣告退休以后,印度与锡兰的联合宣传活动随之停止。各国在圣路易斯世界博览会中各自开辟专室,印度采用的是 10 年前在芝加哥的旧式布置,有印度的各种特产及印度籍的侍者招待顾客饮茶。当时在圣路易斯的工作还有与茶叶批发商合作。

这一工作直到博览会闭幕为止。报纸、广告、样品、明信片、图画书及图片都曾使用,并且有一位特约的推销员与一位批发推销员,天天奔走推广印度茶叶。布里沁登推行这一工作直到第一次世界大战开始,最后一次拨款是 5000 镑,时间是 1917—1918 年。

1911—1912 年,根据 R. 布里沁登关于"在南美开辟印度茶叶市场预测"的报告,茶叶捐税委员会捐助 1000 镑。布里沁登继续在南美考察了很多国家,但是并没有募集到资金来起动宣传。

1922—1923 年,茶叶捐税委员会的目光又转向美国,拨款1000 镑用于研究进行宣传活动的可行性。在法国工作的哈罗德·W. 纽曼于 1923 年 2 月赴美国东部及中西部各个重要城市考察,4 月返回英国,力主用报纸广告是印度茶在美国宣传的最佳方式,茶叶捐税委员会采纳了他的意见,于 1923—1924 年拨款 2 万镑作为经费,这一工作则委托伦敦 C.F. 亥汉姆公司的宣传代理处负责。到 1924 年将经费增加了一倍。亥汉姆爵士曾经多次赴美国考察,一次还与印度茶业协会主席杰拉德·金斯利联一同前往。Wm. H. 罗金公司为亥汉姆代理宣传事宜将近两年,此后则由亥汉姆自行办理。茶叶捐税委员会拨款 4 万镑作为 1925—1926 年的经费,1926—1927 年也拨给同等数量的经费,另有额外的 10500镑用于费城 150 周年纪念。

亥汉姆在这次宣传活动中有一些惊人的宣传方式,他在新闻纸上刊登优美、有趣的文字,为印度茶做广告宣传,在各大城市出版的报纸上轮流刊登,并且举行征文,题为"我为何喜欢印度茶",头奖被纽约的广告人亥克特·福勒获得。亥克特·福勒后来与Wm. H.罗金公司在无线广播电台播出关于茶叶的演讲,之后包装商的商标也在报上刊登,以此诱导顾客饮用印度茶或混有印度茶的拼配茶。

科尔曼·古德曼在150周年纪念展览会中的印度茶亭内除了陈列物品外,还免费供给饮茶及销售印度茶、Highballe(是茶、果汁及姜啤酒合成)以及鸡尾酒茶。

茶叶捐税委员会于1927年3月召开会议,决议募集3.5万镑作为1927—1928年在美国的宣传费用。4月印度茶业协会(伦敦)的副主席诺曼·麦克利奥德少校赴美国考察,并且在很多城市调查茶业状况。他于5月更加返回伦敦,随后提出:一、继续在报上宣传,但须改变方式,应采用强烈化和简单化的方式;二、杂志上的宣传须设定一定的限度;三、树立一些典型例子,以示与其他的印度茶叶的广告有区别;四、设立贸易局或贸易指导所,促使有印度茶技术知识的人与宣传代理处合作;五、雇佣可靠的会计,来管理基金和监督工作。

1928年1月7日,查尔斯·亥汉姆首次从英国用电话向大西洋做印度茶的宣传。

根据麦克利奥德少校的报告,茶叶捐税委员会于1927年11月指派理鲍德·贝灵为驻美国的茶业代表,莱昂纳德·M.侯登为会计。贝灵生长在锡兰,1893年初来到美国芝加哥世界博览会中的锡兰展会协助工作。最后锡兰茶业代表W. A.康特尼于1906年聘任他做茶师时,他再次与锡兰茶业产生联系,他也曾服务于纽约的很多茶叶商店。侯登曾经担任加尔各答麦克兰德公司美国分店的经理,以后成为美国很多制造商的出口代表。

贝灵与侯登等在纽约建立一个办事处,名称为"印度茶叶办公处",于1928—1929年间拨经费4万镑,借包装的商标取得零售商的合作展开了最初的工作。之后1929—1934年间,每年拨付美国的经费为 5 万镑,其中 1932 年减少到 4.4 万镑。

美国茶业协会于 1929 年募捐 8000 美元作为宣传经费,Paris & Peart 公司的纽约代理处,负责并准备宣传手册。

1928 年至少有 50% 的报纸及杂志集中登载绘有印度地图的包装拼配茶的商标,印度茶叶办公处还准备试验免费供给午后茶的计划,想以此养成机关职员饮午后茶的习惯,他们的办法是委托机关附近的药店及冷饮店代为供应免费茶叶,经过一段时间以后,才收取费用。1928—1929 年还在烹饪学校中进行宣传。

1929 年 4 月印度茶叶办公处在纽约举行演讲会,邀请很多著名的茶人演讲,凡是使用印有印度地图标志的包装商都可听讲,大约在同一时期,该局又发动在报纸上的宣传,反对用“橙黄白毫”作为决定茶叶品质的名词,还出版了一种印度芽茶的小册子,给茶叶经营者提供有利于印度茶的详细报告。1929—1930 年,与冷饮店联合举行茶球竞赛,以茶球数为标准,并发奖金给冷饮店的职员,意欲借此鼓励饮茶。

1930—1934 年的宣传活动是在日报及杂志上做宣传,加上烹饪学校的宣传,其宣传范围遍及全国。每年约有 200 万妇女注意这种宣传。除无线电外,还利用有声电影,其中有一部活动的卡通片,在美国 23 个城市轮流放映,数周内就吸引观众达 65 万人。之后在其他城市放映,也受到多数观众的喜欢。

近年来在美国的宣传有了进一步的发展,即茶叶办公处采用家庭教育服务的方式,在各个公立高等学校设立家政班,将编好的教材及详细叙述关于泡茶知识的活页讲义提供给家政学的教师,取材多以关于科学及实用性为主,因此在教育界的需求很大。此外还分发样品,使教师在教室上课时,可以用印度茶做实验品。通过这个计划,茶叶办公处与美国 7000 个城填中的 1.6 万名教师建立了联系。

在零售商方面,茶叶办公处有规律地供给报纸上的广告,并且以橱窗招贴及彩画广告辅助。烹饪学校也加以协助,分发函件给各个杂货店,劝导他们囤积及陈列印度茶叶。茶叶办公处还创制了包装精美的拼配茶,共同研究推销的计划及橱窗的陈列等,给零售商以极大的帮助。

1934年茶叶办公处派人前往旅馆、茶馆及餐馆进行宣传,以便引起人们对茶叶更加深刻的注意及正确的使用,结果在50个城市中百余所旅馆的菜单上增加了印度茶一项,同时每周在广播电台以"优良茶叶"为题举行广播比赛,以启发消费者了解制茶的普通方法,此外,更注重科学的研究,探求饮茶对人身体的功效并发明了一种茶碳酸饮料。

远在1903—1915年印度茶税开始征收之时,茶叶捐税委员会以7.5万卢比作为在印度举行试验的费用,来诱导印度人饮茶的观念。1915—1916年哈罗德·W.纽曼被选为印度代表,茶叶捐税委员会指定拨款4,500镑;1916—1917年,经费增加到1.1万镑,这时共有28位代表分布在印度各地。纽曼的目的是使印度人开设茶馆,茶馆以电影、土著人乐队、歌咏队、游戏、传单、彩画、广告、广告板等吸引顾客,并在工厂、家畜市场、展览会及宗教集会中宣传。

这一工作的范围逐步扩展到煤矿工人及印度军队中,在很多铁路干线上的三等车厢中,供给茶饮,茶店也变为自给。此外还用留声机及土语唱片播唱《饮茶之益》及《热茶歌》来做宣传。

1917—1918年茶叶捐税委员会拨款2.2万镑作为在印度宣传的费用,1918—1919年则增加到2.3333万镑。哈普被派为纽曼的助手,分赠小包茶叶,包上印有"包内的茶叶放入瓷碗内,冲入六杯沸水,经过8分钟后倾出,加牛奶及白糖饮之"字样。每包售价1Pice的商店于1918年开设,效果显著,每包茶叶一律售1pice(0.5美分)。后来,宣传工作推广到商场、铁道、学校、工厂及其他大集会中。

1919—1920年茶叶捐税委员会拨放到印度市场的经费增加到3万镑,但1921—1922年则减少到2.6666万镑,直到1925—

1926 年又增加到 3 万镑,1926—1927 年为 3. 375 万镑,1927—1928 年为 3. 75 万镑,1928—1929 年为 3. 9375 万镑,1929—1930 年增加到 5. 0625 万镑,1930—1931 年包括缅甸的额外费用共为 5. 8125 万镑,1931—1932 年为 5. 4375 万镑,1932—1933 年为 4. 5 万镑,1933—1934 年为 4. 5 万镑,1934—1935 年为 5. 625 万镑。

1922 年纽曼去法国组织宣传活动,由哈珀任印度茶税专员;哈珀的工作一直持续到 1930 年身体衰弱时退休。哈珀估计每年印度茶叶的消费量为 6800 万磅以上,宣传活动开展后,增加到 5000 万磅之多。

E. W. 克里斯蒂于 1931 年被派为代理印度茶税专员,当年工作就进入了一个新的阶段,他除了依旧进行茶店及铁路的工作以外,还派遣汽车宣传队深入内地,引导不认识茶叶的村落建立饮茶的习惯,工作人员将精制茶赠送村民饮用,并且演讲这种饮料的价值和益处,用留声机召集群众,晚间放映幻灯片,讲演关于茶业的各种知识,同时廉价出售小包茶叶。他于 1933 年辞职。

以后还有一些新的措施,当 W. H. 迈尔斯于 1933 年在印度继任专员后,他将销售推广到黄麻工厂,供给工作者茶叶。此外,在印度南北部宣传,巡回放映电影,设立饮茶商店,并将茶叶供给铁路、糖厂等。

爪哇的茶叶宣传

爪哇茶叶开辟国外新市场,始于 1909 年,当时有 2300 箱茶叶运往澳洲,由茶师 H. 兰博采用公开拍卖与投标的方式将茶叶售出。

爪哇茶叶在美国的宣传,开始于 1917 年,主持人是继兰博之后任巴达维亚茶叶评验局茶师的 H. J. 爱德伍兹,他统筹澳洲和美国的全部工作,并且供给费用,他用于美国的费用为 1. 6 万盾(6400 美元)。一开始,他携带 1 万箱茶叶前往美国,委托哈瑞森及克考斯费德公司经销。1921 年爱德伍兹再次赴美,为了开辟爪哇茶在美国的市场做更深远的研究,当时茶叶评验局拨出的经费是 1.1 万盾(4400 美元),1923—1930 年间茶叶评验局在报纸上宣传爪哇茶的价值,还于 1929 年募集 4000 美元作为与美国茶业协会联合宣传的费用。

茶叶评验局的大多数会员于 1922 年自动募集茶叶宣传基金,目的是用于爪哇及苏门答腊茶叶在家庭及各地方广为宣传的费用,各个会员大约捐助五箱宣传用茶,分赠给爪哇的土著人,近几年,以此方法赠出的数量约有 5—15 万磅。1931—1932 年一队装饰华美的四轮汽车进入乡村,教给土著人如何制茶和饮茶,用留声机及扩音器吸引群众,宣传的人讲解完制茶的方法后,就在餐厅免费提供饮茶,并且用蔗糖拌和。同时还出售廉价的茶叶,开始的时候用茶叶赠送土著人,但是仍不能引起他们的重视,因而停止,现在则全部用于讲解、宣传或出售。

评验局希望荷属印度的茶叶消费量能达到 4000 万镑,并且相信凭借宣传可以使消费量达到这一目标。

荷印茶叶在荷兰及国外曾有过很有效的宣传,是由宣传局加以指导的。从 1921 年以后,这一宣传包括报纸、图解、演讲、传单、电影,同时还赠送样品,并在国内外开展览会与商店。评验局常年的经费有 1 万元至 1.2 万元。

在阿姆斯特丹出售的茶叶,必须抽税 1%,作为茶叶宣传基金,用于发展荷兰及邻近国家的销路,这项收入平均每年达到 12.6 万盾(5 万美元)。

中国茶的宣传

1907 年当中国茶业协会成立的时候,在中国的英国茶叶公司及其伦敦办事处就开始联合宣传中国茶叶。在伦敦的委员会是由查布朗·斯科里(任主席)、H. 布拉姆及 F. E. 迪奥多组成,在中国

中国茶的广告

的委员会由亚历山大·坎贝尔、爱德华·怀特、詹姆斯·N.詹姆森及H.麦克雷等人组成。

它的宣传宗旨是保护印度、锡兰茶威胁下的英国市场,使之加深一种认识,即饮中国的绿茶对人的伤害较小,因为它不像英属各地生产的茶叶含有强烈的刺激性。该会的秘书是C.德拉罗伊·劳伦斯,在他的领导下,借报纸及彩画广告进行反英国茶的宣传。但是印度、锡兰人常常起来反对,并且抨击安德鲁·克拉克爵士在对他的学生讲演时所说的"无论病人或你们如果需要饮茶,中国红茶既对人的身体没有伤害,且能提神"等用语不当。

伦敦公司的查尔斯·沃特尼继劳伦斯之后出任秘书,只是该会近年来已经停止工作,它的基金都是由商家会员缴纳,中国政府并无丝毫补助,仅仅是一些中国茶商向上海中国茶业协会捐助的宣传费用,该会的主席是W.S.金。

商人的联合宣传活动

茶商的联合宣传活动曾在很多消费国试办,在英国最著名的是1909年推行的"优良茶"活动,有40余家拼配商、批发商及零售商共同参加,意在抵制廉价茶叶的宣传,这一活动持续五年之久,并且由英国杂货商联合协会的秘书阿瑟·J.吉尔斯任指导。

在美国的活动计划是,采取普通的宣传方式,1919年,活动由卡特·麦克斯公司的总经理J.F.哈特利主持,并且提议向生产者、进口商、中间商及分配商募集基金,经过多次会议,才推出财务委员而成立茶业促进会。而后,美国茶业协会的办事细则略有修正,准许实行财务委员会提出的推行计划草案。因为较大的茶叶进口商认为这样的宣传活动必须由茶业协会来指导,于是便选出副委员,向各输入美国茶叶的产茶国征收进口税,每磅为0.2美分。除此之外,恳请茶叶生产者捐助适当款项,如此每年可以得到40万美元的基金。

1920年罗伯特·L.赫切被选为宣传委员会的主席,于是前往各主要产茶国考察,发觉各国对协会的联合宣传活动的计划态度冷淡。后来在美国募集一笔基金向美国茶业界宣传,合力促进美国茶业,并且征求新会员。此举用意虽好,但是结果令人失望。经过多年的努力,想唤起茶叶生产者对此项计划的兴趣最终没有成功,最后宣传放弃。

1924年《茶与咖啡贸易》杂志开辟"国民茶话"专栏,寻找茶叶消费减少的原因,并且探求一种实用的方法,来引导美国人饮茶,并且在商人与消费者之间架起一道沟通的桥梁,因此栏目编辑亲自前往各产茶国考察。

1928年,以巴尔的摩的威尔拉夫·M.麦克考米克为首的一些茶叶包装商,组织茶叶俱乐部,讨论各种包装问题。这一团体在创立开始,美国茶业协会捐助了1.6万美元,由此雇佣一位宣传代理人,专门负责分发茶叶及饮茶的刊物。之后,茶业协会又向茶叶生产者募集基金,在五个产茶国家中共募集3.4万美元,于1929—1930年用于广播宣传及出版刊物,只是此举受到一些人的批评,因为免费的宣传代理机关,被美国报业公会、全国评议会、其他出版社及正常的宣传代理人认为是不道德。产茶国的捐款如下:锡兰1万美元;印度0.8万美元;日本0.8万美元;台湾0.4万美元;爪哇0.4万美元。

联合茶叶贸易委员会的成立是仿效联合咖啡贸易宣传委员会,代表茶叶分配者在美国办理联合茶叶宣传,极为成功。

国际茶叶的宣传

1933 年国际茶业委员会成立,它的工作除了执行茶业国际法规以外,就是采纳各方面提供的建议,设法增加世界茶叶的消费,在没有决定应该采取什么方式募捐时,各个团体会员的工作范围如下:锡兰负责在南非、纽西兰、澳洲及加拿大宣传,与印度联合在英国宣传;印度继续在美国的宣传工作,以印度的名义以及印有印度地图的标志从事宣传;荷属印度在荷兰、比利时、卢森堡、德国、法国、瑞士、丹麦、意大利及瑞典各地的宣传;总而言之,都是为茶叶做宣传,但是这三个国家应各自阻止任何足以损害其他国家的利益,以及引起反感的宣传。

1934 年之后,印度派 J. A. 米里甘、锡兰派吉瓦斯·胡克斯雷、荷印派雷吉曼组织调查委员会,前往美国考察增加美国茶叶消费的最好方法。

荷印总督下令荷印茶业界捐助 1934 年的国际茶叶宣传费,凡茶园生产的茶叶每百公斤捐 39 分(荷币),土著人生产的茶叶则每百公斤捐 19.5 分。同年,锡兰的宣传税,每百磅出口茶叶征收 50 锡兰分,印度征 8 安那。

最近的宣传

在欧洲的茶叶宣传,主要是报纸及杂志的图画广告、广告牌及霓虹灯,效果比较好,但在美国利用广播及有声电影进行宣传,大部分没有很好的成绩。

总的来说,欧洲的茶叶包装较为艺术化,因而宣传的效果比较好。最近美国也开始有创新动人的包装了。

巡回活动是茶叶宣传的最好方式,在其他的地方都没有美国产生这么高的收效,近年来,家政学校及烹饪学校的讲授,亦成为有利的茶叶宣传方式,同时辅助以报纸的宣传。一些包装商及印度茶宣传的领导者,都曾应用这一方法获得成功。

美国的舆论对广播或有声电影是否是最新的且最佳的宣传方法,意见分歧很大。

在哥伦比亚广播系统下,在东部及中西部分布22家电台,夜间广播每小时耗资5600美元,白天则为2806美元。纽约的WABC电台,夜间每小时耗资950美元,白天为475美元。中央广播公司"蓝"网全国广播每小时耗资13,520美元,"红"网则每小时为14,120美元或每分钟235美元,也就是每秒钟3.92美元。大西洋及太平洋茶叶公司的"吉普赛人管弦乐"演奏也需要3000美元。

商业电影的费用要视其制作及流通的性质而定。最近这方面已经发展到有声电影,一卷可以放映8—10分钟来做宣传。

有声电影的成本约为5000—10000美元,除此以外再加定座费每千人5美元。这项流动宣传的费用各地合计有500万美元。

茶叶宣传的效力

茶叶宣传与咖啡的情况相同,常常有错误的宣传刊物,因此宣传者应小心行事,以免引起有争论的问题,并且尽量使其准确无错误。语言应含有教育的意义且以规范的事实为依据。茶与咖啡同为"好货无需广告",就是因为它是一种悠久而高品位的饮料。

无论是政府或是联合宣传或私人宣传,在各种事情开始的时候,都应遵循正常的途径,需对市场进行详细的分析。此后,虽然采用的方法未必全都相同,但必须注意的事项有以下几点:

(一)茶的真正需要——由饮茶所发生的真正愉快的事情。

(二)茶是社交生活中一种愉快的媒介物——是密谈或朋友间的普通谈话中重要的一部分。

(三)它固有的用处是一种社交特质的标记——一个成功主

妇的象征。

　　这三种意图须在宣传的时候灌输进去,但无论何时都需注意它的教育意义及效果。

第四十三章　生产与消费

全世界的茶叶生产量大约是 20 亿磅,茶地面积约为 400 万英亩,从事于茶的栽培、采摘及制造的劳动者约在 400 万人以上。中国是最大的产茶国,只是它的生产额在世界总产量中究竟占多大的比重,没有人能确认。这在估计茶的总产量上是一个障碍,然而权威方面认为中国的产量大约为 9 亿磅,是其他各产茶国的总和,据正式统计,其他各产茶国的总和约与中国的产量相等。1931年, 全世界茶叶的总产量为 1,831,000,000 磅,1932 年为 1,886,000,000 磅。

如果将如此巨量的茶叶做成箱茶,则足以构成一幢理想的建筑物,比世界最高大的建筑即拥有 3700 万立方英尺的帝国大厦大两倍半。如果平均分配,全世界每人可以得到茶叶 1 磅,或者每年约可得 200 杯茶。如果将它的液体注入一个巨大的茶杯内,则可以容纳世界上最大的邮船。

茶的总产量只是一个大约的数字,其确切的总数可以从世界市场上各国的正式报告中获得。根据这一报告,1932 年的销售量是 973,034,000 磅,几乎占总产量的一半,剩余的一半留在生产国内内销,输出最多的是中国,这一输出的数字是世界茶业趋势的一个最佳的参考,多年来一直适用。以 1900 年为起点,在这一年中,世界的茶叶贸易总数为 605,801,000 磅,之后的四年稍有变动,1900—1904 年的四年平均数为 624,842,000 磅;1905—1908 年,呈逐渐增加的趋势;一战前,即 1909—1913 年的平均额为769,328,000 磅,这递增的趋势一直延续到大战时期,1914—1918年的平均数为 857,972,000 磅。战后数年中,由于局势的混乱、购买力的降低,以及存货的囤积,使世界茶业显现出衰落的局面,1920—1924 年每年的平均数为 723,209,000 磅,这是 1900—1904 年以后的最低数字。以后数量又突然增加,1925—1932 年的 8 年间每年平均数为 926,391,000 磅,1929 年显然已经达到了最高记录,输出总额为 989,393,000 磅,与这相近的是 1932 年,总额为 973,034,000 磅。至于 1933 年,中国台湾、法属印度支那的输出量与英属印度的输出数字都不可靠,估计三个国家的输出额约与 1932 年相等。根据其他国家的正式报告,全世界输出数字达 862,000,000 磅,数字的锐减是由于限制输出的新政策。此趋势在表 43—1 中表现出来。

世界茶叶大部分产于亚洲各国,而中国是最大的生产者,从 5 年的平均数看,约占全世界总产量的一半,印度约占全世界总产量的 22%,锡兰占 13%,荷属东印度约占 9%,日本占 5%,台湾占 1%,其他各国合计不到 1%。然而从输出额看,各国的次序略有改变,印度居首位,约为 39%,锡兰次之约为 26%,荷属东印度约为 20%,中国仅 11%,日本 3%,台湾 2%,其他各地合计不及 1%。

表 43—2 表示世界产量及输出额中各国所占的百分数。茶叶产自 23 个国家,该表中将法属印度支那、尼亚萨兰等地包括在其他各地一项内。

表 43—1　每 5 年间年均每年茶叶输出量

单位:千磅

年份	英属印度	锡兰	荷属印度	中国	日本	中国台湾	法属印度支那	总计（含其他各地）
1900—1904	196,492	150,305	19,422	191,741	44,985	21,452	446	624,842
1909—1913	218,801	189,016	46,675	198,556	40,024	25,155	980	769,328
1918—1922	321,694	181,630	92,249	64,178	30,518	21,864	1,307	714,169
1923—1927	351,418	208,177	132,882	109,649	25,176	22,324	2,025	852,836
1928—1932	368,645	245,642	186,952	104,655	24,549	18,072	1,632	953,255

表 43—2　世界茶叶的产量与输出量

产量（1928—1932 年每年平均占全世界总量的百分比）		输出量（1928—1932 年每年平均占全世界总量的百分比）	
中国	48.9	印度	38.7
印度	22.3	锡兰	25.8
锡兰	13.4	荷属东印度	19.6
荷属东印度	9.2	中国	11.0
日本	4.7	日本	2.6
台湾	1.2	台湾	1.9
其他各地	0.3	其他各地	0.4
总计	100.0	总计	100.0

表 43—3　中国主要茶类的输出量　　　单位:千磅

年份	红茶	绿茶	砖茶	毛茶	花薰茶	茶末	茶片、茶梗及其他	总计
1925	43,927	42,827	18,922	1,924	97	2,192	1,178	111,067
1926	39,004	43,893	18,916	5,285	321	2,780	1,719	111,909
1927	33,181	44,429	23,086	11,851	159	1,639	1,945	116,290
1928	35,949	40,902	34,228	9,997	208	320	1,865	123,469
1929	39,279	46,674	32,357	6,040	169	669	1,180	126,364
1930	28,677	33,304	24,318	3,731	193	1,182	1,135	92,540
1931	22,862	39,137	22,219	7,116	229	1,170	1,028	93,761
1932	19,609	36,628	28,224	854	300	606	920	87,141
1933	21,646	38,466	25,786	630	782	3,580	1,683	92,501

表43—4　中国茶叶输出量、输入量及再输出量　　单位：千磅

年份	输出						输入	再输出
	香港	苏联	英国	美国	其他	总计		
1925	12,513	36,602	6,394	14,520	41,038	111,067	7,024	3,812
1926	12,637	30,265	14,310	12,640	42,057	111,909	11,062	52
1927	15,678	40,132	11,814	11,816	36,850	116,290	9,376	567
1928	16,423	49,566	8,018	10,146	41,316	123,469	13,315	285
1929	15,252	49,771	8,377	7,718	45,246	126,364	5,050	40
1930	12,365	29,624	8,790	8,411	33,350	92,540	3,058	29
1931	12,037	32,110	7,525	8,794	33,295	93,761	3,358	2
1932	10,831	30,702	4,628	6,861	34,119	87,141	3,356	2
1933	6,694	31,512	7,860	8,586	37,849	92,501	720	10

中国——最大的生产者

中国是最古老的茶叶产地，只是茶叶的产量一向缺乏统计，估计在总产量中有 1/10 的茶叶销往国外；其余的都是内销。在某个时期内，中国不仅是茶叶的最大生产国，也是最大的输出国。在19 世纪 80 年代对外贸易额曾达到高峰，1880 年输出总额为279,616,000 磅；10 年之后降至 222,053,000 磅，再 10 年又降至184,576,000 磅。自 20 世纪以来，曾有几年的输出额超过 1890 年及 1900 年，而且尤以第一次世界大战前的几年输出量最多。在红茶方面由于印度、锡兰及爪哇的竞争，给予中国的国际贸易以不断的打击。造成这种打击的原因是中国的茶叶制造方法过于陈旧，缺乏组织和宣传，以至于不能和采用新式制造方法的各国竞争。

中国输出茶叶的主要品种是红茶和绿茶（包括砖茶和叶茶）、毛茶、花薰茶、茶片、茶末及茶梗。表 43—3 和表 43—4 表示此类茶叶的最近贸易状况及主要的输出地。

　　比较完整的分类是红茶、绿茶、乌龙茶、花薰茶、砖茶、小京砖茶、茶球及束茶等。

　　香港并非华茶输出的终点,而是一个中转站,茶叶由此运往最终的消费地,欧洲及苏俄的亚洲部分是华茶的主要市场,目前占总输出的1/3,但是在一战前运往苏俄的华茶约占2/3,英国和俄国是中国红茶的重要市场,运往美国的数量也很大,然而比一战前已经减少了。欧洲大陆及散处于东方的各个市场,吸收了其余的大部分。绿茶则大量的运往俄国、美国、阿尔及利亚、摩洛哥及其邻近各国。绿

1912 年,伦敦的中国茶叶广告

茶在北非的销售也日渐扩大。砖茶几乎全部供给俄国人,第一次世界大战以前运往俄国的砖茶有 8000 万磅,这一需求量维持到 1918 年,1918 年跌至 1000 万磅左右。1919 年虽然稍有好转,但从当时直至 1925 年,只有 1925 年的输出额为 1900 万磅,其间贸易额很少有超过 300 万磅的。1930 年的输出额约为 2400 万磅,而 1929 年为 3200 万磅,1928 年为 3400 万磅。最近的输出总数有所下降,1931 年的贸易额约为 2200 万磅,1932 年为 2800 万磅,1933 年为 2400 万磅。

　　中国通常每年从各产茶国如印度、日本及荷属东印度等国输入的茶叶大约数百万磅,20 世纪初叶,输入额为 2000 万磅,但是大部分是作为再输出。最近 5 年的输入已明显下降,所输入的茶叶几乎全部用于国内消费。

印度——主要的输出国

　　世界茶业显著发展的一个标志就是印度茶叶产量的迅速增加，印度是一个主要的输出国，产量位居世界第二位。种茶土地面积在1885—1889年每年平均为310,595英亩，1932年增加到807,720英亩，增加了160%多，生产量在前一时期为90,602,205磅，1932年达到433,669,289磅，约是前期的5倍。这种发展无疑是由于采用了最新的组织和销售手段，并在生产上使用科学的方法。1932年投资于茶园的资金达到410,037,000镑，雇佣的人员为859,713名，其中雇佣临时工只有61,032人。印度的茶叶大部分为红茶。

　　英国是印度茶最大的买主，但是在输入英国市场全部茶叶中，有一大部分转运到国外。1905—1932年的输入数量在41,566,000—54,888,000磅之间。表43—5表示印度茶输往美国和加拿大的数额并不完全正确，因为事实上至少有400—700万磅是由英国再输出到美国及加拿大，两地输入的数量大致相同。

　　印度茶直接销售给俄国，每年大约300万磅至800万磅，到1933年3月底止，输入俄国的数额为2,857,000磅，输往乔治亚的数额为614,000磅。这一数额仅是一战前贸易的1/9。战前的5年间，俄国直接由印度输入的茶叶每年平均为29,614,000磅。1932年印度茶由英国再输出俄国的有5,472,000磅，大约与战前的平均数相等。埃及、东非及南非都是印度茶很好的市场，同战前相比已经显现出大量增长的势头。

　　输入印度的茶叶，大部分是来自中国的绿茶，其余的则由爪哇、苏门答腊、日本及锡兰输入，有少数再输出到波斯、伊拉克及其他各地。

　　主要茶叶的输出口岸是加尔各答，其次是吉大港，只有大约13%的是由南印度口岸输出。

　　（编者注：印度茶园面积及茶叶产量表，印度茶叶之输出量、输入量及再输出量表本书从略）

锡兰——茶继咖啡之后兴起

从 1837 年到 1882 年,锡兰原本是一个咖啡产地,但是当咖啡树因病害无可救药时,种植者就开始改种早已在岛上闻名的茶树,1880 年种茶面积为 14,266 英亩,经过 10 年,达到 235,794 英亩,再过 10 年,即 1900 年种茶面积扩大到 405,000 英亩。现在茶叶是主要的物产之一,其种植面积约为 457,000 英亩。锡兰的茶叶都是在茶园生产的,和印度大致相同,茶园数约为 1230 个,大部分茶园是有限公司所经营。约有 50 余万印度人及锡兰坦密尔人与 5 万新哈尔人、摩耳人、马来亚人被雇佣从事茶叶种植及制造。

锡兰茶大约 99% 是红茶,其余少数是绿茶。关于茶叶的产量,无数据可依,但是因为当地的消息变动较小,因此输出额可视为产量的参考数额。

1900 年,输出总额为 149,265,000 磅,1932 年达到一个高峰,数额为 252,824,000 磅。运往英国的约占 2/3,一部分用于消费,一部分再输出;其次是澳洲与美国,再次是新西兰。运往这些国家的茶叶全是红茶,只有少数的绿茶运往英国,而澳洲及新西兰没有绿茶输入。1925 年到 1930 年间输往美国的绿茶每年为 201,000—595,000 磅。1931—1932 年没有输出,但 1933 年又有 30,000 磅输出。以前输往俄国的数量占很大的部分,1927 年及 1930 年约有 100 万磅绿茶运往该国,但是 1931 年输出额跌至 806,000 磅,1932 年再次跌到 256,000 磅,而 1933 年又没有输出。让人感到惊异的是锡兰运往印度的绿茶及红茶,每年达到 100—250 万磅之间。除了上述这些国家外,红茶也行销于南非、加拿大及埃及。锡兰也进口少量茶叶,大部分来自印度,有时也用作再出口。但在过去的五六年中,没有再出口的记录。

(编者注:锡兰植茶地亩数、茶叶输出量、输入量表本书从略)

荷属东印度

荷属东印度的茶业获利情况非常好。1932 年的生产总额为 180,638,000 磅,此数包括茶园自产及从土著人茶园购入。种茶面积包括土著人耕种及种有间作物的大约为 432,000 英亩。生产量不断增加,因此输出额也随之上升。

爪哇种茶已有 100 多年,但是在苏门达腊是近来才发展起来的,大约开始于 1910 年。90% 的茶地都在爪哇,尤其集中在岛的西部。1932 年有茶园 325 个,其中 285 个在爪哇,40 个在其他各地。

这两个岛上所产的茶叶都是红茶,世界红茶的主要来源是爪哇、苏门答腊、印度与锡兰。在正式统计上将输出的茶叶分为"叶"和"末"两类。1900 年茶叶输出的总额为 16,830,000 磅,1910 年为 33,813,000 磅,1920 年达到 102,008,000 磅。这最后的数字超过 1915 年、1916 年及 1919 年三年的总和。茶叶贸易受一战的影响在这项数剧中可见一斑。1931 年输出的茶叶全年达到 197,938,000 磅的最高额,与 1932 年的 197,311,000 磅相差无几。(此数是毛重,若以净重计算则 1932 年比 1931 年的输出额稍高,荷属东印度输出的统计,以前仅指毛重,即包括各种包装的重量。在最近几年茶叶输出则计净重,本节所述的全部数字皆为毛重数)这一输出的茶叶,以英国为主要市场,荷兰次之,大量茶叶运到这一市场以供定货和转运。英国也是该岛茶末的主要市场,例如 1932 年茶末输出总额为 21,930,000 磅,其中运往英国的为 11,564,000 磅。澳洲是荷属东印度茶叶的一个重要市场,参考表 43—5。这种茶也运往其他的市场,如东方、非洲、美洲及欧洲等。

在以往的 5 年中,荷属东印度输入茶叶净重 400—1000 万磅。大部分由台湾输入爪哇,这件事比较奇特。

(编者注:荷兰东印度茶园数、亩数、茶叶产量、茶叶输出国别及数量、每类茶叶输出输入量表本书从略)

日　本

日本种茶业都是小规模经营,是一种副业,种植区域除北部两县以外,几乎遍布全岛。茶园多在山边及高地的乡村,成就了日本著名的风景区。1932 年从事这一生产的有 1, 132, 089 人,种茶面积为 93, 946 英亩,产量为 89, 008, 102 磅。与一战前相比,种茶面积大约减少 25000 英亩,但这也许是估算方法不同,并非真实的衰落,因为从事该行的人已增加 6 万多人。1928—1932 年日本茶叶的生产量每年平均约为 86, 000, 000 磅,比 20 世纪初的任何 5 年都多。大部分的产量来自静冈县,这里现在是一个商业中心。往年,横滨、神户都是主要的出口地,但现在则是以清水港为一个输出口岸。根据正式统计,生产虽有增加,但是输出量则比 20 世纪开始的那几年有所减少,也可能是大战期间大量输出的结果。例如 1917 年输出额达到 66, 364, 000 磅。但是近年来输往的主要消费市场——如美国数量已明显减少。因为美国人好饮红茶,而日本生产的茶叶大多为绿茶,但是现在每年的红茶产量都有所增加。日本茶大约有 60% 销往美国,加拿大及俄国占第二位。运往夏威夷的每年约 40 万磅,这一数量并不包括在对美国的统计之内。英国在印度和锡兰的茶叶贸易中占有重要地位,但是很少经营日本绿茶。

事实上日本虽然有过剩的外销茶,但每年从中国、印度输入的茶叶也将近 100 万磅,内销数量也在逐渐地增加。

(编者注:日本植茶亩数、茶厂数及各类茶产量、输出输入数量表本书从略)

台　湾

台湾的种茶面积约在 10 万英亩以上,1932 年公布的总数为 109, 000 英亩,比 1900 年的种茶面积多两倍。从 1900 年的

66,000 英亩增加至 1913 年的 89,000 英亩,直至 1919 年止继续增加面积总数到 115,000 英亩,现在的面积比以往还略有减少。目前每年产量比 1901—1905 年要少。换言之,就是假定面积及输出的数额基本正确的话,则现在每英亩的产量少于 20 世纪初期,现在每英亩的产量约 190 磅,而 1909—1913 年是 370 磅,1901—1905 年是 380 磅,在最近 10 年中每年产量逐步下降。

台湾生产与输出的主要茶叶是著名的乌龙茶及花薰包种茶,输出总数的 45% 是乌龙茶,45%~50% 是包种茶,其余少量的是红茶、粗茶、茶末、茶梗及绿茶。仅仅最近几年,包种茶的输出就已经超过乌龙茶;事实上 1920 年第一次发生这种情况,到 1926 年再度发生。在 1909—1913 年,乌龙茶占总输出额的 70%,大约比包种茶多 2.75 倍。最近几年,台湾乌龙茶在最大的客户——美国市场上遭受锡兰、印度、爪哇茶的剧烈竞争。花薰包种茶的主要市场是荷属东印度及香港。台湾当局鼓励红茶的制造,台湾有很多公司企图制造红茶代替乌龙茶,这种茶主要输往英国及日本,少量运往南非各国及美国,粗茶及茶梗大多运往中国及香港。

台湾茶叶出产于岛的北部,通常由基隆输出。也有少量的茶叶输入台湾,大半来自中国;在这些输入的茶叶中,除 1920 年再输出 27,096 磅以外,其余的偶尔有再输出的,也不过数百磅。

(编者注:台湾植茶亩数、产量、各类茶输出输入数量表本书从略)

法属印度支那

事实上印度支那也有茶叶生产,但是需要输入大量的茶叶,以供消费及再输出用。1925—1932 年的输入额为 1,669,000—5,459,000 磅之间,近 30 年来输入额有剧增的趋势,在一战后的 10 年尤为明显,但是最近三年已经减少,大宗输入的是中国茶叶。

关于茶的种植面积及产量并没有正式统计,但据非正式统计,其种茶的总面积有 4—5 万英亩,甚至更多。在这里茶叶的生产极为散漫,在安南及东京的一些地方有野生的茶树。1926 年印度支那自产的茶叶供给消费者的约有 300 万磅。主要的种茶区域是安南,其次是东京(越南),再次是交趾支那。1932 年安南的输出额为 725,000 磅,东京为 637,000 磅,交趾支那仅为 200 磅。但 1931 年则有 8,800 磅。越南茶的输出最近三年已经减少,1926 年以后约有 1,206,000—2,530,000 磅。输出的总数中大约 60% 直接运往法国及其属地,其余的几乎全部运往香港,大多从海防及土伦出口,输入则由西贡分散到各地。

(编者注:法属印度支那自产茶叶输出量及输入量表本书从略)

英属南非——纳塔尔

茶树在南非联邦种植只有一个小区域,它的产量不足以供给联邦的需求。种茶的地点几乎全在纳塔尔省。1880 年第一批产品大约有 30 磅销售,此后数年,茶业很有发展,但是 1911 年因印度政府限制向纳塔尔移民,以致劳工缺乏,于是茶业一蹶不振。现在有种茶面积大约 2000 英亩。

输出对象以英国为主,但纳塔尔茶运往开普殖民地的比运往国外的数量多。

(编者注:纳塔尔植茶面积及产量表本书从略)

英属东非

尼亚萨兰——在现在的英属东非的保护地中,尼亚萨兰生产的茶叶比其他的地方多。1904 年种茶面积只有 260 英亩,估计产量为 12,000 磅。1911 年面积增加到 2,593 英亩,产量为 174,720 磅。1932 年继续增加到 12,595 英亩,产量为 2,700,000 磅。输出额与产量并进,1911 年输出额为 43,876 磅,到 1934 年第一次超过 100 万磅。从这时起,每年输出均在 100 万磅以上。从 1933 年输往国外市场 3,276,447 磅的数额中可以看出它的上升趋势。1933 年,英国购买了尼亚萨兰输出茶叶的 94.6%,其余大部分则销往邻近各省及非洲各地,然而其中有 53,000 磅输往德国,还有一小部分输往加拿大和巴勒斯坦。

(编者注:尼亚萨兰植茶亩数、产量及输出量表本书从略)

肯尼亚殖民地——肯尼亚殖民地的植茶业在近年才被重视,1925 年种茶面积约为 382 英亩,出产茶叶 1,341 磅,在当地出售。从如此小的产量起步,1930 年据农业户口调查,总计种茶面积有 8,331 英亩,产量有 577,847 磅。1933 年,根据国产税的统计,茶的产量为 3,212,084 磅,种茶面积估计有 12,000 英亩以上。1928 年首次出产由茶厂制造的茶叶,总数为 33,403 磅。1927 年首次输往英国 784 磅,1930 年输出 160,608 磅,全部运往英国。1933 年肯尼亚茶叶的输出额增加到 3,212,084 磅。

乌干达——1925 年乌干达产茶面积为 268 英亩,1929 年增加到 321 英亩,1933 年达到 750 英亩,1927 年输出大约 224 磅,1929 年为 1,344 磅,1933 年增加到 30,128 磅。

坦噶尼喀(译者注:坦噶尼喀是现坦桑尼亚的大陆部分)——茶叶的种植是最近才有的事情,首次输出茶叶是 1930 年 10 月。1933 年种茶面积为 500 英亩,产量达 41,157 磅。

(编者注:肯尼亚及乌干达植茶亩数、产量及输出量表本书从略)

苏维埃联邦——外高加索(乔治亚)

1905 年乔治亚的查克伐种茶面积有 1,047 英亩,1915 年增加到 2,265 英亩,1925 年为 3,273 英亩,1929 年为 19,367 英亩,25 年的时间,种茶面积增加了 18 倍。1929—1930 年就增加了 16,603 英亩,1931 年 1 月 1 日统计种茶面积为 35,244 英亩,1931 年就达到了 54,619 英亩,1932 年达到 79,554 英亩,1933 年达到

84,504 英亩。第二个五年计划,规定到 1937 年止,茶园面积需达到 10 万公顷,或 247,000 英亩。现在的统计总数里集体农场约占 68%,国营农场约占 27%。

1929 年茶叶产量为 529,104 磅,根据苏联方面的信息,1931 年绿茶产量为 1,373 吨或 3,027,000 磅,1932 年为 2,407 吨或 5,306,000 磅。据说平均产量为 600 公斤(每英亩约 535 磅),仅仅达到锡兰或日本生产额的一小部分。苏联自认为它的目的是增加产量,以满足国内的需求,但是这一目标看来并非短时间内可以达到。

伊朗的吉兰省

伊朗吉兰省的种茶面积大约为数百英亩,(1931 年非正式数字为 570 英亩)。并没有正确的生产数字,但是到 1927 年 3 月 20 日为止的估计,它的产量为 80,320 磅,1928 年为 99,281 磅,1929 年为 120,000 磅,1930 年为 177,000 磅,1931 年为 196,000 磅,1932 年为 250,000 磅,这些数字仅仅是大概的估计。其美国领事的报告称,据正式估计 1932 年的产量为 161,000 磅。最近几年因政府的奖励,种茶面积才有所增加。

所生产的茶叶不足以供给本地的消费需求,因此依赖于外国进口,主要是来自英属印度,从 1904 年到 1930 年(3 月 20 日止)输入额增加了 1000 万磅,也就是从 6,922,000 磅增加到 16,280,000 磅。1931 年仅为 14,476,000 磅,1932 年为 9,943,000 磅,1933 年为 9,639,000 磅。输出额与再输出额合计,1930 年为 317,000 磅,1931 年仅为 131,000 磅,1932 年降为 10,000 磅,1933 年竟然完全没有输出。

葡属亚速尔群岛

自从茶树种植传入亚速尔群岛的圣米起尔岛后,私人茶园就开始陆续输入适合于该岛气候条件的各种茶树品种。它的种植面积虽然很小,但是有几家茶园已经能够开始生产,除了供给亚速尔当地的需求外,还有一些输往葡萄牙。红茶和绿茶兼而有之。

葡属东非的莫桑比克

在葡属东非的莫桑比克,有很多茶树种植于尼亚萨兰与莫桑比克交界的沿河地带。根据当地农业部的数字,1931 年(年度以 9 月 30 日止)茶叶生产量为 200,619 磅,该地的种茶面积约为 750 英亩。

暹罗(泰国)的"茗"茶

茶树野生在暹罗北部,也有栽培的,除少数制成干叶外,其大部分则做成"茗",即供咀嚼的口香茶。这种茶的生产量没有统计。

巴　　西

在南美的各个国家中,巴西和秘鲁有少数的茶树,最初茶树在巴西被认为是一种外国植物,种植于巴西欧卢普瑞托的植物园中,有些茶树目前也有种植,但是无法形成商业上的数字。1929 年的茶叶输入额为 612,275 磅,大部分从英国输入,只有极少数从生产国直接输入。1931 年输入总额为 306,000 磅。

秘　　鲁

秘鲁的茶叶种植也不能形成商业化,茶叶的输入额每年达到 100 万磅以上,主要来源于其他国家的转口输入。1933 年输入总额为 1,367,000 磅,其中 386,000 磅来自英属印度,385,000 磅来自中国,181,000 磅来自香港,124,000 磅来自锡兰,116,000 磅来自爪哇。

英属马来亚

马来亚农业部 1930 年的年报中估计在马来亚联邦的茶叶种植面积有 1,244 英亩,海峡殖民地没有,而非马来亚联邦的吉打州有 700 英亩,总共 1,944 英亩,到 1932 年底,总数增加到 2,281 英亩,其中 649 英亩在凯麦伦高地。马来亚人的消费量很高,每人大约平均 2 磅。1932 年在三家茶园及很多中国人经营的小茶地生产商业化的茶叶。

毛里求斯岛

在以往的很多年里,毛里求斯岛在茶叶种植上获得过很好的收益,然而茶叶的生产量太少,每年大约 3—4.5 万磅,输入额超过输出额,每年输入额大约 40 万磅,大部分来自锡兰。

斐济群岛

斐济群岛生产的茶叶,因为它的面积及产量最近都没有正式的统计,因此数额无法确认,所生产的茶叶,全部在本地消费。

生产国的茶叶消费

上述关于世界茶叶生产国讨论以后,这些国家每年究竟需要消费多少茶叶也是个问题。饮茶在东方是一种社会礼节,这种饮料的制造与消费都极为慎重。在某种礼节上需要用的茶就必须用特别的方法采制而成,与商品茶迥然不同。茶叶生产国凡是没有完备产量记录的,其消费的数字也不正确。但是根据可靠的记录,生产国每人的消费量远远少于一些输入国,如英国、澳洲、新西兰及加拿大。

中国的茶叶消费比世界上任何一个国家都多,但是也像产量一样没有正确的数据可查,大概平均每年约有 8 亿磅用于国内消费。权威方面估计每人的消费大约是 2 磅。中国人饮茶消费量之大,实在是无可置疑。茶叶虽然在茶区和城市普遍饮用,但在中国的许多地方,由于人民的购买力薄弱,人均的消费量必然低于比较繁荣和交通便利的地区,这种状况在其他国家也是如此。日本现在消费量,以每年平均 6000 万磅计算,每人还不到 10 磅。近年来生产与输出的差额日益增大,这就是国内消费量增加的证明。一战前 5 年的时期,每人的消费量仅仅为 0.61 磅。台湾每人的消费量,从 1909—1913 年平均每年每人为 1.75 磅,到现在(1928—1932 年)则降到 0.96 磅。这是以供给全岛内销茶 4,393,000 磅为依据计算的。至于印度的数字,可以在《印度贸易杂志》的副刊中见到,1932—1933 年印度内销茶总额为 6300 万磅,以往的 5 年内平均为 5900 万磅,即平均每人的消费量为 1.8 磅。关于其他两个主要国家——锡兰及荷属印度则没有可靠的消费数据。

限制协定的实施

1928 年与 1929 年存茶逐渐充斥伦敦市场,根据 1929 年年底的报告,有存货 260,427,000 磅储存于拥有英国进口茶约 90% 份额的伦敦茶叶经纪人协会的仓库内,比 1928 年及 1929 年的 220,523,000 磅和 213,025,000 磅又增加了很多。虽然消费量也在继续增长,但是市场上明显出现供过于求的现象。1928 年价格开始下跌,1929 年每况愈下。茶叶贸易不幸重蹈 1920 年覆辙,当时就是由于茶叶生产过剩所以价格下降;过剩的原因是由于粗采滥摘,市场紧缩,战时管理政策的取消,以及失去了运输上的便利。

　　1929 年茶业衰落与 1920 年相似,因此生产者决定限产。
1930 年 2 月,代表印度、锡兰及荷属东印度生产者的委员会签属
协定,规定 1930 年的产量应减少 57,500,000 磅,分派应减数字如
下:北印度减 32,500,000 磅,南印度减 4,000,000 磅,锡兰减
11,500,000 磅,荷属东印度减 9,500,000 磅,并且希望后者必须
事先限制购买土著人茶园的茶叶,来挽救普通茶的市场。这项计
划得到气候条件的帮助,印度产量减少了 48,000,000 磅,锡兰
8,000,000 磅,荷属东印度 1,000,000 至 2,000,000 磅。在荷属东
印度的欧洲人茶园虽然限制了生产量,但也因此限制,使土著人的
茶园销路激增,结果抵消了欧洲人茶园减少的产量。1930 年的产
量虽然见到减少,但普通茶与中等茶的价格依然下跌,而存在伦敦
的茶叶在 1930 年底仍然有 261,601,000 磅,比 1929 年多出 100
余万磅,印度和锡兰的存量虽然少于 1929 年,但由于爪哇及苏门
答腊茶过量的供给,足以抵消减少的部分。

　　限制计划并未完全失败,因为这项计划似乎已确实阻止了输
出额的大量增加,只是并没有达到维持价格的主要目的,不久这一
计划也宣告废弃。

　　价格仍然继续下跌,于是准备采取更进一步的有效措施,最后
于 1933 年初,采取了一种限制输出来代替限制生产的具体计划,
从 1933 年 4 月 1 日起实施,为期五年。支持这一计划的必要保障
是印度、锡兰、荷属东印度对本计划的通过、认可。这一计划称之
为"国际茶业协定",现在已经完全付诸实行。

　　协定中规定,每一个国家以 1929 年、1930 年或 1931 年中的
任何一年的最高输出额作为基本额;规定印度为 382,594,779 磅,
锡兰为 251,522,617 磅,荷属东印度为 173,597,000 磅,总共为
807,714,396 磅。第一年可以输出基本额的 88%,此后该百分比
由代表生产国的委员会于每年度终了时决定。如 1933 年 12 月
31 日委员会决定该百分比为 87.5%。在计划实施的过程中,种茶
面积除有特殊情况外,不得增加,不得出卖或租借另外的土地作为

种茶用地,在种有其他作物的土地上不得种茶,新增种茶面积不得超过现在面积的 1.5%。

第一年计划实施的结果,可以从输出数额减低的数字中看出,而直接的结果就是价格的增加,在英国有形的存货减少,而在各消费国无形的存货也降低了。正如国际茶业协会的报告所指出的,三个协定国输出总额除印度由陆地输出的以外,到 1934 年 3 月底止,总计 12 个月内输出 651,000,000 磅,比之前的 12 个月减少 171,000,000 磅;另一方面,其他生产国的输出额为 900 万磅,即世界的总输出额净减少 162,000,000 磅,1933 年底止,英国抵押仓库的存货为 294,000,000 磅,1934 年 3 月底为 276,000,000 磅,估计在市面的流通量减少了 49,000,000 磅,全世界的"无形存货"减至 67,000,000 磅,至于确切的数字,无法估计。

三个协定国实际输出的数额比规定的数额少 31,000,000 磅,这一计划所规定的输出额可以实行到下一年。

这种限制计划常有发生危险的可能,就是协定以外的各产茶国的生产与输出可能会因此受到刺激。鉴于此点,协会曾设法引导日本、台湾与法属印度支那在限制输出上给予合作,并劝导非洲各政府及其他各地限制新的垦植。

茶叶输入国的消费

全世界的茶叶每年约有半数运往茶叶输入国,供给消费,在这些存积茶叶的主要市场中,最重要的输入地是伦敦。输入国中消费茶叶最多的是英国,其次为美国、澳洲与苏联。一战前,俄国为第二。

(编者注:各主要茶叶输入国的茶叶消费量表本书从略)

英国
英国独享世界茶叶输出额的 50%,1929—1933 年的 5 年间,全世界的输出总额平均每年为 936,000,000 磅,英国就占有 454,500,000 磅。每人的平均消费量是 9—10 磅,20 世纪初只有 6 磅,到今天已增加了很多。

（编者注：输入英国供国内消费的茶叶数量表本书从略）

这些茶叶约有 4/5 产于大英帝国内,其中以印度为主要来源,锡兰次之。中国茶在这个市场中没有竞争力。但近年来,有大量的茶叶从爪哇及苏门答腊输入。因此英国茶的百分数也略有变动,大部分荷属东印度茶都是廉价的拼配茶,这种茶叶与印度的卡察茶、雪尔赫脱茶、一些锡兰茶及非洲茶相互竞争。

英国除了在国内消费大量的茶叶以外,每年再输出到美国及欧陆市场的总额为 7500—9500 万磅。在以往的 5 年中（1928—1932 年）,爱尔兰自由邦、美国、加拿大及苏联都成为其输出的重要目的地。其中一半以上的再输出茶叶是印度生产的。

伦敦是一个大的茶叶城市,英国的茶叶贸易约有 90% 经过伦敦的仓库,存货也都由伦敦经纪人协会记载。

（编者注：英国的茶叶输入量、再输出量、输入净重量及存货重量表本书从略）

爱尔兰自由邦

1923 年 4 月 1 日以前,爱尔兰自由邦的贸易统计包括英国的海关记录,都不能获取该地的独立数据。现今每人平均消费量每年约 7.9 磅。1925—1932 年中的数字如下：

1925 年⋯⋯⋯⋯⋯⋯⋯7.6 磅

1926 年⋯⋯⋯⋯⋯⋯⋯7.9 磅

1927 年⋯⋯⋯⋯⋯⋯⋯8.0 磅

1928 年⋯⋯⋯⋯⋯⋯⋯7.7 磅

1929 年⋯⋯⋯⋯⋯⋯⋯8.0 磅

1930 年⋯⋯⋯⋯⋯⋯⋯8.0 磅

1931 年⋯⋯⋯⋯⋯⋯⋯8.3 磅

1932 年·························· 7.8 磅

11 年平均····················· 7.9 磅

由英国再输出到爱尔兰市场的茶叶为数很大,由各地输入总额每年为 2300—2400 万磅。

苏联

苏联是世界上最大的茶叶消费国之一,现正努力发展本国的茶业以求自给。但是目前仍需大量输入。1933 年输入苏联的茶叶总数约为 42,564,000 磅,其中红茶为 23,199,000 磅,绿茶为 18,042,000 磅。1932 年输入总额为 35,161,000 磅,其自产的茶叶,仅占总消费量的一小部分。现今——即在 1923—1924 年存茶几乎绝迹于市场的时期以后——输入虽然有增进,但与一战前比较,已经大有减少,当时消费的茶叶达到 133,276,000 磅,1933 年每人平均消费量约 0.25 磅,而战前则是 0.9 磅。液体茶的消费量比每人平均消费量多,因为制作饮料时所用的茶叶及砖茶比较节省。

自从茶叶在很多年前成为人们日常的嗜好以后,大规模的输入才应运而生,但是主要的贸易对象是中国,也有印度、锡兰、日本与荷属东印度茶叶输往俄国。由于世界大战和俄国革命,俄国市场对于上述各国市场都关闭了,通常运往俄国市场的茶叶都转运到其他各地。1923—1924 年输入苏联的茶叶达 13,228,000 磅,而 1928—1929 年又增加到 65,177,000 磅,但在相同面积的区域内仅及战前的一半。之后每年茶叶贸易迅速下降,1933 年稍见恢复。将来关于外高加索的生产量增长的情况以及对于输入的影响,现在很难预料。

美国

目前美国在茶叶输入国中占第二位,1930—1933 年每年平均输入净重量为 89,787,000 磅,大约是英国的 1/5,每人的平均消费量为 0.72 磅,英国则是 9.8 磅。100 年前输入的总额为 16,275,000 磅,净重量为 13,194,000 磅,每人的平均消费量为 0.91 磅。中国茶在美国以前的输入额中占 99%,但在过去的 5 年中,中国输入美国的总数降至 8%。英属印度及锡兰现在供给美国市场的茶叶达到输入额的一半以上,并且锡兰还在继续增加输入美国的数量。红茶现在占输入总数的 68%,绿茶占 24%,乌龙茶及混合茶占其余的 8%。

大量的印度茶及锡兰茶是由英国运往美国。由爪哇及其他荷属东印度属地的茶叶,近年来输入美国的数额激增,1931—1933 年三年中输入量平均为 10,400,000 磅。日本及台湾茶的输入平均为 24,700,000 磅。

(编者注:5 年前美国准许进口各类茶叶数量分析表本书从略)

茶叶贸易发展中异军突起的是台湾红茶的输入,根据农业部食品药物管理处的报告,到 1934 年 6 月 30 日止的一个年度中,此茶的输入为 197,416 磅。

纽约商行经营输入的茶叶占 55%,波士顿商行约占 20%,西雅图、旧金山约各占 10%。

(编者注:美国茶叶输入净重量及美国茶叶输入数量表本书从略)

澳洲及新西兰

澳洲在输入国中是茶叶消费大国之一,输入量占到第三位。人均消费量也很高。每年平均输入额净重 46,431,000 磅,每人平均消费量为 7.2 磅。现在所有消费的茶叶比 20 世纪初期大约增加了 80%,但是比 1920—1924 年只多 7%。也就是说,数量虽然有所增加,但是与人口的增加大致相同,因此平均每人的消费量没有显著增加。澳洲市场的茶叶,主要来自于荷属东印度及锡兰,前者大约供给 60%~65%,后者供给约占 30%~35%,事实上再输出到新西兰及其他太平洋各岛的茶叶约有 50—150 万磅。

新西兰也是茶叶消费量大的国家,这并不是就消费总量而言,因为它每年不过 10,978,000 磅,而是以每人平均消费量而言,平均每人需消费 7.4 磅,目前的消费比 20 世纪初多两倍,每人的平均量也多 1.5 磅。大部分茶叶的输入来自锡兰经都内丁、奥克兰、里特尔顿及威灵顿,少量的再输出茶是输往斐济及其他各岛。

南非联邦

南非联邦消费茶叶数量比新西兰多,平均每年大约 12,400,000 磅,南非自产自销的除外。所不同于新西兰的是有自产的茶叶,在纳塔尔的茶园每年产茶约 60—70 万磅,所制造的茶叶大部分留在联邦内自己消费。当地产量虽逐渐减少,但同时输入仍然普遍增加。茶叶的主要消费者是 170 万的欧洲人,也有一些朋托司人、亚洲人及其他民族也都饮茶。每人的消费量以欧洲人计算是 6.7 磅,以全部人口计算是 1.5 磅。茶在联邦是一种大众饮料,每日饮多次。从锡兰输入的占 75% 以上,由印度、荷属东印度、中国而来的占有的百分数较小。输入的茶叶通常是大包,小包的很少。

加拿大、纽芬兰

加拿大是重要的茶叶输入国之一,每年净消费额约为 40,374,000 磅,人均消费量为 3.9 磅。最近 15 或 20 年来净输入额明显增加,但只是与人口增长率相等,人均消费只能保持在原有的水平。比 1909—1913 年略有减少。今人惊讶的是,加拿大人均咖啡的消费量也有 3 磅。1933 年茶叶输入总额的 30%,即 1,810,000 磅,是从英国运到加拿大市场;由印度和锡兰输入的是 16,873,000 磅及 7,482,000 磅;日本茶输入量为 2,722,000 磅。由加拿大再输出的茶叶平均为 585,000 磅,大部分运往美国及纽芬兰。

纽芬兰很流行饮茶,且消费量远远超过咖啡,1933 年茶叶的净输入额为 1, 543, 000 磅, 咖啡则是 81, 000 磅。由此计算, 人均茶叶消费为 5. 6 磅, 而咖啡则只有 0. 3 磅。茶叶的输入来源是锡兰、英国、加拿大及荷属东印度。

德国

在欧洲大陆的国家中, 德国是主要的输入国之一, 它输入的总额仅次于荷兰, 但数量还不及荷兰的一半。按最可靠的统计, 德国每人的平均消费量为 0. 2 磅, 比 1909—1913 年稍多, 输入的趋势与人口的增长尚能保持平衡。1933 年从荷属东印度输入的茶叶占 50%, 英属印度占 24%, 锡兰占 20%, 而中国占 8%。德国虽然是一个良好的茶叶市场, 但是它原是一个咖啡消费国, 以咖啡的输入总额计算, 列为世界咖啡消费国的第三位, 每人咖啡的消费量为 4—5 磅。

波兰(包括但泽)

输入波兰的茶叶是直接来自生产国、英国和荷兰, 1933 年约 35% 来自锡兰、23% 来自荷属东印度, 21% 来自英属东印度。波兰的茶叶消费总额仅次于德国, 1930—1933 年年平均为 4, 272, 000 磅, 人均消费为 0. 1 磅。

荷兰

荷兰是世界上最大的茶叶消费国和再出口国之一。茶叶输入的 1/3 或一半再输出到其他国家, 大部分茶叶是从荷兰的港口阿姆斯特丹及鹿特丹输入, 输入的来源是爪哇和苏门答腊, 这两地供给的茶叶占总输入额的 80% 以上。茶的消费量自 20 世纪以来明显的逐渐增加。输入额也增加了 3 倍。每五年的年平均数列举如下: 1900—1940 年为 8, 038, 000 磅; 1909—1913 年为 11, 338, 000 磅; 1920—1924 年为 27, 110, 000 磅; 1925—1929 年为 26, 115, 000 磅; 1930—1933 年为 30, 495, 000 磅。人均消费量(当时咖啡的消费量已有人均 10 磅左右) 在 1900—1904 年为 1. 5 磅, 1920—1924 年增加到 3. 8 磅, 1925—1929 年是 3. 4 磅, 1930—1933 年为 3. 8 磅。

法国

法国是每年消费咖啡 3500 万磅以上的国家, 茶叶消费每年只有 3, 525, 000 磅, 每人平均消费量约为 0. 1 磅。茶叶输入的主要来源是英国、印度、中国及法属印度支那。饮茶多在傍晚时分, 通常限于中上阶级及英、美、俄等侨民饮用。

捷克

捷克于 1930—1933 年间, 平均每年茶叶净输入量为 1, 386, 000 磅, 人均消费量为 0. 1 磅, 大部分输入的茶叶来自德国、荷兰及英国的二级市场。

土耳其

据非正式统计, 土耳其茶叶的消费为数很少, 1930—1933 年, 平均净输入额为 1, 841, 000 磅, 人均消费约为 0. 1 磅。

奥地利

同欧洲其他各国一样, 奥地利的战时与战后的数字, 无法作精确的比较, 按照现在奥地利的面积及人口, 以及 1925—1929 年的茶叶净输入额每年平均为 1, 235, 000 磅来计算, 平均每人消费量为 0. 2 磅。这一消费数比 1920—1924 年变化很少。最近的几年, 每年平均输入量约为 1, 176, 000 磅, 足以维持人均 0. 2 磅的消费。中国和印度是其输入的主要来源。

希腊

茶叶输入希腊的量极少, 净输入约 60 万磅, 人均消费 0. 1 磅,大部分茶叶的输入经由欧洲各国,直接由产茶国输入的很少。

西班牙

西班牙输入茶叶比希腊更少,大约是希腊的一半,人均消费只有 0. 02 磅。茶叶大多来自中国、印度及印度支那,茶叶的消费在一般民众中间并不普遍,因此实际上人均每年的消费量应该比通常的计算方法所得出的数据高,在其他国家也大致如此。大部分茶叶消费来自社交界或曾在外国游历的西班牙人。

伊朗(波斯)

波斯种有茶树,但产量很少,所需要的茶叶大部分来自输入。在最近四年间净输入额平均为 12, 423, 000 磅,比 1920—1924 年多 4, 300, 000 磅。人均消费量也有增加,近年来人均从 0. 9 磅增加到 1. 2 磅。大部分茶叶来自印度,中国也有输入,但为数很少。再输出贸易是运往阿富汗及苏联。

拉丁美洲各国

拉丁美洲各国并非茶叶的大量消费者,这些国家喜欢喝咖啡,每年所需的咖啡,约占世界咖啡总输出额的 90% ,大体来说,茶的消费主要是城市居民,包括城市内的英、美侨民,因此实际每人消费量比净输入量与总人口的比例所表示出的人均数要高。

在这些国家中,智利与阿根廷的消费比其他国家多。净输入额前者平均为 4, 214, 000 磅,后者为 3, 985, 000 磅,这两个国家都不生产茶叶。冬青干叶的浸液,也曾经是阿根廷及智利南部流行的饮料。茶的人均消费量智利约为 1 磅,阿根廷为 0. 4 磅。茶叶的输入大部分来自英国及亚洲的英属地。但爪哇茶也是智利茶叶输入的最大来源,也有一些茶叶来自远东各国。哥伦比亚的茶叶消费极少,饮茶仅流行于外国侨民及富裕的哥伦比亚人。1932 年输入额为 54000 磅,英国和美国是该国茶叶输入的主要来源。委内瑞拉的茶叶市场也主要是由英、美两国供给,每年平均输入额为 6 万磅,1933 年仅为 3.7 万磅。危地马拉虽然有少数茶叶在阿尔太出产,但大部分消费均由国外输入,而消费者也主要是英、美及中国的侨民。

北非

埃及的茶叶消费数额与纽西兰、德国或南非联邦相等,净输入额年平均为 14,500,000 磅,大约比 1920—1924 年的平均数多 3 倍,比一战前多 7 倍。人口也在增长,人均消费量是 0.9 磅,比 1909—1913 年的人均 0.2 磅也有所增加。大部分茶叶由锡兰、印度与荷属东印度输入。

摩洛哥的茶叶消费比埃及略多。1930—1932 年每年平均输入额为 14,912,000 磅,法国区域及纳塔尔也包括在内。人均消费为 2.8 磅,比埃及高。摩洛哥在茶叶数量的增加上,并没有呈现如何明显的趋势,虽然输入额的曲线是一直向上的。饮茶在各阶层间流行,而来自中国的绿茶最受欢迎。

突尼斯每年茶叶的输入额为 2,975,000 磅,人均消费为 1.2 磅。而 1920—1924 年人均消费为 0.7 磅,因此已经有所增加。大部分茶叶的供给来自中国。

第 五 篇

社 会 方 面

第四十四章　饮茶的早期历史

在阐述以后各章关于茶的社会功能之前,首先必须说明的是,中国人的饮茶是从中国西南边陲山区原始的未开化的人那里学来的。这些人总是在户外的炊烟柴火之上,将野生茶树上的青叶放到锅里烹煮,作为饮料,这是最早的起源;后来被中国人和日本人发展成一种饱含文化韵味的、精致美妙的社会宗教的礼仪。在饮茶的早期时代,茶汁常被直接或间接地作为一种药物来对待,这种情形至今未变,中国和日本的品茶家都认为茶是医治人类一切疾病的良药。

大约780年的陆羽时代,中国人已形成了一种严格而缜密的饮茶之规,甚至有一定地位或身份的家庭不能不备有茶规所要求的二十四事茶具。整套的茶具,包括碾茶、泡茶、供茶的器具,都是由艺术家和能工巧匠所制造。不用时,则将其收藏于特制的精巧的小橱柜中,以显示家庭的社会地位。

主持供茶一事,是一家之主的权利和义务,家庭主妇和其他成员无此殊荣。仆人呈上一捧烘焙的茶团给主人,主人将其放入一个有雕饰的特制的碾茶器具中捣碎后,放入一酒壶式的细嘴茶壶中,然后,另取一壶沸滚的水冲茶。浸泡之后,主人将热气腾腾的茶水斟入陶瓷杯中。

在日本,饮茶在足利义政将军的爱护与推动下,达到最高境界。后来将军削发为僧,以有生之年潜心探索和研究由其鼻祖珠光所规定的"茶道"中的哲学意义。茶道中制备饮茶的方法,源于中国宋代的风俗,包括将茶叶碾成细粉,加入沸滚的水,以及用竹帚搅动茶汁,撇出泡沫等程序。

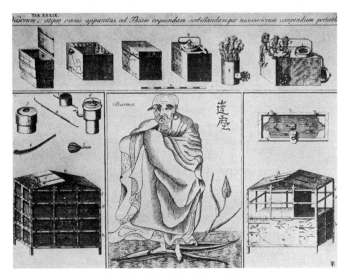

早期的饮茶用具及达摩的古像

同时,茶道演变成为社会宗教的仪式,上流社会纷纷研习,以使饮茶从社会艺术性层面更符合规范,力图追求并超过中国茶礼的境界。在日本,茶最初作为一种药物,被僧侣和普通人同视为神圣之剂,但后来变成了在所有场合中最普通、最正常的饮料。

1637 年,荷兰驻波斯大使馆的秘书发现波斯人和印度人是中国茶的忠实信徒。据他所讲,波斯人要将茶烹煮到又黑又苦;印度人则将茶叶放到沸滚的水中,将茶汁盛到华美的铜制或陶制的茶壶中。

欧洲最早的饮茶人是 16 世纪到中国或日本的耶稣会教士,他们在学习饮茶的同时也接触到所在国的其他民俗。早在 17 世纪,海牙的荷兰东印度公司中少数高层人士,认为饮茶是一种外来的、高消费的新生事物,并以此作为接见宾客的典礼仪式。1635 年,茶成为荷兰宫廷中的时髦饮品。在 17 世纪中期,英国少数达官贵族将"中国饮品"经常作为一种万能药,或用来招待贵宾。1680 年,荷兰每一个家庭主妇必在家中设一个茶室,在茶室中用茶和饼招待客人。

　　1661 年,查理二世的"饮茶皇后"来之后,在英国宫廷中,饮茶成为一种时尚。同时,东印度公司的理事团也开始在集会时饮茶。不久,在整个英国上流社会,饮茶成为一种不可或缺的奢侈品。到了安娜皇后的时代(1702—1714 年),饮茶已经成为全英国所有阶层的一种生活习惯。

　　在美洲,富裕的荷兰和英国侨民也自备艺术化的茶具,并与自己祖国的时尚相媲美,使饮茶成为炫耀自己社会地位和身份的象征。

第四十五章　茶在日本的崇高地位

日本对于茶的最大贡献是"茶道"或"茶会"。在中国,有陆羽撰写《茶经》,最先确定了茶的经典规则。在日本,有"茶人"或"茶主"用一种典礼形式供茶,这种精神在日本的供茶礼节和欧美的午后茶礼节中仍有保留。

无论在中国还是日本,茶都是从一种药物演进为一种饮料。陆羽撰写的《茶经》,引发了中国诗人对茶的赞美;而日本人凭借想象力,编出了一个"茶起源于达摩"的美丽的传说故事。

达摩从未到过日本,却得到日本禅宗僧人的最高尊崇,也由于他们的尊崇,这个传说故事占有的重要地位,超出人们的想象。以致艺术家的题材都选择达摩的肖像,"根附"——玩具雕刻家和烟草商人的招牌也都看准达摩的肖像。

真正的达摩——印度名为菩提达摩——是禅宗(梵名 Dhyan,日本名 Zen,佛教的一派别)的创始人之一,佛教的第 28 代祖师。在梁武帝(约 520 年)时,他携带历代祖师的圣钵,从印度来到广州。武帝邀请他到首都南京来,并赐予一山中寺院作为主持佛教的地方。在中国,达摩也被尊为"白佛",他在此寺院面壁冥想长达九年,故称为"面壁圣徒"。

据说,有一次,达摩在冥想时昏昏入睡,醒后非常自责,竟自己割下自己的眼皮,发誓绝不再犯。被割下的眼皮飘落到地上时,生长出一种奇特的植物,用这种植物的叶能制成一种驱除睡魔的汁液。这就是茶树和茶叶的起源,就是现在的茶饮料。

后来,达摩关于伟大的事业不能靠功德,而只能靠清净与智慧来建立的主张,触怒了武帝。于是他乘着一根芦苇渡江来到洛阳。

达摩创造的奇迹,被中国艺术家和诗人极力推崇和赞颂,并有其传说故事流传至今。

在一幅日本人模仿的绘画中,达摩是一位黑脸的印度僧人,黑须坚硬,手扶稷杖,立于惊涛骇浪之上,东渡日本。日本一名为"达摩"的玩具就是依此制作的。对于达摩的不眠,"根附"的雕刻商时常采用幽默的手法,将其雕刻成大打哈欠的样子,双臂伸过头顶,单手握尘拂;或雕刻成安闲自在、妙趣横生的样子,一身赘肉,像菩萨似的端坐着;更有不敬者,将其雕刻成网中的蜘蛛,或注视一美丽妓女的憨态,以表示其并无祖师的德行。

根据日本的传说,528 年,达摩死于日本的片冈山。死后飞升极乐世界,在棺材中遗留下一只鞋。所以,有时他的画像中,光着脚,一只手拎着一只鞋。传说他埋葬三年后,有人看见他手拎着鞋,飞过中国西南的群山峻岭,前往印度。皇帝下令打开他的坟墓,果然棺中已空,只剩下一只鞋。

在日本,荣西禅师(约 1191 年)是最先传播达摩哲学思想的人。荣西在他第二次去中国时,成为一代宗师和茶专家。虽然早于荣西约 400 年前,饮茶知识和茶的种籽就从中国传入日本了,但他在饮茶和种茶的推广和传播方面,作出了杰出的贡献。1201年,荣西被邀前往镰仓,开始将禅宗与日本武士相结合,因为禅宗的法度特别适合日本的武士道精神。

茶道的理想

冈仓氏曾说:"在十五世纪,日本出现了一种美学的宗教——茶道。"

在日本佛教文化史上,在平安时代(794—1192 年)以前,饮茶已经成为一种宗教的以及诗人谈论的话题,但直到这个时代的末期,在佛教传播的大力推动下,才开始形成与饮茶有关的正式的礼仪;而茶的礼仪精髓成为文学的重要题材,则是在几个世纪之后产生了宫廷及其文学的最辉煌时代。

僧侣们发现，茶不但使他们能节食，而且能在漫长的晚祷告过程中保持神志清醒；由于达摩的传说，更加使他们与茶亲近，并深信茶有治病的功效。饮茶从僧侣和宗教界逐渐扩散，直至遍及社会各阶层，成为朋友聚会、学术研讨、宗教会谈和政治活动的媒介，以致最后成为"茶道"中一种美学的礼节。

"茶道"最早是在寺院中举行，并融入到寺院庄严的仪式中。传入城市以后，为使其环境与郊外自然景象接近，"茶道"一般在花园中的小木屋中举行。千利休是最大众化"茶道"的创始人，禁止在茶室中随意交谈，并要求严格按照规定完成简单的礼节动作，其中蕴含着一种哲学的境界。这一成果被日本人称作"茶道"。

"茶道"是一种崇拜美的文化，其精髓是表达对自然的崇敬和对自然界赐予我们的物质的珍爱；教人用纯洁之心相互理解与包容；从某种意义上说是对高雅情趣的赞美，把它象征为"人道之杯"。从日本文化的角度看，在 500 年的历史进程中，"茶道"始终对日本民间风俗习惯的形成和发展产生着巨大的影响，这一点在日本的瓷器、漆器、绘画和文学等方面都有所体现。日本是个礼仪之邦，不分等级贵贱，人人都讲究礼貌，熟悉插花，崇敬树木山水。

日本人常戏称某种人为"他无茶"，是说这种人没有生活情趣和品味；而唯美主义者则有时被戏称为"他的茶过多"。

"茶道"代表了日本人的生活艺术。中国人的茶会从来没有像日本那样，对于茶壶及其制造者有很严格要求，因为茶会在中国从来没有像日本那样，成为审美的焦点。"茶道"被称作是一种含蓄的，但是可以给人带来美感的艺术，也是一种带有神秘色彩的艺术，它可以让人们从中领略到其中的高尚与微妙，进化心灵自我修炼，所以也是一种自我完善的哲学。

现代日本，"茶道"几乎已成为过去，"茶道"礼仪的表演只有在招待外宾时还能看到，因为这种将高尚的思想和简单的生活方式和谐统一的饮茶聚会，只能在少数精通古代风俗习惯的专业人士中才能见到。

"茶道"的演进

禅宗僧侣在达摩或释迦牟尼像前用碗饮茶的礼节,就是"茶道"的开始;禅宗寺院中的祭坛,就是后来"床间"的雏形。"床间"是日本会客室中的正位,是挂画和摆放花瓶的地方。

最早"茶道"法的颁布,是在足利义政将军的时代(1443—1473年),当时日本天下太平,将军邀请僧人珠光作为他"银阁"的礼仪导师。"银阁"是京都附近的离宫,1477年,将军退隐于此处。珠光介绍饮茶之术和那些从事此道的高贵人物,将军非常高兴,于是在宫中建造"九九茶室",热衷于收集茶具古董,经常召集茶会,以珠光为茶道的最高僧侣。其中的经典规则,都是从研习古礼的人口中传承下来,成为后来一切礼节的基础。珠光在典礼中使用"末茶"。将军不但用茶款待宾客,而且以茶具代替刀剑赏赐给士兵。

推翻足利义政幕僚的织田信长(1534—1582年)也推崇和奉行"茶道",竹(Jo-o)首先教他"茶道"的文化,并于1575年被任命为第二高僧。竹(Jo-o)用灰泥代替茶室的墙纸。

曾经担任织田信长的礼师的还有著名的茶道家北向道陈和武野绍鸥的弟子千利休。他们在丰臣秀吉时代的1586年时,都是"茶道"的高僧,奉命修改茶道礼仪,剔除了许多珠光时代以后加入的繁文缛节。

1588年,丰臣秀吉在京都附近的北野松林举行了一个长达10天之久的、具有历史意义的茶会。所有参加茶会的人都被要求携带自己的茶具赴会,如不服从,则永远不得参加茶道礼仪。大家纷纷响应。丰臣秀吉亲自与每个人共同饮茶——这真是一个民主的盛会。根据丰臣高基(Toyo tomi Koun Ko-Ki)的记载:"沸滚的水声,即使在较远的地方也能听到;约有五百人参加,占地长达三英里。"

千利休被认为是茶道典礼仪式的复兴者。他使"茶道"普及到各中产阶层,且达到更符合美学的典礼仪式。他将礼让作为茶道典礼仪式的基本原则,并认为茶会精神的要点是纯洁、和平、尊敬和理想。他使"茶道"去粗取精,有了许多改变和进步。

大约在 1605 年,千利休的弟子古田织部正又恢复了一些旧的做法,到了小堀政之时,背弃了千利休的茶道程式,增加了富丽奢华的色彩,于是又回到了 15 世纪时的情形。此外,还有一些著名的茶人,茶道形式上各有千秋。但在过去 400 年间,这种礼仪并无物质上的变迁。小掘远州是德川氏第三代将军家光的宫廷尊师。片桐石州是第六位也是最后一位"茶道"高僧,他是德川家纲(1651—1680 年)的茶道大师。

茶室的美学

日本的茶室原本是会客室的一部分,用屏风隔开,被称为"围",后来称为"茶室";后来又发展为独立的茶屋,称为"数寄屋",据冈仓氏说:

它是"幻想"之宅,因为可以在一天内建造完成,以承载诗的冲动。它又是"空虚"之宅,因为除了满足美学的需要以外,绝无任何华丽的装饰。它还是"残缺"之宅,因为它有意遗留一些未完成的事物,为崇拜"残缺"美的人提供在享用它的同时发挥想象力的空间。

"茶道"在 16 世纪之后,对日本建筑产生了深远的影响,现在日本普通室内布置非常简单,甚至让外国人感觉荒凉。

至今游人和巡礼者对京都银阁寺最早的茶室这一历史遗迹,仍有着浓厚的兴趣。有一"炉"放在地板中央规定的位置。按一游人的说法,"这奇妙的方洞,看上去很像一个游戏场所,不像曾经是一位大君主居住的地方"。茶室简单得像一名僧人的住所,曾归功于相阿弥,此人是一个茶人、画家和诗人,也是足利义政将军的第一宠臣。

最早的独立的茶室是丰臣秀吉时代的千利休所创造,有一个小菴,其中有一个可容纳五人的茶室和一个清洗整理茶具的水屋;一"待合"——供宾客坐歇等候邀请进入茶室的地方;一"路地"——连接木屋与"待合"的庭院中的小路。茶室原本意味着清贫,但由于讲究茶室工料的选择,反而往往使它变成一件铺张浪费的事情。茶室的简单与纯洁,都受到禅宗的影响。茶室的大小有十尺见方,文殊师利和84000名修士曾被人迎进这样的茶室,建造这般大小的茶室的理论依据是空间对于真正的解脱者来说是不存在的。"路地"则是为了切断与外界的联系,表示这是冥想的第一步。

从到茶室的路径的布置可以看到各位大家的天才创意,石阶都布置成一定的不规则的状态,干松针、生苔的灯和常青树,寓意着寂静丛林的精神,就是在城市中的茶室,也是这样布置。千利休曾说,就是要从"路地"的布置中获得寂静与纯洁的效果,其中的奥秘在一首古代小诗中得到体现:

　　举目一望时,无花并无叶。

　　微茫秋夜中,海畔有孤室。

小堀远州则在下面的字句中获得灵感:

　　一丛夏木,一湾碧海,一轮素月。

来宾如果是武士,则必须将佩剑放在屋檐下的架子上,因为茶室是一个和平的圣地。无论贵贱,都必须先洗手,然后躬身进入仅三尺高的滑门,意在使人谦和平抑。在室内,主人和宾客均严格遵守茶道的礼仪规范。在每一个茶室中,都有几种物件的样式在"暗示"——并非"描摹"——寓意着某种美与静的思想。其中绘画、插花、发响的茶釜、室内的清洁与和美、建筑的简单与轻巧,所有一切都寓意着人生的无常,引导宾客在放松心情中,去触摸自己的灵魂和抽象的真善美,暂时忘却人世间的疾苦。

显然,"茶道"对日本的工艺和美术有着深刻的影响,这种影响使艺术陷于因循守旧之中,任何矫柔或粗野的倾向,都被扼杀。

真正的艺术评价和插花艺术的产生,都与茶道有着密切的联系。据冈仓氏说,茶道大师都是用宗教的虔诚慎重地保护着茶道的器具,必须经常打开并查看全部的箱笼,一层套一层,最后是一个用锦绸包裹的神龛,这个神龛除了最初包裹时外,难得一见。

他们还在茶室平淡的装饰上点缀一些花卉,并由此产生了茶室的专业花师,但茶室中禁止摆放过于鲜艳的花卉。按照片桐石州的规定,当园中有雪时,白梅花不能用于"床间";在深冬时节,野樱和山茶可以插在茶室的花瓶里,因为那预示着春天就要来了。在夏季,若进入阴凉的茶室,看到花瓶中插着一朵带露的莲花,这美好的景象自然会使人疲惫的精神为之一振。

虽然鲜花用于"床间",但画花的"挂物"(即装裱好的画)是不能用的。如果用圆茶釜时,则必须用有棱角的水罐。用不同颜色的木质作成"床间"的柱子,不仅为缓和过于单调,而且不去寓意匀均、齐整。

自 13 世纪以来,茶道对日本人民的思想和生活产生了深刻的影响和冲击。由奢华转向简朴,无欲无求成为道德的最高境界,而简单成为万事的出发点。美术与诗歌的情怀形成了独特的日本民族的浪漫主义。"茶道"对日本民族的实际影响,举世无双。

茶道大师的故事

关于茶道大师们的故事很多,都是描述他们神圣而高尚的理想以及他们在"茶道"方面的影响。当有人询问茶道大师千利休关于"茶道"的奥秘时,他回答说:"善哉!'茶道'并无特殊秘密,只是如何使茶更好喝,如何在火钵中加炭来调节火候,如何摆放花草更合乎自然,以及如何使万物冬暖夏凉而已。"询问的人非常失望,接着问道:"天底下谁不知道这些呀?!"千利休高兴地回答说:

"善哉！如果知道，去做就是了！"

有一次，千利休的儿子道安方在洒扫园径，千利休告诉他说："不要扫得太干净了，你再试试看！"过了一会儿，他的儿子回来说："工作已经圆满结束，我已经把路石、灯、树甚至苔藓统统冲洗、清扫了三遍，已经干净得光彩照人，地上没有一片残叶。"千利休惊呼道："孩子！这可不是洒扫园径的正确方法，我演示给你看！"于是他走到园中，握住一棵长满金黄色树叶——充满秋色的枫树，摇撼树干，脱落的树叶散布在园中如自然天成，于是清洁美与自然美相互融合，这才合乎"茶道"的最高境界。

千利休曾经用心布置过一个晚景优美的花园，"太阁"丰臣秀吉听说后想要前去观赏，于是千利休邀请丰臣秀吉饮茶。当"太阁"来到花园时，大吃一惊，因为花园已经荒废，满园无一花朵，唯有一片细沙。"太阁"非常愤怒地进入茶室，只见"床间"一个宋代花瓶中插着一枝牵牛花，它是整个花园的"皇后"。

千利休是无数"茶道"虔诚的信徒之一，但最后却因他的信仰而丧生。有一名女子独居，丰臣秀吉见后惊讶于她的美貌，请求纳她为妾；千利休说她刚丧夫不久，就免了吧。丰臣秀吉大怒。

据冈仓氏记载，那是一个奸臣当道的时代，就是对于最亲近的人，也不敢信任。千利休从不逆来顺受，屡次与其暴君主子争辩是非。仇恨他的人趁机诬陷他阴谋借茶毒死丰臣秀吉。丰臣秀吉听到这种传闻后，暴跳如雷，依他的秉性，凡有涉嫌，不容置辩，必死无疑。他只给千利休一种权利，那就是选择自尽。

千利休在自尽的当天，举行了最后一次茶会，与自己的弟子们诀别。来宾们聚集在走廊下，园中的树木仿佛在颤抖，沙沙的树叶声犹如无家孤魂在哀哭，灰暗的石灯就像冥府门前的小鬼在把守。从茶室中飘出的一缕奇香，招呼宾客进入茶室。他们鱼贯而入，各就各位，"床间"的"挂物"上书写着一位古代僧侣关于现实世界的一切事物皆走向虚无的话语,茶釜发出的声音似秋蝉的哀鸣。主人随即入室,宾客们依次受茶,默默饮过,主人则最后饮。这时,按照惯例,首席的宾客应请求察看茶具,千利休将自己的各种物件放在客人面前,包括"挂物"。他将所有物件一一展示之后,分赠给来宾,留作纪念,只有一个茶碗留给了自己,他说"这是不幸的嘴唇玷污过的碗,将永不再为人类所用"。说罢,将碗摔碎。

茶礼已毕,来宾们悲痛欲绝,含泪告别,走出茶室,只留一位最亲近的人,作为临终的见证。于是,千利休脱去茶服,放在席上,露出洁白的死服,平静地看着自刎用的短刀,用精辟的语言"祝贺"自己说:"人生七十,虔诚信仰,吾家宝剑,诸佛共杀。"随后,千利休面带微笑,悄然长逝。

小掘远州是一位鉴赏家。他曾经说过:"要像拜见君主那样鉴赏名画。"有一弟子曾说他的收藏比千利休的多,因为人人都能欣赏他的收藏,而能够欣赏千利休收藏的人,千里挑一。他说:"我非常平凡,我的趣味和大众的趣味没什么不同,而千利休的收藏,只有那些能够感受到千利休所感受到的那种美的人才能够欣赏,这种人在茶师中真是千里挑一呀。"

有时"茶道"也被用来达到卑鄙目的的手段,传说丰臣秀吉的部下、征服朝鲜的大将加藤清正就是这么死的。德川家康命一侍从作为主人,在"茶道"会中招待加藤清正,而茶中投放了砒霜。主人以先饮的方式诱导清正饮茶,清正虽知必死,但不得不饮,他那坚强的体魄竟能让他抵抗毒素的伤害,坚持了很长时间。

千利休的训条

长期以来,千利休的训条成为参加"茶道"人士的行动指南。

一、宾客来到"待合"室时,必须立即敲木钟自报。

二、参加茶会，不仅双手和面部必须清净，而且更重要的是清心静气。

三、主人必须将宾客迎进茶室，如因主人贫寒，不能按茶道的典礼提供符合规则的茶和必需品，或者因食品索然无味，甚至因树、石等不能愉悦宾客，则宾客可以迳自离去。

四、当水沸滚声如松涛，并听到钟鸣之声时，宾客必须立即从"待合"进入茶室，不能错过水与火最恰到好处的时刻。

五、在茶室内外唯一能谈的只有茶和与茶相关的事情，禁止谈论世俗之事，如果谈论政治，更被认为是一种罪恶。

六、在任何真诚纯洁的茶会中，主人和宾客都不能用言行相互伤害。

七、每次茶会不得超过两时间(即四小时)。

注意：茶会中只能谈论茶道的礼仪规则和名人名言等，以此消磨时间。茶道中不承认社会上的等级差别，允许不同等级不分贵贱自由交往。

以上训条书于天正十二年(1584年)九月九日。

虽说茶道中不承认社会上的等级差别，但对于少数宾客来说，仍存在着对"茶道"熟习程度不同而待遇有所不同的情形。拥有名贵饮茶器具的人，必然因此受到重视；"宗师"——即礼仪大师——的后代，则比普通人得天独厚。千利休将茶室的规格从四席半缩小到两席半。

茶道典礼仪式详述

在说明茶会实际礼仪的详细情况之前，先简略叙述一下参加茶会的人物。这部分内容，主要来自 W. 哈丁·史密斯在伦敦的

日本僧人在厨房煮茶

日本协会中公布的关于"茶道"的报告。

按照惯例,茶会每次邀请的宾客不得超过四人。首席宾客,一般选择有经验并精通"茶道"的人,作为其他宾客的代表或发言人。他先入茶室;靠近"床间",在主人的左边就座,差不多与主人面对面;一切都先款待首席宾客;其他宾客有什么要说的,都要由他转达。如果他是一位非常精通"茶道"的人,必剃光头发,以此来形象地表示清洁与纯净,似乎也表示这种礼仪形式的一种宗教的起源。

通常茶室约 9 英尺见方,四席半,每席长 6 英尺,宽 3 英尺。茶室建在住宅外面的花园之中。在茶室入口处的一侧,有活动的格子滑门,2 英尺见方,来宾由此进入茶室,另有一门通往厨房;另一侧是"床间",常挂一幅画或一幅名家书法,"床间"的旁边悬放一竹或藤编的花瓶,有时花瓶也悬挂在天花板上。挂物和插花都以简单为原则。

花园的布置很有特色,必有山石、树木和石灯,有的也设人造池塘和其他风景,园中每一处与另一处之间,都有台阶相连。

当宾客聚齐之后,敲击木钟,以告知主人。这时主人就引领他们到茶室门前。主人跪坐在门口,请宾客们先进去。宾客们首先在"储水钵"洗净脸和手。"储水钵"是在一粗糙的石头上面凿一坑穴,用一长柄勺将水浇在手上清洗,冬季则在"储水钵"旁放一盆温水供宾客使用。

在进入茶室之前,所有来宾脱下草履,放在室外入口处的台阶上。

在进入茶室之后,所有来宾面对主人而坐,相互鞠躬行礼,主人起身感谢客人光临,然后走向通往厨房的门,并告之去取燃料。待主人离去之后,客人们开始环顾室内的布置和装饰,跪坐在"床间"之前,称赞挂物和插花。这种称赞有时客人们也在一进入茶室时进行。一般认为,"床间"的画以足利义政派的单色风景画最为适宜,其代表作是《雪舟之画》。在花的装饰方面,则形成独树一帜的插花艺术,后来在日本极为普遍。在这方面也是以简单而庄严最为理想,表现植物的生长比表现颜色的搭配更为重要。配备有各式花瓶,从有雕饰的铜制花瓶到简朴的花篮,或用一截竹筒制成的。虽然"茶道"的花卉设置很简单,但却很有趣味,其中"床间"旁边悬挂的花篮最能表现茶礼的性质。不宜使用红花和香气扑鼻的花。

主人用篮子盛了炭——炭的大小是一定的,从小房间回到茶室,手持一支用三根羽毛作成的拂尘,用来提起两只茶釜的铁环和一只拨炭的"火箸",并将这些东西缓慢地放在地板上,然后将一满盆的灰和一竹刀依次放在火炉旁边,提起炉上的茶釜,放在竹席上。整个过程,动作迟缓而周详。

著名茶叶专家曾发明许多形式新颖的茶釜,但多数茶釜是铁制的,也有铜制的,表面粗糙。从三脚炉上提起茶釜,这是一个让客人凑近并关注生火过程的信号。当然这也需要经过恭敬的请求之后才能行动。主人首先堆放烧剩的炭屑,然后将新炭摆成格子形,周围用新鲜的灰围拢,并用竹刀拨成饶有情趣的形状,再在顶上放几块白炭。白炭是用踯躅树——一种石南科落叶灌木——的树枝烧制而成。这种树枝必须先浸泡在掺有贝壳粉的水中。主人从"香盒"中取几根香点燃,再将茶釜放在三脚炉上。这时客人们开始称颂,如同一种仪式。主人请客人们欣赏"香箱",它就像一件艺术品。当"香箱"还给主人后,有一段休息时间。主人退入厨房,客人则纷纷前往花园中。

上述是茶道典礼仪式的第一部分,其指导方式各不相同。夏季与冬季的方式有所不同。在夏季,用漆制的"香箱"和"茶入"

(盛茶叶用的);陶制的"风炉",放在地板或竹席上。在冬季用瓷制的"香箱"和"茶入";而"炉"则是一个方铁框国成的火盒,约 18 英寸见方,嵌在地板中,与席子平齐。夏季园中不断地洒水,铺路石被洗刷的干干净净;冬季园中到处散布着干松针。一些作家认为,这种区别完全是主人一时意念的体现。季节的划分,一般是 5 月到 10 月为夏季,11 月到 4 月为冬季。室内的装饰,常随季节的变化而变化。例如:秋季用菊花,夏季用芍药,春季用樱花等等。"挂物"也因季节而变换,甚至漆箱也寓意着不同的季节。茶会的时间也有所不同,但如下所列是正宗的时间表。

一、"夜入"(即隔夜),夏季早晨 5 点,"床间"装饰用旋覆花及其他容易凋谢的花。

二、"朝茶",冬季上午 7 点,常选择有积雪的时候,以欣赏新的景象。

三、"饭后",上午 8 点。

四、"消画",正午 12 点。

五、"夜话",下午 6 点。

六、"不时",除以上各时间外的其他任何时间。

下面继续叙述主人和客人退出茶室以后的情形。在这段时间,主人乘机清扫茶室,整理鲜花,康德在他所著的关于日本插花的书中说道:"有时当客人退出后,主人移去'挂物',然后在那里悬挂新选择的花。"在水沸滚作响时,主人立即敲击木钟招呼客人再入茶室。客人进入茶室后,主人将食物和茶分放在每位客人的前面,并先敬首席宾客。主人向每位客人提供白纸,用来包裹剩余食物,使茶会结束后没有残羹剩饭。食物往往非常简单,餐后通常有糖果。后人认为这是 16 世纪茶道的模式。

一些作家认为在茶道典礼仪式的第二部分之后,还有第二次的休息时间,这时主人重新清扫整理茶室,改穿特制的服装,以适应后面的所有重要礼仪。但在其他作家的记述中,则退出茶室只有一次。主人在一系列礼节之下,分别将一高约 2 英尺的桑木桌子——有时不用此物和一漆制或瓷制的"茶入"——往往是珍贵的古董——取入茶室。这种"茶入"通常有象牙盖,用丝织品的袋子小心翼翼地包裹着,这种袋子往往是用名人的衣服做成的。加藤四郎左卫门,亦称藤四郎,在濑户制作的"茶入"是最高价的"茶入"。1225 年,藤四郎曾赴中国研究 5 年瓷器,并带回制瓷的原料,用中国陶土制作的瓷器更为尊贵。

　　主人又带回来一"水差"或水注子用来给茶釜加水,这种器皿往往极为粗糙朴实,但也有形状优雅且做工精细的,它的美观主要来源于釉。

　　"茶碗"是最重要的茶具,品茶人都非常重视。"唐津烧"、"萨摩烧"、"相马烧"、"仁清烧",尤其是"乐烧"等制品都非常适用于茶道。品茶人特别珍重"乐烧",丰臣秀吉甚至用金印赐予制作者河米屋(朝鲜人,卒于1574 年)的儿子长四郎,特许他可以在瓷器上印有"乐"字,这是丰臣秀吉宅邸名称"聚乐"的第二个字。"乐烧"茶碗的构造非常适于饮茶:碗上涂有一层海绵状的厚糊,不易传热;粗糙的表面,易于把握;微微内卷的边沿,可防外溢;涂釉光滑,唇感舒适,且依然能使绿茶的泡沫就像在黑色粗瓷碗中那样明晰。

　　除上述各种器具以外,还有一种用于清洗茶碗的器皿"水翻"、用于搅茶的竹帚"茶筅"、竹制的"茶勺"和用于擦拭茶碗等茶具的"袱纱"。"袱纱"为绢制丝巾,通常为紫色;必须按规定折叠,用后掖入主人的怀中。这些物件都必须按规定的程序,适时地取进茶室。

　　主人取进各物后,与客人们相互敬礼,典礼正式开始。主人先将各物清洗擦拭一遍,从绢袋中取出茶盒,将两勺半"末茶"(即绿茶粉)放入茶碗。这种茶是在手磨中研磨成细粉,而不是我们常用的茶叶。通常用勺盛上热水浇注在碗中的茶上,但如果茶釜中的水太热时,则用一种名为"汤冷"的罐,先将热水盛在罐里,稍冷后浇注在茶上,因为沸滚的水会使茶汁过苦。用足够的水浇注在茶上,调制成"浓茶",其浓度相当于豆羹;这种茶必须用竹帚迅速

日本饮茶的六个步骤

搅拌,使其表面起沫,然后敬给首席宾客;首席宾客吸吮浓茶,问此茶从何而来,并谈论葡萄酒的酿造经过。客人们除了对主人称赞之外,饮茶时,吸气发出声响,也是一种礼貌。

首席宾客饮毕,将茶碗递给下一位客人饮用,依次传递,最后传递到主人,主人最后饮用。有时配备一块布巾或抹布,用来托住茶碗,而且在客人饮过之后,用来擦拭茶碗。按照规定必须是左手托住茶碗,并以右手扶持茶碗。

与茶碗有关的程序规定:第一,客人取碗;第二,举碗齐额;第三,放下茶碗;第四,饮茶;第五,再放下茶碗;第六,回到第一的位置。之后,茶碗逐渐往右沿顺时针方向传递给下一位客人。当主人饮毕时,常向客人致歉,例如谦虚地说茶料很差等等。最后,空茶碗在客人中传递并欣赏着,所以这个碗通常是一个贵重的古物。于是,礼仪形式结束,将茶壶、茶碗再清洗一遍,客人们也就此告辞,主人跪坐在茶室门口旁送客,接受着他们的赞颂和祝福,经过多次的鞠躬、话别等礼节之后,才依依不舍地离去。

一些作家说还有一种"薄茶",在礼茶之后,与糖果和旱烟同时品尝,但有更权威的作家则认为,这种茶是在礼茶中的"浓茶"之前饮用。

有时"薄茶"是很不正规的,可单独饮用而不与"浓茶"相伴,或在茶室中当作"浓茶"饮用,或在家庭的客厅饮用。饮用"薄茶"的客人,没有人数的限制,每人各持一杯,同样也欣赏室内装饰和茶具,但礼节比较简单。

第四十六章　茶园中的故事

　　远在阿萨姆被开发之初,茶的种植与运输仍处在原始状态,从加尔各答到释帛珊茄区至少需要六个星期的路程,只有曾经在与世隔绝的热带地区居住过的人,才能领略到其中的滋味。所以,在茶业开发之初发生一些传说故事,也就不足为奇了,其中有些故事远自种茶开创时代一直流传至今。当时所谓"大主人"是指英国经理,确实像一个伟大的猎人。森林中出没的各种野兽就好像要与自然界共同担负起保护森林的责任似的,经常向人类发起挑衅,不许人类对如此茂盛的森林肆意砍伐和毁坏。例如"老虎山姆"这类带有野蛮色彩的故事,就是出自一位孟加拉俱乐部会员之口,故事情节纯属虚构。

"老虎山姆"的封号

　　从前,有一只吃人的猛虎,在一个农场中,掳走了许多在田间劳作的雇农,伤害了不少人命。农场主大为恼怒,叫来两位邻居商量应对的办法。三人酒足饭饱之后,来到一处空置废弃房子的走廊下,守候经常在这里出没的猛虎。吃饭时,三人都喝了烈性的酒,所以,在凉爽惬意的晚风吹拂下,昏昏入睡。没过多久,其中一人突然被一高大猛虎撕咬下臂膀呼啸而去,不禁失声惊呼;其余两人也从梦中惊醒,见事态危急,立即举枪击毙了猛虎。这几位虎口脱险的好汉,也以"老虎山姆"的绰号而扬名。

蟒蛇与树干

　　这是由一位以说谎而闻名的阿萨姆种茶人口述的关于早年种茶的另一个故事。

　　为了开荒种茶,一群工人正在森林中砍树,突然发现一条巨大无比的蟒蛇。工人们大惊失色,落荒而逃。其中有一人跑回去告诉了主人,主人立即携枪前往;工人们惊魂未定,也随主人一同前往。工人们争先恐后地向主人指点发现蟒蛇的地方,但主人在乱木堆中来回搜索,并未发现蟒蛇的踪迹,于是往上一窜站到一棵被砍倒的大树上,登高远望,仍一无所获。于是问工人说:"蟒蛇究竟在哪儿呢?"工人们齐声回答道:"主人正踩在蟒蛇的背上!"

《小主人的喉舌》

　　在 19 世纪末期,加尔各答的《英人报》发表了好几篇文章,说这是 19 世纪 70 年代在阿萨姆茶园工作的一位约克郡的小伙儿所作。1901 年,这些匿名的短篇文章被印成单行本,名为《小主人的喉舌》,文字幽默诙谐,从一个侧面反映出英国种茶业开创者的生活。以下几篇就是从此书中选录的最有趣的故事。据说此书作者是前印度茶业协会的一名职员。

大主人

　　如果说"大主人"是个蠢货,这是非常荒谬的。他曾经是个助手,不过这事他早就忘了,这的确是他的一个缺点,当然他有很多优点,但都抵不过他的这个缺点。此外,他还藏有上等的威士忌酒。

　　这位大主人——我的大主人——给我添了不少麻烦,关于如何种植茶叶,他有他的想法,我有我的主意,但自家人相争,必两败俱伤。一个茶园也不能一分为二,这样会加速消亡,这是不辨自明的道理。大主人如能允许我一显身手,那些个茶园的主人何至于不知道如何处置其所得的利润? 但大主人就是不给我这一施展抱负的机会,致使茶园的主人只能得到区区5%的收益。事实就是这样,大主人真可谓天生命好——我们都称他为"老大"——坐在家中悠然自得;而我们却要在低洼潮湿的新开垦的土地上汗流浃背地劳作,风吹日晒,终日与恶劣的环境抗争。每当夕阳西下的时候,"老大"便驱车而至,表情严肃,不苟言笑,开始在我们周围巡视;每到一处,总是吹毛求疵,百般挑剔。我们辛苦劳作一天,已经疲惫不堪,天气又那么炎热,最后还要受一肚子窝囊气,真令人苦不堪言。

原本秤茶叶是最令人愉快的事,因为这标志着一天工作的结束。但是,最后在秤茶叶的时候,大主人也要到场监视,把它变成了一天中最令人不快的事。大主人对于女工送来的茶叶就没有满意的时候,可怜的女工,不用说又得挨一顿臭骂。大主人巡视完制茶工场以后,便扬长而去,他这一天的公事就算办完了。

值得注意的是,大主人对茶园中一天的各项工作都吹毛求疵,其实茶园中一天的各项工作都是由精明强干的助手在监管和指导着,不至于令人不满到那种地步。他的扬长而去就如同给我们宣布大赦,马克——有权利的工程师被称为"马克"——打开工人宿舍的大门,放我们进去。

茶园中的工程师

工程师究竟是怎样的一种人? 就是莎士比亚的妙笔,也形容不出来。

"马克"(即工程师)对我非常信任,但对于他本身的许多事,我是欲言又止,始终不敢过问,因为他脾气暴躁,唯恐会迁怒于我。例如,他穿着一双宽大而带着笨重鞋跟的英国大皮靴,我想它一定很贵。这种大皮靴是在他的家乡——英国苏格兰的乡村制作的,每隔一段时间,就会从他的家乡寄来一双。他对大皮靴颇感自豪,经常夸赞它经久耐穿,不易损坏。但果真如此的话,怎么会有这么多的皮靴接二连三地寄来?他的住宅离工场不过30码,而且完全在室内工作,终日与轰鸣的机械为伍,绝对没有穿皮靴的必要。如果他改穿一双便鞋,工作时必舒适轻便,但他偏偏要穿这么笨重的皮靴,走起路来,咔咔有声,不仅有损于工场的地板,而且也搅扰了他人的清净。

如果只批评他的皮靴而不批评他的衣服,好像不太公平。他每天早晨在家中穿上整洁服装,俨然像一位绅士,但当他进入工场五分钟之后,就恢复了粗犷的本色。他进入引擎间的第一件事就是脱下衣服,将衣服与螺旋钳等杂物混挂在一起。他到引擎间必须经过他的办公室,办公室里有一个干净的小衣架,这个愚蠢的家伙为什么不将衣服挂在办公室的衣架上,而一定要与污垢油腻的工具挂在一起,真是匪夷所思。

脱去衣服以后,他先是发出一种满意的感叹,卷起袖子,露出因常年劳作而粗壮有力的手臂,然后伸手抚摸引擎的每一个部分,并亲密地致意说:"今天你觉得怎么样?一切都好吗?"

对于如此庞然大物,他毫不畏惧,这里拍拍,那里弄弄。他或与大活塞较劲,或爬越飞轮之上;他每遇一把手,都要扳弄一下;他一会儿钻到引擎下面,一会儿又从一旁溜过,或使劲拍一下;他冒险将引擎检查一遍以后,即从一片此起彼伏的摩擦声中一跃而出,全身沾满污垢和油渍,而脸上泛出胜利的红润。

"马克"从引擎间出来经过制茶间,那些滚筒、烘干机、筛分机等机械设备无一幸免于他的"毒手",他"狠心"地收拾每一个部件,如果偶尔在手边没找到机器的把手、活塞或杠杆来"滋扰"机器时,他必会指着机器用最粗俗的语言"发泄私愤"。

另外,制茶间也是"马克"关注的重点。"马克"在各个房间审视挑拣茶叶的工人的那种表情,也非常有趣。随同"马克"在制茶间巡视,的确是一件值得尝试的事。

来访问的巨象

安德鲁·尼可是一位贫穷而勤奋的农民,种植咖啡和茶,在锡兰很有名,他喜好向伙伴们谈论他如何善于打猎的事。有一次,他带着仆人到郊外野营,对他那惊恐万状的仆人讲了这样一个故事:

"从前,我们在巴迪加罗时,经常被一只野象搅扰,琼克已经盯了它很多天了,却总是无法靠近它。那时,我住在一间小屋里,晚上有一仆人睡在我的脚下。有一天晚上,我被仆人的尖叫声惊醒,同时听到屋顶上有如重物向下坠压的声响。在昏暗的灯光下,我看见一只巨大的象鼻子在我头上来回晃动,象头充塞在小屋的门口,它显然是抽空找我玩儿来了。我伸手到床下,抓起一支装有子弹的枪,慢慢地瞄准,发射——只听得一种天崩地裂的狂叫声。然后我就把枪放回原处,翻了个身,不到五分钟又酣然入睡了。第二天早上,有一只巨象直挺挺地躺在我家小屋门前,那就是我夜里击毙的象啊。"

他遭遇的一群大象

弗雷德里克·路易斯回忆起他在锡兰64年的生活和经历时,曾向人们讲述过一个他如何遭遇一群象的故事:

我背着枪走着,但并没想到能猎获比山鸟更大的禽兽,所以没有带多少弹药。而且就当时的情形来看,即使这点儿弹药也没有使用的必要,因为森林中似乎非常寂静,死气沉沉的。

突然,一种磅礴的声音使我们不觉大吃一惊,当我们沿着声音的方向看过去时,一群大象已经围了过来,我的同伴们四处逃散,纷纷就近攀树而上,丢下我一人身陷危险境地。在这千钧一发之际,我必须急中生智,采取自救。

幸亏在离我不远处有一棵高大的无花果树,我马上用手绢系住枪机下面的铁攀,用牙齿咬住,迅速攀上无花果树,希望能尽早脱离险境。因为地面草木稀少,所以我在树上能看得很远。

这群巨象显然是冲着我们来的,霎时间站在那里一动不动,竖起长鼻在空中东嗅西嗅。我数了一下,一共有十七只,但不全是大象。这次的肇事者是一只小牛。很奇怪,这只小牛好像知道我的藏身之处似的,总是紧随不舍。

我决定举枪鸣示,不对准任何一只象,只是用枪声把它们吓跑而已。第一枪过后,大象们呆立不动,同时发出一种惊奇的狂吼;第二枪发生了作用,大象们仓皇而逃,所不幸的是它们奔跑的方向和路线正是我们回家的方向和路线。

我从树上下来,招呼我的同伴们一同前行,但不到半小时,我们又被这群大象包围了,那只小牛紧紧躲在我的身旁,使我深受其害。

我再一次连发两枪,驱散群象。这一次,它们向另一个方向逃去,我们才得以继续前行而不再遭受困扰。

（编者注:"历史上的伦敦茶园"一节本书从略）

第四十七章　早期的饮茶习俗

中国最早的饮茶方法,正如郭璞(约250年)所述,是将青涩的茶叶放入锅中烹煮。中国最早的对于饮茶方法的改进,正如陆羽在《茶经》(780年)转引《广雅》中所描述的方法:"凡饮茶,燔茶饼使赤,捣碎至瓷壶中,注沸水于其上,加葱、姜及橘。"

早期茶的供应,一是为了款待宾客,一是为了药用功效,因为茶能帮助消化,增进食欲。款待宾客时,必先端出一些装有食物的碟子,然后才是茶,直到陆羽之后约200年的宋代,才将茶作为普通的饮料。

到了北宋(960—1127年)中国的饮茶习惯已经遍及全国。这时,末茶是这个时代的时尚,不再加用调味的盐,从而能够品尝到茶本身固有的清香滋味。这时,茶室兴盛,名称雅致,如"八才子"、"纯乐"、"珍珠"、"菀家室"、"二与二"、"三与三"等,茶室内用芬芳的鲜花装饰,并罗列"名雷花"所制作的葱茶和肉羹茶,提供给宾客享用。

《广雅》中所说的"葱、姜及橘"都是茶的调味品,陆羽还加了枣和薄荷,再后来就只用盐,就是到了宋代,这些调味品仍有所保留。

1659年,耶稣会教士皮埃尔·库莱来到中国,他非常熟悉中国的历史和风俗。据他说,中国人也经常饮用一种鸡蛋糖茶,其方法是将一小撮茶叶用一杯开水冲泡,在两餐之间感觉饥饿时,将两个新鲜的鸡蛋黄搅匀,加入足够量的砂糖,倒入茶中调和后饮用。

在一般情况下,中国人饮茶从不放牛奶和糖,唯一的例外据说是在1655年中国皇帝招待几位荷兰使者的宴会上,曾将热牛奶加入茶中。

　　无论早期饮茶的方法如何简陋原始,其调制的成品如何不合口味,但是茶毕竟代替了水而成为普遍的饮品,不仅用于招待宾客,而且盛行于上流社会。中国和日本的贵族和皇族,每天时时都在饮茶,同时,茶也是唯一的待客之物。

　　在习惯上,饮茶是用来招待偶尔来访的贵客,但也经常出现在正式的宴会上:当宾客进入大门,主人先赠与票券以示欢迎;迎入前厅内,先品茶休息;然后再引入餐厅就餐。华南订婚礼节中,也有用茶苗传递爱情寓意的情形:用一株不能成活的移植的茶苗表示必须从种子发芽开始,这时,求婚的一方表示,这是一株经过种子发芽而长成的茶苗,并不是移植的茶苗。

美国国家博物馆中的中国茶壶

　　古代泰国北部的掸族将茗(即野茶树的茶叶)蒸或煮之后,制成球形,与盐、油、大蒜、猪油和鱼干一起食用,这种风俗一直延续至今。1835年,印度总督威廉·班庭克曾任命 W. N. 沃里奇为茶叶委员会主席,进行在印度种茶的可行性调研工作,根据当年有关早期掸族饮茶习俗发展的记述,他发现星孚族和甘提族都饮用野茶叶浸泡的茶汁,茶叶的制作方法是"切碎除去梗、筋,煮后挤干成团,晒干保存备用"。

　　在缅甸,依然能看到掸族饮茶旧习的踪迹。那是丕郎族历代相传的一种腌茶,其制作方法是将野茶叶烹煮后揉搓,用纸包好或用竹筒封存后,埋在地下历经数月的发酵即可。只有在婚礼或其他隆重的宴会上,才会将它作为一种珍品奉献出来。

另外,有人把茶当作饮料,有人把茶当作食物,还有第三种情况,就是有人把茶当作货币。在中国把茶当作货币,由来已久;在最初发现茶的时候,就有茶币。早在西方之前,中国就有纸币了;但在偏远的游牧部落的交易中,很少使用纸币;而压缩后的茶,则既可作为消费品,又可作为茶币实现物物交换。真正的货币与发行地距离越远,其价值越低;而茶币正相反,与中国茶园距离越远,其价值越高。最初的茶币是用牛榨机印制的粗笨的茶饼,后来被用机器制作的坚如磐石的茶砖所代替。后来茶币流通的区域大大缩减,但茶砖在西藏和中国部分地区仍被作为货币使用。

日本人对茶的尊崇

最初饮茶传入日本时,仅在寺庙中用于社交和医药;僧人经常夸耀茶的清净纯洁时,都洋溢出对茶的崇敬之情。

茶的美学与茶的风俗相伴而生,逐渐发展成为一种信条,一种礼仪,甚至一种哲学。正如上章所述,禅宗僧徒在庄严的达摩像前行饮茶礼,不仅为享有盛名的"茶道"礼仪奠定了坚实的基础,而且对日本文化和艺术产生了深远的影响。

壮观的"茶旅行"

1623 年,在日本首次举行的"茶旅行",进一步加深了日本人对茶的尊崇。"茶旅行"每年举行一次,将每年第一次精心择选的新茶,从宇治列队隆重地迎送到江户(即现在的东京)奉献给大将军,行程长达 300 英里。

将军府中有几个大茶瓮,都是真正的宋瓷制品,每年轮流将其中三个茶瓮送还宇治。两个茶瓮分别由两个"知名家族"装满新茶,第三个茶瓮由其余九家"佩物茶师"装满新茶。一支庄严的队列运送茶瓮,一名茶道大师为前导,簇拥着众多护卫和随从,途中

日本壮观的《茶旅行》图(局部)

每经过每一个封地,都要举行欢迎和宴会,奢侈浮华,铺张浪费。茶瓮从江户运出都是在夏至前 50 天,抵达宇治之后,将其在专用储藏室中放置 7 天,等到完全干燥后盛满茶叶,送往京都,停放 100 天;护送的人先回到江户,等到秋天,再到京都去取。茶瓮的归途中,每到一县,又都有隆重的欢迎仪式和盛大宴会。凡在路上遇到迎送茶瓮一行的人,即使是国内最高贵的人,也必须向茶瓮俯伏致敬。

由于"茶旅行"过于奢侈浮华和铺张浪费,后被节俭的德川吉宗将军(1710—1744 年)废止了。

在日本,茶一方面被推崇为一种唯美主义的宗教,另一方面则成为炫耀显赫的对象。同时,饮茶也逐渐拓展成为一种日常消费。但在 1200—1333 年间,对于普通民众来说,茶仍是一种奢侈的消费品。

"茶芝居"的游戏

大约在这个时期,日本还流行一种品茶的游戏,名为"茶芝居"或"茶试"。玩法是排列出十个或百个茶园所产茶的茶样,蒙住双眼,在其中几十种茶样中任意选择并品尝,辨认出其中相同的。这种游戏要求味觉极端敏感,能感觉出极微妙的差异。以后这种游戏曾极度狂热,甚至使足利尊将军(1336—1357 年)都想加以禁止。这种游戏一直延续到近代。

西藏的酥油茶

从古至今,中国藏族人一直在发展属于他们自己的独特饮茶风俗。19 世纪初,英国旅行家威廉·莫克洛夫特曾发现,喜马拉雅地区的西藏各阶层人饮茶量极大,并在茶中加入黄油和其他成分。根据他的记载:

　　早餐时,每人约饮茶 5 到 10 杯,每杯约 1/3 品脱,当最后一杯饮到一半时,就在剩余的茶中加入足量的大麦粉,调成糊状,然后将糊糊倒入一堆厚腻的泡沫中,调制后食用。这种泡沫是在饮完前面那几杯茶的同时就准备好了的。

　　大约提供给 10 人用的早茶的调制方法是将一盎司砖茶和一盎司苏打放入 1 夸脱(1/4 加仑)的水中,烹煮一小时,或烹煮至茶叶充分浸透,然后将茶汁滤清后,加入 10 夸脱沸滚的水,水中加入 1.5 盎司的岩盐,再将全部倒入一细圆筒形的搅拌器中,加入黄油,充分搅拌使之成为一种均匀油腻的褐色汁液,类似朱古力,然后将其倒入茶壶中,即可饮用。

　　在午饭时,富裕家庭又开始备茶,配些麦饼,并有麦面、奶油和糖调成的糊糊,都是熟食。

根据莫克洛夫特的采访得知,西藏各个阶层都有饮茶的习惯,当然这是 18 世纪中叶以后的事情。在此之前,富裕阶层已有几百年的饮茶历史。

富裕阶层所用的是银制、镀银铜制或黄铜制的茶壶,壶上以花叶或动物的各种奇异图案作为装饰,都是浮雕或镂丝细工;每人都有自己的茶杯,瓷制的,但更多的是用一种七叶树的节制成的茶杯,也有在其边缘嵌入银饰的。

1852 年,天主教传教士皮埃尔·埃弗里斯特·雷吉斯出版发行的《鞑靼、西藏和中国纪行》中,记述了关于西藏早期饮茶的最有趣的故事。在记述的许多事情中,他谈到他认为"自有文字记载以来最大的茶会"。在西藏一个茶会上,一位富有的虔诚之人,款待全体喇嘛4000 人。据说,当时的情景令人震撼,一行又一行的喇嘛端然静坐,仆童从厨房运出大壶,将壶中的茶分给众僧,这时候,主人则俯伏在地,直到壶中的茶饮尽、祈福的歌颂唱完为止。

荷兰的《茶迷贵妇人》

茶叶输入欧洲之初,荷兰的茶价极高,除贵族以外,其他人都饮用不起。所有茶叶都装入加封盖印的小罐里,送到荷属东印度公司各位要人的手里;同时还输入"中国瓷",它是一种薄如蛋壳、质地细腻的茶杯和茶壶,用来品尝"中国饮品",它惊人的价格仅次于茶叶。大约在 1637 年,一些富商之妻开始用茶招待客人,而东印度公司的"十七巨头"也不得不要求"每艘船都捎带几罐中国茶和日本茶"。

到了 1666 年茶价微降,但仍漫天要价,每磅售价 200 到 250 弗洛林,折合 80 到 100 美元,所以只有富人才能饮得起茶。直到输入量较大使茶价被彻底抑制之后,饮茶才逐渐普遍化。1666—1680 年间,饮茶成为全国的时尚,富裕家庭都设有专门的"茶室",劳苦大众,尤其是妇女,则在啤酒馆里组成饮茶俱乐部。

对饮茶狂热的追捧,成了当时作家们冷嘲热讽的素材,至今仍可从喜剧《茶迷贵妇人》中略见一斑。1701 年,该剧曾在阿姆斯特丹上演,同年剧本出版发行。

在这个时期,饮茶的宾客大多在午后 2 点大驾光临,主人用郑重的礼仪接待他们。寒暄之后,宾客们纷纷就座,并将脚放在四季常设的生火的脚炉上;女主人从嵌银丝的小瓷茶盒中取出各种茶叶,放入小瓷茶壶中,茶壶都配有银制的过滤器。女主人照例请每位宾客选择自己喜好的茗茶,但这种选择一般都反请女主人决定,然后将茶放入杯中。若有宾客喜欢在茶中加入其他饮料,则女主人用小红壶浸泡番红花,另递过去一个盛有少量茶汁的较大的杯子,请他自行配饮。在饮茶之初,糖已被使用,但这是在1680年法国的德拉·萨勃里埃尔夫人发明在茶中加入牛奶之前,茶盘——均以瓷或核桃木制成。

为表示对女主人美味佳茶的赞赏,饮茶时不用杯而用碟,饮茶时必须发出声来,谈话内容仅限于茶和佐茶的糖果饼干。每当宾客饮茶10到20杯——或者说四五杯之后,开始上白兰地酒、葡萄干和糖,同时,向男女宾客提供烟管。

茶会的兴盛导致无数家庭的败落,妇女们为追求游手好闲把家务撇给了佣人,丈夫们回家看到妻子将纺车闲置而外出闲逛,不由得怒火中烧,冲进酒店借酒消愁。激烈的争吵皆因茶会而起,于是社会改革家对茶加以攻击,许多著作对茶也表示反对。

荷兰饮茶的整个"番红花时代"所用的茶都是中国和日本的绿茶,直到18世纪的后半期,红茶逐渐取而代之,并在某种程度上,取代了咖啡在早餐饮料中的地位。

英国饮茶习俗的发展

1662年,查理二世的王后葡萄牙公主凯瑟琳将饮茶的习惯带入英国宫廷,从此英国的饮茶方式和习惯渐渐形成。早期的茶,在伦敦咖啡馆中,是一种纯粹提供给男士的饮料,也不需要任何礼仪,小桶灌装,犹如麦酒;但在宫廷中,由于受荷兰王室和英国自己的"饮茶王后"的影响,在饮茶上形成一种时髦风尚。茶在当时是极昂贵的奢侈品——1664年东印度公司以每磅40先令的价格,购买了2磅献给英王——在最初传入时,每杯中放入的茶叶仅如指圈那么大的一小撮。

在乔治一世时代(1714—1727 年)之前,茶始终是物以稀为贵;之后,随着绿茶紧随以前饮用的武夷茶进入英国市场,饮茶逐渐流行。饮茶的流行,使茶叶售价也降至约每磅 15 先令;即使在这种茶价下,茶仍然是一种不能托付给佣人的贵重物品,于是家庭起居室里就有了装潢华美的茶箱,用龟板木料、黄铜或银制成,绿茶和红茶分开存储,加锁珍藏。据哈菲·布罗德本特说,1722 年,英国习惯的饮茶方法,是将可供一杯或数杯的茶叶,放入茶壶中,注入沸滚的水,浸泡片刻,再继续添加沸水直至每个人都认为合适的量为止。

18 世纪早期英国咖啡馆中的场景

茶壶多为昂贵的中国瓷器,其容量为多半品脱,茶杯的容量一般不超过一大汤匙。常用的还有一种稍大些的钟型银茶壶,这种茶壶安妮女王(1702—1714 年)非常钟爱,据传说,女王在位时,追求时髦的人都以茶代替早餐的麦酒,曾发生不少失态的趣事。

茶的社会地位,不难从当时诗人的各种诗诵中看出。1715年,波普描写一名贵妇人在乔治一世加冕礼后,离开城市赶往乡下的心境道:

读书饮茶各有时,细斟独酌且沉思。

同时代的爱德华·扬在"嘲讽"诗中咏一城中美女:

两瓣朱唇,熏风徐来;吹冷武夷,吹暖郎怀。

当贵妇人不想继续饮茶的时候,就将茶匙横放在自己茶杯的顶端,或用茶匙轻叩自己的茶杯,用以提示在场的绅士可以将自己的茶杯撤去。还有一种提示方法就是将茶杯倒置于茶碟中,有诗为证:

怎么了,亲爱的霍金斯太太,你把杯子底朝天倒转来!

奇怪,你怎么喝得这么快!

自从约克公爵夫人将饮茶传入爱丁堡之后,饮茶也成为一种时尚。在爱丁堡的贵妇人认为,一杯茶在没有饮尽之前,是不应该还杯再斟的,因此必须清点茶匙的数量,以确定每位客人是否已经重新更换了自己的茶杯。

爱丁堡饮茶的另一个礼节就是规定茶匙在茶杯中搅过之后,应竖着放在杯中,而不应横着放在茶碟上。饮茶时,一般都用碟,就碟而饮,这好像就是因留匙于杯中的规矩而形成的习惯。

1785 年,伦敦茶价仍异常昂贵,因此饮茶人尽量将茶叶多浸泡几次,直至茶味殆尽,由此产生一些常规:武夷茶泡三次,功夫茶泡两次,普通绿茶、贡熙茶或珠茶泡三至五次。

"一　盘　茶"

"一盘茶"的说法即暗示"装碟",但也有各种不同的意思,因为有一杯茶或一碗茶的对照,而且也是伊丽莎白时代"一盘牛奶"等旧俗的沿用。这种说法一直延续到 19 世纪中叶。有一个时期,"一盘茶"在午餐后饮用,就像今天在每餐之后饮一小杯咖啡一样。

有一段广为流传的趣事,揭示了"一盘茶"的另一层意思:有人将最初输入潘利司的第一磅茶,赠给一小群人而不告诉他们用法,于是这群人立即将这磅茶全部放到锅里烹煮,然后围坐在一起吃茶叶,加入奶油和盐,使这些人对于有人嗜好这样的食物大惑不解。

"茶"、饮"茶时间"和"厚茶"

"茶",最初是指用茶款待宾客的某种场合,例如一种接待的礼仪。饮茶时间(Tea time),是指这种款待的时间。18 世纪以后,"茶"的含义延伸为与饮茶相伴的小酌或有茶饮料的晚餐。1780年,宗教改革家约翰·威斯利曾记述说,他所接触到的社会中,所有人都在"进早餐的同时进茶",说明当时茶已经成为正餐。

"厚茶"或"肉茶"是指肉及其他美味与茶搭配在一餐中享用。这就是说"茶"已成为正餐的一个组成部分,但从何时开始,不得而知,英国考古学家也未能证明。

午后茶的起源

午后茶,可能是起源于 17 世纪的索斯纳在《妻子的宽恕》一剧中的几行书信。

亚力山大·卡莱尔在自传中谈到 1763 年在哈罗门的时髦生活时说,"那些贵妇轮流提供午后茶和咖啡"。就全世界范围而言,午后茶成为一种隆重而固定的礼仪,应该归功于英国第七世贝德福特公爵夫人安妮(1788—1861 年)。当时人们食用丰盛的早餐,没有仆人照料的类似野餐的午餐,然后直到晚上 8 点才开始进晚餐,中间没有其他饮食供应,晚餐后在会客室饮茶。公爵夫人别出心裁,规定在 5 点饮用茶和糕饼,据她自己说,"有一种消沉的感觉"。

女演员法尼·金贝尔在她所写的《晚年生活》中记载,1842

年,在鲁特兰德公爵的贝尔福城堡中,她初次见识了午后茶,并说:
她不相信这种在今天被普遍尊重的习惯,起源于更早的时候。

茶 与 节 制

1830年,在消灭酒精饮料这一点上,茶成为节制主义者的同
盟;在利物浦、伯明翰和普林斯顿都举行过茶会,都供应茶饮料,出
席人数多达2500人。在摆放茶具的桌上,陈列着鲜花和常青植
物。当时有一种记载说:"财富、美丽与智慧在这里得到展现,戒
酒者纷纷表示改变和他们伴侣露出的微笑,使会场兴致盎然。"

美国早期的饮茶习俗

在17世纪中叶的荷兰,茶作为饮料已既成事实;午后茶的习
俗,漂洋过海流传到新阿姆斯特丹。与茶一同传入的是那些荷兰
主妇所夸耀的茶盘、茶壶、银匙、糖盒、过滤器和其他茶桌上的附
属物。

那些在新阿姆斯特丹善于社交的主妇,在最初的时候并不使
用牛奶,而是用糖或番红花及桃叶作为茶的调味品。她们的宾客
或取一糖块细嚼,或用砂糖加入茶中搅拌,因此茶桌上均备有糖
盒。糖盒分为两部分,一半盛糖块,一半盛砂糖。桌上还有一筛
子,上面放有肉桂粉和糖粉,用来筛洒在热饼干等食物之上。

华盛顿·欧文在《卧乡传奇》一文中,曾以生动的笔触描写了
一个早期纽约(当时名称为新阿姆斯特丹)奢侈富华的茶桌。

纽约人在大革命前,煮茶都用的是泉水,由水贩在近郊茶水唧
筒中汲取,沿街叫卖"茶水","出来拿你的茶水!"的叫卖声,直到
18世纪中叶才不再听到。

英国统治者和他们富裕的保守党友人,成就了新英格兰早期
饮茶礼节的尊严,但在1675年,因茶价太高,不能常用。到17世

纪末,饮茶已非常流行,而且影响了这个时代的用具,茶具必须是银制或陶瓷制品,茶壶、茶杯和茶碟,都奢华昂贵。此外,全部茶盘、茶具,都是著名工艺家的作品。

许多起居室中,都备有几种不同的茶桌,殖民者大部分的社会生活都集中在这里。这种模式,随着其他地方的相继仿效,产生了波士顿茶会。为此,专门特制了最高的大桌、小锅架和桌面是一托盘的四脚桌。这种桌子的木料特别精美,上面摆放精致艺术化的茶壶和茶杯,与室内的色彩交相辉映,引发美的享受。后来,当美洲的妇女不得不以放弃饮茶作为爱国的表现时,许多人因此感叹再也见不到这么精美的器具了。

在共和国成立之初,茶再次出现在美国的餐桌上,成为各餐的重要部分。根据当时的记载,我们可以知道,华盛顿居住在维尔农山的日子里,"早餐时,按照英国的风俗,有茶和印度饼,配备奶油;有时也加入蜜辅佐进餐,因为他对于蜜有特别的嗜好。他的晚餐特别简单,有茶和烤面包,并饮酒"。

在美国的晚餐中,茶是主要饮料;经过长期历史的演变,如今"晚餐"和"茶",已经成了同义词。

第四十八章　近代饮茶习俗

亚洲的饮茶礼节和习俗,来自远古,源远流长,其中有些国家和民族对于茶的煮法和饮法,至今仍墨守成规,少有改变。在西方消费茶叶的各国中,最初的饮茶方法均模仿中国。随后,由于各国风俗习惯的不同,饮茶方法也逐渐演变。以下内容,仅限于世界各主要茶叶消费国,并以该国平均每人每年茶叶消费额的多少为准,顺序阐述。

英　　国

英国是全世界最大的茶叶消费国,人均年消费茶叶量约为10磅。在英国,其饮茶方法之讲究,远非其他国家可比;其泡制及供饮的方式,被认为是一种艺术。全国无论男女老幼,几乎都通晓如何泡制一杯可口的好茶。

在英国的大不列颠本土,大部分人喜欢饮用印度、锡兰、爪哇和中国的拼配茶。多数情况下,印度茶和锡兰茶是直接饮用而不拼配的。中国茶无论拼配还是不拼配,都为品茶家所喜爱。需求量大的消费者,购入各种箱茶;而需求量小的个人消费者,每次购茶量很少超过1磅。在英格兰,人们喜欢饮用浓厚的糖茶,它既适合英国人的口味,又有助于茶叶的贸易。

无论银制、瓷制和陶制的茶壶都适合泡制茶叶,但瓷制和陶制的茶壶被认为最适合泡制中国茶。有些茶壶配有浸泡筐,以便于煮泡之后将茶叶取出。

一人用的茶壶,用一茶匙茶叶,放入预先烫热的茶壶中,待水沸后冲入浸泡约 5 分钟即可饮用。若不用浸泡筐,则为了分离茶叶,有时将茶汁倒入另一个热壶,以免茶味过涩。英国人不用茶袋,他们认为无袋更能泡出茶叶的味道;在富裕人家,他们是通过在茶杯或茶壶上安装过滤器的方法,取出浸泡后的茶叶。

通常饮茶时,都在茶杯中加入牛奶或奶酪。多数人掺入冷牛奶,但也有喜欢热饮的。茶杯中先放牛奶,然后将茶倒入。在苏格兰,因奶酪较薄,故与牛奶交替使用;在英格兰西部,则因牛奶非常浓厚,故不太使用奶酪。也有少数人饮用俄国式茶,其饮用方法是在玻璃茶杯中放一片柠檬。至于糖,则完全是一种调味品。

咖啡馆和饭店中提供的一人饮用的茶,每壶售价 3 便士至 6 便士(6 美分至 12 美分)不等;在较好的中等饭店,普通茶价为每人一壶 4 便士(8 美分),但想要零泡茶则不一定供给。通常情况下,有大小不同的茶壶提供,适用于一、二、三或四人饮用。

习惯做法是,一只茶壶配一只与其相称的水罐,用于盛热水提供给顾客,以备需要时往茶壶里加水。这种做法可使茶叶多泡几次,一般每人一壶的茶可以泡至三杯,这确实是一种最便宜的饮料。

英国饮茶的程度,不但使欧洲和美洲的游客惊讶,甚至使本国做这方面统计的人,也感到惊讶。在英国社会中,每一阶层都有其特殊的饮茶习俗。上层社会的午后茶是英国风俗中最显著的特点,也是一天中聚会的最好时机;至于被雇佣做家务的老妈子,如:临时雇佣的女仆、洗衣工等人的午后茶,则是她们最惬意的一餐。在富裕家庭的饮茶时间常在很晚的晚餐之前;但在贫穷人家,则在很早的晚餐之后;但这两个极端恰好是在同一时间。

在雇佣仆人的家庭,则有进一杯床茶的习惯,这第一杯茶由仆人送到床前,作为醒觉和提神的"兴奋剂",来开始一天的工作。许多旅馆中也有供给这种茶的习惯,其账单中常列有此项。

当社会实行 10 小时工作制的时候,劳动阶层的人们都于清晨 5 点半饮一杯茶。丈夫多在这时起床,生火或点着煤气烧茶,自饮一杯,另一杯给妻子,然后出门。他的早餐则在两个半小时之后,在工作的地方进用,也饮茶。在今天8小时工作制下,工人都在出门之前进用早餐,十之八九有饮茶习惯。

在较上等的各阶层中,早餐时喝咖啡的情形较为普遍,但也有一大部分人饮茶。在旅馆中进早餐时,可任意选择茶或咖啡,可见茶已经成为普遍的饮料。

在下午七八点以后,按理茶壶应已无用,但也有人在临睡时,还要饮一杯茶,并进用几片面包和干奶酪等,其时间约在10点左右。新闻行业和其他行业中在夜间工作的人,则可在通宵营业的咖啡馆中饮茶或喝咖啡。修理道路时,夜间看守工具的人,也在“警告危险的红灯”围绕之中,独坐木屋,在灯光下进餐饮茶。

近几年来,随着英国社会状况的变迁,使饮早茶和午茶之风,蔓延到家庭仆人、店员和职业妇女之中。中午饮茶的习惯,不常见于富人家庭,但在劳动者及中下阶层中,则相当普遍。他们每天的主餐是午餐,有肉、蔬菜和一种甜食,然后是一杯茶。英国中上阶层著名的五点茶(five O'clock tea),现在则以午后4点或4点到5点之间饮茶较为普遍。如果认为五时茶是一餐的话,则可以说是最简单的一餐,仅有一杯茶和一些糕点或饼干而已。以午餐为主餐的人,每天的第三餐就以茶为名,一般在午后6点当工人回家时进用。这一餐比较富裕的人午后4点的茶要丰富,因为在这之后就不再进晚餐了。

星期六下午和星期日,伦敦人可自由自在地到郊外游玩。往往租一小船在泰晤士河中荡漾,带上野餐和酒精锅,在河岸树荫下进用午后茶。至于只能骑自行车出游的人,则多在伦敦市外二三十里处的树林或山顶,停好车,将台布铺在草地上,进用野餐和茶。

最近,英国南部出现了移动茶店,做法是将茶水装在一小型汽车上,停在乘车人聚集的地方,供应茶水。

过去伦敦咖啡馆盛行的时候,单身女士不能入内;逐渐地男女一视同仁。

克伦威尔的农村茶馆

伦敦茶馆的创始人是爱瑞德·布莱德公司,简称 A. B. C.。A. B. C. 的茶价为每杯 2 便士或每壶 3 便士。该公司有茶馆 65 家,行业竞争相当激烈,例如,"里昂"在伦敦市内外有几百家普通茶室和几家高级的大饭店,形成世界上最大的茶馆分布网络;"先锋咖啡馆"有 50 多家;快速牛奶公司有 20 家茶馆。伦敦其他著名的茶馆还有,白查德、里基卫、卡宾、卡拉德、弗来明斯、鲁勒尔、J. Ps.立普顿、麦加咖啡馆等。伦敦大百货商店如塞尔弗力基、惠特莱、哈洛德、巴克氏和蓬庭等,都有经过精心布置的吸引人的茶馆,以此招徕女性顾客。在伦敦市无数的小型上等茶馆更是星罗棋布,那里都有乐队和歌舞。伦敦普通茶馆的茶价,每杯 2 至 3 便士,一人用每壶 3 至 4 便士。

里昂茶馆可以说是英国良好习俗的真正代表。它 40 年来始终坚持"一壶好茶两便士"的理念,至今在那里都可以用 3 便士(6 美分)买一壶茶,或 2 便士买一杯茶。

说到里昂茶馆时,不能不提到名为"尼匹"的女招待。里昂经理部为了提高和敬重女招待的职业地位,想方设法在女招待的服装上消除每一点仆役的痕迹,制作成一种最时尚的外衣款式,省去高领袖口和早期维多利亚时代的围裙飘带,一定要让女招待时髦高尚而又优雅宜人。当采用"尼匹"这个命名时,茶馆老板也经过了好几个月的深思熟虑。这个字在通用英语中的意思是"活泼、伶俐、有精神"。当里昂的女招待一律用这个名字时,即迅速变成一个普遍的名词,通行于整个伦敦,直至今日。

在"十字街头的里昂茶馆"中,每天有优秀的联合乐队演奏。公司在邀请乐队演奏方面的费用,每年要在 15 万英镑(70 万美元)以上。

在伦敦以外,称得上典型茶馆的是在

尼匹女郎的演变,从右至左为
1894 年、1897 年、1924 年、1934 年

爱克赛特、派顿和汤顿各处的"德勒尔"——即"西部咖啡馆",茶价每壶 4 便士。

在夏季,无论在英国的什么地方,都可以让人置于舒适而凉爽宜人的露天场所饮午后茶。伦敦的公园中都设有茶园,主要在海德公园、肯星顿花园、动物花园和丘花园,茶价均为 4 便士。在这种公共场所,可以看到伦敦社会的各色人等,一桌一桌围坐着享用他们的午后茶,或在树荫下,或撑起白伞遮蔽阳光。在露天下,每人手持一壶,另有热水可以"随意"添加。如果是在近郊各区,私人住宅里,午后茶时间,临时将客厅或后院变成茶馆或茶园的,随处可见。在门上或窗上贴着"茶"字,最能吸引过路人的眼球;而"茶"的招牌在旗杆顶端高高飘扬的情形,也不在少数。

在伦敦的许多旅馆中,也有向住客和外来宾客提供午后茶的。平均每位收费 1 先令 6 便士,若包括夹肉面包和糕点饼干的话,则是 2 先令 6 便士。在剧院和电影院的日场中,观众也在休息室用茶。所有俱乐部都供应茶水。茶在大的重要社交活动中,都扮演着重要的角色,如阿斯柯马赛、亨莱船赛、勋爵球赛和王公游园年会等,在这种场合如果没有午后茶,似乎将失去英国的特色。

伦敦各种级别的饭店非常多,大多数都昼夜供茶;多数高级饭店,虽然都预备酒水,但实际上都是专门制备午后茶。

大西铁路卖茶时的情景

伦敦各铁路车站终点站,月台茶车和茶室经营非常红火,常常客满,尤其是夜车乘客,都要争取得到一壶热茶来"辞行",这时场面异常热闹。月台茶车和手推的小车上,装着一个盛着热水的桶,用一盏普利马斯灯保持着温度。火车往往在半夜到达伦敦之前,先停在一二百英里之外的一站,以便于乘客在站内小店中购买和饮用热茶或咖啡。

英国人必须随时有茶,而且必须是优质的茶,才会感到愉快,所以英国各重要的铁路段都会考虑到这一点,沿途都有供应茶水的设备,小到一个简单的茶盘,大到漂亮的茶室或餐饮车,都非常精致。

英国铁路一贯力求乘客旅途的舒适,几年后有人提出列车内设一餐车,或从车站月台上用盘盛茶,供给车厢中的乘客。1879年,来往于伦敦和里兹之间的大北铁路首先装备了餐车。如今,所有客车都有了这种装备,乘客不分等级贫富,都可以享受,除茶点费用之外,不另外收取费用。

在伦敦中部和苏格兰铁路的餐车中,每年供应的茶达到116万杯;每杯茶售价4便士,除茶之外,再配有面包、奶油、土司或饼等食物,则售价9便士。在大西铁路上,曾在一年中供应了250万杯以上的茶和1.7万只的茶篮。

茶篮是就着车厢供应给乘客,使他们不必离开自己的座位,非常方便,所以很普及。在夜间正常进茶的时间,当列车到站的时候,都会有大量的茶篮供应,夜间更是通宵供茶。茶篮用完后,则放在一旁,或放在座位下,等到达一大站时,由专人收拾并还给原来供应茶篮的车站。大西铁路的茶篮中,还有一搪瓷衬盘。篮中除茶叶之外,还有热水、牛奶、三片面包加奶油、饼和一个香蕉或其他水果,收费 1 先令 3 便士(30 美分)。

火车箱中饮下午茶时的场景

所有英国商人经营的大洋轮船中,都有在"饮茶时间"饮茶的习惯。无论何时,都在大餐室或甲板上,由侍者供给午后茶。如果在深夜,上等舱的侍者也可应旅客的需求,供给茶和饼。

英国最早的"空中茶"是在 1927 年由往来于伦敦—巴黎之间的皇家航空公司首创。为了方便伦敦人尝试"空中茶"的美味,该公司特别在 5 月到 10 月之间,安排午后环绕伦敦市的正常航班,全部费用为每次 30 先令(7.5 美元)。

在第一次世界大战时期,许多英国工厂中开始了一种新的习惯,即在上午 11 点前后,用与车站月台上所用的相同的茶车,送茶到每位工人所在的长凳或机器旁,这种习惯好像是起因于当时大量女工进入工业。虽然现在这种做法已不复存在,但 11 点饮茶的习惯,却以各种形式在许多工厂、大商店、办公室等地方的女工和女职员中保留下来。在不提供茶的办公室中,其工作人员,无论男女,往往有规定的时间,可以去外面就近的茶馆饮茶。

每到下午 4 点,伦敦商人在其办公室的工作,必定会因一名女打字员的进入而间断,同时,有两杯茶送来,其中一杯是给进来的

大西铁路上所用的茶篮

女职员自己的。就是在举行董事会会议时,也会因茶盘的进入而暂时中断。更进一步说,即使是堂堂的众议员们也不能免俗,茶馆中不乏议员们的足迹;在天气晴朗的时候,他们会在面对泰晤士河的著名的露台上,露天饮茶。

几年前,伦敦一家手巾公司发明并供应一种"办公室茶",每套茶包括新茶、糖和饼干。

在北爱尔兰(北爱尔兰自由邦),往往仿效英国泡茶的方法,即将水烧开后,立即冲茶,浸泡5 到 10 分钟后,开始饮用。在北爱尔兰,往往喜欢泡制特别浓的茶;各阶层的人们都饮茶。饮茶常在清晨7 点、9 点、用早餐时;11 点、午后 1 点、用午餐时;4 点、7 点、用晚餐时;以及夜间 11 点就寝之时。在北爱尔兰,茶叶的零售经常是用封套按 1、2、4、5 盎司或 1 磅包装,尤其在南部和西部,饮用的往往是上等好茶。

新 西 兰

新西兰人均年消费茶叶量约为 7.5 磅,每天饮茶 7 次之多。近年来,虽开始使用茶袋,但在大多数情况下,新西兰主妇仍采用英国式的泡制方法。居住在乡村的所谓"后排"中的人,则喜欢用煮茶的方法。

饮茶常用两只壶,一只盛茶,另一只盛热水,茶的浓淡因饮茶人的喜好自行调节。总之,茶的浓度较大多数其他英语国家更浓。

新西兰虽然是世界上最大奶酪生产国之一,但饮茶人却偏好用牛奶调茶。

清晨起身时,饮一大杯茶,佐以一片涂奶油的面包或一块饼干。早饭时又饮一大杯茶。11点时饮早茶,这不仅是家庭中的习惯,也是大多数办公室和商店的习惯。全国人口中至少有90%的人在午餐时饮茶。午后4点,家庭、旅馆、饭店、茶馆和办公室中,又有茶提供。大约在9点或9点半进晚饭时,饮茶的更多。新西兰人还有一餐叫做所谓的晚餐,而其主要理由,实际上就是饮茶。

总之,新西兰人有80%的人每天饮茶7次,每次一到三大杯;90%的人每天饮茶6次;99%以上的人每天至少饮茶4或5次。锡兰茶是他们最喜欢的茶。

新西兰各主要城市都有茶馆。茶馆有各种等级,从饮茶仅提供面包、奶油和饼的无名小店,到大百货公司中常见的漂亮茶馆。后者在每天上午11点和下午4点时特别拥挤,方便社交的早茶与午后茶同样普遍。

每家绸布店都设有一个茶室。其中最好的巴兰庭休息室是克里彻的巴兰庭绸缎公司所设。另一有名的奥克兰帝舵茶室,设在密尔恩却易斯百货公司内。该茶室一部分是饭店,除供应早茶和午后茶外,还供应小吃。它用的是分一、二、四人用的大小不同的镀镍茶壶,所装的茶叶是用一种机械设备按标准称量的。茶室的经理部还配有一烧热水的设备,用来保证泡茶用热水的供应。一人用茶壶的茶价是6便士(12美分),带夹肉面包和饼等食物的是1先令3便士(30美分)。

澳　　洲

许多人认为,应该给居住"后排"中的澳洲大牧场的工人授予个人饮茶的优胜奖。这些居住在空旷地方的"一日四餐,餐餐皆肉食"的人,可称得上是文明社会中身材最为高大魁梧的人,在每一天每一个可能的机会,必饮最浓厚的茶。

世界上任何一个国家饮茶的普及程度,极少有超过澳洲的。这里人均年消费茶叶量将近 8 磅。印度、锡兰和爪哇的拼配茶最受欢迎。在许多家庭和大部分旅馆中,每天供茶 7 次——早饭前、早饭时、上午 11 点、午饭时、下午 4 点、晚饭时和就寝前。所有大办公室和公司商店,都在上午 11 点和下午 4 点给雇员提供茶水。

在普通的澳洲家庭中,茶的泡制方法与新西兰相同,但"后排"游牧民族的煮茶方法,有很大不同。当他们早晨起床时,立即用一只烟熏火燎得黢黑的锡制"贝利"罐烧水,取一捧茶叶投入水中慢慢煮着,直到同时烧煮的腌肉熟了,茶也煮透可在早餐上饮用了。吃完后,他们还将锡罐放在微火上,等到晚上回家时,再将火烧起来,把用文火煮了一天的浓黑的茶汤煨热后倒出来喝,他们把这看作是无比快乐的事。

这些性情粗犷的人所用的锡罐叫做"玛蒂尔达",这样称呼的原因不得而知。用因不明。在一首赞颂它的民歌《跳舞的"玛蒂尔达"》中,歌尾的重复部分唱道:"你来伴我舞,玛蒂尔达"。

大城市中的茶馆与伦敦和纽约的茶馆非常相似。在悉尼的茶馆,早茶和午后茶都是 1 先令。各主要餐馆都供应早茶和午后茶,一般每位 1 先令。在悉尼的私人旅馆,住宿费按星期结算,其中包括午后茶的费用。

在饭店中,用大缸完成茶的泡制,就像美国旅馆和自助餐厅中经常见到的情景。正像在美国一样,在澳洲,这种办法只通行于低价位的场所。在饮用午后茶的时间,音乐也是其中的一部分。

铁路沿线也有茶水供应。乘客在贯穿澳洲的大铁路上,一等乘客,早茶和午后茶都是免费供应的;二等乘客,因不能进入餐车车厢而只能在卧铺车厢内饮茶,配有烤面包的一杯茶收费 6 便士。除早茶和午后茶以外,列车上还在早晨 7 点向每位卧铺乘客提供一次茶水。茶是用刚烧开的热水浇注在茶叶上,泡三四分钟,然后灌到一只预先烫热的茶壶中供饮,最后供给一壶热水。

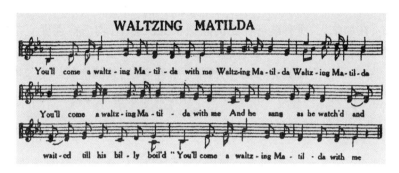

澳大利亚"贝利"罐茶歌

加 拿 大

　　加拿大是西半球最著名的饮茶之国,人均年消费茶叶量将近4磅,主要饮印度茶和锡兰茶,日本绿茶所占比重极小,仅在木材产区一类的地方通行。

　　加拿大人泡茶的方法非常特别。在大多数家庭中,泡茶前先将一陶制茶壶烫热,放入一茶匙茶叶——这是两杯茶的茶叶量——然后将开水注入,浸泡5至8分钟,再将茶汁倒入另一热壶中饮用——通常加入奶酪和糖。加入柠檬或单饮清茶的并不多见。茶在加拿大是早餐时的饮料,每天各餐和就寝前都要饮茶。茶袋已逐渐增多。

　　主要城市中的大旅馆和剧院,都有午后茶点供应。时髦的旅馆,午后茶售价为60分,上等好茶售价85分。在加拿大冬季竞赛时期,郊区沿路都有临时开设的茶室和茶馆,夏季避暑胜地也有午后茶的供应。商店用午后茶款待顾客,也成为时髦的事。大百货公司多半都有茶室,冬季的生意更火。正像伦敦一样,在加拿大没有单纯供应咖啡的地方。

　　加拿大各铁路的餐车车厢中,茶的供应与英国大致相同。普通一杯茶或一壶茶的售价与美国各铁路上的相同。与英国不同的是,在加拿大,所有航行在江河湖泊中的汽船上,均不特别供应茶水,如有饮茶需求,可随时向侍者提出。

在新布伦斯威克、诺法斯科细亚和纽芬兰,茶的泡制与英国相同,但茶袋逐渐盛行。在纽芬兰现代化的新旅馆中,五时茶逐渐成为一种惯例。

荷　兰

荷兰是欧洲各饮茶国的先驱,人均年消费茶叶量约为3.8磅。嗜好饮用中国、爪哇、印度和锡兰的红茶。荷兰主妇煮茶,先用开水冲泡五六分钟后,再将茶壶放入一个茶套内保温,以便随时饮用。

全国的咖啡馆、饭店和大多数酒吧均可饮茶。在较大的咖啡馆中,虽然有从清淡到含酒精的各种饮料,但超过半数的男性顾客还是习惯于饮茶。比较繁华热闹的市区中心,皆茶馆林立,规模相当于美国的茶馆,但没有专售茶而不售其他饮料的。在这种公共场所,午后和晚间均可饮茶。

在家庭中,一般都在早餐时饮茶;午餐后,虽多半喝咖啡,但饮茶的人也不在少数。下午、傍晚和晚饭后一小时,大多数家庭都有饮茶的习惯。午后茶是每个家庭的日常习惯,无论男女老少以及外来宾客,没有不加入其中的。

美　国

美国人均年消费茶叶量约为0.75磅。喜饮红茶、绿茶和乌龙茶。与英国不同的是,更注重茶叶的外观而不是茶叶的品质,对茶的优劣缺乏鉴别力;随着饮茶知识的普及,已逐渐能改变过去的错误观念,即认为"橙黄白毫"与品质好为同义词。英国人常说美国人不识货,以至于经常购买劣茶,而且泡制也不得法。

美国各州普遍饮用印度、锡兰的红茶,两者合计约占茶叶消费总量42%。爪哇茶和苏门答腊茶约占20%。对日本茶的需求,主要在北部边界和西部各州,约占17%。乌龙茶的消费,主要在纽约、宾西法尼亚、新泽西和东部各州,由台湾输入,约占8.5%。乌龙茶在纽约和波士顿特受欢迎。而费城则嗜好中国福建的产品,中国茶约占输入总量的8%。其中红茶仍为全美国追求优质茗茶者所青睐,而绿茶的消费主要在中部各州,如俄亥俄、印第安那、密苏里和肯塔基。在19世纪90年代,美国的晚餐以 dinner(正餐)代替 supper 或"茶"。现在老一代的人仍能回忆起晚间以茶为主的小吃习惯。在19世纪的美国人日常生活中,咖啡在早餐和午餐桌上占有不可动摇的地位,而"茶"与晚餐(Supper)常被认为是同一意思,是互不可分而相互融合的。

1897年,美国茶叶消费达到最高峰,人均年茶叶消费量为1.56磅,之后大减。在城市居民中,dinner 取代了茶的地位;而在这餐中,茶也为咖啡所取代。直到1907年,10年间,人均年消费量降到0.96磅,以后几年持续下降。

美国的家庭主妇往往喜欢用茶袋,其大小分为四种:1磅装、0.5磅装、0.25磅装和售价10美分的1.5盎司装,最后一种销售最广,其市场却在大城市中。0.25磅装、0.5磅装的,基本销往消费水平较低的地方。至于1磅装的茶袋,仅少数消费者有此需求。

茶的需求在全国分布是不均衡的:有些区域消费需求量极大,而其他区域又极小,全由种族的不同而定。有些区域的消费又是季节性的,例如南部各州,冬季少量消费热茶,而夏季大量消费冰茶。

在美国,冷饮小店随处可见,近几年来,也将热茶或冰茶列入食品单中,此举为茶在公众场合的消费开辟了一个新的天地,具有重要意义。

茶袋或茶球传入美国,极大地推动了茶的普及。它的使用不仅限于家庭中,更普及到厨师和侍役阶层,他们感觉茶袋泡饮方便,清净可口。

茶袋有一杯用和一壶用两种。一壶用的茶袋可冲饮 2 杯至 4 杯。一杯用的茶量每磅可装 200 袋;一壶用的茶量多少不一,红茶每磅装 150 袋,绿茶每磅装 100 袋。

制冰茶用的茶袋,一经传入美国就迅速流行,这种茶袋的含量,从一到四盎司不等,一盎司的茶袋可泡出一加仑的茶水。

制茶袋的纱经由化学家和生产厂家研制使其尽可能成为纯粹的纤维质地,目的在于使茶水不致因为使用茶袋而吸收任何化学成分。

一般美国家庭主妇泡茶的方法与英国相同,但如果是从欧洲大陆移民的第一、二代居民的家庭中,则依照其自己国家的方法泡制;泡制时间 3 到 10 分钟不等,通常是 5 到 7 分钟。

一般美国人都认为早餐饮茶"平淡、乏味、无益",而咖啡则必不可少,但还是有许多人喜欢在早餐和午餐时饮茶。

午茶在美国家庭中各不相同。在多数情况下,英国"家庭茶会"的旧俗依然保存;但在较年轻的一代中,则有一些惊人的改变。例如:同一主妇,冬季供饮热茶,夏季供饮冰茶。在冬季,茶壶多半是从厨房中取出,茶叶已经泡透,饮茶时没有其他食物,只有烤面包和家中自制的果酱。在夏季,就在走廊上饮冰茶。冰茶是纯粹美国的产物,几乎任何样式和附随食物都符合美国人口味。茶车虽然因省时省力而盛行,但美国主妇却喜欢在固定的小桌上放一个摆设整齐的茶盘,这已成为一个定式。代替英国茶普遍使用的煎饼桌是一组桌子,由主妇分配给客人们,留出最大的放茶盘。

最近 10 年间,饮茶在美国不断得到推进和发展。午后茶的观念有望随跳舞热而复活,并成为一种美国的习俗。另外,每一城市和乡村都有各种茶馆,名为"茶园",实际上就是吃小吃的地方。

随着大众尤其是劳动者和观光客需求的增长,美国茶馆日益增加,其环境类似家庭,不像普通饭店那样嘈杂扰攘。普通茶价每杯 10 美分,两人用茶壶每壶 25 美分,包括奶酪、糖或柠檬和开水。仅纽约市就有茶馆 200 家,美国全国的茶馆和茶园总数在 2400 到 2500 家之间。

城市中的社交活动家,经常去高级大旅馆的餐厅享用午后茶。那里无论红茶、绿茶和乌龙茶都有供应。纽约社交界的午后茶,都是在高级旅馆的高雅清净、富丽堂皇的环境中进行。瓦尔多夫、阿斯托瑞亚等旅馆的茶价为 50 美分,圣瑞吉斯为 45 美分,阿斯特为 25 美分,鲁佩美尔旅馆为 40 美分。一般用茶袋,只有鲁佩美尔旅馆不用。格瑞莫西花园旅馆的广告这样写道:"供茶时间:午后三点至六点,晚间八点至十二点"。

全国最好的旅馆都有茶的单独供应,通常每杯售价 20 美分,两人用壶每壶售价 30 美分,包括奶酪、糖或柠檬。一般使用茶袋。在史拉夫一类的连锁饭店中,一人份售价 20 美分,两人份售价 30 美分。柴尔德连锁饭店只售一人份,每壶售价 15 美分,包括奶酪、糖或柠檬。在纽约的"吉卜赛"茶馆,除茶以外,还有肉桂、烤面包或饼,售价 50 美分,并有祝词说:"愿你的茶杯给你带来好运"。在帝国大厦第 86 层的名为"泉水和茶馆"休闲会所中,每壶售价 20 美分。

美国沿海和内河的汽船、大型远洋轮船以及各主要铁路上,都是将茶水与饭菜一并供应。这种地方供应的茶,一般情况下,每人每壶售价 20 美分至 25 美分,包括奶酪、糖或柠檬。大北铁路的游览车上,供给午后四时茶,各条铁路都使用茶袋。

在一些较大的城市中,都有茶水提供给办公室和工厂中工作的人。波士顿一家公司给员工提供午后四时茶,员工还可以在每天的任何时间随意饮茶。在美国许多商业机构中,都有午后茶的休息时间。

德　　国

德国尚未养成饮茶的习惯,其人均年消费茶叶量仅为 0.2 磅。午后五时茶流行范围极小。就总体而言,午后的饮料主要是咖啡,茶则在晚餐后饮用。

德国家庭中能随时备制英国式茶的很少,仅限于上层社会。泡制的方法也各不相同,茶的存放也不讲究,也不配备专门泡茶用的茶壶,甚至有用咖啡壶泡茶的。在柏林、汉堡、慕尼黑等大城市,高级旅馆、咖啡馆和酒吧中,可以喝到英国式茶。到这些地方来的富人也饮午后五时茶。咖啡馆和饭店中,茶都是盛在附有"茶漏"的玻璃杯中,茶漏——即用来泡茶的有网眼的茶球。在东部各省的家庭中,可以看到俄国式的铜茶罐。

虽然 0.25 磅和 0.5 磅小盒装的茶也有需求,但德国的家庭主妇往往喜欢购买 50 克、100 克和 150 克装的茶。在乡间,还销售 10 克、20 克小袋的廉价茶。所有茶叶,75% 是印度茶或锡兰茶,其余则来自中国和荷属东印度。

法　　国

法国人均年消费茶叶量仅约 0.1 磅。饮茶仅限于资产阶级,劳苦大众则喜欢喝便宜又多的酒。随着英、美、俄各国大批侨民的涌入,尤其在时尚的里维拉,使法国年消费茶叶量大增。茶叶来自中国、越南和印度;近几年来,爪哇茶逐渐受到欢迎。

茶的泡制与英国类似。一般都不用茶袋。饮茶时间比英国稍晚,大约在午后 5 点到 6 点之间,这是因为法国人晚餐时间就比较晚。

旅馆、饭店和咖啡馆中的午后茶,一般都配有牛奶、砂糖或柠檬。可能是因为配备的糕点过于甜腻,经常有人会连饮两杯。

巴黎人"五时茶"习惯的养成是一个缓慢的过程。1900 年时，尼尔兄弟最初在他们的文具店(即现在的 W. H. 史密斯父子公司)中摆放两张桌子,向顾客提供茶和饼干。从此,午后茶在巴黎时尚人士中逐渐变得重要和流行。

卡多玛茶馆是最先使茶普及化的现代茶馆,其他茶馆紧随其后,今天巴黎茶馆之多不亚于咖啡馆和饭店。百货商店使"五时茶"更大众化。在布瓦斯的许多饭店中还有露天饮茶的设施。

午后茶每位售价 3 至 10 法郎,每份饼从 1 法郎起,下午 4 点半至 6 点半之间营业。

苏　联

苏联人饮用的是中国、日本、锡兰、印度和乔其亚的茶。"俄国茶"一词,多年来一直是指从中国输入俄国的茶。泡茶的水是从一个俄式茶壶中倒出;这个茶壶是铜、黄铜或银制的,很大而且华丽;有一个金属的直筒,竖立贯穿壶的中心,把炭放在里面,用来烧水;直筒的下端有四个脚和一个小铁格,顶端有一碟形的盖,用来放一个小茶壶。小茶壶放在烧热的大茶壶上,用来将水注入高玻璃杯中,然后以俄国人的方式饮茶。

俄式茶壶在放到桌上之前,先灌满水,燃烧直筒中的炭,并在直筒顶部再加一节直筒,以避免火焰窜出。等到炭火烧旺而水已烧开时,送入室内,放到女主人右侧一银盘上。这一大茶壶的水足以提供 40 多杯的香茶。

俄国人聚会饮茶时,主人坐在桌子的一端,女主人坐在他对面的另一端看管大茶壶。女主人用一小壶泡茶,将壶放在大茶壶上面;等茶叶泡到足够的浓度后,将茶倒入每一个杯子中,大约占杯子的 1/4,然后,再用大茶壶中的开水倒满杯子其余的 3/4 的部分。玻璃杯有带柄的银托,类似美国苏打水中所用的那种。有柠檬时,每个杯子里都放上一片,不用牛奶和奶酪。每位客人有两个

卡摩湖大酒店饮茶时的情景

玻璃碟,一个盛果酱,一个盛糖。桌上另放一大盘子,盛大块的糖。客人们用糖夹从大盘中取糖,放到小碟中,再用小银钳夹碎糖块。农民饮茶很少有将糖放入茶中的,他们在每喝一口茶之前,先吃一点糖。还有一常用的方法是将一汤匙果酱代替柠檬放入茶中;在冬季,有时掺入一汤匙甜酒,以防感冒。

俄国人的饮茶习惯已有 300 年之久,其饮茶方法与其他民族不同。他们大多数每天只吃一顿丰盛的正餐;早餐进食极少,只有面包和茶;午餐和晚餐合并成一顿丰盛的正餐,在午后 3 点到 6 点之间用餐;除睡眠时间外,其它时间都得有茶,所以他们整日不断地饮茶。

茶园中的舞会

茶馆在俄语里称 Chianaya,遍布城镇乡村,不分昼夜,可随时光顾。事实上,茶馆已大部分取代了帝俄时代酒店的地位。

俄国人饮茶也不是总用玻璃杯,有些地方也用瓷茶杯和有柄的大杯。农民则用碟饮茶,这种碟有时当作玻璃杯的托来用。

今天俄国铁路列车上,早餐的茶和干面包都由政府免费提供;每到一站,俄国人就涌到一个大烧水器前,免费取热水泡茶;这些都给旅客留下了极深的印象。

欧洲其他国家

欧洲其他国家都不是大量消费茶叶的国家。在奥地利、匈牙利、比利时、捷克、丹麦、芬兰、希腊、意大利、波兰、瑞典、挪威和瑞士的上等旅馆和正式的社交场合,也有午后的"五时茶"。

奥地利人、匈牙利人和捷克人都用甜酒、柠檬和牛奶加混入茶中。希腊人喜欢在正餐后一小时左右饮茶。挪威人则在晚8点或9点左右的晚餐中饮茶。波兰人的饮茶是"俄国式"的。瑞典的上流社会则在午后的咖啡会中茶与咖啡同饮。瑞士人用茶招待外国人,而他们自己很少饮用。居住在欧洲最北部的拉普兰人,用一个大碗煮茶,全家人传着饮用。

中　　国

中国人是饮茶的发明者,他们是用茶壶或有盖的茶杯冲泡茶叶,不用糖或牛奶。人均年消费茶叶量因缺少统计数字,无法判断,有人认为其数量一定是世界之最。

饮茶在中国极为普遍,无论上流社会还是下层民众都喜好饮茶。饮茶不拘时间,不分昼夜,随时饮用。在生意、社交及一切场合,都是用茶作为应酬佳品来招待宾客。家中有客人来了,就用新泡的盖碗茶敬客,每人一碗,饮时先举碗向在座嘉宾表示敬意。饮

上海的茶馆

用的红茶、绿茶都有,但绿茶更为普遍。

在各城市中,茶馆林立,就像欧洲大陆的咖啡馆,是民众饮茶消遣的地方。仅就上海一地而言,约有茶馆 400 家,各有一定的顾客,这些顾客在一天中不同的时间光顾;顾客可以自带茶叶,略付小费,即可让侍者用热水冲泡,且泡一壶茶就可以全天坐在茶馆里,侍者也会不断地来加热水,可以说茶馆是最便宜的消闲之地。

中国铁路上常见的是车站月台的热水炉,炉上有一个铅皮棚,用来遮挡阳光;棚下放一个有炭火的铜器,保持盛满热水的茶壶的温度。乘客通常自带茶叶、茶壶或茶杯,付一二枚铜板就可得到热水。热水供应处也为没带茶具的乘客提供茶具,该茶具由火车带到第二站,由该站的热水供应处收拾并交给车童带回原站,或供其他乘客使用,做法与英国非常相似。

日　　本

日本人和中国人一样,都是大茶客。据估计,日本每年约消费本国茶叶产量的 3/4 以上,或约 6500 万磅。日本人对茶极为尊重,常称它为"御茶"。

日本在饮茶方面的最大贡献是它的茶道礼仪,直至今日,仍影响着社会各阶层的生活,主人仍以末茶敬奉贵宾,他先用热水注入客人的杯中,然后用小刀的刀尖挑满末茶,放入各杯中搅拌,直至

生出泡沫,茶状浓厚如羹,才
可以饮用。在大家闺秀的教
育中,学习茶道礼仪是一个
重要内容;要想熟悉这种礼
仪,至少要三年的讲授与
实习。

日本一年一度的茶叶仪式

无论男女老少都经常饮
茶;可以说,全国一切工作都在
饮茶中进行,所用茶叶大部分
是绿茶,但在各大旅馆、饭店、
汽船和铁路餐车中,也有各种
印度、锡尼红茶。饮茶时,用无
把的茶杯,不用糖或牛奶。泡
制的方法是将刚开的水冷却到
176℉上下,注入预先烫热的茶壶中,使茶叶在其中浸泡 1 至 5 分钟。

在铁路车站上,有小贩用小绿瓶盛的茶水出售给乘客,每瓶热
茶水约一品脱,售价 4 分,瓶盖就是玻璃杯,用来饮茶;饮茶时,发
出吸吮的声音,这是日本人普遍的习惯。泡好的印度、锡兰红茶,
也同样有售,只是装在褐色的小壶里,每份连壶售价 7.5 分。

茶馆遍布全国,舒适惬意而大众化。日本人认为在家接待客
人不够大方,于是到茶馆、俱乐部或饭店中款待宾客。茶馆是日本
人生活中必不可少的一部分。饮绿茶用典型的日本茶壶和精美的
无柄茶杯。日本民众则饮用粗茶叶制成的“番茶”。

亚洲其他地区

中国的藏族人长期饮用煮得滚热的酥油茶。藏族人每天饮茶
至少 15 至 20 杯,有的人甚至饮茶 70 或 80 杯。

西伯利亚人用俄国的饮茶方法饮用中国的叶茶和砖茶。蒙古

和其他鞑靼人部落将砖茶捻碎后用高原上的碱水煮开,加入用盐和动物脂肪做成的浓汤,然后将茶和浓汤混和的茶羹过滤,再加入牛奶、奶油和玉蜀黍粉。大部分高丽人饮用日本茶,其泡制方法是将茶叶放入一开水锅里煮,饮用时佐以生鸡蛋和米饼;一边饮茶,一边吸蛋液,蛋液吸尽后再吃米饼。

巴格达的卖茶人

越南人的泡茶方法与中国相同,喜欢饮用浓烈而有刺激性的茶,而不注重茶香。他们从不饮用甜茶,看见欧洲人在茶里放糖觉得很可笑。茶的热度接近水的沸点。在住家门前经常能见到一大茶壶用来供给游客和过路人饮用。

缅甸土著人饮用盐腌的茶,并按照最时尚的方式泡制。新婚夫妇合饮一杯用浸在油中的茶叶所泡制的茶,来祝福婚姻美满。

泰国人大量消费的是土产的被称为“茗”的“泰国茶”,与盐和其他调味品混和后嚼着吃。中国、台湾和印度的茶,也有少量输入。

海峡殖民地所消费的散装茶来自中国和锡兰。华侨饮用的是无糖的清茶,欧洲人则按照英国的习俗饮茶。

由于“茶税委员会”不断的努力,饮茶在英属印度土著人中也逐渐成为一种习惯。土著人所购买的基本上是茶末和最便宜的茶叶,但现在每一个杂货铺和火车站中都有茶叶摊,有小贩将茶出售给来往的行人。而英国居留民则饮用最好的印度茶,并输入少量的锡兰茶和爪哇茶。

普通锡兰村民也有饮一杯茶或一碗茶的嗜好,饮茶时不加牛奶,只加少许糖,尤其常加入的是一种用棕榈汁做成的粗糖。劳苦大众所光顾的茶棚,在每天早晨制备浓厚的茶膏,每杯一汤匙,用开水冲泡出来的茶。而外国居侨民饮用锡兰所产的优等茶,并输入少量的印度茶和爪哇茶。

茶是伊朗人的饮料。伊朗人每天可以不吃肉或蔬菜,但必须饮七八杯茶。本国生产的茶不能自给自足,75%的茶来自中国、印度和爪哇,大部分是绿茶。

饮茶的习惯在阿拉伯也逐渐普遍起来,所需大部分茶叶也是绿茶。每一个咖啡馆都配备一个茶桌,在桌子的抽屉里存放茶叶和用来敲碎茶叶的小锤。大城市中有摩里式建筑的华丽茶馆,其中茶和糕饼的精美,不亚于伦敦、巴黎和纽约的大茶馆。

实际上,输入叙利亚和黎巴嫩的茶叶,全部被欧美居侨民和土著中的上层社会所消费。泡制方法与英国相同。

巴勒斯坦的茶来自锡兰、不列颠和印度,泡制时用英国的方法,饮用时用俄国的方法。

在土耳其,街头小贩出售用俄国方式泡制的茶,用玻璃杯盛茶饮用。所用器具包括一个俄式黄铜茶罐和一个轻便的桌子、茶盘、柠檬片、玻璃杯、汤匙和碟子。另备有一个欧式茶壶,供偶尔有西方来客需要时使用。

喀什米尔的印度土著人喜欢饮用搅拌茶和苦茶。苦茶的泡制方法是将茶叶放到一个夹锡的铜壶中烹煮,加入碳酸钾、大茴香和少许盐。搅茶是在苦茶中加入牛奶搅拌而成。

奶酪茶是土耳其斯坦的制法,在喀什米尔也偶有饮用奶酪茶的。这种制法只能使用红茶,是将茶叶放到一个加锡的铜壶中煮成浓汁,其浓度要比普通的茶浓得多。在茶煮开时加入奶酪,并将碎面包浸入茶中。

在苏联的布哈拉共和国,土著人常自带小袋茶,每当口渴时,就在附近找一个茶棚,请茶棚主人代为泡制。这种茶棚在当地成百上千,但出售茶叶的极少,主人仅以提供热水和代客泡茶获取收益。早餐也饮茶,茶中加入牛奶、奶酪或羊脂,并将面包浸入其中。布哈拉人的习惯是经常在喝完茶水后再吃茶叶。

非洲的饮茶国

绿茶是摩洛哥的珍贵饮料。摩尔民族中,无论哪个阶层和地位的人,都以此作为膳食中的主要部分。所用茶叶几乎全部来自中国。红茶仅供当地的欧洲人享用。摩尔人用玻璃杯饮茶,加入较多的糖,浓厚得像糖浆一样,再加入浓烈的薄荷。

突尼斯人有饮红茶的习俗,它们大部分来自中国、法国各属地和英属印度。

阿尔及利亚消费的茶大部分来自中国。欧洲侨民泡茶的方法与英国很相似,土著人则加入薄荷和大量的糖。

在埃及,欧洲人泡茶、饮茶与英国相同,土著人则以玻璃杯泡茶,饮茶时只加糖而不加其他食物。五时茶的习俗在外国侨民和欧化的埃及人中流行。

南非联邦喜欢用锡兰茶、印度茶、纳塔尔生产的茶和小部分荷属东印度茶。饮茶时间在早晨起床时、上午 11 点、午后和每餐之后,泡制方法和饮用方法与英国相同。

拉丁美洲的饮茶国

在中美洲各国,饮茶是一种外来的习俗,流行于外国侨民中。墨西哥饮用来自美国、中国、英国、英属印度的茶(数量的多少按国名次序)。大多数土著人喝咖啡,外国侨民和少数墨西哥上流社会人士饮茶。墨西哥首都有许多饭店、茶馆、俱乐部等,都供应午后茶。

危地马拉、萨尔瓦多、哥斯达黎加、洪都拉斯和尼加拉瓜各国很少饮茶,因为它们是咖啡生产国,咖啡才是国民的饮料。

在南美洲各国,饮茶主要流行于外国侨民和上流社会,普通民众都喜欢喝咖啡和"巴拉圭茶"。在巴拉圭、阿根廷、智利、秘鲁、玻利维亚、厄瓜多尔和南部巴西等国,普遍的饮料是"巴拉圭茶",它是由一种叶子经过烘焙和碾压后制成的。将此茶放入一个葫芦器中,注入热水,用一装有过滤器的吸管吸饮,有时也加入糖和牛奶或桔汁、香橼汁、柠檬汁等。

新闻报纸上关于茶的新闻

报纸上有太多关于茶的新闻,编辑喜好用它来填充版面,因此可信度较低。这里略引几段有代表性的文字:

一、在伦敦动物园中,一群黑猩猩在一个特别茶馆中的平台上饮茶,来时都穿着衣服。

二、英国乡村居民被劝告说将用过的茶叶投入火中,可以使煤更耐烧。

三、在英国一些乡村中,用干草莓叶代替茶叶。

四、有一位伦敦人死因不明,在验尸时,证人说死者有用茶叶当烟抽的习惯。

五、中国人认为茶叶装入枕头中,可以明目。

六、在中国西南部和西藏,有一时期曾经流行用砖茶代替钱币作为交换的媒介,这种"茶币"由各种品质的茶制成,故其价值也不一样。

七、用少许冰茶加入凉水,用柔软的绒布蘸后擦拭污秽的木器,可使其光亮如新。

八、"蛇麻茶"是一种印度茶与锡兰茶加入英国肯特所产蛇麻的混合茶。这种茶是伦敦人 H. A. 斯奈尔令发明,并在 20 世纪 30 年代大量生产,畅销全英国。最后发现该茶违反 200 年前国会的决议案,该案禁止用任何其他植物与茶叶混合。

九、1933—1934 年报纸上的茶叶新闻中,有关于日本"茶叶糖果"和爪哇、锡兰"茶叶苹果酒"的制造与销售。

第四十九章　茶具的发展

　　茶与咖啡都是在纪元初期传入东方各国,于 17 世纪抵达西方大陆。因为需要而产生了各种比以往更加精美的器具,并依照这两种饮料的特性,器具的式样也在不断演变。

　　据郭璞所注《尔雅》(约作于 350 年)记载,最初的泡茶方法是烹煮,由此本人判断最初煮茶的器具一定是壶类。但中国人不久就用泡制代替了烹煮,从此,煮茶器具开始有明确的规定。煮水时用一小壶;泡茶则用一种花瓶式的口细身高的酒壶式的容器。最早的茶壶,正如 8 世纪陆羽《茶经》中明确记载的就是这种形状。但不久中国人就发现酒壶式的茶壶,太不适合,太不稳定,虽然能保存滚热的茶水,但细长的壶嘴常被茶叶阻塞。于是逐渐发明出一种矮胖式的茶壶,这种壶对于茶叶饮料特别适合。

中国宜兴茶壶

　　早在 16 世纪,江苏宜兴的茶壶就已声名显赫。欧洲人用葡萄牙字 Boccarro(大口)称谓它。这种壶与茶叶同时传入欧洲,成为欧洲最初茶壶的样板。按照《阳羡名壶记》的作者周高起的描述,壶的形状是一小型个人用茶壶。古代宜兴茶壶并不墨守成规,正像各博物院和美术馆所收藏的那样,采

中国明朝时期的茶壶

用动物、植物、神灵和古代美术等多种花色图案,制成各种奇异的式样。其中甜瓜的样式,形如圆球,非常惹人喜爱。

直至今日,宜兴茶壶在中国仍然非常流行。但近代出品的茶壶比明末时的制作粗糙了许多。

日本和西藏的茶壶

日本人更喜爱宜兴茶壶。在日本,紫砂器被称作 shu-dei,白陶被称作 haku-dei;在日本茶艺人的茶具配置中,如果没有这两种颜色的茶具,则被认为不完备。日本有一种陶器叫做“万古烧”,就是完全仿造宜兴的陶器,但较为轻盈和粗糙。日本模仿中国茶壶最有意义的一点,就是改良了壶形和安装了高壶柄,使其提携方便。最普遍的壶形是有许多装饰并上了瓷釉的甜瓜式的茶壶。

中国西藏地区使用的茶壶

与中国茶壶同时演变发展的,还有西藏所制作的专门用来搅拌奶茶的一种水壶式的茶壶。

欧洲最早的茶壶

当荷兰和英国东印度公司开始输入茶叶时,同时输入与饮茶相关的茶具,包括茶杯、茶壶和茶瓶等。

18 世纪初期,荷兰、德国和英国曾极力仿造中国宜兴的茶壶,小有成就。当时中国的造型极受欢迎,且尽力模仿,故在输入茶叶之初,中国饮茶的习俗依然保存,但其他方式并不是欧洲人想要的。18 世纪后期,是欧洲的制陶名匠和银匠开始在陶器上采用艺术化的图案和装饰,使茶壶在西方达到神化程度的时期。

欧洲最早的茶壶是 1670 年英国人所制作的一种灯笼式的银制茶壶,现存于伦敦维多利亚和阿尔伯特博物馆中。从早期茶壶到近期乔治亚时代的华美茶具,可以明显地看到技术上的进步。今天再看当初模仿中国茶壶制做的最精致的茶壶,它的工艺水平远远不如现在。

首先脱离仿造中国而自行设计制作的茶壶,是以 1690 年制作的一种锥形或梨形的银制小茶壶为代表。这种壶有一壶嘴塞,用索链系于壶盖顶上,壶高为 4.75 英寸。锥形壶在安妮女王时代达到鼎盛时期,至今仍很流行。以往茶壶的茶嘴形如鸭颈,现在改变成为优美的天鹅颈形状;梨形的壶身,则成倒置形状,大的一端在上方,小的一端在下方,安放在一个高起的底座上。

英国最早的茶壶(1670 年),现存于维多利亚及阿尔伯特博物馆

18 世纪欧洲的茶壶

与锥形茶壶同时存在的是球形银茶壶。壶身为球形,安放在高座上;壶的手柄和流嘴则有多种不同的安装样式。偶有几种圆形茶壶的流嘴形如鸭颈,直而尖削;壶柄多为木制的,也有银制的,接合处嵌入象牙垫板,用以隔热。

再有就是路易十五式的高底座、花瓶形的茶壶,用花卉、彩带和浮雕花纹装饰的壶身,优美的天鹅颈形的流嘴,银制的嵌入象牙垫板的壶柄。这种壶可以称得上是在茶壶演变历程中,唯一具有酒壶形状的茶壶。

成套茶具的发明

18 世纪后期英国瓷器和奶油色器皿的出现是发明成套茶具的最大因素。在这一时期,英国制瓷厂生产出成套茶具。因艺术进步的缘故,这种茶具在轮廓造型与图案装饰方面,显得非常美观。

最初,在社会各阶层中非常盛行使用瓷器,但这种倾向今天已经消失殆尽,至少在富裕家庭是这样的;他们酷爱银制品,于是精致优美的全套银制茶具应运而生。在乔治三世的后半时期,英国和美国的银匠大量生产这种茶具。

但在本人祖辈的那个时代,白银非常昂贵,于是白镴(译者注:锡和铅的合金)匠制作出较便宜的白镴茶具。大体而言,与现在流行的银制茶具相比,当时的茶具并没有出现新的样式,较为简单化。

近代的欧美茶壶

在乔治亚时期,英国和美国有两种通常称为"殖民地式"的新式银茶壶出现,也就是椭圆形银茶壶和八角形银茶壶。它们完全平底,有简单的"C"形壶柄,直且尖削的流嘴。

因创造力的限制,欧洲的瓷茶壶,虽然在陶瓷原料可能的范围内,有很多非常美术化的模式出现,但大都墨守成规,局限于各种球形和甜瓜形样式。

　　壶盖的演变过程,有一时期,与以往壶盖置于壶身顶端的做法相反,壶盖置于壶身上端凹槽或凹匣中,现在这两种形式同时存在。为防止倒茶时壶盖坠落,于是在壶盖下端加一凸边。

　　如何提供空气进入的渠道,才能使茶汁流畅地倾泻而出,这是改进茶壶的重点。这种改进已见成效,其方法是将壶盖的四周放宽,或在汁液平面之上设置一通气孔,通常是设置在壶盖上。

　　在壶身与壶嘴之间设置一过滤器的做法,比茶叶传入的时间还早,大约在公元前 1300 年,这种设计思想早先应用于咖啡壶,后来应用于茶壶。

　　大约在 1700 年,开始出现不列颠金与铁制成的茶壶和咖啡壶。钢与铁制成的茶壶,价格低廉,且经久耐用。不列颠金是一种锑、锡、铜的合金,在这种合金里,有时也加入少量的铅、锌、铋等金属。

　　1720—1780 年间,斯塔福德郡的制陶工匠制作出一种形状奇异的盐釉陶制茶壶,其制作方法是用模型,而不是用通常所用的辘轳,制成如房屋、动物及其他特别事物的形状。

　　19 世纪后期,出现了镀镍的铜与不列颠金制成的茶壶和咖啡壶,这种器具在珐琅器具和近代的铅制品尚未出现之前,曾经被广泛使用。

　　19 世纪最后 10 年,珐琅制茶壶和咖啡壶被普遍采用。珐琅器具之所以极为流行,完全是因为它的表面易于清洗、符合卫生要求。

　　现在英、美盛行的茶壶是一种褐色釉的陶制壶,制造于斯温登等古代制陶城市。在德国、捷克斯洛伐克和法国最通行的壶,由一种硬质瓷器制成,上面有一种与其配套的餐具和茶具相适应的装饰。

天才的发明家与茶壶

　　自茶壶传入欧洲以来,始终有天才的发明家不断地进行着改良和创新。因年代久远,不可能就每一种样式的茶壶进行欣赏,但还能选择几种标准的样式来探讨,助研究茶具演变历史的人以一臂之力。

1774年,第一个英国茶壶的专利权,给予了在密德尔塞克斯州东方圣乔治教区的约翰·沃特汉姆。这是一个自来水壶,壶中有一熟铁插入器,用来保持水的温度。1812年,有一个用酒精灯在下面燃烧的茶壶,有一位英国商人的妻子莎拉·伽皮发明一种铁丝篮,悬在茶壶上面,用于煮蛋。

19世纪初,法国人德·彼罗伊和英、美混血康特·拉姆夫德悉心研究,将古代的一种过滤壶,分别改良成为法国滴漏咖啡壶和咖啡过滤器。不久以后,又由此发明了一种嵌入壶中的过滤器。

嵌入过滤器的茶壶

1817年,亨利·米德·奥格尔制作的茶壶和咖啡壶获得了英国专利权;这种壶有一金属做的叶网装在壶底。1856年,查尔斯·卡利制作的茶壶也获得了英国专利权;这种壶有一棉纱过滤袋,悬挂在壶口的金属架上,深入到壶底。1858年,威廉·奥布迪克制作的茶壶获得了美国专利权,这种壶嵌有一过滤器,还有一活塞安置在茶叶上方,用来挤压茶的浓汁。

1863年,亚历山大·M.比索制作的茶壶获得了美国专利权,这种壶有两个壶柄和两个壶嘴,一个壶嘴与壶身相连,另一个壶嘴通到下面的泡制篮,以便喜饮浓茶的人取用。1876年,另一名美国人约翰·W.布鲁斯特制作的茶壶获得了专利权,这种壶有一过滤器,壶盖上安了一活动的茶叶篮。

1901年,伊尔·唐纳德在英国和美国获得一种S.Y.P.(简单而完善)斜置茶壶的专利权。这种壶在泡制后恢复到直立状态时,能自动将茶叶与茶汁相分离。这种壶在1907年进入美国时,因其用于配合锡兰茶叶的宣传故而以"锡兰茶壶"名扬天下。

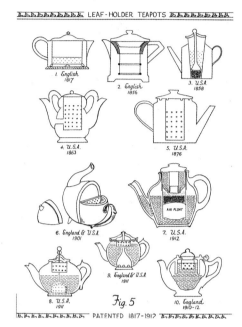

英、美两国各种茶壶内部的构造

1912 年,埃尔莫·N.贝切尔德的茶壶在美国获得一种专利权,这种壶嵌有一过滤器,并装有滴漏式水滴记时器,用来测算浸泡茶叶到可取出饮用的时间。1911 年,约翰·C.霍兰兹的茶壶在美国获得专利权。这种壶有一可升降的茶叶篮。英国人莱昂纳德·拉姆森在美国和 L. L. 格里姆韦德在英国同时各获得一种装有过滤器茶壶的专利权。这种壶盖上有一"阀门",将它打开,就能让茶叶与茶汁分离,构思非常巧妙。1910—1921 年间,另一装置空气流通室并能除单宁酸的茶壶问世,由 A. F. 加德纳和 T. 沃伊尔获得英国的专利权。

在市场上到处都有一种非专利而有嵌入过滤器的茶壶,这种壶与一个世纪以前所用的壶差别不大,由于它简单和易于清洗,因此能满足普通民众的需求。

在一个有网状小孔的金属容器内放入茶叶,用索链和其他柔软物悬挂此容器并将其放入壶内,这种构想在 19 世纪时就已经存在,但现在所制作的茶壶,在制作时就配有这种装置,这已成为现代茶壶的特征。

1909 年,在康涅狄格州新不列颠的克拉克公司开始制造有茶囊的茶壶,在美国和英国均获有专利权。这是一锥形茶壶,茶囊可调节到两种位置;茶囊提起时,还在壶内,但壶中只剩下茶水。

1910年,在马萨诸塞州美利顿的伯迈公司开始制造有茶囊的茶壶,也获得了专利。其制作方法是将茶囊与顶球用索链相连,当茶囊提起时,则索链全部收于顶球内。

纽约的罗伯森公司制造的有茶囊的茶壶,壶盖中心有一杯形装置,用来容纳收藏索链的顶球,并且茶囊可随意升降。

1916年,欧文·W.考克斯发明了一种有茶囊的茶壶,获得美国的专利权。壶中有一重力平衡装置,用于升降茶囊。

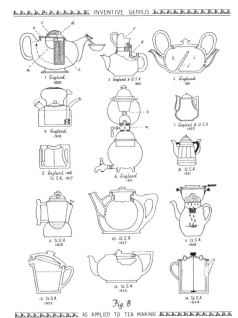

英、美两国关于茶壶的各种专利

1917年,卡立布·A.莫拉雷计划制造一种坚固活动的调节器,具体做法是在壶内设置一钟表机械,装置便利,经过一定时间,从茶水中取出茶囊。此壶已获美国专利。

袋　泡　茶

最近发明的泡茶方法是使用一人用袋茶。这种革新让英国人感到怀疑和惊慌,但在美国已流行广泛。

美国的袋泡茶贸易大约始于1920年。从那时起,袋泡茶的需求日渐增长。最初,袋泡茶仅用于公共餐饮场所,以后逐渐渗入到家庭中。在某一时期,美国袋泡茶总数中,80%用于餐馆,20%用于家庭;但现在家庭对袋泡茶的需求激增,其情形与以前正好相反。

袋泡茶是将盛入一匙或多于一匙茶叶的布包缝合而成,有一种特别设计,能照顾个别需要。泡制时,将茶袋浸入杯中或茶壶中;泡制完成后,拉起线绳取出茶袋。

其他泡制器

1858 年,纽约人詹姆斯·M.英格拉姆发明一种茶和咖啡的泡制器,得到美国专利。这种泡制器包括一个与泡制器相连的蒸汽炉。

1908 年,芝加哥人 I. D. 里奇哈默发明一种茶和咖啡的蒸馏器,这是一种铅质器具,安置在普通茶壶或咖啡壶上。这种蒸馏器是由一种法国滴漏器和过滤器混合而成,用一种日本纸作为过滤的媒介。茶水蒸馏器与咖啡蒸馏器的不同之处在于,前者有一小过滤器,内有许多通水小孔和一张厚滤纸。

曼彻斯特·罗伊尔式茶壶

1909 年,M. 马扎蒂在英国获得一种自动电气茶壶的专利。这种茶壶的泡制方法非常精巧:在一枢轴上,架一个能水平旋转的盖;盖顶外部开口,由此处放入茶叶;盖的下方装有两个热电极,伸入壶内;一旦冷水注入壶中,电源自动打开;水煮开后,蒸汽向壶盖边缘施加压力,在平衡重力帮助下,壶盖向右旋转,盖中的茶叶倾入壶中,同时将两电极从水中提起。

1910 年,英国人托马斯·H.拉塞尔在英国和美国获得一种茶壶的专利权。这种壶齐壶柄的上部,装有一储糖器和一有铰链的牛奶瓶式的活动盖。次年,G. W. 艾德金斯和 K. L. 布罗姆维奇在英国获得一种自动冲淡茶水的茶壶专利权。这种壶有一热水室和一浸泡室,在两者之间有一斜壁隔断。当茶壶倾斜倒茶时,茶水从浸泡室流出,同时,热水越过隔断从热水室流入浸泡室,将茶水冲淡。当热水流出时,不会出现倒流。1911 年,C. H. 沃舒普和 G. 查派尔在英国获得一种茶壶的专利权。这种壶的上部有一泡制室,下部有一分配室,中间有一阀门和过滤器。

1916 年和 1917 年,R. C. 约翰逊在英国和美国获得一种立方体安全茶壶的专利权。这种壶四面、顶部和底部都作成平直形,目的在于包裹和储藏时都特别安全。1919 年,N. 约瑟夫在英国获得一种水壶和茶壶联体的茶壶专利权,水壶中的热水流入茶壶时,要经过一道阀门。1921 年,本·F. 奥尔森在美国获得一种茶壶的专利权,这种壶有两个壶柄、两个壶嘴,倒茶时水不会有洒溅的危险。

1922 年,纽约人 F. 伦斯汀获得一种茶壶的专利权,这种壶的特点是倒茶时壶盖不会坠入茶杯中。同年,威廉·G. 巴拉特在英国和美国获得一种茶壶的专利权,这种壶的壶身与壶柄相连处有一突出的部分,高出壶盖后部,用以解决同样的问题。有许多获得专利的人,将这种方法进一步改良,使其更加精巧。同年,阿瑟·H. 吉布森在大西洋两岸获得一种茶壶的专利权,这种壶有一安全壶嘴紧靠壶身。

1924 年,加拿大约翰·A. 凯伊发明一种混合式茶壶,这种壶有一旋转隔断室,用于烹煮茶或咖啡。1926 年,费城斯蒂芬·P. 恩莱特获得一种蒸汽压力的茶壶和咖啡壶的专利权,这种壶一到达沸点就能自鸣。

1932 年,哈德富特的赫德出品公司输入一种耐热玻璃茶壶,1934 年经改良后,加入一种获有专利的茶叶限制器,阻止茶叶与茶水同时倒出。这种茶壶的大小,可以分为二、四、六、八杯的容量,壶身上或装一木质壶柄,或装一扇形金属外壳和镀铬的壶柄。

茶囊和制茶匙

在 19 世纪上半期,欧洲各国所称茶囊或茶心,开始有所发展。这种茶囊,现在已经被改良成一种穿孔的茶匙,其大小类似普通茶匙,并配有一个与碗同样形式和大小的盖。

茶 具 杂 录

因当时所用的普通茶壶,在茶水倒净后,茶叶即倒出不用,故在市场上有无数种茶叶过滤器。最古老和最流行的茶叶过滤器,能合适地安置在茶杯上。在 19 世纪后期,由茶杯过滤器改良成摇动的茶嘴过滤器,放在茶壶嘴上。它的主要缺点是有滴漏的现象。

并不是只有壶嘴过滤器有滴漏的问题,许多结构完美的壶嘴同样有这种毛病,茶水沿流嘴淌下来,或流到壶身。但有许多天才的发明者,潜心研究这个问题,发明了几种获得专利的壶嘴,用来解决这个问题。

茶壶与茶炉

与最初的茶叶与茶壶同时从中国传入的还有茶杯与茶炉的观念。欧洲各国原本有无盖和有盖的煮水用的大锅,但中国人制作出一种暖锅式的小茶水壶,放在能够移动的木炭炉上;在 8 世纪,陆羽曾讲到这种茶壶。日本也有与之相同的茶壶,通常用铁制成,偶尔也有铜制的;有各种精巧的式样,但大多数都大致相同;如大口无盖的顶部,用来往里倒水;有几种具有凸出壶身的设计,能安放在炉顶上,壶身上有一对穿孔的耳环形提手嵌入,提起两环,就可以将壶从炉子上取下来。

有人认为,常见的欧洲有盖有嘴的茶壶是原始的酿造茶的器皿——实际是一茶壶。最早的欧洲作家出版的中国茶壶图样,可成为这种见解的佐证。

安妮女王时代,第一具银制茶壶出现在欧洲茶桌上。这种茶壶,配有单独的壶座和酒精灯。18世纪后期,在茶桌上,银壶取代茶壶,茶壶被摒弃;直至最近,茶壶才重新开始流行。

与茶壶相比,银壶有两个优点:一是外形高雅,二是倒茶时,不用提起电热器,现今也应用于银壶、铜茶具和桌上茶壶;同时,酒精灯的地位也"经久不衰"。

俄国茶水壶通常是铜制的,在壶的中心,从顶端到底部,有一垂直的燃烧木炭的直筒,用来烧热水。

公用的茶壶和茶炉

因为普通茶杯容量太小,不足以满足大量的需求,所以有了公用的大茶壶和茶炉的出现。最早而最简单的是一种使用原始纱布茶袋的圆筒形茶会用大茶炉(壶)。今天,这种大壶仍常在教堂和公共场所的集会和野营中用到。高档餐馆经常应客人用茶点时的要求,备有一种专利的茶具,用来泡制最好的饮料;无论何时,只需开启活塞,马上就能供给刚开的热水,倒入放有适量茶叶的茶杯或茶壶中。有许多美国餐馆,从镀镍的咖啡壶中索取热水泡茶,这种设备并不理想的理由有两点:一是这个水不是刚开的热

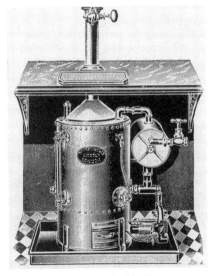

英格兰的自动锅炉

水;二是在不饮茶时,通常需要关闭开关以保存煤气,这样,壶中的水总是在温暖状态。英国和美国做法的不同点就在于,英国保证容器中的水始终保持在沸点,而美国正相反。

茶盒的兴衰

英、美的茶盒是从一种中、日用来储藏少量成品茶的茶壶蜕变而来的。在 18 世纪末到 19 世纪初,切蓬戴尔和其他技师制作出一种形式精美的小盒,它能保证使家庭常用茶叶能妥善储藏。当茶叶在家庭中不再值钱而失去其地位时,茶盒降低成厨房中盛茶叶的锡罐,至今这种茶叶锡罐大多放在厨房中。

茶杯和杯托的变革

茶杯、杯托和茶壶都起源于东方。在饮茶传入的同时让我们见识了真正的中国瓷器,结果产生一种优美的无柄无托的瓷茶杯。最初发明的是一种木质涂漆的杯托,目的是为了避免手指接触到热茶杯而被烫痛。后来技艺高超的中国人制成一种环绕茶杯底部的环形杯托,于是有许多式样的杯托出现。再后来,正如我们今天看到的那样,逐渐的改进为瓷杯托。

17 世纪,中国的茶杯和杯托传入欧洲时,是一种小巧玲珑的器皿,茶杯顶部直径为 2.25 英寸,底部直径为 1.25 英寸;杯托直径为 4.5 英寸。最初欧洲人仿制中国茶杯和杯托,也制作成象中国那样小巧的形状,但英国饮酒和酒乳多用大杯,其大小与双把酒乳杯相等,于是后来就制成一种容量较大的茶碟。茶与酒乳样都是热饮料,英国人开始装把在茶碟上,有装两把和一盖的,这种式样不如装一把的那么普遍。有把茶杯显然是西方的发明;虽然偶尔可以见到有把的中国茶杯,但没见过传统的中国土制的茶杯有把。

大约在1800年,英国人制作出一种小型杯盘,用来盛载茶杯和轻巧的配餐食物。50年后,这种式样已不流行;但有重复盛行一种所谓"桥架",用来供应茶和轻巧的配餐食物。还有一种茶盘,其形式与原始的圆形茶盘不同,是一种像小盆似的椭圆形茶盘。

俄国和各斯拉夫族国家,用玻璃杯代替茶杯,最早出现于18世纪初期。

茶匙的发展

茶匙是西方成套茶具的辅助品。早在13世纪,欧洲已有多种形式的小匙。但本人所知用于欧洲大陆和英国的时髦家庭中的茶匙,是与茶叶和咖啡的输入同时出现的。

最早的茶匙,与本人所用的咖啡匙同样大小,且同样稀少和贵重。在乔治时代,才改成现在的大小,数量也增加许多。关于茶匙,有一件事情值得注意,就是由于技巧和艺术的进步才制作出坚固而美观的茶匙。

第五十章 茶的调制

　　说到茶的科学调制方法问题，则不得不考虑饮茶地的情况，比如说英国最通行的煮茶方法未必适合美国，或者说英国专家和鉴赏家认为的最理想的方法，未必在美国可以如法炮制；正如在巴西煮咖啡的习俗不一定适用于美国一样。

　　本人悉知早期的茶是如何调制和饮用的，也通晓今天各茶叶消费国是如何煮茶的。现将英国和美国认为最理想、最好的煮茶程序给予简明扼要的阐述，你可以在最后的分析中发现，茶的风尚与习俗在高加索民族中有最优美的表现。我们也不必惊奇为什么关于气候与民族特性的考察，在英国和美国会大相径庭。

　　本人有一位担任本书科学方面顾问的合作者 C. R. 哈勒，应邀贡献下列关于调制茶的观点：

　　　　讲到茶的优点，并不是三言两语可以说的清楚。鉴赏家饮茶，着意于茶的微妙芳香与风味；在他们看来，刺激和舒服的感觉是次要的。从另一角度说，居住在澳洲偏远小屋中的土著人，也许是世界上最喜欢饮茶的人，他们并不注重茶的优良品质，这一点从他们的调制方法上就能一目了然。在这种偏远地方，将茶叶放在罐内炖煮，方法很简单，这种方法可以产生一种刺激、强烈、浓厚的茶汁，但缺少精制茶汁中的微妙感觉。在这荒远偏僻的地方所调制的茶，与在中国和日本平常饮用的茶迥然不同。那些国家调制的茶，非常清淡，好像只是用来解渴。

主　要　成　分

在不列颠诸岛、澳大利亚、北美和荷兰等地,印度、锡兰和爪哇的红茶最为畅销。上述各地饮茶,原本是追求它有刺激的作用,后来更是追求它特殊的酸味。这种刺激或酸味来自红茶汁中所含的单宁或单宁化合物,这种味道因习惯而变得越来越适。有刺激性的有机盐基的茶素,药用时略带苦味,但在平常的茶汁中含有少量的茶素,实际上并无味道。

在一小剂量茶中所含的茶素,足以增加智力和体力,但不会使人疲乏。在一大剂量茶中所含的单宁,对于口中粘膜和食管都有损害,但在一杯精制的茶汁中,含量极小,不足以形成伤害。茶的一种理想调制方法是提取大量的茶素和不过量的单宁,这种调制方法还能保持茶的香气滋味,不好的调制方法则易于失去茶汁所含的发散性物质。

若想要在茶汤中提取最佳品质,有两个必要条件:一是泡茶的水必须新鲜煮沸,二是茶叶的浸泡不得超过 5 分钟。还有一些次要的其他注意事项,将在以后顺便阐述。

泡茶所用的水极为重要,但这超出饮茶消费者的能力之外,因为他们只能从自来水管中取水。茶商购买茶叶是根据茶叶销售地区的需求,往往就用该地区的水试验样茶。本地水质是如何影响买茶商人的,我们可举例说明。有一些茶师认为,英国肯特城含有白垩质的水,最适于用稍高火力烘制出的茶叶,不过普通饮茶人的味觉能否辨别出这一细微的差异,则是个疑问。有碱性或铁质的水会使茶水色晦涩;茶叶在软水中比在硬水中更容易泡出滋味;强烈而无苦味的红茶适合于软水;强烈有刺激而有香气的茶叶适合于硬水。利物浦的水源在附近的韦尔什山,据说是英国最软的水,最适于泡茶。

水管中的水经过碳酸过滤净化。现代的水源净化,是要让水流过一个有装置的闸。这样的水当它达到沸点并继续沸滚一段时间以后，水中所溶解的空气就被驱散而变成无刺激性，用这种水泡制的茶，也就失去了由刚煮开的水所泡茶中的一种新鲜滋味。

火车站和轮船上泡的茶多半不好喝，即使所用的茶是上等的拼配茶。不好喝的原因是茶在容器中烹煮，不仅使水失去刺激性，而且有大量的单宁被提出，香气和滋味的来源——芳香油也在水蒸汽中被蒸发。在船中，常用蒸汽经过一种盛水器把水蒸热，这种盛水器与家庭中常用的壶不同，在这里，由于蒸腾过久而使水过度沸滚，所以即使茶是在另外的茶壶中泡制，也不能得到最佳的茶汁。船上无好茶的另一个基本原因，就是使用人造牛奶；这种牛奶是用奶粉、奶酪等在"铁牛"中制成的。据说用这种牛奶在船上泡茶，现已有很大改进。

沸滚而起泡沫的水

煮茶所用的水应以达到沸滚起泡为尺度，这样泡茶才能得到最佳效果。高原上的水，远在 220℉ 以下就已经沸滚，因此很难泡出一杯好茶。

所需茶叶的数量，一般规定为"每人一匙，每壶也一匙"，这种规定显然不科学，不仅茶匙有大小，而且因不顾参与饮茶人数而随意额外增加一匙的茶叶，也很不合理。在嗜好饮茶的人当中，根据以往积累的经验可知，用 $1\frac{2}{3}$ 盎司的茶叶与 1 夸脱水配合（18 克与 900 立方厘米的比例），是最好的比例。

当水注入茶壶时，必须浸透茶叶，这时应使茶壶保持热度。常用的保持热度的方法是用一种不传热的东西罩住茶壶，例如茶壶套或茶壶筒，或在茶壶下面用火煨着。后一种方法不宜使用，因为茶水可能会逐渐沸滚，有少量水蒸汽蒸发，则芳香油将会有部分损失。使茶壶保持热度,最好在未加入茶叶之前,就用热水冲洗茶壶外部,将其烫热。

泡茶最佳的 5 分钟

茶要在水中泡多长时间最好,向来都是凭经验而定;在得出某种结论后,马上到实验室加以证实。从发酵茶的角度说,无论是茶素还是单宁的数量,都是以浸泡 5 分钟所得到的效果最好。不过这与前美国茶叶检验监督员乔治·F. 米歇尔在几年前美国农业部经过若干次试验以后得出的结论略有不同。他的试验证明的是从化学的角度看何为一杯完美的茶,但从消费者的角度说,则并不是完美的茶。从化学的角度看,平均沸水冲浸茶叶 3 分钟时,茶素和全溶解物质的浸出量最大,而单宁的浸出量最小。超过 3 分钟,则茶素的浸出量很小,单宁的浸出量较大。在大多数情况下,这是一杯缺少浓度的淡茶,并失去一般消费者所追求的那种刺激性,自然如果将奶酪和牛奶加入其中,其刺激性将进一步减少,从而使茶汁更不适合饮用。因此,他得出结论说,凡浸泡三四分钟的茶不适宜加入牛奶或奶酪,浸泡四五分钟甚至 6 分钟的茶才可以加入牛奶或奶酪。有几种茶,必须浸泡 6 分钟以后真正的香味才能散发出来。

根据米歇尔的结论推测,美国人之所以不多饮茶的原因之一,就是他们认为一旦充分发酵的茶显现颜色时,就认为过于强烈;他们不可能充分浸泡茶叶,最大限度地获得茶汁的香味和滋味。其实他们应该学会不以茶的颜色来判断茶的浓度,因为深色,未必就表示茶汁浓烈,这完全由茶叶的种类来决定。

茶叶浸泡 5 分钟或 5 分钟以上,应将半浸透的茶叶取出;如果超过 5 分钟,茶汁还有,应将其倒出,使其与茶叶分离,以备后用。

麦斯默泡制法

法兰克福的麦斯默发明了一种极为科学的泡茶方法,"以此呈献合乎人类天性的绝佳日常饮品"。这种方法是将一茶匙茶叶放入预先烫热的瓷茶壶中,注入充分沸滚的热水,使茶叶全部浸没、充分舒展,浸泡 5 分钟之后,将茶汁倒入另一小型茶壶内。如此往复,只是以后每次浸泡 3 分钟,将第二次泡制的茶汁加入到第一次泡制的茶汁中,并可根据茶汁的浓淡加入适量的开水。按照这种方法泡制出来的茶汁,可以最大限度地获得刺激性、香气和滋味,并与最少量的单宁和谐相融。

茶素与单宁的成分

平均一杯茶中含有 0.75 格令(1 格令相当于 0.065 克)茶素和 2 格令单宁。英国医药条例规定,它们具有药效的含量为 1 至 5 格令茶素,5 到 10 格令单宁。由此可知,茶叶中包含这两种重要成分的含量是很少的,尤其在经过消化器官后,茶素渐渐注入,而单宁则被蛋白质凝结。

牛奶与白糖

茶中加入牛奶,不仅使茶的味道更加柔和,茶汁更加浓厚,而且牛奶所包含的干酪质使单宁有了不溶解性。在这种情况下,单宁失去收敛性,抑制了它对口中粘膜的损害,直到进入小肠后,单宁才恢复其本来面目。过多的牛奶或奶酪会锐减茶的特性,因此大多数饮茶人在茶汁出现琥珀色时,就不再继续加入牛奶了。

牛奶含干酪素 3.5% ,这足以使单宁沉淀。特隆郡出品的纯奶酪,干酪素含量极少,大部分滞留在浮沫里。美国奶酪实际上等同于浓厚的牛奶,它所含的干酪质远多于英国的奶酪,但少于普通的牛奶。因此,我们不妨对美国人说"加入牛奶或奶酪",对英国人说"加入牛奶",奶酪一词在这两个国家中有不同的意义。

加入白糖仅仅是为了调剂口味;有许多人不加白糖,因为它会掩盖茶的特殊风味。俄国人常加入柠檬,这样可以获得柠檬的香味。用这种方法饮茶时,通常茶汁极为清淡。

平均在一杯茶中,虽然肉类和蛋白质被单宁沉淀的数量微乎其微,但最好还是不要肉类与茶同时食用。

科学泡制的规则

茶的最佳泡制方法如下:

一、冲泡茶的水必须沸滚。

二、茶壶应用开水烫热。

三、用 $1\frac{2}{3}$ 盎司茶叶和 1 夸脱水的比例泡制。

四、在用茶壶套或茶壶筒保温时,将茶叶浸泡 5 分钟。

五、如果泡好的茶不能一次饮尽,可将剩余茶汁倒入另一茶壶储存,以备后用。

六、在第二次饮茶时,不可用已泡过的茶叶,必须再放新茶重新泡。

七、加入牛奶的多少以茶汁变成琥珀色为准。

八、可适量加入白糖。

英国人饮茶的习惯

英国长期饮茶的人往往喜欢饮用浓烈的茶,但是浓烈的程度常常以茶色的深浅为判断标准。几年前,卷曲的茶叶受到英国市场的青睐;这种茶叶在叶片舒展时,有色的可溶解物质也渐渐溶于水中,故在茶壶内可加入一到两次热水,然后这些物质才消耗殆尽,不过加水使茶汁变得淡薄而缺少刺激性。有时饮茶人在第二次加水的茶内放入一片苏打,用来增强茶汁的浓度,结果苏打使茶汁变成碱性,因而结成赭色的二氧化单宁化合物,茶的功效因此而减少,茶汁也变得淡薄而无刺激性;但茶汁颜色的加深,成为此茶汁可以继续饮用的理由。但无论如何,总觉得加水的办法不可取。

普遍认为,近来英国茶叶的消费量激增的一部分原因是碎茶的需求量日益增长,甚至有取代叶茶地位的趋势。碎茶是在茶叶制作过程中,因揉碾过重而破碎,无法形成卷紧的茶叶。碎茶容易泡出茶汁,茶叶的大部分功效都溶在头泡的茶汁中。这种速成符合了今日快节奏的时代。在对泡过一次水的茶叶再次加水时,与普通叶茶相比,碎茶二次加水后的茶汁效果较差。

在印度和其他热带的饮茶国,与其他热饮料相同,饮茶能使人充分发汗,但结果却能使人感觉更加凉爽。即使当印度有冷饮供应时,一般人也宁愿饮热茶而舍冷饮。根据生理学上的解释,从人体毛孔随汗散发出的热量比饮热茶所吸收的热量多。事实上,无论冷饮还是热饮,其凉爽的功效在于蒸发以后。据说,冰水除在饮用时使人感到凉爽之外,在饮后能从毛孔中蒸发掉 15 倍的热量;而一杯热茶能从皮肤蒸发掉的热量是饮热茶所吸取的热量的50 倍。

对嗜茶者的劝告

对于想要获得关于饮茶方面知识的消费者,或对于渴望成为一名鉴赏家的嗜茶者,可以在这个题目中共同探讨有关知识。

茶的特质——一般来说,茶叶可分为三类:一是发酵即红茶;二是不发酵即绿茶;三是半发酵即乌龙茶。各国的茶树本来并无差别,由于制造方法、各地气候和栽培情形不同使茶叶形成不同种类。茶叶商标种类繁多,因各国、各产茶地、各茶园的不同而各不相同;至于拼配茶,更是数不胜数。

发酵茶即红茶,包括中国功夫茶和英国早餐茶,其中又可分为来自汉口的华北功夫茶(黑茶)和来自福州的华南功夫茶(红茶);此外还有来自印度、锡兰和爪哇的红茶。

不发酵茶即绿茶包括两大类,即中国茶和日本茶;在印度、锡兰和爪哇也可制造这里所说的绿茶。

半发酵的乌龙茶产自台湾和福建。

在南印度、锡兰、爪哇和苏门答腊所产并可常年采摘的红茶中,最优质的品种有:南印度12月和1月所采摘的红茶;锡兰2、3、4、7、8、9月所采摘的红茶;爪哇和苏门答腊7、8、9月所采摘的红茶。

北印度、中国、日本和台湾有定期采摘的茶,北印度的红茶以6、7两月第二次的芽叶和9月以后秋季的芽叶制成的茶叶品质最佳。华北、华南的红茶以4月至10月第一次采摘的芽叶制成的茶叶品质最佳。中国最优质的绿茶是在6、7两月所制造的;但在6至9月间,也可以制造出优质绿茶。日本的茶季在5至10月,一年中可多次采摘。但以第一、二次——5、6月——采摘的品质最佳。在台湾,茶叶的收获期有五次,即春、秋、冬季各一次,夏季两次。茶季从4月一直到11月,而以夏季——6、7月——采摘的品质最佳。

"橙黄白毫"是美国茶商用来宣传的一种名称,与桔子无关,也不是一种特殊品种或品质的茶叶,不过大部分是由第一、二片嫩茶芽制成的一种茶叶。这种茶叶经烘焙以后,用一种网眼大小均匀的筛子筛分而成。从高海拔产茶区采摘和烘制的橙黄白毫,其品质极为优良;从低海拔产茶区采摘和烘制的品质较差,有可能还不如普通茶山采摘的较大的茶叶。"橙黄白毫"一词并非指一种品质,它在杯中的价值完全取决于出产地的高度、气候和制造方法。

应购买哪种茶叶——在包装茶普及之前,一个普通消费者除了向零售商购买一磅红茶或绿茶以外,对茶叶几乎一无所知,其它一切有关茶叶品质的内容,全凭零售商决定。零售商和消费者双方都不知道红茶与红茶之间也存在着很大的差异。就像茶与咖啡或咖啡与可可之间的不同一样。今天,普通的消费者对于分包商为他所选制的包装拼配茶,都表示满意,除非他想要成为一名茶叶鉴赏家或从事茶叶专业。

茶商能供应的中国红茶商标究竟有多少? 这个问题我们不难回答:约有 500 种;绿茶有多少? 约有 200 种;锡兰与印度茶有多少? 约有 2000 种以上;日本有多少? 约有 100 种;爪哇、苏门答腊和其他产茶国至少还有 200 种。这 3000 种茶叶都可以用来拼配,制成很多种类的拼配茶。值得注意的是,在千百年之后,一定有许多人不知道如何找到一种适合他们的茶;在他们找到以后也不知道如何泡制。但无论如何,总有一种适合于每个人口味的茶或拼配茶。

哪种是可供饮用的最优质的茶叶? 我的忠告是:第一,可尝试最优品种的茶,在决定一种适合口味的茶以后,再从同一品质的茶中选择极品饮用,每种茶叶的极品都同样纯洁美妙。我不饮茶则已,若饮则必选择最佳品质的茶,因为饮低级的茶是最愚蠢的事,这种茶缺乏香气和滋养的功效。

每磅茶叶可泡制 150 到 200 杯的茶。结果,就每磅 1 元的高价茶来说,消费者每杯花费 1/2 或 2/3 分;若茶汁不求过浓,还可节省。每磅 5 角的茶,每杯花费仅为 1/4 或 1/3 分。瓶装的饮料没有比这更便宜的。

虽然拼配茶的品种繁多,但如果不嫌选择上的麻烦,也不是不能得到一款称心如意的茶,不过一般人很少有时间愿意这样做,除非有成为鉴赏家的理想。因此,我在这里提出一个简单易行的办法:用各著名产茶国的茶叶为标题,写成一种指南性的手册,供饮茶爱好者参考。

中国茶——在中国的发酵茶中,最著名的是华北功夫茶或英国人习惯饮用的"英国早餐茶"。这种"英国早餐茶"的名称首先在美洲流行,是指殖民时代英国人在早餐时饮用的茶。这个名称原只应用于中国红茶,现在包括所有具有明显中国茶味道的拼配茶。

华北功夫茶味道强烈而有香气,若想品尝,可选用宁州和祁门所产的茶,在开水中浸泡四五分钟。

华南功夫茶和红茶的茶汁较淡,最著名的是白琳和坦洋,在开水中浸泡 4 分钟。所有发酵的中国茶,在饮用时,加糖不加糖均可,但常加入牛奶或奶酪。

中国绿茶分为路庄茶、湖州茶和平水茶等,制成以下形状:珠茶、圆茶、眉茶和贡熙茶。可首选婆源麻珠和婆源眉茶来品尝。在开水中浸泡 5 分钟,专供清饮,不加糖和牛奶。

有几种制成半发酵的中国茶,即所谓乌龙茶,与台湾茶相似,按输出口岸划分,有福州乌龙和厦门乌龙。还有一种中国生产的花薰橙黄白毫,是一个小种茶,在制作时用茉莉、栀子或玉兰花熏制而成。这种茶叶若没有单卖的,可向零售商选购以中国茶为主的一种上等拼配茶。

印度茶——大部分印度茶以生产地来命名,例如大吉岭、阿萨姆、杜尔斯、卡察、雪尔赫脱、丹雷、古门、康格拉、尼尔吉利和爪盘谷等地的茶。当然也有以茶园来命名的。印度茶叶是用机器制作,按商业习惯划分,有碎橙黄白毫、橙黄白毫、碎白毫、白毫、白毫小种、茶片和茶末等不同种类。

请购买一种大吉岭拼配茶,这是最上等的有香气的极品印度茶,在开水中浸泡 5 分钟,饮用时是否加糖悉听尊便,但常加入牛奶或奶酪。若不能买到散装的大吉岭拼配茶,可向零售商购买品质优良的小包拼配茶。

锡兰茶——大部分锡兰茶是红茶,它的分类与印度相同,不考虑茶叶品级,也以茶园而命名。因茶的泡制与茶叶的特质有关,故也可分为高地茶和低地茶两大类。高地茶产自内地的山区,以有良好的香气和味道而驰名;低地茶产自近海低洼的平原上,其茶汁较为平淡和粗劣,少有香气。

请购买一种高地锡兰茶或以上等锡兰茶为主的小包装拼配茶,在开水中浸泡四五分钟,饮用时加不加糖均可,但常加入牛奶或奶酪。

爪哇和苏门答腊茶——在荷属东印度的爪哇和苏门答腊两个岛屿上生产的茶,也和印度、锡兰一样,是用机械制作的,基本都是红茶。茶叶的分类与印度、锡兰相同,也以茶园而命名。爪哇茶又分为阿萨姆种和中国种两类;前者是从阿萨姆茶籽栽培出来的,后者则是中国茶籽。阿萨姆种泡制的茶汁特质与较为温和的印度茶相似,中国种的特质与中国茶相似。

请购买爪哇茶或一种含有优质爪哇或苏门答腊茶的小包茶,在开水中浸泡5分钟,饮用时加糖与否悉听尊便,但常加入牛奶或奶酪。

日本茶——日本茶都属不发酵即绿茶,按制法划分为:日晒茶、釜制茶(直叶)、玉露茶(卷叶的釜制茶)、笼制茶和"自然叶"茶。所谓"自然叶"是一种矫揉造作的名词,并无特殊意义,不过是指不用揉捻自然形成的茶而已。日本茶通常按商业习惯,以茶叶的制法和茶汁品质划分为:特制、精选、精制、精品、精制中等、中等、精制普通、普通;此外还有芽尖、茶末和茶屑等种类。在开水中浸泡3到5分钟,可清饮或加柠檬。

请品尝 Momikiri 茶(意即"美丽的手指",产自远州茶区的一种优良品质的茶),或山城茶,或任何上等小包拼配茶。

台湾茶——台湾乌龙茶有极好的香气和味道,因是半发酵茶,故兼有红茶和绿茶的特质,仿佛是两者拼配而成的一种茶叶。

请品尝台湾一种夏茶,或任何优质的小包拼配茶,在开水中浸泡5分钟。饮时加不加糖随意,但不加牛奶或奶酪。

作者的选择——作者认为大吉岭茶和台湾乌龙茶不分伯仲,华北功夫茶尤其祁门红茶微嫌薄弱,高地锡兰茶似差强人意。后来作者游历荷属东印度时,发觉爪哇茶最为满意,在日本宇治茶区所产玉露茶最适合当地的气候和土壤。用 10%～20% 的台湾乌龙茶与大吉岭茶拼配,可达到最佳效果。

泡制与饮用——泡制的技巧有三:一是优良品质的茶;二是新鲜沸滚的水;三是经过适当泡制以后,将茶汁与茶叶分离。浸泡的时间因茶叶种类不同而有所差异,大约在 3 到 5 分钟。

总之,泡制是一个重要的过程,一杯完美的茶必须用上等好茶和新鲜沸滚至起泡沫的水泡制不可。泡制必须在一个有茶囊的壶内完成——这种茶囊必须能取出或经过适当的浸泡后能自动将茶叶与茶汁分离——或将茶汁倒入另一容器内。凡用过的茶叶不宜再用。盛茶最好用瓷壶。

泡制所有散装茶的最好方法有以下几点:

一、购买你所在地的、合乎你口味的一种上等好茶。

二、用新从水管中汲取的微软性或微硬性的冷水。

三、将水煮开至起泡沫为止。

四、一杯茶用一标准茶匙的茶叶。

五、将茶叶放入烫热的陶瓷或玻璃茶壶内,用新鲜沸滚的水冲茶,视所用茶叶的种类浸泡 3 到 5 分钟;在泡制时应不时加以摇动。

六、将茶汁倒入另一烫热的瓷器内;用过的茶叶第二次不能再用。

七、保持茶汁的热度,饮时是否加入白糖、牛奶或奶酪悉听尊便。若认为有加入的必要,可在茶未倒出之前,将白糖、牛奶或奶酪依次加入。

泡制袋茶的最好方法:

一、将茶袋放入一微热的杯中。

二、将新鲜沸滚的水冲入杯中,浸泡 3 到 5 分钟,以适合的口味为准,取出茶袋。

三、用茶壶冲泡茶袋的,按一个茶袋可泡制二三杯的量计算。

四、用于制作冰茶的,浸泡五六分钟后,加入冰块和一片柠檬。

饮茶时间——茶可以在早餐、午餐和晚餐时饮用,但按照美国人的习惯,茶特别适宜在午后饮用,比如说午后4点。这时饮茶最能解除一天的疲劳,提高工作效率,使一天的工作在快乐圆满中结束。茶具的魔力,在英国社交方面已经得到充分发现,在美国也不会例外。

大份茶的泡制方法

在旅馆、酒楼、冷饮部以及其他大量用茶的地方,茶的最好的泡制方法,莫过于预备浓厚的茶汁,将浓茶汁分配到许多茶杯中,使每杯茶都有相当的浓度。所用茶叶的数量必须是各杯所需茶叶的总和。

假如供给24人饮用的茶,则必须用24茶匙的茶叶,取一只6杯茶水容量的茶壶,按正常的方法泡制。将24茶匙的茶叶全部放入茶壶内,用沸滚的水冲泡,浸泡5分钟,搅动茶叶,使之下沉,然后将茶汁倒入另一茶壶或适宜的容器内,茶汁泡制完毕。

将每个杯子中分配约1/4的茶汁,用开水冲满。无论需要多少杯茶,都可以用同样方法按比例分配。这样做的目的是为了保证每杯所需的茶汁浓度相同,同时必须注意泡制时间不能太长也不能太短。

至于冰茶则是直接将热茶汁倒入已放置冰块的玻璃杯中。

茶的几种泡制方法

在茶中放入或从茶中取出某种东西,仍不失为一种可口的饮料,但已失去茶的本来口味。不过喜欢变换口味的也不乏其人。为他们的利益着想,若感到最近的食谱有些乏味,则下列方法可供选择:

美国的冰茶

与热茶同样泡制,每杯用一茶匙茶叶,将热水倒入高玻璃杯中,这个玻璃杯的 2/3 已盛满碎冰,饮时加入一片柠檬,并加入适量的糖。有时也加入丁香、碎桔皮和小片薄荷。

英国的冰茶

每半品脱水(1 品脱等于半夸脱)用一茶匙茶叶,将茶叶放入烫热的茶壶中,用水冲入,浸泡 4 分钟,然后用烧开的水将茶壶冲满再浸泡 3 分钟。在一瓶内放一大块冰,将热茶水浇在冰上。

伦敦有一家最大的调味餐馆,用各种不同的方法制作伦敦冰茶。用中国茶叶泡制一种相当浓烈的茶汁,将茶汁放置一二分钟后,倒入盛有碎冰的玻璃杯中。通常饮时不加糖,只用一二片柠檬,但也不一定非浸入到茶中。

鸡尾酒茶或与其他酒类合制的茶

先用红茶泡制出非常浓烈的茶汁,混合 1/3 的果汁,放到一种鸡尾酒摇动器中,按常规手法摇动,然后倒入酒杯,饮时加一颗樱桃。另一种酒“高球”混合的制作方法是用 1/4 茶汁、3/4 上等苏打水或姜酒混合而成。

与五味酒混合的茶

有多种与五味酒混合的茶,其中一种是用两茶匙红茶茶叶,冲入 1.25 杯烧开的水,浸泡 5 分钟后,倒入一杯白糖,待溶化后,再加入 3/4 杯桔子露和 1/3 杯柠檬汁,滤清后,全部倒入一碗有冰块的五味酒中,饮时再加入一品脱姜酒、一品脱上等苏打水和几片桔子。

另一种制作方法是用一品脱烧开的水,冲泡两匙红茶,浸泡 5 分钟。另用两杯开水和一杯白糖烹煮 5 分钟,再加入三成柠檬汁,两成桔子汁,一品脱杨梅汁或一罐碎菠萝蜜倒此糖浆中。等它变凉后,将预备好的茶汁和碎冰倒入,然后倒在玻璃杯中饮用,并可加入一小片新鲜薄荷。

俄国茶

俄国茶用三茶匙红茶,冲入两杯量烧开的水,浸泡5分钟。将茶汁倒入玻璃杯,加入白糖、蜜饯、樱桃或草莓、几片柠檬,冷饮热饮均可。若加入一茶匙甜酒,二三颗白兰地浸制的生果和麦糖,则是另一种奇异的制作方法。还有一种有时被称为樱桃茶的,其制作方法是饮时加入樱桃酒和几片两面撒有肉桂粉的柠檬。

柠檬茶

英国有一种柠檬茶的最新制作方法是用一茶匙茶叶和半小片柠檬,满足一人饮用的量。将柠檬榨汁倒入半品脱烧开的水中,将此汁液注入盛有茶叶的烫热的茶壶中,浸泡4分钟,然后用烧开的水冲满茶壶,再浸泡3分钟。饮时用玻璃杯盛茶汁,另配备切碎的柠檬片放在一旁。冰柠檬茶也是夏天的一种不错的饮料,每杯放一块冰,待茶凉透后倒入杯中。若不用柠檬,也可用桔子。

牛奶茶

牛奶茶在英国有两种制作方法:(一)每半品脱牛奶用一茶匙茶叶,将牛奶烹煮至烧开,烫热茶壶并将茶叶放入其中,然后将沸滚的牛奶倒入茶壶,浸泡7分钟,即可饮用;(二)烫热茶壶并将茶叶放入其中,将半茶壶量的沸滚的牛奶倒入茶壶,浸泡4分钟,然后用烧开的水将茶壶冲满。这种制作方法会使牛奶变味,有一部分人并不喜欢。

冰淇淋茶

用强烈的红茶汁来增强普通冰淇淋的香味,在冻结以前,加入碎桔皮、肉桂或白葡萄酒。

下面是日本京都所饮用的一种冰淇淋礼茶的制作方法,用的是有香气的优质宇治茶。由这种茶叶所制成的冰淇淋,其形状像阿月浑子(一种阿拉伯树的果实),而味道则全然不同。

其制作方法是在一大碗或类似的容器内,放入一品脱商用纯冰淇淋,一品脱牛奶和一杯半白糖,使之完全混合直至白糖溶化为止。在杯中放入一茶匙碾成粉的"末茶",冲入 3/4 杯量的温水,然后将茶与水混合成薄浆状,倒入冰淇淋、牛奶和白糖的混合物中,使之完全混合后,即可按平常的方法凝结,制作完毕。

日本末茶的调味品

"茶力"是由日本绿茶粉末与可可奶油混合制成的硬饼,可代替朱古力作为香料来用。这是日本东京的长崎春藏创造发明的新奇品种,已在日本和美国获得专利。"茶力"形似煮熟的朱古力,但颜色深绿与朱古力不同。凡使用这种香料的食品,比如糖果、糕饼、布丁、酱油、果子露等,皆呈嫩绿色,并有一种茶的香味。此外,还可用于冰、饼的着色和加入香味,也可用于制作不用泡制的冰茶。

茶的新奇品种

下面是几种重要的新出品的茶:

苹果酒茶

1911 年在德国已有苹果酒茶,据说是从东方传入的;在爪哇和锡兰则是在 1933 年开始尝试着制作。

制作的方法比较简单,用 1 盎司半到 2 盎司茶叶,用一加仑烧开的水泡制一种普通的茶汁,茶汁与茶叶分离后,加入 10% 的糖,即一加仑水用一磅糖。待糖茶冰凉之后,灌入一可防尘的敞口瓶中,加入酵母或酒母,使糖变成酒精和碳酸气体,碳酸气体逐渐挥发,而酒精在微生物作用下变成醋酸,这一化学反应形成苹果酒的特质。从某种意义上说,酒母就是菌类的混合体。根据锡兰茶叶研究所 C. H. 盖德的研究表明,最重要的菌类只有两种,一类是酒母,另一类是杆状细菌。虽然使用哪种特殊的酒母无关紧要,但上述特种菌类却非常重要,因为它能使苹果酒有一种香气和味道。

最初,这种糖茶汁带有甜味,但当酒母开始发生效力而增加酸性时,原来的甜味逐渐消失。至于甜与酸的程度是关于口味的问题,由发酵时间的长短决定。发酵所需要的时间与气候有关,有时需要经过二三天的时间。

当这种汁液已经得到适当的香气和味道以后,可用双层厚布过滤杂质后,装入瓶中,必须灌满,并用木塞塞紧。瓶内没有了空气,细菌停止了作用,但酒母仍继续发生效力,产生气体,使汁液起泡。这种苹果酒必须放在荫凉处,密封瓶口,它所含的酒精很少有超过1%的。一种茶醋的制作方法是使发酵持续一个月之久,然后压榨出醋汁,煮沸,装入瓶中。

"大宝来"茶和茶片

"大宝来"(Tabloid,一种注册商标的名称)茶是由开设在伦敦和纽约的一家公司为方便旅客和野营者推出的一种茶,历时数年。这种茶是制成小圆片形状,每杯饮料用一二片即可。

最近在爪哇万隆,有一家商店开始制作茶片,分为有糖与无糖两种。无论是否有糖,都是用碾成粉末的商用茶叶制成。制作片剂的过程与化学工程师制造各种片剂的过程相同。

从茶的汁液制成"茶的香片"的一种方法已成为莱比锡一家商店的专利。据说这种方法能保存所有需要的香味,而且香味在提炼汁液时可根据需要随意变化,以适合泡茶或浓缩后用于满足制作糖果和口香糖的需要。所用化学药品在使用后,仍可恢复原状。

浓缩茶和碳酸盐茶

浓缩茶的制作,经历过无数次的试制,多数都未获成功。最近纽约的印度茶叶局发明了一种可溶解的浓缩茶的制作方法。用热水冲入浓缩茶中,顷刻之间,一杯香茶汁既已制成,或用冰水冲入其中则制成冰茶。这种浓缩茶略带甜味,有一定稳定性。也可用碳酸盐水制成一种糖浆茶,并可制成一种类似姜酒的瓶装碳酸盐饮料。

第 六 篇

艺 术 方 面

第五十一章　茶与艺术①

饮茶在一些国家已经成为艺术家和雕刻家灵感的源泉,而东方的饮茶礼节与西方的茶桌习俗,对于陶器和银器制造上的影响,也紧随实用主义之后,达到最高的成就。

葡萄牙人在 16 世纪时,已从远东传入丝织品、瓷器和各种香料,而茶直到 17 世纪初才由荷兰人输入欧洲。同时,输入华丽的中国茶壶、精巧的茶杯和美观的茶瓶。随之,欧洲的陶工和银匠看到如此价值连城的中国制品,便开始仿造,以应付当时对于高度艺术化茶具的日益增长的需求。

东方绘画艺术与茶

中国古代的绘画极少以茶为题材,只有在英国博物馆中存有一幅中国明朝仇英(1368—1644 年)的画,题名为《为皇煮茗》。图上画一个宫殿中的花园,地点可能是当时的首都南京。此画绘于一暗色的绢轴上,展开画轴可以看到皇帝高坐在皇宫的花园中。

在 18 世纪时,有一组中国画,展现的是栽培和制造的各种景象,包括从播种到装箱最后到销售给茶商的全部过程。

日本的绘画艺术大抵均发源于中国,但在题材处理上,则表现出很大的创造性。从高贵庄严的佛教画中可见日本画与中国画有极类似之处,《明惠上人图》即为一例。此图为高山寺珍品之一,现藏于日本西京市博物馆。明惠在宇治栽植第一株茶树。在此图

---

① 本章中的两首外国诗的翻译抄录于吴觉农先生的译本。

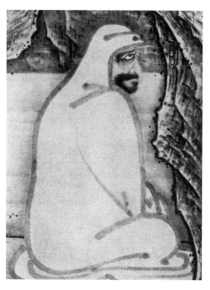

达摩面壁图

中,明惠在一棵松林下坐禅的画面,已成为不朽的象征。

其次,本书作者在游历日本时,日本中央茶业协会赠与稀有而贵重的手卷(卷物)一轴,图中展示的是历史上的"茶旅行"礼,共 12 景。此礼始于 1623 年直至 18 世纪初期,每年从宇治运茶到东京进贡时的礼仪。

几百年来,日本画家所作的茶叶生产和制作的画非常多。英国博物馆中藏有一组未经装裱的日本画,题材是制茶的全部过程,用墨水绘于绢上,并着色,描绘了茶叶生产和制作中的每一个步骤,一直到最后的献茶典礼。

达摩是雕绘古怪面相的人喜欢选用的题材。在传说中,他与茶树的神秘起源有关。有许多画家工匠绘制这类的画。

艺术家也有极大的兴趣从自然界中选取题材,18 世纪的西川所绘的《菊与茶》一图,就是其中一例。图中展示一位日本绅士面对一盆菊花静坐;图的中心是一群女性;右侧廊下,则是茶釜和茶具。

西方绘画艺术与茶

欧洲最早以茶为题材的绘画,是一幅钢制的雕版,用来印刷早期关于中国茶树记载中的插图。此物现已罕见。1665 年在阿姆斯特丹的印刷用雕版,就是其中一例。图中刻有一个中国茶园及采摘的方法,画面中前面的两株茶树尽可能地大,以显示其枝叶的结构。

日本茶道侍女

这类用某种透视法放大一株或几株茶树的方法,基本上欧洲早期雕版家都乐于采用。所以,流传至今的当时所印刷的茶书,大部分都有这种特征。

等到下一世纪,茶在北欧和美洲已经成为一种时尚的饮料。于是,世情画的美术家经常在这种新的环境下描绘饮茶的情景。

以线纹雕版来描写18世纪饮茶情景的代表作,可以用下面两幅:一幅是《咖啡与茶》,书中有插图,椭圆形画面镶嵌在一方框中,见于马丁·恩吉尔布莱特的《图形集》,此书于1720—1750年间在德国的奥格斯堡出版发行;另一幅是《恬静者》,出自R.布里奇之手,1784年在奥格斯堡根据约瑟夫·弗朗兹·高兹（1754—1815年）的绘画而作。

《巴格尼格井泉的茶会》
乔治·莫兰（1764—1804 年）

《恬静者》描绘的是一位饮茶家,手执烟管,旁置茶壶,能从他的神态中使人产生一种放荡不羁的想象。

1771 年,爱尔兰人像画家那塔尼尔·侯恩(1730—1784 年)为他的女儿画像,却成就了一幅动人的饮茶图。画中那个少女身穿灿烂夺目的锦衣,披一条皎洁如雪的花边针织披肩,右手捧碟,碟上放一无柄茶杯,左手用小银匙搅调杯中的热茶。

乔治·莫兰(1764—1804 年)的名画《巴格尼格井泉的茶会》,展现的是一个家庭的成员们聚集在这个名园中享用茶时的情景。

1792 年,伦敦画家爱德华·艾德伍兹(1738—1806 年)所作的画,展现了牛津街潘芙安茶馆一包厢中饮茶的情景。其中描绘了一位容貌妖媚、身着浓艳服饰的放荡女人,正从一同样浪荡的男子手中接过一小杯茶;在前方的桌上有一个盘子,里面放满当时的茶具;另一位女子则正与那个荡妇耳语,好像在提醒着什么,她的眼睛可以看到其他包厢里的饮茶客。

W. R. 比格·R. A. (1755—1828 年)所画的《村舍内》,现藏于维多利亚与阿尔培博物馆中,署名为 1793 年所作。画中展现的是一位中年农村妇女正在准备茶饮的状态。

苏格兰画家丹尼尔·威基(1805—1841 年)的《茶桌之愉快》,描绘的是 19 世纪初,英国家庭中饮茶的舒适状态,那是在狄更斯时代之前。画中展现的是,在壁炉前面,放着一张铺着白布的大圆桌,两男两女正在饮茶,并表现出心满意足的状态。一只猫安然蜷伏在壁炉旁,更表现出家庭生活的情趣。

著名的中国龙舟比赛,出自福州及其他中国海口运载新茶到纽约和伦敦,此事也给予当时和现代的海景画家很多的灵感。

纽约大都会美术博物馆中悬挂有两幅与茶有关的画,一幅为玛丽·卡斯特的《一杯茶》,一幅为 Wm. M. 帕兹的《茶叶》,游客可经常见到。比利时安特卫普的皇家美术博物馆有多幅众人饮茶的画,其中有奥立福的《春日》、恩瑟的《俄斯坦德的午后》、米勒的

《人物与茶事》和波杰列的《揶揄》。

苏联各处的"人民之宫",都附有茶馆,它是用帝俄时代的酒店改造而成的。艺术家 A. 考克尔所画的《茶室》,现悬挂在列宁格勒的美术学院中。

雕 刻 与 茶

大多数中国茶商都尊陆羽为茶业的开创者,亚洲茶业公会的会堂中也有他的全身塑像,尺寸大小如真人一般。用楷书写的"陆羽"二字,并称其为"先师"。这尊塑像用玻璃框架小心地保护着。

中国茶厂一般都供奉着一尊小型的陆羽像,以祈祷他的佑护能带来福音。

荣西禅师是日本茶业的鼻祖,京都的建仁寺就是他创立的。寺中放有他的木质雕像,雕刻工艺极为精湛。

达摩是佛教祖师之一。在日本传说中,达摩与茶树的神秘起源相关。他的塑像在日本极多,尺寸大小不一,或为高大的偶像,庄严肃穆;或如儿童的玩具,精巧诙谐。庄严的达摩像是一个黑色的印度人,短短的胡须像刺猬的毛刺;也有一种是圆滑面孔的东方人形象。根据传说,达摩常立于芦苇上渡过大江,或扶一樱杖或竹杖而立于江海的波涛上。

前日本中央茶业协会会长大谷嘉平是日本茶业界的元老,他的塑像有两尊:一尊在静冈,一尊在横滨,都是在他生前建造的。

音乐和舞蹈与茶

茶给予音乐家的灵感不如咖啡那么大,它不能使任何大作曲家作曲赞美它的魔力。巴赫有赞美咖啡的曲子;梅哈与德菲在巴黎也为咖啡创作过一个喜剧。法国不列丹尼及其他各省都有赞颂咖啡的歌曲,而茶从未受人歌颂。关于茶的音乐,在东方当以采茶歌为代表,在西方则有少数的劝诫诗和各种民歌。其中有喜剧性质的,也有其他形式的——涉及的内容,表现茶的社会作用多于茶的本身。

在中国和日本产茶区内,茶出现在乐律中的情形,由来甚早,其形式大抵为采茶者的歌谣,其作用在于引起采茶人——通常为妇女——的精神,并提高工作效率。作者最近在日本三重县津市的一个公共招待会中,曾聆听学校儿童唱一首歌曲,歌名《摘茶》,可作为采茶歌的代表。歌中唱道:

> 立春过后八八夜,满山遍野发嫩芽。
>
> 那边不是采茶吗?红袖双绞草笠斜。
>
> 今朝天晴春光下,静心静气来采茶。
>
> 采啊,采啊,莫停罢!停时日本没有(了)茶!

日本有采茶的舞,由艺妓来表演。

英国人是西方最早的茶客,偶尔也有关于茶的歌曲。19世纪中叶的戒酒运动,出现了几首这类的歌曲,人们在"茶会"中热情歌唱,其中最流行的一首是《给我一杯(茶)》:

> 让他们唱来把酒夸,
>
> 让他们想那好生涯,
>
> 那片刻的欢乐,
>
> 永远轮不到咱,
>
> 给咱一杯茶!

J.比勒所作的《亭中茶》是一首喜剧歌曲,由 Ac.威特康作曲,大约在1840年,费兹威廉演唱这首歌由获得满堂喝彩。杰尔斯·狄更斯的很多佳作都完成于这一时期。为他绘制插图的著名漫画家乔治·克瑞克尚克,曾为《亭中之茶》画了一幅幽默的封面。歌中故事叙述的是一个在乡下居住的人,邀请城中莫逆之友,观赏他的被昆虫毁坏了的园亭小径,然后请朋友随意坐在毛虫与青蛙之间,而"饮茶于亭中"。

《颂茶散文诗》是一篇荷兰语的诗文,读时有钢琴伴奏,最后以一首歌结束;它由著名荷兰歌唱家 J. 路易斯和麦克斯作曲演唱,1918 年周游荷、印等地表演。

现代美国作曲家路易斯·艾耶尔斯·加纳特曾创作一首高音独唱歌曲,题为《茶歌》,曲中道白部分是由一位来自日本的"褐色小姑娘",通过讲述准备日本茶道时的快乐来告诉欣赏它的美国人。此曲虽不是为宣传而作,却极具宣传的效力。

中国的陶瓷艺术

中国的陶瓷艺术与茶的传播相辅相成,即艺术瓷器的制法及其所需材料的发现与茶的流行,在时间上是同步的。这种陶瓷艺术不久就传到日本,他们饮茶的典礼,采用涂釉的陶器;但精美而艺术化的瓷茶具,也颇受青睐。然后,陶瓷艺术传到荷兰。最早的时候,从中国返回欧洲的荷兰商船,除盛载茶叶外,就是精美的瓷器了。这类中国瓷器后来就成为荷兰、德国、法国和英国等国制瓷业工匠们制瓷的样本。

中国发明坚硬半透明的釉瓷器的原料和制作方法,对于全世界来说,都是一个伟大的贡献。中国人在这方面的成功,自唐代(618—907 年)就已经开始;其他国家虽早已有陶器的制造,但是天才的中国人赋予瓷器的艺术美,无论是形制还是色彩,都是其他国家无法与之相比的,它是所有茶用艺术陶瓷器具的源泉。

现存明代(1368—1644 年)以前制作的古瓷,已很罕见。在大英博物馆中藏有一个宋代建窑的茶碗,碗身为淡黄色的瓷,裏面的釉,斑驳多彩,有涂饰的圆形浮雕,外呈黑色,并有褐色的龟板纹。

景德镇是中国制瓷业的中心,1369 年就已设立一个工场,用以制造皇室所需的上品瓷器。清朝乾隆(1736—1796 年)皇帝在位的 60 年间,是中国陶瓷艺术发展的鼎盛时期。当时景德镇制瓷工匠的技巧,已经达到顶峰。

日本的陶瓷艺术

日本也与其他国家一样,有本国自己最原始的陶瓷艺术,但它的发展远落在中国之后,直至 13 世纪时,有两大事件刺激了它的发展。其一是饮茶习俗在日本的发展;其二是加藤左卫门从中国研究制瓷业回国。加藤,一般称呼为藤四郎,居住在濑户,祖祖辈辈从事制陶业,加藤家制作的陶器在濑户陶器生产中具有一定的地位。

直至 16 世纪末,日本制陶业并没有更进一步的发展。当时有一些高丽制陶工匠,随丰臣秀吉回国的军队进入日本;同时,千利休创立"茶道"的仪式,陶瓷的制造为适应这种茶道的礼节,曾花费极大的精力去研制。当时有几位茶道大师,都有自己的瓷窑,其制品可以说是无价之宝。另有一类瓷器,非常粗糙,无任何图饰,但具有潜在的美,价值连城,为日本鉴赏家所青睐。不久以前,在东京有一小茶罐,售价竟达 2 万美元;有一名匠仁清所绘饰的茶碗,售价至 25000 美元以上;一无任何图饰的黑碗,售价将近33000 美元;一著名的"曜变天目"茶碗(这种茶碗据说是模仿中国"建安"天目山的制品),外面是黑色光彩的釉,内有虹霓色彩的泡沫状花样图案,售价 81000 美元。

最贵的茶罐是古濑户的瓷器,它的外观是深黑色或近乎深黑色,其中有出自加藤之手的极品。但这种瓷器制品如果不附有原来的绢包和木盒,就不能认为是完整的。

"茶道"所用茶碗的瓷坯,粗糙多孔,外涂一层奶酪状的低火釉,这种釉导热慢,故在众多茶客依次互相传递着饮茶时,能保持茶的热度,同时还不烫手;这种釉很光滑适于口唇;其釉状如糖浆,色彩可浅到淡橙红色,深到浓黑色,色调都非常奇异。

"乐烧"瓷器也是高价之品,由京都有名的工匠长四郎所创造和制作,其形状的设计则出自茶道大师千利休之手。当时的审美要求茶碗素朴无饰,但仁清(清右卫门)和其他巨匠所制作的几种名贵制品,都在极单纯的一部分加上极度的装饰。在无饰的"茶道"所用瓷器中,特别高贵的有长门省所出的"荻市"。

最早仿效高丽的瓷器,在16世纪末或17世纪初制作于松本这个地方。这种瓷器的釉是银灰色,像牛乳,有裂纹,外形特别。后来,该省其他地方也设窑制造,釉的色彩,发生了种种变化。在西方鉴赏家的眼中,这种瓷器的趣味主要在于其裂纹的变化和美观。

大约在17世纪的后半期,京都加贺有一制陶工匠及其子孙制作的"茶道"所用瓷器,涂有稀松的湿泥,式样依照"乐烧";其釉的色彩为浓厚半透明的褐色,模拟褐色的中国琥珀。

施釉最好的制品大概是高取和膳所(滋贺附近的地名)的制品。17世纪以后,"高取烧"制品达到顶峰。其特色是,土质呈淡灰色,结构细腻且坚固。有人以为有花饰的奶酪色瓷器,就是萨摩出品的,其实是错误的。萨摩瓷器的釉,不论有色与净素,都是千差万别的;其中最著名的是涂以有色釉的所谓"濑户烧物药"的瓷器。

在影响濑户瓷器的各位茶道大师中,以古田织部正重能和志野宗信最有特点。16世纪末,尾张的鸣海市新建一瓷窑,重能在瓷窑监制茶罐66个,极为精致,从此以后,该窑所烧制的瓷器往往冠以"重能监制"之名。宗信则在足利义政的保护下,制成各种深为鉴赏家所珍爱的瓷器,显示各种有来历的特征。

在日本,最早制作瓷器的人是五郎太夫(译者注:此人在中国化名吴祥瑞,他制作的瓷器在中国称"祥瑞瓷"),曾于1510年赴中国景德镇研究瓷器制作,历时五年之久。他将制作景德镇青瓷和白瓷的知识及其制作原料带回日本之后,在有田——该地以陶土著名——建窑,然而,他所能做的仅限于用有限的中国材料制作他所学会作的瓷器而已。这种制品,现已成为非常昂贵的稀珍物品。

高丽制陶工匠金江参平最先在日本 Tzwma 山发现陶土后,立即在有田建一个工场,开始制作真正的日本瓷器。大约在 1660 年,制陶工匠德右卫门制作出最符合日本人情趣的精致的涂釉制品"有田烧",后因此驰名。卫门釉的色彩有淡橙红、草绿、莲青、淡樱色、玉色、金色、暗蓝色等。自 1641 年荷兰人获得允许在日本开商店以后,他们对这种瓷器购买需求欲望极强,当时在商品目录中说这种瓷器是"日本的最高品质瓷"。

"有田烧"颇与当时荷兰人的趣味相投,于是在伊万里这个地方发展成更为多变的式样,以适应欧洲市场的需要。这种瓷器往往是粗糙而灰色,式样不规则而混乱,但在欧洲却颇为流行,被称为"老伊万里"。"有田烧"和"老伊万里"都被中国制陶工匠所仿制,以适应出口贸易的需要。中国仿制品一般人不易辨别,只有真正的专家才能由其烧制过程中所留的某种特征识别出它们。

欧洲的茶用陶瓷

荷兰人将中国的茶壶、茶杯输入到欧洲以后不久,大陆的制陶工匠就开始模仿并制作出有一种涂有混合锡釉的有花饰的陶器,其创始人是荷兰德尔夫市有名的工匠,时间是 1650 年。

17 世纪的德尔夫陶器是装饰华美的彩陶中的一种,荷兰艺术家在这种制品上,能学到中国青白瓷器的色调及其动人之处,并受益匪浅。德尔夫陶器的坯身用的是淡黄色的泥,在第一次烧制之后,立即涂上白色的锡釉,在底子上加以彩绘之后,再敷一层透明的铅釉,进行第二次烧制。大约在 17 世纪中期,成套的茶具出现,多数法国和德国彩陶的制作者,将注意力转移到假造中国的瓷茶壶及其他茶具上。在下一世纪中,则有斯堪的纳维亚——丹麦、瑞典、挪威的制陶工匠,紧随其后。这类早期的欧洲茶壶,现存于世的仍有很多。

大约在 1710 年,德国迈森市著名的制陶工匠伯特格第一个成功制作真正称得上是瓷器的茶壶及茶杯等物,这是中国、日本以外生产的最早的瓷器。他所在的工厂直至1863年还存在着,虽然工厂建在迈森,但它所制作的瓷器通称为德勒斯登瓷器。1761年普鲁士菲烈德力大帝从迈森招募工人到柏林建设皇家瓷器厂,现存的柏林出产的瓷器,仍能显示出迈森的影响。荷兰、丹麦和瑞典所制作的成套茶具,都是依照德国的式样,而法国人则发展成一种特殊的玻璃瓷器,有极大的半透明性,并以此大规模地仿制日本式的"伊万里"茶具。法兰西瓷器工厂中,有几家是制作这类瓷器的,其中有一家本是私人企业,在1756年接受皇家的津贴,并迁移到塞弗尔。从此以后,它的制品继承了当时的法、德艺术,并且,无论在外观和式样上都有所发展。塞弗尔瓷器以其底色而驰名,有深蓝、玫瑰、豆绿、苹果绿等色。现收藏家所保存的茶桌用具中,有一些形状美丽的上品之作,据说是受了波帕多夫人的影响,其中有几种的底色绘有玫瑰花的美丽式样,就是以夫人的名字命名的。

英国的茶用陶瓷

陶器——大约在1672年,富尔罕——现为伦敦的一部分——制陶工匠约翰·德威制作了最初的英国产茶壶,是模仿中国宜兴瓷器中的深火红色茶壶,并制作了其他架上、桌上所用的龟背纹或"玛瑙"杂色制器。

英国彩陶——当德威在富尔罕开始制作茶壶的时候,锡釉陶器的制作也已经在伦敦南方的蓝贝司兴起。17世纪末,蓝贝司、布律斯托、利物浦都仿造精致的德尔菲茶壶、茶杯。在英国,彩陶的制作一直持续到18世纪末,才被英国本国的奶酪色陶器所取代。

盐釉器——大约在1690年,斯塔福郡的一位精巧的荷兰制陶工匠艾勒斯制作出盐釉的茶具,即制器以矽土为坯身,上釉时则把盐投往窑中。这种制器在现代欧美的收藏家中,珍奇之品颇多。

艾勒斯在约翰·坎德勒的协助下,又制作出一种赤色陶器茶壶,斯塔福郡由此名声大振。约翰·坎德勒曾在富尔罕与 J. 迈特合作。该县另一制陶工匠托马斯·威登所制的茶壶也是现代各美术博物馆热衷收藏的制器,他在 1740—1780 年之间,在小芬顿也建一工场。

奶酪色陶器——斯塔福郡奶酪色陶器的发展,在英国市场中取代了锡釉彩陶的销路,在这种转变中起积极作用的有约萨·维治伍德、沃伯通斯、特纳斯、阿达姆西斯等人,其中成绩最佳者为约萨·维治伍德(1730—1795 年)。在他的制品中,最精致的是奶酪色的"王后窑",并创制"碧玉窑",其底子并不上釉,色彩有蓝、绿、黑等,花饰为古典式,用白色。在他的制品中,有茶壶、茶杯等,其式样多数是模仿希腊、罗马的宝石和花瓶。他还制有一种黑陶土器,也不上釉,在艺术上取得巨大的成就。

英国瓷器——在 1745 到 1755 年期间,英国所产的瓷器达到了商业化的程度。当时在切尔西、伍斯特和德比郡这些地方,都建有重要的瓷器工厂,最初的出品仅限于仿造法国制造的玻璃瓷器。到了 1800 年,约萨·斯普德开始放弃使用玻璃,而完全用瓷土、骨灰和长石仿造瓷器,敷以浓厚的铅釉。最初,中国瓷器的影响是极其重要的,但较后则稍花巧的日本"伊万里"瓷器,通常被制瓷工匠所仿造。

大约在 1750—1755 年间,布律斯托和普利茅斯都建有瓷器厂,模仿中国的真正瓷器,只是这种制品的釉,虽光彩但无趣味,其美观远不及其他制品。现存的这种制品价值很高,只是因为物以稀为贵而已。

利物浦博物院中现藏有一些 18 世纪后期该处制陶工匠所制的茶用瓷器。这一时期,斯塔福郡各厂也制作瓷器茶具。

柳树图案——这种有名的花饰是模仿中国瓷器的白地蓝花花纹,被认为 1780 年前后创始于希洛普郡的考夫利市,后由移动的雕版师迅速在斯塔福郡各厂和英国各处仿制"杨树图案"。图示一个中国恋爱故事,这个故事的内容,传说颇多,大意是一对情侣,因恋爱遭到阻碍,最后殉情后化为一对蝴蝶。

转移印花——18 世纪是与茶相关的艺术瓷器的最伟大的时期(手工艺和高价值的时期)。之后,英国的瓷器在合用、坚固、精整等方面,在某种程度上确实是前所未见,但通常采用转移印花的方法,使其脱离艺术的领域,而转为大量的生产。这种方法是将花饰从雕成的铜版印在纸上,然后再从纸上将花饰转印到瓷制品上,做成釉上彩或釉下彩的瓷器。这种方法,可以重复地将同样的花饰反复印下去。

陶瓷艺术在欧美的发展

1867 年的巴黎展览会中,有日本精彩的应用艺术品的陈列,使全欧洲陶瓷制造业又趋于东方化,其中最佳代表作品是沃斯特的制品。这种日本艺术趣味在瓷器上的复兴,使皇家哥本哈根瓷厂出品的茶具和其他饮食器上所绘的花饰,形成一种新型的发展——这种新型几乎可以称为一种新的艺术。这种瓷器的坯身制造绝精,其原料为最细的瑞典长石或石英石和最细的德国与康渥尔的高岭土,用青、绿、灰等色的釉绘成鱼、鸟等动物和山水等花饰。

同时,美国的制瓷工业也在发展中,以英国的方法为基础,最初也用英国的制瓷工匠。瓷厂在新泽西的德兰顿和弗来门顿,俄亥俄的东利佛浦尔和纽约的雪来克斯等地都有设立。当时在这些制瓷中心,整套的陶器茶具和餐具都是按照英国的最佳规范来仿造的。在艺术制品方面,也有一些个人的成绩。

精美的银制茶具

当17 世纪饮茶在欧洲上流社会成为一种时尚的时候,所用的茶壶都是瓷器;欧洲的银匠不久就开始用银来制造茶壶、茶匙等制品。最早的银茶壶,用最上等的纯银制造;在1755—1760年间,开始有镀银的茶壶出现,其中有不少具有很高艺术价值的作品。

早期英国的银茶壶——在英国银器中,18世纪制造的银器最有趣味,其制造之精美,英国任何其他时期的制品都无法与之相比。此时英国银器的绝大部分运往美洲殖民地。由于当时茶叶的珍贵,所以早期的银茶壶多半是小型的。现在收藏的早期银茶壶的样式都非常的朴素,或做成灯形,或做成梨形。最早期的为灯形,可追溯到1670年,朴素无华,其样式实际与最早的咖啡壶相同。

梨形茶壶初见于安妮女王时代(1702—1714年),这种形状在任何时代都很流行。就本人所知,最早的美洲茶壶就是这种形状,此壶是波士顿的约翰·康尼(1655—1722年)所制,现藏于纽约市立美术博物院。在整个乔治一世时代(1714—1727年),都通用这种梨形的朴素茶壶,但到了该时代的末期,则都采用当时在法国流行的洛可可式镂雕作为茶壶的装饰。

18世纪初期的30多年间,崇尚一种球形有脚的茶壶。这种壶的早期形式是壶嘴尖细而直,后期形式是壶嘴尖细而弯曲;这种壶的壶柄也像大多数早期的银茶壶,通常是木制的,但也有少数是用银制的,并嵌以象牙,以防传热。

大约在1770—1780年间,格拉斯哥的银匠创制一种新的形式,将安妮女王时代的梨形倒转,将其较大的部分置于上部。这种茶壶模仿洛可可式,用浮雕花纹作装饰。当时有一种明显的趋势,就是以银茶壶的单纯为美。壶为八角形或椭圆形,各边侧垂直作直线,平底,壶嘴尖细而直,柄作涡卷形,盖则微作圆顶形。

谢菲尔德镀银器——谢菲尔德镀银器外观上大体与纯银器相似,但价格比较便宜。从1760年开始制造这种饮食器具,到1840年被电镀器所取代。谢菲尔德镀银器产生于英国银器制造史的鼎盛时期,著名工匠有约翰·弗莱克斯曼和阿达姆兄弟等,他们以其古典的匠心,创造出艺术上具有超高价值的制品。

电镀器——自1840年以来,电镀技术在大西洋两岸主要的银

器制造商中间被广泛采用,给艺术饮食器具的制造,提供了优秀的
设计师和其他各种便利。这种制器的设计和美观,无论从哪方面
说都不逊于最精致的纯银制品。而且,由于其构造更为坚实,从使
用的角度上说,也比纯银器更可贵。

　　白鑞制品——这是几种廉价金属的合金,其中以锡为主要成
分,17 世纪末,在饮食器具的制造上被普遍使用。到 18 世纪时,
因瓷器的价廉和镀银器的发明,日趋没落。

　　茶盒与茶匙——茶价极端昂贵的时代已过,茶盒也就没有必
要。在茶叶价格为每磅 6 先令至 10 先令的时候,自然需要加锁保
藏。茶盒通常为小银盒,每种茶叶各储一盒。有时这种储藏器是
一小箱,装有银制把手,上锁处嵌着银片,四角也包的是精雅细琢
的银片。美丽的茶盒随不同时代有各种不同的样式和形状,其中
有很多茶盒的精致和美妙,甚至无法用语言来形容。

　　虽然茶匙在各种匙中是最小的,但它最初出现时,确实是托福
于时尚而成为匙中的宠儿。现今各大收藏家收藏的 17 世纪、18
世纪精工制造的茶匙,形式都相当美观。一般而言,茶匙的样式与
设计,常随茶壶样式的演变而变化,从简朴逐步走向华美。

　　18 世纪中通用的茶匙,
形状有种种不同,或宽阔肥
短,或作贝壳、树叶等形状,
都是用纯银制成的,并巧施
镂雕。匙柄也有用木质和象
牙的,但银制的最多。

　　现代银制餐具——现代
的银匠艺术,集过去一切技
巧之大成,过去关于银制餐
饮具的制造技术,一直被传

当时的美国银制茶具

承了下来。实际上,精美绝伦的茶用和咖啡用器具制造的新技术
和新技巧与日俱增;整套的器具,可以由鉴赏家指定仿造任何时代

的精品,并在任何方面都不差分毫。

　　银器设计的时尚性以循环的方式演变。19 世纪末崇尚华美之后,随之是简朴。银器茶具各种样式按时代来划分,现有伊丽莎白式、意大利文艺复兴式、西班牙文艺复兴式、路易十四世式、路易十五世式、路易十六世式、雅各宾式、安娜女王式、乔治一世式、乔治三世式、塞拉顿式、殖民地式或列维尔式和维多利亚式。在现代银器中,安妮女王时代的优雅曲线与广阔的平面,以及保罗·里弗所制的直线及椭圆形的,还隐约可见。

第五十二章　茶与文学^①

茶成为文学中新颖而充实的写作题材,始自中国和日本的传记,延绵 1200 多年,著述着很多,他们就茶的各个方面加以论述。其中不会反对者,拥护者则更多。在中国文学中,记载着丰富的关于饮茶起源的知识;日本文学中,阐述了饮茶发展成为一种文化的历程;而西方文学中,展现的是饮茶在成为全世界最广大的温和饮料之一的过程中,丰富而多姿多彩的面貌。

早期中国散文中的茶

由于印刷术的发明与饮茶习俗的形成在同一时代,使许多关于茶的早期著作得以保存。陆羽的《茶经》就发表于唐代。

关于陆羽有趣的神话传说之多,使一些中国学者质疑是否真有其人存在。他们认为《茶经》可能是唐代一二位茶商所作,或请学者代作而托名于陆羽,并尊陆羽为"茶圣"。《茶经》云:"茶之为用,味至寒,为饮最宜精行俭德之人。"英国约翰逊博士在 1756 年的饮茶大辩论中,就引此语攻击乔纳斯·汉威。

中国古代文学中,关于茶的典故,丰富无比,在此略引数则。

李将军与茶圣

代宗朝,李季卿刺湖州,至维扬,逢陆鸿渐抵扬子驿,

---

① 本章所引中国文献已和原文进行了核对,全部外国诗歌均抄录于吴觉农先生的译本。

将食,李曰:"陆君别茶,闻扬子南濡水又殊绝,今者二妙
千载一遇。"命军士谨慎者深入南濡,陆利器以俟。俄而
水至,陆以杓扬水曰:"江则江矣,非南濡,似临岸者。"使
者曰:"某棹舟深入,见者累百,敢有绐乎?"陆不言,既而
倾诸盆,至半,陆遽止之,又以杓扬之曰:"自此南濡者矣!"
使者蹶然驰曰:"某自南濡赍至岸,舟荡覆过半,惧其尠,把
岸水增之,处士之鉴,神鉴也! 某其敢隐焉?"

(温庭筠《采茶录》)

老姬卖茶

晋元帝时,有老姬卖茶每旦擎一器茗,往市鬻之,市人
竞买,自旦至夕,其器不减;所得钱散路旁孤贫乞人。人或异
之,州法曹絷狱中。至夜老姬执所鬻茗器从狱中牖飞出。

(《广陵耆者传》)

寡妇思报

剡县陈务妻少寡与二子寡居,好饮茶茗。宅中先有
古冢,每日作茗,饮先辄祀之,二子患之,曰:"古冢何知,
徒以劳祀!"欲掘去之。母苦禁而止。及夜,母梦一人
曰:"吾止此冢二百余年,谬蒙惠泽。卿二子恒欲见毁,
赖相保护。人飨吾佳茗,虽泉坏朽骨,岂忘翳桑之报。"
遂觉。明日晨兴,乃于庭内获钱十万,似久埋者,而贯皆
新提。还告其儿,儿并有惭色,从是祷酹愈至。

(《异苑》注南朝宋刘敬叔)

中国古代文学中论茶及与茶相关的内容极多,除《茶经》之
外,还有明代顾元庆的《茶谱》,唐代张又新的《煎茶水记》、苏廙的
《十六汤品》,明代徐献忠的《水品全秩》,以及明代周高起的《阳羡
名壶系》等。

清代曹雪芹的《红楼梦》是描写中国上流家庭生活的一大奇书，书上一段谈及饮茶的文字，足以给予我们一种观念，那就是怎样才是真正的品茶家。

早期日本散文中的茶

茶在日本人的社交和宗教生活中，占有极高的地位，其在文学中也极为丰富。现存最古老的饮茶文学之一，见于《奥仪抄》中，此为诗人藤原清辅所作，他卒于治承元年（1178 年）。在日本古史《类聚国史》中有涉及茶的重要文字，此书是菅原道真于 1552 年所纂，他是当时最著名的文人。

日本最早论茶的专著是《吃茶养生记》，荣西禅师著，共两卷。

中国诗歌中的茶

茶自最初之时就助成诗思。西晋诗人张载（孟阳）有句诗道："芳茶冠六情"。唐代是中国诗歌的鼎盛时期，河南诗人卢仝饮茶妙诗，脍炙人口，其辞云：

> 一碗喉吻润，二碗破孤闷，三碗搜枯肠，惟有文字五千卷。四碗发轻汗，平生不平事，尽向毛孔散。五碗肌骨清，六碗通仙灵，七碗吃不得也，惟觉两腋习习清风生。蓬莱山，在何处？玉川子乘此风欲归去，山中群仙司下土，地位清高隔风雨。

（《谢孟谏议寄新茶》诗）

白居易有两首涉及茶的诗：

食　后

食罢一觉睡，起来两瓯茶。举头望日影，已复西南斜。乐人惜日促,忧人厌年赊;无忧无乐者,长短任生涯。

晚 起

烂漫朝眠后,频伸晚起时。暖炉生火早,寒镜裹头迟。融雪煎香茗,调酥煮乳糜。慵馋还日晒,快活亦谁知?酒性温无毒,琴声淡不悲。荣公三乐外,仍弄小男儿。

自宋代以后,中国关于茶的诗歌层出不穷,极为丰富,这里不再一一引述。

日本诗歌中的茶

在日本文学的黄金时代,有淳和亲王的茶诗。亲王是嵯峨天皇(810—824 年)之弟,其后即继兄位,成为淳和天皇。他作诗时,茶传入日本还不到 12 年。

散 怀

绕竹环池绝世尘,孤村迥立傍林隈。红薇结实知春去,绿鲜生钱报夏来。幽径树边香茗沸,碧梧荫下澹琴谐。凤凰遥集消千虑,踯躅归途暮始回。

“俳句”是最短的日本诗体,其风格同其他日本诗体一样,都属于印象派。诗人 Onitsura 有采茶俳句诗一首:
宇治来,采茶如画屏。

早期西方诗歌中的茶

17 世纪最后的 25 年中,英国文学在拉丁文诗人亚流的影响

下,进入了一个新的阶段。1663 年,艾德蒙特·沃勒进献给查理二世的一首诞辰颂歌《饮茶王后》,是第一首英文茶诗。诗云:

> 花神宠秋色,嫦娥矜月桂。
> 月桂与秋色,美难与茶比。
> 一为后中英,一为群芳最。
> 物卓称东土,携来感勇士。
> 助我清明思,湛然祛烦累。
> 欣逢后诞辰,祝寿介以此。

当时,英国人将 Tea (茶) 读作 Tay,今天大多数西欧国家仍读此音。

在 1687 年,马修·普里尔与杰尔斯·蒙塔哥所作的《市鼠与乡鼠》这首诗中,为了押韵开始将 Tea 读作 Tee。然而,这不过是诗中的特例而已。

早在 1692 年,索斯伦在《妻子的宽恕》一剧中,有两个角色在园中谈论茶事的情景。同年,他又在《少女的最后祈祷》中,有关于一个茶会的描述。

《快乐的婚礼客人》是 1679 年荷兰的一支舞曲,称赞茶的医药作用,这是早期饮茶者最为注重的方面。

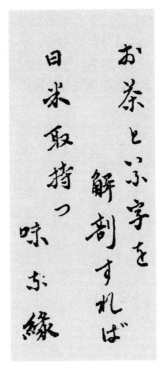

日本关于茶叶的诗文

尼古拉斯·布拉迪博士(1659—1726 年)是英王威廉三世和玛丽女王宫廷中博学的牧师,他所作的茶桌诗中写道:

> 大哉植物之后,傲此极乐园亭!
> 错综之伟力,吾将何以颂名?
> 唯神奇万能之药,
> 消青春急躁之狂热,激暮年冻凝之血气。
> ……

1700 年,茶桌诗与"灵丹妙药"合刊共同发表于伦敦。后者为其合作者纳赫姆·泰特所作关于茶之繁冗的讽喻诗,其中有一精彩诗句:

> 无畏于魔鸠(Circaean Bowls),是乃健康之液,灵魂之饮。

1709 年,博学的皮埃尔·丹尼尔·胡特在巴黎发表了他的拉丁文诗章其中有长篇抒情诗,以悲歌之句咏茶。

1711 年,亚历山大·波普作诗《额发的凌辱》时,Tea(茶)字仍读作 Tay,诗中有说到安妮女王的名句:

> 三邦是服,大哉安娜;时而听政,时而御茶。

波普诗中又称茶为"武夷",此名当时很流行。"武夷"的发音也像 Tay 一样,读作 Bohay,这可以从诗的韵脚中看出。

1715 年,波普又有一诗,咏一贵妇人在乔治五世加冕礼后,离开城市赶往乡下的心境:

> 读书饮茶各有时,细斟独酌且沉思。

法国文学家彼德·安冬尼·莫特在伦敦居住,作诗《茶颂》,发表于 1712 年。诗中描绘众神在奥林普斯山集会,论酒德与茶德。作者在辩论中颂茶道:

> 伟哉生命之液兮,赖尔灵感之力而颂声簸扬。
>
> 和而写之其不爽兮,何吾琴之铿锵!
>
> 唯尔淑美之宜人兮,已无殊乎妙想之浸注。
>
> 尔唯吾之主题兮,亦吾诗思与灵浆。

又云:

> 天之悦乐唯此芳茶兮,亦自然至真至实之财利。
>
> 盖快适之疗治兮,而康宁之信质。
>
> 经邦者之辅佐兮,贞淑之柔情。
>
> 诗仙之甘露兮,而大神之所嗜。

辩论双方,有的称颂茶,有的赞赏酒,争论不休,相持不下。最后,大神作出的评判更倾向于颂茶。他说道:

众神听哉,曷绝酒瓶!

茶必继酒兮,犹战之终以和平。

毋俾葡萄兮,构人于交恶。

群饮彼茶兮,实神人之甘露。

在波普所作《额发的凌辱》之后,Tea(茶)字读音转为 Tee 已经相当普遍。不仅上述莫特诗中的韵脚已是如此,就是 1720 年所作的青年绅士求爱的诗中也是这样。

这是苏格兰诗人阿伦·拉姆塞于 1721 年所作的诗:

临印度之长川兮,倚恒河之双流;

玉叶是生兮,芳原之陬;

信嘉馐之殊珍兮,而百卉之尤;

称绿茶兮,而"武夷"之名最优。

用茶占卜凶吉的风俗,想必由来已久。英国大众诗人查尔斯·切契尔于 1725 年所作的《幽灵》一诗中写道:

主妇举杯以视,命之"底"存乎茶之"底"。

1743 年,有一无名氏的讽喻诗在伦敦刊登发表,全文 9000 多字,题为《茶诗三章》,诗的开头是这样写的:

弹唱词人惟诵彼凶残之武威,

怨敌之业则无浼我温柔之诗;

我诗远绝夫暴乱之征战,

香茗莫御之力将歌以命之:

尔佳人之娴雅韶华兮,盍其莅止!

卫此诗人兮,而启悟新词。

此时,茶在闺阁中已成为一种重要的社交礼仪或礼节。英国上流社会的妇女仿效法国的习惯,不到中午不起床,并且接待友人都在闺室中梳妆时进行。诗人约翰·盖(1688—1732 年)最初曾是蒙茅斯夫人的私人秘书,有句诗词说到此事:

亭午仕女朝祷时,啜我芳茶之葳蕤。

爱德华·扬于 1925 年所作的《声誉女神的爱》一诗中是这样

描述一位佳丽的：

> 雨瓣朱唇，熏风徐来；
>
> 吹冷"武夷"，吹暖郎怀。

　　大约在 1770 年，字典编纂家约翰逊博士曾信口作一小诗，嘲讽小曲式的诗风：

> 亲爱的莲妮，那么你听吧，
>
> 听着也不要愁眉诧；
>
> 你便把茶泡得再快些，
>
> 也赶不上我把它吞下。
>
> 亲爱的莲妮，我要劳你驾，
>
> 请你再给我泡下；
>
> 把奶酪砂糖好好调化，
>
> 另加一盘茶。

　　1773 年，苏格兰放浪诗人罗伯特·弗格森以下列诗句贡献于茶饮：

> 爱神永其微笑兮，举天国之芳茶而命之；
>
> 沸煎若风雨而不厉兮，乃表神美之懿征。
>
> 是维灵泉以六情之疾兮，
>
> 使佚女绝乎娇鞶啜泣与伤悲。
>
> 女盍为神致尔虔崇兮！
>
> 彼烟腾之甘液，唯工作、熙春与"武夷"，
>
> 无霞朝与露夕兮，
>
> 于尔玉案其来仪。

　　相比 18 世纪早期英国诗人的矫揉糙作，考伯咏诵的"快乐之杯"，则是以单纯和质朴取胜。"快乐之杯"是伯克利主教的名言，缘自他的《课业》一诗，发表于 1785 年，诗云：

> 搅拨炉火，速闭窗格；
>
> 垂放帘帷，推转座椅。
>
> 茶瓮气蒸成柱，

腾沸高鸣唧唧;

"快乐之杯"不醉人,

留待人人,

欢然迎此和平夕。

1785年,又有《罗利亚德》一诗发表,它是由几位自由党人所作的讽刺诗,据传是针对保守党政客罗尔勋爵的。其中一节以当时所用各种茶名列为韵语:

茶叶色色,何舌能别?

武夷与贡熙,婺绿与祁红。

松萝与功夫,白毫与小种;

花薰芬馥,麻珠稠浓。

1789年,英国诗人兼植物生理学家达尔文所作的《植物园》一诗,在当时颇为流行,现代读者也许会觉得有些华巧。诗中《植物之爱》一节中有描述茶的诗句:

临小涧之磷磷兮,仁贞静之川灵;

盈彼军持兮,以流水之晶凝。

积彼稿柏兮,绕此银婴;

束薪焦爆兮,光逐焰升。

撷绿丛为中夏之名园兮,注华杯以宝液之蒸腾;

粲嫣然其巧笑兮,跪进此芳茶之精英。

英国大诗大贝隆《为中国之泪水——绿茶女神所感动》问世,波西·B.谢尔雷看后即兴而云:

药师医士任狺狺,

痛饮狂酣我自吞,

饮死举尸归净土,

殉茶第一是吾身。

早期美洲的殖民程度尚未达到能产生自己的诗歌的成熟条件,那里的大多数人是英国诗的读者。1776年的革命,产生了少量的诗歌和抒情诗。在多年战争和禁戒之后,茶已经不能恢复到过去作为普遍饮料的地位,因此,革命以后时代的诗人没有歌颂茶文化的。战争与偏见的困扰逐渐消失之后,美国一位早期而无名的戒酒运动主持者出版一种大幅一面印的印刷品,题为"甜酒之瓶"与"茶之盘",其原刊现藏于波士顿公共图书馆中,其中有诗云:

> 一盘茶,更怡怡;
> 发轻欢,起微音;
> 启意志,无鄙猥。

诗人约翰·凯特说恋爱者"含吮其烘面包而以叹息吹冷其茶"。

哈特利·哥尔利洽想要人们"感悟吾之天才及吾之汤茶",之后又有诗云:

> 中庸之道吾常持,适倾绿茶第七杯。

维多利亚时代的诗人阿尔费雷德·坦尼逊用诗歌颂安妮女王王朝:

> 茶罘集裙钗,花钿委地时。

1873 年 12 月 16 日,"茶会"百年纪念中,美国诗人拉尔夫·沃尔多·埃默森朗读了一首爱国之诗,题为《波士顿》,诗的首段是这样写的:

> 噩耗来自乔治英王;
> 王曰:"尔业繁昌,
> 今予文诰尔等,
> 尔当输将茶税;
> 税则至微,轻而易举,
> 乃与尔约,实尔荣光。"

又述其结果道:

> 茶货来兮!
> 使"印第安人"而获之,
> 箱箱投诸腾笑之海隈,
> 则其咎将安归?

帆举犁,何所施,

土地钦,生命钦,抑自由之危?

新英格兰诗人奥立弗·温德尔·荷尔摩斯(1809—1894 年)
在《波士顿茶会谣》中,对此事有其评论:

叛变海湾中之水,

犹带茶滋味;

"北头"老僧在水蒸管内,

犹辨得熙春香气。

自由之茶杯依然充沛,

满常新之奠灵甘醴;

尽诱其敌于酣眠,

惟觉醒之民族是励!

现代诗歌中的茶

1899 年 12 月的《圣尼古拉斯杂志》载有海伦·格雷·科恩的
诗,题目是《一杯茶》,描写出家庭生活的景象。诗的第一段写道:

佳人临绮窗,摇风见枯杨,

疏条舞金碧,飔飗带斜扬;

长渠静冬野,迢迢浸寒光,

风车黝且瘠,枯臂犹高扬。

我何此幽独,转暮复转凉,

且热我小鼎,尝此一杯茶。

弗朗西斯·萨尔特(卒于 1889 年)写有追溯茶的神秘起源的
绝佳英文茶诗《瓶与坛》:

妙叶自何许,无乃伊甸庭?

芬芳蕴微窈,愁魂赖苏醒,

岂伊亚当前,已见敷其英?

蔷薇曜幽昧,灼灼烛有生,

未如斯叶者,康僡启神明,

寒宵忽春夜,诡谲无能名。

滴滴琥珀红,冥想来纷杳,

仿佛蒙古中,浮屠矗峣薛,

旌旗翻藻缤,钟钹隐镗鞳;

吾闻开宴声欢腾,

吾歆乌龙之芳馨,

异香发,燕山亭,

众香之绝,犹匪其朋!

1909 年的《茶与咖啡贸易》杂志中,有 E. M. 福特的诗咏诵印度茶的美妙:

茶　风

维阿萨姆之故族兮,

印度之芳茶悠哉爱止;

自彼海国,缘思媚以憔悴兮,

日引风催,来此"晶水"王子。

坠露来称于嫔之前兮,

曰:"斯奇葩维余是寄,

自其有生而俱然兮,

于自然实质是。"

顾所慕而鸣咽兮,

印度茶曰:"余唯适王子。"

盖无往而不然兮,

亦苫此扰攘之人类,

煽烈焰以为图围兮,

谓争者曰:"余其决是。"

栗栗少姬冒此重炙兮,

众手挈壶而承厥玉体,

人曰:"此若嘉礼之亭台兮,

观乎,好逑若勇矣!"

晶水藐此严苛兮,

冽冽坠露废然其逝。

震厉之幽投而无惧兮,

蒸气赞以"进矣",

婿越狱扉挽厥嫔兮,

印度之茶十倍其丽!

举斯世颂彼佳偶兮,

奶酪砂糖怡厥福履。

1926 年,爱尔兰《礼拜六晚报》中有一小曲,题目是《一滴茶》,作者阿奎罗,共八节,其中两节写道:

破晓时分给我一滴茶,

我将为天上的"茶壶圆顶"祝嘏;

当太阳趱行午前的程途,

十一点左右给我一滴茶;

待到午餐将罢,

再给我一滴茶,为了快活潇洒!

进了午后的瞌睡乡,

时间沉闷而精神颓唐,

给我一只小壶,一只小盘,一只小勺,

一点奶酪,一点砂糖,

小小一滴茶,

让我梦茫茫!

早期西方散文中的茶

威尼斯是欧洲茶文学的发源地。威尼斯位于东方陆路与欧洲水路之间,地理位置得天独厚,成为陆洲大陆最早的国际性商业贸易聚集地,故欧洲最早述及茶的著名的文学作品出自一位威尼斯人之手,也就不足为奇了。他就是简巴蒂斯塔·拉姆西奥,作品发表于 1559 年。

16 世纪到 17 世纪初期是发现新大陆和商业飞速发展的时代,航海及游历的记载被人们热情地传诵着,当时一切关于茶的文字都显见于这类性质的作品,其中大多数是教会人士——罗马旧教耶稣会派僧侣所作。茶传入欧洲,竟引起医药界恐慌的呼声,这在今天是难以置信的。1635 年,德国医生及植物学家西蒙·波利对茶予以猛烈的攻击;1648 年,巴黎医生及法兰西学院教授盖伊·帕丁则称茶为本世纪中不适当的奇物。

当欧陆医药界人士大开笔战之际,茶已悄然"侵入"饮麦酒的英国,没人能记得确切的"侵入"时间。在英国文学的记载中,最接近茶传入欧洲的最早时间的是 1660 年伦敦咖啡馆主人托马斯·加威所发行的一则广告,旨在传播这种新的中国饮料的知识和声誉,题为《茶叶生长、品质和性能的详细说明》,同年,长篇日记作者萨缪尔·匹派斯也有购买一杯茶的记载。

17 世纪末期,大陆作家纷纷发表对茶的看法,各抒己见,有拥护的,有反对的,其中有简·尼霍夫、P. S. 多福、S. 莫里纳里斯、A. 克切尔、邦替克、塞弗里恩夫人和让·N. 帕切才博士。

1694 年,英国剧作家 Wm. 康格里弗的《双重买卖人》一剧中,有一角色的道白"彼等在廊之一端,退归于彼等之茶及丑行",第一次将"茶"字与"丑行"相连。

1699 年,英国一位有名的大牧师约翰·奥弗顿,在伦敦发表了一篇关于茶的性质和品质的论文,其结论认为茶实在是"一种快乐之叶"等等。

对茶的这种赞颂,使作家约翰·沃隆很不高兴,回敬了一首打油诗《对于茶的嘲笑》。

当时茶的流行引起各种讥笑。1701 年在阿姆斯特丹上演的戏剧《茶迷贵妇人》就是其中一例。该剧剧本于同年出版发行,至今尚存。英国里查德·斯蒂尔爵士(1671—1729 年),曾出版发行一种三星期刊的刊物《饶舌家》,之后又协助约翰·阿迪森(1672—1719 年)编辑《观察者》日报。他创作喜剧《葬礼》来嘲讽"茶汁",其剧中有一角色呼喊着说:"君不见彼辈牛饮的茶汁,乃用足践踏之野草叶所成者乎。"

1718 年,波普也以有趣的描写形容一贵族妇人在早晨 9 点饮茶的情景和状态。

具有重要历史意义的事件是 1718 年在巴黎出版了《第九世纪两个回教徒中国印度旅行记》一书。该书由法国远东学家 A. 优西比乌·雷诺(1646—1720 年)根据阿拉伯文翻译,书中说中国人用茶来防止一切病患。阿符兰希老主教 D. 胡特也极信茶有治疗能力,他在其独特的自传式的备忘录中说用茶治好了自己的胃痛和眼炎。该备忘录发表于 1718 年。

英国放纵喜剧家考利·西伯(1671—1757 年)称赞茶有使女性舌头舒缓的功效。小说家及剧作家亨利·费尔丁(1707—1754 年)在他的处女作喜剧《五副面具下的爱》中写道:"爱情与丑行是调茶之佳品。"

1730 年,苏格兰医生托马斯·舒特发表《茶论》。1735 年,让·巴蒂斯特·杜赫德在巴黎出版的《中国记》中,也有述及茶的一章。1745 年,西蒙·玛森出版《茶的利弊》一书。1748 年,著名宗教改革家约翰·威斯利则在长达 16 页的与友人论茶的书信中,攻击茶的饮用。更为有趣的是,约翰·威斯利从此戒茶 12 年之久,后来听了医生的劝,才又开始饮茶。

在 18 世纪反对饮茶的人当中,没有谁比仁慈的改良家、伦敦商人乔纳纳斯·汉威更坚定地认为茶是完全有害的东西。他于 1756 年发表《论茶》一文,说茶危及健康,妨害实业,并使国家贫弱。他认为茶是神经衰弱、坏血病和齿疾之源,并计算生产茶叶所耗费的时间和每年的总损失,据他估计每年总损失达 166,666

英镑。

约翰逊博士自称是"顽强而无耻的饮茶者",面对这种对自己所爱饮料的诋毁和诽谤之词,备感激愤,并在《文学杂志》中发表了两篇文章予以驳斥。

英国文学家伊萨克·德·艾斯里于 1790 年所作的《文学之珍异》中论及茶时,引用了《爱丁堡评论》中的一段文字:

> 此著名植物的进展,颇类似真理的进展;始则被怀疑,仅少数敢于一尝者能知其甘美;及其流行渐广,则被抵拒;及其传布渐普遍,则被侮辱;最后乃获至胜利,使全国自宫廷以迄草庐皆得心畅神怡,此不过由于时间及其自身德性之缓而不可抗之力而已。

托马斯德·昆西(1785—1859 年)有文章说:"茶被感应性粗笨的人所嘲辱,或因他们天生如此,或因他们饮酒而导致如此,以致对于这么精妙的佳品,却不能感受到它的魅力。然而,茶终将永远成为有识之士喜爱的饮料。"又说:"确实人人都感觉得到冬天围炉列坐的神圣与乐趣;午后四点钟点燃的蜡烛,温暖的炉边地毯,茶,一煮茶者,倚窗深闭,绣幕低垂,而风雨方潇潇于屋外也。"

英国小说家狄更斯也是一位茶迷,但不能与约翰逊相提并论。他在 1837 年发表的《皮克威克报》中描写一戒酒协会的集会,其中几位领导人的茶量之大,让威尔勒惊奇不已:

> "萨米",威尔勒先生附耳低语说,"如果这里有几个人明天早上不要'放水',那我不是你的爸爸。那个坐在我隔壁的老太太,简直是在用茶把她淹起来了!"

> "你不能安静点儿吗?"萨米嘟囔着说。

> "萨米",威尔勒先生过了一会儿又用一种带有强烈的煽动性的语调说,"孩子,你记着我的话;如果这里的那个书记再继续下去五分钟,他要让烤面包和水把自己胀满了。"

> 萨米答道:"好的,如果他喜欢的话,那不关你

的事。"

威尔勒先生又用同样的低声说:"萨米,如果这里再延长一些时候,我要感到我作为一个人类的责任,是应当站起来对他们这种尽兴说几句话了。真是无独有偶,坐在旁边的那个年轻女人,她已经喝了早餐用的杯子九杯半;在我疲倦的眼睛里,她明明已经膨胀起来了。"

英国西格蒙德博士于1839年撰文道:"茶桌在吾国一如炉边,为一种国民的愉快。"英国神学家兼论文作家西尼·史密斯(1771—1845年)有感而发说:"感谢上帝赐我以茶!世界苟无茶则将奈何?将如何存在?吾自幸不生于有茶时代之前。"

现代散文中的茶

1883年,苏格兰作家及医学博士高登·斯塔布莱在伦敦发表《茶:快乐与健康的饮品》一书,引用了很多对茶的赞美之词。

1884年,《学习与兴奋剂》的作者黑德在伦敦发表《茶与饮茶》一书,列举了旧派诗人及作家涉及茶的文字。同年,波士顿的萨缪尔·F.德雷克则发表了描写波士顿茶会中各种轰动事件的文章,题为《茶叶》。

爱尔兰人与希腊人混血作家小泉八云,后来加入日本国籍,自称是"广大而神秘的中国奇想乐园中的一卑贱旅人"而已,曾对其有关茶树起源的达摩故事,精心润色;他于1887年发表的《中国幽灵》一书,就以此作为该书中《茶树之传说》一节的题材。他在叙述达摩为忏悔而割断眼皮之后,详细描写这种奇异之木如何从眼皮落地处长出,并且在说达摩称它为"茶"之后,祝贺道:

祝尔甘美之嘉木,禀德意之精神,仁惠而赋与新生!视乎!尔声名将广被及地角,尔馨香将达乎高高之极而随天风!永久之未来,饮尔之汁者,将得其清快,不为疲惫所困,不为倦怠所侵,不为失眠所扰,不于操作祈祷之际而思眠。祝尔如斯！

有人认为，所有英国小说中的过渡或衔接之处，都有饮茶情景的描写。在《罗伯特·埃尔斯米尔》一书中，饮茶的描写出现过 23次；《马塞拉》中 20 次；《大卫·格里夫》中则多达 48 次。

俄国小说家果戈里、托尔斯泰和屠格涅夫，在他们的小说故事中用饮茶"填充"故事衔接处，也不亚于英国作家；唯一的区别可能就是他们有对于沸腾的铜茶罐的描写。

1901 年，印度加尔各答出版发行了一位无名氏的选集，作者可能是一位阿萨姆茶园的助手，其文章皆幽默而颇具文学风采。这些文章以前曾在《英国人》中见过，题为《来自乔塔萨赫的戒指》。

1903 年，Gray 在纽约发表小茶书，旨在证明著名文学作家对茶的深切关注。书中说道："在家中，在社会，茶实际上是一种世界性的饮品。"

1906 年，日本东京帝国美术院创始人及第一任院长冈仓觉三用英文发表的《茶书》，引起西方读书界广泛兴趣，并经久不衰。书中追溯茶道的起源，列述茶道各派的演变，道教和禅宗与茶的连系，并讨论日本茶礼——日本茶道。

乔治·吉斯(1857—1903 年)在他的《亨利·赖克罗夫特的小报》一书中宣称："英国天才作家描述家庭生活方面的才华，莫过于他们对'午后茶'的描述。"

> 在我们这个时代，当午后散步微微疲乏而回到家的时候，脱下靴子，换上拖鞋，卸去外套，披上家常的旧短衫，靠进深厚而柔软的安乐椅里，等候茶盘的送来，这是多么精彩的瞬间……现在，茶壶出现在面前了，那柔和而扑鼻的茶香是多么的美妙醉人！第一杯茶让人心旷神怡！第二杯茶让人细细品味！在一次冷雨里的散步之后，茶给予了我一种怎样的温暖！这时候，我环顾四周的图书，吟咏玩味着它们平静的乐趣。我投一瞥我的烟斗，

若有所思地装着烟丝。谈什么也比不上喝茶时那样的快感,那样的启发人类的思想的了——因为茶本身就是一个温和而有灵感之物……让不速之客加入到你的茶桌,那简直是一种亵渎;反之,英国式的款待客人,在这里有它最亲善的面目——对于朋友的欢迎,再没有比得过请他加入喝上一杯茶了。

谈到这种礼节,与这种纯男性观点截然相反的观点,来自英国女诗人及小说家梅·辛克莱尔在她的《灵魂的治疗》中一段动人的描写。背景是在英国的一个村镇,这里的社交生活以教区教堂大牧师住宅和独身大牧师加蒙·切勃雷恩为中心。比尤坎普夫人是一位富裕而有魅力的寡妇,最近刚在这一教区中购置了住宅,加蒙·切勃雷恩牧师前往拜访。

　　瞬间,侍女进来,带着各种茶具。雪白的细布飘动着,瓷器和银器丁当地响着,一阵奶油的热气飘送过来。

　　他站起身来。

　　"啊! 茶刚送进来,不要走,请坐下来喝点。"

　　坐在深厚的软椅里,吃着热奶油的薄饼干,喝着他所喜欢的有烟熏气的中国茶,看着那肥而细嫩的手来往于茶壶与茶杯之间,很是惬意。比尤坎普夫人享受着饮茶时的乐趣,也断定他会享受它的。

　　那些茶杯——他喜好这类东西——阔而浅,白底儿上有浅绿色和金色的花儿,碗口边底下有一道绿色和金色的宽带。他闻到了扑鼻而来的茶香。

　　"我觉得奇怪,为什么杯子有着绿色的杯面,就能使茶更加美妙许多,而事实上也正是如此。"他说。

　　"我知道是这样的。"她感动地说。

　　"有个人要给你用深蓝色的瓷器喝浓厚的印度茶,你想象不到还有比这更恐怖的事情了。"

　　"会是这样的。"

"而所有茶杯都应当是阔而浅的。"

"是的,那和香槟酒在阔玻璃杯里的感觉一样,你说是不是?"

"我想那是给香气一个更大的面。"

"如果有淡绿色滋味和深蓝色滋味,那才奇怪,但那确是真有的。不过,我想,除我以外,没有人注意过这件事的。"

好个快乐而投缘的一些人,像他自己一样,她也感到这些事是真的。

关于英王乔治三世与美洲殖民者之间有名的茶叶之争,亨德里克·万·卢恩于 1927 年在纽约《阿美利加》杂志上作了新的解释:

> 税率虽然极其轻微,一磅不过三便士而已,但这却是一件让人厌烦的事情。每一位爱好和平的市民,在每次泡制一杯美味可口的饮料时,总会感到好像自己在为不公平的法律做帮凶似的。

> 其结果是,一个小小的茶杯(被世人认为是许多暴风骤雨的舞台)却在世界范围内掀起一大股能摇撼经济的飓风,而这不过是为了预期每年仅仅二十万元的税收收入。

1930 年,里昂·菲尔普斯教授的选集在纽约出版发行,以下是他在《论茶》一文中,关于英国午后茶习俗的见解:

> 每日一到下午四点十三分,一般英国人都要尝一尝茶的涩味。他们不在乎茶与热水还是与柠檬汁相混;他们喜喝浓茶,其茶之浓让我感到有一种毛发的气味……茶在英国之所以如此盛行,有几点充足的理由。早餐常在九点(我认为是在上午的中间),故需有清晨的早茶。晚餐常在八点半,于是午后茶又绝非是多余之物。更深层的理由是,在英国一年三百六十五天中,温暖之日极

少;午后茶不仅愉快和适于社交,而且在大部分的英国内地,对于促进人体血液循环也是极为必要的。

　　冬天在乡村人家的生活中,极少有比饮茶更为有趣的时候。天色到四点即昏黑,家人和宾客都从寒冷的户外回到家中,放下帷幔,燃烧木材以取暖,环桌而坐,进一顿惬意的餐饮——最吸引人的食物和最爽快的饮料——在英国则在午后茶中进之。

1932 年,美国评论家阿根斯·瑞普里尔女士发表了动人的茶桌漫谈,题为《茶思》,其中记载了 17 世纪以来饮茶习惯在英国的发展。

　　1933 年,退休的种茶人蒙特福特·切森尼出版的《茶叶故事》一书,收集了关于茶的早期历史传说。

　　特别谈论如何泡茶的对白,第一次出现在美国的舞台剧《你的叶子》中,此剧作者是格拉迪斯·赫巴特和埃玛·威尔斯,1934 年在纽约演出。

　　最近时期,只有伯纳德·肖是唯一反对茶的人。他对茶的感觉是嫌弃和厌恶,这种立场一般来自坚定的素食者和饮白开水者,这也是他的理由。

关于茶的轶事

　　下面简略记述几则关于茶的轶事。

　　据格林威尔的日记记载:当戴维·加里克声名极盛而穿行于贵人之间的时候,约翰逊博士尚未知名;就有人这样说:"约翰逊,吾不羡君之多金,亦不羡君之交游,吾唯羡君之饮茶之力有如是者。"

　　约翰逊博士常常是不幸负"无耻之饮茶者"之名。戏剧作家理查德·康勃兰曾讲过一个发生在他家中的趣事:当约书·亚雷诺兹斗胆提醒约翰逊,说他已经喝了 11 杯茶时,博士答道:"吾不数君饮酒之杯数,然则君何故数吾饮茶之杯数?"然后笑着说:"若无君之提示,吾当已不致再多扰女主人,今则君已提醒吾一打之数仅缺其一,吾必欲请康勃兰夫人为我补足之。"

一天晚上,西尼·史密斯在奥斯汀夫人家中饮茶。当时,高朋满座:"仆人擎茶釜入,望之,几若无从穿越众宾之间,然当彼与釜所到之处,众辄引身急避之"西尼在旁,于是对女主人说:"吾宣称,人生欲求出路者,莫善于手擎沸腾之茶釜以涉斯世。"

法国小说家巴尔扎克藏有少量的茶叶,其品质之优,价格之贵,无与伦比,令人难以置信。仅仅是与他相识的人,他是从不拿出来与之分享的,故很少有朋友品尝过。这种茶有浪漫的历史,传说它是由美丽的少女歌采于多露之晨,进献给中国皇帝;中国朝廷赠与俄国沙皇,而他则从一著名的俄国公使那里获得了这种茶叶。此茶入俄时,曾受人血之洗礼——商队在途中,有土著部落谋杀而夺之。更有一迷信说法,认为此茶就是圣品,饮一杯以上,就有亵渎神灵之罪,立即让饮者失明。巴尔扎克最伟大的友人之一劳伦特·扬饮时必先冷静地说:"再饮则我赌一目,然而此亦值得也。"

海底电缆的鼻祖赛勒斯·费尔德游历极广,所到之处,必携带自用的茶叶和茶具,并亲自泡茶。一日,走到纽约市茶叶与咖啡集中区的前街,见一茶师正在泡茶,于是观察其泡制方法,最后,进到店里询问道:"汝业此几何时矣?"茶师说:"三十一年矣。"此茶师的年薪有两万美元。费尔德接着说:"善,汝不如改业为佳!汝实不知如何泡茶,而学习则又已老也。吾试为汝泡一杯茶!"于是从衣袋中拿出一小包茶叶,取少许,注以水,浸数秒钟,让茶师尝之。茶师尝后立即吐出来说:"其劣未之前见!甚至泡也未泡好!"费尔德听罢转身而去,喃喃地说:"仁慈的上帝啊!汝若为一专家,何不稍救吾人之饮茶者!"从此,这位百万富翁消失得无影无踪。

而茶师狂笑着对一店员说："彼即老费尔德,乃一狂怪的饮茶者,其所饮常为金钱所能买得之最精者,每磅贵至九美元,而我则告之其茶不佳,盖戏弄之也。"

在盎格鲁萨克逊民族的作家中,比若和麦特雷都是茶客,都要在茶里加入奶酪来饮用。法国的维克多·雨果及巴尔扎克在夜间工作时都饮茶,都觉得茶中混入白兰地酒,能使工作之后的睡眠更加安稳。日尔曼民族的文人则经常喜欢将甜酒混入茶中。

英国大政治家 W. E. 格拉斯通也是一名著名的饮茶家。曾说自己在午夜至凌晨四点之间所饮之茶,比下议院议员中任何两人饮茶量之和都多。哲学家肯特每当长时间工作时,都是用茶和烟支撑的。历史学家巴克尔是一位最古怪的茶客,他主张茶杯、茶碟、茶匙都必须先充分暖热后,再倒入茶汁。美国诗人亨利·W. 龙弗罗说:"茶促进灵魂的平静。"英国名将威灵顿在滑铁卢时,曾对部下众将士说,茶清净头脑使他不会作出错误判断。

美国前总统罗斯福是勤奋生活的信徒,喜欢以茶作为早餐的饮料。他在他的探险旅行中,也喜欢用白兰地混入茶中。他在1912 年的一封书信中说:"以我的经验……使我相信茶比白兰地酒好。最近在非洲的六个月中,就是在生病的时候,我也没饮白兰地酒,都是以茶代之。"

译 者 后 记

当今社会,饮茶之风甚炽,然而对于茶的知识,世人往往知之甚少。美国人威廉·乌克斯于20世纪30年代编写《茶叶全书》,可以称得上是一部茶叶的百科全书。为了让今天的广大读者,特别是那些广大茶叶爱好者能够对于茶叶有更加全面的了解,应东方出版社之约,我们组织翻译了这部茶叶经典。

由于我国现代茶业的奠基人吴觉农先生于20世纪40年代组织翻译过这部《茶叶全书》,因此,我们的翻译工作可以说有了这位茶叶学家的间接指导,在翻译中有不明白之处,我们常求教于这部书。对于前辈们筚路蓝缕的功绩我们深表敬意。翻译工作大致历时2年。

当然,为了便于今天读者的阅读,我们也注意了翻译工作中的现代语言表述问题。原书中有许多列表,许多今天看了已经没有什么价值,我们适当地进行了删减,并在删减处做了标注。

原书有许多外来专用语,我们尽可能地进行了翻译,但是有一些拉丁语、日语转英语,以及一些专业术语等复杂英语,非常难以翻译,我们不得已只能将原文字予以保留。

翻译这样一部60万字的作品,工程浩大,除了主要几位翻译者外,我们特别要感谢如下给我们以帮助的人士:朱江明、丁永顺、周晓、李元兵、徐江、李杰、高钰、刘佳。

在翻译过程中,东方出版社编辑部的侯俊智主任给予了非常具体的指导和文字上的精心订正,在此表示感谢。

由于我们才疏学浅,本译者难免有所谬误,恳求读者见谅,并予以指教。

译 者

2011 年 2 月

图书在版编目（CIP）数据

茶叶全书 /（美）乌克斯著；依佳 刘涛 姜海蒂译. —北京：东方出版社，
2011.6

书名原文：All About Tea

ISBN 978-7-5060-4017-4

Ⅰ.①茶… Ⅱ.①乌… ②依… ③刘… ④姜… Ⅲ.①茶叶—百科全书
Ⅳ.① S571.1-61

中国版本图书馆 CIP 数据核字（2020）第 197640 号

本书由美国 Kingsport 出版公司
1935 年出版的 *All About Tea* 译出

茶叶全书

（CHAYE QUANSHU）

- -

作　　者：	（美）威廉·乌克斯
译　　者：	依　佳　刘　涛　姜海蒂
责任编辑：	辛春来
出　　版：	东方出版社
发　　行：	人民东方出版传媒有限公司
地　　址：	北京市西城区北三环中路 6 号
邮　　编：	100120
印　　刷：	北京明恒达印务有限公司
版　　次：	2011 年 6 月第 1 版
印　　次：	2024 年 4 月第 5 次印刷
开　　本：	880 毫米 ×1230 毫米　1/32
印　　张：	33.125
字　　数：	860 千字
书　　号：	ISBN 978-7-5060-4017-4
定　　价：	99.00 元

发行电话：（010）85924663　85924644　85924641

- -